W0086236

Dietmar Franke / Burckhard Zicke / Frank Zils (Hrsg.)
Lehrbuch Geprüfte Personalfachkaufleute

Dietmar Franke / Burckhard Zicke / Frank Zils (Hrsg.)

Geprüfte Personalfachkaufleute

Lehrbuch zur effizienten Prüfungsvorbereitung

6., neu bearbeitete Auflage

Luchterhand Verlag

Bibliografische Information der Deutschen Nationalbibliothek
Die Deutsche Nationalbibliothek verzeichnet diese Publikation in der Deutschen
Nationalbibliografie; detaillierte bibliografische Daten sind im Internet über
http://dnb.dnb.de abrufbar.

ISBN 978-3-472-08554-6

www.wolterskluwer.de
www.personalwirtschaft.de

Lektorat: Silke Lübbers
Herstellung: Tina Bauerfeind

Umschlaggestaltung: KD1, Köln
Cover-Illustration: Ute Helmbold, Essen
Satz: MainTypo, Frankfurt am Main
Druck: Williams Lea & Tag GmbH, München

Gedruckt auf säurefreiem, alterungsbeständigem und chlorfreiem Papier.

Vorwort

Mit der sechsten Auflage des Lehrbuchs haben Verlag, Herausgeber und Autoren auf die zahlreichen Anfragen und Hinweise von Leserseite reagiert, die seit Erscheinen der Vorauflage bei uns eingegangen sind.

Eine zentrale Forderung vieler Leser war, das Buch stärker zu einem Werk für Praktiker zu machen. Deshalb haben wir Altbewährtes überarbeitet und rein theoretisches Wissen in den Hintergrund treten lassen: Die Lerninhalte sind jetzt mit noch mehr Beispielen aus der Personalpraxis veranschaulicht.

Der Rechtsstand wurde angepasst; seit der Vorauflage haben sich viele Rechtsnormen und arbeitsmarktpolitische Rahmenbedingungen geändert. Außerdem konnten wir zusätzliche Experten für das Autorenteam gewinnen. Sie haben die Kapitel *Präsentations- und Moderationstechniken einsetzen* (1.7), *Rechtswege kennen und das Prozessrisiko einschätzen* (2.2) sowie *Personalbeschaffung durchführen* (2.6) neu gestaltet.

Natürlich hat sich auch das Personalmanagement in den Unternehmen weiterentwickelt, was wir in der neuen Auflage mit inhaltlichen Ergänzungen berücksichtigt haben. Stellvertretend seien hier drei entscheidende Entwicklungen genannt:

- Der demografische Wandel und der daraus resultierende Fachkräftemangel haben, insbesondere in technischen und wissensintensiven Branchen, zu einer Neuausrichtung der Rekrutierung und Entwicklung unterschiedlicher Arbeitnehmergruppen geführt (Stichwort Generationenmanagement).
- Die Identifizierung, Gewinnung und Bindung von High Potentials ist zu einer zentralen Aufgabe des Personalmanagements geworden. Der Wettbewerb um die besten Talente ist voll entbrannt.
- Die Zahl von atypischen Beschäftigungsverhältnissen steigt weiter und führt zu einer Vergrößerung der Randbelegschaften, die in bzw. für Unternehmen tätig sind. Aufgabe der Personalabteilungen wird es sein, Freelancer, Zeitarbeitnehmer und Arbeitnehmer mit befristeten Verträgen stärker in den Fokus zu nehmen und besser zu integrieren.

Es war uns ein wichtiges Anliegen, auch auf solche aktuellen HR-Themen einzugehen, die in der Unternehmenspraxis oft schon als selbstverständlich behandelt werden, aber (noch) nicht in einem ebenfalls zu überarbeitenden Rahmenplan enthalten sind.

Wir freuen uns, Ihnen ein Lehrbuch an die Hand zu geben, das Fachwissen punktgenau vermittelt und – in Verbindung mit dem zugehörigen Arbeits- und Übungsbuch – den Lernprozess in didaktischer und methodischer Hinsicht nachhaltig unterstützt. Als Grundlagen- und Nachschlagewerk zur Vorbereitung auf die Prüfung zur Personalfachkauffrau/zum Personalfachkaufmann folgt es in seiner Inhaltsstruktur konsequent dem offiziellen Rahmenplan der Industrie- und Handelskammern.

Abschließend noch ein Hinweis zu den Personenbezeichnungen in diesem Buch: Aus Gründen der besseren Lesbarkeit haben wir darauf verzichtet, Begrifflichkeiten durchgängig jeweils in der weiblichen und in der männlichen Form zu verwenden. Selbstverständlich sprechen wir stets beide Geschlechter gleichermaßen an.

Nun wünschen wir Ihnen viel Erfolg bei der Arbeit mit diesem Lehrbuch! Ihr Feedback zur neuen Auflage ist sehr willkommen. Schreiben Sie uns; die E-Mail-Adressen aller mitwirkenden Autorinnen und Autoren finden Sie im Autorenverzeichnis.

Im März 2014

Dietmar Franke, Burckhard Zicke und Frank Zils

Inhalt

Einführung:
Gesamtüberblick zum Personalmanagement

Das betriebliche Personalmanagement – gleichbedeutend ist auch vom Personalwesen, der Personalwirtschaft oder vom Human Resource(s) Management (HRM) die Rede – ist ein vielschichtiges Aufgabengebiet. Daher ist es erforderlich, einleitend das personalwirtschaftliche Themenspektrum abzustecken und einige grundsätzliche Fragen zu stellen:

☐ Welche Themen zählen zum Personalmanagement?
☐ Welchen Stellenwert bzw. welche Bedeutung besitzt das Personalmanagement in einem Unternehmen?
☐ Wo liegt bei konkreten Themen, zum Beispiel bei der Einstellung eines neuen Mitarbeiters, die Zuständigkeit der Personalabteilung?
☐ Was sind eher personelle Aufgaben, die von Führungskräften wahrgenommen werden?
☐ Wie ist das Rollenverständnis des Personalbereichs (Selbstverständnis)?
☐ Welche »Produkte und Dienstleistungen« sollte eine Personalabteilung ihren »Kunden« normalerweise anbieten?
☐ Wie kann der Personalbereich nachweisen oder belegen, dass er wichtige Beiträge zur Verwirklichung der Ziele und zur Umsetzung der Strategie des Unternehmens leistet (Wertschöpfungsbeitrag)?

Eine genauere Übersicht über die wichtigsten Themen des Personalmanagements wird im Folgenden gegeben. Wenn man die Frage nach den zentralen Themen des Personalmanagements an mehrere Personalleiter in verschiedenen Unternehmen stellt, wird man jeweils unterschiedliche Antworten bekommen; Professoren von Hochschulen und Dozenten von Weiterbildungseinrichtungen werden sich ebenfalls nicht gleichartig äußern. Auf diesem Hintergrund ist der folgende Vorschlag des »**3-Säulen-Modells des Personalmanagements**« (siehe Abbildung 1) zu sehen, das eine hohe Anschaulichkeit und Plausibilität besitzt und ein aktuelles Grundverständnis zum Personalmanagement abbildet (Hochschule Pforzheim [Hrsg.], 2013). – Natürlich gibt es eine Reihe anderer, teils auch ähnlicher Konzepte.

Das Personalmanagement hängt von vielen Einflüssen ab, die außerhalb der Unternehmen liegen. Der **externe Handlungsrahmen**, also beispielsweise die Veränderungen im politisch-rechtlichen Bereich, die gesellschaftlichen Veränderungen, geänderte wirtschaftliche Rahmenbedingungen sowie technologische Neuerungen, beeinflusst alle Personalfragen. Auch die **Unternehmenspolitik und -strategie** haben erheblichen Einfluss auf das Personalmanagement. Das 3-Säulen-Modell macht diese Einbettung des Personalmanagements in das Unternehmen ausdrücklich deutlich – das Personalmanagement hat nur dann eine Daseinsberechtigung, wenn es einen nachweisbaren Beitrag zur Umsetzung und Verwirklichung der Unternehmensstrategie leistet.

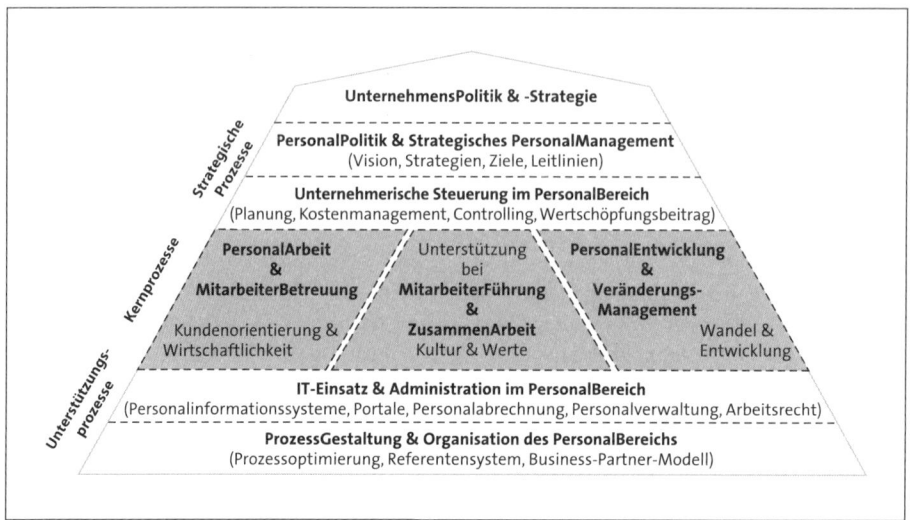

Abb. 1: Pforzheimer 3-Säulen-Modell des Personalmanagements

Ferner weist das 3-Säulen-Modell auf alle wichtigen Themen und Prozesse des Personalmanagements hin: Management- bzw. Strategieprozesse, Kernprozesse sowie Unterstützungsprozesse. Die drei in der vorstehenden Abbildung 1 grau unterlegten Säulen heben die **Kernprozesse des Personalmanagements** hervor, die da sind:

- Personalarbeit und Mitarbeiterbetreuung,
- (Unterstützung bei) Mitarbeiterführung und Zusammenarbeit,
- Personalentwicklung und Veränderungsmanagement.

Die **Mitarbeiterbetreuung** befasst sich mit der Personalbeschaffung, dem Personaleinsatz und der Mitarbeiterbindung sowie mit der Personalfreisetzung. Hinzu kommt die Gestaltung der Arbeitsbedingungen, also Arbeitszeitregelungen, Vergütungssysteme, Gestaltung der Aufgaben bzw. Tätigkeiten der Mitarbeiter u. a. m. Zusammen mit dem betrieblichen Bildungswesen und der Förderung von Mitarbeitern (**Personal- bzw. Mitarbeiterentwicklung**) sowie der **Mitarbeiterführung** (durch die Vorgesetzten) und der **Zusammenarbeit** (mit den Kollegen) sind das die Kernprozesse des Personalmanagements; anstelle von Kernprozessen wird häufig auch von Kernaufgaben oder von Kernfunktionen gesprochen (eine genauere Auflistung der Themen, um die es bei den Kernprozessen geht, zeigen die Abbildungen 2 bis 4).

Die Kernaufgaben bilden das »personalwirtschaftliche Basisgeschäft« ab. Demgegenüber stellen die Personalpolitik und die Personalstrategie sowie die Personalplanung und das Personalcontrolling **strategische Prozesse** bzw. Aufgaben dar, die die Wahrnehmung der Kernprozesse zielorientiert ausrichten und steuern. Der IT-Einsatz und die Administration im Personalbereich, wie auch die Organisationsstrukturen des Personalbereichs und die ständige Optimierung der Kernfunktionen sind **Unterstützungsprozesse**. Management- und Unterstützungsprozesse lassen sich auch als Querschnittsaufgaben bezeichnen, die die Kernaufgaben überlagern. Zwei weitere Übersichten zeigen diese Zusammenhänge nochmals (siehe Abbildung 5) und umschreiben die wichtigsten Themen des Personalmanagements genauer (siehe Abbildung 6).

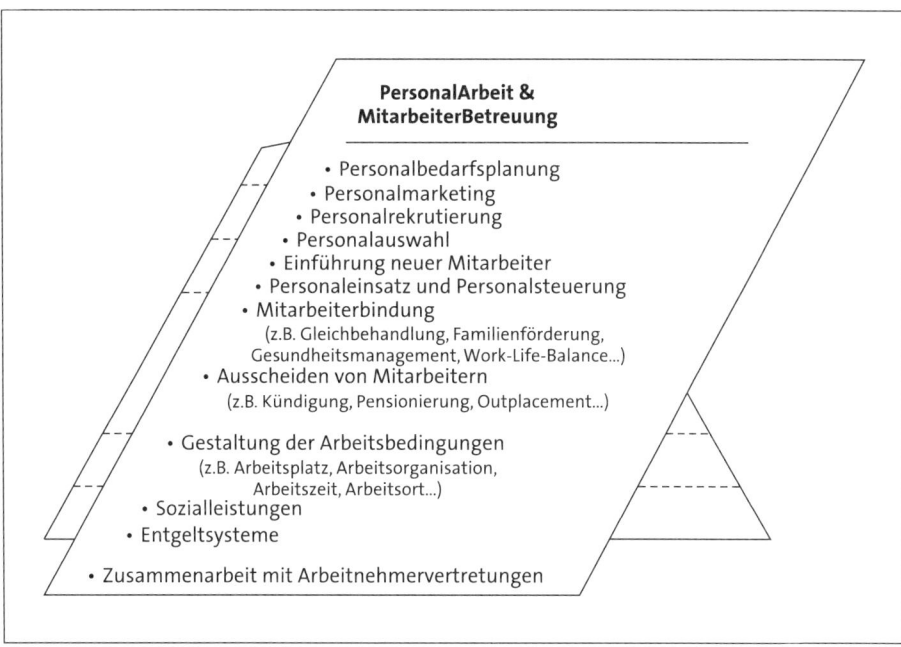

**PersonalArbeit &
MitarbeiterBetreuung**

- Personalbedarfsplanung
- Personalmarketing
- Personalrekrutierung
- Personalauswahl
- Einführung neuer Mitarbeiter
- Personaleinsatz und Personalsteuerung
- Mitarbeiterbindung
  (z.B. Gleichbehandlung, Familienförderung,
  Gesundheitsmanagement, Work-Life-Balance...)
- Ausscheiden von Mitarbeitern
  (z.B. Kündigung, Pensionierung, Outplacement...)

- Gestaltung der Arbeitsbedingungen
  (z.B. Arbeitsplatz, Arbeitsorganisation,
  Arbeitszeit, Arbeitsort...)
- Sozialleistungen
- Entgeltsysteme

- Zusammenarbeit mit Arbeitnehmervertretungen

Abb. 2: Kernprozess »Personalarbeit und Mitarbeiterbetreuung«

**PersonalEntwicklung &
VeränderungsManagement**

- Berufliche Erstausbildung
- Fachliche Weiterbildung
- Verhaltensorientierte Trainings
- Kompetenzmanagement
- Talentmanagement
- Potentialeinschätzung u. Mitarbeiterförderung
- Coaching und Mentoring
- Management-/Führungskräfteentwicklung

- Teamentwicklung

- Organisationsentwicklung
- Begleitung von Veränderungsprozessen
  (z.B. Reorganisation, Strategieentwicklung,
  Fusion, Internationalisierung ...)
- Prozessberatung und Moderation

Abb. 3: Kernprozess »Mitarbeiterentwicklung und Veränderungsmanagement«

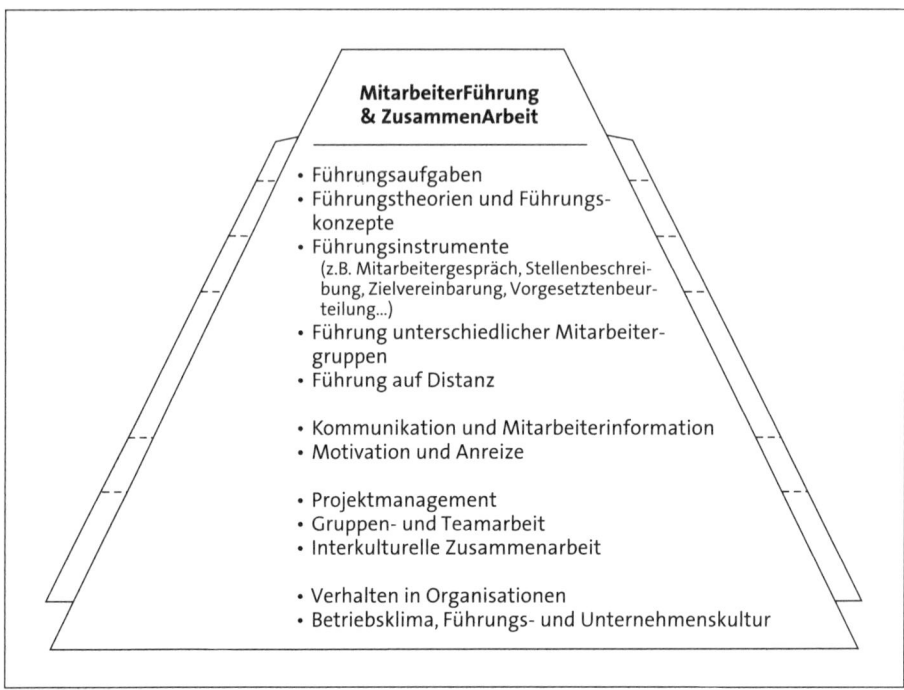

Abb. 4: Kernprozess »Unterstützung bei Mitarbeiterführung und Zusammenarbeit«

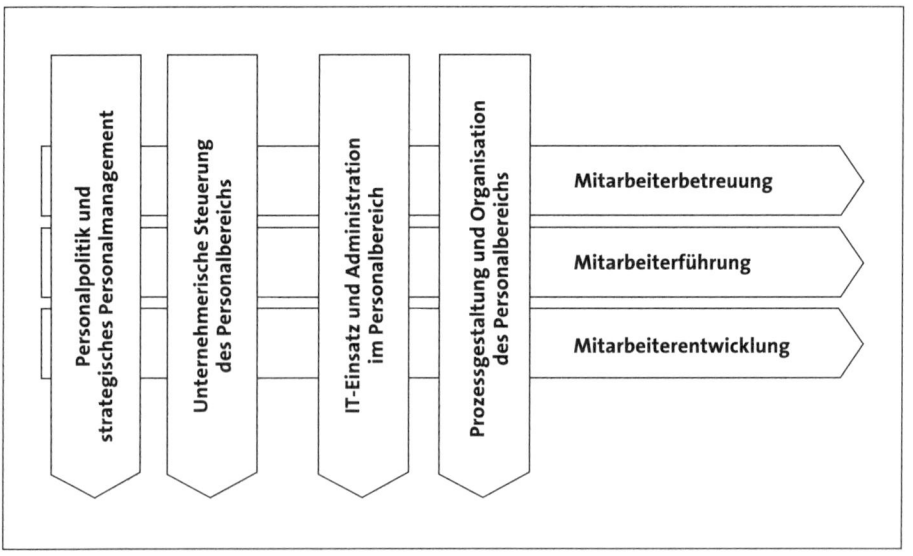

Abb. 5: Ergänzende Systematik zum Personalmanagement

- **Externe Handlungsbedingungen, Personalpolitik und -strategie**
  Das ist der unternehmensexterne Handlungsrahmen mit Auswirkungen auf den Personalbereich, konkret der wirtschaftliche, gesellschaftliche, politisch-rechtliche und der technologische Wandel. Hierzu zählen auch die Unternehmensstrategien, deren Umsetzung das Personalmanagement unterstützen soll, sowie die im Unternehmen angewandten Managementkonzeptionen. Dazu gehören schließlich vor allem die Vision, die Grundsätze, die Strategien und Ziele im Personalbereich, an denen sich alle nachfolgenden Planungen und Maßnahmen orientieren.
- **Unternehmerische Steuerung des Personalbereichs**
  Das ist die umfassende Planung sowie Überprüfung von Kosten, Maßnahmen und Entwicklungen im Personalbereich zur Steuerung der gesamten Personalarbeit hin zum Erfolg. Schlussendlich geht es auch um den Erfolgsnachweis der Personalarbeit.
- **Personalarbeit, Mitarbeiterbetreuung und Arbeitsgestaltung**
  Das ist eine der drei Kernaufgaben des Personalmanagements, die die Personalbeschaffung, den Personaleinsatz, die Mitarbeiterbindung und die Personalfreisetzung umfasst. Es ist die unmittelbar auf die Mitarbeiter im Unternehmen bezogene Tätigkeit der Beschäftigten in der Personalabteilung, z. B. der Personalreferenten.
  Hierzu zählt auch die Ausgestaltung der Arbeitsbedingungen, die ihrerseits Voraussetzungen für den Einsatz der Mitarbeiter darstellen. Konkret geht es um die Ergonomie, die (flexiblen) Arbeitszeitsysteme, die Arbeitsorganisation, die Entgeltsysteme und die Sozialleistungen sowie um den Arbeitsort.
- **Mitarbeitermotivation, Mitarbeiterführung und Teamarbeit/Zusammenarbeit**
  Das ist die unmittelbare Führung der Mitarbeiter durch ihren jeweiligen Vorgesetzten mit einem bestimmten Führungsstil und unter Anwendung von Führungsinstrumenten, z. B. dem Mitarbeitergespräch. Hierzu zählt auch die abteilungsinterne oder -übergreifende alltägliche oder zeitlich befristete Kooperation von Mitarbeitern in einem Team oder in einem Projekt. In diesem Zusammenhang sind auch die materiellen und immateriellen Maßnahmen zu sehen, mit denen die Personalabteilung und die Führungskräfte das »Wollen« der Mitarbeiter beeinflussen. Auch die die Selbstmotivation (Motivation von innen) der Mitarbeiter zählt hierzu.
- **Mitarbeiter- bzw. Personalentwicklung und Veränderungsmanagement**
  Das sind die Maßnahmen zur Qualifizierung und zur Förderung einzelner Mitarbeiter und von Teams. Die Personalentwicklung umfasst die Feststellung von Bildungsbedarf, die Vermittlung neuer Kenntnisse und Verhaltensweisen mittels geeigneter Methoden, die systematische Förderung von Mitarbeitern sowie das Bildungscontrolling.
  Dazu gehören auch alle Aktivitäten, die der Weiterentwicklung des gesamten Unternehmens dienen. Strategien zum Umgang mit und zur Umsetzung von größeren Veränderungen sowie die dabei auftretenden Konflikte stehen dabei im Mittelpunkt.
- **IT-Einsatz und Administration im Personalbereich**
  Das ist die administrative Abwicklung von Maßnahmen, z. B. das Führen von Personalakten u. a. m., sowie der IT-Einsatz im Personalmanagement, z. B. in Form von Abrechnungssystemen, Bewerber- und Mitarbeiterportalen.
- **Personalprozesse und -strukturen**
  Das sind die ablaufbezogenen Festlegungen zur Wahrnehmung von personalwirtschaftlichen Aufgaben (Personalprozesse). Hierzu zählen auch die aufbauorganisatorischen Strukturen des Personalbereichs, der z. B. nach dem sog. Personalreferentensystem organisiert ist.

Abb. 6: Beschreibung der wichtigsten Themen des Personalmanagements

Bei einem genaueren und kritischen Blick auf das 3-Säulen-Modell fällt auf, dass ein für die Praxis besonders wichtiges Themengebiet nicht ausdrücklich angesprochen wird: das **Arbeitsrecht**. Das liegt daran, dass das Arbeitsrecht in **praktisch allen Bereichen dieses Modells** vorkommt und eine wichtige Rolle spielt. Bei der Personalpolitik sind die Mitwirkungsrechte des Betriebsrats, beispielsweise bei den Richtlinien der Personalauswahl, zu berücksichtigen. Auch bei der Mitarbeiterbetreuung geben viele gesetzliche Regelungen den Unternehmen Rahmenbedingungen vor, z. B. beim Themenbereich »Kündigung«. Weniger rechtlich reglementiert (und eingeengt) ist hingegen die Mitarbeiterführung. Die Personalentwicklung unterliegt den Vorgaben des Berufsbildungsgesetzes, und auch hier greifen Mitbestimmungsrechte des Betriebsrats. Bei der Gestaltung der Prozesse und Strukturen ist vor allem die Betriebsratsmitbestimmung hinsichtlich des IT-Einsatzes im Personalbereich zu berücksichtigen. Umfangreich sind die rechtlichen Regelungen zur Personaladministration – hier kommen neben vielen anderen die Vorschriften zum Lohnsteuerrecht, zum Sozialversicherungsrecht oder zu den Aufbewahrungsnormen und -fristen von Unterlagen sowie der Datenschutz zur Anwendung. Somit kann das Arbeitsrecht als Themenbereich gelten, der in allen Feldern des 3-Säulen-Modells eine wichtige Rolle spielt.

Bis hier könnte der Eindruck entstehen, dass Personalmanagement ausschließlich die Aufgabe von Personalabteilungen sei. Das stimmt so sicherlich nicht. Immer wieder flackert die Diskussion darüber auf, wer die **hauptsächlich Zuständigen für Personalfragen im Unternehmen** sind: die Personalabteilung oder die Führungskräfte des Unternehmens. Die Antworten dazu fallen höchst unterschiedlich aus. »Personalarbeit ist im Kern eine Führungsaufgabe«, »Personalarbeit kann nur von den Personalabteilungen qualifiziert wahrgenommen werden« in diesem Spektrum bewegen sich die unterschiedlichen Auffassungen. So oder so: Die Wahrheit liegt vermutlich in der Mitte, und am Ende kommt es auf das gute Zusammenwirken dieser beiden wichtigsten Träger von Personalaufgaben an.

Zuständig für die Kernaufgaben der Mitarbeiterbetreuung und der Personalentwicklung sind somit die **Mitarbeiter im Personalbereich zusammen mit den Führungskräften in den Fachabteilungen**. Die Querschnittsaufgaben hingegen haben einen übergeordneten Charakter, d. h. sie beinhalten in der Regel Festlegungen, die generell und für alle Mitarbeiter gültig sind und bei allen Kernaufgaben eine wichtige Rolle spielen: Personalpolitik, Personalplanung, Personalcontrolling, IT-Einsatz und Administration im Personalbereich sowie ständige Prozessoptimierungen – das sind überwiegend Aufgabenfelder der Personalabteilung.

Abschließend werden nochmals die **Abhängigkeiten und Zusammenhänge im 3-Säulen-Modell** verdeutlicht: Das Personalmanagement ist insgesamt an der Unternehmensstrategie auszurichten. Die personalstrategischen Entscheidungen geben allen anderen Bereichen des Personalmanagements die Richtung(en) vor. Mitarbeiterbetreuung und Arbeitsgestaltung orientieren sich an der Personalpolitik und werden im Rahmen der strategischen Steuerung auf ihre Effizienz und Effektivität hin überprüft sowie gegebenenfalls neu ausgerichtet. Personalentwicklung und der systematische Umgang mit Veränderungen richten sich ebenso an den Unternehmens- und Personalstrategien aus und haben einem Erfolgsnachweis standzuhalten, d. h. sie müssen ihren Wertschöpfungsbeitrag nachweisen. Die Mitarbeiterführung, die Teamarbeit und die Mitarbeitermotivation schließlich sind in gleicher Weise an den Strategien sowie an der im Unternehmen vorherrschenden Kultur auszurichten, und auch sie werden am Ende auf ihren Beitrag zum Unternehmenserfolg hin bewertet. Auf diesen Zusammenhang weist folgendes Schema (siehe Abbildung 7) nochmals deutlich hin.

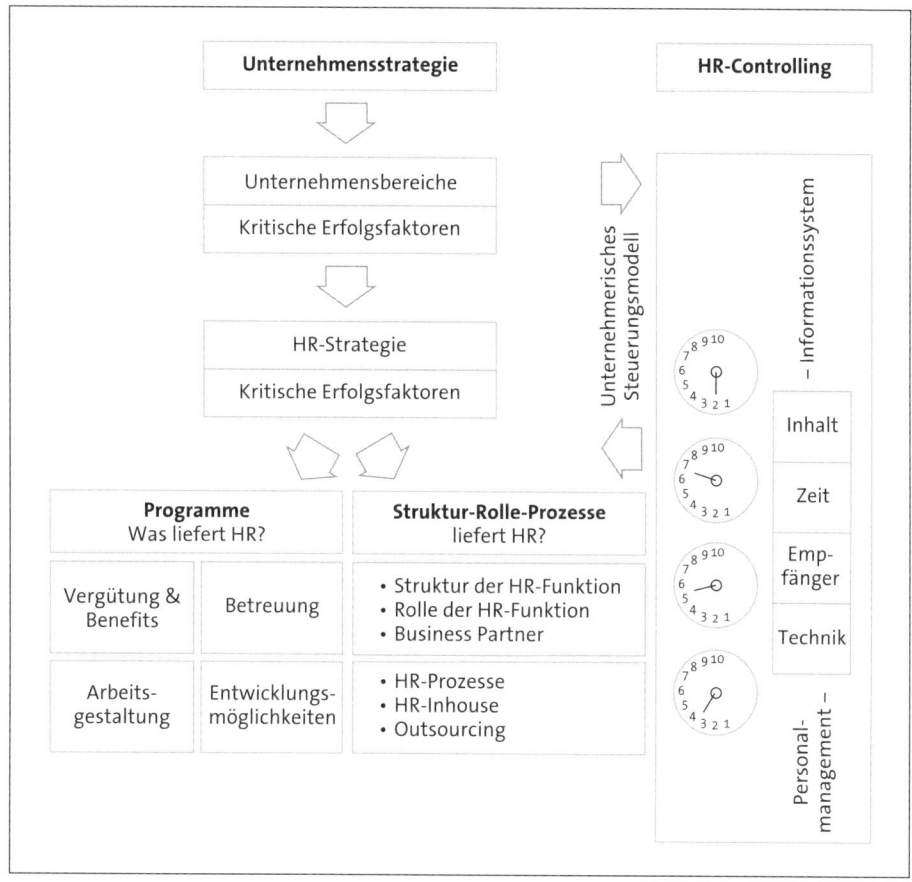

Abb. 7: Zusammenhänge zwischen den Themenfeldern des Personalmanagements (Towers Perrin [Hrsg.] 2006, S. 13)

Leider folgt der offizielle Rahmenstoffplan zum anerkannten Abschluss »Geprüfter Personalfachkaufmann/Geprüfte Personalfachkauffrau« nicht in ähnlicher Art und Weise einer klaren und unmittelbar einsichtigen Logik. Die **vier thematischen Handlungsfelder**

- Personalarbeit organisieren und durchführen
- Personalarbeit auf der Grundlage rechtlicher Bestimmungen durchführen
- Personalplanung, -marketing und -controlling gestalten und umsetzen
- Personal- und Organisationsentwicklung steuern

besitzen aus der Perspektive des 3-Säulen-Modells vielfältige Überschneidungen.

•Andererseits betont das Konzept für den Personalfachkaufmann/die Personalfachkauffrau einige operative und methodisch geprägte Aufgabenfelder richtigerweise sehr deutlich: Arbeitsgerichtsbarkeit, Sozialversicherungsrecht und Entgeltabrechnung sowie Projektmanagement, Gesprächsführung, Präsentieren/Moderieren und Zeitmanagement.

Quellen

Bücher

Ackermann, K.-F./Blumenstock, H. (Hrsg.): Personalmanagement in mittelständischen Unternehmen, Stuttgart 1993.

Berthel, J./Becker, F.: Personal-Management, 9. Aufl., Stuttgart 2010.

Boston Consulting Group: Creating People Advantage, Boston 2008.

Capgemini: HR-Barometer 2009, Berlin 2009.

Deutsche Gesellschaft für Personalführung: Integriertes Personalmanagement in der Praxis, Bielefeld 2009.

Eisele, D./Doyé, Th.: Praxisorientierte Personalwirtschaftslehre, 7. Aufl., Stuttgart 2010.

Gaugler, E./Oechsler, W./Weber, W. (Hrsg.): Handwörterbuch des Personalwesens, 3. Aufl., Stuttgart 2004.

Gmür, M./Thommen, J.-P.: Human Resource Management, 2. Aufl., Zürich 2007.

Haufe-Verlag: Haufe Personal Office Professional, Freiburg 2010 (CD).

Hentze, J.: Personalwirtschaftslehre 1 und 2, 7. Aufl., Bern 2001 und 2005.

Hilb, M.: Integriertes Personal-Management, 20. Aufl., Köln 2011.

Hochschule Pforzheim – Fakultät für Wirtschaft und Recht: Pforzheimer 3-Säulen-modell zum Personalmanagement/Human Resources Management (Broschüre), online: www.hs-pforzheim.de/De-de/Wirtschaft-und-Recht/Bachelor/Personalmanagement/PublishingImages/hrmc-broschuere_web.pdf (letzter Aufruf: 17.05.2013)

Holtbrügge, D.: Personalmanagement, 4. Aufl., Berlin 2010.

Jung, H.: Personalwirtschaft, 8. Aufl., München/Wien 2008.

Kienbaum: HR-Trendstudie (»Geschüttelt, nicht gerührt«), Gummersbach 2009.

Kienbaum: HR-Klima Index 2010, Berlin 2010.

Klimecki, R./Gmür, M.: Personalmanagement, 3. Aufl., Stuttgart 2001.

Kolb, M.: Personalmanagement, 2. Aufl., Wiesbaden, 2010.

Krieg, H.-J./Ehrlich, H.: Personal, Stuttgart 1998.

Lindner-Lohmann, D./Lohmann, F./Schirmer, U.: Personalmanagement, Heidelberg 2008.

Lorenz, M./Rohrschneider, U.: Praxishandbuch für Personalreferenten, Frankfurt/New York 2007.

Marchington, M.: Human Resource Management at Work, 4. Aufl., London 2008.

Nicolai, C.: Personalmanagement, 2. Aufl., Stuttgart 2009.

Nieder, P./Michalk, S. (Hrsg.): Modernes Personalmanagement, Weinheim 2009.

Oechsler, W.: Personal und Arbeit, 8. Aufl., München/Wien 2006.

Olfert, K.: Personalwirtschaft, 13. Aufl., Ludwigshafen 2008.

Ridder, H.-G.: Personalwirtschaftslehre, 3. Aufl., Stuttgart/Berlin/Köln 2009.

Rosenstiel, L. v./Regnet, E./Domsch, M. (Hrsg.): Führung von Mitarbeitern, 6. Aufl., Stuttgart 2009.

Schanz, G.: Personalwirtschaftslehre, 3. Aufl., München 2000.

Scherm, E./Süß, S.: Personalmanagement, 2. Aufl., München 2010.

Schneider, H./Klaus, H. (Hrsg.): Mensch und Arbeit, 11. Aufl., Düsseldorf 2008.

Scholz, C.: Personalmanagement, 5. Aufl., München 2000.
Stock-Homburg, R.: Personalmanagement, 2. Aufl. Wiesbaden 2010.
Torrington, D./Hall, L./Taylor, S.: Human Resource Management, 7. Aufl., Harlow 2007.
Towers Perrin (Hrsg.): HR-Controlling – Den Wertbeitrag der Personalarbeit messen und managen (Broschüre), Frankfurt 2006.
Towers Perrin (Hrsg.): Global Workforce Study 2007–2008 – Deutschlandreport, Frankfurt 2007.
Treier, M.: Personalpsychologie im Unternehmen, München 2009.
Wunderer, R./Dick, P.: Personalmanagement – Quo vadis?, 5. Aufl., Köln 2007.

Zeitschriften

Arbeit und Recht (AuR)
HR PERFORMANCE
HR Services
HUMAN RESOURCES MANAGER
Lohn + Gehalt
Neue Zeitschrift für Arbeitsrecht (NZA)
Organisationsentwicklung
Personal
Personalführung
PERSONALmagazin
Personal.Manager
personalmanager
Personalwirtschaft
Recht der Arbeit (RdA)
Zeitschrift für Arbeits- und Organisationspsychologie
Zeitschrift für Arbeitsrecht (ZfA)
Zeitschrift für Personalpsychologie

Wörterbücher

Blaeser, H.-O.: Fachwörterbuch Personalarbeit (deutsch-englisch, englisch-deutsch), 5. Aufl., Frechen 2007.
Ivanovic, A.: Dictionary of Human Resources and Personnel Management, 3. Aufl., London 2006.

Internet-Adressen von Organisationen

www.dgfp.com (Deutsche Gesellschaft für Personalführung)
www.bma.bund.de (Bundesministerium für Arbeit und Sozialordnung)
www.bda-online.de (Bundesvereinigung der Deutschen Arbeitgeberverbände)
www.dgb.de (Deutscher Gewerkschaftsbund)
www.rkw.de (Rationalisierungskuratorium der Wirtschaft)
www.eapm.org (European Association for People Management – europäische HR-Organisation)
www.shrm.org (Society for Human Resource Management – weltweite HR-Organisation)

1 Personalarbeit organisieren und durchführen

1.1 Personalbereich in die Gesamtorganisation des Unternehmens einbinden

Die Beschäftigung mit der Einbindung des Personalbereichs in die Unternehmensorganisation legt nahe, sich zuerst mit einigen Grundbegriffen der Organisation(slehre) auseinanderzusetzen. Im Anschluss daran können die in der Organisationslehre zentralen Aspekte der Aufbau- und der Ablauforganisation vertiefend betrachtet werden. Dann geht es um die Organisation der Personalabteilung.

1.1.1 Grundlagen und Elemente der Unternehmensorganisation

Der Begriff »**Organisation**« erfährt sehr unterschiedliche Auslegungen. Organisation bedeutet allgemein »Ordnung«, »Struktur« oder – salopp ausgedrückt – »Spielregeln«. Als Tätigkeit des Organisierens bezeichnet Organisation das Herstellen von Ordnung (das Unternehmen *erhält* eine Organisation), als Ergebnis das Bestehen einer Ordnung (das Unternehmen *hat* eine Organisation); schließlich spricht man häufig auch davon, dass Unternehmen bzw. Betriebe Organisationen sind (das Unternehmen *ist* eine Organisation).

Zwei entscheidende Fragen im Vorfeld organisatorischer Maßnahmen lauten:

☐ Auf welches Ziel hin wird organisiert?
☐ Was wird beim Organisieren konkret getan?

Darauf lassen sich folgende Antworten geben (siehe Abbildung 8):

Organisatorische Maßnahmen	
Ziele	• Sicherung des Erfolgs des Unternehmens • Wirtschaftlichkeit der Regelungen • Zweckmäßigkeit, d. h. bestmögliche Erfüllung der Aufgaben • Herstellen eines Gleichgewichts zwischen Stabilität und Flexibilität
Aufgaben	• Bildung, Verteilung und Koordination von Teilaufgaben • Schaffen von Spielraum für Selbstorganisation und Sichern der Entwicklungsfähigkeit des Unternehmens • Steuerung des Verhaltens und der Motivation der Mitarbeiter im weiteren Sinne

Abb. 8: Ziele und Aufgaben organisatorischer Maßnahmen

Mit dem Begriff **Unternehmensorganisation** ist die Organisationsstruktur der Unternehmensspitze gemeint, die Leitungsorganisation, z. B. die Art und Weise der Aufgabenteilung im Vorstand.

Die **Aufbauorganisation** ordnet Aufgaben bestimmten Stellen zu, fasst Stellen zu Teams, Abteilungen oder Bereichen zusammen und gliedert die Strukturformen der Unternehmensleitung; hinzukommen die Weisungsbefugnisse und der Informationsaustausch. Es geht also um die (zeitlich) stabile Struktur. Demgegenüber sind Festlegungen oder Anweisungen über die (dynamische) zeitliche und räumliche Abfolge von Arbeitsschritten das Thema der **Ablauforganisation**. Ablauforganisation in diesem Sinne bedeutet eine Weiterführung und Konkretisierung der aufbauorganisatorischen Regelungen, z. B. für zwei benachbarte Stellen an einem taktgebundenen Fließband. Ablauforganisation in dieser klassischen Sichtweise geschieht immer erst, wenn die Aufbauorganisation bereits festgelegt ist.

Elemente der Unternehmensorganisation

Als **Elemente**, die es bei organisatorischen Fragestellungen optimal zueinander in Beziehung zu bringen gilt, sind anzusehen:

- Aufgaben,
- Menschen,
- Informationen,
- Sachmittel.

Aufgaben stellen das zentrale Thema innerhalb der Organisationslehre dar, sei es als Gesamtaufgabe eines Unternehmens, als Aufgabenstellung einer Abteilung oder als Aufgabe eines Mitarbeiters. Das sog. personale oder soziale Element in der Organisation, also die Mitarbeiter, wird meist zusammen mit Maschinen und Hilfsmitteln (technisches bzw. sachliches Element) eingesetzt, um die Gesamtaufgabe und die Ziele des Unternehmens zu erfüllen. Aus diesem Grund werden Unternehmen auch als **zielbezogene, offene soziotechnische Systeme** bezeichnet.

Dabei kommt dem **personalen Element (Menschen)** nicht nur aus der Sicht des Personalmanagements eine besondere Bedeutung zu. Auch bei der organisatorischen Gestaltung sind Werte, Einstellungen und Motive für die Arbeit im Unternehmen zu berücksichtigen. Neuere Erkenntnisse der Managementlehre besagen, dass die Mitarbeiter der führende Erfolgsfaktor und -treiber sind, deren Erwartungen somit Rechnung getragen werden sollte, insbesondere in Zeiten des Fach- und Führungskräftemangels. Schließlich sprechen auch ethische Überlegungen dafür, Mitarbeiter als Menschen und nicht nur als kostenverursachende Produktionsfaktoren anzusehen. Die Organisationslehre befasst sich zwar in ihrem Kern primär mit der Zuordnung von Aufgaben zu Stellen bzw. Positionen im Unternehmen und mit deren Anordnung, dabei gilt es allerdings, das personale Element der Organisation frühzeitig angemessen zu berücksichtigen.

Informationen rücken seit einiger Zeit immer mehr in den Mittelpunkt der betriebswirtschaftlichen und organisatorischen Betrachtungen: Sie werden zu einem »Produktionsfaktor«. Mitarbeiter erhalten Informationen, verarbeiten diese und treffen Entscheidungen, die wiederum Informationen für andere (Kunden, Kollegen, Vorgesetzte) darstellen. Dies wird an folgendem Beispiel eines Kreditsachbearbeiters in einer Bank deutlich.

Beispiel: Ein Kreditsachbearbeiter erhält Angaben vom Kunden über dessen Kreditwünsche und Kreditwürdigkeit, er besorgt sich weitere Auskünfte über den Kunden, prüft den Kreditantrag nach bankinternen Richtlinien und fällt dann eine Entscheidung, die er an den Kundenberater weiterleitet, der im unmittelbaren Kontakt zum Kunden steht. Heutzutage sind die bankinternen Kreditvergaberichtlinien meist in einem EDV-System (Sachmittel) hinterlegt, das ebenfalls Informationen verarbeitet.

Sachmittel können neben dem erwähnten IT-System auch Maschinen, Industrieroboter, Schreibtische usw. sein, also alle »Gegenstände«, die bei der Aufgabenerfüllung von den Mitarbeitern zu Hilfe genommen werden.

1.1.2 Aufbauorganisation

Aufbauorganisatorische Fragen geht die klassische Organisationslehre in den folgenden **Schritten** an:

1) Sie geht von der Gesamtaufgabe des Unternehmens aus und zerlegt diese in Teilaufgaben (**Aufgabenanalyse**).
2) Im Anschluss fasst sie die Teilaufgaben zu Aufgabenkomplexen zusammen (**Aufgabensynthese**).
3) Daraufhin ordnet sie diese Stellen zu (**Aufgabenverteilung und Stellenbildung**).
4) Schließlich werden die Stellen zu Teams, Bereichen oder Abteilungen zusammengefasst und miteinander verbunden (**Leitung und Kommunikation**).

Aufgabenanalyse, Aufgabensynthese, Aufgabenverteilung und Stellenbildung

Die **Aufgabenanalyse** nimmt die Zerlegung der Gesamtaufgabe eines Unternehmens vor, und zwar in erster Linie anhand der beiden Kriterien »Verrichtung« und »Objekt«. Die Gesamtaufgabe kann beispielsweise lauten, Automobile herzustellen und mit Gewinn zu verkaufen.

Als **Verrichtungen** können in diesem Unternehmen z. B. die Beschaffung von Materialien, die Produktion von Automobilen und der Verkauf der Autos unterschieden werden. In einem zweiten Schritt ließe sich beispielsweise die Produktion weiter unterteilen in: Herstellung des Motors, der Karosserie und des Fahrwerks. Das Zerlegen kann bei dem Kriterium Verrichtung praktisch beliebig lange weitergeführt werden, bis sich schließlich das Anziehen einer bestimmten Schraube beim Befestigen eines Kotflügels an der Karosserie als letzte Stufe ergibt. Von hier aus noch weiter zu untergliedern wäre sinnlos, da diese Teilaufgabe eindeutig einem bestimmten Aufgabenträger, also einem Mitarbeiter, zugeordnet werden kann. Im Rahmen der Aufgabenanalyse ist also der Endpunkt der Zerlegung durch die gedankliche Zuordnung zu einem Aufgabenträger bestimmt (Elementaraufgabe).

Bei der Zerlegung der Gesamtaufgabe nach **Objekten** sind die Gegenstände, an denen die Verrichtungen ausgeführt werden, Ansatzpunkte zur Unterteilung; beispielsweise könnte die Gesamtaufgabe der Herstellung von Automobilen in die Herstellung von Personenkraftwagen, Bussen und Lastkraftwagen gegliedert werden. In diesem Falle wurde als Objekt das Endprodukt bezeichnet. Ebenso gut kann die Unterteilung nach Objekten bei Rohstoffen oder Zwischenerzeugnissen ansetzen.

Ergebnis der Aufgabenanalyse ist ein Aufgabengliederungsplan, der von der Gesamtaufgabe des Unternehmens ausgehend über mehrere Stufen hinweg bis hin zu den Elementaraufgaben die Aufgabenanalyse grafisch abbildet und darstellt. Dabei entstehen auf der letzten Stufe viele eng umrissene Elementaraufgaben, die nun wieder sinnvoll zusammengefügt werden müssen. Beim Zusammenfassen bewegt man sich in entgegen gesetzter Richtung wie bei der Aufgabenanalyse. Dieser Vorgang des Zusammenfassens von Elementaraufgaben wird als **Aufgabensynthese** bezeichnet. Hierbei werden die Elementaraufgaben so zu Gruppen zusammengefasst, dass diese Aufgabengruppen von einem einzigen Mitarbeiter oder von einem Team bewältigt werden können. Die Darstellung der Daueraufgaben, für die eine bestimmte Stelle oder eine Arbeitsgruppe zuständig ist, erfolgt meistens in Form von **Stellenbeschreibungen** (siehe auch Kapitel 2.6.2).

Die Aufgabensynthese, die Aufgabenverteilung und die Stellenbildung führen zu einigen konkreten **Erscheinungsformen und Fragestellungen der Unternehmensorganisation**, die im Schrifttum und in Diskussionen über Fragen der Organisation eine Rolle spielen: Spezialisierung und Generalisierung, Stabs- und Linieneinheiten, Zentralisierung und Dezentralisierung, hohe und flache Hierarchie, Einlinien- und Mehrliniensystem. Schlussendlich geht es auch um konkrete Organisationsformen für die Unternehmensleitung: Funktionalorganisation, Spartenorganisation, Matrixorganisation, Teamorganisation, Projektorganisation. Darum soll es im Weiteren gehen.

Eine flache **Hierarchie** oder Organisationsstruktur ist durch wenige Hierarchieebenen gekennzeichnet, das heißt z. B., dass zwischen der obersten Ebene der Unternehmensleitung und der ausführenden Ebene der Sachbearbeiter nur eine weitere Leitungsebene von Bereichsleitern zwischengeschaltet ist. Steile oder hohe Organisationsstrukturen oder Hierarchien sehen deutlich mehr Zwischenebenen vor. Heute versucht man immer mehr, Hierarchien flach oder »schlank« zu gestalten. Dies bedeutet gleichzeitig einen hohen Grad an Dezentralisation, denn Entscheidungskompetenzen werden nicht »ganz oben« gebündelt, sondern »auf mehrere Schultern verteilt«.

Gibt es für jede Stelle nur eine zuständige vorgesetzte Stelle (Leitungsstelle, Instanz), die Weisungen erteilen kann und der die (ausführende) Stelle unterstellt ist, so handelt es sich um das sog. **Einliniensystem (Einfachunterstellung)**. Dabei steht das Prinzip der »Einheitlichkeit der Auftragserteilung« Pate. Lange »Dienstwege« sind oft die Folge. Erteilen mehrere vorgesetzte Stellen einem Stelleninhaber Anweisungen, handelt es sich um das **Mehrliniensystem (Mehrfachunterstellung)**. Kompetenzüberschneidungen und das Gefühl, »mehreren Herren dienen zu müssen«, sind hierbei die Konsequenz. Ergänzend ist in diesem Zusammenhang auch das sog. **Stabliniensystem** zu nennen. Stäbe unterstützen die Leitungsstelle bei der Entscheidungsfindung, besitzen selbst aber keine Weisungsberechtigung; sie lassen sich auch als Assistenzstellen bezeichnen.

Diese drei Formen von Weisungssystemen bedeuten Koordination durch persönliche Weisung. Neben der Koordination durch persönliche Weisung kann auch mithilfe von generellen Anweisungen (Programmen), durch Zielvereinbarung und Pläne sowie durch Selbstkoordination die erforderliche Koordination geleistet werden.

Formen der Unternehmensorganisation

Traditionelle Organisationsmodelle für die Aufgabenverteilung auf den obersten Hierarchieebenen eines Unternehmens sind

- die Funktionalorganisation,
- die Spartenorganisation (Objektorganisation, divisionale Organisation) und
- die Matrixorganisation.

Diese Formen betreffen die sog. **Primärorganisation** – im Gegensatz zur sog. Sekundärorganisation, die zeitlich befristete Ergänzungen vorsieht, z. B. in Form von Projekten bzw. Projektorganisation. Aus den folgenden Übersichten und Schaubildern gehen die Kennzeichen sowie die Vor- und Nachteile der oben genannten Primärorganisationen hervor.

Funktionalorganisation	
Kennzeichen	• Gliederung der zweiten Hierarchieebene nach dem Verrichtungsprinzip und damit ein hoher Grad an Spezialisierung • Erteilung von Anweisungen nach dem Einliniensystem
Vorteile	• Spezialisierung • Eindeutige Zuständigkeiten • Einheitliche Auftragserteilung
Nachteile	• Fehlende Gesamtsicht • Überlastung der Unternehmensleitung • Lange Entscheidungswege

Abb. 9: Wesentliche Kennzeichen der Funktionalorganisation

Die folgende Abbildung 10 stellt eine typische Funktionalorganisation in Form eines Organisationsschaubildes bzw. Organigramms dar.

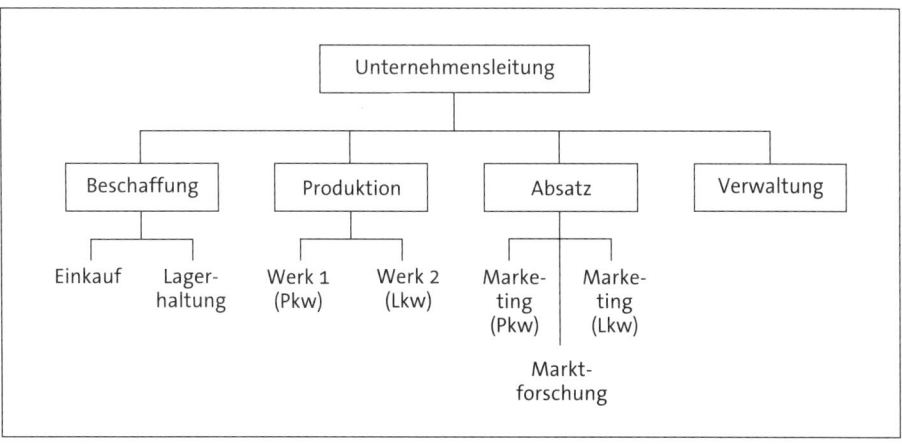

Abb. 10: Funktionalorganisation

Spartenorganisation	
Kennzeichen	• Gliederung der zweiten Hierarchieebene nach dem Objektprinzip (Produkte, aber auch Regionen) und damit ein geringer Grad an Spezialisierung • Erteilung von Anweisungen nach dem Ein- oder Mehrliniensystem
Vorteile	• Marktnähe • Unternehmerisches Denken • Entlastung der Unternehmensleitung
Nachteile	• Spartenegoismus • Parallelarbeit • u. U. Mehrfachunterstellung durch Zentralabteilungen

Abb. 11: Wesentliche Kennzeichen der Spartenorganisation

Die Spartenorganisation in Reinform ist eher selten anzutreffen. Servicefunktionen, die eine gewisse Vereinheitlichung verlangen wie das Personalmanagement oder der IT-Bereich, aber auch der Finanzbereich, werden häufig in Form von Zentralabteilungen zusammengefasst und den Sparten zur Seite gestellt. Das bedeutet eine Aufweichung des reinen Spartenprinzips. Unabhängig davon wird mit der Spartenorganisation häufig auch die Verantwortung für den wirtschaftlichen Erfolg der Sparte verknüpft; dies führt zum sog. Profitcenter-Konzept.

Die folgende Abbildung 12 stellt eine typische Spartenorganisation in Form eines Organisationsschaubildes bzw. Organigramms dar.

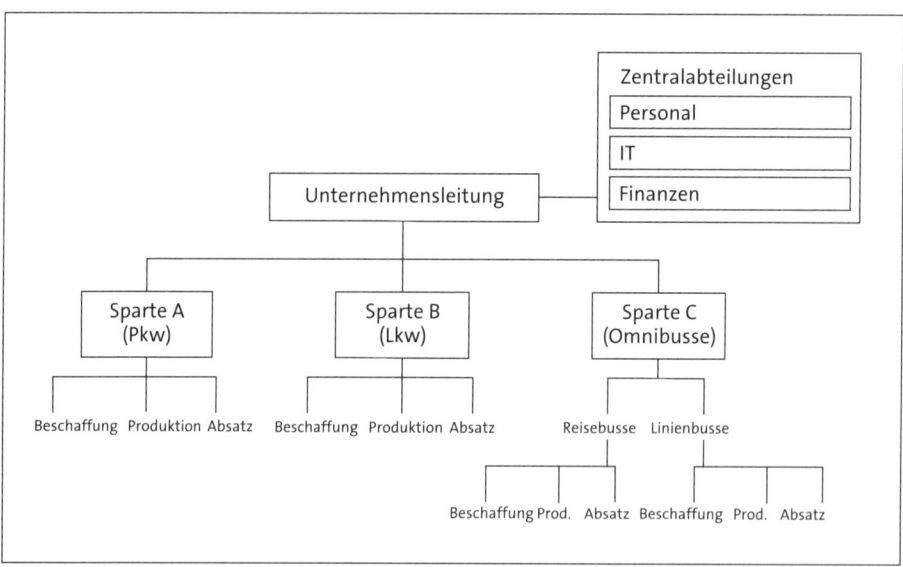

Abb. 12: Spartenorganisation

Matrixorganisation	
Kennzeichen	• Gliederung der zweiten Hierarchieebene nach mehreren Prinzipien gleichzeitig, ☐ häufig nach dem Verrichtungsprinzip und nach dem Objektprinzip; ☐ es kann aber auch das Objektprinzip mit Produkten und Regionen zweimal angewandt werden oder ☐ das Verrichtungsprinzip mit Hauptfunktionen und übergeordneten Funktionen. • Erteilung von Anweisungen nach dem Mehrliniensystem (»organisierter Konflikt«).
Vorteile	• Sachkompetenz • Konstruktiver Konflikt • Gleichberechtigung von Sparten und Funktionen
Nachteile	• Organisierte Mehrfachunterstellungen • Destruktiver Konflikt • Abschiebung von Verantwortung

Abb. 13: Wesentliche Kennzeichen der Matrixorganisation

Die folgende Abbildung 14 stellt eine typische Matrixorganisation in Form eines Organisationsschaubildes bzw. Organigramms dar.

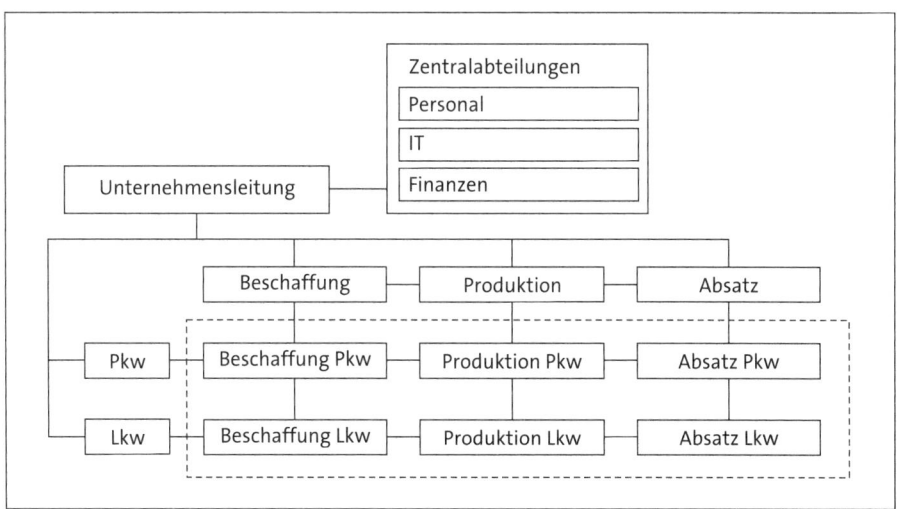

Abb. 14: Matrixorganisation

1.1.3 Ablauforganisation

Die Ablauforganisation ist auf die raumzeitliche Strukturierung der Arbeitsprozesse ausgerichtet. **Ziele der ablauforganisatorischen Gestaltungsmaßnahmen** sind vor allem die Optimierung von:

- Kapazitätsauslastung,
- Durchlaufzeiten,
- Transportwegen,
- Lagerzeiten,
- Termineinhaltung.

Auch hierbei kommen Analyse- und Synthesephase zum Zug (Arbeitsanalyse und Arbeitssynthese). Bei der **Arbeitsanalyse** wird ähnlich vorgegangen wie bei der Aufgabenanalyse. Die Arbeitsanalyse knüpft an das Ergebnis der Aufgabenanalyse an, setzt also bei den Elementaraufgaben an und führt die Zerlegung weiter bis zu Elementararbeiten – das sind einzelne Stadien von Handbewegungen. Diese Umschreibung macht deutlich, dass die klassische Form der Arbeitsanalyse und -synthese nur bei sich häufig wiederholenden manuellen Tätigkeiten in Produktion und Verwaltung Anwendung findet, z. B. bei Montagetätigkeiten oder bei Datenerfassungsarbeiten. Zeit- und Bewegungsstudien dienen der Optimierung der Arbeitsgänge.

Die **Arbeitssynthese** hingegen erfolgt unter anderen Gesichtspunkten als die Aufgabensynthese: die personale (mitarbeiterbezogene), temporale (zeitbezogene) und lokale (raumbezogene) Synthese sind zu unterscheiden.

1.1.4 Aufgaben und Träger der Personalarbeit in der Unternehmensorganisation

Die Organisation der betrieblichen Personalarbeit stellt zunächst nur ein organisatorisches Problem dar, das die Prozesse (Ablauforganisation) und die Strukturen (Aufbauorganisation) betrifft. Bei näherem Hinsehen wird aber rasch deutlich, dass weitere grundsätzliche Aspekte vorab klar sein müssen: die Bedeutung und die Aufgabenstellungen des Personalmanagements im Unternehmen, die Rollen und Leitlinien, die Zuständigkeiten für die Personalarbeit und der Nachweis der Wertschöpfung. Erst nach der Klärung dieser **Grundfragen** (siehe Abbildung 15) kann die organisatorische Seite sinnvoll angegangen werden.

Personalmanagement, Personalwirtschaft, Personalwesen und Human Resources Management sind gleichbedeutende Oberbegriffe, die das Fachgebiet bezeichnen. Im Zentrum dieses Fachgebiets stehen der Mensch und seine Arbeit.

Eine gängige Antwort auf die Frage, welche Aufgabenfelder zur Personalarbeit zählen, lautet in vielen Klein- und Mittelbetrieben (bis 500 Mitarbeiter): die Personalverwaltung. Das stimmt zweifellos, und die Personaladministration ist auch in kleineren (bis 2.000) und mittleren Großunternehmen (bis 10.000 Mitarbeiter) und in sehr großen Konzernen wichtig – ohne zuverlässig funktionierende Personalverwaltung hat bzw. bekommt selbst der größte Unternehmensverbund erhebliche Probleme im Personalbereich. Ausschließlich Personalverwaltung zu betreiben bedeutet jedoch eine stark verkürzte Sicht des betrieblichen Personalmanagements. Welche Themen insgesamt zum Personalmanagement zählen, wurde im einführenden »Gesamtüberblick zum Personalmanagement« bereits deutlich (siehe nochmals die Abbildungen 1 bis 4 zum 3-Säulen-Modell und die Erläuterungen).

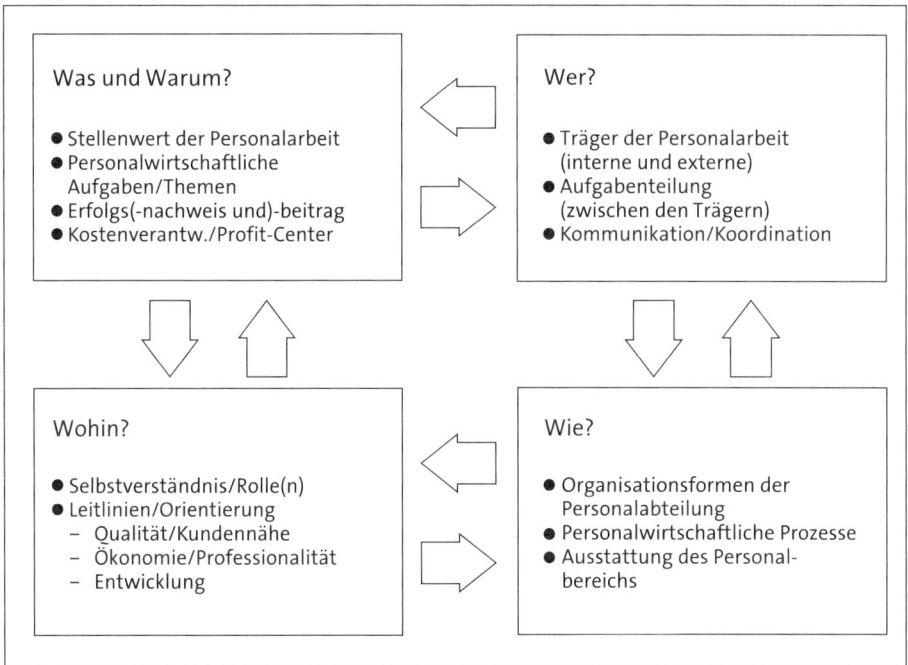

Abb. 15: Grundfragen zur Organisation der Personalarbeit

Zur Beantwortung der Frage, wer Personalaufgaben wahrnimmt, kommen als **Aufgabenträger** grundsätzlich infrage:

- Geschäftsleitung,
- Führungskräfte,
- Personalabteilung,
- Betriebsrat bzw. Personalrat und
- Externe, z. B. Personalberater oder Dienstleister für die Lohn- und Gehaltsabrechnung.

Die anstehende Entscheidung lautet nicht: »Welcher Träger ist für die Personalarbeit zuständig?«, sondern »Wie sieht eine vernünftige Aufgabenteilung konkret aus?«. Die folgenden Modelle geben differenzierte Antworten hierauf. Dabei weisen die Begriffe »Geschäftsführermodell«, »Personalleitermodell«, »Personalreferentenmodell« und »Führungskräftemodell« jeweils auf die hauptsächliche Zuständigkeit in bzw. für Personalangelegenheiten hin.

Zentrale Organisationsformen

- Geschäftsführermodell

In kleineren Betrieben (bis ca. 50 Mitarbeiter) behält sich häufig der Geschäftsführer die wichtigen Entscheidungen im Personalbereich vor. Dort gibt es entweder keine Personalabteilung oder die bedeutenden Entscheidungen gehen an der Personalstelle vorbei und werden vom Geschäftsführer getroffen (**Geschäftsführermodell**). Hier spielt der Rechtsanwalt des Unternehmens oft eine besondere Rolle, der auch für arbeitsrechtliche Fragen zuständig ist.

Auch in mittelständischen Unternehmen (bis ca. 500 Mitarbeiter) ist Personalarbeit sehr stark an die Unternehmensleitung (Geschäftsführer) gebunden. Es gilt die weit verbreitete Meinung, der Geschäftsführer müsse für alles zuständig sein, also auch für die Belange der Mitarbeiter. Durch die breite Aufgabenpalette der Geschäftsführung bleibt in der Regel nur wenig Zeit für die Mitarbeiter. Der Geschäftsleiter ist häufig zugleich Eigentümer und entscheidet nicht selten im Interessenkonflikt zwischen Geschäftsinteresse und Mitarbeiterbedürfnis für das Geschäft.

Personalarbeit wird von der Geschäftsleitung aus dem Handgelenk heraus nebenbei erledigt oder an externe Anbieter vergeben. Der Stellenwert der Personalarbeit steht und fällt mit der Einstellung des Geschäftsführers. Betrachtet er die Mitarbeiter als strategischen Erfolgsfaktor des Unternehmens, dann wird er mit entsprechendem Weitblick personalwirtschaftliche Entscheidungen treffen, statt ad hoc kurzfristig festgestellte Bedarfe oder Defizite zu beseitigen. Oft scheitert professionelle Personalarbeit, weil sich die Geschäftsleitung vorwiegend an kurzfristig wirkenden, kostenmäßig erfassbaren Unternehmenszielen orientiert.

Eine starke Überlastung der Geschäftsleitung in personalwirtschaftlichen Fragen kann nur dadurch kompensiert werden, dass einzelne Aufgaben an fähige Mitarbeiter delegiert werden. So kann man z. B. eine Assistentenstelle schaffen, die direkt der Geschäftsleitung zugeordnet ist und sich um Fragen der Personalpolitik und um konzeptionelle Personalarbeit (z. B. Vergütungs-, Beurteilungs- oder Zielvereinbarungskonzepte) sowie um ihre betriebliche Umsetzung, d. h. um die Mitarbeiterbetreuung, kümmert. Echte Abhilfe schafft allerdings nur die Stelle eines Personalleiters, der auf gleichberechtigter oberer Managementebene mit den Führungskräften des Unternehmens agiert und von diesen als Partner akzeptiert wird.

- Personalleitermodell

In vielen mittleren und allen größeren Betrieben (ab ca. 500 Mitarbeitern) existiert eine Personalabteilung, die sich die personalwirtschaftlichen Aufgaben mit der Unternehmensleitung und den Vorgesetzten teilt. Die Zuständigkeit in Personalfragen liegt beim klassischen **Personalleitermodell** mehr oder weniger komplett beim Personalleiter. Im besten Fall ist er Mitglied der erweiterten Geschäftsleitung bzw. dieser direkt unterstellt.

Der Personalleiter handelt eigenverantwortlich und ist durch die hierarchische Einbindung ein gleichwertiger Gesprächspartner über alle Managementebenen hinweg wie auch für Mitarbeiter und Mitarbeitervertretung. Häufig entwickelt er sich in der Praxis jedoch zum »Personalfürsten«, der wenig kundenorientiert agiert, sondern ausschließlich seine Vorstellungen von vernünftiger und zweckdienlicher Personalarbeit umsetzt. Das Spannungsfeld zwischen Führungskräften, Geschäftsführung und Mitarbeitern des Unternehmens birgt also Reibungsverluste, die eine optimale Personalarbeit u. U. behindern.

• Funktionalorganisation

Die Personalabteilungen größerer Unternehmen waren früher häufig nach funktionalen Gesichtspunkten (**Funktionalorganisation der Personalabteilung**) gegliedert (siehe Abbildung 16), d. h. es gab eine Stelle in der Personalabteilung, die auf den Bereich der Personalbeschaffung spezialisiert war, eine andere auf den Personaleinsatz, eine weitere auf Vergütungsfragen und so fort.

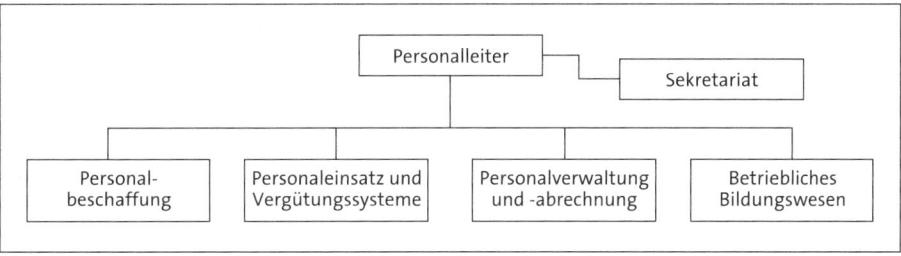

Abb. 16: Funktionalorganisation der Personalabteilung

Geschäftsführer- und Personalleitermodell sowie die funktionale Organisation der Personalabteilung weisen deutlich zentrale Züge auf, während Personalreferenten- und Führungskräftemodell personalwirtschaftliche Aufgaben dezentral auf mehrere Schultern verteilen.

Dezentrale Organisationsformen

• Personalreferentenmodell

Größere Unternehmen mit verschiedenen Betriebsteilen (z. B. Werken oder Vertriebsniederlassungen) dezentralisieren ihre Personalarbeit mehr und mehr (Objektorganisation). Die dezentrale Personaleinheit in dem jeweiligen Betriebsteil berät überwiegend die dort tätigen Führungskräfte und betreut die Mitarbeiter. Die Verantwortung liegt überwiegend bei den Führungskräften. Allerdings tragen die Leiter dieser dezentralen Personaleinheiten – Personalreferenten oder Werkspersonalleiter – eine nicht unerhebliche Mitverantwortung. Die dezentrale Personaleinheit fungiert als Bindeglied, als »verlängerter Arm« zur zentralen Personalabteilung und wird »vor Ort« zum internen Dienstleister.

Personalreferenten oder -betreuer erledigen die Personalaufgaben in ihrem Betreuungskreis umfassend als Ganzes. Sie konzentrieren sich bei ihrer Betreuungsaufgabe häufig auf bestimmte Mitarbeitergruppen (Arbeiter, Angestellte, Führungskräfte) oder auf Unternehmensbereiche (Produktion, Vertrieb, Verwaltung). Die Personalreferenten nehmen für ihren Betreuungsbereich praktisch alle Personalaufgaben wahr, sie sind »Personalleiter im Kleinen«. Die typischen **Aufgaben des Personalreferenten** zeigt Abbildung 19. Die **Referentenorganisation** der Personalabteilung wird aus Abbildung 17 ersichtlich.

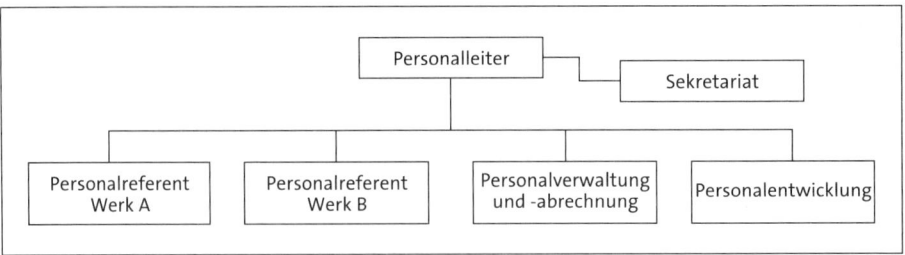

Abb. 17: Referentenorganisation der Personalabteilung

In der Praxis wird das Personalreferentenmodell oft durch zentral angesiedelte Funktionen ergänzt, die für personalpolitische und -strategische Fragen, z. B. aus Gründen der Effizienz, Einheitlichkeit und Koordination, zuständig sind. Aber auch die Personalabrechnung und das Personalcontrolling sind häufig zentral organisiert.

Meistens agieren die Personalreferenten in Zusammenarbeit mit den Führungskräften; eine zweckmäßige **Aufgabenteilung** zwischen den Führungskräften in den Fachabteilungen und den Personalreferenten zeigt die folgende Abbildung 18.

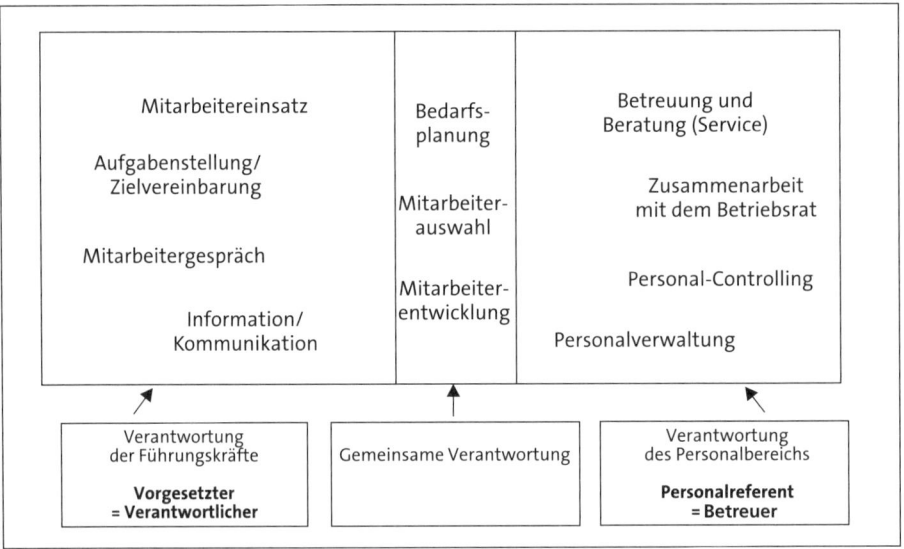

Abb. 18: Aufgabenteilung zwischen Führungskräften und Personalreferenten

Das Personalreferentenkonzept verlangt eine klare Vorstellung davon, wie die Beteiligten zusammenwirken sollen. Das Zusammenspiel von Führungskräften, Personalreferenten, (Funktions-)Spezialisten und Personalleiter lässt sich – ergänzend zur oben dargestellten Aufgabenteilung – durch einige **grundsätzliche Leitlinien** wie folgt sicherstellen:

- Die Verantwortlichkeit für Personalfragen liegt beim Vorgesetzten.
- Der Personalreferent steht der Führungskraft auf Anforderung als Berater zur Verfügung.
- Der Personalreferent greift im Bedarfsfall auf Spezialisten im Personalbereich zurück.
- Der zentrale Personalleiter koordiniert die Arbeit der Referenten, stellt die Einhaltung personalpolitischer Leitlinien sicher, ist für bereichsübergreifende Aktivitäten und Konzeptionen zuständig und verfolgt die Entwicklung des Personalbereichs als Ganzes.

Darüber hinaus ist eine Aufgaben- und Kompetenzabgrenzung über Stellen- bzw. Aufgabenbeschreibungen sinnvoll. Weiter gehende Regelungen bergen die Gefahr, zu bürokratisch zu werden – eine vertrauensvolle Zusammenarbeit lässt sich nicht primär durch formelle Regeln erzeugen.

Personal(bedarfs)-planung	Qualitative und quantitative Ermittlung der Arbeitnehmer, die in Zukunft benötigt werden: Damit hängt die Ableitung der (Folge-)Maßnahmen zusammen, die dem Recruiting, der Entwicklung oder der Freisetzung zuzurechnen sind.
(Personalmarketing und) Personalbeschaffung	Aufgrund des ermittelten Bedarfs müssen Maßnahmen in die Wege geleitet werden: Rekrutierung durch innerbetriebliche Ausschreibung oder Anwerbung und Einstellung neuer Mitarbeiter vom externen Arbeitsmarkt. Eine wichtige Voraussetzung dafür ist ein gutes Image des Unternehmens als Arbeitgeber, das durch das Personalmarketing (Employer Branding) bewirkt werden soll. Der Einsatz entsprechender Maßnahmen kann beim Personalreferenten liegen, allerdings werden die für das gesamte Unternehmen einheitlich gültigen Konzepte des Personalmarketings meistens zentral (als Projekt) entwickelt und überschreiten damit den Betreuungsbereich des einzelnen Personalreferenten.
Personaleinsatz (und Mitarbeiterbindung)	Der Personalreferent berät beim anforderungs- und eignungsgerechten Einsatz der Mitarbeiter die Vorgesetzten der einzelnen Fachbereiche; die häufigsten Fälle sind Umsetzungen und Versetzungen sowie die damit verbundenen Aktivitäten der Betriebsratsinformation, der Vergütungsfestlegung, erforderlicher Schulungen etc. Ferner unterstützt der Personalreferent die Führungskräfte seines Betreuungsbereichs beim zielgerichteten Einsatz von Maßnahmen zur Bindung (Retention) von Leistungsträgern und Potenzialkandidaten. Die Entwicklung entsprechender Mitarbeiterbindungskonzepte erfolgt wiederum (wie beim Personalmarketing) zentral als Projekt. **Beispiele:** Familienfreundliche Arbeitsbedingungen oder Konzepte für das betriebliche Gesundheitsmanagement $\rightarrow$

Lohn- und Gehaltsfindung	Anwendung der betrieblichen Vorgaben zur anforderungs- und leistungsgerechten innerbetrieblichen Lohn- und Gehaltssystematik und Beratung der Mitarbeiter bei Lohn- und Gehaltsfragen: Die Entwicklung einer Entgeltsystematik für das ganze Unternehmen ist (wieder) eine übergeordnete Aufgabe mit Projektcharakter; die Entscheidung über die Vergütungsstruktur trifft in der Regel die Geschäftsleitung.
Personalentwicklung	Förderungs- und Entwicklungsmaßnahmen für die Mitarbeiter in Absprache mit dem jeweiligen Fachbereich in die Wege leiten; auch hier gilt: Die Personalentwicklungs-Konzeption liegt entweder bei einem eigenständigen zentralen Entwicklungsbereich oder sie wird im Rahmen eines größeren Projekts ausgearbeitet – und auch hier braucht es eine einheitliche Richtung im gesamten Unternehmen.
Personalverwaltung	Administrative Bearbeitung aller die Mitarbeiter betreffenden Vorgänge von der Bewerbung über die Versetzung und Förderung bis hin zur Freisetzung oder Pensionierung. Häufig werden die Personalreferenten bei diesen Administrationsaufgaben durch Sachbearbeiter unterstützt, die ihnen direkt zugeordnet sind oder sie greifen auf einen Sachbearbeiter-Pool zurück.
Betreuung der Mitarbeiter	Mitarbeiter in allen tariflichen, betrieblichen und persönlichen Angelegenheiten beraten und unterstützen
Beratung der Führungskräfte	Bei der Personalauswahl und -entwicklung steht der Personalreferent den Vorgesetzten in den Fachabteilungen beratend zur Seite. Bei Konflikten oder sonstigen Problemen wird er auf Anforderung tätig.
Zusammenarbeit mit dem Betriebsrat	Der Personalreferent informiert den Betriebsrat umfassend und rechtzeitig. Zwischen Personalreferent und dem Betriebsrat sollten daher ein ständiger Kontakt sowie eine offene und vertrauensvolle Atmosphäre bestehen.

Abb. 19: Aufgabenbeschreibung für einen Personalreferenten

Die Frage nach der Zahl der zu betreuenden Mitarbeiter (**Betreuungsquotient**) erlaubt recht verschiedene Antworten. Von 150 bis ca. 1.000 Mitarbeitern reicht die Spanne. Personalreferenten übernehmen mitunter Spezialgebiete, in denen sie die aktuellen Entwicklungen verfolgen und ihre Kollegen auf dem Laufenden halten. Unterschiedlich sind auch die Ansichten zur Unterstützung der Personalreferenten durch Sachbearbeitungs- bzw. Sekretariatskräfte bzw. die Organisation von Betreuungsteams (bestehend aus Personalreferent und Sachbearbeitern). Die Zuständigkeit für die Personalabrechnung (zentral oder dezentral, in der Finanz- oder in der Personalabteilung) wird ebenfalls intensiv und kontrovers diskutiert. Häufig ist die Abrechnung mittlerweile jedoch zentral in einer Servicestelle gebündelt.

Die grundsätzlichen Vorteile dezentraler Personalarbeit liegen in der Kundennähe zum sog. Business (**Integration in die Geschäftsbereiche**), in der Identifikation mit diesem Bereich, im hohen Leistungsumfang, in der Erreichbarkeit und den klaren Zuständigkeiten sowie in kompetenten und motivierten Personalmitarbeitern.

• Führungskräftemodell

Im **Führungskräftemodell** werden vielfältige Personalaufgaben direkt den Führungskräften übertragen (**Personalarbeit durch den direkten Vorgesetzten in der Fachabteilung**). Dies führt zu einer stärkeren Einbindung aller Managementebenen in Personalfragen und zu stärkerer Verantwortlichkeit der Führungsebenen für die eigenen Mitarbeiter. Sie entscheiden z. B. über Auswahlfragen selbst, sind für die Förderung der Mitarbeiter zuständig und treffen Weiterbildungsentscheidungen in Absprache mit dem Mitarbeiter. Immer stärker werden Führungskräfte auch in die Personalplanung oder die Personalverwaltung eingebunden. Das verlangt allerdings in erheblichem Maß Personalkompetenz von den Führungskräften.

Der Personalbereich sieht seine Hauptaufgaben bei diesem Modell in der Wahrnehmung von bereichsübergreifenden konzeptionellen und koordinierenden Aufgaben, in der Außenvertretung gegenüber externen Institutionen (z. B. Verbänden), in zentralen Verwaltungsaufgaben, die den Führungskräften nicht übertragen werden können (z. B. Personalabrechnung) und in der Wahrnehmung von beratenden Aufgaben einschließlich der Bereichs- und Organisationsentwicklung. Die Personalabteilung bietet hierfür **Beratungsdienstleistungen** an, die von den Führungskräften in Anspruch genommen werden können.

Im Moment geht der Trend klar zu einer Kombination aus Personalreferentenmodell und Führungskräftemodell. An dieser Entwicklung sind die Personalabteilungen sicher nicht unschuldig, da sie in den zurückliegenden Jahrzehnten nicht immer erfolgreich agiert haben. Personalabteilungen, die das Personalmanagement umfassend angehen, orientieren sich an einem **Personalquotienten** – das ist die Zahl der Mitarbeiter im Personalbereich in Relation zur Gesamtbelegschaft – von 0,5 bis 1,5 %. Auf 1.000 Mitarbeiter im Unternehmen kommen also zwischen 5 und 15 Mitarbeiter im Personalbereich.

Bis hier stand die betriebsinterne Wahrnehmung der Personalaufgaben deutlich im Vordergrund. Die Aufgaben betrieblicher Personalarbeit können jedoch grundsätzlich auch extern organisiert werden (Outsourcing).

Outsourcing von Personalaufgaben

Beim **Outsourcing** muss klar entschieden werden, welche Leistungen sinnvollerweise intern und welche extern erbracht werden sollen. Grundsätzlich möglich ist natürlich eine komplette Verlagerung der Personalabteilung zu einem externen Dienstleister oder in eine eigenständige Dienstleistungsfirma, die allerdings nur für das betreffende Unternehmen tätig ist. In der betrieblichen Praxis ist jedoch die Auslagerung einzelner Bereiche des Personalmanagements eher die Realität. Bedeutsam ist dann die Frage nach geeigneten Anbietern bestimmter Leistungen. Gerade bei sensiblen Themen, wie sie im personalwirtschaftlichen Aufgabenbereich häufig zu finden sind, muss ein Unternehmen dem externen

Dienstleister (Outsourcer) ein hohes Maß an Vertrauen entgegenbringen. Outsourcing um jeden Preis jedoch ist falsch – Chancen und Risiken sind genau abzuwägen. Als **Vor- und Nachteile** können gelten (siehe Abbildung 20):

Vorteile	Nachteile
• Fremdbezug kostengünstiger • Variable (statt fixe) Kosten • Konzentration auf das Kerngeschäft • Serviceorientierung des Dienstleisters • Professionalität des Dienstleisters	• Unberücksichtigte Kosten • Längere Kommunikationswege • Informationsdefizite des Dienstleisters • Interner Know-how-Verlust • Abhängigkeit vom Dienstleister

Abb. 20: Vor- und Nachteile des Outsourcings

Folgende Fragen (siehe Abbildung 21) sollten sich Unternehmen unbedingt stellen, wenn es um die Make-or-Buy-Entscheidung beim Outsourcing geht:

Kosten	□ Welche Kosten verursacht die Bereitstellung der Dienstleistung im eigenen Unternehmen? □ Zu welchen Kosten ist die Dienstleistung beim Outsourcer zu erhalten? Wichtig hierbei: Welche Kosten sind in der Dienstleistung enthalten, welche fallen trotzdem an (z. B. Reisekosten der Mitarbeiter zu Trainings)? □ Wie ist das interne Preis-Leistungs-Verhältnis gegenüber dem externen?
Qualität	□ Sind bei der Leistung Firmenwissen und -identität wichtig oder eher Distanz? □ Gibt es interne Qualitätsstandards?
Quantität	□ Kann die Leistung intern in der erforderlichen Größenordnung (z. B. PC-Trainings) angeboten werden? □ Werden durch Outsourcing wichtige Kapazitäten für andere wichtige Aufgaben frei? □ Kann der Outsourcer die erforderliche Quantität anbieten?
Folgen/Konsequenzen	□ Tritt beim Outsourcing interner Know-how-Verlust auf? □ Werden eigenen Mitarbeitern interne Entwicklungschancen genommen?
Beziehung zum Outsourcer	□ Welche Gütekriterien gelten für Outsourcer der entsprechenden Dienstleistung (z. B. Erfahrung, Spezialisierungsgrad, Größe, Innovationspotenzial)? □ Kann eine Abhängigkeit von bestimmten Outsourcern entstehen?

Abb. 21: Fragen zum Outsourcing

Für die Personalverwaltung (z. B. Personalabrechnung, Kantine) ist Outsourcing relativ unproblematisch. Allerdings muss man sich über die Konsequenzen des Outsourcings im Klaren sein. Das gilt gleichermaßen für das sog. Offshoring, das Outsourcing in andere Kontinente. Die Personalabrechnung durch einen externen Dienstleister bedeutet in der Regel, dass aktuelle Personaldaten im Unternehmen nicht oder nur eingeschränkt intern verfügbar bzw. intern IT-gestützt auswertbar sind. Eine bedingte Umsetzbarkeit ergibt sich für personalwirtschaftliche Kernaufgaben (Beschaffung, Einsatz, Entwicklung, Freisetzung von Personal). Die Vorauswahl von Bewerbern anhand der eingereichten Unterlagen lässt sich z. B. gut durch einen externen Dienstleister erledigen. Externe Weiterbildungsmaßnahmen und Trainings sind gang und gäbe, die Mitarbeiterförderung hingegen muss im Unternehmen verbleiben (siehe zu den Themen, die sich problemlos, mit Einschränkungen oder gar nicht outsourcen lassen, Abbildung 22).

Outsourcing war vor einigen Jahren ein Modetrend im Personalmanagement, dem viele Unternehmen blind folgten und dabei klar überzogen. Inzwischen sieht die Praxis das Outsourcing abgeklärter und reflektiert die Konsequenzen realistischer. Kernkompetenzen sollen im Unternehmen bleiben. Bei allen Aspekten, die in unmittelbarem Zusammenhang mit der Unternehmenskultur, den Kernkompetenzen des Unternehmens oder der Personalstrategie stehen, wäre Outsourcing geradezu gefährlich. Die folgende Übersicht (siehe Abbildung 22) zeigt nochmals, welche **Personalaufgaben** sich für **Outsourcing** eignen und bei welchen Funktionen Outsourcing eher nicht in Betracht gezogen werden sollte.

Möglichkeiten zum Outsourcing	
Grundsätzlich möglich (und empfehlenswert)	• Personaladministration • Stellenanzeigen • Headhunting • Personalvorauswahl (anhand von Bewerbungsunterlagen) • Weiterbildung und Trainings • Coaching • Mitarbeiterbefragungen • Outplacement
Unter bestimmten Bedingungen möglich	• Personalmarketing • Personalendauswahl • Potenzialeinschätzung • Begleitung von Veränderungsprozessen • Entwicklung von neuen Konzepten
Nicht empfehlenswert	• Personalpolitik • Personalplanung • Mitarbeiterführung • Mitarbeitermotivation • Mitarbeiterbindung • Mitarbeiterförderung • Mitarbeiterinformation • Personalcontrolling

Abb. 22: Möglichkeiten zum Outsourcing personalwirtschaftlicher Aufgaben

Eine andere Entwicklung im Personalmanagement zeigt in eine ähnliche Richtung wie das Outsourcing. Großunternehmen richten neuerdings sog. **Service-Center** (SC) oder **Shared-Service-Center** (SSC) ein, die als (wirtschaftlich und rechtlich) selbstständige, aber interne Organisationseinheiten lediglich die Durchführungs-, jedoch keine Planungs- und Steuerungsverantwortung für ihre operativen Dienstleistungen besitzen. Die SSCs beliefern mehrere Geschäftsbereiche, Werke u. a. mit administrativen Leistungen und erzielen dadurch Kostenreduzierungen und Qualitätssteigerungen. Dabei definieren die Kunden den standardisierten, meist intensiv IT-gestützt erbrachten Service und bezahlen für die Leistungen, die sie beziehen.

Die betriebliche Personalarbeit steht seit jeher mit dem Rücken zur Wand. Es fällt ihr schwer, ihre Erfolge schlüssig nachzuweisen. In diesem Zusammenhang spielt ein weiterer Trend für die organisatorische Aufstellung der Personalabteilung in der Unternehmensorganisation eine besondere Rolle: die Personalabteilung als Wertschöpfungscenter – dabei spielen die internen Kunden der Personalabteilung eine besondere Rolle, weil sie Leistungen des Personalbereichs nicht nur erhalten, sondern auch dafür bezahlen.

Personalabteilung als Wertschöpfungscenter

Ein **Kunde** zeichnet sich durch drei Merkmale aus: Er ist Abnehmer von Leistungen, er kann zwischen mehreren Anbietern wählen und er bezahlt die Dienstleistungen, die er beauftragt. Bislang war überwiegend von der Leistungsseite (Wofür ist die Personalbereich zuständig? Welche Leistungen erbringt er?) und deren Qualität (aus Sicht der Kunden; siehe hierzu auch Kapitel 1.2) sowie ansatzweise von internen und externen Lieferanten (Personalabteilung oder Outsourcing) die Rede. Mit den folgenden Überlegungen kommen die Kostenseite der Leistungen sowie die Entscheidungsmöglichkeit der Kunden zwischen verschiedenen Anbietern ins Spiel.

Aus betriebswirtschaftlicher (Kosten-)Perspektive stellt die Geschäftsleitung der Personalabteilung klassischerweise ein Budget zur Verfügung. Die Personalabteilung ist für den verantwortungsvollen und effizienten Umgang mit ihrem Budget und für dessen Einhaltung verantwortlich. Über Soll-Ist-Vergleiche und Abweichungsanalysen wird die Kostenseite gesteuert. Die Kosten werden am Ende des Geschäftsjahres intern über Umlagen pauschal weiterverrechnet.

Das ist auch beim **Cost-Center-Personal** so. Das Cost-Center-Personal erbringt Leistungen, die nicht am Markt bezogen werden können oder sollen und verrechnet diese über pauschale Umlagen. Mitunter werden die Leistungen weniger kundenorientiert erbracht. In einem nächsten Schritt wird das Cost-Center-Personal durch interne **Service-Center** erweitert, die mit verursachungsgerechten Markt- und Transferpreisen rechnen. Die Leistungen sind zwar prinzipiell marktfähig, die Bereiche müssen sie jedoch von ihrer Personalabteilung beziehen. Die Geschäftsleitung entscheidet über ein eventuelles Outsourcing. Um das Modell an den Kunden auszurichten, werden gemeinsame Workshops und das Instrument der jährlichen Leistungsvereinbarungen, sog. Service Level Agreements (SLA), zwischen Personalbereich und internen Kunden genutzt.

Die **Personalabteilung als Profitcenter** ist demgegenüber eine eigenständige Einheit, die Verantwortung für Kosten und Erfolg der von ihr angebotenen Dienstleistungen trägt. Die Leistungen werden marktgerecht angeboten, d. h. an den Wünschen der Kunden (Geschäftsleitung, Führungskräfte, Abteilungen, Mitarbeiter) orientiert und von diesen nachgefragt. Die Verrechnung der Kosten erfolgt zu Marktpreisen. Die Abnehmer von Personal(dienst)leistungen wie etwa Beratung, Training, Coaching, Konzeptentwicklung können zwischen Leistungsanbietern im eigenen Hause und externen Anbietern wählen. Die Personalabteilung steht somit in Konkurrenz zu externen Anbietern (z. B. Unternehmens- und Personalberatungen, freiberufliche Trainer, externe Abrechnungsstellen etc.), die ein breites Angebot personalwirtschaftlicher Dienstleistungen offerieren. Die Qualität der Leistung wird durch die Kunden nach erfolgter Dienstleistung direkt oder indirekt an den Anbieter zurückgemeldet. Fallen Qualität oder Kosten bei der eigenen Personalabteilung im Vergleich zu Konkurrenzdienstleistern ungünstiger aus, so werden die internen Kunden überlegen, ob sie in Zukunft die Dienstleistung (z. B. Bildungsmaßnahmen oder Unterstützung bei der Akquisition neuer Mitarbeiter) nicht besser von externen Anbietern in Anspruch nehmen.

Auf Kundenwünsche gerichtete Personalarbeit, Anpassung und laufende Erfolgskontrolle sowie marktgerechte Kosten als Elemente der Kundennähe machen das Profitcenter für große Unternehmen zu einer kundenfreundlichen Organisationsform im Personalbereich. Höhere Qualität beim Management der Human Resources lässt sich auf diesem Weg nachweisen und belegen. Aus betriebswirtschaftlicher Sicht kann der **Nachweis erfolgreicher Personalarbeit** am schlüssigsten in der Profitcenter-Organisation gelingen, wenngleich dieses Organisationsmodell für die meisten Unternehmen noch Zukunftsmusik darstellt.

Cost-Center, Service-Center und Profitcenter sind keine Alternativen, zwischen denen Unternehmen sich entscheiden müssen – diese Organisationsformen lassen sich miteinander verknüpfen. In der **betrieblichen Praxis** mittlerer und größerer Unternehmen kann so vorgegangen werden: Sog. Basisleistungen werden nach wie vor durch Umlagen, aber an Marktpreisen orientiert, verrechnet; dabei handelt es sich z. B. um die Personalabrechnung und die weiteren Aufgaben der Personalverwaltung. Beratungsleistungen für die Führungskräfte, wie beispielsweise die Beschaffung eines neuen Mitarbeiters oder die Seminar- bzw. Trainingteilnahme von Mitarbeitern, werden den Bereichen nach Inanspruchnahme in Rechnung gestellt. Die Geschäftsleitung ist der zuständige Ansprechpartner für konzeptionelle Leistungen, das sind z. B. die Entwicklung eines neuen Entgeltsystems, eines Mitarbeiterbeurteilungssystems oder die Aufgaben, die in Zusammenhang mit der Erstellung von Führungsleitlinien anfallen. Geschäftsleitung und Führungskräfte können die (eigene) Personalabteilung beauftragen oder sich an externe Anbieter wenden (siehe Abbildung 23).

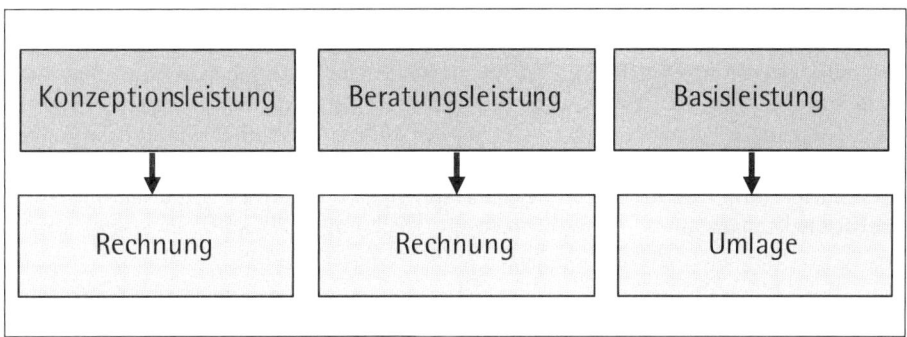

Abb. 23: Kostenverrechnung im Personalbereich

Service-Delivery-Modell für die Personalabteilung

Eine weitere Überlegung prägt neuerdings die Frage nach den zweckmäßigen Strukturen für den Personalbereich in Großunternehmen: das sog. **Service-Delivery-Modell**. Kennzeichnend für diese Konzeption sind drei **Merkmale:**

- der weitreichende Einsatz von Inter- und Intranet-gestützter Personal-IT, insbesondere Employee Self Service (ESS) bzw. Mitarbeiterportale, Manager Self Service (MSS) bzw. Führungskräfteportale sowie Bewerberportale,
- die Aus- bzw. Verlagerung von administrativen Routineprozessen in Service-Center und (damit)
- eine sehr differenzierte Aufgabenteilung bzw. Zuständigkeit innerhalb des Personalbereichs für personalwirtschafliche Belange.

Die Ausgangsidee des Service-Delivery-Modells ist, dass ca. 80–85 % der eingehenden Fragen von Mitarbeitern, Führungskräften und Bewerbern über das **Intranet bzw. das Internet** oder über ein Callcenter (Telefon-Hotline) abgefangen werden sollen. Beim Employee Self Service (ESS) sollen Mitarbeiter ihre Personaldaten selbst über einen PC abfragen (z. B. den Stand des Urlaubskontos) und ändern (z. B. eine neue Adresse) können, sich Informationen über das Unternehmen (z. B. Geschäftsergebnisse) oder Arbeitgeber-Leistungen (z. B. Fahrtkostenerstattungen bei Nutzung öffentlicher Verkehrsmittel) besorgen können und Antworten auf häufig gestellte Fragen (FAQ – Frequently Asked Questions) erhalten. Das Führungskräfteinformationssystem (Manager Self Service – MSS) unterstützt die Führungskräfte mit zielgerichteten, aktuellen sowie bedarfgerecht aufbereiteten personalwirtschaftlichen Informationen und Daten über ihre Mitarbeiter zur Selbststeuerung ihres Bereichs. Bewerber können im Internet ihre Bewerbung absetzen, ihre Daten in einem Bewerberfragebogen hinterlegen und sich über den Stand des Bewerbungsverfahrens erkundigen. Dadurch wird die Personalabteilung erheblich entlastet.

Hinzu kommt die organisatorische Zusammenfassung administrativer Routineprozesse in einem **(Shared-)Service-Center** ([S]SC), die in eine ähnliche Richtung wie das Outsourcing zeigt und vor allem auf die kostengünstige Abwicklung von Massenprozessen setzt.

Schließlich weist das Service-Delivery-Modell eine sehr **differenzierte Aufgabenteilung** in den verschiedenen Personalfunktionen auf. Die Sachbearbeiter in den Service-Centern nehmen Routineaufgaben wahr. Die Mitarbeiter in den Callcentern beantworten Standardanfragen. Die Businesspartner – das sind die bisherigen Personalreferenten, allerdings mit deutlicher Ausrichtung auf personalstrategische Unterstützung des Business, also der Unternehmensbereiche – sind Ansprechpartner für die (oberen) Führungskräfte, nicht mehr für die Mitarbeiter, während Spezialisten im Expertenzentrum sich um die nicht alltäglichen Fragen kümmern, die von den anderen genannten Mitarbeitergruppen im Personalbereich nicht beantwortet werden können. Die Leitung des Personalbereichs schließlich nimmt Koordinationsaufgaben wahr, greift innovative Projekte auf und ist für die Personalstrategie und die unternehmerische Steuerung des Personalbereichs zuständig.

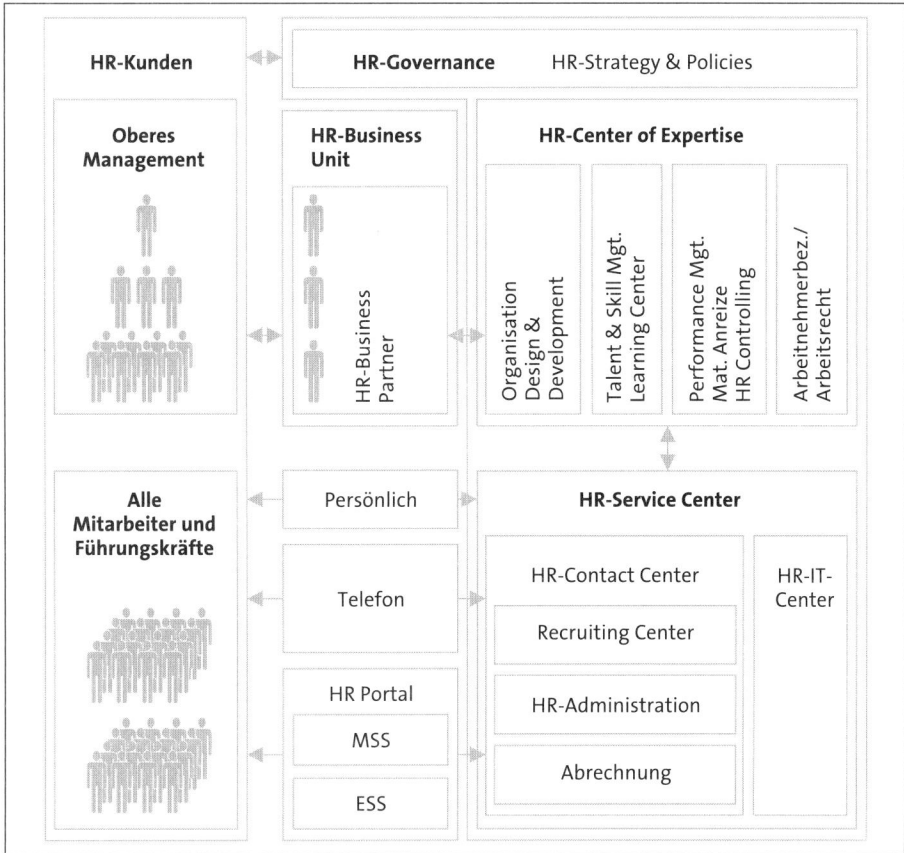

Abb. 24: Service-Delivery-Modell (Oertig 2007, S. 24)

Die Auswirkungen des Service-Delivery-Modells sind:

- Personal- und Kosteneinsparungen,
- unpersönlichere Kommunikation mit dem Personalbereich für die Mitarbeiter,
- differenzierte Entwicklungsmöglichkeiten für die HR-Mitarbeiter.

Inzwischen rücken einige Großunternehmen von der Reinform dieses Modells wieder ein Stück weit ab und (re)installieren (wieder) persönliche Ansprechpartner für die Mitarbeiter und die unteren Führungskräfte (Teamleiter, Meister usw.), um insbesondere der nachteiligen Kontaktarmut zwischen dem Personalbereich und einem Großteil seiner Kunden ein Stück weit zu begegnen. Die Personalabteilung darf im Kontakt mit und zu ihren Kunden einerseits nicht übertrieben fürsorglich auftreten, d. h. nicht für alle Sorgen und Nöte der Mitarbeiter jederzeit da sein. Andererseits ist die im Service-Delivery-Modell organisierte »Sprachlosigkeit« als anderes Extrem auch nicht gut, denn persönliche Kommunikation stellt das wichtigste kulturprägende Element dar, das Interesse an den Mitarbeitern und Kümmern um ihre Belange signalisiert und schlussendlich Vertrauen und Glaubwürdigkeit erzeugt.

Quellen

Ackermann, K.-F. (Hrsg.): Reorganisation der Personalabteilung, Stuttgart 1994.

Antoni, C.: Gruppenarbeit in Unternehmen, Weinheim 1994.

Bea, F. X./Göbel, E.: Organisation, 4. Aufl., Stuttgart 2010.

Claßen, M./Kern, D.: HR Business Partner, Köln 2010.

Deutsche Gesellschaft für Personalführung (DGFP) (Hrsg.): Organisation des Personalmanagements, Bielefeld 2007.

Fischer, H.: HR-Management als Prozess, Zürich 2004.

Franke, D./Boden, M. (Hrsg.): Personal Jahrbuch 2004, Neuwied 2003.

Frese, E.: Grundlagen der Organisation, 9. Aufl., Wiesbaden, 2005.

Goerke, S./Wickel-Kirsch, S.: Internes Marketing für die Personalarbeit, Neuwied 2002.

Klimmer, M.: Unternehmensorganisation, 2. Aufl., Herne 2009.

Kolb, M.: Personalmanagement, 2. Aufl., Wiesbaden 2010.

Oertig, M. (Hrsg.): Neue Geschäftsmodelle für das Personalmanagement, 2. Aufl., Köln 2007.

Olfert, K./Steinbuch, P. A.: Organisation, 15. Aufl., Wiesbaden 2009.

Scholz, C. (Hrsg.): Innovative Personalorganisation, Neuwied 1999.

Schreyögg, G.: Organisation, 5. Aufl., Wiesbaden 2008.

Sprenger, R.: Mythos Motivation, 19. Aufl., Frankfurt 2010.

Staehle, W. H.: Management, 8. Aufl., München 1999.

Vahs, D.: Organisation, 7. Aufl., Stuttgart 2009.

Wittlage, H.: Unternehmensorganisation, 7. Aufl., Herne/Berlin 1998.

1.2 Personalwirtschaftliches Dienstleistungsangebot gestalten

In Zusammenhang mit der Weiterentwicklung des Personalreferentenmodells bzw. der Dezentralisierung der Personalarbeit spielen der Stellenwert der Mitarbeiterführung sowie der Personal- und Organisationsentwicklung und das Verständnis vom Personalmanagement als Unterstützer, Berater und Moderator für Mitarbeiter und Führungskräfte eine besondere Rolle. Die Personalverantwortung liegt weitgehend bei den Führungskräften. Der Personalbereich ist in wesentlichen Teilen seines Aufgabenspektrums ein Dienstleistungsbereich, der sich in der Rolle und im **Selbstverständnis als interner Personaldienstleister** sieht und sich durch Kundennähe, nachgefragte und zukunftsweisende Leistungsangebote, Servicequalität, Wirtschaftlichkeit und Professionalität auszeichnet. Diese Stichworte stellen die Basis der Kundenorientierung bzw. des Qualitätsmanagements im Personalbereich dar.

1.2.1 Von der Funktions- zur Kundenorientierung im Personalbereich

Die Sicht des Personalmanagements als Dienstleistungsbereich, der seine internen und externen Kunden zufriedenstellen soll, ist inzwischen nicht mehr ganz neu. Früher sah sich die Personalabteilung häufig als personalverwaltendes »Einwohnermeldeamt« oder als einzige Stelle im Unternehmen, die Personalkompetenz besitzt. Zusammen mit einer starken **Orientierung an Funktionen statt an den Kunden bzw. Produkten** führte das dazu, dass die Personalabteilung entweder kaum wahrgenommen wurde (Personalverwaltung) oder dass sie sich in alle Personalfragen einmischte und den Führungskräften in den Fachabteilungen sowie den Mitarbeitern sagte, »wo es langgeht«. Die Konsequenz: Die Personalabteilung wurde eher als Behinderer denn als Unterstützer der eigenen täglichen Arbeit wahrgenommen. Zusammen mit einer Funktionalorganisation des Personalbereichs führte dieses Rollenverständnis zu einem äußerst **negativen Image vieler Personalabteilungen**, denen man nachsagte sie seien bürokratisch, formalistisch und machtlos und ihnen gar zuschrieb Kostenverursacher ohne Beitrag zum Unternehmenserfolg und damit überflüssig zu sein.

Kundenorientierung als (Management-)Konzept

Grundlegende Änderungen waren (und sind in vielen Unternehmen immer noch) erforderlich. Die Idee, dass es auch **interne Kunden** gibt, veranlasste zum Umdenken. Diese Überlegungen verbreiteten sich im Zug von **Lean Management** und **Total Quality Management** immer mehr und machten auch vor den Personalabteilungen nicht halt.

Kundenorientierung bedeutet letztendlich umfassend verstanden: Qualität des Personalmanagements. **Qualitätsmanagement im Personalbereich** stellt, ebenso wie das Personalcontrolling, eine integrative Sichtweise dar, die alle Themenfelder des Personalmanagements – Personalbetreuung (Beschaffung, Einsatz, Freisetzung etc.), Mitarbeiterführung und Zusammenarbeit (Führungsstil und -instrumente, Kommunikation, Motivation, Kultur etc.), Personal- und Organisationsentwicklung (Bildung, Förderung, Teamentwicklung, Unternehmensentwicklung etc.) sowie die Personalstrategie, den IT-Einsatz und die Organisation der Personalarbeit (Dezentralisierung, Profitcenter etc.) – ständig erfolgsbezogen evaluiert (bewertet) und zielorientiert ausrichtet sowie steuert.

Kunden des Personalbereichs

Ein Kunde ist Abnehmer von Leistungen, hat in der Regel die Wahl zwischen mehreren Lieferanten und bezahlt für die Leistungen, die er erhält. Diese Merkmale treffen nicht alle gleichermaßen auf die Kunden des Personalbereichs zu, machen aber klar, dass es sich um viele interne und externe Kunden handelt. Kundenorientierung wirft zuallererst die konkrete Frage auf, wer die Kunden des Personalbereichs sind. Darauf kann man unterschiedliche Antworten finden. **Kunden des Personalbereichs** sind insbesondere:

- Geschäftsleitung,
- Führungskräfte,
- Mitarbeiter (ohne Führungsaufgaben),
- Bewerber.

Darüber hinaus kann man auch den Betriebsrat, die ehemaligen Mitarbeiter, den Arbeitgeberverband, die Träger der Sozialversicherung, das Finanzamt und viele mehr als Kunden betrachten. Eine Gefahr liegt darin, dass der Kreis der Kunden unübersichtlich wird, wenn alle vorstellbaren Kundengruppen gleichermaßen berücksichtigt werden sollen. Ein begrenztes Budget des Personalbereichs macht ebenfalls eine **Priorisierung** bei der Befriedigung von Kundenwünschen erforderlich. Zudem ist den Kunden auch klarzumachen, wenn sie überzogene Erwartungen an die Personalabteilung haben. Hier gilt es also Schwerpunkte zu setzen. Selbstverständlich sind auch die **Kollegen in der Personalabteilung Kunden**, nämlich dann, wenn sie Arbeitsergebnisse wie Statistiken abnehmen und weiter bearbeiten.

1.2.2 Inhaltliche Bestimmung der Kundenorientierung

Für den **Qualitätsbegriff** existieren die unterschiedlichsten Vorstellungen. Im Personalbereich scheint ein subjektives (im Gegensatz zu einem objektiven) und kundenorientiertes (im Gegensatz zu einem personalabteilungsinternen) Verständnis von Qualität angemessen. Die daraus ableitbare Standardumschreibung »Qualität heißt, die Anforderungen der Kunden ständig bestens zu erfüllen« greift allerdings im Personalbereich zu kurz: erstens, weil es unterschiedlichste Kunden mit unterschiedlichen Erwartungen und Anforderungen gibt sowie begrenzte Budgets existieren, und zweitens, weil die (längerfristige) Orientierung an Grundsätzen und Leitlinien sowie an aktuellen fachlichen und arbeitsrechtlichen Entwicklungen abgesichert sein muss. Das soll aber nicht als Ausrede für mangelnde Kundenorientierung gelten.

Personalmanagement als Dienstleistung und Kundenorientierung bzw. Qualitätsmanagement im Personalbereich sind weiterhin mit folgenden Fragen bzw. Themen verknüpft:

☐ Wo spielt Qualität im Personalbereich eine besondere Rolle (Qualitätsfelder)?
☐ Was heißt Qualität im Personalbereich (Qualitätsdimensionen)?
☐ Wie lässt sich Qualität im Personalbereich steuern (Qualitätssteuerung)?

Der »Qualitätswürfel Personalmanagement« (siehe Abbildung 25) zeigt, dass alle drei Themenbereiche zueinander gehören und zusammenhängen.

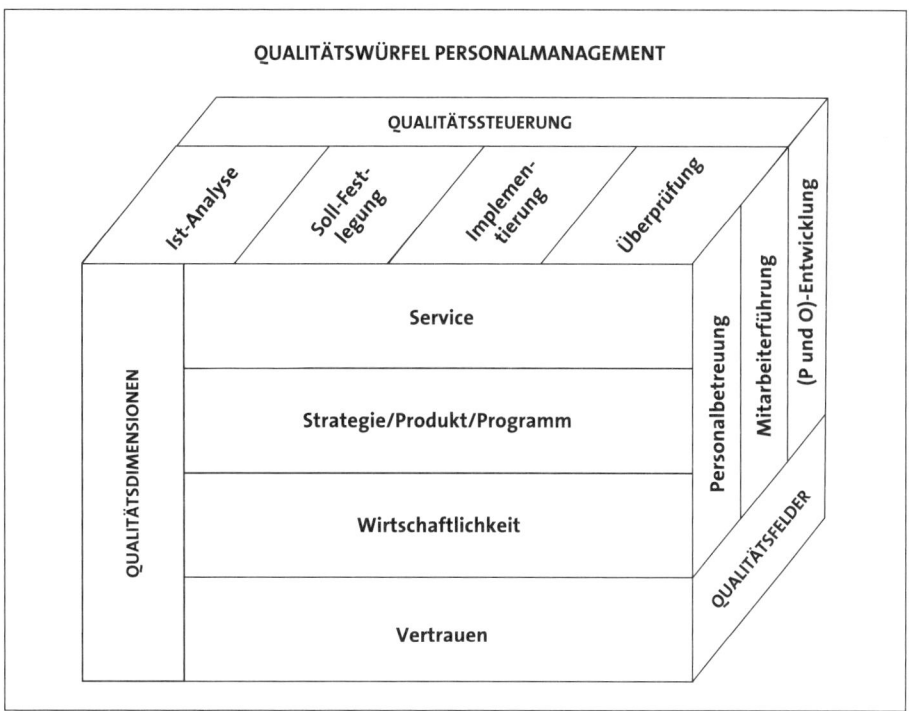

Abb. 25: Qualitätswürfel Personalmanagement

Als **Qualitätsfelder** kann man die Aufgabenfelder des Personalmanagements ansehen:

- Personalbetreuung (Funktionen, Instrumente und Strukturen) und Mitarbeiterbetreuung,
- Personal- und Organisationsentwicklung (Bedarfsanalyse, Transfersicherung und Evaluation) sowie
- Unterstützung bei Führung durch die Vorgesetzten und Zusammenarbeit zwischen Kollegen (Motivation und Kultur).

Qualitätsdimensionen sind:

- Dienstleistungsangebot bzw. Programm,
- Service,
- Wirtschaftlichkeit und
- Vertrauen.

Aspekte der Dienstleistungs- und Servicequalität der Personalarbeit zeigt folgendes Schaubild (siehe Abbildung 26).

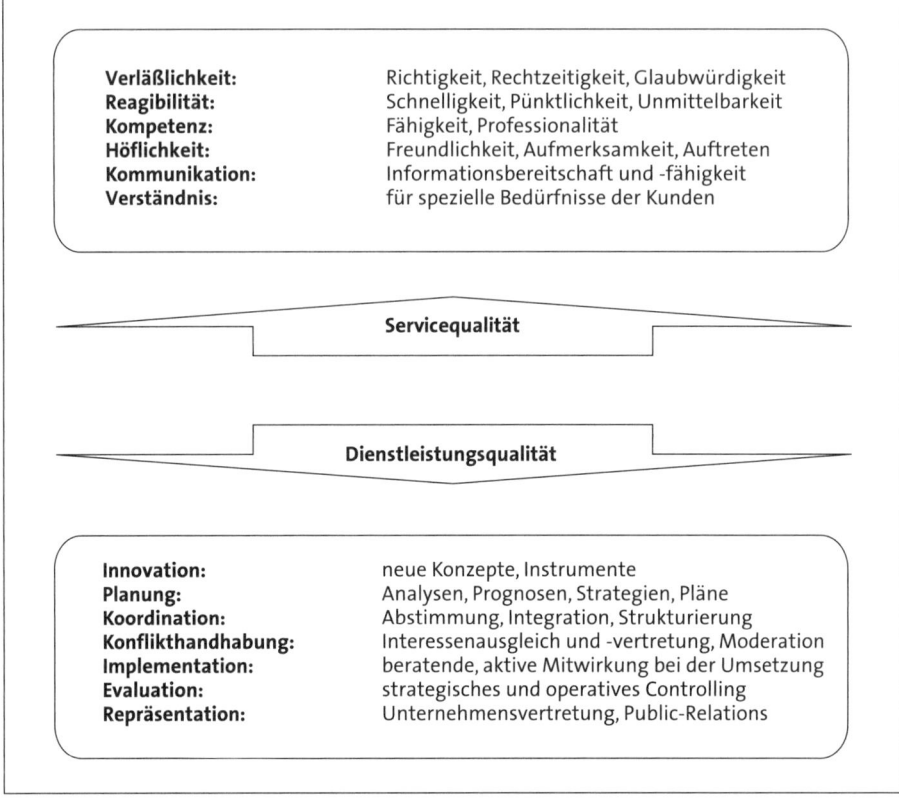

Abb. 26: Dienstleistungs- und Servicequalität der Personalarbeit nach Wunderer/Jaritz (2007b, S. 291 f.)

Bei der **Qualitätssteuerung bzw. Strategieentwicklung** rückt die Planung der Qualität in den Mittelpunkt:

- Messung der heutigen Qualität (Ist-Analyse),
- Planung von Qualitätsverbesserungen (Soll-Festlegung),
- Umsetzung der neuen Qualität (Aktionsplanung) und
- Überprüfung des Erreichten und Beginn eines neuen Zyklus.

Diese Schritte zeigt das folgende Schaubild (siehe Abbildung 27) im Überblick; es gibt auch Auskunft über Themen, um die es geht, und Methoden, die angewandt werden können.

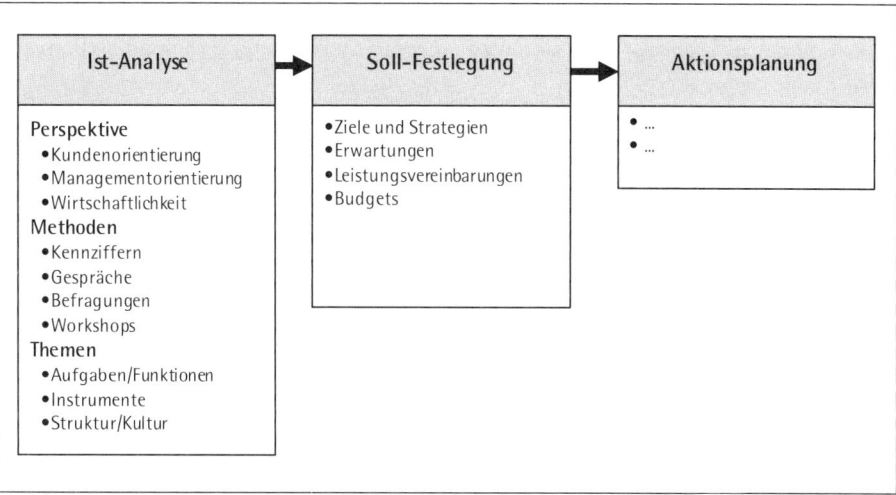

Abb. 27: Vorgehensweise bei der Steuerung der Personalarbeit

1.2.3 Erhebung der Ist-Situation

Ausgangspunkt für die Gestaltung der Dienstleistungen bzw. der Qualität im Personalbereich ist zunächst die genaue Kenntnis des aktuellen Stands. Es geht um die Beurteilung der Qualität durch die Kunden (Fremdbild) und durch den Personalbereich selbst (Selbstbild). Die Qualität der Dienstleistungen und des Services stehen auf dem Prüfstand, und zwar aus der Perspektive der verschiedenen Kundengruppen. Dabei geht es überwiegend um subjektive Einschätzungen der Kunden. Die Analyse der Kundenmeinungen ist mit erheblichen Aufwendungen verbunden, mit subjektiven Einfärbungen sowie unter Umständen mit bestimmten Absichten seitens der Kunden (**Informationsproblem**).

Analyse der Kundenmeinung

Für die konkrete Erfassung der Kundenbewertung und der Kundenerwartungen empfiehlt sich der Einsatz folgender **Erhebungsmethoden:**

- Kennziffern,
- Interviews und Gespräche,
- Workshops und
- schriftliche Befragungen.

Kennziffern drücken in quantitativer und stark verdichteter Form aus, wie es um die Qualität der Personalarbeit bestellt ist: die Anzahl der Beschwerden, die Bekanntheit der Ansprechpartner im Personalmanagement, die Reaktionsgeschwindigkeit bei Anfragen, die Dauer von der Anforderung bis zur Einstellung eines neuen Mitarbeiters, die Zahl der nach außen vergebenen Aufträge etc. Sie bilden den Zustand des Personalmanagements ab, wenngleich nur grob und ohne unmittelbare Hinweise auf die Hintergründe.

Genauere und verwertbarere Informationen liefern die **qualitativen Instrumente** wie Interviews und Gespräche, Workshops und Mitarbeiterbefragungen (siehe Abbildung 28).

Interviews und Gespräche sowie Workshops sind zu Beginn der Ist-Analyse sehr zu empfehlen. Sie geben Hinweise und führen zu einer Sensibilisierung für besondere Problemfelder.

		unwichtig	wichtig
• Für wie **wichtig** halten Sie die folgenden personalwirtschaftlichen **Betreuungsaufgaben** …			
	… Bildungswesen	1	5
	… Fördermaßnahmen	1	5
	… Entgeltpolitik	1	5
	… Arbeitszeitmanagement	1	5
	… Personalinformation	1	5
	… …	1	5

		schlecht	gut
• Wie **bewerten** Sie die Betreuung **(Leistungen)** durch Ihren Personalreferenten, hinsichtlich …			
	… Bildungswesen	1	5
	… Förderung von Mitarbeitern	1	5
	… Entgeltpolitik	1	5
	… Arbeitszeitmanagement	1	5
	… Personalinformation	1	5
	… …	1	5

• Welche **Leistungen** sollten **zusätzlich** erbracht werden? _____
                                                                 _____

• Welche **Leistungen** können **entfallen**? _____
                                               _____

		unzutreffend	zutreffend
• Welchen **Eindruck** haben Sie **aus** Ihren (persönlichen) **Kontakten** mit dem Personalreferenten …			
	… jederzeit ansprechbar und hilfsbereit	1	5
	… freundliche und vertrauensvolle Atmosphäre	1	5
	… rasche und zuverlässige Bearbeitung meiner Anliegen	1	5
	… kompetente Problemlösungen	1	5
	… …	1	5

Abb. 28: Bewertungen und Erwartungen der Mitarbeiter zur Personalbetreuung nach Beck (2009)

Zusammenführen und Verdichten der erhobenen Daten

Die Auswertung betrieblicher Befragungen im einzelnen Unternehmen erfolgt über verschiedene Fragestellungen und Themen hinweg und häufig auch in Form eines **Zufriedenheitsindex**, der als verdichtete Größe die Gesamtbewertung (je Kundengruppe) ausdrückt. Vergleiche mit anderen Unternehmen und Veränderungen im Zeitablauf zeigen, wo unser Unternehmen steht. Solche Zufriedenheitsindizes kann man natürlich aufgrund ihres subjektiven Hintergrunds kritisieren; sie werden aber immer mehr als Qualitätsausdruck akzeptiert. Hintergrund dabei ist folgende Philosophie:

> Das, was man nicht messen kann, kann man auch nicht wirklich verändern und verbessern.

Zu den gleichen Aspekten, zu denen die internen und externen Kunden befragt werden (können), sollten auch die Mitarbeiter des Personalbereichs ihre eigenen Einschätzungen abgeben. Dann wird eine Gegenüberstellung (Spiegelung) von **Selbstbild und Fremdbild** möglich. An den Stellen, an denen die Fremdeinschätzung und die Selbsteinschätzung weit auseinanderliegen oder beide Seiten zu schlechten Bewertungen kommen, lohnt es sich, die Hintergründe weitergehend zu erforschen.

Zur Ist-Situation gehören neben den bereits erwähnten Aktivitäten auch Vergleiche mit anderen Unternehmen (Benchmarking); alles zusammen mündet in eine Einschätzung der aktuellen Stärken und Schwächen der Personalabteilung **(strategische Kompetenzanalyse)**.

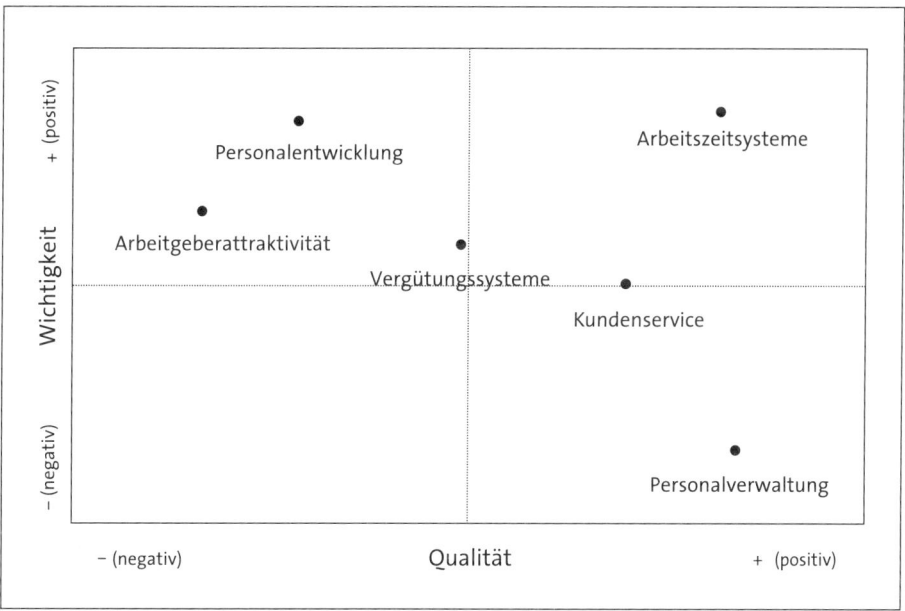

Abb. 29: Portfolio zur Personalarbeit

1.2.4 Personalwirtschaftlicher Dienstleistungsprozess

Der personalwirtschaftliche Dienstleistungsprozess folgt dem gängigen Phasenschema von Planung, Umsetzung bzw. Erbringen der Dienstleistung und Kontrolle bzw. Evaluation. Hinzu kommt die Entwicklung neuer Dienstleistungen und Produkte (Innovation) sowie die Information der Kunden über das (neue) Leistungsangebot.

Planung personalwirtschaftlicher Dienstleistungen

Bei der Planung der Dienstleistungen des Personalbereichs gilt es, die Informationen der Ist-Analyse und – zukunftsorientiert – weitere Anforderungen für die Personalarbeit zusammenzubringen und in Strategien für das Personalmanagement (Soll-Festlegung) zu überführen.

Einen ersten Input bei der Strategieentwicklung stellen die Strategien des Unternehmens dar. Das Personalmanagement soll die Umsetzung der **Unternehmensstrategien** unterstützen und mit den erforderlichen Maßnahmen zur erfolgreichen Erreichung der Strategien beitragen. Dieser Aspekt wird in der Praxis neuerdings durch die Balanced Scorecard (BSC) unterstützt. Diese wird meist für das gesamte Unternehmen als strategisches Steuerungs- und Controllinginstrument angewandt; das Personalmanagement macht seinen Beitrag dann vor allem durch die Kenngrößen der Mitarbeiterperspektive deutlich (siehe auch Abschnitt 3.2.1 und 4.4.4).

Die systematische Analyse von Stärken (Strengths) und Schwächen (Weaknesses), d. h. intern als Unternehmensanalyse, sowie Chancen (Opportunities) und Risiken (Threats), d. h. extern als Umfeldanalyse, wird als **SWOT-Analyse** bezeichnet.

Bei der Ermittlung von **Stärken und Schwächen des Personalbereichs** (siehe oben) wird auf Mitarbeiterbefragungen und Selbsteinschätzungen des Personalbereichs in Form von Interviews, Workshops oder schriftlichen Befragungen zurückgegriffen. Darüber hinaus sind statistische Vergleiche, z. B. mit den von der Deutschen Gesellschaft für Personalführung (DGFP) regelmäßig erhobenen personalwirtschaftlichen Kennzahlen, oder Benchmarks und somit Vergleiche mit anderen Unternehmen möglich. Schließlich kommen auch Einschätzungen durch externe oder interne Fachleute (Audits) infrage. Die Themen bzw. Inhalte der Stärken-/Schwächenanalyse des Personalbereichs lassen sich anhand von Gliederungsschemata des Personalmanagements festlegen. Dabei geht es beispielsweise konkret um die Aspekte Personalpolitik und strategisches Personalmanagement, Mitarbeiterbetreuung und Arbeitsgestaltung, Mitarbeiterführung und Zusammenarbeit, Personal- und Organisationsentwicklung, Organisation und Prozesse im Personalbereich sowie Personalcontrolling und HR-IT-Einsatz sowie Personalverwaltung. Ein ergänzender Zugang analysiert Kundenorientierung, Effizienz, Prozessqualität, Kompetenz, Innovation u.a.m.

Chancen und Risiken können methodisch durch Dokumentenanalysen (z. B. Arbeitsagentur, Gutachten des Sachverständigenrats, geplante Gesetzgebung) und durch Szenarien bzw. Expertenbefragungen systematisch zusammengetragen werden. Die Themen bzw. Inhalte (Beobachtungsfelder) der Chancen-/Risikenanalyse lassen sich am sog. PEST-Schema festmachen. Politisch-rechtliche (Political), wirtschaftliche (Economic), gesellschaftliche (Social) und technologische (Technological) Entwicklungen und Veränderungen sind zu prognostizieren und jeweils daraufhin zu analysieren, inwieweit sie für das Personalmanagement mit Chancen oder Risiken verbunden sind.

Die bereits erwähnte **Balanced Scorecard** kann auch zur Steuerung und zum Controlling von Geschäftsbereichen, Werken u. a. eingesetzt werden. Viele Personalabteilungen – auch in mittelgroßen Unternehmen – greifen inzwischen auf die BSC als Instrument zur Steuerung des Personalbereichs zurück. Die BSC dient der Ableitung von (konkreteren) strategischen Zielen aus den Strategien. Wichtig ist die Zuordnung von Kenngrößen, die

die Erreichung der strategischen Ziele widerspiegeln. Der Aufbau der BSC sieht in der Standardversion (von Kaplan/Norton 1997) folgende Felder vor: Finanzen, Kunden, Prozesse und Mitarbeiter/Potenziale. Auf den Personalbereich bezogen kann es um Personalkosten und Budget (Finanzen) gehen, um Personalprozesse (z. B. Beschaffung, Einsatz), um interne und externe Kunden (z. B. Mitarbeiter, Führungskräfte, Betriebsrat, Bewerber) des Personalbereichs und um die Mitarbeiter in der Personalabteilung (z. B. Kompetenz, Fehlzeiten).

Beispiel: Es werden folgende drei Strategien für die Personalbetreuung unterstellt:

1) Steigerung der Attraktivität als Arbeitgeber (extern),
2) Flexibilisierung des Personaleinsatzes und der Personalkosten,
3) Anerkennung des Personalbereichs durch die internen Kunden.

Daraus lässt sich folgende Balanced Scorecard für den Bereich der Personalbetreuung entwickeln:

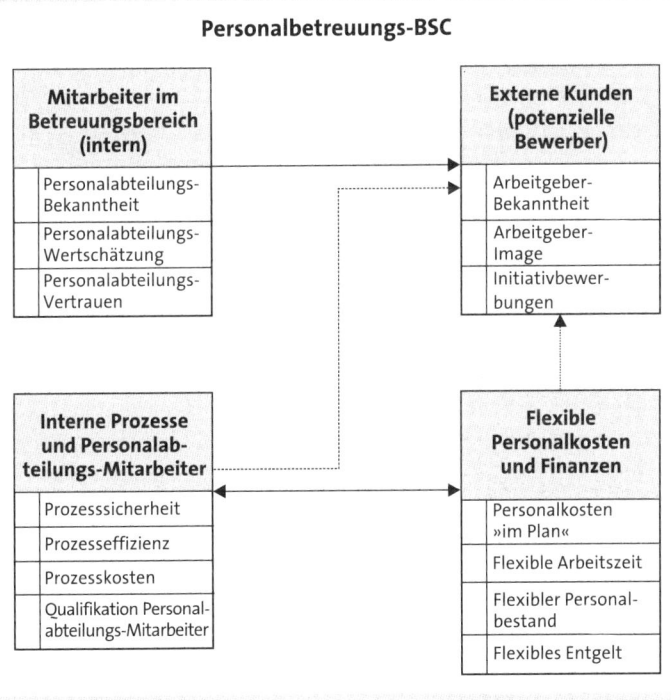

Abb. 30: Balanced Scorecard für den Bereich »Personalbetreuung«

Innovationen bei den personalwirtschaftlichen Dienstleistungen

Die Konzepte und Instrumente des Personalmanagements durchlaufen einen sog. **Lebenszyklus**, bei dem insgesamt und in den einzelnen nachfolgenden Phasen die Zeitspanne unterschiedlich lang sein kann.

1) Pilot- und Einführungsphase
2) Etablierungs- und Standardisierungsphase
3) Reife- und Routinephase
4) Degenerations- und Hinterfragensphase

Das Personalmanagement ist gefordert, den Lebenszyklus aufmerksam zu verfolgen und Neuentwicklungen (**Innovationsmanagement**) von sich aus anzustoßen, sei es aufgrund neuer Instrumente am Markt, aufgrund geänderter rechtlicher Rahmenbedingungen oder wegen Nachfrageveränderungen seitens der Kunden. Natürlich geht es neben den Neuentwicklungen auch um die Pflege bestehender Instrumente und Produkte in Form von Updates bzw. Verbesserungen (**Vereinfachungen, Anpassungen**).

Die Planung der personalwirtschaftlichen Dienstleistungen erfordert eine systematische Auswahl des Leistungsangebots, die genaue Leistungsbeschreibung je Produkt und die Zuordnung der Kosten für jedes Produkt. Damit ist der Planungsprozess abgeschlossen.

Erbringen der personalwirtschaftlichen Dienstleistungen

Kundenzufriedenheit bzw. Qualität besitzt bei Dienstleistungen besondere Vorzeichen. Im Vordergrund stehen immer der Nutzen für den Kunden und die Zufriedenheit des Kunden (sowie das wirtschaftliche Ergebnis für den Lieferanten der Dienstleistung). Bei der **Dienstleistungsqualität** kommt es besonders darauf an, beim ersten Mal optimal zu handeln, denn eine zweite Chance gibt es häufig nicht bzw. das Image der Personalabteilung ist bereits erheblich geschädigt. Aus der Zufriedenheits- und Imageforschung ist bekannt, dass eine negative Erfahrung zehnmal so häufig kommuniziert und weitergetragen wird wie eine positive.

Der Wert bzw. die **Qualität einer Dienstleistung** (Q) für den Empfänger bestimmt sich immer aus drei zentralen Einflussfaktoren:

• fachliche Qualität des Produkts (F), also Beratung, Problemlösung oder Konzept,
• Service im Umfeld des Produkts (S), also Verlässlichkeit, Höflichkeit, Eingehen auf den Kunden und
• ggf. Kosten für das Produkt (K).

Diese drei Einflussgrößen der Dienstleistungsqualität (**Bewertungskriterien**) können multiplikativ miteinander verknüpft werden, somit gilt:

$$Q = F \times S \times K$$

Fällt die Beurteilung einer der Größen eher negativ aus, so kann der Gesamtwert für die Qualität nicht positiv sein. Wirklich gute Dienstleistungsqualität entsteht nur dann, wenn alle drei Faktoren vom Kunden gut beurteilt werden.

Die Umsetzung bzw. das Erbringen der personalwirtschaftlichen Dienstleistungen verlangen ständige Optimierungen bei bestehenden Dienstleistungsangeboten und bei den Rahmenbedingungen zu deren Erbringung.

Kundenorientierung bedeutet zunächst die Optimierung der personalwirtschaftlichen Prozesse. **Prozessoptimierung** stellt für viele Unternehmen in sämtlichen Funktionsbereichen eine höchst aktuelle Thematik dar, so auch in den Personalabteilungen. Die nachhaltige Betonung von Prozessen steht in den meisten neueren Managementkonzeptionen an vorderer Stelle, vor allem beim Lean Management und beim Business Reengineering. Lieferzeiten, Durchlaufzeiten, Termintreue, Fehlerquoten u. a. m. sind dabei wichtige Stichworte. Im Personalmanagement kann man konkret an den Abrechnungsprozess, den Beschaffungsprozess oder den Prozess der Zeugniserstellung denken. Die Optimierung von Prozessen setzt immer an den folgenden vier **Stellgrößen** an, die am Beispiel des Auswahlprozesses verdeutlicht werden:

1) **Faktor Zeit**, d. h. Reduzierung der Durchlaufzeiten und der Liegezeiten sowie Reduzierung der Schnittstellen und somit schnelle Information für Bewerber
2) **Faktor Qualität**, d. h. klare Arbeitsanweisungen und Prozessdokumentationen sowie Vermeidung von Doppelarbeit und somit nachvollziehbare Auswahlentscheidungen
3) **Faktor Kosten**, d. h. Transparenz der entstehenden Kosten für die Auswahl
4) **Faktor Innovation**, d. h. ständiges Nachdenken über bessere Auswahlmethoden

Information über die personalwirtschaftlichen Dienstleistungen

Ein besonderes Problemfeld stellt in vielen Personalabteilungen das **Interne Marketing für den Personalbereich** dar. Marketing bzw. Public Relations für die Personalarbeit folgen dem Grundsatz »Tu Gutes und rede darüber!« Diese Seite des Qualitätsmanagements im Personalbereich gehen bisher nur wenige Unternehmen systematisch an. Wohlgemerkt: Es geht nicht um reißerische oder unrealistische Werbung, ohne dass die kommunizierten Inhalte der Wahrheit entsprechen. Das wäre nicht angemessen und würde zu einer (Zer-)Störung von Vertrauen führen, das der Personalbereich schlussendlich erreichen will.

Marketing für den Personalbereich – das sollte man nicht mit Personalmarketing verwechseln – ist aus verschiedenen Gründen erforderlich (vgl. hierzu Goerke/Wickel-Kirsch, 2002):

• verstaubtes Image der Personalabteilung,
• unangenehme Aufgaben (Kündigungen etc.) des Personalbereichs,
• keine Kenntnis der Ansprechpartner und der Leistungsangebote bzw.
• kein (nachweisbarer) Beitrag des Personalbereichs zum Geschäftserfolg.

Diese Ansichten vieler Kunden prägen das Image des Personalbereichs und machen behutsame Aufklärung und Information erforderlich. Dabei geht es um Ziele, um Themen und um Medien der Kommunikation. **Ziele** sind in folgenden Größen zu sehen:

• Bekanntheit der Ansprechpartner und der Leistung,
• Beitrag zum Erfolg des Unternehmens,
• Aufbau von Vertrauen.

Gängiges und herkömmliches **Medium** ist die Mitarbeiterzeitschrift. Modernere Formen sind Flyer, Informationen im Intranet und persönliche Kontakte (z. B beim »Tag der offenen Personalabteilungstür«). Weitere Instrumente sind interne Tagungen und Konferenzen, Besprechungen und Workshops, Rundmails, Blogs etc. Wichtig ist auch, dass Kommunikation nicht als »Einweg-Kommunikation« (von oben nach unten), sondern als »Mehrweg-Kommunikation« (in verschiedenen Richtungen) verstanden wird. Inhalte, Zusammenhänge und Orientierung, Gespräche und Feedback sind die Stufen der Kommunikation mit den Mitarbeitern. Dabei geht es sowohl um **sachliche Informationen** (Ansprechpartner, Dienstleistungen, Leitlinien etc.) als auch um **emotionale Wirkungen**, die am ehesten im persönlichen Kontakt erzeugt werden können. Besonders wichtig sind in diesem Zusammenhang auch die Maßnahmen zur Einführung neuer Mitarbeiter. Hier erhält der Personalbereich eine exzellente Möglichkeit, sich gegenüber den Neuen zu präsentieren. Zunehmend wichtiger wird die Kommunikation in Zusammenhang mit Veränderungsprozessen, die immer Unsicherheit und Ängste hervorrufen, mit denen sensibel und aktiv umgegangen werden sollte. Entscheidend ist der gute **Mix** aus persönlichen und unpersönlichen Kommunikationsformen sowie aus sachlichen und emotionalen Informationen. Dazu existieren keine Patentrezepte, sondern auf dem Hintergrund der Unternehmenskultur wird man sich diesem Thema vorsichtig nähern müssen.

Quellen

Ackermann, K.-F./Meyer, M./Mez, B. (Hrsg.): Die kundenorientierte Personalabteilung, Stuttgart 1998.

Beck, C: HR-Image 2009, Koblenz 2009.

Böcker, M./Schelenz, B. (Hrsg.): HR-PR, Erlangen 2008.

Deutsche Gesellschaft für Personalführung (Hrsg.): Herausforderung Personalmanagement, Frankfurt 2002.

Deutsche Gesellschaft für Personalführung (Hrsg.): Personalcontrolling in der Praxis, Stuttgart 2001.

Goerke, S./Wickel-Kirsch, S.: Internes Marketing für Personalarbeit, Neuwied 2002.

Kaplan, R. S./Norton, D. P.: Balanced Scorecard. Strategien erfolgreich umsetzen, Stuttgart 1997.

Kolb, M./Bergmann, G.: Qualitätsmanagement im Personalbereich, Landsberg 1997.

Kolb, M.: Personalmanagement, 2. Aufl., Wiesbaden 2010.

Mast, C.: Unternehmenskommunikation, 4. Aufl., Stuttgart 2010.

Oertig, M. (Hrsg.): Neue Geschäftsmodelle für das Personalmanagement, 2. Aufl., München 2007.

Scholz, C./Stein, V./Bechtel, R.: Human Capital Management, München 2004.

Ulrich, D./Brockbank, W.: The HR value proposition, Boston 2005.

Wunderer, R./Dick, P.: Personalmanagement – Quo vadis?, 5. Aufl., Köln 2007a.

Wunderer, R./Jaritz, A.: Unternehmerisches Personalcontrolling. Evaluation der Wertschöpfung im Personalmanagement, 4. Aufl., Köln 2007b.

1.3 Prozesse im Personalwesen gestalten

In den letzten Jahrzehnten hat eine tief greifende Schwerpunktverlagerung im Personalmanagement stattgefunden (siehe Abbildung 31). Die Abkehr **von der administrativen zur qualitativen Personalarbeit** ist u. a. durch folgende Tendenzen gekennzeichnet:

- Einführung von neuen Arbeitsstilen,
- gewandelte Arbeitsformen,
- ressortübergreifende Arbeitsweisen,
- neue Mobilität der Mitarbeiter,
- Erwerb von Schlüsselqualifikationen,
- Betonung der Qualitätssicherung,
- vernetztes Denken und Arbeiten,
- (Zurück-)Besinnung auf die »Human-Ressourcen«.

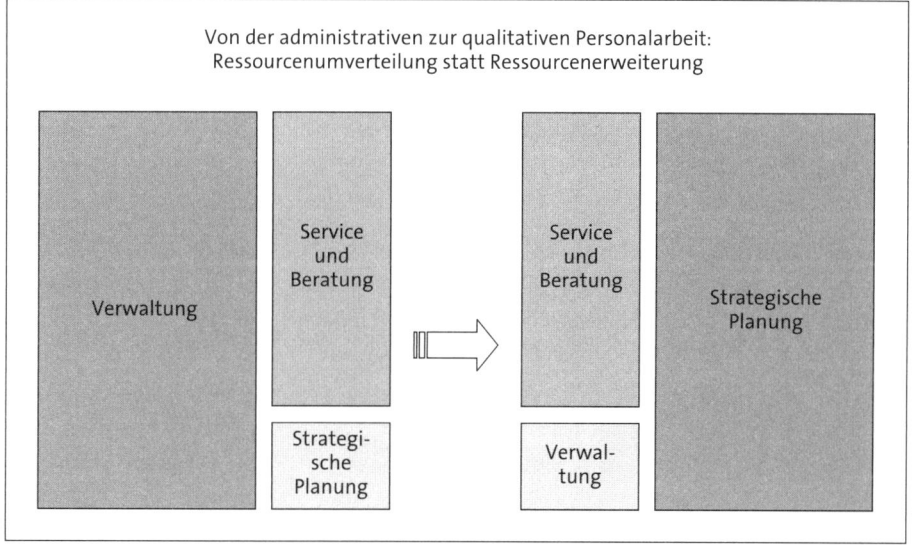

Abb. 31: Schwerpunktverlagerung in der Personalarbeit

»85 % der Gründe für das Versagen, Kundenerwartungen gerecht zu werden, sind auf Mängel in Systemen und Prozessen zurückzuführen. Es ist die Rolle des Managements, Prozesse zu verändern, nicht die der Mitarbeiter.« (W. E. Deming)

Die Personalarbeit wird zukünftig einen großen Teil der Verantwortung für den Fortbestand des Unternehmens tragen, und zwar in einem Umfeld, das Veränderungen schneller und durchgreifender erforderlich macht, weil nur so dauerhaft die Funktions- und Wettbewerbsfähigkeit gewährleistet werden kann. Ist sich das Personalmanagement dessen erst einmal bewusst, sind tief greifenden Veränderungen im Personalbereich die logische Folge. Dazu gehören z. B.

- der Abbau von bürokratischen Strukturen,
- eine enge Verzahnung von Organisations- und Personalentwicklung,
- die Unterstützung des unternehmerischen Change Managements,
- die Bildung eines »Kompetenz-Centers Arbeitsgestaltung«,
- ein ausgeprägtes Personalmarketing mit dem Ziel der Bindung der Mitarbeiter an das Unternehmen und
- das Selbstverständnis des Personalbereiches als Partner in der Umsetzung der Unternehmensziele.

1.3.1 Ziele einer ganzheitlichen Prozessgestaltung

Das Bewusstsein für die Bedeutung der Arbeitsabläufe im Hinblick auf die Gestaltung der **Aufbauorganisation** hat in den letzten Jahren erheblich zugenommen, was dazu geführt hat, die Aufbauorganisation verstärkt **an Prozessen** zu **orientieren**. So bilden in aktuellen Managementinstrumenten wie Business-Reengineering- und Benchmarking-Prozesse eine wichtige Rolle.

Durch die Neugestaltung von Prozessen im Personalmanagement werden finanzielle und zeitliche Ressourcen zum Einsatz in der strategischen und wertschöpfenden Personalarbeit frei. Dadurch lassen sich **Leistungssteigerungspotenziale** bis zu 70 % schaffen, denn viele Mängel in den Arbeitsabläufen des Personalwesens führen zu kosten- und zeitfressenden Ineffizienzen, beispielsweise

- mangelnde Transparenz für die Mitarbeiter hinsichtlich der Zuständigkeiten,
- hohe Liege- und Durchlaufzeiten von Personalangelegenheiten,
- häufiger Wechsel zwischen Organisationseinheiten und Arbeitsplätzen,
- mehrfache Erfassung von Daten und Informationen zum Zwecke der Datenverarbeitung und
- hohe Kosten und insgesamt zu geringe Kundenorientierung.

1.3.2 Prozessorientiertes Organisieren

Neue Ansätze verlangen nach einer eigenen Sprache. Für das Verständnis der Prozessorganisation sind deshalb einige Begriffsklärungen und Gestaltungsmerkmale wichtig.

Was ist ein Prozess?

Ein Prozess kann definiert werden als

- die zielgerichtete Erstellung oder Veränderung eines Objekts oder einer Leistung
- durch die Abfolge von logisch zusammenhängenden Aktivitäten
- innerhalb einer bestimmten Zeit
- mit dem Ziel, einen Wertzuwachs zu erreichen.

Alle Aktivitäten eines Personalbereiches können als Prozess dargestellt werden, beispielsweise die Einstellung eines neuen Mitarbeiters, die Qualifizierung eines Mitarbeiters, die Trennung von Mitarbeitern.

Merkmale von Prozessen

Ein Prozess hat immer eine bestimmte Aufgabe, die tätigkeitsorientiert ist, und ein Ziel, das ergebnisorientiert ist. Er bedarf eines Inputs, um ihn in Gang zu setzen. Dieser Input wird in einen Output transformiert. Dies geschieht durch eine Abfolge inhaltlich miteinander verknüpfter Aktivitäten, die den Kern der Prozessabwicklung darstellen und als Tätigkeiten oder Verrichtungen bezeichnet werden.

Solche Prozessaktivitäten können sowohl sequentiell als auch parallel durchgeführt werden und können sich auch wiederholen. Diese Aktivitäten erfordern wiederum **Ressourcen**, zu denen menschliche Leistungen genauso zählen wie Sachmittel, Informationen und Methoden. Prozesse sind in diesem Sinne zeitlich befristet. Der **Zeitraum eines Prozesses** vom Start bis zu dessen Beendigung wird als **Durchlaufzeit** bezeichnet (siehe Abbildung 32).

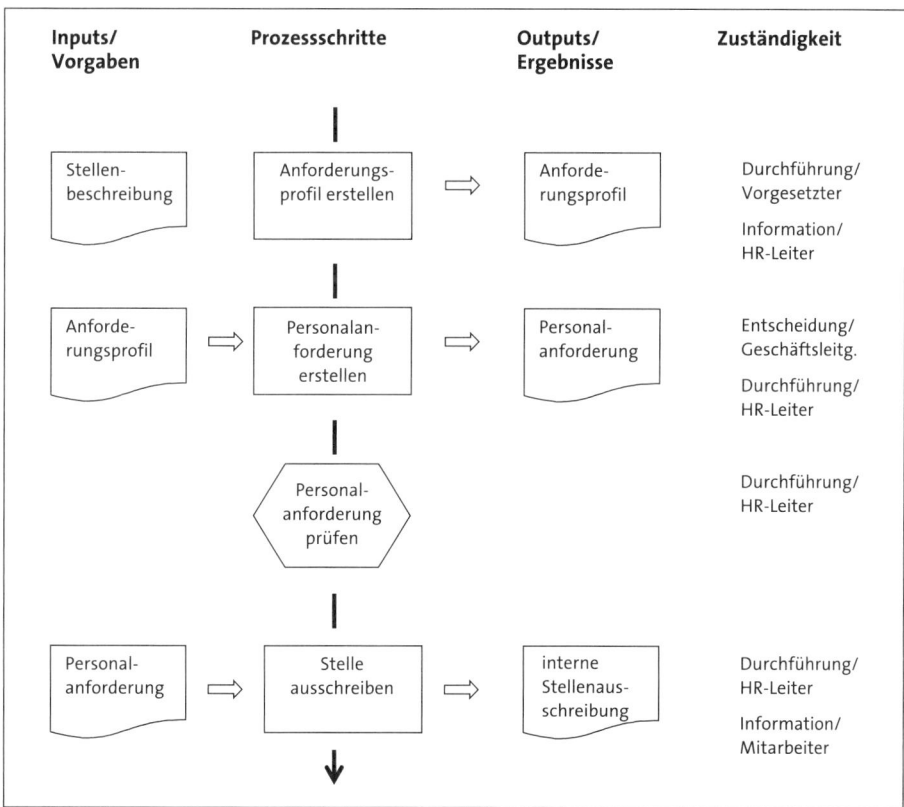

Abb. 32: Merkmale eines Prozesses

Arten von Prozessen

Prozesse können nach dem Gegenstand, nach der Art der Tätigkeit oder anhand des Marktbezugs eingeteilt werden (siehe Abbildung 33). Nach dem **Prozessgegenstand** unterscheidet man zwischen materiellen Prozessen und Informationsprozessen:

- **Materielle Prozesse** beziehen sich im Wesentlichen auf die Bearbeitung und den Transport von real existierenden Gegenständen, z. B. Rohstoffen, Halbfertigprodukten, Hilfsstoffen und Betriebsstoffen.
- **Informationsprozesse** beinhalten den Austausch und die Verarbeitung von Informationen, z. B. durch Speicherung und Verarbeitung von Personaldaten mithilfe eines Personalinformationssystems.

Nach der **Art der Tätigkeit** werden operative Prozesse oder Leistungsprozesse einerseits und Leitungs- oder Managementprozesse andererseits unterschieden.

- **Operative Prozesse** bezwecken die eigentliche Leistungserstellung für Kunden oder für Mitarbeiter.
- **Managementprozesse** verfolgen das Ziel, Unternehmensaktivitäten zu planen, zu steuern und zu kontrollieren.

Anhand des **Marktbezugs** eines Prozesses können Primärprozesse, Sekundärprozesse und Innovationsprozesse unterschieden werden:

- **Primärprozesse** sind unmittelbar an der Wertschöpfung beteiligt und auf die Erstellung und den Vertrieb eines Produktes oder einer Dienstleistung gerichtet.
- **Sekundärprozesse** sind ein mittelbarer Beitrag zur Wertschöpfung. Sie unterstützen Primärprozesse und sorgen für die Sicherstellung der Betriebsbereitschaft.
- **Innovationsprozesse** dienen der Entwicklung und Einführung von neuen Produkten, Verfahren und Strukturen.

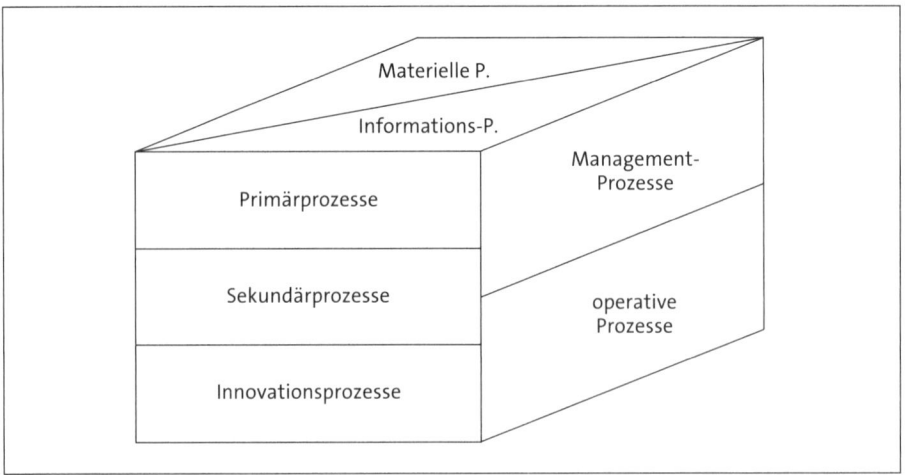

Abb. 33: Arten von Prozessen

Prozessorientierung

Durch die Einführung einer Prozessorganisation im Personalwesen wird die traditionelle Denkweise der Organisation verändert. Bisher war es üblich, die Stellenbildung im Sinne des klassischen Organisationsansatzes funktional vorzunehmen. Es wurde dabei von innen nach außen gedacht. Das Personalwesen wurde von innen optimiert, um dann zu sehen, was man »draußen« damit bestmöglich machen könnte. Dabei wird unter »draußen« der Mitarbeiter im Unternehmen verstanden, der oft »als interner Kunde« bezeichnet wird.

Unter dem eingangs erwähnten Zwang, eine dem Wettbewerb überlegene Organisation zu gestalten, muss bei einer prozessorientierten Organisation von außen nach innen gedacht werden. Der Mitarbeiter bestimmt die Zweckmäßigkeit der Prozessorganisation.

Die Prozessorganisation deckt sich in der Regel nicht mit der Aufbauorganisation eines Unternehmens, sondern ergänzt diese. Auch in der Prozessorganisation müssen die übergeordneten Zuständigkeiten klar geregelt werden. Funktions- und Prozessorientierung unterscheiden sich in vielen Merkmalen, wie die folgende Gegenüberstellung zeigt (siehe Abbildung 34).

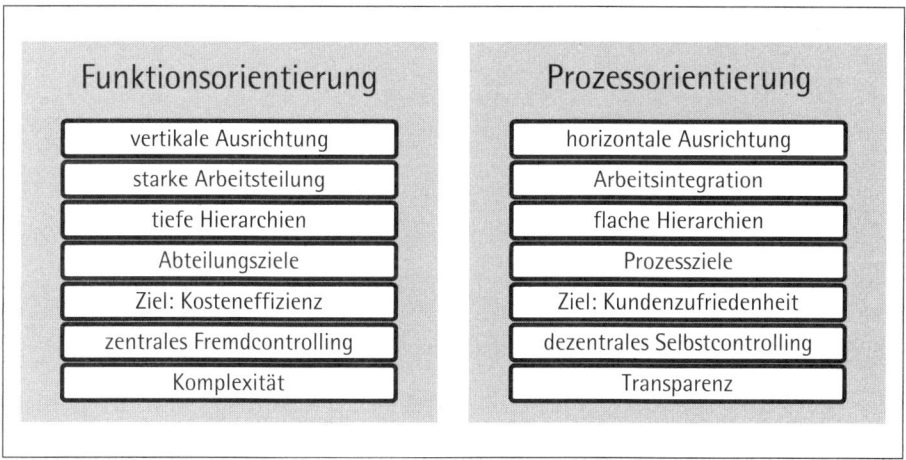

Abb. 34: Merkmale der Funktions- und Prozessorientierung

Prozessmanagement richtet sich aber nicht nur vorrangig auf die Aufbauorganisation eines Unternehmens aus. Prozessorientierte Organisationskonzepte führen zu einem Primat der Markt- und Kundenorientierung und erfüllen zumindest im Ansatz auch Merkmale eines tiefer greifenden Business Reengineerings (siehe Abbildung 35).

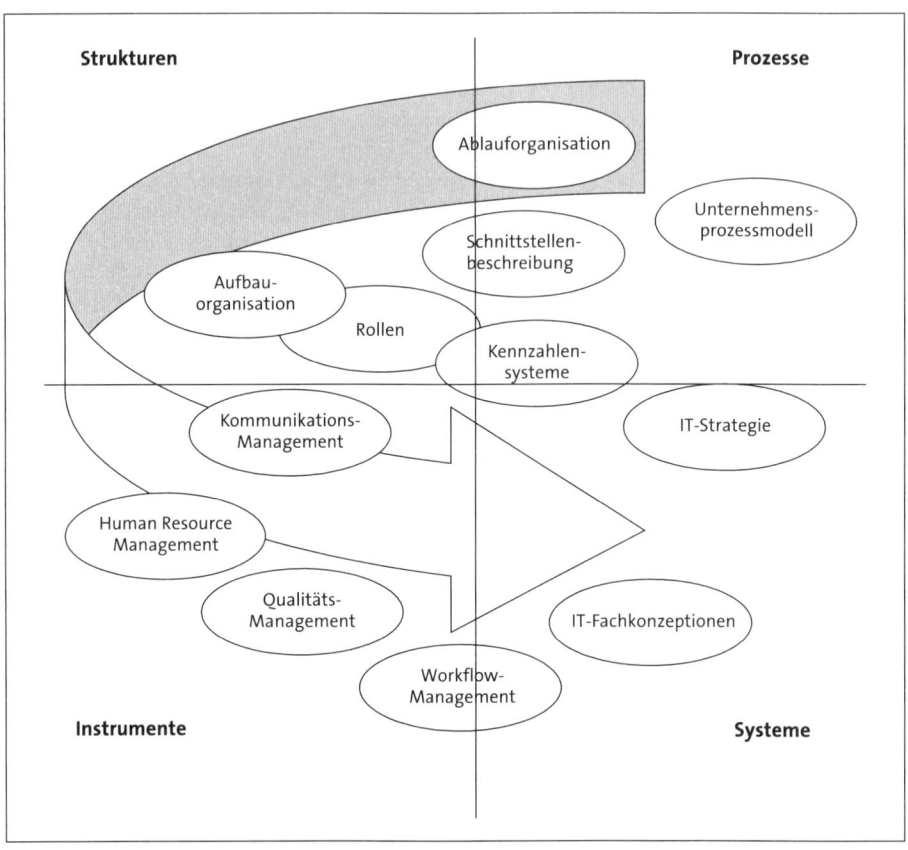

Abb. 35: Prozessgestaltung zur Ausrichtung von Unternehmen

Phasenkonzepte der Prozessgestaltung

Beim **Geschäftsprozessmanagement** sollen Unternehmensprozesse transparent gemacht und kontinuierlich verbessert werden. Daher ist einer der wichtigsten Schritte bei der Entwicklung und/oder Verbesserung eines prozessorientierten Personalmanagements die Beschreibung der im Unternehmen ablaufenden Prozesse.

Die **Einführung der Prozessorientierung im Personalwesen** kann auf sehr verschiedene Art und Weise erfolgen. Im Folgenden werden zwei Modelle (siehe Abbildungen 36 und 37) beschrieben, aus denen in den anschließenden Kapiteln entscheidende Parameter der Prozessstrukturierung und des Prozessdesigns näher erläutert werden. Um Prozesse abzugrenzen, ist eine detaillierte **Prozessanalyse aller Unternehmensprozesse** unumgänglich. Als Ausgangspunkt für diese Prozessanalyse müssen Anfang (Input) und Ende (Output) eines Prozesses bestimmt werden. Komplexe Prozesse lassen sich leichter erarbeiten, wenn man sie in mehrere Teilprozesse zerlegt. Ein besonderes Augenmerk ist auf die Schnittstellenproblematik zu legen. Schnittstellen zeigen wichtige Abhängigkeiten zwischen den Prozessen und müssen daher eindeutig und ausreichend beschrieben werden.

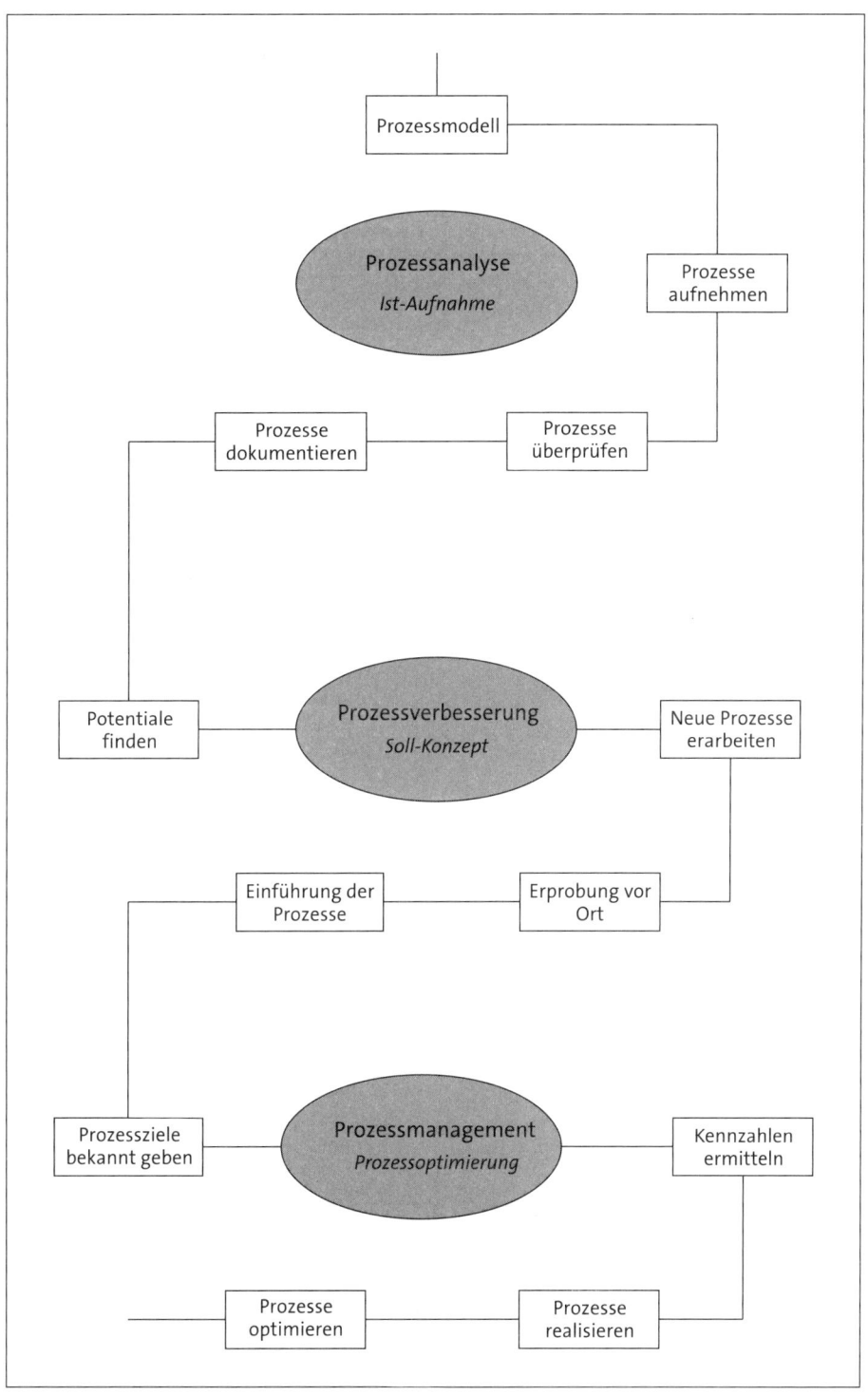

Abb. 36: Drei-Stufen-Modell der Prozessgestaltung

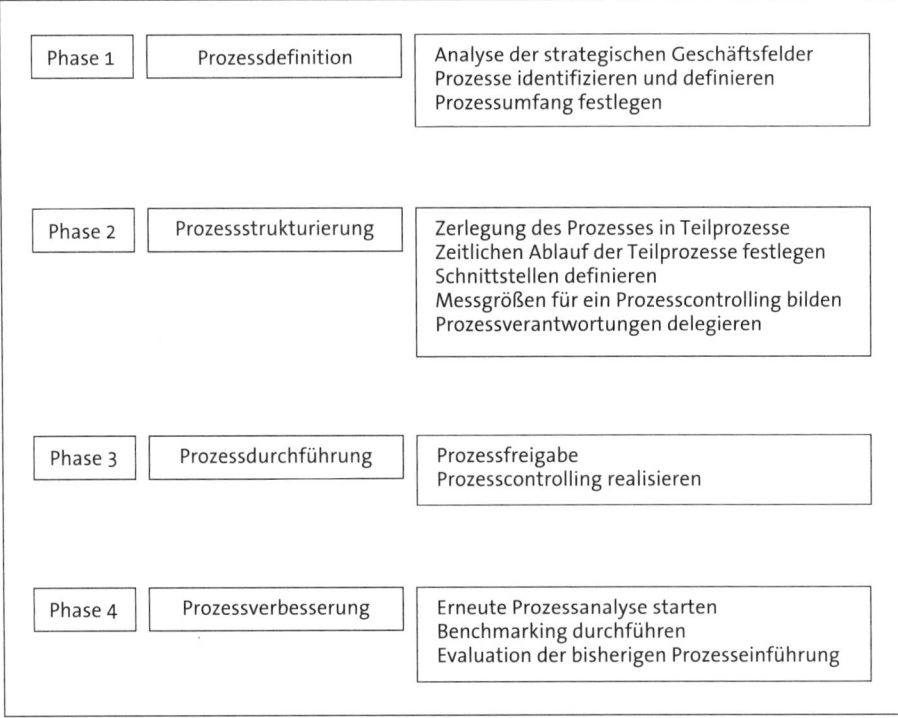

Abb. 37: Vier-Stufen-Modell der Prozessgestaltung

Voraussetzung für eine optimale Prozessgestaltung – eindeutig beschriebene Arbeitsabläufe

Wie bei allen Organisationsprojekten, ist auch die erfolgreiche Einführung eines Prozessmanagements abhängig von einer sauberen Prozessanalyse (Ist-Aufnahme). Wie im Vier-Stufen-Modell der Prozessgestaltung (siehe Abbildung 37) dargestellt, verläuft diese **Prozessanalyse** im Wesentlichen in vier Schritten:

1) Vollständige Dokumentation aller Unternehmensprozesse
2) Detaillierte Beschreibung der Unternehmensprozesse
3) Kritische Betrachtung der Vor- und Nachteile unter Kosten-Nutzen-Gesichtspunkten und Brauchbarkeitsaspekten
4) Transparentmachung der Abläufe für alle Prozessbeteiligten

Auf folgende Kernfragen soll die Prozessanalyse eine Antwort liefern, um den Prozess umfassend und vollständig zu beschreiben.

Prozessanalyse (Ist-Aufnahme)
Ihre Vorgehensweise
☐ Legen Sie die Methode fest (Fragetechnik oder Workshop-Szenario).   ☐ Erzeugen Sie keine Ängste bei den Mitarbeitern während der Ist-Aufnahme.   ☐ Beschränken Sie sich zunächst auf Standardabläufe.   ☐ Gehen Sie bei Bedarf später noch einmal die Sonderfälle an.   ☐ Verlieren Sie sich nicht in Elementarprozessen – Sie verlieren dabei schnell den Gesamtüberblick.
Ihre Kernfragen
☐ Welche Prozessziele gelten für den Prozess?   ☐ Wer ist verantwortlich für den Prozess?   ☐ Wo ist der genaue Beginn des Prozesses?   ☐ Wo ist das definierte Ende des Prozesses?   ☐ Was ist der Auslöser des Prozesses?   ☐ Welche Tätigkeiten finden im Prozess statt?   ☐ Welche Zusammenarbeiten finden im Prozess statt?   ☐ Welche Tools werden im Prozess benötigt?   ☐ Welche Fertigkeiten und Kenntnisse sind für den Prozess nötig?   ☐ Welche Informationen, Dokumente sind für den Prozess wichtig?   ☐ Was sind die Ergebnisse des Prozesses?   ☐ Wie wird im Prozess mit Störungen umgegangen?   ☐ Wie wird derzeit die Leistungsfähigkeit des Prozesses gemessen?   ☐ Wie finden derzeit Korrekturen des Prozesses statt?

Abb. 38: Checkliste zur Prozessanalyse

Transparenz in den Abläufen herzustellen bedeutet die Beteiligung aller Mitarbeiter schon in der Phase der Prozessanalyse, eventuell unter Einschaltung eines externen Moderators. Die Mitarbeiter wissen selbst am besten, wie ihre Teilprozesse ablaufen und wo Probleme entstehen. Wenn es funktioniert, das nötige Vertrauen und Arbeitsklima zu schaffen und eine offene Diskussion mit den Mitarbeitern zu führen, wird die Akzeptanz der neu gestalteten Prozesse gelingen.

Zwei mögliche Methoden, die Mitarbeiter bei der Prozessanalyse zu beteiligen und somit die erforderliche Transparenz zu erzielen, sind:

- ein Prozessworkshop »Ist-Aufnahme« und
- die Interviewtechnik.

Beide Verfahren führen zum gleichen Ziel. Da die Interviewtechnik ein weitgehend standardisiertes Verfahren ist, das in den verschiedensten Bereichen des Personalwesens seit langer Zeit eingesetzt wird, soll an dieser Stelle auf die Vorbereitung und Durchführung eines Prozessworkshops **Ist-Aufnahme** eingegangen werden (siehe Abbildung 39).

Prozessworkshop »Ist-Aufnahme«
Vorbereitung des Workshops
☐ Termin für den Workshop festlegen ☐ Moderatoren auswählen ☐ Ablaufplanung für den Workshop festlegen ☐ Einladungen an prozessbeteiligte Mitarbeiter versenden ☐ Dokumentation von beispielhaften Prozessen vorbereiten ☐ Raumvorbereitung
Durchführung des Workshops
☐ Moderation mit klarer Zieldefinition für den Workshop ☐ Methoden der Zusammenarbeit im Workshop festlegen ☐ Technik der Prozessdarstellung erläutern ☐ Beginn und Ende des Prozesses definieren lassen ☐ Prozessbeteiligte identifizieren ☐ Beschreibung der Prozessaktivitäten ☐ abschließende kritische Würdigung der Ist-Aufnahme ☐ Vereinbarungen

Abb. 39: Checkliste zur Vorbereitung und Durchführung eines Prozessworkshops »Ist-Aufnahme«

Beispiel:

Geschäftsprozess »Externe Personalbeschaffung«	
Prozessaufgabe:	Durchführung aller bis zur erfolgreichen Einstellung erforderlichen Schritte der Personalbeschaffung
Anstoß:	Entstandene Stellenvakanz
Quelle:	Personalanforderung einer Fachabteilung
Anfangsaktivität:	Vergleich der Anforderung mit Stellenplan
Endaktivität:	Abschluss eines Arbeitsvertrages
Senke:	Einführung des neuen Mitarbeiters
Hauptaktivitäten:	☐ Stellenbeschreibung auf Aktualität prüfen ☐ Stellenanzeige formulieren ☐ Medien auswählen ☐ Auswahlkriterien festlegen ☐ Koordination der Auswahlaktivitäten ☐ Zusammenführen der Entscheidungsträger ☐ Abschluss des Arbeitsvertrages
Prozessziele:	☐ Beschleunigung der Durchlaufzeiten von der Anforderung bis zur Einstellung ☐ Hohe Übereinstimmung von Anforderungs- und Eignungsprofil erzielen ☐ Wirtschaftlichkeit des Auswahlverfahrens erhöhen

Abb. 40: Beispiel für die Transparentmachung eines Geschäftsprozesses

Gestaltungsmaßnahmen im Prozessmanagement

Teilprozesse sowie Prozess- und Arbeitsschritte müssen logisch und zeitlich so miteinander verknüpft werden, dass Prozesszeiten und Ressourcenverbrauch möglichst gering sind, die Prozessqualität aber möglichst hoch ist. Das folgende Schema (siehe Abbildung 41) zeigt die wichtigsten Gestaltungsmaßnahmen.

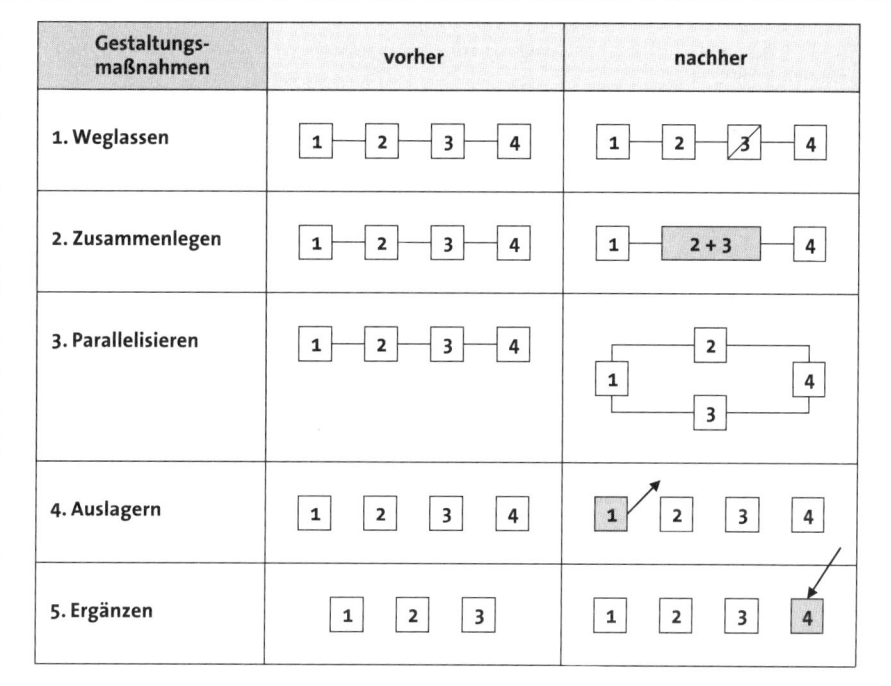

Abb. 41: Ablauforganisatorische Maßnahmen zur Steigerung der Prozesseffizienz

Potenziale finden

Im Drei-Stufen-Modell der Prozessgestaltung (siehe Abbildung 36) führt die Stufe der Prozessverbesserung konsequent zu einem **Soll-Konzept**. Dieses Soll-Konzept beschreibt den einzuführenden neuen Prozess bzw. die veränderten Prozessabläufe bei Reorganisationsmaßnahmen (siehe Abbildung 42).

Die Phase der Prozessverbesserung (Soll-Konzept) beginnt damit, Potenziale zu finden, die zur Erarbeitung neuer Prozesse führen. Diese Potenzialanalyse kann nur im Team durchgeführt werden, denn die Akzeptanz der neuen Prozesse ist das Ergebnis von Teamarbeit der Prozessbeteiligten.

Beispiel:

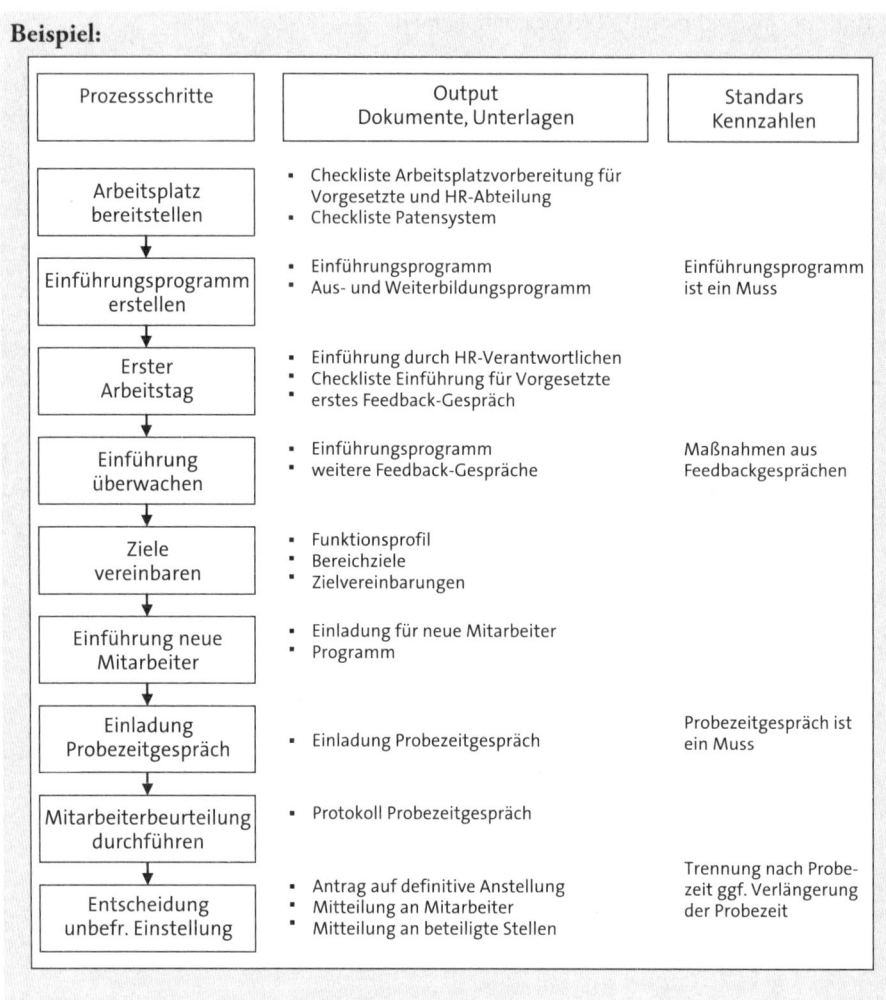

Abb. 42: Beispiel für einen Teilprozess Personaleinführung (vgl. Fischer 2004, S. 68)

Ähnlich wie beim Prozessworkshop »Ist-Aufnahme« (siehe Abbildung 39) gelten auch für einen Prozessworkshop »Prozessverbesserung/Soll-Konzept« einige Erfolgskriterien, die auch Bestandteile ähnlicher Kreativ-Workshops und Brainstorming sind. Erfolgskriterien für eine Potenzialanalyse sind:

- frühzeitige Einbindung der Geschäftsleitung,
- Einholen von Entscheidungskompetenzen für das Team,
- Schaffen einer kreativen Workshop-Atmosphäre,
- Auswahl von externen Experten,
- Auswahl von geeigneten Methoden (z. B. Brainstorming, Delphi-Methode usw.),
- wertfreie Sammlung und Dokumentation aller Beiträge der Prozessbeteiligten,
- Auswertung nach den Selektionskriterien »Realisierbarkeit«, »Zeitschiene«, »Durchsetzbarkeit«, »Nutzen«.

Eine der wesentlichen Erfolgsfaktoren eines prozessorientierten Managementsystems ist die professionelle Modellierung der im Unternehmen ablaufenden Prozesse.

Das Unternehmen hat dabei die Qual der Wahl, zwischen sehr unterschiedlichen Methoden und Darstellungsformen die geeignetste auszuwählen oder zu definieren.

Für den Betrachter einer Prozessgrafik sind in der Regel folgende Fragen wichtig:

☐ Wo bin ich bzw. wo ist meine Rolle, Abteilung oder mein Bereich?
☐ Was sind meine Prozesse, Tätigkeiten, Entscheidungen?
☐ In welcher Reihenfolge laufen die Prozesse ab?
☐ Welche Input/Output-Informationen bzw. Schnittstellen betreffen mich?

Die Antworten lassen sich übersichtlich und für jeden verständlich in der **Swimlane-Methode** modellieren wie das Beispiel und die Darstellung zeigen (siehe Abbildung 43).

Ein Swimlane-Diagramm ist eine Abbildung zum Darstellen von Folgen von Aufgaben und Entscheidungen in einem Prozess. Dabei bezeichnet eine Dimension immer die Zeit, d. h. beispielsweise die aufeinanderfolgenden Phasen eines Prozesses. Die andere Dimension besteht aus Bändern oder Bahnen, den sog. Swimlanes, wobei jede Swimlane für eine Organisation, eine Abteilung oder eine spezielle Rolle steht. Die Aufgaben, die innerhalb einer Swimlane liegen, werden von derjenigen Organisation, Abteilung oder Rolle ausgeführt, die der Swimlane zugeordnet ist.

Beispiel: Szenario Bewerbermanagement

Am Bewerbermanagement sind vier hierarchische Ebenen beteiligt, die Geschäftsleitung, die Abteilungsleiter einschließlich des Personalleiters, die Personalreferenten und die Sachbearbeiter Personal.

Der standardisierte Prozess soll folgendermaßen gestaltet werden:

- Die Briefbewerbungen werden von einem Sachbearbeiter aufgenommen, desgleichen werden Online-Bewerbungen übernommen. Dafür schreibt der Sachbearbeiter die Eingangsbestätigungen.
- Ein Personalreferent prüft die Bewerbungen auf Übereinstimmung mit dem Anforderungsprofil der Stelle. Alle Bewerber, die die Musskriterien nicht erfüllen, erhalten eine Absage, die von einem Sachbearbeiter geschrieben wird.
- Die anderen Bewerbungen werden von dem Fachvorgesetzten und einem Personalreferenten auf ihre weitere Eignung überprüft. Als Ergebnis werden Vorstellungsgespräche vereinbart. Die restlichen Bewerbungen werden in eine Bewerberdatenbank aufgenommen.
- Ein Personalsachbearbeiter vereinbart mit den Kandidaten einen Termin zu einem Vorstellungsgespräch, an dem der Personalleiter, ein Personalreferent und der Fachvorgesetzte teilnehmen.
- Mit dem ausgewählten Bewerber wird ein Arbeitsvertrag geschlossen, der vom Geschäftsführer unterschrieben wird.
- Die anderen Bewerber erhalten eine Absage, die vom Personalleiter unterschrieben wird.
- Ein Personalsachbearbeiter legt eine Personalakte an.

1 Personalarbeit organisieren und durchführen

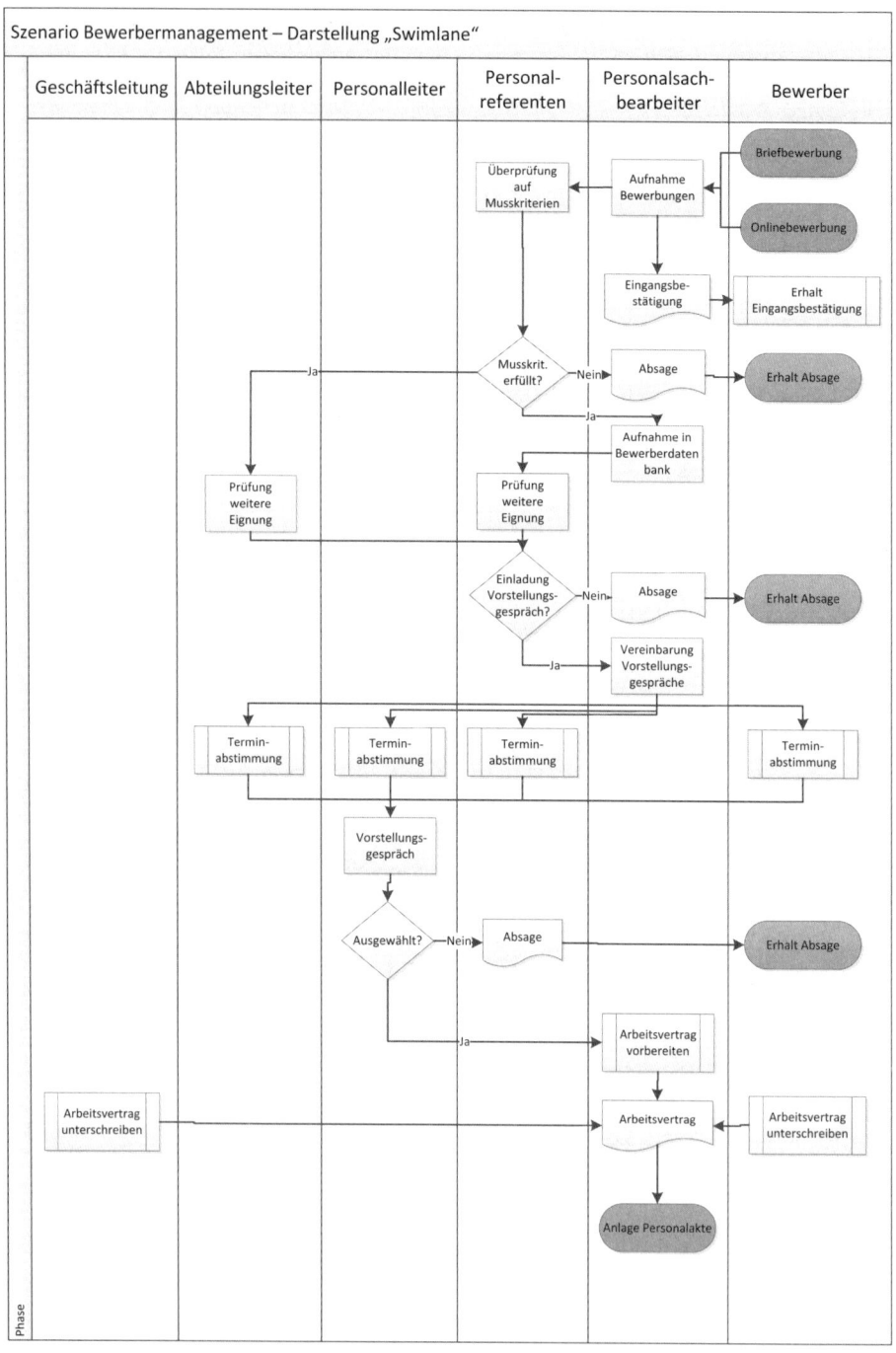

Abb. 43: Darstellung des Beispiels in einem Swimlane-Diagramm

1.3.3 Bausteine einer erfolgreichen Prozessverbesserung

Das Drei-Stufen-Modell der Prozessgestaltung (siehe Abbildung 36) stellt folgende Aktivitäten in den Mittelpunkt:

- neue Prozesse erarbeiten,
- Maßnahmen durchführen,
- Erprobung vor Ort und Umsetzungsüberwachung,
- Prozesseinführung.

Diese Schritte führen logisch und konsequent aus der Phase der Prozessverbesserung (Soll-Konzept) zur letzten Phase des Prozessmanagements (Praktizierung der neuen Prozesse). Der Übergang von der zweiten Phase (Prozessverbesserung) in die dritte Phase (Prozessmanagement) ist fließend.

Prozesse als Auslöser für innovative Managementsysteme

Bei organisatorischen Veränderungsprozessen stellt sich nicht nur die Frage nach der **Art und Weise des Vorgehens** und der inhaltlichen Ausgestaltung, sondern auch die Frage nach der Intensität des Eingreifens in bisherige Formen der Aufbau- und Ablauforganisation. Die Frage, ob sich in einem Unternehmen der Wandel eher als evolutionärer oder revolutionärer Wandel vollziehen soll, stellt sich bei allen Veränderungsprozessen stets neu.

Vielfach sind es die Erfahrungen aus den ersten erfolgreich neu gestalteten Prozessen, die den Verantwortlichen den Mut machen, forscher als bisher an weitere Veränderungsprozesse heranzugehen.

So wie die Einführung eines Prozessmanagements in Form einer Sekundärorganisation geeignet ist, Nachteile von Primärorganisationen wie Stab-Linien-Systemen, Sparten- oder Matrixorganisationen zu überwinden, kann die Prozessorganisation genauso schnell zu einer neuen Primärorganisation werden, aus der sich wiederum neue, innovative Managementsysteme entwickeln. Deutlich geworden ist dies an der engen Verzahnung von Projekt- und Prozessmanagement. Auch andere Formen wie Lean-Management, Strategie-Center, Wertschöpfungscenter, Quality Circles oder Business Reengineering sind mit dem Prozess verwandt und stellen strategische Weiterentwicklungen desselben dar.

Prozesse auf dem Prüfstand – Interne Audits

Die Prozessorientierung in einem Unternehmen verläuft nicht linear. Ein einmal eingeführter Prozess bedarf eines permanenten **Soll-Ist-Vergleichs.** Prozessmanagement bedeutet in diesem Sinne nicht nur, neue Prozesse zu leben, sondern auch zu erkennen, dass diese ständig auf dem Prüfstand stehen.

In der Organisationslehre gibt es den Begriff der **organisatorischen Lücke** (siehe Abbildung 44). Diese beruht darauf, dass sich unternehmerische Strategien relativ leicht ändern lassen. Strukturen weisen dagegen eher ein großes Beharrungsvermögen auf. Das Ergebnis einer strategischen Richtungsänderung kann deshalb eine organisatorische Lücke hinterlassen. Sie entsteht, wenn die Organisation nicht schnell genug und/oder nicht in ausreichendem Umfang der neuen Strategie angepasst wird. Mit der Entscheidung für eine Prozessorganisation wird nun versucht, die organisatorische Lücke zu schließen.

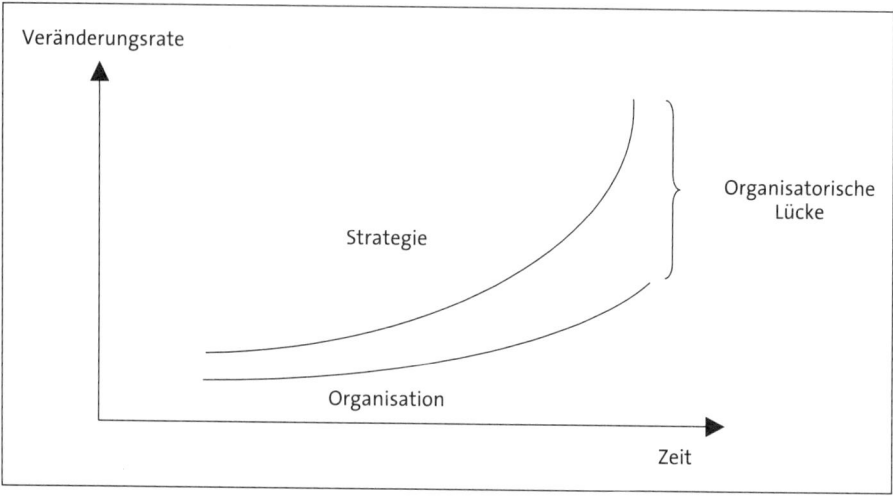

Abb. 44: Die organisatorische Lücke

Infolge der Trägheit eines sozialen Systems kann jedoch nach erfolgreich abgeschlossenen Veränderungen der Bedarf nach weiteren Veränderungen zunächst gedeckt sein. Anders ausgedrückt unterbleibt der erforderliche Soll-Ist-Vergleich so lange, bis der veränderte oder neue Prozess zufriedenstellend für alle Beteiligten verläuft. Prozesse können aber dann schnell an Aktualität verlieren, wenn aufgrund von Veränderungen technischer, wirtschaftlicher, rechtlicher oder sozialer Art die Unternehmensstrategie geändert werden muss.

Der gleiche Effekt kann auch auftreten, wenn es Differenzen zwischen den Anforderungen an Prozesse und den Fähigkeiten der Prozesse gibt. **Aufgabe von Prozessaudits** ist es also, für eine ständige **Prozessoptimierung** zu sorgen. Dazu sind Schwachstellenanalysen im Prozessablauf erforderlich. Unterstützt werden solche Audits durch eine effiziente Prozessmessung und/oder ein Prozesscontrolling.

Die **Durchführung von Prozessaudits** wird häufig durch ein **Benchmarking** unterstützt. Dahinter steht der Gedanke, die Leistungen des eigenen Unternehmens mit den Leistungen anderer zu vergleichen, die der gleichen Branche angehören oder aus anderen Wirtschaftszweigen kommen.

Eine Besonderheit für das Benchmarking von Personalprozessen ist, dass sie sehr gut mit anderen, ähnlich strukturierten Prozessen im eigenen Unternehmen verglichen werden können, bei denen man Optimierungspotenziale vermutet (internes Benchmarking).

Durch regelmäßig durchgeführte Audits lassen sich Geschäftsprozesse im Personalwesen zeitnah beurteilen. Prozessabläufe können so durch entsprechende **Mängelanalysen** wie nicht erfüllte Prozessziele und Mitarbeiterbeschwerden optimiert werden.

Prozessauslöser zur Prozessverbesserung ist meistens eine Zielabweichung. Wenn diese erkannt worden ist, kann die Verbesserung des Prozesses in Angriff genommen werden. Dabei sind die Ursachen genau zu analysieren, Lösungsalternativen zu erarbeiten und die beste Lösung auszuwählen. Diese wird eingeführt und getestet und das Ergebnis neu bewertet. Erst nachdem sich die gewählte Lösung als erfolgreich erwiesen hat, wird sie definitiv standardisiert (siehe Abbildung 45).

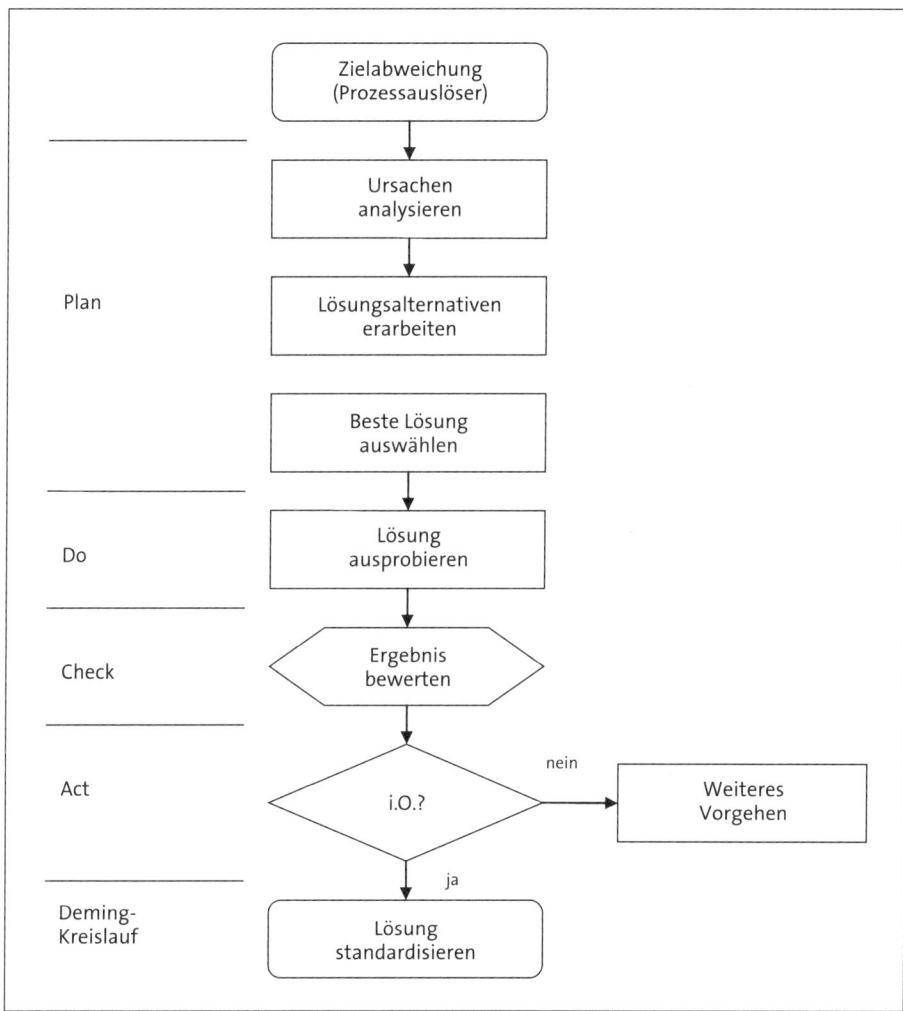

Abb. 45: Ablauf der Prozessverbesserung

Messung der Prozessqualität und Aufgaben eines Prozesscontrollings

Prozesse sollten immer mit Standards versehen werden. Standards sind noch keine Kennzahlen, aber sie definieren Grenzwerte oder Bandbreiten, die mindestens erreicht oder nicht überschritten werden sollen. Sie bilden im Rahmen einer Prozessentwicklung einen veränderlichen Soll-Zustand und müssen deshalb periodisch auf ihre Effektivität überprüft werden. Nachfolgend sollen zur Veranschaulichung einige solcher Standards beschreiben werden.

- Allgemeine HR-Standards

- Mit jedem neuen Mitarbeiter wird am Ende der Probezeit ein Mitarbeitergespräch geführt.
- Jeder austretende Mitarbeiter erhält spätestens am letzten Arbeitstag sein Zeugnis und die Gelegenheit zu einem Abgangsinterview.

- HR-Standards für Führungskräfte

- Jede Führungskraft investiert mindestens einen Tag pro Monat in ihre eigene Entwicklung.
- Einmal jährlich werden die Mitarbeiter beurteilt.

- HR-Standards für Mitarbeitende

- Für jeden neuen Mitarbeiter wird ein Einführungsprogramm erstellt.
- Jeder Mitarbeiter wird innerhalb von zwei Wochen nach Eintritt über die Unternehmensphilosophie und Unternehmenskultur informiert.

Ausgangspunkt einer Messung der Prozessqualität können folgende Fragen sein:

- ☐ Entspricht die Prozessleistung noch den Kundenanforderungen?
- ☐ Entspricht die Prozessqualität den vorgegebenen Prozesszielen?
- ☐ Entspricht die Durchlaufzeit den Prozesszielen?
- ☐ Entsprechen die Prozesskosten den Prozesszielen?

Eine ganzheitliche Betrachtung aller Leistungsparameter ist wünschenswert. Infolge der Komplexität kann dies nur in den wenigsten Fällen realisiert werden. Schließlich gehört Prozesscontrolling im Personalwesen (anders als etwa in der Fertigung oder im Verkauf) zu den schwierigsten Aufgaben überhaupt.

Kennzahlen sind eine wesentliche Voraussetzung für ein **Prozesscontrolling im Personalwesen**. Dabei ist es sinnvoll, sich auf wenige Geschäftsprozesse im Personalwesen zu konzentrieren, von denen eine besondere Wertschöpfung für das Personalmanagement anzunehmen ist.

Am Beispiel des Prozesses »Externe Personalgewinnung« sollen Messgrößen und Einflussfaktoren auf die Wertschöpfung in diesem Prozess erläutert werden.

Beispiel: Bei der externen Personalgewinnung stehen kurzfristig die Kosten und die Produktivität des Gewinnungsprozesses im Vordergrund, langfristig die Qualität der eingestellten Mitarbeiter. Wegen der hohen Kosten für mögliche Fehlbesetzung ist die externe Personalgewinnung ein Prozess, bei dem ein Personalcontrolling besonders lohnenswert ist.

Die Messgrößen für die Wertschöpfung sollten getrennt nach der Bewerberquelle definiert werden, z. B. Bewerberquelle Fachhochschule, Business-Schools, Headhunting. So werden zusätzlich bewerbergruppenspezifische Vergleiche ermöglicht.

Für die Wertschöpfungsmessung bieten sich produktivitäts-, qualitäts-, kosten- und zeitbezogene Messgrößen an (siehe Abbildung 46).

Messgrößen für die Produktivität	• Anzahl der eingegangenen Bewerbungen • Anzahl der Absagen an die Bewerber • Anzahl der Einladungen zum Interview • Anzahl der ausgewählten Bewerber pro Interviewer
Qualitätsbezogene Messgrößen	• Kündigungen in der Probezeit • Minderleistungen während der Einarbeitung • Verweildauer im Unternehmen
Messgrößen für die Kosten	• Kosten pro eingestellten Mitarbeiter • Kosten für das Auswahlverfahren • Kosten pro Auswahlmethode (AC) • Kosten pro Mitarbeitergruppe
Messgrößen für die Zeit	• Zeit von der Stellenanzeige bis zur Einstellung • Zeit vom Schließen der Bewerberliste bis zur Einstellung • Zeit für das durchschnittliche Interview

Abb. 46: Messgrößen im Beispielprozess »Externe Personalgewinnung«

Als Ergebnis eines Prozesscontrollings können sich Ansätze für neue Prozesse ergeben:

• Eliminieren überflüssiger Prozesse,
• Änderungen in der Abfolge von Teilprozessen,
• Hinzufügen fehlender Prozesse,
• Zusammenlegung von Prozessen,
• Automatisierung (Workflow) von Prozessen,
• Beschleunigen von Prozessen.

Quellen

Bergmann, G./Meurer, G. (Hrsg.): Best Patterns – Erfolgsmuster für zukunftsfähiges Management, Neuwied 2001.
Bokranz, R./Kasten, L.: Organisations-Management im Dienstleistungs- und Verwaltungsbereich, 4. Aufl., Wiesbaden 2003.
Fischer, H.: HR-Management als Prozess, Zürich 2004.
Scholz, Chr. (Hrsg.): Innovative Personal-Organisation, Neuwied 1999.
Wunderer, R./Dick, P.: Personalmanagement – Quo vadis? Analysen und Prognosen bis 2010, Neuwied 2000.
Wunderer, R./Jaritz, A.: Unternehmerisches Personalcontrolling, 2. Aufl., Neuwied 2002.

1.4 Projekte planen und durchführen

1.4.1 Projektarbeit als Organisationsform

Es gibt nicht *ein* Projektmanagement oder *die* einzige Projektmanagement-Methode, sondern es gibt mehrere Ansätze innerhalb des Projektmanagements mit einer jeweils eigenen Methodik.

Beispiele: Ansätze innerhalb des Projektmanagements

- DIN-Normenreihe DIN 69901 des Deutschen Instituts für Normung: beschreibt Grundlagen, Prozesse, Prozessmodell, Methoden, Daten, Datenmodell und Begriffe im Projektmanagement
- PRINCE 2 (Projects in Controlled Environments) des britischen Office of Government Commerce (OGC) (vgl. etwa Office of Government Commerce 2009)
- Guide to the Project Management Body of Knowledge (PMBoK) des US-amerikanischen Project Management Institute (vgl. Project Management Institute 2010)
- IPMA Competence Baseline (ICB) als internationaler Projektmanagement-Standard der International Project Management Association (IPMA) (vgl. GPM Deutsche Gesellschaft für Projektmanagement u. a. [Hrsg.] 2011)
- Scrum: agile Softwareentwicklung (vgl. etwa Gloger 2011)

Projektmanagement ist eines der großen Organisationsthemen, das alle betrieblichen Funktionen betrifft. Fast jeder Mitarbeiter war, ist oder wird in seinem Berufsleben einmal entweder Mitglied in einem Projektteam oder Projektleiter sein. Die Frage nach Rahmenbedingungen und Regelungsmechanismen für Projekte ist deshalb für jeden Mitarbeiter wichtig.

Eine Definition des Begriffs »Projekt« gibt die DIN-Norm 69901:

»[Ein] Projekt [ist] ein Vorhaben, das im Wesentlichen durch die Einmaligkeit der Bedingungen in ihrer Gesamtheit gekennzeichnet ist, z. B. durch Zielvorgabe, durch zeitliche, finanzielle, personelle und andere Bedingungen, durch Abgrenzung gegenüber anderen Vorhaben und durch projektspezifische Organisation.« (DIN Deutsches Institut für Normung e. V. [Hrsg.] 2009)

Bei Projekten übersteigen der Komplexitätsgrad des Problems oder die Schwierigkeit der Erarbeitung von neuen Produkten und/oder Dienstleistungen die Kompetenzen, Ressourcen und Zuständigkeiten eines einzelnen Bereichs. So sind in der Regel immer mehrere Bereiche oder Abteilungen an einem Projekt beteiligt. Je mehr Bereiche oder Abteilungen beteiligt sind, desto komplexer ist aber auch der Abstimmungs- und Koordinationsaufwand, und desto anspruchsvoller ist die Aufgabe des Koordinators bzw. des Projektleiters. Um diese komplexe Organisationsform dennoch effizient und steuerbar zu gestalten, sind Zeitbegrenzung und Zielorientierung wichtig.

In der Zusammenfassung der **Eigenschaften von Projektarbeit als Organisationsform** ergeben sich folgende Merkmale:

- Durchführung von Sonderaufgaben (z. B. Innovation, Problemlösung) und deshalb Einmaligkeit des Projekts,
- hohe Komplexität der Aufgabenstellung,
- abteilungsübergreifende Organisation (d. h. außerhalb der Linienorganisation),
- Zielorientierung in Bezug auf Leistung, Qualität, Gesamt- und Einzelziele,
- definierte Ressourcen (Zeit, Material, Kosten, Personen),
- Zeitbegrenzung (Start und Ende),
- organisierte Planung von Zeit, Ressourcen, Aktivitäten sowie entsprechendes Controlling,
- Teamorganisation.

Einige der meistgenannten Problempunkte bei Projekten lassen sich darauf zurückführen, dass ein Konflikt zwischen der temporären Projektorganisation und den Funktionen in der Linienorganisation entsteht. Denn während die temporäre Projektorganisation üblicherweise ein einmaliges Projekt bearbeitet, widmen sich die jeweiligen Abteilungen oder Bereiche in der Linienorganisation meist der möglichst effizienten und kontinuierlichen Abarbeitung von Standardthemen. Die wichtigsten Unterschiede zwischen den Aufgaben in der Projektarbeit und den Aufgaben innerhalb der Linienorganisation sowie deren Merkmale stellen sich wie folgt dar (siehe Abbildung 47):

Merkmal	Projektarbeit	Linienorganisation
Zielorientierung	eher kontinuierlicher Prozess, bei größeren Projekten orientiert an wechselnden Rahmenbedingungen	• festgelegte Ziele in funktionaler (z. B. Marketing) und hierarchischer (Bereichsleiter/Abteilungsleiter/Mitarbeiter) Struktur • meistens jährliche Zielvereinbarungen
Zeitliche Begrenzung	Aufgabe endet zu definiertem Zeitpunkt	keine Begrenzung der Aufgabe, eher ein kontinuierlicher Prozess
Einmaligkeit und Neuartigkeit der Aufgabe	Projektprodukte sind Unikate	Produkte und Dienstleistungen werden immer wieder in gleicher Form erstellt
Komplexität	jeder Arbeitsprozess muss neu erfasst und gestaltet werden	Standardisierung und Vereinfachung wiederholbarer Prozesse
Budgets/ Ressourcen	aufgabenbezogen	abteilungsbezogen
Organisatorische Zuordnung	vorübergehend, oft Doppel-Zugehörigkeit der Teammitglieder	dauerhafte Zugehörigkeit
Kompetenzen	Synergie durch Vielfalt	Fachspezialisten

Abb. 47: Die wichtigsten Unterschiede zwischen Aufgaben in der Projektarbeit und in der Linienorganisation

1.4.2 Phasen eines Projekts

Ein Projekt kann in vier Phasen unterteilt werden, bei denen jeweils unterschiedliche Aufgaben zur Abarbeitung anstehen (siehe Abbildung 48).

---

1) **Definitionsphase**
   - Problemdefinition: Welches Problem genau soll dieses Projekt lösen, z. B. Innovation, Verbesserung, Produktidee?
   - Projektziele: Was soll das Projekt exakt erreichen?
   - Projektorganisation: Bestimmung der beteiligten Bereiche; Teamzusammensetzung
   - Abstimmung der inhaltlichen Ziele mit den Stakeholdern des Projekts, d. h. all denjenigen, die ein begründetes Interesse an der Aufgabenstellung haben
   - Genehmigung mithilfe des Projektauftrags oder eines Projekt-Steckbriefs

2) **Planungsphase**
   - Überlegungen zu Projektrisiken und Ausführungsvarianten
   - Erstellung eines Projekt-Strukturplans (falls notwendig, Definition und Abgrenzung von Teilprojekten; Definition von Meilensteinen; Erstellen einer Verantwortlichkeitsmatrix; Planung von Kapazitäten)
   - Aufstellen eines Aktivitätenplans (z. B. mit einem Gantt-Diagramm; Lösung von Ressourcenkonflikten)
   - Kosten- und Ressourcenplanung
   - Planung des Controllings

3) **Ausführungsphase**
   - eigentlichen Arbeit am Projekt
   - Projekt-Statusberichte (am besten standardisiert)
   - Meilensteinkontrolle und Aktualisieren des Balken-/Gantt-Diagramms
   - Bewertung von Ausführungsvarianten und Erarbeitung von Entscheidungsvorlagen
   - Kommunikation und Zusammenarbeit mit den Interessensgruppen (Stakeholdern)

4) **Projektabschluss**
   Beim Projektabschluss ist darauf zu achten, dass folgende Aufgaben erledigt werden:
   - Abfassen von Projekt-Akten (z. B. System-/Betriebsdokumentation; Benutzerhandbuch)
   - Projektablauf-Review/Debriefing (Interview der Beteiligten: »Was ist gut gelaufen, was ist schlecht gelaufen?«)
   - Projektinformationssystem (Plan/Budget, Soll-/Ist-Vergleich, Best Practices)
   - Projekt-Abschlussfeier

Abb. 48: Die vier typischen Phasen eines Projekts (vgl. Project Management Institute 2010, S. 11–29)

1.4.3 Projektauftrag

Am Beginn eines Projektes muss ein Projektauftrag stehen, der die Zielrichtung sowie wesentliche Rahmenbedingungen, je nach Umfang und Komplexität des Projekts, festlegt. Einige Kernelemente bleiben dabei für alle Projekte gleich. An ihnen können sich Projektleiter und Teammitglieder während der Projektarbeit ausrichten. An diesen Kernelementen wird später aber auch der Projekterfolg gemessen werden.

So beinhaltet ein vollständiger Projektauftrag die deutliche Formulierung des Auftrags, der Zielsetzung, eine konkrete Aufgabenstellung, gewünschte (Zwischen-)Ergebnisse, Angaben zum Budget und den Ressourcen, Randbedingungen sowie Termine und Meilensteine (siehe Abbildung 49).

Projektauftrag	Wie lautet der Projektauftrag in einigen Stichwörtern?
Problem-beschreibung	Wie sehen die Probleme konkret aus, die Anlass für das Projekt waren/sind? Welche wichtigen Faktoren gibt es, die die Ausgangslage für das Projekt charakterisieren? [Später lassen sich die Zielrichtungen für das Projekt aus dieser konkreten Problemsituation ableiten.]
Auftraggeber	☐ Wer ist konkret für die Erteilung des Auftrags zuständig? ☐ Wer gibt die notwendigen Ressourcen frei? ☐ Wer wird den Projektfortschritt überwachen? ☐ Gibt es nur einen unternehmensinternen Auftraggeber oder gibt es auch einen unternehmensexternen Auftraggeber?
Projektleiter	☐ Wer hat als Projektleiter das Heft in der Hand? ☐ Wer wird für Erfolg oder Scheitern verantwortlich gemacht werden?
Zielsetzung/ Nutzen*	☐ Welche konkreten Ziele sollen durch das Projekt erreicht werden? ☐ Wofür ist der Projektleiter persönlich verantwortlich? ☐ Falls es Ziele gibt, die dem Projektleiter nicht persönlich zuzurechnen sind: Wer muss in diese Zielvereinbarung zwingend zusätzlich einbezogen werden? ☐ Welcher Nutzen kann durch das Projekt erreicht werden?
Aufgaben-stellungen	Welche Aufgabenstellungen/Aufgabenblöcke müssen im Projekt erledigt werden? [Aus diesen Aufgabenblöcken lassen sich in der Regel (Zwischen-)Ergebnisse, Termine/Meilensteine sowie im weiteren Verlauf Projektstrukturpläne ableiten.]
(Zwischen-) Ergebnisse	☐ Welche konkreten Zwischenergebnisse sollen bei den einzelnen Aufgabenstellungen erreicht werden? ☐ Was hat man nach Abarbeitung dieser Aufgabenstellungen jeweils als »Produkt« in der Hand? [Diesen Zwischenergebnissen lassen sich leicht die Termine/Meilensteine zuordnen.]
Termine/ Meilensteine	☐ Welche Ergebnisse werden wann erreicht werden? ☐ Welche Meilensteine gibt es, bei denen es wichtige Entscheidungen des Auftraggebers gibt, die den weiteren Projektfortschritt beeinflussen bzw. bei denen Entscheidungen getroffen werden, denen im Projektverlauf eine besondere Bedeutung zukommt? →

Budget/ Ressourcen**	Was steht dem Projekt an finanziellem Budget und an sonstigen Ressourcen zur Verfügung (Mitarbeiter, Räumlichkeiten, Zugang zu Informationen oder Verfügbarkeit der technischen oder personellen Ausstattung von anderen Abteilungen etc.)?
Randbedingungen	Welche Randbedingungen lassen sich vom Projektleiter und seinen Projektmitarbeitern nicht beeinflussen, die aber großen Einfluss auf den Projekterfolg haben werden? [Wenn diese Faktoren vom Projektleiter benannt werden, dann ist es Aufgabe des Auftraggebers, sich um diese Randbedingungen zu kümmern oder bestimmte entstehende Risiken bewusst einzugehen.]
Nicht durch das Projekt zu erbringende Leistungen	Was kann durch das Projekt definitiv nicht geleistet werden? [Hier erfolgt – soweit notwendig – noch einmal eine explizite Abgrenzung des Projekts zu anderen Aufgabenstellungen.]

* Falls bei der Erteilung des Projektauftrags noch kein messbarer Nutzen dargestellt werden kann: Zu welchem Zeitpunkt kann ein Nutzen dargestellt werden?

** Bei großen und komplexen Projekten werden Budgets selten komplett zu Beginn freigegeben. So werden in der Regel erst eine Machbarkeitsstudie und eine Kosten-Nutzen-Abschätzung verlangt, bevor Teile des Budgets freigegeben werden.

Abb. 49: Kernelemente eines Projektauftrags (vgl. Stöger 2011, S. 53 ff. oder Boy/Dudek/Kuschel 2003, S. 41-55)

Wichtig ist: Je genauer man sich in dieser Phase Gedanken über die spezifische Zielsetzung und die Aufgaben macht, desto leichter hat man es in der Umsetzungsphase, und desto fairer wird die Erfolgskontrolle. Diese hängt dann nicht mehr von persönlichen Vorlieben oder der Tagesform ab, sondern stützt sich auf objektive und vorher festgelegte Messkriterien. Die Kernelemente eines Projektauftrags (siehe Abbildung 49) können je nach Projekt um spezifische Punkte, z. B. um eine genaue Aufstellung von internen und externen Kapazitäten oder Pay-Back-Zeit, ergänzt werden.

In vielen Organisationen wird aus einem Projektauftrag ein **Lastenheft** erstellt, das mit einem hohen Konkretisierungsgrad die zu erledigenden Aufgaben festhält und formal durch den Auftraggeber freigegeben wird.

Sollte zu Beginn eines Projektes kein konkreter Auftrag zwischen dem Auftraggeber und dem Projektleiter abgesprochen werden, so ist es Pflicht und Aufgabe des Projektleiters, sich einen Auftrag zu verschaffen. Ansonsten wird er im luftleeren Raum agieren, ohne konkrete Verantwortlichkeit, ohne genaue Zielbestimmung und eventuell auch ohne Rückendeckung.

Tipps zum Projektauftrag

- Falls der Auftrag zu ungenau ist oder der Umfang der Aufgabenstellung zu Beginn noch nicht abzuschätzen ist, dann empfiehlt es sich, zuerst einen ersten, eng definierten Projektauftrag abzuschließen, der die Machbarkeit der Aufgabenstellung und die mögliche Umsetzung im Unternehmen prüft oder die Erarbeitung einer genaueren Projektdefinition mit Rahmenbedingungen zum Gegenstand hat. Danach kann ein genau ausgearbeiteter Auftrag für das gesamte Projekt erteilt werden.

- Es empfiehlt sich, bei der Zielsetzung zwischen den Zielen des Projekts und den persönlichen Zielen des Projektleiters zu unterscheiden. Diese beiden Ziele können bei großen, komplexen Projekten unterschiedlich sein. Wird beispielsweise Gruppenarbeit im gewerblichen Bereich eines Unternehmens eingeführt, dann ist die Steigerung der Produktivität ein wichtiges Ziel, das der Projektleiter aber nur in Zusammenarbeit mit den verantwortlichen Führungskräften erreichen kann. Hier müssen also diese Führungskräfte in die Zielerreichung eingebunden werden. Der Projektleiter hat zudem persönliche Ziele, für deren Erreichung er die alleinige Verantwortung trägt.
- Oft werden Aufgaben (Was soll gemacht werden?) mit Zielen verwechselt (Was muss erreicht werden?).
- Es muss unterschieden werden zwischen dem »Pro-forma-Auftraggeber«, der den Auftrag anstößt oder Budgetmittel aufgrund betrieblicher Regelungen als Gesamtverantwortlicher freigibt, und dem eigentlichen Auftraggeber, der sich um Zielsetzungen oder die Lösung von Problemen kümmert. Oft handelt es sich um zwei unterschiedliche Personen, wobei für den Projektleiter diejenige Person am wichtigsten ist, mit der er den Projektablauf abstimmen kann.
- Projektleiter sollten folgende Fragen an ihren Auftraggeber stellen:
  - ☐ Welche Aufgaben sollen mit welchen Zielsetzungen vom Projektleiter/dem Projektteam erledigt werden?
  - ☐ Welche Verantwortung übernehmen Projektleiter/Mitglieder des Projektteams?
  - ☐ Welche Kompetenzen hat der Projektleiter bzw. haben die Mitglieder des Projektteams, die zur Erledigung des Projektauftrags notwendig sind?

Im Idealfall entsprechen sich Aufgaben, Verantwortung und Kompetenzen.

1.4.4 Analyse der Interessensgruppen

Bei komplexen Projekten, die stark in Strukturen und Prozesse eines Unternehmens eingreifen, steht noch vor der Risikoanalyse (siehe Kapitel 1.4.5) die Analyse der Interessensgruppen, die in dieses Projekt involviert sind. Denn Projekte scheitern in der Regel nicht an fehlenden EDV-Tools oder der mangelhaften Kenntnis von Netzplantechniken. Hauptursachen sind die ungenügende Kenntnis des spezifischen Umfelds des Projekts und die mangelhafte Berücksichtigung dieser Faktoren. Wichtig ist in diesem Zusammenhang die Analyse der Personen und der Interessengruppen (Stakeholder) des Projekts und deren Einstellung. Folgende Darstellungsform kann einer ersten Eingliederung dienen.

Befürworter	Unentschlossene	Kritiker/Gegner
...	...	...
...	...	...
...	...	...
...	...	...
...	...	...
...	...	...
...	...	...

Abb. 50: Analyse der Interessengruppen I (vgl. Vahs/Weiand 2010, S. 147 f.)

Wenn sich nur eine geringe Minderheit als Befürworter herauskristallisiert und dieser viele Unentschlossene oder Kritiker/Gegner gegenüberstehen, dann muss das Projekt mit der Frage nach den Motiven der Kritiker/Gegner beginnen. Erst nachdem ein Mangel an Befürwortern behoben worden ist, sollte das Projekt starten.

Diese Art der Analyse der Interessengruppen kann – falls notwendig – mit dem folgenden Schema noch verfeinert werden (siehe Abbildung 51). Hier wird nach der Unterstützung des Projekts sowie nach der Machtposition der jeweiligen Stakeholder gefragt.

Stakeholder	Unterstützung des Projekts					Einfluss auf das Projekt			Erwartetes Verhalten
	++	+	o	-	--	hoch	mäßig	gering	

Abb. 51: Analyse der Interessengruppen II (vgl. Kerth/Asum/Stich 2011 [CD-ROM])

Tipps zur Analyse der Interessengruppen

- Die Analyse soll helfen zu bewerten, auf welcher Grundlage das Projekt steht. Manchmal kann es sein, dass vor dem offiziellen Start und dem Abarbeiten von Aufgaben viele vorbereitende Gespräche notwendig sind, um den Boden für das Projekt zu bereiten.
- Die Analyse der Interessengruppen muss auf jeden Fall vertraulich behandelt werden, da es sich um personenbezogene Einschätzungen handelt, die nicht in die Öffentlichkeit gehören.
- Sollten mehrere Bereiche/Unternehmen an dem Projekt beteiligt sein, dann lohnt es sich oft, pro Bereich/Unternehmen eine spezielle Farbe zu benutzen, um deren Verteilung in dieser Analyse auch optisch deutlich zu machen.
- Oft ist es wichtig, zwischen dem Leiter eines Bereichs/einer Abteilung und seinen Mitarbeitern zu unterscheiden, da sich aufgrund der hierarchischen Einordnung in das Unternehmen unterschiedliche Sichtweisen und damit auch Interessen und Einstellungen gegenüber Projekten ergeben.

1.4.5 Risikoanalyse

Eine Risikoanalyse besteht aus folgenden Teilschritten (vgl. etwa Jenny 2009, S. 552-590):

1) Identifikation der Risiken
2) Bewertung und Priorisierung dieser Risiken
3) Ableitung eines Maßnahmenplans zur Vermeidung des Risikos oder zur Beherrschung der Auswirkungen des Risikos

Identifikation der Risiken

Zu Beginn einer guten Projektplanung gehört eine **Identifikation** der speziellen Risiken des Projekts, um diese zu vermeiden oder zumindest eindämmen zu können. Die häufigsten **Risikoarten** sind:

* technische Risiken (z. B. neue Verfahren, die noch unerprobt sind),
* Kostenrisiken (z. B. Preiserhöhungen der Vorlieferanten),
* Terminrisiken (z. B. Schwierigkeiten bestimmter Bereiche, termingerecht Arbeitsergebnisse liefern zu können) und
* personelle Risiken (z. B. Ausfall von Projektleiter oder Auftraggeber; Daten zu diesen personellen Risiken finden sich in der Analyse der Interessengruppen).

Diese vier Risikoarten eignen sich gut für eine erste Einschätzung, welche Risiken ein Projekt haben könnte. Für eine detaillierte Untersuchung reichen sie jedoch nicht aus.

Allgemeine Kriterien zu möglichen Risiken bei Projekten sind (vgl. Burghardt 2002, S. 299 f.):

* Unternehmen (Firmenleitung, Management-Risiken, Geldgeber, Führung, Mitarbeiter, Arbeitsmarkt, Organisation, Prozesse, Kultur, andere Projekte),
* unternehmensinterne oder -externe Kunden (Auftraggeber, Arbeitspartner, Absatzmarkt, Nutzer, Kommunikation),
* unternehmensinterne oder -externe Lieferanten,
* Geldgeber/Kapitalmarkt,
* Gesellschaft (Betroffener, Meinungsbeeinflusser, Interessenvertreter, Behörde, Politik, Veränderungen im Recht, Ethik),
* rechtliche Risiken (Vertragsgestaltung),
* Technik/Produkt (technische Entwicklung; Produktionsfaktoren, Umwelt, Ressourcen, Produkt selbst, Rahmenbedingungen),
* Branchenrisiken/Wettbewerber,
* Risiken durch das Projektmanagement selbst,
* geologische und klimatische Risiken u. a. m.

Bewertung und Priorisierung der Risiken

Identifizierte Risiken muss man in einem zweiten Schritt zusammenfassend darstellen, **bewerten und priorisieren**, da nicht alle Risiken gleich wichtig sind. Für diese Selektion eignet sich eine Eingliederung der gesammelten Risiken anhand zweier Kriterien: Zum einen wird die Eintrittswahrscheinlichkeit bestimmt und zum anderen die Auswirkungen beim Eintritt dieses Risikos (siehe Abbildung 52). Prioritär zu bearbeiten sind folglich alle Risiken mit hoher Eintrittswahrscheinlichkeit und hohen Auswirkungen beim Eintritt des Risikos.

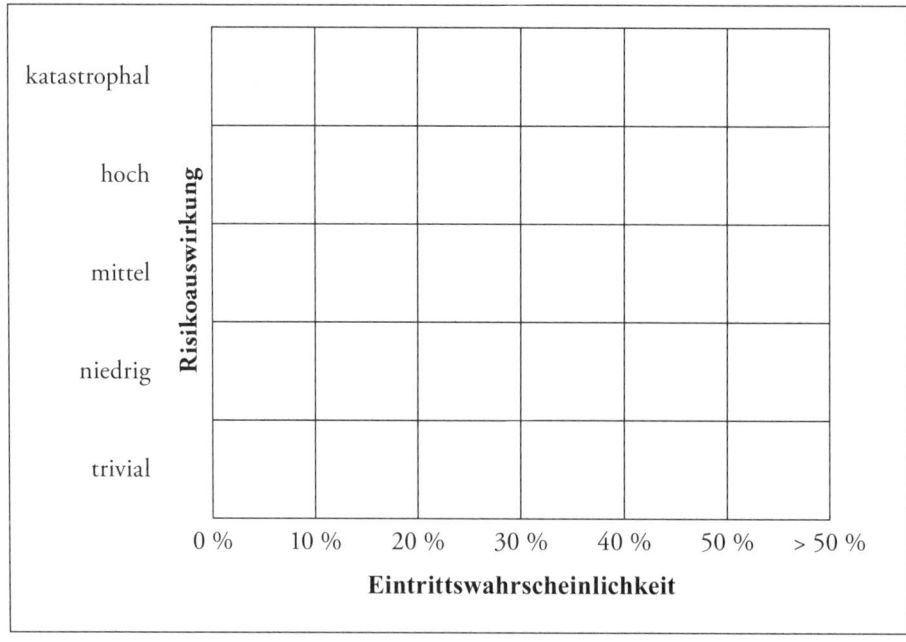

Abb.. 52: Matrix zur Risikoselektion

Nutzt man die Matrix zur Risikoselektion (Abbildung 52) für ein Projekt, für das sehr viele Risiken analysiert werden oder zur Darstellung von Risiken zusammengefasst aus vielen Teilprojekten, dann wird diese Matrix schnell unübersichtlich. Hier empfiehlt es sich, die analysierten Risiken in einer Tabelle zu erfassen. Die Darstellung in einem Tabellenkalkulationsprogramm bietet darüber hinaus auch die Möglichkeit, diese Risiken bei einer Aktualisierung schnell zu sortieren oder bestimmte Risiken weiter zu untergliedern.

Im unten stehenden Schaubild (siehe Abbildung 53) wird die Eintrittswahrscheinlichkeit (EWS) wie bisher mit Prozentzahlen zwischen 0 und 100 angegeben. Die Auswirkungen der Risiken (Risikokennzahl = RKZ) werden allerdings weiter untergliedert in Auswirkungen auf Qualität (Q), Kosten (K) und Zeit (Z) und mit Ziffern zwischen 0 (= nicht bedeutsam) und 3 (= sehr wichtig) versehen. Diese Untergliederung ist zwar aufwendiger zu erstellen, ermöglicht aber ein differenzierteres Bild der Risiken.

Lfd. Nr.	Risiko	Auswirkung auf			EWS	RKZ	Bewertung
		Q	K	Z			
1	Keine Akzeptanz des Projektleiters bei den Linienverantwortlichen	1	2	3	10 %	**0,60**	mittlere Priorität
2	Keine Akzeptanz des externen Beraters beim Betriebsrat	1	1	3	10 %	**0,50**	mittlere Priorität
3	Keine exakte Schätzung des Nutzens der technischen Neugestaltung	0	3	0	15 %	**0,45**	mittlere Priorität
4	Keine exakte Schätzung der Kosten für die technische Neugestaltung	0	3	0	10 %	**0,30**	geringe Priorität
5	Betriebsvereinbarung zum Pilotprojekt kommt zu spät	1	2	3	20 %	**1,20**	sehr hohe Priorität
6	Keine konstruktive Mitarbeit des Betriebsrates	3	1	3	35 %	**2,45**	sehr hohe Priorität
7	Keine Akzeptanz des Projektes bei betroffenen Fachabteilungen	3	1	3	30 %	**2,10**	sehr hohe Priorität
8	Keine Akzeptanz bei den Vorgesetzten als direkt betroffener Schlüsselgruppe	3	1	3	45 %	**3,15**	sehr hohe Priorität
9	Unklare Stellung der IG Metall gegenüber Gruppenarbeit	1	1	3	15 %	**0,75**	mittlere Priorität

Abb. 53: Risikoanalyse in Tabellenform

Ableitung eines Maßnahmenplans

Sind die Risiken in einer ersten Grobanalyse bestimmt worden, dann müssen sie anschließend weiter analysiert werden. Folgende Fragen helfen, Risiken genauer zu bestimmen und konkrete **Gegenmaßnahmen** abzuleiten:

☐ Um welchen Risikotyp handelt es sich (technisch, terminlich, finanziell, personenbezogen)?
☐ Worin genau besteht das Risiko?
☐ Unter welcher Bedingung/welchen Bedingungen tritt dieses Risiko ein?
☐ Mit welcher Wahrscheinlichkeit tritt das Risiko ein?
☐ Welche Wirkungen hat der Eintritt des Risikos und wie nachhaltig sind diese? Welche Schadenshöhe wird entstehen?
☐ Welche Maßnahmen zur Vermeidung des Risikos gibt es?
☐ Welche Maßnahmen zur Beherrschung der Auswirkungen des Risikos gibt es?
☐ Was werden die Ergebnisse dieser Maßnahmen sein?

Tipps zur Risikoanalyse

- Es sollte zwischen Risiken für das Projekt selbst (z. B. ungenauer Auftrag in der Konzeptionsphase) und Risiken, die bei der Ausführung oder durch das Projekt an einer anderen Stelle im Unternehmen entstehen, unterschieden werden. Der Auftraggeber möchte in der Regel alle Risiken sehen, die in Zusammenhang mit dem Projekt stehen.
- Die Risikoanalyse sollte immer mit einem Datum versehen sein, da sich die Risiken (und damit auch die Gegenmaßnahmen) im Zeitverlauf ändern. Deshalb sollte die Risikoanalyse auch unbedingt vor dem Projektstart und dann in regelmäßigen Zeitabständen erneut durchgeführt werden.
- Die vier hier benannten Kategorien »Kosten«, »Technik«, »Termine«, »Personen« sind nicht trennscharf, da sich eine Risikoart immer auch auf andere (insbesondere auf die Kosten) auswirken wird – diese Kategorien dienen als Denkanstoß.
- Die Bewertung von Risiken unterliegt immer subjektiven Sichtweisen. Durch die hier vorgenommene Einordnung und Visualisierung kommt aber schnell eine strukturierte Diskussion mit dem Auftraggeber zustande, in deren Verlauf man sich über die Einordnung der Risiken einigen kann.
- Oft hilft das Gegenlesen einer Risikoanalyse durch Kollegen/-innen, die neue Sichtweisen einbringen können. Auch die Mitglieder des Projektteams verfügen in der Regel über Berufserfahrung und damit über wichtiges Hintergrundwissen.
- Bestimmte personenbezogene Risiken hingegen sollten nur mit dem Auftraggeber durchgesprochen werden – und nicht mit dem Projektteam (z. B. mangelnde Akzeptanz des Projektleiters in der Linie).
- Risiken müssen möglichst konkret benannt werden, um später adäquate Gegenmaßnahmen ergreifen zu können (vgl. den Unterschied zwischen der mangelnden Akzeptanz des Projekts bei den Vorgesetzten, bei den betroffenen Mitarbeitern oder beim Kunden).
- Eine Risikoanalyse ist immer nur so gut wie die Gegenmaßnahmen, die ergriffen werden, um Risiken auszuschalten oder einzugrenzen.

1.4.6 Organisation der Projektstruktur

Die eigentliche Organisation betrifft in der Regel die Verteilung von Aufgaben und Rollen auf drei am Projekt beteiligte Personen/Gruppen (siehe Abbildung 54).

a) Der **Auftraggeber** kann eine Einzelperson sein (z. B. bei der Beauftragung eines Projektes innerhalb eines Bereiches) oder es können mehrere Personen sein, die dann einen Lenkungsausschuss bilden. Sie sind verantwortlich für die Erteilung des Auftrages, die Zielsetzung und die Bereitstellung von Ressourcen, und sie haben auch die Macht, wichtige Entscheidungen zu treffen.

b) Der **Projektleiter** ist das Bindeglied zwischen Auftraggeber und Projektteam, ist für die Leitung des Projektteams zuständig und sorgt für eine effiziente Kommunikation mit allen Beteiligten und für passende Rahmenbedingungen.

c) Die **Teammitglieder** schließlich arbeiten an der Aufgabe, oft aber nur mit begrenztem zeitlichen Einsatz, da sie neben ihrer Tätigkeit im Projekt immer noch ihren »Tagesjob« erfüllen müssen.

Diese formale Projektorganisation erfüllt damit mehrere Zwecke:

- die organisatorische Installation des Projektes mit einer klaren Verteilung von Aufgaben und Rollen,
- eine Anbindung an die Linie mittels Projektauftrag und damit die Beschaffung bzw. Bereitstellung von personellen und sächlichen Ressourcen, Budgetmitteln und sonstigen Arbeitsvoraussetzungen,
- die Etablierung von Informations- und Kommunikationswegen und Berichtswesen.

Auftraggeber/ Lenkungsausschuss	• Projektauftrag erteilen • Ziele/Rahmen setzen • Ressourcen bereitstellen • Übergeordnete Entscheidungen treffen
Projektleiter	• Team leiten • Kommunikation (Statusberichte) • Rahmenbedingungen bereitstellen • Entscheiden • Selber am Projekt arbeiten
Teammitglieder	• Konzepte ausarbeiten • Verbesserungen erarbeiten • Umsetzung der Aufgaben

Abb. 54: Typische Projektorganisation

Es geschieht oft in Projekten, dass wichtige Stakeholder nicht informiert werden und dass sie Informationen, die sie betreffen, nur über Dritte erfahren, was zu Unstimmigkeiten und Missverständnissen führen kann. So gehen Projektmitglieder oft davon aus, dass ein anderes Projektmitglied die Information übernimmt – mit dem Resultat, dass niemand informiert. Es ist also wichtig, dass neben der formalen Projektorganisation auch die Informationswege zu den Stakeholdern des Projekts eindeutig abgeklärt werden:

☐ Wer informiert wann welchen Stakeholder zu welchen Themengebieten?
☐ Wer sorgt für den Rückfluss von Informationen in das Projekt?

Die häufigsten **Differenzen** zwischen Linienorganisation und Projektarbeit sind:

- Bereitstellung von Ressourcen (Mitarbeiter, Sach- und Geldmittel)
- Wertigkeit des Projekts und damit der direkte Zugang zur Unternehmensleitung
- Einfluss des Projekts auf die zukünftige Gestaltung von Abläufen etc.
- Einfluss auf Projektmitarbeiter, die nur teilweise freigestellt sind (Wer führt disziplinarisch? Wer kann belohnen/bestrafen?)
- Rollen- und Aufgabenkonflikte zwischen Auftraggeber und Projektmanager

Arten formaler Projektorganisation

Es gibt drei Arten von formaler Projektorganisation, von denen die **Einfluss-Projektorganisation** am häufigsten anzutreffen ist. Bei ihr werden keine Mitarbeiter für das Projekt freigestellt; diese bleiben in ihrer Linienfunktion und werden nur teilweise für die Projektarbeit freigestellt. Bei der **reinen Projektorganisation** hingegen werden Projektleiter und Projektteam-Mitglieder komplett für dieses Projekt freigestellt und widmen sich ausschließlich diesem Projekt. Bei der **Matrix-Projektorganisation** werden offiziell Projekte gleichrangig zu den Linienverantwortlichen gestellt; die Mitarbeiter haben dann aber mit ihrer Linienfunktion und mit ihrer Projektfunktion zwei gleichzeitige und gleichwertige Unterstellungsverhältnisse.

	Vorteile	Nachteile
Einfluss-Projekt-organisation (auch Stabs- bzw. Koordinations-Projekt-Organisation)	• rasche Bildung des Projektteams mit geringem organisatorischen Aufwand • keine organisatorischen Änderungen im Unternehmen erforderlich • geringe Kosten für das Unternehmen, da es keine neuen Stellen gibt • flexibler Einsatz und gute Ressourcenausnutzung der Mitarbeiter • Know-how-Träger können in verschiedenen Projekten mitarbeiten • problemlose Wiedereingliederung der Projektteam-Mitgliedern nach Projektende	• keine Weisungsbefugnis des Projektleiters gegenüber seinen Projektteam-Mitgliedern • schwerfällige Entscheidungs- und Umsetzungsprozesse in der Abstimmung mit den Linienvorgesetzten; wegen dieser Abstimmungsproblematik sind Projektverzögerungen möglich • große Verantwortung des Projektleiters deckt sich nicht mit seiner geringen Entscheidungskompetenz →

	Vorteile	Nachteile
Reine Projektorganisation	• klare Verantwortung für Projektleiter und Projektmitarbeiter; eindeutige Weisungsbefugnis • schnelle Entscheidungsfindung aufgrund kurzer Kommunikationswege; große Flexibilität • keine Doppelunterstellungen: alle Beteiligten können sich ganz auf das Projekt konzentrieren; in der Regel schnelle Umsetzung • zentrale Steuerung von Planung, Termin- und Kostenüberwachung • hoher Identifikationsgrad der Mitarbeiter mit dem Projekt	• Gefahr der Verselbstständigung des Projekts • hoher Ressourcenaufwand mit Redundanzen, keine effiziente Ressourcenausnutzung • Projektende = Ende der Projektorganisation; schwierige Wiedereingliederung der Beteiligten in die Linie bei Projektende • Abhängigkeit von der Linie – spätestens bei Umsetzung
Matrix-Projektorganisation	• Nutzung von Know-how der Linie ohne zusätzliche Sonderorganisation • klare Definition von Aufgaben und Herausforderungen • hohe Flexibilität	• sehr hoher Steuerungs- und Koordinationsaufwand wegen Doppelunterstellungen der Mitarbeiter • Unübersichtlichkeit der Organisation • oftmals ungeklärte Verantwortungszuweisung zwischen Linien- und Projektleiter; Überlastung der Linienverantwortlichen • langsame Entscheidungsfindung durch Beteiligung vieler Instanzen

Abb. 55: Vor- und Nachteile unterschiedlicher Arten von Projektorganisation (ergänzt nach Stöger 2011, S. 116)

Tipps zur Projektorganisation

• Oft fehlen wichtige Personen im Lenkungsausschuss, deren Bereiche/Abteilungen vom Projekt direkt betroffen sind oder deren Unterstützung benötigt wird.
• Zu oft finden sich Geschäftsführer/Vorstände als Auftraggeber, obwohl sie nur den Anstoß zu einem Projekt gegeben haben, aber das Projekt niemals operativ steuern werden. Der eigentliche Auftraggeber hingegen fehlt.
• Kommen Aufträge von der Geschäftsleitung, dann ist zu überlegen, welche Rolle der direkte Vorgesetzte des Projektleiters in Bezug auf das Projekt und die Tätigkeiten des Projektleiters (z. B. in Bezug auf dessen Zeiteinteilung) einnehmen wird.
• Oft sind zu viele Personen im Lenkungsausschuss, sodass dieser kaum handlungsfähig ist (z. B. hinsichtlich der Terminfindung oder Entscheidungsfindung).
• Oft finden sich im Projektteam ebenfalls zu viele Personen, die nicht immer betroffen sind; die Bildung eines Kernteams ist sinnvoll.

- Zu oft finden sich Ressortverantwortliche im Projektteam, die aber selten am Projekt selbst mitarbeiten, sondern oft die operativen Aufgaben an einen Mitarbeiter delegieren werden. Diese Ressortverantwortlichen gehören dann eher in den Lenkungsausschuss.
- Zu selten werden die Verantwortlichkeiten zwischen Auftraggeber und Projektleiter einerseits und Projektleiter und Projektteam andererseits genau abgeklärt.

1.4.7 Leitung von Projekten – Aufgaben des Projektleiters

Projekte stehen und fallen mit ihren Projektleitern. Sie sind in der Regel diejenigen, die am meisten Zeit investieren in das Projekt, und deren berufliche Reputation vom Gelingen abhängt. Der **Projektleiter** ist damit Schlüsselfigur für das Gelingen eines jeden Projekts. Die wichtigsten **Aufgabenfelder** sind folgende (siehe Abbildung 56):

Projektsteuerung	• Abstimmung und Präzisierung der Zielsetzungen • Controlling der Zielerreichung • Planung von Zeit, Ressourcen, Aktivitäten etc. • Überwachung der Qualität der Projektarbeit und kontinuierliche Verbesserung der internen Arbeitsabläufe
Projektorganisation	• Umfassende und rechtzeitige Information von Auftraggebern und Teammitgliedern • Sicherstellen einer reibungslosen Kommunikation zwischen allen Beteiligten • Förderung von Teamzusammenarbeit und Teamentwicklung • Sicherstellung von Rollen- und Aufgabenverteilung im Team
Schnittstellen-management	• Auftragsklärung durchführen • Wahrnehmen von internen und externen Verantwortlichkeiten • Pflege der Kundenbeziehungen • Öffentlichkeitsarbeit und »Außenpolitik« für das Projekt • Transfer der Projektergebnisse in die Linienfunktionen
Projektführung	• Koordination der Projektmanagement-Funktionen/Koordinatorrolle

Abb. 56: Aufgabenfelder des Projektleiters

Viele dieser Aufgaben haben aber wenig mit traditionellen Aufgaben innerhalb der Linienorganisation zu tun, bei denen es um die sachliche Abarbeitung einer Aufgabenstellung geht. Welche **Anforderungen an den Projektleiter** gestellt werden, welche Eigenschaften er unbedingt mitbringen muss, um seinen Job erfolgreich erledigen zu können, und was zusätzlich hilfreiche Eigenschaften sind, zeigt folgende, in vielen Unternehmen anzutreffende Rangliste an Anforderungen:

1) Fachliche Kompetenz
2) Status/Hierarchie/Mitgliedschaft im »richtigen« Funktionsbereich
3) Methodische Kompetenzen (Instrumente des Projektmanagement, z.B. Gantt-Diagramm, Verantwortlichkeitsmatrix, Kostenplanung)
4) Soziale Kompetenzen (Kommunikation, Moderation, Verhandeln, Konfliktlösung)

Die Aufgabenschwerpunkte des Projektleiters im Projektalltag sind aber andere: Vieles dreht sich um Koordination und Kommunikation mit unterschiedlichsten Gruppen innerhalb und außerhalb des Unternehmens. Dementsprechend ist auch die fachliche Kompetenz mit Sicherheit nicht alleine ausschlaggebend für den Erfolg des Projektes. Ein guter Fachmann kann, muss aber nicht automatisch ein guter Projektleiter sein. Was also in den Mittelpunkt rückt, sind die sozialen Kompetenzen des Projektleiters. Der folgende Abschnitt gibt Hinweise zur Steuerung von Teams.

1.4.8 Projektteam – Auswahl der Teammitglieder und Führung

Die erste Aufgabe des Projektleiters und des Auftraggebers ist die Auswahl von Teammitgliedern, wobei sich auf den ersten Blick mehrere Kriterien anbieten: fachliche Kompetenz, Zugehörigkeit zur betroffenen Abteilung, Autorität in der Linie oder Seniorität. Jedes Kriterium hat sowohl Vor- als auch Nachteile. So führt eine hohe Autorität des Teammitglieds in der Linie mit Sicherheit dazu, dass die spätere Umsetzung des Projekts in der Linienorganisation befördert wird. Allerdings könnten auf diese Weise starke Abteilungsinteressen im Projektteam aufeinanderprallen und die unvoreingenommene Lösungssuche erschweren.

Zu den Aufgaben des Projektleiters gehört es vor allem, Aufgaben zwischen den Teammitgliedern zu verteilen und dann wiederum für eine Koordination der Teammitglieder zu sorgen. Hierzu dient die regelmäßige Teamsitzung, in der der aktuelle Stand der Informationen und der Aufgabenerledigung abgesprochen und kontrolliert wird, sowie Entscheidungen vorbereitet werden. Der Projektleiter leitet diese Sitzungen, d. h. er muss die Tagesordnung vorbereiten, für ein Protokoll sorgen (Wer führt wie umfangreich Protokoll?) und die Sitzung moderieren. Informationen werden ausgetauscht und es soll zielgerichtet miteinander (und nicht gegeneinander) kommuniziert werden. Der Projektleiter muss Vorschläge machen, wie oft und wie lange sich das Team treffen soll, wobei Dauer und Turnus je nach Projektfortschritt variieren können. Spielregeln müssen definiert werden (Wie treten wir als Projektteam nach außen auf? Welche Informationen bleiben vertraulich, welche sind öffentlich? Wie gehen wir mit Meinungsdifferenzen um?).

Ein sog. **Kick-Off-Meeting** mit allen Teammitgliedern und eventuell dem Auftraggeber soll helfen, frühzeitig ein von allen Betroffenen geteiltes Projektverständnis herzustellen und damit rechtzeitig Aufgaben und Rollen innerhalb des Teams zu klären. Welche Punkte die Agenda für ein solches Kick-Off-Meeting beinhalten sollte, zeigt Abbildung 57.

Projektleiter sehen sich einem Dilemma gegenüber. Projekte werden gestartet, um ein Problem zu beheben oder neue Produkte/Dienstleistungen zu kreieren. Dazu benötigen sie die Zusammenarbeit von Mitarbeitern aus unterschiedlichen Bereichen, um eine Lösung unter Berücksichtigung vieler Informationen und Sichtweisen zu erarbeiten. Diese Projektmitarbeiter befinden sich aber oft immer noch in ihren Linienfunktionen und arbeiten nur zeitweise in den Projekten mit. Das hat zur Folge, dass dem Projektleiter nur wenige klassische Steuerungs- und Disziplinierungsmechanismen zur Verfügung stehen. Er hat keine Entlohnungsgewalt, nur geringe Möglichkeiten, positiv auf Karriereentwicklung zu wirken sowie die Zeiteinteilung des Projektmitarbeiters zu steuern. Als einzige Steuerungsmöglichkeiten bleiben ihm die Motivierung seiner Teammitglieder (z. B. anspruchsvolle Ziele, Freiheit bei der Aufgabenbearbeitung), die Schaffung von fördernden Rahmenbedingungen (z. B. Ressourcen, Konfliktbearbeitung nach Außen) sowie die Sichtbarkeit des Beitrags der Teammitglieder bei Projekterfolg gegenüber Unternehmensleitung und Unternehmen. Aus diesem Grund wurde in der Forschung die wichtige Frage gestellt, welche Faktoren die Effektivität von Teams beeinflussen (siehe Abbildung 58).

Agenda Kick-Off-Meeting	
Auftrag/Ziel	☐ Wer ist unser Auftraggeber? ☐ Was umfasst unser Auftrag genau? ☐ Sind Termin und Kriterien klar? ☐ Welche Erwartungen werden an uns gestellt? ☐ Was sollen, können und wollen wir leisten?
Zusammensetzung und Ressourcen	☐ Wie ist unser Team zusammengesetzt? ☐ Haben wir die notwendigen Kompetenzen für dieses Projekt? ☐ Wie können wir unsere unterschiedliche Qualifikation nutzen und weiterentwickeln?
Organisation und interne Aufgabenverteilung	☐ Wer übernimmt welche Aufgaben? ☐ Wer ist wofür verantwortlich (nach innen und außen)? ☐ Was erwarten wir vom Teamleiter?
Nutzen und Engagement	☐ Was bringt uns die Teamarbeit? ☐ Welche Erfolge erwarten wir? ☐ Was bedeutet Teamerfolg für den einzelnen?
Informationsmanagement	Wie organisieren wir unseren Informationsfluss (Informationen aus beteiligten Bereichen, regelmäßige Teamsitzungen, Schreiben und Verteilen von Protokollen, Ablage von Informationen auf einem gemeinsamen Laufwerk)?
Regeln der Kommunikation und Zusammenarbeit (Feedback)	☐ Welche Regeln halten wir bei Meetings ein? ☐ Wie gehen wir mit Konflikten um? ☐ Wie organisieren wir unsere gegenseitigen Rückmeldungen? ☐ Wie optimieren wir unsere Beziehungen? ☐ Wie organisieren wir die Qualität und Verbesserung unserer Arbeitsergebnisse?
Schnittstellen	☐ Welche Ressourcen von außerhalb benötigen wir? ☐ Was erwarten unsere Kunden zusätzlich zum Produkt/den Dienstleistungen? ☐ Wie optimieren wir den Kontakt zu unseren Kunden und Lieferanten? ☐ Welche Rahmenbedingungen brauchen wir?

Abb. 57: Themenfelder für ein Kick-Off-Meeting

Arbeitsorganisation	**Zusammensetzung**
• Autonomie des Teams: Freiheit in der Durchführung der Arbeit • Tätigkeitsvielfalt: verschiedene Fähigkeiten werden erfordert • Ganzheitlichkeit: ein zusammenhängendes Stück der Aufgabe wird fertiggestellt • Bedeutung der Aufgabe: Auswirkungen auf die Arbeit anderer	• Fähigkeit/Qualifikation • Persönlichkeit • Rollenzuteilung und Diversität • Teamgröße • Flexibilität der Mitglieder • Neigung zu Teamarbeit

Effektivität des Teams

Kontext	**Prozessvariablen**
• Hinreichende Ressourcen = Unterstützung durch Organisation • Führung und Struktur • Teambezogene Leistungsbeurteilungs- und Belohnungssysteme	• Gemeinsame Zielsetzung • Spezifische, messbare und realistische Ziele • Teamwirksamkeit = Selbstvertrauen • Konfliktmanagement durch den Projektleiter • Kein soziales »Bummeln«

Abb. 58: Faktoren, die die Effektivität von Teams beeinflussen (vgl. ausführlich Robbins 2001, S. 316 ff.)

Wenn die Zusammenarbeit der Teammitglieder eine so bedeutende Rolle für den Projekterfolg spielt, dann ist es auch eine der Aufgaben des Projektleiters, die Zusammenarbeit im Team zu thematisieren und regelmäßig auf den Prüfstand zu stellen. Ohne bewusste Steuerung der Teamprozesse ist es Zufall, ob sich das Team positiv oder negativ entwickelt. Eines der einfachsten Werkzeuge sind die folgenden Aussagen, die die Teammitglieder bewerten sollen (siehe Abbildung 59). In einem neuen Team sollte diese Abfrage anonym erfolgen, um dann die Ergebnisse zu besprechen und – im Falle von großen Abweichungen – gemeinsam nach Verbesserungsmöglichkeiten zu suchen.

Wie zufrieden bin ich selbst mit dem **Gruppenklima**?

++	+	o	-	--

Wie zufrieden bin ich selbst mit dem **Gruppenergebnis**?

++	+	o	-	--

Wie hoch schätze ich meinen **persönlichen Beitrag** zur **Willensbildung** im Team ein?

++	+	o	-	--

Abb. 59: Die drei wichtigsten Fragen für einen kurzen Team-Check

Dem Projektleiter stehen eine ganze Reihe von kommunikativen Steuerungsmöglichkeiten zur Verfügung, auch wenn er kein disziplinarischer Vorgesetzter seiner Teammitglieder ist. Genauso wie bei führerlosen Gruppendiskussionen werden Steuerungsfragen und -impulse ihm helfen, den Bearbeitungsprozess der Gruppe zu steuern, ohne dass er inhaltliche Vorgaben macht. Seine Aufgabe ist es vielmehr, den Prozess der Problembearbeitung durch sein Team durch diese **Steuerungsfragen und -impulse** zu strukturieren (siehe Abbildung 60).

Steuerungsfragen und Impulse	
Abklären	☐ Haben wir alle Informationen? ☐ Hat jeder die Aufgabenstellung verstanden? ☐ Ist uns das Ziel der Aufgabe klar? ☐ Gibt es Informationen, die noch nicht besprochen wurden? ☐ Gibt es noch unklare Punkte?
Verständnis abfragen	☐ Hat jeder die bisherige Vorgehensweise verstanden? ☐ Gibt es noch offene Fragen in Bezug auf unsere Vorgehensweise?
Einverständnis abfragen	☐ Ist jeder mit der Vorgehensweise einverstanden? ☐ Ist jeder mit dieser Entscheidung einverstanden?
Zusammenfassen und wiederholen	☐ Kann ich kurz die bisherigen Ergebnisse zusammenfassen, damit wir ein einheitliches Verständnis herstellen?
Ruhigere Teammitglieder einbinden	☐ Was ist Ihre Meinung zur bisherigen Vorgehensweise?
Struktur einfordern	☐ Welchen weiteren Weg zur Bearbeitung des Problems sollen wir gehen: A oder B? ☐ Welche Vor- und Nachteile haben diese beiden Bearbeitungsmöglichkeiten? ☐ Welche Kriterien sollten wir für unsere Entscheidung festlegen?

Abb. 60: Mögliche Steuerungsfragen und Impulse für den Bearbeitungsprozess

1.4.9 Steuerung von Projekten

Die Steuerung eines Projekts hat zur Aufgaben, Abweichungen zwischen dem geplanten Soll-Zustand und dem erreichten Ist-Zustand des Projekts zu erkennen und wirkungsvolle Maßnahmen zur Korrektur zu ergreifen. Um zielgerichtet arbeiten zu können, müssen vorab die Ursachen für die Abweichung analysiert werden. Die Projektsteuerung baut damit auf den Ergebnissen der Projektplanung auf, die im Vorhinein den Verlauf des Projekts nur theoretisch planen kann, ohne tatsächlich auftretende Störgrößen (z. B. Verzögerungen durch Lieferantenwechsel) und deren reale Auswirkungen berücksichtigen zu können. Das heißt, dass eine Projektsteuerung umso besser ist, je präziser die Projektplanung war.

Zur Steuerung von Projekten gibt es mehrere erprobte EDV-Tools, z. B. »Microsoft Project«. Eines der besten Werkzeuge, das sich auch für kleinere Projekte eignet, ist aber das sog. **Gantt-Diagramm** (auch Balkendiagramm), das auch ohne EDV-Unterstützung eingesetzt werden kann. Es gibt klare und übersichtliche Antworten auf die Frage, wer was bis wann macht. Ist der Projektauftrag gut erarbeitet worden, dann kann man aus der Liste der zu erledigenden Aufgaben das Gantt-Diagramm einfach ableiten. Die einzelnen Schritte zur Erstellung eines Gantt-Diagramms (siehe Abbildung 61) im Projektteam sind:

1) Sammlung aller durchzuführenden Tätigkeiten
   - mithilfe von Zuruf- oder Kartenabfrage
   - Augenscheinprüfung auf Plausibilität und Vollständigkeit, ggf. Ergänzung
2) Aufstellen einer sinnvollen zeitlichen Abfolge zwischen den Tätigkeiten sowie Überprüfung, ob Abhängigkeiten zwischen den Tätigkeiten vorliegen
3) Zuordnung von Tätigkeiten zu verantwortlichen Personen
   - Zuordnung aller Personen, die bei der jeweiligen Tätigkeit mitmachen
   - Bestimmen einer federführenden Person
4) Abschätzung der benötigten Bearbeitungsdauer für die einzelnen Tätigkeiten durch die federführenden Personen mit Angabe des möglichen Start- und letztmöglichen Endtermins für die Fertigstellung

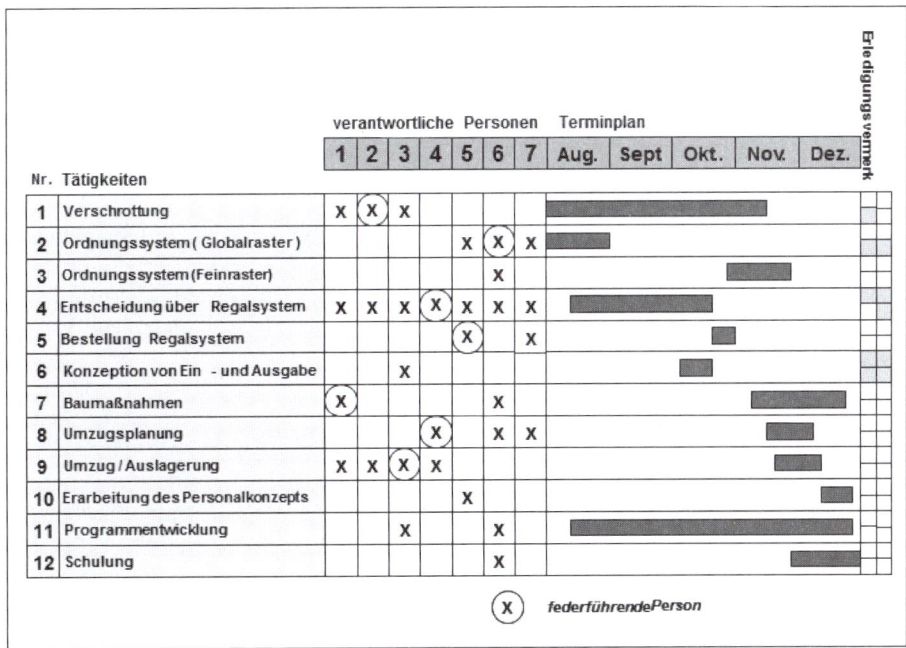

Abb. 61: Gantt-Diagramm

Die Vorteile des Gantt-Diagramms liegen in der Visualisierung und damit der schnellen Erfassbarkeit der zeitlichen Abfolge von Aufgabenbündeln, der Gesamtdauer sowie der Abhängigkeiten von Aufgaben. Die Nachteile liegen in der begrenzten Präsentationsfähigkeit im Fall komplexer Projekte und der daraus resultierenden starken Vereinfachung.

Das Gantt-Diagramm in der hier vorgestellten Form kann noch ergänzt werden um ein Mittel zur visuellen Kontrolle der Fortschritte der einzelnen Aktivitäten, den sog. **Erledigungsvermerk**. Hinter jede Spalte wird ein Quadrat gezeichnet, das je nach Ausfüllungsgrad den Fortschritt bei der Erledigung der einzelnen Aktivitäten symbolisiert (siehe Abbildung 62). So ist auf den ersten Blick klar, wo noch Handlungsbedarf besteht und nachgesteuert werden muss.

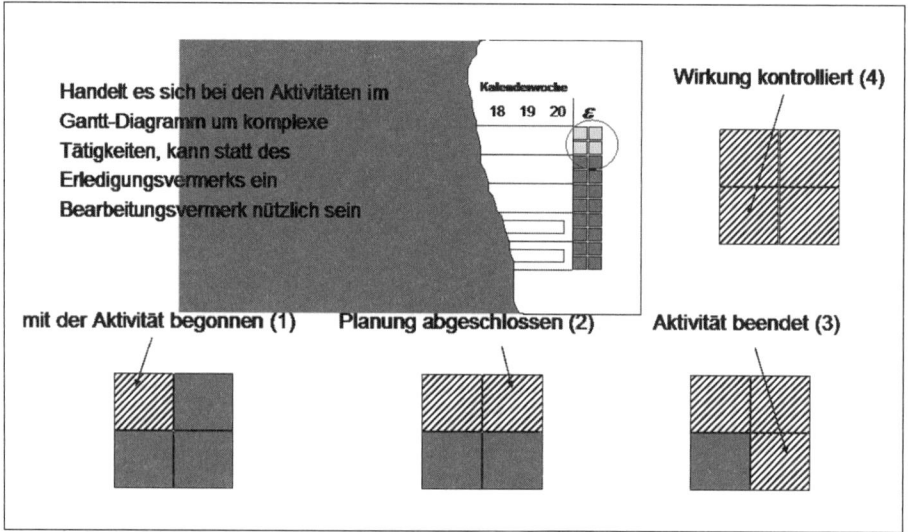

Abb. 62: Erledigungsvermerk für ein Balkendiagramm

Aus dem Projektauftrag und dem Gantt-Diagramm kann auch ein **Funktionendiagramm** abgeleitet werden, bei dem neben den Aufgaben auch die Betroffenen inklusive ihrer Verantwortlichkeiten abgebildet werden. Über dieses Funktionendiagramm kann mit allen Beteiligten schnell abgesprochen werden, wer in welcher Projektphase welche Aufgaben übernimmt (siehe Abbildung 63).

		Meier	Müller	Schulz	Schmidt	Haller
1.	Ist-Analyse					
1.1	Klärung der Anforderungen	E	A	I	K	
1.2	Ist-Analyse der derzeitigen Situation	E, A	A	I	K	
1.3	Benchmarking	E	I	A	K	
2.	Grobkonzept					
2.1	Inhaltliches Lastenheft auf Grundlage der Anforderungen	E, P	I	A	M	
2.2	Technisches Lastenheft (vor allem Kompatibilität mit »Nachbar-Systemen«)	E, P	I	A	M	→

		Meier	Müller	Schulz	Schmidt	Haller
2.3	Prüfung von Anbietern auf Grundlage des Lastenhefts	E, P	I	I	M	A
2.4	Bildung von Varianten und Entscheid (Kosten-Nutzen)	E				A
3.	Feinkonzept					
3.1	Festschreibung des Lastenhefts (inhaltlich und technisch)	E, P	I	I	A	A
3.2	Spezifikation mit gewähltem Anbieter	E, A			M	M
A = Ausführen; E = Entscheiden; I = Information an; K = Kontrollieren; M = Mitspracherecht; P = Planen						

Abb. 63: Funktionendiagramm (Stöger 2011, S. 102)

Aus den im Projektauftrag aufgelisteten Aufgaben lässt sich außerdem ein **Projektstrukturplan** erstellen: Hauptaufgaben werden in Teilaufgaben und dann in detaillierte Arbeitspakete gegliedert. Dabei können mehrere Gliederungsschemata angewendet werden: objekt-, funktions- oder gemischt-orientierter Projektstrukturplan (siehe Abbildung 64). Gerade bei komplexeren Projekten rechnet sich der Aufwand zur Erstellung eines Projektstrukturplans.

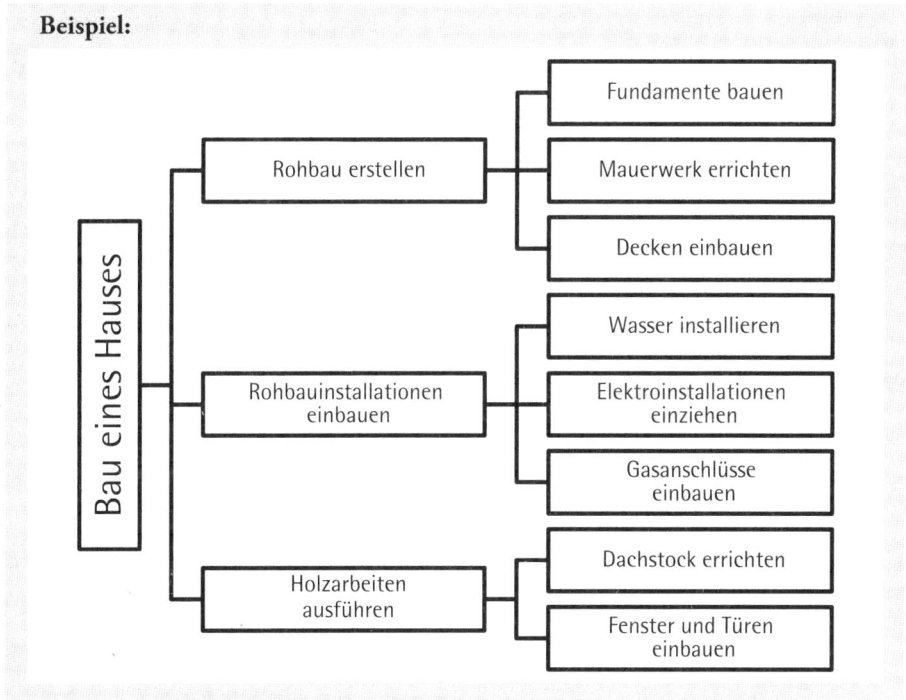

Beispiel:

Abb. 64: Objektorientierter Projektstrukturplan

Ein weiteres Instrument zur Projektsteuerung sind **Maßnahmenpläne** (To-do-Listen, Aktionslisten), über die der Projektfortschritt einerseits dokumentiert wird und andererseits bei jeder neuen Projektsitzung nachverfolgt werden kann. Je genauer hier die abzuarbeitenden Punkte mit Terminen und Verantwortlichen festgehalten werden, desto leichter lässt sich die vereinbarte Abarbeitung durch den Projektleiter nachhalten. Auch hier bietet sich die Einführung des Erledigungsvermerks (siehe Abbildung 65) zur leichteren visuellen Kontrolle an.

4671	KVP-Maßnahmenplan			Arbeitsplatzorganisation am 25.02.20 ..		
Gruppe / Team / Abteilung				Thema / Aufgabe		
Nr.	**Was?**	**Wer?**	**Mit wem?**	ab Wann ? bis Wann?	Check durch wen ? wann ?	**Status / Datum**
	zu 21/22			25.02.		
12	342005 Umfeld u. Ölwanne reinigen	H. Heinz	Masch. Bed.	25.02.	H. Peters	●
	zu 22			25.02.		
13	Unrat aus Wannen entfernen	A. Scherer	Masch. Bed.	25.02.	Meister	●
	zu 22			25.02.		
14	Ölwannen absaugen	A. Scherer	Masch. Bed.	28.02.	H. Rach	◔
	zu 22		H. Laurent F4	25.02.	T. Holl	
15	Maschinen abdichten (Terminierung)	Meister	L. Becker FI		KVP-Betr.	◑
	zu 23			25.02.		
16	145008/11 Vorrichtungen u. Werkzeuge kennzeichnen	H. Mühlen	H. Peters	KW 10	H. Heinz	●
	zu 12			25.02.		
17	Enfernen aller unnötigen Gegenstände	H. Heinz	H. Mühlen		Meister	●
	zu 6			25.02.		
18	Beschriftung der Regale u. Werkbänke	T. Holl	H. Rach	25.02.	H. Peters	●
	zu 14			25.02.		
19	Platz für Handhubwagen beschriften	A. Scherer		25.02.	Meister	●
	zu 4			25.02.		
20	Paletten u. Gitterboxen ordnen	H. Peters	Masch. Bed.	25.02.	H. Rach	●
	zu 19			25.02		
21	Messplätze reinigen	T. Holl	Masch. Bed.	25.02.	A. Scherer	●
	zu 29			25.02.		
22	Sicherheitseinrichtungen melden	A. Scherer	Masch. Bed.	28.02.	Meister	●

Beim Ausfüllen der Kreissegmente neben dem Segment das Kontrolldatum eintragen!

◔ = Verantwortliche(n) benannt Maßnahme konkret geplant   ◑ = Maßnahme eingeleitet und 1. Umsetzungsschritte getätigt   ◕ = Umsetzung gecheckt und ggf. Anpassung geleistet   ● = Maßnahme abgeschlossen und Planziel erreicht

Workshop zur Arbeitsplatzorganisation

Abb. 65: Maßnahmenplan mit Erledigungsvermerk

Das Management von **Informationen** ist eine der kritischsten Aufgaben des Projektmanagers. Zu den Basistechniken gehören regelmäßige Teamsitzungen, bei denen zielgerichtet Informationen ausgetauscht und Lösungsansätze erarbeitet werden. Voraussetzung für ein systematisches Arbeiten ist eine Tagesordnung, die vor Beginn der Sitzung abgestimmt und in der Regel vorher zur Vorbereitung an die Teilnehmer versandt wurde. In der Sitzung wird – soweit noch nicht geschehen – das Protokoll der letzten Sitzung durchgesprochen. Ein neues Protokoll wird erstellt (siehe dazu Kapitel 1.8.2, Protokolltechniken). Es hat sich als sinnvoll erwiesen, nach jedem Tagesordnungspunkt kurz gemeinsam zu resümieren, was im Protokoll festgehalten werden soll.

Ebenso wichtig sind regelmäßige **Statusberichte** (siehe dazu Kapitel 1.8.2, Berichtstechniken) des Projektleiters an den Auftraggeber. Je nach Projekt werden diese mehr oder weniger detailliert ausfallen.

Projekt:	Datum:
Status:	
☺	☹

Erreichte Zwischenergebnisse seit dem letzten Reviewtermin am xx.yy.zz:

Aufgetretene Probleme/Risiken mit Lösungsvarianten:

Geplante Zwischenergebnisse beim nächsten Review am xx.yy.zz:

Kostenübersicht:

Abb. 66: Muster für einen Statusbericht

Neue Informationstechniken bieten darüber hinaus auch die Möglichkeit, eine gemeinsam genutzte Datenbank zu erstellen, auf die jedes Teammitglied zugreifen kann. Benutzerkreise können über Passwörter eingeengt werden; auch Lese- und Schreibrechte können individuell vergeben werden. Voraussetzung für die effektive Nutzung sind beispielsweise ein gemeinsames Ablagesystem, Spielregeln für die Ablage und die fortlaufende Aktualisierung von Daten.

Projekte leben durch die Arbeit und das Engagement ihrer Mitarbeiter. Zum effektiven Umgang mit Ressourcen gehört deshalb das Management der Arbeitskraft und Arbeitszeit der Projektmitarbeiter. Eine der ersten Fragen ist die nach der Verteilung von Aufgaben im Team. Ein Hilfsmittel für den Projektleiter sowie die Teammitglieder ist die **Verantwortlichkeitsmatrix**, auf der anfallende Aufgaben sowie deren Verteilung auf die Teammitglieder übersichtlich dargestellt werden. So kann unter anderem verhindert werden, dass ein Teammitglied zu viele Verantwortlichkeiten hat und damit überlastet wird.

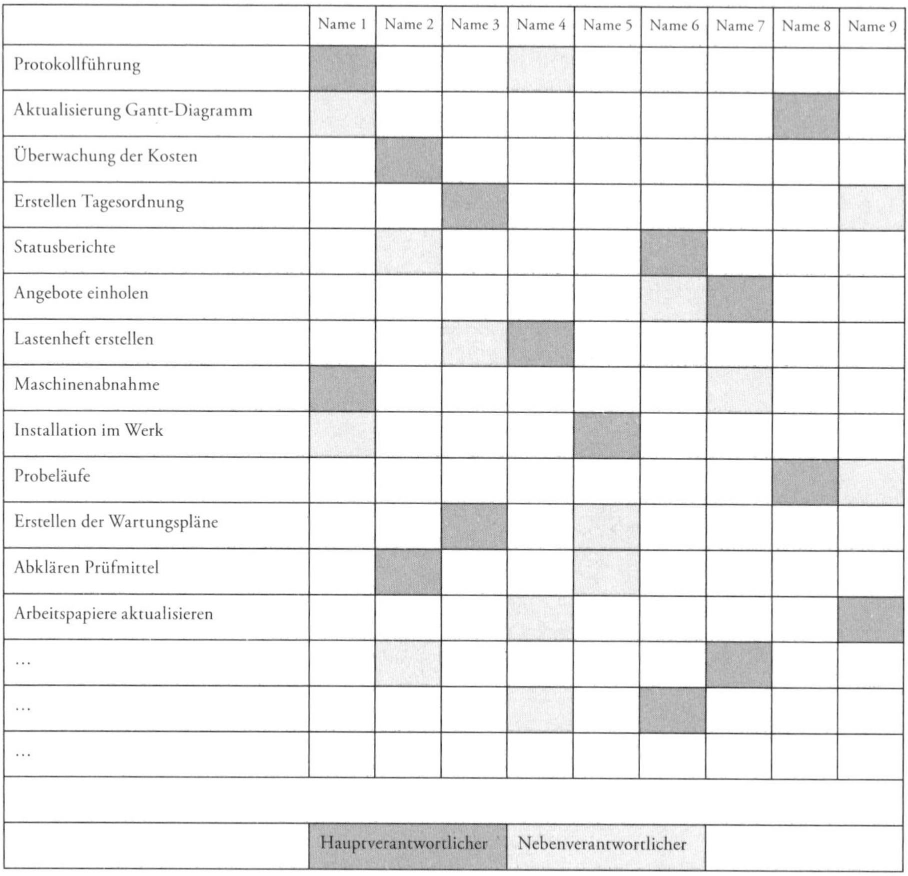

	Name 1	Name 2	Name 3	Name 4	Name 5	Name 6	Name 7	Name 8	Name 9
Protokollführung	■		■						
Aktualisierung Gantt-Diagramm	■							■	
Überwachung der Kosten		■							
Erstellen Tagesordnung			■						■
Statusberichte		■				■			
Angebote einholen							■		
Lastenheft erstellen			■	■					
Maschinenabnahme	■								
Installation im Werk	■				■				
Probeläufe								■	
Erstellen der Wartungspläne				■					
Abklären Prüfmittel		■							
Arbeitspapiere aktualisieren					■				■
...							■		
...				■		■			
...									
		Hauptverantwortlicher		Nebenverantwortlicher					

Abb. 67: Verantwortlichkeitsmatrix

Zur Projektsteuerung gehört ebenfalls das Management der technischen Mittel. Grundlage hierfür ist die Auflistung der benötigten Mittel. Diese Liste kann ergänzt werden um für das spezielle Projekt wichtige Daten, beispielsweise laufende Kosten, Verfügbarkeit der Anlagen (z. B. für einen Probelauf), Ausfallrisiken u. Ä.

Eine der unabdingbaren Aufgaben des Projektleiters ist es, genaue Informationen über die anfallenden Kosten des Projekts zu erstellen, damit Kosten und Ertrag in eine Relation gestellt werden können. Einfach erscheint dies bei Projekten, bei denen sich alle Zahlen leicht finden lassen. Wichtig ist jedoch, dass man sich Gedanken über den Umfang der zu erfassenden Kosten macht. Wenn Kosten an ein anderes Unternehmen weitergegeben oder unternehmensintern belastet werden, sollten alle anfallenden Kosten erfasst werden. Eine genaue Aufstellung der möglichen Kostenarten kann hier weiterhelfen; dazu gehören beispielsweise Personalkosten, Materialkosten, Kapitalkosten (z. B. Abschreibungen für verwendete Maschinen und Anlagen), Fremdleistungskosten oder Computerkosten (zu Schätzungsmethoden vgl. Project Management Institute 2010).

1.4.10 Erfolgskontrolle

Da bei Projekten in der Regel viele unternehmensinterne und -externe Kapazitäten investiert werden, ist die Frage nach dem Erfolg eigentlich selbstverständlich. Der wichtigste Schlüssel für eine gute Erfolgskontrolle ist die detaillierte Ausarbeitung des Auftrags gleich zu Beginn des Projektes. Hier werden Zielsetzung, Aufgabenpakete sowie Termine definiert.

Ein Soll-Ist-Vergleich gibt aber nicht nur am Ende des Projekts eine Auskunft darüber, ob das Projekt erfolgreich war oder nicht. Während des laufenden Projektes eröffnet er darüber hinaus die Möglichkeit, Abweichungen vom geplanten Projektverlauf rechtzeitig zu erkennen und eine Gegensteuerung vorzunehmen. Voraussetzung sind allerdings eindeutig definierte Messkriterien, die ebenfalls direkt zu Beginn definiert werden. Mögliche Messkriterien sind je nach Projekt und Funktionsbereich sehr unterschiedlich. Ein Projekt zur Effizienzsteigerung in einem Produktionsbetrieb kann beispielsweise als Messgröße die Steigerung des Outputs (Anzahl an produzierten Einheiten) haben. Diese Steigerung ist verhältnismäßig leicht zu erreichen, wenn andere Messgrößen wie Ausschuss und Qualität vernachlässigt werden. Die Beschaffung einer neuen Produktionsanlage ist ebenfalls termingerecht zu erreichen, wenn Kosten oder Qualitätskennziffern nicht berücksichtigt werden. Die Erfolgskontrolle für ein Projekt wird also immer aus einem Bündel von Messgrößen bestehen, die in einem gegenseitigen Bedingungsverhältnis stehen.

Quellen

Berndt, C./Bingel, C./Bittner, B.: Tools im Problemlösungsprozess: Leitfaden und Toolbox für Moderatoren, Bonn 2007.

Burghardt, M.: Projektmanagement – Leitfaden für die Planung, Überwachung und Steuerung von Projekten, 8. Aufl., München 2008.

DIN Deutsches Institut für Normung e. V. (Hrsg.): DIN 69901. Projektmanagement – Projektmanagementsysteme, Ausgabe 2009-1, Berlin 2009.

Gloger, B.: Scrum – Produkte zuverlässig und schnell entwickeln. Mit beigehefteter Scrum-Checkliste 2010, München 2011.

GPM Deutsche Gesellschaft für Projektmanagement u. a. (Hrsg.): Kompetenzbasiertes Projektmanagement (PM3): Handbuch für die Projektarbeit, Qualifizierung und Zertifizierung auf Basis der IPMA Competence Baseline Version 3.0, 5. Aufl., Nürnberg 2011.

Jenny, B.: Projektmanagement. Das Wissen für den Profi, Zürich 2009.

Kerth, K./Asum, H./Stich, V.: Die besten Strategietools in der Praxis, 5. Aufl., München/Wien 2011 (mit CD-ROM).

Office of Government Commerce: Erfolgreiche Projekte managen mit PRINCE2®, London 2009.

Project Management Institute: A Guide to the Project Management Body of Knowledge, 4. Aufl., Pennsylvania 2010.

Robbins, S. P.: Organisation der Unternehmung, München 2001.

Stöger, R.: Wirksames Projektmanagement. Mit Projekten zu Ergebnissen, 3. Aufl., Stuttgart 2011.

Ulrich, D./Kerr, S./Ashkenas, R.: The GE Work-Out: How to Implement GE's Revolutionary Method for Busting Bureaucracy & Attacking Organizational Problems, New York 2002.

Vahs, D./Weiand, A.: Workbook Change Management. Methoden und Techniken, 2., überarb. Aufl., Stuttgart 2013.

1.5 Informationstechnologie im Personalbereich nutzen

1.5.1 HR plus IT = eHR

Im digitalen Zeitalter ist auch die Personalarbeit einem deutlichen Wandel unterzogen. Das Internet beeinflusst natürlich auch den Umgang mit Personalsystemen wie die Arbeitsweise im betrieblichen Alltag überhaupt. Nicht zuletzt auch der Kostendruck, dem der Personalbereich als klassischer Verwaltungsteil eines Unternehmens unterliegt, hat hier zu intensiverer Nutzung moderner Informationstechnologie beigetragen. Unter dem Begriff **Electronic Human Resources (eHR), also der elektronischen Personalarbeit,** hat sich die Nutzung moderner Informations- und Datenbanktechnologie etabliert. In Summe ist daher die moderne Form des eHR ein Ergebnis kostenoptimierter Geschäftsprozesse und die Informationstechnologie in den unterschiedlichsten Ausprägungsformen ist aus dem Personalbereich nicht mehr wegzudenken.

B2E – Business to Employee

Die beschriebene Entwicklung im Personalbereich steht dabei als logischer Teilbereich einer gesamten eBusiness-Strategie für alle Elemente eines Unternehmens. Kurz bezeichnet gehört **Business to Employee (B2E)** zu den modernen Formen der mit dem Internet neu gestalteten Geschäftsprozesse. B2E steht dabei im Einklang zu B2B (Business to Business), also dem digitalisierten und in elektronische Formen überführten Geschäftskontakt zwischen zwei Firmen sowie dem B2C (Business to Customer), bei dem das Internet die Basis zwischen Unternehmen und Kunde bildet. Wichtige Beispiele für B2B sind Einkaufsplattformen, bei denen Unternehmen etwa über Internetauktionen die Bestellung diverser Zulieferteile vornehmen. Bei B2C sind Online-Bestellungen von einzelnen Kunden oder elektronische Marktplätze mit Informationen zu Preis und Qualität für den Endkunden die in der Praxis anzutreffenden Formen.

Die Einführung von eHR bedeutet ferner, dass für Mitarbeiter und Manager der direkte Zugang zum Personalsystem eröffnet wird. Mehr noch: Mitarbeiter und Manager werden zum Teil des Personalsystems, zum aktiven Teil, der mit Daten umgeht, Daten eingibt und auswertet, Bezüge herstellt und Teil des Geschäftsprozesses »Personal« ist. Das ist die wesentliche Änderung zu bisherigen Geschäftsprozessen »Personal«. Die optimale Nutzung der in Datenbanken gesammelten Informationen setzt jedoch voraus, dass auch ein breiter Zugang gegeben ist. Natürlich arbeiten mit einem Personalsystem im Kernbereich die Mitarbeiter des Personalressorts, Personalberater oder Personalbetreuer. Aber: Je mehr eine Nutzung durch weitere Personen möglich ist, umso mehr steigt der damit verbundene Nutzwert. Dies muss selbstverständlich strengen Regeln und Voraussetzungen entsprechen. Datenschutz und Datensicherheit haben hier ferner elementare Berücksichtigung verdient.

Mitarbeiterportale – der personalisierte Einstieg

Im weiteren Ausbau führt eHR dazu, dass Mitarbeiter und Manager die vielfältigen und zum Teil notwendigen Informationen des Personalbereichs abrufbar zugänglich haben müssen. Daher geht die Einführung von eHR einher mit der Einführung von personalisierten Informationszugängen, sog. **Mitarbeiterportalen** (Intranet als geschlossener Bereich im Gegensatz zum Internet). Über ein Portal lässt das Unternehmen den internen Zugriff auf die relevanten und freigegebenen Informationen und Daten zu. Mit der Personalisierung ist verbunden, dass rollenspezifisch Daten zugänglich sind und mit der Individualisierung entsprechend aufbereitet werden können. Dabei geht es auch um Daten außerhalb des Personalbereichs wie etwa Unternehmensinformationen und tätigkeitsrelevante Inhalte. Die Portaltechnologie hat die Voraussetzung dafür geschaffen, dass gezielt Personalprozesse individualisiert und rollenbezogen abgebildet werden können. Rollenbasierter Zugriff bedeutet, dass bestimmte Aufgabenprofile (z. B. »Vorgesetzter« oder »Entgeltabrechner«) konfiguriert werden können.

Mit einem Portal werden Informationszugänge (Systeme, Datenbanken) für den Anwender bereits aufbereitet, der sich sein Informationsmenue individuell konfigurieren kann.

Die Portaltechnologie leistet, dass

- verschiedene Inhalte und Systeme
- individuell konfigurierbar
- in einer unternehmensspezifischen Erscheinungsweise (Corporate Identity)
- personalisiert (unter Berücksichtigung individueller Rollen und Rechte) und
- rollenbasiert (Berücksichtigung bestimmter Aufgaben als »Voreinstellung«)
- mit zentralem Zugang (»single-sign-on«)

zur Verfügung gestellt werden.

Der wichtigste Vorteil einer modernen Portaltechnologie liegt in der **Verwaltung verschiedener Berechtigungsumfänge** mit einem umfassenden Zugriffs- und Profilierungskonzept. Durch die Weitergabe der Authentifizierung und Identifizierung kann die Berechtigung des Anwenders an verschiedene dahinter liegende Anwendungen weitergegeben werden, ohne dass weitere Zugangsverwaltungen (mit Passwortverwaltung) notwendig werden. Die gültige Berechtigung wird quasi weitergereicht und gilt auch für die nachgelagerten Systeminhalte.

Diese sog. **Single-sign-on-Methode** gewährleistet für den Anwender eine optimierte Praxistauglichkeit. Es müssen keine vielfältigen Anmeldenamen und Passworte verwaltet werden, es reicht eine Anmeldung, um das Portal »aufzuschließen« und zu allen Inhalten personalisiert und berechtigt zu gelangen. Dabei ist auch wichtig, dass moderne Portaltechnologien nicht nur Informationen aufbereiten, sondern komplette Geschäftsprozesse zur Erledigung anbieten. Das Sicherheitsniveau wird dabei jeweils von der Applikation mit der höchsten Sicherheitsstufe bestimmt. Sind also beispielsweise Personaldaten im Portal verfügbar, so bestimmt sich das Schutzniveau an dieser Tatsache, da vertrauliche Daten wie Personaldaten ein strengeres Schutzniveau erfordern als etwa Kontaktdaten.

Damit erfüllt die Portaltechnologie in besonderer Weise den Anspruch an Vernetzung und ist eine Voraussetzung dafür, dass Systeme und Anwendungen miteinander kommunizieren und auch für den Anwender in einer Ansicht aufbereitet werden können. Dabei wird unterschieden in den Zugang, den ein Mitarbeiter aus seiner Rolle als Mitarbeiter heraus hat. Hierher gehören alle Informationen, die den Mitarbeiter als sozialen Teil des Unternehmens berühren. Es finden sich aber auch hier alle Informationen, von denen das Unternehmen will, dass der Mitarbeiter sie erhält, um als aktiver Part einer Unternehmenskommunikation genutzt zu werden. Diese Zugänge werden als **Employee Self Service (ESS)**, entsprechend der englischen Bezeichnung »employee« für Mitarbeiter, bezeichnet (siehe Kapitel 1.5.3).

Im Unterschied dazu steht der **Manager Self Service (MSS)**. Hierunter fallen alle Funktionen, die ein Manager in seiner Rolle als Führungskraft zur Verfügung hat. Das sind beispielsweise Mitarbeiterbeurteilungen oder Einkommensüberprüfungen für zugeordnete Mitarbeiter.

Der Einzug der IT in den Personalbereich steht dabei auch für einen Strategiewechsel: weg von der überwiegend administrativen Funktion, hin zu einem modernen Businesspartner, der strategisch orientierte Personalarbeit leistet. Damit muss jedoch einhergehen, dass Administrationsaufgaben durch die Mitarbeiter und Führungskräfte mit den beschriebenen Synergien realisiert werden und das vielfältige HR-Wissen zugänglich gemacht wird. Kurz: Die Geschäftsprozesse des Personalbereichs unterscheiden sich bezüglich Qualitätskriterien, Kosten und Modernität der Bearbeitung nicht von anderen Prozessen im Unternehmen, etwa dem Produktionsprozess oder dem Auftragsprozess. So wie die Beziehung zum Kunden oder zum Lieferanten professionell gemanagt wird (und von IT-Systemen unterstützt wird), so wird auch die Beziehung zum Manager und Mitarbeiter nach professionellen Prozesskriterien gestaltet.

Definition der Informationstechnologie

Zur Annäherung soll zunächst der Veränderungsprozess für den Personalbereich selbst beschrieben werden: Was hat sich für den Personalbereich durch die Einführung moderner Datenbanktechnologien, durch Portale und webbasierte Systeme verändert? Die Antwort ist: alles!

Zunächst ist der Versuch einer **Definition von Informationstechnologie** hilfreich. Der Begriff »Information« ist die Beschreibung für »jede Kenntnisbeziehung zu jedem realen und irrealen Gegenstand der Welt«. Dabei unterstützt durch technische Hilfsmittel wie das Internet oder Datenbanken mit spezifischen Anwendungszwecken. Dabei hat sich die HR-Welt verändert: von der Papierakte in Archivräumen und Karteikarten hin zu digitalisierten Dokumentenmanagementsystemen und hochfunktionalen Datenbanken mit Web-Technologie; für globale Unternehmen in einer globalen Technik und Datenhaltung, aber auch bereits für kleine und mittlere Unternehmen in Softwarelösungen »von der Stange«, die sich oft in bestehende Finanz- und Produktionslösungen der Softwareanbieter eingliedern lassen. Sogar der öffentliche Bewerbermarkt der Bundesagentur für Arbeit wird in einer großen Datenbanklösung komplett elektronisch abgebildet und mit Beispielen wie der »Patientenkarte« oder der elektronischen Steuererklärung wird deutlich sichtbar, in welche Richtung die technologisch unterstützte Veränderung der Prozesse geht.

Viele Spezialanwendungen mit eigener Entwicklung und technischer Umgebung – und damit eigener Datenbank mit eigener Datenhaltung – sind entstanden. Statt einer einzigen, quasi universellen Datenbank und deren Anwendung gibt es viele, jeweils für spezielle Zwecke gestaltete Datenbanken. Die Definition der Information und die damit verbundene Konfiguration der Datenbank ergeben sich zunächst aus dem Anwendungszweck.

Beispiele: Spezifische IT-Anwendungen im Personalbereich

- Personalverwaltung
- Abrechnungsdaten
- Zutrittskontrollsystem
- Zeitwirtschaftssystem
- Personalplanungsdaten
- Kantinenabrechnungssystem
- Bewerberdatenbank
- Kompetenzdaten
- Medizinische Daten (Mitarbeiteruntersuchung, Bewerberuntersuchung)
- Arbeitsplatzdatenbank

1.5.2 Standardsoftware – Fluch oder Segen?

Die Diskussion um die Vor- und Nachteile einer Standardsoftware ist so alt wie das Angebot an Standardsoftware. Während niemand daran denkt, etwa eigene Textverarbeitungs- oder Kalkulationsprogramme zu entwickeln und die Frage des alternativen Einsatzes dieser Systeme ernsthaft zu stellen, ist dies bei nahezu allen anderen Anwendungsprogrammen der Fall. Auch und gerade im Personalbereich. Dabei ist es weder eine unternehmensspezifische Differenzierung noch ein wettbewerbsbestimmender Faktor, ob und welche Standardsoftware zum Einsatz kommt. Allein die Effizienz der Personalarbeit bestimmt den Einsatzgrad von IT.

Die Vorteile der Standardsoftware liegen zum einen darin, dass viele der Funktionalitäten fertig entwickelt, getestet und mit verlässlicher Funktionalität zum Einsatz kommen kann. Dies allerdings zu einem Preis, der nicht nur einmalige Lizenzkosten beinhaltet, sondern oft auch jährliche Wartungsgebühren enthält. Aber gerade diese Wartung sichert nicht nur Fehlerbehebung und Problemlösungsunterstützung, sie ist gerade bei einer Abrechnungssoftware unerlässlich. Die jährlichen Änderungen in der Steuergesetzgebung oder bei sozialversicherungsrechtlichen Fragen zwingen dazu, einen Wartungszyklus einzugehen.

Ist die Entscheidung für die Finanzierung und den Einsatz einer Standardsoftware gefallen, dann nimmt der Kunde auch an den Innovationszyklen teil. Jeder neue Release einer Software ist jedoch mit entsprechendem Aufwand und damit Kosten verbunden. Passen die bestehenden Prozesse noch? Wie sind die angepassten Teile im neuen Release verarbeitbar? – das sind Herausforderungen für den IT- aber auch den Personalbereich.

Zum Teil besteht ein ausdrücklicher Zwang, an den neuen Entwicklungen teilzunehmen, um nicht den notwendigen Herstellersupport zu verlieren oder mit entsprechend hohem Kostenrisiko die eigene Betreuung zu übernehmen. Natürlich wissen Softwarehersteller um diese Notwendigkeiten und gestalten die Kundenbeziehungen entsprechend.

Neben dem klassischen Kauf einer Lizenz und der Entrichtung jährlicher Lizenzgebühren haben sich andere Formen der IT-Nutzung entwickelt. **Software as a Service (SAAS)** etwa lässt eine Softwarenutzung zu, die auf den tatsächlichen Nutzungsgrad abhebt und entsprechende Nutzungskosten in Relation zum tatsächlichen Nutzungsgrad berechnet.

Auch wird die Software dabei beim Anbieter betrieben, der Nutzer erhält lediglich einen spezifischen Zugang. Damit benötigt der Nutzer hierfür etwa kein eigenes Rechenzentrum, ist aber an die Funktionalität und den Service des externen Anbieters gebunden.

1.5.3 Self Service

Moderne elektronische Systeme erlauben den Zugriff von Mitarbeitern und Managern, den sog. **Self Service**. Es obliegt dem Personalbereich, die Regeln für die Nutzung der Systeme für Mitarbeiter und Manager aufzustellen. Nicht zuletzt, weil mit der Nutzung dieser Datenbanken für Mitarbeiter und Führungskräfte auch die betriebsverfassungsrechtliche Mitbestimmung durch den Betriebsrat gegeben ist. Dann sind Betriebsvereinbarungen aufzustellen, in denen der Nutzungsumfang, die Verpflichtung zur Nutzung dieser Datenbanken aber auch allgemeine Nutzungs- und Verhaltensregeln aufgestellt werden können (z. B. Verbot der Leistungsüberwachung).

eHR eröffnet für die Zugänglichkeit und Verfügbarkeit neue Dimensionen. 24 Stunden am Tag, an sieben Tagen die Woche: Self Service lässt jederzeit über den personalisierten Zugang den Zugriff von Mitarbeitern und Führungskräften zu. Mehr noch: Self Service setzt den uneingeschränkten zeitlichen und leistungsfähigen Zugang voraus.

Self Service als Nutzungsmaxime für Mitarbeiter oder Führungskräfte folgt dabei einem klassischen dreigestuften funktionalen Aufbau:

- Inform yourself
- Create Yourself
- Do it yourself

Funktionaler Aufbau von Self Service

- »Inform yourself«

Hier kann sich der Anwender durch Zugang zu verschiedenen Datenbanken mit Informationen versorgen. Diese Anwendungen sind nach Schlagworten oder Suchbegriffen strukturiert und themenbezogen aufgebaut. Gerade die in Unternehmen verbreitete Informationsbereitstellung über das Intranet führt dazu, dass vielfältige Informationsangebote verfügbar sind: von der Stellenausschreibung bis zum Kantinenangebot, von der Pressemitteilung zur Jahresbilanz bis zur Pinwand für Allgemeinverkauf.

- »Create yourself«

Unter diesen Begriff fallen alle Anwendungen, bei denen im Rahmen des Self Service elektronische Formulare oder Anträge ausgefüllt werden können. Hierunter fallen beispielsweise alle Zugangsanträge, die Aufnahme in elektronische Verzeichnisse, Antragsformulare vom Darlehen bis zur Beitrittserklärung. Gemeinsam ist jedoch, dass der Prozess bei der Erstellung eines Formulars oder Antrages endet. Das so erstellte Dokument wird entweder ausgedruckt, unterschrieben und im klassischen Verfahren weitergeleitet oder als elektronisches Formular ohne jede weitere Identitätsprüfung und Legitimation (Unterschrift, Genehmigungsvermerk) übermittelt. Als Form der Übermittlung kommt die Speicherung des Formulars in der Datenbank oder die elektronische Übersendung in Betracht.

- »Do it yourself«

Damit ist die abschließende Bearbeitung von Prozessen gemeint. Hier werden nicht nur Daten eingegeben und gespeichert, diese werden vielmehr verarbeitet, womit eine Status-änderung, eine Aktualisierung oder eine Transaktion die Folge ist. Es können hieran auch mehrere Beteiligte mit verschiedenen, auch hierarchiegebundenen Prozessschritten (etwa wenn Vorgesetzte beteiligt sind) mitwirken. Je nach Komplexität des zu verarbeitenden Prozesses ist die Anforderung an die Beteiligten ausgestaltet.

Beispiel für einen einfacheren Prozess nach der Definition des »Do it yourself« ist die Adressänderung im Rahmen des Self Service. Hier öffnet der Mitarbeiter den Zugang zur Personaldatenbank, ruft die Daten auf, ändert den aktuellen Wert durch Hinzu-fügen eines neuen Gültigkeitssatzes und speichert. Mit dem Speichervorgang wird der neue Datensatz nun für alle darauf zugreifenden Anwendungen und Übertragungen etwa an Schnittstellen zur Verfügung gestellt. In der Folge ist die Adressierung von Ge-schäftspost nun auf die neue Adresse wirksam umgestellt. Ein Eingriff weiterer Personen ist nicht erforderlich. Wie beim Heimwerker führt »Do it yourself« zum abschließenden Ergebnis.

Aber auch komplexe Geschäftsprozesse lassen sich darstellen. So sind bei einer Mitarbei-terbeurteilung folgende Beteiligte notwendig:

a) die Führungskraft (als Beurteilender),
b) der Mitarbeiter (der die Beurteilung zur Kenntnis nehmen kann oder ggf. auch Anmer-kungen verfassen kann) sowie
c) die Prozessbeteiligung des Personalbereiches zur Überwachung, ob Termine, Basisda-ten, Beurteilungskriterien, Durchschnittswerte etc. eingehalten werden und zur Beglei-tung der Führungskräfte, sofern eine Unterstützung bei der Durchführung des Pro-zesses gewünscht wird. Der Personalbereich kann auch in der Weise beteiligt sein, dass zum Beginn oder Abschluss der Aktionszeiträume eine IT-Systemfreischaltung erfolgt, die an bestimmte Kriterien (etwa Durchschnittswerte, Mindestpunktzahlen o. Ä.) ge-bunden sein kann.

So kann der Personalbereich über entsprechendes Reporting an die Führungskräfte den Status dieser Führungsinstrumente und ihre Nutzung aufzeigen. Die Beteiligung des Per-sonalbereiches ist damit eine andere als bisher. Statt die Prozessdurchführung operativ vorzunehmen und Formulare auszufüllen, geht der Beitrag in eine Prozessbegleitung mit Beratungsunterstützung und Plausibilisierung der eingesetzten Instrumente und Verfah-ren.

Employee Self Service (ESS)

Self Service ist zunächst nichts Neues: über Onlinebanking und elektronische Handels-plattformen (Buchversand etc.) ist die »personalfreie« Nutzung verschiedener Dienste zum Alltag geworden. Auch komplexere Prozesse wie etwa eine Zielvereinbarung lassen sich elektronisch abbilden: die Eingabe von Texten, die Bearbeitung durch Vorgesetzte und die Steuerung der Zugriffe unterschiedlicher Bearbeitungsstände (»Entwurf«, »gültige Verein-barung«) lassen sich elektronisch abbilden.

Gängige **Inhalte** des ESS sind die Eingabe von Adress- und Bankdaten, die Eingabe von Bewerbungen, Bescheinigungen, Stellenbeschreibungen oder auch die Anforderung eines Zeugnisses. Reine Leserechte können sich auf die Entgeltabrechnung, die Vergütungs- und Zeitdaten erstrecken.

Ein weiterer wichtiger Aspekt ist die **Durchgängigkeit eines Systems**. Es müssen nicht Daten auf Papier erfasst und an den Personalbereich zur anschließenden Eingabe in das Personalsystem gegeben werden, einschließlich der damit verbundenen Risiken von Falscheingabe und Unplausibilitäten. Durch die unmittelbare eigene Eingabe durch Mitarbeiter und Führungskräfte wird direkt im System gespeichert, es werden keine Mehrfacherfassungen vorgenommen.

Durch die unmittelbare und abschließende Dateneingabe durch Mitarbeiter und Führungskräfte können wichtige Effizienzziele erreicht werden. Dies gilt besonders dann, wenn die dargestellte Klarheit der Quelldaten und der dadurch belieferten Netzwerke dafür sorgen, dass Doppeleingaben und Bearbeitungsschlaufen entfallen.

> **Beispiel:** Wenn eine Namensänderung sich aus einer einzigen Quelle heraus automatisch durch alle Netze zieht, dann entfallen Änderungsumfänge an mehreren Stellen, der Aufwand muss nur noch einmal durchgeführt werden.

Manager Self Service (MSS)

Auch für Manager ist ein eigener, direkter Zugriff auf die Informationen des Personalsystems von hohem Nutzwert. So kann im Rahmen des MSS eine Führungskraft Informationen über die zugeordneten Mitarbeiter jederzeit direkt im Personalsystem aufrufen und über spezielle Reports Datenauswertungen starten. Dabei wird die dahinter liegende Datenbank mit den Personaldaten ausgewertet.

Durch eine moderne Form des Self Service ist ein deutlicher Zuwachs an Schnelligkeit, Effizienz und Transparenz zu erzielen. Manager können jederzeit die relevanten Daten, die sie zu Personalentscheidungen benötigen, aufrufen. Die Rolle des Personalbereiches wandert dabei von administrativer Unterstützung zu prozessualer Beratung.

Einführungsprozesse

Die Einführung elektronischer Prozesse (verstehen und anwenden) mit direktem Zugriff der Mitarbeiter und Führungskräfte setzt voraus, dass diese auch damit umgehen können. Self Service ist nicht an Hierarchien oder Vorkenntnisse gebunden. Daher müssen die Prozesse ein breites Spektrum abdecken und für die unterschiedlichsten Anwendervoraussetzungen definiert sein.

Bewerber, die ihre Daten in die Bewerberdatenbank eingeben, Mitarbeiter, die ihre Kompetenzprofile im Self Service pflegen oder ihre Abrechnungsdaten am Bildschirm aufrufen wollen, müssen zunächst den personalisierten Zugang zum Portal öffnen und anschließend in der Datenbank navigieren. Das setzt Kenntnisse voraus, mit einem Computer umzugehen und in einem webbasierten System zu navigieren.

Daher ist zunächst erforderlich, allen Mitarbeitern einen Zugang zum Netzwerk zu geben, sofern sie nicht im üblichen Arbeitsumfeld mit Computern tätig sind. Das ist gerade im industriellen Bereich eine Herausforderung, wenn sog. Kiosk-Terminals eingeführt werden, die für eine Vielzahl von Mitarbeitern in Pausenzeiten oder zu Arbeitsrandzeiten zur Verfügung stehen. Besondere Herausforderungen stellen sich dabei aus Sicherheitsgründen. Es muss dabei sichergestellt werden, dass ein erneuter Zugang durch einen anderen Anwender am gleichen System nicht die Daten des zuvor angemeldeten Anwenders zeigt, sondern ein komplett neuer Zugang geschaffen wird. Das ist in webbasierten Technologien nicht ohne Aufwand zu realisieren.

Unabhängig von der technischen Realisierung und der Ausstattung mit Terminals sind Regelungen zu treffen, dass den Mitarbeitern auch die Nutzung und damit der Zugang zur Information gestattet ist und tatsächlich ermöglicht wird. Ein nur theoretischer Zugang bringt die damit verbundene Chancengleichheit (gerade beim Beispiel der Bewerberdatenbank) zum Schwanken. Gerade hier ist in Betrieben mit einem Betriebsrat eine umfassende Beteiligung des Betriebsrates notwendig, um auch hier die Akzeptanz des neuen Systems zu unterstützen. Ferner hat ein Betriebsrat hier in Fragen der Aufstellung eines Qualifizierungsplanes sowie der Systemeinführung betriebsverfassungsrechtliche Mitbestimmung (vgl. Kapitel 1.5.6). Eine weitere Herausforderung ist dabei die Sprache. Auch hier bedarf es einer gründlichen Heranführung. Zumal eine Übersetzung gerade für komplexe Sachverhalte nicht darstellbar ist.

1.5.4 eHR entlang der »Prozesskette HR«

Die Einführung optimierter elektronischer Geschäftsprozesse ist für die Erreichung wirtschaftlicher Ziele unabdingbar. So entstehen entlang der »Wertschöpfungskette Personal« über Recruiting, Administration, Personalentwicklung, Performance und Beurteilung bis hin zur Beendigung des Arbeitsverhältnisses und der Abwicklung des gesamten Datenmanagements und Schriftverkehrs dem Mitarbeiter gegenüber viele Einsatzmöglichkeiten für eHR-Prozesse.

eRecruiting

Im Beschaffungsprozess ist der Vorteil elektronischer Systeme überragend. Je attraktiver das Unternehmen, desto mehr Bewerber und umso mehr steigt die damit verbundene Datenfülle. Mehrere tausend Bewerbungen mit dem daraus resultierenden Datenvolumen sind gerade für große Unternehmen keine Seltenheit. Dabei bezeichnet eRecruiting nicht die Abgabe einer Papierbewerbung in pseudo-elektronischer Form als E-Mail. Die Folge einer E-Mail-Bewerbung ist nicht anders zu bewerten als bei der Abgabe einer Papierbewerbung: hier steht der Bewerber in einem Eins-zu-eins-Verhältnis zum Leser seiner Unterlagen, da die elektronische Post zur Bearbeitung selbstverständlich in Papierform umgewandelt, sprich ausgedruckt oder elektronisch weitergeleitet werden muss.

Entscheidend für den maschinellen Prozess ist jedoch eine Eins-zu-n-Beziehung zwischen Bewerber und Suchenden. Je mehr Suchende Zugriff auf die Merkmale einer Bewerbung haben, umso größer ist die Chance einer Passung zwischen Suche und Angebot. Mehr noch: je mehr spezifische Suchangaben vorhanden sind, umso besser wird die Übereinstimmung zwischen Suchanforderungen und Suchergebnis.

Die Prozessgestaltung gliedert sich in folgende Phasen:

1) Ausschreibung (und damit verbundene Definition der gesuchten Anforderungen an einen Bewerber
2) Bewerbungeingabe des Bewerbers
3) Überprüfung der Übereinstimmung zwischen Suchanforderungen des Suchenden und den Angaben des Bewerbers
4) Administrationsprozess des Bewerbers (Einladung zum Gespräch, Terminverwaltung, Zuordnung zu speziellen Programmen, Angebotsverwaltung)
5) Administrationsprozess der Bewerbung (Dokumentenmanagement, Archivierung, Absageprozess)

Parallel zum internen Geschäftsprozess der Bewerberverwaltung gestaltet sich der Auftritt nach außen über das Internet. Eine deutliche Kanalisierung der Bewerber bereits in einem frühen Stadium lässt eine bessere Einordnung der Bewerbungen zu. So sind spezielle Recruitingkanäle für Schüler nach einem Ausbildungsplatz anders zu gestalten als die Spezialistensuche der Berufserfahrenen.

Dabei lassen sich auf das Recruiting viele der Erkenntnisse der Internetsuchmaschinen übertragen: Je genauer die Suchangaben sind, desto besser ist die Übereinstimmungsquote (sog. »Bewerber googeln«). Entscheidend sind die Kriterien, nach denen die Bewerberdifferenzierung vorgenommen werden kann. Sprache, besondere Kenntnisse und Fähigkeiten oder Schlüsselqualifikationen sind **Filterkriterien**, nach denen aus der Vielzahl an Bewerbungen gefiltert werden kann.

Jede Reduzierung vieler Bewerber auf eine Shortlist an möglichen Kandidaten ist dabei nichts anderes als die Filterung und Reduzierung. Selektionskriterien, die bei einem erfahrenen Personalberater über Jahre hinweg gereift sind und die auf einer Kombination von Daten und Interpretation beruhen, müssen für den maschinellen Prozess in »harte« Kriterien und programmierbare Definitionen umgewandelt werden.

Dabei wird eines deutlich: Der auf Erfahrung und Interpretation, auf Bewertung und Einschätzung beruhende Mehrwert wird auch künftig für die Bewerberauswahl entscheidend sein. Allerdings liegt die Aufgabe der maschinellen Prozesse in der Vorselektion, d. h. der Reduzierung von Massen auf eine handhabbare Zahl an Bewerbungen. Die Maschine ist dabei also nur unterstützende Funktion und nicht Entscheider.

• Die Ausschreibungsanforderung

Zunächst muss definiert werden, welche Anforderungen an einen künftigen Mitarbeiter gestellt werden. Dabei kommen viele der Anforderungsdetails aus Stellenbeschreibungen oder Job-Profilen. Ergänzt werden diese um personenbezogene Anforderungen wie Sprachkenntnisse, Berufserfahrung oder Soft Skills wie Reisebereitschaft oder Teamfähigkeit. Bereits in der Definition der Ausschreibungsanforderungen werden somit die Kriterien für den Auswahlprozess gestaltet und die Weichen für das Suchergebnis gestellt.

In den modernen Recruitingsystemen kann die Führungskraft, die eine Personalanforderung erstellt, auf bereits früher getätigten Suchprofilen aufsetzen und diese weiter verfeinern. Mehr noch: Lernende Systeme können auf der Basis früher getätigter Suchprofile und der vorhandenen Beschreibung der besetzten Stellen in Kombination mit einem Kompetenzmanagementsystem Vorschläge für passende, die vorhandenen Kompetenzen ergänzende Profile erstellen. In der Praxis kennt man solche ergänzenden Informationssysteme etwa aus den internetbasierten Buchgeschäften. In Ergänzung zur getätigten Auswahl erhält der interessierte Kunde hier Informationen, was andere Käufer, die dieses Buch gekauft haben, noch (ergänzend) gekauft haben. So lassen sich Bedarfsprofile der Abteilungen erstellen und auf Basis der vorhandenen Ist-Profile wird die Definition eines ergänzenden Soll-Profils maschinell vorgenommen. Das System »weiß« also, was benötigt wird – allerdings nur, wenn die Datenbasis des Vorhandenen durch Ist-Profile, Kompetenzangaben und Aufgabenbeschreibungen ausreichend genug »gefüttert« wird.

• Der Screening-Prozess

Alle Bewerbersysteme verfügen über einen sog. Bewerberbogen, der mehr oder weniger umfangreich ist. In jedem System jedoch muss der Bewerber seine Daten in vorgegebene Auswahlmöglichkeiten eintragen. Nur eine Dateneingabe ermöglicht auch den maschinellen Suchprozess durch Vergleich der Tabellenwerte.

Dabei ist die Definition und die Pflege der Tabellenwerte eine Herausforderung. Was für Sprachkenntnisse noch relativ leicht ist (Englisch beispielsweise aus Auswahl der Sprache und »verhandlungssicher« als Angabe des Sprachniveaus) stellt sich für regionale Kompetenzen schwierig dar. Lassen sich für eine Anforderung im europäischen Raum etwa die Führerscheinangaben noch vergleichbar darstellen, so stellt sich das für Angaben nach der Schulausbildung nahezu unüberwindbar dar. Soll einem Bewerber etwa die Möglichkeit gegeben werden, das landesspezifische Schulsystem genau einzugeben, dann zeigt das die damit verbundenen Schwierigkeiten der Auswahlmöglichkeiten.

Bei der maschinellen Bewertung wird auch klar, dass der Verlust an Individualität einer Bewerbung und damit der Sichtbarkeit einer Persönlichkeit eines Bewerbers erst in einem zweiten Schritt, also erst **nach** der maschinellen Selektion relevant wird. Denn nicht mehr die bisherigen Erfahrungen und das »Händchen« des erfahrenen Personalberaters sind an dieser Stelle gefragt, sondern vielmehr die Flexibilität einer Screeningfunktion, um zu Reduzierungen der Bewerberflut auf ein praktikables Volumen zu kommen.

• Anonymisierte Bewerbungen

Aktuelle Überlegungen gelten einer anonymisierten Bewerbung, um Chancengleichheit zu gewährleisten und Diskriminierung vorzubeugen. Dabei werden alle personalisierten Informationen entfernt und lediglich auf Kompetenzen und Fähigkeiten abgestellt. Die Anonymität wird erst im Vorstellungsgespräch aufgelöst.

E-Administration

Die Reduzierung von Verwaltungskosten macht auch vor dem Personalbereich nicht halt. Die Fokussierung auf wertschöpfende Beiträge steht dabei im Vordergrund. Nicht das Verwalten der Mitarbeiter, sondern das Fördern und Entwickeln ist der Beitrag des konzeptionell arbeitenden Personalbereiches. Dazu müssen administrative Tätigkeiten reduziert werden und die verbleibenden Verwaltungsaufgaben müssen nach Möglichkeit automatisiert und dazu standardisiert werden.

Dies geschieht zum einen durch die Einbindung von Mitarbeitern und Vorgesetzten in den Prozess der Datenentstehung und des Datenmanagements. So kann der Mitarbeiter die ihn betreffenden persönlichen Daten direkt und abschließend im Personalsystem dokumentieren. Eine Station über Versand an den Personalbereich und weiteres Erfassen der Daten ist dann nicht notwendig. Hierzu müssen jedoch entsprechende Prüf- und Plausibilisierungen eingebaut werden, um fehlerhafte Eingaben erst gar nicht entstehen zu lassen. Auch das gesamte Dokumentenmanagement und die elektronische Benachrichtigung sind elementare Hilfsmittel in der Administration. Die elektronische Post als internes Kommunikationsinstrument (wie auch für externe Benachrichtigungen) ist nicht mehr wegzudenken.

Zur elektronischen Administration zählt auch, aus den IT-Anwendungen Kennzahlen zur Steuerung des Personalbereiches zu ermitteln. Sogenannte **Key Performance Indikatoren (KPI)** sind Kennzahlen, die zur (strategischen) Steuerung eines Personalbereiches helfen. Etwa die Kennzahl, wie viele Bewerbungen eingegangen sind, wie lange eine Wiederbesetzung offener Stellen dauert, wie viele Führungspositionen weiblich/männlich besetzt sind, lassen sich aus den IT-Anwendungen des Personalbereiches ermitteln und in regelmäßiger Wiederkehr aufzeigen. Die Steuerung der »Geschäftsvorfälle Personal« kann so effizient erfolgen.

• Elektronische Akte/Dokumentenmanagement

Die Einführung eines elektronischen Dokumentenmanagements bringt für den Personalbereich erhebliche Vorteile: jederzeit zugänglich sowie raum- und zeitunabhängig ist die elektronische Akte ein administratives Hilfsmittel geworden. Durch die Digitalisierung der Akte ist diese für mehrere Personalbearbeiter im Zweifel gleichzeitig zugänglich. Die Digitalisierung spart Platz und vereinfacht die sichere Zugriffssteuerung.

Dabei müssen IT-Lösungen gewährleisten, dass archivierte Dokumente unveränderbar sind (damit die Papierversion auch tatsächlich vernichtet werden kann). Einmal beschreibbar, aber mehrfach lesbar müssen die technologischen Träger der Archive sein. Nicht zuletzt muss die Technologie zukunftsorientiert sein, da ein heute digitalisiertes Dokument im Zweifel auch noch in 30 Jahren reproduzierbar sein muss. Auch weiterer Schriftverkehr, z. B. Briefe, Bescheinigungen, Zeugnisse, Anträge u. v. m., kann so digitalisiert und elektronisch archiviert werden.

• Workflow

Workflow wird im Zusammenhang mit der Einführung webbasierter Personalsysteme oft als Zauberwort für automatische Arbeitserledigung verstanden. Dabei ist ein Workflow weit davon weg, die Arbeit zu erledigen, vielmehr wird – der strengen wörtlichen Übersetzung entsprechend – die Arbeit schlicht nur weitertransportiert; dies allerdings automatisch und an definierte (zuständige) Empfänger. Daher leitet sich der Einsatz des Workflow in den modernen Personalsystemen in folgender Definition ab:

> **Workflow** dient dazu, Geschäftsprozesse von einer Bearbeitung zur nächsten notwendigen Bearbeitungsstation zu bringen im Sinne einer elektronischen Bearbeitungskette.

Moderne IT-Lösungen bieten dabei verschiedene Formen der Workflowsteuerung an: vom gezielten, themenabhängigen Workflow, der einen bestimmten thematischen Vorgang zu einem spezialisierten Bearbeiter zustellt, bis hin zu Lösungen, die virtuelle Eingangskörbe für verschiedene Bearbeiter erzeugen, aus denen dann die Bearbeiter den jeweils nächsten »Auftrag« abarbeiten.

Davon zu unterscheiden sind sog. **Notifications**, die der reinen Benachrichtigung dienen. Wer einen entsprechenden elektronischen Antrag auf die Reise geschickt hat, kann per Notification über die entsprechende Bearbeitung informiert werden

Beispiel: »Ihr Antrag wurde genehmigt«

Durch elektronische Post kann die Durchlaufzeit erheblich verkürzt werden und durch elektronische Auftragsverfolgung kann jederzeit der Stand eines bestimmten Vorganges ermittelt werden.

- Ticketsysteme und Checklisten

Wie in anderen Servicebereichen auch, hält im Personalbereich die Bearbeitung einzelner Vorgänge als »Ticket« Einzug. Dabei werden Anfragen oder Anträge der Mitarbeiter in elektronischen Ticketsystemen erfasst und bearbeitet. Diese Auftragsverfolgungssysteme lassen dabei eine Auswertung nach Sachgrund der Anfrage (z. B. Anfragen zur Entgeltabrechnung) oder auch zur Bearbeitungszeit (z. B. Dauer zwischen Eingang und abschließender Bearbeitung) und Bearbeitungsqualität zu.

Moderne Systeme bieten auch die Möglichkeit, mit elektronischen Checklisten bestimmte Prozesse effizient zu bearbeiten. So können mehrere Bearbeitungsstationen einer Eintrittsbearbeitung etwa in eine übersichtliche Checkliste gebracht werden, um auf die relevanten Stationen im System zu verweisen und dem Bearbeiter des Personalbereiches eine Übersicht zu geben, welche Schritte erledigt sind und welche noch fehlen.

E-Learning

Unter E-Learning wird die Nutzung moderner Datenbanken und elektronischer Geschäftsprozesse auch für den Bereich der Bildung verstanden. So können sich Mitarbeiter in einer Form des Self Service für entsprechende Bildungsmaßnahmen anmelden, können Materialien und Schulungsinhalte aufrufen und sogar in virtuellen Klassenzimmern an Bildungsinhalten partizipieren.

Der Prozess beinhaltet dabei zum einen die Administration von Teilnehmern und Ressourcen wie etwa Räume, Trainer oder Geräte. Zum anderen fällt unter die IT-Herausforderung die Herstellung und Verbreitung von Bildungsinhalten. Elektronische Bildungsinhalte und deren Verbreitung haben zur Reduzierung von Reisekosten neue Bedeutung erhalten.

Der beschriebene Self Service für die meisten Verwaltungsprozesse lässt sich ohne Weiteres auch auf die Registrierung für Bildungsveranstaltungen übertragen. Dabei ist zu unterscheiden, ob sich der Mitarbeiter direkt auf eine Maßnahme einbuchen kann, was den Genehmigungsprozess mit dem jeweiligen Vorgesetzten innerhalb oder außerhalb des Systems, zum Teil auch der Veranstaltung nachgelagert durchführt (passiver Genehmigungsprozess). Ein elektronischer Anmeldeprozess kann jedoch auch den vorgelagerten Genehmigungsvorgang abbilden (aktiver Genehmigungsprozess). Dann ist der Vorgesetzte per Workflow eingebunden und kann die Teilnahmegenehmigung als Buchungsvoraussetzung steuern.

Personalplanung

Kaum ein Thema eignet sich für elektronische Unterstützung besser als die Personalbedarfsplanung. Und kaum ein Prozess ist in der bisherigen eHR-Landschaft lückenhafter abgebildet. Die elektronische Personalplanung kann zum einen auf die Mitarbeiterdaten zugreifen: Austritt, Zugänge oder kommende Veränderungen sind administrativ als Information vorhanden. Kombiniert mit beispielsweise Produktionsdaten, erwarteten Stückzahlen oder betrieblichen Auftragsdaten können sich hieraus eine maßgeschneiderte Einsatzplanung und ggf. notwendige Beschaffungsmaßnahmen ableiten.

Dieser Zukunftsblick kann dabei kurzräumig (mehrere Monate) oder auch für längere Planungshorizonte (mehrere Jahre) erfolgen. Eine weitere Dimension ist dann der Abgleich mit den notwendigen Mitarbeiterkompetenzen, um nicht nur die richtige quantitative Personalplanung, sondern auch eine qualitative Personalplanung zu ermöglichen. Bildungsbedarfe und Qualifizierungsnotwendigkeiten können so vorgeplant und strategisch gesteuert werden

Entgeltabrechnung

Abrechnungssysteme müssen gesetzlichen Anforderungen genügen. Software für Entgeltabrechnung muss daher zertifiziert sein, wenn die Daten elektronisch an die Steuerverwaltung und Träger der Sozialversicherung übertragen werden. Daher haben die Hersteller von Abrechnungssoftware auch Änderungen im Steuer- oder Sozialversicherungsrecht im Rahmen von Wartungslieferungen für ihr Produkt zu gewährleisten. Der Einsatz von Standardsoftware garantiert damit die Einhaltung dieser Rechtsvorschriften.

Die Entgeltabrechnung ist dabei zentrales Produkt des Personalbereiches: die Überweisung der vereinbarten Vergütung und die Erfüllung der Arbeitgeberpflichten ist dabei zwingend. Die Richtigkeit und Pünktlichkeit sowie die Übereinstimmung mit betrieblichen wie staatlichen Vorschriften machen die Entgeltabrechnung zu einem HR-Produkt, das geeignet ist, um durch externe Dienstleister erbracht zu werden. Im Rahmen eines sog. **Business Process Outsourcing (BPO)** kann dabei der gesamte Prozess der Entgeltabrechnung durch Dritte erbracht werden, die sich zumeist auf diese Art der Dienstleistung spezialisiert haben und durch Mengeneffekte Kostenreduzierung erzielen können. Dabei steht der eigentliche Kernprozess der Abrechnung im Mittelpunkt (Brutto-Netto-Rechnung). Die Vergütungsinformationen werden dabei durch den Arbeitsvertrag und ggf. geltende betriebliche und tarifliche Vorschriften vorausgesetzt.

Über das Mitarbeiterportal kann dem Mitarbeiter die elektronische Entgeltabrechnung zur Verfügung gestellt werden. Ein Papierausdruck (damit Druckkosten, Versand- und Portokosten) kann entfallen. Globale Formatstandards wie PDF von Adobe lassen dabei weitere Funktionen zu. Einzelne Erläuterungstexte, weiterführende Hinweise, gar kleine Videofilme oder Bilder lassen sich so in das eher als unattraktiv geltende Formular einbauen und schaffen für die elektronische Fassung Mehrwert.

Vergütung und Reporting

Sogar die Vergütung lässt sich elektronisieren: Cafeteria-Systeme können durch eine elektronische Form Simulationsmöglichkeiten zulassen. Damit haben Mitarbeiter die Möglichkeit, etwa eine Altersversorgung (durch Hochrechnung der zu erwartenden Leistung im Versorgungsfall) oder Dienstwagenangebote in ihrer steuerlichen Auswirkung zu simulieren. Beliebt sind auch optische Aufbereitungen der Vergütungsentwicklung und ihrer Zusammensetzung. So lassen sich komplexe tarifliche Strukturen durch IT-Lösungen darstellen und werden nachvollziehbar.

Auch das Reporting gehört zu den elementarsten Bereichen für erfolgversprechende Elektronisierung: Je mehr Daten zur Verfügung stehen, desto mehr Auswertungen werden möglich. Das Data-Warehouse bietet die technologische Grundlage: hier werden die entsprechenden Personaldaten eingespeist und ggf. zusammen mit anderen Daten wie Finanz- und Produktionsdaten logisch aufbereitet. Die Herausforderung liegt dabei oftmals nicht in der Verfügbarkeit der Daten, sondern in ihrer Interpretation (etwa die Definition von Vollzeit- und Teilzeitmitarbeitern).

Zu unterscheiden ist dabei in sog. **Ad-hoc-Reporting**, bei dem eine bestimmte Fragestellung direkt aus dem System oder dem Datenbestand im Data-Warehouse beantwortet werden soll. Dies setzt Kenntnis der entsprechenden Reporting-Technologie und deren Bedienung voraus. Ansonsten werden **vordefinierte Reports** zu bestimmten Stichtagen (zumeist Monatsendstände) durch das System befüllt und den entsprechend Berechtigten zur Verfügung gestellt. Dann sind keine IT-Kenntnisse notwendig. Dies setzt aber voraus, dass die zu liefernden Auswertungen definiert und die dazu notwendigen Daten klar sind.

Mitarbeiterbefragung

Mit IT-Applikationen lassen sich schnell und ohne große Aufwände Mitarbeiterbefragungen realisieren. Die Aufforderung oder Einladung kann dazu per E-Mail an den Adressatenkreis (Mitarbeiterkreis) gehen oder ein direkter Einstieg erfolgt über das Mitarbeiterportal. Durch Fragen, die sich mit einfachem Anklicken beantworten lassen, können schnell Antworten generiert werden. Tendenzen in der Mitarbeiterzufriedenheit, der Motivationslage oder des Kommunikationsbedarfes lassen sich so einfach ablesen und Maßnahmen ergreifen.

Durch Befragungen zu den gleichen Themen in regelmäßigen Abständen lassen sich auch durch Vergleich mit früheren Befragungsergebnissen Entwicklungen messen. Der zentrale Vorteil von elektronischen Befragungstools liegt auch hier in der einfachen Handhabung (elektronische Post, keine Papierfragebögen) und der schnellen Auswertung.

Zeitwirtschaft

Die Verarbeitung der Anwesenheitszeiten, erfasst durch entsprechende Geräte, ist eine der häufigsten IT-Anwendungen im Personalbereich. Die Hinterlegung von Zeitregeln wie

Pausen- oder Urlaubsregelungen, die Verarbeitung von Kommen- und Gehen-Zeiten ist zum einen ein Massengeschäft, da hier große Datenmengen zu verarbeiten sind, vorausgesetzt, im Unternehmen ist die sog. **positive Zeitwirtschaft** eingesetzt, sodass alle anfallenden Zeitdaten Vergütungsrelevanz entfalten.

Im Gegensatz dazu steht die so genannte **negative Zeitwirtschaft**. Hier wird die Erbringung eines definierten Arbeitsvolumens vorausgesetzt und nur definierte Sachverhalte wie Urlaubsnahme oder andere Fehlzeiten werden abgezogen. Da die Zeitwirtschaft gerade in Industriebetrieben mit komplexen Schicht- und Zuschlagsregeln relevante Informationen für die Entgeltabrechnung liefert, ist eine Schnittstelle zur Abrechnung oder eine Systemintegration angezeigt.

Shared Service und IT

Eine der modernen Organisationsformen für die Erbringung von Personalarbeit ist die Serviceleistung als gebündelte Einheit für mehrere (»shared«) Betriebsteile, auch »Kunden« genannt. Voraussetzung für die Erbringung einer entsprechenden gleichartigen Dienstleistung ist die Bündelung der dazu notwendigen IT-Landschaft. Daher setzen Änderungen in der Organisationsform des Personalbereiches oder seiner Leistungsbeziehung die entsprechende Realisierung der IT-Landschaft voraus.

Dazu gehören nicht nur die jeweiligen Administrationssysteme, um Stammdaten oder Entgeltdaten zentral als Service anbieten zu können. Zu diesem Portfolio gehört auch der Aufbau entsprechender Servicekanäle, über die Mitarbeiter zu den jeweiligen Serviceangeboten gelangen. Auch Ticketsysteme und Helpdesk-Einrichtungen runden das moderne IT-Spektrum ab.

1.5.5 Datensicherheit und Datenschutz

Mit der Verbreitung des Internets, der Verdichtung der Datenverarbeitung auch im Personalbereich und den Möglichkeiten eines weltweiten Zugriffs auf Mitarbeiterdaten wächst das Gefährdungs- und Missbrauchspotenzial. Die **informationelle Selbstbestimmung** mit Grundrechtscharakter kennzeichnet das Recht aller Personen, dass die Verarbeitung von Daten unter einem Erlaubnisvorbehalt steht. Rechtsgrundlage ist vor allem das Bundesdatenschutzgesetz (siehe Kapitel 2.7.4), das die Europäische Datenschutzrichtlinie in nationales Recht umgesetzt hat. Danach ist eine Datenverarbeitung nur zulässig, wenn

- eine Einwilligung des Betroffenen vorliegt (Einwilligung ist eine freiwillige, rechtsverbindliche Einverständniserklärung in eine Datenverarbeitung),
- ein Gesetz die Datenverarbeitung regelt oder
- ein Vertragsverhältnis dies notwendig macht.

Dabei ist Datenverarbeitung definiert als Erhebung, Speicherung, Organisation, Aufbewahrung, Veränderung, Abfrage, Nutzung, Weitergabe, Übermittlung, Verbreitung oder der Kombination und der Abgleich von Daten. Dazu gehört auch das Entsorgen, Löschen und Sperren von Daten. Die »Einwilligung« erfolgt in der Praxis bei der Zustimmung des Verbrauchers zu Geschäftsbedingungen. Vom Zeitschriftenabonnement bis zu den Nutzungsbedingungen, z. B. von eBay: Die Einwilligung in die Speicherung von Daten ist obligatorisch geworden. Gleichwohl sind die Reichweite und das Datenvolumen mitunter kritisch zu hinterfragen.

Gesetzliche Regelungen finden sich vor allem im Themengebiet des staatlichen Handelns in der Steuer, Sozial- und Rentenversicherung. So ist für die Speicherung der Arbeitnehmerdaten bei ELENA die gesetzliche Grundlage ebenso vorhanden wir für die Datenspeicherung zu polizeilichen Zwecken.

Im Arbeitnehmerdatenschutz ist der Arbeitsvertrag die Rechtsgrundlage, die dem Arbeitgeber erlaubt, alle in diesem Zusammenhang notwendigen Informationen zu verarbeiten. Dabei sind auch zeitlich befristete Mitarbeiter davon erfasst. Die Datenverarbeitung kann aufgrund der vertraglichen Vereinbarung mit dem betroffenen Mitarbeiter, Kollektivregelungen, einer Einwilligung des Mitarbeiters oder aufgrund staatlichen Rechts stattfinden.

Es gilt im Datenschutzrecht der **Grundsatz der Notwendigkeit**. Danach ist etwa die Verarbeitung personenbezogener Daten erlaubt, wenn dies »notwendig« ist. Die Auslegung dieses Begriffes ist dann in der Praxis relevant und zu hinterfragen: Ist etwa die Erfassung von Gesundheitsdaten »notwendig« oder ist die Speicherung von früheren Adressen des Arbeitnehmers noch notwendig? Eine Notwendigkeit kann – wie das Beispiel der Adresse zeigt – auch entfallen. Nur die aktuelle Adresse ist zur Zustellung der Arbeitnehmerkommunikation streng genommen »notwendig«, nicht jedoch frühere Wohnsitze. Eine interne Organisation des Personalbereiches muss sich daher an diesem **Need-to-know-Prinzip** ausrichten.

Mitarbeiter müssen über den Umgang mit ihren Daten informiert werden. Grundsätzlich sind personenbezogene Daten bei dem betroffenen Mitarbeiter selbst zu erheben. Bei Erhebung der Daten muss der Mitarbeiter folgendes erkennen können oder entsprechend informiert werden:

• Identität der verantwortlichen Stelle,
• den Zweck der Datenverarbeitung und
• ob die Daten ggf. an Dritte übermittelt werden.

Besonders schutzbedürftige personenbezogene Daten dürfen nur unter bestimmten Voraussetzungen verarbeitet werden. Besonders schutzbedürftige Daten sind Daten über die rassische und ethnische Herkunft, über politische Meinungen, über religiöse oder philosophische Überzeugungen, über Gewerkschaftszugehörigkeiten oder über die Gesundheit oder das Sexualleben des Betroffenen.

Geht eine Verarbeitung über den eigentlichen Zweck der Vertragsabwicklung hinaus, so ist sie dann zulässig, wenn sie durch eine **Kollektivregelung** gestattet wird. Kollektivregelungen sind Tarifverträge oder Betriebsvereinbarungen zwischen Arbeitgeber und Arbeitnehmervertretung im Rahmen der Betriebsverfassung (siehe Kapitel 1.5.6). Die Regelungen müssen sich auf den konkreten Zweck der gewünschten Verarbeitung erstrecken und sind nur innerhalb des geltenden Datenschutzrechts gestaltbar.

Der **Beauftragte für den Datenschutz** ist gesetzlich für Unternehmen vorgeschrieben als internes fachlich weisungsunabhängiges Organ zur Überwachung der Einhaltung der nationalen und ggf. internationalen Datenschutzvorschriften (siehe Kapitel 2.7.4). Er ist verantwortlich für die unternehmensinternen Richtlinien auf dem Gebiet des Datenschutzes und überwacht deren Einhaltung. Er führt Datenschutz-Kontrollen durch. Der Beauftragte für den Datenschutz wird von der Geschäftsleitung bestellt.

Zum Datenschutz gehört auch die **Datensicherheit**. Hierzu muss der Arbeitgeber alle technischen oder organisatorischen Regelungen vornehmen, um die Arbeitnehmerdaten vor unbefugtem Zugriff zu schützen. Dazu zählen die unrechtmäßige Verarbeitung oder Weitergabe sowie der versehentlichen Verlust, Veränderung oder Zerstörung der Daten. Dazu gehören funktionierende Firewalls für die Abschottung nach außen genauso dazu wie ein internes Sicherheitskonzept, das sensible Personaldaten schützt. Auch die Definition der Rollen und Rechte, mit denen im Personalbereich gearbeitet wird, gehört zum Umfang eines Datenschutzkonzeptes.

1.5.6 Mitbestimmung des Betriebsrates

Die Mitbestimmung bei der Einführung von Personalsystemen orientiert sich an den Vorschriften der Betriebsverfassung. Nach § 87 Abs 1 Ziff. 6 des Betriebsverfassungsgesetzes (BetrVG) hat der Betriebsrat eine Mitbestimmung soweit die Möglichkeit einer Verhaltens- oder Leistungskontrolle gegeben ist. Da eine Auditierungsfunktion vorliegt, ist diese Vorschrift oftmals einschlägig. Mit einer **Auditierung** wird festgehalten, welcher Benutzer sich wann angemeldet hat, welche Datensätze bearbeitet hat und welche Veränderungen dabei vorgenommen worden sind. Solche Auditierungsfunktionen sind notwendig, um den Anforderungen an ein **internes Kontrollsystem (IKS)** zu genügen. Mit einem IKS wird die Richtigkeit und Angemessenheit etwa der Entgeltzahlungen nachgewiesen und diese Kontrollsysteme sind zur Feststellung der Richtigkeit der Personalkosten für die Unternehmensbilanz notwendig.

Aber auch das **generelle Beteiligungsrecht** des Betriebsrates aus § 80 BetrVG erlaubt dem Betriebsrat, darüber zu wachen, dass die zugunsten der Arbeitnehmer geltenden Gesetze, Verordnungen, Tarifverträge oder Betriebsvereinbarungen eingehalten werden. Das Bundesdatenschutzgesetz ist dabei ein solches Schutzgesetz. Durch die anhaltende öffentliche Diskussion um Verschärfungen des Arbeitnehmerdatenschutzes ist davon auszugehen, dass hier weitere spezielle Regelungen für das Arbeitsverhältnis entstehen.

Ferner hat der Betriebsrat nach § 94 BetrVG ein Mitspracherecht bei Fragebögen und Mitarbeiterbeurteilungen. Da diese oftmals »elektronisiert« wurden, ist damit die Einführung und Ausgestaltung des IT-Systems Kernelement des Betriebsratsinteresses. Nicht zuletzt hat der Betriebsrat auch ein eigenes Informationsrecht, das beispielsweise durch einen eigenen, rollenbasierten Zugriff auf das Personalsystem erfüllt werden kann.

1.5.7 Ausblick: Twitter, Web 2.0 und Co.

Die Elektronisierung der Personalarbeit bleibt nicht stehen. Das Internet bringt weitere Veränderung: neue Formen der Personalarbeit durch Wiki, Blog und Co. Die »digitale Generation« als Berufseinsteiger und die zunehmende Digitalisierung der Gesellschaft zwingt auch die Personalbereiche, mit diesen neuen Formen zu arbeiten, oder zumindest zu experimentieren. Dabei birgt das auch Chancen: Ein »Personaler-Wiki« kann zum Beispiel die relevanten Informationen der operativen Personalpraxis sammeln oder ein »P-Blog« des

Personalbereiches dieses Medium nutzen. Auch Facebook oder Xing sind etablierte Instrumente und als Social Media (siehe Kapitel 2.6.6) aus dem Umfeld des Personalbereiches nicht mehr wegzudenken. Nicht zuletzt sind viele Unternehmen mit Twitter unterwegs, um Unternehmenskommunikation zu betreiben. Diese Kommunikation nutzt auch das Arbeitgeber-Image, um bei Bewerbern entsprechenden Aufmerksamkeit zu generieren.

Quellen

Bäumer, J./Borchert, N./Gechter, S.: Professionelles Wissensmanagement im Unternehmen – das Knowledge Management Focussed Assessement, in: Jochmann, W. (Hrsg.): Innovationen im Assessment-Center, Stuttgart 1999, S. 317–332.

Felder, R.: Die HR Knowledge Base der DaimlerChrysler AG, in: Cress, U. (Hrsg.): Effektiver Einsatz von Datenbanken im betrieblichen Wissensmanagement, Bern 2006, S. 73 ff.

Felder, R.: Human Resources im M&A-Prozess. Spielregeln und Strategien für Personaler, Frankfurt/M. 2003.

Felder, R.: Datenschutz im Bewerbermanagement, in: Personalwirtschaft, (11) 2003, S. 69 ff.

Felder, R.: Kulturelle Veränderung durch eRecruiting; in: HR Services, Sonderheft zur CEBIT, (2) 2003, S. 44 ff.

Felder, R.: eBusiness und Personalbereich; in: PERSONAL, (7) 2001, S. 368–372.

Jochmann, W.: Von der Personalentwicklung zur Unternehmensentwicklung. Personal, (9) 1992, S. 410–413.

Jochmann, W. : Arbeitsformen für ein modernes Personalmanagement, in: Siegwart, H./ Dubs, R./Mahari, J. (Hrsg.): Meilensteine im Management, Band IV, Human Resources Mangement, Stuttgart 1997, S. 212–237.

Olesch, G.: Kundenorientierte Personalarbeit, in: Personal, (2) 1997, S. 85–89.

Sattelberger, T. (Hrsg.): Wissenskapitalisten oder Söldner? – Personalarbeit in Unternehmensnetzwerken des 21. Jahrhunderts, Wiesbaden 1999.

Ulrich, D.: Human Resource Champions: The Next Agenda for Adding Value and Delivering Results, Boston/Massachusetts 1997.

Ulrich, D. (Hrsg.): Delivering Results – A New Mandate for Human Resource Professionals. Boston/Massachusetts 1998.

Wunderer, R.: Beitrag des Personalmanagement zur Wertschöpfung im Unternehmen, in: Personal, (7) 1998, S. 346–352.

Wunderer, R./Jaritz, A.: Unternehmerisches Personalcontrolling – Evaluation der Wertschöpfung im Personalmanagement, Neuwied 1999.

Weber, Harald L.: Historische und verfassungsrechtliche Grundlagen eines öffentlichen Informationszuganges, in: Recht der Datenverarbeitung, (21) 2005, S. 243–251.

1.6 Beraten und Fachgespräche führen

1.6.1 Grundlagen der Beratungstechnik

> »Ziel von Beratung ist, Menschen zu helfen, schwierige Zeiten durchzustehen und Probleme zu bewältigen, die ihre Zufriedenheit und ihre Leistung im Beruf beeinträchtigen.« (Reddy 1997, S. 17)

Was Inhalt der Beratung sein soll, definiert der Kunde auf Basis seines konkreten Bedürfnisses und der Anforderungen an seinem Arbeitsplatz, die ihn überhaupt erst in die Beratung führen. Dabei entscheidet natürlich die innere Haltung des Beraters mit darüber, ob das herausgearbeitete Kundenbedürfnis von ihm bearbeitet werden kann und soll. Somit steht am Beginn jedes Beratungsprozesses eine Phase der **Auftragsklärung**, bei der es darum geht, den Bedarf und die Möglichkeiten einer Beratung gemeinsam abzustimmen und eine zielorientierte Basis für die gemeinsame Arbeit zu schaffen.

Jede Beratung ist gekennzeichnet durch die Einzigartigkeit und **Individualität,** sowohl hinsichtlich **der Problemsituationen** als auch der **Lösungs- bzw. Gestaltungsmöglichkeiten.** Die Zielsetzung von Beratung ist dementsprechend weder trivial noch monokausal, sondern stets abhängig vom »Dreieck der Einzigartigkeit« zwischen Berater, Ratsuchendem und Kontext der Situation, auf welche die Beratung ausgerichtet ist (siehe Abbildung 68).

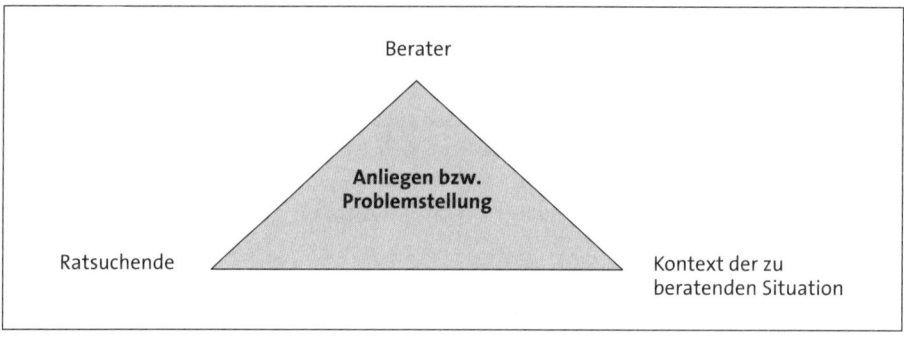

Abb. 68: »Dreieck der Einzigartigkeit« in Beratungsprozessen

Dennoch lassen sich für die Zielsetzung von Beratung relativ klare Ansprüche formulieren, die dieser Einzigartigkeit einer Problemsituation gerecht werden. Unterschiedliche Autoren kommen dabei zu ähnlichen **Begriffsklärungen** für das, was Beratung leisten kann und soll.

> »Ein zentrales Beratungsziel ist, dem Ratsuchenden zu helfen, mit seinem Problem *selbst* fertig zu werden, da der Berater das Problem nie stellvertretend für den Ratsuchenden lösen kann.« (Bachmair/Faber/Henning/Kolb/Willig 2008, S. 21)

Beratung wird definiert als »eine Reihe von Techniken, Fähigkeiten und Einstellungen, die eingesetzt werden, um anderen zu helfen, ihre Probleme zu bewältigen, indem die Betroffenen ihre eigenen Möglichkeiten ausschöpfen.« (Reddy 1997, S. 19)

»Im Wesentlichen ist Beratung gekennzeichnet durch einen Interaktionsprozess zwischen einem oder mehreren Ratsuchenden und dem Berater mit dem Ziel, Entscheidungshilfen durch Vermittlung von Informationen und/oder von Fertigkeiten zur Problembewältigung bereitzustellen.« (Schwarzer/Posse 2001, S. 634)

Beratung ist »vertrauensvolle, zielgerichtete, nach Rat suchende Interaktion« und von den Begriffen »befehlen«, »anweisen« oder »informieren« abgegrenzt. (Mutzeck 1999, S. 10 f.)

Berater müssen sich über das **spezifische Ziel** der speziellen Beratungssituation im Klaren sein, insbesondere über den jeweiligen **Auftrag** und damit über die grundsätzlichen Möglichkeiten und Grenzen ihrer eigenen Arbeit. Auch müssen sie mit der **Rolle**, in der sie angefragt sind, und mit der **Form** der Beratungsleistung vertraut sein. Eine hilfreiche Orientierung zur Klärung des Selbstverständnisses einer beratenden Tätigkeit lassen sich mit folgender Übersicht zu den »**Grundpfeilern professioneller Beratung**« erarbeiten (siehe Abbildung 69).

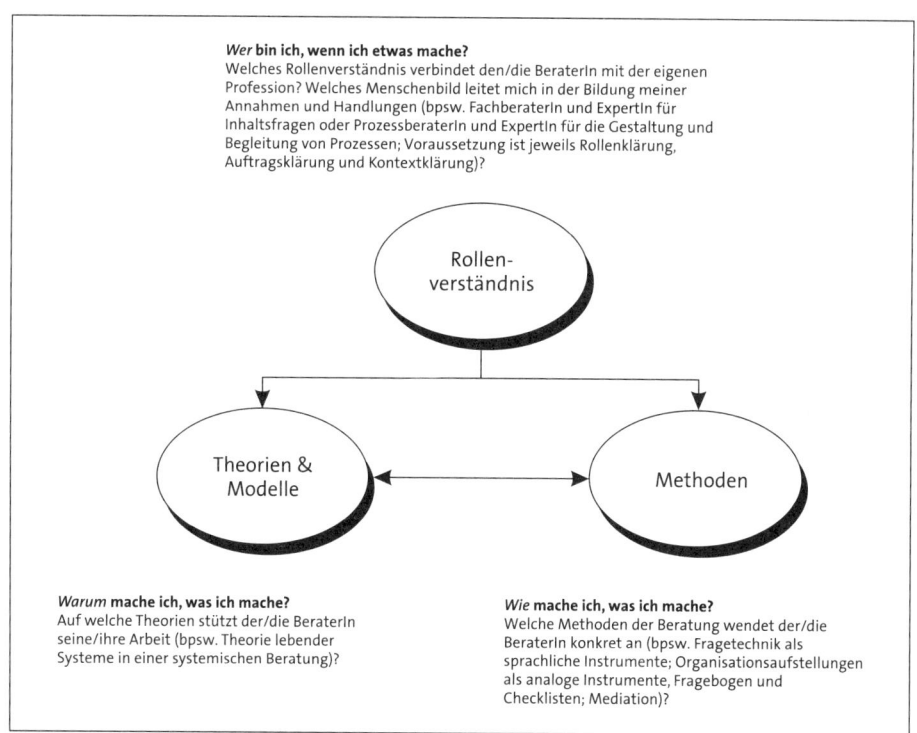

Wer **bin ich, wenn ich etwas mache?**
Welches Rollenverständnis verbindet den/die BeraterIn mit der eigenen Profession? Welches Menschenbild leitet mich in der Bildung meiner Annahmen und Handlungen (bpsw. FachberaterIn und ExpertIn für Inhaltsfragen oder ProzessberaterIn und ExpertIn für die Gestaltung und Begleitung von Prozessen; Voraussetzung ist jeweils Rollenklärung, Auftragsklärung und Kontextklärung)?

Rollen-
verständnis

Theorien &
Modelle

Methoden

Warum **mache ich, was ich mache?**
Auf welche Theorien stützt der/die BeraterIn seine/ihre Arbeit (bpsw. Theorie lebender Systeme in einer systemischen Beratung)?

Wie **mache ich, was ich mache?**
Welche Methoden der Beratung wendet der/die BeraterIn konkret an (bpsw. Fragetechnik als sprachliche Instrumente; Organisationsaufstellungen als analoge Instrumente, Fragebogen und Checklisten; Mediation)?

Abb. 69: Professionelle Beratung (Titscher 2001, S. 64 ff.; weiterbearbeitet von Seliger 2002 und Gütl 2000, S. 317 ff.)

Demnach beruht professionelle Beratung auf den drei Säulen:

1) **Rollenverständnis:** Klarheit über die eigene Rolle, den Auftrag und den Kontext, in dem sich die Beratung verortet
2) **Theorien:** Fachwissen, Beratungs-Know-how, Wissen über die Gestaltung von Veränderungsprozessen und die Beschaffenheit von Organisation
3) **Methoden:** zur Diagnose und Intervention

Zudem wird in dieser Darstellung der wesentliche Unterschied zwischen denjenigen deutlich, die in Personalfragen als Profis handeln, und jenen, die eher amateurhafte Personalberatung anbieten. **Professionelle Berater** handeln nicht nur auf Basis eines klar definierten Auftrages und damit verbunden einer gut evaluierten Klarheit über die eigene Rolle als Berater, sie verfügen außerdem über ein breites Repertoire an Interventionsmöglichkeiten und stützen das, was sie tun, auf ein bestimmtes Theoriemodell. Das bedeutet, sie können ihre eigenen Handlungen jederzeit begründen.

Die Gestaltung des Beratungsprozesses unterscheidet sich außerdem wesentlich, je nachdem ob **Expertenberatung** oder **Prozessberatung** angefragt ist. Expertenberater sind beispielsweise EDV-Spezialisten, an die der gesamte Problemlösungsprozess delegiert wird. Auch für sie gilt, dass die Lösung selbst so gestaltet sein muss, dass der Kunde damit gut weiterarbeiten kann. Prozessberater sind ebenfalls Experten. Ihre Expertise bezieht sich allerdings auf die Gestaltung von vorwiegend kommunikationsintensiven Veränderungsprozessen. Sie sind beispielsweise gefragt, wenn es um Fragen zur Laufbahn, zur Teamentwicklung oder um Change-Prozesse geht, aber auch in Angelegenheiten der Organisationsentwicklung. Als Voraussetzung für eine professionelle und effektive Beratungsleistung lassen sich folgende **Kompetenzen** festhalten, die ein Berater mitbringen sollte:

Wissens-kompetenz	Gründliches Fachwissen sowie eigene Erfahrung im zu beratenen Sachbereich, um zu einem optimalen Verständnis in Personalfachfragen und Entscheidungssituationen zu kommen.
Analyse-kompetenz	Ein komplexer Gegenstand kann einerseits in seiner Gesamtheit erfasst, andererseits aber auch einfach und übersichtlich dargestellt werden, sodass er einer Analyse und Interpretation zugänglich wird. Dabei ist der Berater außerdem in der Lage, Entscheidungsalternativen aufzuzeigen.
Beratungs-kompetenz	Reflexionsfähigkeit und Geduld gegenüber dem Ratsuchenden sowie Respekt und Anerkennung von Autonomie und Selbstverantwortung in der Lösungsgestaltung durch den Kunden, Rollen-, Kompetenz- und Auftragsklarheit im Selbstverständnis.
Entscheidungs-zurückhaltung	Emotionale Distanz in Bezug auf die Entscheidung, die es zu treffen gilt. Das Problem soll dort bleiben, wo es ist und wo die Verantwortung für dessen Bearbeitung liegt. Beratung hat die Aufgabe, diesen Raum zur Entscheidungsfindung zur Verfügung zu stellen und zu schützen – auch vor »Entmündigung« durch den Berater selbst.

Abb. 70: Voraussetzung für eine professionelle und effektive Beratungsleistung (vgl. Innerhofer/Lang 2000, S. 5 ff.)

1.6.2 Der Beratene als Kunde

Am Ausgangspunkt jeglicher Beratungsleistung steht ein Anliegen bzw. Problem einer Person oder Personengruppe und die Zuschreibung an eine andere Person oder Gruppe, die die Kompetenz besitzen, bei der Klärung des Anliegens bzw. Lösung des Problems helfen zu können. Damit ist die **Anliegen- und Auftragsklärung** einerseits sowie die **Rollenklärung** als Berater andererseits grundlegende Voraussetzung, um überhaupt von Beratung sprechen zu können. Am Anfang jeder Beratung steht also eine kommunikative Verständigung darüber, was das Problem und der Auftrag sowie die Erwartung an die Rolle sind.

Abb. 71: Beratung entsteht durch die Verständigung über Auftrag und Rollen

Kunde zu sein, bedeutet in Beratungssituationen keinesfalls, Konsument zu sein. Als Kunde kann Beratung in Anspruch genommen werden, diese jedoch ist stets **Hilfe zur Selbsthilfe**. Die Verantwortung für die Wirksamkeit der Lösung selbst kann nicht an den Berater abgegeben werden.

Der **erste Kontakt** in Beratungssituationen gestaltet sich vielfach so, dass der Ratsuchende verunsichert und um Hilfe bittend in die Beziehung zum Berater eintritt, sich Unterstützung und meist auch Lösungen erhofft. Schnell kann sich daraus ein subtiles **Abhängigkeitsverhältnis** ergeben. So geht es natürlich in erster Linie um den richtigen Umgang mit der derart verteilten **Macht**.

Professionell gelingt dieser Umgang zunächst durch das Bewusstsein darüber, dass derartige Konstruktionen in Beratungssituationen eben vorkommen. Ihnen gilt es sorgsam und mit hoher Aufmerksamkeit zu begegnen. Wirkungsvoll ist außerdem, sich die Beratungssituation aus einer anderen Perspektive nochmals vor Augen zu führen: Wenn das Anliegen der Beratung und die nötige Lösung im Mittelpunkt stehen, verschiebt sich das Bild der Macht und Abhängigkeit entsprechend. »Macht hat, wer etwas machen kann«, heißt es, und das ist zunächst immer der Kunde selbst. Er ist Experte für die eigene Situation und deren Gestaltung. Andererseits ist der Berater Experte für mögliche Handlungs- und Interventionsalternativen. Er kann beispielsweise mithilfe von geschickten Fragen Potenziale im Kunden wecken, die diesem wiederum helfen, das Problem von einer anderen Seite zu betrachten und zu lösen. In dieser gemeinsamen Gestaltung des Generierungsprozesses von Handlungsmöglichkeiten für den Ratsuchenden liegt die Kompetenz von Beratern und deren Möglichkeiten, *machtvoll* wirksam zu werden. Erst die Verknüpfung beider Anteile gibt den Akteuren Macht über das, worum es eigentlich geht: das Problem und Anliegen des Kunden.

1.6.3 Beratungs- und Gesprächsanlässe

Auch wenn oben betont wurde, dass Beratung stets individuell und einzigartig ist, so gibt es doch typische Anlässe, die die Inanspruchnahme von Beratungsprozessen nach sich ziehen. Im Folgenden sind einige typische Gesprächsanlässe beschrieben, die vor allem im Bereich der Personalfachkräfte häufiger vorkommen und daher besondere Aufmerksamkeit verlangen.

Für alle der hier beschriebenen Gesprächsanlässe gilt: Ein **erfolgreiches Gespräch** unterscheidet sich von einem nicht-erfolgreichen in erster Linie dadurch, dass es sich um einen echten Austausch, d. h. um ein *zwei*seitiges Gespräch und eben keine reine Informationsübergabe handelt. Jeder der beteiligten Gesprächspartner kommt in Kontakt mit dem Gegenüber und mit dem Thema. Beide sind gleichermaßen involviert. Dies ist insbesondere für jene **stark machtbetonten Gesprächsanlässe** entscheidend, in denen etwa unterschiedliche Hierarchieebenen involviert sind oder Gespräche, die starken Bewertungscharakter haben (siehe Kapitel 4.1). Im Folgenden sind dies das Einstellungsgespräch, das Beurteilungsgespräch oder auch das Abmahnungsgespräch.

Die meisten Gespräche folgen einem ähnlichen Ablauf. Intern stehen dafür meist **standardisierte Gesprächsabläufe** zur Verfügung, die als Grundstruktur ein Vorgehen sicherstellen, in dem alle wesentlichen Inhalte für das jeweilige Gesprächsziel sichergestellt sind. Dies gilt insbesondere für das Mitarbeitergespräch, das Gehaltsgespräch und das Fördergespräch.

Einstellungsgespräch

In der Arbeit von Personalfachkräften nimmt das Recruiting einen besonderen Stellenwert ein. Personalauswahl und die Unterstützung der Fachabteilungen in der Suche nach den geeigneten Mitarbeitern gehören meist zu deren zentralen Aufgaben. Bewerbungs- bzw. Einstellungsgespräche verfolgen dabei mehrere Ziele. Zum einen geht es darum herauszufinden, inwieweit der jeweilige Kandidat auf das zu besetzende Profil der ausgeschriebenen Stelle passt. Das ist eine **Frage der Qualifikationen und Kompetenzen, Eignungen und Neigungen**. Wichtige Grundlage dafür sind einerseits der Lebenslauf des Bewerbers sowie seine Qualifikationsnachweise, andererseits aber auch eine gute Vorbereitung, welche Qualifikationen benötigt werden, um die Aufgaben der ausgeschriebenen Stelle gut bewältigen zu können. Zu den beratenden Tätigkeiten der Personalfachkraft gehört es also, diese Informationen zu erheben. Bereits bei der Ausschreibung und im Vorfeld des Gespräches muss die Personalfachkraft sorgfältig prüfen und verstehen, welches die relevanten Kriterien sind, auf die die Fachabteilung bei einer Besetzung wert legt. Im Gespräch selbst dienen unterschiedliche Verfahren wie Fragetechnik und Tests dazu, festzustellen, inwieweit der Bewerber über diese verfügt. Neben den relevanten Hard Skills gilt es im Gespräch zu erkunden, wie der potenzielle Mitarbeiter in das **Sozialgefüge der Or-**

ganisation passt. Dieser Teil des Einstellungsgesprächs erfordert das Beratungsgeschick der Personalfachkraft besonders. Sozialkompetenzen lassen sich nicht in einem Gespräch überprüfen oder abfragen. Die Herausforderung besteht darin, den Bewerber möglichst ganzheitlich zu erfassen, Einblick in seine Stärken und Schwächen zu bekommen und seine Potenziale offenzulegen.

Das **Setting** von Bewerbungsgesprächen kann sehr unterschiedlich sein. Üblich ist jedoch, dass ein Vertreter der Fachabteilung/Linie gemeinsam mit der Personalfachkraft das Gespräch mit dem Bewerber führt. Die Personalfachkraft muss in ihrem Kompetenzbereich vor allem darauf achten, dass die **Zweiseitigkeit des Gespräches** sichergestellt wird und sowohl Bewerber als auch Fachabteilung den nötigen Einblick in das jeweilige Gegenüber bekommen, um eine gute Entscheidungsgrundlage für beide Parteien sicherzustellen. Weiterhin wird die Personalfachkraft darauf achten, dass alle dafür nötigen Gesprächsinhalte auch tatsächlich zur Sprache kommen.

Wesentlichen Inhalt des Beratungsanlasses von Bewerbungssituationen ist auch das **Gespräch nach dem Gespräch**, d. h. die Beobachtungen und Wahrnehmungen aus dem Bewerbungsgespräch zu filtern und auszutauschen. Die Personalfachkraft und der Vertreter der Fachabteilung loten nach dem Gespräch ihre unterschiedlichen Eindrücke gemeinsam aus. Die Entscheidung liegt bei der Fachabteilung, in der Unterstützung der Bildung einer möglichst breiten, soliden Entscheidungsgrundlage aber zeigt sich die Beratungskompetenz der Personalfachkraft.

Mitarbeitergespräch

»Das wichtigste Instrument der Mitarbeiterführung ist das regelmäßige Mitarbeitergespräch. Es dient der Verbesserung des Vorgesetzten-Mitarbeiter-Verhältnisses, fördert Offenheit und gegenseitiges Verständnis und erleichtert die Zusammenarbeit. Gute Mitarbeiter erwarten, dass der Vorgesetzte mit ihnen spricht: über ihre Ziele, ihre Aufgaben, ihre Leistungen, ihre Stärken und ihre Schwächen.« (Mentzel 2003, S. 10)

Die Gesprächsführerschaft des Mitarbeitergespräches liegt charakteristisch bei der Führungskraft der Fachabteilung. Ein besonderes Charakteristikum von Mitarbeitergesprächen entsteht durch das **Machtgefälle** der beteiligten Gesprächspartner in ihren Rollen als Mitarbeiter und Vorgesetzte sowie durch die zahlreichen, damit verbundenen **Beurteilungssituationen** im Rahmen des Gespräches. Damit unterscheidet sich das Mitarbeitergespräch grundlegend von vielen anderen Gesprächsformen. Diese hierarchische Distanz sollte nicht ignoriert werden, sondern im Gegenteil auch aktiv im Gesprächsaufbau eingebracht werden (vgl. Neuberger 2001, S. 19 ff).

Personalfachkräfte halten sich während eines Mitarbeitergesprächs im Hintergrund. Das standardisierte Mitarbeitergespräch folgt einem meistens vorgegebenen Ablauf, der von Organisation zu Organisation unterschiedlich ist. Zentrale Aufgaben der Personalfachabteilung sind die Erstellung einer zur Kultur der Organisation passenden Gesprächsgrundlage, die Implementierung des Mitarbeitergespräches als verlässliches Führungsinstrument sowie die Beratung und Schulung der Führungskräfte in der Durchführung des Mitarbeitergespräches. Neben dieser konzeptionellen Rolle gilt es auch, die kumulierten Ergebnisse auszuwerten und als nützliche Information entsprechend wieder in die Organisation einzuspeisen.

Laufbahn- oder Karriereberatung

Während die meisten anderen der hier beschriebenen Gesprächsanlässe unternehmensintern stattfinden, hat Karriere- und Laufbahnberatung ihren Platz meist außerhalb. Die Herausforderung in der Beratung liegt darin, den Ratsuchenden zu unterstützen, für sich selbst realistische und zukunftsfähige Möglichkeiten zu erkennen. Wer eine Karriere- oder Laufbahnberatung in Anspruch nimmt, hat sich zumeist selbst schon intensiv mit seiner künftigen Entwicklung auseinandergesetzt. Die Personalfachkraft wird also nicht nur als **Experte für berufliche Möglichkeiten und Karrierewege** in Anspruch genommen, sondern auch für die Auseinandersetzung mit den **Eignungen und Neigungen** des Ratsuchenden. Laufbahn- und Karriereberatung ist damit stets eine Mischung aus Fach- und Prozessberatung. Dies gut zu unterscheiden und entsprechend dem Beratungsprozess die Rollen zu wechseln, zeigt die Professionalität der Beratung.

Beurteilungs- und Kritikgespräch

Beurteilungs- und Kritikgespräche zu führen, gehört zu den größten Herausforderungen für die betroffenen Gesprächspartner. Oft wird ihnen angst- oder zumindest sorgenvoll begegnet, da vielschichtige Emotionen beteiligt sind. Kritikgespräche finden meist **anlassbezogen** statt, Beurteilungsgespräche folgen außer bei einem entsprechenden Anlass häufig einem **zeitlich vorgegebenen Rhythmus**. In einigen Organisationen werden Mitarbeitergespräche und Beurteilungsgespräche bewusst getrennt voneinander durchgeführt. Die dahinterliegende Überlegung ist, eine Gesprächssituation auf Augenhöhe zu ermöglichen, indem die Beurteilungssituation entfällt. Für das Beurteilungsgespräch bedeutet dies jedoch umgekehrt, dass die für erfolgreiche Gespräche so hilfreiche Gesprächssituation auf Augenhöhe kaum erreicht werden kann. Ähnliches gilt auch für das Kritikgespräch, das ebenso eine Beurteilungssituation zum Anlass hat, dazu häufig eine unbefriedigende.

Charakteristisch für Beurteilungsgespräche sind die **hierarchische Distanz** der Gesprächspartner sowie deren unterschiedliche Rollen, die sie im Arbeitsprozess innehaben. Weitere Merkmale sind eine hohe Emotionalität, die sich höchst unterschiedlich ausprägt, und die Beurteilungssituation selbst. Diese wird je nach Blick auf die Situation von den Akteuren **differenziert bewertet werden**. Insbesondere für den für die Gesprächsführung verantwortlichen Gesprächspartner, also die Führungskraft, ist es schwer, diese Charakteristika eines Beurteilungsgesprächs zu handhaben, z. B. gleichzeitig das Gespräch zu führen und betroffen zu sein. Die Aufgabe von Personalfachkräften liegt in der Beratung und Vorbereitung der Führungskraft, möglicherweise auch in der Moderation eines derartigen Gespräches. Manchmal werden Personalfachkräfte sogar zur Unterstützung zu einem als besonders schwierig erwarteten Beurteilungs- oder Kritikgespräch hinzugezogen. Die umsichtige Moderation achtet darauf, dass die Beurteilung keine einseitige bleibt, sondern beide Seiten gehört werden, d. h. dass Wahrnehmung/Beobachtung und Beurteilung gut voneinander getrennt sind, Beurteilungsmöglichkeiten und -maßstäbe offengelegt werden, die Rahmenbedingungen und Umstände der Situation Beachtung finden und ein adäquater Umgang mit Emotion möglich ist. Vor allem aber ist ein lösungsorientierter Blick auf die **Konsequenzen** wichtig.

Anerkennungs- und Fördergespräch

Anerkennungs- und Fördergespräche sind zentrale Instrumente der Personalentwicklung. Hier geht es darum, besondere Leistungen von Mitarbeitern zu würdigen sowie Entwicklungsmöglichkeiten zu prüfen und miteinander zu besprechen. Gerade in Zeiten des Fachkräftemangels kommt diesem Instrument verstärkte Bedeutung zu, wenn es etwa darum geht, Potenzialträger in Organisationen zu halten und weiterhin mit herausfordernden Aufgaben zu versorgen.

Das Fördergespräch selbst ist Angelegenheit der Führungskraft des Mitarbeiters. Es baut auf den Ergebnissen der Mitarbeiterbeurteilungen und Mitarbeitergesprächen auf und bietet dem Mitarbeiter Gelegenheit, seine beruflichen Bedürfnisse und Perspektiven mit dem Vorgesetzen zu erörtern. Dabei ist es wichtig, dass dem Mitarbeiter ein objektives Bild von den Entwicklungsmöglichkeiten verschafft wird. Im Kern kommt es zu einem Vergleich zwischen Entwicklungswünschen des Mitarbeiters und den Förderungs- und Bildungszielen des Unternehmens und zu einer Entscheidung über eine potenzial- oder positionsorientierte Förderung.

In einigen Situationen ist es dennoch hilfreich, wenn die Fördergespräche nicht nur mit der Führungskraft stattfinden, sondern eine unabhängige Stelle hilft, alle Interessen gut zu berücksichtigen. Die Konkurrenz um die besten Köpfe, unterschiedliche Interessen innerhalb einer Organisation, individuelle Bedürfnisse der Akteure – all das macht die Situation komplex. Das Fördergespräch hilft, Komplexität zu reduzieren, Entwicklungsperspektiven abseits von vordergründigen Beschränken zu prüfen und darauf aufbauend nach geeigneten internen und externen Möglichkeiten zu suchen.

Gehaltsgespräch

Gehaltsgespräche gehören – wie auch das Mitarbeitergespräch – zu den **turnusmäßig** geführten **standardisierten** Gesprächsformen von Unternehmen. Manchmal werden Gehaltsverhandlungen im Rahmen des Mitarbeitergespräches geführt. Viele Organisationen sind davon jedoch abgekommen, da es nicht zielführend ist, über Entwicklungsmaßnahmen und gleichzeitig über den Lohn zu sprechen. Gehaltsgespräche sind vielfach an Mitarbeiterbeurteilungen einerseits und tarifliche Rahmenbedingungen andererseits gebunden. Oft sind aber auch die Möglichkeiten zur differenzierten Gestaltung von Mitarbeitergehältern durch die Vorgesetzten sehr, sehr eng gesteckt. Im Gehaltsgespräch geht es darum, Transparenz über Erwartungen und realistische Möglichkeiten herzustellen. Im Idealfall ist das Ergebnis Zufriedenheit auf beiden Seiten.

Austrittsgespräch

»Ich lerne nirgends so viel über unsere Organisation und deren Lernfelder wie bei den Austrittsgesprächen, die ich führe«, so die Aussage einer langjährigen Personalreferentin. Das Austrittsgespräch wird meist erst nach der formellen Kündigung eines Mitarbeiters aus der Organisation anberaumt. Dann, wenn ein Mitarbeiter wirklich nichts mehr verlieren kann. Die Gespräche werden von Personalfachkräften geführt, nicht von der Fachabteilung. Sie haben den Charakter eines Erkundungsgespräches im Auftrag der Organisation und werden in der Haltung echter Neugier geführt. Die Neugierde bezieht sich auf den

kritischen Blick, den der ehemalige Mitarbeiter auf die verlassene Organisation und die in ihr wahrgenommenen Zusammenhänge/Abläufe (nicht auf Einzelpersonen) hat sowie die Schlüsse (Learnings), die daraus gezogen werden können.

Beraten in Entscheidungssituationen

Beratungsgespräche haben in den allermeisten Fällen verschiedenste Entscheidungssituationen von Kunden zum Inhalt. Alle zuvor beschriebenen Gesprächsanlässe beinhalten in irgendeiner Form Entscheidungen. Insbesondere im Hinblick auf die eingangs erwähnte Voraussetzung und Grundkompetenz der Entscheidungszurückhaltung in der Beratung wird das Beraten von Entscheidungssituationen zur besonderen Herausforderung. Dem Kunden zu helfen, die Entscheidung selbst zu treffen, lautet auch hier das Credo.

Wenn eine Entscheidung mehr ist, als jener Moment, in dem die Entscheidung fällt und feststeht, wenn wir also vom **Entscheiden als Prozess** reden, dann kann Beratung den Kunden auch abseits von Fachberatung sehr gut unterstützen. Der Prozess des Entscheidens beschreibt das Überbrücken eines **Zustandes der Verunsicherung** (Welchen Weg gehe ich weiter?) hin zu einem **Zustand der Sicherheit** (Ich gehe nach Süden) bzw. des (gut kalkulierten) **Risikos** (Ich gehe zwar nach Süden – bin mir aber bewusst, dass ich nicht weiß, was mich dort tatsächlich erwartet). Chancen und Gefahren werden gesehen und sind in die Entscheidungsoptionen eingeflossen. Diesen sicherheitsgenerierenden Prozess durchläuft jeder Mensch nach einem anderen individuellen Muster. Am Beratungsmarkt existieren inzwischen sehr innovative Tools, die helfen, diese inneren Muster formulieren zu können. Auch der sog. »Entscheiderzirkel« (vgl. Orthey 2013) ist eine hilfreiche Struktur für das Beraten in Entscheidungssituationen, die anhand ausgewählter Fragen im Beratungsprozess (siehe Abbildung 72) genutzt werden kann.

1) Was ist der Rahmen der Entscheidung? Unter welchen Umweltbedingungen (Rechtslage, Märkte, Konkurrenz usw.) ist die Entscheidung zu treffen?
2) Was bedeutet die anstehende Entscheidung für mich persönlich? Was ist mein aktueller emotionaler Rahmen?
3) Was bedeutet die Entscheidung für betroffene und beteiligte Andere? Wie wirkt sie sich auf deren/unsere Beziehung aus?
4) Was ist das Sachthema, der Inhalt der Entscheidung(soptionen)?
5) Inwieweit ist die Organisation durch die Folgen der Entscheidung betroffen?
6) Welche Entscheidungskultur und -modelle gibt es in der Organisation/Umwelt des Kunden?
7) Was löst die bevorstehende Entscheidung mit Blick auf das mögliche Ergebnis und den bevorstehenden Prozess – unter Berücksichtigung der Überlegungen die die Fragen 1 – 6 bereits ausgelöst haben – nun emotional bei mir aus?

Abb. 72: Hilfreiche Fragen im Beratungsprozess (Orthey 2013, S. 112 ff.)

1.6.4 Konfliktmanagement – Beratung im Konfliktfall

Die Königsdisziplin der Beratung ist der Umgang mit Konflikten aller Art. »Konflikt ist die Normalität – der Nichtkonflikt die Ausnahme«, oder auch »Harmonie heißt, mit dem

Konflikt leben zu können«, so und anders lauten jene Konflikt(er)klärungsversuche, die die Sicherheit geben wollen, die es braucht, Alltägliches zu verarbeiten.

Gelernt haben wir zumeist das Gegenteil. Mit dem Wort »Konflikt« verbinden wir gerne Begriffe wie »Eskalation«, »Wut«, »Zwickmühle« oder gar »Kampf«. Wir haben Angst vor dem Unberechenbaren, das sich im Konfliktfall zeigt, dem Verlust von Handlungsmacht und auch vor Verletzungen.

Für den professionellen Umgang ist es hilfreich, sich bewusst zu machen, in welcher Rolle man in einen Konflikt eintritt, z. B.:

☐ Bin ich »im Ring« (als Beteiligter, als Schiedsrichter) oder »außerhalb des Rings« (als Zuschauer, als Coach)?
☐ Und wie gestalte ich diese Rolle üblicherweise?
☐ Was habe ich dazu in meinem bisherigen Leben gelernt?
☐ Halte ich Konflikte gut aus – wieviel Harmonie brauche ich?

In Anlehnung an das oben vorgestellte Professionalitätsmodell (siehe Abbildung 69) lässt sich im Folgenden beispielhaft aufzeigen, wie anhand der drei Säulen professionelles Handeln generiert wird.

Rollenverständnis des Beraters

Um eine professionelle Rolle in Konfliktberatungen einnehmen zu können, ist eine intensive und gründliche **Auftragsklärung** nötig und hilfreich. In der Beantwortung folgenden Kernfragen liegt die Möglichkeit der **Konfliktkontrolle** und **Steuerung**:

☐ Was ist das Ziel bei der Beratung des Konflikts?
☐ Wann gilt die Beratung als erfolgreich?
☐ Wer spürt welche Wirkung einer erfolgten Beratung?
☐ Was kann und soll in der Beratung nicht erfolgen?
☐ Wer sind die beteiligten Konfliktparteien und wer hat wen in den Konflikt »eingeladen«?
☐ Wer hat den Konflikt und *wen* hat der Konflikt vereinnahmt? Wer hat also Macht über das Konfliktgeschehen und wer wird bloß mitgezogen?
☐ Der Berater muss klären, ob er selbst Teil des Konfliktsystems ist (als Partei oder als Teil des Gesamtsystems, z. B. wenn es in einem Unternehmen heißt, »Die Personalabteilung ist verantwortlich für den Stellenabbau«), ob seine Rolle in der Außenperspektive liegt, ob er Unterstützung für eine der beteiligten Konfliktparteien ist oder ob er überparteilicher Vermittler im Auftrag des Konfliktes (z. B. als Mediator oder Konfliktmoderator) ist. Um wirkungsvoll intervenieren und handeln zu können, muss der eigenen Auftrag klar sein. Diese Klarheit herzustellen, ist insbesondere in der Kontaktphase der Konfliktberatung wichtig. Sie wird dem Berater jedoch auch im Verlauf der Beratung immer wieder begegnen und laufend aufs Neue zu klären und deutlich zu machen sein.

Haltung in einer Konfliktberatung – Theorien und Modelle

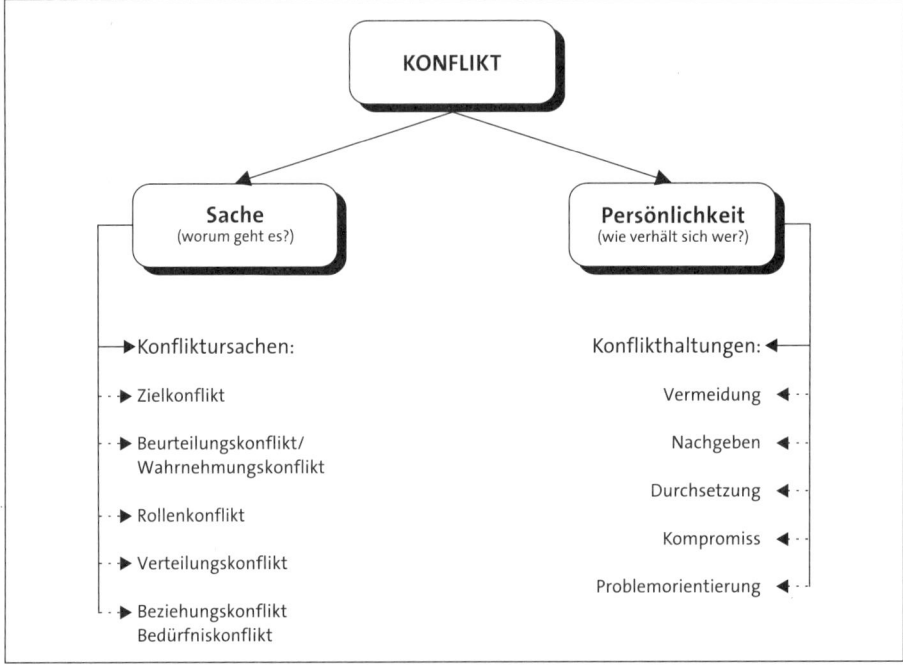

Abb. 73: Konfliktursachen und Konflikthaltung (vgl. u. a. Gehm 2006, S. 180 ff.; Mahlmann 2001, S. 105)

Konfliktursache und **Konfliktverhalten** stellen einen wichtigen Rahmen für die Diagnose als Grundlage von Intervention dar (siehe Abbildung 73). Dabei können Konfliktparteien unterschiedliche Ziele verfolgen und voneinander abweichende Bewertungen/ Beurteilungen haben.

Rollenkonflikte sind häufig innere Konflikte. Angemessenes Rollenverhalten unterliegt dem Ermessens- bzw. Verhandlungsspielraum, was eine Vielzahl von unterschiedlichen Möglichkeiten eröffnet. Ein Vorgesetzter beispielsweise ist immer Vertreter der Organisation *und* Vertreter seiner Abteilung gleichzeitig.

In **Verteilungskonflikten** wird eine Aufteilung von Ressourcen von den Beteiligten als ungerecht empfunden oder es bestehen unterschiedliche Vorstellungen über die Teilung. Typisches Beispiel dafür ist etwa das Ausschütten von Prämien. Berechtigte Fragen sind dann mitunter, ob alle den gleichen Anteil bekommen oder ob es erfolgsbedingte Staffelungen gibt, oder auch wie der Erfolg gemessen wird und ob es gerecht ist, diesen derart festzustellen.

Ein Kardinalfehler in der Konfliktbearbeitung ist, davon auszugehen, Konflikte der Beziehungsebene auf der Sachebene austragen zu können – und umgekehrt. Jede zwischenmenschliche Kommunikation hat eine Sach- und eine Beziehungsebene. **Beziehungskonflikte** sind Ausdruck der Persönlichkeit und der individuellen Biografie. Somit sind sie auch meist nur in Anerkennung der jeweiligen Einzigartigkeit des Gegenübers bzw. der Unterschiedlichkeit im Miteinander zu bearbeiten.

Eine weitere wesentliche Annahme und Grundhaltung im Umgang mit Konflikten ist, dass Konflikte nicht gelöst, sondern nur bearbeitet werden können im Sinne einer **Handhabung** der jeweiligen Situation (siehe Abbildungen 73 und 74). Konflikte werden gestaltet oder man verständigt sich über sie. Unterschiedliche Perspektiven können zugänglich gemacht werden oder aber auch nicht. So gesehen ist auch Harmonie als häufig attraktive Vision im Umgang mit Konflikten nicht viel mehr als das Aushalten der Unterschiedlichkeit, die der Konflikt zum Ausdruck bringt. Vermeidung von Konflikten ist Ausdruck einer geringen Orientierung an Zielen und Bedürfnissen beider Konfliktparteien, die lieber das Thema ganz beiseite lassen als sich auf eine Auseinandersetzung einlassen zu müssen. Als Ausdruck geringer Selbstwahrnehmung und hoher Orientierung am anderen gilt das Nachgeben in Konflikten. Wer sich in Konflikten durchsetzen will, vermittelt das genaue Gegenteil. **Kooperation** hingegen eröffnet die Möglichkeit, eine **Win-win-Situation** herzustellen, und zwar mithilfe einer sehr hohen Problem-/Zielorientierung bei gleichzeitigem Respekt sich selbst und der Konfliktpartei gegenüber. Der Kompromiss gilt als Zwischenstufe. Jeder gibt etwas nach, verliert ein bisschen und gewinnt ein wenig. Die Orientierung am Inhalt und den Personen selbst ist dabei nicht wirklich hoch.

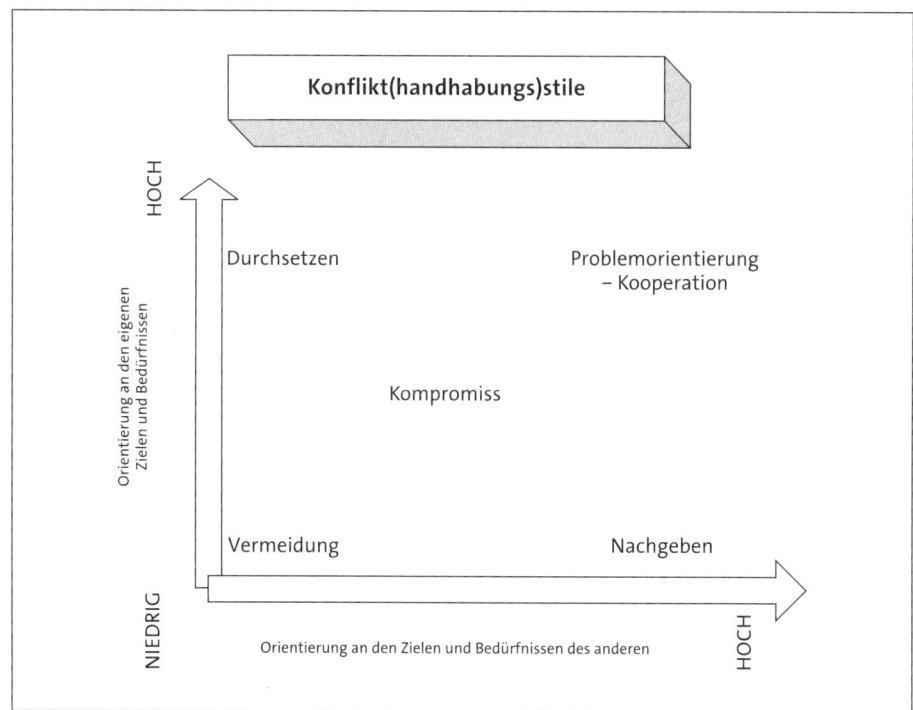

Abb. 74: Konflikthandhabungsstile (vgl. u. a. Gehm 2006, S. 180 ff.; Mahlmann 2001, S. 105)

»Ein Problem ist etwas, das von jemandem einerseits als unerwünschter und veränderungsbedürftiger Zustand angesehen wird, andererseits aber auch als prinzipiell veränderbar.« (Schlippe/Schweizer 1998, S. 103)

Konflikte und Probleme sind – wie die Aussage suggeriert – prinzipiell bearbeitbar und gestaltbar. Dennoch haben sie eine Dynamik, die unterschiedliche Entwicklungen ermöglicht. Die wohl am meisten gefürchtete Form der Konfliktentwicklung ist die **Eskalation**. Dazu bietet das Neun-Stufen-Modell einen hilfreichen Überblick (siehe Abbildung 75).

In eine entgegengesetzte Richtung als in jene der Eskalation zu blicken, ermöglicht es, Qualitäten in Konfliktmechanismen zu erkennen. Jedes Problem ist irgendwann die Lösung für etwas gewesen. Es gilt, die eröffnenden und auf positiven Konfliktumgang gerichteten Parameter im Geschehen zu verorten. Darauf ausgerichtet ist folgender Ansatz:

> »Gemäß dem Verständnis, dass Probleme in sozialen Systemen immer ein Ausdruck des ›Guten zuviel‹ sind, können wir Kultureinseitigkeiten als sich selbst entwertende Übertreibungen diagnostizieren«. (Schley 1998, S. 119 ff)

Konflikte ergeben sich dann, wenn Menschen in schwierigen Situationen jene Muster verstärken, die für sie ansonsten sehr erfolgreich sind, z. B. wird ein Zuviel an Sachlichkeit und Fachlichkeit zum »kalten Formalismus«, ein Zuviel an Herzlichkeit und Wir-Gefühl zum Harmoniezwang, in dem jeglicher Unterschied als bedrohlich empfunden wird.

Demnach ist die Frage zu stellen, was **das Gute im Schlechten** ist und von welcher Qualität hier ein Überschuss vorhanden ist. Ein sinnvoller Umgang mit einem Konflikt liegt in der Suche nach der sog. »**komplementären Stärkenergänzung**«. Dabei gilt auch: Differenz ist nicht Konflikt (etwa in Arbeitsteams), sondern notwendige Ergänzung und Synergie.

Methoden zur Intervention in Konfliktsituationen

Das Führen eines **Konfliktgespräches** ist meist der offenste Umgang mit der Situation. Dazu ist eine **Gesprächsstruktur** sehr hilfreich (siehe Abbildung 76), weil sie dem Gespräch ein Ziel und den Gesprächspartnern Orientierung gibt.

Ist eine Personalfachkraft mit der Leitung eines **Konfliktbewältigungsgespräches** in der Rolle eines nicht betroffenen **Konflikt-Moderators** betraut worden (vgl. die Rolle des Moderators oder Facilitators in Abbildung 76), sollte er folgende Regeln beachten:

- Konfliktbewältigungsgespräch nur beginnen, wenn es Aussicht auf Erfolg hat,
- schrittweise in mehreren Gesprächsterminen vorangehen,
- jeden einzelnen Gesprächstermin strukturieren,
- die eigene Meinung zurückhalten,
- versuchen, die Konfliktparteien dazu zu bringen, gemeinsam eine Lösung zu finden,
- Geduld haben.

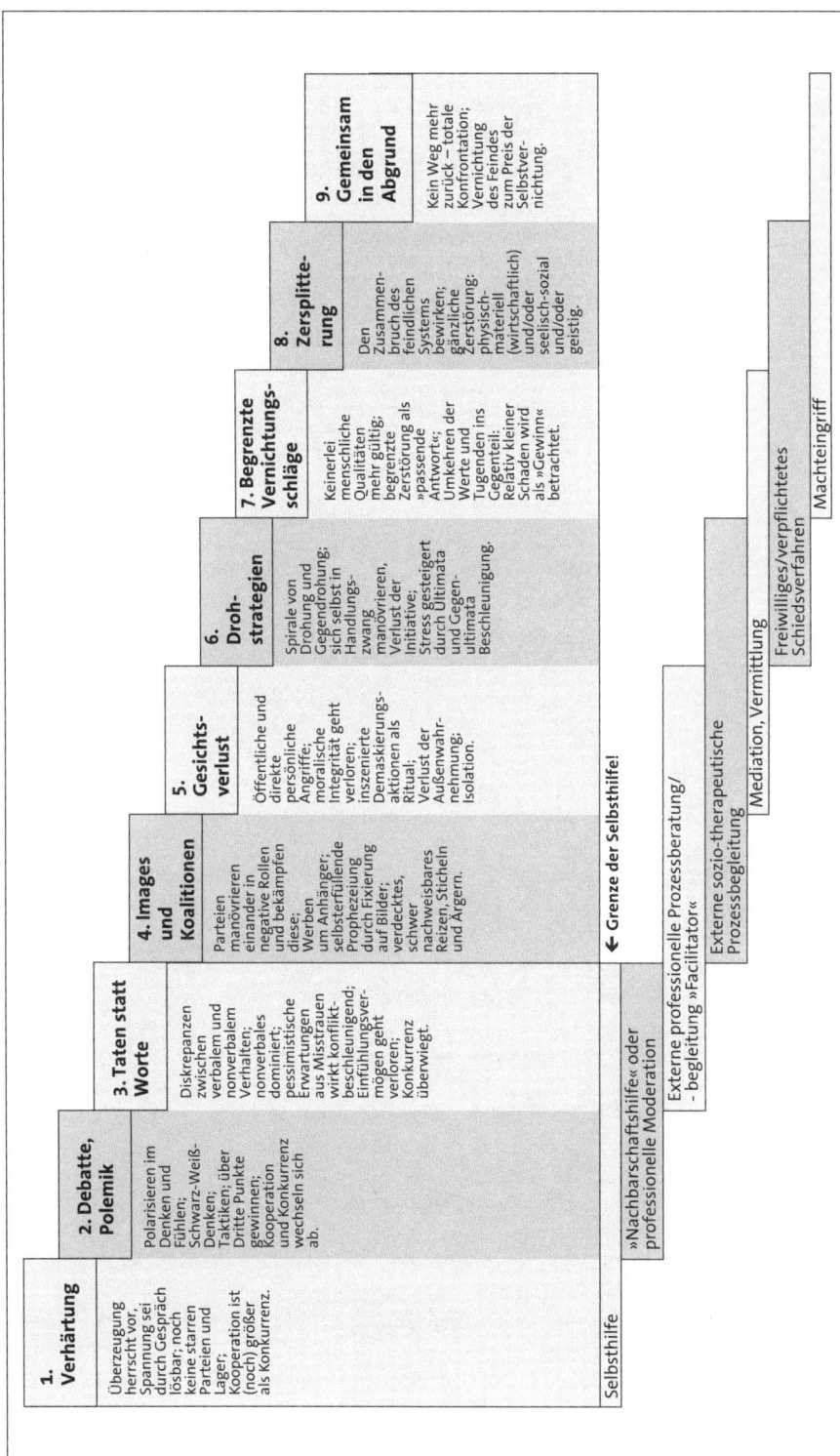

Abb. 75: Stufen der Eskalation und unterschiedliche Formen der Hilfe (Glasl 2000, S. 114 f. und S. 130)

1. Verhärtung

Überzeugung herrscht vor, Spannung sei durch Gespräch lösbar; noch keine starren Parteien und Lager; Kooperation ist (noch) größer als Konkurrenz.

2. Debatte, Polemik

Polarisieren im Denken und Fühlen; Schwarz-Weiß-Denken; Taktiken; über Dritte Punkte gewinnen; Kooperation und Konkurrenz wechseln sich ab.

3. Taten statt Worte

Diskrepanzen zwischen verbalem und nonverbalem Verhalten; nonverbales pessimistische Erwartungen aus Misstrauen wirkt konflikt-beschleunigend; Einfühlungsver-mögen geht verloren; Konkurrenz überwiegt.

4. Images und Koalitionen

Parteien manövrieren einander in negative Rollen und bekämpfen diese; Werben um Anhänger; selbsterfüllende Prophezeiung durch Fixierung auf Bilder; verdecktes, schwer nachweisbares Reizen, Sticheln und Ärgern.

5. Gesichts-verlust

Öffentliche und direkte persönliche Angriffe; moralische Integrität geht verloren; inszenierte Demaskierungs-aktionen als Ritual; Verlust der Außenwahr-nehmung; Isolation.

6. Droh-strategien

Spirale von Drohung und Gegendrohung; sich selbst in Handlungs-zwang manövrieren; Verlust der Initiative; Stress gesteigert durch Ultimata und Gegen-ultimata Beschleunigung.

7. Begrenzte Vernichtungs-schläge

Keinerlei menschliche Qualitäten mehr gültig; begrenzte Zerstörung als »passende Antwort«; Umkehren der Werte und Tugenden ins Gegenteil: Relativ kleiner Schaden wird als »Gewinn« betrachtet.

8. Zersplitte-rung

Den Zusammen-bruch des feindlichen Systems bewirken; gänzliche Zerstörung: physisch-materiell (wirtschaftlich) und/oder seelisch-sozial und/oder geistig.

9. Gemeinsam in den Abgrund

Kein Weg mehr zurück – totale Konfrontation; Vernichtung des Feindes zum Preis der Selbstver-nichtung.

Selbsthilfe

»Nachbarschaftshilfe« oder professionelle Moderation

Externe professionelle Prozessberatung/ -begleitung »Facilitator«

Externe sozio-therapeutische Prozessbegleitung

Mediation, Vermittlung

Freiwilliges/verpflichtetes Schiedsverfahren

Machteingriff

← Grenze der Selbsthilfe!

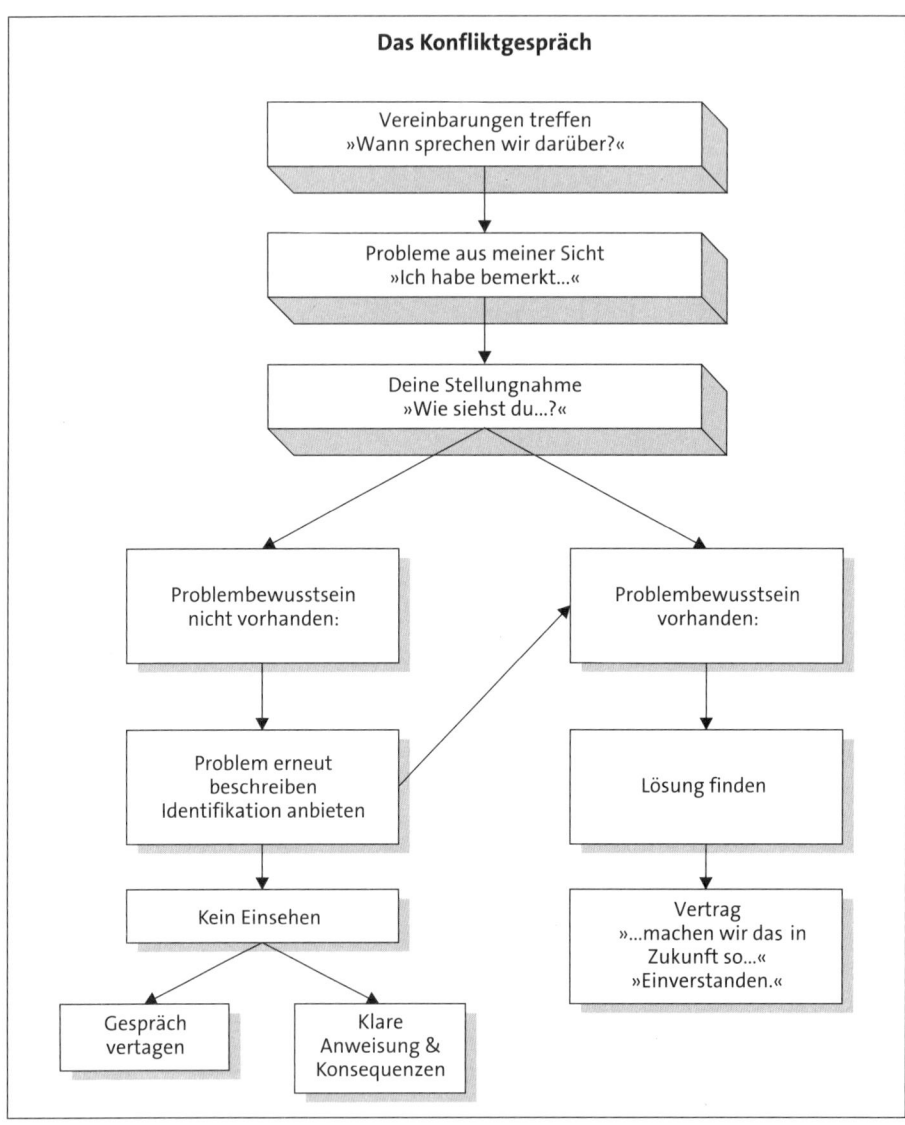

Abb. 76: Gesprächsleitfaden für das Führen eines Konfliktbewältigungsgespräches

Ähnlich lauten die Grundhaltungen in der **Mediation**:

- **Überparteilichkeit:** Der Berater unterstützt und bestärkt die Parteien. Der Berater akzeptiert und respektiert die Parteien.
- **Anerkennung:** Der Berater interessiert sich für das, was der Gesprächspartner zu sagen hat und nimmt dies ernst und wichtig.
- **Affirmation:** Der Berater schenkt den Parteien immer wieder seine Aufmerksamkeit. Die Gefühle der Parteien sind in Ordnung und erlaubt. Sie haben eine Wahl und der Berater traut ihnen eine gute Entscheidung zu.

Die Mediation ist ein Verfahren zur Vermittlung in Konflikten. Als Personalfachkraft ist es im Zuge der eigenen Rollenklärung wichtig zu entscheiden, ob man in der Lage ist, in diesem Konflikt selbst als Mediator tätig zu werden oder es besser ist, für die beteiligten Parteien eine Mediation zu veranlassen. Das Besondere an einer Konfliktbearbeitung mithilfe der Mediation ist, dass mit ihr eine konstruktive, gewaltfreie Konfliktklärung angestrebt wird. Basis eines derartigen Verfahrens ist es stets, die Grundbedürfnisse der Beteiligten nach Schutz, Sicherheit, Verständnis aber auch nach Wertschätzung, Respekt und Autonomie zu gewährleisten. Damit bietet die Mediation eine Alternative zur direkten Konfliktaustragung oder auch zur rein administrativen Konfliktregelung. Das Herstellen von gegenseitigem Verständnis steht dabei ganz im Vordergrund (vgl. Dulabaum 2009, S. 8).

Um dies zu erreichen startet eine Mediation klassischerweise mit einer ersten **Phase der Konfliktklärung**, die möglichst in Anwesenheit aller betroffenen Konfliktparteien stattfindet. In Anwesenheit der Konfliktparteien aber auch der Auftraggeber (etwa ein Abteilungsleiter und seine beiden streitenden Mitarbeiter) wird der Rahmen der Mediation gemeinsam gesetzt. Dabei wird das Verfahren nachvollziehbar erläutert, Vereinbarungen (Vertraulichkeit, Gesprächsregeln) werden getroffen und Klarheit über die Verantwortlichkeiten (Mediator übernimmt Prozessverantwortung – inhaltliche Verantwortung sowie die Selbstvertretung der eigenen Bedürfnisse bleibt strikt bei den Konfliktparteien) wird erzielt. Wenn dieser Rahmen von allen als eine gute Arbeitsgrundlage akzeptiert ist, wird dem Konflikt in einer **Klärungsphase** auf den Grund gegangen. Dies geschieht etwa durch Einzelinterviews, durch Fragebogen oder andere Methoden, die helfen, die hinter dem Konflikt stehenden Bedürfnisse der Beteiligten zu eruieren. Die Frage, welches echte, innere Bedürfnis hinter dem vordergründigen Streit steckt, ist mehr als die Frage nach der Not, Angst oder Verletzung, die es zu lindern gilt. Wenn der Kunde bei seinem inneren Bedürfnis angelangt ist, kann er ausdrücken, was er braucht. Solange er dies nicht spürt, sind seine Aussagen meist vorwurfsvoll und beinhalten viele Zuschreibungen und Schuldzuweisungen ans Gegenüber. Mediation gestaltet den Prozess von den Schuldzuweisungen hin zum Formulieren von Bedürfnissen und Bedarfen. Wenn dies gelungen ist, können die Konfliktinhalte in eine **Klärungsphase** gebracht werden. Dazu treffen die Konfliktparteien aufeinander und beginnen sich gegenseitig mitzuteilen. Dem Mediator kommt dabei oft die Rolle eines Übersetzers zu, der immer wieder darauf achtet, dass beide vom Selben sprechen. Hier geht es viel um aktives Zuhören (siehe Kapitel 1.6.5) und Rekapitulieren. Wenn sich bereits an dieser Stelle gegenseitiges Verständnis einstellt, kann die **gemeinsame Suche nach Lösungen** begonnen werden. Die abschließende Phase der **Maßnahmensicherung** beinhaltet die Verhandlungen darüber, wie die getroffenen Vereinbarungen in der Praxis umgesetzt werden. Spätestens zu diesem Prozessabschnitt gilt es, den Auftraggeber wieder ins Boot zu holen. Denn am Ende der Mediation stellt die gute Integration der vereinbarten Maßnahmen in den Arbeitsalltag die letzte Möglichkeit einer nachhaltigen Intervention durch den Mediator dar. Diese sichert die Stabilisierung der Lösungsansätze.

1.6.5 Gesprächsführungstechnik – Aktives Zuhören

Aktives Zuhören ist eine Gesprächsform, die es erlaubt, von der Ebene eines oberflächlichen und manchmal unverbindlichen Gespräches an die wichtige Information des Gesprächspartners und an dessen Gedanken heranzukommen. Aktives Zuhören stellt die höchste und schwierigste Qualität des Zuhörens dar. Sie erbringt aber den größten Gewinn an Informationen, an Verständnis und an Ergebnissen. Präzise Kommunikation ist beim aktiven Zuhören wahrscheinlicher als bei jeder anderen Form des Zuhörens. Durch aktives Zuhören werden sowohl Sprecher als auch Zuhörer im Gespräch aktiviert. Der Zuhörer will umfassend verstehen, was der Sprecher sagt. Was davon angekommen und tatsächlich verstanden wird, wird wiederum ins Gespräch eingebracht, sodass Sprecher und Zuhörer durch die erfolgte Rückmeldung abgleichen können, ob das Gesagte im Sinne des Sprechers richtig verstanden wurde.

Folgende Hinweise sollten bei der Gesprächsführung beachtet werden (siehe Abbildung 77):

Gesprächsführungstechnik: Aktives Zuhören

☐ Für angenehme Rahmenbedingungen im Gespräch sorgen
☐ Störungen ausschalten
☐ Genügend Zeit zur Verfügung stellen
☐ Strukturiert vorgehen, damit Raum und Sicherheit für ein persönliches und intensives Gespräch gegeben sind
☐ Den Gesprächspartner ausreden lassen, nicht unterbrechen
☐ Rückfragen zu den Informationen des Gesprächspartners stellen
☐ Offene Fragen stellen
☐ Möglichst keine Wertungen zu den Ausführungen des Gesprächspartners abgeben
☐ Aufmerksamkeit und Interesse auch auf der außersprachlichen Ebene zeigen (durch Blickkontakt, Kopfnicken, eine offene und zugewandte Körperhaltung)
☐ Rekapitulieren
☐ Türöffner verwenden
☐ Vor allem aber: Pausen aushalten, damit der Gesprächspartner Zeit hat, seine Gedanken offenzulegen

---

Abb. 77: Checkliste zur Gesprächsführungstechnik: Aktives Zuhören

1.6.6 Feedbacktechnik

In den vorangegangenen Ausführungen ist bereits häufiger darauf hingewiesen worden, dass es in der Beratungs- und Kommunikationssituation nicht nur wichtig, sondern höchst effektiv und sinnvoll ist, Rückmeldungen zu geben und zu erhalten. Diesen kommunikativen Rückkoppelungsprozess bezeichnet man als **Feedback**. Der ursprünglich aus der Kybernetik stammende Begriff bedeutet so viel wie »Rückfütterung von Information«. Rückmeldung oder Feedback zu geben, heißt vor allem, Lernchancen zu bieten. Gelernt wird am Erfolg (Stärken stärken) und auch an Kritik (Schwächen schwächen). Das Ziel sollte es sein, eine Rückmeldung so zu geben, dass die Gesprächspartner darin Lösungsmöglichkeiten und Handlungsspielräume sehen, wie sie ihre berufliche (und persönliche) Entwicklung positiv verstärken können (Was kann ich tun?).

Im Zusammenhang mit Rückmeldungsprozessen hat das Vier-Felder-Schema von Joe Luft und Harry Ingham (Luft 1986) unter der Bezeichnung des **Johari-Fensters** große Verbreitung erlangt (siehe Abbildung 78). Es unterscheidet vier Verhaltensbereiche von Personen und Interaktion:

- **Öffentliche Person – Bereich des gemeinsamen Wissens**
  Hier kennt der Mensch sich selbst und ist für die anderen transparent.

- **Privatperson – Bereich der Zurückhaltung**
  Manche Aspekte seines Selbst, die der Mensch recht gut kennt, macht er anderen nicht ohne weiteres zugänglich.
  Durch Selbstmitteilung wird dieser Bereich aber sichtbar.

- **Blinder Fleck**
  Weitere Aspekte der Person werden von anderen Menschen deutlich gesehen, während es dem Menschen selbst an Selbsteinsicht fehlt.
  Hier ist Feedback oft eine gute Hilfe.

- **Unbekanntes – Bereich des Unbewussten**
  Weder der Betreffende selbst noch andere Menschen haben hier einen unmittelbaren Zugang. Jedoch lehrt die Erfahrung, dass Selbstbeschäftigung und Begegnung auch in diesem Bereich vieles in Bewegung bringen kann.

Johari-Fenster:

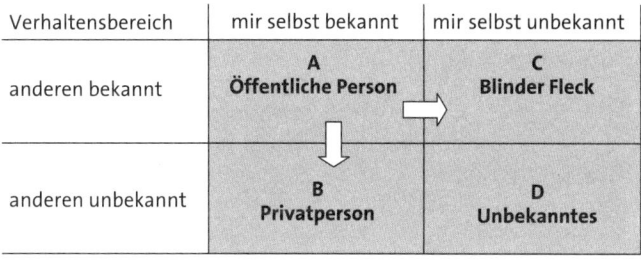

Verhaltensbereich	mir selbst bekannt	mir selbst unbekannt
anderen bekannt	**A** **Öffentliche Person**	**C** **Blinder Fleck**
anderen unbekannt	**B** **Privatperson**	**D** **Unbekanntes**

Abb. 78: Verhaltensbereiche von Personen und Interaktionen (Johari-Fenster)

Im Beruf Feedback zu geben, vergrößert die Chancen wechselseitigen Verstehens ungemein. Insbesondere in der Personalführung und Personalentwicklung eröffnet dies sehr förderliche Möglichkeiten. Wenn eine Führungskraft laufend ihre Wahrnehmungen bezüglich der Leistungen und des Arbeitsverhaltens eines Mitarbeiters in dieser konstruktiven Form zurückmeldet, befinden sich Geführter und Führer in einem laufenden Entwicklungsdialog, aus dem viel Neues entstehen kann.

Regeln der Feedbacktechnik

Für das Geben und Erhalten von Feedback gelten einige Regeln, die sicherstellen sollen, dass das Feedback Aussicht auf Erfolg hat. Durch das Einhalten dieser Regeln werden Menschen ermutigt, Feedbackprozesse in ihr eigenes Kommunikationsverhalten aufzunehmen und damit eine wichtige Quelle des Lernens auch im Alltag zu erschließen.

- Feedback sollte das Geschehen und die eigene Reaktion darauf beschreiben und dabei Verurteilungen oder Anklagen vermeiden.
- Feedback sollte sich auf konkrete Geschehnisse beziehen und Verallgemeinerungen vermeiden.
- Feedback ist nur sinnvoll, wenn es sich auf Verhaltensweisen bezieht, die der andere verändern kann.
- Feedback ist keine Aufforderung zur Selbstkritik.
- Die Entscheidung, Feedback zu geben oder nicht, bezieht auch die Bedürfnisse und den Zustand des Empfängers mit ein.
- Auch die Menge der Information, die mit dem Feedback verbunden ist, muss angemessen sein. Weniger ist eher mehr.
- Ein Feedback ist kein Gang durch die Ahnengalerie. Es soll möglichst bald nach dem aktuellen Geschehen erfolgen und sich darauf konzentrieren und nicht noch alle früheren Vorfälle hineinpacken.
- Feedback bezieht sich auf Handlungen des anderen und nicht auf seine persönlichen Eigenschaften. Der Feedback-Geber kann jemandem mitteilen, dass er viel geredet hat. Er soll ihm nicht sagen: Du bist ein Vielredner.
- Feedback bezieht sich auf hilfreiche Verhaltensweisen ebenso wie auf störende. Es ist oft leichter und schneller realisierbar, hilfreiche Verhaltensweisen bei sich selbst zu verstärken, als störende abzubauen.

(Langmaack/Braune-Krickau 2000, S. 171 f)

WWW-Feedback

Eine andere, sehr praktikable Feedback-Regel ist das sog. **WWW-Feedback**, das eine einfache Sprachhilfe für das schnelle Formulieren von Rückmeldungen im Arbeitsalltag bietet:

- **W**ahrnehmung – Was nehme ich an Dir wahr, welches Verhalten habe ich beobachtet?
- **W**irkung – welche Wirkung erzeugt dieses Dein Verhalten bei mir?
- **W**unsch – welche Veränderungsmöglichkeiten sehe ich bzw. wünsche ich mir?

Abschließend sei bemerkt, dass jeder Beratungsprozess, jedes Gespräch – all die hier beschriebenen Prozesse – dadurch gekennzeichnet sind, dass sie einer mehr oder weniger klaren Struktur folgen: sie haben einen Beginn (Einstieg, Auftragsklärung, Anliegenklärung), eine Art Hauptteil (Diagnose und Intervention in der Beratung, Argumentations- und Informationsphase im Gespräch) und sie brauchen ein klares und definiertes Ende (in der Beratung Maßnahmenplanung und Ausblick – im Gespräch Beschluss – und Abschlussphase). In allen Kontexten jedoch gehört zu einem *guten* Ende eine Art Rückblick, Zusammenfassung und Evaluation.

Quellen

Bachmair, S./Faber, J./Henning, C./Kolb, R./Willig, W.: Beraten will gelernt sein, 9. Aufl., Weinheim/Basel 2008.

Dulabaum, N.: Mediation: Das ABC – Die Kunst, in Konflikten erfolgreich zu vermitteln, 5. Aufl., Weinheim/Basel 2009.

Fengler, J.: Feedback geben – Strategien und Übungen, 3. Aufl., Weinheim/Basel 2004.

Gehm, T.: Kommunikation im Beruf: Hintergründe, Hilfen, Strategien, 4. Aufl.,. Weinheim/Basel 2006.

Glasl, F.: Selbsthilfe in Konflikten – Konzepte, Übungen, praktische Methoden, Bern 2000.

Gütl, B.: Lernen – eine individuelle Entdeckungsreise. Lernen unter den Bedingungen einer modernen Welt – Schlussfolgerungen für die Konzeptentwicklung und die Formulierung von Zielsetzungen für Lernveranstaltungen sowie Anregungen für deren Reflexion und begleitendes Verstehen, Dissertation, Innsbruck 2000.

Innerhofer, C./Innerhofer, P./Lang, E.: Das Beratungsgespräch, in: Geissler, K. A./Landsberg, G. v./Reinartz, M. (Hrsg.): Handbuch für Personalentwicklung und Training – 62. Ergänzungslieferung, Oktober 2000, Köln 2000, S. 1–12.

Kahnemann, D.: Schnelles Denken, langsames Denken, 18. Aufl., München 2012.

Langmaak, B./Braune-Krickau, M.: Wie die Gruppe laufen lernt, Weinheim/Basel 2000.

Luft, J.: Einführung in die Gruppendynamik, Stuttgart 1986.

Mahlmann, R.: Konflikte managen – psychologische Grundlagen, Modelle und Fallstudien, Weinheim/Basel 2001.

Mentzel, W./Grotzfeld, S./Dürr, C.: Mitarbeitergespräche. Mitarbeiter motivieren, richtig beurteilen und effektiv einsetzen, 4. Aufl., Freiburg, 2003.

Mutzeck, W.: Kooperative Beratung, Weinheim 1999.

Neuberger, O.: Das Mitarbeitergespräch. Praktische Grundlagen für erfolgreiche Führungsarbeit, 5. Aufl., Leonberg 2001.

Orthey, F.M.: Systemisch führen. Grundlagen, Methoden, Werkzeuge, Stuttgart 2013.

Reddy, M.: Mitarbeiter beraten – Kollegiale Hilfe zur Selbsthilfe, Weinheim/Basel 1997.

Schley, W.: Teamkooperation und Teamentwicklung in der Schule, in: Altrichter, H./Schley, W./Schratz, M. (Hrsg): Handbuch zur Schulentwicklung, Innsbruck 1998, S. 111–159.

Schlippe v., A./Schweizer, J.: Lehrbuch der systemischen Therapie und Beratung, Göttingen 1998.

Schwarzer, C./Posse, N.: Beratung, in: Weidenmann, B./Krapp, A. (Hrsg.): Pädagogische Psychologie, Weinheim/Basel 2001.

Seliger, R.: Systemische Beratung – Ausbildung am Institut Simon, Weber & Friends, Ausbildungsunterlagen. Heidelberg 2002.

Sutrich, O./Endres, E. (Hrsg): Entscheiden oder Driften, Profile (Schwerpunktheft), (16) 2008, S. 1–152.

Titscher, S.: Professionelle Beratung – Was beide Seiten vorher wissen sollten, 2. Aufl., Bielefeld 2001.

1.7 Präsentations- und Moderationstechniken einsetzen

1.7.1 Moderationsmethode als Teamarbeit

Die Moderationsmethode ist kein Allheilmittel, mit der sich Gruppen zur effektiven, zufriedenstellenden und zielgerichteten Zusammenarbeit verführen lassen. Dieser Hinweis ist wichtig, weil gelegentlich Führungskräfte in der Wirtschaft durch Moderation den täglichen Besprechungsfrust oder ungenügende Ergebnisse von Teamarbeit (»Viele gehen hinein und nichts kommt heraus«) beseitigen möchten. Also ertönt der Ruf nach dem Moderator. Kommt dann die Moderationsmethode wirklich zum Einsatz, geschieht das leider oft unter ungünstigen Bedingungen: hoher Zeitdruck, wenig Spielraum für die Gruppe, etwas Neues zu erarbeiten etc. Das Ergebnis ist Frust bei den Teilnehmern und eine in manchen Unternehmen zu beobachtende Antihaltung gegenüber dem »lustigen Kartenschreiben« und gegen das »bunte Punktekleben«.

Die Moderation ist zwar kein Allheilmittel. Sie ist jedoch eine hervorragende Methode, mit der Arbeitsgruppen dabei unterstützt werden können, ein Thema, ein Problem oder eine Aufgabe

- auf die Inhalte konzentriert, zielgerichtet und effizient,
- eigenverantwortlich,
- im Umgang miteinander zufriedenstellend und möglichst störungsfrei sowie
- orientiert an der Umsetzung in die Praxis zu bearbeiten.

Grundsätze der Moderation – Denken im Dialog

Die »Erfinder« der Moderationsmethode in den 60er- und 70er-Jahren in Deutschland, z.B. Eberhard Schnelle, Karin Klebert oder Einhard Schrader, hatten eine an den Strömungen der damaligen Zeit orientierte Vision. Es ging ihnen darum, Gruppenmitglieder zu befähigen und zu ermutigen, ihren eigenen Willen zu artikulieren und ihr eigenes Wissen sowie ihre eigenen Interessen in Entscheidungsprozesse einzubringen. Ihre Erfahrung war, dass Gruppen, die geschoben und gezogen, im schlimmsten Fall sogar durch einen Leiter manipuliert werden, vielfältige Widerstände sowohl beim Bearbeiten inhaltlicher Fragestellungen als auch bei der Umsetzung von Maßnahmen in die Praxis entwickeln. Die Lösung aus der Sicht dieser Moderationsbegründer lautet: Der Leiter gibt seine Macht- und Allwissenheitsrolle auf und bietet sich als methoden- und verfahrenskompetenter Begleiter für den Arbeitsprozess an, dessen Ziele und Inhalte die Gruppe grundsätzlich selbst verantwortet.

Für diesen Ansatz wurden Regeln aufgestellt, Abläufe für Teamsitzungen erprobt und Arbeitsverfahren entwickelt, die zusammen den Kern der Moderationsmethode ausmachen. Eine von einem Moderator professionell durchgeführte Arbeitssitzung kann erreichen, wovon viele, die mit Gruppen arbeiten, nur träumen:

- Die Kompetenz, das Wissen und die Kreativität möglichst aller Teilnehmer der Arbeitssitzung werden genutzt. Allen Gruppenmitgliedern wird die aktive Teilnahme ermöglicht. Um dies zu erreichen, werden Arbeitsverfahren eingesetzt, die alle Teilnehmer mit ihren subjektiven Voraussetzungen gleichermaßen aktivieren und einen lebendigen Arbeitsprozess ermöglichen.

- Der moderierte Arbeitsprozess lässt ein hierarchiefreies Klima entstehen. Die Teilnehmer arbeiten gerne mit; die Wahrscheinlichkeit, dass sie mit Verlauf und Ergebnis zufrieden sind, steigt. Die Rolle des Moderators und die Regeln der Moderationsverfahren sind darauf ausgerichtet, in der Gruppe niemanden zu bevorzugen oder zu benachteiligen. Alle erhalten grundsätzlich die gleichen Möglichkeiten zur Teilnahme am Arbeitsprozess.
- Störungen und Konfliktsituationen während der Arbeitsprozesse werden versachlicht, um die volle inhaltliche Leistungsfähigkeit der Gruppe zu erhalten oder wiederherzustellen. Der Moderator wird der Gruppe also Störungen und Konflikte, die das aktuelle Arbeiten am Thema beeinträchtigen, mitteilen. Er wird versuchen, diese Störungen aus der Sitzung herauszunehmen, z. B. indem er diese Themen auf einem »Fragenspeicher« aufschreibt und nach der Sitzung diskutiert. Dann kann die Gruppe überlegen, wie sie mit diesen Themen weiter umgehen möchte. Der Moderator ist nicht automatisch verantwortlich für die Bearbeitung sämtlicher Störungen, die in einer Arbeitssitzung auftreten können. Er stellt sicher, dass die inhaltliche Aufgabe im Vordergrund steht und deren Bearbeitung möglichst nicht durch unterschwellige Konflikte beeinträchtigt wird.
- Die erarbeiteten Ergebnisse einer moderierten Sitzung finden bei den Teilnehmern hohe Akzeptanz. Dadurch steigt ihre Realisierungs- und Umsetzungschance nach Beendigung des Arbeitsprozesses. In einem moderierten Arbeitsprozess sind alle Teilnehmer aktiv beteiligt und gemeinsam für das inhaltliche Ergebnis verantwortlich. Ein solches Gesamtergebnis wird im Idealfall von allen Gruppenmitgliedern gleichermaßen getragen. Der Moderator unterstützt deshalb ein konsensorientiertes Vorgehen schon während des Arbeitsprozesses.

Rolle und Kompetenzen des Moderators

Eine erfolgreiche Moderation ruht auf zwei Pfeilern: Das ist zum einen die Gruppe, die als »Souverän« des gesamten Arbeitsprozesses inhaltlich verantwortlich an einem Thema arbeiten will; die zweite Säule bildet der Moderator selbst, der die Gruppe unterstützt. Er wird nur dann erfolgreich arbeiten, wenn er von der nicht leitenden und nicht bevormundenden Moderationsphilosophie überzeugt ist und dies auch in seinem Moderationsverhalten zum Ausdruck bringt.

Die wichtigsten **Verhaltensregeln für einen Moderator** lassen sich wie folgt zusammenfassen:

- Er stellt seine eigenen Ziele, Wertungen und Meinungen zurück. Er bewertet weder Meinungsäußerungen noch Verhaltensweisen. Es gibt für ihn inhaltlich kein »richtig« oder »falsch«. Er konkurriert nicht mit den Teilnehmern um Sachfragen. Er bleibt inhaltlich unparteiisch.
- Er ist personenbezogen absolut neutral. Er nimmt alle Teilnehmer ernst, zeigt allen gegenüber die gleiche Wertschätzung, bevorzugt oder benachteiligt niemanden.
- Er nimmt eine fragende Haltung ein und keine behauptende. Durch Fragen öffnet und aktiviert er die Gruppe für den Gedankenaustausch untereinander. Er arbeitet überwiegend mit offenen W-Fragen:
  - ☐ Was denken die anderen über diese Idee?
  - ☐ Welche Vorschläge gibt es zu …?
  - ☐ Welche weiteren Anregungen darf ich aufschreiben?
    Es sind überwiegend Fragen, mit denen der Moderator den Arbeitsprozess vorantreibt.

- Er hört überwiegend zu und spricht wenig selbst. Er versucht, den Austausch und die Diskussion zwischen den Gruppenteilnehmern zu unterstützen. Aber: Nicht er steht im Mittelpunkt, sondern die Kompetenz der Teilnehmer, das Thema und das Ziel.
- Er achtet darauf, dass alle Gruppenmitglieder ihre Meinungen, Ideen und Ansichten vertreten können. Er sorgt dafür, dass auch die Ruhigen und eher Schweigsamen Gelegenheiten bekommen, am Arbeitsprozess aktiv teilzunehmen.
- Der Moderator bietet für die gesamte Arbeitssitzung eine Struktur an, nach der von der Einleitung bis zum Abschluss gearbeitet werden kann.
- Er hat ständig das Ziel der Sitzung oder einzelner Phasen im Auge und signalisiert der Gruppe Abweichungen vom Weg zur Zielerreichung.
- Er ermutigt die Gruppe, Regeln für einen fruchtbaren Umgang miteinander zu vereinbaren.
- Er versucht, der Gruppe ihr eigenes Verhalten bewusst zu machen, sodass die Mitglieder bei Störungen und Konflikten angemessen wieder zur Arbeit an der Sache zurückkehren können.
- Er wiederholt den Teilnehmern die Äußerungen, Themen und Meinungen, die in der Gruppe existieren, immer dann, wenn er dadurch den Arbeitsprozess erleichtern, transparent machen oder vorantreiben kann.
- Er visualisiert und sorgt dafür, dass die Ergebnisse transparent gemacht werden und nach der Sitzung nicht verlorengehen.

Rolle der Gruppenmitglieder

Die Teammitglieder können den Erfolg einer moderierten Arbeitssitzung positiv beeinflussen. Dazu sollten sie eine unterstützende Haltung einnehmen. Dies ist zum einen dann gegeben, wenn die Gruppenmitglieder einer moderierten Arbeitssitzung ihre inhaltliche Verantwortung für das Thema und das Erreichen des vereinbarten Zieles ernst nehmen. Sie dürfen nicht vom Moderator erwarten, dass er ihnen inhaltlich bei der Arbeit hilft. Denn inhaltlich entscheiden sie selbst über die Qualität der Ergebnisse. Ebenso müssen die Gruppenmitglieder den inhaltlichen Gedankenaustausch und das Gespräch mit den anderen Gruppenmitgliedern suchen, nicht mit dem Moderator. Besonders wichtig ist, dass die Gruppenmitglieder sich bemühen, das Ziel der Sitzung nicht aus den Augen zu verlieren. Alle Beteiligten müssen sich darüber im Klaren sein, dass sie ihre Zeit für das Erreichen eines tragfähigen und praxistauglichen Ergebnisses investieren. Dann arbeiten sie konzentriert und konstruktiv.

Die folgenden **Spielregeln** können die Zusammenarbeit unter den Gruppenmitgliedern unterstützen:

- Teilnehmer an einer moderierten Arbeitssitzung begründen jede geäußerte Meinung knapp und auf das Wesentliche reduziert. Damit ermöglichen sie, dass sachlich, differenziert und ergiebig über Standpunkte und Hintergründe diskutiert wird; die Beweggründe der Einzelnen werden transparenter.
- Fragen an andere Teilnehmer werden kurz begründet (»Ich frage aus folgendem Grund ...«). Damit vermeidet man, dass sich das Gegenüber ausgefragt fühlt, vorgeführt oder kontrolliert vorkommt oder meint, ihm sollten Fehler nachgewiesen werden.
- Teilnehmer sprechen mit »ich« statt mit »man«, wenn sie eine eigene Meinung zum Ausdruck bringen möchte. Damit kennzeichnen sie ihre Meinung eindeutig als ihre und

»zeigen Flagge«. So fällt es den anderen Gruppenmitgliedern leichter, über den Inhalt einer persönlichen Meinung – »Mir gefällt dieses Vorgehen, weil ...« – zu sprechen, statt sich mit einer generalisierenden Behauptung – »Man muss dieses Vorgehen ...« – auseinandersetzen zu müssen.

- Die persönlichen Erfahrungen des Gesprächspartners gelten als seine subjektive Perspektive (seine subjektive Wirklichkeit). Dadurch zeigt man dem anderen gegenüber seine Wertschätzung und erhält so die gleiche Wertschätzung und Aufmerksamkeit für die eigenen Erfahrungen.
- Bevor man jemandem widerspricht, wiederholt man mit eigenen Worten kurz und knapp, was verstanden wurde. Damit wird ein Aneinander vorbeireden bei kontroversen Diskussionen vermieden.
- Wenn einer anderen Meinung widersprochen wird, wird das Weiterführende an der eigenen Idee herausgestellt. Damit wird der Erkenntnisprozess vorangetrieben und vermieden, immer wieder auf alte Positionen zurückzukommen.
- Erst wenn unterschiedliche Meinungen visualisiert sind, werden sie vergleichend diskutiert. Damit wird die gleiche Ausgangslage für alle Teilnehmer hergestellt.
- Die Teilnehmer bemühen sich, jeden Redebeitrag auf ein Minimum zu beschränken. Damit wird erreicht, dass möglichst viele in der Gruppe zu Wort kommen.
- Bei Überschreitungen von Zeitvereinbarungen suchen die Teilnehmer einen angemessenen Abbruch. Damit stellen sie sicher, dass auch Vielredner eingebunden werden, andere ebenfalls zu Wort kommen und alle mit Motivation am gemeinsamen Arbeitsprozess beteiligt bleiben.
- Ergebnisse werden von den Teilnehmern konsensorientiert erarbeitet – und möglichst nicht auf der Grundlage von Mehrheitsabstimmungen. Damit wird versucht, »Winner-Loser«-Situationen zu vermeiden und »Winner-Winner«-Gelegenheiten zu schaffen.

1.7.2 Das Vorgehen in einer moderierten Sitzung

Ziel der Sitzung

Jede moderierte Arbeitssitzung braucht ein klar formuliertes, allen bekanntes und für alle nachvollziehbares und sie vielleicht sogar motivierendes Ziel. Fehlt ein solches Ziel, handelt es sich der Erfahrung nach nicht um eine Arbeitssitzung, sondern eher um eine lockere Gesprächsrunde.

In seiner Vorbereitung klärt der Moderator das Ziel für die Sitzung. Dies geschieht zusammen mit dem Sitzungsverantwortlichen oder zu Beginn der Arbeitssitzung mit der Gruppe selbst. Die Zielformulierung wird von dem Moderator schriftlich festgehalten.

Im Mittelpunkt stehen dabei Fragen wie:

☐ Was soll/will die Gruppe am Ende der Arbeitssitzung in Bezug auf das Thema der Sitzung erreicht haben?
☐ Angenommen, die Arbeitssitzung kommt zu einem für alle Anwesenden erfolgreichen Abschluss: Welcher Art soll das Ergebnis sein, damit es als Erfolg betrachtet werden kann? Sollen in der Sitzung beispielsweise Informationen, Ideen, Vorschläge gesammelt werden? Sollen bestimmte Informationen, Gedanken oder Ideen schon in einer bestimmten Form bearbeitet werden, z. B. aufbereitet, gewichtet, in einzelnen Fällen

vielleicht sogar weitergedacht und in einen Maßnahmenplan umgesetzt werden?

☐ Sollen Lösungsvorschläge zu bestehenden Problemen entwickelt werden? Oder sollen in der Sitzung sogar schon konkrete Entscheidungen gefällt werden?

Beispiel für eine Zielformulierung:

Hintergrund dieser Sitzung sind immer wieder auftretende Kommunikationsprobleme zwischen Meistern und Ingenieuren in einer Firma. Der Chef beauftragt einen externen Moderator, der das Thema mit Vertretern beider Gruppen bearbeiten soll:

- Ziel 1: Sammlung aller Probleme in der aktuellen Zusammenarbeit zwischen Meistern und Ingenieuren
- Ziel 2: Entwicklung von mindestens drei Maßnahmen, wie die Probleme in den nächsten Wochen von allen Beteiligten angegangen werden können
- Ziel 3: Vereinbaren eines konkreten und verbindlichen Maßnahmenplans für die nächsten Schritte

Ablauf der Sitzung

Bevor der Moderator den Ablauf plant, sollte er folgende Rahmenbedingungen für die Teamsitzung festgelegt oder mit der Gruppe oder dem Auftraggeber vereinbart haben:

- das Thema/die Themen der Sitzung,
- das Ziel für das jeweilige Thema (soweit das Ziel nicht von der Gruppe erst in der Sitzung formuliert werden soll),
- die Zusammensetzung der Arbeitsgruppe,
- den zeitlichen Rahmen für die Sitzung oder Sitzungen.

Bei der weiteren Feinplanung hilft eine Reihe von Fragen (siehe Abbildung 79).

Nach Beantworten aller für eine konkret vorgenommene Gruppensitzung relevanten Fragen liegt als Ergebnis ein schriftlicher Fahrplan für die Durchführung der Moderation vor. Neben den einzelnen Arbeitsschritten enthält er die geplanten Zeiten, Formulierungsvorschläge für die Arbeitsfragen, Hinweise für die Anfertigung von Visualisierungen sowie persönliche Regieanweisungen.

Fragen zur Vorbereitung der Einleitung

☐ Wie begrüße ich die Teilnehmer?

☐ Wie stelle ich Anlass und Hintergrund der Sitzung dar?

☐ Wie erläutere ich den Teilnehmern die Besonderheiten einer moderierten Sitzung und wie erkläre ich ihnen meine Rolle als Moderator (gilt vor allem bei moderationsunerfahrenen Gruppen)?

☐ Wie stelle ich das Ziel oder die einzelnen Teilziele der Sitzung dar?

☐ Wie visualisiere ich den Ablauf der gesamten Sitzung?

☐ Welche Spielregeln für den Umgang miteinander möchte ich anbieten und mit der Gruppe vereinbaren?

☐ Welche organisatorischen Fragen muss ich zu Beginn der Sitzung ansprechen, klären?

☐ Wie viel Zeit will ich mir für die einzelnen von mir ausgewählten Schritte in der Einleitung nehmen?

Fragen zur Vorbereitung des Hauptteils

☐ Welche Arbeitsschritte biete ich der Gruppe zur Bearbeitung des ersten Teilziels an?

☐ Wie lauten die konkreten Arbeitsfragen und spezifischen Ziele für die einzelnen Arbeitsschritte, die ich anbieten werde?

☐ Welche Moderationsverfahren schlage ich der Gruppe für die Bearbeitung der einzelnen Arbeitsschritte vor?

☐ Wie visualisiere ich den Ablauf, die Verfahrensregeln und die einzelnen Arbeitsfragen der verschiedenen Moderationsverfahren, damit jedes Teammitglied versteht, wie konkret vorgegangen wird?

☐ Wie organisiere ich die Ergebnissicherung einzelner Arbeitsschritte?

☐ Was benötige ich an Technik und Organisation, um die einzelnen Moderationsverfahren erfolgreich durchführen zu können?

☐ Wie viel Zeit benötigt eine Gruppe erfahrungsgemäß für die einzelnen von mir vorgesehenen Schritte?

Fragen zur Gestaltung des Abschlusses

☐ Wie gestalte ich den Aktionsplan/Maßnahmenplan für das weitere Vorgehen im Anschluss an die Sitzung?

☐ Wie gestalte ich eine Feedback-Runde über die Zufriedenheit mit der moderierten Teamsitzung?

☐ Wie gestalte ich die Verabschiedung der Gruppe?

☐ Wie viel Zeit plane ich für den gesamten Abschluss der Sitzung ein?

Abb. 79: Checkliste zur Vorbereitung einer moderierten Teamsitzung

Vorgehensvorschlag für eine Problemlösungssitzung

Für den Fall, dass es in der moderierten Sitzung um die Lösung eines Problems geht, kann nach der Einführung in die Sitzung (s.o.) folgendermaßen vorgegangen werden (siehe Abbildung 80).

Vor der Umsetzung
Fragenkomplex 1
☐ Welche Problemsymptome treten auf? ☐ Was wurde beobachtet? ☐ Wann trat das Ereignis zuerst auf? ☐ Seit wann lassen sich die Symptome beobachten? ☐ Wie haben sich die Symptome seit dem ersten Auftreten entwickelt?
Fragenkomplex 2
☐ Welche Bereiche, Abteilungen, Personen sind betroffen? ☐ Welche Auswirkungen, Schäden, nachteilige Folgen etc. lassen sich beschreiben oder in Zahlen ausdrücken?
Fragenkomplex 3
☐ Welche Bereiche, Abteilungen, Personen sind nicht betroffen und warum nicht? ☐ Was bedeutet das für die Beschreibung und Bewertung des Problems?
Fragenkomplex 4
☐ Welche Lösungsversuche gab es bereits? ☐ Mit welchem Erfolg wurden diese Versuche angewendet? ☐ Wie sah der bisherige – wenn auch nur bescheidene – Erfolg dieser Versuche aus? ☐ Was behinderte eine vollständige Lösung des Problems?
Fragenkomplex 5
☐ Wie haben andere Unternehmen, Organisationen, Bereiche, Abteilungen und Personen dieses oder ein vergleichbares Problem angegangen oder sogar gelöst?
Fragenkomplex 6
☐ Wenn das Problem bei uns vollständig gelöst wird, wie sieht dann der Idealzustand aus? ☐ Wie kann der Zustand nach der Problemlösung beschrieben werden: qualitativ in Worten und/oder quantitativ mit Zahlen?
Fragenkomplex 7
☐ Welche Lösungsvorschläge gibt es aus unserer Sicht? ☐ Welche Lösungen gibt es über eine erste Ideensammlung hinaus noch? Hier empfiehlt es sich, hartnäckig zu bleiben und sich nicht mit der ersten, besten und gefälligen Lösung zufriedenzugeben!

→

Fragenkomplex 8
☐ Nach Vorliegen verschiedener Alternativen: Nach welchen Kriterien sollen die einzelnen Alternativen analysiert, bewertet und ausgesucht werden?   ☐ Welches Gewicht sollen die einzelnen Kriterien bei der Entscheidung über Annahme oder Ablehnung der jeweiligen Lösungsvariante bekommen?
Nächste Maßnahmen
• Die unterschiedlichen Lösungsalternativen werden bewertet.   • Es wird eine Rangreihe der Lösungsalternativen aufgestellt.   • Die beste Alternative führt diese Rangreihe an.   • Die Gruppe/oder der Auftraggeber der Sitzung entscheidet sich für eine Lösung.   • Umsetzung der Lösung.
Nach der Umsetzung
Fragenkomplex 9
☐ Wie wurde die Lösungsalternative umgesetzt? Was wurde realisiert, was wurde nicht realisiert?   ☐ Was waren die beschreibbaren Folgen der Umsetzung?   ☐ Was konkret hat sich verändert? Was ist gleich geblieben?   ☐ Welche positiven Folgen (für das Unternehmen, die Abteilung, die Arbeitsgruppe, den Einzelnen etc.) hatte die Umsetzung? Welche negativen Folgen lassen sich beschreiben?   ☐ Welche neuen Probleme haben sich eventuell ergeben?   ☐ Wie muss eventuell nachgebessert werden?

Abb. 80: Checkliste zur Vor- und Nachbereitung einer moderierten Problemlösungssitzung

1.7.3 Gruppenarbeitsverfahren für moderierte Sitzungen

Sofern der Moderator ein bestimmtes Gruppenarbeitsverfahren einführen will, muss er begründen, warum ein bestimmtes Verfahren angeboten und durchgeführt werden soll. Das Ziel, der Ablauf des Verfahrens sowie die einzelnen Schritte müssen vorgestellt werden. Auch ist zu klären, welches Ergebnis am Ende erzielt werden soll. Besonders wichtig ist, dass der Moderator auch die besonderen Verfahrensregeln vorstellt, die von den Gruppenmitgliedern eingehalten werden sollten, damit das Arbeitsverfahren seine ganze Kraft ausspielen kann. Es werden Zeiten mit der Gruppe vereinbart, die konkrete Arbeitsaufgabe wird gestellt; die Arbeitsfrage wird formuliert. Der Moderator sichert das Verständnis und die Akzeptanz bei den Teilnehmern, indem er möglichst alle offenen Fragen klärt.

Wichtig: Die hier vorgestellten Verfahren werden nur kurz skizziert, um ein erstes Verständnis ihrer Leistungsmöglichkeiten im Rahmen einer moderierten Arbeitssitzung zu zeigen. In einer solchen Sitzung erarbeitet die Gruppe in möglichst intensiver Diskussion gemeinsam ein Ergebnis. Der Moderator visualisiert die einzelnen Schritte. Dies erfolgt in vielen Fällen mit Pinnwänden, Flipcharts oder am Whiteboard. Damit ist gewährleistet, dass die Ergebnisse für alle Gruppenmitglieder gut zu sehen und die Erstellung transparent und offen erfolgt. Das Ergebnis kann später fotografiert und versandt werden. Was die Verfahren zur Informationsaufbereitung angeht, also hier die Verfahren Flussdiagramm, Baumdiagramm und Matrix, so lassen sich diese auch in schier unendlichen Variationen am PC und Laptop erstellen, beispielsweise als Teil einer Präsentation.

Soll jedoch in einer moderierten Sitzung mit diesen Programmen gearbeitet werden, muss der Moderator sicherstellen, dass über einen leistungsstarken Beamer (dunkle Räume fördern das gelegentliche »Wegnicken«!) alles übersichtlich und einfach zu erfassen ist. Der Moderator muss zudem das Programm perfekt beherrschen (oder ein extra dafür eingesetzter Protokollant) und auf jeden Fall auf das achten, wofür er da ist: Er begleitet einen Gruppenarbeitsprozess, in dem möglichst alle Teilnehmer in einer angemessenen Zeit, eigenverantwortlich und im Umgang miteinander zufriedenstellend ein an der Umsetzung in die Praxis orientiertes Ergebnis erarbeiten. Die elektronischen Möglichkeiten dienen lediglich zur Unterstützung bei der Visualisierung und Weiterverarbeitung der Ergebnisse. Weiterführende Informationen zu **Präsentationsmedien** finden sich im zugehörigen Arbeits- und Übungsbuch.

Im weiteren Verlauf des Kapitels werden folgende Verfahren vorgestellt:

- Arbeitstechniken zum **Suchen von Lösungen**, im Einzelnen
  - Karten-Antwort-Verfahren/Gruppenbildung,
  - Brainstorming,
  - imaginäres Brainstorming,
  - der morphologische Kasten,
  - die progressive Abstraktion;
- Arbeitstechniken zum **Aufbereiten von Informationen**, und zwar
  - Flussdiagramm zum Aufbereiten von Informationen,
  - Baumdiagramm zum Aufbereiten von Informationen,
  - Matrixdiagramm/Portfolio zum Aufbereiten von Informationen;
- **Weitere Arbeitstechniken**, das sind
  - Prognosetechniken – Szenarioanalyse,
  - Gewichtungsverfahren zur Bewertung von Informationen,
  - Paretodiagramm.

Karten-Antwort-Verfahren/Gruppenbildung (»Clustern«)

Das Karten-Antwort-Verfahren eignet sich für ein anonymisiertes Sammeln und gemeinschaftliches Sortieren von Themen, Meinungen, Haltungen, Erwartungen, Ideen, Vorschlägen und Lösungsansätzen.

Vorgehensweise

- Der Moderator stellt eine Arbeitsfrage.
- Die Teilnehmer erhalten Zeit, um ihre Antworten auf Karten zu schreiben.
- Der Moderator sammelt die Karten ein und liest sie kommentarlos vor.
- Die Teilnehmer entscheiden, welche Karten zusammengehören. (Dies geschieht über Assoziationen.) Der Moderator fügt sie zu Gruppen/»Clustern« zusammen. Alternative: Einige aus der Gruppe stehen an der Pinnwand und fassen in einem ersten Schritt gemeinsam die Karten zu Gruppen zusammen. Strittige Zuordnungen werden mit dem Moderator und allen Anwesenden im Plenum geklärt.
- Die gebildeten Cluster werden eingerahmt und mit Überschriften versehen, die das Gemeinsame der Beiträge widerspiegeln.

- Anschließend kann mit den Kartengruppen weitergearbeitet werden, z. B. können sie gewichtet oder zu Arbeitsaufgaben umformuliert werden, die dann in Kleingruppen thematisiert werden.

Beim **Karten-Antwort-Verfahren** ist besonders zu beachten:

- Die Arbeitsfrage muss auf das Ziel des Arbeitsschrittes ausgerichtet sein. Sie muss eindeutig, für alle verständlich und so präzise wie möglich formuliert werden.
- Die Anonymität der Kartenschreiber sollte nur freiwillig von diesen selbst aufgehoben werden.
- Auf jeder Karte sollte nur eine Idee/ein Vorschlag stehen, damit die Karten zu Gruppen sortiert werden können.
- Es sollte möglichst »selbst-verständlich« formuliert werden (Hauptwort mit Verb oder knappe Sätze).
- Es sollte leserlich geschrieben werden.

Bei der **Gruppenbildung/beim Clustern** ist besonders zu beachten:

- Dem Sinn nach ähnliche Karten werden zusammengehängt.
- Karten können gedoppelt/kopiert werden.
- Karten können eine Zeitlang »geparkt« werden, bis mehr Klarheit über eine Zuordnung besteht.
- Umordnen der Karten ist möglich.
- Zuordnungsvorschläge sollten von den Teilnehmern begründet werden.
- Unklare Karten sollten durch die Gruppe erklärt werden (oder durch den Kartenschreiber, wenn dieser dazu bereit ist).
- Die Zuordnung ist im Konsens zu treffen.
- Keine Karte wegwerfen. Auch ähnlich formulierte Karten verwenden (zusammengesteckt), sie können auf inhaltliche Schwerpunkte hinweisen. Außerdem ist es ein Zeichen von Wertschätzung den Gruppenteilnehmern gegenüber, dass jede Karte gleich behandelt wird.
- Aus der Anonymität heraustreten und zu ihren eigenen Karten Stellung beziehen sollten Kartenschreiber – wenn überhaupt – nur freiwillig. Das Karten-Antwort-Verfahren gestattet es ausdrücklich, dass Kartenschreiber anonym bleiben können.

Brainstorming

Das Brainstorming – wohl die bekannteste klassische Kreativitätstechnik – bildet einen besonderen, durch spezifische Regeln gekennzeichneten Rahmen, um das kreative Potenzial aller Teilnehmer bei der Suche nach Problemlösungen zu aktivieren. Es fördert meist eine sehr große Zahl im freien Assoziationsprozess gefundener Lösungen, Anregungen und Ideen. Das Gesamtergebnis enthält erfahrungsgemäß eine Reihe von verwertbaren Ansätzen, über die weiter nachgedacht und die bearbeitet werden müssen.

Vorgehensweise

- Der Moderator nennt das als Frage formulierte und visualisierte Problem oder unterstützt die Gruppe bei der Formulierung der Frage.

- Der Moderator erläutert Hintergründe und die besondere Zielsetzung des Verfahrens und stellt die vier zentralen Regeln vor:
  1) Masse geht vor Klasse.
  2) Keine Kritik oder Bewertung der Beiträge
  3) Kein Copyright – alle Ergebnisse gehören der Gruppe, nicht einem Einzelnen
  4) Jede Assoziation sollte genannt werden, »Spinnen« ist ausdrücklich erlaubt.
- Für den »Ideen-Sturm« kann ein Zeitrahmen vereinbart werden. Erfahrungsgemäß dauert die Sammlung zwischen zehn und zwanzig Minuten. Wichtig ist hier die Sensibilität des Moderators: Die erste »Ideenflaute« sollte noch überbrückt werden, spätestens bei der dritten sollte die Runde beendet werden.
- Der Moderator achtet darauf, dass die Regeln strikt eingehalten werden.

Bei Gruppenarbeiten wird häufig jede Form einer Ideensammlung gleich als Brainstorming bezeichnet. Die besondere Leistung dieser Methode – kreative Ideengenerierung – wird jedoch nur erreicht, wenn alle oben genannten Regeln auch eingehalten werden. Das gilt besonders für den Freiraum, in dem jede Art von Phantasieren erlaubt ist, und für das Verbot jeglicher Kritik während der Sammlung.

Nach Beendigung der Sammlungsphase geht es darum, die große Masse an Ideen oder Vorschlägen weiter zu bearbeiten. Dies kann beispielsweise durch Gruppenbildung, Bewertung und Aussortieren einzelner Ideen oder durch Umformulieren erfolgen. Der Moderator muss auch beim Einsatz eines Brainstormings exakt überlegen, welche Schritte er der Gruppe für die weitere Arbeit anbietet.

Weitere Verfahren

Zusätzlich zu den hier vorgestellten Verfahren zum Finden von Ideen oder Problemlösungen werden in der Praxis mehr oder weniger intensiv weitere Verfahren aus dem Bereich der Kreativitätstechnik und der Moderation angewendet. Hier eine kurze Auswahl:

• Das imaginäre Brainstorming

Ein Problem – z. B. »Wie können wir den Umsatzeinbruch beim Verkauf der Datenbank Pandorra auffangen?« – wird auf fast schon skurrile Weise umformuliert und in eine andere Lebenswelt übertragen: etwa in »Wie könnte Harry Potter das Schulsystem von Hogwarts für Nicht-Zauberkinder attraktiv machen?« (Bedingung hier ist natürlich, dass alle Harry Potter kennen). Für dieses »neue« Problem werden dann spielerisch möglichst viele Lösungen gesucht. Diese werden dann in das eigentliche Ausgangsproblem zurückübersetzt und auf ihre praktische Nutzbarkeit überprüft.

• Der morphologische Kasten

Ein Problem wird in abgegrenzte Teilaspekte/Parameter zerlegt. Die Parameter, die sich möglichst nicht wechselseitig bedingen sollen, kommen in die linke Spalte der Matrix (siehe Abbildung 81). In die Kopfzeile werden die Parameterausprägungen eingetragen. Die Felder der Matrix bilden dann Handlungsalternativen, die beliebig miteinander verbunden, denkbare und mehr oder weniger Erfolg versprechende Lösungswege darstellen können.

Beispiel: »Wie können wir den Verkauf der Datenbank Pandorra steigern?«

Parameter	Parameterausprägung				
In den nächsten Wochen ausschließlich am aktiven Verkauf Beteiligte	Projektleitung	Praktikanten		externe Verkaufshilfen	
Verkaufsmaßnahmen	Telefonaktion	Mailing	Artikel in Zeitungen	Anzeige	Messebesuch
Weiterer Parameter	Parameterausprägungen				
Weiterer Parameter	Parameterausprägungen				

Abb. 81: Morphologischer Kasten – Beispielmatrix

• Die progressive Abstraktion

Es geht bei dieser Methode um eine umfassende und systematische Problemerkennung. Dazu werden zu einem formulierten und visualisierten Problem im ersten Schritt Lösungen gesammelt. Diese werden anschließend kritisiert. Im nächsten Schritt wird ausgehend von den Erkenntnissen der Diskussion versucht, das Problem eine Ebene abstrakter zu formulieren: »Worum geht es uns bei dem Problem wirklich? Geht es denn über den reinen Verkauf der Datenbank Pandorra hinaus nicht in erster Linie um ...?« Auch zu diesem neuen Problem werden Lösungen formuliert, die wieder kritisiert werden und an die sich wieder eine Neuformulierung des Problems auf einer noch abstrakteren Ebene anschließt. Das Ende ist erreicht, wenn eine Problemformulierung außerhalb des Einflussbereiches der Gruppe, der Abteilung oder des Auftraggebers der Sitzung liegt.

Das Flussdiagramm zum Aufbereiten von Informationen

Mithilfe eines Flussdiagramms kann die Arbeitsgruppe in der moderierten Sitzung den Ablauf oder die Reihenfolge von Ereignissen als Prozess darstellen. Derartige Prozessabbildungen können vielfältig eingesetzt werden, vom Ablauf einer Beschwerdebearbeitung bis zum Materialfluss bei der Herstellung komplexer Produkte. Die so visualisierte Darstellung eines Prozesses kann z. B. Problembereiche offenlegen, überflüssige Arbeitsschritte aufzeigen oder den Ist-Zustand mit einem Idealprozess abgleichen.

Vorgehensweise

- Grenzen des abzubildenden Prozesses bestimmen: Wo startet der Prozess und wo soll die Beobachtung enden?
- Detaillierungsgrad der Darstellung festlegen: Soll jeder Handgriff abgebildet werden oder soll in einem ersten Schritt ein Übersichts-Diagramm abgebildet werden, von dem aus dann weiter in die Tiefe gearbeitet werden kann?
- Sammeln der Prozessschritte und Abbildung auf einer oder mehreren Pinwänden; die Abbildung sollte mit Karten (Metaplankarten, Karteikarten) erfolgen, deren Position immer wieder verändert werden kann.

- Zeichnen des Flussdiagramms mit gebräuchlichen Symbolen: Das Oval steht für Material, Information, Handlung (Input/Output), das Quadrat oder das Rechteck stellt eine Aufgabe oder Tätigkeit im Prozess dar, die Raute stellt die Situation im Prozess dar, bei der es eine Ja- oder Nein-Entscheidung gibt, und der Pfeil gibt die Flussrichtung des Prozesses an.

Ungeübte Gruppen sollten mit den einfachen Zeichen des Flussdiagramms und zuerst mit einem Übersichtsdiagramm beginnen. Dieses enthält nur die Hauptinputformen und Haupttätigkeiten, aber nur wenige Entscheidungspunkte (siehe Abbildung 82).

Geübte Gruppen können die Zahl der verwendeten Symbole erhöhen und eigene Symbole definieren, z. B. einen Blitz, der besonders heftig umkämpfte und bisher sehr langwierige Entscheidungen kennzeichnet, oder eine CD-ROM neben einem Rechteck, um anzudeuten, dass diese Handlung auf jeden Fall zusammen mit der IT-Abteilung erfolgt. Der Moderator muss darauf achten, dass die Gruppe bei dem gewählten Detaillierungsgrad bleibt. Er macht sie immer wieder auf Abweichungen aufmerksam.

Zum Abschluss des Diagramms plant der Moderator Zeit ein, um das Ergebnis auf Vollständigkeit zu prüfen. Beispielsweise prüft die Gruppe, ob sämtliche Prozessschritte abgeschlossen wurden, ob alle Symbole konsistent verwendet wurden oder ob sämtliche Prozessschleifen geschlossen wurden. Die Gruppe bestimmt anschließend, wie mit dem Flussdiagramm weitergearbeitet werden soll.

Beispiel:

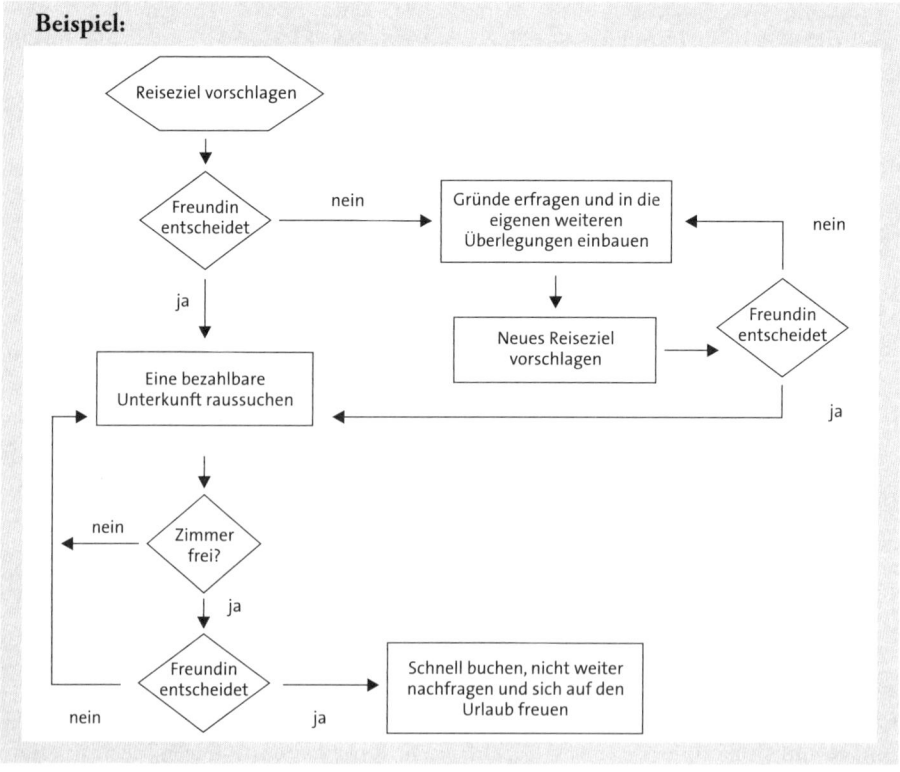

Abb. 82: Flussdiagramm

Das Baumdiagramm zum Aufbereiten von Informationen

Das Baumdiagramm hilft, ein breit formuliertes Ziel grafisch in immer weitere Handlungen aufzuschlüsseln. Dabei kann es sich beispielsweise um Handlungen handeln, die durchgeführt werden müssen, um das Ziel zu erreichen (siehe Abbildung 83). Durch diese Darstellung erhält die Arbeitsgruppe eine Vorstellung davon, mit welchen Schritten auf welcher Ebene das Ziel erfolgreich bewältigt werden kann. Arbeitszeiten und Arbeitseinsatz können so realistisch geplant und vorbereitet werden. Die Gruppe kann auch erkennen, wo noch Probleme auf dem Weg zur Zielerreichung liegen und wo vorhandene Stärken schon ausreichen, um einzelne Teilschritte zügig anzugehen. In einer moderierten Sitzung kann ein Baumdiagramm gut mit Karten an der Pinnwand visualisiert werden. Aber auch für dieses Tool bietet das Internet vielfältige Angebote für das Vorgehen mit Laptop und Beamer.

Vorgehensweise

- Im ersten Schritt wird ein konkretes und eindeutiges Ziel formuliert, für das die einzelnen Aktionen entwickelt werden sollen.
- Anschließend folgt die Formulierung der Aktionen auf der nächsten Ebene. Wichtig ist, dass konsequent alle Aktionen auf der zweiten Ebene gesammelt oder bestimmt werden und nicht spontan und scheinbar kreativ zwischen den Ebenen hin- und hergesprungen wird. Aufgabe des Moderators ist es, hier für strukturiertes Vorgehen zu sorgen.
- Schritt für Schritt werden anschließend die jeweiligen Aktionen auf der zweiten Ebene weiter aufgelöst. Dabei wird immer wieder gefragt, was genau getan werden muss, um das formulierte Ziel auf der jeweils nächsten Ebene zu erreichen. Diese Frage wird bei jeder weiteren Stufe wiederholt.
- Die Gruppe entscheidet, wie viele Detaillierungsstufen sie bearbeiten will. In der Praxis wird auf der Stufe aufgehört, auf der an einzelne Personen zu vergebende Aufträge vorliegen. Wenn diese Aufträge eindeutig, verständlich, realistisch und umsetzbar sind, sollte auf dieser Ebene nicht mehr weitergearbeitet werden.
- In einem letzten Schritt sollte der Moderator die Gruppe dazu anhalten, das Baumdiagramm auf Vollständigkeit und logischen Aufbau zu überprüfen. Fragen, die dabei helfen, sind z. B.:
  ☐ Müssen wir wirklich die gesammelten Aktionen durchführen, um dieses Ziel zu erreichen? (von der Position des Ergebnisses her: von oben nach unten)
  ☐ Führt die Umsetzung dieser Aktion wirklich zu dem gewünschten Ergebnis? (von der Position der einzelnen Maßnahme aus: von unten nach oben)

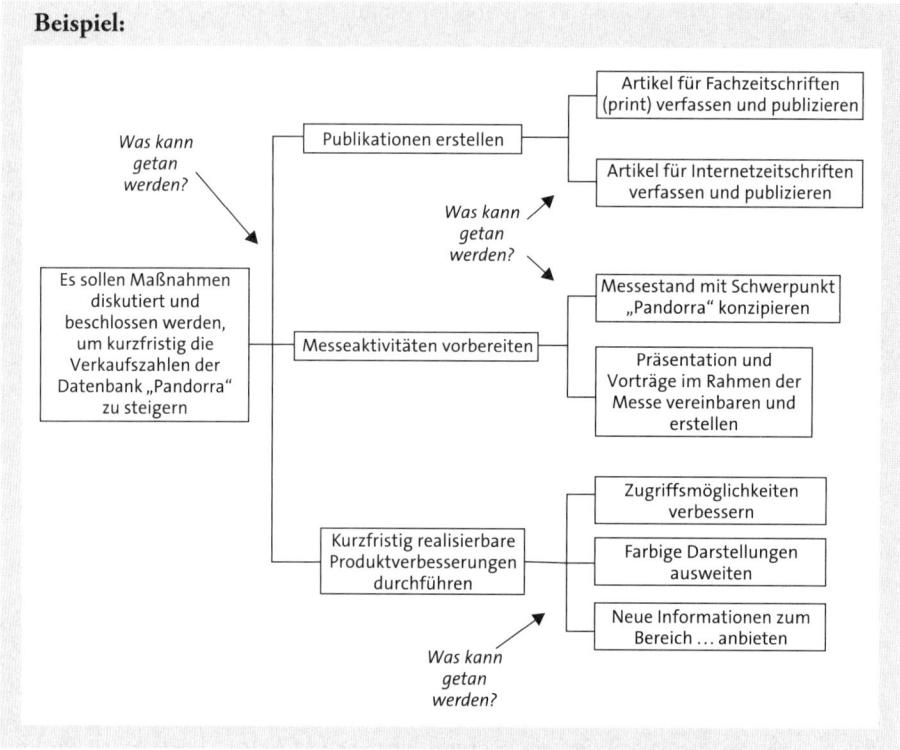

Abb. 83: Baumdiagramm

Matrixdiagramm/Portfolio-Methode zum Aufbereiten von Informationen

Mit dem Matrixdiagramm lassen sich Wechselwirkungen unterschiedlicher Aspekte eines Themas übersichtlich darstellen.

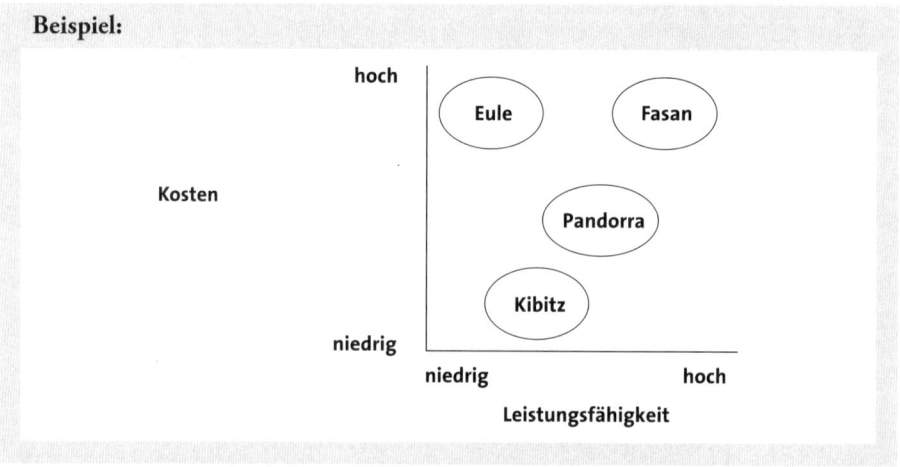

Abb. 84: Portfolio-Methode am Beispiel von unterschiedlichen auf dem Markt konkurrierenden Datenbanken

Das Thema kann besser verstanden werden, komplizierte Zusammenhänge lassen sich anschaulich darstellen, was alleine durch eine verbale Darstellung kaum in dieser Klarheit und Einfachheit zu leisten wäre. Ausgehend von der Darstellung im Diagramm können Handlungsschritte überlegt werden. Eine Variante des Matrixdiagramms ist die Portfolio-Methode, bei dem Zusammenhänge zwischen mehreren Variablen auf zwei Dimensionen dargestellt werden (siehe Abbildung 84).

Prognosetechniken – Szenarioanalyse

Auch wenn man die Zukunft nicht voraussehen kann, so können komplexe Verfahren Zukunftsbilder entwickeln, die Handlungssicherheit für wichtige Entscheidungen versprechen. Ein Zukunftsszenario ist eine Geschichte, die eine angenommene zukünftige Lage oder Entwicklung beschreibt.

In Form einer moderierten Arbeitssitzung kann die Szenarioanalyse in Kleingruppen mit bis zu fünf Teilnehmern erfolgen. Damit werden die behindernden Effekte von Großgruppen aufgehoben, und auch ruhigeren Teilnehmern bietet sich ein Forum, in dem sie ihr gesamtes kreatives Potenzial einbringen können.

Vorgehensweise

- Das Zukunftsszenario wird thematisch bestimmt sowie zeitlich und räumlich begrenzt, damit nur am Wesentlichen gearbeitet wird.
- Beispielsweise über ein Karten-Antwortverfahren oder ein Brainstorming werden in der Großgruppe mögliche Entwicklungen der Systemumwelt/der Rahmenbedingungen ermittelt.
- Das Szenario wird in Teilbereiche/Teilszenarien unterteilt, z.B. können technische, ökonomische, gesetzliche, ökologische, personalbezogene oder kundenrelevante Teilszenarien getrennt in Kleingruppen bearbeitet werden.
- Die verschiedenen Teilszenarien werden zusammengeführt und abgeglichen.
- Die verschiedenen Teilszenarien werden miteinander verknüpft. So entstehen unterschiedliche Drehbücher für das Zukunftsszenario.
- Aus den verschiedenen Teilszenarien wird ein zusammenfassendes Drehbuch für die Zukunft entwickelt, aus dem sich in einem weiteren Schritt konkrete Maßnahmen für das Unternehmen/die Arbeitsgruppe entwickeln lassen.
- Im Laufe der Entwicklung können die Teilszenarien bzw. das Gesamtdrehbuch immer wieder mit der Realität abgeglichen und umgeschrieben werden.

Gewichtungsverfahren zur Bewertung von Informationen

Mit dem Gewichtungsverfahren können alle Gruppenteilnehmer gleichberechtigt unterschiedliche Ideen oder mehrere Möglichkeiten bewerten. Dieses Verfahren erfolgt nonverbal. Es wird bei der Bewertung nicht gesprochen oder gar lauthals verhandelt.

Vorgehensweise

- Ein im Verlauf der Gruppenarbeit entstandener Themenspeicher wird kurz vorgestellt.

> **Beispiel:**
> Liste der gesammelten Maßnahmen zu Steigerung der Verkaufszahlen für die Datenbank »Pandorra«
>
> *Welche Maßnahmen können uns in kurzer Zeit helfen, die Verkaufszahlen der Datenbank »Pandorra« zu steigern?*
>
> 1) Artikel in den wichtigen Fachzeitschriften und im Internet publizieren
> 2) Präsentationen auf Messen halten
> 3) Europaweite Mailings an interessante Bibliotheken aussenden
> 4) Preis senken
> 5) Inhalte neu gestalten
> 6) Regionale Verkaufspräsentationen mit eingeladenen potenziellen Kunden durchführen (*Roadshow*)
> 7) Zugriffsmöglichkeiten für die Nutzer verbessern
> 8) Farbliche Darstellung integrieren
> 9) Verkaufstelefonate mit Kunden führen, die schon andere Produkte erworben haben

- Der Moderator nennt das Ziel des Gewichtungsverfahrens, damit alle Teilnehmer die Konsequenzen ihres Punktens kennen, z. B. »Es geht um die Auswahl der Maßnahmen, die sofort umgesetzt werden. Die drei am höchsten gewichteten Maßnahmen werden noch in der nächsten Woche in Angriff genommen. Alle anderen Maßnahmen folgen später.«
- Die Teilnehmer erhalten Klebepunkte; Faustregel: halb so viele Punkte wie Wahlmöglichkeiten plus eins.
- Der Moderator stellt eine eindeutige Bewertungsfrage, z. B. »Welche der Maßnahmen versprechen kurzfristig den größten Erfolg?« oder »Mit welchen der Maßnahmen wollen wir uns im zweiten Teil unserer Sitzung intensiver befassen und schon einen konkreten Maßnahmenplan zur Umsetzung entwerfen?«
- Die Teilnehmer kleben ihre Wertungen an die dafür vorgesehene Stelle. Dabei dürfen auf einzelne Wahlmöglichkeiten auch mehrere Punkte geklebt werden. Damit können die einzelnen Teilnehmer auch die besondere Bedeutung dokumentieren, die sie bestimmten Themen zumessen. Die Reihenfolge der bewerteten Punkte, Themen und Anregungen ergibt sich aus der Zahl der geklebten Punkte.

Bei dem Einsatz des Gewichtungsverfahrens sollte jeweils nur eine Bewertungsfrage für die Gewichtung gestellt werden. Der Moderator hält sich während des Punktens zurück, gibt keine Kommentare und beobachtet auch nicht, wer aus der Gruppe welche Alternativen gepunktet hat. Für den Fall, dass Anonymität gelten soll, kann der Moderator die zu bewertenden Themen oder Alternativen nummerieren. Die Teilnehmer schreiben dann die Nummern auf ihre Klebepunkte. Der Moderator sammelt die Punkte ein, mischt sie und klebt selbst.

Paretodiagramm

Das Paretodiagramm verfolgt das Ziel, Probleme zu identifizieren und zu bearbeiten, die wirklich »wehtun« oder Lösungen dort zu suchen, wo sie den größten Nutzen bringen. Das Paretodiagramm beruht auf dem Prinzip des italienischen Ökonomen Vilfredo Pareto, dass lediglich 20 % aller entdeckten Ursachen eines Problems immerhin zu 80 % dieses Problem auch verursachen. Mit anderen Worten: Beschäftigt man sich mit diesen 20 %, hat man 80 % seines Ärgers gelöst. Oder anders: An welcher Stelle ist eine Hebelwirkung möglich, wo ist mit geringem Aufwand eine deutlich spürbare Wirkung erzielbar?

Vorgehensweise

- Im ersten Schritt wird das Problem formuliert, zu dem die Gruppe arbeiten möchte.
- Mithilfe eines Brainstormings werden die Ursachen gesammelt oder die Maßnahmen, die zur Abhilfe beitragen können.
- Für alle Maßnahmen zur Problemlösung wird eine Messgröße bestimmt, die aussagefähig ist, in Zukunft messbar ist oder zu der schon Daten vorliegen.
- Diese Daten werden erhoben oder nachträglich zusammengestellt und auf einer Matrix oder auf einem Balkendiagramm abgebildet.
- Dieses Ergebnis wird weiter bearbeitet, bspw. in einem Maßnahmenkatalog überführt.

Über eine Telefonbefragung werden entweder alle Nutzer oder eine ausgewählte Stichprobe zu ihren Problemen mit der Datenbank befragt. Das Ergebnis dieser Befragung kann übersichtlich abgebildet werden, wie folgendes Beispiel zeigt (siehe Abbildung 85).

Beispiel: »Was sind die häufigsten Beschwerden unserer Nutzer, wenn sie zur Datenbank Pandorra befragt werden?«

Beschwerdegründe	Häufigkeit der Nennungen in %
Daten nicht aktuell genug	60 %
Bezahlung nur über Kreditkarte möglich	10 %
Daten nur in Tabellenform, nicht grafisch aufbereitet	10 %
Daten überwiegend aus dem deutschsprachigen Raum	10 %
Immer mal wieder Ärger mit dem Zugriff auf die Datenbank	5 %
Ansprechpartner beim Datenbankbetreiber wechselt häufig	2 %
Preis zu hoch	2 %
Auswahl der ausgewählten Quellen zu gering	1 %

Abb. 85: Paretodiagramm

Es wird deutlich, das im Sinne von Pareto alleine die Behebung von einigen wenigen Beschwerdegründen schon eine große Verbesserung darstellen würde. In einer moderierten Teamsitzung kann sich die Sammlung und Diskussion von konkreten kurzfristigen Maßnahmen anschließen, welche die Hauptprobleme in den Griff bekommen können.

Quellen

Freimuth, J./Barth, T. (Hrsg): Handbuch Moderation, Göttingen 2013.

Freimuth, J./Straub, F. (Hrsg.): Demokratisierung von Organisationen, Wiesbaden 1996.

Goodale, M.: The Language of Meetings, München 2005.

Hartmann, M./Funk, R./Nietmann, H.: Präsentieren – Präsentationen: zielgerichtet und adressatenorientiert, Weinheim 2012.

Hartmann, M./Rieger, M./Funk, R.: Zielgerichtet moderieren – Ein Handbuch für Führungskräfte, Berater und Trainer, Weinheim 2012.

Hartmann, M./Zoll, A./Funk, R.: Kompetent und erfolgreich im Beruf. Professionell organisieren, kommunizieren, auftreten und überzeugen, Weinheim 2014.

Lipp, U./Will, H.: Das große Workshop-Buch, Weinheim 2008.

1.8 Arbeitstechniken und Zeitmanagement anwenden

1.8.1 Hilfen für den Lernprozess

Ein Individuum gelangt durch die Auseinandersetzung mit der Umwelt und durch die dabei gemachten Erfahrungen zu veränderten Verhaltensabsichten, Verhaltensmöglichkeiten und Verhaltensweisen, die relativ stabil sind.

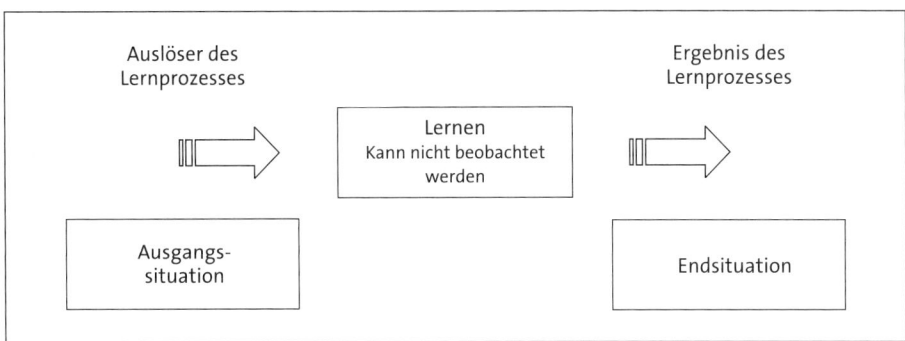

Abb. 86: Darstellung eines Lernprozesses

Eindimensionale und lineare Lernprozesse, z. B. im Sinne der jahrzehntelang in der betrieblichen Ausbildung praktizierten **Vier-Stufen-Methode** der Unterweisung entsprechen mittlerweile den neuen handlungsorientierten Berufsbildern genauso wenig, wie tradierte Rollenvorstellungen von der Lehrkraft, die im Frontalunterricht ihr Wissen mit Methoden auf die Lernenden transferiert. Eine solche Methode ermöglicht keine eigene Auseinandersetzung mit dem Lernstoff. Grundlagen für erfolgreiche Lernprozesse sind sowohl persönliche als auch sachliche Lernvoraussetzungen, die optimiert sein müssen, damit sich ein nachhaltiger Lernerfolg einstellt (siehe Abbildung 87).

Lernvoraussetzungen	Beispiele	
Psychischer Art	• positive Erwartungen • hohe Motivation • Ausgeglichenheit	
Geistiger Art	• hohe Konzentration • gutes Gedächtnis • Beobachtungsgabe • Assoziationsgabe	• aufnahmebereite Sinnesorgane • Fantasie
Körperlicher Art	• Beachtung der Tagesleistungskurve • körperliche Entspannung	• richtige Ernährung • regelmäßiger Schlaf
Räumlicher Art	• ergonomischer Arbeitsplatz • ungestörter Arbeitsablauf	• gute Beleuchtung, Belüftung

Abb. 87: Lernvoraussetzungen

Persönliche Erfolgsfaktoren

Für das individuelle Lernen und das Arbeiten in Gruppen ist es wichtig zu wissen, wie Menschen Informationen sammeln, verarbeiten und auswerten. Unser Gehirn funktioniert wie ein riesiger »Biocomputer«. Bei der Fülle von zehn Millionen Informationseinheiten pro Sekunde, die unsere Sinnesorgane an unser Gehirn liefern, würde es wie bei einem Computer regelmäßig zu einem Absturz kommen, wenn diese Informationen nicht selektiert und nach ihrer Bedeutung zweckmäßig gespeichert würden.

Unser Gehirn verfügt über eine rechte und eine linke Gehirnhälfte, die nicht nur unterschiedliche Aufgaben wahrnehmen, sondern die auch unterschiedlich ausgelastet sind. In der linken Hälfte finden das rationale und logische Denken statt, die digitale Verarbeitung von Wörtern und Texten sowie der Umgang mit Zahlen, Fakten und Daten. Die linke Hälfte arbeitet deutlich langsamer als die rechte, sie ist häufig überlastet. Die rechte Hälfte des Gehirns beherbergt Kreativität, Intuition, Spontaneität, Gefühle und Ästhetisches. Hier werden unsere Erinnerungen und Lernerfahrungen bildhaft ganzheitlich gespeichert. Die rechte Hälfte denkt schnell, sie ist regelmäßig unterfordert und verfügt über viele freie Kapazitäten.

Vor dem Hintergrund der Informationsflut bedeutet dies, dass es zu einem Austausch und Zusammenwirken der beiden Gehirnhälften kommen muss. Moderne Arbeitsmethoden wie das **Mindmapping** und andere **Visualisierungstechniken** setzen dort an.

Die Speicherung von Informationen erfolgt nach dem sog. **Drei-Speicher-Modell** im:

* Ultra-Kurzzeit-Speicher,
* Kurzzeitspeicher und
* Langzeitspeicher.

Im **Ultrakurzzeitspeicher** kommt es zu einer Vorfilterung von Sinneswahrnehmungen, von denen nur ein verschwindend geringer Prozentsatz die Chance hat, in den nächsten Speichertopf zu gelangen. Die meisten Wahrnehmungen sind nach ca. zehn bis zwanzig Sekunden vergessen. Dieser Wahrnehmungsspeicher arbeitet nach dem Prinzip der selektiven Wahrnehmung, d. h.: Angenehmes, Interessantes hat eher die Chance, in den **Kurzzeitspeicher** zu gelangen. Dort werden Informationen gesichtet und an den **Langzeitspeicher** übergeben. Die Verweildauer von Informationen im Kurzzeitspeicher beträgt etwa dreißig Minuten. Danach werden alte Informationen einfach »überschrieben«.

Lernpsychologen behaupten, dass das Wissen, das im **Langzeitspeicher** aufgenommen wurde, dort auf immer und ewig gespeichert bleibt. Vergessene Informationen sind demnach nur »verschüttet«. Durch bestimmte Assoziationen oder Erlebnisse werden sie wieder hervorgerufen und stehen dann als **aktives Wissen** zur Verfügung.

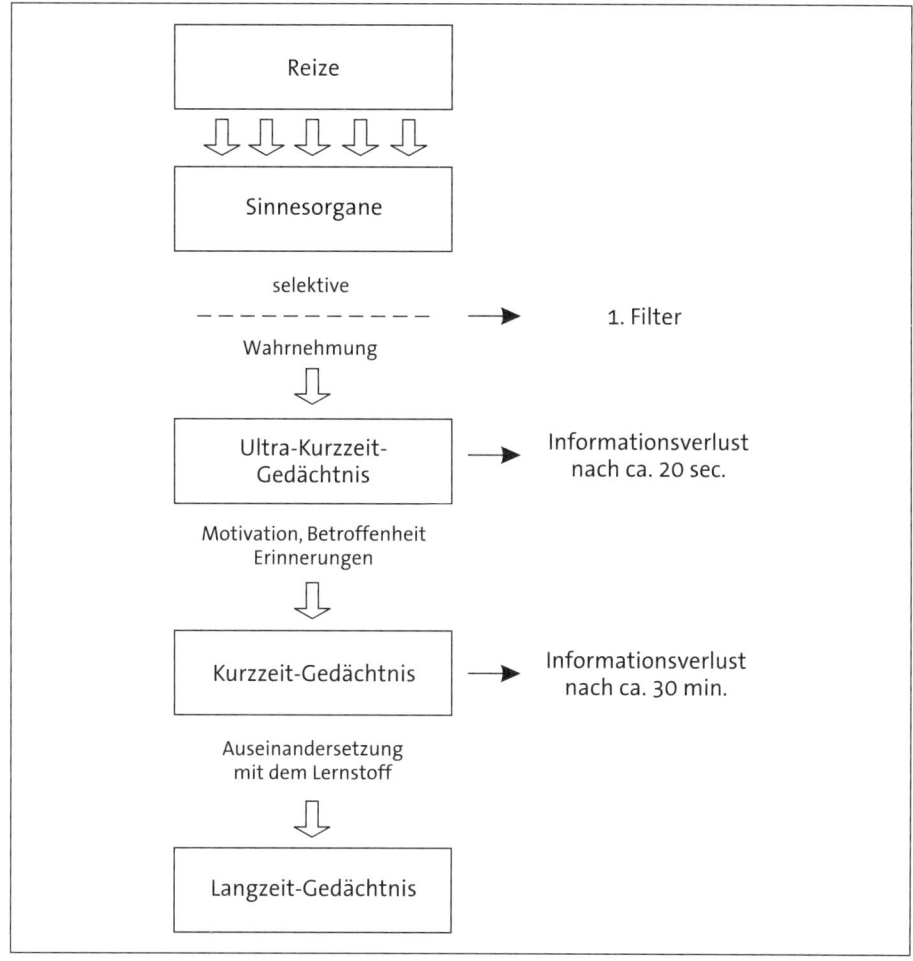

Abb. 88: Der Prozess der Informationsverarbeitung

Entscheidend für die subjektiven Rahmenbedingungen des Lernens ist auch der jeweilige **Lerntyp**. Informationen werden durch verschiedene Kanäle aufgenommen. Grundsätzlich gilt, dass jeder Mensch alle Kanäle benutzt. Er hat lediglich im Laufe seiner Lernerfahrungen eine Vorliebe und Stärke für einen bestimmten Kanal entwickelt.

- Sehen   → visueller Typ
- Hören   → auditiver Typ
- Handeln   → motorischer Typ

Jeder Lernende sollte daher seinen starken Kanal kennen und sein Lernverhalten danach ausrichten.

Da in einer Gruppe mit großer Wahrscheinlichkeit alle drei Lerntypen vorhanden sind, sollte diese mit unterschiedlichen Methoden arbeiten, um bei allen Gruppenmitgliedern nachhaltige Lernerfolge zu erzielen.

Sachliche Erfolgsfaktoren

Die **subjektiven Rahmenbedingungen** werden weitgehend von der Persönlichkeitsstruktur des Lernenden, seiner körperlichen, geistigen und seelischen Verfassung bestimmt. Im Betrieb dagegen sind die Unternehmensleitung, der Vorgesetzte, ein Trainer oder Coach verantwortlich für die Bereitstellung oder Schaffung geeigneter objektiver Rahmenbedingungen. Selbstverständlich gehören dazu ein zweckmäßiger Arbeitsplatz und ein geeigneter Arbeitsraum.

Darüber hinaus zählen zu den **objektiven Rahmenbedingungen** auch die Methoden, mit denen Lernerfolge ermöglicht werden. Überlegungen, ob bestimmte Lernziele besser **On the Job** oder **Off the Job** erreicht werden, sollten nicht in erster Linie von der Kostenfrage oder der Verfügbarkeit von Trainern oder Räumen abhängig gemacht werden, sondern von den Inhalten, die vermittelt werden.

Verständlichkeit ist eine der wichtigsten Spielregeln für die Weitergabe und Verarbeitung von Informationen (siehe Abbildung 89). Wer seine Gedanken absendet, ohne darüber nachzudenken, ob und wie der Empfänger sie aufnehmen kann, begeht eine »Todsünde« im kommunikativen Prozess (vgl. dazu Hoberg 1999).

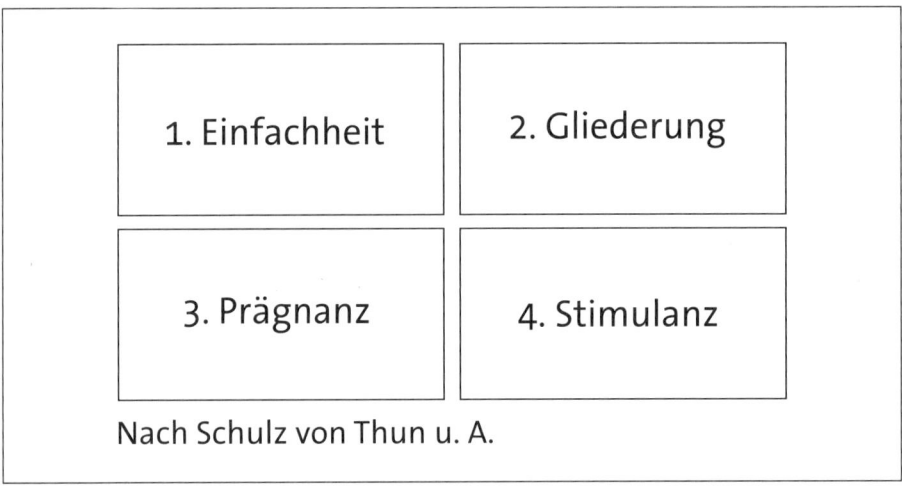

Abb. 89: Modell der Verständlichkeit

Verständlichkeit beinhaltet:

- **Einfachheit**: Informationen ohne komplizierte Sätze, Fremdwörter und abgehobene Stilistik empfängergerecht zu verpacken
- **Gliederung**: Gedankengänge logisch zu ordnen, um den »roten Faden« sichtbar zu machen
- **Prägnanz**: Umwege bei der Informationsübertragung zu vermeiden, zur Sache kommen, Dinge auf den Punkt bringen und
- **Stimulanz**: Empfängerohren durch ansprechende, motivierende Sprache (auch nonverbal) öffnen, Freude am Zuhören und Zusehen bereiten.

1.8.2 Optimierung von Informationsverarbeitungsprozessen

Im Zeitalter der Informationsbearbeitung unter EDV, des papierlosen Büros und des Einsatzes von **Workflow-Systemen** ist die Frage erlaubt, ob unter dem Begriff des allgemeinen Zeitmanagements wirklich nur Protokolltechniken, Berichtstechniken und Darstellungs- und Gliederungstechniken gemeint sein können.

Was nützt die Unterstützung der Personalarbeit durch ein hervorragendes **Personalinformationssystem** (siehe Kapitel 1.5), wenn neue Arbeitsformen wie Teamarbeit oder Qualitätszirkel und neue Organisationsformen wie Prozess- oder Projektmanagement (siehe Kapitel 1.3 und 1.4) eine »schöne, neue Welt« in unserer Bürogesellschaft schaffen, wenn gleichzeitig die **Basic Skills**, also grundlegende Fertigkeiten und Kenntnisse der persönlichen Informationsverarbeitung, nicht beherrscht werden? Das Chaos wird vom Schreibtisch in die Datenbanken verlagert.

Protokolltechniken

Protokolle werden angefertigt von Besprechungen, Konferenzen, Versammlungen, Diskussionen, Sitzungen und Vorstellungs-, Förder-, Beurteilungs- oder Kritikgesprächen (siehe Kapitel 1.6.3) – alles Kommunikationsplattformen, die in Betrieben selbstverständlich sind.

Vier **grundsätzliche Protokollarten** können in der betrieblichen Praxis auftauchen:

1) das Wortprotokoll, bei dem alles Gesagte aufgeschrieben wird,
2) das Verlaufsprotokoll, bei dem der Verlauf, die wesentlichen Diskussionsbeiträge, die Argumentation, die Namen der Gesprächspartner, die Ergebnisse und die Beschlüsse notiert werden,
3) das Kurzprotokoll, das außer den Ergebnissen und Beschlüssen auch die zusammengefassten, nicht zitierenden Diskussionsbeiträge enthält und
4) das Ergebnis- oder Beschlussprotokoll, das wirklich nur Ergebnisse und Beschlüsse enthält.

Um die Protokollierung zu rationalisieren, sollten in einem Betrieb nur noch Ergebnis- oder Beschlussprotokolle geführt werden. Die schnellste und »demokratischste« Art des Protokollierens stellt jedoch ein handschriftlich angefertigtes Simultanprotokoll auf einem Formblatt (siehe Abbildung 90) dar, wie es heutzutage in jedem guten Zeitplansystem enthalten ist.

Simultanprotokoll Datum:			
Protokollführer:			
Teilnehmer der Sitzung:			
Priorität	Beschlüsse	Wer?	Termin
…	…	…	…

Abb. 90: Simultanprotokoll

Aufgrund des dokumentarischen Charakters dienen Protokolle auch als **Beweise**, z. B. bei Anhörungen von Mitarbeitern vor Abmahnungen, in Gerichtsverhandlungen, bei Nebenabreden in Arbeitsverträgen, bei Betriebsvereinbarungen und Tarifabschlüssen als »Protokollnotiz«. Voraussetzung dafür ist, dass diese Niederschriften von allen Beteiligten angenommen, also Willenserklärungen im rechtlichen Sinne werden. Mit den Unterschriften des Protokollführers und der Beteiligten bzw. eines Versammlungsleiters wird das Protokoll zur Urkunde.

Ferner haben Protokolle den Charakter einer **Chronik**, die zur Erinnerung und als Arbeitsunterlage für spätere Sitzungen und Besprechungen dienen, aber auch Nachfolgern das Verständnis für einmal gefasste Beschlüsse erleichtern. Für Abwesende und andere am Besprechungsergebnis Interessierte stellt das Protokoll ein **Informationsmittel** dar.

Eine letzte wichtige Funktion des Protokolls ist die der **Erledigungskontrolle**. Neben der Eintragung der Ergebnisse und Beschlüsse (Was) wird die weitere Vorgehensweise (Wie) dargestellt. Zeitvorgaben und Termine unterstützen eine klare Planung und sind gute Kontrollinstrumente, z. B. wer mit wem die Zuständigkeiten und damit die Verantwortung regelt.

Berichtstechniken

Neben Protokollen spielen Berichte in der betrieblichen Praxis nach wie vor eine unverzichtbare Rolle. Bekannt sind aufwändige Geschäftsberichte von Vorständen und Geschäftsleitungen bei Haupt- oder Gesellschafterversammlungen, die als Grundlage für weitreichende strategische Beschlüsse oder gar Satzungsänderungen dienen können. Aber auch Berichte von Messebesuchen, Fortbildungsveranstaltungen oder Arbeitsverlaufsberichte von Gruppen- oder Projektarbeiten (siehe. Kapitel 1.4.9) spielen in der Praxis eine Rolle.

Häufig sind die Unterschiede zwischen Berichten, Protokollen, Beschreibungen oder Erörterungen nicht ohne Weiteres zu erkennen, was für die praktische Handhabung aber weitgehend ohne Belang ist.

Die Merkmale eines Berichtes sind:

- **Inhalt**: einmaliges Ereignis, tatsächliche Begebenheit, Beschränkung auf Tatsachen,
- **Ziele**: Sachinformation des Lesers,
- **Stil**: knapp, sachlich, indirekte Rede,
- **Zeitstufe**: Vergangenheit,
- **Aufbau**: Ort, Zeit, Beteiligte, Anlass, Schilderung der Ereignisse, Zusammenfassung, Kritik, Ausblick.

Darstellungs- und Gliederungstechniken

Folgende **Gliederungsformen** haben sich in der Praxis bewährt:

- nummerisch,
- alphabetisch,
- alpha-nummerisch oder
- memotechnisch.

Welche Form der Gliederung gewählt wird, bleibt jedem Verfasser selbst überlassen und ist eher nach den Kriterien von Zweckmäßigkeit und Verständlichkeit zu entscheiden.

Jeder Leser ist zugleich Empfänger einer Nachricht, bei der es nicht nur auf das Was im Sinne einer Sachaussage, sondern auch auf das Wie hinsichtlich einer beabsichtigten Wirkung ankommt. Eine Ausarbeitung ohne Skizzen, Grafiken, Diagramme, Checklisten und anderen **Formen der Visualisierung** stellt hohe Anforderungen an den Leser hinsichtlich seiner Konzentration und Gedächtnisleistung, aber auch Motivation und Geduld.

1.8.3 Erfolgreiche Gruppenarbeit

Begriffe wie Lean-Management, Business-Reengineering, Kaizen, Total-Quality-Management und Projektmanagement gehören heute zum Standardvokabular in Fachbüchern. Fast allen Ansätzen ist eines gemeinsam: Führung wird in der Zukunft mehr und mehr **teamorientiert** funktionieren. Damit wird eine gut funktionierende Gruppe zunehmend der Garant für den Erfolg.

Die Eigenverantwortung von Mitarbeitern in einer Gruppe kann zu deutlich besseren Leistungen führen. Beispiele aus der Automobilindustrie (z. B. Volkswagen oder Opel in Eisenach) zeigen, wie die Nachteile des **Taylorismus** durch Gruppenarbeit überwunden werden können.

Damit wird deutlich, dass Gruppenarbeit Mittel zum Zweck und nicht Selbstzweck ist, zumindest nicht in erwerbswirtschaftlich ausgerichteten Unternehmen. Im Mittelpunkt organisierter Gruppenarbeit steht daher die **Leistungssteigerung**. Da dies keinen Zielkonflikt zwischen den wirtschaftlichen Zielen des Unternehmens und den sozialen Zielen der Mitarbeiter darstellen muss, sind teamorientierte Arbeitstechniken von den Mitarbeitern stärker akzeptiert als andere Arbeitsformen.

Gruppenleistung entsteht wie folgt:

- Verbesserte Leistungsmotivation bewirkt Qualität.
- Die Entscheidungsfindung vollzieht sich in einer Gruppe zwar langsamer, jedoch werden bessere, weil ausgewogenere Entscheidungen getroffen.
- In einer guten Gruppe kommt es zu einem positiven Ausgleich individueller Unterschiede der Gruppenmitglieder im persönlichen Tempo, in der Geschicklichkeit und der Anstrengungsbereitschaft.
- Die Mitglieder in der Gruppe sind in der Regel besser informiert als bei Einzelarbeit.

- Über den Abbau der sozialen Binnendistanz wird ein »Wir-Gefühl« aufgebaut und gleichzeitig nach außen ein Konkurrenzmotiv ausgebildet, das »Die-Gefühl«.
- Für Vorgesetzte gestaltet sich die Informationsübermittlung leichter und die Führung wird bei Kenntnis der Gruppenstruktur effektiver.
- Gruppen verfügen in der Regel über ein hohes Kreativitätspotenzial.

Rollen und Rollenverhalten in der Gruppe

In einer Gruppe nimmt jedes Gruppenmitglied eine Rolle wahr. Im Allgemeinen überlagern sich zwei **Rangordnungen** in einer Gruppe: eine nach der Fachkompetenz und eine nach der sozialen Akzeptanz. Dieses Phänomen bezeichnet man als Rollendivergenz. Kommt zu dieser fachlichen bzw. persönlichen Autorität noch die formale Autorität hinzu, kann es zu erheblichen Führungsproblemen im Betrieb kommen, wenn es nicht gelingt, daraus entstehende Konflikte zu minimieren und zu kanalisieren.

Die Rollen, die sich in Gruppen entwickeln, können grundsätzlich in **funktionale und dysfunktionale Rollen** unterteilt werden (siehe Abbildung 91).

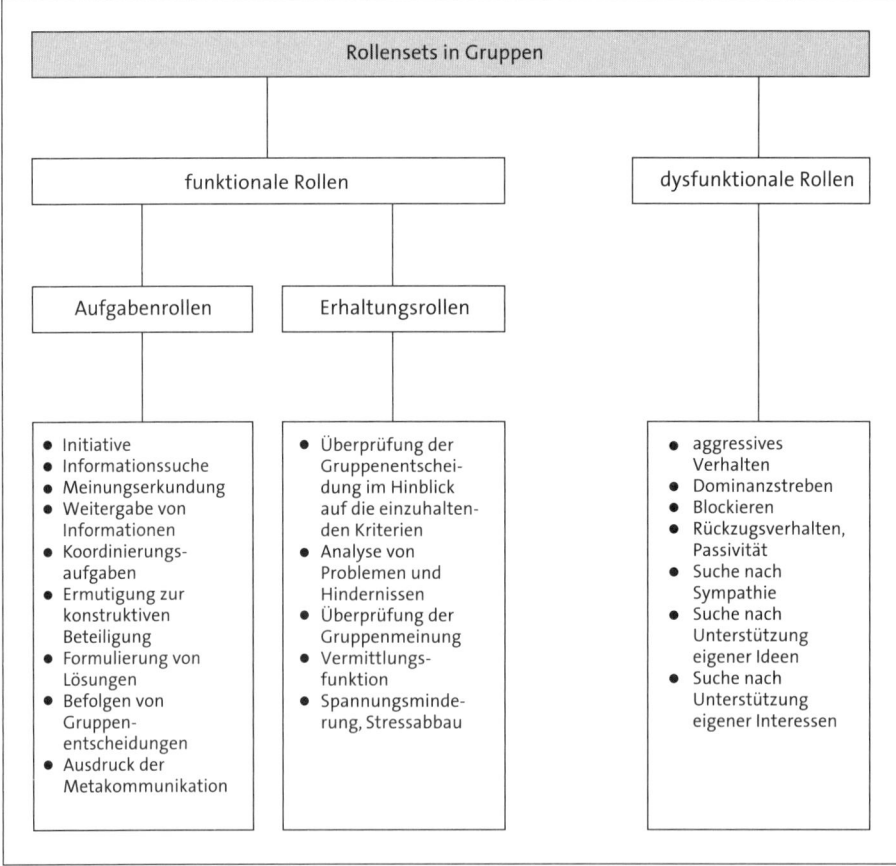

Abb. 91: Rollensets in Gruppen

Leider ist teamförderliches Verhalten in Betrieben noch nicht die Regel. Noch wird vor dem Hintergrund des Karrierestrebens, der Machtbedürfnisse oder des Leistungsdrucks der Einzelkämpfer gefördert. Das bedeutet, dass viele Mitarbeiter teamförderliches Verhalten lernen müssen. Hier zeigt sich, dass eine Gruppe nicht nur »gibt«, sondern auch »fordert«, nämlich das Aufgeben von manch liebgewordenen individuellen Gewohnheiten und Egoismen zugunsten von mehr Toleranz und Kompromissbereitschaft. Dazu haben sich im beruflichen Alltag Regeln bewährt, die vom Team aufgestellt werden und während der Gruppenarbeit im Blickfeld der Mitarbeiter verbleiben (vgl. z.B. Kapitel 1.7.1, Rolle der Gruppenmitglieder – Spielregeln).

Zweck dieser Regeln ist es:

- den Umgang der Gruppenmitglieder untereinander auf einen größten gemeinsamen Nenner zu bringen,
- ein gemeinsames Verhalten zu entwickeln und zu fördern, das von allen als positiv empfunden wird,
- den Umgang mit Konflikten als konstruktiv zu sehen und gemeinsam zu einer Konfliktlösung beizutragen,
- das systematische Arbeiten der Teammitglieder zu fördern und
- gemeinsame Erwartungen und Wertvorstellungen sowie Verhaltensweisen untereinander zu entwickeln.

Richtiges Kommunikationsverhalten in der Gruppe

Das Ziel der Kommunikation von Mitgliedern in einer Gruppe stellt sich aus der Sicht des Gruppenleiters wie folgt dar (siehe Abbildung 92):

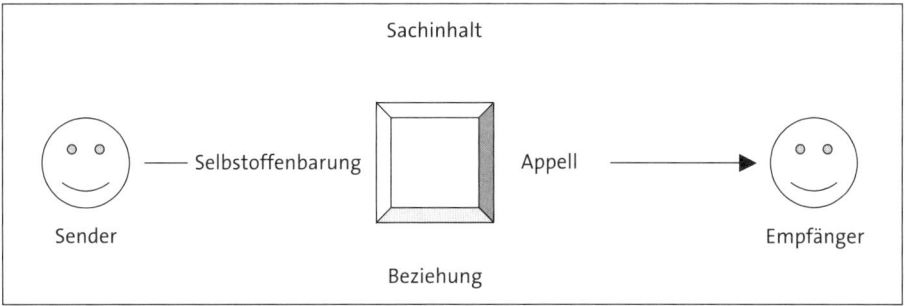

Abb. 92: Kommunikationsmodell (nach Schulz von Thun)

Dieses Kommunikationsmodell kann auf jede Art von Kommunikation übertragen werden, also auch auf die Kommunikation in und zwischen Gruppen. Aus dem Modell lassen sich einige wichtige Grundmerkmale und Grundregeln für die Gruppenarbeit ableiten.

- Kommunikation vollzieht sich immer zwischen zwei Seiten: die eine teilt etwas mit (**Sender**), die andere nimmt die Mitteilungen auf (**Empfänger**).
- Jede Nachricht enthält prinzipiell vier Informationsebenen:
  1) **Sachinhalt**: Übermittlung von Informationen,
  2) **Appell**: Wirkung beabsichtigen,

3) **Selbstoffenbarung**: Emotionales Sich-Einbringen des Senders,
4) **Beziehung**: Emotionale Bewertung des Empfängers durch den Sender.

- Von besonderer Bedeutung sind die **nonverbalen Signale** einer Nachricht (Mimik, Tonfall, Gestik). Dieser Teil ist meist von größerer Bedeutung als das tatsächlich geäußerte Wort, weil Menschen dazu erzogen sind, ihre verbalen Äußerungen zu kontrollieren. Die nonverbalen sind dagegen nur schwer steuerbar.
- Analog zu den vier Nachrichtenkanälen ist der Empfänger mit vier **Empfangskanälen** ausgerüstet. Er ist dabei in seiner Entscheidung frei, welchen er vorrangig benutzen will. Diese Entscheidung liegt nicht im Einflussbereich des Senders.
- Die Problemseiten der Kommunikation in einer Gruppe liegen auf der **Beziehungsebene**. Entscheidend ist nicht, was gesagt wurde, sondern wie es beim Empfänger ankam.
- Für die Kommunikation in Gruppen ist es wichtig, eine **symmetrische Kommunikation** aufzubauen. Symmetrische Kommunikationen ergeben sich aus der Gleichrangigkeit zwischen Mitarbeiter und Mitarbeiter; asymmetrische entspringen einem Abhängigkeitsverhältnis in einer Hierarchie.
- In einer Gruppe wird durch das Nachdenken und Sprechen über Kommunikation die **Sprachsensibiltät** gefördert. Der Mitarbeiter wird in die Lage versetzt, eigene und fremde Äußerungen differenzierter zu betrachten und zu beurteilen, ferner sein eigenes Verhalten besser zu planen und zu steuern.

Kommunikation ist der Schlüssel zu einer guten Teamarbeit. Einige wenige Regeln sind imstande, diesen Erfolg in der Teamarbeit zu bewirken.

Kein Multitasking im Gruppengespräch!

Aktives Zuhören ist heute fast eine vergessene Tugend. Sortieren von Unterlagen oder das Durcharbeiten von Akten während eines Gespräches stellen eine Missachtung des Gesprächspartners dar.

Keine Killerphrasen benutzen!

Killerphrasen sind Aussagen wie »Lassen Sie das bloß den Chef nicht hören!« oder »Das führt doch geradewegs in die Pleite!« oder »Das haben wir doch schon immer so gemacht!«. Abgesehen davon, dass in einer asymmetrischen Kommunikation solche Aussagen Ängste hervorrufen können, wirken sie ausgesprochen demotivierend und desillusionierend. Mancher brauchbare, kreative Vorschlag bleibt so unausgesprochen!

Sprache und Handlung müssen deckungsgleich sein!

Worte und Körpersprache müssen zusammenpassen. Wenn jemand ärgerlich oder wütend ist, sollte er dies auch durch eine entsprechende Wortwahl, verbunden mit einer verstärkenden Gestik und Mimik deutlich machen und nicht mit einem Lächeln auf den Lippen.

Klar und deutlich sprechen!

Wenn sich Mitarbeiter nach einem Gruppengespräch gegenseitig fragen, was man denn von ihnen heute wollte, dann hat jemand seine Aussagen nicht auf den Punkt gebracht. Ein einfaches Mittel ist die Visualisierung, z. B. mithilfe einer Skizze auf dem Flipchart

Mitarbeiter- und Kollegenprobleme ernst nehmen!

Auch wenn man der Meinung ist, dass das Problem eher zu den alltäglichen gehört oder schon ewig besteht, wenn es vom Gesprächspartner ausgesprochen wurde, gebührt ihm die ungeteilte Aufmerksamkeit. Kurz vor der Antwort sollte überlegt werden, aus welchen Gründen wohl ausgerechnet dieses Problem auf den Tisch kam und ob die Antwort zufriedenstellen wird.

Konflikten nicht aus dem Weg gehen!

Konflikte sind vom Ansatz her etwas Positives. Sie sorgen für Bewegung in der Gruppenarbeit und bieten durch ihre Chance zur Lösung Innovationspotenzial. Geht man ihnen jedoch dauerhaft aus dem Wege, überlagern die Spannungen im zwischenmenschlichen Bereich jede Gruppenarbeit.

Alle Informationen weitergeben!

Leider werden immer noch Informationen als Machtmittel gebraucht. Dabei ist die einfachste Art zu motivieren die Information. Ohne Information kann die Gruppe nicht mitdenken. Wer viel (Information) gibt, erhält viel (Information) zurück. Da aber auch ein Zuviel an Information schädlich ist, stellt die Informationsweitergabe hohe Anforderungen an diese Art von Gratwanderung.

Abb. 93: Kommunikationsregeln

Gruppendynamik

In Anlehnung an den physikalischen Begriff bezeichnet man die **Gesetzmäßigkeiten der sozialen Prozesse** innerhalb der Gruppe als Gruppendynamik. Damit die geschilderten Leistungsvorteile von Gruppenarbeit zum Tragen kommen, muss eine Vorbedingung erfüllt sein: Es muss sich um eine gut funktionierende Gruppe handeln. Dabei ist zu berücksichtigen, dass die zwischenmenschlichen Beziehungen in einer Gruppe und zwischen Gruppen ständig in Bewegung sind. Es gibt bei keiner Gruppe die Garantie, dass vorhandene Sympathie und Interessengleichheit bleiben, es gibt aber auch keine Gruppe, in der nicht Konflikte überwunden werden können.

In Betrieben spielen **formelle Gruppen** eine für die Produktivität wichtigere Rolle als informelle. Formelle Gruppen werden primär unter **technisch-ökonomischen Gesichtspunkten** zusammengestellt. Der Gruppenzusammenhalt – Voraussetzung für den Erfolg jeder Gruppentätigkeit – hängt jedoch in entscheidendem Maße von den zwischenmenschlichen Beziehungen unter den Gruppenangehörigen ab.

Die Kenntnis der **Gruppenstruktur** ist für jeden Initiator der Gruppenarbeit unverzichtbar. Eine Zusammenstellung nur nach dem Kriterium der Fachkompetenz bewirkt, dass der Gruppenfindungsprozess unnötig lange dauert – und möglicherweise sogar scheitert. Die leistungsfördernden Gruppenmerkmale können sich gar nicht erst entfalten. Daher spielt die Kenntnis der **Human- und Sozialkompetenz** der Mitarbeiter für die Bildung von Arbeitsgruppen eine herausragende Rolle.

Das Ziel kann nur sein, alle hemmenden Faktoren der Gruppenbildung zu erkennen und von vornherein zu reduzieren, um die Gruppe möglichst schnell über die Normalleistungsschwelle zu bringen. Das bedeutet eine auf **Konsens und Kompromiss** ausgerichtete Arbeitsweise der Gruppe, die folgende Merkmale aufweist:

- Die Atmosphäre in der Gruppe ist entspannt.
- Alle beteiligen sich aktiv und engagiert an der Diskussion.
- Es liegt ein gemeinsames Ziel vor und es besteht Einigkeit darüber, dass die angenommene Herausforderung wichtig ist.
- Der Arbeitsauftrag ist klar definiert und wird von allen Gruppenmitgliedern akzeptiert.
- Alle Ansichten werden diskutiert – keine wird unterdrückt oder übergangen.
- Die Gruppe fällt Entscheidungen gemeinsam und hat sich zum Ziel gesetzt, dass alle Lösungen auch nach außen gemeinsam getragen werden.
- Die Gruppenleiter sind weder autoritär noch dominant, sondern haben eine Vermittlerfunktion.
- Nur, wenn es keine Verlierer gibt, werden motivierte und produktive Mitarbeiter zu Leistungsträgern.

1.8.4 Individuelles Zeitmanagement

»Nicht wie der Wind weht – wie ich die Segel setze, darauf kommt es an.« (alte Seglerweisheit)

Der Grundgedanke des Zeitmanagements ist es, selbst einen Beitrag zur bewussten Steuerung seines beruflichen und damit auch seines privaten Lebens zu leisten und weniger Spielball der Arbeits- und Lebensverhältnisse Anderer zu sein. Die Selbstbestimmung unseres Lebens ist die Triebfeder für die Erkenntnis, dass man sein Leben (wieder) in die eigenen Hände nehmen muss.

Die knappste und wichtigste Ressource im beruflichen Leben ist Zeit, denn

- Zeit ist unabänderlich,
- Zeit lässt sich nicht speichern,
- Zeit lässt sich nicht vermehren,
- Zeit lässt sich nicht übertragen,
- Zeit vergeht unwiderruflich.

Persönliche Einflussfaktoren

Fast jeder klagt darüber, dass er zu wenig Zeit hat. Der Anteil an psychosomatischen Krankheiten aufgrund von Stress nimmt dramatisch zu und ist bereits von der Berufsgenossenschaft als Berufskrankheit eingestuft. Das schlechte Gewissen, tagsüber im Beruf zu wenig geleistet zu haben, zwingt viele Führungskräfte, die Arbeit zu Hause fortzusetzen. Schlafstörungen gehören bei Vorgesetzten und Mitarbeitern fast zu Statussymbolen.

Das eigentliche Problem beim individuellen Zeitmanagement liegt häufig im Vorfeld. Man fasst gute Vorsätze, die im beruflichen Alltag schnell auf der Strecke bleiben. Zeitmanagement hat größere Chancen realisiert zu werden, wenn

- der persönliche Leidensdruck entsprechend hoch ist und
- der Betroffene sich von einer Verhaltensänderung Vorteile versprechen kann.

Ausgangspunkt eines **erfolgreichen Zeitmanagements** ist die Erkenntnis, dass es keine allgemeingültigen erfolgversprechenden Regelungen gibt. Zeitmanagement ist immer höchstpersönlich und individuell. Demzufolge ist eine der ersten Schritte die Ermittlung der persönlichen Zeitfresser (siehe Abbildung 94).

Persönliche Zeitfresser	
☐ Unklare Zielsetzung	☐ Telefonische Unterbrechungen
☐ Wartezeiten	☐ Unangemeldete Besucher
☐ Papierkram und Lesen	☐ Zu wenig oder verspätete Informationen
☐ Mangelnde Koordination	☐ Unfähigkeit, nein zu sagen
☐ Fehlende Selbstdisziplin	☐ Aufgaben nicht zu Ende geführt
☐ Privater Schwatz	☐ Zu viele Besprechungen
☐ Versuch, zu viel auf einmal zu tun	☐ Kaum noch Kommunikation
☐ Mangelnde Motivation	☐ Zu viele Protokolle, Aktennotizen
☐ Ablenkung und Lärm	☐ Unentschlossenheit
☐ Hast und Ungeduld	☐ Ständiges Aufschieben von Vorgängen
☐ Chaos auf dem Schreibtisch	☐ Suche nach Notizen, Merkzetteln, Adressen
☐ Schlechte Ablage	
☐ Zu wenig Delegation	

Abb. 94: Checkliste zur Ermittlung persönlicher Zeitfresser

Erfolgsfaktoren des Zeitmanagements

- Die ALPEN-Methode

Eine konsequente Tagesplanung bewirkt eine Verbesserung der persönlichen Arbeitstechniken. Mit der ALPEN–Methode (vgl. Seiwert 2003) kann der Tagesplan als letzte und zugleich wichtigste Stufe der Zeitplanung erstellt werden. Wichtigstes Prinzip ist dabei die Schriftform – auch bei Verwendung von elektronischen Zeitplansystemen.

ALPEN-Methode
1. Stufe: Aufgaben zusammenstellen
☐ Vorgesehene Aufgaben notieren ☐ Unerledigtes vom Vortage ☐ Kurzfristig aufzunehmende Tagesarbeiten ☐ Termine, die wahrgenommen werden müssen ☐ Regelmäßig wiederkehrende Aufgaben
2. Stufe: Länge der Tätigkeiten schätzen
☐ Hinter jede Aufgabe den geschätzten Zeitbedarf eintragen ☐ Sich bei einer konkreten Vorgabezeit zu deren Einhaltung zwingen ☐ Zwang zur Zeiteinhaltung führt zu konsequenterem Arbeiten
3. Stufe: Pufferzeit reservieren (60-zu-40-Regel)
☐ 60 % der Zeit verplanen – 40 % als Pufferzeit für Unvorhergesehenes ☐ In die Gesamtzeit unbedingt Freizeiten und Erholungszeiten einarbeiten
4. Stufe: Entscheidungen über Prioritäten, Kürzungen und Delegation treffen
☐ Eindeutige Prioritäten setzen (ABC-Analyse) ☐ Nochmaliges Kürzen aller Vorgänge bei realistischer Betrachtung ☐ Jede Tätigkeit auf Delegations- und Rationalisierungsmöglichkeiten ausloten
5. Stufe: Nachkontrolle – Unerledigtes übertragen
☐ Nicht Erledigtes auf einen anderen Tag übertragen ☐ Nach mehrfachem Übertragen die Aufgabe endlich erledigen oder streichen

Abb. 95: Die fünf Schritte zum Tagesplan (ALPEN-Methode)

- **Die 80-zu-20-Regel**

Der italienische Volkswirt Vilfredo Pareto (1848–1923) kam aufgrund seiner statistischen Erhebungen zu dem Ergebnis, dass 20 % der Gesamtbevölkerung 80 % des Volksvermögens besaßen (siehe auch Kapitel 1.7.3, Paretodiagramm).

Diese Erfahrungsregel gilt für viele Bereiche des Lebens:

- 20 der Kunden bringen 80 des Umsatzes,
- 20 der Fehler verursachen 80 des Ausschusses,
- 20 der Bestände machen 80 der Inventur aus.

Nicht jede Tätigkeit bringt den gleichen Nutzen, nicht jeder Mitarbeiter in dem Unternehmen bringt den gleichen Umsatz, nicht jeder Verkäufer bringt den gleichen Teil an Neukunden. Übertragen auf das Zeitmanagement heißt dies, dass man bereits mit den ersten 20 % der eingebrachten Zeit einen Anteil von 80 % der Leistung erbringt. Umgekehrt bedeutet dies, dass man mit den restlichen 80 % der eingebrachten Zeit nur noch 20 % der Gesamtleistung erreicht.

Für die Tagesplanung bedeutet dies, sich nicht die leichtesten, interessantesten Arbeiten mit dem jeweils geringsten Zeitbedarf vorzunehmen, sondern alle Tätigkeit nach Bedeutung, Wichtigkeit und Wertschöpfung zu klassifizieren und sie in dieser Reihenfolge abzuarbeiten, d. h. »lebenswichtige wenige« Probleme vor den »nebensächlich vielen« in Angriff zu nehmen.

• Das Eisenhower-Prinzip

Dem amerikanischen General und späteren Präsidenten Dwight D. Eisenhower (1890–1969) wird das folgende Prioritätenprinzip zugesprochen, mit dessen Hilfe man einen Schnelltest auf die Kriterien »Wichtigkeit« und »Dringlichkeit« von Aufgaben durchführen kann: Anstatt Zeit für die wirklich wichtigen Dinge zu haben, wird unsere Energie häufig durch dringliche, aber weniger wichtige Dinge in Anspruch genommen. Man neigt leicht dazu, von einer dringenden Aufgabe zur nächsten zu eilen, dadurch bleiben die wirklich wichtigen Aufgaben oft liegen (siehe Abbildung 96). Eisenhower brachte dies auf den Punkt mit der Erkenntnis:

> »Die wichtigen Dinge sind selten eilig und die eiligen Dinge selten wichtig!« (Dwight D. Eisenhower)

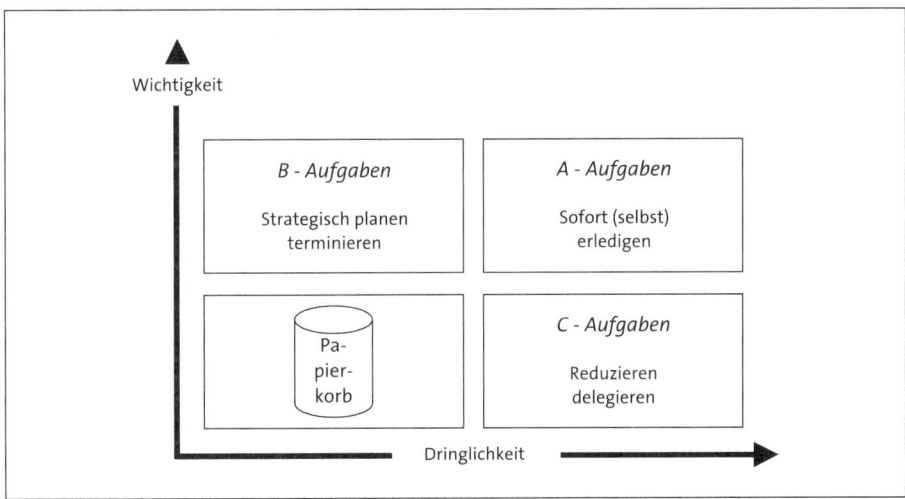

Abb. 96: Das Eisenhower-Prinzip

ABC-Analyse

Die konsequente und mathematische Umsetzung des Eisenhower-Prinzips gelingt mit der ABC-Analyse, die heute aus der Betriebswirtschaft nicht mehr wegzudenken ist. Es handelt sich hierbei um eine Entscheidungstechnik zur Prioritätenbildung. Die Erkenntnis ist, dass die wichtigsten Aufgaben (A-Aufgaben) etwa 15 % der Gesamtmenge aller Aufgaben ausmachen, mit denen sich eine Führungskraft befasst. Der Wert dieser Aufgabemenge liegt aber bei einem Gesamtanteil von 65 %. Durchschnittliche, wichtige Aufgaben nehmen einen Mengenanteil von 20 % ein und haben auch einen gleichen Anteil an dem Wert der Aufgaben (20 %). Weniger wichtige Aufgaben machen einen Anteil von 65 % aus, aber ihr Wertschöpfungsbeitrag liegt bei nur 15 % (siehe Abbildung 97).

Die Konsequenzen aus dieser Analyse:

- A-Aufgaben sind unbedingt zu erledigen, da sie sehr wichtig sind und bereits den größten Anteil am Erfolg, an der Wertschöpfung buchen.
- Bleibt noch Zeit, nimmt man die B-Aufgaben in Angriff, da sie noch einmal einen – wenn auch nicht mehr so großen – Beitrag für den Erfolg bringen.
- Sollte keine Zeit mehr für die Bewältigung der C-Aufgaben bleiben, ist dies nicht so tragisch. Ihr Erfolgsanteil ist nicht mehr so überwältigend. Die dafür eingesetzte Zeit steht in keinem vernünftigen Verhältnis mehr zum Wertzuwachs.

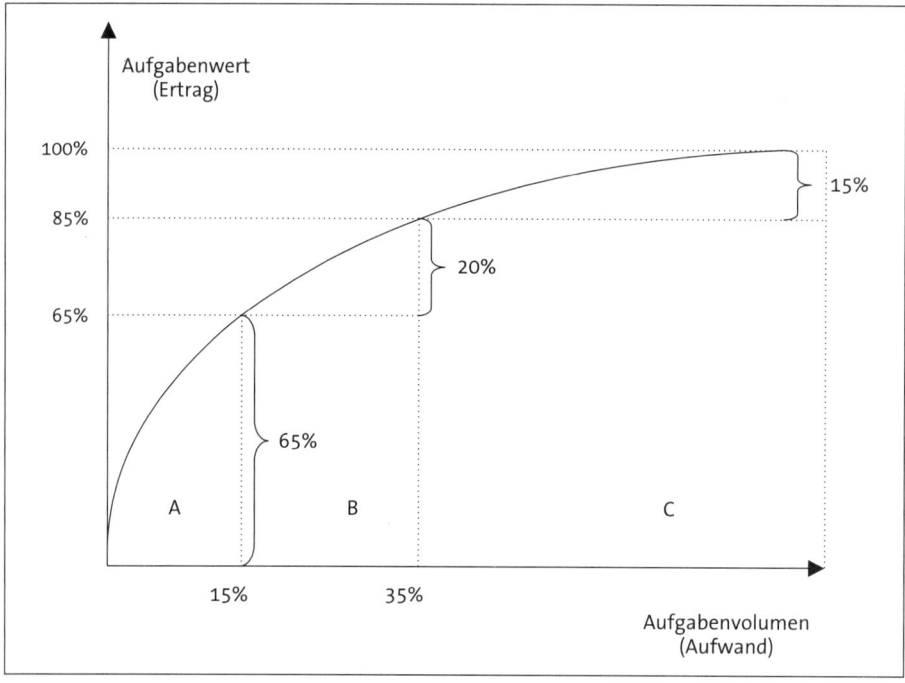

Abb. 97: ABC-Analyse

Quellen

Antoni, C. H.: Teamarbeit gestalten. Grundlagen, Analysen, Lösungen, Weinheim/Basel 2000.

Fein, E./Pini-Karadjuleski, M.: Betriebliche Kommunikation. Fachschulen und Berufskollegs, 5. Aufl., Köln 2011.

Hoberg, G.: Vor Gruppen bestehen – Besprechungen, Workshops, Präsentationen, Bonn 1999.

Nothdurft, M.: Im Team an die Spitze, Handbuch der Teamarbeit, Offenbach 2000.

Rabey, G. P.: Basiswissen für Führungskräfte, Selbstmanagement, Teambildung, Arbeitsorganisation, Niederhausen/Ts. 1997.

Seiwert, L. J.: Mehr Zeit für das Wesentliche, 9. Aufl., Landsberg/Lech 2003.

2 Personalarbeit auf Grundlage rechtlicher Bestimmungen durchführen

2.1 Individuelles und kollektives Arbeitsrecht anwenden

2.1.1 Rechtsquellen des Arbeitsrechts

Das Arbeitsrecht lässt sich entsprechend wie folgt gliedern (siehe Abbildung 98).

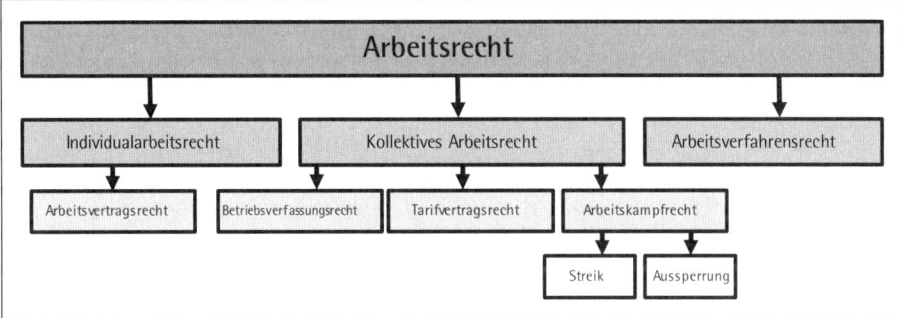

Abb. 98: Übersicht zum Arbeitsrecht

Ausgehend von den Rechtsquellen, aus denen das Arbeitsrecht gespeist wird, kann folgende Unterscheidung getroffen werden (siehe Abbildung 99):

Europäisches Arbeitsrecht	• Richtlinie (z. B. Richtlinie 2000/78 EG zur Festlegung eines allgemeinen Rahmens für die Verwirklichung der Gleichberechtigung in Beschäftigung und Beruf) • Verordnung (z. B. Nr. 1612/68/EWG über die Freizügigkeit der Arbeitnehmer innerhalb der Gemeinschaft) • Rechtsprechung des Europäischen Gerichtshofs
Staatliches Arbeitsrecht	• Grundgesetz (z. B. Grundrecht der Berufsfreiheit Art. 12 I GG) • Bundesgesetz (z. B. Kündigungsschutzgesetz) • Landesgesetz (z. B. Bildungsurlaubsgesetz) • Rechtsverordnung (z. B. Wahlordnung zum Betriebsrat) • Rechtsprechung der Arbeitsgerichte
Nicht staatliches Arbeitsrecht	• Tarifvertrag • Betriebsvereinbarung • Arbeitsvertrag

Abb. 99: Rechtsquellen des Arbeitsrechts

Die **EG-Richtlinie** schafft für die Arbeitsverhältnisse in der privaten Wirtschaft kein unmittelbar geltendes Recht. Vielmehr richtet sie sich an den nationalen Gesetzgeber, der sie innerhalb einer vorgegebenen Frist in nationales Recht umsetzen muss. So hat beispielsweise die oben zitierte EG-Richtlinie 2000/78 u. a. zur Einführung des Allgemeinen Gleichbehandlungsgesetzes (AGG) geführt. Im Unterschied zur EG-Richtlinie gilt die **EG-Verordnung** unmittelbar, d. h. der Arbeitnehmer kann aus ihr unmittelbar Rechte ableiten und sie vor den Arbeitsgerichten, grundsätzlich bis hin zum Europäischen Gerichtshof verfolgen.

Das **europäische Recht** geht dem **nationalen Recht** vor. Steht also ein Bundesgesetz im Widerspruch zu einer EG-Verordnung, so hat die EG-Verordnung Vorrang, bzw. das Bundesgesetz ist europarechtskonform auszulegen.

Ob das EG-Recht gegenüber dem deutschen Grundgesetz im Rang vor- oder nachgeht, ist eine Frage, über die zwischen Europäischem Gerichtshof (EuGH) und Bundesverfassungsgericht Meinungsverschiedenheit herrscht. Innerhalb des deutschen Rechts ist die **Normenhierarchie** jedoch eindeutig: Das Grundgesetz geht dem (einfachen) Bundesgesetz, dieses der – von der Bundesregierung oder einem Bundesministerium erlassenen – Rechtsverordnung und diese wiederum dem Landesgesetz vor. Alle durch diese Vorschriften gesetzten Rechtsnormen entfalten im Verhältnis zwischen Arbeitgeber und Arbeitnehmer verbindliche Kraft, es sei denn es besteht eine sog. Öffnungsklausel, mit der es die staatliche Vorschrift beispielsweise den Tarif- oder den Arbeitsvertragsparteien freistellt, von ihr abweichende Regelungen zu treffen (dispositives Recht). So gelangen etwa die Kündigungsfristen nach § 622 BGB nur dann zur Anwendung, wenn durch den Tarifvertrag (§ 622 Abs. 4 BGB) oder Arbeitsvertrag (§ 622 Abs. 5 BGB) nichts anderes geregelt ist.

Eine besondere Bedeutung als Rechtsquelle kommt der **arbeitsgerichtlichen Rechtsprechung** zu. Dies nicht nur in ihrer Funktion als Instanz zur authentischen Auslegung streitbefangener Rechtsvorschriften, sondern vor allem deshalb, weil viele Bereiche des Arbeitsrechts gesetzlich nicht geregelt sind und es den Arbeitsgerichten obliegt, die dadurch vorhandenen Lücken im Wege der richterlichen Rechtsfortbildung zu schließen. So beruhen beispielsweise

- das Arbeitskampfrecht,
- das Kündigungs(schutz)recht,
- das Zeugnisrecht,
- das Recht über das Betriebsrisiko,
- das Recht zum innerbetrieblichen Schadensausgleich,
- das Gratifikationsrecht

weitgehend auf der richterlichen Rechtsfortbildung durch das Bundesarbeitsgericht.

Soweit europäisches Gemeinschaftsrecht zur Anwendung gelangt, gibt die **Rechtsprechung des Europäischen Gerichtshofs** (EuGH) die verbindlichen Leitlinien vor. Dies geschieht insbesondere durch das sog. Vorabentscheidungsverfahren. Es besagt, dass alle nationalen Gerichte, gegen deren Entscheidungen kein Rechtsmittel mehr gegeben ist (also vorrangig Bundesarbeitsgericht und Landesarbeitsgerichte), verpflichtet sind, eine von ihnen zu entscheidende Streitsache dem EuGH vorzulegen, sofern die Entscheidung von einer noch ungeklärten Auslegung einer europarechtlichen Vorschrift abhängt. An den Spruch des EuGH ist das vorlegende Gericht gebunden. So hat der EuGH in den vergangenen Jahren mehrfach zum Gleichbehandlungsgrundsatz gem. Art. 141 EG-Vertrag Stellung bezogen und in diesem Zusammenhang den vielbeachteten Rechtsgrundsatz über das Verbot der mittelbaren Diskriminierung aufgestellt. Unter mittelbarer Diskriminierung versteht man eine Regelung, durch die eine bestimmte Arbeitnehmergruppe, in der überwiegend Angehörige eines einzigen Geschlechts vertreten sind, von Leistungen ausgeschlossen wird.

> **Beispiel:** Einer teilzeitbeschäftigten Arbeitnehmerin steht beim Besuch eines Ganztagsseminars das volle arbeitstägliche Entgelt zu; anderenfalls läge eine mittelbare Diskriminierung vor, weil die Gruppe der Teilzeitbeschäftigten überwiegend aus Frauen besteht.

2.1.2 Begründung des Arbeitsverhältnisses

Anbahnung des Arbeitsverhältnisses

Die Vorstufe zur Begründung des Arbeitsverhältnisses vollzieht sich nach juristischem Sprachgebrauch unter dem Begriff »**Anbahnung des Arbeitsverhältnisses**«. Hierfür gilt folgender Rechtsgrundsatz: Begibt sich ein Bewerber auf Veranlassung (z. B. aufgrund Annonce) eines potenziellen Arbeitgebers in Vertragsverhandlungen oder nimmt er zu ihm vorbereitende Kontakte auf, so entsteht ein gesetzliches Schuldverhältnis mit gegenseitigen Rechten und Pflichten. Letztere umfassen Auskunfts-, Sorgfalts- und Leistungspflichten (siehe Abbildung 100).

Die Pflichten der einen Seite bestehen freilich nur in dem Umfang, in welchem die andere ein Recht geltend machen kann. So reicht etwa die Auskunftspflicht des Bewerbers nicht weiter, als dem Arbeitgeber ein entsprechendes Fragerecht zusteht, z. B. nach:

- **Vorstrafen:** nur soweit sie für die Art der Tätigkeit relevant ist,
- **Krankheit:** nur wenn Ansteckungsgefahr besteht oder sie den Bewerber an der Aufnahme der Tätigkeit dauernd hindert,
- **Schwerbehinderung:** grundsätzlich uneingeschränkt zulässig,
- **Schwangerschaft:** nein, nach der Rechtsprechung des EuGH generell unzulässig,
- **Pfändungen:** diese Frage ist rechtlich noch nicht abschließend geklärt,
- **Religions-, Partei- und Gewerkschaftszugehörigkeit:** nein, außer bei konfessionellen Institutionen (sog. Tendenzbetrieben),
- **Wettbewerbsverbot:** ja, der Bewerber muss sogar von sich aus darauf hinweisen.

Unwahre Angaben können zur **Anfechtung des Arbeitsverhältnisses** nach §§ 123, 141 BGB und damit zu dessen Nichtigkeit von Anfang an führen. Im Übrigen gilt: Bei Verletzung der Auskunfts-, Sorgfalts- oder Leistungspflichten entsteht ein Schadensersatzanspruch aus »Verschulden bei Vertragsschluss« (sog. culpa in contrahendo). Der Geschädigte ist so zu stellen, wie er gestanden hätte, wenn das schädigende Ereignis nicht eingetreten wäre (sog. negatives Interesse).

Nach § 94 BetrVG bedürfen **Personalfragebogen** und die Aufstellung allgemeiner **Beurteilungsgrundsätze** der Zustimmung des Betriebsrats. Das bedeutet, dass der Kriterienkatalog, auf dessen Grundlage die persönlichen Bewerberdaten erhoben werden (sollen), dem Mitbestimmungsrecht des Betriebsrats unterliegt. Gleiches gilt für die Festlegung der Klassifikationsmerkmale von Eignungsprofilen und Potenzialanalysen, sowie für standardisierte psychologische Eignungsbeurteilungsverfahren. Ob dem Betriebsrat auch beim Assessment-Center ein Mitbestimmungsrecht zusteht, ist umstritten. Soweit darin jedoch Testverfahren verwendet werden, sind zumindest diese mitbestimmungspflichtig.

Soll ein Bewerber eingestellt werden, so hat der Arbeitgeber (in Betrieben mit mehr als 20 wahlberechtigten Arbeitnehmern) vor der Einstellung die Zustimmung des Betriebsrats einzuholen und ihm die erforderlichen Bewerbungsunterlagen vorzulegen sowie die vorgesehene Eingruppierung mitzuteilen (§ 99 Abs. 1 BetrVG). Der Betriebsrat kann unter den in § 99 Abs. 2 Nr. 1 bis 6 abschließend aufgeführten Voraussetzungen seine Zustimmung verweigern. Hierzu zählen insbesondere:

• das Unterbleiben der nach § 93 BetrVG erforderlichen innerbetrieblichen Stellenausschreibung (siehe auch Kapitel 2.6.4),
• der Verstoß gegen eine Auswahlrichtlinie nach § 95 BetrVG.

Bei der Auswahlrichtlinie handelt es sich um die Aufstellung genereller Grundsätze darüber, wie bei Einstellungen (Versetzungen, Umgruppierungen und Kündigungen) verfahren werden soll und welche fachlichen, persönlichen und sozialen Gesichtspunkte dabei zu berücksichtigen sind. Die Einführung einer Auswahlrichtlinie durch den Arbeitgeber unterliegt dem Mitbestimmungsrecht des Betriebsrats. In Betrieben mit mehr als 500 Arbeitnehmern kann sie der Betriebsrat sogar verlangen (§ 99 Abs. 2 BetrVG).

Verweigert der Betriebsrat seine Zustimmung zur Einstellung eines neuen Mitarbeiters, so darf dieser nicht beschäftigt werden; sein Arbeitsverhältnis hat jedoch Bestand. Das bedeutet, dass der Arbeitgeber verpflichtet ist, ihm das Arbeitsentgelt zu zahlen, ohne dafür Arbeitsleistung beanspruchen zu können. Der Arbeitgeber hat die Möglichkeit, beim Arbeitsgericht die Ersetzung der Zustimmung durch gerichtlichen Beschluss zu beantragen (§ 99 Abs. 4 BetrVG).

Arbeitsvertrag – Form, Inhalt, Rechte, Pflichten

Das **Arbeitsverhältnis** wird – ungeachtet im Rahmen seiner Anbahnung entstehender vorvertraglicher Rechtsbeziehungen – durch **Abschluss des Arbeitsvertrages** begründet. Der Arbeitsvertrag kommt, wie jeder andere Vertrag auch, durch zwei einander entsprechende Willenserklärungen zustande. Beide Vertragspartner können sich bei Vertragsabschluss durch einen Dritten vertreten lassen. In der Regel kommt dies nur auf Seiten des Arbeitgebers vor, indem für ihn ein bevollmächtigter (leitender) Mitarbeiter handelt. Selbst wenn dieser intern keine Vollmacht innehat, ist der Vertrag wirksam. Der Arbeitgeber muss sich die fehlende Vertretungsbefugnis kraft Anscheins- bzw. Duldungsvollmacht zurechnen lassen.

Der Arbeitsvertrag bedarf grundsätzlich nicht der Schriftform, es sei denn, ein Gesetz (z. B. bei Befristung – § 14 Abs. 4 TzBfG) oder der geltende Tarifvertrag schreiben sie ausdrücklich vor. Dem steht auch das Nachweisgesetz (NachwG) nicht entgegen. Hiernach ist der Arbeitgeber verpflichtet, dem Arbeitnehmer spätestens einen Monat nach Beginn des Arbeitsverhältnisses die wesentlichen, in diesem Gesetz näher bezeichneten Bedingungen schriftlich mitzuteilen. Diese Bedingungen, die zugleich den Mindestinhalt eines (schriftlichen) Arbeitsvertrages darstellen, erstrecken sich auf folgende Angaben (§ 2 Abs. 1 NachwG):

- Name und Anschrift der Vertragsparteien,
- Zeitpunkt des Beginns des Arbeitsverhältnisses,
- bei Befristungen: die vorhersehbare Dauer des Arbeitsverhältnisses,
- Arbeitsort einschließlich eventueller Versetzungsklausel,
- Kurzbeschreibung der zu leistenden Tätigkeit,
- Zusammensetzung und Höhe des Entgelts einschließlich der Zuschläge, Zulagen, Prämien und Sonderzahlungen sowie anderer Bestandteile des Arbeitsentgelts und dessen Fälligkeit,
- vereinbarte Arbeitszeit,
- Dauer des jährlichen Urlaubsanspruchs,
- Kündigungsfristen,
- Hinweis auf die anzuwendenden Tarifverträge und Betriebsvereinbarungen.

Zum **Inhalt des Arbeitsvertrags** werden auch – ohne dass es auf eine ausdrückliche Annahme des Angebots durch den Arbeitnehmer ankommt – Leistungen, die auf folgenden Rechtsgrundlagen beruhen:

- **Betriebliche Einheitsregelung:** Hierbei handelt es sich um den Verweis auf vorformulierte Arbeitsbedingungen, die für alle oder zumindest eine Vielzahl Arbeitnehmer gelten.
- **Gesamtzusage:** Sie wird dadurch begründet, dass der Arbeitgeber durch Aushang, per Intranet, auf einer Betriebsversammlung etc. verspricht, den Arbeitnehmern – meist unter näher bezeichneten Bedingungen – bestimmte Leistungen zu gewähren.
- **Betriebliche Übung:** Sie entsteht, wenn der Arbeitgeber wiederholt gleichbleibende Leistungen gewährt hat und dadurch bei den Arbeitnehmern das begründete Vertrauen erweckt, diese Praxis auch in Zukunft beizubehalten. Ist die betriebliche Übung unter dem Vorbehalt jederzeitiger Widerrufbarkeit der durch sie begründeten Leistungen erfolgt, kann sie der Arbeitgeber durch Widerruf beenden. Allerdings muss der Widerruf dem Grundsatz der Billigkeit (§ 315 BGB) entsprechen, was gerichtlich nachgeprüft werden kann. Bei kraft betrieblicher Übung vorbehaltlos gewährten Leistungen kommt eine Beendigung durch einvernehmliche Vertragsänderung oder durch Änderungskündigung (siehe auch Kapitel 2.1.3) in Betracht. Des Weiteren kann die betriebliche Übung im Wege des Abschlusses einer Betriebsvereinbarung (siehe auch Kapitel 2.1.7) verdrängt werden, sofern diese günstigere Regelungen für die Arbeitnehmer vorsieht. Die »Verdrängung« hält nur so lange an, wie die Betriebsvereinbarung besteht. Danach leben die Rechte aus der betrieblichen Übung wieder auf. Die Ablösung, d. h. die Ersetzung der betrieblichen Übung durch eine verschlechternde Betriebsvereinbarung ist unzulässig. Zulässig dagegen ist die Ablösung dann, wenn die Leistungen lediglich umstrukturiert werden und sie in ihrer Gesamtheit nicht zu einer Schlechterstellung der Arbeitnehmer führen, oder wenn im Arbeitsvertrag ein Vorbehalt vereinbart worden ist, der durch Betriebsvereinbarung begründete »schlechtere« Arbeitsbedingungen ausdrücklich zulässt.

Obwohl auch im Arbeitsrecht der Grundsatz der Vertragsfreiheit gilt, unterliegen Arbeitsverträge der allgemeinen Billigkeitskontrolle durch die Arbeitsgerichte. Soweit es sich um Formulararbeitsverträge handelt, gelten die AGBs (= Allgemeine Geschäftsbedingungen) und deren Kontrolle nach den §§ 305 ff. BGB. Formulararbeitsverträge sind solche, die – wie in der Praxis üblich – für alle (neu einzustellenden) Mitarbeiter im Wesentlichen gleich lauten.

Die insoweit wichtigsten auf den Arbeitsvertrag anzuwendenden Vorschriften sind in der folgenden Tabelle wiedergegeben (siehe Abbildung 100).

Inhaltskontrolle (vgl. § 307 BGB)
Bestimmungen in Formulararbeitsverträgen sind unwirksam, wenn sie den Arbeitnehmer unangemessen benachteiligen. Dies ist der Fall, wenn in ihnen eine Bestimmung • nicht klar und verständlich ist, • mit wesentlichen Grundgedanken der gesetzlichen/tarifvertraglichen Regelung, von der abgewichen wird, nicht zu vereinbaren ist, • wesentliche Rechte oder Pflichten, die sich aus der Natur des Vertrags ergeben, so einschränkt, dass die Erreichung des Vertragszwecks gefährdet ist.
Klauselverbote (vgl. § 308 BGB und § 309 BGB)
• In Formulararbeitsverträgen sind unwirksam: • die Vereinbarung eines Rechts des Arbeitgebers, die versprochene Leistung zu ändern oder von ihr abzuweichen, wenn nicht die Vereinbarung der Änderung oder Abweichung unter Berücksichtigung der Interessen des Arbeitgebers für den Arbeitnehmer zumutbar ist (§ 308 Nr. 4 BGB); • eine Bestimmung, durch die dem Arbeitgeber für den Fall der Nichtabnahme oder verspäteten Abnahme der Leistung, des Zahlungsverzugs oder für den Fall, dass der Arbeitnehmer sich vom Vertrag löst, die Zahlung einer Vertragsstrafe versprochen wird (§ 309 Nr. 6 BGB).

Abb. 100: Gesetzestexte

Diese Vorschriften stehen sämtlich unter dem Gesetzesvorbehalt, dass bei ihrer Anwendung auf Arbeitsverträge »die im Arbeitsrecht geltenden Besonderheiten zu berücksichtigen« sind (§ 310 IV 2 BGB).

Die aus dem Arbeitsvertrag sich ergebenden **Hauptpflichten** betreffen auf Arbeitnehmerseite die Pflicht zur Erbringung der Arbeitsleistung und auf Seiten des Arbeitgebers die Pflicht zur Zahlung des vereinbarten Arbeitsentgelts.

Daneben bestehen für beide Seiten eine Reihe von **Nebenpflichten**, als deren wichtigste die Treuepflicht des Arbeitnehmers und die Fürsorgepflicht des Arbeitgebers zu nennen sind. Im Einzelnen hat der **Arbeitnehmer** u. a. die Pflicht:

• sich gegenüber dem Arbeitgeber nicht wettbewerbswidrig zu verhalten,
• keine Nebentätigkeiten auszuüben, die seine Arbeitspflicht beeinträchtigen,
• Stillschweigen über Betriebsgeheimnisse zu wahren,
• im Falle der Arbeitsunfähigkeit diese dem Arbeitgeber unverzüglich mitzuteilen und – in der Regel nach drei Tagen – durch ärztliches Attest nachzuweisen, sowie sich während der Arbeitsunfähigkeit so zu verhalten, dass der Gesundungsprozess möglichst rasch voranschreitet,

- mit Betriebsmitteln sorgfältig umzugehen und den Arbeitgeber auf Störungen, Fehler etc. umgehend aufmerksam zu machen.

Zu den **Nebenpflichten des Arbeitgebers** gehören vorrangig folgende Pflichten:

- das Leben, die Gesundheit und die persönliche Integrität des Arbeitnehmers zu schützen,
- Lohnsteuer und Sozialversicherungsbeiträge fristgemäß abzuführen,
- die eingebrachten Sachen des Arbeitnehmers zu schützen,

Im Übrigen werden die arbeitgeberseitigen Nebenpflichten durch eine Reihe öffentlich-rechtlicher Vorschriften konkretisiert, z. B. durch die Arbeitsstättenverordnung, die Gefahrstoffverordnung, das Gerätesicherheitsgesetz etc.

Vertragsarten

Je nach Vertragstypus sind folgende Arbeitsverhältnisse zu unterscheiden (siehe Abbildung 101):

Vertragstypus	Unterscheidung nach			
	Arbeitnehmergruppen	Vertragsdauer	Gestaltungsform	Zweck

	• Arbeiter
	• Angestellte
	  □ Tarif
	  □ AT
	  □ leitend
	• Auszubildende
	• Ferienbeschäftigte
	• Praktikanten
	• Geringfügig Beschäftigte (450 EUR)
		• Unbefristet
		• Befristet
		  □ zeitbefristet
		  □ zweckbefristet
			• Teilzeit
			• Job Sharing
			• Arbeit auf Abruf
			• Home-Office
			• Altersteilzeit
				• Probearbeitsverhältnis
				• Aushilfsarbeitsverhältnis

Abb. 101: Vertragsarten

Zwar gilt das tarifgebundene bzw. an den geltenden Tarifvertrag angelehnte **Vollzeitarbeitsverhältnis** nach wie vor als der »Normalfall«. Dennoch kennt die betriebliche Praxis eine Reihe von diesem Standardtypus abweichender Vertragsgestaltungen. Als deren wichtigste sind das **Teilzeitarbeitsverhältnis**, das **befristete Arbeitsverhältnis**, und das **außertarifliche Arbeitsverhältnis** zu nennen.

Teilzeitarbeitsverhältnis

Jeder vollzeitbeschäftigte Arbeitnehmer hat unter den folgenden Voraussetzungen Anspruch auf Begründung eines Teilzeitarbeitsverhältnisses (§ 8 TzBfG):

- Dauer des bestehenden Arbeitsverhältnisses > sechs Monate,
- Ankündigungsfrist durch den Arbeitnehmer ≥ drei Monate,
- keine entgegenstehenden betrieblichen Gründe.

Der Arbeitgeber hat mit dem Arbeitnehmer die Sachlage mit dem Ziel, zu einer Vereinbarung zu gelangen, zu erörtern. Danach sind folgende Varianten denkbar (siehe Abbildung 102):

Arbeitgeber entscheidet			
	positiv	negativ	nicht
fristgemäß, d. h. spätestens einen Monat vor dem gewünschten Beginn der Teilzeit.	Verringerung der Arbeitszeit entsprechend dem Wunsch des Arbeitnehmers	keine Verringerung der Arbeitszeit, aber: Arbeitnehmer kann Klage bei Arbeitsgericht erheben.	
nach Ablauf der Frist		Verringerung der Arbeitszeit entsprechend dem Wunsch des Arbeitnehmers	Verringerung der Arbeitszeit entsprechend dem Wunsch des Arbeitnehmers

Abb. 102: Teilzeitbeschäftigung

Die entgegenstehenden betrieblichen Gründe sind nach der Rechtsprechung des BAG auf der Grundlage eines Drei-Stufen-Schemas zu prüfen (siehe Abbildung 103).

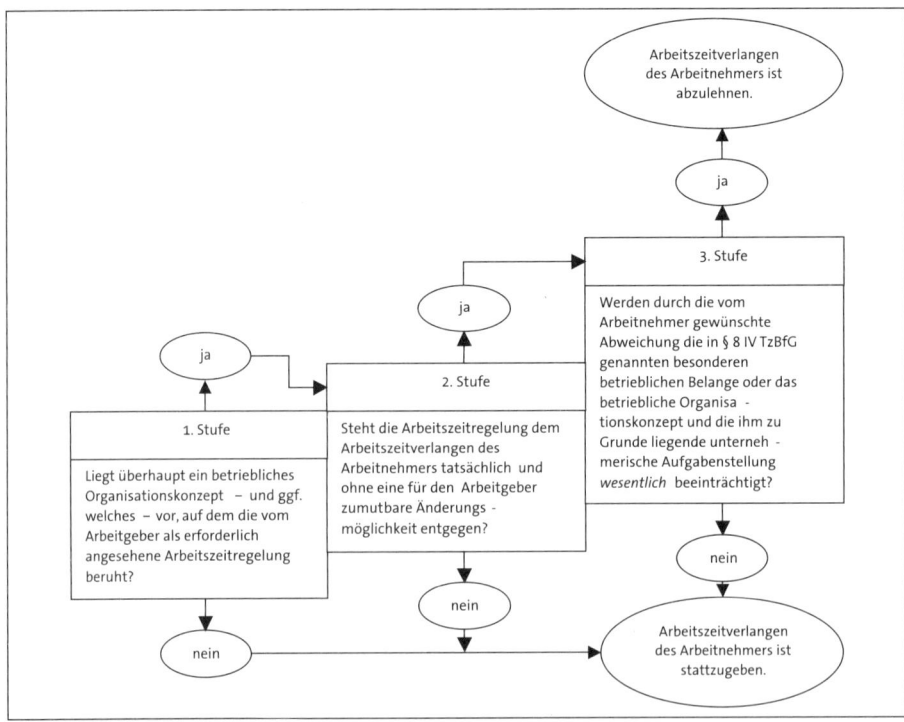

Abb. 103: Prüfung entgegenstehender betrieblicher Gründe

Befristetes Arbeitsverhältnis

Hierbei ist zu unterscheiden zwischen der Befristung mit sachlichem Grund und der kalendarischen Befristung. Beide Befristungsarten sind an unterschiedliche Bedingungen geknüpft.

Befristungen mit sachlichem Grund können im Prinzip solange verlängert werden, wie sachliche Gründe vorliegen. Allerdings dürfen sie nicht eingesetzt werden, um eine in Wirklichkeit erforderliche Aufstockung des Stammpersonals zu umgehen, d. h. der Arbeitgeber darf sein unternehmerisches Risiko nicht auf den Mitarbeiter verlagern, indem er statt eines unbefristeten ein befristetes Arbeitsverhältnis mit ihm eingeht. Als Faustregel gilt, dass eine dreimalige Verlängerung als unproblematisch betrachtet werden kann. Die **kalendarische Befristung** ist ausgeschöpft, wenn entweder die zwei Jahre verstrichen sind oder – selbst bei verkürztem Höchstzeitraum – das Arbeitsverhältnis dreimal verlängert worden ist. Sie darf auch nicht an eine oder mehrere Befristungen mit sachlichem Grund »angehängt« werden. Die umgekehrte Variante – **Sachgrundbefristung** folgt auf kalendarische Befristung – ist jedoch möglich. Seit der Entscheidung des BAG vom 6. April 2011 (7 AZR 716/09) hat sich bezüglich der kalendarischen Befristung eine **wichtige Änderung** vollzogen. Während § 14 Abs. 2 S. 2 TzBfG bis dahin so ausgelegt worden ist, dass selbst nach einem (befristeten) Arbeitsverhältnis von nur einem einzigen Tag das kalendarisch befristete Arbeitsverhältnis »auf ewig« verbraucht war, darf dieses nunmehr vereinbart werden, wenn seit dem früheren Arbeitsverhältnis mehr als drei Jahre vergangen sind (siehe Abbildung 104).

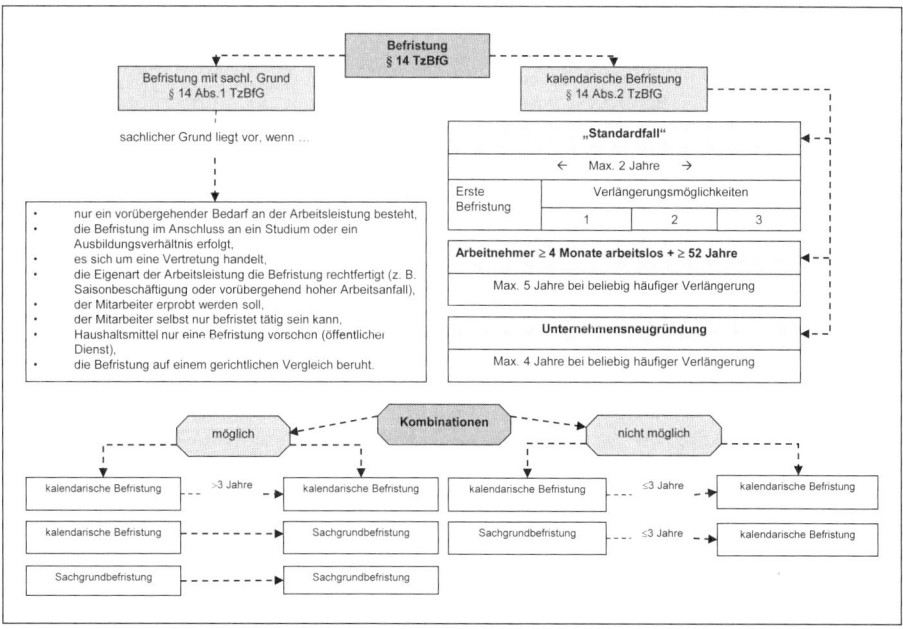

Abb. 104: Befristungsarten

Durch Fehler, die zur Unwirksamkeit der (Sachgrund- oder kalendarischen) Befristung führen, wird ein unbefristetes Arbeitsverhältnis begründet. Das ist z. B. der Fall, wenn bei der Verlängerung einer kalendarischen Befristung die »Formalitäten« in der Personalabteilung erst erledigt werden, nachdem der Mitarbeiter seine Arbeit bereits fortgesetzt hat. Es gilt die Reihenfolge: Zuerst die Verlängerungsvereinbarung abschließen, dann erst die Arbeit fortsetzen.

Im Rahmen des oft vorkommenden Befristungsgrundes »Vertretung eines anderen Arbeitnehmers« (§ 14 Abs. 1 S. 2 Nr. 3 TzBfG) ist auf die Besonderheit hinzuweisen, dass nach der Rechtsprechung des BAG neben der unmittelbaren und der mittelbaren Vertretung seit Neuem die Fallgruppe der »**gedanklichen Vertretung**« Bedeutung erlangt. Im Einzelnen:

- **Unmittelbare Vertretung**: Der Vertreter übernimmt die Aufgabe des Vertretenen eins zu eins.
- **Mittelbare Vertretung**: Der Vertreter übernimmt die Aufgabe eines anderen (unbefristeten) Mitarbeiters, der seinerseits das Aufgabengebiet der abwesenden Stammkraft bis zu deren Rückkehr betreut.
- **Gedankliche Vertretung**: Der befristet eingestellte Vertreter nimmt (zusätzlich) Aufgaben wahr, die der Vertretene bisher nicht ausgeübt hat. Voraussetzung ist allerdings, dass der **Vertretene** erstens fachlich in der Lage wäre, die Aufgabe – evtl. nach kurzer Einarbeitungszeit – ebenfalls auszuüben und zweitens der Arbeitgeber aufgrund Arbeitsvertrags rechtlich in der Lage wäre, diese Aufgabe der vertretenen Stammkraft **kraft Direktionsrechts** zu übertragen (siehe hierzu insbesondere BAG, 10.10.2012 – 7 AZR 462/11).

Außertarifliches Arbeitsverhältnis

Der Begriff »außertariflicher Angestellter« oder kurz gefasst »AT-Angestellter« hat sich trotz des überholten Begriffs »Angestellter« im betrieblichen und juristischen Sprachgebrauch behauptet. Wer zu dieser Arbeitnehmergruppe zählt, kann allgemein verbindlich nur in abstrakter Form benannt werden: Es sind alle Mitarbeiter mit einem Aufgabengebiet, das vom persönlichen Geltungsbereich des einschlägigen Tarifvertrags ausgenommen ist. Konkreter: Man muss die in jedem Tarifvertrag enthaltene Geltungsbereichsdefinition zu Rate ziehen, um herauszufinden, wer AT-Angestellter ist. Denn die Definition fällt von Tarifvertrag zu Tarifvertrag unterschiedlich aus. Danach bemisst sich die AT-Stellung typischerweise gemäß der – von Tarifvertrag zu Tarifvertrag unterschiedlich ausfallenden – Kombination aus folgenden Kriterien:

- Überschreiten der Gehaltsbezüge um einen bestimmten – im Tarifvertrag näher bezeichneten – Prozentsatz des in der höchsten Tarifgruppe ausgewiesenen Entgelts (sog. Gehaltsabstandsklausel),
- Überschreiten der Vertragsbedingungen des Tarifvertrags »im Ganzen gesehen«,
- Überschreiten der in der höchsten Tarifgruppe beschriebenen Anforderungen an das Aufgabengebiet,
- Abschluss eines Einzelarbeitsvertrags.

Während der Abschluss eines Einzelvertrags in der Regel stets gefordert wird, kann das Vorliegen der anderen Kriterien kumulativ oder alternativ vorgeschrieben sein. Sofern der Tarifvertrag eine Gehaltsabstandsklausel in bestimmter Höhe vorschreibt, lässt sich die »AT-Fähigkeit« eines Aufgabengebiets bzw. dessen, der es innehat, anhand eines objektiv messbaren Kriteriums und damit relativ leicht ermitteln. Anders verhält es sich dagegen mit den beiden anderen Kriterien. Insbesondere wenn der Tarifvertrag als notwendige Bedingung auf das »Überschreiten der in der höchsten Tarifgruppe beschriebenen Anforderungen« abstellt, kann die Abgrenzung wegen der unbestimmten Formulierungen in der Definition der jeweils höchsten Entgeltgruppe (siehe Kapitel 2.3.2) erhebliche Schwierigkeiten bereiten.

Manche Tarifverträge kennen die Rechtsfigur des AT-Angestellten überhaupt nicht. Werden im Geltungsbereich eines solchen Tarifvertrags dennoch Arbeitnehmer zu AT-Angestellten ernannt, so handelt es sich bei ihnen rechtlich um Tarifangestellte, deren Entgelt, soweit es das in der höchsten Tarifgruppe vorgesehene überschreitet, rechtlich eine **übertarifliche Zulage** (siehe Kapitel 2.3.6) darstellt. Man spricht in diesem Zusammenhang deshalb mitunter von »unechten« AT-Angestellten. Gleiches gilt für diejenigen Mitarbeiter, die zu AT-Angestellten »befördert« werden, obwohl sie nach den Definitionskriterien der tariflichen Geltungsbereichsregelung nicht zu dieser Arbeitnehmergruppe zählen.

Zu den AT-Angestellten im weiteren Sinne zählen auch die **leitenden Angestellten**. Bei ihnen handelt es sich um Arbeitnehmer, die aufgrund ihrer herausgehobenen betrieblichen Stellung nicht nur dem Tarifvertrag enthoben sind, sondern auch nicht dem Betriebsverfassungsgesetz unterliegen. Wer zu diesem Arbeitnehmerkreis gehört, bemisst sich nach § 5 Abs. 3 BetrVG.

Abgrenzung zu anderen Vertragsarten

Dienstvertrag

Der Arbeitsvertrag ist ein Unterfall des Dienstvertrags, sodass der Satz gilt:

> Jedes **Arbeitsverhältnis ist ein Dienstverhältnis,** aber nicht jedes Dienstverhältnis ist notwendigerweise auch ein Arbeitsverhältnis.

Wodurch unterscheidet sich das Dienstverhältnis, das nicht Arbeitsverhältnis ist, von letzterem? Der aufgrund eines Dienstvertrags Verpflichtete ist grundsätzlich **selbstständiger Unternehmer**; er steht im Unterschied zum Arbeitnehmer nicht in einem persönlichen Abhängigkeitsverhältnis zum Auftragnehmer, d. h. er unterliegt nicht dem Weisungsrecht des Arbeitgebers. Des Weiteren ist er bei der Erbringung seiner dienstvertraglichen Leistung nicht in die (fremdbestimmte) Arbeitsorganisation des Arbeitgebers eingegliedert. Das typische Beispiel für ein solches Dienstverhältnis ist der **freie Mitarbeiter**.

Persönliche Unabhängigkeit und fehlende Eingliederung in den Betrieb macht denjenigen, der auf der Grundlage eines Dienstvertrags tätig ist, nicht in jedem Fall zum »freien« Mitarbeiter. Je nach der konkreten Ausgestaltung des Dienstverhältnisses kann es sich bei ihm auch um eine sog. **arbeitnehmerähnliche Person** handeln. Diese ist dadurch gekennzeichnet, dass sie vom Auftragnehmer wirtschaftlich abhängig und damit in ihrer sozialen Schutzbedürftigkeit einem Arbeitnehmer vergleichbar ist. **Wirtschaftliche Abhängigkeit** liegt vor, wenn die Person

- die geschuldeten Leistungen persönlich und im Wesentlichen ohne Mitwirkung von Mitarbeitern des Arbeitgebers erbringt,
- überwiegend für einen Auftraggeber arbeitet,
- mehr als die Hälfte ihres Einkommens aus der Tätigkeit für diesen einen Auftraggeber erwirtschaftet.

Für arbeitnehmerähnliche Personen gelten eine Reihe arbeitsrechtlicher Vorschriften, wie z. B. das Tarifvertragsgesetz (§ 12 a TVG), Teile des Bundesurlaubsgesetzes (§ 12 BUrlG), und das Arbeitsgerichtsgesetz (§ 5 Abs. 1 S. 2 ArbGG).

Werkvertrag

Im Unterschied zum Dienstvertrag, bei dem eine in der Regel nach der Zeitdauer bemessene Tätigkeit geschuldet wird, kommt es beim Werkvertrag (siehe Kapitel 2.6.5) auf den »Erfolg«, also auf die **Fertigstellung eines »Werkes«** an. Während der Dienstleistende lediglich den ordnungsgemäßen Leistungseinsatz (das »Bemühen«) schuldet, ist der Auftragnehmer im Rahmen eines Werkvertrags ggf. zur **Nachbesserung** verpflichtet. Im Einzelfall kann die Abgrenzung Schwierigkeiten bereiten, da es oft auf den Blickwinkel, aus dem die Erfüllung der Leistung betrachtet wird, ankommt.

> **Beispiel**: Schuldet die Putzfrau zweistündige Tätigkeit zum Säubern einer bestimmten Fläche (»Bemühen«) oder eine Anzahl Quadratmeter sauberen Fußbodens (»Erfolg«)?

Das Rechtsverhältnis eines freien Mitarbeiters kann durchaus auch als Werkvertrag ausgestaltet sein. Dabei stellt sich allerdings nicht nur die Frage, ob es sich in Wirklichkeit um einen Dienstvertrag handelt; zu prüfen ist des Weiteren, ob er möglicherweise als arbeitnehmerähnliche Person bzw. als Scheinselbstständiger anzusehen ist.

Arbeitnehmerüberlassung

Arbeitnehmerüberlassung, auch **Personalleasing oder Leiharbeit** genannt, liegt vor, wenn ein Unternehmen (Verleiher) Personen, die zu ihm in einem vertraglich begründeten Arbeitsverhältnis stehen, gegen Entgelt an ein anderes Unternehmen (Entleiher) zur Erbringung von Arbeitsleistung verleiht (siehe Kapitel 2.6.5). Hierbei wird der Leiharbeitnehmer in den Betrieb des Entleihers eingegliedert und unterliegt dem Weisungsrecht des dortigen Arbeitgebers, bleibt aber Arbeitnehmer des Verleihers. Nach § 1 Abs.1 S. 2 AÜG in der Neufassung vom 20. Dezember 2011 erfolgt die Überlassung von Arbeitnehmern an Verleiher vorübergehend. Ab wann von einer nur vorübergehenden Überlassung nicht mehr gesprochen werden kann und welche Rechtsfolgen daran geknüpft sind, regelt das Gesetz nicht. Leiharbeitnehmer sind nach § 7 BetrVG zum Betriebsrat im Betrieb des Entleihers wahlberechtigt, wenn sie am Wahltag für länger als drei Monate in diesem Betrieb eingesetzt werden. Allerdings zählen sie nach derzeit (Stand: 2013) geltender Rechtslage nicht bei der für die Größe des Betriebsrats (§ 9 BetrVG) bzw. für die Zahl der Freistellungen (§ 38 BetrVG) maßgebenden Personalstärke des Betriebs mit. Dagegen ist die Zahl der Leiharbeitnehmer laut Urteil des BAG vom 24. Januar 2013 (2 AZR 140/12) im Rahmen des Schwellenwertes nach § 23 Abs.1 S. 3 KSchG sehr wohl zu berücksichtigen.

Nach § 9 Nr. 3 AÜG ist der Entleiher berechtigt, einen Leiharbeitnehmer – in der Regel gegen Zahlung einer »angemessenen Vergütung« an den bisherigen Verleiher – als Mitarbeiter einzustellen. Was die Vergütung und die sonstigen materiellen Arbeitsbedingungen der Leiharbeitnehmer anbelangt, gelten die folgenden Regelungen (siehe Abbildung 105).

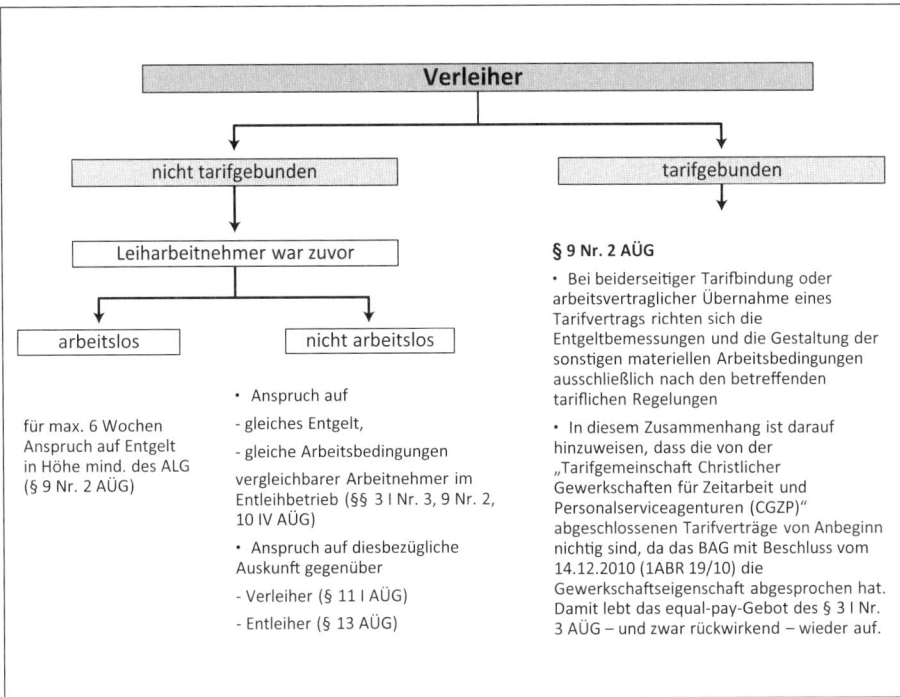

Abb. 105: Materielle Arbeitsbedingungen von Leiharbeitnehmern

Rechtsmängel des Arbeitsvertrages bzw. -verhältnisses

Stellt sich nach Begründung des Arbeitsverhältnisses heraus, dass der Arbeitsvertrag nichtig oder wirksam angefochten worden ist, so kann dies die Pflichten des Arbeitgebers (z. B. Vergütungspflicht) in aller Regel nicht rückwirkend beseitigen. In diesen Fällen liegt ein sog. faktischer Vertrag bzw. ein **faktisches Arbeitsverhältnis** vor. Von ihm können sich Arbeitgeber wie Arbeitnehmer ohne Beachtung von Kündigungsfristen oder Formvorschriften lösen.

Welche Auswirkungen die Rechtsmängel im Einzelnen auf Arbeitsvertrag und Arbeitsverhältnis nach sich ziehen, zeigt folgende Tabelle (siehe Abbildung 106):

Tatbestand	Auswirkungen auf den Arbeitsvertrag	Rechtsgrundlage	Auswirkungen auf das Arbeitsverhältnis	Bemerkungen
Anfechtung wegen Irrtum/ Täuschung	Nichtigkeit von Anfang an, sofern Anfechtung erklärt wird	§§ 119, 141 BGB §§ 123, 141 BGB	faktisches Arbeitsverhältnis • vor Arbeitsbeginn: kein Arbeitsverhältnis • nach Arbeitsbeginn: »faktisches Arbeitsverhältnis«	• Anfechtung unverzüglich (§ 121 BGB) • Anfechtung bis ein Jahr nach Kenntnis des Grundes
Nichtigkeit wegen Verstoßes gegen Verbot/ Sittenwidrigkeit	Nichtigkeit (evtl. nur Teilnichtigkeit) von Anfang an	§ 134 BGB § 138 BGB	soweit Vertrag nichtig, kein Arbeitsverhältnis (Forderungen evtl. nach §§ 812, 817 BGB)	z. B. Arbeitnehmerschutzgesetze; Verstoß gegen Strafgesetze
fehlende Vertretungsmacht auf Seiten des Arbeitgebers bei Unterschrift	Vertrag unwirksam (Arbeitnehmer kann Genehmigung durch Unterschriftsberechtigten verlangen)	§ 77 BGB	»faktisches Arbeitsverhältnis«	Wirksamkeit des Vertrages evtl. wegen Anscheins oder Duldungsvollmacht
Nichtzustimmung des Betriebsrates	Vertrag wirksam	§§ 99 ff. BetrVG	Arbeitsverhältnis wirksam, aber fehlerhaft (Arbeitnehmer darf nicht »eingestellt« werden, d. h. er darf keine Arbeitsleistung erbringen)	Arbeitgeber gerät in Annahmeverzug, d. h. er muss das vereinbarte Entgelt zahlen (§ 615 BGB)

Abb. 106: Rechtsmängel und ihre Auswirkungen auf den Arbeitsvertrag

2.1.3 Ausgestaltung des Arbeitsverhältnisses

Arbeitszeit

Die **Rechtsgrundlagen des Arbeitszeitrechts** finden sich, je nach Regelungsgegenstand, in unterschiedlichen Rechtsquellen. Insbesondere kommen in Betracht: Arbeitszeitgesetz (ArbZG), Tarifvertrag, Arbeitsvertrag und Betriebsverfassungsgesetz (BetrVG). Das Arbeitszeitgesetz regelt die Höchstgrenzen zulässiger Arbeitszeit einschließlich der einzuhaltenden Pausen nach folgenden Maßgaben (siehe Abbildung 107):

tägliche Dauer der Arbeitszeit (§ 3)		maximal 8 Stunden									wenn im ∅ von 6 Monaten oder 24 Wochen 8 Std. täglich erreicht werden
		1	2	3	4	5	6	7	8	9	10
Pause (§ 4)	Minimum	keine Pause						30 Minuten			45 Minuten
	Lage	beliebig, z. B. nach 4 Std.; Dauer mindestens jeweils 15 Minuten									

Abb. 107: Arbeitszeit

Zwischen dem Ende der Arbeitszeit und dem Beginn des nächsten Arbeitseinsatzes schreibt das Gesetz eine **Ruhezeit** von mindestens elf Stunden vor (§ 5 Abs. 1 ArbZG). Zu beachten ist, dass das Arbeitszeitgesetz von der Sechs-Tage-Woche ausgeht, der Arbeitnehmer also – inklusive samstags – an 48 Stunden/Woche beschäftigt werden – oder einer Nebentätigkeit im entsprechenden Umfang nachgehen – darf.

Während das Arbeitszeitgesetz die aus Arbeitsschutzgründen zulässige Höchstarbeitszeit festlegt, bestimmt der **Tarifvertrag** (siehe Kapitel 2.1.8) die – meist geringere – Wochenarbeitszeit, die für ein tarifgebundenes Unternehmen verbindlich ist. Des Weiteren regelt er die tägliche Mindeststundenzahl für Teilzeitbeschäftigte. Bei flexibler Arbeitszeit gibt er den Referenzzeitraum vor, innerhalb dessen die wöchentliche Stundenzahl erreicht werden muss. Ferner enthält er Regelungen über Rufbereitschaft und Mehrarbeit (Überstunden), sowie über Nacht-, Sonn- und Feiertagsarbeit.

Im **Arbeitsvertrag** findet sich die mit dem einzelnen Arbeitnehmer vereinbarte Arbeitszeit, deren Lage (Schichtzeiten) und evtl. die Verpflichtung, bei betrieblichem Erfordernis auf Anordnung des Vorgesetzten Mehrarbeit zu leisten.

Das **Betriebsverfassungsgesetz** verleiht dem Betriebsrat ein Mitbestimmungsrecht über Beginn und Ende der täglichen Arbeitszeit einschließlich der Pausen sowie die Verteilung der Arbeitszeit auf die einzelnen Wochentage (§ 87 Abs. 1 Nr. 2 BetrVG). Diese Vorschrift verpflichtet den Arbeitgeber u. a., vor der Anordnung von Mehrarbeit die Zustimmung des Betriebsrats einzuholen.

Urlaub

Nach § 3 Abs. 1 BUrlG beträgt der jährliche **Mindesturlaubsanspruch** 24 Werktage (bei Fünf-Tage-Woche 20 Werktage). Diese Dauer wird durch die Tarifverträge üblicherweise deutlich überschritten. Schwerbehinderten steht nach § 125 SGB IX zusätzlich ein Sonderurlaubsanspruch in Höhe von jährlich fünf Arbeitstagen zu. Soweit der Arbeitgeber an einen Tarifvertrag gebunden ist, finden sich darin die für das jeweilige Unternehmen geltenden Regelungen. Meist lehnen sich die Tarifverträge – mit Ausnahme der Urlaubsdauer – an das BUrlG an, bzw. nehmen direkt auf dessen Vorschriften Bezug, sodass folgende Urlaubsgrundsätze allgemein als verbindlich angesehen werden können:

- Der volle Urlaubsanspruch wird erstmalig nach sechsmonatigem Bestehen des Arbeitsverhältnisses erworben (Wartezeit).

- Vor erfüllter Wartezeit hat der Arbeitnehmer für jeden vollen Monat des Bestehens des Arbeitsverhältnisses Anspruch auf ein Zwölftel des Jahresurlaubs. Das gleiche gilt, wenn er während dieses Zeitraums bzw. – nach erfüllter Wartezeit – in der ersten Hälfte des Kalenderjahres aus dem Unternehmen ausscheidet.
- Der Entstehung des Urlaubsanspruchs steht nicht entgegen, dass der Arbeitnehmer im Kalenderjahr (z. B. wegen dauerhafter Arbeitsunfähigkeit) keine Arbeitsleistung erbracht hat.
- Während des Urlaubs darf der Arbeitnehmer keine dem mit dem Urlaub verbundenen Erholungszweck widersprechende Erwerbstätigkeit leisten.
- Der Vorgriff auf den erst im nächsten Jahr entstehenden Urlaubsanspruch ist unzulässig. Vorab erteilter Urlaub ist nachzugewähren.

Die Übertragung des Urlaubsanspruchs auf das Folgejahr ist nur statthaft, wenn dringende betriebliche oder persönliche Gründe dies rechtfertigen. Der bis zum 31. März nicht genommene Urlaub verfällt. Verfällt der Urlaubsanspruch, weil der Arbeitgeber ihn – trotz Antrags des Arbeitnehmers – nicht erfüllt hat, tritt an die Stelle des verfallenen Urlaubsanspruchs ein **Schadensersatzanspruch** in gleicher Höhe (§§ 275 Ab.1 1 und 4, 280 Abs. 1, 283 Satz 1, 286 Abs. 1 S. 1, 249 BGB). Dieser verjährt erst nach drei Jahren (§ 195 BGB), beginnend mit dem Schluss des Jahres, in dem er entstanden ist (§ 199 Abs. 1 S. 1 BGB).

Der Grundsatz vom Verfall des Urlaubsanspruchs nach dem 31. März des Folgejahres gilt seit dem Urteil des EuGH vom 20. Januar 2009 (C 350/06) mittlerweile nicht mehr uneingeschränkt. Darin hat der Gerichtshof für Arbeitnehmer, die den (Rest-)Urlaub **wegen Krankheit** nicht fristgerecht nehmen konnten, eine Sonderregelung getroffen. Rechtsgrundlage für seine Entscheidung ist die europarechtlich verbindliche Richtlinie 2003/88/ EG, die einen vierwöchigen Urlaubsanspruch pro Jahr vorsieht. Vier Wochen entsprechen dem bundesgesetzlichen Mindesturlaubsanspruch von 24 Tagen (bei Sechs-Tage-Woche) bzw. 20 Tagen (bei Fünf-Tage-Woche). Aus diesem Grund erfasst das EuGH-Urteil grundsätzlich nicht solche Urlaubsansprüche, die durch Tarif- oder Arbeitsvertrag über den Mindesturlaub hinausgehen.

> **Beispiel:** Der Mitarbeiter hat 2009 zehn Tage Urlaub genommen; er ist von Dezember 2009 bis April 2010 arbeitsunfähig. Nicht verfallen sind also:
>
> - bei Sechs-Tage-Woche: 14 Tage,
> - bei Fünf-Tage-Woche: 10 Tage.

Die Entscheidung des EuGH warf alsbald nach ihrem Bekanntwerden eine Reihe von Fragen auf, z. B.:

1) Welche Konsequenz hat das Urteil im Hinblick auf den Sonderurlaub für Schwerbehinderte nach § 125 SGB IX?
   Nur zwei Wochen nach jenem EuGH-Urteil hatte das LAG Düsseldorf (2. Februar 2009 – 12 Sa 486/06) »draufgesattelt«, indem es auch den Zusatzurlaub nach § 125 I 1 SGB IX für unverfallbar erklärte, sofern er wegen Arbeitsunfähigkeit des schwerbehinderten Arbeitnehmers nicht rechtzeitig genommen werden konnte. In der Revision über dieser Sache hat sich das BAG (23. März 2010 – 9 AZR 128/09)

der apodiktischen Feststellung des LAG Düsseldorf, der Zusatzurlaub folge »bundesurlaubsgesetzlichen Bedingungen« angeschlossen und entschied ebenso lapidar: »Der Anspruch auf Schwerbehindertenzusatzurlaub teilt das rechtliche Schicksal des Mindesturlaubsanspruchs.«

2) Kann der »übergesetzliche« (= tarifliche oder arbeitsvertragliche) Urlaub ebenfalls übertragen werden?

Der EuGH hat den Tarifvertragsparteien ausdrücklich gestattet, den über die vier Wochen hinausgehenden tariflichen Mehrurlaub abweichend von den europarechtlichen/bundesgesetzlichen Vorgaben zu regeln. Ob sie von dieser Regelungsmacht Gebrauch gemacht haben, ist durch Auslegung der maßgeblichen Tarifbestimmungen zu ermitteln. Nach BAG-Urteil vom 12. April 2011 (9 AZR 80/10) »muss die Auslegung ergeben, dass der Tarifvertrag vom grundsätzlichen Gleichlauf zwischen gesetzlichem Mindesturlaub und tariflichem Mehrurlaub abweicht. Das ist der Fall, wenn er entweder zwischen gesetzlichem Urlaub und tariflichem Mehrurlaub unterscheidet oder sowohl für Mindest- als auch Mehrurlaub wesentlich von § 7 Abs. III BUrlG abweichende Übertragungs- und Verfallsregeln bestimmt.« Eine wesentliche Abweichung von § 7 Abs. III BUrlG und damit eine eigenständige Verfallsregelung hat das BAG mit Urteil vom 22. Mai 2011 (9 AZR 575/10) angenommen, wenn der einschlägige Tarifvertrag den 31. Mai statt des 31. März des Folgejahres als Verfallsdatum für den übertragenen (Rest-)Urlaub vorsieht. Es gilt also: Besteht zwischen tarifvertraglicher Regelung und den gesetzlichen Urlaubsregelungen ein weitestgehender Gleichlauf, dann ist der über den gesetzlichen Mindesturlaub hinausgehende tarifliche (wie auch der arbeitsvertragliche) Urlaubsanspruch über den 31. März hinaus zu verlängern. Trifft der Tarifvertrag (Arbeitsvertrag) dagegen eine nach der o. g. Rechtsprechung als eigenständig anzusehende Regelung, dann gilt die darin vorgesehene Verfallsbestimmung (im zuletzt genannten Fall des BAG also der 31. Mai des Folgejahres).

3) Gilt die Unverfallbarkeit des Urlaubsanspruchs auf Dauer, mit der Folge, dass – bei dauerhafter Arbeitsunfähigkeit – unbegrenzt viel Urlaub anfallen kann?

Mit Urteil vom 22. November 2011 hat der EuGH (C-214/10) entschieden, dass das unbegrenzte Ansammeln von Urlaubsansprüchen nicht dem auf Erholung und Entspannung gerichteten Zweck des Anspruchs auf bezahlten Jahresurlaub entspricht. »Folglich steht das Unionsrecht […] einzelstaatlichen Rechtsvorschriften […] nicht entgegen, die die Möglichkeit, Ansprüche auf bezahlten Jahresurlaub anzusammeln, dadurch einschränken, dass sie einen Übertragungszeitraum von **15 Monaten** vorsehen, nach dessen Ablauf der Anspruch erlischt.« Der Urlaubsanspruch darf mit anderen Worten aus europarechtlicher Sicht am 31. März des **übernächsten** Jahres entfallen. Bis vor nicht allzu langer Zeit war noch nicht abschließend geklärt, ob die 15-Monate-Regelung »aus sich heraus« gilt oder ob es der Umsetzung durch Gesetz bzw. Tarifvertrag bedarf. Diese Frage hat sich seit dem Urteil des BAG vom 7. August 2012 (9 AZR 353/10) erledigt. Darin vertritt das Gericht die Auffassung, § 7 III 3 BUrlG müsse europarechtskonform dahingehend ausgelegt werden, dass der 15-Monate-Zeitraum **generell** zu gelten habe, wenn der Arbeitnehmer aus gesundheitlichen Gründen den Urlaub nicht antreten konnte. Der Senat »verlängert« demnach § 7 III 3 BUrlG entgegen dem Gesetzeswortlaut um ein Jahr. (Das BAG hat diese Meinung in seinem Urteil vom 16. Oktober 2012 – 9 AZR 63/11 – bestätigt, sodass in dieser Frage nunmehr von einer **gefestigten** Rechtsprechung ausgegangen werden kann). Zu beachten ist des Weiteren: Kehrt der Arbeitnehmer im Folgejahr an den Arbeitsplatz zurück und verbleibt ihm noch hinreichend Zeit, den übertragenen Urlaub – mit Zustimmung des Arbeitgebers – zu nehmen, dann muss er dies tun; andernfalls verfällt der Anspruch bereits mit Ablauf des 31. Dezember.

4) Wie ist mit Urlaubsabgeltungsansprüchen zu verfahren?

Nach § 7 IV BUrlG ist der Urlaub abzugelten, wenn er wegen Beendigung des Arbeitsverhältnisses ganz oder teilweise nicht mehr gewährt werden kann. Nach dem Urteil des BAG vom 4.5.2010 (9 AZR 183/09) entsteht der Anspruch auf Urlaubsabgeltung mit dem Ende des Arbeitsverhältnisses als reiner Geldanspruch (und nicht mehr – wie früher – als »Surrogat« für den nicht mehr realisierbaren Urlaub). Das bedeutet: Bleibt der Arbeitnehmer bis zur Beendigung des Arbeitsverhältnisses arbeitsunfähig krank, so erwirbt er mit seinem Ausscheiden aus dem Arbeitsverhältnis den übertragenen Urlaubsanspruch – unter evtl. Berücksichtigung des 15-Monate-Zeitraums – als Geldanspruch. Der (ehemalige) Arbeitnehmer hat hierbei aber tarifliche oder arbeitsvertragliche Ausschlussklauseln, innerhalb derer er den Anspruch geltend machen muss, zu berücksichtigen. Andernfalls verfällt der Anspruch aus diesem Grund.

Vom Urlaubsrecht zu trennen sind **Freistellungstatbestände**, auch wenn sie, wie unbezahlter Urlaub oder Bildungsurlaub als »Urlaub« bezeichnet werden. Zu den Freistellungstatbeständen gehören neben solchen, die der einschlägige Tarifvertrag vorsieht, die

- Ausübung von Ehrenämtern,
- Pflege von Kindern (§ 45 SGB V),
- Organisation bedarfsgerechter Pflege eines nahen Angehörigen – bis zu zehn Tagen (§ 2 PflegeZG),
- häusliche Pflege eines nahen Angehörigen – bis zu sechs Monaten (§§ 3, 4 PflegeZG).
- Stellensuche (§ 629 BGB),
- Suspendierung von der Arbeitspflicht, z. B. aus Anlass der Kündigung.

Versetzung

Versetzung ist die **Zuweisung** eines anderen Arbeitsbereichs unter erheblicher **Änderung der Arbeitsumstände** oder mit der Maßgabe, dass sie für länger als einen Monat vorgesehen ist (§ 95 Abs. 3 BetrVG).

Die Versetzung kann erfolgen durch

- Weisungsrecht (Direktionsrecht) des Arbeitgebers,
- Vertragsänderung,
- Änderungskündigung.

Das **Weisungsrecht** besagt, dass der Arbeitgeber befugt ist, im Rahmen des mit dem Arbeitnehmer geschlossenen Arbeitsvertrags **Ort, Zeit sowie Art und Weise** der Erbringung der Arbeitsleistung zu **bestimmen**. Das Weisungsrecht kann folglich umso flexibler eingesetzt werden, je unbestimmter Ort, Zeit sowie Art und Weise der Leistungserbringung im Arbeitsvertrag gefasst sind. Oder umgekehrt: Je exakter die Arbeitsumstände vertraglich fixiert sind, desto geringer ist der Spielraum des Arbeitgebers zur Ausübung des Weisungsrechts. Die **Einschränkung des Weisungsrechts** kann aber auch durch sog. Konkretisierung eintreten. Sie setzt voraus, dass der Arbeitnehmer über längere Zeit hinweg mit einer Aufgabe betraut worden oder an einem Ort tätig gewesen ist und besondere Umstände die Ausübung des Weisungsrechts für den Arbeitnehmer unzumutbar machen. In beiden Fällen ist eine Versetzung kraft Weisungsrechts trotz arbeitsvertraglicher Versetzungsklausel nicht möglich. In Betracht kommt deshalb nur, die Versetzung im Wege einvernehmlicher **Vertragsänderung** oder, falls der Arbeitnehmer hierzu nicht bereit ist, durch **Änderungskündigung** (siehe auch Kapitel 2.1.5) zu vollziehen.

Die Änderungskündigung ist die Beendigung des Arbeitsverhältnisses, verbunden mit dem Angebot zu seiner Fortsetzung unter geänderten Bedingungen. Der Arbeitnehmer hat folgende Entscheidungsmöglichkeiten (siehe Abbildung 108):

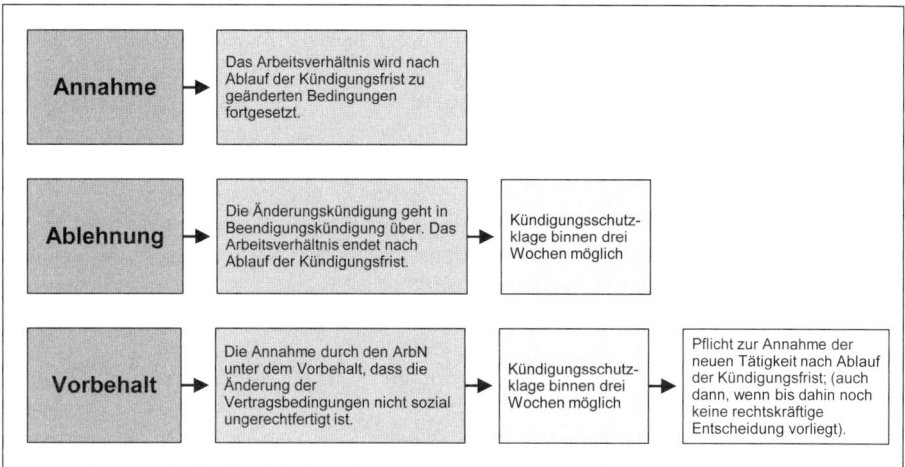

Abb. 108: Entscheidungsmöglichkeiten des Arbeitnehmers

Wird die Versetzung durch Weisungsrecht, Vertragsänderung oder Änderungskündigung vollzogen, hat der Betriebsrat ein Mitbestimmungsrecht nach § 99 Abs. 1 BetrVG.

Entgelt/Entgeltfortzahlung

Die **Vergütungspflicht des Arbeitgebers** (siehe auch Kapitel 2.3) korrespondiert als vertragliche Hauptpflicht der Leistungspflicht des Arbeitnehmers. Anspruchsgrundlage können sein:

- Tarifvertrag, sofern Tarifbindung besteht (siehe auch Kapitel 2.1.9),
- Betriebsvereinbarung, sofern die Regelungssperre des § 77 Abs. 3 BetrVG oder der Tarifvorbehalt des § 87 Abs. 1 BetrVG nicht entgegensteht,
- Arbeitsvertrag, insbesondere wenn er – für nicht tarifgebundene Arbeitnehmer – eine Bezugnahmeklausel (siehe auch Kapitel 2.1.9) enthält,
- arbeitsvertragliche Einheitsregelung (siehe auch Kapitel 2.1.2),
- Gesamtzusage (siehe auch Kapitel 2.1.2),
- betriebliche Übung (siehe auch Kapitel 2.1.2),
- Gleichbehandlungsgrundsatz, der für gleiche Tätigkeit/Leistung gleiche Vergütung fordert,
- § 612 BGB als »Auffangtatbestand«, wenn eine andere Anspruchsgrundlage nicht einschlägig ist.

Den wichtigsten Fall der **Entgeltfortzahlung** bildet – neben derjenigen an Feiertagen (§ 2 EFZG) – die **Fortzahlung im Krankheitsfall**. Nach §§ 3, 4 EFZG hat der Arbeitnehmer Anspruch auf Fortzahlung des ihm aufgrund seiner individuellen regelmäßigen Arbeitszeit (nicht der Überstunden) zustehenden Arbeitsentgelts für die Dauer von sechs Wochen (= 42 Kalendertage). Wird der Arbeitnehmer wegen derselben Krankheit erneut arbeitsunfähig, so verliert er den Anspruch nicht, wenn:

- er vor der erneuten Arbeitsunfähigkeit mindestens sechs Monate nicht infolge derselben Krankheit arbeitsunfähig war oder
- seit Beginn der ersten Arbeitsunfähigkeit infolge derselben Krankheit eine Frist von zwölf Monaten abgelaufen ist.
- Die **Bemessungsgrundlage** für das fortzuzahlende Entgelt kann durch **Tarifvertrag** vom Gesetz abweichend geregelt werden. Von dieser Möglichkeit haben zahlreiche Tarifverträge Gebrauch gemacht. Insoweit sind zwei Bemessungsgrundlagen, die in den Tarifverträgen jeweils Verwendung finden, voneinander zu unterscheiden:
- **Referenzprinzip**: Zur Bemessung wird das Arbeitsentgelt herangezogen, das der Arbeitnehmer in einem zurückliegenden Zeitraum (meist drei oder sechs Monate) verdient hat.
- **Lohnausfallprinzip**: Der Arbeitnehmer erhält das Entgelt, das er ohne die Arbeitsunfähigkeit während der Ausfallzeit erzielt hätte.
- Tarifvertraglich ist es außerdem durchaus möglich, auch Überstunden in die Bemessungsgrundlage einzubeziehen.

Als Tatbestände, die einen **Anspruch auf Entgeltfortzahlung** wegen **vorübergehender Verhinderung** »für eine verhältnismäßig nicht erhebliche Zeit« (§ 616 BGB) begründen, sind insbesondere zu nennen:

- **Wahrnehmung öffentlicher Aufgaben und Pflichten:** Hierzu zählen z. B. die Berufung als ehrenamtlicher Richter, die Ladung zu Behörden und Gerichten, die Ausübung politischer (Ehren)Ämter, die Tätigkeit bei Freiwilliger Feuerwehr, THW und karitativen Einrichtungen.
- **Arztbesuche:** Ein fortzahlungspflichtiger Verhinderungsgrund liegt allerdings nur vor, wenn die ärztliche Versorgung während der Arbeitszeit aus medizinischen Gründen geboten ist oder die Sprechstunden des Arztes innerhalb der Arbeitszeit liegen und ein anderer Termin nicht vereinbart werden kann.
- **Tarifliche Freistellungen:** Die meisten Tarifverträge enthalten ausdrückliche Regelungen zur bezahlten Freistellung aus Anlass bestimmter Ereignisse, z. B. bei Eheschließungen, Geburten, Sterbefällen, Kommunion, Konfirmation etc. Die Anlässe und die Dauer der Freistellungen variieren von Tarifvertrag zu Tarifvertrag.
- **Kurzzeitige Arbeitsverhinderung nach § 2 PflegeZG:** Das Gesetz äußerst sich bezüglich der Entgeltfortzahlung zwar zurückhaltend. Jedoch dürfte sie sich, was bislang allerdings noch nicht abschließend entschieden worden ist, aus Abs. 3 in Verbindung mit § 616 BGB ergeben. Befindet sich der Arbeitgeber mit der Annahme der vom Arbeitgeber angebotenen Arbeitsleistung in Verzug, hat der Arbeitnehmer ebenfalls Anspruch auf (Entgelt-)Fortzahlung. **Annahmeverzug** liegt z. B. vor, wenn
  – der Betriebsrat der Einstellung eines neuen Mitarbeiters nicht zugestimmt hat und der Mitarbeiter deshalb nicht beschäftigt werden darf,

– das Arbeitsgericht festgestellt hat, dass das Arbeitsverhältnis durch die Kündigung nicht aufgelöst worden ist (wobei sich der Arbeitnehmer insoweit die Einschränkungen nach § 11 KSchG zurechnen lassen muss),
– infolge vom Arbeitgeber zu vertretender betrieblicher Hindernisse (Maschinenschaden) die Arbeitsleistung nicht erbracht werden kann.

Arbeitsbefreiung ohne Verpflichtung des Arbeitgebers zur Entgeltfortzahlung aber mit Anspruch auf Krankengeld hat der Arbeitnehmer bei der **Erkrankung seines Kindes**. Die Anspruchsdauer ist auf zehn Arbeitstage – bei Alleinerziehenden auf 20 Arbeitstage – pro Kalenderjahr begrenzt. Bei mehreren Kindern beträgt die Höchstgrenze 25 bzw. 50 (Alleinerziehende) Arbeitstage pro Kalenderjahr (§ 45 SGB V).

Gleichbehandlungsgrundsatz/Diskriminierungsverbot

Unter dem das gesamte Arbeitsvertragsrecht beherrschenden **arbeitsrechtlichen Gleichbehandlungsgrundsatz** versteht man die kraft Gewohnheitsrechts in (einfaches) Bundesrecht eingegangene Umsetzung des in Art. 3 I GG verankerten allgemeinen Gleichheitssatzes. Der Gleichbehandlungsgrundsatz besagt, dass der Arbeitgeber einzelne Arbeitnehmer gegenüber anderen in vergleichbarer Lage nicht ohne sachlichen Grund schlechter stellen darf. Vergleichbare Lage meint, dass sich Gruppen von Arbeitnehmern bilden lassen müssen. Das ist z. B. bei der Gruppe der Tarifangestellten gegenüber der Gruppe der AT-Angestellten der Fall. Zwischen beiden sind »Ungleichbehandlungen«, etwa auf dem Gebiet der Vergütung, der Arbeitszeit, des Urlaubs und anderer materieller Vertragsbedingungen sachlich gerechtfertigt. Eine Verletzung des Gleichbehandlungsgrundsatzes liegt ebenfalls nicht vor, wenn ein nur sehr kleiner Teil (ca. 5 %) der Belegschaft gegenüber dem anderen begünstigt wird. Verletzungen des Gleichbehandlungsgrundsatzes haben grundsätzlich die Nichtigkeit des Rechtsgeschäfts (z. B. einer Kündigung) gegenüber dem gleichheitswidrig benachteiligten Arbeitnehmer zur Folge.

Eine besondere Ausprägung des Gleichbehandlungsgrundsatzes stellt das **Diskriminierungsverbot** dar. In diesem Zusammenhang ist auf das durch Umsetzung verschiedener EU-Richtlinien am 18. August 2006 in Kraft getretene **Allgemeine Gleichbehandlungsgesetz (AGG)** hinzuweisen. Danach sind Benachteiligungen aus Gründen

• der Rasse,
• der ethnischen Herkunft,
• des Geschlechts,
• der Religion oder Weltanschauung,
• einer Behinderung,
• des Alters,
• der sexuellen Identität

untersagt (siehe auch Kapitel 2.6.5).

Das Gesetz macht keinen Unterschied zwischen unmittelbarer und mittelbarer Diskriminierung. Letztere liegt vor, wenn eine dem Anschein nach neutrale Maßnahme den geschützten Personenkreis ohne sachliche Berechtigung in besonderer Weise benachteiligt (§ 3 II AGG).

Beispiel: Der Arbeitgeber lädt alle Mitarbeiter/-innen zusammen mit ihren Ehepartnern/-partnerinnen zu einer Betriebsfeier ein. Dies stellt eine mittelbare Diskriminierung der in gleichgeschlechtlicher Partnerschaft lebenden Mitarbeiter/-innen dar. Dagegen wäre es eine unmittelbare Diskriminierung, wenn der Arbeitgeber gleichgeschlechtliche Partnerschaften im Einladungsschreiben ausdrücklich ausschlösse.

Der Benachteiligung gleichgestellt sind die Würde verletzende Belästigungen der unter den Schutzbereich des Gesetzes fallenden Personen – also Mobbing im weitesten Sinne (§ 3 III AGG). Der Arbeitgeber ist verpflichtet, Maßnahmen zu ergreifen, um gesetzeswidrige Benachteiligungen/Belästigungen durch seine Mitarbeiter einschließlich der Vorgesetzten zu verhindern bzw. bei Verstoß die geeigneten Disziplinarmaßnahmen bis hin zur Kündigung zu treffen (§ 12 AGG). Andernfalls ist er gegenüber der benachteiligten Person u. U. zum Schadensersatz verpflichtet (§ 15 AGG). Darüber hinaus steht der diskriminierten Person nach § 14 AGG ein Leistungsverweigerungsrecht unter Beibehaltung der vollen Bezüge zu (weitere Einzelheiten siehe Kapitel 2.6.3).

Zu Unklarheiten und einer uneinheitlichen Rechtsprechung hat die missverständliche Formulierung in § 2 IV AGG geführt. Danach gelten für Kündigungen »ausschließlich die Bestimmungen zum allgemeinen und besonderen Kündigungsschutz«. Bedeutet dies, dass

1) im Rahmen der Sozialauswahl bei betriebsbedingten Kündigungen die Berücksichtigung des Alters und der damit eng zusammenhängenden Betriebszugehörigkeit (k)eine Diskriminierung darstellt?
2) § 622 II 2 BGB, wonach bei der Berechnung der Kündigungsfristen Beschäftigungszeiten vor dem 25. Lebensjahr nicht anzurechnen sind, nach wie vor Gültigkeit besitzt?

Bezüglich der ersten Frage wird man noch auf ein klärendes Wort durch das BAG bzw. den EuGH warten müssen. Zur zweiten Frage hat der EuGH mit Urteil vom 19. Januar 2010 entschieden, dass die Vorschrift gegen europäisches Gemeinschaftsrecht (Richtlinie 2000/78 EG) verstößt und deshalb nicht mehr anzuwenden ist.

Ein Verstoß gegen das AGG kann den Arbeitgeber teuer zu stehen kommen, denn der diskriminierten Person steht nach Maßgabe des § 15 Abs. 1 und Abs. 2 S. 1 AGG ein Schadensersatzanspruch in prinzipiell unbegrenzter Höhe zu. Eine Begrenzung des Anspruchs gilt nur im Rahmen des Einstellungsverfahrens und nur für den Fall, dass die betreffende Person auch bei benachteiligungsfreier Auswahl **nicht eingestellt** worden wäre (§ 15 Abs. 2 S. 2 AGG). Insoweit beträgt die Höchstsumme drei Monatsgehälter auf Basis des Arbeitsentgelts, das der Arbeitgeber für die zu besetzende Stelle bezahlt.

2.1.4 Störungen im Arbeitsverhältnis

Schadensersatzansprüche wegen Pflichtverletzungen

Verletzt ein **Arbeitnehmer** schuldhaft seine arbeitsvertraglichen Pflichten und fügt er dadurch dem Arbeitgeber einen Schaden zu, so kann er gegenüber dem Arbeitgeber zum **Schadensersatz** verpflichtet sein – und dies nicht nur, wie es früher der Fall war, bei sog. gefahrgeneigter Arbeit. Der Arbeitnehmer handelt schuldhaft, wenn er den Schaden vorsätzlich oder fahrlässig herbeiführt. Folgende Übersicht (siehe Abbildung 109) zeigt, was darunter im Einzelnen zu verstehen ist, insbesondere welche Differenzierungen die Rechtsprechung innerhalb der Fahrlässigkeit vornimmt.

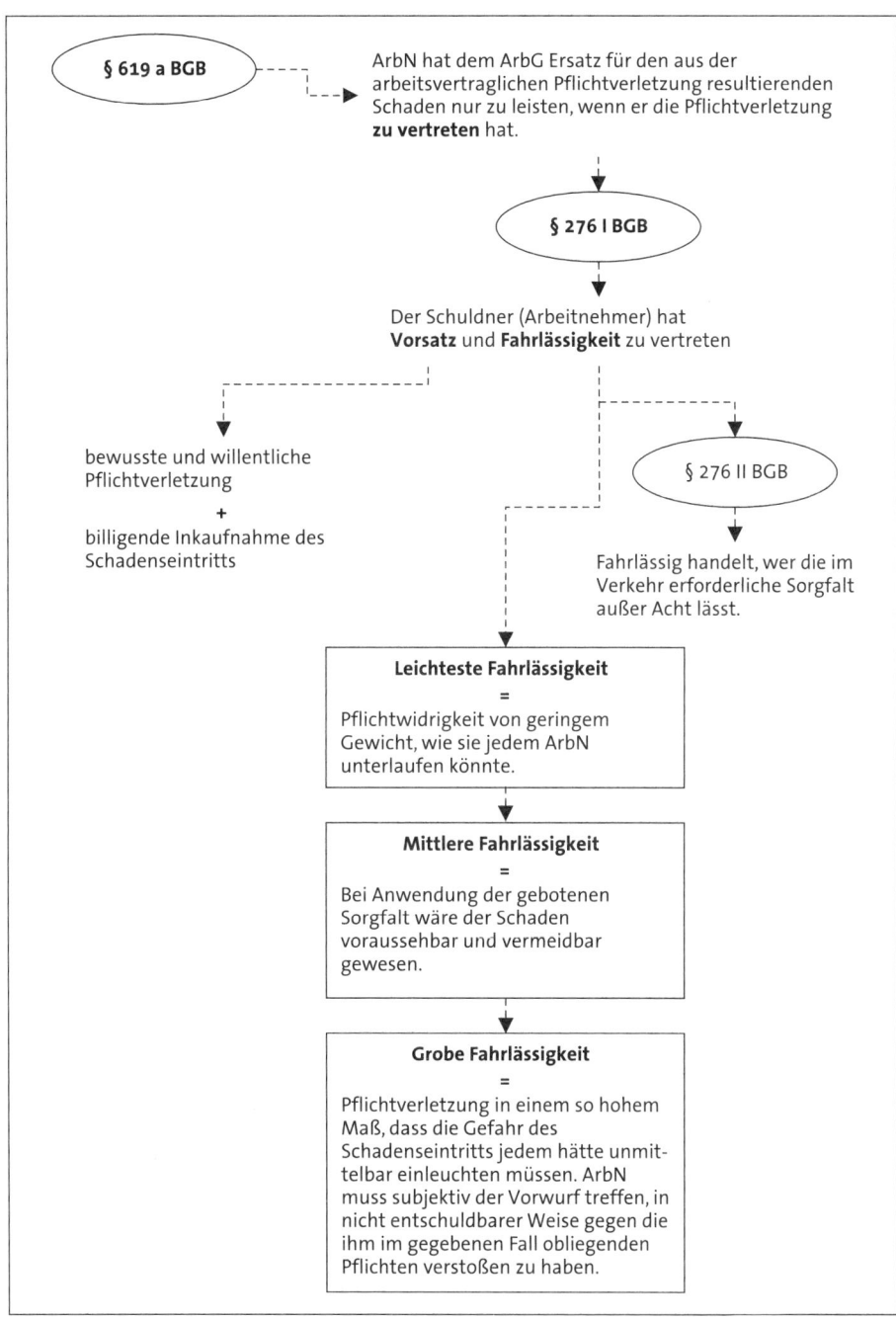

Abb. 109: Arten des Verschuldens

Daraus ergibt sich folgender Haftungsumfang (siehe Abbildung 110):

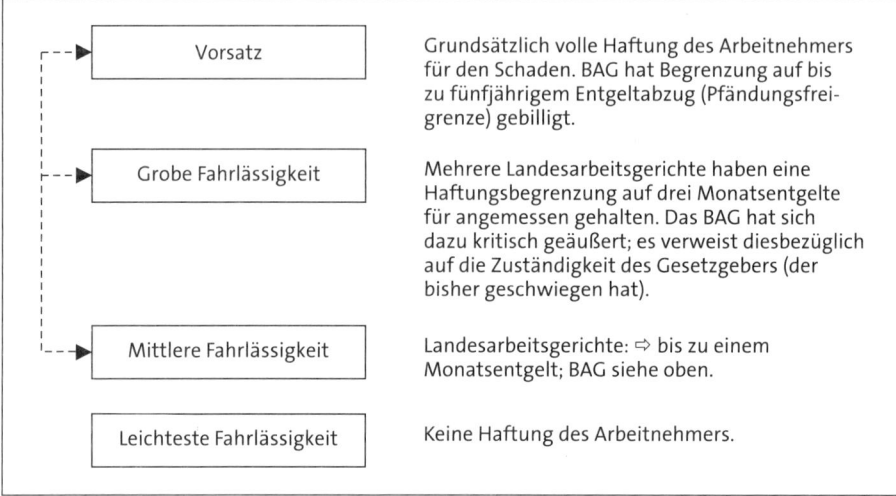

Abb. 110: Verschuldenshaftung

Ein Mitverschulden des Arbeitgebers, z. B. durch mangelnde Schulung oder Aufklärung, kann zu dessen Mithaftung entsprechend § 254 BGB führen. Im Übrigen gilt: Macht der Geschädigte gegenüber dem Arbeitgeber einen Schadensersatzanspruch geltend, so kann der Arbeitgeber (oder seine Haftpflichtversicherung) gegenüber dem Mitarbeiter einen Regressanspruch in Höhe der begrenzten Haftung geltend machen. Erhebt der Geschädigte seine Schadensersatzforderung gegen den Mitarbeiter direkt, hat dieser gegenüber dem Arbeitgeber einen **Freistellungsanspruch** bezüglich des über die begrenzte Eigenhaftung hinausgehenden Schadensersatzanspruchs.

Umgekehrt kann sich auch der **Arbeitgeber** gegenüber dem Arbeitnehmer **schadensersatzpflichtig** machen. Allerdings gelten auch hier arbeitsrechtliche Besonderheiten. So haftet er im Falle des Personenschadens eines Arbeitnehmers nur, wenn ihm Vorsatz zur Last gelegt werden kann. Bei Fahrlässigkeit, gleich welcher Art, kommt ihm der Haftungsausschluss des § 104 SGB VII zu Gute; die Haftung trifft in diesem Fall den Träger der gesetzlichen Unfallversicherung (Berufsgenossenschaft). Anders verhält es sich bei Sachschäden. Für deren Ersatz haftet der Arbeitgeber u. U. auch dann, wenn ihn kein Verschulden trifft, z. B. wenn der Arbeitnehmer bei der Ausführung der Arbeit unfreiwillig Schäden (an seiner Kleidung etc.) erleidet und diese nicht als durch die Art der Tätigkeit typischerweise bedingt und damit durch das Arbeitsentgelt als abgegolten betrachtet werden können. Zu den auf dem Verschulden des Arbeitgebers beruhenden Haftungstatbeständen sind insbesondere zu nennen:

• die Haftung für nicht oder nicht ordnungsgemäß abgeführte Steuern und Sozialversicherungsbeiträge,
• die unterbliebene Aufklärung über nachteilige finanzielle Konsequenzen seitens der Arbeitsverwaltung bei Beendigung des Arbeitsverhältnisses durch den Arbeitnehmer sowie
• für Verletzungen des Persönlichkeitsrechts (z. B. Schmerzensgeldanspruch aufgrund vom Arbeitgeber nicht unterbundenen Mobbings).

Disziplinarmaßnahmen

Verstößt ein Arbeitnehmer gegen seine arbeitsvertraglichen Pflichten, so kann der Arbeitgeber sie durch Disziplinarmaßnahmen ahnden. Die insoweit schwächste Reaktionsform stellt die **Ermahnung** dar. Sie soll den Arbeitnehmer zu pflichtgemäßem Verhalten motivieren; sie zieht jedoch keinerlei Konsequenzen nach sich. Soweit ein Unternehmen über einen Katalog von **Betriebsbußen** verfügt, dürfte es sich um eine Ausnahme handeln. Betriebsbußen sind in der Praxis unüblich. Der Grund mag darin zu sehen sein, dass sie der Mitbestimmung durch den Betriebsrat unterliegen und dieser kaum zu bewegen sein wird, einem solchen Katalog zuzustimmen. Im Übrigen könnten aus einer Betriebsbuße keine arbeitsrechtlichen Weiterungen abgeleitet werden. Die einzig »wirksame« Disziplinarmaßnahme bildet die **Abmahnung**. Wirksam deshalb, weil sie notwendige Voraussetzung für eine verhaltensbedingte Kündigung (siehe auch Kapitel 2.1.5.) ist, oder anders ausgedrückt, weil ihre (mehrfache) Missachtung zur Beendigung des Arbeitsverhältnisses führen kann. Die Rechtsprechung hat an Inhalt und Aufbau einer Abmahnung strenge Kriterien angelegt. Sie müssen erfüllt sein, damit eine spätere Kündigung Bestand hat. Anhand des Abmahnungsschreibens (siehe Abbildung 111) können diese Kriterien erläutert werden.

Abmahnung	
Aufbau	**Mustertext**
Tatbestand	In den zurückliegenden drei Wochen haben sie wiederholt verspätet Ihre Arbeit aufgenommen, und zwar am: • 21. Juni um zehn Minuten, • 28. Juni um 15 Minuten, • 09. Juli um 20 Minuten.
Missbilligung	Wir weisen Sie darauf hin, dass Sie damit Ihre arbeitsvertraglichen Pflichten verletzt haben und wir nicht bereit sind, Ihr Verhalten hinzunehmen.
Aufforderung	Um weiterer Unpünktlichkeit und der Gefahr daraus resultierender Nachahmungen entgegenzuwirken, fordern wird Sie auf, sich zukünftig Ihren aus dem Arbeitsvertrag sich ergebenden Pflichten gemäß zu verhalten.
Androhung	1) Abmahnung: Anderenfalls gefährden Sie den Fortbestand Ihres Arbeitsverhältnisses. 2) Abmahnung: In Verbindung mit den in der Abmahnung vom ... gerügten Pflichtwidrigkeiten sehen wir uns im Wiederholungsfalle veranlasst, das Arbeitsverhältnis im Hinblick auf seinen Fortbestand zu überprüfen. 3) Abmahnung: Sollten Sie sich in Anbetracht dieser Aufforderung und den vorausgegangenen Abmahnungen vom ... dem Vorwurf einer weiteren Verletzung Ihrer arbeitsvertraglichen Pflichten aussetzen, werden wir das Arbeitsverhältnis durch Kündigung beenden.

Abb. 111: Abmahnungsschreiben

Wie viele Abmahnungen einer verhaltensbedingten Kündigung vorausgehen müssen, lässt sich abstrakt nicht sagen. Als Faustregel gilt: **Eine** Abmahnung reicht in der Regel nicht aus, zu viele Abmahnungen bergen das Risiko des arbeitsrichterlichen Vorwurfs, der Arbeitnehmer habe mit einer Kündigung nicht mehr zu rechnen brauchen, drei Abmahnungen eröffnen gute Chancen, dass eine Kündigung vor dem Arbeitsgericht Bestand hat. Wichtig ist vor allem die Formulierung der Schlussformel. Droht sie für einen weiteren Verstoß lediglich (unbestimmte) arbeitsrechtliche Konsequenzen an, so bedarf es mindestens einer weiteren Abmahnung. Droht sie dagegen bei einem abermaligen Verstoß die Beendigung des Arbeitsverhältnisses an, muss die Kündigung sodann auch ausgesprochen werden. Anderenfalls werden sämtliche bisher erteilten Abmahnungen kündigungsrechtlich gegenstandslos. Folgt auf eine Abmahnung kein weiterer Pflichtverstoß durch den Arbeitnehmer, so ist sie spätestens nach zwei Jahren aus der Personalakte zu entfernen. Dem Betriebsrat steht in Abmahnungsangelegenheiten kein Mitwirkungsrecht zu. Es empfiehlt sich jedoch aus Gründen der vertrauensvollen Zusammenarbeit (§ 2 I BetrVG), ihn freiwillig zu unterrichten.

2.1.5 Beendigung des Arbeitsverhältnisses

Beendigungsarten

Die unterschiedlichen Beendigungsarten eines Arbeitsverhältnisses sind in folgendem Schaubild dargestellt (siehe Abbildung 112) dargestellt.

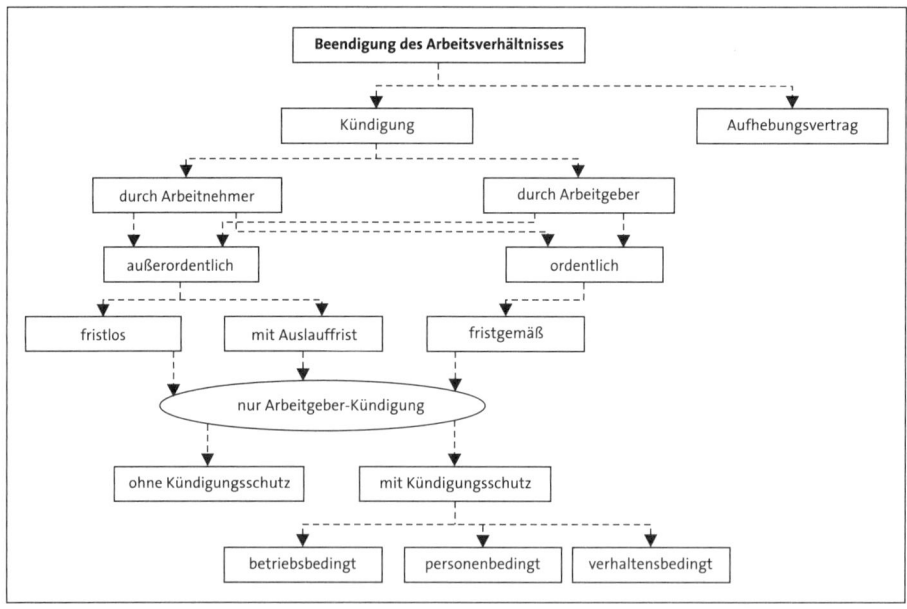

Abb. 112: Beendigung des Arbeitsverhältnisses

Kündigung

Während der ersten sechs Monate seines Bestehens unterliegt das Arbeitsverhältnis nicht dem **Kündigungsschutz** nach §§ 1 ff. KSchG. Danach ist die Kündigung durch den Arbeitgeber nur dann wirksam, wenn sie sozial gerechtfertigt ist. Das ist der Fall, wenn sie entweder betriebsbedingt, personenbedingt oder verhaltensbedingt erfolgt. Jede der drei Kündigungsarten unterliegt den strengen, von der Rechtsprechung entwickelten Voraussetzungen (siehe Abbildung 113).

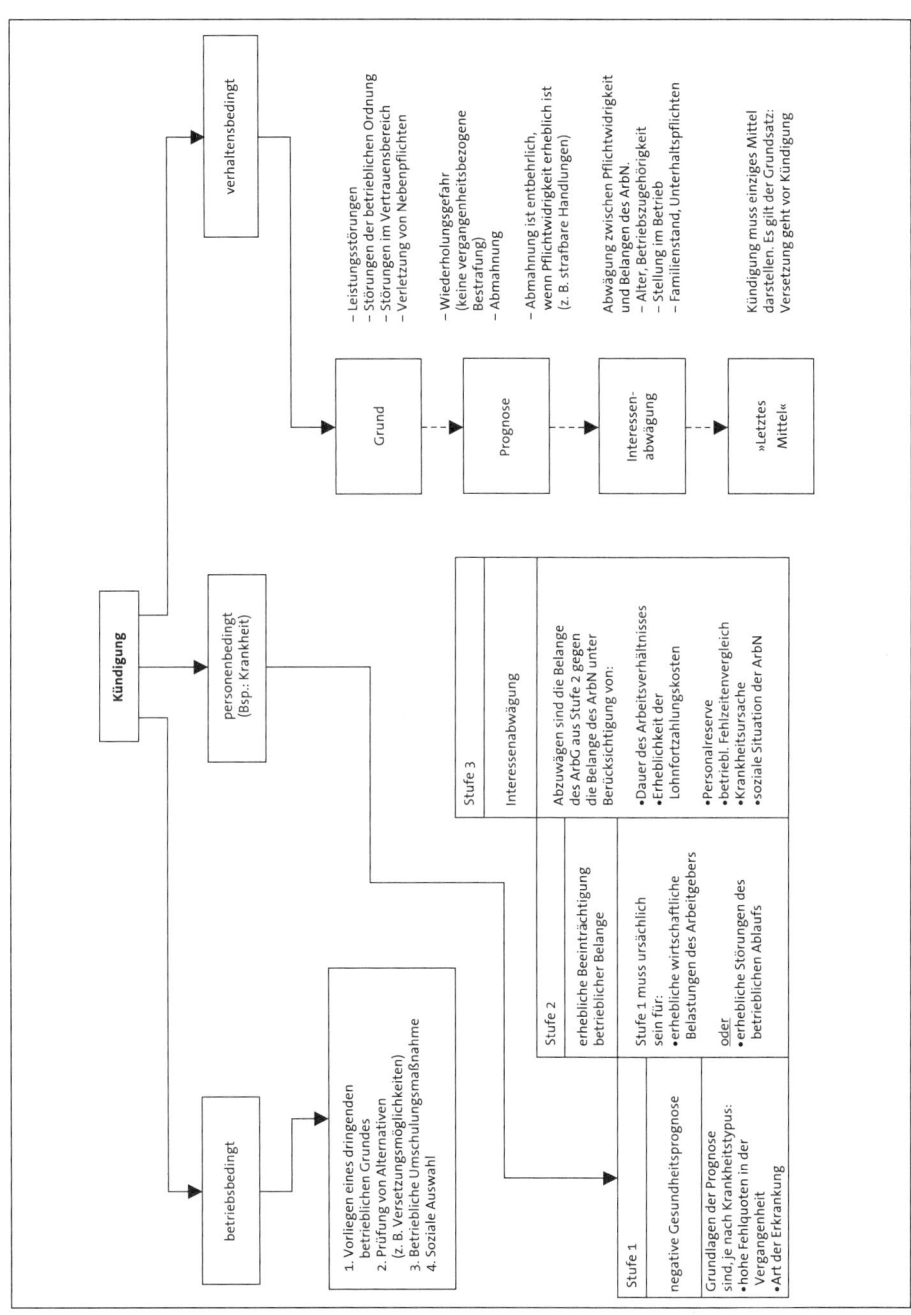

Abb. 113: Voraussetzungen der Kündigung

Darüber hinaus genießen bestimmte Arbeitnehmergruppen einen **verstärkten Kündigungsschutz**. Grundsätzlich unkündbar sind:

- Schwangere bis zum Ablauf von vier Monaten nach der Entbindung (§ 9 MuSchG),
- der Elternzeit beanspruchende Elternteil während des beanspruchten Zeitraums, jedoch höchstens ab acht Wochen vor diesem Zeitraum (§ 18 BErzGG),
- Wehrpflichtige von der Zustellung des Einberufungsbescheides an bis zur Beendigung des Grundwehrdienstes einschließlich späterer Wehrübungen (§ 2 ArbPlSchG),
- Auszubildende nach Ablauf der Probezeit, außer aus wichtigem Grund ohne Einhaltung einer Kündigungsfrist, d. h. außerordentlich (§ 22 BBiG),
- Mitglieder des Wahlvorstands zur Betriebsratswahl, Kandidaten zum Betriebsrat und Arbeitnehmer, die zur Wahlversammlung einladen oder die Bestellung eines Wahlvorstands beantragen, bis zur Bekanntgabe des Wahlergebnisses, es sei denn außerordentlich aus wichtigem Grund (§ 15 Abs. 3 a KSchG),
- Betriebsratsmitglieder, es sei denn außerordentlich mit Zustimmung des Betriebsrats (§ 103 BetrVG).

Schwerbehinderten darf nur gekündigt werden, wenn das Integrationsamt der Kündigung zuvor zugestimmt hat (§§ 85 ff. SGB IX). Gegen dessen Entscheidung ist der Verwaltungsgerichtsweg zulässig. Widerspruch bzw. Anfechtungsklage haben keine aufschiebende Wirkung (§ 88 IV SGB XI). Falls der Arbeitnehmer obsiegt, besteht sein Arbeitsverhältnis fort. Das kann zur »Nachzahlung« des Arbeitsentgelts führen, wenn der Arbeitnehmer seine Arbeitskraft – erfolglos – angeboten hat.

Zu unterscheiden ist zwischen der **ordentlichen und der außerordentlichen Kündigung**. Die ordentliche Kündigung ist gleichbedeutend mit der fristgemäßen Kündigung. Die **Kündigungsfristen** ergeben sich in der Regel aus dem Arbeitsvertrag. Soweit es sich um ein tarifgebundenes Arbeitsverhältnis handelt (siehe auch Kapitel 2.1.7), ist die im Tarifvertrag vorgesehene Kündigungsfrist maßgebend. Tarifvertragliche Kündigungsfristen gehen den gesetzlichen nach § 622 BGB vor, wobei tarifvertragliche Regelungen, die entsprechend § 622 Abs. 2 S. 2 BGB vor dem 25. Lebensjahr des Arbeitnehmers liegende Beschäftigungszeiten unberücksichtigt lassen, wegen Verstoßes gegen europäisches Gemeinschaftsrecht ebenso unanwendbar sind wie § 622 Abs.2 S. 2 BGB selbst (siehe Kapitel 2.1.3). Die außerordentliche Kündigung darf nur bei Vorliegen eines wichtigen Grundes ausgesprochen werden (§ 626 BGB). Sie erfolgt ohne Einhaltung einer Kündigungsfrist entweder fristlos oder unter Berücksichtigung einer Auslauffrist, die jedoch stets kürzer ist als die Frist für die ordentliche Kündigung.

Vor jeder Kündigung ist der **Betriebsrat zu hören**; der Arbeitgeber hat ihm die Kündigungsgründe mitzuteilen. Eine ohne Anhörung des Betriebsrats ausgesprochene Kündigung ist unwirksam (§ 102 Abs. 1 BetrVG). Der Betriebsrat kann der Kündigung innerhalb von einer Woche (bei außerordentlicher Kündigung innerhalb von drei Tagen) widersprechen, sofern einer der in § 102 Abs. 3 BetrVG aufgeführten Gründe vorliegt. Durch den Widerspruch wird die Kündigung nicht unwirksam.

Die vorstehenden Ausführungen gelten gleichermaßen für die **Änderungskündigung**, die im Rahmen der Versetzung eine wichtige Rolle spielt und der Systematik wegen dort (siehe auch Kapitel 2.1.3) abgehandelt wird.

Aufhebungsvertrag

Ein Aufhebungsvertrag ist eine **schriftliche Vereinbarung** zwischen Arbeitgeber und Arbeitnehmer über die Beendigung des Arbeitsverhältnisses und deren Modalitäten. Er bedarf nicht der Zustimmung des Betriebsrats und hat typischerweise den folgenden Inhalt (siehe Abbildung 114):

Aufhebungsvertrag

§ 1 Arbeitsverhältnis

(1) Das Arbeitsverhältnis endet zur Vermeidung einer ordentlichen Kündigung in gegenseitigem Einvernehmen mit Ablauf des ...

[Beendigungsdatum möglichst unter Einhaltung der Kündigungsfrist, damit die Abfindung nicht auf das Arbeitslosengeld angerechnet wird.]

(2) Bis zu dem in Absatz 1 genannten Zeitpunkt werden Sie unter Fortzahlung Ihrer Entgeltbezüge und unter Anrechnung bestehender bzw. noch zu erwerbender Urlaubsansprüche unwiderruflich von der Arbeitspflicht entbunden.

§ 2 Abfindung

Als Ausgleich für die Beendigung des Arbeitsverhältnisses und des damit verbundenen Verlustes des Arbeitsplatzes erhalten Sie eine Abfindungszahlung in Höhe von ... ... EUR brutto. Die Abfindungszahlung werden wir zusammen mit den Entgeltbezügen für den Monat ... ... auf Ihr Konto überweisen.

§ 3 Einmalzahlungen

Einmalzahlungen werden wir nach Maßgabe der gesetzlichen, tarifvertraglichen und arbeitsvertraglichen Regelungen zu dem in § 2 genannten Zeitpunkt leisten; sie sind nicht Gegenstand der Abfindung.

§ 4 Zeugnis

Sie erhalten unter dem Datum Ihres Ausscheidens aus dem Arbeitsverhältnis ein qualifiziertes und wohlwollendes Zeugnis.

§ 5 Meldepflicht

Sie sind gesetzlich verpflichtet, sich unverzüglich bei dem für Sie zuständigen Arbeitsamt zu melden. Anderenfalls droht Ihnen für jeden Tag der Säumnis eine Minderung des Arbeitslosengeldes. Daraus resultierende Schadensersatzansprüche uns gegenüber bestehen nicht.

§ 6 Ausgleichsquittung

Mit der Erfüllung der aus dieser Vereinbarung sich ergebenden Ansprüche sind alle gegenseitigen Rechte und Pflichten aus dem Arbeitsverhältnis abgegolten. Die arbeitsvertraglich vereinbarte nachwirkende Geheimhaltungspflicht bleibt hiervon unberührt.

Ort, Datum

Unterschrift Geschäftsleitung   Unterschrift Mitarbeiter(in)

Abb. 114: Inhalt eines Aufhebungsvertrages

Zu beachten ist, dass der Abschluss eines Aufhebungsvertrags eine Sperrzeit beim Bezug des Arbeitslosengelds nach sich ziehen kann, weil der Arbeitnehmer an der Auflösung seines Arbeitsverhältnisses mitgewirkt hat.

Rechte und Pflichten nach Beendigung des Arbeitsverhältnisses

Wettbewerbsverbot

Nach §§ 74 ff. HGB kann der Arbeitnehmer an ein – in der Regel bereits bei Abschluss des Arbeitsvertrages vereinbartes – Wettbewerbsverbot gebunden sein. Es besagt, dass es dem Arbeitnehmer für die Dauer von maximal zwei Jahren untersagt ist, eine Tätigkeit bei einem Wettbewerber des Arbeitgebers aufzunehmen. Als Gegenleistung hat ihm der Arbeitgeber eine Entschädigung zu zahlen, die mindestens die Hälfte der vom Arbeitnehmer zuletzt bezogenen vertragsmäßigen Leistungen erreicht (sog. Karenzentschädigung). Verstößt der Arbeitnehmer gegen das Wettbewerbsverbot, kann ihn die Zahlung einer Vertragsstrafe treffen.

Verschwiegenheitspflicht

Viele Arbeitsverträge enthalten eine Klausel, nach welcher der Arbeitnehmer verpflichtet ist, auch nach Beendigung des Arbeitsverhältnisses über **vertrauliche Angelegenheiten**, die ihm im Zusammenhang mit seiner Tätigkeit zur Kenntnis gelangt sind, **Stillschweigen zu bewahren**. Ein Verstoß dagegen kann zu Schadensersatzansprüchen seitens des Arbeitgebers führen.

Zeugnis

Jeder Arbeitnehmer hat nach Beendigung des Arbeitsverhältnisses **Anspruch** auf ein **qualifiziertes Arbeitszeugnis**. Unter einem qualifizierten Zeugnis versteht man – im Unterschied zum einfachen Zeugnis, das sich nur auf Art und Dauer der Tätigkeit bezieht – ein solches, das sich darüber hinaus auch auf Leistung und Führung erstreckt. Das qualifizierte Zeugnis sollte folgendermaßen aufgebaut sein:

- Persönliche Daten, Beginn des Arbeitsverhältnisses, im Unternehmen bekleidete Positionen einschließlich der einzelnen Zeiträume,
- Beschreibung der Tätigkeit(en),
- Bewertung der Leistung,
- Bewertung des Verhaltens,
- Schlussformel (= Dank für geleistete Dienste und Wünsche für die Zukunft; zu den Besonderheiten hierzu siehe Kapitel 2.6.7).

Das Zeugnis soll einerseits der Wahrheit entsprechen, andererseits von Wohlwollen getragen sein, da es den Arbeitnehmer nicht in seiner weiteren beruflichen Entwicklung behindern darf. Aus diesem »Spagat« resultiert die Besonderheit der »**Zeugnissprache**«. Nach einer Entscheidung des Bundesarbeitsgerichts (11.12.2012 – 9AZR 227/11), gehört die Schlussformel nicht zu dem vom Arbeitgeber geschuldeten Zeugnisinhalt, d. h. er ist – woraus sich ein zukünftiger Arbeitgeber sodann ein (wirkliches) Bild machen kann – nicht verpflichtet, Dank und gute Wünsche auszusprechen.

Vom Schlusszeugnis zu unterscheiden ist das **Zwischenzeugnis**. Darauf hat der Arbeitnehmer bei Vorliegen eines berechtigten Interesses einen Anspruch, so z. B. bei Übernahme eines neuen Aufgabengebietes, beim Wechsel in der Person des Vorgesetzten oder zum Zwecke der Bewerbung bei einem anderen Arbeitgeber.

Arbeitspapiere

Am Tag der Beendigung des Arbeitsverhältnisses ist der Arbeitgeber verpflichtet, dem Arbeitnehmer **sämtliche Arbeitspapiere** (Lohnsteuerkarte, Nachweis über die Beitragszahlungen zur Rentenversicherung, Unterlagen über vermögenswirksame Leistungen, Urkunden über Versicherungsverhältnisse etc.) auszuhändigen.

2.1.6 Unternehmensmitbestimmung

Unter Unternehmensmitbestimmung versteht man die **Mitwirkung der Arbeitnehmerseite** im Aufsichtsrat eines Unternehmens. Ihre rechtliche Ausgestaltung ist je nach Art der Gesellschaft bzw. der Zahl ihrer Beschäftigten in verschiedenen Gesetzen geregelt.

Betriebsverfassungsgesetz 1952

Das Betriebsverfassungsgesetz, das sich in seinem hier interessierenden Teil noch heute in Kraft befindet, schreibt vor, dass der **Aufsichtsrat** einer Aktiengesellschaft (AG) oder einer Kommanditgesellschaft auf Aktien (KG a. A.) zu einem Drittel aus Vertretern der Arbeitnehmer bestehen muss. Dasselbe gilt für die Gesellschaft mit beschränkter Haftung (GmbH), sofern in ihr mehr als 500 Arbeitnehmer beschäftigt sind (§§ 76 ff. BetrVG 1952). Das Gesetz gilt nur, soweit weder Mitbestimmungsgesetz noch Montan-Mitbestimmungsgesetz Anwendung finden.

Mitbestimmungsgesetz

Beschäftigt eine AG, eine KG a. A. oder eine GmbH mindestens 2.000 Arbeitnehmer, besteht der **Aufsichtsrat** aus einer gleichen Anzahl Arbeitgeber- und Arbeitnehmervertreter. Die Zahl der Aufsichtsratsmitglieder und die Zusammensetzung auf Arbeitnehmerseite wird in folgendem Schaubild verdeutlicht (siehe Abbildung 115):

Anzahl Arbeit-nehmer	Mitglieder im Auf-sichtsrat	davon Arbeitnehmervertreter	
		Unternehmens-angehörige	Gewerkschafts-vertreter
2.000–10.000	12	4	2
> 10.000–20.000	16	6	2
> 20.000	20	7	3

Abb. 115: Zahl der Aufsichtsratsmitglieder und die Zusammensetzung auf Arbeitnehmerseite

Unter den unternehmensangehörigen Arbeitnehmervertretern muss sich jeweils ein **leitender Angestellter** befinden.

Montan-Mitbestimmungsgesetz

Das Gesetz gilt für die in Form einer AG oder einer GmbH organisierten Unternehmen des Bergbaus sowie der eisen- und stahlerzeugenden Industrie (sog. **Warmbetriebe**) mit mehr als 1.000 Arbeitnehmern. Der Aufsichtsrat besteht aus elf Mitgliedern, und zwar aus:

- fünf Mitgliedern auf Arbeitgeberseite,
- fünf Mitgliedern auf Arbeitnehmerseite, von denen zwei dem Unternehmen angehören müssen,
- einem weiteren Mitglied, das – wie die unternehmensfremden Mitglieder der Arbeitnehmerseite – von den Spitzenorganisationen der Arbeitgeberverbände und der Gewerkschaften vorgeschlagen wird.

Das Montan-Mitbestimmungsgesetz findet aufgrund der zahlreichen Umstrukturierungen und Stilllegungen in den betreffenden Industriezweigen nur noch auf wenige Unternehmen Anwendung.

2.1.7 Betriebsverfassungsrecht

Betriebsrat

Wahl des Betriebsrats

Der Betriebsrat wird für die Dauer von **vier Jahren** gewählt. Die Zahl der **Betriebsratsmitglieder** sowie die der **Freistellungen** bemisst sich nach der Anzahl der im Betrieb beschäftigten wahlberechtigten Arbeitnehmer (§ 9 bzw. § 37 BetrVG). Nach der Paritätsklausel des § 15 Abs. 2 BetrVG muss das in der Belegschaft in der Minderheit befindliche Geschlecht (z. B. die Frauen) mindestens entsprechend seinem zahlenmäßigen Verhältnis im Betriebsrat vertreten sein. Die vom Wahlvorstand (§§ 16 ff. BetrVG) einzuleitende und durchzuführende **Wahl** kann auf zweierlei Arten stattfinden: durch Mehrheitswahl oder durch Verhältniswahl. Mehrheitswahl findet statt, wenn sich alle Kandidaten auf einer Liste zur Wahl stellen, Verhältniswahl ist vorgeschrieben, wenn mehrere Kandidatenlisten zur Wahl stehen.

Beispiel: Ein Betrieb beschäftigt 100 Arbeitnehmer, davon 35 Frauen. Nach § 9 BetrVG sind fünf Mandate zu vergeben.

Der Mindestanteil für die weiblichen Vertreter im Betriebsrat berechnet sich nach dem d'Hondtschen Höchstzahlverfahren wie folgt:

Anzahl Männer/Frauen	Männer	Frauen
geteilt durch 1	65,0	35,0
geteilt durch 2	32,5	17,5
geteilt durch 3	21,7	11,7

Abb. 116: Berechnung des Wahlergebnisses nach dem d'Hondtschen Höchstzahlverfahren

Entsprechend den fünf höchsten Zahlen stehen den Frauen (mindestens) zwei Mandate zu.

Angenommen es hat Mehrheitswahl (= Persönlichkeitswahl) stattgefunden und auf die einzelnen Kandidaten – weibliche Kandidaten (in Fettdruck) – sind folgende Stimmenanteile entfallen:

Kandidaten	**A**	B	C	F	E	F	G	**H**	I	K
Anzahl Stimmen	8	11	13	7	15	18	16	6	4	2
Platzierung	6	5	4	7	3	1	2	8	9	10

Abb. 117: Berechnung des Wahlergebnisses bei Mehrheitswahl

Gewählt sind A (Platz 6), E (Platz 3), F (Platz 1), G (Platz 2) und H (Platz 8).

Im Falle der Listenwahl und einer Verteilung der Stimmen von 80 auf Liste 1 und 20 auf Liste 2 wäre nach dem d'Hondtschen Höchstzahlverfahren folgendermaßen vorzugehen:

Liste 1 Kandidaten: A, B, C, D, E, F		Liste 2 Kandidaten: G, H, I, K	
geteilt durch 1	80	geteilt durch 1	20
geteilt durch 2	0	geteilt durch 2	1
geteilt durch 3	26,7	geteilt durch 3	6,7
geteilt durch 4	20	geteilt durch 4	5

Abb. 118: Berechnung des Wahlergebnisses bei Listenwahl

Gesamt- und Konzernbetriebsrat

Ein **Gesamtbetriebsrat** muss, ein **Konzernbetriebsrat** kann errichtet werden. Ein Gesamtbetriebsrat wird errichtet, wenn in einem Unternehmen mehrere Betriebsräte bestehen. Betriebsräte mit mehr als drei Mitgliedern entsenden zwei von ihnen (ansonsten ein Mitglied) in den Gesamtbetriebsrat. Bilden mehrere Unternehmen (unter dem Dach einer Konzernholding) einen Konzernbetriebsrat, so entsendet jeder Gesamtbetriebsrat zwei seiner Mitglieder in den Konzernbetriebsrat. Zur Bildung des Konzernbetriebsrats ist die Zustimmung der Gesamtbetriebsräte, die mindestens 50 % der im Konzern tätigen Arbeitnehmer repräsentieren, erforderlich. Über die Zuständigkeiten des Betriebsrats informiert folgendes Schaubild (siehe Abbildung 119).

Betriebsrat	Gesamtbetriebsrat	Konzernbetriebsrat
Behandlung den Betrieb betreffender Angelegenheiten.	Behandlung das Unternehmen betreffender Angelegenheiten, die nicht durch die einzelnen Betriebsräte geregelt werden können. ⇨ § 50 Abs. 1 BetrVG	Behandlung den Konzern betreffender Angelegenheiten, die nicht durch die einzelnen Gesamtbetriebsräte geregelt werden können. ⇨ § 58 Abs. 1 BetrVG
	Regelung vom Betriebsrat delegierter Angelegenheiten. ⇨ § 50 Abs. 2 BetrVG	Regelung vom Gesamtbetriebsrat delegierter Angelegenheiten. ⇨ § 58 Abs. 2 BetrVG
Vorbehalt der Entscheidungsbefugnis ⇨ § 50 Abs. 2 BetrVG	Vorbehalt der Entscheidungsbefugnis ⇨ § 58 Abs. 2 BetrVG	

Abb. 119: Zuständigkeiten des Betriebsrats

Rechtsstellung des Betriebsrats

Die Mitglieder des Betriebsrats führen ihr Amt unentgeltlich als **Ehrenamt** aus (§ 37 Abs. 1 BetrVG). Sie sind von ihrer beruflichen Tätigkeit ohne Minderung des Arbeitsentgelts zu befreien, soweit dies zur ordnungsgemäßen Durchführung ihrer Aufgaben – Sitzungen, Sprechstunden etc. – erforderlich ist (§ 37 Abs. 2 BetrVG). Für außerhalb der Arbeitszeit geleistete Betriebsratstätigkeit hat das Betriebsratsmitglied Anspruch auf entsprechende **Arbeitsbefreiung unter Fortzahlung des Arbeitsentgelts**. Erfolgt die Arbeitsbefreiung nicht innerhalb eines Monats, ist die aufgewendete Zeit mit Mehrarbeitszuschlägen zu vergüten (§ 37 Abs. 3 BetrVG). Betriebsratsmitglieder dürfen während ihrer Amtszeit und bis zu einem Jahr nach deren Ablauf nicht schlechter bezahlt werden als vergleichbare Arbeitnehmer mit betriebsüblicher beruflicher Entwicklung (§ 37 Abs. 4 BetrVG). Während des gleichen Zeitraums dürfen sie nur mit Tätigkeiten beschäftigt werden, die denen vergleichbarer Arbeitnehmer gleichwertig sind (§ 37 Abs. 5 BetrVG). Gleiches gilt für freigestellte Betriebsratsmitglieder. Insbesondere dürfen diese von Maßnahmen der beruflichen Bildung nicht ausgeschlossen werden. Nach Beendigung der Freistellung ist ihnen Gelegenheit zu geben, unterbliebene berufliche **Fortbildungsmaßnahmen** nachzuholen (§ 38 Abs. 4 BetrVG). Kein Betriebsratsmitglied darf wegen seiner Tätigkeit benachteiligt oder begünstigt werden (§ 78 BetrVG). Jedes Betriebsratsmitglied ist zur Geheimhaltung der ihm anlässlich seiner Betriebsratstätigkeit bekannt gewordenen Betriebs- und Geschäftsgeheimnisse verpflichtet (§ 79 BetrVG). Verstöße können strafrechtlich geahndet werden (§ 120 BetrVG).

Allgemeine Aufgaben des Betriebsrats

Nach § 80 Abs. 1 Ziffern 1 bis 9 BetrVG hat der **Betriebsrat** folgende **allgemeine Aufgaben**:

---

§ 80 Abs. 1 Ziffern 1 bis 9 BetrVG

Der Betriebsrat hat folgende allgemeine Aufgaben:

1. darüber zu wachen, dass die zugunsten der Arbeitnehmer geltenden Gesetze, Verordnungen, Unfallverhütungsvorschriften, Tarifverträge und Betriebsvereinbarungen durchgeführt werden;

2. Maßnahmen, die dem Betrieb und der Belegschaft dienen, beim Arbeitgeber zu beantragen;

2a. die Durchsetzung der tatsächlichen Gleichstellung von Frauen und Männern, insbesondere bei der Einstellung, Beschäftigung, Aus-, Fort- und Weiterbildung und dem beruflichen Aufstieg, zu fördern;

2b. die Vereinbarkeit von Familie und Erwerbstätigkeit zu fördern;

3. Anregungen von Arbeitnehmern und der Jugend- und Auszubildendenvertretung entgegenzunehmen und, falls sie berechtigt erscheinen, durch Verhandlungen mit dem Arbeitgeber auf eine Erledigung hinzuwirken; er hat die betreffenden Arbeitnehmer über den Stand und das Ergebnis der Verhandlungen zu unterrichten;

4. die Eingliederung Schwerbehinderter und sonstiger besonders schutzbedürftiger Personen zu fördern;

5. die Wahl einer Jugend- und Auszubildendenvertretung vorzubereiten und durchzuführen und mit dieser zur Förderung der Belange der in § 60 Abs. 1 genannten Arbeitnehmer eng zusammenzuarbeiten; er kann von der Jugend- und Auszubildendenvertretung Vorschläge und Stellungnahmen anfordern;

6. die Beschäftigung älterer Arbeitnehmer im Betrieb zu fördern;

7. die Integration ausländischer Arbeitnehmer im Betrieb und das Verständnis zwischen ihnen und den deutschen Arbeitnehmern zu fördern, sowie Maßnahmen zur Bekämpfung von Rassismus und Fremdenfeindlichkeit im Betrieb zu beantragen;

8. die Beschäftigung im Betrieb zu fördern und zu sichern;

9. Maßnahmen des Arbeitsschutzes und des betrieblichen Umweltschutzes zu fördern.

Abb. 120: Allgemeine Aufgaben des Betriebsrats

Beteiligungsrechte des Betriebsrats

Neben den allgemeinen Aufgaben nach § 80 BetrVG hat der Betriebsrat **Mitwirkungs- und Mitbestimmungsrechte** (siehe Abbildung 121). Bei den Mitwirkungsrechten handelt es sich in der Regel um Informations-, Anhörungs- und/oder Erörterungsrechte. Selbst wenn dem Betriebsrat »nur« ein Informationsrecht zusteht, heißt das nicht, dass er sich insoweit in einer schwachen Rechtsposition befindet. Abgesehen davon, dass manche Informationsrechte nur die Vorstufe zu stärkeren Rechten darstellen, kann fehlende Information den Betriebsrat veranlassen, auf Gebieten, die seine Beteiligung unerlässlich machen, eine andere Haltung als bei rechtzeitiger und vollständiger Information einzunehmen.

	Mitwirkungsrechte		Mitbestimmungsrechte	
Soziale Angelegenheiten	Arbeits-/betrieblicher Umweltschutz	§ 89	Katalog nach Nr. 1–13	§ 87
Gestaltung von Arbeitsplatz, -ablauf und -umgebung	Maßnahmen baulicher, technischer sowie verfahrens- und ablauforientierter Art	§ 90	Besondere Belastung der Arbeitnehmer durch Änderung der Arbeitsbedingungen	§ 91
Personelle Angelegenheiten	• Personalplanung • Beschäftigungssicherung • Ausschreibung von Arbeitsplätzen • Förderung der Berufsbildung • Errichtung und Ausstattung von Einrichtungen sowie Einführung von Maßnahmen der Berufsbildung • (Änderungs-)Kündigung	§ 92 § 92a § 93 § 96 § 97 I § 102	• Personalfragebogen und Beurteilungsgrundsätze • Richtlinien über die Personalauswahl • Maßnahmen zur Anpassungsqualifikation bei betrieblichen Umstrukturierungsmaßnahmen • Durchführung betrieblicher Bildungsmaßnahmen • Einstellung, Versetzung, Eingruppierung, Umgruppierung • (Änderungs-)Kündigung von Betriebsrats-, Jugendvertretungs- und Wahlvorstandsmitgliedern	§ 94 § 95 § 97 II § 98 § 99 § 103
Wirtschaftliche Angelegenheiten	• Wirtschaftsausschuss • Stilllegung und Änderung des Betriebs oder von Betriebsteilen	§ 106 § 111	• Interessenausgleich und Sozialplan bei Betriebsänderung • Sozialplan bei Personalabbau	§ 112 § 112a

Abb. 121: Mitwirkungs- und Mitbestimmungsrechte des Betriebsrats

Zusammenarbeit mit dem Betriebsrat

Nach § 2 Abs. 1 BetrVG sind Arbeitgeber und Betriebsrat dem **Grundsatz der vertrauensvollen Zusammenarbeit** verpflichtet. § 74 Abs. 1 BetrVG konkretisiert diesen Grundsatz, indem er den Betriebsparteien auferlegt, über strittige Fragen mit dem ernsten Willen zur Einigung zu verhandeln und Vorschläge für die Beilegung von Meinungsverschiedenheiten zu machen. Dies gilt nicht nur aber vorrangig in Bezug auf die Verhandlung und den Abschluss von Betriebsvereinbarungen; denn sie stellen das Kernstück der Zusammenarbeit zwischen Arbeitgeber und Betriebsrat dar.

Eine Betriebsvereinbarung ist ein schriftlicher **Vertrag zwischen Arbeitgeber und Betriebsrat**. Sie wirkt unmittelbar auf alle im Betrieb bestehenden Arbeitsverhältnisse ein, sodass sie zwischen Arbeitgeber und Arbeitnehmer unmittelbar verbindliche Wirkung entfaltet. Zu unterscheiden ist zwischen der Betriebsvereinbarung über Gegenstände der **zwingenden Mitbestimmung** (siehe Abbildung 121) und der **freiwilligen Betriebsvereinbarung**.

Betriebsvereinbarungen können befristet abgeschlossen oder mit einer Kündigungsfrist von in der Regel drei Monaten vereinbart werden. Bei Betriebsvereinbarungen der zwingenden Mitbestimmung ist jedoch zu beachten, dass sie Nachwirkung entfalten. Darunter ist die Eigenschaft zu verstehen, auch nach Ablauf der Kündigungsfrist bzw. dem Ende der Befristung so lange zu gelten, bis sich Arbeitgeber und Betriebsrat auf eine andere Abmachung verständigen (§ 77 Abs. 4 BetrVG). Die Regelungskompetenz der Betriebsparteien endet am Tarifvorbehalt des § 77 Abs. 3 BetrVG. Danach können die durch Tarifvertrag geregelten – oder üblicherweise geregelten – Arbeitsbedingungen nicht Gegenstand einer Betriebsvereinbarung sein. Deshalb wäre z. B. eine Betriebsvereinbarung, welche die wöchentliche Arbeitszeit geringer und damit günstiger ansetzt als der Tarifvertrag, nichtig. Das Günstigkeitsprinzip (siehe auch Kapitel 2.1.7) wird hierbei zugunsten des Tarifvorbehalts verdrängt. Er gilt allerdings nur gegenüber Betriebsvereinbarungen. Arbeitsvertraglich wäre dagegen eine Verkürzung der wöchentlichen Arbeitszeit durchaus zulässig. Möglich wäre es auch, sich diesbezüglich mit dem Betriebsrat im Wege einer Regelungsabrede zu verständigen. Im Unterschied zur Betriebsvereinbarung handelt es sich bei ihr um eine nicht formgebundene Absprache zwischen Arbeitgeber und Betriebsrat, die in der betrieblichen Praxis häufig vorkommt. Wie Regelungsabrede und Betriebsvereinbarung auf das Arbeitsverhältnis einwirken, ergibt sich aus folgendem Schaubild (siehe Abbildung 122).

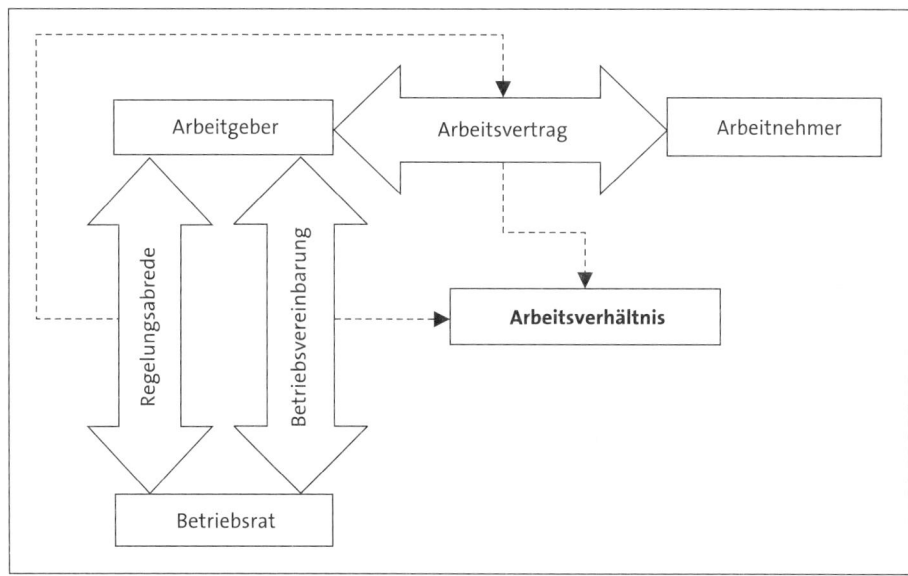

Abb. 122: Wirkung von Regelungsabrede und Betriebsvereinbarung auf das Arbeitsverhältnis

Kommt eine Betriebsvereinbarung im Verhandlungsweg nicht zustande, so entscheidet auf Antrag einer oder beider Betriebsparteien die **Einigungsstelle** (§ 76 BetrVG). Sie besteht aus:

- dem Vorsitzenden, auf den sich beide Seiten geeinigt haben (oft, aber nicht zwingend, ein Arbeitsrichter), oder der – bei Nichteinigung – vom Arbeitsgericht bestellt wird, sowie
- einer jeweils gleichen, ungeraden Zahl interner (und ggf. auch externer) Beisitzer auf Arbeitgeber- und Arbeitnehmerseite.

Der Vorsitzende versucht zunächst, auf eine Einigung hinzuwirken. Misslingt der Versuch, kommt es – meist erst nach mehreren erfolglosen Verhandlungsrunden – zur Abstimmung. Bei ihr gibt die Stimme des Vorsitzenden den Ausschlag. Der Spruch der Einigungsstelle hat die Wirkung einer Betriebsvereinbarung. Den Verfahrensablauf im Einzelnen veranschaulicht folgendes Schaubild (siehe Abbildung 123).

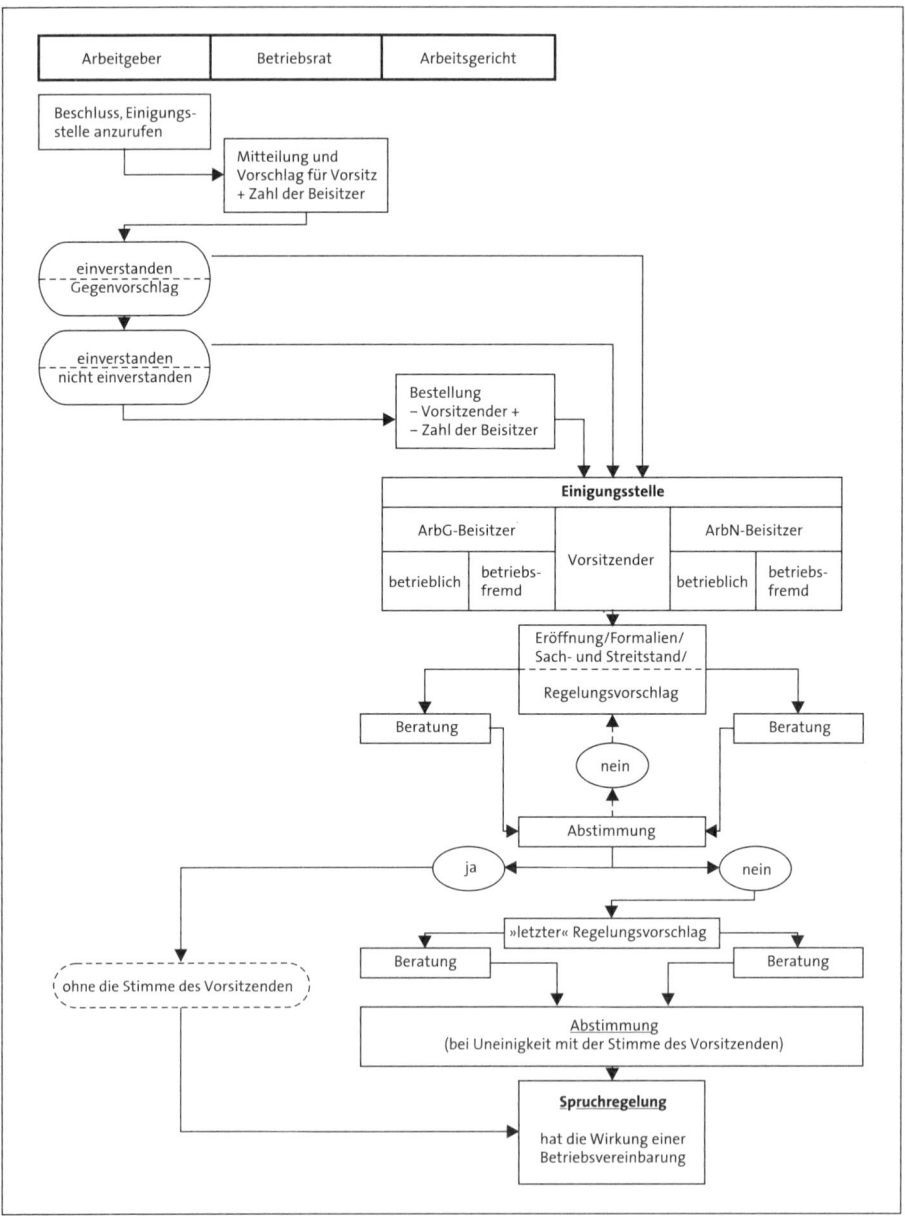

Abb. 123: Verfahrensablauf nach § 76 BetrVG

Jugend- und Auszubildendenvertretung (JAV)

Eine **Jugend- und Auszubildendenvertretung** (JAV) wird in Betrieben gebildet, die mindestens fünf noch nicht volljährige Personen beschäftigen. Die Zahl der JAV-Mitglieder bemisst sich nach der Zahl der in dieser Altersgruppe im Betrieb Beschäftigten; die einschlägigen Schwellenwerte finden sich in § 62 BetrVG. Die Amtszeit der JAV beträgt zwei Jahre. Für die Wahl gelten im Wesentlichen die Vorschriften über die Wahl zum Betriebsrat (siehe auch Kapitel 2.1.6). Ansprechpartner der JAV ist der Betriebsrat; Sitzungen sind mit ihm zu vereinbaren. Die JAV kann zu jeder Betriebsratssitzung eines seiner Mitglieder entsenden. In Angelegenheiten, die den von der JAV vertretenen Personenkreis betreffen, hat sie ein Teilnahmerecht. In diesen Fällen kann sie sogar verlangen, Betriebsratsbeschlüsse bis zur Dauer von einer Woche auszusetzen, um mit dem Betriebsrat Einvernehmen zu erzielen. Die JAV ist im Rahmen ihrer Aufgaben berechtigt, Sprechstunden abzuhalten. Zu ihren Aufgaben gehört es, die Interessen der Jugendlichen und Auszubildenden wahrzunehmen und die entsprechenden Maßnahmen beim Betriebsrat zu beantragen. Das Nähere regelt § 70 BetrVG. Beabsichtigt der Arbeitgeber ein Mitglied der JAV nach dem Ende der Ausbildung nicht in ein unbefristetes Arbeitsverhältnis zu übernehmen, so muss er ihm dies drei Monate vor dem Ende des Ausbildungsverhältnisses schriftlich mitteilen. Verlangt das Mitglied einer JAV innerhalb von drei Monaten vor Beendigung des Ausbildungsverhältnisses vom Arbeitgeber schriftlich seine Weiterbeschäftigung, so gilt im Anschluss an das Ausbildungsverhältnis ein unbefristetes Arbeitsverhältnis als begründet (§ 78 a Abs. 1 und 2 BetrVG). Dem Arbeitgeber steht hiergegen der Rechtsweg zum Arbeitsgericht offen (§ 78 a Abs. 4 BetrVG).

Arbeitnehmerrechte nach dem Betriebsverfassungsgesetz

Das Betriebsverfassungsgesetz regelt nicht nur die Rechte und Pflichten zwischen Arbeitgeber und Betriebsrat, es eröffnet in den §§ 81 ff. BetrVG auch für den einzelnen Arbeitnehmer **unmittelbar geltende Rechte**, z. B.

- den Anspruch, vom Arbeitgeber Informationen über die Art der Tätigkeit und über die Unfall- und Gesundheitsgefahren am Arbeitsplatz zu erhalten,
- seine Person betreffende Auskünfte, insbesondere über die Zusammensetzung des Arbeitsentgelts zu erhalten,
- Einsicht in seine Personalakte zu nehmen,
- das Recht, sich beim Arbeitgeber wegen Benachteiligung oder ungerechter Behandlung zu beschweren,
- derartige Beschwerden auch beim Betriebsrat mit dem Ziel auf Abhilfe vorzubringen,
- dem Betriebsrat Themen zur Beratung vorzuschlagen.

2.1.8 Tarifvertragsrecht

Tarifvertragliche Rechte und Pflichten werden zwischen Arbeitgeber und Arbeitnehmer nur dann begründet, wenn beiderseitige Tarifbindung besteht. Die **Tarifbindung** des **Arbeitgebers** kann auf folgende Art und Weise herbeigeführt werden, und zwar durch:

- Mitgliedschaft des Arbeitgebers im Arbeitgeberverband, der seinerseits mit der zuständigen Gewerkschaft einen Tarifvertrag abgeschlossen hat (sog. Verbands- oder auch Flächentarifvertrag).

- Haus- oder Firmentarifvertrag, d. h. der – nicht verbandsgebundene – Arbeitgeber schließt mit der zuständigen Gewerkschaft direkt einen Tarifvertrag. Im engen sachlichen Zusammenhang mit dem Tarifvertragsrecht steht die **Allgemeinverbindlichkeitserklärung**.
- Allgemeinverbindlichkeitserklärung nach § 5 TVG: Der Bundesarbeitsminister erklärt einen für eine bestimmte Branche bereits bestehenden Tarifvertrag auch für die bisher nicht dessen Geltungsbereich unterfallenden Unternehmen für verbindlich. Voraussetzung hierfür ist, dass die bereits tarifgebundenen Arbeitgeber der betreffenden Branche mindestens 50 % der unter den Geltungsbereich des Tarifvertrags fallenden Arbeitnehmer beschäftigen und die Allgemeinverbindlichkeitserklärung im öffentlichen Interesse geboten ist.
- Rechtsverordnung/Allgemeinverbindlichkeitserklärung nach § 7 AEntG: Für eine bestimmte Branche besteht ein bundesweiter Tarifvertrag. Die an ihn gebundenen Arbeitgeber beschäftigen mindestens 50 % der seinem Geltungsbereich unterfallenden (nicht notwendig an ihn gebundenen) Arbeitnehmer. Die betreffende Branche (z. B. Gebäudereinigung, Briefdienstleistungen) wird durch förmliches Gesetzgebungsverfahren in § 4 AEntG einbezogen. Der Bundesminister für Arbeit und Soziales – in bestimmten Fällen die Bundesregierung – erlässt auf Antrag der Tarifparteien die Rechtsverordnung über den in der Branche allgemeinverbindlich geltenden Mindestlohn.
- Rechtsverordnung/Allgemeinverbindlichkeitserklärung nach §§ 1 ff. MiArbG: Hierbei geht es um die allgemeinverbindliche Festlegung von Mindestlöhnen in Wirtschaftszweigen, in denen
  □ entweder überhaupt keine Tarifverträge bestehen oder die an den Tarifvertrag für einen Wirtschaftszweig gebundenen Arbeitgeber weniger als 50 % der unter den Geltungsbereich dieses Tarifvertrags fallenden Arbeitnehmer beschäftigen (§ 1 II 2),
  □ soziale Verwerfungen vorliegen, die »unter umfassender Berücksichtigung der sozialen und ökonomischen Auswirkungen« Mindestarbeitsentgelte erfordern (§ 3 I). Die entsprechende Rechtsverordnung erlässt die Bundesregierung.

Hinweis: Zu welchen konkreten Änderungen die von der Großen Koalition beschlossene Regelung zum Mindestlohn führen wird, stand bei Redaktionsschluss noch nicht fest.

Während die Allgemeinverbindlichkeitserklärung automatisch auch zur Tarifbindung der betreffenden **Arbeitnehmer** führt, tritt bei ihnen in den anderen beiden Fällen die Tarifbindung nur ein, wenn sie Mitglieder – nicht irgendeiner sondern – der tarifschließenden Gewerkschaft sind. Mit Wirkung vom 23. Juni 2010 hat sich in der Rechtsprechung des BAG (10 AS 2/10 und 10 AS 3/10) diesbezüglich eine Kehrtwendung vollzogen. Vor diesem Zeitpunkt galt der sog. Grundsatz der Tarifeinheit, d. h. wenn der der Arbeitgeber an mehrere Tarifverträge gebunden war, galt nur ein einziger Tarifvertrag, und zwar derjenige, der den Erfordernissen des Betriebs am ehesten entsprach. Nunmehr hat sich das BAG zum **Grundsatz der Tarifpluralität** bekannt. Hiernach gelten sämtliche Tarifverträge, an die der Arbeitgeber sowie der Mitarbeiter entsprechend seiner Gewerkschaftszugehörigkeit gebunden sind. Wie sich dies in der Praxis gestalten wird (Eingang vieler kleiner Gewerkschaften in die Unternehmen, Zersplitterung der Belegschaft, Streiks durch einzelne Mitarbeitergruppen), kann derzeit noch nicht eingeschätzt werden. (Im Rahmen der Prüfungsvorbereitung sollte insbesondere im Blick behalten werden, ob die Gesetzeslage eine – von der Praxis geforderte – Rückkehr zum Grundsatz der Tarifeinheit ermöglicht). Von der Tarifbindung zu unterscheiden ist die in den meisten Arbeitsverträgen enthaltene **Bezugnahmeklausel**. Sie transformiert lediglich den Inhalt der einschlägigen Tarifverträge in die Arbeitsverträge (siehe Abbildung 124).

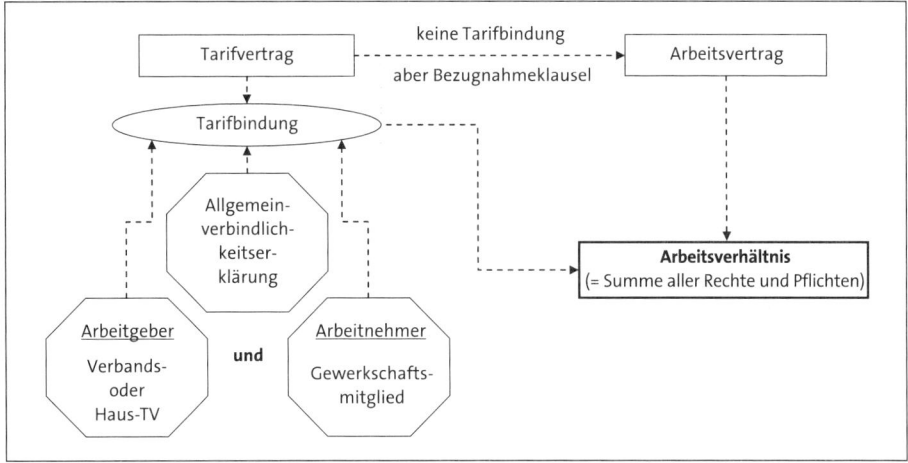

Abb. 124: Tarifbindung

Je nach Formulierung im Arbeitsvertrag unterscheidet man drei in ihren Rechtswirkungen unterschiedliche Varianten der Bezugnahmeklausel:

Bezeichnung	Üblicher Vertragstext	Rechtswirkung
Statische Bezugnahmeklausel	»Auf das Arbeitsverhältnis finden die für die XY-Industrie geltenden Tarifverträge **in der Fassung vom ...** Anwendung«.	Änderungen in den Tarifverträgen werden arbeitsvertraglich nicht mitvollzogen, sondern werden auf dem angegebenen Stand eingefroren.
Kleine dynamische Bezugnahmeklausel	»Auf das Arbeitsverhältnis finden die für die XY-Industrie geltenden Tarifverträge **in ihrer jeweils gültigen Fassung** Anwendung.«	Der Arbeitsvertrag schließt sich »automatisch« jeder tariflichen Änderung an.
Große dynamische Bezugnahmeklausel (Tarifwechselklausel)	»Auf das Arbeitsverhältnis finden die **jeweils geltenden Tarifverträge in ihrer jeweils gültigen Fassung** Anwendung.«	Die Rechtswirkung ist zunächst erst einmal identisch mit derjenigen der kleinen dynamischen Bezugnahmeklausel. Wechselt das Unternehmen jedoch in den Geltungsbereich eines anderen Tarifvertrags (z. B. durch Betriebsübergang), findet ausschließlich der neue Tarifvertrag Eingang in den Arbeitsvertrag. Änderungen dieses Tarifvertrags werden arbeitsvertraglich mitvollzogen.

Abb. 125: Verfahrensablauf – Bezugnahmeklausel

Bezugnahmeklauseln werden üblicherweise als sog. **Gleichstellungsklauseln** verstanden. Das heißt, sie sind bestimmt, um diejenigen Arbeitnehmer, die nicht der tarifschließenden Gewerkschaft angehören, also nicht tarifgebunden sind, den Gewerkschaftsmitgliedern gleichzustellen. Tritt der Arbeitgeber aus dem Arbeitgeberverband aus, so verlieren die nach dem Austritt erfolgenden Tarifänderungen gegenüber den gewerkschaftlich organisierten Arbeitnehmern ihre verbindliche Wirkung. Entsprechendes trifft ebenso auf die nicht organisierten Arbeitnehmer zu, da sie kraft ihrer arbeitsvertraglichen Gleichstellung ebenso behandelt werden müssen. Diese über Jahrzehnte geübte Praxis ist Geschichte und gilt aus Gründen des Vertrauensschutzes nur noch für Altfälle. Das BAG hat in einem Urteil aus dem Jahre 2005 entschieden, dass die üblichen Vertragsformulierungen (siehe Abbildung 125) nach dem Recht über die Allgemeinen Geschäftsbedingungen (siehe Kapitel 2.1.2) nicht mehr ausreichen, um als Gleichstellungsstellungsklausel betrachtet werden zu können. Die Folge ist, dass die Bezugnahmeklausel fortwirkt und die später stattfindenden Tarifänderungen kraft Arbeitsvertrags weitergelten. Wer als Arbeitgeber diese Wirkung vermeiden will, muss deshalb im Vertragstext ausdrücklich hervorheben, dass die Bezugnahmeklausel als Gleichstellungsklausel anzusehen ist.

Tarifverträge regeln die **Mindestarbeitsbedingungen der Arbeitnehmer**. Das bedeutet zum einen, dass der Arbeitgeber – vorbehaltlich einer entsprechenden Öffnungsklausel – weder einseitig noch durch Vereinbarung mit dem Arbeitnehmer schlechtere Arbeitsbedingungen festlegen darf, zum anderen darf er sie jedoch besser als tarifvertraglich vorgeschrieben ausgestalten (Günstigkeitsprinzip, § 4 Abs. 3 TVG).

Die **Tarifbindung** des Arbeitnehmers **entfällt** mit dessen Austritt aus der tarifzuständigen Gewerkschaft, die des Arbeitgebers mit dem Austritt aus dem Arbeitgeberverband. Für den Arbeitgeber tritt jedoch zunächst die sog. **Nachbindung** ein. Sie bleibt solange bestehen, bis der Tarifvertrag endet (§ 3 Abs. 3 TVG). Der Tarifvertrag endet entweder durch Kündigung, Fristablauf oder durch Änderung seines Inhalts. Letzteres ist beispielsweise regelmäßig nach einer Erhöhung der tariflichen Entgelte der Fall. Aber selbst danach gelten die Rechtsnormen des Tarifvertrags kraft sog. Nachwirkung weiter, bis sie durch eine andere Abmachung ersetzt werden (§ 4 Abs. 5 TVG). Das bedeutet, dass sämtliche Tarifregelungen auf dem Stand des Endes der Nachbindung eingefroren werden, und danach erfolgende Tarifänderungen – also auch Entgelterhöhungen – keine Geltungskraft mehr entfalten. Die Nachwirkung kann durch den Abschluss eines neuen Tarifvertrags aber auch durch Betriebsvereinbarung oder Arbeitsvertrag beseitigt werden.

2.1.9 Arbeitskampfrecht

Streik

Streik ist die von der streikführenden Gewerkschaft getragene **kollektive und vorübergehende Arbeitsniederlegung**, um die Arbeitgeberseite (Arbeitgeber oder Arbeitgeberverband) zum Abschluss einer tarifvertraglichen Regelung zu veranlassen. Die rechtliche Verankerung des Streikrechts findet sich in Art. 9 Abs. 3 GG, dem Grundrecht, zur Wahrung und Förderung der Arbeits- und Wirtschaftsbedingungen Koalitionen (d. h. Zusammenschlüsse Arbeitgeber in Verbänden, bzw. der Arbeitnehmer in Gewerkschaften) zu bilden. Zum Kernbereich dieses Grundrechts gehört das **Recht** der Koalitionen **zum Abschluss von Tarifverträgen**. Dieses Recht kann nur verwirklicht werden, wenn Druckmittel zur

Verfügung stehen, um den im Verhandlungswege zu vereinbarenden Arbeitsbedingungen Geltung zu verschaffen. Deshalb bindet Art. 9 Abs. 3 S. 3 GG das Grundgesetz selbst, indem er festschreibt, dass sich aus anderen Vorschriften des Grundgesetzes abgeleitete Maßnahmen nicht gegen Arbeitskämpfe richten dürfen. Der **Streik** darf nur **als »letztes Mittel«** (Ultima Ratio) eingesetzt werden; er muss dem Grundsatz der Verhältnismäßigkeit genügen. Das bedeutet, dass er während der noch laufenden Geltung eines Tarifvertrages gänzlich unzulässig ist (Friedenspflicht) und auch danach das Scheitern der Verhandlungen voraussetzt.

Was die **Warnstreiks bzw. »spontanen Arbeitsniederlegungen«** anbelangt, steht die Rechtsprechung – im Gegensatz zu ihrer früheren Auffassung – auf dem Standpunkt, dass sie ebenfalls dem Ultima-Ratio-Prinzip unterliegen und erst nach dem drohenden Scheitern der Verhandlungen eingesetzt werden dürfen. Da es sich beim Streik ausschließlich um ein gewerkschaftliches Recht handelt, darf sich der Betriebsrat als Organ nicht an ihm beteiligen; insoweit ist er – nicht aber seine einzelnen Mitglieder als Arbeitnehmer – zur Neutralität verpflichtet (siehe auch § 74 Abs. 1 S. 1 BetrVG). Während des Streiks ruhen die gegenseitigen Hauptleistungspflichten (siehe auch Kapitel 2.1.2), d. h. der Arbeitnehmer ist nicht zur Arbeitsleistung, der Arbeitgeber nicht zur Zahlung des Arbeitsentgelts verpflichtet. Gewerkschaftlich organisierte Arbeitnehmer erhalten von ihrer Gewerkschaft Streikgeld.

Aussperrung

Dem Streik auf Seiten der Arbeitnehmer korrespondiert auf Seiten der Arbeitgeber die **Aussperrung.** Als Mittel des Arbeitskampfes legitimiert sie sich ebenfalls aus Art. 9 Abs. 3 GG. Unter Aussperrung versteht man die von einem oder mehreren Arbeitgebern bzw. – bei Verbands- oder Flächentarifvertrag – von einem Arbeitgeberverband beschlossene **Arbeitsausschließung der Arbeitnehmer**, um durch die dadurch bewirkte wirtschaftliche Belastung der Gegenseite (Streikgeld!) den Streik zu beenden oder zumindest abzukürzen.

Die Rechtsprechung hat der **Abwehr von Streikmaßnahmen** mittels Aussperrung enge Grenzen gezogen. Dabei geht sie vom **Grundsatz der Kampfparität** aus. Er besagt, dass die Kampfmittel Streik und Aussperrung in einem angemessenen Verhältnis zueinander stehen, nicht notwendig jedoch gleichbehandelt werden müssen. Im Einzelnen bedeutet das: Je enger der Streik innerhalb eines Tarifgebiets geführt wird, desto stärker ist das Bedürfnis der Arbeitgeberseite, den Arbeitskampf auf weitere Betriebe dieses Tarifgebiets auszudehnen. Als Richtschnur gilt:

- Werden weniger als 25 % der im Tarifgebiet tätigen Arbeitnehmer zum Streik aufgefordert, dürfen bis zu 25 % der Arbeitnehmerschaft ausgesperrt werden.
- Folgen mehr als 25 % der Arbeitnehmer dem Streikaufruf, dürfen die Arbeitgeber bis zu 50 % der im Tarifgebiet Beschäftigten aussperren.
- Eine Aussperrung von zwei Tagen als Reaktion auf einen halbstündigen Warnstreik hat die Rechtsprechung als unverhältnismäßig abgelehnt. Insoweit sei die Grenze bei einem halben Tag anzusetzen.

Von der soeben behandelten Abwehraussperrung ist die **Angriffsaussperrung** zu unterscheiden. Sie dient der selbstständigen Durchsetzung eines tarifvertraglich regelbaren

Ziels durch den Arbeitgeber. Die Angriffsaussperrung ist in der Praxis nur von untergeordneter Bedeutung.

Wie der Streik, führt auch die Aussperrung zur Suspendierung der Hauptleistungspflichten aus dem Arbeitsverhältnis. Das Arbeitsverhältnis selbst bleibt in beiden Fällen bestehen.

2.1.10 Betriebsübergang

Betriebsübergänge gehören mittlerweile zum wirtschaftlichen Alltagsgeschehen. Welche rechtlichen Folgen damit für die betroffenen Arbeitsverhältnisse einhergehen, ergibt sich aus § 613 a BGB (siehe Abbildung 126). Diese Vorschrift ist nicht leicht zu verstehen. Deshalb sei der Wortlaut des insoweit maßgebenden Absatzes 1 in Kombination mit den daraus abgeleiteten Grafiken dargestellt.

Der bisherige Arbeitgeber oder der neue Betriebsinhaber muss die vom Betriebsübergang betroffenen Arbeitnehmer über

- den (geplanten) Zeitpunkt des Betriebsübergangs,
- den Grund für den Betriebsübergang,
- die rechtlichen, wirtschaftlichen und sozialen Folgen für die Arbeitnehmer,
- die hinsichtlich der Arbeitnehmer in Aussicht genommenen Maßnahmen

schriftlich unterrichten (Abs. 5).

Danach kann der Arbeitnehmer dem Übergang seines Arbeitsverhältnisses innerhalb eines Monats schriftlich widersprechen. Fristbeginn ist aber erst nach der ordnungsgemäßen Information. Adressaten des Widerspruchs können sowohl der alte Arbeitgeber als auch der neue Inhaber sein (Abs. 6). Der Widerspruch führt dazu, dass das Arbeitsverhältnis beim bisherigen Arbeitgeber verbleibt. Hat dieser aber wegen der durch den Betriebsübergang entfallenen Arbeitsplätze keine Verwendung mehr für den Mitarbeiter, dann droht diesem eine betriebsbedingte Kündigung. Der »automatische« Weg zum neuen Inhaber ist verschlossen.

§ 613a Rechte und Pflichten bei Betriebsübergang

Satz 1: Geht ein Betrieb oder Betriebsteil durch Rechtsgeschäft auf einen anderen Inhaber über, so tritt dieser in die Recht und Pflichten aus den im Zeitpunkt des Übergangs bestehenden Arbeitsverhältnissen ein.

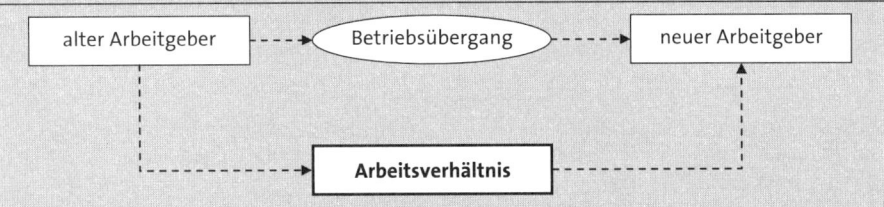

Satz 2: Sind diese Rechte und Pflichten durch Rechtsnormen eines Tarifvertrags oder einer Betriebsvereinbarung geregelt, so werden sie Inhalt des Arbeitsverhältnisses zwischen dem neuen Arbeitgeber und dem Arbeitnehmer und dürfen nicht vor Ablauf eines Jahres nach dem Zeitpunkt des Übergangs zum Nachteil des Arbeitnehmers geändert werden.

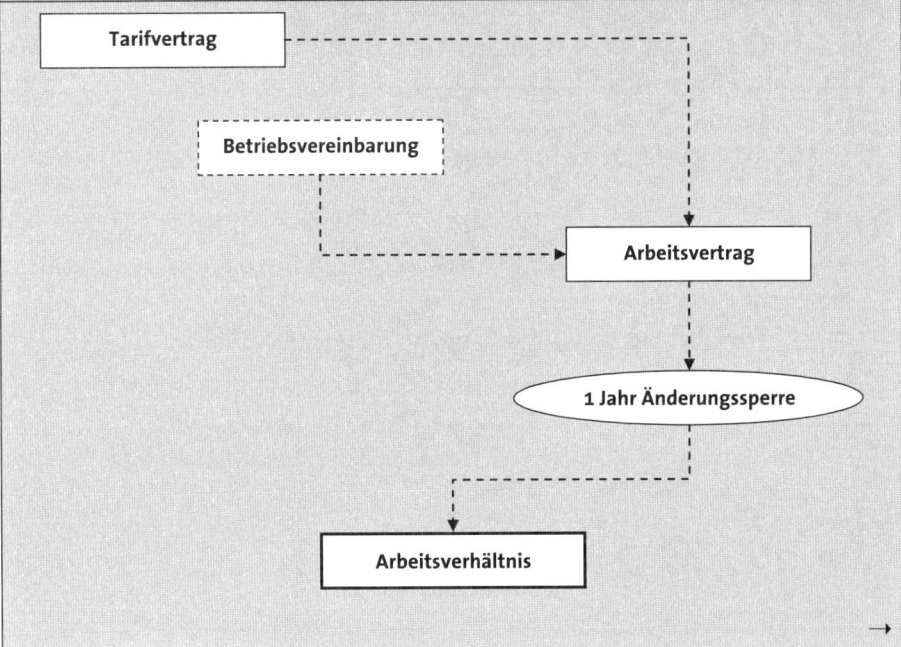

→

Satz 3: Satz 2 gilt nicht, wenn die Rechte und Pflichten bei dem neuen Inhaber durch Rechtsnormen eines anderen Tarifvertrags oder durch eine andere Betriebsvereinbarung geregelt werden.

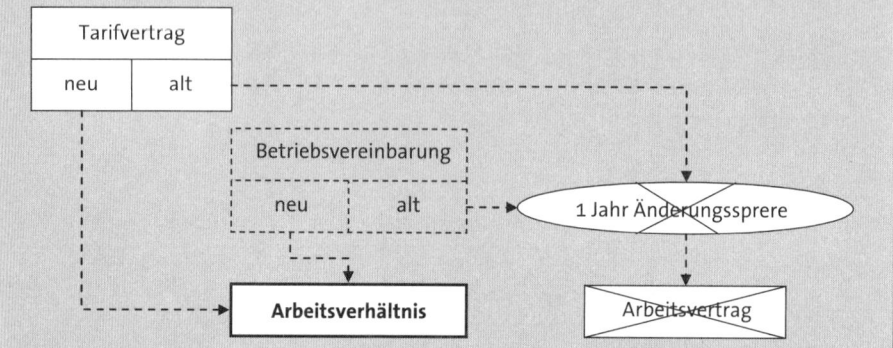

Satz 4: Vor Ablauf der Frist nach Satz 2 können die Rechte und Pflichten geändert werden, wenn der Tarifvertrag oder die Betriebsvereinbarung nicht mehr gilt oder bei fehlender beiderseitiger Tarifgebundenheit im Geltungsbereich eines anderen Tarifvertrags dessen Anwendung zwischen dem neuen Inhaber und dem Arbeitnehmer vereinbart wird.

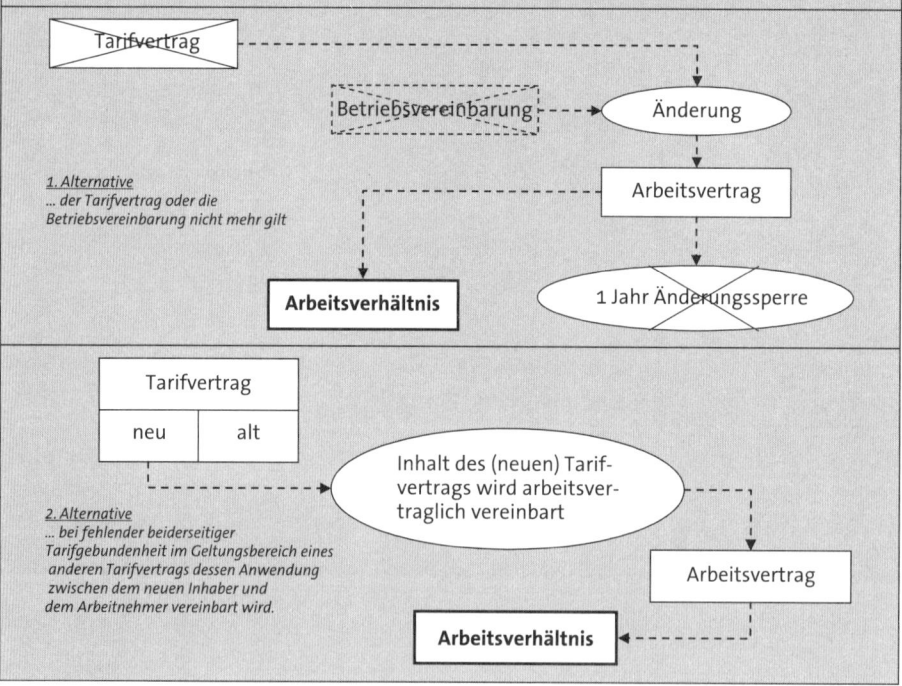

Abb. 126: Betriebsübergang

Quellen

Dütz ,W./Thüsing, G.: Arbeitsrecht, 17. Aufl., München 2012.

Hunold, W./Franke, D. (Hrsg.): Schnellbrief für Personalwirtschaft und Arbeitsrecht – Aktuelle Gesetzgebung, neue Rechtsprechung und alle wichtigen Trends für die Personalarbeit, zw. i. M. erscheinende Zeitschrift, München.

Schaub, G./Koch, U.: Arbeitsrecht von A–Z, 18. Aufl., München 2009.

Senne, P.: Arbeitsrecht (FH-Studienliteratur), 7. Aufl. München 2010,

Schwab, N. (Hrsg.): Beck'sches Personalhandbuch Bd. I: Arbeitsrechtslexikon, München 2013.

2.2 Rechtswege kennen und das Prozessrisiko einschätzen

Die Beantwortung der Frage, welches Gericht zuständig ist, welche Fallstricke bei den einzelnen Rechtswegen bestehen und auf welche Formalien zu achten ist, ist für die Beurteilung der Prozessrisiken entscheidend. Neben den rechtlichen Hintergründen und der Einschätzung der materiellen Erfolgsaussichten sollen auch praktische Tipps helfen, die Erfolgsaussichten besser einzuschätzen.

2.2.1 Rechtswege

Zur Bestimmung des zuständigen Gerichts müssen die sachliche und die örtliche Zuständigkeit geklärt werden.

Sachliche Zuständigkeit

In Deutschland unterteilt sich die Gerichtsbarkeit in fünf Gerichtszweige: Die ordentlichen Gerichte für Zivil- und Strafsachen, die Arbeitsgerichte, die Verwaltungsgerichte, die Sozialgerichte und die Finanzgerichte. Die Zuständigkeit des jeweiligen Gerichtszweiges bzw. Rechtsweges, lässt sich beispielhaft, wie in Abbildung 127 dargestellt ist, abgrenzen.

Örtliche Zuständigkeit

Mit der örtlichen Zuständigkeit wird der räumlich abgegrenzte Bereich bezeichnet, in dem ein Gericht zuständig ist. Eine Klage muss immer vor dem örtlich zuständigen Gericht erhoben werden. Ist das Gericht bei dem die Klage erhoben wurde, örtlich unzuständig, wird die Klage gemäß den §§ 17 bis 17b des Gerichtsverfassungsgesetzes (GVG) an das örtlich zuständige Gericht verwiesen. Bei diesem wird das Verfahren dann geführt. Der Verweisungsbeschluss ist für das Gericht, zu dem verwiesen wurde, bindend. Es kann selbst nicht erneut an ein anderes Gericht verweisen.

Vereinbarungen über einen bestimmten Gerichtsstand, sog. **Gerichtsstandsvereinbarungen,** sind nur zulässig, wenn beide Parteien Kaufleute oder juristische Personen des öffentlichen Rechts bzw. öffentlich-rechtliche Sondervermögen sind (§ 38 ZPO). Die Vereinbarung muss sich nach § 39 ZPO auf ein bestimmtes Rechtsverhältnis beziehen und es darf kein anderweitiger ausschließlicher Gerichtsstand bestehen. Weiter ist eine Gerichtsstandsvereinbarung nur zulässig, solange das Verfahren noch nicht rechtshängig ist.

Die Zuständigkeit des Gerichts ist von Amts wegen zu prüfen (vgl. § 17 GVG). Vor den Gerichten ohne Anwaltszwang (z. B. Amtsgericht, Arbeitsgericht) ergeht in der Regel ein richterlicher Hinweis, wenn das Gericht der Auffassung ist, es sei örtlich unzuständig. Wenn der Beklagte nach einem Hinweis oder aber in einem Verfahren mit Rechtsanwaltszwang (z. B. vor den Landgerichten) die örtliche Zuständigkeit nicht rügt und weiter zur Sache verhandelt, wird das ursprünglich örtlich unzuständige Gericht aufgrund rügeloser Einlassung zuständig (vgl. § 39 ZPO).

Dabei gilt die **Ausnahme**, dass die Zuständigkeit vor den Sozialgerichten nicht durch rügelose Einlassung begründet werden kann.

	Arbeitsgericht	Verwaltungsgericht	Sozialgericht	Finanzgericht	Ordentliche Gerichte	
Zuständigkeit	Arbeitssachen, §§ 2 ff. ArbGG	Verwaltungssachen, die nicht der Sozialgerichts- od. Finanzgerichtsbarkeit unterfallen, § 40 VwGO	Sozialsachen, § 51 SGG	Finanzsachen, § 33 FGO	Zivilsachen, § 1 ZPO, § 13 GVG	Strafsachen u. Ordnungswidrigkeiten, § 1 ZPO, § 13 GVG
Anwendung	Streitigkeiten • zw. Tarifvertragspartnern wg. Tariffähigkeit od. Gültigkeit eines Tarifvertrags • zw. Arbeitnehmern u. Arbeitgebern wg. Lohnzahlungen, der Wirksamkeit einer Kündigung od. der Richtigkeit eines Zeugnisses • zw. Betriebsräten u. Arbeitgebern wg. Mitbestimmungsrechten, Kostenerstattung für Schulungsveranstaltungen, Rechtsberatung • zw. Arbeitgeber u. Aufsichtsrat wg. Mitbestimmungsrechten	Streitigkeiten • mit Behörden in öff.-rechtl. Angelegenheiten, z. B. wenn eine behördliche Entscheidung (Baugenehmigung o. Ä.) aufgehoben od. erlassen werden soll und dies keine Sozial- od. Finanzangelegenheit betrifft • im Rahmen des Bauordnungs-, Straßenverkehrs-, Versammlungs- od. Aufenthaltsrechts im Allgemeinen	Streitigkeiten • in Bezug auf Ansprüche aus einer Sozialversicherung (Rentenversicherung, Arbeitslosenversicherung, gesetzl. Krankenversicherung, soz. Pflegeversicherung, gesetzl. Unfallversicherung od. auch Sozialhilfe) • wg. der Feststellung von Behinderung	Streitigkeiten zw. Steuerbürgern u. Finanzverwaltung (z. B. Abgaben, Rechtmäßigkeit v. Verwaltungsakten wie Steuerbescheide etc.)	Streitigkeiten • zw. Bürgern u./o. Unternehmen, die nicht einem der besonderen Gerichtszweige angehören • in Zivilsachen für z. B. Mietrechtsangelegenheiten, Kaufvertragsangelegenheiten, Erbrechtsachen und Familiensachen [besondere Kammern z. B. für Handelssachen]	Strafverfahren wg. Diebstahl oder Betrug
Praxisrelevanz (Personaler)	bei Streitigkeiten im Zusammenhang mit Arbeitsverhältnissen (zw. Arbeitgebern u. Arbeitnehmern od. Arbeitgebern u. Betriebsräten)	• bei Streitigkeiten mit zuständigen Behörden, z. B. nicht erteilte Zustimmung zur Kündigung eines schwerbehinderten Mitarbeiters od. eines Mitarbeiters in Elternzeit • zw. Behörde u. Personalrat	bei Durchführung einer sog. Statusfeststellung, um zu klären, ob ein freier Mitarbeiter nicht tatsächlich Mitarbeiter ist u. somit Sozialabgaben abzuführen sind	bei Lohnsteuerstreitigkeiten mit dem Finanzamt	bei Streitigkeiten mit Geschäftsführern, Vorständen od. Handelsvertretern	
Maßgebliches Prozessrecht	Arbeitsgerichtsgesetz (ArbGG)	Verwaltungsgerichtsordnung (VwGO)	Sozialgerichtsgesetz (SGG)	Finanzgerichtsordnung (FGO) u. Abgabenordnung (AO)	Zivilprozessordnung (ZPO)	Strafprozessordnung (StPO), u. Ordnungswidrigkeitsgesetz (OWiG)

Abb. 127: Sachliche Rechtswegzuständigkeit

Der **Grundsatz** lautet: Es ist Sache des Klägers, Klage beim örtlich zuständigen Gericht zu erheben. Vor den Zivilgerichten und den Arbeitsgerichten bestimmt sich die örtliche Zuständigkeit nach der Grundregel, enthalten in den §§ 12 ff. ZPO: Der allgemeine Gerichtsstand einer juristischen oder natürlichen Person, gegen die Klage erhoben werden soll, liegt bei dem Gericht, das für den Wohn- bzw. Firmensitz des Beklagten zuständig ist. Hat ein Unternehmen eine Niederlassung, von der aus unmittelbar Geschäfte geschlossen werden, ist auch der Ort der Niederlassung Gerichtsstand. Bei den Gerichtsständen ist zu unterscheiden zwischen den allgemeinen Gerichtsständen gemäß §§ 12 ff. ZPO (z. B. Gerichtsstand des Wohnsitzes) und den besonderen Gerichtsständen gemäß §§ 20 ff. ZPO (z. B. Gerichtsstand der Niederlassung, Gerichtsstand des Erfüllungsortes etc.).

Bei Unklarheiten hinsichtlich der Zuständigkeit der Gerichte gibt es natürlich auch Hilfe im Internet: Unter www.arbeitsrecht.de oder unter www.gerichtsorte.de findet sich ein Verzeichnis aller Gerichte in Deutschland mit ihren Zuständigkeitsbereichen.

- Besonderheiten Arbeitsgericht

Durch Gesetz vom 26. März 2008 ist ab 1. April 2008 ein neuer rein arbeitsrechtlicher Gerichtsstand geschaffen worden: § 48 Abs. 1 a ArbGG bestimmt seit dem, dass für Streitigkeiten nach § 2 ArbGG auch das Arbeitsgericht zuständig ist, in dessen Bezirk der Arbeitnehmer seine Arbeitsleistung gewöhnlich erbringt oder zuletzt erbracht hat.

In der Praxis ergibt sich daraus Folgendes: Wird das Unternehmen verklagt, ist es Sache des Arbeitnehmers, die Klage beim örtlich zuständigen Gericht zu erheben. Das ist das Gericht des Firmensitzes oder der Niederlassung bzw. der Betriebsstätte, in der sich der Arbeitsplatz befindet oder befand und alternativ jetzt auch das Gericht des letzten Arbeitsortes. Wird Klage bei einem örtlich unzuständigen Gericht, z. B. am Wohnort des Arbeitnehmers, erhoben und weist das Gericht nicht sofort auf diesen Umstand hin, sollte sofort die örtliche Zuständigkeit gerügt und die Verweisung an das (wahrscheinlich näher gelegene – man denke an Fahrtkosten und Zeitaufwand) zuständige Gericht beantragt werden.

- Besonderheiten Sozialgerichte

Entgegen den üblichen Regeln (vgl. §§ 12 ff. ZPO) richtet sich die örtliche Zuständigkeit im Sozialgerichtsverfahren grundsätzlich nach dem Wohnsitz des Klägers (§ 57 Abs. 1 SGG). Alternativ zuständig ist auch das Sozialgericht des Beschäftigungsorts, wenn der Kläger in einem Beschäftigungsverhältnis steht. Sonderregelungen gibt es nach § 57 Abs. 2 bis 4 SGG bei Streitigkeiten über die erstmalige Bewilligung einer Hinterbliebenenrente, Wohnsitz des Klägers im Ausland und Streitigkeiten über Festbeträge in der Kranken- und Pflegeversicherung (vgl. § 51 Abs. 1 Nr. 2).

Zur Abklärung der Frage, welches Gericht sachlich und örtlich zuständig ist, sind nachfolgenden Fragen hilfreich (siehe Abbildung 128).

Wer klagt?	☐ Arbeitnehmer ☐ Arbeitgeber ☐ Betriebsrat ☐ Gewerkschaft ☐ Geschäftsführer ☐ Handelsvertreter ☐ Freier Mitarbeiter
Wo wird geklagt?	...
Was ist der Gegenstand der Klage?	...

Abb. 128: Checkliste zur örtlichen Rechtswegzuständigkeit

2.2.2 Klageverfahren

Das Klageverfahren wird eingeleitet durch Einreichung einer Klageschrift bei Gericht. Die Klage, muss einer bestimmten Form genügen (zu Einzelheiten siehe § 253 ZPO). Juristische Laien sind damit in der Regel überfordert und können deshalb bei einer sog. Rechtsantragsstelle, die es bei jedem Gericht gibt, ihre Klage mündlich zu Protokoll erklären. Im Urteilsverfahren vor den Arbeitsgerichten gilt anders als im Beschlussverfahren oder vor den Sozialgerichten (siehe Kapitel 2.2.3) der Beibringungsgrundsatz oder Verhandlungsgrundsatz, nach dem jede Partei die ihr günstigen Tatsachen vortragen und beweisen muss.

Klageschrift und Klageerwiderung

Mit Einreichung der Klageschrift bei Gericht wird die Klage »anhängig«. Damit ist jedoch der Prozess noch nicht in Gang gebracht. Dies geschieht erst durch die vom Gericht veranlasste förmliche Zustellung der Klageschrift an den Beklagten. Sobald diese erfolgt ist, gilt der Rechtsstreit als »rechtshängig« und hat mit dem Zeitpunkt der Zustellung begonnen.

Anders als in dem ausschließlich nach den Regeln der ZPO ablaufenden Zivilprozess wird der Beklagte nach § 47 II ArbGG im Arbeitsgerichtsverfahren in der Regel nicht aufgefordert, zur Klage Stellung zu nehmen. In der Praxis wird er manchmal jedoch gebeten, sich binnen einer bestimmten Frist (meist drei Wochen) zur Klage zu äußern. Geschieht dies nicht und äußert sich der/die Beklagte erst in der zunächst anberaumten Güteverhandlung, entstehen ihm daraus keine rechtlichen Nachteile.

Vertretung der Parteien

Vor den Arbeitsgerichten (§ 11 ArbGG) und den Amtsgerichten (§§ 78 und 79 ZPO) sowie den Sozialgerichten und Landessozialgerichten (§ 73 Abs. 1 SGG) können die Parteien ihren Rechtsstreit selbst führen oder sich durch einen Rechtsanwalt vertreten lassen. Vor den Arbeitsgerichten besteht die Besonderheit, dass Gewerkschaften, Vereinigungen von Arbeitgebern oder die Zusammenschlüssen solcher Verbände die Vertretung ihrer Mitglieder übernehmen können. Ihre Stellung entspricht dann der eines Rechtsanwalts.

Bei Unternehmen ist, wenn sie sich nicht anwaltlich oder durch ihren Arbeitgeberverband bzw. dessen Dachorganisation vertreten lassen, zunächst immer der gesetzliche Vertreter dazu berufen, das Unternehmen vor dem Arbeitsgericht zu vertreten. Das ist z. B. bei der GmbH der Geschäftsführer.

Immer häufiger ist festzustellen, dass das Gericht das persönliche Erscheinen der Partei bzw. des gesetzlichen Vertreters der Partei anordnet. Häufig kommt es vor, dass entweder aus taktischen Gründen oder aus terminlichen Gründen die Partei nicht persönlich an dem Rechtsstreit teilnehmen will, sondern einen bevollmächtigten Vertreter entsendet. Die Nichtbeachtung der Anordnung des persönlichen Erscheinens kann dazu führen, dass – wenn kein ausreichend bevollmächtigter Vertreter gemäß § 141 Abs. 3 ZPO entsandt wird, der sowohl zur Aufklärung des Sachverhalts, als auch zum Vergleichsabschluss befugt ist – der Vertreter zurückgewiesen wird und ein Versäumnisurteil beantragt werden kann. Zudem kann gegen eine persönlich geladene Person, die unentschuldigt nicht erscheint und auch keinen Vertreter, der – gegebenenfalls kraft Delegation – für den Rechtsstreit die gleichen Erklärungsbefugnisse hat, bevollmächtigt, ein Ordnungsgeld verhängt werden.

Dabei ist auf die Besonderheit hinzuweisen, dass im arbeitsgerichtlichen Gütetermin kein Ordnungsgeld verhängt werden kann.

Anders als im Zivilprozess nach der ZPO (vgl. § 91 ZPO) müssen in der ersten Instanz des Arbeitsgerichtsprozesses gemäß § 12a Abs. 1 ArbGG keine Kosten des Gegners erstattet werden; jede Partei zahlt also ihren Vertreter selbst, soweit dieser nicht unentgeltlich tätig wird. In den höheren Instanzen besteht generell eine Kostenerstattungspflicht der unterlegenen Partei.

Vor den Landgerichten, den Landesarbeitsgerichten, dem Oberlandesgericht, dem Bundesarbeitsgericht, dem Bundessozialgericht und dem Bundesgerichtshof müssen die Parteien nach § 78 Abs. 1 ZPO, § 11 Abs. 4 ArbGG und § 73 Abs. 4 SGG durch Prozessbevollmächtigte vertreten sein. Vor den Landesarbeitsgerichten und den Bundesarbeitsgerichten können im gesetzlich zulässigen Umfang auch Vertreter von Gewerkschaften oder Unternehmensverbänden auftreten. Vor dem Bundesarbeitsgericht müssen diese aber die Befähigung zum Richteramt haben, d. h. die juristische Ausbildung gleich einem Rechtsanwalt voll abgeschlossen haben. Vor dem Bundesgerichtshof kann eine Vertretung nur durch einen dort zugelassenen Rechtsanwalt erfolgen.

Güterichterverfahren und Mediation

Seit 26. Juli 2012 können die Gerichte den Parteien eine außergerichtliche Mediation oder ein gerichtsinternes Güterichterverfahren vorschlagen (vgl. §§ 278 Abs. 5, 279 ZPO; §§ 54 Abs. 6, 54 a ArbGG, §§ 278 Absatz 5, 279 ZPO in Verbindung mit § 202 Satz 1 SGG). Bei einem gerichtsinternes Güterichterverfahren wird zur Findung einer gütlichen Einigung der Rechtsstreit an einen Richter, der später über die Sache nicht entscheidet, verwiesen, wenn beide Parteien damit einverstanden sind (sog. Güterichter). Der Güterichter kann alle Methoden der Konfliktbeilegung einschließlich der Mediation einsetzen. Für die Zeit, in der das Güterichterverfahren betrieben wird, wird das Ruhen des Verfahrens angeordnet, d. h. der Rechtsstreit bleibt bestehen, wird aber nicht weiter durch z. B. die Einreichung von Schriftsätzen, der Anberaumung einer mündlichen Verhandlung betrieben.

Alternativ ist eine außergerichtliche Mediation oder ein sonstiges Verfahren zur Konfliktbeilegung möglich. Auch in diesem Fall ruht das Verfahren. Können die Parteien nach drei Monaten jedoch nicht darlegen, dass sie im Begriff einer Einigung sind, so nimmt das Gericht das Verfahren wieder auf.

Ablauf einer Kündigungsschutzklage

Aufgrund der erheblichen Relevanz von Kündigungsschutzverfahren in der Praxis wird im Folgenden der Ablauf und Inhalt eines typischen Gerichtsverfahrens vor den Arbeitsgerichten anhand dieses Beispiels erläutert (siehe Abbildung 129).

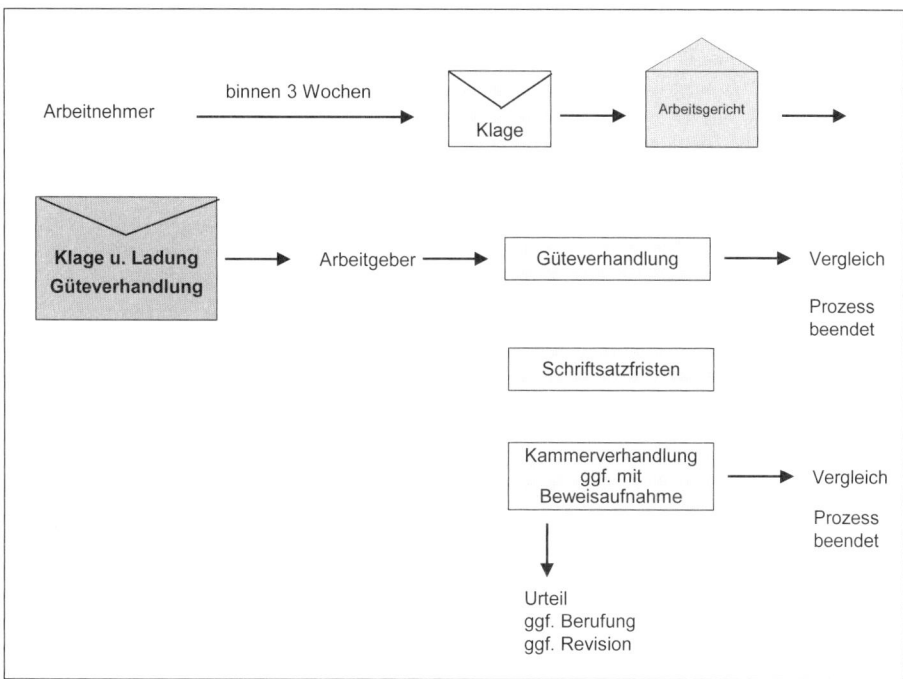

Abb. 129: Ablauf eines Kündigungsschutzverfahrens

Das Kündigungsschutzverfahren beginnt – wie jedes Gerichtsverfahren – durch Erhebung der Klage bei Gericht. Diese kann entweder schriftlich oder mündlich zu Protokoll der Geschäftsstelle des Gerichts erklärt werden.

Die Klageschrift wird dem Beklagten sodann von Gericht förmlich zugestellt. Da der zuständige Richter unverzüglich einen Termin zur Güteverhandlung zu bestimmen hat (vgl. §§ 46 Abs. 2, 53 Abs. 2 ArbGG, § 216 ZPO), wird mit der Klage zugleich eine sog. Terminsladung für die Güteverhandlung zugestellt. Nach § 52 ArbGG sind die Verhandlungen vor dem erkennenden Gericht einschließlich Beweisaufnahme und Urteilsverkündung öffentlich. Nur bei Vorliegen einiger im Gesetz genannter Ausnahmen kann die Öffentlichkeit ausgeschlossen werden.

Bei Nichterscheinen einer Partei im Gütetermin oder auch erst in der streitigen Verhandlung ergeht durch den Vorsitzenden ein Versäumnisurteil (vgl. § 55 Abs. 1 Nr. 4 ArbGG), in dem der säumige Beklagte nach dem Klageantrag verurteilt, die Klage eines säumigen

Klägers hingegen abgewiesen wird. Vorschriften über das Versäumnisurteil enthält die ZPO in den §§ 330 ff. Gegen ein Versäumnisurteil gibt es den Rechtsbehelf des Einspruchs. Die Einspruchsfrist beträgt im Arbeitsgerichtsverfahren allerdings nur eine Woche ab Zustellung des Versäumnisurteils (§ 59 ArbGG; vor den Amts- und Landgerichten beträgt die Frist zwei Wochen ab der Zustellung des Versäumnisurteils, § 339 ZPO), worüber die säumige Partei vom Gericht zu belehren ist.

> **Achtung**: Kann der anberaumte Termin zur Güteverhandlung nicht wahrgenommen werden, ist dies, wenn keine Vertretung möglich ist, dem Gericht anzuzeigen und ein Antrag auf Terminsverlegung zu stellen. Dies insbesondere, wenn gemäß § 51 Abs. 1 ArbGG explizit das persönliche Erscheinen der Partei angeordnet wurde. Wenn ein Termin, sei es zu einer Güteverhandlung oder einer Kammerverhandlung unentschuldigt nicht wahrgenommen wird, droht der Erlass eines Versäumnisurteils. Hiergegen kann zwar Einspruch eingelegt werden. Es gehen aber Kosten mit dem Versäumnisurteil einher, außerdem ist binnen der Einspruchsfrist sodann auch umfassend schriftsätzlich vorzutragen.

In der Regel wird der Beklagte vom Gericht nicht aufgefordert, sich vor der Güteverhandlung schriftlich zur Klage zu äußern. Je nach Prozesslage kann es jedoch ratsam sein, dem Gericht die eigene Rechtsauffassung bereits vorab schriftlich mitzuteilen, damit es sich vorher bereits damit auseinandersetzen und insbesondere bei der Entwicklung eines Vergleichsvorschlags berücksichtigen kann.

Die Güteverhandlung in der ersten Instanz vor den Arbeitsgerichten in Urteilsverfahren findet allein vor dem vorsitzenden Richter, nicht der Kammer statt, die später über den Rechtsstreit (siehe Abbildung 131) entscheidet (§ 54 Abs. 1 ArbGG). Sie hat den Zweck, den Rechtsstreit einer gütlichen Einigung der Parteien zuzuführen. Dazu soll in der Güteverhandlung das gesamte Streitverhältnis unter freier Würdigung aller Aspekte mit den Parteien erörtert werden. Dabei können mit Ausnahme eidlicher Vernehmungen alle Handlungen vorgenommen werden, die sofort möglich und zur Aufklärung des Sachverhalts geeignet sind. Die Güteverhandlung kann im Einverständnis der Parteien auch in einem zweiten Termin fortgesetzt werden (§ 54 Abs. 1 S. 5 ArbGG). Da sie gesetzlich vorgeschrieben ist, findet sie auch statt, wenn eine gütliche Einigung nicht möglich erscheint. Ein Verzicht auf sie ist nicht möglich.

In der Praxis wird von den Gerichten häufig ein erheblicher Druck auf die Parteien ausgeübt, sich gütlich zu einigen und einen Prozessvergleich (vgl. § 794 Abs. 1 Nr. 1 ZPO) zu schließen, weil dadurch die streitige Verhandlung eingespart und der Rechtsstreit im ersten Termin erledigt wird. Die daraus erwachsenden Diskussionen der Parteien und des Gerichts sind oft langwierig und können dazu führen, dass der ganze Zeitplan eines Verhandlungstages aus den Fugen gerät. Oft wird die Verhandlung auch unterbrochen, um den Parteien Gelegenheit zu geben, vor der Tür des Gerichtssaals weiter über die Möglichkeit eines Vergleichsschlusses zu diskutieren. In der Regel geht es dabei – jedenfalls in Kündigungsangelegenheiten – um die Höhe einer Abfindungszahlung.

Im Fall eines Vergleichsschlusses fallen in der ersten Instanz keine Gerichtskosten an (vgl. Nr. 9112 der Anlage 1 zu § 12 Abs. 1). Wer allerdings von vornherein weiß, dass für ihn ein Vergleich nicht in Betracht kommt, sollte darauf frühzeitig hinweisen.

In der Regel teilt der Vorsitzende Richter in der Güteverhandlung seine Vergleichsvorstellungen entsprechend seines dort gewonnen ersten Eindrucks über die Erfolgsaussichten der Klage mit. In Kündigungsschutzverfahren herrscht die Praxis, sich bei der Höhe der Abfindungszahlung, gegen die das Arbeitsverhältnis im Rahmen des Vergleichs beendet wird, an der Regelung in § 1a Abs. 2 KSchG zu orientieren und eine Abfindung in Höhe von 0,5 Bruttomonatsgehältern pro Beschäftigungsjahr anzuregen. Zu beachten ist insofern aber, dass es keinen gesetzlichen Anspruch auf eine Abfindung gibt. Der Vorschlag des Gerichts kann je nachdem, wie erfolgversprechend die Kündigungsschutzklage wirkt, auch weitaus niedriger oder höher als 0,5 Bruttomonatsgehälter pro Beschäftigungsjahr sein.

> **Achtung:** Da sich das Gericht bei den Vergleichsvorstellungen in der Regel an den Erfolgsaussichten der Klage orientiert, sollte bereits die Güteverhandlung gut vorbereitet werden, sodass zur Kündigung vorgetragen und der Vorschlag des Gerichts entscheidend beeinflusst werden kann. Da das Gericht in der Regel versucht, den Vergleich nach Möglichkeit in der Güteverhandlung für beide Seiten verbindlich zu schließen und das Verfahren damit zu beenden, sollten auch die Höhe einer möglichen Abfindung, etwaige noch bestehende Urlaubsansprüche u. Ä. zuvor abgeklärt werden. Sollte in der Güteverhandlung noch nicht abschließend geklärt werden können, ob der in Rede stehende Vergleich geschlossen werden kann, wird der Vergleich oftmals widerruflich geschlossen und kann innerhalb einer bestimmten Frist dann widerrufen werden. Das Verfahren ist im Falle eines Widerrufs fortzuführen. Eine erneute Güteverhandlung findet dann grundsätzlich nicht statt. Ein Vergleich kann aber auch außerhalb der Güteverhandlung oder in der Kammerverhandlung geschlossen werden. Wird der Vergleich nicht widerrufen, gilt er als geschlossen.

Erscheint eine Partei nicht in der Güteverhandlung oder bleibt diese erfolglos, soll sich nach dem Gesetz (§ 54 Abs. 4 ArbGG) die streitige Verhandlung unmittelbar anschließen und nur beim Bestehen von Hinderungsgründen ein neuer Termin bestimmt werden. Die Ausnahme ist jedoch längst zur Regel geworden. In der Regel wird ein Termin zur mündlichen Verhandlung – dann nicht nur vor dem Vorsitzenden, sondern der Kammer – an einem anderen Tag bestimmt (sog. Kammertermin). In der Regel wird den Parteien gleichzeitig aufgetragen, wie der Kammertermin vorzubereiten ist. So wird dem Beklagten in der Regel aufgegeben, binnen einer festgesetzten Frist auf die Klage schriftlich zu erwidern. Auf diese Klageerwiderung hat der Kläger sodann erneut vorzutragen. Die vom Gericht gesetzten Schriftsatzfristen sollten eingehalten werden, da verspätete Schriftsätze unter den gesetzlich festgelegten Voraussetzungen zurückgewiesen werden können.

Die Kammerverhandlung ist vom Vorsitzenden nach § 56 Abs. 1 ArbGG so vorzubereiten, dass der Rechtsstreit nach Möglichkeit in einer Sitzung erledigt werden kann. Er beginnt in der Regel mit der Stellung der Anträge durch die Parteien und läuft dann ab wie die mündliche Verhandlung im Verfahren nach der ZPO vor den Amtsgerichten (§§ 495 ff. in Verbindung mit §§ 253 ff. ZPO), wobei unter Umständen auch eine Beweisaufnahme durchgeführt wird.

Die Kammerverhandlung wird vom Vorsitzenden geleitet. Die Entscheidung wird aber von ihm als auch den beiden beisitzenden ehrenamtlichen Richtern gemeinsam getroffen. Die beisitzenden ehrenamtlichen Richter können zudem auch Fragen an die Parteien, Zeugen oder Sachverständigen stellen.

Die beisitzenden ehrenamtlichen Richter (je einer aus dem Lager der Arbeitgeber und der Arbeitnehmer) stehen nur begrenzt zur Verfügung, sodass die Beratung in der Regel im Anschluss an die letzte Verhandlung des Sitzungstages durchgeführt und noch am gleichen Tag eine Entscheidung verkündet wird (vgl. § 60 Abs. 1 ArbGG). Die Verkündung ist öffentlich, aber da ihr genauer Zeitpunkt vorher nicht bekannt ist und niemand auf das gegebenenfalls späte Ende der Beratungen warten will, ist in der Praxis bei der Verkündung kein Publikum mehr anwesend.

Auch jetzt noch ist das Gericht verpflichtet, auf eine gütliche Einigung der Parteien hinzuwirken (§ 57 Abs. 2 ArbGG). Die Vorschriften über das schriftliche Verfahren im Einverständnis beider Parteien (§ 128 Abs. 2 ZPO) sind in der ersten Instanz des Arbeitsprozesses – aber nur in dieser – durch § 46 Abs. 2 ArbGG ausgeschlossen.

Anders als im Güteverfahren können den Parteien vor dem Kammertermin gemäß § 56 Abs. 1 S.1 Nr. 1 ArbGG Fristen gesetzt werden, in denen sie ihr Vorbringen erläutern bzw. ergänzen oder beispielsweise Urkunden vorlegen sollen. Werden diese Fristen nicht eingehalten, so ist nach § 56 Abs. 2 ArbGG die verspätete Handlung nur zuzulassen, wenn ihre Verwertung den Prozess nicht verzögert oder die Verspätung genügend entschuldigt wird.

Da an die Anerkennung von Entschuldigungsgründen hohe Anforderungen gestellt werden, ist in dieser Phase des Arbeitsgerichtsprozesses peinlich genau darauf zu achten, dass die vom Gericht gesetzten Fristen auch eingehalten werden.

In der Regel wird in der Kammerverhandlung die Sach- und Rechtslage intensiv diskutiert und erneut auf eine gütliche Einigung hingewirkt. Gegebenenfalls findet eine Beweisaufnahme statt. Kann in der Kammerverhandlung allerdings keine Einigung gefunden werden, ergeht in der Regel ein Urteil durch welches die erste Instanz vor dem Arbeitsgericht abgeschlossen wird.

2.2.3 Klage-, Prozess- und Verfahrensarten

Klagearten

Je nachdem, was Ziel einer Klage ist, werden insbesondere die folgenden Klagen unterschieden, wobei die Aufzählung sich auf die wesentlichsten **Klagearten** beschränkt.

• Leistungsklage

Bei der Leistungsklage begehrt der Kläger die Verurteilung des Beklagten zu einer Leistung, einem Dulden oder einem Unterlassen. So kann z.B. ein Arbeitnehmer im Wege der Leistungsklage rückständigen Lohn gegenüber seinem Arbeitgeber geltend machen oder verlangen, dass dieser gerichtlich verpflichtet wird, vertragsgemäß beschäftigt zu werden. Auch kann verlangt werden, dass z. B. vertrags- oder gesetzeswidrige Handlungen unterlassen werden. Der sog. **Klageantrag** bei einer Leistungsklage ist – wie der Antrag bei jeder Klage – möglichst konkret zu formulieren.

Beispiele:

Der Beklagte wird verurteilt an den Kläger 10.000,00 EUR nebst Zinsen in Höhe von 5 Prozentpunkten über dem jeweiligen Basiszinssatz seit dem 1. Oktober 2013 zu zahlen.

Die Beklagte wird verurteilt, den Kläger zu den bisherigen Bedingungen als Monteur im Außendienst über den Ablauf der Kündigungsfrist hinaus weiterzubeschäftigen.

Die Begründung, woraus sich der Anspruch auf die begehrten 10.000,00 EUR oder die Weiterbeschäftigung als Monteur im Außendienst ergibt, bleibt dann der **Klagebegründung** vorbehalten.

Eine besondere Form der Leistungsklage ist die sog. **Untätigkeits- bzw. Verpflichtungsklage** nach § 88 SGG. Damit kann der Kläger die Verurteilung zum Erlass eines Verwaltungsaktes begehren, wenn er mindestens sechs Monate vorher einen Antrag auf Erlass dieses Verwaltungsaktes gestellt hat, der ohne zureichenden Grund nicht beschieden wurde.

Exkurs: Sozialgerichtsbarkeit

In der Sozialgerichtsbarkeit ist der Hauptfall der Leistungsklage die sog. **Verpflichtungsklage**, mit der die Verurteilung eines Subjekts des Verwaltungsrechts (z. B. die zuständige Behörde) zur Vornahme einer Leistung begehrt wird, meistens der Erlass eines zuvor abgelehnten Verwaltungsaktes (z. B. eines Bewilligungsbescheids für Sozialleistungen). Die Verpflichtungsklage ist im Gesetz in § 54 Abs. 1 SGG geregelt.

Da der Weg zum Erlass eines bereits abgelehnten Verwaltungsaktes erst dann geebnet ist, wenn die ebenfalls durch Verwaltungsakt erfolgte Ablehnung beseitigt ist, wird die Verpflichtungsklage meist zusammen mit der sog. **Anfechtungsklage** erhoben. Die Anfechtungsklage dient dazu, einen belastenden Verwaltungsakt (die Ablehnung) aufzuheben. Mithilfe der gleichzeitig erhobenen Verpflichtungsklage soll der Prozessgegner zum Erlass des vom Kläger begehrten begünstigenden Verwaltungsaktes (z. B. eines Bescheides, dass die beantragte, aber vorher abgelehnte Unfallrente gewährt wird) verurteilt werden.

Voraussetzung für die Zulässigkeit dieser kombinierten Klage ist nach § 54 Abs. 1 SGG, dass der Kläger vorträgt, er sei durch die Ablehnung oder Unterlassung eines Verwaltungsaktes beschwert. Dies ist nach § 54 Abs. 2 SGG immer dann der Fall, wenn Ablehnung oder Unterlassen rechtswidrig waren.

Wichtig ist, dass bei allen Anfechtungs- und mit der Verpflichtungsklage kombinierten Klagen grundsätzlich das sog. **Vorverfahren** nach § 78 ff. SGG (§ 68 ff. VwGO für die allgemeinen Verwaltungsgerichte) durchgeführt werden muss. In der Sozialgerichtsbarkeit ist es nur entbehrlich, wenn eine gesetzliche Regelung das vorsieht. Dies ist der Fall, wenn der Verwaltungsakt von einer obersten Bundesbehörde, einer obersten Landesbehörde oder vom Vorstand der Bundesagentur für Arbeit erlassen wurde, außer wenn ein Gesetz die Überprüfung vorsieht und wenn ein Land, ein Versicherungsträger oder einer seiner Verbände klagen will.

Das Vorverfahren beginnt mit dem Widerspruch gegen den Verwaltungsakt, der binnen eines Monats nach dessen Bekanntgabe bei der Behörde einzulegen ist, die den Verwaltungsakt erlassen hat. In der Regel prüft dann die übergeordnete Behörde als sog. Widerspruchsbehörde die Entscheidung noch einmal nach und hilft entweder dem Widerspruch ab, d. h. der Verwaltungsakt wird im Sinne des Widerspruchsführers abgeändert, oder sie ändert nichts und erlässt einen Widerspruchsbescheid, in dem der Widerspruch zurückgewiesen wird. Mit Bekanntgabe des Widerspruchsbescheids beginnt die Klagefrist von einem Monat (§ 87 Abs. 2 SGG). Hat kein Vorverfahren stattgefunden, beginnt die Frist nach § 87 Abs. 1 SGG mit der Bekanntgabe des Verwaltungsaktes. Die Frist ist nach § 91 Abs. 1 SGG auch dann gewahrt, wenn die Klageschrift rechtzeitig bei einer anderen inländischen Behörde, bei einem Versicherungsträger, einer deutschen Konsularbehörde oder, wenn es um die Versicherung von Seeleuten geht, bei einem deutschen Seemannsamt eingegangen ist.

Betrifft der angefochtene Verwaltungsakt eine Leistung, auf deren Gewährung der Kläger einen Rechtsanspruch besitzt, kann er neben der Aufhebung des ablehnenden Verwaltungsakts auch die Leistung verlangen (§ 54 Abs. 4 SGG).

- Feststellungsklage

Mit einer Feststellungsklage kann auf die Feststellung des Bestehens oder Nichtbestehens eines Rechtsverhältnisses (vereinfacht: einer bestimmten Rechtsbeziehung, z. B. ein Arbeitsverhältnis) geklagt werden (vgl. § 256 ZPO). Für die Sozialgerichtsbarkeit konkretisiert § 55 Abs. 1 SGG diesen Grundsatz dahingehend, dass mit der Feststellungsklage Folgendes begehrt werden kann:

- die Feststellung des Bestehens oder Nichtbestehens eines Rechtsverhältnisses,
- die Feststellung, welcher Versicherungsträger der Sozialversicherung zuständig ist,
- die Feststellung, ob eine Gesundheitsstörung oder der Tod die Folge eines Arbeitsunfalls, einer Berufskrankheit oder einer Schädigung im Sinne des Bundesversorgungsgesetzes ist, sowie
- die Feststellung der Nichtigkeit eines Verwaltungsaktes.

Die wichtigste Feststellungsklage im Arbeitsrecht ist die **Kündigungsschutzklage** des Arbeitnehmers, mit der er die gerichtliche Feststellung begehrt, dass das Arbeitsverhältnis nicht aufgrund einer bestimmten Kündigung des Arbeitgebers sein Ende gefunden hat. Sie wird z. B. wie folgt formuliert:

Beispiel: Es wird festgestellt, dass das Arbeitsverhältnis des Klägers mit der Beklagten durch die Kündigung der Beklagten vom 28. Oktober 2013, zugegangen am 29. Oktober 2013, nicht aufgelöst wird.

Wendet sich ein Arbeitnehmer gegen die Beendigung des Arbeitsverhältnisses nach Ablauf einer vereinbarten Befristung, lautet der Klageantrag wie folgt:

Beispiel: Es wird festgestellt, dass dem Antragsteller bei der von der Antragsgegnerin beabsichtigten Einführung der neuen Arbeitszeiterfassungsanlagen ein Mitbestimmungsrecht zusteht.

Es ist wichtig zu beachten, dass gegen eine Kündigung gemäß § 4 KSchG innerhalb von drei Wochen nach Zugang der Kündigungserklärung Kündigungsschutzklage erhoben werden muss, damit sie der vollen gerichtlichen Kontrolle unterliegt (vgl. § 7 KSchG). Die Zulassung einer späteren Klage durch das Arbeitsgericht ist gemäß § 5 KSchG nur eingeschränkt möglich, wenn der Arbeitnehmer die Kündigung trotz aller ihm nach Lage der Umstände zumutbaren Sorgfalt nicht rechtzeitig erheben konnte. An die Darlegung dieser Voraussetzungen werden von den Gerichten relativ hohe Anforderungen gestellt.

Verfahrens- und Prozessarten

Zudem werden insbesondere folgende besondere Verfahrens- und Prozessarten unterschieden, die einen Einfluss auf den Ablauf eines Verfahrens, die Pflichten der Parteien etc. haben:

- Urkundsprozess

Ansprüche auf Zahlung von Geld oder Lieferung von bestimmten Sachen oder Wertpapieren können im Urkundsprozess geltend gemacht werden, wenn alle Tatsachen zur Belegung des Anspruchs durch Urkunden nachgewiesen werden können oder unstreitig sind. Urkunden in diesem Sinne sind schriftlich verkörperte Gedankenerklärungen, z.B. ein Vertrag oder eine Rechnung. In der arbeitsrechtlichen Praxis hat der Urkundsprozess geringe Bedeutung, da er vor den Arbeitsgerichten nicht möglich ist. Bei Klagen eines Geschäftsführers vor den Zivilgerichten, z.B. auf Lohn im Falle einer außerordentlichen Kündigung bis zum Ablauf der ordentlichen Kündigungsfrist, kann sich diese Verfahrensart anbieten, da die erste Instanz durch sie zu einem schnelleren Abschluss gebracht werden kann.

- Einstweilige Verfügung

Die einstweilige Verfügung gehört zum sog. einstweiligen Rechtsschutz oder Eilrechtsschutz. Wenn ein Arbeitgeber von der Gewerkschaft z.B. die Unterlassung eines widerrechtlichen Streiks in der folgenden Woche begehrt, kann im Rahmen des »normalen« Gerichtsverfahrens keine ausreichend schnelle Entscheidung herbeigeführt werden. Für diese Fälle sieht das Gesetz die Möglichkeit vor, im Rahmen des Eilrechtsschutzes eine einstweilige Verfügung zu erlangen. Dieses Verfahren dient grundsätzlich aber nur der vorläufigen Sicherung von Rechten. Eine endgültige Entscheidung in der Sache ergeht erst in dem parallel anzustrengenden »normalen« Gerichtsverfahren, der sog. Hauptsache. Im einstweiligen Verfügungsverfahren erfolgt daher keine vollumfängliche Prüfung der Sache, sondern nur eine sog. summarische Prüfung der Erfolgsaussichten samt Interessensabwägung. In der Praxis ist diese Verfahrensart im Arbeitsrecht insbesondere auch bei der Durchsetzung eines Urlaubs- oder Beschäftigungsanspruchs relevant.

- Mahnverfahren

Das Mahnverfahren (vgl. §§ 688 ff. ZPO, §§ 46a ff. ArbGG) ist ein formalisiertes Verfahren zur Schaffung eines Titels für Zahlungsansprüche. Im Gegensatz zum normalen Klageverfahren, in dem in einer mündlichen Verhandlung der strittige Sachverhalt geklärt wird, ergeht im Mahnverfahren ein Titel nur aufgrund der korrekten schriftlichen Antragstellung, wenn der andere Teil untätig bleibt. Dies ist vor allem im Hinblick auf die niedrigeren Kosten von Vorteil. So kann der Arbeitnehmer beispielsweise seinen Lohn durch den Antrag auf Erlass eines Mahnbescheids geltend machen. Gegen einen Mahnbescheid kann die Gegenseite Widerspruch einlegen (§ 694 Abs. 1 ZPO). Die Widerspruchsfrist beträgt nach § 46 a Abs. 3 ArbGG im Arbeitsrecht eine Woche; gemäß § 692 Abs. 1 Nr. 3 ZPO zwei Wochen vor den Zivilgerichten. Wird die Widerspruchsfrist versäumt, so kann gegen den dann folgenden Vollstreckungsbescheid Einspruch (vgl. §§ 699 f. ZPO) eingelegt werden. Die Frist beträgt vor den Arbeitsgerichten in entsprechender Anwendung von § 59 ArbGG eine Woche; vor den Zivilgerichten zwei Wochen (§§ 700 Abs. 1, 339 Abs. 1 ZPO). Wird Widerspruch oder Einspruch eingelegt, geht das Mahnverfahren in ein »normales« Klageverfahren vor dem zuständigen Gericht über und die geltend gemachte Forderung muss – wie in einer Klageschrift – begründet werden.

Das Mahnverfahren wird bei den zentralen Mahngerichten durchgeführt: für Baden-Württemberg beim Amtsgericht Stuttgart; für Bayern beim Amtsgericht Coburg; für Berlin und Brandenburg beim Amtsgericht Wedding; für Bremen beim Amtsgericht Bremen; für Hamburg und Mecklenburg-Vorpommern beim Amtsgericht Hamburg; für Hessen beim Amtsgericht Hünfeld; für Niedersachsen beim Amtsgericht Uelzen; für Nordrhein-Westfalen je nach Bezirk des Oberlandesgerichts entweder beim Amtsgericht Hagen oder beim Amtsgericht Euskirchen; für Rheinland-Pfalz und das Saarland beim Amtsgericht Mayen; für Sachsen-Anhalt, Thüringen und Sachsen beim Amtsgericht Aschersleben, Zweigstelle Staßfurt und für Schleswig Holstein beim Amtsgericht Schleswig. In Angelegenheiten des Arbeitsrechts ist das Arbeitsgericht zuständig.

• Urteils- und Beschlussverfahren vor dem Arbeitsgericht

Vor dem Arbeitsgericht besteht die Besonderheit, dass es neben dem sog. Urteilsverfahren ein sog. Beschlussverfahren gibt, in dem die kollektivrechtlichen Streitigkeiten gemäß § 2a ArbGG, z. B. mit Beteiligung eines Betriebsrats, Sprecherausschusses oder über die Tariffähigkeit von Gewerkschaften oder in Angelegenheiten der Unternehmensmitbestimmung durchgeführt werden (vgl. §§ 2a ArbGG in Verbindung mit §§ 80 ff. ArbGG).

Grundsätzlich gelten auch für das Beschlussverfahren die Vorschriften über das Urteilsverfahren entsprechend; die Durchführung eines Güteverfahrens ist allerdings freigestellt. Auch wenn es nicht stattfindet, hat das Gericht die Verpflichtung, in jeder Lage des Verfahrens auf eine gütliche Einigung der Parteien hinzuwirken.

Eine Besonderheit des Beschlussverfahrens ist, dass das Gericht nach § 83 Abs. 1 ArbGG im Rahmen der gestellten Anträge den Sachverhalt von Amts wegen erforscht. Anders als im Zivilprozess üblich, besteht hier also nicht der Verhandlungs- oder Beibringungsgrundsatz, sondern der Untersuchungs- oder Amtsermittlungsgrundsatz.

Am Ende des Beschlussverfahrens steht, wenn es nicht durch Vergleich oder Erledigungserklärung (§ 83a ArbGG) beendet wird, eine Entscheidung des Gerichts in Form eines schriftlich niedergelegten Beschlusses, den das Gericht nach seiner freien, aus dem Ergebnis des Verfahrens gewonnenen Überzeugung erlässt (§ 84 ArbGG). Aus solchen Beschlüssen kann unter Berücksichtigung der in § 85 Abs. 1 ArbGG genannten Besonderheiten auch die Zwangsvollstreckung betrieben werden.

Zusammengefasst unterscheiden sich die beiden Verfahrensarten wie in folgendem Schaubild dargestellt (siehe Abbildung 130).

	Urteilsverfahren	**Beschlussverfahren**
Parteibezeichnung	Kläger und Beklagter	Antragssteller und Antragsgegner bzw. Beteiligter zu 1) und zu 2) etc.
Grundlage der Entscheidung	Beibringungsgrundsatz, d. h. • die Parteien müssen die Tatsachen vorbringen, die das Gericht bei seiner Entscheidung berücksichtigen soll, • nur dieses Vorgehen macht das Gericht zur Grundlage seiner Entscheidung; das Gericht ist grundsätzlich nicht befugt, den Sachverhalt durch weitergehende Fragen weiter auszuforschen.	Amtsermittlungsgrundsatz, d. h. • das Gericht hat den Sachverhalt grundsätzlich von Amts wegen zu ermitteln, • auch hier treffen die Parteien aber erhebliche Mitwirkungspflichten; sie müssen schon im eigenen Interesse die aus ihrer Sicht relevanten Tatsachen vortragen.
Entscheidung	Urteil	Beschluss
Rechtsmittel	• Berufung (LAG) • Revision (BAG)	• Beschwerde (LAG) • Rechtsbeschwerde (BAG)
Mediation	möglich	möglich

Abb. 130: Übersicht über Urteils- und Beschlussverfahren vor dem Arbeitsgericht

Besonderheiten bei Sozialgerichtsverfahren

Das Sozialgericht kann nur durch Klage angerufen werden. Eine Verfahrensart wie das arbeitsgerichtliche Beschlussverfahren gibt es in der Sozialgerichtsbarkeit nicht. Die Auswahl der zulässigen Klagearten wird dadurch bestimmt, dass das Sozialgericht im Unterschied zum Arbeitsgericht ein Verwaltungsgericht ist.

§ 92 Abs. 1 SGG schreibt vor, dass die Klage den Kläger, den Beklagten und den Gegenstand des Klagebegehrens bezeichnen muss. Ebenso kann nach § 106 a SGG der Vorsitzende den Beteiligten Fristen setzen, innerhalb derer sie Tatsachen angeben und/oder Beweismittel bezeichnen müssen. Neu ist, dass das Gericht nach Abs. 3 der Vorschrift unter bestimmten Umständen verspätetes Vorbringen zurückweisen und ohne weitere Ermittlungen entscheiden kann. Mit dieser sog. **Präklusion** (= Ausschluss verspäteter Beweisanträge bzw. verspäteten Parteivorbringens) ist eine Anlehnung an den Beibringungsgrundsatz in das sozialgerichtliche Verfahren eingeführt worden.

Nach § 102 Abs. 2 u. 3 SGG gilt eine Klage als zurückgenommen, wenn der Kläger trotz einer Aufforderung des Gerichts das Verfahren länger als drei Monate nicht betreibt und er vom Gericht auf diese Folge hingewiesen wurde.

2.2.4 Instanzenzug und Rechtsmittel

Instanzenzug und Rechtsmittel vor den Arbeitsgerichten

Die Arbeitsgerichtsbarkeit ist – wie die meisten anderen Gerichtszweige – dreistufig aufgebaut. Die erste Instanz eines Verfahrens findet unabhängig von dem Streitwert vor den Arbeitsgerichten (AG) (§ 14 bis 31 ArbGG) statt. Berufungsgerichte sind die Landesarbeitsgerichte (LAG) (§ 33 bis 39 ArbGG). Sie bilden die zweite Instanz. In der Regel hat jedes Bundesland ein Landesarbeitsgericht mit Ausnahme von Nordrhein-Westfalen, welches drei Landesarbeitsgerichte hat, und Bayern, welches zwei Landesarbeitsgerichte hat, sowie Bremen und Niedersachsen, welche ein gemeinsames Landesarbeitsgericht haben. Revisionsgericht ist das Bundesarbeitsgericht (BAG) in Erfurt (§ 40 bis 45 ArbGG). Es bildet die dritte Instanz und ist ein ausschließliches Rechtsmittelgericht, d. h. es überprüft Entscheidungen lediglich in rechtlicher, nicht in aber in tatsächlicher Hinsicht. Der Sachverhalt ist in den Vorinstanzen festzustellen.

In Arbeitssachen entscheidet grundsätzlich ein Kollegialgericht; vor dem Arbeitsgericht durch die sog. Kammer, bestehend aus einem Berufsrichter als Vorsitzendem und zwei ehrenamtlichen Richtern, von denen einer aus dem Bereich der Arbeitgeber und einer aus dem Bereich der Arbeitnehmer kommt. Berufungen gegen Urteile der Arbeitsgerichte bzw. Beschwerden gegen Beschlüsse des Arbeitsgerichts werden von den Landesarbeitsgerichten beschieden, dort ebenfalls durch eine Kammer, bestehend aus einem Berufsrichter als Vorsitzendem und zwei ehrenamtlichen Richtern, von denen einer aus dem Bereich der Arbeitgeber und einer aus dem Bereich der Arbeitnehmer kommt. Über Revisionen bzw. Rechtsbeschwerden hiergegen entscheidet das Bundesarbeitsgericht durch seine Senate. Diese sind gemäß § 71 Abs. 2 ArbGG mit einem Vorsitzenden, zwei berufsrichterlichen Beisitzern und je einem ehrenamtlichen Richter aus den Kreisen der Arbeitnehmer und Arbeitgeber besetzt.

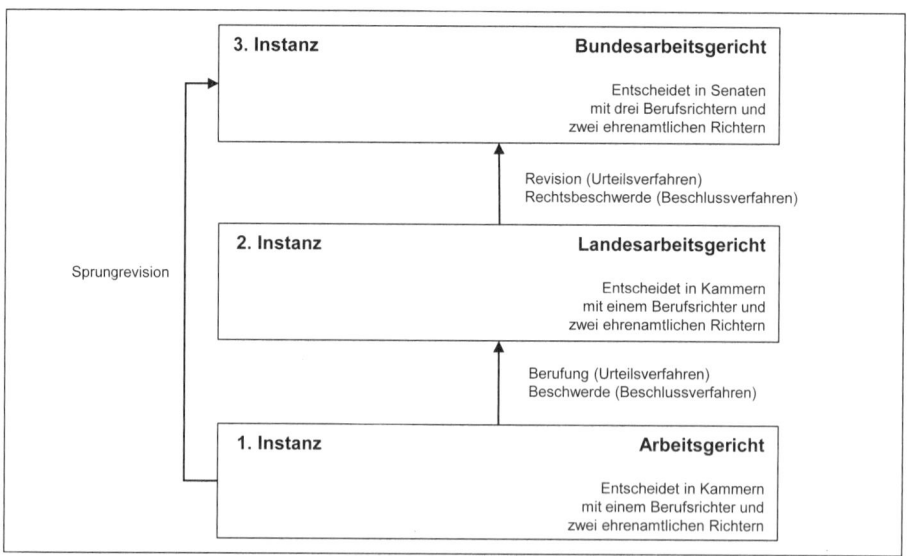

Abb. 131: Instanzenzug Arbeitsgerichtsbarkeit

Rechtsmittel gegen erstinstanzliche Entscheidungen der Arbeitsgerichte sind Berufung, Sprungrevision und Beschwerde. Gegen Berufungsurteile gibt es Revision und Revisionsbeschwerde.

• Berufung

Die Berufung richtet sich gegen die Urteile des Arbeitsgerichts und ist beim Landesarbeitsgericht einzulegen. Voraussetzung für ihre Zulässigkeit ist die Erfüllung der in § 64 ArbGG genannten Voraussetzungen, deren wichtigste entweder die Überschreitung einer Streitwertuntergrenze von 600,00 EUR oder die Zulassung der Berufung durch das Arbeitsgericht sind. An die Zulassung ist das Berufungsgericht gebunden.

Die Frist für die Einlegung der Berufung beträgt einen Monat, die Frist für die Begründung der Berufung zwei Monate, wobei beide Fristen mit der Zustellung des vollständigen Urteils beginnen, spätestens aber fünf Monate nach der Verkündung. Die Berufung ist dann innerhalb einer Frist von einem Monat nach Zustellung der Berufungsbegründung zu beantworten. Die Fristen für Begründung und Beantwortung der Berufungsbegründung können auf Antrag einmal durch den Vorsitzenden verlängert werden, wenn dadurch der Rechtsstreit nicht verzögert wird oder gewichtige Gründe dafür vorgebracht werden.

Der Rechtsstreit wird in der Berufungsinstanz in tatsächlicher und rechtlicher Hinsicht erneut verhandelt, wobei in bestimmten Grenzen auch neues Vorbringen berücksichtigt wird.

Neue Angriffs- und Verteidigungsmittel, die in der ersten Instanz trotz einer dafür gesetzten Frist nicht vorgebracht wurden, können ebenfalls nur zugelassen werden, wenn das Verfahren dadurch nicht verzögert wird (§ 67 Abs. 2 ArbGG). Neues Vorbringen, das danach zulässig ist, muss in der Berufungsbegründung bzw. -beantwortung enthalten sein, sonst gilt wieder das Erfordernis, dass es den Rechtsstreit nicht verzögert (§ 67 Abs. 3 ArbGG).

Die Bestimmung des Termins zur mündlichen Verhandlung muss nach § 66 Abs. 2 ArbGG unverzüglich erfolgen; eine Verwerfung der Berufung als unzulässig erfolgt ohne Verhandlung durch Beschluss der zuständigen Kammer des Berufungsgerichts. Im Berufungsverfahren gibt es keine Einzelrichter (§ 64 Abs. 6 ArbGG).

Im Übrigen gelten nach §§ 64 Abs. 6–8, 65 und 68 ArbGG mit den dort genannten Ausnahmen die Vorschriften über die Berufung im Zivilprozess (§§ 511 ff. ZPO).

• Revision

Nach § 72 Abs. 1 ArbGG findet die Revision gegen Endurteile des Landesarbeitsgerichts zum Bundesarbeitsgericht statt, wenn sie im Urteil des LAG zugelassen wurde oder das Bundesarbeitsgerichts sie innerhalb einer Nichtzulassungsbeschwerde zugelassen hat. Voraussetzung für die Zulassung durch das Berufungsgericht ist gemäß § 72 Abs. 2 ArbGG, dass entweder der Rechtsstreit grundsätzliche Bedeutung besitzt oder wenn das Landesarbeitsgericht mit seinem Urteil von einer Entscheidung eines der obersten Gerichtshöfe des Bundes oder einer anderen Kammer des gleichen Landesarbeitsgerichts abgewichen ist. An die Zulassung ist das Bundesarbeitsgericht gebunden.

Gegen Urteile, welche die speziellen Verfahren über Arrest und einstweilige Verfügung betreffen, ist keine Revision zulässig. Eine sog. **Sprungrevision** gegen erstinstanzliche Urteile des Arbeitsgerichts ist zwar sehr eingeschränkt grundsätzlich möglich, spielt in der Praxis allerdings keine wesentliche Rolle.

Die Revision setzt nach § 73 ArbGG voraus, dass der Revisionsführer vorträgt, das Urteil des Landesarbeitsgerichts beruhe auf der Verletzung einer Rechtsnorm. Der Vortrag muss also erkennen lassen, dass das Urteil ohne die gerügte Rechtsnormverletzung anders ausgefallen wäre.

Auch bei der Revision betragen gemäß § 74 ArbGG die Fristen für Einlegung und Begründung je einen Monat. Die Begründungsfrist kann einmal um bis zu einen Monat verlängert werden. Eine Frist zur Revisionsbeantwortung sieht das Gesetz nicht vor.

Revisionsentscheidungen des Bundesarbeitsgerichts ergehen häufig im Einverständnis der Parteien im schriftlichen Verfahren nach § 128 Abs. 2 ZPO, weil sich dadurch die Anreise der Parteien und ihrer Vertreter nach Erfurt erübrigt. Im Allgemeinen sind Revisionsverfahren so ausführlich schriftlich vorbereitet (»ausgeschrieben«), dass eine erneute Darlegung der Standpunkte in der mündlichen Verhandlung nicht mehr zwingend erforderlich erscheint.

Ausnahmsweise kann Revision (**Sprungrevision**) zum Bundesarbeitsgericht auch gegen das Urteil eines Arbeitsgerichts eingelegt werden, wenn dieses sie auf Antrag zugelassen hat und der Gegner schriftlich zustimmt (§ 76 Abs. 1 ArbGG). Die Zulassung kann nach § 76 Abs. 2 ArbGG nur erfolgen, wenn der Rechtsstreit das Bestehen oder Nichtbestehen von Tarifverträgen, die Auslegung eines räumlich über die Grenzen des Bezirks des Landesarbeitsgerichts hinausgehenden Tarifvertrags, Streitigkeiten zwischen tariffähigen Parteien untereinander oder mit Dritten wegen Arbeitskampfmaßnahmen oder Fragen der Freiheit zur Bildung von Vereinigungen bzw. deren Betätigungsrecht betrifft und grundsätzliche Bedeutung hat.

● Beschwerde (Landes-/Bundesarbeitsgericht)

Die Beschwerde ist generell ein gerichtlicher Rechtsbehelf, mit dem in fast allen Bereichen des Rechts Entscheidungen nachgeprüft werden können. Sie richtet sich im Allgemeinen gegen Beschlüsse, selten auch gegen Urteile. In der Arbeitsgerichtsbarkeit ist die Beschwerde vor allem in folgenden Formen anzutreffen.

§§ 87 ff. ArbGG regeln die Anfechtung eines verfahrensbeendenden Beschlusses des Arbeitsgerichts im Beschlussverfahren; sie erfolgt ebenfalls durch Beschwerde. Wird der Beschwerde nicht stattgegeben, so kann nach §§ 92 ff. ArbGG das Rechtsbeschwerdeverfahren zum Bundesarbeitsgericht durchgeführt werden, wenn die Rechtsbeschwerde durch das Landesarbeitsgericht zugelassen wurde.

Die grundsätzliche Regelung der **Rechtsbeschwerde** befindet sich in § 574 ZPO. Sie ist unter bestimmten im Gesetz genannten Voraussetzungen (§ 77 ArbGG) als Revisionsbeschwerde auch möglich gegen Beschlüsse des Landesarbeitsgerichts, mit denen eine Berufung als unzulässig erklärt wurde. Über die arbeitsrechtliche Rechtsbeschwerde entscheidet das Bundesarbeitsgericht ohne Hinzuziehung der ehrenamtlichen Richter. Die Rechtsbeschwerde ist nach § 575 Abs. 1 ZPO einzulegen.

Schließlich existiert die sog. **Nichtzulassungsbeschwerde**, die nach § 72a ArbGG bzw. § 92 a ArbGG gegen die Nichtzulassung der Revision oder einer Rechtsbeschwerde durch das Landesarbeitsgericht erhoben werden kann. Diese Form der Beschwerde ist ebenfalls fristgebunden; sie muss innerhalb eines Monats nach Zustellung des Berufungsurteils beim Bundesarbeitsgericht eingelegt werden. Innerhalb von zwei Monaten nach Zustellung des Urteils muss sie begründet werden. Hier ist die Regelung der Frist also anders als bei der Einlegung von Berufung und Revision. Die §§ 72a ArbGG und 92a ArbGG enthalten weitere Spezialregeln für die jeweilige Nichtzulassungsbeschwerde.

Mit der in § 567 ff. ZPO geregelten **allgemeinen Beschwerde** können bestimmte Entscheidungen des Gerichts angefochten werden können. Hierauf verweist § 78 ArbGG. Seit dem 1. Januar 2002 ist diese Beschwerde nur noch in ihrer Form als sofortige Beschwerde vorgesehen, deren Einlegungsfrist nach § 569 ZPO grundsätzlich zwei Wochen beträgt. Die Beschwerde muss gemäß § 569 Abs. 2 ZPO schriftlich eingereicht werden, die angefochtene Entscheidung benennen und die Erklärung enthalten, dass gegen diese Entscheidung Beschwerde eingelegt wird.

Instanzenzug und Rechtsmittel vor den ordentlichen Gerichten in Zivilsachen

Die ordentliche Gerichtsbarkeit ist ebenfalls dreistufig aufgebaut und wird durch die Amtsgerichte, Landgerichte, Oberlandesgerichte und durch den Bundesgerichtshof mit Sitz in Karlsruhe ausgeübt (§ 12 GVG). Die erste Instanz eines Verfahrens findet entsprechend den §§ 23, 71 GVG entweder vor dem Amtsgericht oder Landgericht statt; für Rechtsstreitigkeiten von einem Streitwert, der 5.000,00 EUR nicht übersteigt, sind in der Regel die Arbeitsgerichte, bei einem höheren Streitwert die Landgerichte zuständig.

Vor dem Amtsgericht werden die Sachen durch den Zivilrichter, einem Berufsrichter entschieden, vor dem Landesarbeitsgericht durch die Zivilkammer, bestehend aus drei Berufsrichtern, wobei die Angelegenheiten in der Regel einem der Richter der Kammer als Einzelrichter übertragen werden.

Je nachdem, ob das Arbeits- oder Landgericht in der ersten Instanz zuständig war, werden Berufungen zum Landgericht oder Oberlandesgericht erhoben. Dort entscheidet jeweils ein Zivilsenat, der am Oberlandesgericht mit drei Berufsrichtern und am Bundesarbeitsgericht mit fünf Berufsrichtern besetzt ist.

Der Bundesgerichtshof ist grundsätzlich ein reines Revisionsgericht und beschränkt sich auf die rechtliche Nachprüfung des Urteils der Vorinstanz ohne eigene tatsächliche Feststellungen zu treffen.

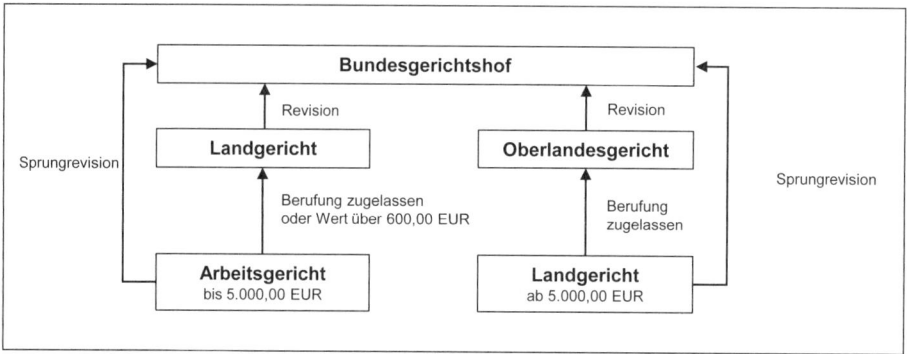

Abb. 132: Instanzenzug ordentliche Gerichtsbarkeit

Im Gegensatz zur Berufung im Arbeitsgerichtsverfahren ist im Rahmen der Berufung vor den Zivilgerichten neuer Sachvortrag nur eingeschränkt möglich. Es ist daher darauf zu achten, alle relevanten Tatsachen bereits in der ersten Instanz vorzutragen.

Auch in Zivilsachen ist die Revision grundsätzlich nur gegen die in der Berufungsinstanz erlassenen Endurteile der Land- und Oberlandesgerichte zulässig; die Sprungrevision gegen ein erstinstanzliches Endurteil eines Amts- oder Landgerichts ist nur unter sehr eingeschränkten Voraussetzungen möglich und wird in der Praxis – wie bei den Arbeitsgerichten – nur sehr selten eingelegt.

Die Revision findet nur statt, wenn sie das Berufungsgericht in seinem Urteil oder der Bundesgerichtshof auf Nichtzulassungsbeschwerde zugelassen hat. Die Revision ist grundsätzlich zuzulassen, wenn die Rechtssache grundsätzliche Bedeutung hat oder die Fortbildung des Rechts oder die Sicherung einer einheitlichen Rechtsprechung eine Entscheidung des Revisionsgerichts erfordert. Die Beschwerde gegen die Nichtzulassung der Revision zum Bundesgerichtshof ist nur zulässig, wenn der Wert der mit der Revision geltend zu machenden Beschwer 20.000,00 EUR übersteigt (§ 26 Nr. 8 EGZPO).

In anderen Bereichen wie etwa bei Nebenentscheidungen und Nebenverfahren (z. B. Zwangsvollstreckungs-, Insolvenz- und Kostensachen) kann eine **Rechtsbeschwerde** eingelegt werden, die der Überprüfung der Rechtsanwendung dient. Sie muss grundsätzlich aber bereits von der Vorinstanz zugelassen worden oder gesetzlich vorgesehen sein. Die Zulassungsgründe entsprechen denen für eine Revision.

Instanzenzug und Rechtsmittel vor den Sozialgerichten

Die Sozialgerichtsbarkeit ist ebenfalls dreistufig aufgebaut und wird durch die Sozialgerichte (SG) in der ersten Instanz, den Landessozialgerichten (LSG) in der zweiten Instanz und dem Bundessozialgericht (BSG) mit Sitz in Kassel in der dritten Instanz ausgeübt. Die Sozialgerichte entscheiden durch Kammern, die mit einem Berufsrichter als Vorsitzendem und zwei ehrenamtlichen Richtern besetzt sind. Die Landessozialgerichte entscheiden über Berufungen durch ihre Senate. Die Senate sind mit drei Berufsrichtern und zwei ehrenamtlichen Richtern besetzt. Sie sind nicht nur auf die Rechtskontrolle beschränkt. Neuer Tatsachenvortrag ist in der Berufung vielmehr möglich. Das Bundessozialgericht entscheidet über Revisionen gegen Urteile der Landessozialgerichte bzw. über die Zulassung der Revision im Falle der Nichtzulassung. Auch vor den Sozialgerichten wird in der dritten Instanz nur noch über Rechtsfragen entschieden. Das Bundessozialgericht entscheidet durch seine Senate, welche mit einem Vorsitzenden und zwei beisitzenden Richtern sowie zwei ehrenamtlichen Richtern besetzt sind.

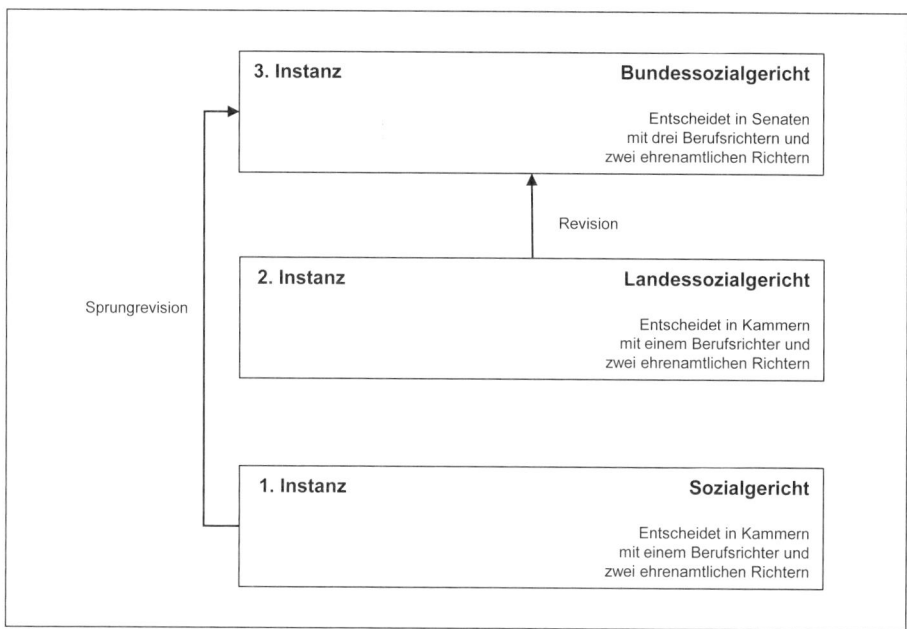

Abb. 133: Instanzenzug vor den Sozialgerichten

Rechtsmittel gegen erstinstanzliche Entscheidungen der Sozialgerichte sind Berufung, Sprungrevision und Beschwerde. Gegen Berufungsurteile gibt es die Revision. Nach § 105 haben die Sozialgerichte die Möglichkeit, durch einen sog. **Vorbescheid** mit Wirkung eines Urteils ohne mündliche Verhandlung zu entscheiden, wenn die Sache einfach gelagert und der Sachverhalt geklärt ist. Gegen diesen Vorbescheid steht den Parteien das Rechtsmittel zu, das zulässig wäre, wenn durch Urteil entschieden worden wäre. Stattdessen kann auch die Durchführung einer mündlichen Verhandlung beantragt werden. Wird zugleich Berufung eingelegt und mündliche Verhandlung beantragt, findet letztere statt.

• Berufung

Die Berufung richtet sich gegen die Urteile der Sozialgerichte und ist beim Landessozialgericht einzulegen. Sie bedarf der Zulassung im Urteil des Sozialgerichts, kann aber nach § 144 Abs. 1 SGG auch auf Beschwerde durch das Landessozialgericht zugelassen werden, wenn der Wert des Streitgegenstandes bei einer Klage, die eine Geld- oder Sachleistung oder eine Dienstleistung bzw. einen hierauf gerichteten Verwaltungsakt betrifft, unter 750,00 EUR, bei Erstattungssachen zwischen Körperschaften des öffentlichen Rechts unter 10.000,00 EUR liegt. Bei Streit über laufende Leistungen für mehr als ein Jahr gelten diese Grenzen nicht. In den in § 144 Abs. 2 SGG genannten Fällen muss die Berufung zugelassen werden. An die Zulassung ist das Berufungsgericht gebunden.

Die Frist für die Einlegung der Berufung beträgt nach § 151 Abs. 1 SGG einen Monat. Eine Frist zur Begründung der Berufung gibt es nicht; nach § 151 Abs. 3 SGG »soll« die Berufung lediglich das angefochtene Urteil bezeichnen und einen bestimmten Antrag sowie die zur Begründung dienenden Tatsachen und Beweismittel enthalten.

Der Rechtsstreit wird in der Berufungsinstanz im gleichen Umfang wie in der ersten Instanz geprüft, wobei auch neues Vorbringen berücksichtigt wird (§ 157 SGG). Zulassungsbeschränkungen für neues Vorbringen in der Berufungsinstanz enthält das Gesetz nicht.

Ist die Berufung unzulässig, kann nach § 158 SGG ihre Verwerfung als unzulässig ohne Verhandlung durch Beschluss erfolgen. Auch hier ist dagegen dasselbe Rechtsmittel gegeben, wie wenn die Entscheidung durch Urteil ergangen wäre.

Auch vor dem Landessozialgericht können die Parteien ihren Rechtsstreit selbst führen oder sich vertreten lassen. Für die erste und zweite Instanz ist in § 73 Abs. 2 SGG eine Vielzahl möglicher Vertreter aufgelistet.

• Revision

Gemäß § 160 Abs. 1 SGG findet die Revision gegen das Urteil eines Landessozialgerichts zum Bundessozialgericht nur statt, wenn das Landessozialgericht sie im Urteil oder das Bundessozialgericht sie auf Beschwerde (sog. Nichtzulassungsbeschwerde) zugelassen hat. Voraussetzung dafür ist gemäß § 160 Abs. 2 SGG, dass entweder die Sache grundsätzliche Bedeutung besitzt oder wenn das Landessozialgericht mit seinem Urteil von einer Entscheidung des Bundessozialgerichts, des Gemeinsamen Senats der obersten Gerichtshöfe des Bundes oder des Bundesverfassungsgerichts abgewichen ist. An die Zulassung ist das Bundessozialgericht gebunden.

Die Revision setzt nach § 162 SGG voraus, dass der Revisionsführer vorträgt, das angefochtene Urteil beruhe auf der Verletzung einer Norm des Bundesrechts oder einer im Bezirk des Berufungsgerichts und über diesen hinaus geltende sonstige Rechtsnorm.

Die Frist für die Einlegung der Revision beträgt nach § 164 Abs. 1 SGG einen Monat ab Zustellung des Urteils oder des Zulassungsbeschlusses, die Frist für die Begründung zwei Monate ab dem gleichen Zeitpunkt (§ 164 Abs. 2 SGG). Die Begründungsfrist kann durch den Vorsitzenden verlängert werden; nähere Vorschriften dazu enthält das Gesetz nicht.

Die Sprungrevision zum Bundessozialgericht kann auch gegen das Urteil eines Sozialgerichts eingelegt werden, wenn dieses sie im Urteil oder auf Antrag zugelassen hat und der Gegner schriftlich zustimmt (§ 161 Abs. 1 SGG). Die Zulassung kann nach § 161 Abs. 2 SGG nur erfolgen, wenn der Rechtsstreit den Voraussetzungen des § 160 Abs. 2 Nr. 1 oder 2 genügt.

Der früher in § 166 SGG normierte Zwang zur Vertretung durch Prozessbevollmächtigte vor dem Bundessozialgericht ist mit Wirkung vom 1. Juli 2008 in § 73 Abs. 4 geregelt worden.

• Beschwerde

Auch in der Sozialgerichtsbarkeit finden wir die Beschwerde in zwei Formen, von denen sich jedoch eine erheblich von der Beschwerde im Arbeitsgerichtsverfahren unterscheidet.

Nach § 172 SGG ist die Beschwerde zulässig gegen Entscheidungen der Sozialgerichte mit Ausnahme der Urteile und bestimmter im Verfahren ergehender Verfügungen und Beschlüsse. Sie ist beim Sozialgericht einzulegen; wird sie an das Landessozialgericht gerichtet, ist das nach § 173 SGG unschädlich. Die Beschwerdefrist beträgt einen Monat; die Entscheidung ergeht nach § 176 SGG durch das Landessozialgericht im Wege des Beschlusses. Nach § 172 Abs. 3 SGG ist die Beschwerde ausgeschlossen in Verfahren des einstweiligen Rechtsschutzes, wenn in der Hauptsache keine Berufung zulässig wäre und bei Ablehnung der Prozesskostenhilfe, wenn diese aufgrund der persönlichen und wirtschaftlichen Verhältnisse erfolgt. Auch gegen Kostengrundentscheidungen (§ 193 Abs. 1 S. 3 SGG) ist keine Beschwerde mehr gegeben. Entscheidungen des Landessozialgerichts können, von wenigen in § 177 SGG genannten Ausnahmen abgesehen, nicht mit der Beschwerde angegriffen werden.

Weiterhin gibt es auch hier die Nichtzulassungsbeschwerde, die nach § 145 SGG bzw. § 160 a SGG gegen die Nichtzulassung der Berufung oder der Revision erhoben werden kann. In beiden Fällen muss die Beschwerde innerhalb eines Monats nach Zustellung des erstinstanzlichen Urteils bzw. des Berufungsurteils beim jeweils übergeordneten Gericht eingelegt werden.

Die Beschwerde gegen die Nichtzulassung der Berufung soll nach § 145 Abs. 2 SGG nur das angefochtene Urteil bezeichnen und die zur Begründung dienenden Tatsachen und Beweismittel enthalten; die Beschwerde zum Bundessozialgericht ist nach § 160a Abs. 2 SGG innerhalb von zwei Monaten nach Zustellung des Berufungsurteils zu begründen.

2.2.5 Kosten

> Grundsätzlich trägt derjenige die Kosten, der unterliegt. Bei teilweisem Obsiegen werden Quoten gebildet.

Als eine Besonderheit des Arbeitsrechts gilt, dass in erster Instanz jede Partei ihre Kosten selbst trägt. Es findet gemäß § 12a ArbGG keine Kostenerstattung statt, d. h. Vertretungskosten jeder Art, also auch vorprozessuale Anwaltskosten sowie prozessbedingte Einkommenseinbußen in der ersten Instanz sind von dem Unterlegenen nicht zu erstatten. Der Ausschluss umfasst nicht nur den prozessualen Kostenerstattungsanspruch, sondern auch materiell-rechtliche Ansprüche. Das heißt, eine Klage ist immer mit Kosten verbunden. Nur die Gerichtskosten werden entsprechend dem Obsiegen bzw. Unterliegen geteilt. Unter anderem werden in Beschlussverfahren gemäß § 2 Abs. 2 GKG vor den Arbeitsgerichten jedoch keine Kosten erhoben. Auslagen fallen der Staatskasse zur Last.

Weiter bestehen im Arbeitsgerichtsprozess Besonderheiten hinsichtlich der Kostenerhebung. Aus sozialpolitischen Gründen soll dem Arbeitnehmer der Weg zum Arbeitsgericht erleichtert werden. Gemäß § 11 GKG werden im Arbeitsgerichtsprozess keine Kostenvorschüsse erhoben. Es gibt weder Gebührenvorschüsse gemäß § 12 GKG noch Auslagenvorschüsse. Bei der Zwangsvollstreckung aus arbeitsgerichtlichen Titeln dürfen gemäß § 11 GKG ebenfalls keine Kostenvorschüsse erhoben werden.

Eine sozialrechtliche Besonderheit ist, dass für bestimmte Personenkreise wie Versicherte, Leistungsempfänger oder behinderten Menschen das Verfahren in allen drei Instanzen gerichtskosten- und gebührenfrei ist (vgl. § 183 SGG).

Quellen

Muckel, S./Ogorek, M.: Sozialrecht, 4. Aufl., München 2011.
Opolony, B.: Der Arbeitsgerichtsprozess. Recht und Taktik des arbeitsgerichtlichen Verfahrens, München 2005.

2.3 Einkommens- und Vergütungssysteme umsetzen

2.3.1 Gesetzliche und wirtschaftliche Grundlagen

Die gesetzlichen Grundlagen der Arbeitsvergütung finden sich in den §§ 611, 612 BGB. Dort heißt es:

§ 611 Abs. 1 BGB

Durch den Dienstvertrag wird derjenige, welcher Dienste zusagt, zur Leistung der versprochenen Dienste, der andere Teil zur Gewährung der vereinbarten Vergütung verpflichtet.

Und weiter:

§ 612 Abs. 1 und 2 BGB

Eine Vergütung gilt als stillschweigend vereinbart, wenn die Dienste den Umständen nach nur gegen eine Vergütung zu erwarten ist. Ist die Höhe der Vergütung nicht bestimmt, so ist bei dem Bestehen einer Taxe die taxmäßige Vergütung, in Ermangelung einer Taxe, die übliche Vergütung als vereinbart anzusehen.

Da der Arbeitsvertrag ein Unterfall des Dienstvertrags ist, gelten die zitierten Vorschriften selbstverständlich auch für das Arbeitsverhältnis. Jedoch sind die namentlich in § 612 BGB getroffenen Regelungen nicht nur sprachlich etwas aus der Zeit gefallen. Nach § 2 Abs. 1 Nr. 6 des Nachweisgesetzes (NachwG) gehört es anlässlich der Begründung eines Arbeitsverhältnisses zwingend zu den schriftlich zu vereinbarenden Vertragsbedingungen, dass eine Aussage über die Zusammensetzung und die Höhe des Arbeitsentgelts getroffen wird. Daher ist die Notwendigkeit einer stillschweigenden Vereinbarung heute ebenso überflüssig wie eine Diskussion darüber, ob im Rahmen eines Arbeitsverhältnisses nur »den Umständen nach« eine Vergütung zu erwarten ist. Auch das »Bestehen einer Taxe« ist längst durch die Existenz von Tarifverträgen gegenstandslos geworden. Die beiden BGB-Vorschriften, die ohnehin nur subsidiär, d. h. nur dann zur Anwendung kommen, wenn das Arbeitsentgelt nicht durch andere Rechtsgrundlagen – wie eben durch Arbeits- oder Tarifvertrag – geregelt wird, sind daher nur noch von geringer praktischer Bedeutung. Aber nicht nur wegen der antiquierten Gesetzesbegriffe, sondern auch aus anderen Gründen ist es erforderlich, zunächst erst einmal einige terminologische Fragen zu klären.

Terminologie

Über Jahrzehnte hinweg war es üblich, das Arbeitseinkommen in Lohn und Gehalt zu unterteilen. Lohn erhielten Arbeiter, Gehalt bezogen Angestellte. Umgangssprachlich werden beide Begriffe noch heute verwendet. Dies allerdings nicht mehr in ihrer ursprünglich streng gegeneinander abgegrenzten Bedeutung, sondern – je nach Belieben – als Sammelbezeichnung für jegliches Arbeitseinkommen, gleichgültig ob es für den Maschinenführer eines Produktionsbetriebs oder den Vorstandsvorsitzenden einer Aktiengesellschaft bestimmt ist. In der Fachterminologie gelten »Lohn« ebenso wie »Gehalt« als nicht mehr zeitgemäß. Grund dafür ist, dass innerhalb der Belegschaft nicht mehr nach Arbeitern und Angestellten unterschieden wird. Während im Arbeitsrecht nur noch von Arbeitnehmern und Arbeitnehmerinnen gesprochen wird, hat sich im personalwirtschaftlichen Sprachgebrauch der Ausdruck »Mitarbeiter/-in« eingebürgert. Demgemäß werden die beiden ehemals getrennten Beschäftigtengruppen auch bezüglich ihres Arbeitseinkommens terminologisch gleichgestellt, indem sie nunmehr die Bezeichnung »Arbeitsentgelt« oder – ebenso gebräuchlich – »Arbeitsvergütung« erhalten. Auch »Arbeitsverdienst« und »Entgeltbezüge« sind häufig gebrauchte Bezeichnungen.

Einflussfaktoren auf das Arbeitsentgelt

»Wir bieten Ihnen eine leistungsgerechte Vergütung«, so oder ähnlich lautet die in Stellenanzeigen übliche Formulierung. Sie suggeriert, dass die Höhe des Entgelts ausschließlich von der Leistung des Mitarbeiters abhinge. Das ist falsch. Zwar ist **Leistung** auch ein Kriterium für die Bemessung des Arbeitsentgelts, aber eben nicht das einzige. Und schon gar nicht steht sie für den größten Anteil an der Gesamtvergütung. Vielmehr beläuft sich das von der Leistung abhängige Entgeltelement bei einem nach Tarifvertrag bezahlten Mitarbeiter im Durchschnitt auf kaum mehr als zehn, in Ausnahmefällen auf bis zu höchstens zwanzig Prozent.

Die mit Abstand größte Position auf der Verdienstbescheinigung nimmt die sog. **Grundvergütung** ein. Darunter versteht man dasjenige Entgelt, das als Äquivalent für die Wertigkeit eines bestimmten Aufgabengebiets gezahlt wird. Diese wiederum erschließt sich aus den – in den Tarifverträgen beschriebenen – Anforderungen, die das Aufgabengebiet mit sich bringt. Dabei geht es nicht um die konkrete Person, die das Aufgabengebiet gegenwärtig wahrnimmt, sondern um die Anforderungen, die es abstrakt betrachtet von einer (beliebigen) Person verlangt. Kurz gefasst: Mit der aufgabenbezogenen Grundvergütung wird abgegolten, was zu tun ist, wohingegen der von der individuellen Leistung abhängige Entgeltbestandteil honoriert, wie es von der betreffenden Person, die damit befasst ist, erledigt worden ist. So jedenfalls lautet die Theorie. Wie die Praxis verfährt, wird noch zu erörtern sein.

Auch auf dem Personalmarkt regieren Marktgesetze. Es kann daher vorkommen, dass ein Aufgabengebiet, die der Tarifvertrag (oder der nicht tarifgebundene Arbeitgeber) mit einer bestimmten Grundvergütung versieht, nicht besetzt werden kann, weil zu dem »Preis« niemand gewonnen werden kann. Der Arbeitgeber kommt deshalb nicht umhin, die Grundvergütung marktkonform »nach oben« anzupassen. Damit ist der dritte Faktor, der das Arbeitsentgelt beeinflussen kann angesprochen – der **Marktwert**, und zwar in der Form des **externen Marktwerts**, den das Aufgabengebiet genießt. Nicht selten kommt es vor, dass sich ein Mitarbeiter im Verlauf seiner langjährigen Betriebszugehörigkeit ein für den Arbeitgeber wichtiges Spezialwissen erworben hat. Gemessen an anderen Kollegen fühlt er sich zu Recht unterbezahlt. Um die Motivation des Mitarbeiters nicht aufs Spiel zu setzen, muss der Arbeitgeber auch hier reagieren und ihn entsprechend honorieren. In einem solchen Fall spricht man deshalb von **internem Marktwert**.

Der vierte Faktor, der das Arbeitsentgelt beeinflusst, ist der **Unternehmenserfolg**. Er wird üblicherweise anhand bestimmter, von Unternehmen zu Unternehmen unterschiedlich gehandhabten Kennzahlen gemessen. An sie kann der Arbeitgeber eine Prämie knüpfen, die den Mitarbeitern in Anhängigkeit vom Grad des Erfolgs als Einmalzahlung gewährt wird. Wie auf die anderen drei Faktoren wird auch auf die Erfolgsprämie noch zurückzukommen sein. Das folgende Schaubild (siehe Abbildung 134) zeigt zunächst die vier Einflussfaktoren auf das Arbeitsentgelt im Überblick.

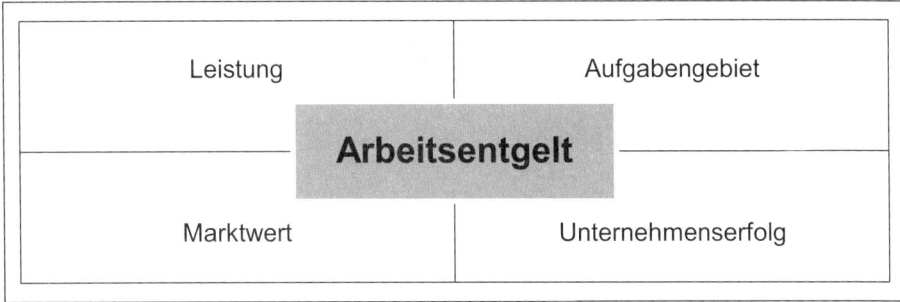

Abb. 134: Einflussfaktoren auf das Arbeitsentgelt

Die Rolle des Betriebsrats

In Entgeltangelegenheiten hat der Betriebsrat ein Mitbestimmungsrecht nach Maßgabe des § 87 I Nr. 10 BetrVG. Danach sind mitbestimmungspflichtig:

§ 87 I Nr. 10 BetrVG

Fragen der betrieblichen Lohngestaltung, insbesondere die Aufstellung von Entlohnungsgrundsätzen und die Einführung und Anwendung von neuen Entlohnungsmethoden sowie deren Änderung

Wie der Wortlaut schon erkennen lässt, bezieht sich das Mitbestimmungsrecht vorrangig auf die **Grundsätze** der Entgeltfindung und -gestaltung. Will der Arbeitgeber beispielsweise ein System zur Arbeitsbewertung einführen (siehe Kapitel 2.3.2), so muss er hierfür ebenso die Zustimmung des Betriebsrats einholen wie vor der Einführung eines Modells zur Leistungsbeurteilung bzw. Zielvereinbarung (siehe Kapitel 2.3.3) oder der Implementierung einer vom Unternehmenserfolg abhängigen Vergütung (siehe Kapitel 2.3.5). Da es sich hierbei meist um eine umfangreiche Regelungsmaterie handelt, kommen Arbeitgeber und Betriebsrat nicht umhin, sich im Wege des Abschlusses einer **Betriebsvereinbarung** zu einigen.

Die Grenzen des Mitbestimmungsrechts setzt § 77 Abs. 3 S. 1 BetrVG. Dort heißt es:

§ 77 Abs. 3 S. 1 BetrVG

Arbeitsentgelte und sonstige Arbeitsbedingungen, die durch Tarifvertrag geregelt sind oder üblicherweise geregelt werden, können nicht Gegenstand einer Betriebsvereinbarung sein.

Von dieser sog. **Regelungssperre** erfasst sind insbesondere die tarifvertraglichen Vorgaben über die Methoden der Entgeltfindung (Tarifgruppendefinitionen) sowie die Höhe der in den einzelnen Tarifgruppen genannten Arbeitsentgelte. Besonders zu beachten ist, dass § 77 Abs.3 S. 1 BetrVG nicht nur in Betrieben gilt, in denen der Arbeitgeber an einen bestimmten Tarifvertrag gebunden ist, sondern auch solche Betriebe erfasst, die keinem Tarifvertrag unterliegen. Insoweit hat der Betriebsrat jedoch die ihm durch § 80 Abs. 1 Nr. 1 BetrVG übertragene **allgemeine Aufgabe**, »darüber zu wachen, dass die zugunsten der Arbeitnehmer geltenden […] Tarifverträge durchgeführt werden.« (Zu einer besonderen Mitbestimmungsmaterie, siehe Kapitel 2.3.6, Betriebsverfassungsrecht.)

2.3.2 Aufgabenbezogene Grundvergütung

Sind Arbeitgeber und Mitarbeiter tarifgebunden oder nimmt der Arbeitsvertrag auf einen Tarifvertrag Bezug, dann ist klar: Das darin geregelte Entgelt, insbesondere seine Höhe, betrifft ausschließlich die Wertigkeit des Aufgabengebiets (der Stelle) und wird als Grundvergütung auf der Entgeltabrechnung entsprechend ausgewiesen. Anders verhält es sich, wenn im Unternehmen weder ein Tarifvertrag gilt noch im Arbeitsvertrag auf einen solchen Bezug genommen wird. Hier weist der Arbeitgeber den Arbeitsverdienst des Mitarbeiters in einziger Summe aus. Es lässt sich in solchen Fällen daher kaum eine verlässliche Aussage darüber treffen, was der Arbeitgeber mit dem Geldbetrag abzugelten beabsichtigt. Diese Verfahrensweise entzieht sich mit anderen Worten jeglicher Entgeltsystematik, sodass sie im Folgenden unberücksichtigt bleibt.

Aufgabenprofil

Um die Wertigkeit eines Aufgabengebiets ermitteln zu können, bedarf es als erstes einer Beschreibung der in ihm anfallenden Aufgaben (Tätigkeiten). Im Idealfall sollte der Prozentsatz angegeben werden, den jede einzelne (Teil-)Aufgabe gemessen an der Gesamtaufgabe einnimmt. Üblicherweise ist das Aufgabenprofil Teil der Stellenbeschreibung. Dort erstreckt es sich nicht selten über mehrere Seiten, weil viele Unternehmen dazu neigen, möglichst jedes Detail zu erfassen und es in ausschweifende Sätzen zu kleiden. Das wirkt nicht nur unübersichtlich, es ist auch überflüssig. Als Grundlage zur Aufgabenbewertung genügt es, sich auf die wesentlichen Tätigkeiten zu beschränken und diese in Stichworten zu benennen. Als wesentlich sind diejenigen anzusehen, die mindestens einen Anteil von 5 % ausmachen. Selbst bei einer 40-Stunden-Woche entspricht dies gerade einmal wöchentlich zwei Stunden, bzw. täglich 24 Minuten. Was darunter liegt, darf ohne die Gefahr einer Verfälschung des Ergebnisses vernachlässigt werden. Wie ein Aufgabenprofil gestaltet werden kann, zeigt folgendes Beispiel (siehe Abbildung 135) anhand einer Sachbearbeiterstelle aus dem Marketing- und Vertriebsbereich.

Beispiel:

Nr.	Aufgaben	%
1	Auftragsabwicklung	15
2	Reklamationsbearbeitung	15
3	Erstellung von Statistiken	15
4	Terminüberwachung	12
5	Erledigung Schriftverkehr	12
6	Rechnungskontrolle	10
7	Erteilung von Preisauskünften	8
8	Beschwerdemanagement	8
9	Postbearbeitung	5
		100

Abb. 135: Aufgabenprofil: Sachbearbeiter

Verfahren zur Aufgabenbewertung

Zur Ermittlung der Wertigkeit eines Aufgabengebiets – gelegentlich auch »Stellenbewertung« genannt – hat die Praxis unterschiedliche Verfahren entwickelt. Sieht man von einzelnen Mischformen einmal ab, so lässt sich eine Unterteilung nach **summarischen** und **analytischen Bewertungsverfahren** treffen. Die summarischen Verfahren tragen diese Bezeichnung deshalb, weil ihr Gegenstand das Aufgabengebiet in seiner Summe ist. Es handelt sich mit anderen Worten um eine ganzheitliche Betrachtungsweise. Demgegenüber messen die analytischen Verfahren die Wertigkeit des Aufgabengebiets anhand einer Anzahl (zusammen mit dem Betriebsrat) festgelegter Anforderungskriterien, die für alle gegeneinander zu gewichtende Aufgabengebiete des Unternehmens verbindlich sind. Diese Kriterien können z. B. sein:

- Durch Aus- und Weiterbildung sowie Erfahrung gewonnene Kompetenzen,
- körperliche, geistige und/oder psychische Belastung,
- Verantwortung für das Arbeitsergebnis, die Arbeitssicherheit od. für Personalführung.

Stets geht es allein darum, welches Aufgabengebiet im Hinblick auf die Bewertungskriterien die höheren Anforderungen von einem beliebigen Stelleninhaber verlangt. Als Ergebnis erhält man eine Wertigkeitshierarchie, die für die Höhe des an das jeweilige Aufgabengebiet gekoppelte Grundentgelt maßgeblich ist.

Summarische und analytische Bewertungsverfahren werden in je zwei voneinander verschiedene Verfahrensarten unterteilt. Näheres hierzu ergibt sich aus folgendem Schaubild (siehe Abbildung 136).

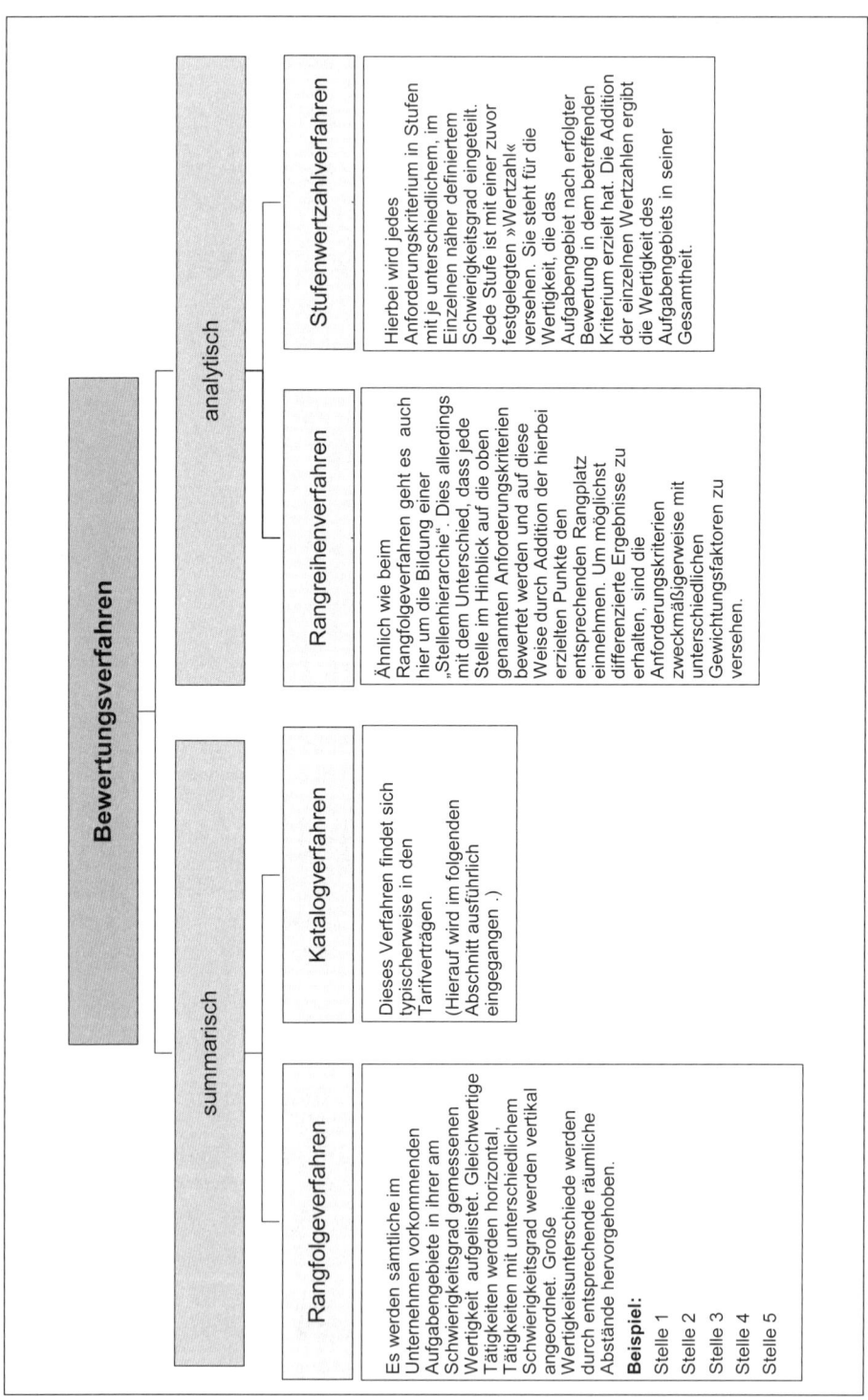

Bewertungsverfahren

summarisch

Rangfolgeverfahren

Es werden sämtliche im Unternehmen vorkommenden Aufgabengebiete in ihrer am Schwierigkeitsgrad gemessenen Wertigkeit aufgelistet. Gleichwertige Tätigkeiten werden horizontal, Tätigkeiten mit unterschiedlichem Schwierigkeitsgrad werden vertikal angeordnet. Große Wertigkeitsunterschiede werden durch entsprechende räumliche Abstände hervorgehoben.

Beispiel:
Stelle 1
Stelle 2
Stelle 3
Stelle 4
Stelle 5

Katalogverfahren

Dieses Verfahren findet sich typischerweise in den Tarifverträgen.
(Hierauf wird im folgenden Abschnitt ausführlich eingegangen .)

analytisch

Rangreihenverfahren

Ähnlich wie beim Rangfolgeverfahren geht es auch hier um die Bildung einer „Stellenhierarchie". Dies allerdings mit dem Unterschied, dass jede Stelle im Hinblick auf die oben genannten Anforderungskriterien bewertet werden und auf diese Weise durch Addition der hierbei erzielten Punkte den entsprechenden Rangplatz einnehmen. Um möglichst differenzierte Ergebnisse zu erhalten, sind die Anforderungskriterien zweckmäßigerweise mit unterschiedlichen Gewichtungsfaktoren zu versehen.

Stufenwertzahlverfahren

Hierbei wird jedes Anforderungskriterium in Stufen mit je unterschiedlichem, im Einzelnen näher definiertem Schwierigkeitsgrad eingeteilt. Jede Stufe ist mit einer zuvor festgelegten »Wertzahl« versehen. Sie steht für die Wertigkeit, die das Aufgabengebiet nach erfolgter Bewertung in dem betreffenden Kriterium erzielt hat. Die Addition der einzelnen Wertzahlen ergibt die Wertigkeit des Aufgabengebiets in seiner Gesamtheit.

Abb. 136: Verfahren zur Aufgabenbewertung

Die Bewertung der einzelnen Aufgabengebiete wird in der Regel von einem eigens dazu bestellten Gremium, bestehend aus Vertretern der Arbeitgeberseite und des Betriebsrats unter Moderation der Personalleitung vorgenommen. Rangfolge-, Rangreihen- und Stufenwertzahlverfahren können grundsätzlich nur in nicht tarifgebundenen Unternehmen durchgeführt werden, da diejenigen Unternehmen, die an einen Tarifvertrag gebunden sind, in aller Regel das Katalogverfahren anzuwenden haben. Eine Ausnahme hiervon kann nur erfolgen, wenn die Tarifvertragsparteien (Arbeitgeberverband und Gewerkschaft) der vom Katalogverfahren abweichenden Verfahrensweise zustimmen. Ein Konsens hierüber ist nur schwer erreichbar. Deshalb sind die Alternativen zum Katalogverfahren in der Praxis eher weniger verbreitet.

Das tarifvertragliche Katalogverfahren

Das Katalogverfahren trägt seinen Namen deshalb, weil die Tarifverträge die Anforderungen, die zur Ermittlung der Wertigkeit der einzelnen Aufgabengebiete erforderlich sind, üblicherweise nach Art eines – in Entgeltgruppen untergliederten – Katalogs formulieren. Die Tabelle stellt am Beispiel einer Entgelttabelle aus dem Bereich der Metall- und Elektroindustrie einen repräsentativen Entgeltkatalog vor (siehe Abbildung 137).

Entgelt-gruppe	Definition
E 1	Einfache Tätigkeiten, die nach einer zweckgerichteten Einarbeitung und Übung von bis zu vier Wochen verrichtet werden können. Es ist keine berufliche Vorbildung erforderlich.
E 2	Tätigkeiten, deren Ablauf und Ausführung weitgehend festgelegt sind. Erforderlich sind Kenntnisse und Fertigkeiten, wie sie in der Regel durch ein systematisches Anlernen von bis zu sechs Monaten erworben werden.
E 3	Tätigkeiten, deren Ablauf und Ausführung überwiegend festgelegt sind. Erforderlich sind Kenntnisse und Fertigkeiten, wie sie in der Regel durch ein systematisches Anlernen von mehr als sechs Monaten erworben werden.
E 4	Tätigkeiten, deren Ablauf und Ausführung teilweise festgelegt sind. Erforderlich sind Kenntnisse und Fertigkeiten, wie sie in der Regel durch eine zweijährige fachspezifische Ausbildung erworben werden.
E 5	Sachbearbeitende Aufgaben und/oder Facharbeiten, deren Erledigung weitgehend festgelegt sind. Erforderlich sind Kenntnisse und Fertigkeiten, wie sie in der Regel durch eine abgeschlossene mindestens dreijährige fachspezifische Berufsausbildung erworben werden.
E 6	Schwierige sachbearbeitende Aufgaben und/oder schwierige Facharbeiten, deren Erledigung überwiegend festgelegt sind. Erforderlich sind Kenntnisse und Fertigkeiten, wie sie in der Regel durch eine abgeschlossene mindestens dreijährige fachspezifische Berufsausbildung und mehrjährige Berufserfahrung erworben werden. $\rightarrow$

Entgelt-gruppe	Definition
E 7	Umfassende sachbearbeitende Aufgaben und/oder besonders schwierige und hochwertige Facharbeiten, deren Erledigung teilweise festgelegt sind. Erforderlich sind Kenntnisse und Fertigkeiten, wie sie in der Regel durch eine abgeschlossene mindestens dreijährige fachspezifische Ausbildung Berufsausbildung und eine mindestens zweijährige Fachausbildung oder zusätzliche Kenntnisse und Fertigkeiten, die durch langjährige Berufserfahrung erworben werden.
E 8	Ein Aufgabengebiet, das im Rahmen von bestimmten Richtlinien erledigt wird und hochwertigste Facharbeiten, die ein hohes Dispositionsvermögen und umfassende Verantwortung erfordern. Erforderlich sind Kenntnisse und Fertigkeiten, wie sie in der Regel durch eine abgeschlossene mindestens dreijährige fachspezifische Berufsausbildung und eine mindestens zweijährige Fachausbildung erworben werden sowie zusätzliche Kenntnisse und Fertigkeiten, die durch langjährige Berufserfahrung erworben werden.
E 9	Ein erweitertes Aufgabengebiet, das im Rahmen von Richtlinien erledigt wird. Erforderlich sind Kenntnisse und Fertigkeiten, wie sie durch den Abschluss einer mindestens vierjährigen Hochschulausbildung erworben werden. Diese Kenntnisse und Fertigkeiten können auch durch eine abgeschlossene mindestens dreijährige fachspezifische Berufsausbildung und eine mindestens zweijährige Fachausbildung und eine langjährige Berufserfahrung sowie eine zusätzliche Weiterbildung oder auf einem anderen Weg erworben werden.
E 10	Ein Aufgabenbereich, der im Rahmen von allgemeinen Richtlinien erledigt wird. Erforderlich sind Kenntnisse und Fertigkeiten, wie sie durch den Abschluss einer mindestens vierjährigen Hochschulausbildung erworben werden und Fachkenntnisse durch mehrjährige spezifische Berufserfahrung. Diese Kenntnisse und Fertigkeiten können auch auf einem anderen Weg erworben werden.
E 11	Ein erweiterter Aufgabenbereich, der teilweise im Rahmen von allgemeinen Richtlinien erledigt wird. Erforderlich sind Kenntnisse und Fertigkeiten, wie sie durch den Abschluss einer mindestens vierjährigen Hochschulausbildung erworben werden sowie Fachkenntnisse und langjährige spezifische Berufserfahrung. Diese Kenntnisse und Fertigkeiten können auch auf einem anderen Weg erworben werden.

Abb. 137: Tarifvertraglicher Entgeltgruppenkatalog (Metall- und Elektroindustrie)

Die Definitionen, namentlich in den oberen Entgeltgruppen, eröffnen einen derart breiten Interpretationsspielraum, dass Streitigkeiten über die »richtige« Eingruppierung vorprogrammiert sind. Dennoch muss sich die Praxis damit abfinden und versuchen, zusammen mit dem Betriebsrat zu konsensfähigen Lösungen zu gelangen. Immerhin bestimmt die Zuordnung eines Aufgabengebiets zu der jeweiligen Entgeltgruppe über dessen Wertigkeit und damit über die Höhe des Grundentgelts. Denn jeder Entgeltgruppe korrespondiert ein Euro-Betrag, den die Tarifparteien in periodischen Zeitabständen – mit oder ohne Streik – »nach oben« anpassen (siehe Abbildung 138).

Entgeltgruppe	E 1	E 2	E 3	E 4	E 5	E 6	E 7	E 8	E 9	E 10	E 11
Entgeltgruppen-schlüssel	84%	86%	89%	94%	**100%**	110%	122%	137%	153%	170%	185%
Entgelt in EUR (Stand: 1. Mai 2012)	2.021	2.069	2.141	2.626	**2.406**	2.647	2.935	3.296	3.729	4.090	4.451

Abb. 138: Tarifgruppenentgelt

Die Höhe des einer Entgeltgruppe zugeordneten Euro-Betrags bemisst sich nach dem sog. **Entgeltgruppenschlüssel.** Er legt die prozentualen Abstände fest, die zwischen den einzelnen Entgeltgruppen bestehen. Bezugsgröße ist eine zu 100 % gesetzte Entgeltgruppe, für die sich – aus früherer Zeit stammend – der Begriff »**Ecklohngruppe**« eingebürgert hat. Sie wird im hier zugrunde gelegten Tarifvertrag durch die Tarifgruppe E 5 repräsentiert. Wenn die Tarifparteien zu einem Abschluss über die prozentuale Höhe des Entgeltzuwachses gekommen sind, dann meinen sie damit den Prozentsatz in der Ecklohngruppe, hier also den in E 5. Ebenso wie die Ecklohngruppe kann auch die Anzahl der Tarifgruppen von Branche zu Branche differieren. So kennt beispielsweise der Bundesentgelttarifvertrag für die chemische Industrie insgesamt 13 Tarifgruppen, andere wiederum kommen mit sechs, acht oder zehn aus.

Unternehmen, die sich an keinen Tarifvertrag gebunden haben, sind grundsätzlich frei in ihrer Entgeltfindung. Sie können sich, wie erwähnt, hierzu eines anderen Systems zur Aufgabenbewertung bedienen oder die Entgeltfindung im Wege freier Verhandlung mit dem Mitarbeiter vereinbaren. Letzteres ist heutzutage allerdings nur noch in Kleinunternehmen anzutreffen. Doch selbst ihnen ist es nicht verwehrt, ihre Entgeltfindung am Katalogverfahren des in der betreffenden (oder – seltener – in einer anderen) Branche geltenden Tarifvertrags auszurichten. Rechtlich gesehen wird dies durch die Aufnahme einer sog. **Bezugnahmeklausel** in jeden einzelnen Arbeitsvertrag vollzogen. Sie besagt, dass der Tarifvertrag – oder nur der Entgeltgruppenkatalog – auf das Arbeitsverhältnis Anwendung findet. Eine solche Klausel findet sich im Übrigen auch in nahezu allen Arbeitsverträgen derjenigen Unternehmen, die an einen Tarifvertrag gebunden sind. Denn in ihnen befindet sich in aller Regel eine größere Anzahl Mitarbeiter, die nicht Mitglied der zuständigen Gewerkschaft sind und demzufolge nicht den Tarifregelungen unterliegen. Um zu verhindern, dass für sie andere (Entgelt-)Regelungen gelten als für die gewerkschaftlich organisierten Mitarbeiter, hat die Bezugnahmeklausel in diesen Fällen die Funktion einer **Gleichstellungsklausel.** (Näheres dazu und damit verbundene tarifvertragsrechtliche Implikationen siehe Kapitel 2.1.9.)

Allgemeinverbindlichkeitserklärung

Nicht alle Arbeitgeber unterliegen der Bindung an den für ihre Branche vorgesehenen Tarifvertrag. Der Grund hierfür kann sein, dass sie es bisher vermieden haben, die Mitgliedschaft im zuständigen Arbeitgeberverband zu erwerben oder dass sie noch nicht von der Gewerkschaft zum Abschluss eines Haustarifvertrags »gedrängt« worden sind. Die

Tarifbindung kann auch für diese Arbeitgeber und ihre Mitarbeiter herbeigeführt werden, indem das Bundesministerium für Arbeit und Soziales den für die tarifgebundenen Unternehmen geltenden Tarifvertrag durch **Rechtsverordnung** für allgemeinverbindlich erklärt. Dies ist unter folgenden Voraussetzungen möglich:

- Die tarifgebundenen Arbeitgeber der betreffenden Branche müssen mindestens 50 % der unter den Geltungsbereich des für sie geltenden Tarifvertrags beschäftigen.
- Die Allgemeinverbindlichkeitserklärung muss im öffentlichen Interesse geboten erscheinen.
- Mindestens eine der beiden Tarifvertragsparteien muss den Antrag auf Erlass der Allgemeinverbindlichkeitserklärung gestellt haben.
- Das Bundesministerium muss im Einvernehmen mit einem von den Spitzenorganisationen der Arbeitgeber (Bundesvereinigung der Arbeitgeberverbände – BDA) und der Arbeitnehmer (Deutscher Gewerkschaftsbund – DGB) gebildeten Ausschuss handeln (§ 5 Abs. 1I TVG).

Vor der Entscheidung über den Antrag ist

- den von der Allgemeinverbindlichkeitserklärung betroffenen Arbeitgebern und Arbeitnehmern,
- den daran interessierten Gewerkschaften und Arbeitgeberverbänden sowie
- den obersten Arbeitsbehörden der Bundesländer, auf deren Territorium sich die Allgemeinverbindlichkeitserklärung erstreckt,
- Gelegenheit zur schriftlichen Stellungnahme sowie zur Äußerung in einer mündlichen und öffentlichen Verhandlung zu geben (§ 5 Abs. 2 TVG).

Eine weitere Rechtsgrundlage zum Erlass allgemeinverbindlicher Tarifregelungen findet sich im Arbeitnehmer-Entsendegesetz (AEntG). Diese Regelungen gelten jedoch nur für die in § 4 AEntG genannten Branchen. Die Regelungen dienen dem Zweck, Untergrenzen für die in den betreffenden Branchen zu zahlenden Arbeitsentgelte zu setzen. Die aktuelle politische Diskussion um »Mindestlöhne« oder »Lohnuntergrenzen« lässt noch keine verbindlichen Informationen darüber zu, ob und gegebenenfalls wann mit den entsprechenden gesetzlichen Maßnahmen zu rechnen ist (siehe hierzu auch Kapitel 2.1.8).

2.3.3 Leistungsvergütung

Leistungsvergütung, früher auch als »Leistungslohn« bezeichnet, ist ein Begriff, den man seit vielen Jahrzehnten vornehmlich mit gewerblichen Tätigkeiten in Verbindung bringt. Dort kommt er in Gestalt des Akkord- und des Prämienentgelts vor. Das **Akkordentgelt** ist der Geldbetrag, der für eine Leistung gezahlt wird, die über dem Akkordrichtsatz liegt. Beim **Akkordrichtsatz** handelt es sich um eine durch Zeitstudien (REFA) zu ermittelnde und zwischen Arbeitgeber und Betriebsrat zu vereinbarende Messgröße. Deren Erreichen wird als »Normalleistung« des Produktionsmitarbeiters betrachtet und mit dem (tariflichen) Stundenentgelt vergütet. Für jedes darüber hinaus produzierte Stück erhält der Mitarbeiter zusätzlich einen bestimmten Geldbetrag. Dieser sog. **Geldakkord** wird nach folgender Formel berechnet:

$$\textit{Entgelt} = \textit{Menge} \times \textit{Geldeinheit pro Stück}$$

Das Gegenstück hierzu bildet der sog. **Zeitakkord**, dessen Berechnungsformel wie folgt lautet:

$$Entgelt = Menge \times Stückzeit \times Geldfaktor$$

Anders verhält es sich beim **Prämienentgelt**. Es wird zusätzlich zum Grundlohn gezahlt, z. B. als

- Nutzungsprämie für die Optimierung der Maschinenlaufzeit,
- Qualitätsprämie für die Vermeidung von Ausschuss,
- Kostenprämie für die Ersparnis durch rationellen Materialeinsatz.

Während sich die individuelle Leistung bei Produktionstätigkeiten relativ leicht durch objektiv definierbare Parameter erfassen lässt, ist dies bei Tätigkeiten, wie sie außerhalb der Fabrik erbracht werden, deutlich schwieriger. Deshalb geht die Praxis hier andere Wege. Ein Weg ist dadurch gekennzeichnet, dass die Leistung des einzelnen Mitarbeiters nicht gemessen, sondern **beurteilt** wird. Die Ermittlung der Leistungshöhe erfolgt also durch eine **Bewertung**. Damit diese nicht durch subjektive Einflüsse verfälscht wird, bedarf es eines Systems mit genauen, durch definierte Kriterien festgeschriebene Vorgaben, an denen sich der Beurteiler zu orientieren hat. Ein solches System muss außerdem vorzeichnen, wie die Leistungsbeurteilung in eine – in Prozent von der Grundvergütung ausgewiesene – Leistungszulage umzusetzen ist. Dieser Frage wird im folgenden Abschnitt nachgegangen.

Leistungszulage

Die Leistungszulage wird üblicherweise verstanden als ein monatlich vom Arbeitgeber gezahlter Entgeltbestandteil, der die Art und Weise honoriert, wie der Mitarbeiter die vom Anforderungsprofil der Stelle geforderten Aufgaben erledigt. Gegenstand der Leistungszulage ist mit anderen Worten das **persönliche Leistungsprofil**. Unter den Tarifverträgen der großen Industriebranchen regelt lediglich der Entgeltrahmentarifvertrag für die Metall- und Elektroindustrie (ERA) näher, wie ein Leistungsbeurteilungssystem ausgestaltet werden kann. Zwar überlassen es die Tarifparteien grundsätzlich Arbeitgeber und Betriebsrat, ein für ihre Belange geeignetes System zu entwickeln. Kommt es jedoch nicht zum Abschluss einer entsprechenden Betriebsvereinbarung, gibt der Tarifvertrag das System vor – auf das sich die Betriebsparteien selbstverständlich auch von vornherein einigen können. Wie es beschaffen ist, zeigt folgendes Schema (siehe Abbildung 139).

| | Leistungsergebnis | | | | |
| Beurteilungs-stufen | entspricht | | | liegt | |
Beurteilungs-merkmale	dem Aus-gangsniveau der Arbeits-aufgabe	im Allgemei-nen den Er-wartungen	in vollem Umfang den Erwartungen	über den Erwar-tungen	weit über den Er-wartungen
Effizienz	0	2	4	6	8
Qualität	0	2	4	6	8
Flexibilität	0	1	2	3	4
Verantwortliches Handeln	0	1	2	3	4
Kooperation/ Führungsverhalten	0	1	2	3	4

Abb. 139: Leistungsbeurteilungssystem nach ERA

Bei kritischer Würdigung der **Beurteilungsmerkmale** gelangt man zu dem Ergebnis, dass keines der zu beurteilenden Kriterien einen für alle Mitarbeiter gleichermaßen verbindlichen Maßstab darstellt. Je nach Ausgestaltung des Aufgabengebiets kann das Merkmal für den Mitarbeiter von größerem oder geringerem Gewicht sein. Ist seine Tätigkeit beispielsweise durch starre Vorgaben festgelegt oder durch eintönige Routine geprägt, bleibt für die Bewertung seiner Flexibilität, weil nicht gefordert, ebenso wenig Raum wie für sein damit korrespondierendes verantwortliches Handeln. Desgleichen wird das Merkmal »Kooperation« bei einem »Einzelkämpfer« deutlich weniger ins Gewicht fallen als bei einem Mitarbeiter, dessen Tätigkeit einen ausgeprägten Kontakt mit seinem betrieblichen Umfeld erfordert. Beide über einen Kamm zu scheren, führt zu einer Verfälschung ihres Leistungsergebnisses. Ähnlich verhält es sich mit den Merkmalen »Effizienz« und »Qualität«. Doch abgesehen davon, dass auch sie je nach Tätigkeit mehr oder minder ins Gewicht fallen, repräsentieren sie zusammen mit den anderen Beurteilungsmerkmalen lediglich einen willkürlich gewählten und deshalb nur unvollkommenen Ausschnitt dessen, was Gegenstand der Leistungsbewertung sein sollte, nämlich das **Aufgabengebiet**, wie es in seiner **Gesamtheit** vom einzelnen Mitarbeiter erledigt wird.

Genauso wenig wie die Beurteilungsmerkmale vermögen die **Beurteilungsstufen** zu überzeugen. Ihre Definitionen eröffnen einen derart breiten Bewertungsspielraum, dass es kaum möglich ist, auf ihrer Grundlage ein befriedigendes und allseits akzeptiertes Beurteilungsergebnis zu erzielen. Denn bei allem Wohlwollen muss man sich fragen, wie bescheiden wohl die Erwartungen an die Leistung eines Mitarbeiters ausfallen müssen, um ihm bescheinigen zu können, dass sein Leistungsergebnis über den Erwartungen oder gar weit darüber liegt. Umgekehrt erscheint es ebenso wenig nachvollziehbar, mit welchem Anspruch man einem Leistungsergebnis begegnen soll, das die Erwartungen »im Allgemeinen« erfüllt, um sodann verlässlich Auskunft darüber geben zu können, wie ein Leistungsergebnis beschaffen sein muss, damit es den Erwartungen »in vollem Umfang« entspricht.

Auch die bei der Beurteilung erreichbaren und in Zulagenprozente umzurechnenden Punktzahlen sowie deren Gewichtung zueinander erlauben wegen ihres grobmaschigen

Zuschnitts kaum ein differenziertes Ergebnis. Zudem trifft das tarifliche Modell keine Vorkehrungen für den Fall, dass der Mitarbeiter mit seiner Leistung hinter dem »Ausgangsniveau der Arbeitsaufgabe« zurückbleibt. Tarifrechtlich steht ihm zwar nach wie vor das ungekürzte Tarifgruppenentgelt zu; der Arbeitgeber hat bei der gegebenen Sachlage aber keine realistische Möglichkeit, gegen den leistungsschwachen (oder gar leistungsunwilligen) Mitarbeiter etwas zu unternehmen. Denn eine Leistung, die der Beurteilung jenes Ausgangsniveaus entspricht, bedeutet, dass sie ausreicht, um dem Aufgabengebiet gerecht zu werden. Zu Beanstandungen, geschweige denn zu Abmahnungen oder anderen arbeitsrechtlichen Maßnahmen kann es daher schon kraft Definition keinen Anlass geben. Eine Leistungsbeurteilung, die Schlechtleistungen unberücksichtigt lässt, ist schon aus diesem Grund fragwürdig.

Wenn Leistung eine Aussage darüber trifft, **wie** der Mitarbeiter die von seinem Aufgabengebiet geforderten Tätigkeiten erledigt, dann muss die Leistungsbeurteilung notwendigerweise bei ebendiesem Aufgabengebiet ansetzen. Genauer, es müssen die in der Aufgabenbeschreibung aufgeführten Tätigkeiten im Hinblick auf die Art und Weise der Ausführung hin untersucht und bewertet werden. Aus dem Ergebnis erschließt sich sodann das individuelle Leistungsniveau. Letzteres wird in der Regel von Einzelaufgabe zu Einzelaufgabe unterschiedlich hoch ausfallen. Wie hoch, muss für jede einzelne Aufgabe separat ermittelt werden. Die Frage ist, welchen Maßstab man anlegt, insbesondere mit wie vielen – sprachlich unterlegten – Beurteilungsstufen er ausgestattet werden soll. Darüber, wie auch über die maximale Höhe der Leistungszulage, muss letztlich jedes Unternehmen für sich befinden. Hier sei von einer Skalierung ausgegangen, die den Arbeitgeber zwingt, sich anhand von **vier Kriterien** auf ein eindeutiges Urteil festzulegen. Dabei hat er sich folgende Ausgangsfrage zu stellen:

☐ Ist die persönliche Leistung des Mitarbeiters **höher oder niedriger** zu bewerten als von der jeweiligen (Teil-)Aufgabe gefordert?

Als Antwort hat er gemäß seiner wertenden Einschätzung folgende Möglichkeiten:

- 0 = eindeutig nein
- 1 = eher nein als ja
- 2 = eher ja als nein
- 3 = eindeutig ja

Ist die persönliche Leistung höher zu bewerten, wird die Antwort mit einem Plus-Zeichen (+) versehen, wird sie niedriger bewertet erhält das betreffende Bewertungskriterium ein Minus (–). Entspricht die Leistung dem Niveau, das zur Bewältigung der (Teil-)Aufgabe mindestens erforderlich ist, dann lautet die Bewertung »0«; sie schlägt bei der Bemessung der Leistungszulage weder positiv noch negativ zu Buche. Wie das Ergebnis einer Leistungsbeurteilung zustande kommt, sei unter Verwendung der bereits bekannten Aufgabenbeschreibung einer Sachbearbeiterstelle aus dem Marketing- und Vertriebsbereich beispielhaft erläutert (siehe Abbildung 140). Der Unterschied besteht nur darin, dass die Beschreibung hier nicht als Grundlage zur Bestimmung der Wertigkeit des Aufgabengebiets sondern zur Ermittlung der Leistung einer **konkreten Inhaberin** dieses Aufgabengebiets dient.

Nr.	Aufgaben	Beurteilung			
		%	\multicolumn{3}{c}{0 bis ± 3}	Punkte
			−	0	+	
1	Auftragsabwicklung	15			2	+ 0,30
2	Reklamationsbearbeitung	15			2	+ 0,30
3	Erstellung von Statistiken	15			1	+ 0,15
4	Terminüberwachung	12			2	+ 0,24
5	Erledigung Schriftverkehr	12			3	+ 0,36
6	Rechnungskontrolle	10		0		± 0,00
7	Erteilung von Preisauskünften	8			1	+ 0,08
8	Beschwerdemanagement	8		0		± 0,00
9	Postbearbeitung	5	2			− 0,10
Ergebnis		**100**				**+ 1,33**

Abb. 140: Leistungsbeurteilung

Die Leistungsbeurteilung der betreffenden Mitarbeiterin hat im Ergebnis 1,33 von maximal drei möglichen Punkten erbracht. Was dieses Ergebnis wert ist, kann erst gesagt werden, wenn feststeht,

- wie die Formel zur Berechnung der individuell erzielten Leistungszulage lautet,
- welchen Prozentsatz vom monatlichen Bruttoentgelt das Unternehmen bereit ist, als Leistungszulage maximal zu zahlen und
- wie hoch das monatliche Bruttoentgelt der Mitarbeiterin (ohne Leistungszulage) ausfällt.

Die Berechnung der individuellen Leistungszulage (LZ) berechnet sich nach der Formel

$$LZ = (\textstyle\sum_{erzielte\ Punkte} \div Punkte_{max}) \times Leistungszulage_{max}$$

Es sei unterstellt, dass das Unternehmen bereit ist, eine Leistungszulage von maximal 15 % zu zahlen, dann beträgt die Leistungszulage im gegebenen Beispiel

$$(1,33 \div 3) \times 15 = 6,65\ \%$$

Damit beläuft sich die Leistungszulage bei einem monatlichen (Grund-)Entgelt in Höhe von 2.800,00 EUR auf

$$2.800,00\ EUR \times 0,0665 = 186,20\ EUR$$

Zielvereinbarung

Die Zielvereinbarung gilt im Allgemeinen als Führungs- und Motivationsinstrument. Im hier gegebenen Kontext steht jedoch ihre Funktion als Instrument zur Abgeltung zusätzlich erbrachter Leistung im Vordergrund. Die Betonung liegt auf dem Wort »zusätzlich«. Denn es geht in ihr nicht um Leistungen, zu denen der Mitarbeiter aufgrund seines Aufgabengebietes – und damit letztlich kraft Arbeitsvertrags – ohnehin schon verpflichtet ist. Dies führte im Ergebnis zu einer doppelten Vergütung dessen, was mit der tariflichen Grundvergütung und mit der Leistungszulage bereits abgegolten ist. Deshalb lautet die erste Anforderung an eine Zielvereinbarung, dass sie nur Gegenstände betreffen darf, die über den arbeitsvertraglich vereinbarten Pflichtenkreis hinausgehen (und deshalb mit der Zielvereinbarung vertraglich separat vereinbart werden müssen). Zu den weiteren Anforderungen an eine Zielvereinbarung zählen, dass sie

- in der Regel auf ein (Geschäfts-)Jahr angelegt ist,
- nicht weniger als drei aber auch nicht mehr als fünf Ziele enthält,
- nur solche Ziele vorsieht, die objektiv erreichbar, realistisch und messbar sind,
- (eventuell) eine Gewichtung der einzelnen Ziele zueinander vorgibt,
- anordnet, dass die Ziele unterjährig im Hinblick auf ihre Erfüllbarkeit überprüft werden,
- den Modus zur Berechnung der Prämienhöhe ausweist,
- die Grenze benennt, unterhalb der keine Prämie mehr anfällt,
- die Unterschrift durch Vorgesetzten und Mitarbeiter vorschreibt.

Die in periodischen Abständen stattzufindenden Zwischengespräche dienen zum einen der Information des Vorgesetzten über den Fortgang der Arbeit an den Zielen und deren eventuell erforderlicher »Nachjustierung«. Zum anderen sind sie aber auch Ausdruck der arbeitgeberseitigen **Fürsorgepflicht**, damit der Mitarbeiter die vereinbarten Ziele zu einem möglichst hohen Grad verwirklicht, um in den Genuss der an die Zielverwirklichung gekoppelten Prämie zu gelangen. Eine Zielvereinbarung, die ihrem Namen gerecht werden will, muss von Vorgesetztem und Mitarbeiter **gemeinsam** erarbeitet werden. Die einseitige Festlegung der Ziele und ihrer Gewichtung durch den Vorgesetzten, erfüllt diese Voraussetzung streng genommen nicht. Bei ihr handelt es sich vielmehr um eine **Zielvorgabe**. In der Praxis verlaufen die Übergänge jedoch fließend, sodass manche Zielvorgabe stillschweigend wie eine Zielvereinbarung behandelt wird und selbstverständlich auch in die Prämie einfließt. Diese ergibt sich aus dem individuell erreichten Prämienfaktor multipliziert mit dem Bruttomonatsentgelt. Der individuell erreichte Prämienfaktor wiederum bemisst sich nach folgender Formel:

$$\frac{(\sum \textit{gewichteter Prozentsatz} - \textit{Zielerreichungsgrad bei Prämie Null}) \times (\textit{Prämienfaktor bei 100\%})}{100 - \textit{Zielerreichungsgrad bei Prämie Null}}$$

Über den Prämienfaktor bei 100%-iger Zielerreichung entscheidet der Arbeitgeber. Gleiches gilt in Bezug auf die Festlegung des Schwellenwertes bei Prämie »Null« (gegebenenfalls unter Mitwirkung des Betriebsrats). Wie eine Zielvereinbarung nach Inhalt und Form im Einzelnen ausgestaltet sein könnte, zeigt das Fallbeispiel (siehe Abbildung 141). In ihm sei

- der Zielerreichungsgrad bei Prämie »Null« mit 80 %,
- der Prämienfaktor bei 100%-iger Zielerreichung mit 0,75 Monatsentgelten

veranschlagt.

Zielvereinbarung				
Name	PersNr.	Bereich/Abteilung	Funktion	Entgelt/Monat
Emsig, Magdalena	4711	Marketing und Vertrieb	Sachbearbeiterin	2.800,00 EUR

Sehr geehrte Frau Emsig,

für das Jahr ... vereinbaren wir folgende persönliche Ziele:

1) Verbesserung der Produktkenntnisse
2) Verringerung der Fehlerquote bei der Terminüberwachung
3) Optimierung des Reklamationsmanagements

Ziel	Zu erfüllen bis	Zwischengespräche bis spätestens			Gewichtung der Ziele
		1. Gespräch	2. Gespräch	3. Gespräch	
1	31.12.	20.4.	30.6.	30.9.	40 %
2	31.12.	30.4.	30.6.	30.9.	35 %
3	31.12.	30.4.	30.6.	30.9.	25 %

Das Evaluationsgespräch erfolgt am ...

Datum/Unterschrift (Mitarbeiter/-in)   Datum/Unterschrift (Vorgesetzte/-r)

Evaluation und Prämienermittlung

Ziel	Grad der Zielerreichung in %			
	Einschätzung durch		Ergebnis	gewichteter %-Satz
	Vorgesetzte/-n	Mitarbeiter/-in		
1			100 %	40,00 %
2			90 %	31,50 %
3			85 %	21,25 %
				92,75 %

Berechnungsmodus

$$\text{Prämienfaktor} = \frac{(92,75 - 80) \times (0,75)}{20} = 0,48$$

$$\text{Prämie} = 0,48 \times 2.800,00 = 1.344,00 \text{ EUR}$$

Datum/Unterschrift (Mitarbeiter/-in)   Datum/Unterschrift (Vorgesetzte/-r)

Abb. 141: Zielvereinbarung

Im Zusammenhang mit der Zielvereinbarung, insbesondere der vereinbarten Prämie, stellen sich eine Reihe zum Teil noch nicht oder noch nicht befriedigend geklärter Rechtsfragen. Beispielsweise wie zu verfahren ist, wenn

- eine Zielvereinbarung, obwohl arbeitsvertraglich zugesichert, nicht zustande kommt,
- wer auf wen zukommen muss, um auf die Vereinbarung von Zielen hinzuwirken,
- die Vereinbarung eines Zieles unwirksam ist,
- der Mitarbeiter wegen langer Krankheit die Ziele nicht oder nur unvollkommen verwirklichen kann,
- betriebliche Gründe ein vereinbartes Ziel aus nicht vorhersehbaren Gründen gegenstandslos werden lassen,
- das Arbeitsverhältnis vom Mitarbeiter oder vom Arbeitgeber unterjährig gekündigt wird,
- das Unternehmen veräußert wird oder Insolvenz anmelden muss.

Eine Vertiefung all dieser Fragen bedarf wegen ihrer rechtlichen Brisanz der Behandlung durch einen Fachjuristen.

2.3.4 Marktorientierte Vergütung

Wie eingangs bereits angesprochen, darf sich die Vergütungspraxis der Unternehmen nicht am Arbeitsmarkt vorbeibewegen. Andernfalls wird es ihnen nur schwer gelingen, geeignete Mitarbeiter zu gewinnen oder zu halten. Aber nicht nur das am Markt begehrte Qualifikationsprofil stellt einen das Entgelt prägenden Faktor dar; auch die Lebenshaltungskosten am Arbeitsort gehören zu den marktbeeinflussenden Parametern und bedingen eine Anpassung an das von ihnen beeinflusste Verdienstniveau. Eine am Markt orientierte Vergütungspraxis hat mithin drei Aspekte zu berücksichtigen,

- den externen Marktwert des Mitarbeiters,
- seinen internen Marktwert und
- die regionalen Einflüsse auf seinen Lebensunterhalt.

Externer Marktwert

Personalverantwortlichen ist die Situation wohlbekannt: Das Vertragsgespräch mit einem interessanten Bewerber droht zu scheitern, weil man sich in der Gehaltsfrage nicht näher kommt. Die »Nöte« auf Unternehmensseite sind klar: Die Eingruppierung in eine höhere Tarifgruppe scheidet aus, weil die Stelle sie nicht hergibt und außerdem die Gefahr besteht, dass ein diesbezügliches Entgegenkommen Begehrlichkeiten bei vergleichbar Beschäftigten weckt. Und dennoch begehen nicht wenige Unternehmen den Fehler, sich über die Bedenken hinwegzusetzen, indem sie den »fehlenden« Betrag durch eine nicht korrekte Eingruppierung auszugleichen versuchen. Dadurch begeben sie sich auf ein rechtlich gefährliches Terrain. Drängen Mitarbeiter mit gleichwertigen Aufgabengebieten den Arbeitgeber, sie ebenfalls höher einzugruppieren, werden sie im Falle eines Rechtsstreits mit hoher Wahrscheinlichkeit obsiegen, weil sie sich mit Erfolg auf den **arbeitsrechtlichen Gleichbehandlungsgrundsatz** berufen können. Aber auch ohne Rechtsstreit käme der Arbeitgeber nicht umhin, den Begehren nachzukommen. Dies geschieht – nach oft längerem Verhandeln mit dem Betriebsrat – in der Weise, dass den betroffenen Mitarbeitern zugesagt wird, ihr Entgelt stufenweise anzuheben, bis die Anpassung vollzogen ist. Im Rückblick erweist sich die Einstellung damit als ein teures Unterfangen. »Billiger« – und vor allem sachgerechter – wäre es gewesen, den Bewerber mit einem als **Arbeitsmarktzulage** ausgewiesenen Entgeltbestandteil einzustellen (siehe dazu Abbildung 145). Sie schließt immerhin eine Vergleichbarkeit mit den soeben beschriebenen Konsequenzen aus, obgleich sie ebenfalls nicht ganz unproblematisch ist.

Trotz der arbeitsvertraglichen Verpflichtung, über die Höhe der Vergütung absolutes Stillschweigen zu bewahren, kann nicht ausgeschlossen werden, dass Mutmaßungen über die Bezüge des »Neuen« die Runde machen. Und dies mit einer erstaunlichen Treffsicherheit. Das hat psychologische Gründe. Mitarbeiter pflegen besonders empfindlich zu reagieren, wenn sie wissen oder zumindest die begründete Vermutung haben, dass ein gerade erst eingestellter Kollege zu besseren Konditionen beschäftigt wird als sie selbst. Der Arbeitgeber (Vorgesetzte) gerät darüber zwar nicht in Rechtfertigungs- aber doch in Begründungszwang. Die Argumente mögen zynisch klingen, sie müssen aber denen, die ihrer Unzufriedenheit Ausdruck geben, ohne beschönigende Umschreibungen nahegebracht werden. Sie lauten: Wer den Marktpreis erzielen will, den er für seine Arbeitskraft als angemessen erachtet, muss sich dem Markt zur Verfügung stellen. Tut er dies nicht, so entzieht er sich der Chance, seine Arbeitskraft zu einem höheren Preis anbieten zu können, als er ihn in seinem gegenwärtigen Arbeitsverhältnis erzielt. Oder noch deutlicher: Wer die Sicherheit seines Verbleibens in einem kündigungsgeschützten Arbeitsverhältnis wählt, anstatt das Risiko eines Arbeitgeberwechsels einschließlich aller damit verbundenen Unwägbarkeiten einzugehen, muss sich der Einsicht beugen, dass eine solche Einstellung auch ihren Preis hat; nämlich den, zu dem der betreffende Mitarbeiter bisher seiner Tätigkeit nachgegangen ist.

Interner Marktwert

In jedem Unternehmen gibt es Mitarbeiter, die aufgrund ihrer jahrelangen Zugehörigkeit so viel Erfahrung und »Insiderwissen« erworben haben, dass sie als nahezu unentbehrlich gelten. Sie gehören in der Regel zwar nicht zu den durch externe Marktanreize »fluktuationsgefährdeten« Personen; dennoch darf ihre Präsenz nicht auf die Probe gestellt werden. Zurücknahme der Leistungsbereitschaft oder sogar häufigere Krankheitsperioden durch Motivationsverlust mangels finanzieller Wertschätzung könnten die Folge sein. Damit solchen Reaktionen von vornherein der Boden entzogen wird, bietet es sich an, die Wertschätzung durch Zahlung einer **Erfahrungszulage** zum Ausdruck zu bringen. Der mögliche Einwand, der gleiche Effekt könne durch Gewährung einer Leistungszulage bewirkt werden, wäre nicht schlüssig. Es gibt keine Gesetzmäßigkeit, wonach große Erfahrung stets hohe Leistung garantiert und schlechte Leistung stets auf mangelnder Erfahrung beruht. Leistungsstärke und Erfahrungsreichtum können daher durchaus voneinander unabhängige Eigenschaften sein. So mag ein älterer Mitarbeiter in seiner Leistungsfähigkeit zurückfallen; gleichwohl kann er ein allseits geschätzter Gesprächspartner sein, weil er über wertvolle Kenntnisse zu betrieblichen Abläufen, handelnden Personen und gegenwartsrelevanten Vorgängen aus der Vergangenheit verfügt, die sich andere allenfalls durch mühsame Recherchen beschaffen können. Allerdings wäre es sachwidrig, die Erfahrungszulage als Tauschobjekt gegen eine nicht mehr gerechtfertigte Leistungszulage zu missbrauchen.

Regionale Einflüsse

Beispiel: Ein in einem ländlichen und zudem strukturschwachen Gebiet ansässiges Unternehmen unterhält in mehreren Großstädten der Bundesrepublik Vertriebsniederlassungen mit angeschlossenen Servicecentern. Das Unternehmen ist an seinem Stammsitz tarifgebunden. Für die Mitarbeiter in den Niederlassungen gelten dieselben tariflichen Regelungen wie für ihre Kollegen im Stammhaus. Dies allerdings mit der Besonderheit, dass der Tarifvertrag auf alle außerhalb seines räumlichen Geltungsbereichs tätigen Mitarbeiter »nur« kraft arbeitsvertraglicher Bezugnahmeklausel Anwendung findet.

Es versteht sich von selbst, dass ein auf die Mitarbeiter des Stammhauses zugeschnittenes Entgeltgefüge nicht eins zu eins deutschlandweit übertragen werden kann. Vielmehr erfordern die unterschiedlich hohen Lebenshaltungskosten, namentlich in den wirtschaftlichen Ballungszentren eine auf die jeweilige Situation abgestimmte Anpassung. Die Vergütung nach einer höheren Tarifgruppe scheidet von vornherein aus, da sie dem Grundsatz der unternehmensinternen »Quergerechtigkeit«, vergleichbare Tätigkeiten derselben Tarifgruppe zuzuordnen, widerspräche. Regionalbedingt notwendige Differenzierungen können damit nur im Wege eines eigenständigen Vergütungsbestandteils, und zwar durch Zahlung einer **Regionalzulage**, vorgenommen werden (vgl. in diesem Zusammenhang den Ortsgruppenzuschlag im öffentlichen Dienst).

Selbstverständlich könnte sich ein bundesweit vertretenes Unternehmen an jedem seiner Standorte der Bindung an die örtlich geltenden Tarifverträge unterwerfen, zumal diese in der Regel die regionalen Besonderheiten der Lebenshaltung angemessen berücksichtigen. Das setzte – abgesehen vom Abschluss separater Haustarifverträge – die Mitgliedschaft im jeweils örtlich und fachlich zuständigen Arbeitgeberverband voraus. Für kleinere betriebliche Einheiten eines bereits am Stammsitz tarifgebundenen Unternehmens ist dies jedoch schon aus organisatorischen Gründen nicht empfehlenswert. Außerdem bietet die Orientierung auch der in den Regionen beschäftigten Mitarbeiter an einen einzigen Tarifvertrag die Möglichkeit, vergleichbare Tätigkeiten einheitlich in ein und dieselbe Tarifgruppe einzustufen. Dies hat darüber hinaus den Vorteil, dass das Entgelt eines Mitarbeiters, der in gleicher Funktion an einen anderen Standort versetzt wird, unter Beibehaltung der bisherigen Tarifgruppe lediglich der Anpassung an die »vor Ort« geltende Regionalzulage bedarf.

2.3.5 Ergebnisabhängige Vergütung

Die Teilhabe der Mitarbeiter am Unternehmenserfolg gehört zu den tragenden Elementen einer modernen Entgeltpolitik. Während einige wenige Unternehmen ihren Mitarbeitern sogar eine **unternehmensrechtliche Beteiligung** anbieten, entschließt sich der größere Teil zur Zahlung einer erfolgsabhängigen **Jahresprämie**. Diese beruht in aller Regel auf betriebswirtschaftlichen Parametern wie Umsatz, Gewinn, Deckungsbeitrag, Cash Flow, Produktivität oder anderen – »hausgemachten« – Bezugsgrößen. Nicht minder variationsreich sind die jeweils praktizierten Prämienmodelle. Ihnen gemeinsam ist jedoch, dass die Höhe der Prämie

- vom Grad der Zielerreichung in der betreffenden betriebswirtschaftlichen Bezugsgröße abhängt und
- einen bestimmten Prozentsatz oder Faktor des monatlichen Brutto-Entgelts ausmacht.

Jahresprämie

Auf seine typische Grundform reduziert, könnte das Prämienmodell folgende Gestalt haben (siehe Abbildung 142):

Grad der Zielerreichung/Messzahl	80 %	85 %	90 %	95 %	100 %
Prämienfaktor/Brutto-Monatsentgelt	0	0,2	0,4	0,6	0,8

Abb. 142: Prämienmodell

Ob die Untergrenze bei 80 % oder einem anderen Prozentsatz anzusetzen ist, unterliegt ebenso dem Ermessen des einzelnen Unternehmens wie die Festlegung der Obergrenze. Manche Unternehmen lassen diesbezüglich einen Spielraum »nach oben«, sodass sogar eine mehr als 100%-ige Zielerreichung anerkannt wird. Ob es sinnvoll – und logisch – ist, eine derartige »Planübererfüllung« zu honorieren, soll hier dahingestellt bleiben.

Was die Berechnung der Prämie anbelangt, gilt das Gleiche wie bei der Zielvereinbarung: Da die Prämie in einem exakten Euro-Betrag ausgewiesen werden kann, bietet es sich an, ihre Höhe nicht an Schwellenwerten auszurichten, sondern jeden beliebigen Zwischenwert durch Interpolation zu ermitteln. Hierzu bedarf es zunächst der Berechnung des **Prämienfaktors**. Er bemisst sich nach der Formel

$$\frac{(\textit{Erzielter Prozentsatz} - \textit{Messzahl bei Prämie Null}) \times (\textit{Prämienfaktor bei 100\%})}{100 - \textit{Messzahl bei Prämie Null}}$$

Für die Berechnung der Prämienhöhe gilt:

$$\textit{Prämienfaktor} \times \textit{monatliches Bruttoentgelt}$$

Auf der Grundlage des vorgeschlagenen Prämienmodells (siehe Abbildung 140) und den Parametern

- Zielerreichungsgrad: 94,3 und
- monatliches Bruttoentgelt: 2.800,00 EUR

ergibt sich ein **Prämienfaktor** von

$$[(94,3 - 80) \times 0,8] \div 20 = 0,572$$

und eine **Jahresprämie** in Höhe von

$$0,572 \times 2.800,00 = 1.601,60 \text{ EUR}$$

Anrechnung Krankenstand

§ 4a des Entgeltfortzahlungsgesetzes (EFZG) erlaubt, eine freiwillig gewährte Prämie nach Maßgabe des individuellen **Krankenstands** zu kürzen. Die Vorschrift lautet:

§ 4a EFZG

Eine Vereinbarung über die Kürzung von Leistungen, die der Arbeitgeber zusätzlich zum laufenden Arbeitsentgelt erbringt (Sondervergütungen), ist auch für Zeiten der Arbeitsunfähigkeit infolge Krankheit zulässig. Die Kürzung darf für jeden Tag der Arbeitsunfähigkeit infolge Krankheit ein Viertel des Arbeitsentgelts, das im Jahresdurchschnitt auf einen Arbeitstag entfällt, nicht überschreiten.

Unter der Annahme

- eines Jahresentgelts von 2.800,00 EUR × 13 = 36.400 EUR,
- einer wöchentlichen Arbeitszeit von 37,5 Stunden (= 163,125 $\text{Stunden}_{\text{Monat}}$ bzw. 7,5 $\text{Stunden}_{\text{Tag}}$) und
- einem individuellen Krankenstand von 11 Tagen im Referenzjahr

ergibt sich folgende **Prämienkürzung:**

$$36.400 \text{ EUR} \div 12_{\text{Monate}} \div 163,125 \times 7,5 \div 4_{\text{Kürzung nach § 4 EFZG}} = 34,87 \text{ EUR}_{\text{Tag}} \times 11 = 383,57 \text{ EUR}$$

Ausgleichszahlung

Die Prämienkürzung aufgrund individueller Fehlzeiten ergibt über den jahresdurchschnittlichen Krankenstand der Gesamtbelegschaft betrachtet ein nicht unbeträchtliches Einsparvolumen zugunsten des Arbeitgebers. Es wäre ein falsches Signal, wenn das Unternehmen diesen Betrag für sich beanspruchte. Deshalb erscheint es gerechtfertigt, das im Wege der individuellen Prämienkürzung frei gewordene Entgeltvolumen zu gleichen Teilen auf die Mitarbeiter – und zwar ungeachtet der Höhe ihres persönlichen Krankenstands – zu verteilen.

Es sei unterstellt,

- das Unternehmen beschäftigt 150 Mitarbeiter,
- der durchschnittliche Krankenstand im Unternehmen beträgt 3,12 %,
- das durchschnittliche Monatsentgelt beläuft sich auf 2.800,00 EUR pro Mitarbeiter,

dann steht ein Entgeltvolumen in Höhe von

$$220_{\frac{\text{Tage}}{\text{Jahr}}} \times 150_{\text{Mitarbeiter}} \times 0,0312 = 1.029,60_{\text{Tage}} \times 34,87 \text{ EUR}_{\text{Tag (gekürzt nach § 4 EFZG)}} = 35.902 \text{ EUR}$$

zur Verteilung an. Davon entfallen auf jeden Mitarbeiter

$$35.902,00 \text{ EUR} \div 150 = 239,35 \text{ EUR}$$

Die Jahresprämie der Mitarbeiterin setzt sich aus folgenden Positionen zusammen:

Wirtschaftliche Messzahl (94,3)	1.601,60 EUR
Kürzung nach § 4a EFZ	– 383,57 EUR
Ausgleichszahlung	+ 239,35 EUR
Prämie/gesamt	**1.457,38 EUR**

Kapitalbeteiligung

Am 1. April 2009 ist das Gesetz zur steuerlichen Förderung der Mitarbeiterbeteiligung (Mitarbeiterkapitalbeteiligungsgesetz) in Kraft getreten. Es verfolgt das Ziel, »die Möglichkeiten zur Gewinnung und Bindung von Mitarbeiterinnen und Mitarbeitern sowie zur Verbesserung der Eigenkapitalbasis von Unternehmen« zu steigern. Denn, so heißt es in der Begründung des Regierungsentwurfs zu diesem Gesetz weiter, »Arbeitnehmerinnen und Arbeitnehmer steht ein fairer Anteil am Erfolg der Unternehmen zu, für die sie ihre Arbeitskraft einsetzen«.

Zur Verwirklichung des angestrebten Ziels sieht der neu geschaffene § 3 Nr. 39 EStG die Steuerfreiheit von finanziellen Vorteilen vor, die der Arbeitnehmer aus Vermögensbeteiligungen am Unternehmen seines Arbeitgebers erzielt. Um welche Arten der Vermögensbeteiligung es sich dabei handelt, wird aus dem umfangreichen Katalog nach § 2 Abs. 1 Nr.1 sowie den in § 2 Abs. 2 des Fünften Vermögensbildungsgesetzes (VermBG) angeordneten Voraussetzungen deutlich. Auf diese Vorschriften nimmt § 3 Nr. 39 EStG ausdrücklich Bezug. Der Steuerfreibetrag beläuft sich auf maximal 360,00 EUR (vorher 135,00 EUR) pro Kalenderjahr. Das Steuerprivileg gilt jedoch nur, wenn

- »die Vermögensbeteiligung als freiwillige Leistung zusätzlich zum ohnehin geschuldeten Arbeitslohn überlassen und nicht auf bestehende oder künftige Ansprüche angerechnet wird und
- die Beteiligung allen Arbeitnehmern, die in einem gegenwärtigen Dienstverhältnis zum Unternehmen stehen, offen steht«.

Als weiteren Anreiz zur Beteiligung der Mitarbeiter am Unternehmenskapital hat der Gesetzgeber in § 13 I Fünftes VermBG die Verdienstgrenzen für den Bezug der Arbeitnehmer-Sparzulage auf

- 20.000,00 EUR (vorher 17.900,00 EUR) für Ledige,
- 40.000,00 EUR (vorher 35.800,00 EUR) für zusammen veranlagte Ehegatten

erhöht und den staatlichen Fördersatz von zuvor 18 % auf 20 % angehoben.

Trotz der gesetzgeberischen Bemühungen führt die Kapitalbeteiligung der Mitarbeiter am Unternehmen nach wie vor ein Schattendasein. (Ausnahmen mögen bisweilen für die oberen Führungskräfte gelten.) Die – soweit davon gesprochen werden kann – gebräuchlichsten Formen der Kapitalbeteiligung sind:

- Belegschaftsaktie,
- GmbH-Beteiligung,
- Kommanditeinlage.

Möglich aber noch weniger gebräuchlich sind die Beteiligung als

- stiller Gesellschafter,
- Genussrechtsinhaber
- Inhaber einer Schuldverschreibung.

2.3.6 Übertarifliche Verdienstbestandteile

»Wir freuen uns Ihnen mitzuteilen, dass wir Ihre monatlichen Entgeltbezüge außerhalb der allgemeinen Tarifanpassungen erhöht haben. Sie erhalten mit Wirkung vom … eine übertarifliche Zulage in Höhe von … EUR/brutto.«

So oder ähnlich lautet das Schreiben, mit dem die Personalabteilung den Mitarbeiter über die Anhebung seines Arbeitsentgelts informiert. In der Regel gehört die übertarifliche Zulage zu den Entgeltbestandteilen, die **monatlich** ausbezahlt werden. Aber auch Einmalzahlungen wie Prämien oder Gratifikationen stellen meist übertarifliche Leistungen des Arbeitgebers dar. Generell gilt: Jede materielle Zuwendung, die nicht auf dem geltenden Tarifvertrag beruht, hat übertariflichen Charakter. Deshalb wird man auf den Entgeltmitteilungen eines nicht tarifgebundenen Arbeitgebers selten eine Aufschlüsselung der monatlichen Bezüge finden; vielmehr sind diese in einem einzigen Betrag ausgewiesen.

Die Gründe, für die übertarifliche Zulagen gezahlt werden, sind vielfältig. Neben den in den vorangegangenen Kapiteln bereits kennengelernten, trifft man in der Praxis – um nur zwei Beispiele zu nennen – auf die Entwicklungs- und gelegentlich auf die Sozialzulage.

Die **Entwicklungszulage** bezieht sich auf Nachwuchskräfte, die am Anfang einer vom Arbeitgeber als wahrscheinlich eingeschätzten Karriere stehen. Diese Mitarbeiter sind oftmals mit Aufgaben betraut, die im Tarifgefüge zwar ihren unverrückbaren Platz haben, aber nur als notwendiges Durchgangsstadium zur Übertragung höherwertiger Aufgaben anzusehen sind. Da der Arbeitgeber den Mitarbeiter im Hinblick auf die »Quergerechtigkeit« bei vergleichbaren Aufgaben nicht höhergruppieren kann, er ihn andererseits aber auch nicht verlieren möchte, bietet sich die Entwicklungszulage als unverfängliches und der Fluktuation entgegenwirkendes Instrument an. Außerdem kann sie problemlos wieder zurückgenommen werden, wenn sich herausstellt, dass der Mitarbeiter die in ihn gesetzten Erwartungen nicht erfüllt.

Zur **Sozialzulage** sei nur so viel angemerkt, dass sie ein begrüßenswertes Instrument sein kann, um Härtefälle bei (langjährigen) Mitarbeitern oder deren Familien abzufedern. Andererseits gilt es aber zu bedenken, dass finanzielle Unterstützungen leicht Begehrlichkeiten wecken und gerne zum Anlass genommen werden, den Begriff des Härtefalls in eigener Sache großzügig auszulegen. Daher sollte die Gewährung von Sozialzulagen an möglichst fest umrissene Kriterien gekoppelt werden.

Neben den durch ihre eindeutige Zwecksetzung definierten übertariflichen Zulagen gibt es aber auch solche, die eher zweifelhafter Natur sind. So etwa, wenn Vorgesetzte sie einsetzen, damit verdiente Beschäftigte, die mitunter schon längst am Ende ihrer Entgeltentwicklung angekommen sind, noch einmal in den Genuss einer Aufbesserung ihres Einkommens kommen. Sei es, um (vermeintlich)

- drohendem Motivationsverlust vorzubeugen,
- bereits eingetretenem entgegenzuwirken oder
- wiedererlangte Begeisterung durch eine finanzielle Zuwendung anzuerkennen.

Nicht von ungefähr steht die übertarifliche Zulage mitunter sogar in dem wenig schmeichelhaften Verdacht, als »entgeltpolitisches Manipulationsinstrument« missbraucht zu werden. Dies soll hier allerdings nicht weiter interessieren. Stattdessen sei auf die wenig bekannte Tatsache hinzuweisen, dass übertarifliche Zulagen auch **kumulativ** gewährt werden können. Es kann also zusätzlich zur Tarifgruppenzulage durchaus noch eine Leistungszulage, eine Regionalzulage und/oder eine Entwicklungszulage etc. auf der monatlichen Entgeltabrechnung aufgeführt sein.

Hauptanwendungsgebiet – Tarifgruppenzulage

Die wichtigste Funktion der übertariflichen Zulage besteht darin, die Entgeltabstände zwischen zwei Tarifgruppen zu überbrücken. Denn die Differenz zwischen der einen und der nächst höheren Entgeltgruppe beträgt nicht selten zehn und mehr Prozent. Das kann leicht bis zu mehreren Hundert Euro ausmachen. Wie bereits (siehe Kapitel 2.3.2) gesehen, sind die Tarifgruppendefinitionen in aller Regel von einer derart generalklauselartigen Weite, dass es nicht immer leicht fällt, das konkrete Aufgabengebiet der »richtigen« Tarifgruppe zuzuordnen. Oft gelangen die für die Arbeitsbewertung zuständigen betrieblichen Stellen aber auch zu dem Ergebnis, dass ein Aufgabengebiet nicht eindeutig zuordenbar ist, weil es die Anforderungen einer bestimmten Tarifgruppe überschreitet, die der nächst höheren aber noch nicht erfüllt. Seiner Wertigkeit gemäß müsste es gerechterweise mit einem Entgelt bedacht werden, das »irgendwo« zwischen den beiden Tarifgruppen liegt. Dafür treffen die Tarifverträge in der Regel jedoch keine Vorkehrungen. Sie kennen insoweit nur das Alles-oder-nichts-Prinzip: Entweder das Aufgabengebiet ist in die eine oder in die andere Tarifgruppe einzustufen; »dazwischen« gibt es nichts. Als Hilfestellung bieten sie allenfalls Formulierungen an, nach denen für die Eingruppierung von Zweifelsfällen bzw. sog. **Mischtätigkeiten** diejenige Tarifgruppe einschlägig sein soll,

- »deren Anforderungen den Charakter des Arbeitsbereichs **im Wesentlichen** bestimmen« (Bundesentgelttarifvertrag für die chemische Industrie) oder
- »die der gesamten Tätigkeit des Beschäftigten **das Gepräge** gibt« (ERA für die Metall- und Elektroindustrie).

Welche von zwei – ohnehin schon wenig aussagekräftigen – Tarifgruppendefinitionen einem nicht eindeutig zuordenbaren Aufgabengebiet »das Gepräge« geben bzw. es »im Wesentlichen bestimmen«, dürfte sich durch die abermalige Verwendung unbestimmter Rechtsbegriffe kaum widerspruchsfrei feststellen lassen. Hinzu kommt, dass die auf einer solchen Grundlage getroffene Eingruppierungsentscheidung von vornherein den Makel in sich trägt, der Wertigkeit des Aufgabengebiets nur ungefähr gerecht geworden zu sein; denn je nach Ausgang führt die Entscheidung zu einer Unter- oder einer Überbewertung des Aufgabengebiets mit der entsprechenden Konsequenz für die Höhe der Vergütung.

Wie viele Stufen zwischen zwei Tarifgruppen als angemessen betrachtet werden können, richtet sich in erster Linie nach Inhalt und Anzahl der Kriterien, die eine Abgrenzung der einzelnen Stufen gegeneinander als sinnvoll erscheinen lassen. Da die Tarifgruppendefinitionen üblicherweise nach dem sog. **Katalogverfahren**, also einer **summarischen** Arbeitsbewertungsmethode erfolgen, bietet es sich an, die Stufendefinitionen zur Ermittlung der Tarifgruppenzulage ebenfalls anhand von Kriterien summarischen Charakters vorzunehmen. Hierbei ist von der Prämisse auszugehen, dass die Anforderungen auf allen Stufen des zu beurteilenden Aufgabengebiets die seiner tariflichen Grundeinstufung **übertreffen** müssen. Andernfalls bleibt es bei dem in der betreffenden Tarifgruppe vorgesehenen Entgelt.

Was die Stufendefinitionen im Einzelnen anbelangt, so bietet es sich an, Kriterien zu wählen, die für die Beurteilungsverantwortlichen möglichst einfach zu handhaben sind und es ihnen darüber hinaus erlauben, aussagefähige Entscheidungen zu treffen. Ähnlich den im Rahmen der Leistungsbeurteilung bereits kennengelernten Beurteilungsstufen (siehe Kapitel 2.3.3) erscheint es auch hier sinnvoll, die Zahl der Beurteilungskriterien auf vier zu begrenzen. Dies ermöglicht es, die Entgeltsprünge von Stufe zu Stufe in gleichmäßigen **Sechstel-Sprüngen** zu vollziehen (siehe Abbildungen 143 und 144).

	← Entgeltdifferenz zwischen zwei Tarifgruppen →			
	Stufe 1	Stufe 2	Stufe 3	Stufe 4
Das Aufgabengebiet übertrifft die Anforderungen der Tarifgruppe …	teilweise	eher teilweise als überwiegend	eher überwiegend als teilweise	überwiegend
Das Entgelt erhöht sich um …	1/6	2/6 (= 1/3)	3/6 (= 1/2)	4/6 (= 2/3)
	der Differenz zum Entgelt in der nächst höheren Tarifgruppe.			

Abb. 143: Tarifgruppenzulage – Beurteilungskriterien

Beispiel: Die Differenz zwischen dem Entgelt in der Tarifgruppe 9 (3.729,00 EUR) und dem in der Tarifgruppe 10 (4.090,00 EUR) der in Abbildung 138 dargestellten Entgeltstaffel beträgt 361,00 EUR. Die übertarifliche Tarifgruppenzulage auf den einzelnen Stufen beträgt mithin (gerundet):

Stufen	1	2	3	4
EUR	60	120	180	240

Abb. 144: Tarifgruppenzulage – Beispielrechnung

Selbstverständlich orientiert sich die Tarifgruppenzulage stets am sog. **Gruppenendbetrag**. Darunter ist dasjenige Entgelt zu verstehen, das der Mitarbeiter erst – aber automatisch – erreicht, nachdem er in der betreffenden Tarifgruppe ein mehrjähriges Durchgangsstadium auf niedrigerem Vergütungsniveau zurückgelegt hat (sog. Entwicklungsentgelte).

Zwar ist es dem Arbeitgeber nicht verwehrt, eine Tarifgruppenzulage auch schon zu diesem früheren Zeitpunkt zu zahlen, jedoch sollte er abwägen, ob es sinnvoller sein könnte, den Sprung in das – wie die übliche Formulierung lautet – nächste »Berufsjahr in der Gruppe« vorzuziehen anstatt mit einer übertariflichen Zulage aufzuwarten. Neben dieser Klarstellung sind in Bezug auf die Stufe 4 zwei Bemerkungen anzufügen:

1) Die Differenz zur nächsthöheren Tarifgruppe beträgt nicht 1/6 sondern das Doppelte, nämlich 1/3 der bisherigen Entgeltsprünge. Das ist so gewollt, damit eine spätere Umgruppierung einen deutlicheren Entgeltzuwachs mit sich bringt, als er zwischen zwei Tarifgruppenzulagen zu verzeichnen ist.
2) Ob einem Aufgabengebiet der Stufe 4 schon »das Gepräge« der nächsten Tarifgruppe eigen ist bzw. ob es bereits deren Anforderungen »im Wesentlichen« erfüllt, muss im Einzelfall entschieden werden; zwingend ist es jedenfalls nicht. Schreibt allerdings ein Tarifvertrag – wie es bisweilen geschieht – vor, dass bei Tätigkeiten, die zu **mehr als der Hälfte** die Anforderungen der nächst höheren Tarifgruppe enthalten, die Umgruppierung in diese stattzufinden hat, dann muss diese Anordnung bereits bei Erreichen der Stufe 4 erfüllt werden.

Arbeitsvertragsrecht

Übertarifliche Zulagen sind in der betrieblichen Praxis üblicherweise als **statische** Entgeltbestandteile ausgestaltet. Das zur Tarifgruppenzulage vorgestellte Modell unterliegt jedoch der Dynamik periodisch wiederkehrender Tariferhöhungen, d. h. die übertarifliche Zulage muss jeweils um den von den Tarifparteien vereinbarten Prozentsatz angehoben werden. Selbstverständlich bleibt es dem Arbeitgeber unbenommen, weiterhin am statischen Charakter der Zulage festzuhalten. Nur sollte er bedenken, dass er damit sämtliche Aufgabengebiete, die mit einer Tarifgruppenzulage versehen sind, der **sukzessiven Entwertung** zuführt. Denn mit jeder Tariferhöhung verringert sich das Verhältnis zwischen dem mit und dem ohne die Tarifgruppenzulage ausgestatteten Aufgabengebiet. Entsprechendes gilt für alle übertariflichen Zulagen und Entgeltbestandteile, soweit sie statisch angelegt sind: Sie alle verlieren mit jeder Tariferhöhung **relativ** an Wert.

Die Einführung einer Tarifgruppenzulage bedeutet für den Arbeitgeber nicht, dass er »auf Ewigkeit« an ihr festhalten muss. Allerdings reicht dazu die über Jahrzehnte hinweg praktizierte Vertragsformulierung (Freiwilligkeitsklausel) **nicht** mehr aus:

> »Bei der übertariflichen Zulage handelt es sich um eine freiwillige, jederzeit nach freiem Ermessen widerrufliche Zahlung, auf die auch bei wiederholter Gewährung kein Rechtsanspruch besteht.«

Unter welchen Voraussetzungen eine übertarifliche Zulage **widerrufen** werden kann, hat die Rechtsprechung im Sinne der Zumutbarkeitsregelung des § 308 Nr. 4 BGB dahingehend konkretisiert, dass der Widerruf jedenfalls **nicht grundlos** erfolgen darf. Das ist unter **drei** Voraussetzungen der Fall. Während die erste von ihnen zwingend ist, können die beiden anderen **alternativ** vorliegen:

1) Der widerrufliche Teil des Entgelts muss unter 25 % der Gesamtvergütung bleiben (bei den von der Gegenleistung unabhängigen Entgeltbestandteilen – z. B. Fahrtkostenzuschuss, Aufwendungsersatz o. Ä. – sind es 30 %).
2) Wirtschaftliche Gründe zwingen den Arbeitgeber zum Widerruf.
3) Der Grund für den Widerruf beruht auf dem Wegfall des Grundes, aus dem der übertarifliche Entgeltbestandteil gewährt worden ist.

Ein übertariflicher Verdienstbestandteil dürfte in der Praxis kaum so hoch ausfallen, dass er an 25 % (oder gar 30 %) der Gesamtvergütung heranreicht. Bezüglich der wirtschaftlichen Gründe reicht eine globale Verweisung hierauf nicht aus. Vielmehr ist zu **konkretisieren**, inwieweit die wirtschaftliche Situation des Unternehmens gestört ist. Als Konkretisierungen kommen nach der Rechtsprechung (BAG, 12. Januar 2005 – 5 AZR 364/04) in Betracht:

• eine wirtschaftliche Notlage,
• das negative wirtschaftliche Ergebnis einer Betriebsabteilung,
• der nicht ausreichende Gewinn,
• der Rückgang bzw. das Nichterreichen der erwarteten wirtschaftlichen Entwicklung.

Der besonderen Sorgfalt des Arbeitgebers bedarf der Widerruf wegen Wegfalls des Grundes, aus dem die übertarifliche Zulage ehemals zugesagt worden ist. Ist dieser – wie so oft in der betrieblichen Praxis – nicht (mehr) bekannt, dann ist der Widerruf nahezu unmöglich. Deshalb ist es dringend geboten, den entsprechenden Grund im Vorhinein schriftlich festzuhalten und ihn damit vertragswirksam werden zu lassen. Folgende Tabelle (siehe Abbildung 145) zeigt, welche unterschiedlichen Formulierungen sich hierfür empfehlen.

Zulagenart	Textvorschlag
Tarifgruppenzulage	»Sie bemisst sich nach der Wertigkeit Ihres Aufgabengebiets, die in regelmäßigen Abständen durch das aus Vertretern der Arbeitgeberseite und Mitgliedern des Betriebsrats gebildete Bewertungsgremium im Hinblick auf eine Anpassung überprüft wird.«
Leistungszulage	»Durch sie honorieren wir Ihre persönliche Leistung, wie sie auf der Grundlage der jährlich vorgenommenen Leistungsbeurteilung ermittelt wird.«
Arbeitsmarktzulage	»Mit ihr entsprechen wir den besonderen Anforderungen, die der Arbeitsmarkt an die Höhe der Vergütung für die von Ihnen in unserem Unternehmen ausgeübte Tätigkeit stellt.«
Regionalzulage	»Mit ihr entsprechen wir den gegenüber am Sitz des Unternehmens höheren Lebenshaltungskosten an Ihrem Einsatzort.«
Entwicklungszulage	»Sie versteht sich als Ausdruck unserer Absicht, Ihnen innerhalb eines noch zu definierenden Zeitraums eine weiterführende Aufgabe, die auch mit einer Anhebung Ihrer Bezüge verbunden sein wird, zu übertragen.«

$\rightarrow$

Zulagenart	Textvorschlag
Erfahrungszulage	»Sie dient als Gegenleistung für die aufgrund Ihrer langen Betriebszugehörigkeit erworbenen Spezialkenntnisse, die für uns von besonderem Interesse sind.«
Sozialzulage	»Mit ihr entsprechen wir Ihrer besonderen sozialen Situation, hervorgerufen durch … [nähere Angaben].«

Abb. 145: Formulierungsvorschläge für Zulagenarten

Soweit in den Arbeitsverträgen neben der Widerrufsklausel noch eine **Freiwilligkeitsklausel** vereinbart wird (siehe oben), ist größte Vorsicht geboten. Eine solche Klausel ist grundsätzlich unwirksam (für vor dem 1. Januar 2002 geschlossene Altverträge gelten insoweit Sonderregelungen). Nach Ansicht der Rechtsprechung (BAG, 25. April 2007 – 5 AZR 627/06) benachteiligt sie den Arbeitnehmer unangemessen, weil sie gegen den Grundsatz verstößt, wonach Verträge einzuhalten sind (»pacta sunt servanda«). Zur Begründung führt das BAG aus, der Freiwilligkeitsvorbehalt verlange vom Arbeitnehmer, die nach § 611 BGB vertraglich geschuldete Leistung vollständig zu erbringen, während sich der Arbeitgeber vorbehalte, sich nicht an die getroffene übertarifliche Entgeltvereinbarung halten zu müssen. Das beinhalte eine nach § 307 II Nr.1 BGB unzulässige Abweichung von wesentlichen Grundgedanken des § 611 BGB, die nach § 307 Abs.1 S. 1 BGB nichtig ist.

Eine Vertragsklausel, die den rechtlichen Anforderungen an die Zusage und den Widerruf einer übertariflichen Zulage gerecht werden soll, könnte nach alledem wie folgt formuliert sein:

Beispiel:

1) Zuzüglich zu Ihrer tariflichen Grundvergütung erhalten Sie eine übertarifliche Tarifgruppenzulage in Höhe von … EUR.
[An dieser Stelle ist der entsprechende Text nach Abbildung 142 einzusetzen.]
2) Die Zulage kann außer aus wirtschaftlichen Gründen auch bei Wegfall des Grundes, aus dem sie gemäß Absatz (1) gewährt worden ist, ganz oder teilweise widerrufen werden.
3) Zu den wirtschaftlichen Gründen im Sinne des Absatzes (2) zählen insbesondere die wirtschaftliche Lage des Unternehmens, das negative wirtschaftliche Ergebnis der Betriebsabteilung, der nicht ausreichende Gewinn sowie der Rückgang bzw. das Nichterreichen der erwarteten wirtschaftlichen Entwicklung.

Werden mehrere Zulagen zugesagt, sind sie in Absatz (1) ausdrücklich zu nennen und die Gründe für sie separat aufzuführen. Der Vollständigkeit halber sei angemerkt, dass eine übertarifliche Zulage regelmäßig unter den weiteren Vorbehalt gestellt wird, dass

- sie bei Umgruppierung in eine höhere Tarifgruppe ganz oder teilweise entfallen kann,
- eine Tariferhöhung ganz oder teilweise auf sie angerechnet werden kann.

Betriebsverfassungsrecht

Es kommt immer wieder vor, dass Arbeitgeber mit der Höhe eines Tarifabschlusses nicht einverstanden sind und deshalb beschließen, von der arbeitsvertraglichen **Anrechnungsklausel** Gebrauch zu machen. Beschließen sie eine Vollanrechnung, so muss man sich dies wie folgt vorstellen (siehe Abbildung 146):

Beispiel: Tarifanrechnung		
	Vor Tariferhöhung	Nach Tariferhöhung um 3%
Tarifentgelt	2.406,00 EUR	2.478,00 EUR
Übertarifliche Zulage	180,00 EUR	108,00 EUR
Gesamt	2.586,00 EUR	2.586,00 EUR

Abb. 146: Tarifanrechnung

Möglicherweise reicht die vertraglich vereinbarte Klausel aber nicht aus, um den Anrechnungsbeschluss aus eigenem Recht vollziehen zu können; denn dem Betriebsrat könnte insoweit ein **Mitbestimmungsrecht** zustehen. Hierzu hat der Große Senat des BAG in einem Grundsatzbeschluss (3. Dezember 1991 – GS 2/1990) – für den betrieblichen Praktiker nicht ganz leicht verständlich – entschieden, dass die Anrechnung **mitbestimmungspflichtig** ist, wenn

- sich durch sie die Verteilungsrelationen ändern und
- der Arbeitgeber bei seiner Entscheidung innerhalb des von ihm vorgegebenen Dotierungsrahmens einen Gestaltungsspielraum hat.

Dagegen kann der Arbeitgeber die Anrechnung **mitbestimmungsfrei** vornehmen, wenn

- die Anrechnung das Zulagenvolumen völlig aufzehrt oder
- die Tariferhöhung vollständig und gleichmäßig auf die übertariflichen Zulagen angerechnet wird.

Mit dieser Differenzierung hat es folgende Bewandtnis: Grundsätzlich unterliegt es der freien unternehmerischen Entscheidung des Arbeitgebers, wie hoch er das Budget bemisst, das er für die Gewährung übertariflicher Zulagen einzusetzen gedenkt. Aus dieser Freiheit erwächst ihm das Recht, das Budget bis zur Höhe des Volumens zu kürzen, das er für die – als zu hoch empfundene – Tariferhöhung aufzuwenden hat. Sobald er aber seinen Gestaltungsspielraum dazu nutzt, auch nur einen einzigen Mitarbeiter von der Anrechnung auszunehmen, geht er über die bloße Kürzung des Budgets hinaus und ändert zugleich den **Maßstab**, nach welchem er die übertariflichen Zulagen verteilt. Eine solche Maßnahme berührt »Fragen der betrieblichen Lohngestaltung, insbesondere die Aufstellung von Entlohnungsgrundsätzen« nach § 87 Abs. 1 Nr. 10 BetrVG und begründet ein Mitbestimmungsrecht des Betriebsrats.

Ungeachtet aller juristischen Fragen sollte der Arbeitgeber vor jeder Anrechnungsentscheidung bedenken, dass er damit die übertarifliche Zulage in ihrer Relation zum Tarifentgelt

abwertet (siehe oben). Deshalb sollte er im Interesse der Motivation und der Arbeitszufriedenheit seiner Mitarbeiter abwägen, ob ihm die Anrechnung möglicherweise einen Schaden einbringt, der höher zu veranschlagen ist als der Nutzen aus der kurzfristigen Kostenersparnis.

2.3.7 Sonderfälle

Sonstige Zulagen/Zuschläge

Außerhalb der bereits kennengelernten Zulagen gibt es noch eine Reihe weiterer Entgeltelemente, die in einigen Fällen ebenfalls als Zulagen, in anderen als Zuschläge bezeichnet werden. Beide knüpfen an Tatbestände an, die den Mitarbeiter auf außergewöhnliche Art belasten, sei es, dass ihm in zeitlicher Hinsicht ein stärkeres Engagement abverlangt wird, sei es, dass er gesundheitlichen Belastungen ausgesetzt ist. Die Zulagen und Zuschläge sind sowohl dem Grunde als auch der Höhe nach in den Mantel- und Entgelt(rahmen) tarifverträgen der einzelnen Branchen geregelt. Demgemäß können sie, insbesondere was ihre Höhe anbelangt, stark voneinander abweichen. Gemeinsam ist ihnen jedoch, dass die Zulagen bzw. Zuschläge in einem bestimmten Prozentsatz vom Stundenentgelt ausgewiesen werden. Um einen Eindruck darüber zu vermitteln, wie derartige Regelungen gestaltet sein können, sei folgendes Beispiel herangezogen (siehe Abbildung 147):

Zulage/Zuschlag für	Erläuterung	Höhe
Mehrarbeit	die über die tarifliche bzw. betriebsübliche Arbeitszeit hinaus auf Anordnung (durch den Vorgesetzten) geleistete Arbeit;	25 %
Nachtarbeit	die in der Zeit von 22.00 Uhr bis 6.00 Uhr geleistete Arbeit	
• regelmäßige	fällt z. B. in einem wiederkehrenden Schichtrhythmus an	15 %
• nicht regelmäßige	außerhalb eines Schichtrhythmus gelegentlich anfallende Arbeit	20 %
Sonntags-/ Feiertagsarbeit	gilt von 6.00 bis 6.00 Uhr des Folgetages	60 %
Arbeiten am 24. Dezember	ab 13.00 Uhr	100 %
Arbeit an bestimmten Feiertagen	1. Mai, Oster-, Pfingst- und Weihnachtsfeiertage, Neujahr, und zwar auch dann, wenn diese Tage auf einen Sonntag fallen	150 % ⟶

Zulage/Zuschlag für	Erläuterung	Höhe
Schichtarbeit	gemeint ist Drei-Schicht-Arbeit	
• in vollkontinuierlichen Betrieben	Arbeit muss auch von Samstag 14.00 Uhr bis Montag 6.00 Uhr geleistet werden;	10 %
• in teilkontinuierlichen Betrieben	Arbeit muss vereinzelt an Samstagen nach 14.00 Uhr geleistet werden;	6 %
Erschwernis	bemisst sich nach dem Grad der Lästigkeit bzw. Gefährdung	
• Schmutz, Rauch, Hitze, Nässe, Lärm etc.	Zulagenhöhe je nach Intensität	≥ 3 %
• bei Tragen von besonders lästiger Schutzkleidung	Zulagenhöhe je nach Grad der Beeinträchtigung	≥ 5 %

Abb. 147: Zulagen und Zuschläge am Beispiel des Mantel- und Bundesentgelttarifvertrags für die chemische Industrie

Beim Zusammentreffen mehrere Zulagen oder Zuschläge gilt in der Regel der höhere Prozentsatz. Schicht- und Erschwerniszulagen werden jedoch kumulativ gezahlt.

Gratifikation

Die Gratifikation ist eine Sonderzuwendung, die der Arbeitgeber als – meist jährliche – Einmalzahlung erbringt. Sie kann auf einem Tarifvertrag, einer Betriebsvereinbarung oder wie meistens auf einem Arbeitsvertrag beruhen. Liegt ihr letzterer zugrunde, kann die Gratifikation durch

• individuelle Vereinbarung,
• betriebliche Übung,
• betriebliche Einheitsreglung,
• Gesamtzusage

begründet worden sein (siehe Kapitel 2.1.2).

Gratifikationen gehören nicht zu den Entgeltbestandteilen, die auf einen der vier genannten Einflussfaktoren (siehe Kapitel 2.3.1, Abbildung 135) zurückgehen. In aller Regel honorieren sie die **Betriebstreue** des Mitarbeiters. Bisweilen wird ihnen allerdings auch eine Abgeltungsfunktion für erbrachte **Leistungen** zugesprochen. Und nicht selten misst die Rechtsprechung einer Gratifikation sogar **Mischcharakter** aus beiden zu. Je nachdem, unter welchen der drei Aspekte eine Gratifikation zu betrachten ist, können sich an sie unterschiedliche Rechtsfolgen knüpfen. Dies betrifft insbesondere Fragen des Anspruchsausschlusses und der Anspruchskürzung sowie des Freiwilligkeits- und des Widerrufsvorbehalts. Sowohl die Abgrenzung des mit einer konkreten Gratifikation verbundenen Zwecks als auch die sich daraus ergebenden Rechtsfolgen stellen eine rechtlich schwierige, zum Teil noch nicht abschließend geklärte Materie dar. Der Umgang mit ihr sollte daher nicht ohne fachjuristischen Rat erfolgen. Aus diesem Grund ist es im Rahmen dieses Lehrbuchs ausreichend, auf die Problematik hinzuweisen ohne die Sache zu vertiefen. Eine Ausnahme hiervon soll dem Hauptanwendungsfall der Gratifikation gelten, dem (zusätzlichen) **Weihnachtsgeld**.

Weihnachtsgratifikationen werden üblicherweise mit einer Klausel versehen, nach welcher der Mitarbeiter auch über das Jahr der Zahlung hinaus noch für eine bestimmte Dauer an das Unternehmen gebunden bleibt. Andernfalls muss er die Gratifikation zurückzahlen. Damit bringt der Arbeitgeber zum Ausdruck, dass er mit der Zahlung (auch) die zukünftige Betriebstreue honorieren will. Die Bindungsdauer ist jedoch engen Grenzen unterworfen. Denn sie darf den Mitarbeiter nicht auf unzulässige Weise in seinem grundrechtlich geschützten **Recht auf freie Berufsausübung** (Art. 12 I GG) behindern. Über welche Zeiträume hinweg eine Bindung zulässig ist – und die Weihnachtsgratifikation zurückverlangt werden darf –, hängt maßgeblich von der Höhe der Zahlung ab. Die Rechtsprechung teilt die insoweit maßgeblichen Beträge in drei Kategorien ein (siehe Abbildung 148).

Gratifikationstypus	Bindungsfristen	
	zulässig bis ... des Folgejahres	unzulässig
Kleingratifikationen; das sind Beträge, über deren Höhe keine abschließende Klarheit herrscht, die sich jedoch in der Größenordnung bis zu 300,00 EUR bewegen dürfen		x
Beträge, welche die Kleingratifikation überschreiten, jedoch geringer ausfallen als ein Monatsentgelt	31. März	
Beträge in mindestens der Höhe eines Monatsentgelts	30. Juni	

Abb. 148: Weihnachtsgratifikation – Bindungsfristen

Der 30. Juni des Folgejahres bildet hiernach das Datum, jenseits dessen eine Bindungsfrist – gleichviel wie hoch die Gratifikation ausfällt – generell unzulässig ist. Dennoch bleibt offen, ob Beträge ≥ 1 Monatsentgelt in jedem Fall eine Bindungsfrist bis zum 30. Juni zulassen. Die Frage stellt sich im Zusammenhang mit einem Urteil des BAG. Darin heißt es:

> »Erhält ein Arbeitnehmer eine Gratifikation in Höhe einer Monatsvergütung, kann der Arbeitgeber sich die Rückforderung für den Fall vorbehalten, dass der Arbeitnehmer nicht über die folgenden drei Monate bis zum (danach) nächst zulässigen Kündigungstermin bleibt.« (Urteil des BAG, 28. April 2004 – 10 AZR 356/03)

Nach dem eindeutigen Wortlaut dieser Entscheidung soll der Mitarbeiter mit **einem** Monatsentgelt als Gratifikation in jedem Fall über den 31. März des Folgejahres hinaus gebunden bleiben. In Altverträgen findet man noch heute die früher für die (Eigen-) Kündigung eines Angestellten generell geltende Kündigungsfrist von sechs Wochen zum Ende eines Quartals. Der auf das erste Quartal nächstfolgende Kündigungstermin war/ist folglich der 30. Juni. Diese Betrachtungsweise ist bei den neuen Arbeitsverträgen, deren

Kündigungstermine in der Regel auf das Monatsende lauten, nicht mehr haltbar. Nimmt man die Entscheidung des BAG beim Wort, dann könnte der Mitarbeiter das Unternehmen – je nach Länge der Kündigungsfrist – bereits zum 30. April oder 30. Mai verlassen, ohne die Gratifikation zurückzahlen zu müssen. Denn dieses Datum wäre gemäß BAG der nach den ersten drei Monaten des Folgejahrs nächstzulässige Kündigungstermin. Ob sich das BAG allerdings daran festhalten lässt, bleibt abzuwarten, bis ihm wieder ein entsprechender Fall zur Entscheidung vorliegt. Es wäre nicht das erste Mal, dass das Gericht seine früher vertretene Ansicht korrigiert.

Abfindungszahlung

Kommt es durch Arbeitgeberkündigung oder Aufhebungsvertrag zur Beendigung des Arbeitsverhältnisses, so erhält der Arbeitnehmer oftmals eine Abfindung. Bei der Kündigung wird sie nach Erhebung der Kündigungsschutzklage in der Regel im Rahmen der Güteverhandlung (vor dem Arbeitsgericht durch **Vergleich** festgelegt (siehe Kapitel 2.2). Bei der Beendigung durch Aufhebungsvertrag ist es Sache der Arbeitsvertragsparteien, sich über die Höhe der Vergleichssumme im Verhandlungswege zu einigen. Hierbei hat sich die sog. **Schaub'sche Formel**, benannt nach einem früheren Richter am BAG, bewährt. Sie besagt, dass als Berechnungsgrundlage ein halbes Monatsentgelt für jedes im Unternehmen zurückgelegte Dienstjahr in Betracht kommt. Diese Richtschnur hat sich auch der Gesetzgeber zu eigen gemacht, indem er in § 1a KSchG festlegt, dass dem Arbeitnehmer nach Ablauf der dreiwöchigen Klagefrist gegen die Kündigung ebendiese Summe zusteht, wenn

- der Arbeitgeber das Arbeitsverhältnis wegen dringender betrieblicher Bedürfnisse kündigt,
- der Arbeitnehmer keine Kündigungsschutzklage erhebt,
- der Arbeitgeber in der Kündigungserklärung auf die betrieblichen Erfordernisse als Grund für die Kündigung hinweist und den Arbeitnehmer über die Voraussetzungen des Abfindungsanspruchs – Klagefrist verstreichen lassen – informiert.

Abfindungszahlungen, die auf einem Aufhebungsvertrag beruhen, können für den Arbeitnehmer aufgrund sozialrechtlicher Bestimmungen nachteilige Folgen nach sich ziehen (z. B. temporäre Sperre des Anspruchs auf Arbeitslosengeld oder Anrechnung der Abfindungszahlung darauf). Darauf ist in diesem Zusammenhang ebenso wenig einzugehen wie auf die steuerrechtlichen Aspekte zu dieser Thematik. Angemerkt sei jedoch, dass Abfindungszahlungen – im Gegensatz zu früher – in vollem Umfang zu versteuern sind.

Quellen

Femppel, K./Böhm, H.: Ziele und variable Vergütung in einem dynamischen Umfeld: Alternativen – Grenzen – Praxisbeispiele, Bielefeld 2006.
Gärtner, J./Klein, Ch./Lutz, D.: Arbeitszeitmodelle: Handbuch zur Arbeitszeitgestaltung, 3. Aufl., Wien 2008.
Oechsler, W. A.: Personal und Arbeit, 8. Aufl., München/Wien 2006.
Reichmann, L.: Entgeltflexibilisierung, Lohmar/Köln 2002.
Zander, E./Wagner, D. (Hrsg.): Handbuch des Entgeltmanagements, München 2005.

2.4 Sozialversicherungsrecht anwenden

2.4.1 Grundlagen der Sozialversicherung

Die deutsche Sozialversicherung ist ein nach festgelegten Grundprinzipien gesetzlich ausgestaltetes System (siehe Abbildung 149). Es kommt für die Versicherten unter anderem in existentiellen Risikosituationen durch den Ausgleich eines Einkommensausfalles auf und sichert somit den Lebensstandard des Versicherten.

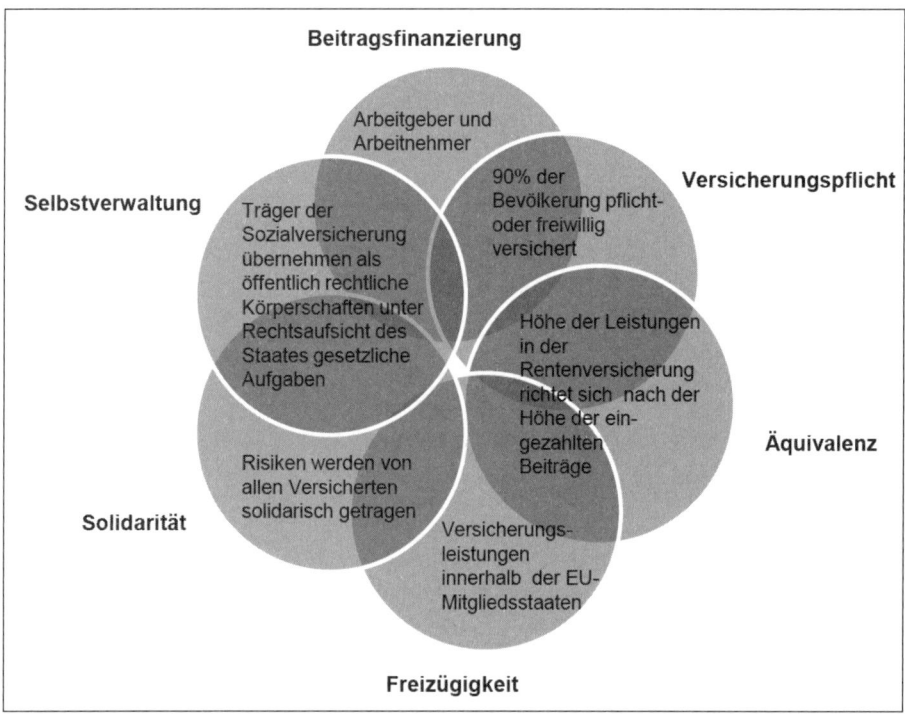

Abb. 149: Grundprinzipien der Sozialversicherung

Alle **Träger der Sozialversicherung** sind Selbstverwaltungskörperschaften des öffentlichen Rechts. Staatlich zugewiesene Aufgaben werden unter staatlicher Aufsicht finanziell und organisatorisch durchgeführt. Die nachfolgende Grafik stellt einen Überblick der einzelnen Versicherungszweige in der Sozialversicherung sowie deren Träger dar (siehe Abbildung 150).

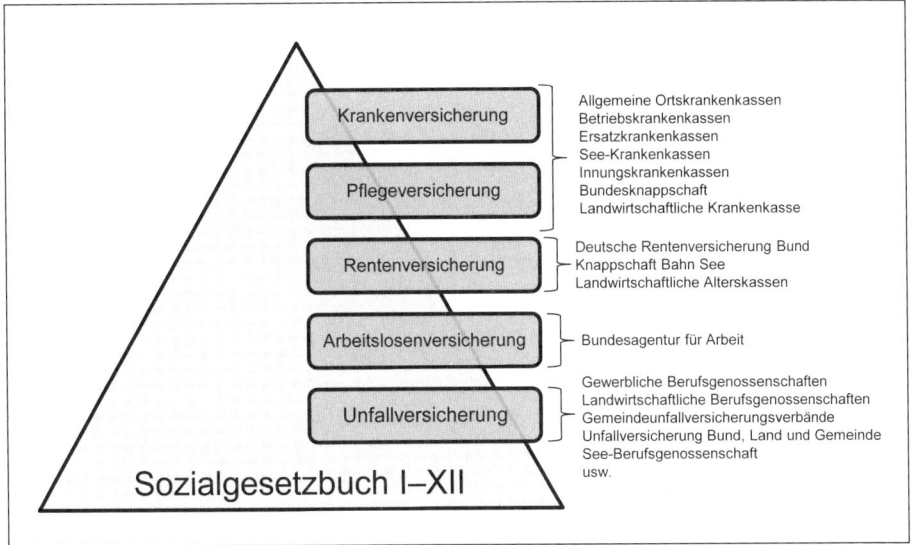

Abb. 150: Zweige und Träger der Sozialversicherung

Im Regelfall ist die Selbstverwaltung der Sozialversicherungsträger in drei **Organe** unterteilt:

- Hauptamtlicher Geschäftsführer: Diese Person führt alle laufenden Verwaltungsgeschäfte.
- Vorstand: aus ein oder mehreren Personen bestehend, nimmt die Aufgaben der Sozialversicherungsträger als oberste Instanz nach außen wahr.
- Vertreterversammlung: Sie nimmt die Wahl des Vorstandes und des Geschäftsführers vor und ist für die inhaltliche Ausgestaltung von Satzungen der einzelnen Träger zuständig sowie für die Feststellung der Haushaltspläne.

Außer bei den Krankenkassen, die keinen Geschäftsführer haben und deren Vorstand hauptamtlich tätig ist, handelt es sich bei den Vorständen und den Vertreterversammlungen der anderen Sozialversicherungsträger um ehrenamtlich tätige Personen. Die vertretungsberechtigten Organe der Sozialversicherungsträger haben den Status einer Behörde, unterliegen jedoch der staatlichen Aufsicht. Der staatlichen Aufsichtsbehörde oder ihren Beauftragten sind jederzeit auf Verlangen Unterlagen über die Geschäfts- und Rechnungsführung der Sozialversicherungsträger vorzulegen.

In den Kreis der sozialversicherungspflichtigen Personen kommt der Einzelne durch Aufnahme eines Beschäftigungsverhältnisses.

---

§ 7 Abs.1 SGB IV

Beschäftigung ist die nichtselbständige Arbeit, insbesondere in einem Arbeitsverhältnis. Anhaltspunkte für eine Beschäftigung sind eine Tätigkeit nach Weisungen und eine Eingliederung in die Arbeitsorganisation des Weisungsgebers.

Wichtig ist die Einordnung nach Art, Ort, Zeit und Weise. Liegen diese Voraussetzungen vor, kann grundsätzlich von einem sozialversicherungspflichtigen Beschäftigungsverhältnis ausgegangen werden.

Das Charakteristische an einem Beschäftigungsverhältnis ist die persönliche Abhängigkeit des Arbeitnehmers gegenüber dem Arbeitgeber. Entspricht die Aufnahme einer Tätigkeit, z. B. Existenzgründung, nicht den Merkmalen eines abhängigen Beschäftigungsverhältnisses liegt eine klare Abgrenzung zu einer selbstständigen Tätigkeit vor. Wird jedoch eine selbstständige Tätigkeit unterstellt, die die Merkmale einer abhängigen Beschäftigung erfüllt, handelt es sich bei dieser Tätigkeit um eine Scheinselbstständigkeit.

Eine **Scheinselbstständigkeit** ist nicht erlaubt. Zwar liegt die Beweislast bei einer Prüfung in den Händen der Betriebsprüfer oder Einzugsstellen, eine Prüfung durch den Arbeitgeber, ob es sich um eine Selbstständigkeit oder um eine abhängige Beschäftigung handelt sollte jedoch grundsätzlich auf den Einzelfall bezogen durch den Arbeitgeber erfolgen. Lässt sich eine Scheinselbstständigkeit vermuten, gibt das Statusfestellungsverfahren über den Rentenversicherungsträger die Möglichkeit zur abschließenden Klärung. Indizien für eine Scheinselbstständigkeit sind u. a.:

- Tätigkeiten lässt der Arbeitgeber sonst durch andere bei ihm beschäftigte Personen ausführen,
- Haupterwerbsquelle,
- Weisungsgebundenheit nach Art, Ort, Zeit und Weise,
- keine eigenen Betriebsmittel,
- kein unternehmerischer Auftritt nach außen.

Für das Vorliegen eines Beschäftigungsverhältnisses und dessen Fortbestand muss grundsätzlich die Erbringung der tatsächlichen Arbeitsleistung erfolgen. Bei einer Freistellung und einem grundsätzlich der Sozialversicherungspflicht unterliegenden Beschäftigungsverhältnis ist selbst dann von einer weiterführenden Versicherungspflicht auszugehen, wenn die Arbeitsvertragsparteien im gegenseitigem Einvernehmen auf die vertraglich geschuldete Arbeitsleistung verzichten, z. B. durch einen Aufhebungsvertrag (Urteil des BSG vom 24. September 2008- B12 KR 22/07 R).

Sind die Kriterien für ein Beschäftigungsverhältnis erfüllt, erfolgt die Beurteilung, inwiefern die Voraussetzungen für die Versicherungspflicht in den einzelnen Sozialversicherungszweigen vorliegen. Richtlinien für die versicherungsrechtliche Beurteilung von geringfügigen Beschäftigungen (**Geringfügigkeitsrichtlinien**) grenzen geringfügige und kurzfristige Beschäftigungen voneinander ab.

Eine **geringfügige Beschäftigung** kann vorliegen, weil in ihr das Arbeitsentgelt oder der zeitliche Umfang gering ist. Handelt es sich um den Geldfaktor ist die geringfügig entlohnte Beschäftigung gemeint. Bei einem geringfügigen Zeitfaktor handelt es sich um eine **kurzfristige Beschäftigung**. In der geringfügig entlohnten Beschäftigung darf ein monatliches Arbeitsentgelt von 450,00 EUR nicht überschritten werden. Für die kurzfristige Beschäftigung gilt eine Zeitgrenze von zwei Monaten bzw. 50 Arbeitstagen im Kalenderjahr.

Eine geringfügig entlohnte Beschäftigung ist für den Arbeitnehmer rentenversicherungspflichtig, allerdings mit Opt-out-Recht (Befreiungsmöglichkeit). Der Arbeitgeber muss pauschale Beiträge zur Kranken- und Rentenversicherung abführen. Kurzfristige Beschäftigungen sind in allen Sozialversicherungszweigen versicherungsfrei. Werden bei einem Arbeitgeber gleichzeitig mehrere Beschäftigungen ausgeübt, so ist sozialversicherungsrechtlich von einem einheitlichen Beschäftigungsverhältnis auszugehen. Für bestimmte Personenkreise gelten die Vorschriften über Versicherungsfreiheit wegen Vorliegens einer geringfügigen Beschäftigung grundsätzlich nicht. Hierzu gehören u. a. Personen innerhalb einer betrieblichen Berufsausbildung, Jugendliche im freiwilligen sozialen Jahr, Menschen mit Behinderung in Berufsbildungswerken und Personen, deren Entgelt aufgrund von Kurzarbeit gemindert ist.

Bei einem monatlichen Entgelt zwischen 450,01 EUR und 850,00 EUR handelt es sich um Beschäftigungen in der **Gleitzone**. Während geringfügige Beschäftigungen mit einem Arbeitsentgelt bis zu 450,00 EUR im Monat versicherungsfrei bleiben, sind Beschäftigungen mit einem Arbeitsentgelt in der Gleitzone versicherungspflichtig. Während der Arbeitnehmer in der Gleitzone nur einen reduzierten Sozialversicherungsbeitrag zu zahlen hat (bei 450,01 EUR ca. 15 %, bei 850,00 EUR ca. 20 % des Arbeitsentgelts) hat dagegen der Arbeitgeber stets den vollen Beitragsanteil zu tragen. Mithilfe eines Gleitzonenrechners der deutschen Rentenversicherung können die Beiträge berechnet werden.

Zur Abführung von Beiträgen bei sozialversicherungspflichtigen Beschäftigungsverhältnissen sind **jährlich** festgelegte Rechengrößen in der Sozialversicherung maßgebend. Maßstab für diese jährlichen Anpassungen ist die Entwicklung der Bruttolöhne- und Gehälter in Deutschland (siehe Abbildung 151).

- Die **Beitragsbemessungsgröße** (BBG) gibt an bis zu welcher Höhe das Arbeitsentgelt in den jeweiligen Versicherungszweigen der Versicherung der Beitragspflicht unterliegt. Der Einkommensanteil der über dieser Grenze liegt ist beitragsfrei.
- Die **Bezugsgröße** ist eine weitere wichtige Rechengröße in der Sozialversicherung. Sie dient u. a. in der Krankenversicherung als Grundlage für die Festsetzung des Mindestarbeitsentgelt und der Mindestbeitragsbemessungsgrundlage für freiwillige Mitglieder.

Stand 2014	Renten- und Arbeitslosen- versicherung	Renten- und Arbeitslosen- versicherung	Kranken- und Pflegeversicherung
Gültigkeit	Alte Länder/ Berlin West	Neue Länder/ Berlin Ost	Einheitliche Grenze alte und neue Länder
Jahr	71.400,00 EUR	60.000,00 EUR	48.600,00 EUR
Monat	5.950,00 EUR	5.000,00 EUR	4.050,00 EUR
Woche	1.388,33 EUR	1.166,67 EUR	945,00 EUR
Kalendertag	198,33 EUR	166,67 EUR	135,00 EUR

Abb. 151: Jährliche Beitragsbemessungsgrenze (Stand 2014)

2.4.2 Krankenversicherung

Für die Krankenversicherung gilt als gesetzliche Grundlage das fünfte Buch des Sozialgesetzbuches (SGB V). Zur Klärung der Frage, ob Versicherungspflicht bei einem Beschäftigungsverhältnis besteht oder nicht, ist die **Jahresarbeitsentgeltgrenze (JAE-Grenze)** von Bedeutung. Im Hinblick auf das SGB V setzt die Bundesregierung diese Grenze jährlich fest. Im Grunde wird die Grenze jährlich erhöht. Ausschließlich für Arbeitnehmer, die am 31. Dezember 2002 privat krankenversichert waren, gilt eine besondere Jahresarbeitsentgeltgrenze (Stand: 2013).

Für die Feststellung, ob Versicherungsfreiheit durch Überschreiten der Jahresarbeitsentgeltgrenze eintritt, ist das regelmäßige Jahresarbeitsentgelt in vorausschauender Betrachtungsweise nach den mit hinreichender Wahrscheinlichkeit zu erwartenden Einnahmen zu ermitteln. Dabei ist das Entgelt der folgenden zwölf Monate vom Zeitpunkt der Prüfung zugrunde zu legen. Sonderzuwendungen, die mit hinreichender Sicherheit einmal jährlich zu erwarten sind, werden ebenso wie vertraglich vereinbarte Gehaltserhöhungen mit angerechnet. Zuschläge, die mit Rücksicht auf den Familienstand gezahlt werden, oder auch unständige Zeitzuschläge werden nicht miteingerechnet.

Ermittlung des Jahresarbeitsentgelts

Gehalt/Lohn mal 12	+
Sonstige regelmäßige Einnahmen mal 12	+
Einmalige Einnahmen	+
= Summe der Einnahmen	
Vergütungen, z. B. Familienzuschlag	./.
Unständige Bezüge	./.
Sozialversicherungsfreie Einnahmen	./.
= Regelmäßiges Jahresarbeitsentgelt	

Liegt das anrechenbare Entgelt über der JAE-Grenze, besteht Krankenversicherungsfreiheit.

Diese Prüfung ist grundsätzlich bei Aufnahme einer Beschäftigung, bei einer Änderung des Arbeitsentgeltes und zum Jahreswechsel durch die Veränderung der JAE-Grenze vorzunehmen. Wurde bei Beginn eines Beschäftigungsverhältnisses das Überschreiten **der JAE-Grenze** festgestellt, ist der Betreffende krankenversicherungsfrei. Handelt es sich hierbei um einen Berufsanfänger, hat diese Person die Möglichkeit, sich für eine private Krankenversicherung zu entscheiden oder nutzt das einmalige Wahlrecht zur freiwilligen gesetzlichen Krankenversicherung (Beitritt innerhalb von drei Monaten). Diese Regelung gilt jedoch ausschließlich für die erste Aufnahme eines sozialversicherungspflichtigen Beschäftigungsverhältnisses.

Wenn Arbeitnehmer im laufenden Beschäftigungsverhältnis mit ihrem Arbeitsentgelt die JAE-Grenze überschreiten, tritt nicht zum Zeitpunkt der Feststellung Krankenversicherungsfreiheit ein, sondern erst mit Ablauf des betreffenden Kalenderjahres. Voraussetzung ist jedoch, dass auch die JAE-Grenze des Folgejahres überschritten wird. Ist das nicht der Fall, bleibt der Arbeitnehmer weiterhin krankenversicherungspflichtig.

Wird die **JAE-Grenze** im Laufe eines Kalenderjahres nicht nur vorübergehend nicht mehr überschritten, endet die Versicherungsfreiheit unmittelbar und nicht erst zum Ende des Jahres. Es tritt Krankenversicherungspflicht ein. Arbeitnehmer, die aufgrund der Änderung der JAE-Grenze krankenversicherungspflichtig werden (Ausnahmen gelten hier für Arbeitnehmer nach Vollendung des 55. Lebensjahres) und vorher privat versichert waren, können diesen Vertrag kündigen.

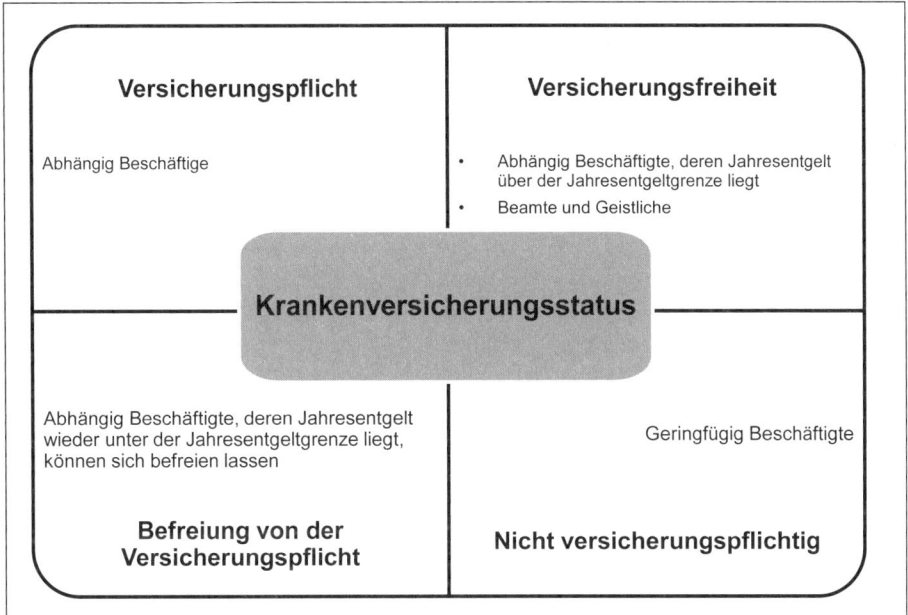

Abb. 152: Krankenversicherungspflicht

Für jeden Beschäftigten, dazu gehören auch Auszubildende, Studenten und Praktikanten, sind die Voraussetzungen für die Versicherungspflicht hinsichtlich der Kranken-, Pflege-, Renten-, Arbeitslosen- und Unfallversicherung bei Abschluss eines Arbeitsvertrages zu prüfen – vorausgesetzt es handelt sich um ein Beschäftigungsverhältnis im Sinne des Sozialgesetzbuches und die Beschäftigung wird gegen Entgelt ausgeübt.

Für Beschäftigte und Praktikanten, die kein Arbeitsentgelt erhalten, gelten besondere Vorschriften (§ 5 Abs. 1 Nr. 10 SGB V). Eine vorliegende Familienversicherung ist jedoch für Auszubildende vorrangig vor einer Krankenversicherungspflicht. Für die Renten- und Arbeitslosenversicherung gilt jedoch grundsätzlich Versicherungspflicht (§ 1 Satz 1 Nr. 1 SGB VI, § 25 Abs. 1 SGB II).

Scheidet ein Arbeitnehmer wegen Überschreitung der JAE-Grenze aus der Krankenversicherungspflicht aus oder kehrt er wieder in den Geltungsbereich des Sozialgesetzbuches zurück, so hat er die Möglichkeit zur freiwilligen Versicherung.

Die für das Beitrittsrecht zur freiwilligen Versicherung geforderte Vorversicherungszeit von 24 Monaten innerhalb der letzten fünf Jahre bzw. ununterbrochen zwölf Monate vor Ausscheiden aus der Versicherungspflicht kann auch im EU-Ausland erfüllt worden sein.

Anzurechnen sind alle Zeiten einer gesetzlichen Versicherungspflicht oder Versicherungsberechtigung. Kehrt ein Arbeitnehmer z. B. **aus dem Ausland** in den Geltungsbereich des Sozialgesetzbuches zurück, muss er sich gegen Krankheit versichern. Es gilt der Grundsatz, dass jeder in die Krankenversicherung zurückkehrt, in der er zuletzt versichert war. Das bedeutet entweder eine Rückkehr in die gesetzliche oder private Versicherung. Der Anspruch auf Rückkehr ist durch den Gesetzgeber geregelt. Für den Fall, dass vorher keine Krankenversicherung bestand, entscheidet der berufliche Werdegang über die Versicherungsmöglichkeiten. War man im Ausland als Arbeitnehmer tätig, gilt die gesetzliche Krankenversicherung. Selbstständige müssen sich für gewöhnlich privat versichern. Private Krankenversicherungsunternehmen müssen für diese Versicherten einen branchenweit einheitlichen Basistarif anbieten.

Für versicherungspflichtige und freiwillige Mitglieder der gesetzlichen Krankenkasse besteht ein **Wahlrecht** hinsichtlich der **Kassenzuständigkeit**. Auch während einer bereits bestehenden freiwilligen Mitgliedschaft ist die Wahl jederzeit möglich, allerdings endet die Mitgliedschaft bei der alten Kasse. Die Wahl ist jederzeit möglich, also auch während einer bereits bestehenden freiwilligen Versicherung. Im Falle des Wechsels endet allerdings die Mitgliedschaft bei der alten Kasse erst mit Ablauf des übernächsten Kalendermonats, der auf die Austrittserklärung folgt. Es sei denn, die Satzung sieht andere Fristen vor. Voraussetzung zur Erlangung der jeweiligen Mitgliedschaft ist grundsätzlich eine schriftliche Willenserklärung gegenüber der Krankenkasse.

Für Bergleute, Landwirte und Seeleute gibt es **Zuweisungskassen**. Dieser Personenkreis besitzt kein Wahlrecht zu anderen Kassen. Im Umkehrschluss haben diese Kassen sich jedoch auch nicht für die Allgemeinheit geöffnet. Der Betreffende muss jedoch zu dem in der Satzung der Krankenkasse vorgesehenen Personenkreis gehören.

Arbeitnehmer, die einer gesetzlichen Krankenversicherung unterliegen, können ihre Krankenkasse kündigen. Die **Kündigung** ist zum Ende des übernächsten Kalendermonats, gerechnet vom Monat des Kündigungseinganges, möglich. An die Wahl der neuen Krankenkasse ist der Versicherte 18 Monate gebunden. Die gewählte Krankenkasse darf die Mitgliedschaft nicht ablehnen. Die Ausübung des Wahlrechts ist bereits mit dem 15. Lebensjahr möglich.

Nimmt eine Krankenkasse Beitragssatzerhöhungen vor, erhebt erstmalig einen Zusatzbeitrag oder senkt die Höhe der Prämienauszahlung, so besteht ein Sonderkündigungsrecht ohne die Einhaltung einer Bindungsfrist. Bei einem Übertritt in eine Familienversicherung gilt keine Bindungsfrist.

Nach erfolgter Kündigung ist die Krankenkasse innerhalb von zwei Wochen verpflichtet eine Kündigungsbestätigung auszustellen. Diese ist nach erfolgter Neuwahl der neuen Krankenkasse vorzulegen. Diese ist sodann berechtigt eine Mitgliedsbescheinigung auszustellen, die dem Arbeitgeber unverzüglich vorzulegen ist, um ihren Meldepflichten nachzukommen.

Übt der Arbeitnehmer kein Wahlrecht aus (z. B. bei einem Arbeitgeberwechsel) oder legt eine Mitgliedsbescheinigung nicht rechtzeitig vor, meldet ihn der Arbeitgeber bei der zuletzt zuständigen Krankenkasse an.

Die **Leistungen der Krankenkassen** sind durch das Sozialgesetzbuch geregelt. Diese gesetzlich vorgeschriebenen Leistungen müssen von jeder gesetzlichen Krankenkasse angeboten werden und sind recht umfassend (siehe Abbildung 153). Abweichungen im zusätzlichen Leistungsangebot entstehen durch die Satzungen der einzelnen Krankenkassen.

Abb. 153: Die wichtigsten Leistungen der Krankenversicherung nach §§ 20 bis 51 SGB V

Nach § 266 SGB V wird zwischen den Krankenkassen jährlich ein **Risikostrukturausgleich** vorgenommen. Dies bedeutet, dass die finanziellen Auswirkungen von Unterschieden in der Höhe der beitragspflichtigen Einnahmen der Mitglieder, der Zahl der Familienangehörigen und der Verteilung der Versicherten auf nach Alter und Geschlecht getrennte Versichertengruppen zwischen den Krankenkassen ausgeglichen werden. Einnahmen und Ausgabenunterschiede zwischen den Krankenkassen, die nicht auf die Höhe der beitragspflichtigen Einnahmen der Mitglieder, die Zahl der versicherten Familienangehörigen oder die Alters- oder Geschlechtsverteilung der Versichertengruppen zurückzuführen sind, sind nicht ausgleichsfähig. Die **Höhe des Ausgleichsanspruchs** oder der Ausgleichsverpflichtung einer Krankenkasse wird durch den Vergleich ihres Beitragsbedarfs mit ihrer Finanzkraft ermittelt.

2.4.3 Pflegeversicherung

Für die Pflegeversicherung gilt als gesetzliche Grundlage das elfte Buch des Sozialgesetzbuches (SGB XI). Mit der sozialen Pflegeversicherung, die als fünfte Säule der Sozialversicherung eingeführt worden ist, wird das allgemeine Lebensrisiko abgesichert, pflegebedürftig zu werden oder die Kosten der erforderlichen Pflege nicht tragen zu können.

Allerdings ist die Pflegeversicherung eine Teilkasko-Versicherung. Die ausgezahlten Beträge decken häufig nur einen Teil der Pflegekosten des Versicherten ab. Generell werden keine Leistungen für in stationären Einrichtungen anfallende Entgelte für Unterkunft und Verpflegung und gegebenenfalls Investitionsaufwendungen gewährt. Die gesetzliche Grundlage ist das Sozialgesetzbuch XI. Grundsätzlich gilt das Prinzip »Pflegeversicherung folgt Krankenversicherung«. Das bedeutet, dass gesetzlich Krankenversicherte auch in der Pflegeversicherung pflichtversichert sind. Wer hingegen privat krankenversichert ist, muss auch eine private Pflegeversicherung abschließen.

Träger der Pflegeversicherung sind die Pflegekassen. Die Leistungen der Pflegeversicherung werden von den Pflegekassen erbracht. Diese sind zwar unter dem gemeinsamen Dach der jeweiligen Krankenkasse errichtet, führen jedoch einen eigenen Haushalt und sind rechtlich selbstständig. Sie verwalten sich selbst durch eigene Organe und unterliegen der staatlichen Rechtsaufsicht.

Die Pflegeversicherung ist analog zu Krankenversicherung beitragsfinanziert. Der Beitragssatz liegt bei 2,05 v. H. (Stand 2013) der beitragspflichtigen Einnahmen. Die Beiträge zahlen jeweils zur Hälfte Arbeitgeber und Arbeitnehmer. Kinderlose Versicherte, die das 23. Lebensjahr vollendet haben, tragen darüber hinaus einen Beitragszuschlag von 0,25 % der beitragspflichtigen Einnahmen allein.

Die **Leistungen der Pflegeversicherung** werden grundsätzlich in Sachleistung und Geldleistung unterschieden. Als **Sachleistungen** kommen u. a. die häusliche Pflegeleistungen eines Pflegedienstes, häusliche Betreuungsleistungen eines Pflegedienstes, Tages- und Nachtpflege in einer teilstationären Einrichtung, Kurzzeitpflege und vollstationäre Dauerpflege in einem Pflegeheim in Betracht. **Geldleistungen** werden im häuslichen Bereich gewährt, z. B. zur Verbesserung des individuellen Wohnumfeldes, oder wenn die Pflege selbst oder durch Heranziehung von Angehörigen oder Nachbarn sichergestellt wird.

Zur Vereinbarkeit von Beruf und familiärer Pflege wurde das **Familienpflegezeitgesetz (FPfZG)** eingeführt. Hier soll pflegenden Angehörigen in einem Zeitraum von bis zu zwei Jahren die Möglichkeit eröffnet werden, bei häuslicher Pflege von Angehörigen mit reduzierter Stundenzahl im Beruf weiterzuarbeiten und durch eine staatlich geförderte Aufstockung ihres Arbeitsentgelts ihre finanzielle Lebensgrundlage zu erhalten.

---

§ 2 Abs. 1 FPfZG

Familienpflegezeit im Sinne dieses Gesetzes ist die nach § 3 förderfähige Verringerung der Arbeitszeit von Beschäftigten, die einen pflegebedürftigen nahen Angehörigen in häuslicher Umgebung pflegen, für die Dauer von längstens 24 Monaten bei gleichzeitiger Aufstockung des Arbeitsentgelts durch den Arbeitgeber. Die verringerte Arbeitszeit muss wöchentlich mindestens 15 Stunden betragen; bei unterschiedlichen wöchentlichen Arbeitszeiten oder einer unterschiedlichen Verteilung der wöchentlichen Arbeitszeit darf die wöchentliche Arbeitszeit im Durchschnitt eines Zeitraums von bis zu einem Jahr 15 Stunden nicht unterschreiten.

Die mit der Reduzierung der Stundenzahl einhergehenden Einkommenseinbußen sollen mit einem Wertguthaben abgemildert werden. Der Arbeitnehmer soll während der Familienpflegezeit die Hälfte der Differenz zwischen dem bisherigen Bruttoarbeitsentgelt und dem sich durch die Arbeitszeitreduzierung ergebenden Gehalts vom Arbeitgeber erhalten. Dem Arbeitgeber steht für die zu zahlenden Aufstockungsbeträge ein zinsloses Darlehen im Umfang der gewährten Aufstockung zu. Soweit diese zulasten eines nicht ausgeglichenen negativen Wertguthabens erfolgt. Die Darlehensauszahlung erfolgt monatlich in Höhe der zulasten des negativen Wertguthabens geleisteten Aufstockung des Arbeitsentgelts durch die Arbeitgeber.

Der Arbeitnehmer muss, um Risiken von Berufsunfähigkeit oder den eigenen Tod zu minimieren, eine Versicherung abschließen. Diese Versicherung kann jedoch auch vom Arbeitgeber oder dem Bundesamt für Familie und zivilgesellschaftliche Aufgaben auf die Person des Arbeitnehmers geschlossen werden.

Beschäftigte haben nach **§§ 34 Pflegezeitgesetz** bei einem familiären Pflegefall einen **Anspruch auf unbezahlte vollständige oder teilweise Freistellung** für maximal sechs Monate. Im Unterschied zur kurzzeitigen Arbeitsbefreiung besteht dieser Anspruch nur in Unternehmen mit regelmäßig mehr als 15 Beschäftigten. Die Freistellung erfolgt regelmäßig ohne Fortzahlung der Vergütung. Ein gesetzlicher Vergütungsanspruch besteht nicht. Die Pflegezeit muss zehn Arbeitstage vor Beginn schriftlich angekündigt werden. Hierbei muss der Zeitraum, Umfang und die Verteilung der Arbeitszeit angegeben werden.

Bei einer völligen Freistellung von der Arbeit endet in allen Zweigen die Sozialversicherungspflicht. Nur bei einer Familienversicherung bleibt ein Kranken- und Pflegeversicherungsschutz erhalten. Ist keine Absicherung über die Familienversicherung möglich, muss sich der pflegende Angehörige freiwillig in der Krankenversicherung weiterversichern und entrichtet dafür in der Regel den Mindestbeitrag.

Pflegende Angehörige, die im Sinne des § 14 SGB XI nicht erwerbsmäßig wenigstens 14 Stunden pro Woche pflegen und keine Erwerbstätigkeit von wöchentlich mehr als 30 Stunden ausüben, unterliegen der Rentenversicherungspflicht. Die zuständige Pflegekasse entrichtet die Beiträge. Im Hinblick auf die Arbeitslosenversicherung, bleibt eine Pflichtversicherung bestehen. Die Beiträge trägt die Pflegekasse.

2.4.4 Rentenversicherung

Für die Rentenversicherung gilt als gesetzliche Grundlage das sechste Buch des Sozialgesetzbuches (SGB VI). Alle Personen, die in einem abhängigen Beschäftigungsverhältnis stehen – hierzu gehören auch Auszubildende und geringfügig Beschäftigte –, sind versicherungspflichtig. Beamte unterliegen nicht der Versicherungspflicht. Ärzte können sich u. a. befreien lassen und sich wie beispielsweise Landwirte in einer speziell für diesen Personenkreis vorgesehenen Alterssicherung pflichtversichern lassen. Publizisten und selbstständige Künstler können sich bei Vorliegen eines bestimmten Jahreseinkommens auf Antrag nach dem Künstlersozialversicherungsgesetz pflichtversichern.

Die Rentenversicherung soll einen dauerhaften Schutz gegenüber den Wechselfällen des Lebens bieten. Zusammenfassend sind folgende Personen pflichtversichert:

- Arbeitnehmer,
- Eltern während der Elternzeit bis zu drei Jahren,
- Bezieher von Übergangsgeld, Unterhaltsgeld, Krankengeld und Arbeitslosengeld,
- Personen mit Behinderung, die in Behindertenwerkstätten tätig sind,
- Hebammen, Künstler, Lehrer etc.

Auch die gesetzliche Rente folgt wie die Krankenversicherung dem solidarischen Prinzip. Das Risiko des Einzelnen wird durch alle Versicherten getragen. Es gilt der **Generationenvertrag.** Aus den laufenden Beitragseinnahmen wird die laufende Rente im Umlageverfahren gezahlt. Das bedeutet, die eingezahlten Beiträge der Versicherten werden direkt an die Rentner ausgezahlt. Die Beitragszahler finanzieren mit ihren Beiträgen somit hauptsächlich die gesetzliche Rentenversicherung. Es besteht zwischen dem eingezahlten Beitrag und der Leistung eine Äquivalenz. Damit basiert die Rentenversicherung, anders als die anderen Säulen der Sozialversicherung, mit ihrem Leistungsumfang auf der Höhe der eingezahlten Beiträge der einzelnen Versicherten. Durch das System der sog. **Entgeltpunkte** erwirbt der Versicherte pro Jahr **einen an seiner Einkommenssituation** angepassten Rentenanspruch. Damit soll der Versicherte während der Phase des Rentenbezuges sog. gleichwertige bzw. angemessene Rentenleistungen erhalten.

Für die gesetzliche Rentenversicherung gibt es keine Jahresarbeitsentgeltgrenze. Die **Beiträge** tragen Arbeitgeber und Arbeitnehmer paritätisch. Die Beitragshöhe orientiert sich am beitragspflichtigen Einkommen des Versicherten, jedoch maximal bis zur Beitragsbemessungsgrenze (Stand 2013: alte Länder/Berlin West: 69.600,00 EUR; neue Länder/ Berlin Ost: 58.800,00 EUR) Diese wird analog zur Beitragsbemessungsgrenze der Krankenversicherung jährlich neu festgelegt. Die **Regelaltersgrenze** wird frühestens mit Vollendung des 65. Lebensjahres erreicht. Versicherte, die vor dem 1. Januar 1947 geboren sind, erreichen die Regelaltersgrenze mit Vollendung des 65. Lebensjahres. Für Versicherte, die nach dem 31. Dezember 1946 geboren sind, wurde die Regelaltersgrenze angehoben. Aktuell erreichen Versicherte, die nach dem 1. Januar 1965 geboren wurden, die Regelaltersgrenze mit Vollendung des 67. Lebensjahrs. Als **Beitragszeiten** in der Rentenversicherung gelten die Monate, für die Pflichtbeiträge oder freiwillige Beiträge zur Rentenversicherung gezahlt worden sind. Als gezahlt gelten u. a. Kindererziehungszeiten.

Um Leistungen der Rentenversicherung beanspruchen zu können, müssen Wartezeiten erfüllt sein. Die Auszahlung der Rente orientiert sich an der Beitragszeit und der Beitragshöhe des Versicherten. Auch wenn nur für einen Tag eines Monats ein Beitrag gezahlt wurde, so gilt der ganze Kalendermonat als anzurechnende Beitragszeit:

Rentenformel

$$Rente_{mtl} = EP \times ZF \times RAF \times aRW$$

EP = Entgeltpunkte (monatliches Entgelt)
ZF = Zugangsfaktor
RAF = Rentenfaktor
aRW = aktuell gültiger Rentenwert

Zu den **zentralen Leistungen** der gesetzlichen Rentenversicherung gehören die Zahlung von Altersrenten sowie die Absicherung vor den Folgen der verminderten Erwerbsfähigkeit und des Todes des Lebenspartners. Ein weiterer wichtiger Leistungsbereich ist die Unterstützung bzw. **Rehabilitation** des Versicherten bei Erkrankung oder Behinderung. Ziel der Rentenversicherung ist es u. a., die Arbeitskraft zu erhalten und den Versicherten solange mit Lohnersatzleistungen zu unterstützen, bis eine Wiedereingliederung in das Erwerbsleben möglich wird (Rehabilitationsleistungen). Infrage kommen hier Heilbehandlungen in Kur-Kliniken oder Umschulungen in einen anderen Berufszweig. **Renten** werden in der Regel wegen Alters (Regelaltersrente, Altersrente für langjährig Versicherte, Schwerbehinderte, langjährig unter Tage beschäftigte Bergleute usw.), verminderter Erwerbsfähigkeit (Erwerbsminderungsrente) und wegen Todes eines Lebenspartners (Witwen-Witwenrente) oder Elternteiles (Waisenrente) geleistet.

Der Rentenversicherungsträger zeichnet sich, wie eingangs erläutert, wie alle Sozialversicherungsträger durch das Prinzip der **Selbstverwaltung** aus. Die **Träger** der Rentenversicherungsträger sind Körperschaften des öffentlichen Rechts. Die demokratisch gewählten **Organe** sind paritätisch mit Versicherten und Arbeitgebern organisiert und besitzen eine finanzielle Unabhängigkeit gegenüber dem Staat und verwalten sich selbst. Die deutsche Rentenversicherung hat 16 rechtlich selbstständige Versicherungsträger. Diese sind entweder regional übergreifend, bedeutet bundesweit (Bundesträger) oder in einer bestimmten Region (Regionalträger) zuständig.

2.4.5 Arbeitslosenversicherung

Die Arbeitslosenversicherung ist im dritten Buch des Sozialgesetzbuches (SGB III) geregelt. Es handelt sich ebenfalls um eine gesetzliche Pflichtversicherung. In den Personenkreis gehören alle mehr als geringfügigen Beschäftigten, die gegen Arbeitsentgelt tätig sind. Personen, die das reguläre Rentenalter erreicht haben, sowie Beamte oder Soldaten sind von der Versicherung ausdrücklich ausgenommen und unterliegen nicht der Versicherungspflicht.

Die **Beiträge** werden auch in diesem Zweig der Sozialversicherung paritätisch durch den Arbeitgeber und den Arbeitnehmer getragen. Eine Jahresarbeitsentgeltgrenze, bis zu der Versicherungspflicht besteht, gibt es nicht. Versicherungspflicht besteht bei jeder Entgelthöhe. Die **Beitragshöhe** orientiert sich am beitragspflichtigen Einkommen des Versicherten, jedoch maximal bis zur Beitragsbemessungsgrenze (Stand 2013: alte Länder/Berlin West: 69.600,00 EUR; neue Länder/Berlin Ost: 58.800,00 EUR) Diese wird, ebenso wie in der Rentenversicherung, analog zur Beitragsbemessungsgrenze der Krankenversicherung jährlich neu festgelegt. Der Beitragssatz beträgt aktuell 3 % (Stand 2013). Personen, die das Lebensjahr für den Anspruch auf Regelaltersrente vollenden, sind mit Ablauf des Monats versicherungsfrei in der Arbeitslosenversicherung. Bei einer Weiterbeschäftigung hat der Arbeitgeber trotzdem den sonst auf ihn entfallenden Anteil von 1,50 % (Stand 2013) zu entrichten. Für Arbeitnehmer, die weniger als 15 Stunden arbeiten und Arbeitslosengeld erhalten, besteht Versicherungsfreiheit. Eine geringfügige Beschäftigung ist arbeitslosenversicherungsfrei.

Bei zur Berufsausbildung beschäftigte **Geringverdiener** (Entgelt bis max. 325,00 EUR) muss der Arbeitgeber den Arbeitnehmeranteil alleine tragen. Das führt dazu, dass in diesem Fall der volle Beitrag durch den Arbeitgeber zu tragen ist. Unter diese Geringverdiener-Grenze fallen auch Versicherte, die ein freiwilliges soziales oder ökologisches Jahr im Sinne des Jugendfreiwilligendienstgesetzes leisten.

Leistungen zur Arbeitsförderung durch die Bundesagentur für Arbeit werden durch alle eingezahlten Beiträge der Versicherten, Arbeitgeber und Dritter (Beiträge zur Arbeitsförderung), Umlagen sowie Mittel des Bundes und sonstigen Einnahmen finanziert. Sie sollen dazu beitragen, einen hohen Beschäftigungsstand zu erhalten bzw. zu erreichen sowie die Beschäftigungsstruktur ständig zu verbessern. Insbesondere sind sie darauf ausgerichtet, das Entstehen von Arbeitslosigkeit zu vermeiden oder die Dauer der Arbeitslosigkeit zu verkürzen.

Die Bundesagentur für Arbeit stellt Leistungen für Arbeitnehmer, Arbeitgeber und Träger zur Verfügung. **Leistungen an den Arbeitnehmer** sind u. a.:

- Beratung, finanzielle Unterstützung und Vermittlung bzw. Eingliederungshilfen in Beschäftigungsverhältnisse,
- Entgeltersatzleistungen (Leistungen zum Lebensunterhalt),
- Arbeitslosengeld, Arbeitslosengeld bei Weiterbildung, Teilarbeitslosengeld, Übergangsgeld, Insolvenzgeld, Ausbildungsgeld, weitere Leistungen
- Beihilfen bei Aufnahme einer Beschäftigung (Trennung, Mobilität, Umzug, Fahr-und Reisekosten),
- Förderung der Teilhabe behinderter Menschen am Arbeitsleben (berufliche Rehabilitation),
- Förderung der Aufnahme einer selbstständigen Tätigkeit,
- Förderung der Berufsausbildung,
- Förderung der beruflichen Weiterbildung,
- Förderung Saison-Kurzarbeitergeld, Zuschuss-Wintergeld und Mehraufwand-Wintergeld,
- Entgeltsicherung für ältere Arbeitnehmer.

Leistungen an den Arbeitgeber können u. a. sein:

- Eingliederungs- und Einstellungszuschüsse bei Neugründungen,
- Zuschüsse zur beruflichen Weiterbildung, z. B. für Ungelernte,
- berufliche Rehabilitation, Arbeitshilfen für behinderte Menschen,
- Probebeschäftigung behinderter Menschen, Zuschüsse zur Ausbildungsvergütung,
- Leistungen nach dem Altersteilzeitgesetz.

Dem Bezug von Leistungen durch die Arbeitslosenversicherung sind auch Grenzen bzw. Hürden gesetzt. Hat sich ein arbeitsloser Versicherter versicherungswidrig verhalten, ohne dafür einen wichtigen Grund zu haben, wird eine Sperrfrist verhängt. **Sperrfristen** sind möglich

- bei Arbeitsaufgabe (§ 144 Absatz 1 Satz 2 Nr. 1 SGB III): durch eigenes Herbeiführen der Beendigung des Arbeitsverhältnisses,
- durch Schließen eines einvernehmlichen Aufhebungsvertrages,
- bei Kündigung durch Arbeitgeber wegen vertragswidrigem Verhalten,
- bei Ablehnung oder Abbruch einer beruflichen Eingliederungsmaßnahme (§ 144 Absatz 1 Satz 2 Nr. 4 und 5 SGB III),
- bei Arbeitsablehnung (§ 144 Absatz 1 Satz 2 Nr. 2 SGB III):
- bei Ablehnung oder Nichtantritt eines Vermittlungsangebotes,
- wegen unzureichender Eigenbemühungen (§ 144 Absatz 1 Satz 2 Nr. 3 SGB III),
- bei Meldeversäumnis (§ 144 Absatz 1 Satz 2 Nr. 6 und 7 SGB III).

2.4.6 Unfallversicherung

Die gesetzliche Unfallversicherung ist im siebten Buch des Sozialgesetzbuches geregelt (SGB VII). Sie ist eine der ältesten Sozialversicherungen und nimmt u. a. den gesetzlichen Auftrag zur Prävention wahr. Arbeitsplatz- und Wegeunfälle oder Berufskrankheiten und Schulunfälle werden über diese Versicherung abgesichert. Einen Überblick über die wichtigsten Leistungen der Unfallversicherung gibt das folgende Schema (siehe Abbildung 154).

Abb. 154: Die wichtigsten Leistungen der Unfallversicherung nach §§ 26 bis 28 SGB VII

Durch die gesetzliche Unfallversicherung ist jeder Arbeitnehmer abgesichert und automatisch bei Aufnahme einer Beschäftigung umfassend versichert. Es handelt sich um eine Pflichtversicherung für den Arbeitgeber. Anders als in der Kranken-, Pflege-, Renten- und Arbeitslosenversicherung ist die gesetzliche Unfallversicherung für die Versicherten beitragsfrei. **Beiträge** sind allein vom Arbeitgeber aufzubringen. Im öffentlichen Dienst trägt der Bund, das Land oder die Gemeinde die Kosten für den Versicherungsschutz. Die gesetzliche Unfallversicherung wird im **Umlageverfahren** finanziert. Die Beitragshöhe wird sozusagen im Rahmen der nachträglichen Bedarfsdeckung der Unfallversicherer ermittelt. Für die einzelnen Branchen gibt es Gefahrenklassen. Dieser Satz, die gezahlten Arbeitsentgelte eines Unternehmens und die geleisteten Arbeitsstunden werden bei der Ermittlung des Versicherungsbeitrages zugrunde gelegt.

Während als **Träger** in der gewerblichen Wirtschaft die Berufsgenossenschaften zuständig sind, handelt es sich im Bereich der öffentlichen Hand um die Gemeindeunfallversicherungsverbände. Um ihren **Präventionsauftrag** wahrzunehmen beraten sie Unternehmen in allen Fragen zur Vermeidung von Unfällen und Gesundheitsschutz. Seit vielen Jahren können sich Unternehmen durch die zuständigen Berufsgenossenschaften informieren, beraten, prüfen und im Anschluss zertifizieren lassen. Im Rahmen der Selbstverwaltung erfüllen die Unfallversicherungsträger ihre gesetzlich übertragenen Aufgaben der **Prävention**. Dazu gehören Unternehmer, Arbeitnehmer und Arbeitgeber, die durch die Mitgliederversammlung und den Vorstand ihre gesetzlichen Aufgaben wahrnehmen

Leistungen für die Versicherten kommen erst nach Eintritt des Versicherungsfalles in Betracht. Die gesetzliche Unfallversicherung kommt somit für die Folgen auf, indem sie eine finanzielle Entschädigung (Geldleistungen an Hinterbliebene und Versicherte), medizinische (Heilbehandlung) oder berufliche Rehabilitation (Umschulung) vornimmt. Nur wenn die volle Erwerbstätigkeit nicht vollständig (./. 20 %) wiederhergestellt werden kann, zahlt die gesetzliche Unfallversicherung eine Rente.

2.4.7 Umlagen: U1, U2 und U3

Die **Umlage U1** ist ein gesetzlicher Pflichtbeitrag für einzelne Arbeitgeber (Anzahl der Mitarbeiter liegt nicht über 30), um einen Ausgleich bei Arbeitgeberaufwendungen für Entgeltfortzahlungen im Krankheitsfall an Arbeitnehmer zu schaffen. Diese Regelung ist im Aufwendungsausgleichsgesetz (AAG) geregelt und soll kleinere Arbeitgeber bei der Erfüllung der Entgeltfortzahlungsansprüche entlasten. Die **Umlage U2** ist durch den Arbeitgeber unabhängig von der Betriebsgröße für alle Arbeitnehmer zu zahlen. Erstattet werden alle vom Arbeitgeber geleisteten Zahlungen zum Mutterschutz (Zuschüsse, Zahlungen während des Beschäftigungsverbotes). Erstattungsgrundlage sind die gesamten Arbeitgeberkosten. Die **Umlage U3** ist eine Insolvenzgeldumlage. Diese Umlage ist von allen insolvenzfähigen Arbeitgebern zu zahlen und dient im Rahmen eines Ausgleichsverfahrens der Finanzierung des Insolvenzgeldes. Die Auszahlung und Aufbringung der Mittel sind im dritten Sozialgesetzbuch (SGB III) geregelt.

Der Umlagesatz (Beitragssatz) wird durch den Gesetzgeber festgelegt. Beiträge werden bis zur Höhe der Beitragsbemessungsgröße der Arbeitslosen- und Rentenversicherung entrichtet. Für Personen die sich mit ihrem Entgelt in der Gleitzone befinden, werden Beiträge nach einem gesonderten Verfahren fällig. Selbst für rentenversicherungsfreie oder befreite Arbeitnehmer sind Beiträge bis zur Höhe der BBG (Beitragsbemessungsgrenze) zu entrichten.

Für alle vorgenannten Zweige der Sozialversicherung werden die Gesamtsozialversicherungsbeiträge zusammen mit den Umlagen durch den Arbeitgeber an die zuständige Einzugsstelle abgeführt. Die zuständige Einzugsstelle des Beschäftigten ist jeweils die Krankenkasse von der die Krankenversicherung durchgeführt wird. Sollten Beschäftigte in einer privaten Krankenkasse versichert sein, werden Beiträge zur Rentenversicherung und zur Arbeitsförderung an die Einzugsstelle gezahlt, die der Arbeitgeber gewählt hat. Bei geringfügigen Beschäftigungen ist zuständige Einzugsstelle die Deutsche Rentenversicherung Knappschaft-Bahn-See als Träger der Rentenversicherung.

Quellen

Horlemann, H.-G.: Die betriebliche und private Altersversorgung nach der Rentenreform 2001, Neuwied 2002.
Oppermann, K.: Kompendium der Entgeltabrechnung 2008, Frechen 2008.

2.5 Sozialleistungen des Betriebes gestalten

2.5.1 Grundlagen und Ziele der betrieblichen Sozialpolitik

Interne Einflüsse

In Zeiten des Fachkräftemangels und schwieriger Beschaffungsmärkte steht die Bindung von Mitarbeitern im Vordergrund nachhaltiger Personalpolitik. Ein vielfältiges Angebot an Sozialleistungen erleben die Mitarbeiter als Wertschätzung ihrer Person und ihrer Leistungen. Das führt zu einer hohen Identifikation mit dem Unternehmen. Die Unternehmen profitieren durch Steuer- und Finanzierungsvorteile. Wenn beispielsweise ein Teil der Lohnsumme einem Konto für ein Langzeitarbeitsmodell gutgeschrieben wird, erhöht sich die Liquidität eines Unternehmens. Zuschüsse zu Kantine oder Gesundheitsvorsorge sind betriebliche Kosten, die steuerlichen Belastungen verringern.

Externe Einflüsse

Wenn Unternehmen glauben, die staatlich verordneten Sozialleistungen reichten aus, kann diese Einstellung langfristig zu einem Wettbewerbsnachteil werden. So verlangen heute schon global agierende Investoren nicht nur einen hervorragenden Shareholder-Value, sondern ebenso überdurchschnittliches Engagement bei den freiwilligen Sozialleistungen. Diese Leistungen spielen heute bereits eine wichtige Rolle, wenn es um das Rating des Unternehmens geht, was beispielsweise Einfluss auf die Kreditwürdigkeit und Zinssätze hat.

Durch ein vielfältiges Angebot an Sozialleistungen wird das Unternehmen als verantwortungsbewusster Arbeitgeber am Arbeitsmarkt wahrgenommen. Das bedeutet für die Personalsuche, dass das Unternehmen unter Umständen schneller als andere Wettbewerber qualifizierte Arbeitskräfte findet (siehe Kapitel 2.6.6).

2.5.2 Betriebliche Sozialleistungen

Leistungsarten

Bei betrieblichen Sozialleistungen handelt es sich um Leistungen von Arbeitgebern, die zusätzlich zu dem regulären Arbeitsentgelt gezahlt werden – an Mitarbeiter, Pensionäre oder deren Angehörige. Dabei kann in gesetzliche, tarifvertragliche und freiwillige Leistungen unterschieden werden.

• Gesetzliche Leistungen

Zu den gesetzlichen betrieblichen Sozialleistungen gehören die Arbeitgeberbeiträge zur Kranken-, Renten-, Arbeitslosen- und Pflegeversicherung wie auch die Beiträge zur Berufsgenossenschaft und zur gesetzlichen Unfallversicherung. Auch gesetzliche Regelungen wie Entgeltfortzahlung im Krankheitsfall, Leistungen aufgrund des Mutterschutzes, die Bezahlung von Feiertagen oder sonstigen Ausfallzeiten sind gesetzlich verankerte Sozialleistungen des Arbeitgebers.

- Tarifvertragliche Leistungen

Tarifvertragliche betriebliche Sozialleistungen werden in den Tarifverträgen geregelt und müssen entsprechend von tarifgebundenen Arbeitgebern umgesetzt werden, z. B. Urlaubsregelungen, die über den gesetzlichen Rahmen hinausgehen, Urlaubsgeld oder Gratifikationen.

- Freiwillige Leistungen

Diese Sozialleistungen gewährt der Arbeitgeber aus freien Stücken. Nur bei den freiwilligen betrieblichen Sozialleistungen hat der Arbeitgeber Gestaltungsspielräume, soweit Mitbestimmungsrechte nicht berührt werden. Diese freiwilligen Sozialleistungen stehen im Mittelpunkt, wenn sich ein Unternehmen von anderen unterscheiden will.

Direkte Zuwendungen

- Gratifikationen

Der Arbeitnehmer erhält einen bestimmten Geldbetrag, z. B. anlässlich eines Jubiläums, einer Heirat oder aufgrund besonderer Leistungen (siehe Kapitel 2.3.7).

- Dienstwagen

Der Arbeitnehmer erhält ein Auto, das er sowohl für dienstliche als auch für private Fahrten nutzen kann. Die private Nutzung wird als geldwerter Vorteil versteuert (sog. 1%-Regelung).

- Rabatte

Wenn ein Arbeitgeber die kostenlose oder verbilligte Überlassung von bestimmten Waren oder Dienstleistungen gewährt, sind dies **Personalrabatte** (Belegschaftsrabatte). Das können Waren sein, die das Unternehmen herstellt oder auch ein Rahmenvertrag bei einem Mobilfunkanbieter oder Automobilhersteller, bei denen die Beschäftigten zu günstigen Konditionen einkaufen können. Es gibt auch **Naturalrabatte** (Deputate) wenn der Mitarbeiter etwa Lebensmittel, Getränke oder Genussmittel kostenlos zum persönlichen Verbrauch erhält.

- Unterstützung bei Wohnungssuche und Umzug

Das Unternehmen übernimmt die Kosten für einen Umzug und die Wohnungssuche. Dazu kann beispielsweise ein externer Dienstleister (Relocation-Agenturen) beauftragt werden, der die Organisation der Wohnungssuche und des Umzugs übernimmt.

- Arbeitgeber-Darlehen

Ein Arbeitgeber gewährt einem Arbeitnehmer ein Darlehen (auch Personalkredit, Arbeitgeberdarlehen). Mitarbeiterdarlehen sind in der Regel zinsgünstiger als bankübliche Darlehen. Die meisten Unternehmen orientieren sich bei der Darlehensvergabe am Zinssatz für Hypothekenpfandbriefe. Bei Kündigung des Dienstverhältnisses ist das Darlehen in der Regel sofort zurückzuzahlen.

Beteiligung am Unternehmenskapital

• Mitarbeiter-Darlehen an Arbeitgeber

Das Prinzip ist einfach: Ein Arbeitnehmer leiht dem Unternehmen Geld und bekommt dafür Zinsen. Dies kann ein fester Zinssatz sein oder an den Erfolg des Unternehmens gekoppelt sein. Die Mitarbeiter können beispielsweise auf Überstundenzuschläge, Urlaubsgeld o. Ä. verzichten und den entsprechenden Geldwert als Darlehen an das Unternehmen geben. Diese Form der Beteiligung wird über eine Bankbürgschaft abgesichert, der Mitarbeiter kann sein Geld nicht verlieren. Der Darlehensvertrag kann in Einzelverträgen oder Betriebsabkommen vereinbart werden. Frei gestaltbar sind dabei Laufzeit, Kündigungsbestimmungen und Verzinsung. Der Mitarbeiter profitiert von einer guten Verzinsung, das Unternehmen erhöht seine Liquidität durch Senkung der aktuellen Lohnkosten. Da das Mitarbeiterdarlehen nicht an eine Rechtsform gebunden ist, ist es für Unternehmen eine Chance, Mitarbeitern am Unternehmen zu beteiligen.

• GmbH-Beteiligung

Durch den Kauf von GmbH-Anteilen werden Mitarbeiter zu Gesellschaftern des Unternehmens, d. h. sie sind am Gewinn, aber auch am Verlust beteiligt. Dafür können sie auf der Gesellschafterversammlung mitentscheiden. Viel Mitbestimmungsrecht heißt allerdings auch viel Verantwortung und hohes Risiko. Sollte das Unternehmen insolvent werden, verlieren die Mitarbeiter ihre Einlage. Wenn es dem Unternehmen gut geht, erhält der Mitarbeiter andererseits Gewinnausschüttungen und ist so direkt am Erfolg des Unternehmens beteiligt. Es liegt also auch an den Mitarbeitern, wie erfolgreich das Unternehmen ist. Die GmbH-Anteile können meistens nur intern verkauft werden – d. h. der Mitarbeiter ist wenig flexibel, falls er seine Anteile wieder abgeben möchte.

• Belegschaftsaktien

Zu einem Sonderpreis erhalten Mitarbeiter Aktien ihres Unternehmens. Die Zahl der Belegschaftsaktien ist normalerweise begrenzt. Der Mitarbeiter wird durch die Belegschaftsaktien zum Aktionär – er kann an der Hauptversammlung teilnehmen und dort über Fragen der Unternehmenspolitik abstimmen. Für Mitarbeiter sind die Belegschaftsaktien durchaus eine interessante Geldanlage: Wenn der Kurs steigt, können die Aktien mit Gewinn verkauft werden. Werden die Aktien durch vermögenswirksame Leistungen finanziert, zahlt der Staat die Sparzulage. Für die Differenz zwischen aktuellem Kurs und Vorzugspreis sind Steuern und Sozialabgaben fällig.

• Aktienoptionen

Die Mitarbeiter haben die Möglichkeit, innerhalb eines bestimmten Zeitraums eine festgelegte Zahl an Aktien zu einem festgesetzten Basiskurs zu kaufen. Liegt der Börsenkurs der Aktie über dem Preis der Optionen, kann der Mitarbeiter später beim Verkauf Gewinne einstreichen. Sinkt allerdings der Börsenkurs der Aktie, macht der Mitarbeiter entsprechende Verluste. Die gekauften Aktienoptionen dürfen in der Regel erst nach zwei bis drei Jahren verkauft werden. Aktienoptionen sind ein Bonus zum Gehalt und vorwiegend für Führungskräfte eines Unternehmens gedacht.

• Genussrechte

Das Genussrecht ist ein Beteiligungsrecht ohne Mitgliedschafts- und Stimmrecht mit einem Anspruch auf eine Gewinnbeteiligung oder Verzinsung. Genussrechte können als Genussscheine an der Börse gehandelt werden. Das Genussrecht ist ein Motivator für die Belegschaft: je erfolgreicher das Unternehmen, umso höher der Gewinn. Allerdings werden die Mitarbeiter nicht nur am Gewinn, sondern auch am Verlust der Firma beteiligt. Damit sind Genussscheine echtes Risikokapital. Die Besitzer von Genussrechten haben kein Stimm- oder Mitspracherecht, sie bekommen nur einmal jährlich Informationen über den Geschäftsverlauf. Der Mitarbeiter kann eine feste Verzinsung vereinbaren und so sein Risiko verringern. Die Beteiligung über Genussscheine ist nicht nur Aktiengesellschaften, sondern auch anderen Rechtsformen möglich.

• Stille Beteiligung

Die stille Beteiligung macht den Mitarbeiter zum Mitgesellschafter des Unternehmens. Zwar kann er bei der Geschäftsführung meistens kein Mitspracherecht, als Gesellschafter hat der Mitarbeiter jedoch das Recht, die Unternehmensführung zu kontrollieren und alles über die Vorgänge in der Firma zu erfahren. Der Mitarbeiter erhält einen Teil des Unternehmensgewinns. Als Einlage können Teile vom Gehalt, vermögenswirksame Leistungen oder Überstunden eingebracht werden. Geht es dem Unternehmen gut, sind auch gute Zinssätze zu erzielen. Sollte es dem Unternehmen schlecht gehen, muss der Mitarbeiter unter Umständen mit Verlusten rechnen. Dies kann er allerdings ausgleichen, indem er auf die volle Rendite verzichtet und dann bei Verlusten nicht haftet. Stille Beteiligungen sind grundsätzlich für alle Rechtsformen geeignet und sehr flexibel. Die Mitarbeiter erzielen eine gute Rendite und haben die Möglichkeit, langfristig am Unternehmenserfolg teilzuhaben. Diese Beteiligungen sind ein gutes Geschäft für den Mitarbeiter – immerhin geht er ja auch kein Risiko ein, da er in den seltensten Fällen sein eigenes Geld einsetzen muss.

Betriebliche Angebote und Sozialeinrichtungen

• Kantine/Betriebsrestaurant

Eine Kantine ist eine Gaststätte innerhalb eines Unternehmens oder einer öffentlichen Einrichtung. In diesem Betriebsrestaurant erhalten die Mitarbeiter preiswerte warme oder kalte Speisen in den Betriebspausen. Der Arbeitgeber zahlt für die ausgegebenen Essen einen Zuschuss, sodass die Arbeitnehmer das Essen zu günstigen Preisen erhalten. Im Regelfall ist es nur Mitarbeitern und Besuchern der Firma möglich, in der Kantine zu essen. Kantinen von öffentlichen Einrichtungen müssen auch der Allgemeinheit zugänglich sein.

• Angebote im Freizeit- und Sportbereich

Solche betrieblichen Angebote können die finanzielle Unterstützung einer Betriebssportgruppe sein, günstige Konditionen bei einem Fitnesscenter, mit dem ein Kooperationsvertrag geschlossen wird, oder Zuschüsse zu Platz- oder Hallenmieten.

● Familiengerechte Angebote

Familienfreundliche Personalpolitik zahlt sich umgehend aus: die Zahl der Krankentage sinkt, die Bindung an das Unternehmen steigt und zufriedene Mitarbeiter sind produktiver. Familienfreundlichkeit heißt allerdings nicht nur Kinderbetreuung. Heute steht immer mehr die Frage im Vordergrund, wie der Arbeitgeber seine Beschäftigten unterstützen kann, wenn es um die Pflege von Angehörigen geht. Auch hier sind – neben dem gesetzlichen Rahmen – Angebote gefragt. Dazu können Informationsveranstaltungen gehören, das Vermitteln von Ansprechpartnern/Beratungsangeboten, die Gewährung von Sonderurlaub.

● Angebote für Mitarbeiter mit Kindern

Das Angebot für Mitarbeiter mit Kindern kann beispielsweise der betriebseigene Kindergarten sein, den ein Arbeitgeber seinen Mitarbeitern einrichtet. Diese betrieblichen Leistungen werden z. T. durch staatliche Stellen gefördert. Ein entscheidender Vorteil dieser Kindergärten sind die Öffnungszeiten und keine Schließung in den Ferien. Außerdem sind Betriebskindergärten meist in der Nähe des Firmengeländes. Eine weitere Möglichkeit für den Arbeitgeber ist die finanzielle Unterstützung von Elterninitiativen, die sich um die Betreuung von Kindern kümmern. Für viele Eltern ist sicher auch eine Betreuung ihres Nachwuchses in der Ferienzeit ein interessantes Angebot. Das Gleiche gilt für die Betreuung schulpflichtiger Kinder. Eine Hausaufgabenbetreuung o. Ä. kann viele Eltern entlasten. Heute gibt es Agenturen, die sich auf die Vermittlung familiengerechter Dienstleistungen spezialisiert haben. Diese Vermittlungskosten könnte der Arbeitgeber übernehmen. Auch ein Home-Office-Arbeitsplatz kann für Eltern interessant sein – im Krankheitsfall eines Kindes.

● Gesundheitsvorsorge

Da Menschen immer länger im Arbeitsprozess gebraucht werden, ist ein wichtiger Aspekt die Gesunderhaltung der Arbeitskräfte. Hierbei geht es darum, ein ganzheitliches Konzept für die Gesunderhaltung der Belegschaft zu entwerfen. Beginnend bei ergonomischen Arbeitsplätzen, Schulungen für das Tragen von Lasten, gefolgt von regelmäßigen Vorsorgemaßnahmen, die über das gesetzliche Maß hinausgehen, oder Zusatzversicherungen zur gesetzlichen Krankenkasse. Altersgerechte Arbeitsplätze gehören ebenfalls in dieses Konzept.

● Betriebliche Altersvorsorge

Da die gesetzliche Rentenversicherung für ein gutes Leben im Alter nicht mehr ausreicht, sind besonders Angebote der betrieblichen Altersvorsorge wichtig. Den Personalabteilungen kommt hier insbesondere die Aufgabe zu, nicht nur lukrative und sichere Angebote zu machen, sondern auch bei den Mitarbeitern ein Bewusstsein für die Wichtigkeit dieser zusätzlichen Absicherung zu schaffen.

2.5.3 Cafeteria-System

Die Angebote im Rahmen der freiwilligen Sozialleistungen sollten kein starres Gerüst sein, sondern den Mitarbeitern Wahlmöglichkeiten – je nach Lebenssituation und Lebensentwurf – bieten. Aus diesem Ansatz heraus wurde in den 1980er-Jahren das Cafeteria-System entwickelt.

Der einzelne Mitarbeiter kann »seine« Sozialleistungen individuell aus den betrieblich angebotenen Bestandteilen zusammenzusetzen. Das bedeutet:

- Es gibt verschiedene Sozialleistungen zur Auswahl.
- Der Mitarbeiter erhält ein Budget, das die Höhe der Kosten für die Sozialleistungen begrenzt.
- Nach bestimmten Zeitabschnitten kann der Mitarbeiter die Zusammenstellung der Sozialleistungen ändern.

Beispiel für ein »Cafeteria-Menü«:

- Ein Dienstwagen, der nicht an leitende Positionen gebunden ist
- Eine beträchtliche Hinterbliebenenversorgung, wenn der Arbeitnehmer Alleinverdiener ist
- In fünf, sechs Jahren, wenn der Nachwuchs aus dem Haus ist, kommt die Altersversorgung auf den »Menüteller«.

Jede der vorher beschriebenen betrieblichen Sozialleistungen (siehe Kapitel 2.5.2) kann Bestandteil eines Cafeteria-Angebotes sein. Auch ohne Cafeteria-Konzept kann ein Arbeitgeber ein vielfältiges Angebot an freiwilligen Sozialleistungen machen.

2.5.4 Nicht monetäre Sozialleistungen

Flexible Arbeitszeiten

Durch flexible Arbeitszeiten können Mitarbeiter ihre Arbeitszeit entsprechend den persönlichen Erfordernissen gestalten – in Abstimmung mit den betrieblichen Erfordernissen. Dieses Arbeitszeitangebot ist ein wichtiger Bestandteil der Work-Life-Balance. Für die Gestaltung flexibler Arbeitszeit stehen verschiedene Optionen zur Verfügung.

Gleitzeitmodelle

Bei der Gleitzeitarbeit kann der Mitarbeiter innerhalb eines vorgegebenen Rahmens Lage und Dauer seiner Arbeitszeit selbst gestalten. Bei der **einfachen Gleitzeit** wird der Rahmen der täglichen Arbeitszeit (frühestmöglicher Beginn, spätmöglichstes Ende) vorgegeben, und es wird eine sog. Kernarbeitszeit festgelegt. Während dieser Kernzeit besteht Anwesenheitspflicht. Die Arbeitszeit außerhalb der Kernzeit ist variabel. Bei der **qualifizierten Gleitzeit** entscheidet der Mitarbeiter selbst, wann er zu arbeiten beginnt bzw. wann er seine Tätigkeit beendet – im Rahmen des Arbeitszeitgesetzes. Vorgeschrieben ist die durchschnittliche Arbeitszeit pro Woche, Monat oder Jahr.

Jahresarbeitszeitmodelle

Am Beginn eines Jahres wird die Jahres-Sollarbeitszeit ermittelt (Arbeitstage im Kalenderjahr multipliziert mit der täglichen Sollarbeitszeit). Es wird ein festes Monatsgehalt gezahlt unabhängig von den tatsächlich geleisteten Arbeitsstunden. Zum Jahresende muss sichergestellt sein, dass die Sollarbeitszeit erfüllt wurde. Diese Regelung hat für den Arbeitgeber den Vorteil, dass Überstundenzuschläge entfallen. Der Mitarbeiter kann seine Arbeitszeit aber auch nach seinen Bedürfnissen gestalten.

Lebensarbeitszeitmodelle

In Lebensarbeitszeitkonten sammeln Mitarbeiter über viele Jahre hinweg Überstunden oder Entgeltanteile auf einem Zeitwertkonto an. Sie können dieses »Guthaben« für längere Freistellungen, z. B. für einen mehrmonatigen Urlaub, Kinderbetreuung, Weiterbildung oder vorzeitigen Ruhestand, abbauen. Vorteile für das Unternehmen sind eine höhere Flexibilität, ohne dadurch die laufenden Kosten zu erhöhen. Bei erhöhter Nachfrage können die Mitarbeiter Mehrarbeit leisten, die auf dem Lebensarbeitszeitkonto verbucht werden und müssen unmittelbar in Geld oder Freizeit ausgeglichen werden. Lebensarbeitszeitkonten werden in Geldwerten geführt. Die Mitarbeiter können sowohl Gehalts-/Lohnbestandteile als auch in Geld bewertete Zeitguthaben (z. B. Überstunden) steuer- und sozialversicherungsfrei auf dem Geldwertkonto ansparen.

Eine betriebliche Vereinbarung definiert die verschiedenen Möglichkeiten der **Arbeitsfreistellung**, z. B. Vorruhestand, Teilzeitarbeit, Erziehungsurlaub, Bildungsurlaub oder Sabbatical. In einer Vereinbarung zur Gehaltsumwandlung werden die Höhe der Gehalts-/Lohnbestandteile vereinbart, die auf das Lebensarbeitszeitkonto eingezahlt werden. Für die eingezahlten Gehalts-/Lohnbestandteile gilt das Prinzip der nachgelagerten Besteuerung (»Bruttosparen« oder Deferred Compensation). Steuern und gegebenenfalls Sozialversicherungsbeiträge müssen erst dann abgeführt werden, wenn das Guthaben des Kontos zu einem späteren Zeitpunkt für eine Arbeitsfreistellung verwendet wird. Während einer späteren Arbeitsfreistellung wird der Lohn bzw. das Gehalt aus dem angesparten Guthaben bezahlt. Der Arbeitgeber führt die Steuer- und Sozialversicherungsabgaben ab. Nach § 7 b SGB IV sind die Vertragsparteien verpflichtet, die Wertguthaben einschließlich des Arbeitgeberanteils zum Gesamtsozialversicherungsbeitrag gegen Insolvenz zu sichern. Mittlerweile gibt es auch den Begriff der **Lebensphasen-Arbeitszeit**. Dem Arbeitnehmer wird ermöglicht, seine Arbeitszeit an die jeweilige Lebensphase anzupassen. So soll eine möglichst selbstbestimmten Lebensplanung unterstützt werden.

Langzeitkonten können einen entscheidenden Beitrag zur Lösung zukünftiger gesellschaftlicher Herausforderungen leisten. Im Zuge des demografisch bedingten Alterns der Gesellschaft wird es weniger Arbeitskräfte geben und die Belastungen für die sozialen Sicherungssysteme werden entsprechend steigen. Daher sind Arbeitszeitmodelle gefragt, die es vielen Menschen erlauben, möglichst lange am Erwerbsleben teilzunehmen und berufliche sowie außerberufliche Anforderungen besser über die Lebenszeit zu verteilen, Höchstbelastungen zu vermeiden und Zeiträume für lebenslanges Lernen, Erholung, Freizeit und soziales Engagement zu schaffen.

Vertrauensarbeitszeit

Hierbei handelt es sich um eine Arbeitszeitregelung, bei der die Beschäftigten ihre Arbeitszeit entsprechend der betrieblichen Belange selbstständig verteilen. Systematische arbeitgeberseitige Kontrollen der Abwesenheiten im Sinne einer Zeiterfassung entfallen und werden ersetzt durch Zielvereinbarungen sowie Qualitäts- und Ergebnisabsprachen. Kernzeiten mit Anwesenheitspflicht des Einzelnen sind aufgehoben. Die Vertrauensarbeitszeit hebt alle künstlichen Größen wie Plus- oder Minus-Kappungsgrenzen, Ausgleichstage und -fristen konsequent auf und ersetzt sie durch eine eigenverantwortliche Regelung. Diese ergebnisorientierte Arbeitszeit ist weitgehend flexibel und für die einzelne Arbeitskraft nur durch gesetzliche bzw. tarifliche Grenzen eingeschränkt. Durch die weitgehende Selbstbestimmung der Arbeitszeit kann so eine bessere Vereinbarung von Privatleben und Arbeit geschaffen werden. Soweit dies abgesprochen ist, können Mitarbeiter entsprechend ihren persönlichen Bedürfnissen zu Hause bleiben – auch tage- oder wochenweise.

Der Vorgesetze ist hierbei als aktiv gestaltende Führungskraft gefordert, wobei die Leistung, nicht aber der persönliche Zeiteinsatz im Vordergrund steht. Das Setzen von Zielen, das korrekte Bewerten und konstruktive Kritisieren von Ergebnissen stellen höhere Anforderungen an die Führungskraft. Dies gilt entsprechend für Mitarbeiter, die sich lieber über dokumentierte Anwesenheitszeiten als über Ergebnisse beweisen. Ganz auf Zeiterfassung kann bei der Vertrauensarbeitszeit nicht verzichtet werden. § 16 des Arbeitszeitgesetzes schreibt vor, dass alles, was über acht Stunden am Tag gearbeitet wird, aufgeschrieben werden muss. Von wem und wie diese Stunden dokumentiert werden, ist vom Gesetzgeber allerdings nicht vorgeschrieben und bleibt dem Unternehmen überlassen.

Sabbatical

Ein Sabbatical gibt Mitarbeitern die Möglichkeit, für eine bestimmte Zeit aus dem Beruf auszusteigen. Dies trägt wesentlich zur Motivation und Kreativität bei, lässt sie neu auftanken und beugt besonders an stressigen Arbeitsplätzen einem Burnout vor. Gründe für ein Sabbatical können ein Hausbau, eine Weltreise, ein soziales Engagement, eine Weiterbildung, eine Promotion oder auch eine völlige Neuorientierung sein. Manche Unternehmen bieten ihren Mitarbeitern ein Sabbatical an, um Auftragsschwankungen auszugleichen und ihnen nicht kündigen zu müssen. Ein Lohnverzicht, z.B. 100 % arbeiten und nur 75 % auszahlen lassen, Überstunden, das nicht ausgezahltes Weihnachts- oder Urlaubsgeld können einem entsprechenden Zeitwertkonto gutgeschrieben werden. Während der Auszeit wird dieses Wertguthaben abgebaut und der Mitarbeiter bleibt (anders als beim unbezahlten Urlaub) sozialversicherungspflichtig. Im Normalfall ist dieser Langzeiturlaub mit einer Arbeitsplatzgarantie verbunden. Die Motivation und Kreativität kann durch dieses Modell gesteigert werden. Probleme kann die Organisation der Vertretung bereiten, aber es kann auch für einen anderen Arbeitnehmer die Chance sein, einen befristeten Arbeitsvertrag zu erhalten. Die Wiedereinarbeitung nach einem Sabbatical kann für den Arbeitnehmer allerdings problematisch werden.

2.5.5 Marketingaspekte und Informationsmöglichkeiten betrieblicher Sozialleistungen

Auch für Sozialleistungen gilt: »Tue Gutes und rede darüber.«. Das betrifft sowohl die interne als auch die externe Kommunikation. Die Mitarbeiter sollten **intern** umfassend über die verschiedenen Sozialleistungen informiert werden, z.B. über das firmeneigene Intranet, Informationsflyer – angefügt an die Lohn- und Gehaltsabrechnung oder die Mitarbeiterzeitung. Alle Mitarbeiter der Personalabteilung sollten qualifiziert über das Angebot der Sozialleistungen beraten können, z.B. in festen Beratungszeiten. Über die Stellenanzeige oder auf der Homepage kann ein Unternehmen Bewerbern oder Geschäftspartnern **extern** seine Sozialleistungen präsentieren. Wenn ein Unternehmen den Betriebskindergarten eröffnet, ist dies eine gute Gelegenheit, erfolgreiche PR-Arbeit zu machen. Ein weiterer Begriff im Zusammenhang mit Sozialleistungen ist **Corporate Responsibility**. Hier geht es nicht allein um das Engagement von Unternehmen für die Gesellschaft, sondern auch um die Förderung des freiwilligen Mitarbeitereinsatzes, z. B. das ehrenamtliches Engagement der Mitarbeiter durch Lohnfortzahlung für Freistellungen und gegebenenfalls zusätzliche Geldmittel für Projekte von Mitarbeitern im Bereich Kultur, durch Übernahme von Raummieten oder Sportsponsoring durch den Kauf von Trikots.

Quellen

Bröckermann, R.: Personalwirtschaft, 4. Aufl., Stuttgart 2003.
Kolb, M.: Personalmanagement, 3. Aufl., Wiesbaden/Berlin 2002.

2.6 Personalbeschaffung durchführen

2.6.1 Personalbedarf

Voraussetzung für die Personalbeschaffung ist der Personalbedarf. Ohne einen Bedarf an Mitarbeitern ist keine Personalbeschaffung erforderlich. Der Personalbedarf gibt Aufschluss über die benötigte Anzahl an Mitarbeitern und umschreibt die Fähigkeiten und Kenntnisse, die diese zur Erfüllung von Stellenaufgaben benötigen (vgl. Drumm 2008, S. 203).

Die Aufgabe der Personalbeschaffung ist

- die Deckung des Personalbedarfs
- zum richtigen Zeitpunkt
- in qualitativer und quantitativer Hinsicht.

Abgleich zwischen Stellen- und Stellenbesetzungsplan

Der Stellenplan ist die schriftliche Fixierung aller Arbeitsplätze (Stellen) eines Unternehmens, die zur arbeitsteiligen Erledigung anfallender Aufgaben erforderlich sind. Gegliedert nach Abteilungen weist er die Anzahl der Stellen, deren Bezeichnungen, Lohn- und Gehaltsstufen und die Kompetenzen, mit welchen die Stellen ausgestattet sind, aus (vgl. Hentze/Kammel 2001, S. 195). Er stellt die **Sollvorgabe** der zu besetzenden Stellen dar. Der Stellenplan wird in der Regel als Tabelle oder Organigramm ausgestaltet. Die Anzahl der Stellen mit identischen Aufgabeninhalten sind darin entsprechend vermerkt. Die Stellen werden nach Anzahl und Bezeichnung geordnet.

Der Stellenbesetzungsplan (siehe Kapitel 2.7.1) beschreibt die Arbeitsplätze eines Unternehmens, denen tatsächlich Mitarbeiter zugeordnet sind. Er stellt somit die **Ist-Situation** der besetzten Stellen dar. Neben den Namen der Mitarbeiter enthält der Stellenbesetzungsplan auch Angaben über das Geburts- und Eintrittsjahr, die Tarifgruppe, die Rechtsstellung (außer Tarif oder leitende Angestellte) sowie eventuelle Vollmachten.

Aus der Differenz zwischen Stellenplan und Stellenbesetzungsplan lassen sich die zu besetzenden Arbeitsplätze und somit der aktuelle **Personalbedarf** ablesen. Der Abgleich kann ebenso einen Personalüberhang aufweisen, sodass kein Personalbeschaffungsbedarf besteht. In diesem Fall können Umbesetzungen oder Maßnahmen zum Personalabbau erforderlich sein.

Ergebnis der Personalbedarfsplanung

Die Instrumente »Stellenplan« und »Stellenbesetzungsplan« dienen als Grundlage für die Personalbedarfsplanung. Diese beinhaltet unterschiedliche Methoden zur Berechnung des Personalbedarfs, damit die richtige Anzahl der Mitarbeiter mit den richtigen Qualifikationen zum richtigen Zeitpunkt zur Verfügung steht (siehe Kapitel 3.4.1). Dazu zählen unter anderem statistischen Verfahren, Kennzahlenmethoden, Schätzverfahren und arbeitswissenschaftliche sowie monetäre Methoden.

Darüber hinaus lässt sich aus der Personalbedarfsplanung die Personalentwicklungsplanung ableiten. Mit ihrer Hilfe werden die zur Deckung des Personalbedarfs aus den eigenen Reihen zu entwickelnden Mitarbeiter ermittelt. Sofern weiterhin Personalbedarf besteht, ist eine Personalbeschaffungsplanung zu erstellen. Sie gibt Aufschluss darüber, welche Stellen durch **externe Rekrutierung** besetzt werden müssen und welche Maßnahmen dafür erforderlich sind.

2.6.2 Stellenbeschreibung

Die Stelle (Arbeitsplatz) ist die kleinste organisatorische Einheit in einem Unternehmen (vgl. Jung 2011, S. 191). Sie fasst eine Reihe von Teilaufgaben zusammen, die der Erfüllung einer übergeordneten Aufgabenstellung dienen. Stellen sind grundsätzlich auf Dauer angelegt und unabhängig vom Wechsel des Stelleninhabers (vgl. Jung 2011, S. 191).

Über die inhaltliche Ausgestaltung einzelner Stellen gibt die Stellenbeschreibung Auskunft. Begriffe wie Funktions- oder Tätigkeitsbeschreibung werden in der Praxis synonym verwendet. Die Stellenbeschreibung ist die schriftliche Darstellung des Arbeitsplatzes (siehe Abbildung 155). Sie beinhaltet:

• Zielsetzung der Stelle,
• Festlegung von Einzelaufgaben einschließlich ihres prozentualen Anteils,
• Anforderungen an Ausbildung und Berufserfahrung des Stelleninhabers,
• Festlegung von Kompetenzen und Befugnissen,
• Einordnung in die betriebliche Organisation.

Die Stellenbeschreibung dient im Rahmen der Personalbeschaffung als Grundlage für eine **Stellenausschreibung**. Mit ihr wird sowohl das Aufgabenfeld als auch das daraus resultierende Anforderungsprofil definiert. Darüber hinaus ist die Stellenbeschreibung ein Maßstab zur qualitativen Beurteilung eingegangener Bewerbungsunterlagen. Mit ihrer Hilfe kann ein erster Abgleich zwischen den fachlichen Anforderungen der Stelle mit den Qualifikationen der Bewerber erfolgen. In Vorstellungsgesprächen wird auf ihrer Basis die Eignung der Bewerber eingehender geprüft. Der Bewerber kann zwar bei Vertragsabschluss ein Exemplar der Stellenbeschreibung erhalten, sie sollte aber **niemals zum Inhalt des Arbeitsvertrages** gemacht werden. Das Aufgabengebiet des neuen Mitarbeiters wäre dadurch rechtsverbindlich festgeschrieben. Für den Arbeitgeber bedeutet das: Er kann dem Mitarbeiter weder andere Aufgaben zuweisen (siehe Kapitel 2.1.3) noch das Stellenprofil ändern. Bei Aushändigung einer Stellenbeschreibung ist der Mitarbeiter daher stets schriftlich darauf hinzuweisen, dass diese lediglich den aktuellen Stand widerspiegelt und jederzeit änderbar ist.

Stellenbeschreibungen können sich ändern. Sie sind daher in gewissen Zeitabständen zu prüfen und gegebenenfalls anzupassen. Neben der Personalbeschaffung werden die Informationen einer Stellenbeschreibung auch anderweitig benötigt. Sie ist Grundlage für die Personalbeurteilung und wird teilweise bei Lohn- und Gehaltsfestsetzungen verwendet (vgl. Hentze/Kammel 2001, S. 227).

Stellenbeschreibung **Personalleitung**			**Stand: 07/20..**
Stellenbezeichnung: Personalleiter/-in	**Bereich:** Kaufmännische Geschäftsleitung	**Abteilung/ Kostenstelle:** Personalwesen/8150	**Vergütung:** AT

Stellenziel:
Beschaffung und Bindung leistungsorientierter Mitarbeiter in der richtigen Anzahl, mit der richtigen Qualifikation, zur richtigen Zeit, am richtigen Einsatzort

Anforderungsprofil: Abgeschlossenes Hochschulstudium (BWL/Jura) 5 Jahre Berufserfahrung	**Spezielle Befugnisse/Vollmachten:** Prokura
Stellenbezeichnung unterstellter Mitarbeiter (Anzahl): Referent Personalbeschaffung (1) Referent Personalverwaltung (2) Referent Personalentwicklung (1) Sachbearbeiter Entgeltabrechnung (3) Assistent (1)	**Stellenbezeichnung des Vorgesetzten:** Kaufmännische Leitung **Stelleninhaber vertritt:** Referenten **Stelleninhaber wird vertreten:** Referent Personalbeschaffung

Regelmäßige Aufgaben/Tätigkeiten:	**Gewichtung in Prozent:**
Personalplanung und -beschaffung	15
– kurz-, mittel- und langfristige Bedarfsplanung	
– Durchführung der Beschaffungsmaßnahmen	
– Einstellungen inkl. Vertragsgestaltung	
Personaleinsatz	20
– Entwicklung und Umsetzung von Arbeitszeitmodellen	
– Überwachung von Urlaub und Freistellungen	
– Krankenstandüberwachung	
– Durchführung von Versetzungen	
Personalvergütung	10
– Entgeltfindung und -gestaltung	
– Tarifliche Ein- und Umgruppierungen	
Personalentwicklung	15
– Konzeption und Umsetzung der Entwicklungs- und Potenzialplanung	
– Ermittlung des Weiterbildungsbedarfs	
– Konzeption und Durchführung von Bildungsmaßnahmen	
– Bildungscontrolling	
Personalverwaltung	15
– Überwachung der Personalaktenführung	
– Durchführung disziplinarischer Maßnahmen (Abmahnungen)	
– Personalkostencontrolling	
Personalfreisetzung	5
– Kündigungen, Aufhebungsverträge, Arbeitszeugnisse	
Personalführung	15
– Führungsverantwortung der unterstellten Mitarbeiter	
– Beratung der betrieblichen Führungskräfte	
– Ansprech- und Verhandlungspartner des Betriebsrats	
Wiederkehrende, zeitlich befristete Aufgaben/Tätigkeiten:	
– Vertretungstätigkeit bei Abwesenheit der zu vertretenden Mitarbeiter	3
– Mitgliedschaft im Prüfungsausschuss der IHK	2

Bemerkungen:

Datum/Unterschrift Ersteller	Datum/Unterschrift Personalleitung	Datum/Unterschrift Vorgesetzter

Abb. 155: Stellenbeschreibung der Personalleitung in einem mittelständischen Unternehmen

2.6.3 Anforderungsprofil

Die Stellenbeschreibung selbst gibt keine Auskunft über die erforderlichen Qualifikationen und Kompetenzen des gesuchten Personals, d. h. über das Anforderungsprofil, dem ein Stelleninhaber genügen muss (vgl. Bröckermann 2007, S. 56). Aber aus den aufgeführten Aufgaben einer Stellenbeschreibung resultiert eine Vielzahl an Anforderungen, die in ihrer Gesamtheit die Basis für ein Anforderungsprofil bilden. Darüber hinaus beinhaltet das Anforderungsprofil für die einzelnen Anforderungen jeweilige **Ausprägungsgrade**. Diese sind die Grundlage für den späteren Abgleich mit dem Qualifikationsprofil des Bewerber.

Um Ausprägungsgrade zu definieren, werden die Anforderungen üblicherweise in Grund- und Einzelmerkmale gegliedert. Als analytische Methode zur Bestimmung von Grundmerkmalen dient häufig das **Genfer Schema**. Es wurde im Jahr 1950 auf einer internationalen Konferenz von Arbeitswissenschaftlern im Auftrag des Internationalen Arbeitsamtes in Genf entwickelt und verabschiedet. Es enthält folgende Anforderungsarten (Grundmerkmale):

- Wissen/Können (geistige und körperliche Anforderungen),
- Belastung (geistige und körperliche Anforderungen),
- Verantwortung,
- Arbeitsbedingungen/Umgebungseinflüsse.

Die **Grundmerkmale** bilden die Basis für ein aussagekräftiges Anforderungsprofil. Mit ihrer Hilfe lassen sich Arbeiten analysieren und Anforderungen einer Stelle ermitteln. Jedes Grundmerkmal ist durch **Einzelmerkmale** zu konkretisieren. Deren Anzahl und inhaltliche Ausgestaltung hängt von der jeweiligen Stelle ab und ist Sache des einzelnen Unternehmens. Anhand der Stellenbeschreibung »Personalleitung« (siehe Abbildung 155) resultieren aus dem Grundmerkmal »Können« beispielsweise die folgenden Einzelmerkmale:

- Kenntnisse Arbeitsrecht,
- Kenntnisse Betriebswirtschaft,
- Kommunikationsfähigkeit,
- Durchsetzungsfähigkeit,
- Führungsstärke,
- Verhandlungsgeschick.

Die einzelnen Merkmale können auf einer Skala (z. B. von eins bis sechs) dargestellt werden, wobei die Merkmalsausprägung einer konkreten Aufgabenstellung auf der Skala festzulegen ist (vgl. Albert 2008, S. 70). Die Festlegung der jeweiligen Ausprägungsgrade erfolgt durch das Unternehmen anhand einer frei wählbaren Bewertungsskala. Das Anforderungsprofil ergibt sich aus der Bewertung der Anforderungsmerkmale. Am Beispiel des Grundmerkmals »Können« und der genannten Einzelmerkmale für die Stellenbeschreibung »Personalleitung« ergibt sich das folgende Anforderungsprofil (siehe Abbildung 156):

Können	sehr gering	gering	eher gering als hoch	eher hoch als gering	hoch	sehr hoch
	1	2	3	4	5	6
Kenntnisse Arbeitsrecht						
Kenntnisse Betriebswirtschaft						
Kommunikationsfähigkeit						
Durchsetzungsfähigkeit						
Führungsstärke						
Verhandlungsgeschick						

Abb. 156: Anforderungsprofil

Das Anforderungsprofil stellt die Sollvorgabe für die zu besetzende Stelle dar. Anhand des **Qualifikationsprofils des Bewerbers** kann ein Abgleich vorgenommen werden, um Eignung und Qualifikation zu prüfen. Dazu sind die Ausprägungen, die der Bewerber im jeweiligen Einzelmerkmal erzielt, ebenfalls auf Grundlage einer Bewertungsskala zu ermitteln. Die einzelnen Ausprägungen des Bewerbers zeigen dann im Vergleich mit dem Anforderungsprofil eventuelle Abweichungen (siehe Abbildung 157).

Können	sehr gering	gering	eher gering als hoch	eher hoch als gering	hoch	sehr hoch
	1	2	3	4	5	6
Kenntnisse Arbeitsrecht						
Kenntnisse Betriebswirtschaft						
Kommunikationsfähigkeit						
Durchsetzungsfähigkeit						
Führungsstärke						
Verhandlungsgeschick						

Abb. 157: Abgleich Anforderungs- und Qualifikationsprofil

Der Abgleich im angeführten Beispiel zeigt starke Abweichungen bei einzelnen Ausprägungen. Der Bewerber würde sich daher wegen mangelnder Übereinstimmung zwischen Anforderungs- und Qualifikationsprofil für die Stelle »Personalleitung« kaum eignen.

2.6.4 Interne Personalbeschaffung

Die interne Personalbeschaffung beinhaltet die Deckung des Personalbedarfs, die das Unternehmen aus sich heraus ohne den externen Arbeitsmarkt bewältigt. Der Personalbedarf wird somit **innerhalb des Unternehmens** gedeckt. Dafür stehen verschiedene interne Beschaffungswege (Instrumente) zur Verfügung.

Der wichtigste interne Beschaffungsweg ist die interne Stellenausschreibung. Auf sie wird im Folgenden näher eingegangen. Auch Mehrarbeit zählt im weitesten Sinne zur internen Personalbeschaffung. Besteht ein Personalbedarf nur vorübergehend oder kurzfristig, bietet sich in manchen Fällen eine Mehrarbeitsregelung an. Durch Überstunden oder Sonderschichten übernimmt die bestehende Belegschaft oder der einzelne Mitarbeiter die Aufgaben der unbesetzten Stelle. Dabei bedarf es einer besonderen Personalbedarfsplanung und vor allem der Einhaltung des Arbeitszeitgesetzes. Darüber hinaus zählen Versetzung, Urlaubsverschiebung und Personalentwicklung zu internen Beschaffungswegen (vgl. Olfert 2010, S. 107).

Interne Stellenausschreibung

Die interne (innerbetriebliche) Stellenausschreibung dient der direkten Gewinnung von Stellenanwärtern aus den eigenen Reihen und der Information über das innerbetriebliche Beschaffungspotenzial (vgl. Berthel/Becker 2010, S. 305). Sie erfolgt an einem für die Bekanntgabe von betrieblichen Informationen geeigneten Ort. In der Regel gehören dazu das Schwarze Brett und das Intranet. Wichtig dabei: Jeder Mitarbeiter muss Zugang zu diesem Medium haben.

Unternehmen sollten bei internen Stellenausschreibungen den **Betriebsrat miteinbeziehen**. Er kann nach § 93 BetrVG verlangen, dass zu besetzende Arbeitsplätze allgemein oder für bestimmte Arten von Tätigkeiten **vor ihrer Besetzung** innerhalb des Betriebes ausgeschrieben werden. Bei Unterlassen kann der Betriebsrat die Zustimmung zur Einstellung verweigern (§ 99 Abs. 2 Nr. 5 BetrVG). Mit einer externen Personalsuche müssen Unternehmen aber nicht bis zum Abschluss des internen Verfahrens warten. Gleichzeitig internen und externen Aktivitäten nachzugehen, ist nach § 93 BetrVG nicht verboten.

Eine interne Stellenausschreibung entsteht auf Grundlage der **Stellenbeschreibung** (siehe Kapitel 2.6.2). Sie beinhaltet alle Informationen, die für potenzielle Bewerber wichtig sind. Zu den Mindestinformationen zählen:

* Bezeichnung der zu besetzenden Stelle,
* Beschreibung der Aufgaben,
* Anforderungen (erforderliche Qualifikationen und Kompetenzen),
* Art der Anstellung (Vollzeit/Teilzeit/befristet/unbefristet),
* Art der Vergütung (Tarifgruppe/außer Tarif),
* Zeitpunkt der Arbeitsaufnahme,
* Hinweis auf eventuelle Fortbildungsbereitschaft,
* Kontakt/Ansprechpartner.

Stellenausschreibungen, sowohl intern als auch extern, müssen sich an die Diskriminierungsverbote des Allgemeinen Gleichbehandlungsgesetzes (AGG) halten (siehe Kapitel 2.6.5).

Bei Bewerbungen von Mitarbeitern auf interne Stellenausschreibungen ist im Ablehnungsfall Feingefühl gefragt. Eine Absage wirkt schnell demotivierend und kann den Mitarbeiter verunsichern. Ein einfaches Standardanschreiben reicht daher im internen Absageverfahren keinesfalls aus. Vor allem wenn letztendlich ein externer Bewerber die vakante Stelle besetzt, ist Offenheit gefragt. Unternehmen sollten das persönliche Gespräch mit den internen Bewerbern suchen und ihnen die Gründe der Ablehnung näher erläutern sowie sonstige Entwicklungsmöglichkeiten aufzeigen.

Mitarbeiterempfehlung

Zur internen Personalbeschaffung zählen auch Bewerbervorschläge aus den eigenen Reihen. Vorgesetzte und Mitarbeiter empfehlen einen aus ihrer Sicht geeigneten Kandidaten für die offene Stelle. Empfehlungen können sich sowohl auf interne Kollegen als auch auf den unternehmensexternen Bekannten- und Verwandtenkreis beziehen. Eine klare Abgrenzung zwischen interner und externer Personalbeschaffung ist daher nur schwer möglich.

In vielen Unternehmen bestehen bereits **Mitarbeiterempfehlungsprogramme**. Unter dem Motto »Mitarbeiter werben Mitarbeiter« dominiert der externe Rekrutierungsweg. Angestellte des Unternehmens machen vor allem Verwandte, Freunde und Bekannte auf offene Stellen aufmerksam. Die Bewerbung erfolgt über die Personalabteilung. Diese informiert der interne Mitarbeiter gleichzeitig über seinen Mitarbeitervorschlag. Wird der empfohlene Bewerber eingestellt, zahlen Unternehmen für die Vermittlung oftmals eine Prämie. In der Regel erfolgt die Prämienzahlung aber erst nach Ablauf der Probezeit des neuen Mitarbeiters.

Rekrutierungsvorschläge von Mitarbeitern bieten dem Unternehmen viele Vorteile: Unternehmensangehörige kennen betriebliche Abläufe und können daher aus eigener Erfahrung abschätzen, wer sich fachlich und persönlich am besten eignet. Darüber hinaus empfehlen Mitarbeiter mit jedem Bewerbervorschlag das Unternehmen auch nach außen. Diese **positive Außenwirkung** stärkt sowohl die Arbeitgebermarke als auch andere externe Rekrutierungsmaßnahmen.

Vorschläge von Vorgesetzten sind ebenfalls ein gängiges Instrument der internen Personalbeschaffung. Sie können sehr gut beurteilen, welche Mitarbeiter am besten die Anforderungen der offenen Stelle erfüllen und welche Personalentwicklungsmaßnahmen dafür gegebenenfalls notwendig sind. Allerdings sollte die Personalabteilung jeden Vorschlag genau betrachten. Handelt es sich um Mitarbeiter aus dem eigenen Verantwortungsbereich, könnte die Gefahr des »Weglobens« bestehen. Umgekehrt neigen manche Vorgesetzte dazu, leistungsstarke Mitarbeiter zurückzuhalten. Diese Effekte sind jedoch Ausnahmeerscheinungen. Grundsätzlich sind Vorschläge von Vorgesetzten als positiv zu bewerten.

Nachfolge- und Laufbahnplanung

Die interne Personalbeschaffung beschränkt sich nicht nur auf die Besetzung kurz- oder mittelfristig frei gewordener Stellen. Sie sollte sich vielmehr als ganzheitlicher Prozess verstehen, der auch die Deckung des langfristigen Personalbedarfs beinhaltet. Ziel ist es, zukünftige Vakanzen mit Mitarbeitern aus den eigenen Reihen zu besetzen. Im Sinne einer langfristigen Personalbedarfsplanung nimmt die interne Personalbeschaffung den voraussichtlichen Personalbedarf vorweg. Dieser ergibt sich aus der natürlichen Fluktuation oder einem geplanten Unternehmenswachstum.

Im Rahmen der Nachfolgeplanung identifizieren Unternehmen rechtzeitig potenzielle Mitarbeiter und bieten ihnen die Möglichkeit, sich gezielt für die Übernahme einer bestimmten Stelle zu qualifizieren (vgl. Bröckermann 2007, S. 440). Die Nachfolgeplanung ist daher eng mit der Personalentwicklungsplanung verknüpft. Darüber hinaus muss sie stets mit der vorausschauenden Laufbahnplanung (Karriereplanung) einhergehen. Denn: Die Aussicht auf eine Stellennachfolge bedeutet für den Mitarbeiter einen wichtigen Karriereschritt, bei dem er sich innerhalb des Unternehmens weiterentwickeln kann.

Der Erfolg einer Nachfolgeplanung hängt von der termingerechten Personalbeschaffung ab. Unternehmen sollten daher mit in Betracht kommenden Mitarbeitern **rechtzeitig** eine Laufbahnplanung (Karriereplanung) durchführen. In Fördergesprächen können sie die Karrierevorstellungen der betreffenden Mitarbeiter in Erfahrung bringen. Danach erarbeiten Unternehmen und Mitarbeiter auf Basis des Anforderungsprofils entsprechende Personalentwicklungsmaßnahmen, um den Nachfolger auf seine zukünftige Stelle vorzubereiten.

Zur Nachfolge- und Laufbahnplanung zählen ebenfalls Traineeprogramme und Nachwuchsförderung. Mitarbeiter werden mit internen Qualifizierungsprogrammen gezielt auf Führungs- oder Managementpositionen in dem jeweiligen Unternehmen vorbereitet (Talentmanagement). Zum Zeitpunkt der Qualifizierung ist jedoch ungewiss, welche konkrete Stelle der Mitarbeiter nach Beendigung übernehmen wird. Unternehmen gehen von einem generellen Personalbedarf aus und bieten ihren Mitarbeitern interessante Karrieremöglichkeiten.

Vor- und Nachteile

Interne Personalbeschaffung	
Vorteile	Nachteile
geringe Kosten für Personalbeschaffung (keine externe Anzeigenschaltung notwendig)	hohe Aufwendungen/Kosten für Personalentwicklungsmaßnahmen
geringes Unternehmensrisiko (Fähigkeiten interner Mitarbeiter sind bekannt)	Verlagerung des Personalbedarfs (vorherige Stelle vakant)
hohe Motivation aufgrund von Karrieremöglichkeiten	eventuell niedrige Akzeptanz im Team
Mitarbeiter kennen Arbeitsabläufe, Unternehmensstrukturen und -werte	eventuelle »Betriebsblindheit«

Abb. 158: Vor- und Nachteile interner Personalbeschaffung

2.6.5 Externe Personalbeschaffung

Die externe Personalbeschaffung deckt den Personalbedarf, für den das Unternehmen über interne Beschaffungswege nicht ausreichend Mitarbeiter gewinnen oder entwickeln kann. Der Personalbedarf wird durch Bewerber **außerhalb des Unternehmens** gedeckt. Beschaffungsalternativen über den externen Arbeitsmarkt sollen

- die kurz- und mittelfristige Deckung des aktuellen Personalbedarfs und
- das langfristige Erschließen externer Mitarbeiterpotenziale ermöglichen (vgl. Berthel/ Becker 2010, S. 306).

Zur Zielerreichung stehen verschiedene externe Beschaffungswege (Instrumente) zur Verfügung, auf die im Folgenden näher eingegangen wird.

Externe Stellenausschreibung

Die externe Stellenausschreibung (Stellenanzeige) dient der direkten Ansprache von Bewerbern auf dem externen Arbeitsmarkt. Inhaltlich entsteht sie ebenfalls auf Grundlage der Stellenbeschreibung. Größtenteils können dazu die Inhalte der internen Stellenausschreibung übernommen und angepasst werden. Zu den wesentlichen Informationen einer externen Stellenanzeige zählen:

- Unternehmensbeschreibung und -darstellung,
- Bezeichnung der zu besetzenden Stelle,
- Beschreibung der Aufgaben (Muss-/Kann-Kriterien),
- Anforderungen (erforderliche Qualifikationen und Kompetenzen),
- Art der Anstellung (Vollzeit/Teilzeit/befristet/unbefristet),
- Art der Vergütung (Tarifgruppe/außer Tarif),
- Hinweis auf Sonderleistungen (z. B. Sozialleistungen, Firmenwagen),
- Zeitpunkt der Arbeitsaufnahme,
- Bewerbungsweg (Postweg, Online, E-Mail),
- erforderliche Bewerbungsunterlagen (Anschreiben, Lebenslauf, Zeugnisse),
- Kontakt/Ansprechpartner.

Große Unternehmen lassen oftmals das Layout sowie Design von Agenturen entwickeln. So stellen sie sicher, dass ihre Stellenanzeigen immer dem einheitlichen Design des Unternehmens entsprechen. Die Stellenanzeigen erlangen damit einen hohen Wiedererkennungswert, der sich positiv auf das Personalmarketing auswirkt (siehe Kapitel 2.6.6).

Bei der Anzeigenschaltung nutzen Unternehmen, in Abhängigkeit von der jeweiligen Stelle, **zielgruppengerechte Medienkanäle**. Wichtig dabei: Die Stellenanzeige muss innerhalb der gewünschten Zielgruppe möglichst viele potenzielle Bewerber erreichen und deren Interesse wecken (Streuverluste vermeiden). Unternehmen sollten sich daher im Vorfeld genau überlegen, welche Bewerber mit welchem Profil sie ansprechen möchten. Und vor allem, über welche Medien (Formate, Kanäle) sie die Zielgruppe erreichen können. Je nach Hierarchieebene oder Fachspezifika variieren die Medienkanäle stark.

- Printmedien

Noch vor zehn Jahren wurden zur Bewerbergewinnung fast ausschließlich externe Stellenausschreibungen in Wochenendausgaben regionaler und überregionaler Tageszeitungen und Fachzeitschriften genutzt. In Zeiten des Web 2.0 schalten Unternehmen ihre Stellenanzeigen vorrangig in Online-Medien. Diese haben eine weitaus höhere Reichweite als Printpublikationen, die meist nur eine kleine Gruppe an potenziellen Bewerbern erreichen.

Zudem sind Stellenanzeigen in Printmedien mit hohen Kosten verbunden. Aber: Ist die gewünschte Zielgruppe über diesen Medienkanal zu erreichen, kann eine Anzeigenschaltung durchaus erfolgreich sein. Besonders bei der Suche nach Führungs- und Managementpositionen nutzen Unternehmen noch häufig überregional bekannte Tageszeitungen. Auch Stellenausschreibungen in den Kleinanzeigen regionaler Wochenendausgaben oder kostenloser Sonntagszeitungen können zielgruppengerecht sein, wenn Unternehmen beispielsweise regional Saison- oder Hilfskräfte suchen.

• Firmen-Homepage

Betreiben Unternehmen eine eigene Internetseite, wird jede externe Stellenausschreibung dort veröffentlicht. Für interne Mitarbeiter entsteht dadurch eine Transparenz der Personalbeschaffung. Vor allem aber werden die Bewerber erreicht, die gezielt bei dem Unternehmen nach offenen Stellen suchen. Ihnen ist das Unternehmen entweder als Arbeitgeber oder etablierte Produktmarke positiv bekannt. Diese Bewerber zeigen Eigeninitiative, welche wiederum auf eine hohe Motivation und ein Interesse an dem zukünftigen Arbeitgeber schließen lässt. Aber: Nur sehr wenige Unternehmen rekrutieren ausschließlich über ihre eigene Internetseite. Oftmals reicht die Anzahl an Bewerbungen, die über die Homepage generiert wird, nicht aus. Lediglich sehr bekannte Großkonzerne erreichen über ihre Karrierewebseiten ausreichend viele Bewerber, um alle Personalbedarfe zu decken. Abhängig vom Bekanntheitsgrad des Unternehmens sowie von den Besucherzahlen der Homepage ist eine ergänzende Nutzung anderer Medienkanäle sinnvoll.

• Online-Medien

Die Schaltung von Stellenanzeigen in Online-Jobbörsen ist in der heutigen Zeit selbstverständlich. Im Vergleich zu Printanzeigen stellen sie eine kostengünstige Alternative dar. Für die Schaltung einer Stellenausschreibung in einer Jobbörse kaufen Unternehmen für einen bestimmten Zeitraum einen oder mehrere Anzeigenplätze. Die Stellenanzeige ist über die Jobbörse und Suchmaschinen für potenzielle Bewerber kostenlos auffindbar. Bei Online-Stellenanzeigen bietet die erhöhte Reichweite einen wesentlichen Vorteil. Unternehmen können auf diese Weise viele Bewerbungen erhalten. Aber: Die Zahl der eingehenden Bewerbungen sagt nichts über deren Qualität aus. Online ist daher ebenfalls eine zielgruppenspezifische Anzeigenschaltung ratsam. Neben den bekannten Jobbörsen wie Stepstone oder Monster können Unternehmen auch fachspezifische Communitys und Portale sowie soziale Netzwerke nutzen. Dort wird die gewünschte Zielgruppe auf für sie passende Stellenangebote hingewiesen.

Eine erfolgreiche externe Stellenausschreibung beinhaltet oft die **Kombination verschiedener Medienkanäle**. Unternehmen müssen sich nicht auf eine Form oder einen Kanal beschränken. In der Praxis wird die Stellenausschreibung auf der Homepage durch Anzeigen in Online-Medien ergänzt.

Gleichbehandlungsgrundsatz

Analog zur internen Personalbeschaffung dürfen externe Stellenausschreibungen keine Personengruppen ausschließen bzw. diskriminieren. Gemäß § 1 AGG sind Benachteiligungen aus Gründen der Rasse oder wegen der ethnischen Herkunft, des Geschlechts, der

Religion oder Weltanschauung, einer Behinderung, des Alters oder der sexuellen Identität verboten (siehe Kapitel 2.1.3).

Bei der inhaltlichen Gestaltung einer Stellenanzeige sind daher die Vorgaben des **Allgemeinen Gleichbehandlungsgesetzes** zu berücksichtigen. Geschlechtsneutrale Formulierungen sind selbstverständlich. Doch Gerichte verhandeln häufig in Fällen von Altersdiskriminierung. Die Suche nach Young Professionals, Berufseinsteigern oder jungen Mitarbeitern benachteiligt schnell Bewerber anderen Alters. Lässt sich eine Benachteiligung durch Indizien vermuten (z. B. unsachgemäße Formulierung einer Stellenanzeige), so muss das Unternehmen belegen können, dass kein Verstoß gegen das Benachteiligungsverbot vorliegt. Die **Beweislast** liegt beim Unternehmen. Erbringt dieses den Beweis nicht, kann der benachteiligte Bewerber Schadensersatzansprüche geltend machen (siehe Abbildung 159).

Schadensersatz nach § 15 Abs. 1, 2 AGG			
Tatbestand	Rechtsfolge	§ 15 Abs. 2 AGG	
Bewerber wäre bei benachteiligungs-freier Auswahl	nicht eingestellt worden.	Entschädigung: maximal drei Monatsgehälter	Satz 2
	eingestellt worden.	angemessene Entschädigung in Geld (Höhe ist ungewiss); in jedem Fall aber höher als drei Monatsgehälter (Umkehrschluss aus Absatz 3 Satz 2)	Satz 1

Abb. 159: Schadensersatz nach AGG

Sonstige externe Beschaffungswege

Der externen Personalbeschaffung stehen neben der Stellenausschreibung noch weitere externe Beschaffungswege zur Verfügung. Im Vordergrund stehen dabei das Hinzuziehen externer Dienstleister bei Stellenbesetzungen sowie die Kooperation mit Bildungsträgern und -einrichtungen. Sie bieten einerseits ein breites Spektrum an Dienstleistungen zur direkten Stellenbesetzung und wirken andererseits unterstützend auf die langfristige Sicherung des Personalbedarfs.

• Personalberatung

Personalberater stellen einen externen Beschaffungsweg für Mitarbeiter der höheren und hohen Hierarchie-Ebene dar (vgl. Olfert 2010, S. 123). In erster Linie übernehmen sie bei der Stellenbesetzung eine beratende Funktion. Sie haben in ihrem Spezialgebiet eine umfangreiche Expertise. Zudem verfügen Personalberater häufig über einen großen Bewerberpool mit qualifizierten Kandidaten. Ihr Spezialgebiet sind Vakanzen von Führungskräften oder Spezialisten mit einem Jahresgehalt ab 50.000,00 EUR (Executive Search). Dafür bieten Personalberater verschiedene Dienstleistungen an. Vorrangig übernehmen sie den gesamten externen Beschaffungsweg. Das heißt: Der Personalberater gestaltet und platziert eine Stellenanzeige unter eigenem Namen, übernimmt den telefonischen Erstkontakt, trifft die Vorauswahl und präsentiert dem Unternehmen eine Auswahl an geeigneten Kandidaten. Eine weitere Dienstleistung des Personalberaters ist das Headhunting. Dabei werden beispielsweise Mitarbeiter von Konkurrenzunternehmen oder aus Datenbanken als in Betracht kommende Kandidaten identifiziert. Der Headhunter ergründet dann telefonisch, ob die identifizierten Kandidaten Interesse an einem Wechsel haben und ob ihr Qualifikationsprofil dem Anforderungsprofil entspricht (vgl. Bröckermann 2007, S. 86). Nach einer Vorauswahl präsentiert er seinem Auftraggeber die Kandidaten. Das erfolgsorientierte Honorar des Personalberaters richtet sich nach dem Jahresgehalt der zu besetzenden Position. Teilweise sind auch feste Honorar Bestandteile für Ausschreibung und Kandidatensuche im Vorfeld fällig. Diese Form der Personalbeschaffung gilt als sehr kostenintensiv.

- Personalvermittlung

Die Personalvermittlung eignet sich vorrangig für die Stellenbesetzung von Fachkräften mit einem Jahresgehalt von 30.000,00 EUR bis 50.000,00 EUR. Es besteht allerdings auch die Möglichkeit, über Personalvermittler Kandidaten anderer Gehaltsspannen zu suchen. Der Unterschied zur Personalberatung liegt darin, dass keine Beratungsleistung erfolgt. Personalvermittler sind darauf spezialisiert, Arbeitsuchende oder zum Arbeitgeberwechsel entschlossene Personen ausfindig zu machen, um sie einem Unternehmen zu vermitteln. In der Praxis übernehmen sie, außer Beratung und Headhunting, ähnliche Aufgaben wie der Personalberater. Je nach Auftrag schalten Personalvermittler im eigenen Namen Stellenanzeigen und greifen auf gegebenenfalls vorhandene eigene Bewerberdatenbanken zurück. Kommt es zu einem Arbeitsvertrag mit dem vorgeschlagenen Kandidaten, erhält der Personalvermittler von dem Unternehmen ebenfalls ein Honorar in Abhängigkeit des vereinbarten Jahresgehalts.

- Private Arbeitsvermittlung

Die private Arbeitsvermittlung wird entweder von dem Unternehmen oder dem Stellensuchenden beauftragt. Der Auftraggeber übernimmt das Vermittlungshonorar. Ausbildungssuchende, von Arbeitslosigkeit bedrohte Arbeitsuchende und Arbeitslose können für die Vermittlung bei der Bundesagentur für Arbeit einen Aktivierungs- und Vermittlungsgutschein beantragen. Mit diesem erhält der private Arbeitsvermittler bei erfolgreicher Arbeitsvermittlung in eine versicherungspflichtige Beschäftigung eine Vergütung von 2.000,00 EUR (§ 45 Abs. 6 SGB III). Private Arbeitsvermittler benötigen eine Zertifizierung gemäß der Akkreditierungs- und Zulassungsverordnung Arbeitsförderung (AZAV), um Maßnahmen der Arbeitsförderung durchzuführen und eine Förderung nach dem SGB III in Anspruch zu nehmen (vgl. Bundesagentur für Arbeit 2012).

- Arbeitnehmerüberlassung

Im Ursprung dient die Arbeitnehmerüberlassung der Überbrückung kurzfristig entstandener Vakanzen (z. B. durch Krankheit) oder saisonaler Schwankungen mit Fremdpersonal (siehe Kapitel 2.1.2). In der Praxis gilt sie allerdings als flexibles Instrument und kommt in manchen Bereichen dauerhaft zum Einsatz. Sowohl Vakanzen bei Fach- als auch Hilfskräften können darüber geschlossen werden. Bei der Arbeitnehmerüberlassung stellt ein Zeitarbeitsunternehmen als Verleiher einen Mitarbeiter, mit dem er einen Arbeitsvertrag geschlossen hat, einem anderen Unternehmen als Entleiher befristet zwecks Erbringung von Arbeitsleistung zur Verfügung (vgl. Olfert 2010, S. 124). Im Unterschied zur Personalberatung und -vermittlung erfolgt keine direkte Einstellung bei dem suchenden Unternehmen. Verleiher und Entleiher schließen einen Arbeitnehmerüberlassungsvertrag, in dem die Konditionen wie Stundenverrechnungssatz, Überlassungsdauer und sonstige Vertragsbedingungen festgehalten werden. Unternehmen, die als Verleiher gewerbsmäßig Arbeitnehmer an Dritte überlassen möchten, benötigen die Erlaubnis der zuständigen Regionaldirektion der Bundesagentur für Arbeit (vgl. Olfert 2010, S. 125). Ebenfalls gelten sowohl für den Verleiher als auch für den Entleiher die Regelungen des Arbeitnehmerüberlassungsgesetzes (AÜG).

- Werkvertrag

Bei einem Werkvertrag (§ 631 BGB, siehe auch Kapitel 2.1.2) verpflichtet sich ein anderes Unternehmen, erfolgsbezogene Arbeiten oder ein ganzes Projekt mit seinen eigenen Mitarbeitern auszuführen (vgl. Hentze/Kammel 2001, S. 263). Diese Form der Personalbeschaffung wird häufig für technische Vorrichtungen (z. B. Wartung und Instandsetzung elektrischer Anlagen) gewählt, wenn die Unternehmensgröße es nicht erlaubt, dafür eine eigene Mitarbeitergruppe zu beschäftigen (vgl. Jung 2011, S. 145).

- Bildungsträger und -einrichtungen

Kooperationen und Kontakte zu Bildungsträgern und -einrichtungen fördern das Personalmarketing (siehe Kapitel 2.6.6.). Sie dienen darüber hinaus der direkten Ansprache von potenziellen Bewerbern und bieten Arbeitgebern ein Forum (z. B. Unternehmenspräsentation in Hochschulen). Über kostenfreie Inserate oder Aushänge am Schwarzen Brett erreichen Unternehmen Hochschulabsolventen sowie qualifizierte Fachkräfte von Weiterbildungsträgern. Ebenfalls bietet sich bei der Vergabe von Abschluss- und Examensarbeiten diese Form der externen Personalbeschaffung an.

- Bundesagentur für Arbeit

Unternehmen können sich bei vakanten Stellen ohne Einschränkung an die Bundesagentur für Arbeit wenden. Dort sind Arbeitsuchende ungeachtet ihrer Qualifikation und Einkommenshöhe registriert. Für Unternehmen besteht die Möglichkeit, kostenlos eine Stellenanzeige aufzugeben. Ebenfalls kann ein Vermittlungsauftrag erteilt werden, wobei die Bundesagentur für Arbeit dem Unternehmen Arbeitsuchende vorschlägt (Arbeitgeberservice). Für die Vermittlung entstehen weder für Arbeitnehmer noch Arbeitgeber Kosten. Im Gegenteil: Unternehmen können oftmals Fördermöglichkeiten in Anspruch nehmen. Die Bundesagentur für Arbeit gewährt für bestimmte Personengruppen Einarbeitungs- bzw. Eingliederungszuschüsse.

Vor- und Nachteile

Externe Personalbeschaffung	
Vorteile	Nachteile
hohe Bewerberanzahl (mehr Auswahlmöglichkeiten)	hohe Kosten für externe Personalbeschaffung (Anzeigen, ggf. Hinzuziehung von Dienstleistern)
Deckung des Personalbedarfs	höheres Risiko von Fehlbesetzungen
hoher Nutzen externer Potenziale (Berufserfahrung, Know-how des Bewerbers)	Arbeitsabläufe unbekannt (dadurch lange Einarbeitungszeiten)
frischer Wind im Unternehmen (keine »Betriebsblindheit«)	hoher Rekrutierungsaufwand (Anzeigenschaltungen, Bewerberkorrespondenz und -auswahl)

Abb. 160: Vor- und Nachteile externer Personalbeschaffung

2.6.6 Personalmarketing

Die interne und externe Personalbeschaffung setzt in der Regel einen akuten Personalbedarf voraus. Für ein Personalmarketing ist dieser hingegen nicht unbedingt erforderlich. Personalmarketing soll vielmehr die Personalbeschaffung unterstützen und langfristig sichern (siehe Kapitel 3.1.6). Das primäre Ziel: die langfristige Erschließung seltener oder schwer beschaffbarer Personalpotenziale auf dem externen Arbeitsmarkt sowie der Aufbau eines positiven Images in beschaffungsrelevanten Arbeitsmarktsegmenten (vgl. Drumm 2008, S. 293). Personalmarketing versteht sich daher als dauerhaft angelegtes Instrument der Personalbeschaffung.

Analog zum klassischen Produktmarketing geht es in erster Linie darum, den Bekanntheitsgrad zu steigern und sich im Vergleich zu anderen Anbietern positiv darzustellen. Durch Personalmarketing erlangen Unternehmen auf dem Arbeitsmarkt **Wettbewerbsvorteile**, um potenzielle Bewerber zu veranlassen, den eigenen Betrieb anstelle anderer Arbeitgeber zu präferieren (vgl. Berthel/Becker 2010, S. 318). Voraussetzung dafür ist es, die relevante Zielgruppe und somit die potenziellen Bewerber im Vorfeld zu identifizieren.

Erfolgreiches Personalmarketing geht daher mit einer mittel- bis langfristigen Personalbedarfsplanung einher. Denn möglichst frühzeitig müssen sich Aktivitäten bei den künftig relevanten Zielgruppen entfalten, damit das Personalmarketing im Recruiting-Prozess Wirkung zeigt (vgl. Beck 2012, S. 12). Unternehmen müssen ihre zukünftigen Personalbedarfe bzw. Bereiche, in denen diese mit hoher Wahrscheinlichkeit entstehen, genau kennen, um zielgruppenspezifische Maßnahmen einzuleiten. Zu Maßnahmen im Personalmarketing zählen unter anderem:

- Hochschulmarketing,
- Ausbildungsmarketing,
- Öffentlichkeitsarbeit,
- Karriere-Webseiten.

Doch Personalmarketing beschränkt sich nicht nur auf die externe Sicht. Es ist ebenfalls als internes **Instrument der Personalpolitik** zu verstehen. Internes Personalmarketing soll vor allem eine erhöhte »Bleibemotivation« der bereits im Unternehmen beschäftigten Mitarbeiter erreichen (vgl. Berthel/Becker 2010, S. 316). Dazu stehen die Maßnahmen und Instrumente zur Verfügung, die sich positiv auf die Mitarbeiterzufriedenheit auswirken.

Employer Branding

Das Employer Branding bezeichnet die Profilierung und Positionierung eines Unternehmens, verbunden mit der Zielsetzung, ein unverwechselbares Vorstellungsbild als attraktiver Arbeitgeber in der Wahrnehmung seiner internen und externen Zielgruppen (künftigen, potenziellen, aktuellen und ehemaligen Mitarbeiter) hervorzurufen (vgl. Beck 2012, S. 34). Es bedeutet in der Praxis die Bildung einer **Arbeitgebermarke**. Diese soll im Sinne des Personalmarketings vorrangig dazu beitragen, dass Bewerber auch ohne zielgerichtete Ansprache auf das Unternehmen aufmerksam werden. Im besten Fall suchen Bewerber proaktiv nach offenen Stellen oder bewerben sich initiativ bei dem Unternehmen, das sie als Arbeitgeber positiv wahrnehmen.

Die Bildung einer Arbeitgebermarke liegt nicht allein in der Hand der Personalbeschaffung oder -abteilung. In der Regel wirkt sich die generelle Marke oder das Image des Unternehmens stark auf das Employer Branding aus. Unternehmen wie beispielsweise BMW oder Porsche brauchen eigentlich keine Stellenanzeigen zu schalten, da sie genügend Initiativbewerbungen von qualifizierten Arbeitnehmern erhalten (vgl. Berthel/Becker 2010, S. 317). Sie gelten alleine durch ihren starken Marken- und/oder Produktnamen als attraktiver Arbeitgeber. Das Employer Branding profitiert in solchen Fällen von der vorherrschenden Marktwahrnehmung. Diese ist jedoch nicht zwingend erforderlich. Auch regionale Unternehmen verfügen häufig über ein positives Image. Sie bieten beispielsweise sichere Arbeitsplätze, interessante Entwicklungsperspektiven oder besondere Sozialleistungen, was ebenfalls eine hohe Arbeitgeberattraktivität bewirken kann.

Die Bildung und Positionierung einer Arbeitgebermarke ist meistens mit großem Aufwand und hohen Kosten verbunden. Das Unternehmen muss über entsprechende Ressourcen und vor allem die Bereitschaft verfügen, ein nachhaltiges Arbeitgeberimage aufzubauen. Employer Branding ist ein **fortwährender Prozess**, der in der Regel erst nach einem längeren Zeitraum Wirkung zeigt. Zudem hängt der Aufbau von verschiedenen Einflussfaktoren ab. Nach Beck (2012, S. 36, 37) bilden die folgenden Punkte den Bezugsrahmen für Employer Branding und bestimmen dessen Komplexität:

• Umweltbedingungen (Gesetzgebung, Bildungssystem, Konjunktur etc.),
• Unternehmensbedingungen (Unternehmensgröße, Produkte, Standorte etc.),
• Zielgruppenbedingungen (Ziele, Erwartungen, Bedürfnisse etc.).

In den letzten Jahren gewinnen im Hinblick auf Employer Branding zunehmend **Arbeitgeber-Rankings** an Bedeutung. Mithilfe von Mitarbeiterbefragungen können Unternehmen an Wettbewerben teilnehmen, die ihnen im besten Fall eine hohe Arbeitgeberattraktivität belegen. Mit einem verliehenen Gütesiegel, z.B. »bester Arbeitgeber«, möchten Unternehmen ihr Employer Branding verstärken. Allerdings gibt das Antwortverhalten der Befragten vorwiegend den allgemeinen Bekanntheitsgrad des Unternehmens wieder und nur in begrenztem Maße den Attraktivitätsgrad eines Arbeitgebers (vgl. Beck 2012, S. 39).

Wichtig bei Employer Branding: Die Marke muss halten, was sie verspricht. Stimmen durch das Arbeitgeberimage hervorgerufene Erwartungen nicht mit der Wirklichkeit überein, kann dies zu Enttäuschung und Frustration von Bewerbern und Mitarbeitern führen. Besonders in Zeiten des Web 2.0 verbreiten sich Meinungen und Äußerungen etwa von ehemaligen Mitarbeitern schnell. In sozialen Netzwerken sowie auf **Arbeitgeberbewertungsportalen** informieren sich interessierte Bewerber über die Erfahrungswerte anderer mit dem Unternehmen. Überwiegend schlechte Bewertungen können daher starke Auswirkungen auf die gesamte Personalbeschaffung haben. Darüber hinaus ist ein negatives Arbeitgeberimage nur mit großem Aufwand wieder zu beheben.

Social Media

Sowohl im Personalmarketing als auch für das Employer Branding greifen Unternehmen auf Social Media (siehe auch Kapitel 1.5.7) zurück. Denn in sozialen Netzwerken wie **Xing**, **Facebook** oder **LinkedIn** informieren sich Bewerber über ihre potenziellen Arbeitgeber und versuchen, sich so ein umfassendes Bild über den Arbeitsalltag zu machen (vgl. Bernauer et al. 2010, S. 20). Für Unternehmen ist dies eine vielversprechende Möglichkeit, sich als attraktiver Arbeitgeber zu präsentieren und in den direkten Kontakt mit der von ihnen gewünschten Zielgruppe zu treten.

Unternehmen können die sozialen Netzwerke auf unterschiedliche Art und Weise nutzen. Auf einer eigenen Präsenzseite stellen sich Unternehmen dar und geben vertiefende Informationen zum Produktportfolio oder zu Karrieremöglichkeiten. Dabei steht allerdings nicht zwingend der Gedanke der Personalbeschaffung im Vordergrund. Oftmals entstehen Social-Media-Auftritte auf Basis eines ganzheitlichen Marketings und fokussieren neben der Bewerberansprache auch den Dialog mit Kunden.

Aus Sicht der Personalbeschaffung bieten soziale Netzwerke aber mehr Optionen als die reine Unternehmensdarstellung im Sinne des Personalmarketings. Im Bereich Recruiting ermöglichen vor allem **Themengruppen** innerhalb der großen Netzwerke für Unternehmen eine authentische Mensch-zu-Mensch-Kommunikation (vgl. Bernauer et al. 2010, S. 52). Die Möglichkeit des direkten Austauschs oder die Art der Unternehmenskommunikation kann ebenfalls das Interesse von potenziellen Bewerbern wecken und sich vorteilhaft auf den Beschaffungsprozess auswirken.

Darüber hinaus bieten manche Netzwerke auch die Schaltung von Stellenanzeigen an. Im Hinblick darauf, dass speziell die Zielgruppe der Young Professionals immer seltener Zeitung liest, ist es wichtig, diese Form der Stellenanzeigen vermehrt einzusetzen (vgl. Bernauer et al. 2010, S. 52). Besonders die Zielgruppen, die sich mit digitalen Medien auskennen und diese im Alltag aktiv nutzen, werden über soziale Netzwerke angesprochen. Dazu zählen vor allem die sog. Millenials, Generation Y oder Digital Natives: Sie bezeichnen die Generation der nach 1981 Geborenen, die mit der virtuellen Hightech-Welt aufgewachsen ist und sich deren Lebens- und Arbeitsrhythmus voll angepasst hat (vgl. Bernauer et al. 2010, S. 36).

In der Praxis ist der Erfolg von Social-Media-Aktivitäten oft nur schwer zu bestimmen. Einer expliziten Stellenanzeige in einem sozialen Netzwerk steht zwar eine messbare Anzahl an Bewerbern gegenüber. Aber Initiativbewerbungen sind nicht zwangsläufig auf erfolgreiche Social-Media-Aktivitäten zurückzuführen. Die Personalbeschaffung kann daher den konkreten Nutzen lediglich schätzen. Den Aufwand hingegen können Unternehmen anhand der eingesetzten Personalressourcen oder eventueller Agenturkosten genau bestimmen. Insgesamt gilt der Kostenaufwand für einen Social-Media-Einsatz als überschaubar und erfordert im Vergleich zu Personalmarketingmaßnahmen via Print, TV oder Messen deutlich geringere Budgets (vgl. Bernauer et al. 2010, S. 118).

2.6.7 Auswahlverfahren und Eignungsbeurteilung

Für die Eignungsbeurteilung und letztendliche Personalauswahl nutzen Unternehmen verschiedene Auswahlverfahren. Diese sollen mit ergänzender Eignungsdiagnostik ihre Entscheidung absichern. Denn die Entscheidung, welcher Bewerber als Mitarbeiter in das Unternehmen aufgenommen wird, ist oftmals von erheblicher finanzieller Tragweite (vgl. Kirbach et al. 2004, S. 19). Je nach Stellenbeschreibung und Anforderungsprofil können einzelne oder mehrere Auswahlverfahren in Kombination zum Einsatz kommen. Die wichtigsten Auswahlverfahren werden im Folgenden näher beschrieben.

Bewerbungsunterlagen

Bewerbungsunterlagen dienen üblicherweise dem ersten Abgleich zwischen dem Anforderungsprofil der Stelle und dem Qualifikationsprofil des Bewerbers. Ausgangspunkt der Personalauswahl und Instrument der Vorauswahl ist daher eine Analyse der Bewerbungsunterlagen, die in der Regel Bewerbungsanschreiben, Lebenslauf, Zeugnisse, Referenzen und unter Umständen Arbeitsproben enthalten (vgl. Oechsler 2011, S. 219). Bei der **Sichtung und Analyse** von Bewerbungsunterlagen empfiehlt es sich, zunächst in Form eines Negativverfahrens vorzugehen. Dabei werden diejenigen Bewerber selektiert, die aufgrund zuvor festgelegter Kriterien nicht in Betracht kommen. Nach Albert (2008, S. 92) kann die Prüfung der Bewerbungsunterlagen nach folgenden Kriterien erfolgen:

- formelle Gestaltung (äußere Form, folgerichtige Gliederung),
- Vollständigkeit (geforderte Unterlagen, Belege aller Stationen des Werdegangs),
- Stil der Unterlagen,
- Umgang mit der Sprache (Rechtschreibung, Grammatik, Zeichensetzung),
- Inhalt der Unterlagen (Informationsgehalt, Begründung der Bewerbung).

Bei der Erstselektion von Bewerbungsunterlagen entstehen mitunter Grenzfälle. Das heißt: Ein Bewerber kann mit seinen Unterlagen nicht überzeugen, eignet sich aber unter Umständen aus anderen, beispielsweise fachlichen Gründen. Nach dem Grundsatz »im Zweifel für den Bewerber« sollte eine Einladung zum Vorstellungsgespräch erfolgen. Alternativ kann eine Reserveliste gebildet werden. Sie kommt zum Zuge wenn nach Abschluss der ersten Auswahlgespräche Bedarf an der Vorstellung weiterer Bewerber besteht.

Nach erster Prüfung und Selektion der Bewerbungsunterlagen erfolgt eine genauere Betrachtung des Lebenslaufs. Vorrangig geht es um die generelle Schlüssigkeit des bisherigen Werdegangs. Nach Bröckermann (2007, S. 101) können Unternehmen Lebensläufe nach folgenden Kriterien analysieren:

1) **Zeitfolgeanalyse**
   ☐ Existieren Lücken im Lebenslauf?
   ☐ Gibt es häufige Wechsel von Ausbildungen und Arbeitsplätzen?
2) **Positionsanalyse**
   ☐ Wie sehen die beruflichen Auf- und Abstiege aus?
   ☐ Gibt es Berufswechsel?
3) **Firmen- und Branchenanalyse**
   ☐ Liegen Branchenkenntnisse vor?
   ☐ Kann sich der Kandidat in Groß- oder Kleinbetriebe einleben?
4) **Kontinuitätsanalyse**
   ☐ Lässt sich ein roter Faden erkennen?
   ☐ Gibt es eine Stetigkeit in der beruflichen Entwicklung?

Darüber hinaus sollten die im Lebenslauf angegebenen Daten mit den in den Arbeitszeugnissen angegebenen Beschäftigungsdauern auf zeitliche Deckungsgleichheit geprüft werden.

Eine wesentliche Rolle spielt ebenfalls die Auswertung von Arbeitszeugnissen. Diese geben zum einen Auskunft über die Vorbeschäftigungen des Bewerbers und spiegeln zum anderen die bisherigen Aufgabenfelder wider. Bei Arbeitszeugnissen wird zwischen einfachen und qualifizierten Zeugnissen unterschieden. Das **einfache Zeugnis** muss mindestens Angaben zur Person sowie zu Art und Dauer der Beschäftigung enthalten, wobei das **qualifizierte Zeugnis** zusätzlich eine Beurteilung der Führung und Leistung enthält (§ 630 BGB i. Verb. m. § 109 Abs. 1 GewO).

Die Interpretation der Leistungs- und Führungsbeurteilung qualifizierter Arbeitszeugnisse stellt sich in der Praxis oft als schwierig heraus. Da Arbeitgeber Arbeitszeugnisse wahrheitsgetreu gestalten müssen, aber keine negativen Beurteilungen aufnehmen dürfen, verwenden sie mitunter indirekte Aussagen (vgl. Olfert 2010, S. 142). Diese **Zeugnissprache** kann anderes bedeuten, als sie auf den ersten Blick vermittelt. Im Bewerbungsverfahren liegt die Herausforderung darin, die Formulierungen und Geheimcodes richtig zu entschlüsseln. Aus kritischer Sicht ist allerdings zu bedenken, dass es durchaus Variationen der Zeugnissprache gibt: Der Leser kann sich nie ganz sicher sein, ob die Verfasser das »gleiche Lexikon« verwenden oder sich überhaupt wissentlich der Zeugnissprache bedienen (vgl. Berthel/Becker 2010, S. 333).

Die Schlussformel in Arbeitszeugnissen gehört nicht zum vertraglich geschuldeten Inhalt (siehe Kapitel 2.1.5). Arbeitgeber haben dabei einen von rechtlichen Bindungen im Wesentlichen freien Gestaltungsspielraum. Fehlender Dank für die Zusammenarbeit und ausbleibende gute Wünsche für die Zukunft können Zeugnisaussagen relativieren. Bei der Interpretation von Arbeitszeugnissen wird der **Schlussformel** deshalb ein erhöhter Wahrheitsgehalt beigemessen. Die aus ihr gewonnene Erkenntnis erleichtert es, die vorangegangene Zeugnissprache hinsichtlich Leistungs- und Führungsbeurteilung zu interpretieren. Arbeitnehmer haben allerdings weder Anspruch auf eine Schlussformel noch auf deren Änderung (BAG, 11. Dezember 2012 – 9 AZR 227/11). Besteht der Arbeitnehmer dennoch auf einer Änderung in seinem Sinne, ist der Arbeitgeber nur verpflichtet, ein Zeugnis ohne Schlussformel zu erteilen.

Telefoninterviews

Immer häufiger finden Telefoninterviews statt, bevor Bewerber zu den eigentlichen Vorstellungsgesprächen eingeladen werden. Diese stellen eine kostengünstige und mit wenig Zeitaufwand verbundene Möglichkeit dar, eine weitere Vorauswahl zu treffen. Telefoninterviews dienen in erster Linie dazu, die Qualifikation und fachliche Eignung der Bewerber näher zu beleuchten. Ebenfalls können grundsätzliche Rahmenbedingungen wie beispielsweise Reisebereitschaft besprochen oder notwendige Sprachkenntnisse am Telefon abgefragt werden. Fragen zur Intention der Bewerbung gehören in jedes Interview und geben Aufschluss über Motivation und Ernsthaftigkeit. Doch auch der persönliche Eindruck zählt. Das Verhalten von Bewerbern während des Telefoninterviews kann durchaus Rückschlüsse auf deren Selbstsicherheit, Spontaneität und Flexibilität zulassen.

Manche Unternehmen nutzen auch Videointerviews, um den Aufwand gering zu halten und sich einen ersten Eindruck des Bewerbers zu verschaffen. Sowohl Telefon- als auch Videointerviews sind vor allem bei großer räumlicher Distanz, z. B. im internationalen Recruiting, sinnvolle Verfahren zur Vorauswahl.

Die Schwerpunkte eines Telefoninterviews werden in Vorstellungsgesprächen in der Regel nicht erneut zum Thema. Das heißt: Hat ein Bewerber bereits am Telefon fachlich überzeugt, bedarf es diesbezüglich keiner weiteren Fragen. Vorstellungsgespräche bauen auf den Ergebnissen und Einschätzungen aus Telefoninterviews, sofern diese stattgefunden haben, auf.

Vorstellungsgespräche

Auf Grundlage der vorgenommenen Auswahlentscheidung anhand der Bewerbungsunterlagen und eines eventuellen Telefoninterviews folgt das Vorstellungsgespräch. Es stellt das wohl am häufigsten verwendete Auswahlverfahren dar. Aus Unternehmenssicht dient es dazu, einen **persönlichen Eindruck** vom Eignungspotenzial des Bewerbers für die vakante Stelle zu gewinnen sowie zu prüfen, inwieweit betriebliche Vorstellungen und Bewerbererwartungen übereinstimmen (vgl. Hentze/Kammel 2001, S. 320). Bei jedem Vorstellungsgespräch geht es letztlich darum, herauszufinden, ob der Bewerber fachlich, persönlich und mit seinen Gehaltsvorstellungen zur ausgeschriebenen Stelle passt.

Erfolgreiche Vorstellungsgespräche müssen vom Unternehmen sorgfältig vorbereitet werden. Nach Albert (2008, S. 97) gehören hierzu:

- Festlegung und Information der Gesprächsteilnehmer auf Arbeitgeberseite,
- Kenntnis und Einprägung des Anforderungsprofils der Stelle,
- Feststellen von Lücken in den Bewerbungsunterlagen,
- Klärung der Entwicklungsmöglichkeiten,
- Vorbereitung auf spezielle Fragen.

Auf Arbeitgeberseite nehmen an Vorstellungsgesprächen Vertreter der Personalabteilung sowie der Fachabteilung teil. In der Regel sind dies der potenzielle Vorgesetzte und der Personalreferent/-leiter. Deren **Entscheidungskompetenz** sollte im Vorfeld klar definiert sein. Zukünftige Vorgesetze können am besten beurteilen, über welches fachliche Eignungsprofil Bewerber verfügen müssen. Die Personalabteilung verantwortet hingegen die Gehaltseinstufung und deren Einbindung in das betriebliche Entgeltgefüge. Über die persönliche Eignung sollten beide gemeinsam entscheiden und voneinander profitieren. Der potenzielle Vorgesetzte kennt das personelle Umfeld des zukünftigen Mitarbeiters. Die Personalabteilung verfügt über große Erfahrung, die persönliche Eignung zu ermitteln und einzuschätzen.

Vorstellungsgespräche können auf unterschiedliche Weise durchgeführt werden. Die folgende Tabelle (siehe Abbildung 161) fasst die in der Praxis üblichen Arten zusammen.

Vorstellungsgespräche – Unterscheidung nach deren Strukturierung	
Bezeichnung	Inhalt
Freies Vorstellungsgespräch	Gesprächsinhalt und -ablauf sind nicht vorgegeben. Der Vorteil liegt in der Flexibilität, sich situationsbedingt anpassen zu können. Die Auswertung ist jedoch aufwendig und verursacht häufig Schwierigkeiten.
Strukturiertes Vorstellungsgespräch	Vorgegebener Rahmen, der sich insbesondere auf unbedingt zu klärende Fragen beziehen kann, den Gesprächsablauf und -inhalt aber nicht festlegen muss. Auch hier ist eine gewisse Flexibilität gegeben. Die Auswertung ist einfacher als beim freien Vorstellungsgespräch.
Standardisiertes Vorstellungsgespräch	Gesprächsinhalt und -ablauf sind genau vorgegeben, wodurch das Vorstellungsgespräch unflexibel und starr wird, die Auswertung aber relativ einfach und kostengünstig ist.

Abb. 161: Arten von Vorstellungsgesprächen (vgl. Olfert 2010, S. 148)

Im Vorstellungsgespräch sind nur die Fragen zulässig, die mit der vakanten Stelle in Verbindung stehen. Das heißt: Bewerber dürfen beispielsweise nicht nach Krankheiten, Vorstrafen oder Glaubensrichtung gefragt werden. Es sei denn, die Fragen stehen im direkten Zusammenhang mit der Stelle (siehe dazu Kapitel 2.1.2). Ausnahmeregelungen können ebenfalls für sog. Tendenzbetriebe nach § 118 BetrVG, wie kirchliche Einrichtungen oder Parteien, bestehen. **Tendenzbetriebe** dürfen in Vorstellungsgesprächen je nach zu besetzender Stelle nach Parteizugehörigkeit oder Glaubensrichtung fragen. Doch auch hier gibt es Einschränkungen, z. B. bei der Ausübung einer Reinigungstätigkeit in einem katholischen Krankenhaus. Hier steht die Frage nach der Glaubensrichtung in keinem Zusammenhang mit der Stelle. Anders hingegen bei Ärzten: Sie sollten die Überzeugung der kirchlichen Einrichtung vertreten.

Unerlaubte Fragen dürfen Bewerber ohne negative Folgen falsch beantworten (Recht zur Lüge), wohingegen die falsche Beantwortung erlaubter Fragen als arglistige Täuschung gewertet wird und somit zur Anfechtung des Arbeitsvertrages führen kann (vgl. Albert 2008, S. 100).

Testverfahren

Neben der Vorauswahl aufgrund von Bewerbungsunterlagen und Vorstellungsgesprächen sind schriftliche Kenntnisprüfungen, psychologische Leistungstest, Persönlichkeits- und Interessentests sowie Assessment Center häufig angewendete Auswahlverfahren (vgl. Hustedt/Hilke 1992, S. 7). Schriftliche Kenntnisprüfungen finden überwiegend bei Ausbildungs- und Fortbildungsstellen Anwendung. Sie versuchen vor allem, einen Eindruck der vorhandenen Schulkenntnisse zu verschaffen (vgl. Hustedt/Hilke 1992, S. 8). Psychologische Testverfahren sollen darüber hinaus einen erweiterten Eindruck und Rückschluss auf die Eignung des Bewerbers zulassen.

In der Praxis haben die Mitarbeiter der Personal- sowie der betroffenen Fachabteilung oftmals nicht die erforderlichen Kenntnisse, um Persönlichkeitsbeurteilungen zuverlässig vornehmen zu können. Deswegen hat der Berufsverband Deutscher Psychologinnen und Psychologen (BDP) die DIN-Norm 33430 entwickelt. Sie benennt Qualitätskriterien und Standards, weist Verantwortlichkeiten zu, definiert Qualitätsanforderungen für Auftragnehmer und Mitwirkende und enthält Leitsätze für die Vorgehensweise (vgl. BDP 2012). Um die Aussagekraft von Eignungsbeurteilungen zu gewährleisten, können Unternehmen auf diesen Standard zurückgreifen und die Testverfahren von zertifizierten Personen durchführen lassen.

Vor allem das **Assessment Center** (AC) war bis vor einigen Jahren in der Praxis weit verbreitet. Es zählt allerdings zu den sehr kosten- und zeitintensiven Auswahlverfahren und kommt daher immer weniger zum Einsatz. Das AC nutzen Unternehmen mit sehr hohem Bewerberaufkommen oder sehr individuellen Ansprüchen an die auszuübende Tätigkeit. Beim AC handelt es sich um ein auf die vakante Stelle ausgerichtetes Auswahlverfahren. Dabei werden mehrere Bewerber durch mehrere Beobachter (potenzieller Vorgesetzter, Personalreferent, Psychologen, zertifizierte Berater) hinsichtlich ihrer fachlichen und persönlichen Eignung beurteilt. Das AC dauert meist ein bis drei Tage und beinhaltet, je nach Zielsetzung des Unternehmens, eine Reihe von Aufgabenstellungen, Verhaltenssimulationen und Arbeitsproben (siehe Abbildung 162). Am Ende eines AC steht immer ein persönliches Gespräch, in dem die Ergebnisse mit dem jeweiligen Bewerber besprochen werden.

Mitbestimmungsrecht des Betriebsrats

Nach § 94 BetrVG bedarf neben dem Personalfragebogen auch die Aufstellung allgemeiner **Beurteilungsgrundsätze** der Zustimmung des Betriebsrates. Das bedeutet, der Kriterienkatalog, auf dessen Grundlage Bewerberdaten erhoben werden, unterliegt der Mitbestimmungspflicht. Gleiches gilt für die Festlegung der Klassifikationsmerkmale von Eignungsprofilen und Potenzialanalysen sowie für standardisierte psychologische Verfahren zur Eignungsbeurteilung. Richtlinien zur Bewerberauswahl unterliegen nach § 95 BetrVG ebenfalls der Zustimmungspflicht des Betriebsrats. Dieser kann die Aufstellung von Richtlinien in Betrieben mit mehr als 500 Mitarbeitern auch fordern. Nach Jung (2011, S. 185) legen die Auswahlrichtlinien unter anderem die selektionsrelevanten Kenntnis- und Fähigkeitsmerkmale, die Methoden der Datenerhebung und die Verfahren der Datenauswertung fest (siehe auch Kapitel 2.1.2).

Assessment Center (AC)	
Aufgabe/Übung	Inhalt
Strukturiertes Interview	Der Bewerber soll kritische Situationen aus seinem Berufsleben schildern und darlegen, wie er sie gelöst hat. Alternativ wird eine hypothetische Situation konstruiert. Die Übung liefert Erkenntnisse über Reaktion, Vorgehensweise und Verhalten des Bewerbers.
Postkorb-Fallstudie	Der Bewerber erhält einen Postkorb, der mit unsortierten Schriftstücken aus dem fiktiven Arbeitsalltag gefüllt ist: Kundenbestellungen, Mitarbeiteranfragen, Notizen der Sekretärin mit Rückrufbitten, Sitzungstermine etc. Innerhalb einer vorgegeben Zeit muss der Bewerber die Priorisierung der Schriftstücke abschließen, wobei nicht alle Aufgaben zu bewältigen sind. Die Übung liefert Erkenntnisse, wie der Bewerber sich unter Zeitdruck organisieren und Aufgaben priorisieren kann.
Rollenspiele	Je nach zu besetzender Stelle können Verkaufs-, Mitarbeiter- oder Gehaltsgespräche simuliert werden. Der Bewerber erhält Unterlagen mit konkreten Situationsvorgaben und kann sich zehn bis fünfzehn Minuten auf seine Rolle vorbereiten. Die Übung liefert Erkenntnisse über Einfühlungsvermögen, Konfliktfähigkeit, Überzeugungskraft, rhetorische Fähigkeiten etc.
Gruppendiskussion	Einer Gruppe aus vier bis fünf Bewerbern wird ein Thema oder eine Situation vorgegeben, die am Ende der Diskussion eine Einigung voraussetzt. Der Diskussion wird in der Regel freien Lauf gelassen. Die Übung liefert Erkenntnisse über das Verhalten innerhalb einer Gruppe sowie Durchsetzungsfähigkeit und Spontaneität.
Gruppenübung	Die Bewerber sollen innerhalb einer vorgegebenen Zeit das Modell einer Brücke, eines Hauses oder eines anderen Gegenstands bauen. Dazu erhalten sie erforderliches Material. Über Konzeption, Gestaltung und Arbeitsteilung müssen sie sich selbst einigen. Die Übung liefert Erkenntnisse über Führungsrollen und -verhalten.
Präsentation	Der Bewerber erhält ein Thema, zu dem er einen Kurzvortrag hält. In der Regel erhält er den Auftrag bereits wenige Tage vor dem AC. Die Übung liefert Erkenntnisse über das Präsentationsgeschick sowie die Fähigkeit, Sachverhalte prägnant zusammenfassen zu können.
Tests	Fast jedes AC beinhaltet die Durchführung von Testverfahren. Je nach zu besetzender Stelle können unterschiedliche Verfahren zum Einsatz kommen. Die Tests sollen letzte Gewissheit über Einstellungen, Verhalten und Intelligenz der Bewerber verschaffen.
Mittag-/Abendessen	AC enthalten in der Regel ein vermeintlich zwangloses Beisammensein bei Mittag- oder Abendessen. Dieser Teil gehört ebenfalls zum AC und erfolgt keineswegs zweckfrei. Das Verhalten bei Tisch sowie Verhaltensweisen, die bisher im Verborgenen geblieben sind, sollen zu einem abschließenden Gesamtbild des Bewerbers beitragen.

Abb. 162: Bestandteile eines Assessment Centers

Quellen

Albert, G.: Betriebliche Personalwirtschaft, 9. Aufl., Ludwigshafen (Rhein) 2008.

Beck, C. (Hrsg.): Personalmarketing 2.0: Vom Employer Branding zum Recruiting, 2. Aufl., Köln 2012.

Bernauer, D./Hesse, G./Laick, S./Schmitz, B.: Social Media im Personalmarketing: Erfolgreich in Netzwerken kommunizieren, Köln 2011.

Berthel, J./Becker, F. G.: Personal-Management: Grundzüge für Konzeption betrieblicher Personalarbeit, Stuttgart 2010.

BDP – Berufsverband Deutscher Psychologinnen und Psychologen e.V. (Hrsg.): Personalauswahl mit Erfolg – DIN 33430, Stand: September 2012, online: http://www.bdp-verband.de/bdp/archiv/din.pdf (letzter Aufruf: 09.04.2013).

Bröckermann, R.: Personalwirtschaft: Lehr- und Übungsbuch für Human Resource Management, 4. Aufl., Stuttgart 2007.

Bundesagentur für Arbeit: Häufig gestellte Fragen zur Zulassung von Trägern und Maßnahmen ab dem 01.04.2012, 06.09. 2012, online: http://www.arbeitsagentur.de/zentraler-Content/A05-Berufl-Qualifizierung/A052-Arbeitnehmer/Publikation/pdf/FAQ-Zulassung-Traeger-Massnahmen.pdf (letzter Aufruf 13.04.2013).

Drumm, H. J.: Personalwirtschaft, 6. Aufl., Berlin Heidelberg 2008.

Hentze, J./Kammel, A.: Personalwirtschaftslehre 1: Grundlagen, Personalbedarfsermittlung, -beschaffung, -entwicklung und -einsatz, 7. Aufl., CH-Bern 2001.

Hustedt, H./Hilke, R.: Einstellungstests – Fragebogen, Assessment Center und andere Auswahlverfahren, Niedernhausen 1992.

Jung, H.: Personalwirtschaft, 9. Aufl., München 2011.

Kirbach, C./Montel, C./Oenning, S./Wottawa, H.: Recruiting und Assessment im Internet – Werkzeuge für eine optimierte Personalauswahl und Potentialerkennung, Göttingen 2004.

Oechsler, W. A.: Personal und Arbeit: Grundlagen des Human Resource Management und der Arbeitgeber-Arbeitnehmer-Beziehungen, 9. Aufl., München 2011.

Olfert, K. (Hrsg.): Kompendium der praktischen Betriebswirtschaft: Personalwirtschaft, 14. Aufl., Herne 2010.

2.7 Administrative Aufgaben einschließlich der Entgeltabrechnung bearbeiten

Das Personalwesen hat sich in den vergangenen Jahrzehnten von einer überwiegend administrativ ausgerichteten zu einer **dispositiven Funktion** entwickelt. Wenn in den Augen der Mitarbeiter und auch mancher Unternehmensleitung dennoch der Eindruck entsteht, dass die Personalabteilung als die »letzte Bastion der Bürokratie« gilt, liegt dies möglicherweise daran, dass die Personalverwaltung den organisatorischen Wandel als letzter Funktionsbereich durchmacht. So entsteht hinsichtlich der Personaladministration leicht das Zerrbild eines »Bürokratismus« von einem Dienstleistungsbereich, das der Wirklichkeit nicht standhält.

Eine Definition von Personalverwaltung als »Summe aller Verwaltungstätigkeiten, die mit der Einstellung und der Beschäftigung von Arbeitskräften verbunden ist« (vgl. Bisani, 2002), greift deshalb viel zu kurz. Personalverwaltung ist vielmehr als ein Prozess der Informationsverarbeitung zu verstehen, der im Sinne des EVA-Prinzips (Eingabe – Verarbeitung – Ausgabe) alle mitarbeiterbezogenen Daten und Informationen sammelt, verarbeitet und wiedergibt und damit eine Unterstützungsfunktion für alle Bereiche im Unternehmen darstellt.

2.7.1 Funktionsbereiche der Personalverwaltung

Entscheidend für den Umfang und die Ziele der Personalverwaltungsaufgaben ist die **Größe und Struktur des Unternehmens**. Die Personalverwaltung als Dienstleister des ganzen Unternehmens widmet sich nicht nur den Aufgaben, die sich durch Gesetz, Rechtsverordnung, Tarifvertrag, Betriebsvereinbarung und Arbeitsvertrag ergeben, sondern trägt durch interne Marketingaktivitäten wie Personalplanung, -beschaffung, -einsatz, -entwicklung, -führung und -förderung entscheidend zu **Qualitäts-, Leistungs-, und Klimaveränderungen** bei. Hierbei sind Unternehmensziele wirtschaftlicher Art auf das engste mit sozialen Prozessen verknüpft. Daher versteht sich, dass der Beitrag der Personalverwaltung nicht lediglich im administrativen Funktionieren bestehen kann, sondern sich mit ihren Kernaufgaben der Unternehmenspolitik anzupassen hat.

Um die zahlreichen Aktivitäten und Entscheidungen, die das Personal betreffen (siehe Abbildung 163), vorzubereiten, ist eine umfangreiche Datenbasis erforderlich. Ohne den Einsatz von EDV-gestützten Personalinformationssystemen ist eine ordnungsgemäße, termingerechte und effektive Steuerung der Personalverwaltung nicht mehr zu bewältigen. . Die Forderung an solche Softwarelösungen sind Zuverlässigkeit, Wirtschaftlichkeit und Transparenz bei allen personalwirtschaftlichen Abläufen (siehe Kapitel 1.5).

Zur Dokumentation und Bescheinigung der Personaldatenbestände gehören u. a.:

- Führen der Personalakte,
- Verwalten der Stamm- und Bewegungsdaten,
- Gehaltsabrechnung,
- Zeiterfassungsdaten,
- Personalstatistiken,
- Fehlzeitenerfassung,
- Bescheinigungswesen,
- Reisekostenabrechnung,
- Stellenplanverwaltung.

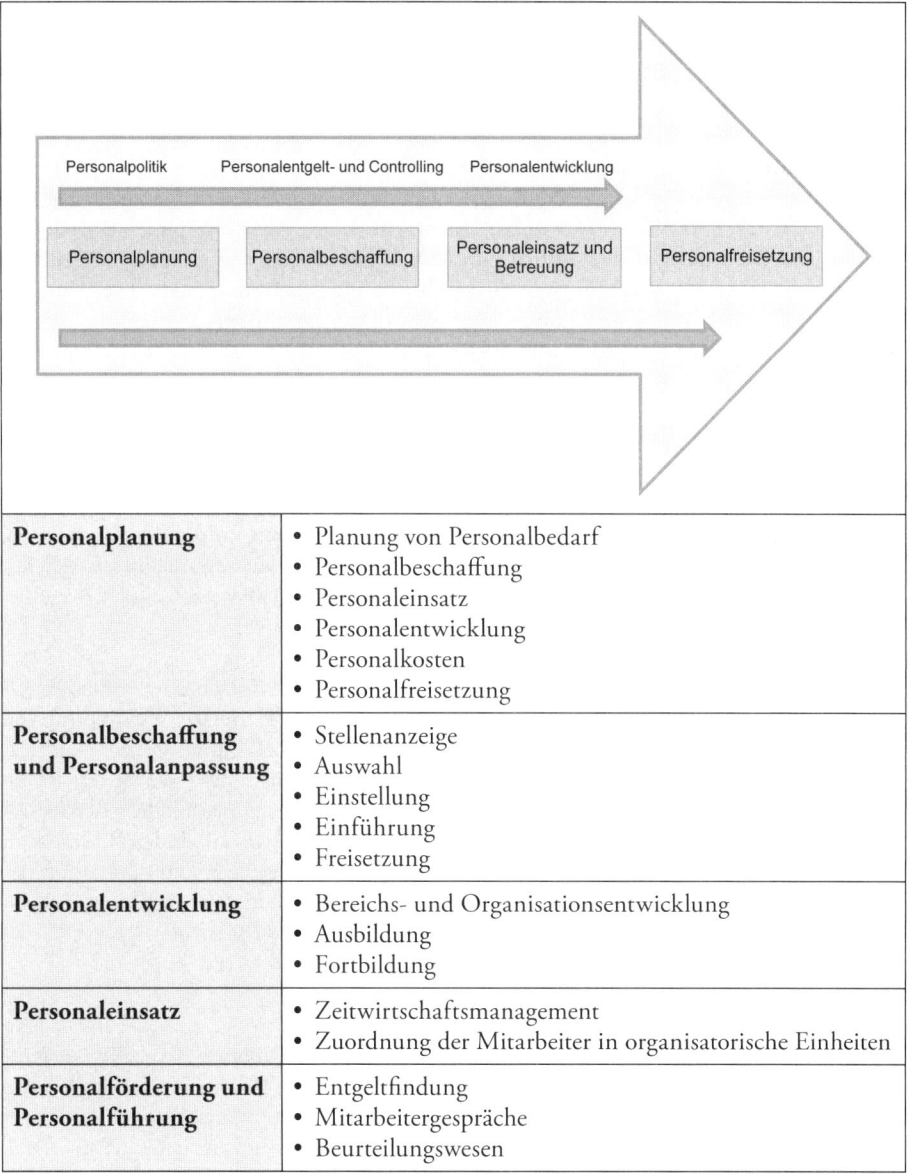

Personalplanung	• Planung von Personalbedarf • Personalbeschaffung • Personaleinsatz • Personalentwicklung • Personalkosten • Personalfreisetzung
Personalbeschaffung und Personalanpassung	• Stellenanzeige • Auswahl • Einstellung • Einführung • Freisetzung
Personalentwicklung	• Bereichs- und Organisationsentwicklung • Ausbildung • Fortbildung
Personaleinsatz	• Zeitwirtschaftsmanagement • Zuordnung der Mitarbeiter in organisatorische Einheiten
Personalförderung und Personalführung	• Entgeltfindung • Mitarbeitergespräche • Beurteilungswesen

Abb. 163: Kernprozesse der Personalverwaltung

Während Statistiken als wesentliche Informationsgrundlage für die Unternehmensleitung dienen, hat die Personalverwaltung nicht nur die Verpflichtung, gesetzliche und tarifliche Anpassungen vorzunehmen, sondern auch eine **umfassende Auskunftspflicht** über alle anstehenden Fragen des Beschäftigungsverhältnisses.

Um diesen Anforderungen als Drehscheibe im Unternehmen gerecht zu werden, sollte die Personalverwaltung möglichst in der Nähe der Unternehmensleitung angesiedelt sein. Bei allen anstehenden Fragen, sei es von Unternehmens- oder Mitarbeiterseite aus, steht die **persönliche Betreuung und Beratung** im Mittelpunkt. Wenn hingegen Überlegungen hinsichtlich der Auslagerung der Personalverwaltung angestellt werden, sollte der Umgang mit vertraulichen Daten, die Qualität, Vielfalt und Modernität der Leistungen, Servicebereitschaft, Kundenorientierung und der Dienstleistungsgedanke auf dem Prüfstand stehen.

Die Notwendigkeit von **Personaleinstellungen** ergibt sich durch die Personalbedarfsplanung oder unvorhersehbare Ersatzbedarfsfälle durch Krankheit, Kündigung und Tod von Mitarbeitern. Grundsätzlich ist es möglich, die neue oder vakante Stelle durch internes Umsetzen von Mitarbeitern oder externem Personal zu besetzen. In der Regel erfolgt die **Personalbeschaffung** (siehe Kapitel 2.6) über eine innerbetriebliche Stellenausschreibung (Aushang, Rundschreiben) oder über außerbetriebliche Personalbeschaffung (Personalberater, Arbeitsverwaltung, Stellenanzeige, Leasing).

Um die Auswahl der internen und externen Bewerbungen zu erleichtern, werden EDV-gestützte **Entscheidungs- und Auswertungsformulare** benutzt. Bei der Verwendung von Personalfragebögen ist für deren inhaltliche Gestaltung die Zustimmung des Betriebsrates erforderlich (§ 94 BetrVG). Die Einstellung und Versetzung eines Mitarbeiters ist ein zustimmungspflichtiger Vorgang nach § 99 BetrVG. Der Arbeitgeber hat dem Betriebsrat alle erforderlichen Bewerbungsunterlagen vorzulegen und Auskunft über den Bewerber zu erteilen. Für die inhaltliche Gestaltung des Arbeitsvertrages (siehe Kapitel 2.1.2) gilt der **Grundsatz der Vertragsfreiheit**, jedoch eingeschränkt durch den Vorrang von Gesetzen (TVG, BUrlG, SGB IX– Schutz für Schwerbehinderte, Jugendarbeitsschutzgesetz (JArbSchG), ArbZG, GewO, AGB, TZBefrG).

Unter **Personaleinsatz** wird die **Zuordnung** des zur Verfügung stehenden Personals **zu organisatorischen Einheiten** (Stellen) oder zu Tätigkeiten (Aufgaben, Arbeiten) verstanden. Die Zuordnung ist auf den wirtschaftlichen Erfolg des Unternehmens orientiert im Sinne der bestmöglichen Eingliederung der verfügbaren Mitarbeiter in den Leistungsprozess. Dabei sind die Bedürfnisse und Wünsche der Mitarbeiter zu berücksichtigen, um deren Arbeitszufriedenheit zu fördern. Für den gezielten Personaleinsatz ist eine **Personaleinsatzplanung** notwendig, die festlegt, wie und wo die zur Verfügung stehenden Mitarbeiter eingesetzt werden. Ergebnis der Personaleinsatzplanung ist meist ein Stellenbesetzungsplan (siehe Abbildung 164 und Kapitel 2.6.1).

Beispiel:

Stellenbezeich-nung	Stellen-plan-Nr.	Anforderungsprofil	Stellenbewertung Ist/Soll	Inhaber
Leitung Patien-tenmanagement	350	Dipl. Kfm./Kffr.	4A/4A	Kunze, I.
Referent	340	Betriebswirt (FH)	4B/4B	Werner, B.
Referent	341	Betriebswirt (FH)	VC/4B	Lange, K.
Sachbearbeiter	322	Kfm./Kffr. Gesundheitswesen	VIB/VC	Bartling, M.
Sachbearbeiter	323	Kfm./Kffr. Gesundheitswesen	VC/VC	Dieter, B.
Aushilfe	300	Bürohilfe	VIII/VII	Trautmann, P.

Abb. 164: Stellenbesetzungsplan für die Abteilung »Patientenmanagement« in einem Krankenhaus

Um die Anpassung des Mitarbeiters an die Arbeit sowie die Anpassung der Arbeit an den Mitarbeiter zu gewährleisten, sind jeweils von der Personalverwaltung unterschiedliche Voraussetzungen zu schaffen:

- Einführung, Analyse und Betreuung von Arbeitsbewertungs- und Leistungsbeurteilungssystemen (arbeitsphysiologische, arbeitsmedizinische, psychologische und soziologische Kriterien),
- Überwachung der Arbeitssicherheitsvorschriften und Unfallverhütungsvorschriften der Berufsgenossenschaften,
- Entwicklung von Einführungskonzepten, Erarbeiten von Arbeitsanweisungen für die Unterweisung und Einarbeitung in eine Arbeitsaufgabe,
- Schaffung flexibler Arbeitszeitmodelle,
- Implementierung und Förderung von E-Learning,
- Einführung von Beurteilungssystemen,
- Gestaltung der Arbeitsorganisation (Arbeitszeiten- und Pausenregelung),
- Urlaubsplanung.

Zu beachten ist bei innerbetrieblichen Veränderungen jedoch grundsätzlich das **Betriebsverfassungsgesetz** (BetrVG). Planung, Einführung und Durchführung von technischen Anlagen, Veränderungen der Arbeitsplätze, Arbeitsverfahren und Arbeitsabläufen lösen ein Unterrichtungs- und Beratungsrecht nach § 90 BetrVG aus. Veränderungen bei der Besetzung von Arbeitsplätzen, d. h. die Versetzung eines Mitarbeiters auf einen anderen Arbeitsplatz, machen die Zustimmung des Betriebsrates nach § 99 BetrVG erforderlich.

Ein wesentlicher Bereich der Personalverwaltung ist die **Arbeitsentgeltabrechnung** der Mitarbeiter (siehe Kapitel 2.7.3). Das nach Tarif- oder Arbeitsvertrag zustehende Bruttoarbeitsentgelt wird unter Berücksichtigung von steuer- und sozialversicherungsrechtlichen Vorschriften, unter Vornahme von Abzügen vermindert. Der Arbeitgeber als Schuldner von Steuern und Sozialversicherungsbeiträgen ist verpflichtet, diese Beträge an die jeweiligen Einzugsstellen weiterzuleiten und Nachweise zu erstellen, die grundsätzlich im Rahmen der Aufbewahrungsfristen archiviert werden müssen (siehe auch Kapitel 2.3). Die Abrechnungsergebnisse, die durch Kostenstellen den jeweiligen Abteilungen zugeordnet sind, dienen der

Finanzbuchhaltung als Grundlage zur internen Kostenrechnung. Die Vergütungsermittlung jedes Mitarbeiters erfordert eine ständige Terminüberwachung von veränderlichen Daten, wie Jubiläen, Bewährungsaufstiege, Lohnpfändungen, Sachbezugswerte, Einmalzahlungen und Vorschüsse. Je komplizierter und umfangreicher die Vergütungsermittlung aufgrund von branchenspezifischen Besonderheiten ist, umso größer ist der Aufwand.

Personalfreisetzung ist das Ergebnis verschiedener **Beendigungsmöglichkeiten des Arbeitsverhältnisses.** Die Beendigung eines Arbeitsverhältnisses geschieht durch eine vom Mitarbeiter veranlasste Kündigung (Pensionierung, Krankheit usw.), durch eine vom Arbeitgeber veranlasste Kündigung (betriebs-, personen- oder verhaltensbedingt), durch Fristablauf oder Aufhebungsvertrag. Der Personalverwaltung obliegen die Aufgabe der Zeugniserstellung, die Überwachung der Rückgabe von Firmeneigentum, der Abschluss der Lohnsteuerkarte, die Abmeldung zur Sozialversicherung und das Führen eines Abgangsgespräches. Bei arbeitgeberveranlassten Kündigungen ist nach den betriebsverfassungsrechtlichen Vorschriften (§ 102 BetrVG) eine Anhörung des Betriebsrates erforderlich. Eine ohne Anhörung ausgesprochene Kündigung ist unwirksam. Personalfreisetzungen größeren Ausmaßes, wie die Schließung einer Betriebsstätte, erfordern umfangreiche Informations- und Beratungspflichten gegenüber dem Betriebsrat und den betroffenen Mitarbeitern (§ 111 BetrVG, § 613 a BGB). Handelt es sich um Massenentlassungen ist grundsätzlich das Arbeitsamt zu informieren. Bei allen Verhandlungen bis hin zum Interessenausgleich und Sozialplan ist die Mitwirkung der Personalverwaltung unumgänglich.

2.7.2 Hilfs- und Ordnungsmittel der Personalverwaltung

Personalakte

Eine Personalakte ist ein wichtiges Hilfsmittel der Personalverwaltung und stellt eine **Sammlung von schriftlichen Unterlagen** über einen bestimmten Mitarbeiter dar. Es gibt keine generelle Vorschrift darüber, ob und wie Personalakten zu führen sind. Sie können in Form einer schriftlichen Sammlung oder als Datenträger (CD-ROM o. Ä.) bestehen. Vorteil der EDV-gestützten, sog. elektronischen Personalakte, ist die schnelle Verfügbarkeit und Datensicherheit. Die Personalakte muss jederzeit ein exaktes und lückenloses Bild über den Mitarbeiter vermitteln und die wesentlichen Unterlagen bzgl. des Arbeitsverhältnisses beinhalten (siehe Abbildung 165).

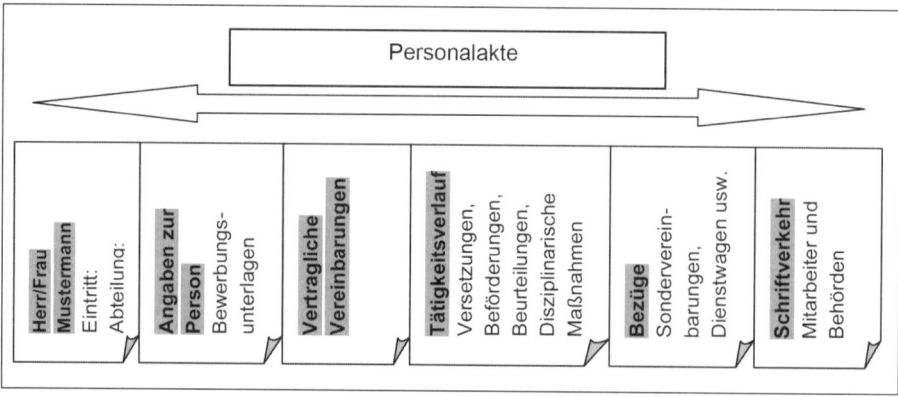

Abb. 165: Beispiel für einen Aktengliederungsplan

Zu der Personalakte gehören auch **Nebenakten**, z. B. eine Urlaubs- und Fehlzeitenkartei. Karteien und Dateien sind das »Gedächtnis der Personalabteilung«. Sie enthalten im Gegensatz zur Personalakte deren Inhalte in stark komprimierter Form und dienen in erster Linie als Übersicht und Nachschlagewerk. »Schattenakten« oder nicht offizielle »Nebenakten« sind rechtlich unzulässig.

Eine exakte Personalplanung sowie die gezielte Durchführung personalwirtschaftlicher Einzelmaßnahmen setzen eine möglichst umfassende Information über das vorhandene Personal voraus. Daher sollte die Personalakte grundsätzlich vollständig sein. Dies ist auch erforderlich, um das Einsichtsrecht des Mitarbeiters erfüllen zu können, das nach § 83 BetrVG auch in Betrieben ohne Betriebsrat besteht (siehe auch Abbildung 166).

Aufgrund des verfassungsrechtlich gewährleisteten **Persönlichkeitsschutzes** ist der Arbeitgeber verpflichtet, die Personalakten des Arbeitnehmers sorgfältig zu verwahren, bestimmte Informationen vertraulich zu behandeln und für die vertrauliche Behandlung durch Sachbearbeiter Sorge zu tragen. Der Arbeitgeber muss auch den Kreis der mit Personalakten befassten Mitarbeiter möglichst eng halten (BAG, Urteil vom 15. Juli 1987, 5 AZR 215/86, BB 1987, S. 2300). Einsichtsrechte haben deshalb nur der Mitarbeiter selbst, der zuständige Mitarbeiter der Verwaltung und in begründeten Fällen (Gerichtsverfahren) die Innenrevision.

§ 83 BetrVG Einsicht in die Personalakten

(1) Der Arbeitnehmer hat das Recht, in die über ihn geführte Personalakte Einsicht zu nehmen. Er kann hierzu ein Mitglied des Betriebsrates hinzuziehen. Das Mitglied des Betriebsrates hat über den Inhalt der Personalakte Stillschweigen zu bewahren, soweit es vom Arbeitnehmer im Einzelfall nicht von dieser Verpflichtung entbunden wird.

(2) Erklärungen des Arbeitnehmers zum Inhalt der Personalakte sind dieser auf sein Verlangen beizufügen. Ein Anspruch auf Paginierung der über ihn geführten Personalakte besteht nicht. Alle Dokumente, die einen Bezug zu dem Arbeitsverhältnis aufweisen und an deren Aufnahme der Arbeitgeber oder Arbeitnehmer ein Interesse hat, können Inhalt einer Personalakte sein. Dieses Recht wird jedoch begrenzt durch das Recht des Arbeitnehmers auf den Schutz seiner Privatsphäre. Gesundheitsdaten, die in die Personalakte aufgenommen wurden, sind gesondert vor einer unbefugten Kenntnisnahme zu sichern. Dazu bietet sich die Aufbewahrung in einem verschlossenen Umschlag an (BAG, Urteil vom 12.09.2006, 9 AZR 271/06). Durch das Bundesarbeitsgericht wurde mit dem Urteil vom 16.10.2007 (9 AZR 110/07) ausdrücklich klargestellt, dass über die Art und Weise der Personalaktenführung ausschließlich der Arbeitgeber entscheidet. Personalakten sollen danach wahrheitsgemäß und möglichst vollständig Auskunft über die Person des Arbeitnehmers und dessen beruflichen Werdegang im Arbeitsverhältnis Aufschluss geben.

Betriebsvereinbarung

über die Gewährung des Einsichtsrechts in die Personalakte

1) Jeder Mitarbeiter hat das Recht, in die über ihn geführte Personalakte Einsicht zu nehmen. Er kann hierzu ein Mitglied des Betriebsrates hinzuziehen, dieses unterliegt der Schweigepflicht.
2) Um den Personal- und Zeitaufwand auf ein vertretbares Maß zu beschränken, wird festgelegt, dass das Einsichtsrecht nur an jedem letzten Arbeitstag eines Monats bei der örtlichen Personalverwaltung ausgeübt werden kann.
3) Aufgrund der häufigen Notwendigkeit, die Akten an die örtliche Personalverwaltung zu schicken, und zur besseren Disposition der Personalverwaltung ist der Wunsch nach Akteneinsicht mindestens eine Woche vorher der zuständigen Personalverwaltung mitzuteilen.
4) Der Betriebsangehörige, der sich zur Akteneinsicht begibt, hat seinem Vorgesetzten mitzuteilen, dass er zur Personalverwaltung geht. Eine weitere Begründung ist nicht erforderlich.
5) Während der Akteneinsicht ist ein Mitglied der Personalverwaltung anwesend. Dem Mitarbeiter wird zur Akteneinsicht so viel Zeit gewährt, wie erforderlich ist, höchstens jedoch 30 Minuten, um unnötige Wartezeiten für andere Mitarbeiter zu vermeiden.
6) Der Mitarbeiter darf sich Notizen und Abschriften machen, aber keine Unterlagen aus der Akte entfernen. Befindet sich ein allgemein zugänglicher Fotokopierer in der Personalverwaltung, kann sich der Mitarbeiter auf seine Kosten Kopien anfertigen. Ein Anspruch auf Aushändigung der Akten oder von Aktenauszügen außerhalb der Räume der Personalverwaltung besteht nicht.
7) Erklärungen und Gegendarstellungen der Betriebsangehörigen zum Inhalt der Personalakten sind auf sein Verlangen dieser hinzuzufügen.
8) Der Tag der Akteneinsicht wird in der Personalakte vermerkt und vom Mitarbeiter bestätigt. Mehrfache Akteneinsicht innerhalb eines Jahres ist nur aus zwingenden Gründen möglich.

Abb. 166: Muster einer Betriebsvereinbarung über die Gewährung des Einsichtsrechts in die Personalakte

Nach Beendigung des Arbeitsverhältnisses kann die Personalakte vernichtet werden. Ausgenommen sind solche Unterlagen, die der gesetzlichen **Aufbewahrungsfrist** unterliegen:

- **drei Jahre:** einheitliche Verjährungsfrist von Forderungen aus Verträgen nach dem neuen Schuldrecht,
- **sechs Jahre:** Steuernachweise,
- **zehn Jahre:** Buchungsbelege,
- **30 Jahre:** Forderungen aufgrund eines erworbenen vollstreckbaren Titels.

Etwas anderes kann ausnahmsweise gelten, wenn der ehemalige Mitarbeiter noch Ansprüche aus seinem Arbeitsverhältnis geltend macht (Rentenantrag, Zeugniserstellung). Im Rahmen der nachwirkenden Fürsorgepflicht muss der Arbeitgeber auch dann ein Einsichtsrecht gewähren. Zur Risikovermeidung ist es deshalb besser, ein schriftliches Einverständnis zur Vernichtung der Personalakte vom Mitarbeiter einzuholen.

Zusammengefasst ergeben sich folgende Grundsätze zur Führung einer Personalakte (siehe Abbildung 167):

Vertraulichkeit	• Der Kreis der zugangsberechtigten Mitarbeiter zu Personaldaten ist klein zu halten. • Die Weitergabe von Personaldaten an Betriebsfremde (auch Behörden) ohne Zustimmung des Mitarbeiters ist unzulässig. • Nicht jede Führungskraft hat Einblick in die Personalakte. • Die Personalsachbearbeiter müssen regelmäßig erneut über die Vertraulichkeit belehrt werden. • Der Betriebsrat hat nur Einsicht, wenn der Mitarbeiter dies wünscht.
Vollständigkeit	• Die Personalakten sollten zentral, d. h. in der Personalabteilung geführt werden. • Ein einmal zur Personalakten genommener Vorgang darf ohne Zustimmung des Mitarbeiters weder vernichtet noch geändert werden. • Der Arbeitgeber hat ein billiges Ermessen, welche Unterlagen er in der Personalakte führen will. • Persönliche Notizen von Vorgesetzten in der Personalakte sind nicht statthaft. • Gegenüber dem Mitarbeiter gibt es keine Vertraulichkeit. Ein Einsichtsrecht besteht also auch in Werkschutzvorgänge, Förderungs- oder Nachwuchskarteien.
Richtigkeit	• Der Inhalt unterliegt dem Prinzip der Wahrheit und Klarheit. • Aufzeichnungen beleidigender Art sind unzulässig. • Die Verwendung von Geheimcodes oder Geheimsprachen ist unzulässig. • Das allgemeine Persönlichkeitsrecht darf nicht verletzt werden. • Grafologische und psychologische Gutachten sind nicht generell unzulässig.

Abb. 167: Grundsätze zur Führung einer Personalakte

Betriebsordnung und Personalhandbuch

In vielen Unternehmen regelt eine Betriebsordnung die formalen oder **betrieblichen Arbeitsbedingungen**. Dazu gehören z. B. die Annahme von Geschenken, das Rauch- und Alkoholverbot, die Kleiderordnung und der Umgang mit Anlagen der EDV. Bei der Erstellung einer solchen Haus- oder Betriebsordnung ist das allgemeine Persönlichkeitsrecht (Art. 2 GG) zu beachten.

Soweit ein Betriebsrat im Unternehmen existiert, geschieht der Abschluss einer Betriebsordnung häufig in Form einer **Betriebsvereinbarung** (§ 87 BetrVG). Somit bezieht sich die Betriebsnorm auf die Gesamtheit der Belegschaft und nicht nur auf den einzelnen Arbeitnehmer. Unabhängig davon ist es jedoch auch zulässig, in Form eines Einzelvertrages bestimmte Verhaltensnormen zu vereinbaren. Ziel der Betriebsordnung ist die Schaffung einer verbindlichen Regelung für das Verhalten, Zusammenleben aller Mitarbeiter sowie die Transparenz hinsichtlich der Ordnungs-, Kontroll- und Disziplinarmaßnahmen.

Folgende Punkte können in einer Betriebsordnung geregelt werden:

- **Verhalten des Arbeitnehmers im Betrieb**: Verbot von Alkohol während der Arbeitszeit, generelles Rauchverbot in allen Betriebsräumen und je nach Art des Unternehmens eine bestimmte Kleiderordnung
- **Aufstellung von Urlaubsgrundsätzen** für die Dauer, zeitliche Lage und Fristen zur Beantragung des Urlaubs
- **Regelungen zur Verhütung von Arbeitsunfällen**, z. B. der Umgang mit technischen Geräten
- **Anwendung der EDV im Unternehmen**, z. B. der Umgang mit vertraulichen Daten, die Sicherung von Daten, die Nutzung von Internetdiensten und der Schutz der Datenverarbeitungsanlagen vor Viren
- **Vorschlagswesen-Regelungen** hinsichtlich des prämienberechtigten Personenkreises, der Prüfkommission sowie der Umsetzbarkeit
- **Form und Ausgestaltung von Sozialeinrichtungen** wie Kantine, Betriebskindergarten, Betriebsfeiern, Pensionskassen, Betriebskrankenkassen

Dabei ist stets § 87 BetrVG als grundlegendes Mitbestimmungsrecht in allen sozialen Angelegenheiten, für die keine gesetzliche oder tarifliche Regelung besteht, zu beachten.

In der betrieblichen Praxis wird dem Mitarbeiter des Weiteren häufig ein **Personalhandbuch** als Nachschlagewerk an die Hand gegeben. Es dient dazu, ihm in Kürze einen umfassenden Überblick über alle wichtigen Informationen des Unternehmens und seine Organisation zu verschaffen. Der Mitarbeiter erhält beispielsweise während der Einarbeitungsphase die Möglichkeit, in Ruhe alle wesentlichen Richtlinien und Betriebsvereinbarungen durchzulesen. Dieses Personalhandbuch kann darüber hinaus auch Regeln für die Personalverwaltung und Führungskräfte beinhalten. Diese erstrecken sich auf unternehmensinterne Richtlinien, Aussagen und Entscheidungen. Das Personalhandbuch muss ständig gepflegt werden, um die aktuelle Information aller Mitarbeiter zu gewährleisten.

Führungsgrundsätze und Unternehmensleitbilder

Führungsgrundsätze, auch Führungsrichtlinien, allgemeine Führungsanweisungen und Führungsleitsätze, beschreiben die Normen und **Regeln der wechselseitigen Führungsbeziehungen** zwischen Vorgesetzten und Mitarbeitern. Es handelt sich um eine in zeitlicher und sachlicher Hinsicht generalisierte Form von Verhaltensgrundsätzen und Handlungsmaximen der Mitarbeiterführung, durch welche die Gleichbehandlung aller Mitarbeiter angestrebt und die Verhaltenserwartungen von Führenden und Geführten gesteuert werden soll. Sie dienen als Grundlage für die Entscheidungsbeteiligung der Mitarbeiter, der Delegation und Konsultation, die Beurteilung des Führungs-, Leistungs- und Sozialverhaltens der Mitarbeiter sowie im Rahmen der Ablauforganisation. Ein Unternehmen, das seine Wertvorstellungen von der Unternehmensführung nach innen und außen darstellen will, erarbeitet – gemeinsam mit relevanten Mitarbeitergruppen – Führungsgrundsätze. Dadurch ist eine breite Akzeptanz und umfassende Information aller Führungskräfte gegeben.

Die am häufigsten vorkommenden und in der Praxis bedeutungsvollen **Führungsmodelle** sind die Management-by-Techniken (siehe auch Kapitel 4.5.1) wie:

- Management by Delegation,
- Management by Objectives,
- Management by Exeption.

Unternehmensleitbilder haben deutliche Parallelen zu den Führungsgrundsätzen. Während jedoch Führungsgrundsätze sich vor allem auf das Innenverhältnis konzentrieren, treffen Leitbilder auch eine Aussage über das Verhältnis zu:

- Gesellschaft,
- Aktionären,
- Kunden, Patienten,
- Öffentlichkeit, Bevölkerung,
- konkurrierenden Unternehmen,
- Lieferanten,
- Sponsoren.

Nach innen sollen Unternehmensgrundsätze eine Motivation sowie **Identifikation der Beschäftigten** mit »ihrem Unternehmen« bewirken. Leitbilder lehnen sich an die Tradition eines Unternehmens an und sollen das Denken und Handeln der Mitarbeiter bestimmen. Nach außen sind Leitbilder häufig ein **Legitimationsinstrument**, das gerade in Zeiten verstärkter Kritik am Unternehmen für eine bessere Selbstdarstellung sorgen soll. Weitere Beweggründe für die Veröffentlichung von Leitbildern sind:

- Veränderungen im Anspruchsdenken von Kunden,
- Änderung von Gesetzen,
- sozialer und gesellschaftlicher Druck,
- stärkere Beteiligung und Motivation der Mitarbeiter,
- Einführung von Qualitätsnormen.

Ordnungsmittel, Führungsgrundsätze und Leitbilder lassen auch Aussagen über die Kultur der einzelnen Unternehmen zu. Eine geeignete Definition für den Begriff »Unternehmenskultur« ist folgende:

> »[Unternehmenskultur ist] die Summe der gemeinsam von Unternehmensleitung, Führungskräften und Mitarbeitern getragenen Regeln, Normen und Wertvorstellungen, die die betriebliche Wirklichkeit prägen.« (Deutsche Gesellschaft für Personalführung)

2.7.3 Entgeltabrechnung

Für die Entgeltabrechnung der Personalverwaltung sind alle Arbeitsentgelte von Bedeutung, die im Rahmen eines Arbeits- bzw. Dienstverhältnisses gezahlt werden und der Steuer- und Sozialversicherungspflicht bzw. -freiheit unterliegen.

Zum **Arbeitsentgelt** gehören alle laufenden oder einmaligen Einnahmen aus einer Beschäftigung, gleichgültig, ob ein Rechtsanspruch auf die Einnahmen besteht, unter welcher Bezeichnung oder in welcher Form sie geleistet werden und ob sie unmittelbar aus der Beschäftigung oder im Zusammenhang mit ihr erzielt werden. Eine Definition für das Arbeitsentgelt im Sinne des Sozialversicherungsrechts liefert § 14 SBG IV. Für die Lohnsteuer liefert § 2 Abs. 1 der Lohnsteuer-Durchführungsverordnung eine Erklärung. Einkünfte aus nichtselbstständiger Arbeit sind in § 19 EStG definiert.

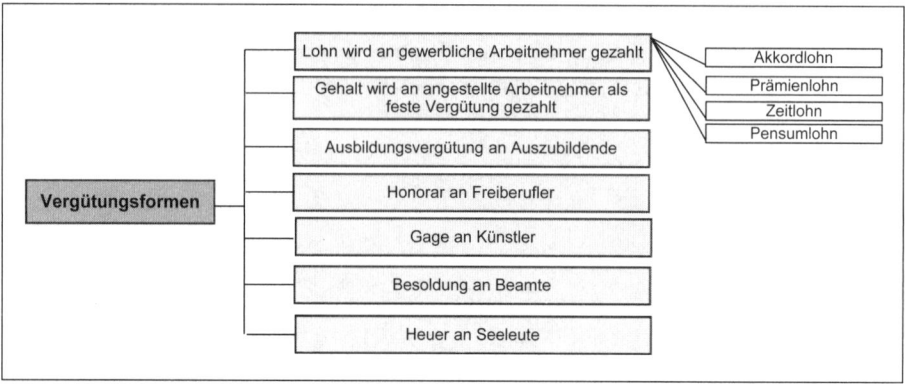

Abb. 168: Vergütungsformen

Grundlage für die Höhe und Form der Vergütung bildet der Arbeitsvertrag, der sich in den meisten Unternehmen inhaltlich überwiegend aus einem Tarifvertrag ergibt. Der Gesetzgeber sieht nach **§ 2 NachwG** vor, dass wesentliche Vertragsbedingungen in einer schriftlichen Zusammenfassung spätestens einen Monat nach dem Beginn des Arbeitsverhältnisses durch den Arbeitgeber unterschrieben an den Arbeitnehmer auszuhändigen sind. Dass grundsätzlich bei einer Arbeitsleistung auch ein Vergütungsanspruch entsteht, regelt das Bürgerlichen Gesetzbuches (BGB):

§ 612 BGB

(1) Eine Vergütung gilt als stillschweigend vereinbart, wenn die Dienstleistung den Umständen nach nur gegen eine Vergütung zu erwarten ist.

(2) Ist die Höhe der Vergütung nicht bestimmt, so ist […] in Ermangelung […] die übliche Vergütung als vereinbart anzusehen.

Für einzelne Branchen gelten sog. **Mindestlöhne**, die nicht unterschritten werden dürfen. Sollte der vereinbarte Lohn um mehr als ein Drittel unter der »üblichen Vergütung« liegen, unterstellt § 138 BGB ein sittenwidriges Rechtsgeschäft. Es handelt sich um den sog. **Lohnwucher**.

Ist ein Arbeitgeber nicht tarifgebunden, muss er die für »allgemein verbindlich« erklärten Tarifverträge beachten. Hat der Arbeitnehmer einen tarifvertraglichen Anspruch auf bestimmte Vergütungen und erhält diese nicht, handelt es sich um einen sog. **Phantomlohn**. Unabhängig vom grundsätzlichen Anspruch des Arbeitnehmers gegen den Arbeitgeber ist der Phantomlohn auch häufig Gegenstand der Betriebsprüfung und zwar im Rahmen der korrekten Beitragsabführung (Entstehungsprinzip).

Für die Entgeltabrechnung sind alle laufenden, einmaligen oder auch nicht in Geld bestehenden Bezüge zu ermitteln. **Laufende Zahlungen** sind alle regelmäßigen monatlichen Zahlungen. Hierzu gehören u. a.:

- Löhne, Gehälter,
- feste Zuschüsse vom Arbeitgeber im Rahmen der Entgeltumwandlung,
- Zuschläge für Nacht-,Sonn-und Feiertage,
- Zulagen für bestimmte Funktionen oder erschwerte Arbeitsbedingungen,
- Leistungszulagen,
- persönliche Zulagen,
- Schicht- und Wechselschichtzulagen.

Diese laufenden Zahlungen können von der Höhe, z. B. bei Provisionen, auch schwankend sein. **Einmalige Zahlungen** beziehen sich auf mehrere Monate und werden entweder nur gelegentlich oder regelmäßig durch einen tariflichen Anspruch gezahlt. Am häufigsten gezahlte Einmalzahlungen sind:

- Urlaubsgeld,
- Weihnachtsgeld,
- Tantiemen,
- Gewinnausschüttungen,
- Jubiläumszuwendungen.

Einnahmen, die nicht in Geld bestehen, sind **Sachbezüge** und bei der Entgeltabrechnung als geldwerter Vorteil zu behandeln. Unter den Begriff Sachbezüge fallen durch den Arbeitgeber zur Verfügung gestellte

- Dienstwagen,
- Mahlzeiten, Wohnungen,
- freie Unterkunft,
- Abgabe von Gütern oder Rabatten.

Aufmerksamkeiten an den Arbeitnehmer, die im überwiegenden betrieblichen Interesse liegen, gehören nicht zum Arbeitsentgelt. Sie sind dann steuer- und beitragsfrei, wenn

- der Wert der Aufmerksamkeit inklusive Mehrwertsteuer 40,00 EUR nicht übersteigt (muss ein Sachwert sein, kein Geldwert – in den meisten Fällen wird es sich um Buchgeschenke, Blumen, Präsentkörbe usw. handeln),
- ein Gutschein in Höhe von maximal 40,00 EUR ausgehändigt wird, der ausdrücklich nur für Sachzuwendungen berechtigt,
- eine Sachzuwendung aufgrund eines persönlichen Ereignisses des Arbeitnehmers oder seiner Angehörigen übergeben (z. B. Geburt eines Kindes) wird; gibt es mehrere Ereignisse in einem Monat, kann die Grenze von 40,00 EUR mehrfach ausgeschöpft werden,
- es sich um ein Arbeitsessen, z. B. betriebliche Besprechung in einem Restaurant, handelt.

Zusätzlich zu einer gewährten Aufmerksamkeit kann der Arbeitgeber dem Arbeitnehmer Sachzuwendungen ohne einen persönlichen Anlass des Arbeitnehmers in Höhe von 44,00 EUR pro Monat zukommen lassen. Diese sog. **Bagatellgrenze** von 44,00 EUR tangiert die beispielsweise im gleichen Monat gezahlte Aufmerksamkeit von 40,00 EUR nicht. Sie können nebenher gewährt werden. Handelt es sich jedoch um eine Geldzuwendung, liegt Sozialversicherungs-und Lohnsteuerpflicht vor. Für die Verbeitragung der vorgenannten Arbeitsentgelte gelten im Sozialversicherungsrecht sowie für die Abführung der Lohnsteuer unterschiedliche Fälligkeiten (siehe Abbildung 169).

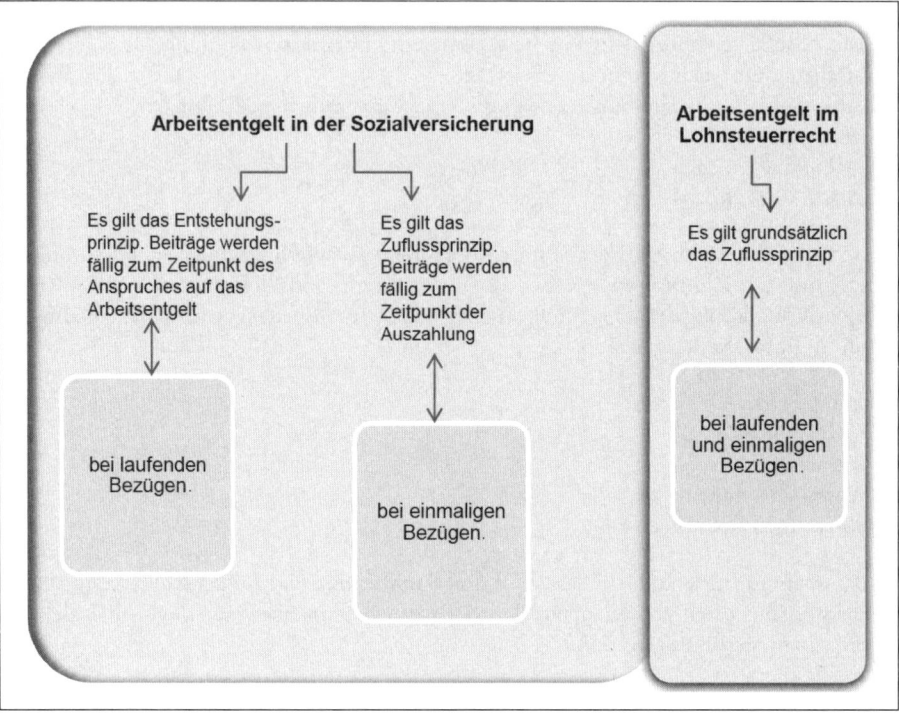

Abb. 169: Entstehen der Beitrags-und Lohnsteuerschuld

Erbringt der Arbeitgeber gegenüber dem Arbeitnehmer Leistungen, die in seinem überwiegenden Interesse liegen, handelt es sich im Sinne des Sozialversicherungs-und Lohnsteuerpflicht nicht um Arbeitsentgelt. Sie fallen unter den Begriff der sog. **Annehmlichkeiten**, z.B.

- Fort-und Weiterbildungskosten des Arbeitnehmers,
- Nutzung von Anlagen des Arbeitgebers (Kindergarten, Fitnessräume usw.),
- Impfkosten, Vorsorgeuntersuchungen.

Um die Entgeltabrechnung des Arbeitnehmers durchzuführen, ist nicht nur die Ermittlung aller Bruttobezüge notwendig. Alle personenbezogenen Veränderungen, die Auswirkungen auf das Brutto- oder Nettoarbeitsentgelt des Arbeitnehmers haben, müssen berücksichtigt werden. Ist das auszuzahlende Nettoarbeitsentgelt des Arbeitnehmers ermittelt, kommt die Personalabteilung ihren gesetzlichen Meldepflichten gegenüber dem Finanzamt und den Sozialversicherungsträgern nach, erstellt **Statistiken** u. a. für das Bundesamt für Statistik und wickelt das gesamte Bescheinigungswesen um den Mitarbeiter und sein Arbeitsverhältnis ab. Zu den regelmäßig wiederkehrenden Statistiken und Auswertungen gehören:

- die vierteljährliche Verdiensterhebung,
- jährliche branchenbezogene Statistiken (z. B. die Krankenhausstatistik, die einen Überblick über die quantitative und qualitative Besetzungsstruktur der Kliniken gibt),
- jährlicher Schwerbehindertennachweis,
- jährliche Meldung zur Berufsgenossenschaft.

Die gesamten Brutto-Arbeitgeberkosten, die sich aus dem Arbeitsentgelt und dem Aufwand an Sozialversicherungsbeiträgen des Arbeitnehmers ergeben, werden monatlich der Buchhaltung zur weiteren Kostenrechnung übergeben. Für das betriebswirtschaftliche Controlling bilden diese Zahlen eine ergänzende Information für das Managementinformationssystems des Unternehmens. Die Brutto-Netto-Arbeitsentgeltermittlung wird nach folgenden Kriterien vorgenommen (siehe Abbildung 170):

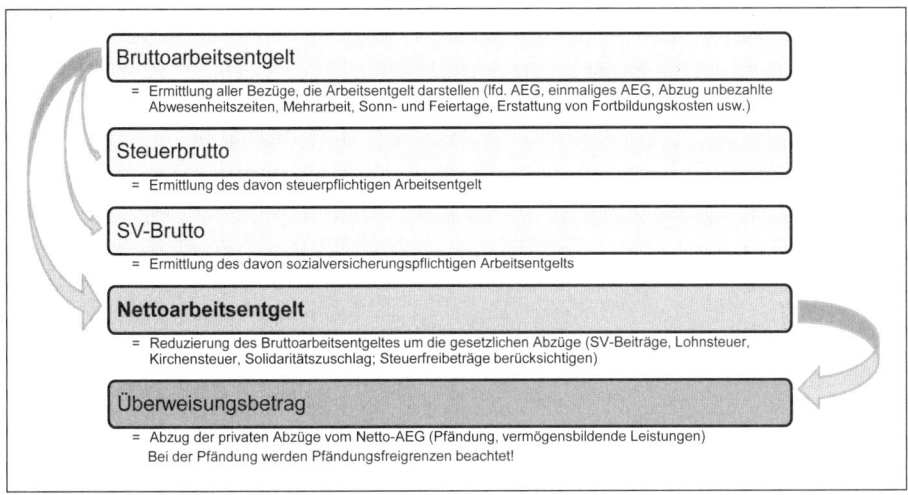

Abb. 170: Berechnung des Brutto- und Nettoarbeitsentgelt

Gibt es Zeiten von Arbeitsunterbrechungen, Ein- bzw. Austritte während des Monats oder den Wegfall der Bezüge durch das Ende der Entgeltfortzahlung, wird eine Teilmonatsberechnung des Arbeitsentgelts ausgelöst. Eine Berechnungsmethode für das **Teilmonatsarbeitsentgelt** liefert entweder der Tarifvertrag, eine Betriebsvereinbarungen, die aktuelle Literatur oder die Rechtsprechung. Zu den am häufigsten verwandten Berechnungsmethoden gehören die:

- kalendertägliche Berechnungsmethode,
- Dreißigstel-Berechnungsmethode,
- arbeitstägliche Berechnungsmethode,
- Berechnung nach durchschnittlichen Monatsarbeitstagen.

Liegt zwischen Arbeitgeber und Arbeitnehmer eine **Nettolohnvereinbarung** vor, bedeutet das, dass der Arbeitgeber die gesetzlichen Abzüge übernimmt. Dadurch ergibt sich ein Vermögensvorteil für den Arbeitnehmer, der im Ergebnis einen zusätzlichen Arbeitslohn darstellt. Um die zutreffenden Abzüge zu ermitteln, muss der vereinbarte Nettolohn auf einen Bruttolohn hochgerechnet werden. Von diesem Bruttolohn werden die Sozialversicherungsbeiträge (siehe Kapitel 2.4) sowie die Steuer abgezogen.

Das ermittelte Arbeitsentgelt wird bei der Beitragsberechnung in der Sozialversicherung nur bis zur **Beitragsbemessungsgrenze** herangezogen. Entgelt, das darüber hinausgeht, bleibt unberücksichtigt. Es werden die jeweils aktuellen **Beitragssätze** der nachfolgenden Sozialversicherungszweige zur Ermittlung der Abzüge herangezogen.

Sozialversicherung		Gesamt	Arbeitnehmer	Arbeitgeber
Krankenversicherung	Allgemein	15,5 %	8,2 %	7,3 %
	Ermäßigt	14,9 %	7,9 %	7 %
Pflegeversicherung		2,05 %	1,025 %	1,025 %
Pflegeversicherung für Kinderlose ab 24. Lebensjahr		2,3 %	1,275 %	1,025 %
Pflegeversicherung Sachsen (Ausnahme)		2,05 %	1,525 %	0,525 %
Rentenversicherung		18,9 %	9,45 %	9,45 %
Knappschaftliche Rentenversicherung		25,1 %	9,45 /	15,65 %
Arbeitslosenversicherung		3 %	1,5 %	1,5 %

Abb. 171: Sozialversicherungsbeiträge (Stand 2014; Änderungen in der Pflegeversicherung geplant)

Einmalzahlungen werden grundsätzlich dem Entgeltabrechnungszeitraum zugeordnet, in dem sie ausgezahlt werden – mit Ausnahme der sog. **Märzklausel**. Werden in der Zeit vom 1. Januar bis zum 31. März Einmalzahlungen gewährt, sind diese dem letzten Lohnabrechnungszeitraum des Vorjahres zuzuordnen, wenn

* der Arbeitnehmer im Vorjahr bei dem gleichen Arbeitgeber beschäftigt war und
* die Einmalzahlung im Monat der Auszahlung nicht mehr im vollen Umfang verbeitragt werden kann (Beitragsbemessungsgrenze).

Zur Beurteilung wird die **Beitragsbemessungsgrenze** (BBG) der Krankenversicherung herangezogen. Liegt keine Krankenversicherungspflicht vor, gilt die Beitrags-bemessungsgrenze der Renten- und Arbeitslosenversicherung. Die **anteilige Beitragsbemessungsgrenze** wird wie folgt ermittelt: Alle sozialversicherungspflichtigen Beschäftigungstage bei demselben Arbeitgeber werden addiert, die im Laufe des Kalenderjahrs, das der Einmalzahlung zugeordnet wird, angefallen sind. Der Differenzbetrag zwischen dem bisherigen beitragspflichtigen Arbeitsentgelt des Vorjahres und der errechneten Beitragsbemessungsgrenze bildet die Grundlage zur »Verbeitragung« der Einmalzahlung. Liegt die Einmalzahlung über dem Differenzbetrag, so fallen nur Beiträge bis zur Höhe des Differenzbetrages an. Unterbrechungen der Entgeltzahlungen, z. B. bei unbezahltem Urlaub, führen zu einem verminderten Monatsentgelt. In diesem Fall ist, wie oben aufgeführt, ein Teilmonatsentgelt zu ermitteln. Im Rahmen der Sozialversicherung ist eine **Teilbeitragsbemessungsgrenze** zu berechnen. Hierzu ist der auf den Kalendertag entfallende Teil der Jahresbeitragsbemessungsgrenze (1l/360) ohne Rundung mit der Anzahl der auf den Teil-Lohnzahlungszeitraum entfallenden Kalendertage zu vervielfachen.

Die Lohnsteuerkarte zur Ermittlung des lohnsteuerpflichtigen Anteils ist Geschichte. Mit Wirkung ab dem 1. Januar 2013 gilt das Verfahren der **elektronischen Lohnsteuerabzugsmerkmale (ELStAM)**.

Das Bundesministerium der Finanzen hat im Einvernehmen mit den obersten Finanzbehörden der Länder ein geändertes Verfahren bestimmt. Die Personalabteilung hat ab diesem Zeitpunkt, nach erfolgter Legitimation vom Finanzamt, die Möglichkeit, die ELStAM der Arbeitnehmer abzurufen und dem Lohnsteuerabzug zugrunde zu legen. Dieses Verfahren ist verpflichtend und spätestens ab Dezember 2013 von jedem Arbeitgebern anzuwenden. Die abgerufenen Daten bleiben solange erhalten, bis entweder auf elektronischem Weg Änderungen mitgeteilt werden oder der Arbeitnehmer ausscheidet. Ab 2015 dürfen bislang genutzte Lohnsteuerkarten sowie ergänzende Bescheinigungen des Arbeitnehmers vernichtet werden.

Die **Überweisung** des Nettoarbeitsentgelts durch den Arbeitgeber erfolgt heute über Online-Banking. Innerhalb von Europa hat die Kreditwirtschaft einen einheitlichen Zahlungsverkehrsraum, die sog. **SEPA (Single Euro Payments Area)**, geschaffen. Dieser Zahlungsverkehrsraum gilt für alle bargeldlosen Überweisungen und Lastschriften im nationalen und europäischen Raum. Für Staaten wie Liechtenstein, Island, Monaco, Norwegen und der Schweiz ist die SEPA ebenfalls nutzbar. In allen Ländern wird die Kennung zukünftig über eine IBAN-Nummer erfolgen. In Deutschland besteht diese aus 22 Stellen.

Seit 2009 gibt es eine **Entgeltbescheinigungsrichtlinie**, die ab dem 1. Juli 2013 zur Verordnung geworden ist. Diese Verordnung soll

- vergleichbare Inhalte für jeden Arbeitnehmer ermöglichen,
- einheitliche Vorgaben für Abrechnungssoftware-Hersteller sicherstellen,
- Auseinandersetzungen mit den Mitarbeitervertretungen über den Inhalt von Entgeltbescheinigungen aus der Welt schaffen
- standardisierte Begriffe installieren, um die Entgeltbescheinigung als Nachweis bei Behörden verwenden zu können.

Humanvermögensrechnung

Neben dem Personalrechnungswesen gehört auch die Erstellung einer **Humanvermögensrechnung** zu den Aufgaben der Personalverwaltung, mit der Aussagen zur Wirtschaftlichkeit der Personalaufwendungen getroffen werden.

Der Begriff »**gesellschaftsbezogene Rechnungslegung**« bezeichnet den eigentlichen Gegenstand der Sozialbilanzierung, nämlich die systematische Erhebung, Aufbereitung, Auswertung und Verbreitung von Informationen über die wichtigsten unmittelbaren und mittelbaren kurz- und langfristigen gesellschaftlichen Auswirkungen der Geschäftstätigkeit eines Unternehmens.

Sozialbilanzen dienen den Unternehmen als **Darstellungsmöglichkeit** aller sozialen Aktivitäten nach innen und außen, die über den reinen wirtschaftlichen Bereich hinausgehen und damit gleichzeitig als Imagewerbung. Die Sozialbilanz besteht aus dem Sozialbericht, der Wertschöpfungsrechnung und der Sozialrechnung.

Der **Sozialbericht** setzt sich mit den Zielen des Unternehmens auseinander und stellt diese anhand von Statistiken und Beurteilungen dar. Er erläutert die Sozial- und Wertschöpfungsrechnung.

Die **Wertschöpfungsrechnung** weist die Anteile der an der Wertschöpfung beteiligten Personen aus, die Höhe des Wertzuwachses und deren Verteilung in einem festgelegten Berichtszeitraum.

In der **Sozialrechnung** werden gesellschaftsbezogene Aufwendungen und gesellschaftsbezogene Erträge gegenübergestellt.

Sozialbilanzen sind **gesetzlich nicht geregelt**, daher besteht auch kein Zwang zur Einführung. Da sich hinter Sozialbilanzen zwar soziale Ziele verbergen, letztlich jedoch ökonomische Zwecke dahinter stehen, sind diese von wenig Interesse für den Arbeitnehmer. Nach außen sind sie ein Instrument der Imagepflege. Die Objektivität geht häufig verloren, da meistens nur Informationen ausgewählt werden, die ein positives Bild des Unternehmens vermitteln.

Kritikpunkte

* die Gewährung von Sozialleistungen ist nicht immer bilanzmäßig darstellbar,
* die Wirkung von Sozialleistungen beruht nicht nur auf ihrem Geldwert,
* die Darstellung der Effizienz von Sozialleistungen gelingt mit Cafeteria-Systemen wirkungsvoller,
* ein ständiger Internetauftritt ist wirkungsvoller als eine einmalige Veröffentlichung im Jahr,
* Sozialleistungen sind im Personalmarketing besser aufgehoben als im Rechnungswesen.

2.7.4 Bundesdatenschutzgesetz und Datenschutzbeauftragte

Die Gefahr missbräuchlicher Verwendung von personenbezogenen Daten hat es schon immer gegeben. Durch die automatisierte Verarbeitung von personenbezogenen Daten ist sie in den letzten Jahren allerdings deutlich größer geworden. Die technischen Möglichkeiten lassen keine Wünsche mehr offen, personenbezogene Informationen können innerhalb weniger Minuten sortiert und ausgewertet werden (siehe auch Kapitel 1.5.5). Um die Weiterverwendung oder Weitergabe rechtswidriger Datenflüsse einzuschränken, stellt das **Bundesdatenschutzgesetz** (BDGS) besondere Anforderungen an den Umgang mit personenbezogenen Daten (siehe Abbildung 172):

* Unbefugten ist der Zutritt zu Datenverarbeitungsanlagen untersagt,
* Datenzugriffe dürfen nur von den dazu berechtigten Personen erfolgen,
* Datenträger sind vor unbefugter Entfernung zu schützen,
* Eingaben, Veränderungen und Auswertungen müssen nachvollziehbar sein.

Dazu sind Benutzerkennungen und Passwörter und Anmeldezeitbeschränkungen einzurichten, Passwörter müssen über eine vorgeschriebene Mindestlänge verfügen, Fehlversuche müssen bei der Eingabe beschränkt werden, es dürfen keine persönlichen Daten verwandt werden und das Passwort darf nirgendwo im Klartext lesbar sein.

Vorrangig hat der Arbeitgeber im Rahmen seiner Fürsorgepflicht manuelle oder auch automatisierte Daten vor Missbrauch zu schützen. Verletzt er schuldhaft diese Fürsorgepflicht, hat der Arbeitnehmer einen Schadensersatzanspruch. Sollte gar das Persönlichkeitsrecht des Mitarbeiters verletzt worden sein, besteht auch ein Anspruch auf Schmerzensgeld.

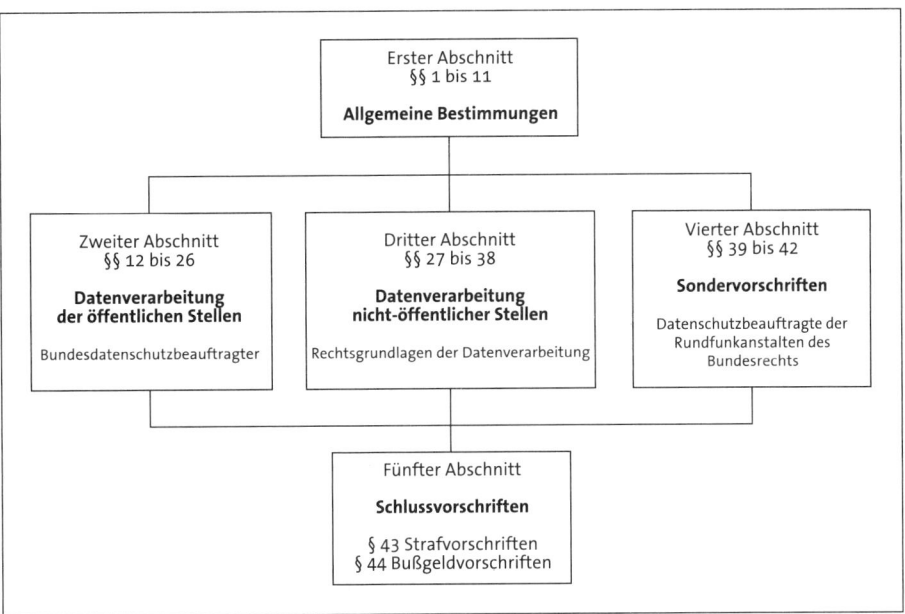

Abb. 172: Die Gliederung des Bundesdatenschutzgesetzes (BDSG)

Der **Zweck** des Datenschutzes wird in § 1 des Bundesdatenschutzgesetzes formuliert:

§ 1 BDSG

Zweck des Gesetzes ist es, den Einzelnen davor zu schützen, dass er durch den Umgang mit seinen personenbezogenen Daten in seinem Persönlichkeitsrecht beeinträchtigt wird.

Das Gesetz gilt für die Speicherung und Verarbeitung personenbezogener Daten natürlicher Personen durch öffentliche Stellen des Bundes und für die geschäftsmäßige Nutzung durch die nicht öffentlichen Stellen (Privatwirtschaft). **Personenbezogene Daten** sind demnach wie folgt definiert:

§ 3 BDSG (1)

Personenbezogenen Daten sind Einzelangaben über persönliche oder sachliche Verhältnisse einer bestimmten oder bestimmbaren natürlichen Person (Betroffener).

§ 4 BDSG regelt die **Zulässigkeit** der Datenverarbeitung und Datennutzung.

§ 4 BDSG

(1) Die Erhebung, Verarbeitung und Nutzung personenbezogener Daten sind nur zulässig, soweit dieses Gesetz oder eine andere Rechtsvorschrift dies erlaubt oder anordnet oder der Betroffene eingewilligt hat.

(2) Personenbezogene Daten sind beim Betroffenen zu erheben. Ohne seine Mitwirkung dürfen sie nur erhoben werden, wenn

1. eine Rechtsvorschrift dies vorsieht oder zwingend voraussetzt oder

2. a) die zu erfüllende Verwaltungsaufgabe ihrer Art nach oder der Geschäftszweck eine Erhebung bei anderen Personen oder Stellen erforderlich macht oder

   b) die Erhebung beim Betroffenen einen unverhältnismäßigen Aufwand erfordern würde

und keine Anhaltspunkte dafür bestehen, dass überwiegende schutzwürdige Interessen des Betroffenen beeinträchtigt werden.

Mit § 5 BDSG werden Mitarbeiter, die mit personenbezogenen Daten arbeiten, auf das **Datengeheimnis** verpflichtet. Dies besteht auch über die Beendigung der Tätigkeit hinaus.

In § 6 BDSG sind die **Rechte der Betroffenen** geregelt: Jede natürliche Person hat das Recht auf Auskunft über die zu ihrer Person gespeicherten Daten. In bestimmten Fällen kann ein Betroffener eine

• Berichtigung von Daten (= Richtigstellung unrichtiger Daten),
• Sperrung von Daten (= Daten dürfen nicht mehr verarbeitet werden),
• Löschung von Daten (= Unkenntlichmachung gespeicherter Daten)
• verlangen.

§ 6b Bundesdatenschutzgesetz lässt die **Videoüberwachung** eines privaten Arbeitgebers nur zu, wenn ein berechtigtes Interesse besteht oder er sein Hausrecht durchsetzen will. Ein berechtigtes Interesse kann der Schutz von Eigentum sein. Eine vorhandene Videoüberwachung ist zu kennzeichnen. Eine heimliche Videoüberwachung greift in das Persönlichkeitsrecht des Einzelnen ein. Nur wenn ein konkreter Verdacht vorliegt und diese Maßnahme als letztes Mittel zur Überführung genutzt werden soll, kann eine heimliche Überwachung in Betracht kommen.

Der § 9 BDSG besagt, dass derjenige, der unter die Bestimmungen dieses Gesetzes fällt, die notwendigen **technischen und organisatorischen Maßnahmen** zu treffen hat (siehe Abbildung 173).

Kontrollmaßnahmen	Sicherungsmaßnahmen
Zugangskontrolle Unbefugten den Zugang zu Anlagen mit personenbezogenen Daten verwehren	Closed-shop-Betrieb Sicherungszonen schaffen Zutritt nach Ausweiskontrolle
Abgangskontrolle Mitnahme von Datenträgern verhindern	Datenträgerschleuse Personenkontrollen
Speicherkontrolle Unbefugte Eingabe, Kenntnisnahme, Veränderung oder Löschung gespeicherter Personaldaten verhindern	Benutzerpasswort Dateipasswort
Zugriffskontrolle Systembenutzungsberechtigte dürfen nur zu jenen Daten Zugriff haben, die für ihre Arbeit erforderlich sind	Dateipasswörter Zugriffsprotokoll Zugriffsbeschränkungen auf bestimmte Terminals
Eingabekontrolle Es muss feststellbar sein, durch wen und wann Personaldaten eingegeben worden sind	Terminaljournale
Transportkontrolle Es ist zu verhindern, dass Personaldaten beim Transport der Übermittlung gelesen, verändert oder gelöscht werden können	Chiffrierung der Übertragungsdaten Abschirmung der Übertragungsleitungen Strenge Personalauswahl bei persönlichem Transport
Benutzerkontrolle Benutzung von Verarbeitungssystemen durch Unberechtigte verhindern	Terminalschlüssel Codekarten Benutzerprotokoll
Organisationskontrolle Die betriebliche Organisation ist auf den besonderen Schutz für Personaldaten abzustellen	Eindeutige Aufgabentrennungen Lückenlose Dokumentation Aufklärung über BDSG und Missbrauchsfolgen

Abb. 173: Überblick über technische und organisatorische Datensicherung

Gemäß § 28 BDSG sind »**freizügige Daten**«:

- Name,
- Titel,
- akademischer Grad,
- Berufs-, Branchen- oder Geschäftsbezeichnung,
- Anschrift,
- Geburtsjahr,
- und eine weitere Angabe über Zugehörigkeit zu einer Personengruppe.

Die Freizügigkeit endet jedoch, wenn sich die Angabe auf folgende Punkte bezieht:

- gesundheitliche Verhältnisse,
- strafbare Handlungen,
- Ordnungswidrigkeiten,
- religiöse oder politische Anschauungen,
- arbeitsrechtliche Rechtsverhältnisse.

Mit dem ersten Gesetz zum Abbau bürokratischer Hemmnisse in der Wirtschaft wurde § 4 BDSG abgeändert. Alle Stellen, die personenbezogene Daten geschäftsmäßig zum Zwecke der Übermittlung wie Adresshandel oder Auskunfteien oder zum Zwecke der anonymisierten Übermittlung automatisiert verarbeiten, müssen unabhängig von ihrer Beschäftigtenzahl einen betrieblichen Datenschutzbeauftragten bestellen (§ 4f Abs. 1 BDSG). Das gilt ebenfalls, wenn automatisierte Verarbeitungen besondere Risiken für die Rechte und Freiheiten der Betroffenen aufweisen und deshalb eine Vorabkontrolle durchzuführen ist (§ 4d Abs. 5 BDSG). Nicht öffentliche Stellen sind dann nicht verpflichtet einen betrieblichen Datenschutzbeauftragten zu bestellen, wenn in der Regel höchstens neun Personen ständig mit der automatisierten Verarbeitung personenbezogener Daten beschäftigt sind. Beauftragt werden darf nur, wer die zur Erfüllung seiner Aufgaben erforderliche Fachkunde und Zuverlässigkeit besitzt Diese Aufgabe wird er in den meisten Fällen neben seinen beruflichen Aufgaben wahrnehmen. Solange Interessenkonflikte nicht zuungunsten des Datenschutzes gelöst werden, ist das auch zulässig.

Sehr geehrte/-r Frau/Herr ...,

aufgrund Ihrer Aufgabenstellung verpflichte ich Sie auf die Wahrung des Datengeheimnisses nach § 5 BDSG. Es ist Ihnen nach dieser Vorschrift untersagt, unbefugt personenbezogene Daten zu erheben, zu verarbeiten oder zu nutzen.

Diese Verpflichtung besteht auch nach Beendigung Ihrer Tätigkeit fort.

Verstöße gegen das Datengeheimnis können nach §§ 44 und 42 Abs. 2 BDSG sowie anderen Strafvorschriften mit Freiheits- oder Geldstrafe geahndet werden. In der Verletzung des Datengeheimnisses kann zugleich eine Verletzung arbeits- oder dienstrechtlicher Schweigepflichten liegen.

Eine unterschriebene Zweitschrift dieses Schreibens reichen Sie bitte an die Personalabteilung zurück.

Ort, Datum   Unterschrift der verantwortlichen Stelle

Über die Verpflichtung auf das Datengeheimnis und die sich daraus ergebenden Verhaltensweisen wurde ich unterrichtet. Das Merkblatt zur Verpflichtungserklärung (Texte der §§ 5 und 43 Abs. 2 BDSG, § 44 BDSG) habe ich erhalten

Ort, Datum   Unterschrift des Verpflichteten

Abb. 174: Verpflichtungserklärung nach § 5 BDSG zur Wahrung des Datengeheimnisses

Zu den wesentlichen Aufgaben des **Datenschutzbeauftragten** gehören:

- das Erstellen und Pflegen einer Liste über alle Dateien mit personenbezogenen Daten unter Angabe der Inhalte und Empfänger der dort gespeicherten Daten,
- die Überwachungspflicht, die Einhaltung aller Schutzbestimmungen bei Eingabe, Speicherung und Verarbeitung personenbezogener Daten,

- die Überwachung bei Berichtigung, Sperrung und Löschung von personenbezogenen Daten,
- die Überwachung einer ordnungsgemäßen Nutzung vorhandener Programme, hier insbesondere die Zugriffmöglichkeiten zu Personaldaten,
- die Belehrung der mit der Verarbeitung von Personalarbeit beschäftigten Mitarbeiter über einschlägige Datenschutzbestimmungen,
- die Verpflichtung und Überwachung der Mitarbeiter hinsichtlich des Datengeheimnisses (siehe Abbildung 174).

Quellen

AOK: http://www.aok-business.de

Berthel, J./Becker, F. G.: Personal-Management. Grundzüge für Konzeptionen betrieblicher Personalarbeit, 10. Aufl., Stuttgart 2013.

Bisani, F.: Personalwesen und Personalführung, 2. Aufl., Wiesbaden 2002.

Drumm, H. J.: Personalwirtschaft, 6. Aufl., Berlin/Heidelberg 2008.

Goerke, S./Wickel-Kirsch, S.: Internes Marketing für Personalarbeit, Neuwied 2002.

Gola, P./Jaspers, A.: Das neue BDSG im Überblick, Frechen 2002.

Jung, H.: Personalwirtschaft, 9. Aufl., München 2011.

Meckl, R.: Personalarbeit und Outsourcing, Frechen 1999.

Olfert, K. (Hrsg.): Kompendium der praktischen Betriebswirtschaft: Personalwirtschaft, 14. Aufl., Herne 2010.

3 Personalplanung, -marketing und -controlling gestalten und umsetzen

3.1 Konjunktur und Beschäftigungspolitik bei der Personalplanung und beim Personalmarketing berücksichtigen

3.1.1 Konjunkturphasen und Konjunkturindikatoren

Konjunkturschwankungen

Gemäß der **Dauer von Wirtschaftsschwankungen**, die im Regelfall durch die Entwicklung des Bruttoinlandsproduktes gemessen werden, unterscheidet man in saisonale Schwankungen, Wachstumsschwankungen und konjunkturelle Schwankungen.

- Saisonale (kurzfristige) Schwankungen

Dabei handelt es sich um jahreszeitlich bedingte saisonale Schwankungen. Sie wirken sich auf die Beschäftigung und die Nachfrage nach Arbeitskräften, vor allem in der Bau-, Landwirtschafts-, Bekleidungs- und Tourismusbranche aus. Saisonale Schwankungen sind häufig vorhersehbar und dann auch im Rahmen der Personalplanung eines Unternehmens planbar.

- (Langfristige) Wachstumsschwankungen

Basisinnovationen werden häufig als zentraler Motor der Konjunktur gesehen. Dabei wird unterstellt, dass (mehr oder minder unregelmäßige) Innovationsschübe lang anhaltende konjunkturelle Aufschwungphasen auslösen, die schließlich abklingen, wenn die zugrunde liegenden Technologien ausgeschöpft sind, um neuen Innovationen Platz zu machen. Insofern handelt es sich um **strukturelle Wandlungen der Wirtschaft**. Die nach Nikolai D. Kondratieff (1892–1938) benannten Kondratieff-Zyklen weisen eine Dauer von 40–60 Jahren auf. Die Dampfmaschine als erster Kondratieff-Zyklus löst den ersten Aufschwung aus (1790–1813). Damit wurden neue Möglichkeiten der Energiegewinnung an jedem beliebigen Ort realisiert. Die Erfindung von James Watt ist eine grundlegende Voraussetzung für den Übergang von der handwerklichen zur industriellen Produktion und für das Entstehen einer Serien- und Massenfertigung. Nicht zuletzt bildet sie den Ursprung der Maschinenbaubranche. Eisenbahn und Stahlindustrie stellen den zweiten Zyklus dar (1844–1874). Die zunehmende Mobilität von Personen und Gütern, bedingt auch durch die Dampfschifffahrt und die vermehrte Herstellung von Investitionsgütern in der Schwerindustrie, gab der Wirtschaft grundlegende Wachstumsimpulse. Der Einsatz der Elektrizität als Energiequelle im industriellen Fertigungsprozess sowie die Chemie und die Motorisierung markieren den dritten Zyklus (1885–1916). Der nach dem Zweiten Weltkrieg einsetzende Aufschwung wird als Beginn eines vierten Kondratieff-Zyklus, z. B. auf

Basis von TV/Medien sowie Luft- und Raumfahrt, interpretiert. Nach Durchschreiten der Abschwungphase Mitte der 1970er- und Anfang der 1980er-Jahre befindet sich nach dieser Vorstellung die Weltwirtschaft am Beginn eines fünften Kondratieff-Zyklus', wobei Mikroelektronik und möglicherweise die Gentechnologie die Basisinnovationen bilden. Der Bereich »Gesundheit/Biotechnologie« wird bereits als sechster Zyklus angesehen.

• Konjunkturelle (mittelfristige) Schwankungen

Als Konjunktur werden die Gesamtlage und die **Entwicklungsrichtung einer Volkswirtschaft** angesehen. Konjunkturschwankungen sind das in marktwirtschaftlich organisierten Volkswirtschaften typische mehrjährige Auf und Ab der Wirtschaftstätigkeit. In Bezug auf ihre zeitliche Reichweite sind diese Schwankungen mittelfristig, d. h. der Gesamtzyklus umfasst zwischen vier und sieben Jahren. Obwohl der Begriff »Zyklus« suggeriert, dass die wirtschaftlichen Schwankungen regelmäßig und vorhersehbar sind, trifft weder das eine noch das andere zu.

Konjunkturzyklus

Der einzelne Konjunkturzyklus beginnt mit einer bestimmten Konjunktursituation und endet mit dessen Wiederkehr (siehe Abbildung 175).

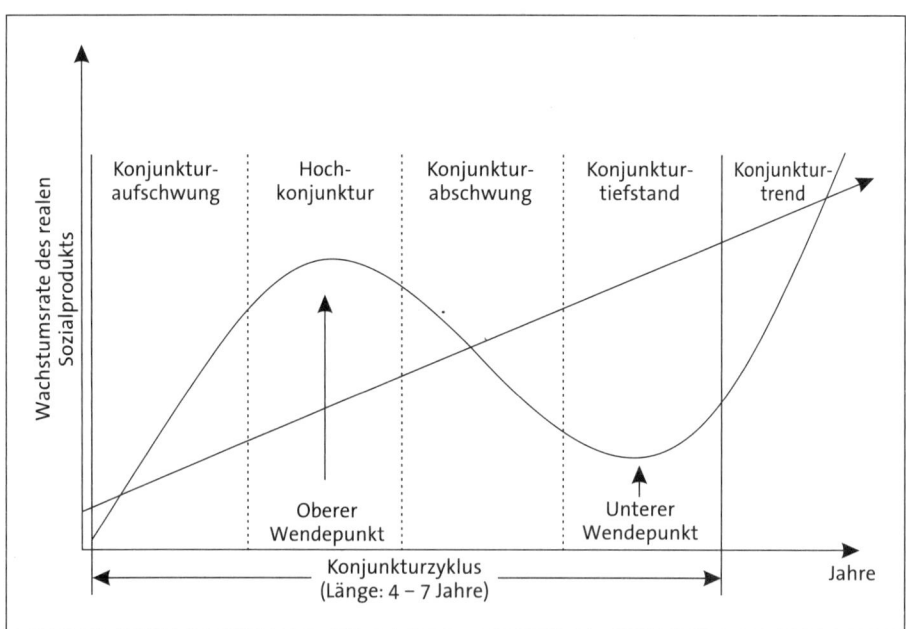

Abb. 175: Konjunkturzyklus

Die einzelnen Phasen sind der Konjunkturaufschwung, die Hochkonjunktur, der Konjunkturabschwung und schließlich der Konjunkturtiefstand, die mit bestimmten Indikatoren einhergehen (siehe Abbildung 176).

Phasen / Merkmale	Aufschwung	Hoch-konjunktur	Abschwung	Tiefstand
Auftrags-eingänge	steigend	schnell steigend	schnell fallend	gering
Produktion	langsam steigend	schnell steigend	fallend	gering
Sozialprodukt	zunächst nur geringe, dann zunehmend höhere Wachstumsraten	zunächst noch stark steigende, dann abnehmende Wachstumsraten	rückläufige Wachstumsraten	sehr niedriges Wachstum, ggf. negative Wachstumsraten
Beschäftigung	Rückgang der Arbeitslosen-quote	vergleichsweise geringe Arbeitslosenquote	zunehmende Arbeitslosenquote	hohe Arbeitslosenquote
Löhne	nur verzögert zunehmend	erheblich steigend	fallende Zuwachsraten	äußerst geringe Zunahme
Zinsen	verzögert ansteigend	hoch und steigend	fallend	niedrig
Warenpreise	verzögert ansteigend	hoch und steigend	fallend	niedrig
Investitions-neigung	langsam steigend	nachlassend	schnell fallend	gering
Psychologische Stimmung	optimistisch	skeptisch	pessimistisch	niedergedrückt

Abb. 176: Konjunkturindikatoren der einzelnen Konjunkturphasen

- Konjunkturaufschwung

Der wirtschaftliche Aufschwung beginnt mit einer **Ausweitung der gesamtwirtschaftlichen Nachfrage** und einem damit höheren Auslastungsgrad des vorhandenen Produktionspotenzials. Die intensivere Nutzung der vorhandenen Produktionsanlagen führt bei zunächst nur unterproportional steigenden Lohnkosten und vergleichsweise geringen Rohstoffkosten zu einer Erhöhung des Gewinns und zu einer Verbesserung der Gewinnerwartungen. Diese führen wiederum zu Ersatz-, Rationalisierungs- und Erweiterungsinvestitionen. Die Verbraucher verhalten sich trendorientiert, indem sie die Konsumausgaben entsprechend ihrem langfristig erwarteten Einkommen tätigen.

- Hochkonjunktur

Aufgrund der hohen Nachfrage und der Auslastung bis zur Kapazitätsgrenze, steigen die Gesamtkosten überproportional an. Die hohe Investitionsneigung bedingt schließlich eine **Kapitalverknappung** und damit eine spürbare **Verteuerung des Kapitalzinses**. Die Bereitschaft zu Lohnkämpfen nimmt zu, zumal die Güterpreise steigen. Infolge der mit

Verzögerung angehobenen Löhne lassen sich die Preise am Markt schließlich nicht mehr erhöhen. Die Nachfrage geht zurück, die wirtschaftliche Stimmung wird skeptisch eingeschätzt und schlägt schließlich in Pessimismus um.

• Konjunkturabschwung (Rezession)

Mit Überschreitung des höchsten Auslastungsgrades beginnt eine **abnehmende Kapazitätsauslastung**. Die vorgenommenen Investitionen zur Kapazitätserweiterung werden unrentabel, da bei noch hohem Zins die Güterpreise zurückgehen. Zahlreiche Unternehmen kommen in Absatzschwierigkeiten, es kommt zu Entlassungen und nur zu unterproportional steigenden Löhnen.

• Konjunkturtiefstand (Depression)

Die Depression ist durch geringe wirtschaftliche Aktivität gekennzeichnet. Die Produktion befindet sich auf einem Tiefstand. Durch den geringen Umsatz sind die Güterpreise niedrig. Die hohe Arbeitslosigkeit wirkt dämpfend auf die Löhne. Trotz geringer Kapitalzinsen ist die Investitionstätigkeit gering, zumal die bereits vorhandenen Kapazitäten nicht ausgelastet und die Gewinnerwartungen bei niedrigen Preisen und hohen Fixkosten gering sind.

Die folgende Grafik (siehe Abbildung 177) veranschaulicht die Veränderungen des realen Bruttoinlandsproduktes seit 1990:

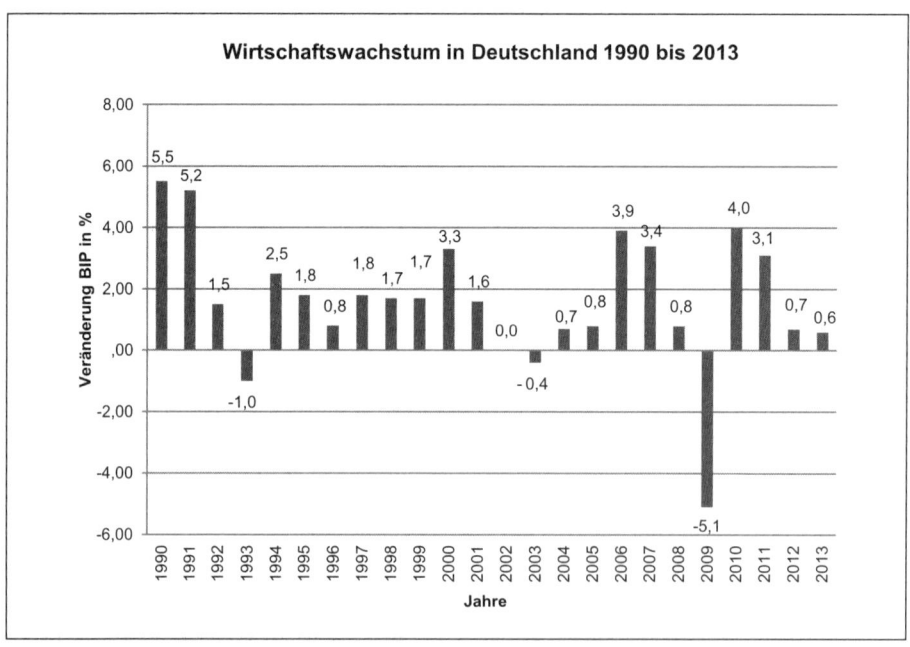

Abb. 177: Veränderungen des realen Bruttoinlandsproduktes (vgl. Statistisches Bundesamt 2013)

Konjunktur zwischen 2003 und 2013

Wichtig zu klären ist, wie die letzten Jahre konjunkturell einzuordnen sind. Nach der längsten Stagnationsphase in der Nachkriegszeit lässt sich im Nachhinein feststellen, dass die konjunkturelle Trendwende bereits im Jahr 2003 einsetzte und das Jahr 2004 als das erste Wachstumsjahr dieses Aufschwungs zu sehen ist. Ab dem zweiten Quartal 2003 nahm das Bruttoinlandsprodukt (BIP) wieder real zu. Auch die Arbeitsmarktentwicklung in Deutschland zeigt, dass sich die Beschäftigtenlage ab 2003 zum Positiven hin entwickelt hat. Es dauerte aber bis zum Jahr 2006, bis die Anzahl der Erwerbstätigen deutlich in Schwung kam. Von Interesse ist dabei, welche Ursachen für diese wirtschaftliche Erholung zugrunde liegen. Zu nennen sind dabei

- das hohe Weltwirtschaftswachstum, das zu einem boomenden Auslandsgeschäft für deutsche Unternehmen geführt hat. Die Unternehmen profitieren dabei von ihrem modernen Produktportfolio, von Umstrukturierungen und Kostensenkungsprogrammen sowie beschäftigungsorientierten Lohnvereinbarungen und ihrer damit verbesserten Wettbewerbsfähigkeit.
- Reformen der Politik. Diese umfassen insbesondere die Arbeitsmarktpolitik (z. B. Erleichterung befristeter Beschäftigung, »Hartz-Gesetze«) sowie die Steuer- und Finanzpolitik (z. B. Steuerreform 2000, Unternehmenssteuerreform 2008).

In 2007 zeichnete sich bereits eine Abkühlung der Konjunktur ab. Aufgrund der Finanzmarktkrise und der damit einhergehenden Wirtschaftskrise stieg das Bruttoinlandsprodukt in 2008 nur um 0,8 % und sank in 2009 um – seit Bestehen der Bundesrepublik Deutschland – noch nie dagewesene 5,1 %. Mit dem Wachstum in den Jahren 2010 (4,0 %) und 2011 (3,1 %) konnte dieser Rückgang wieder kompensiert werden. Die nach wie vor schwache Weltkonjunktur und die Rezession in vielen europäischen Ländern führten allerdings dazu, dass das Wirtschaftswachstum in Deutschland 2012 auf 0,7 % zurückging. Für 2013 wird ein Wirtschaftswachstum von 0,6 % (OECD) bzw. 1,0 % (Bundesregierung) erwartet.

Für die Einschätzung der konjunkturellen Lage werden Konjunkturindikatoren herangezogen: Als **Frühindikatoren** (geben Hinweise auf die zukünftige Entwicklung) gelten beispielsweise der Aktienindex, der Geschäftsklimaindex der Unternehmen, Investitionsabsichten oder der Konsumklimaindex. **Präsenzindikatoren** zeigen hingegen die aktuelle wirtschaftliche Entwicklung. Hierzu gehören etwa aktuelle Konsumzahlen, die aktuelle Industrieproduktion und Kapazitätsauslastung. Im Gegensatz dazu sind die Arbeitslosenquote und Steuereinnahmen **Spätindikatoren** und zeigen an, wie sich die Wirtschaft in der Vergangenheit entwickelt hat.

Beispiel eines Frühindikators:

Der **ifo-Geschäftsklimaindex** wird monatlich erstellt. Zur besseren Vergleichbarkeit wird er durch einen Index abgebildet (siehe Abbildung 178). Dabei werden ca. 7.000 Unternehmen gebeten, die aktuelle Geschäftslage zu beurteilen. Außerdem werden die Erwartungen der kommenden sechs Monate mitgeteilt. Die Ergebnisse werden bewertet und saisonal gewichtet. Das ifo-Geschäftsklima wird seit 1972 erhoben und regelmäßig veröffentlicht. Der Index-Wert 100 entspricht dabei den Erhebungsdaten für den 1. Januar 2000.

Seit 2000 wurde im Dezember 2006 mit 108,8 der höchste Index-Wert gemessen. Der niedrigste Wert wurde im März 2009 mit 82,3 erhoben.

Basierend auf den monatlichen Zahlen des ifo-Geschäftsklimaindex' waren die Jahre 2001 und 2002 Teil eines Konjunkturabschwungs. Der untere Wendepunkt wurde 2003 erreicht. Seit Anfang 2003 steigen die Werte des Index' beständig an. In den Jahren 2004, 2005 und 2006 ist ein positiver Konjunkturtrend zu erkennen. Der obere Wendepunkt (siehe Abbildung 175) wurde 2007 erreicht. Von Mai 2007 (Index: 108,4) sanken die Werte regelmäßig. Dieser Konjunkturabschwung wurde noch zusätzlich durch die Finanzmarktkrise verstärkt. So sanken die Werte von Mai 2008 (Index: 103,3) stetig auf das Minimum von 82,3 (März 2009).

Januar 2001	102,8
Januar 2002	92,1
Januar 2003	91,6
Januar 2004	102,0
Januar 2005	100,6
Januar 2006	106,2
Januar 2007	112,6
Januar 2008	108,3
Januar 2009	85,3
Januar 2010	99,3
Januar 2011	113,9
Januar 2012	108,2
Januar 2013	104,2

Abb. 178: Index-Werte 2001–2013

Seit dieser Zeit hat sich der Index wieder ebenso stetig wieder auf bis zu 115,1 (Februar 2011) verbessert. Seit dieser Zeit ist er fast kontinuierlich auf bis 100,0 (Oktober 2012) gesunken und hat sich seitdem nur geringfügig verbessert. Der vielfach erwartete deutliche Konjunkturaufschwung ist daher mehr als fraglich.

3.1.2 Beschäftigung und Ursachen für Arbeitslosigkeit

Kategorien von Arbeitslosigkeit

Gemäß § 16 des dritten Sozialgesetzbuches (SGB III) gilt derjenige als arbeitslos, »der vorübergehend nicht in einem Beschäftigungsverhältnis steht und beim Arbeitsamt arbeitslos gemeldet ist«. Mit dem Dritten Gesetz für moderne Dienstleistungen am Arbeitsmarkt (in Kraft seit 1. Januar 2000) wurde der § 16 des Sozialgesetzbuches ergänzt. Es wurde klargestellt, dass Teilnehmer in Maßnahmen aktiver Arbeitsmarktpolitik prinzipiell nicht als arbeitslos gelten. Dies entspricht grundsätzlich der schon bisher angewandten Praxis, z. B. bei Maßnahmen der beruflichen Weiterbildung, Arbeitsbeschaffungsmaßnahmen oder berufsvorbereitenden Bildungsmaßnahmen. Eine Änderung ergibt sich allein für Teilnehmer an Eignungsfeststellungs- und Trainingsmaßnahmen, die bisher – aus leistungsrechtlichen Gründen – auch während des Maßnahmenbesuchs als Arbeitslose gezählt wurden. Teilnehmer an arbeitsmarktpolitischen Maßnahmen werden damit in der Statistik einheitlich behandelt. Ein systematischer Fehler der bisherigen Arbeitslosenstatistik wird auf diese Weise korrigiert.

Der Begriff des Arbeitslosen ergibt sich aus § 16 des Sozialgesetzbuches III (SGB III) und den einschlägigen Vorschriften zum Arbeitslosengeld (§§ 117–124 SGB III). Als vorübergehend nicht in einem Beschäftigungsverhältnis stehend (arbeitslos) gilt, wer

- die Anwartschaftszeit nach § 123 und § 124 SGB III als Anspruchsvoraussetzung erfüllt hat,
- nur eine weniger als 15 Stunden pro Woche umfassende Beschäftigung ausübt oder innerhalb der letzten zwölf Monate mindestens zehn Monate eine versicherungspflichtige Beschäftigung ausgeübt hat und daneben als Selbstständiger oder mithelfender Familienangehöriger tätig war und diese Erwerbstätigkeit im Umfang von wöchentlich mindestens 15 Stunden oder weniger als 18 Stunden pro Woche beibehält,
- den Vermittlungsbemühungen der Arbeitsagentur zur Verfügung steht, Arbeitsfähigkeit und -bereitschaft zeigt, eine zumutbare Beschäftigung unter üblichen Bedingungen des in Betracht kommenden Arbeitsmarktes aufzunehmen und
- sich persönlich beim zuständigen Arbeitsamt gemeldet hat.

Die Bedeutung der Arbeitslosigkeit wird im Regelfall durch die Arbeitslosenquote gemessen.

Berechnung von Arbeitslosenquoten

Arbeitslosenquoten zeigen die relative Unterauslastung des Arbeitskräfteangebotes. Dabei werden die (registrierten) Arbeitslosen zu den Erwerbspersonen in Beziehung gesetzt. Die **Erwerbspersonen** setzen sich aus den Erwerbstätigen und den Arbeitslosen zusammen. Der Kreis der Erwerbspersonen bzw. der Erwerbstätigen kann auf zweierlei Weise ermittelt werden, was zu zwei verschiedenen Arbeitslosenquoten führt.

1) **Arbeitslosenquote, bezogen auf die zivilen Erwerbspersonen:** Diese ergeben sich aus der Summe der abhängigen zivilen Erwerbspersonen, den Selbstständigen und den mithelfenden Familienangehörigen.
2) **Arbeitslosenquote, bezogen auf die abhängigen zivilen Erwerbspersonen:** Der Nenner enthält hier nur die abhängigen zivilen Erwerbspersonen, die sich aus der Summe von sozialversicherungspflichtig Beschäftigten (einschließlich Auszubildenden), geringfügig Beschäftigten, Personen in Arbeitsgelegenheiten, Beamten (ohne Soldaten) und Grenzpendlern zusammensetzt. Diese Art der Berechnung hat in Deutschland die größere Tradition. Die Quote fällt höher aus, als bei der vorherigen Berechnungsart.

	2004	2005	2006	2007	2008	2009	2010	2011
Beschäftigung								
Erwerbstätige (in 1.000)	38.796	38.757	39.024	39.724	40.279	40.362	40.553	41.100
Soz.vers.pfl. Beschäftigte (in 1.000)	26.524	26.178	26.354	26.855	27.458	27.380	27.710	28.381
Arbeitslosigkeit Deutschland								
Jahresdurchschnitt (in 1.000)	4.381	4.861	4.487	3.777	3.268	3.415	3.238	2.976
davon Westdeutschland	2.783	3.247	3.007	2.486	2.145	2.314	2.227	2.026
davon Ostdeutschland	1.599	1.614	1.480	1.291	1.123	1.101	1.011	950
Arbeitslosenquoten Deutschland insgesamt								
abhängige zivile Erwerbspers.	11,7	13,0	12,0	10,1	8,7	9,1	8,6	7,9
davon Westdeutschland	9,4	11,0	10,2	8,4	7,2	7,7	7,4	6,7
davon Ostdeutschland	20,1	20,6	19,2	16,8	14,7	14,5	13,4	12,6
alle zivilen Erwerbspersonen	10,5	11,7	10,8	9,0	7,8	8,1	7,7	7,1
Arbeitsmarktpolitische Instrumente								
Kurzarbeiter	150.593	125.505	66.981	68.317	101.540	1.144.407	502.694	147.607
Berufliche Weiterbildung	184.418	114.350	118.762	148.600	170.657	215.695	207.099	178.585

Abb. 179: Eckdaten zum Arbeitsmarkt in Deutschland (vgl. Bundesagentur für Arbeit 2012a, 2012b und 2012c)

Die deutlich höhere Anzahl registrierter Arbeitsloser ab 2005 (im Vergleich zu den Werten von 2004) erklärt sich vor allem durch die Berücksichtigung von arbeitsfähigen Sozialhilfeempfängern, die zuvor nicht als arbeitslos erfasst wurden. Bemerkenswert ist, dass zwischen 1993 und 2011 die Zahl der Erwerbstätigen von 37,4 Mio. auf 40,1 Mio. zugenommen hat und sich gleichzeitig die Zahl der sozialversicherungspflichtigen Beschäftigten von 28,7 Mio. auf 28,4 Mio. leicht reduziert hat. Gleichzeitig sind zwei weitere Auffälligkeiten zu konstatieren:

1) **Teilzeitbeschäftigung**
   Die Teilzeitquote, also der Anteil der Beschäftigten mit Teilzeitbeschäftigung, erhöhte sich von 18,6 % (1999) auf 25,7 % (2011). Dabei liegt die Teilzeitquote 2011 bei Männern mit 9,0 % deutlich unter der Quote bei Frauen (45,1 %).
2) **Gewerbsmäßige Arbeitnehmerüberlassung**
   Die Zahl der Leiharbeitnehmer nahm von 357.264 Personen (2001) auf 909.545 (2011) zu.

Daraus folgt, dass die Anzahl der regulären sozialversicherungspflichtigen Beschäftigungsverhältnisse mit voller Wochenstundenzahl in den letzten zehn Jahren deutlich zurückgegangen ist.

Darüber hinaus existieren regionale Unterschiede. Beispielsweise liegt die Arbeitslosenquote (hier in % aller zivilen Erwerbspersonen) in Baden-Württemberg (2007: 4,9 %, 2009: 5,1 %, 2011: 4,0 %) traditionell auf vergleichsweise niedrigem Niveau, während in Sachsen-Anhalt (2007: 16,0 %, 2009: 13,6 %; 2011: 11,6 % und Mecklenburg-Vorpommern (2007: 16,4 %, 2009: 13,5 %, 2011: 12,5 %) die Arbeitslosenquote überdurchschnittlich hoch ist. Von Interesse ist außerdem, dass die Anzahl der registrierten Arbeitslosen während eines Jahres deutlich schwankt. Üblicherweise nimmt die Arbeitslosigkeit vor allem in den Wintermonaten (z. B. wegen geringer Beschäftigung in der Baubranche) und in den Sommermonaten Juli/August (z. B. wegen der Absolventen von Schulen und Hochschulen) zu.

Ursachen für Arbeitslosigkeit

Hinsichtlich der Ursachen für Arbeitslosigkeit wird häufig eine Differenzierung wie folgt vorgenommen:

• Konjunkturelle Arbeitslosigkeit

Im Falle eines Konjunkturabschwungs oder gar einer Depression kommt es zur konjunkturellen Arbeitslosigkeit. Diese konjunkturelle Arbeitslosigkeit wirkt im Regelfall mittelfristig. Hinzu kommt das arbeitsmarktpolitische Dilemma, dass die Arbeitsproduktivität gesteigert werden muss, um das Ansteigen der Arbeitnehmereinkommen und der Lohnnebenkosten auszugleichen. Eine steigende Arbeitsproduktivität führt jedoch bei gleichzeitig geringem Wirtschaftswachstum dazu, dass zur Produktion eines mehr oder weniger gleichbleibenden Güterangebots bedingt durch neue Technologien weniger Arbeitskräfte benötigt werden. Verstärkt wird diese Wirkung durch unterschiedliche Qualifikationsanforderungen und/oder fehlender Mobilität der Arbeitssuchenden. So haben sich insbesondere aufgrund neuer Technologien Qualifikationsschübe nach oben ergeben, die dazu führen, dass es einen verstärkten Verdrängungswettbewerb zwischen unqualifizierten und qualifizierten Arbeitnehmern gibt.

• Friktionelle Arbeitslosigkeit

Friktionelle Arbeitslosigkeit wird auch als Sucharbeitslosigkeit bezeichnet. Sie dauert nur kurz und tritt auf, wenn Arbeitskräfte entlassen werden und diese Personen infolge von Suchprozessen bis zum Antritt der neuen Stelle für eine gewisse Zeit nicht beschäftigt sind. Nach der Definition der Bundesagentur für Arbeit gilt jede Arbeitslosigkeit, die nicht länger als drei Monate gedauert hat, als Sucharbeitslosigkeit. Das Arbeitsplatzangebot ist vorhanden, der Arbeitslose kennt die offene Stelle aber häufig noch nicht. Durch Verbesserung des Stelleninformationssystems kann diese Arbeitslosigkeit verringert werden.

• Saisonale Arbeitslosigkeit

Wie bereits im Zusammenhang mit saisonale Schwankungen verdeutlicht, kommt es in einigen Branchen (z. B. Landwirtschaft, Baugewerbe, Tourismus) zu einer saisonalen Unterbeschäftigung, die sich speziell in den Wintermonaten zeigt. Die saisonale Arbeitslosigkeit stellt für die Wirtschaftspolitik kein Problem im engeren Sinne dar und muss vielfach hingenommen werden. Hinzuweisen ist aber auf branchenbezogene Bemühungen, z. B die Versuche der Bauwirtschaft, auch Aufträge im Winter durchzuführen. Die speziellen sozialen Maßnahmen (z. B. Schlechtwettergeld) wirken ebenfalls korrigierend.

• Strukturelle Arbeitslosigkeit

Der Begriff der langfristig wirkenden strukturellen Arbeitslosigkeit wird häufig in einer sehr weiten Abgrenzung gebraucht. Danach ist derjenige Teil der Arbeitslosigkeit, der nicht nur auf Konjunktureinbrüche oder friktionelle und saisonale Faktoren zurückzuführen ist, struktureller Natur. Geht man vom Hochkonjunkturjahr 1991 aus, in der in Westdeutschland praktisch alle Wirtschaftszweige stark ausgelastet waren, kann die konjunkturelle Arbeitslosigkeit praktisch mit nahezu null angesetzt werden. Geht man von einem friktionellen und saisonalen Sockel von 300.000 Personen aus, so verbleibt bei insgesamt etwa 2,6 Mio. Arbeitslosen (inkl. neuer Bundesländer) eine strukturelle Arbeitslosigkeit von etwa 2,3 Mio. Berücksichtigt man ferner, dass in den Arbeitslosenzahlen bislang Sozialhilfeempfänger eigenständig erfasst wurden (im Gegensatz zu den Zahlen ab 2005 durch Hartz IV), dürfte die Zahl der strukturellen Arbeitslosigkeit sogar noch höher liegen. Fasst man den Begriff enger, liegen am Arbeitsmarkt Ungleichgewichte auf regionalen, beruflichen oder branchenmäßigen **Teilarbeitsmärkten** vor. Branchenmäßig ist dies beispielsweise vor dem Hintergrund, dass nicht nur Produkte, sondern auch Branchen einem Lebenszyklus unterliegen, verständlich. Insofern lässt sich der in den letzten Jahrzehnten erfolgte Arbeitsplatzabbau in der Landwirtschaft, im Bergbau und in der Bauwirtschaft erklären. Umgekehrt existieren Branchen, z. B. im Gesundheits- und Sozialwesen, in denen in den letzten Jahrzehnten deutlich mehr sozialversicherungspflichtige Beschäftigungsverhältnisse entstanden sind.

Von gewerkschaftlicher Seite wird häufig auf das Instrument der **Arbeitszeitverkürzung** verwiesen. Ausgehend von steigender Arbeitsproduktivität und verminderter Nachfrage nach Arbeitskräften besteht die Überlegung darin, die bestehende Arbeit durch Arbeitszeitverkürzung auf mehr Menschen zu verteilen, die jedoch weniger lang arbeiten. Diese Überlegung führt jedoch nur dann zu einer Entspannung, wenn tatsächlich neue Arbeitskräfte eingestellt werden. Das einige Jahre gültige Arbeitszeitkonzept einer 28,8 Stundenwoche bei der Volkswagen AG zeigt, dass die Strategie der Arbeitszeitverkürzung zum Erfolg führen kann. Konsequenz ist allerdings, dass aus Wettbewerbsgründen ein entsprechender Lohn-/Gehaltsabschlag erfolgen muss.

3.1.3 Beschäftigungs- und Arbeitsmarktpolitik

Die Begriffe »Beschäftigungspolitik« und »Arbeitsmarktpolitik« werden häufig nicht ausreichend voneinander abgegrenzt.

> Der Begriff der **Beschäftigungspolitik** umfasst (allgemein nach dem Stabilitätsgesetz) die gesamtwirtschaftlich ansetzenden Maßnahmen zur Sicherung eines hohen Beschäftigungsstandes sowie die gesamte Arbeitsmarktpolitik.

Somit weist die Beschäftigungspolitik enge Zusammenhänge zur Lohn-, Sozial-, Struktur- und Konjunkturpolitik auf.

> Die **Arbeitsmarktpolitik** umfasst alle Maßnahmen, die zu einer ausgeglichenen Arbeitsmarktlage führen, also Arbeitslosigkeit und Arbeitskräftemangel abbauen bzw. verhindern.

Der Einsatz von arbeitsmarktpolitischen Instrumenten resultiert aus der politischen Auffassung, dass ein freier bzw. deregulierter Arbeitsmarkt zu unerwünschten Begleiterscheinungen führen kann, die gesellschaftlich nicht wünschenswert sind. Hauptaugenmerk ist aktuell immer noch die Verminderung der Arbeitslosigkeit. Zur Bewältigung der Arbeitsmarktprobleme, speziell der Arbeitslosigkeit, stehen verschiedene Instrumente der Arbeitsmarktpolitik zur Verfügung.

Träger der Arbeitsmarktpolitik

• Bundesagentur für Arbeit

Nach § 1 des dritten Sozialgesetzbuches (SGB III) besteht die Aufgabe der Arbeitsförderung in der Unterstützung des Ausgleichs am Arbeitsmarkt, indem Ausbildungs- und Arbeitssuchende über Lage und Entwicklung des Arbeitsmarktes und der Berufe beraten, offene Stellen zügig besetzt und die Möglichkeiten von benachteiligten Ausbildungs- und Arbeitssuchenden für eine Erwerbstätigkeit verbessert werden. Damit geht die Zielsetzung einer Reduzierung der Zeiten der Arbeitslosigkeit sowie des Bezugs von Arbeitslosengeld einher. Die wesentlichen Instrumente der Arbeitsmarktpolitik werden in § 3 SGB III genannt.

Ausdruck des dritten Gesetzes für moderne Dienstleistungen am Arbeitsmarkt (seit dem 1. Januar 2003) ist auch der Umbau der Bundesanstalt für Arbeit. Ziel der umfassenden Neustrukturierung waren eine höhere Effizienz und Kundenorientierung. Dafür wurden flächendeckend Job-Center eingerichtet, die eine individuelle Betreuung von Arbeitslosen und Arbeitgebern ermöglichen sollen. Als »äußeres« Zeichen der Veränderung wurde die Bundesanstalt für Arbeit in »Bundesagentur für Arbeit« umbenannt. Sie gliedert sich unterhalb der Nürnberger Zentrale in Regionaldirektionen (die bisherigen Landesarbeitsämter) und in Agenturen für Arbeit (die bisherigen Arbeitsämter). Der Erfolg der Restrukturierung lässt sich zum jetzigen Zeitpunkt schlecht messen. Wichtig ist aber die Einführung von Controlling-Instrumenten wie etwa Zielvereinbarungen und die Möglichkeit zur Konzentration der Vermittler auf wenige Instrumente, damit mehr Zeit für die Vermittlungstätigkeit bleibt.

• Bundesregierung

Federführend ist das Arbeitsministerium. Beim letzten Regierungswechsel kam es zur (erneuten) Trennung der beiden Ministerien Wirtschaft und Arbeit. Die spezifische Arbeitsmarktpolitik der Bundesregierung wird auf der Grundlage von Gesetzen in Anordnungen und Sonderprogrammen umgesetzt. Ende 2002 bzw. Ende 2003 wurden vier Gesetze für moderne Dienstleistungen am Arbeitsmarkt beschlossen, die seit dem 1. Januar 2003 bzw. 2004 und 2005 für die aktuelle Arbeitsmarktpolitik maßgebend sind. Diese vier Gesetze werden umgangssprachlich auch als Hartz-Gesetze (Hartz I bis Hartz IV) bezeichnet. Peter Hartz war der Vorsitzende der von der damaligen Bundesregierung eingesetzten Kommission und ehemals Personalvorstand bei der Volkswagen AG. Die Gesetze lehnen sich an die Vorschläge der Kommission an, ohne die Ergebnisse eins zu eins umzusetzen.

• Sonstige

Arbeitsmarktpolitik kann darüber hinaus durch die einzelnen Bundesländer und die Kommunen erfolgen, z. B. neue Betriebsformen wie »soziale Betriebe« in Niedersachsen oder »Arbeitsförderbetriebe« in Berlin. Die Finanzierung der Arbeitsmarktpolitik erfolgt überwiegend aus den Beiträgen der Bundesagentur für Arbeit, die von beitragspflichtigen Betrieben und Arbeitnehmern mit je halbem Beitragssatz erbracht werden. Darüber hinaus besteht eine Gewährleistungspflicht bzw. Defizitdeckungsgarantie seitens des Bundes.

Maßnahmen der Arbeitsmarktpolitik

Das Sozialgesetzbuch II und III (SGB II bzw. SGB III) nennt eine größere Zahl an Maßnahmen. Im folgenden Abschnitt erfolgt eine Auswahl wichtiger Maßnahmen. Im Regelfall liegen zur Wirkung der Maßnahmen einzelne, teilweise sogar eine größere Zahl an Untersuchungen über die Wirkung vor. Im Rahmen einer Meta-Analyse werden die einzelnen Ergebnisse zusammengefasst.

• Beschäftigung schaffende Maßnahmen

Von besonderer Bedeutung ist die Förderung sog. Arbeitsgelegenheiten, wobei es sich zu ca. 90 % um Arbeitsgelegenheiten in der Mehraufwandsvariante handelt. Umgangssprachlich werden diese als Ein-Euro-Jobs bezeichnet. Dabei handelt es sich um Tätigkeiten, die zusätzlich durchgeführt werden und gemeinnützig sind. Die Teilnehmer erhalten neben dem Arbeitslosengeld II eine Mehraufwandsentschädigung von 1,00 EUR bis 1,50 EUR pro geleistete Arbeitsstunde. Hauptzielgruppe sind Jugendliche und junge Erwachsene. Die jahresdurchschnittliche Zahl ist von 200.925 (2005) auf 188.172 (2011) leicht gesunken.

• Weiterbildung

Eine klassische Maßnahme der Arbeitsmarktpolitik ist die Förderung beruflicher Weiterbildung. Ziel kann dabei entweder ein Abschluss in einem anerkannten Ausbildungsberuf, z. B. auch nach einer Umschulung, sein oder eine sonstige Maßnahme zur Qualifikationserweiterung. Darüber hinaus existieren kurze Qualifizierungsmaßnahmen mit einer maximalen Dauer von zwölf Wochen. Evaluationsergebnisse legen nahe, dass sich Weiterbildung tendenziell positiv auf die Integration in sozialversicherungspflichtige Beschäftigung auswirkt.

• Kurzarbeit

Die große Bedeutung der Kurzarbeit als Instrument der Sicherung der Beschäftigung war vor allem während der Finanz- und Wirtschaftskrise 2009 festzustellen, als eine große Anzahl von Unternehmen mit Absatzeinbrüchen und leeren Auftragsbüchern, Auftragsstornierungen usw. konfrontiert wurde. Bereits im Dezember 2008 meldeten bei der Bundesagentur für Arbeit über 6.200 Betriebe für fast 300.000 Beschäftigte aus konjunkturellen Gründen Kurzarbeit an. Der Bestand der Kurzarbeiter stieg bis zum Mai 2009 auf über 1,5 Mio. an und geht seitdem wieder zurück. In 2011 betrug der Jahresdurchschnitt etwas über 147.000. Die Kurzarbeit hat im hohen Umfang dazu beigetragen, dass sich die Höhe der Arbeitslosigkeit in 2009 und 2010 unter Berücksichtigung der Finanzmarkt- und Wirtschaftskrise günstig entwickelt hat.

- Minijobs

Beschäftigungsverhältnisse von derzeit bis zu 450,00 EUR sind abgaben- und steuerfrei. Die Abgaben in Höhe von 30,99 % inkl. Pauschalsteuer (2 %) hat der Arbeitgeber zusätzlich zum Lohn aufzuwenden. Bei haushaltsnahen Tätigkeiten sind es nur 14,44 % (besondere Gefahr von Schwarzarbeit). Die Minijobs können auch als zusätzliche Erwerbstätigkeit genutzt werden. Seit der Einführung der neuen Regelungen im April 2003 war die Entwicklung der geringfügig entlohnten Beschäftigten (Minijobs) außerordentlich dynamisch. Im Jahr 2011 stieg die Zahl der ausschließlich geringfügig entlohnten Beschäftigten auf 4,89 Mio. Ihr Anteil an allen Erwerbstätigen beträgt 11,9 %. Auch die Zahl der sozialversicherungspflichtig Beschäftigen, die zusätzlich einen geringfügig entlohnten Nebenjob ausüben, nahm weiter auf 2,49 Mio. zu. Problematisch ist, dass Minijobs keine Brückenfunktion in voll versicherungspflichtige Beschäftigungsverhältnisse darstellen. Die hohe Zahl von 2,49 Mio. zusätzlich entlohnten Nebenjobbern lässt zusätzlich die Frage entstehen, warum der Staat dies durch Reduzierung von Abgaben fördert.

- Eingliederungszuschüsse

Zuschüsse zum Arbeitsentgelt sind eine Ermessensentscheidung der aktiven Arbeitsmarktpolitik. Ziel der Förderung ist die Senkung der Arbeitskosten, was Produktivitätsnachteile ausgleichen kann. Profitierten 2005 jahresdurchschnittlich noch 60.263 Personen (ohne schwerbehinderte Menschen), waren es 2011 bereits 94.848. Die vorliegenden Untersuchungsergebnisse zeigen, dass vor allem Personen, die sonst dem Arbeitsmarkt nicht mehr zur Verfügung gestanden hätten und in die Nichterwerbstätigkeit gewechselt wären, aufgrund der Maßnahme weiterhin erwerbstätig bleiben. Bei einigen schwach zielgruppenorientierten Fördervarianten gab es allerdings keinen Unterschied zu Vergleichspersonen.

- Gründungszuschuss

Seit dem 1. August 2006 ersetzt der neue Gründungszuschuss den bisherigen Existenzgründungszuschuss (sog. Ich-AGs). Insgesamt beträgt die Förderdauer bis zu 15 Monate. Sie ist in zwei Phasen unterteilt. In den ersten neun Monaten nach dem Unternehmensstart erhalten Gründer monatlich eine Pauschale von 300,00 EUR. Dazu kommt jeden Monat so viel, wie der nun nicht mehr Arbeitssuchende zuvor als Arbeitslosengeld erhalten hat. Die Pauschale dient laut Arbeitsagentur der Absicherung in der gesetzlichen Sozialversicherung. Nach Ablauf der ersten neun Monate kann sich eine zweite Förderphase von weiteren sechs Monaten anschließen. In diesem Zeitraum wird nur noch die Pauschale von 300,00 EUR für die Sozialversicherung gezahlt. Empfänger von Arbeitslosengeld II können die Förderung nicht in Anspruch nehmen. Dafür können diese bei der für sie zuständigen Arbeitsgemeinschaft oder Optionskommune ein »Einstiegsgeld« beantragen. Erhielten 2006 lediglich 7.617 Antragsteller einen Gründungszuschuss, waren es 2011 mit 128.001 bereits deutlich mehr. Umfassende Wirkungsanalysen liegen noch nicht vor. Allerdings zeigen vorläufige Ergebnisse, dass die Förderung zur Eingliederung in den Arbeitsmarkt und zur Vermeidung von Arbeitslosengeld-II-Bezug beiträgt.

- Arbeitslosengeld

Seit der Reform zum 1. Januar 2005 wird zwischen Arbeitslosengeld I und Arbeitslosengeld II unterschieden. **Arbeitslosengeld I** (ALG I) ist im Gegensatz zum Arbeitslosengeld II keine Sozial-, sondern eine Versicherungsleistung der Arbeitslosenversicherung. Die Hauptvoraussetzung für den Bezug für ALG I besteht darin, dass der Antragsteller innerhalb einer Rahmenfrist von zwei Jahren mindestens ein Jahr versicherungspflichtig war. Die Zeit, in der ALG I gezahlt wird, hängt davon ab, wie lange in den letzten sieben Jahren bei der Bundesagentur für Arbeit Versicherungsbeiträge gezahlt wurden. Sie beträgt zwischen sechs Monaten (bei einer Versicherungspflicht von mindestens zwölf Monaten) bis zu zwölf Monaten (bei einer Versicherungspflicht von mindestens 24 Monaten). Sofern der Antragsteller das 55. Lebensjahr vollendet hat, kann sich die Bezugszeit auf bis zu 18 Monaten verlängern. Die Höhe des ALG I richtet sich nach der Höhe des versicherungspflichtigen Arbeitsentgelts, das in der letzten Beschäftigung durchschnittlich erzielt wurde, der Anzahl der Kinder und der Lohnsteuerklasse.

Die Arbeitslosenhilfe und Sozialhilfe für erwerbsfähige Personen wurde zum 1. Januar 2005 durch die neue Grundsicherung des **Arbeitslosengeldes II** abgelöst (Umgangssprachlich Hartz IV). Anspruchsberechtigt sind alle erwerbsfähigen Hilfsbedürftigen zwischen 15 und unter 65 Jahren sowie ihre Angehörigen. Kranke und behinderte Menschen gelten dann als erwerbsfähig, wenn sie unter den üblichen Bedingungen des allgemeinen Arbeitsmarktes mindestens drei Stunden täglich arbeiten können. Mittlerweile wurde das Niveau zwischen West- und Ostdeutschland vereinheitlicht und beträgt seit dem 1. Januar 2013 für eine alleinstehende Person 382,00 EUR. Für jedes Kind ergeben sich je nach Alter zwischen 224,00 EUR und 289,00 EUR. Hinzu kommen Zahlungen für die Wohnung. Die Zahl der Empfänger von ALG II ist jahresdurchschnittlich von 4,98 Mio. im Jahre 2005 auf 4,62 Mio. im Jahre 2011 gesunken. 2,62 Mio. (2011) bzw. 2,26 Mio. (2005) von ihnen erhält ALG II, ohne arbeitslos gemeldet zu sein.

Um die Aufnahme einer Erwerbstätigkeit finanziell attraktiver zu gestalten, wurden einerseits die Zuverdienst-Möglichkeiten zum ALG II erweitert (§ 30 SGB III). Darüber hinaus werden die Sanktionen verschärft, die sich aus der Ablehnung einer zumutbaren Erwerbstätigkeit oder Eingliederungsmaßnahme bzw. bei fehlender Eigeninitiative ergeben. Jugendlichen unter 25 Jahren werden die Leistungen vollständig gestrichen.

Die Meinungen zum Arbeitslosengeld sind wie kaum bei einem anderen Reformprojekt deutlich gespalten. Die einen begrüßen die Reformprojekte als längst überfälligen Durchbruch, andere sehen in ihnen den Anfang vom Ende des Sozialstaates. Fakt ist, dass den Arbeitsuchenden ein deutlich höheres Maß an Eigeninitiative abverlangt wird und die Bereitschaft zur Annahme einer vergleichsweise schlechter bezahlten Tätigkeit zugenommen hat.

3.1.4 Konjunktur und Beschäftigung – Konsequenzen für die Personalplanung

In Phasen des Konjunkturabschwungs und der Konjunkturdepression steigt nicht nur die Arbeitslosigkeit, sondern es kommt darüber hinaus zu einer **Verkürzung der effektiven Wochenarbeitszeit**, da es mehr Kurzarbeit und ein geringeres Volumen an Überstunden gibt. In Phasen des Konjunkturaufschwungs und der Hochkonjunktur ist umgekehrt eine sinkende Arbeitslosenquote bei gleichzeitiger Ausdehnung der effektiven Wochenarbeitszeit zu konstatieren.

Verlässlich gekoppelt sind gesamtwirtschaftliche Entwicklung und Arbeitslosenquote jedoch nicht, z. B. aufgrund der demografischen Sonderbewegungen. In diesem Zusammenhang ist der Begriff der **Beschäftigungsschwelle** von Bedeutung. Dieser volkswirtschaftliche Begriff (Verdoorn-Gesetz, Okunsches Gesetz) beschreibt den Zusammenhang zwischen dem Bruttoinlandsprodukt und der Arbeitslosigkeit. Damit neue Arbeitsplätze entstehen können (bei konstanter Arbeitszeit), ist zu berücksichtigen, dass die Wachstumsrate des Bruttoinlandsproduktes höher sein muss als die Wachstumsrate der Arbeitsproduktivität. Seit 2007 gehen Wirtschaftsforscher wie der ehemalige »Wirtschaftsweise« Bert Rürup davon aus, dass die Beschäftigungsschwelle auf 1,5 % bis 1 % gesunken ist. In früheren Jahren galt die Faustregel, dass in Deutschland erst ab einem Wirtschaftswachstum von real über 2 % neue Stellen entstehen. Die Reduzierung der Beschäftigungsschwelle wird in erster Linie auf die moderaten Tarifvertragsabschlüsse und die Regelungen des ALG II (Hartz-IV-Gesetze) zurückgeführt.

Die konjunkturellen Aussichten sind in der Personalplanung, insbesondere in den **Funktionsbereichen »Produktion« und »Absatz«**, zu berücksichtigen. Gleichwohl darf der Zusammenhang nicht zu eng aufgefasst werden. So ist die Ausbildung von Mitarbeitern bzw. die Beschaffung von Hochschulabsolventen eher mittel- bzw. langfristig angelegt und nicht konjunkturell beeinflusst. Zu berücksichtigen ist auch, dass qualifizierte Mitarbeiter (Fachkräfte) häufig nicht beliebig unmittelbar über den externen Arbeitsmarkt beschaffbar sind, sondern erst über unternehmensinterne Personalentwicklungsmaßnahmen einsetzbar sind. In bestimmten Berufen und Regionen ist auch ein Fachkräftemangel festzustellen. Bei vorübergehend schwacher Auftragslage versuchen Unternehmen daher, sich durch das Instrument der Kurzarbeit zu entlasten. Auch der Abbau von vorhandenen Arbeitszeitkonten ist ein sinnvoller Weg. In den letzten Jahren ist darüber hinaus festzustellen, dass Leiharbeitnehmer in der Produktion verstärkt als Puffer dienen. Daher werden diese Arbeitsverhältnisse bei abschwächender Konjunktur zuerst beendet. Gleiches gilt für Mitarbeiter mit geringerer Qualifikation.

Wird Arbeitslosigkeit durch ein allgemeines Defizit der Gesamtnachfrage verursacht, kann durch den **expansiven Einsatz der Geld- und Fiskalpolitik** die Nachfrage nach Inlandsgütern erhöht und damit die **Arbeitslosigkeit reduziert** werden. Anknüpfungspunkte fiskalpolitischer Maßnahmen, um einem konjunkturellen Nachfragerückgang entgegenzuwirken, sind die Erhöhung der Staatsausgaben, sog. **Konjunkturprogramme**. Diese folgen eher keynesianischen Modellansätzen, d. h. der Steuerung der Nachfrage, als dem neoklassisch-monetaristischen Denken, das einer Verringerung der steuerlichen Belastung von Unternehmen und Konsumenten (z. B. geringere Steuersätze, Sonderabschreibungsmöglichkeiten) den Vorzug gibt. Staatliche Konjunkturmaßnahmen in der jüngsten Wirtschaftskrise 2008/2009, z. B. Abwrackprämie führten beispielsweise dazu, dass der Konjunkturrückgang und die Arbeitslosenzahlen gedämpft werden konnten. Darüber hinaus kann der Einsatz der geldpolitischen Instrumente zu einer Erhöhung der Liquidität bei Geschäftsbanken und zu einer Senkung des Zinsniveaus führen (von keynesianischer Seite befürwortet). Die mögliche Folge ist eine Belebung der Investitionstätigkeit.

3.1.5 Ziele, Planungszeiträume und Planungsgegenstände der Personalplanung

Die letzten Jahre wirtschaftlicher Entwicklung sind durch strukturelle **Marktveränderungen** und eine gestiegene **Wettbewerbsintensität** gekennzeichnet. Konjunkturelle und strukturelle Krisen, technologischer Wandel und steigende Qualitätsansprüche an Produkte und Dienstleistungen indizieren einerseits die Notwendigkeit hoch qualifizierter

Mitarbeiter, andererseits ergibt sich aus betrieblichen Reorganisations- und Rationalisierungsprozessen im Rahmen des Business-Process-Reengineerings, des Lean-Managements oder Total-Quality-Managements das Erfordernis, Personal abzubauen. Diese Tatsachen haben immer mehr zu der Feststellung geführt, dass sowohl eine **operative als auch strategische Personalplanung** nötig ist. Dabei bildet die Personalplanung keinen isolierten Teilbereich der betrieblichen Personalwirtschaft, sondern sie ist Teil der funktionsbezogenen Entscheidungsprozesse. Personalplanung bedeutet, Entscheidungen auf der Grundlage einer aus der Unternehmensstrategie abgeleiteten Zielbildung und einer systematischen Entscheidungsvorbereitung zu treffen. So nimmt die Personalplanung gedanklich zukünftige Handlungen, Ereignisse oder Veränderungen vorweg, die verschiedenen Handlungsalternativen werden ermittelt und analysiert.

Aus der Sicht eines zeitgemäßen Personalmanagements kann die **Personalplanung** nicht nur einzelne punktuelle Instrumente beinhalten, sondern muss sich **unternehmerisch-zielorientiert** ausrichten. Dabei befindet sich die Personalplanung in dem Dilemma, sowohl eine verlässliche Aussage zur zukünftigen Bedarfslage zu liefern, als auch genügend Flexibilität für das Reagieren auf nötige Korrekturen zu ermöglichen. Somit wird auch deutlich, dass – wie praktische Erfahrungen zeigen – improvisierte Ad-hoc-Maßnahmen in einer zunehmend komplexer werdenden Unternehmensumwelt auf Dauer keinen Erfolg haben. Vielmehr ist eine Vorschau auf zu erwartende Veränderungen notwendig, um im Unternehmen rechtzeitig geeignete Maßnahmen zu ergreifen. Eine Planung ist umso notwendiger, je mehr Zeit benötigt wird, unternehmerisches Handeln auf eine Veränderung auszurichten.

Ein charakteristisches **Merkmal der Ressource »Personal«** besteht darin, dass sie sich den Marktgegebenheiten nur schleppend anpasst und Steuerungsmaßnahmen einen erheblichen zeitlichen Vorlauf benötigen. Dies liegt u. a. daran, dass Mitarbeiter nicht immer zu jedem Zeitpunkt und an jedem Ort mit der gewünschten Qualifikation zur Verfügung stehen und ein Personalabbau in einer Betriebsstätte nicht immer durch Versetzung zu einer anderen Niederlassung kompensiert werden kann. Zu bedenken ist auch, dass die Suche nach geeignetem Personal sowie die Aus- und Fortbildung der Mitarbeiter Zeit in Anspruch nimmt, die das Personalmanagement benötigt, um sich frühzeitig mit diesen Aufgaben zu befassen.

Darüber hinaus ist festzustellen, dass die Personalplanung an Bedeutung gewinnt, um den wachsenden Anforderungen an das Personalmanagement zu entsprechen. Dies gilt u. a. für:

- die ständige Personalkostenintensivierung,
- das trotz konjunktureller Schwankungen und struktureller Veränderungen weiterhin knappe Angebot qualifizierter Arbeitskräfte (z. B. im Bereich der Informatik oder Biochemie),
- die ständig höheren Anforderungen an die Qualifikation der Mitarbeiter, die ihrerseits eine Anpassungsleistung der Unternehmen durch die planmäßige Entwicklung der Mitarbeiter bedingen,
- die steigende Einschränkung des Handlungsrahmens durch gesetzliche, tarifliche und betriebliche Bestimmungen,
- die zunehmenden Bedürfnisse der Mitarbeiter an Arbeitsplatzsicherheit und Arbeitsinhalten,

- die Veränderungen der Arbeitsplatzanforderungen,
- den langfristigen Trend zur Arbeitszeitverkürzung.

Diese wenigen Beispiele zeigen bereits, dass erfolgreiches personalwirtschaftliches Handeln ein frühzeitiges Nachdenken darüber erfordert, was erreicht werden soll und wie das gelingen kann. Ausgangspunkt hierfür ist die **Konzeption einer Personalplanung**. Sie hat die Aufgabe, vorausschauend personalwirtschaftliche Maßnahmen vorzubereiten und Unsicherheiten entgegenzuwirken. Sie bildet eine Strategie, die dem weitgehend zweckrationalen unternehmerischen Handeln entspricht. Dabei besteht grundsätzlich das Problem, dass Menschen zum Objekt ökonomischen Kalküls gemacht werden. Ein Spannungsfeld zwischen Ökonomie und Humanität tut sich auf. Gleichwohl hat eine effiziente Personalplanung nicht nur aus der Sicht der Unternehmensführung Vorteile, sondern ist auch aus Sicht der Mitarbeiter zu begrüßen. Demnach kann Personalplanung wie folgt definiert werden:

Personalplanung ist ein gezieltes und prozesshaftes Vorgehen, bei dem zukünftige Trends, Entwicklungen und Vorhaben hinsichtlich ihrer Auswirkung auf Menge, Zusammensetzung und Qualifikation des Personals bewertet und in Handlungsmaximen umgesetzt werden.

Ziele der Personalplanung

Mehr und mehr Unternehmensleitungen haben in den letzten Jahren die Vorteile erkannt, die ihnen eine effektive Personalplanung bietet. Die dabei genannten Zielvorstellungen machen die betriebliche Personalplanung zu einem anspruchsvollen und strategisch wichtigen Aufgabengebiet. Dessen ungeachtet darf die Personalplanung jedoch nicht mit überzogenen Erwartungen überfrachtet werden. Der Gedanke, dass ein Arbeitsplatzverlust durch betriebliche Personalplanung schlechthin zu vermeiden ist, ist reine Wunschvorstellung.

Gleichzeitig stellt die Personalplanung ein **Instrument des Interessenausgleichs** unterschiedlicher Gruppen dar. Neben der Geschäftsleitung eines Unternehmens wirken als Institutionen der Betriebsrat und im Weiteren der Staat und die Tarifparteien auf die Personalplanung ein. Personalplanung wird somit zum Instrument rationaler Konfliktlösung, da sich aus dem Betriebsverfassungsgesetz ergibt, dass der Betriebsrat über personalpolitische Maßnahmen im Unternehmen rechtzeitig und umfassend unterrichtet werden muss. Aus der Sicht der Arbeitgeber steht mit einer Personalplanung die Realisierung folgender Ziele im Mittelpunkt:

- Einbindung der Personalplanung in die Unternehmensplanung garantiert höhere Effizienz des Unternehmens.
- Personalengpässe können frühzeitig erkannt und berücksichtigt werden.
- Personal kann anforderungs- und eignungsgerecht eingesetzt werden.
- Rechtzeitiges Erkennen des Personalentwicklungsbedarfs führt zu einer Verbesserung der Arbeitsproduktivität und Produktqualität; gleichzeitig entsteht eine gewisse Unabhängigkeit vom externen Arbeitsmarkt, da langfristig betriebsintern eine qualifiziertere Belegschaft zur Verfügung steht. Zudem wird die Innovationsfähigkeit des Unternehmens erhöht.

- Vorhandene Qualifikations- und Arbeitskraftreserven können besser genutzt werden, wenn rechtzeitig Klarheit über die künftigen Arbeitsgebiete und Arbeitsanforderungen besteht.
- Personalbeschaffungskosten werden durch Stellenbesetzung aus den eigenen Reihen vermieden.
- Eine frühzeitige Feststellung einer Personalüberdeckung erhöht die Wahrscheinlichkeit einer sozialeren und kostengünstigeren Personalfreisetzung.
- Kosten durch ungeplante und damit teure personelle Maßnahmen können vermieden werden.
- Die Personalkostenentwicklung ist besser vorhersehbar.
- Organisatorische und technischen Innovationsprozessen sind steuerbarer.
- Die Zusammenarbeit mit dem Betriebsrat wird versachlicht.

Auch aus der Sicht der Mitarbeiter bietet eine Personalplanung eine Reihe von Vorteilen:

- Durch die Planung des Personalbedarfs nimmt die Sicherheit der Arbeitsplätze zu, bzw. Härten bei Um- oder Freisetzungen werden reduziert.
- Durch frühzeitige und somit gezielte Planung der Personalentwicklung der Mitarbeiter zur Anpassung an die durch den technischen Wandel hervorgerufene veränderte Anforderungsstruktur wird die Sicherheit der Arbeitsplätze erhöht.
- Auf anstehende Arbeitsplatzveränderungen kann besser reagiert werden, weil die Mitarbeiter darauf vorbereitet sind.
- Personalplanung ermöglicht eine bessere Transparenz des Personalbereiches, wodurch die Aufstiegschancen verbessert werden, z. B. im Rahmen einer Laufbahn- und Nachfolgeplanung.
- Informationen über die wirtschaftlichen und sozialen Rahmenbedingungen des technischen und strukturellen Wandels werden frühzeitig im Unternehmen diskutiert.

Planungszeiträume der Personalplanung

Analog zur Unternehmensplanung differenzieren sich die Zeiträume bzgl. der Personalplanung wie folgt:

- kurzfristige Personalplanung (bis zu einem Jahr),
- mittelfristige Personalplanung (bis zu drei Jahren),
- langfristige Personalplanung (über drei Jahre).

Die kurzfristige, **operativ orientierte Personalplanung** ist auf ein direktes Entscheiden und Handeln für das jeweilige Geschäftsjahr ausgerichtet. Dabei wird von einem festen Produktionsprogramm, einer vorgegebenen technischen und organisatorischen Struktur sowie von festen Absatzprogrammen ausgegangen. Somit wird ein großer Teil der in die Planungsüberlegungen eingehenden Größen, z. B. Arbeitsproduktivität oder tarifliche Arbeitszeit, als konstant angesehen. **Schwerpunkte der kurzfristigen Planung** sind:

- Personalbedarfsplanung,
- Personalbeschaffungsplanung,
- Personaleinsatzplanung und
- Personalkostenplanung.

Die **mittel- und langfristige Personalplanung** umfasst eine perspektivische Rahmenplanung und nimmt den von der Personalstrategie festgelegten Handlungsrahmen auf. Im Gegensatz zur kurzfristigen Personalplanung werden künftige Entwicklungen, z. B. Produktion, Technik, Organisation oder tarifliche Arbeitszeit, einkalkuliert. Mit wachsenden Planungszeiträumen wird dabei die Planung unsicherer und undifferenzierter, zumal die Anzahl der veränderlichen Einflussgrößen zunimmt, die für eine kurzfristige Vorausschau als konstant angenommen werden können. Die Unwägbarkeiten liegen dabei in der Veränderung der externen und internen Unternehmensumwelt. Eine Planung, die über drei Jahre hinausgeht, ist hingegen als Grobplanung zu sehen. Gleichwohl ist sie beispielsweise für Entscheidungen über die Anzahl der einzustellenden Auszubildenden oder Trainees besonders wichtig. **Schwerpunkte der mittel-, langfristigen Planung** sind:

- Personalbedarfsplanung,
- Personalentwicklungsplanung und
- Personalfreisetzungsplanung.

Ob im konkreten Einzelfall kurz-, mittel- oder langfristig geplant werden soll oder kann, hängt in der Praxis vorwiegend von folgenden Rahmenbedingungen ab:

- Branchenzugehörigkeit
- Laufzeit der vorgelagerten Pläne
- Marktkontrolle
- Stabilität der Unternehmensumwelt
- Arbeitsmarktsituation
- Personalentwicklungszeiträume

Planungsgegenstände

Zur Bewältigung der oben genannten Kernaufgabe ist der Einsatz eines wirksamen Katalogs von **Personalmaßnahmen** notwendig. Personalplanung kann in einzelne **Teilfunktionen** klassifiziert werden (siehe Abbildung 180). Bezüglich der Personalerhaltungsplanung wird auf die Bereiche der Mitarbeitermotivation und der Personalentlohnung verwiesen.

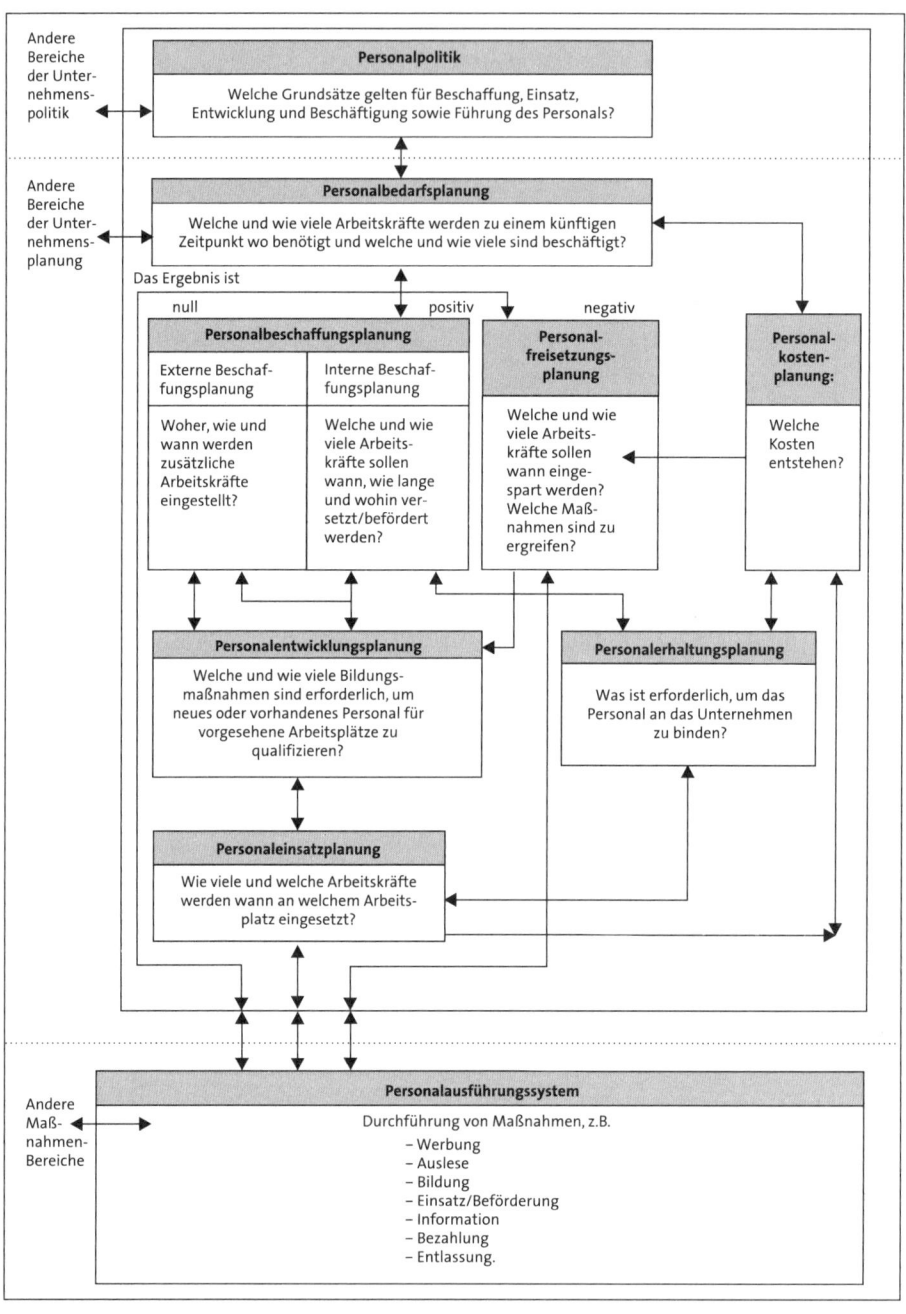

Abb. 180: Teilfunktionen der Personalplanung

- Personalbedarfsplanung

Die Personalbedarfsplanung stellt eine der wichtigsten Aufgaben des Personalmanagements eines Unternehmens dar und gilt als das **Kernstück eines Personalplanungssystems**, zumal sie die wichtigste Nahtstelle zu den anderen Bereichen der Unternehmensplanung darstellt. Gleichzeitig ist die **Personalbedarfsermittlung** von der ökonomischen Seite sehr relevant, weil Quantität und Qualität der zu besetzenden Stellen sowohl das betriebliche Leistungsprofil als auch die Personalkosten bestimmen. Daher ist der Personalbedarfsplan die Grundlage für alle anderen Teilpläne der Personalplanung (siehe Abbildung 181). Ohne Kenntnis des Personalbedarfs ist weder eine Beschaffungs- noch eine Einsatz- oder Entwicklungsplanung möglich. Planungsfehler in dieser Phase sind deshalb besonders schwerwiegend. Dabei hat die Personalbedarfsplanung einerseits die Aufgabe der Rationalisierung des Personaleinsatzes durch die genaue Abstimmung von Bedarf, verfügbarem Mitarbeiterpotenzial und der Vermeidung kostenträchtiger Personalüberhänge, die dann abgebaut werden müssen. Andererseits soll die Personalbedarfsplanung gewährleisten, dass ausreichend Personal für das geplante Produktions- und Dienstleistungsprogramm des Unternehmens bereitsteht und dem Unternehmen nicht durch Personalengpässe Verluste entstehen. Wird Personal zu knapp bemessen, kann dies vor allem folgende Konsequenzen haben:

- Das Unternehmen verliert an Reaktionsgeschwindigkeit und erwirbt sich den Ruf, schwerfällig zu sein.
- Das Potenzial teurer Anlagen wird nicht voll ausgeschöpft.
- Kunden werden durch lange Wartezeiten abgeschreckt und das Unternehmen verliert Aufträge.
- Durch die Überlastung der Beschäftigten kommt es zu Ausschluss- und Qualitätsproblemen.
- Es verbleibt zu wenig Zeit zur Personalentwicklung der Mitarbeiter, was sich beispielsweise in einer geringeren Produktivität und Qualitätsmängeln auswirken kann.

Zusammenfassend stellt die Personalbedarfsplanung ein mehrdimensionales Problem dar, das vier Aspekte enthält (ausführlicher dazu siehe Kapitel 3.3):

- ☐ **Qualitativ**: Welche Qualifikationen werden benötigt?
- ☐ **Quantitativ**: In welchem Ausmaß werden diese Qualifikationen benötigt?
- ☐ **Temporär**: Zu welchem Zeitpunkt werden die Qualifikationen benötigt?
- ☐ **Räumlich**: Wo, das heißt in welchen Funktionsbereichen bzw. Standorten werden diese Qualifikationen benötigt?

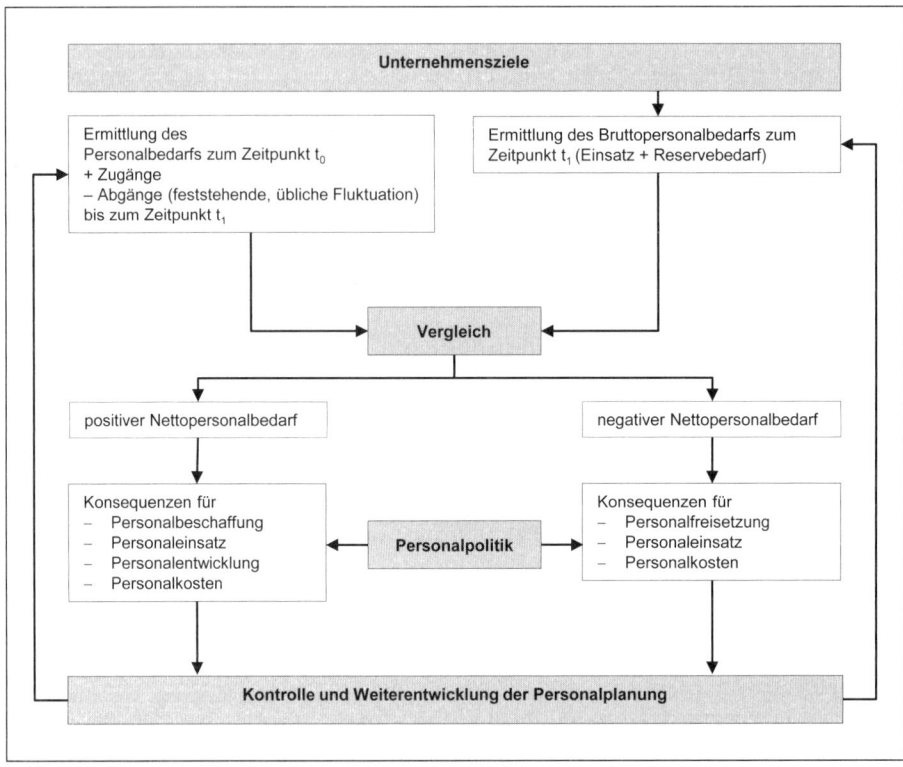

Abb. 181: Vorgehensweise bei der Personalbedarfsplanung

• Personalbeschaffungs- und Personalauswahlplanung

Die Personalbeschaffungs- und Personalauswahlplanung hat die Aufgabe, den im Rahmen der Personalbedarfsplanung konstatierten Personalfehlbestand (**Nettopersonalbedarf**) zu beseitigen, d. h. die ermittelte Anzahl an Arbeitskräften, entsprechend den Anforderungsprofilen der Arbeitsplätze, rechtzeitig und kostengünstig bereitzustellen. Um dieser Aufgabe gerecht zu werden, sind eine Reihe von Planungsaufgaben zu erfüllen. Hierzu zählen insbesondere:

- laufende Beobachtung des Arbeitsmarktes,
- organisatorische Vorsorge für den Einzelfall der Personalbeschaffung,
- grundsätzliche Überlegungen und Entwicklung von Kriterien zur Entscheidung, ob der Personalbedarf inner- oder außerbetrieblich gedeckt werden soll,
- Festlegung, welche Personalauswahlverfahren Anwendung finden.

Zur Vorgehensweise empfiehlt sich folgender Ablaufplan (siehe Abbildung 182).

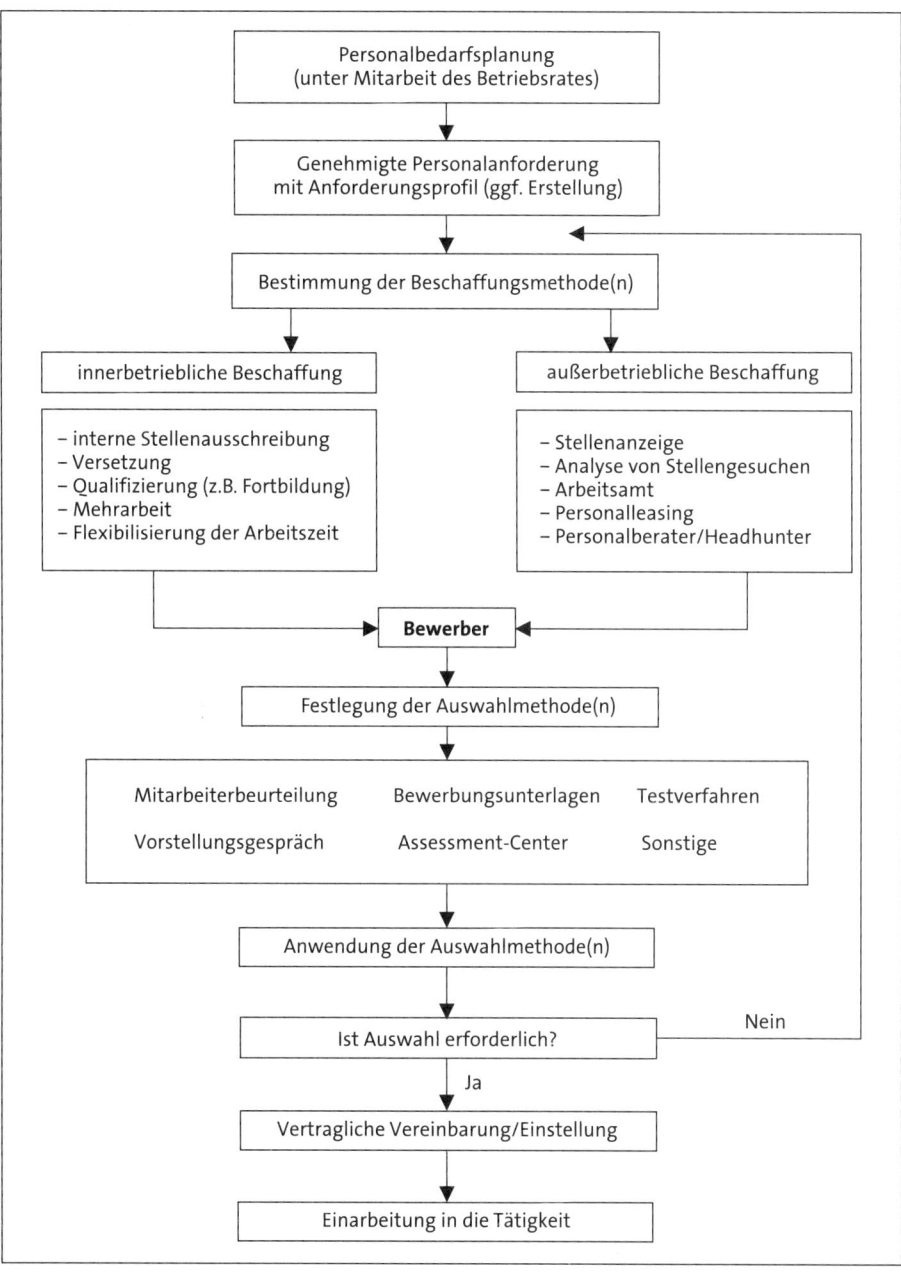

Abb. 182: Ablaufplan der Personalbeschaffung und -auswahl

Die Beschaffung von Personal kann nur dann kurzfristig erfolgen, wenn Mitarbeiter einer bestimmten Qualifikation in beliebiger Menge auf dem internen oder externen Arbeitsmarkt zur Verfügung stehen. Ist das Arbeitskräfteangebot jedoch knapp, so muss die Personalbeschaffungsplanung um **Maßnahmen des externen Personalmarketings** ergänzt werden.

Neben der Erarbeitung von Richtlinien und Grundlagen für die Personalbeschaffung und -auswahl muss der außer- und innerbetriebliche Arbeitsmarkt kontinuierlich beobachtet und analysiert werden. Aus den sich daraus ergebenden Prognosen wird abgeleitet, welche Arbeitskräfte im Planungszeitraum am günstigsten zu beschaffen sind. Diese Arbeitsmarktforschung ist insbesondere bei der Deckung des längerfristigen Personalbedarfs relevant. Grundsätzlich sichert im Hinblick auf zu besetzende Stellen nur eine vorausschauende Planung mit einer zeitlichen Reichweite von mindestens einem Jahr die Wettbewerbsfähigkeit eines Unternehmens am Markt. Dies gilt vornehmlich für die mit anspruchsvollen Anforderungsprofilen ausgestatteten Stellen.

Die Planung der Personalbeschaffung und -auswahl stellt somit einen zeitlichen Vorlauf bis zur Verwirklichung der geplanten Maßnahme sicher. Dabei muss festgelegt werden:

- wo (auf welchem Arbeitsmarkt),
- wie (durch welche Maßnahme) und
- wann (zu welchem Zeitpunkt)

der Bedarf am besten gedeckt werden kann.

- Personalfreisetzungsplanung

Schwerwiegende personalwirtschaftliche Probleme ergeben sich, wenn die Personalbedarfsplanung einen **Minderbedarf** feststellt. Deshalb kommt es besonders auf eine sorgfältige und möglichst frühzeitige Planung an, wobei der Betriebsrat gemäß Betriebsverfassungsgesetz (BetrVG) zu beteiligen ist. Die Ursachen für eine Notwendigkeit der Personalfreisetzung liegen insbesondere in:

- strukturellen Veränderungen, z.B. geringe Wettbewerbsfähigkeit mit der Konsequenz der Schließung von Betrieben/Geschäftsstellen, Rückzug aus Geschäftsfeldern oder der Verlagerung von Betriebsteilen ins Ausland,
- der Einführung neuer Technologien, z.B. in der Fertigung,
- betrieblichen Rationalisierungsmaßnahmen, z.B. in Verbindung mit Outsourcing,
- der Durchführung von Reorganisationsmaßnahmen (Änderung der Aufbau- und Ablauforganisation im Rahmen des Lean-Managements und Business-Process-Reengineerings).

Eine wesentliche Aufgabe der Personalfreisetzungsplanung ist neben der Schaffung einer rechtzeitigen und offenen **Mitarbeiterinformation** die **Auswahl von geeigneten Maßnahmen** (Abbildung 183), bei denen es vor allem darauf ankommt, wirtschaftliche und soziale Aspekte aufeinander abzustimmen. In diesem Zusammenhang ist zu bemerken, dass Personalfreisetzung nicht mit Entlassung gleichgesetzt werden kann, da dies nur eine Verwendungsalternative für nicht mehr benötigtes Personal bedeuten würde. Gleichwohl wird in Unternehmen, deren Personalbedarfsplanung nicht Gegenstand der Personalplanung ist, der Personalüberhang oftmals zu kurzfristig registriert, sodass Entlassungen sich dann nicht mehr vermeiden lassen, sog. reaktive Personalfreisetzungsplanung.

Damit wird deutlich, dass regelmäßige Informationen über Prognosen und Konjunkturbeobachtungen sowie die Plandaten der einzelnen Unternehmensbereiche von erheblicher Bedeutung sind, um kurzfristige Personalfreisetzungsmaßnahmen zu vermeiden.

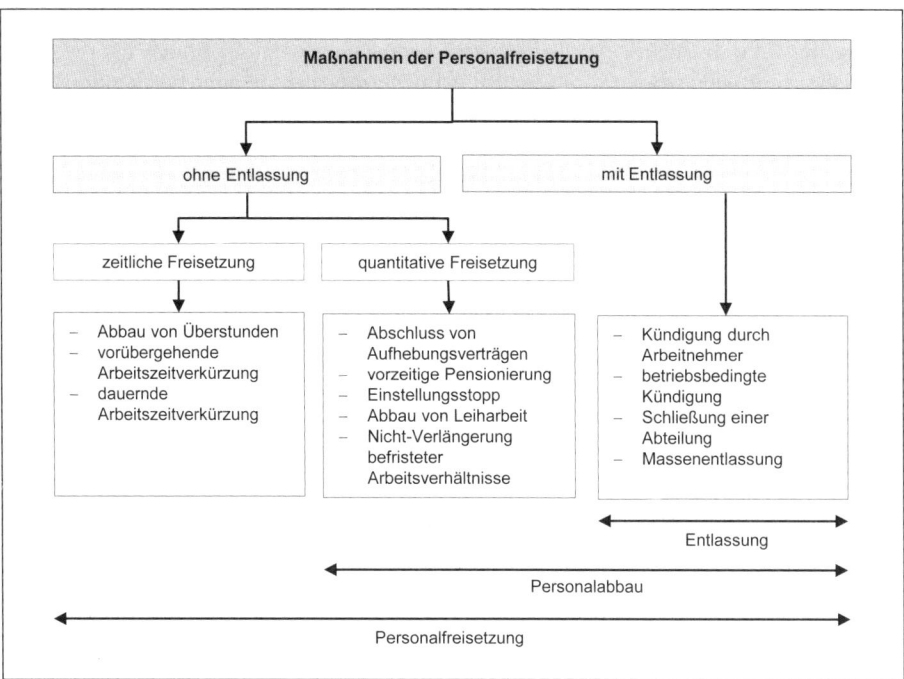

Abb. 183: Maßnahmen der Personalfreisetzungsplanung

Ausgangspunkt der Personalfreisetzungsplanung ist zunächst die Feststellung, ob ein **Freisetzungsbedarf nur kurzfristig oder langfristig notwendig** ist, was auch die Wahl geeigneter Maßnahmen beeinflusst. Existieren bei kurzfristigem Personalfreisetzungsbedarf konkrete Lösungsmöglichkeiten, wäre es nicht nur unsozial, sondern auch betriebswirtschaftlich falsch, Mitarbeiter unter Entstehung hoher Kosten (z. B. durch Zahlung von Abfindungen) zu entlassen, um später andere unter Leistung immenser Beschaffungs- und Einarbeitungskosten einzustellen. Außerdem ist zu beachten, dass reaktive Planungen in den meisten Fällen Sozialplanzahlungen auslösen, welche die Liquiditätsengpässe des Unternehmens zusätzlich belasten. Des Weiteren schadet eine solche Vorgehensweise dem Betriebsklima sowie dem Ansehen des Unternehmens und führt ein Personalmarketing ad absurdum. Besteht tatsächlich keine Alternative zur Entlassung von Mitarbeitern, ist ein Freistellungsplan aufzustellen.

Grundsätzlich darf jedoch die **Wirkung der Planung von Personalabbau** auch nicht überschätzt werden. Auch eine noch so gründliche und langfristig angelegte Personalfreisetzungsplanung im Rahmen der gesamten Unternehmensplanung kann notwendige Personalreduzierungen nicht verhindern. Sie ist aber geeignet, unerwünschte Folgen im wirtschaftlich-sozialen und im technisch-organisatorischen Bereich des Unternehmens vorbeugend zu beeinflussen.

• Personalentwicklungsplanung

Personalentwicklung kann als planmäßige, im Unternehmen institutionalisierte, systematische und zielorientierte Veränderung von Qualifikationen innerhalb einer Personalentwicklungsstrategie verstanden werden. Grundsätzlich ist Personalentwicklung aus der Sicht eines Unternehmens immer dann erforderlich, wenn zwischen den Anforderungen der gegenwärtigen oder künftigen Arbeitsplätze, also den **Anforderungsprofilen** und den **Eignungsprofilen** der Mitarbeiter Abweichungen bestehen. Bei vertiefender Analyse wird deutlich, dass die zunehmende Bedeutung der Personalentwicklung aus einer Vielzahl von Gründen resultiert. Technischer und organisatorischer Wandel sowie die zunehmende Internationalisierung der für Unternehmen relevanten Märkte stellen wesentliche Ursachen dar. Erforderlich ist die ständige Weiterentwicklung der Kenntnisse und Fähigkeiten der Mitarbeiter, da sich daraus auch **Aufgabenveränderungen** und neue Methoden der **Aufgabenbewältigung** ergeben können. Außerdem ist zu bedenken, dass im Zusammenhang mit der Veränderung betrieblicher Organisationssysteme hin zu einer teamorientierten, flexiblen und schlanken Unternehmensorganisation insbesondere Komponenten an Bedeutung gewinnen, die auf Persönlichkeitsentwicklung durch Verhaltensänderungen, z. B. Kommunikations- und Kooperationsverhalten, sowie Organisationsentwicklung abzielen. Dies gilt darüber hinaus für arbeitsplatzbezogene Formen der Fortbildung (Learning by Doing, Training on the Job), zumal eine Reorganisation von Auf- und Ablauforganisation Gestaltungsspielräume einer qualifikationsorientierten Arbeitsorganisation, z. B. Job Rotation, Job Enrichment und Job Enlargement, eröffnet. Die Personalentwicklungsplanung ist somit die Grundlage für Entscheidungen über Maßnahmen der Personalentwicklung. Außerdem ist sie Bezugspunkt für das Personalentwicklungscontrolling, da die Plandaten nach Ablauf der Planungsperiode mit den tatsächlichen Ergebnissen verglichen werden (siehe Abbildung 184).

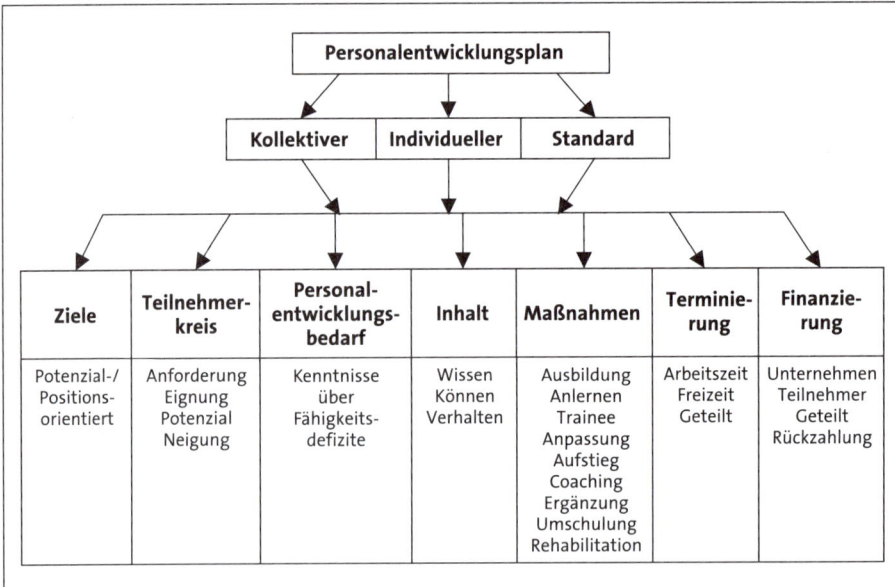

Abb. 184: Ablauf der Personalentwicklungsplanung

• Personaleinsatzplanung

Bei der Personaleinsatzplanung geht es um die Aufgabe, die im Unternehmen vorhandenen **Mitarbeiter konkreten Aufgaben und Positionen zuzuordnen** und zwar in qualitativer, quantitativer, temporärer und räumlicher Hinsicht.

Kurz- und mittelfristig geht es bei der Personaleinsatzplanung darum,

- Änderungen des Arbeitsablaufs, der technischen Ausstattung oder der betrieblichen Organisation durch eine anforderungs- und eignungsgerechte Stellenbesetzung nachzuvollziehen,
- Projekte anforderungs- und eignungsgerecht zu besetzen,
- während des Urlaubs und bei Fehlzeiten von Mitarbeitern die betriebliche Leistung sicherzustellen,
- absehbare Freistellungen, z. B. wegen Mutterschaft, Erziehungsurlaub, aufzufangen,
- Fehlbesetzungen von Arbeitsplätzen durch Umsetzung auf einen den Fähigkeiten besser entsprechenden Arbeitsplatz zu korrigieren,
- die Fähigkeiten der Mitarbeiter an die Arbeitsanforderungen anzupassen, z. B. durch Qualifizierungsmaßnahmen,
- die Arbeitsanforderungen den Fähigkeiten der Mitarbeiter anzugleichen, z. B. durch arbeitsgestalterische und organisatorische Maßnahmen.

Langfristig ist von Bedeutung, die:

- Einarbeitungskosten zu reduzieren,
- Lohn- und Gehaltskosten zu minimieren,
- Mengenleistung pro Arbeitsplatz zu optimieren sowie die
- Differenz zwischen Eignungs- und Anforderungsprofilen zu verringern.

Der Personaleinsatz erfolgt unter weitgehender Beachtung nachfolgender Grundsätze: Die Mitarbeiter müssen nach den **betrieblichen Erfordernissen** eingesetzt werden. Da Mitarbeiter in der Regel unterschiedlich qualifiziert sind, sollen Tätigkeitsbereiche und Arbeitszeiten derart zugewiesen werden, dass ihr Einsatz wirtschaftlich rentabel ist, also eine optimale Relation von Personalkosten und Leistungsergebnis erreicht wird. Die Personaleinsatzplanung soll des Weiteren nicht nur unter dem Blickwinkel der Personalkosten beleuchtet werden. Sie soll zudem über einen längeren Zeitraum relativ verlässlich und stabil sein. Es muss somit bedacht werden, welche Mitarbeiter eine Tätigkeit längerfristig und verlässlich ausüben können. Dabei gilt es außerdem zu berücksichtigen, wie die **Flexibilität des Einsatzes** verbessert werden kann, damit jederzeit eine möglichst reibungsarme Anpassung an geänderte betriebliche Anforderungen gewährleistet ist. Wie bei der Auswahl von Mitarbeitern, geht es auch bei der Personaleinsatzplanung darum, eine weitgehende Übereinstimmung des Eignungsprofils der Mitarbeiter mit den Anforderungen der jeweiligen Arbeitsplätze zu erreichen. Mitarbeiter, die entweder unter- oder überfordert sind, schöpfen ihr Leistungsspektrum unzureichend aus und sind außerdem häufig unzufrieden. Eine **eignungs- und anforderungsgerechte Besetzung** der Arbeitsplätze trägt so zur Arbeitszufriedenheit bei. Wenn das Anforderungsprofil durch das Eignungsprofil noch nicht erfüllt wird (Unterdeckung bzw. Überforderung), kann die Stelle erst nach Personalentwicklungsmaßnahmen übertragen werden, oder ihre Anforderungen werden der Eignung des Mitarbeiters angeglichen (**Stellenänderung**). Als Alternative kommt die **Versetzung** auf eine passende Stelle und als letzte Möglichkeit die Kündigung in Betracht. Wenn das Anforderungsprofil durch das Eignungsprofil hingegen mehr als erfüllt wird (Überdeckung bzw. Unterforderung), sollte eine Versetzung auf eine höherqualifizierte Position oder eine Änderung der Stelle (z. B. Job Enlargement) erfolgen. Alle Maßnahmen der Personaleinsatzplanung müssen **rechtzeitig geplant** werden, soweit die Ereignisse, aufgrund derer eine Maßnahme erforderlich ist, nicht eine umgehende Reaktion erfordern, z. B. bei Fehlzeiten. So bedür-fen beispielsweise Versetzungen, Veränderungen der Arbeitszeit sowie der Arbeitsstruk-turierung rechtzeitiger vorausschauender Überlegungen, wenn sie reibungslos verlaufen sollen. Ein weiterer Grundsatz ist, dass Leistung auf einem Arbeitsplatz und Arbeitszu-friedenheit nur erreicht werden können, wenn die Mitarbeiter ihre Aufgaben kennen, akzeptieren und erlernt haben. Eine möglichst frühe **Unterrichtung bei Veränderun-gen** ist somit erforderlich.

Eine Personaleinsatzplanung wird erheblich vereinfacht, wenn Organisations-, Stellen-, Stellenbewertungs- und Stellenbesetzungspläne eingesetzt werden. Während der Organi-sationsplan die wesentlichen Strukturen des Unternehmens aufzeigt, fasst der **Stellenplan** die in einem Unternehmen vorhandenen Stellen zusammen, wobei arbeitsteilige Verknüp-fungen sowie die hierarchischen Über- und Unterstellungen dargestellt werden. Mithilfe des Stellenplans ist es möglich, die Anzahl der verfügbaren Stellen und deren Austausch-barkeit der verschiedenen beruflichen Qualifikationen zu dokumentieren. Der **Stellen-bewertungsplan** informiert zudem über die materielle Einstufung der Stellen (tariflich, außertariflich). Beide Pläne sind personenunabhängig. Werden dem Stellen- bzw. Stellen-bewertungsplan die Mitarbeiter zugeordnet, spricht man von einem **Stellenbesetzungs-plan**. Feststehende Veränderungen wie Versetzungen, Pensionierungen oder Einarbeitung sollten auch in den Stellenbesetzungsplan einfließen. Dadurch wird der künftige Personal-bestand sowie Personalbedarf verdeutlicht (siehe Abbildung 185).

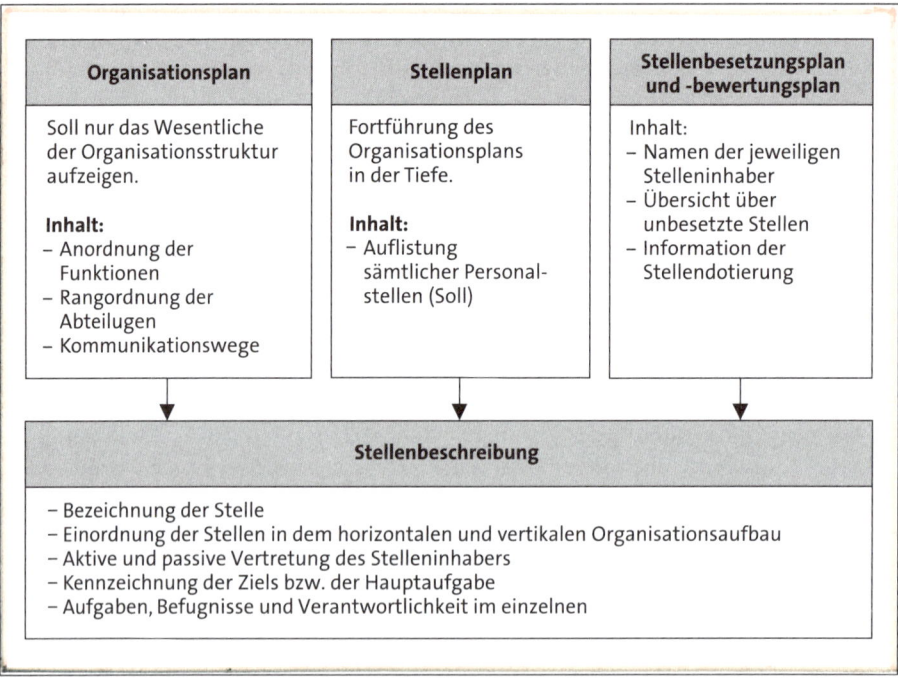

Abb. 185: Verknüpfung von Organisationsplan, Stellenplan, Stellenbesetzungs-, und Stellenbewertungsplan sowie Stellenbeschreibung

- Personalkostenplanung

Die Personalkostenplanung ist Schlusspunkt und Zusammenfassung aller wertmäßigen Auswirkungen der verschiedenen Einzelmaßnahmen der Personalplanung. Für unternehmerische Entscheidungen ist die Kostenfrage, die sich aus personalwirtschaftlichen Planungen und Erfordernissen ergibt, von wesentlicher Bedeutung, da die ständig steigenden Personalkosten einschließlich der Personalzusatzkosten inzwischen einen wesentlichen Anteil im Gesamtkostenblock eines Unternehmens ausmachen. Dies gilt insbesondere deshalb, weil die wirtschaftliche Leistungsfähigkeit und die Produktivität eines Unternehmens gravierend beeinflusst werden. Aufgabe der Personalkostenplanung ist es somit, die **kostenmäßigen Auswirkungen** aller Einzelmaßnahmen der Personalplanung zusammenzufassen und diese Plankosten zu überwachen.

Die Hauptziele einer Personalkostenplanung liegen in der Beantwortung nachfolgender Fragen:

- ☐ Welche Personalkosten entstehen in den verschiedenen Unternehmensbereichen während der Planperiode?
- ☐ Wie entwickeln bzw. verändern sich die Personalkosten der Planperiode im Vergleich zu Vorperioden und worin liegen hierfür die Ursachen?
- ☐ Welches sind die maßgeblichen Einflussfaktoren für eine Veränderung der Personalkosten und wie wird der zukünftige Trend dieser Faktoren beurteilt?
- ☐ Entsprechen die geplanten Personalkosten den angestrebten Produktivitätszielen?
- ☐ Inwieweit entsprechen die geplanten Personalkosten den durch die Kostenrechnung ermittelten Ist-Kosten (Wirtschaftlichkeitskontrolle)?

Personalkosten sind die Kosten, die durch den **Einsatz der menschlichen Arbeitskraft** im Unternehmen entstehen. Die Entgelte für geleistete Arbeit umfassen im Wesentlichen Löhne und Gehälter sowie Zulagen und Zuschläge. Sie stehen somit in unmittelbarem Zusammenhang mit einer Leistungserbringung. Um diese Kosten zu berechnen, muss zunächst eine Vielzahl von Sozialkostenbestandteilen, die in Löhnen und Gehältern enthalten sind, herausgerechnet werden. Zu den gesetzlichen und tariflichen **Personalzusatzkosten** zählen im Wesentlichen:

- Leistungen an die verschiedenen Zweige der Sozialversicherung und an die Berufsgenossenschaften,
- Bezahlung von Ausfallzeiten,
- Leistungen zur Vermögensbildung,
- Urlaubsgeld bzw. tarifliche Absicherung eines 13. Monatseinkommens.

Letztlich handelt es sich bei betrieblichen Personalzusatzkosten um Leistungen, die weder auf Gesetz noch Tarif beruhen. Zu diesen Leistungen gehören im Wesentlichen Kosten für:

- Personalentwicklung,
- betriebliche Altersversorgung,
- Kantinenzuschüsse,
- Fahrtkostenzuschüsse,
- Leistungen zugunsten persönlicher Anlässe (z. B. Hochzeit, Geburt),
- Notstandsunterstützungen.

Der Anteil der Personalzusatzkosten gemessen am **Direktentgelt** (rechnerisches Entgelt für die tatsächlich geleisteten Arbeitsstunden) beträgt gegenwärtig rund 73 % im produzierenden Gewerbe Westdeutschlands bzw. 63 % Ostdeutschlands. Basierend auf dem **Bruttogehalt** betragen die Arbeitskosten eines Unternehmens im Bundesdurchschnitt ca. 129 % des Bruttogehaltes.

Personalkosten eines Unternehmens werden sowohl intern als auch extern beeinflusst. Innere Einflussfaktoren stellen beispielsweise die **Personalpolitik und personalpolitische Grundsätze** dar. Folgende Beispiele machen den Einfluss personalpolitischer Grundsätze auf die Kosten deutlich:

- Das Unternehmen entschließt sich dazu, dass Führungspositionen vorrangig intern zu besetzen sind und investiert für dieses Ziel eine bestimmte Summe für Personalentwicklung.
- Das Unternehmen ändert Produktionsprozesse, um für die Mitarbeiter attraktive Arbeitsbedingungen zu schaffen.
- Das Unternehmen will mit betrieblichen Sozialleistungen die Fluktuation der Mitarbeiter reduzieren.

Darüber hinaus beeinflusst die **Organisation eines Unternehmens** die Personalkosten. Dies gilt sowohl für die Aufbau- als auch für die Ablauforganisation. So haben beispielsweise Organisationsveränderungen wie teilautonome Arbeitsgruppen oder Business-Process-Reengineering ebenso Auswirkungen auf Zahl und Qualifikation der Mitarbeiter wie der Einsatz moderner Automatisierungstechnik im Fertigungsbereich. **Externe Einflussfaktoren** sind neben der Vereinbarung der Tarifverträge (Lohn und Gehalt sowie Leistungszulagen und Arbeitszeitverkürzung) die Entwicklung der gesetzlichen Sozialversicherung, z.B. die aktuelle Entwicklung der Reduzierung der gesetzlichen Rentenversicherungsbeiträge durch Erhöhung indirekter Steuern.

Gliederung der Personalkosten

Um die Personalkosten besser erfassen zu können und transparenter zu gestalten, ist es notwendig, unternehmensspezifisch eine **Gliederung der Personalkosten** zu entwickeln. Dabei sollte diese so aufgebaut werden, dass kostenverursachende Tatbestände (Kostentreiber) leicht ermittelt werden können. Erst dann ist eine Grundlage vorhanden, auf der Personalkosten sinnvoll planbar sind. Außerdem werden damit Kostenkontrollen sowie über- und zwischenbetriebliche Vergleiche möglich. Die wesentlichen Gliederungspunkte der Personalkostenplanung werden im Folgenden kurz erläutert.

- Entgelt und Personalzusatzkosten

Die **Kosten für Löhne und Gehälter** bilden in der Regel den Schwerpunkt der Personalkosten. Sie sind, soweit sie als Entgelt der direkten Arbeitsleistung entsprechen, zugleich als Bruttolöhne und Bruttogehälter Bezugsbasis für den wesentlichen Teil der Personalzusatzkosten. Die Höhe der Kosten der Entlohnung wird dabei innerbetrieblich von den Funktionen bzw. Tätigkeiten sowie den Qualifikationen der Mitarbeiter bestimmt und außerbetrieblich von der Tarif- und Arbeitsmarktsituation. Ausgehend von der Personalbedarfsplanung, sind Anzahl und Qualifikation der Mitarbeiter bei einer Kostenstelle festzulegen. Damit können die Kosten geplant werden (Budgetierung). Grundsätzlich werden dabei Arbeitsplätze geplant, nicht Personen. Die geplanten Arbeitsplätze werden bei Gehaltsempfängern mit dem monatlichen Entgelt bewertet und der Planungsperiode entsprechend mit der betreffenden Anzahl von Monaten multipliziert. Dagegen werden bei Lohnempfängern die Arbeitsstunden des betreffenden Arbeitsplatzes mit dem zutreffenden Durchschnittsstundenverdienst unter Berücksichtigung von planbaren Schicht-, Nacht-, Sonntags- und/oder Überstundenzuschlägen sowie Erfolgsbeurteilungen bewertet.

• Personalbeschaffungskosten

Entsprechend den Vorgaben der Personalbedarfsplanung und unter Beachtung einer durchschnittlichen Fluktuation ist die Beschaffung des Personals zu planen. Hieraus entstehen im **wesentlichen Kosten bei der Personalbeschaffung** (z. B. Stellenanzeigen in Zeitungen), Personalauswahl (z. B. Kosten für Vorstellungsgespräche, Bewirtung, Reisekosten) und Einarbeitung des Personals (z. B. Kosten für Trennungsentschädigungen, Beschaffung von Wohnräumen, Umzugskosten). Die Höhe dieser Kosten hängen im Wesentlichen von der Zahl und der Qualifikation der zu beschaffenden Mitarbeiter ab. Je höher und spezialisierter die Anforderungen einer zu besetzenden Stelle sind, umso höher und zeitraubender sind in der Regel die Beschaffungskosten.

• Personalentwicklungskosten

Für die notwendige **Anpassung an die Arbeitsbedingungen**, die sich aus der technischen, organisatorischen und wirtschaftlichen Dynamik eines Unternehmens und seiner Stellung im Wettbewerb ergeben, sind Personalentwicklungsmaßnahmen notwendig, deren Kosten rechtzeitig zu planen sind. Hierfür sind u. a. zu berücksichtigen:

• Kosten für inner- und außerbetriebliche Seminare,
• Kosten für Fortbildungsmittel (z. B. Lehrbücher, Fernlehrgänge),
• Kauf von Fachbüchern und Fachzeitschriften,
• Mitgliedsbeiträge für Fachverbände, die Fortbildung betreiben,
• Personalkosten für die Einarbeitungszeit,
• Kosten für Trainee-Programme,
• Kosten für Umschulung.

• Personalfreisetzungskosten

Sind trotz vorausschauender Personalplanung Personalabbaumaßnahmen erforderlich, so entstehen Kosten, um nachteilige Folgen für die betroffenen Arbeitnehmer zu vermeiden bzw. zu mindern. Die Kosten des Personalabbaus sind u. a.:

• Ausgleichszahlungen bei betrieblichen Modellen vorzeitiger Pensionierung,
• Aufwendungen, die mit der Suche nach einem neuen Arbeitsplatz verbunden sind,
• Kosten für Outplacement-Beratung,
• Ansprüche aus einer betrieblichen Altersversorgung,
• abgestufte Abfindungsbeträge nach bestimmten Kriterien, z. B. Lebensalter, Betriebszugehörigkeit, Einkommenshöhe, Familienstand,
• Abgeltung noch bestehender Urlaubsansprüche,
• Ansprüche auf Weihnachtsgratifikation.

3.1.6 Ziele und Instrumente des Personalmarketings

Ziele des Personalmarketings

Personalmarketing kann als die bewusste und zielorientierte Anwendung personalpolitischer Instrumente zur Akquisition von zukünftigen und Motivation von gegenwärtigen Mitarbeitern verstanden werden. Personalmarketing darf dabei nicht auf die »Vermarktung« von Arbeitsplätzen reduziert werden. Im Mittelpunkt steht vielmehr das konsequente Umsetzen des Marketinggedankens im Personalbereich (siehe auch Kapitel 2.6.6).

Güter und Dienstleistungen werden zunehmend austauschbar, unverwechselbare Identitäten immer schwerer realisierbar. Dieses Profilierungsproblem betrifft auch Unternehmen als Anbieter von Arbeitsplätzen. Da sich die Entgeltbestandteile und deren Höhe zumindest innerhalb von Branchen häufig ähneln und somit kaum noch differenzierend wirken, müssen Unternehmen immaterielle Unterscheidungskriterien aufbauen, um ihren (potenziellen) Mitarbeitern einen emotionalen Zusatznutzen bieten zu können. Gleichwohl sind zwar in der Unternehmenspraxis zwar zunehmende Aktivitäten von Seiten der Unternehmen festzustellen, es ist jedoch die häufig mehr oder weniger zufällige Auswahl einzelner Maßnahmen und somit eine fehlende Strategie für das Personalmarketing zu bemängeln.

Ein wesentliches Kennzeichen von Marketing besteht darin, sich an den Bedürfnissen der aktuellen und potenziellen Nachfrager zu orientieren. Personalmarketing greift diesen Gedanken auf und verlangt eine Fokussierung auf relevante Zielgruppen hinsichtlich ihrer Bedürfnisse und Interessen. Bezogen auf gegenwärtige und zukünftige Mitarbeiter soll ähnlich wie beim Produktmarketing eine Markenbindung zwischen Unternehmen und potenziellen Bewerbern über längere Zeit aufgebaut werden. Dabei stehen folgende Aufgaben im Mittelpunkt:

- **Akquisitionsfunktion**: Externe Bewerber sollen sich für das Unternehmen und die angebotenen Arbeitsplätze interessieren. Über die reinen Entgelt- und Arbeitszeitregelungen hinaus kommt dabei das Unternehmensimage ins Spiel, das auch immaterielle und speziell emotionale Aspekte beinhaltet.
- **Motivationsfunktion**: Ziel ist es, die Mitarbeiter des Unternehmens zu begeistern. Nur so können sie ihre Leistung erbringen und überzeugend nach außen auftreten.
- **Profilierungsfunktion**. Gegenwärtige und potenzielle Mitarbeiter sollen das Spezifische des Unternehmens erkennen. Um bei den üblicherweise austauschbaren Arbeitsplatzangeboten ein eindeutiges Profil auf dem Arbeitsmarkt zu erhalten, müssen markante Produktinformationen in den Vordergrund gestellt werden, z. B. besondere Leistungen im Rahmen einer familienfreundlichen Unternehmung oder die Möglichkeit zur Halbtagsarbeit plus Promotion für Hochschulabsolventen.

Instrumente des Personalmarketings

- Mitarbeiterbefragungen

Mitarbeiterbefragungen gehen über simple Meinungsumfragen hinaus und beschreiben einen systematischen Prozess zur Organisations- und Personalentwicklung. Zunächst sind

Mitarbeiterbefragungen generell Analyse- und Diagnoseinstrument, die Ausgangspunkt für eine mögliche organisatorische Gestaltung sind. Dabei werden auch der Grad der Arbeitszufriedenheit der Mitarbeiter und das vorherrschende Arbeitsklima angezeigt. Außerdem werden Schwachstellen in der Organisation lokalisiert, die beispielsweise im Bereich der Führung liegen können, besonders häufig in der (internen) Kommunikation sowie der Arbeitsplatz- und Aufgabengestaltung.

- Personalbeschaffung und Personalerhaltung

Trotz hoher Arbeitslosigkeit ist die Schere zwischen verfügbarem und benötigtem Personal entweder in einzelnen Branchen oder bezogen auf bestimmte Arbeitnehmersegmente nicht geringer geworden. Personalmarketing umfasst dabei den gesamten Prozess der Bewerbung und Einstellung. Personalmarketing will den Bewerber generell für das Unternehmen begeistern, um ihn selbst bei einer Ablehnung mit einem positiven Gefühl wieder zu verabschieden (siehe auch Kapitel 2.6.6). Als in der Regel umfassend ausgebaut kann in vielen Unternehmen das Personalmarketing bei Hochschulabsolventen angesehen werden. Vorteilhaft ist dabei, dass Kontakte zu Bewerbern langfristig aufgebaut werden können und eine Art von Probezeit und Einarbeitung durch Praktikum und Diplomarbeit vorgeschaltet wird, die dem Unternehmen nur geringen Aufwand verursacht, gleichzeitig aber das Risiko der Personalauswahl für beide Seiten deutlich reduziert. Diese Fokussierung auf Hochschulabsolventen reicht jedoch zukünftig nicht aus. Vielmehr ist auch ein zielgerichtetes Personalmarketing für die Akquisition von Auszubildenden notwendig. Einige wesentliche Maßnahmen des Personalmarketings zeigt folgende Tabelle (siehe Abbildung 186):

Medien	<ul><li>Broschüren des Unternehmens (z. B. Einstiegsprogramme für Hochschulabsolventen)</li><li>Anzeigen in Zeitungen und Zeitschriften</li><li>Auftritt im Internet</li></ul>
Events	<ul><li>Messestand (z. B. Firmenkontaktbörse oder Messen, z. B. Cebit für Informatik)</li><li>Firmenbesichtigungen/Tag der offenen Tür</li><li>Vorträge an Schulen und Hochschulen</li><li>Beteiligung an Veranstaltungen von Schulen und Studenteninitiativen (z. B. AIESEC)</li></ul>
On-the-Job-Maßnahme	<ul><li>Praktikantenplätze</li><li>Diplomarbeitsthemen</li><li>Bereitstellung von Fallstudien für studentische Übungen</li></ul>

Abb. 186: Maßnahmen des Personalmarketings

Demografische Prognosen weisen auf einen Rückgang des Arbeitskräfteangebotes in den nächsten Jahren hin. Dies erfordert eine rechtzeitige Reflexion der betrieblichen Betroffenheit und die Umsetzung in geeignete Maßnahmen. Unter dem Blickwinkel neuer Managementkonzeptionen wird deutlich, dass das Personal ein wesentlicher Faktor für den Erfolg des Unternehmens ist. Dabei geht es nicht nur darum, qualifiziertes Personal zu akquirieren, sondern im Sinne einer Bestandspflege auch sicherzustellen, dass dieses Personal in der Unternehmung verbleibt. Insofern kann die Planung und Ausgestaltung von Personalentwicklung und Laufbahnplanung als Bestandteil eines internen Personalmarketings angesehen werden. Dies gilt aber auch für freiwillige Sozialleistungen, Incentives in Form attraktiver Reisen und Mitarbeitergespräche.

- Personalfreisetzung

Auch die Trennung von Mitarbeitern ist Teil des Personalmarketing. Die Frage, wie man mit denjenigen umgeht, die man wieder in den Arbeitsmarkt entlässt, wirkt auf das Image des Unternehmens bzw. auf den Arbeitsmarkt. Relevant sind dabei Instrumente des Outplacement, die dem ausscheidenden Mitarbeiter Chancen und Möglichkeiten in einem anderen Unternehmen aufzeigen und ihn möglichst auch vermitteln, ohne dass der betroffene Mitarbeiter arbeitslos wird.

Internationale Aspekte eines Personalmarketings

Aufgrund der zunehmenden Internationalisierung der Unternehmenstätigkeit werden die o. g. Instrumente auch im internationalen Rahmen eingesetzt. International operierende Unternehmen sind nicht nur auf ausländischen Beschaffungs- und Absatzmärkten tätig, sondern auch auf den dortigen Arbeitsmärkten. Dabei ist allerdings zu berücksichtigen, dass:

- eine kulturell angepasste Marktansprache erfolgen muss,
- Auswahlprozesse in vielen Fällen in einer Fremdsprache gestaltet werden müssen,
- mit Bewerbern und Mitarbeitern gearbeitet wird, die länderspezifisch häufig über ein anderes Verständnis von Unternehmenssteuerungs- und Führungsprozessen verfügen.

Eine Besetzung der zentralen Positionen in den ausländischen Niederlassungen durch Mitarbeiter des Stammhauses (ethnozentrische Stellenbesetzungsstrategie), die für einige Jahre vor Ort eingesetzt werden, ist immer weniger als Regelfall hinnehmbar. Dabei sind nicht nur die hohen Entsendungskosten zu berücksichtigen, sondern auch die wahrscheinliche Demotivation einheimischer Mitarbeiter, deren Karrieremöglichkeiten begrenzt werden. In vielen internationalen Unternehmen werden daher in zunehmendem Maße ausländische Mitarbeiter in der deutschen Unternehmenszentrale oder den jeweiligen ausländischen Niederlassungen qualifiziert. Ziel ist dabei einerseits die spätere Übernahme von qualifizierten Tätigkeiten durch Mitarbeiter der jeweiligen Kultur (polyzentrische Stellenbesetzungsstrategie), andererseits stehen ihnen aber auch in der Unternehmenszentrale alle Möglichkeiten offen. Entscheidend sind somit nicht mehr die Nationalität des Mitarbeiters, sondern allein dessen Potenzial und die gezeigte Leistung (geozentrische Stellenbesetzungsstrategie).

Quellen

Bundesagentur für Arbeit: Der Arbeits- und Ausbildungsmarkt in Deutschland – Monatsberichte Januar–Dezember 2012, Nürnberg 2012a.

Bundesagentur für Arbeit: Geschäftsberichte 2005–2011, Nürnberg 2012b.

Bundesagentur für Arbeit: Jahresberichte 2000–2011, Nürnberg 2012c.

Grömling, M./Plünnecke, A./Scharnagel, B.: Was trägt die Politik zum Aufschwung in Deutschland bei?, IW-Trends – Vierteljahresschrift zur empirischen Wirtschaftsforschung aus dem Institut der Deutschen Wirtschaft Köln, Heft 3/2007.

Horsch, J.: Personalplanung, Herne/Berlin 2000.

Horsch, J.: Personalplanung, in: Boden, M. (Hrsg.): Handbuch Personal – Personalmanagement von Arbeitsrecht bis Zeitarbeit, Landsberg/Lech 2005, S. 33–62.

Institut für Arbeitsmarkt und Berufsforschung: Aktive Arbeitsmarktpolitik in Deutschland und ihre Wirkungen, IAB-Forschungsbericht 2/2008.

Mankiw, N. G./Taylor, M. P.: Grundzüge der Volkswirtschaftslehre, 5. Aufl., Stuttgart 2012.

Statistisches Bundesamt: Statistisches Jahrbuch 2012, Wiesbaden 2012.

Statistisches Bundesamt: Volkswirtschaftliche Gesamtrechnungen, Bruttoinlandsproduktprodukt ab 1970. Vierteljahres- und Jahresergebnisse (Tabellen), Wiesbaden 2013.

3.2 Personalwirtschaftliche Ziele aus der strategischen Unternehmensplanung ableiten

3.2.1 Strategisches Management

Strategisches Management beinhaltet die ergebnisorientierte Gestaltung und Steuerung der unternehmerischen Erfolgspotenziale. Strategisch orientiert ist eine Unternehmensplanung, wenn sie mindestens mittel- und langfristig angelegt ist (siehe Abbildung 187). Sie ist die mittlere von drei Ebenen des Managements. Auf dieser Ebene entwickelt ein Unternehmen Geschäftsstrategien, deren Ziel es ist, langfristige Wettbewerbsvorteile gegenüber der Konkurrenz zu etablieren. Das strategische Management wird aus dem übergeordneten normativen Management abgeleitet. Dies befasst sich vor allem damit, Visionen für das Unternehmen in der Zukunft zu fixieren, d. h. die generellen Ziele der Unternehmung zu definieren, mit denen die Lebensfähigkeit und Weiterentwicklung des Unternehmens gesichert werden soll. Daraus entstehen Instrumente wie Leitbilder und Leitlinien, Unternehmensgrundsätze und -standards.

Die unterste der drei Managementebenen besteht in dem **operativen Management**. In diesem Bereich werden die Entscheidungen, die in der Leitungsebene getroffen wurden, umgesetzt. Hauptaufgabe des operativen Managements in allen Funktionsbereichen ist es, Ressourcen bereitzustellen und Geschäftsprozesse in Gang zu bringen.

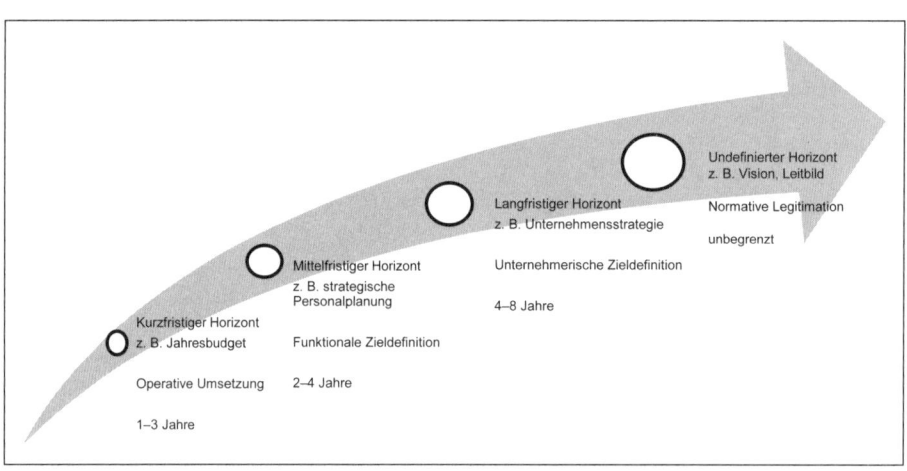

Abb. 187: Horizonte der Unternehmensführung

Der Institutionalisierungsgrad des strategischen Managements kann sehr unterschiedliche Ausprägungen aufweisen:

- Strategisches Management als besonderer, periodisch wiederkehrender und strukturierter **Prozess**, der beispielsweise durch spezifische Strategieklausuren aufrechterhalten und ständig optimiert wird.
- **Koppelung** von strategischem Management mit operativem Management: Im Mittelpunkt der unternehmerischen Geschehens steht die operative Planung, die aber von Fall zu Fall durch formulierte strategische Absichten ergänzt wird.

- Strategisches Management im Sinne von **Management by Exception** oder auch **Management on Demand**: Strategisch gedacht und gehandelt wird bei größeren Projekten oder größeren Problemen.
- »**Muddling Through**«: Es gibt kein formalisiertes strategisches Management, Bauchentscheidungen, im Idealfall durch betriebswirtschaftliche Erfahrungen gestützt, herrschen vor.

Obwohl der Strategiebegriff immer noch recht inflationär gebraucht wird, kristallisieren sich doch einige Sichtweisen heraus, bei denen weitgehende Übereinstimmung bei Praktikern und Theoretikern besteht. Strategie beantwortet in diesem Sinne die zentralen Fragen der Unternehmensentwicklung, diese sind:

☐ In welchen Geschäftsfeldern wollen wir tätig sein?
☐ Wie wollen wir den Wettbewerb in diesen Geschäftsfeldern bestreiten?
☐ Was soll unsere längerfristige Kompetenzbasis sein?

Strategie dient aber auch zur Positionierung des Unternehmens in der Organisationsumwelt. Dazu gehört das Vorhandensein einer unternehmerischen Vision. Sehr häufig sind es einzigartige Kompetenzen, die die Grundlage für die Formulierung einer unternehmerischen Strategie bilden, z. B. bei Volkswagen die Kompetenz »Modularität«, bei Apple die Kompetenz für »Design und Funktionalität«, bei McDonald's die Kompetenz für »Standardisierung«.

Wenn es gelingt, aus der »Wolke der Vision« herauszukommen, dann kann sich ein unternehmensweites strategisches Denken und Wissen entwickeln mit dem Fokus auf Märkte, Ressourcen, unternehmerische Ziele, der Wahl eines Geschäftsmodells und eine Festlegung der Kompetenzen. In jedem Falle ist eine Beteiligung der Führungskräfte an der Strategieerstellung notwendig, um später auch die nötige Unterstützung und Akzeptanz für die Umsetzung des strategischen Managements zu haben. Strategie erstreckt sich in diesem Sinne nicht nur auf das Unternehmen, sondern verknüpft die Potenziale des Unternehmens mit denen der externen Umwelt (siehe Abbildung 188). Die Strategie versucht nun, die Unternehmensentwicklung vor dem Hintergrund der Umweltentwicklungen planbar, kontrollierbar und steuerbar zu machen.

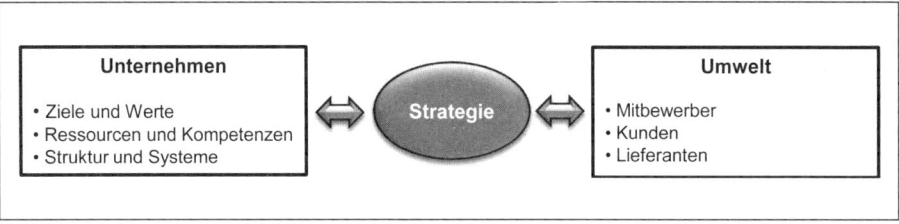

Abb. 188: Strategie und Umwelt

Jedoch verhindert die Komplexität von Umweltentwicklungen oft die lineare Berechenbarkeit von Unternehmensentwicklungen, wie die folgenden Beispiele aufzeigen:

- Wettbewerbsdynamik und Konkurrenz nehmen unkontrollierbar zu.
- Produktlebenszyklen werden immer kürzer.

- Der Käufermarkt ist gekennzeichnet durch eine starke Ausdifferenzierung der Bedürfnisse.
- Die Rohstoffmarktentwicklung stagniert auf der einen Seite und explodiert durch neue Fundorte.
- Banken und Börsen sind nicht mehr berechenbar.

Der Glaube an die Formalisierbarkeit des strategischen Managements, an die Vorhersagbarkeit der Zukunft, an eine strikte Trennung von strategischem und operativem Management stößt an seine Grenzen und führt schnell zu Motivations-, Akzeptanz- und Durchsetzungsproblemen, zu Resignationen und mangelnder Flexibilität sowie in letzter Konsequenz zu einer vollständigen Illusion der Steuer- und Kontrollierbarkeit von Unternehmensentwicklungen. Daraus resultieren dann die bekannten **Kernprobleme einer kontinuierlichen Strategieentwicklung**, z. B.:

- Strategieentwicklung ist eine Domäne der Stabsstellen, Entwicklungsansätze dringen nicht bis zur Ebene der Geschäftsleitung vor und wenn, dann selektiert.
- Es existieren zwar Planungssysteme, diese werden aber nicht mit einer Umsetzung verknüpft, die Ideen landen im günstigsten Falle in einer Wissens- und Ideendatenbank, wenn nicht auf Ideenfriedhöfen.
- Modethemen erhalten eine höhere Priorität als das Kerngeschäft, kurzfristige Marktabschöpfungsstrategien haben Vorrang vor langfristigen Markbehauptungsansätzen.
- Es wird zwar strategisch geplant, aber die gleichzeitig stattfindenden organisatorischen, rechtlichen, gesellschaftlichen oder kulturellen Veränderungen der Rahmenbedingungen werden ignoriert.

Der kanadische Strategie- und Organisationforscher Henry Mintzberg hat schon 1994 früh erkannt:

> »Strategische Planung ist nicht mit strategischem Denken gleichzusetzen – das eine hat mit Analyse und das andere mit Synthese zu tun.« (Henry Mintzberg)

Die strategische Praxis hat demzufolge mit analytischem, logischem Denken zu tun und ist eine Prozesskette mit eindeutig beschreibbaren Prozessschritten, die zunächst Topdown verlaufen. Diesen Prozess bezeichnet man als **Operationalisierung von Zielen**, die, von der Vision ausgehend, zunächst als strategische Ziele formuliert werden, dann zu Maßnahmenpaketen werden und schließlich per Zielvereinbarungen bis auf Mitarbeiterebene transformiert werden (siehe Abbildung 189).

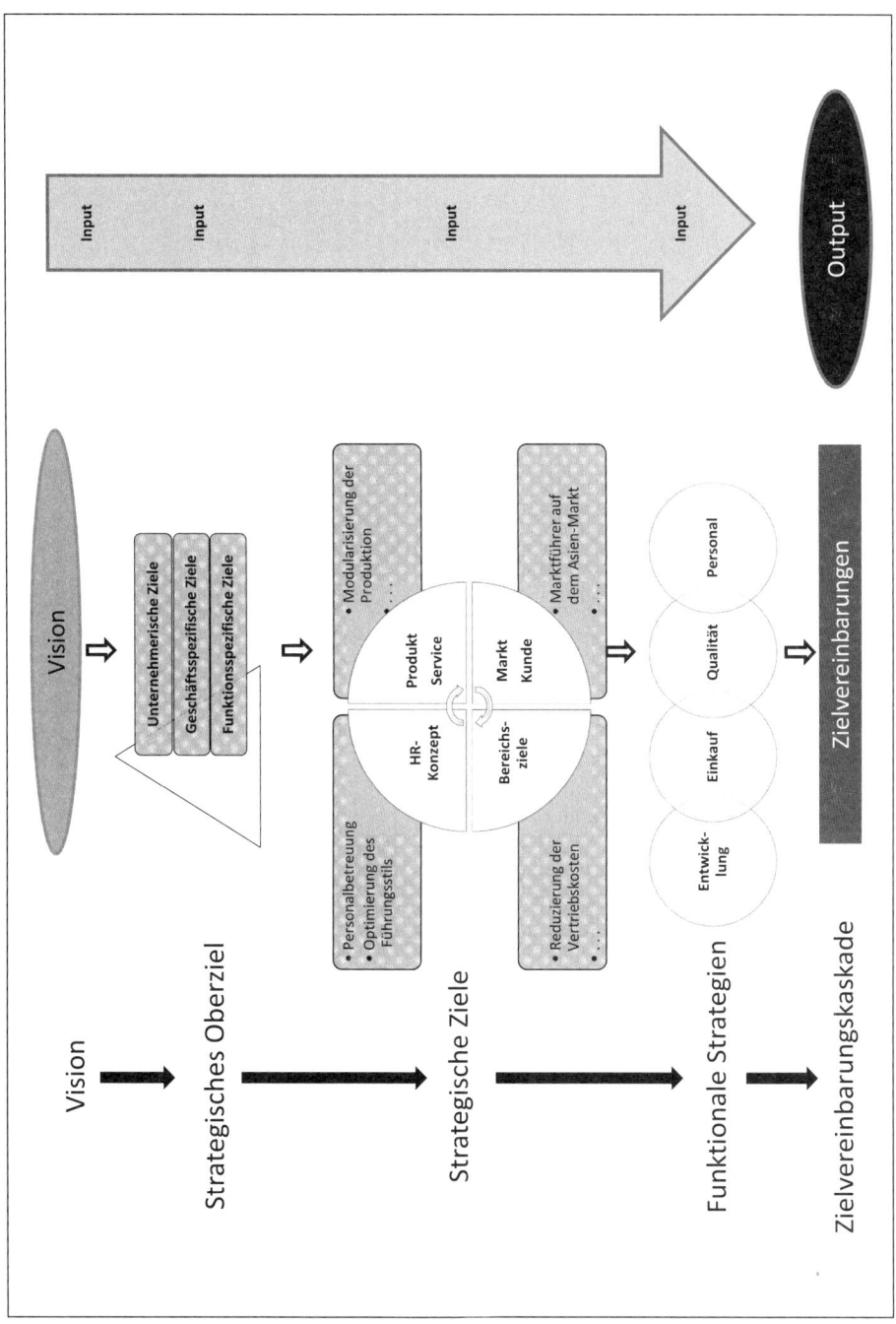

Abb. 189: Ableitung von strategischen Zielen

Instrumente der strategischen Planung

Auf den verschiedenen Ebenen stehen den Planern eine Fülle von Werkzeugen und Instrumenten zur Verfügung. Die bekanntesten Instrumente sind **Unternehmensleitbilder und Führungsgrundsätze**. Hier ein Beispiel für Leitlinien und Führungsgrundsätzen der HeidelbergCement AG (Auszug):

Beispiel: Unternehmensleitbild

Unsere Unternehmenskultur und unsere Werte

- Wir bauen auf die drei Pfeiler einer nachhaltigen Entwicklung: Ökonomie, Ökologie und gesellschaftliche Verantwortung.
- Wir streben eine langfristige, von Verlässlichkeit und Integrität geprägte Kundenbeziehung an.
- Unser Erfolg basiert auf kompetenten, engagierten Mitarbeitern und einer exzellenten Führungsmannschaft.
- Unsere Informationspolitik ist transparent, wahrheitsgetreu und verantwortungsbewusst.
- Aktive und offene Kommunikation prägen unseren Umgang miteinander.

Führungsleitlinien

Die HeidelbergCement Führungsleitlinien sind aus der Corporate Mission abgeleitet und schaffen die Voraussetzung für eine einheitliche Führungskultur.

- Partnerschaftliche Zusammenarbeit | »Vertrauen und Fairness«
- Leistungs- und Ergebnisorientierung | »Besser sein als andere – Maßstäbe setzen«
- Fach-, Sozial- und Managementkompetenz | »Erfolg durch Kompetenz«
- Leistungsbereitschaft | »Sich und andere begeistern«
- Personalentwicklung | »Fordern und Fördern«
- Beurteilung und Feedback | »Entwicklung und Leistung durch Feedback«

Dem Zustandekommen solcher Leitlinien oder Führungsgrundsätze kommt in letzter Zeit erhöhte Bedeutung zu. Während sich Leitbilder mit ihrer Botschaft eher an externe Gruppierungen wie Banken, Gesellschaft, Aktionäre, Kunden und Lieferanten richten, wenden sich Führungsgrundsätze vor allem an Führungskräfte, Mitarbeiter und Betriebsrat. Beiden gemeinsam ist, dass sie »gelebt« werden müssen, um akzeptiert zu werden. Wichtig ist zudem die Belastbarkeit solcher Grundsätze. Wenn sie hauptsächlich PR-Zwecken dienen und bei der ersten Bewährungsprobe scheitern, verlieren sie schlagartig ihre Glaubwürdigkeit und werden zu leeren Worthülsen.

Die **Balanced Scorecard (BSC)** ist ein weiteres Instrument zur Formulierung von strategischen Zielen. Ursprünglich entwickelt für die Unternehmensebene, gibt es sie mittlerweile auf allen Funktionsbereichen, wie Einkauf, Verkauf, Finanzen, Produktion und, z. B. als BSC zur Mitarbeiterführung (siehe Abbildung 190), selbstverständlich auch im Personalbereich.

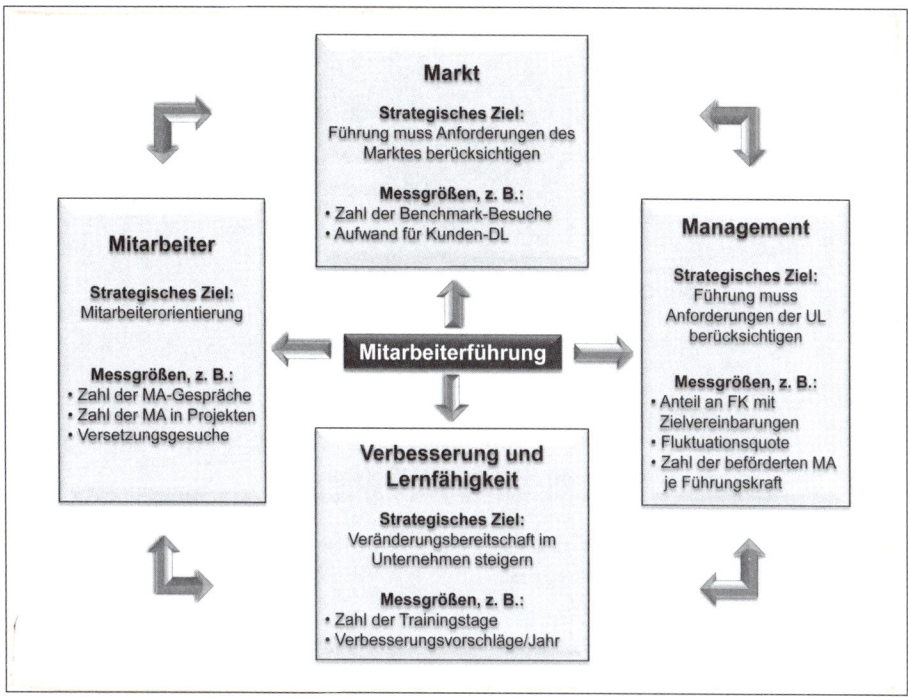

Abb. 190: Balanced Scorecard zur Mitarbeiterführung

Die BSC ist kein neues Kennzahlensystem und auch keine erweiterte Prozesskostenrechnung. Sie ist ein Führungsinstrument, das sich an strategischen Zielen ausrichtet – auch und gerade an solchen, die nicht unmittelbar quantifizierbar sind. Diese Ziele sollen messbar gemacht werden und Maßnahmen ermöglichen, die umsetzbar sind. Sie sind also eher ein Controlling-Instrument und in der Hand der Geschäftsleitungen ein Management-Informationssystem, das Ursache-Wirkungs-Analysen ermöglicht, die über rein finanzielle Aspekte hinausgehen. So wird die Unternehmenssicht auf **alle** unternehmensrelevanten Perspektiven wie etwa Prozesse, Mitarbeiter oder Potenziale und die Kunden gelenkt. Eine BSC kann darüber hinaus auch noch andere Perspektiven wie Umwelt oder Stakeholder beinhalten. Zudem kann sie ohne Weiteres ergänzt werden durch eine Stärken-, Schwächen-, Chancen- und Risikenanalyse (SWOT-Analyse) oder beispielsweise durch eine FMEA (Fehler-, Möglichkeiten- und Einflussanalyse).

Das **BCG-Portfolio** (Boston Consulting Group) aus den 1960er-Jahren ist ein weiterer Klassiker der strategischen Planung. Originär beinhaltet die BCG die beiden Dimensionen »durchschnittliches Marktwachstum« (umweltbezogene Dimension) und »relativer Marktanteil« (unternehmensbezogene Dimension). In dem Portfolio werden einzelne Produktgruppen bzw. strategische Geschäftsfelder abgebildet, die klar voneinander abgegrenzt werden und in Relation zu der erwarteten Entwicklung des Marktvolumens bzw. zum Marktanteil des stärksten Konkurrenten in dem relevanten Marktsegment gesetzt werden (siehe Abbildung 191). Daraus ergeben sich dann verschiedene Strategien, z. B. ob in eine Produktgruppe oder ein Geschäftsfeld stärker investiert werden soll. Dieses Instrument wird im folgenden Kapitel auf der Ebene der strategischen Personalplanung als Mitarbeiterportfolio eine große Rolle spielen.

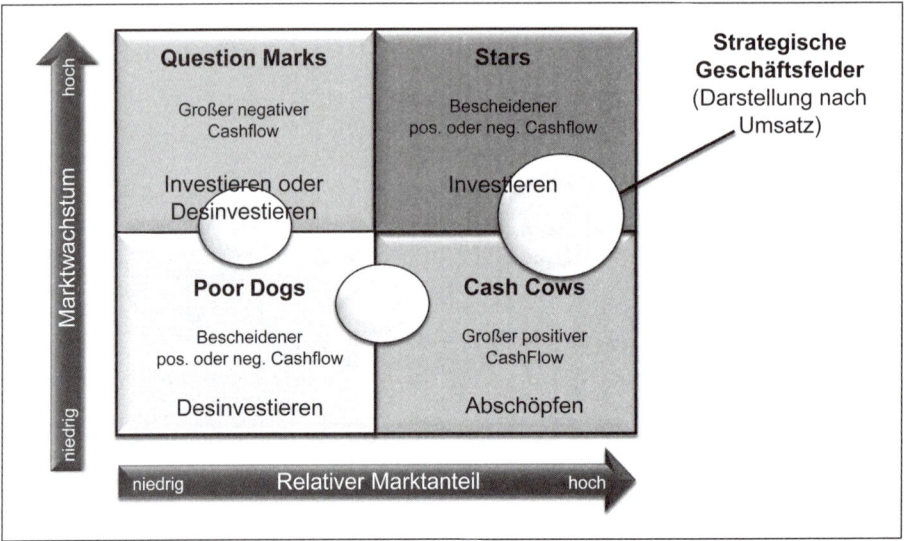

Abb. 191: »Klassisches« Portfolio der BCG – Group

3.2.2 Einflussnahme der strategischen Unternehmensplanung auf Ziele der Personalwirtschaft

Die Personalfunktion der Zukunft liegt wie im Schaubild (siehe Abbildung 192) angedeutet darin,

- die personalwirtschaftlichen Leistungen marktfähig zu gestalten,
- als strategischer Partner mit der Unternehmensleitung zusammenzuwirken,
- für einen professionellen Einsatz personalwirtschaftlicher Instrumente zu sorgen,
- die neue Rolle als Mitarbeiterbetreuer und -berater auszufüllen und
- als Change Agent die anfallenden Veränderungsprozesse zu begleiten.

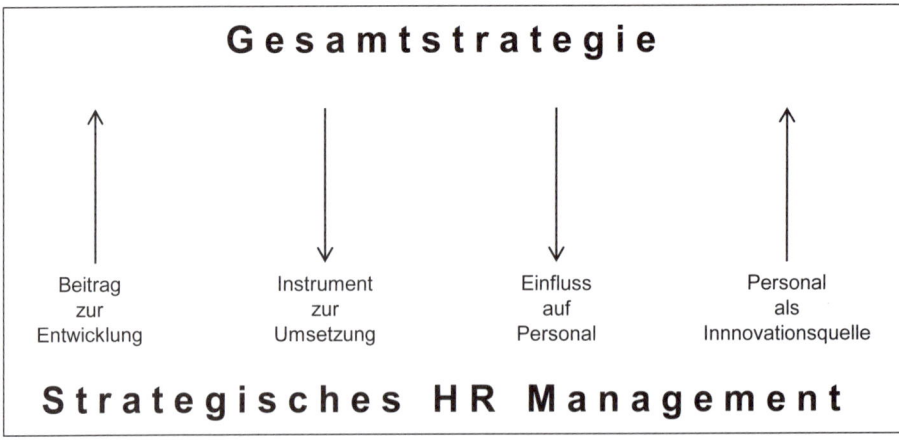

Abb. 192: Gesamtstrategie und strategisches HR Management

Für viele Unternehmen wird die Notwendigkeit der Einführung eines strategisch ausgerichteten HR-Managements verstärkt durch den »Engpassfaktor« Human Resources (siehe Abbildung 193). In den westlichen Industriestaaten und besonders in der DACH-Region, also den Ländern Deutschland, Österreich und der Schweiz, wird in Zukunft die Zahl der jungen Menschen ab-, die Zahl der älteren Menschen hingegen zunehmen. Diese Veränderung findet auch in der Arbeitswelt statt. Beide Trends verstärken sich gegenseitig, verschieben langfristig die Altersverteilung in Richtung »Generation 50 plus« und erzeugen so erhebliche Kapazitäts- und Produktivitätsrisiken. Schon jetzt gehen in vielen Branchen mehr Arbeitnehmer in den Ruhestand als Positionen nachbesetzt werden und Unternehmen haben Probleme, ihren Personalbedarf in quantitativer und qualitativer Hinsicht zu decken. Zugleich entstehen vor allem in den BRIC-Staaten (Brasilien, Russland, Indien und China) nicht nur neue Absatzmärkte, sondern es entbrennt auch weltweit ein Kampf um wertvolle Talente. Die Halbwertzeit von Wissen verkürzt sich stark zunehmend. Die Folge für die Arbeitgeber kann nur in mehr innovativem Wettbewerb bestehen, auch auf der Weiterbildungsebene. In diesem Kontext verschiebt sich der Stellenwert der Arbeit und Freizeit aus gesellschaftlicher und Arbeitnehmersicht. Unter dem Stichwort »Work-Life-Balance« wird nicht mehr nur die Vereinbarkeit von Arbeit und Freizeit verstanden, sondern zugleich eine Anerkennung der Arbeitsleistung in nicht monetärer Form. Nicht zuletzt sind es wirtschaftliche Veränderungen, die starken Einfluss auf ein strategisches HR-Management haben. Dabei wirken Globalisierungstendenzen als Schlüsselfaktor. In diesem Sog von beschleunigten Marktveränderungen und der Intensivierung des Wettbewerbs nimmt die Beschäftigungssicherheit für Arbeitnehmer ab und führt für diese zu einer zunehmenden Sorge um ihre Arbeitsmarktfähigkeit.

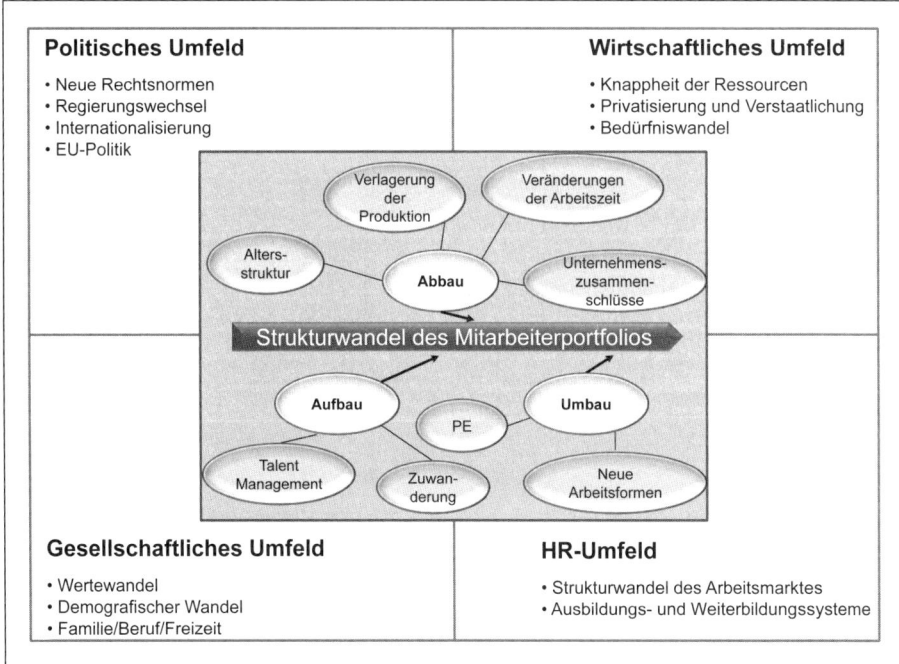

Abb. 193: Veränderungen im Mitarbeiterportfolio

Der Weg zu einem strategischen Personalmanagement führt in einem ersten Schritt über die Vision zur Formulierung von zukünftigen Orientierungen, d. h. neuen personalwirtschaftlichen Zielen für den Personalbereich, die sowohl auf Unternehmensebene, auf der HR-Managementebene, bei den Mitarbeitern und auch nach außen wahrgenommen werden sollen, z. B.

- Innovations- und Werteorientierung,
- Flexibilität und Leistungsorientierung,
- Kunden- und Dienstleistungsorientierung,
- Orientierung an Lern- und Veränderungsprozessen.

Auf der Basis einer umfassenden Darstellung des Istzustandes mit allen relevanten quantitativen und qualitativen Daten kann der nächste Prozessschritt in Angriff genommen werden, der Antworten auf die Frage liefern soll, was für die Kunden erreicht werden soll. Dies wird zu einer Anforderungsanalyse führen, in deren Verlauf Anforderungskriterien definiert werden, die eine Umsetzung von Strategien und Aktivitäten in operative Ziele ermöglichen. Dieser Gesamtprozess findet vor dem Hintergrund politisch-rechtlicher, wirtschaftlicher, gesellschaftlicher, technologischer und ökologischer Rahmenbedingungen statt (siehe Abbildung 194).

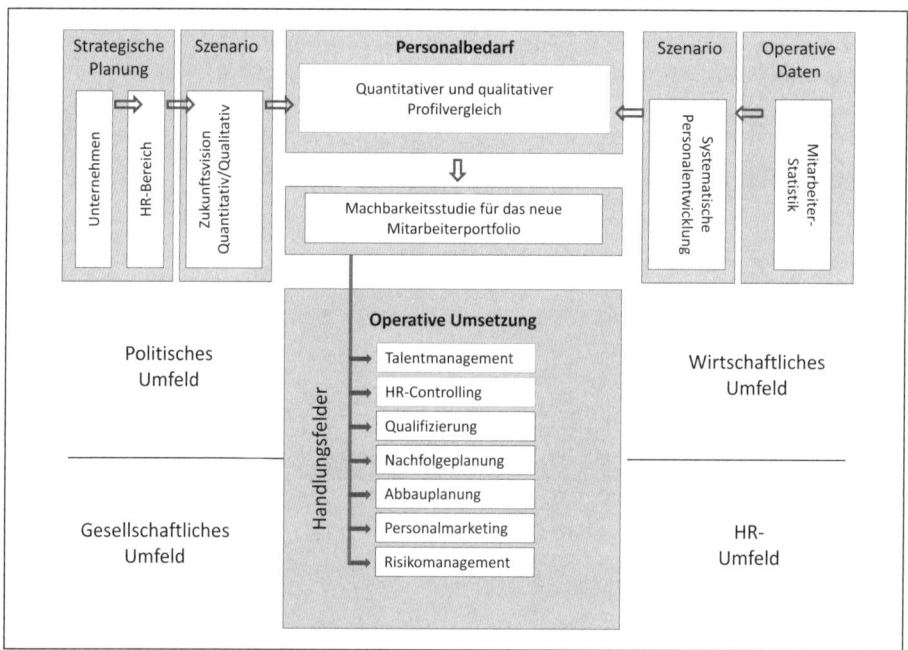

Abb. 194: Prozess der strategischen Personalplanung

3.2.3 Personalwirtschaftliche Ziele

Selbstverständlich sind die klassischen Ziele der Personalpolitik auch die Ziele der Zukunft. Beschäftigungsoptimierung, Minimierung der Personalkosten und Leistungssteigerungsmodelle stehen als ständige Oberziele dauerhaft im Fokus der Personalverantwortlichen. Aus der Vielzahl der personalwirtschaftlichen Ziele sollen an dieser Stelle bewusst drei herausgegriffen werden, die mittel- und langfristige Veränderungen bewirken werden.

Talent Management

Untersuchungen belegen, dass auf der Ebene von Fachspezialisten und im mittleren Management bereits ein akuter Talentengpass in den meisten deutschen Unternehmen existiert. Mit einem strategisch ausgerichteten Talent Management soll intern und extern gezielt nach Personen gesucht werden, die unternehmerisch denken und handeln und aus einer intrinsischen Motivation mit ihren Potenzialen zum Unternehmenserfolg beitragen. Während die **externe Dimension** von Talent Management im Wesentlichen auf Personalmarketing, Kontakt halten und Recruiting ausgerichtet ist, steht bei der **internen Dimension** die Identifikation, Förderung und Bindung von Leistungs- und Potenzialträgern im Mittelpunkt. Die Talentsuche besteht aus

- einem Employer Branding, das zum Alleinstellungsmerkmal wird,
- der Rekrutierung und Identifikation von neuen Talenten,
- einem speziellen Training, um Lücken (Talent Gaps) durch die Beschaffung zu schließen sowie
- der Bildung von Talentpools.

Entscheidend für die langfristige Motivation und Bindung der Talente an das Unternehmen ist die Förderung in einem speziellen Entwicklungsplan, der eng mit der mittel- und langfristigen Laufbahn- und Nachfolgeplanung verbunden ist. In einem Talentpool werden die Nachwuchskräfte zusammengefasst und immer wieder mit herausfordernden Aufgaben mit besonderer Verantwortung betraut. Ein spezielles Beurteilungssystem sorgt für ständige Abgleiche der individuellen Entwicklung mit dem mittel- und langfristigen Unternehmensbedarf. Durch zusätzliche Anreize wird die Motivation aufrechterhalten und eine enge Bindung der Mitarbeiter an das Unternehmen erreicht. Dies kann in Form von besonderen Vergütungsbestandteilen oder zielgruppengerechten Incentives erfolgen, aber auch durch Aufzeigen von Karrierepfaden und speziellen Weiter- und Fortbildungsangeboten.

Aging-Workforce-Management

Die zunehmende Alterung unserer Gesellschaft ist ein Kernproblem des demografischen Wandels, dem sich auch die Arbeitgeber stellen müssen. Der Geburtenrückgang und die gleichzeitige Verkürzung der Lebensarbeitszeit führten zu einem härter umkämpften Arbeitsmarkt bei einer gleichzeitigen Überbeanspruchung unserer Sozialsysteme. Die staatlichen Maßnahmen wie die Rente mit 67 (oder später) bedeuten für Arbeitgeber eine strategische Herausforderung und Neuorientierung, dies auch vor dem Hintergrund, dass nicht genug junge Fachkräfte auf dem Arbeitsmarkt zur Verfügung stehen. Dieser Raubbau, der durch Altersteilzeit- und Frühverrentungsprogramme bis in die letzten Jahre hinein zu einem systematischen Wissensverlust führte, muss nun teilweise durch ein ausgeklügeltes Aging-Workforce-Management kompensiert werden. Das Aging-Workforce-Management macht sich dabei die Tatsache zu eigen, dass sich die geistige Leistungsfähigkeit bis zum 60. Lebensjahr nur unwesentlich ändert, während die körperliche Leistungsfähig mit zunehmendem Alter immer stärker abnimmt. Konsequent werden so altersheterogene Mitarbeitergruppen gebildet, in denen es zu einem Ausgleich der Leistungsunterschiede durch den Einsatz des Tandemprinzips, Paten- und Mentorenmodellen, Coaching und Trainings kommt.

Work-Life-Balance

In den letzten Jahrzehnten hat eine schleichende Werteveränderung bei Mitarbeitern stattgefunden. Davon betroffen waren bis 2000 vor allem Nichtführungskräfte, die einen eindeutigen Trend in Richtung »Lebensgenuss statt Leben als Aufgabe« zeigten. Man lebt nicht mehr, um zu arbeiten, sondern arbeitet, um zu leben. Dieser Wandel in der Lebensorientierung hat u. a. folgende Gründe:

- steigende Bedeutung immaterieller Werte,
- ein von der Gesellschaft vorgelebter und propagierter Hedonismus,
- abnehmendes Vertrauen in Organisationen und damit fehlende Loyalität diesen gegenüber und
- extreme und den Menschen überfordernde Veränderungen.

Dies zeigt sich vor allem darin, dass die Karriereorientierung als ein zentrales Motiv für Arbeit an Wert verloren hat. Die Balance zwischen Arbeit und Freizeit wird zunehmend zu einem bevorzugten Lebensziel. Mittlerweile hat sich auch die Führungsschicht diese Einstellung zu eigen gemacht. Die Zunahme von Übermüdung, Antriebslosigkeit und Demotivation sind noch harmlose Gründe, über das Ungleichgewicht zwischen Arbeit und Privatleben nachzudenken. Mit der Zunahme von Burnout und Depressionen bei Führungskräften haben Unternehmen begonnen, mit sehr unterschiedlichen Maßnahmen einen Beitrag zur Vereinbarkeit von Privatleben und Beruf zu leisten. Mit all diesen Maßnahmen sollen Mitarbeiter langfristig an das Unternehmen gebunden werden, indem ihre Leistungsfähigkeit erhalten bleibt.

Beispiele:

- Stressmanagement und Wellnessangebote
- Lifestyle-Angebote
- Ergonomische Gestaltung der Arbeitsplätze
- Beratung zu Krisenthemen wie Schuldenmanagement, Scheidung, Mobilität (Employee-Assistance-Programme)
- Back-Up-Notbetreuungsprogramme

Quellen

Donkor, C./Lohmann, T./Knorr, U.: Unternehmenserfolg nachhaltig sichern durch strategische Personalplanung (Studie), München 2012.

Güttel, W.: Strategisches Veränderungsmanagement. Foliensatz zur Lehrveranstaltung, Hamburg 2009.

Hilb, M.: Integriertes Personalmanagement, 20. Aufl., Köln 2011.

Klimecki, R./Remer, A. (Hrsg.): Personal als Strategie: mit flexiblen und lernbereiten Human-Ressourcen Kernkompetenzen aufbauen, Neuwied u. a. 1997.

Oertig, M.: Neue Geschäftsmodelle für das Personalmanagement, 2. Aufl., Köln 2007.

Vahs, D ./Schäfer-Kunz, J.: Einführung in die Betriebswirtschaftslehre, 5. Aufl., Stuttgart 2007.

Wunderer, R./Dick, P.: Personalmanagement – Quo Vadis?, 5. Aufl., Köln 2007.

3.3 Beschäftigungsstrukturen und Personalbedarfe für Produktions- und Dienstleistungsprozesse analysieren und ermitteln

3.3.1 Die menschliche Arbeitsleistung im Unternehmen

Arbeit in Betrieben stellt einen besonderen Ausschnitt aus dem Verhalten eines Menschen dar. Wer mit Menschen zu tun hat, steht früher oder später vor der Frage, was das Leistungsverhalten des arbeitenden Menschen beeinflusst. Es geht darum, dieses Leistungsverhalten zu prognostizieren und damit auch beeinflussbar zu machen, d. h. die Zielsetzungen einer Person und die betrieblichen Gegebenheiten in Einklang zu bringen. Damit Leistung entsteht, müssen Können und Wollen zusammenkommen.

Die Erstellung von Produkten oder Dienstleistungen ist ohne menschliche Arbeit nicht denkbar. Die Versuche, einen Produktionsprozess ohne den Eingriff und Einsatz von Menschen zu gestalten, sind gescheitert. Der Mensch wird zur »personalwirtschaftlichen« Herausforderung, sobald er für ein Unternehmen eingestellt wird. Den Faktor »Arbeit« ohne Weiteres zu bestimmen, gestaltet sich oft schwieriger, als angenommen. Menschliche Arbeit ist grundsätzlich durch die Individualität der Person und ihre Subjektivität geprägt. Einen Menschen kann man nicht auf maschinenhafte Reaktionen reduzieren. Es gibt nicht die Arbeit an sich als Produktionsfaktor, sondern es sind Menschen, die ihre Arbeitskraft zur Verfügung stellen. Dieser Mensch entscheidet höchst individuell, welche Leistung und welches Arbeitsvermögen er einem Arbeitgeber zur Verfügung stellt. Niemand sollte vergessen: Wer über Arbeitskräfte spricht, meint damit Menschen. In diesem Zusammenhang wird häufig von der »personalen Gebundenheit« des Faktors Arbeit gesprochen.

Arten der Arbeit

Die klassische Volkswirtschaftslehre betrachtet die Faktoren Arbeit, Kapital und Boden als Produktionsfaktoren. Heute wird häufig auch Wissen (Humankapital) oder die Führung eines Unternehmens als volkswirtschaftlicher Produktionsfaktor angesehen.

Nach Erich Gutenberg (1897–1984) gibt es die sogenannten **Elementarfaktoren,** bestehend aus:

* Roh-, Hilfs- und Betriebsstoffen, aus denen ein Produkt hergestellt werden kann,
* Betriebsmitteln, die ein Unternehmen benötigt, um Güter oder Dienstleistungen herzustellen sowie
* objektbezogene (operative) Arbeit, d. h. alle ausführenden Tätigkeiten.

Die Produktion aller Güter beginnt bei den Stoffen der Natur. Sie bietet Rohstoffe bzw. Energiequellen, die der Mensch erst gewinnen oder erschließen muss. Dafür muss Arbeit aufgewendet werden, und diese Arbeit wird durch den einzelnen Menschen erbracht. Dieser Produktionsfaktor hat eine quantitative Seite (die Zahl der Arbeitskräfte) und eine qualitative Seite (der Ausbildungsstand der Arbeitskräfte). Der **dispositive Faktor** besteht aus dispositiver Arbeit, d. h. Planung, Organisation, Steuerung und Kontrolle, die Aufgaben der Leitung sind. Die dispositive Arbeit bedient sich der Planung und Organisation, damit aus den drei Elementarfaktoren überhaupt erst ein Produkt oder eine Dienstleistung entstehen kann. Nach dem Konzept von Gutenberg wird also strikt zwischen gestaltender und **anweisender Tätigkeit** (dispositiv) und **ausführender Tätigkeit** unterschieden. Die objektbezogene, ausführende Arbeit wird damit den materiellen Produktionsfaktoren (Werkstoffe, Betriebsmittel) gleichgestellt.

Diese Sicht auf die menschliche, operative Arbeit greift zu kurz, da sie den Menschen auf vorhersehbare und immer gleiche Reaktionen reduziert. Das bedeutet, dass ein Mensch immer so reagiert, wie ihn der dispositive Faktor »plant«. Die Realität zeigt aber etwas anderes.

Bestimmungsfaktoren der menschlichen Arbeit

Was Erich Gutenberg außer Acht gelassen hat, waren Faktoren wie menschliches Verhalten, nicht monetäre Ziele oder gesellschaftliche Momente. Wenn wir also von menschlicher Arbeit sprechen, kann es nicht um Arbeitsleistung im Sinne eines physikalischen Leistungsbegriffs gehen, sondern der Mensch in seiner komplexen Gesamtheit muss betrachtet werden.

Bei dem »Faktor Arbeit« geht es um die menschliche Leistung (Leistungsvermögen/ Leistungsbereitschaft). Was genau die menschliche Arbeitsleistung im Unternehmen bestimmt, zeigt folgendes Schaubild (siehe Abbildung 195).

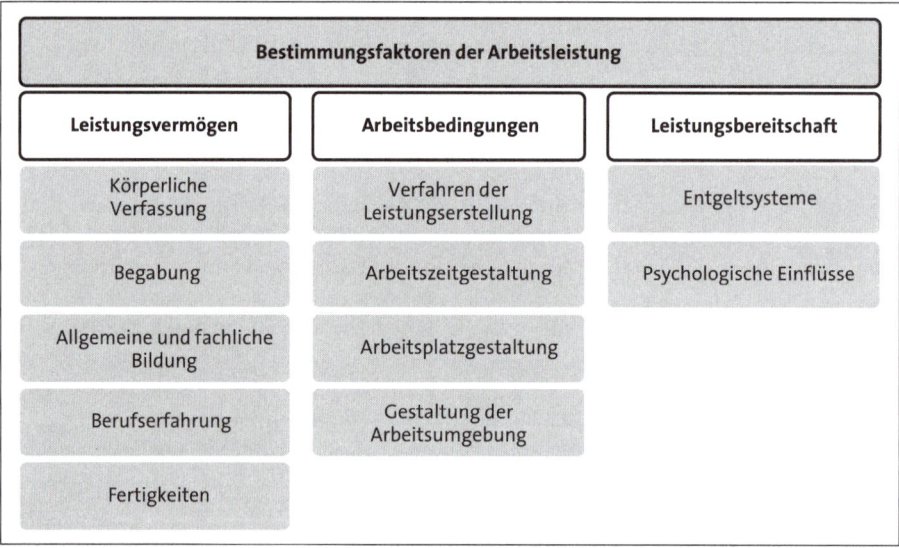

Abb. 195: Bestimmungsfaktoren der Arbeitsleistung

Leistungsvermögen umfasst

- Körperliche Verfassung: Ist der Mitarbeiter körperlich in der Lage, die geforderte Arbeit zu erbringen?
- Begabung: Welche Grundvoraussetzungen bringt ein Mitarbeiter mit? Begabungen sind beispielsweise durch Eignungstests messbar.

- Allgemeine und fachliche Bildung: Welchen Wissensstand hat ein Mitarbeiter, um die zugewiesene Arbeit optimal erledigen zu können?
- Berufserfahrung: Welche Erfahrung bringt ein Mitarbeiter für die zugewiesene Tätigkeit mit?
- Fertigkeiten: Welche Fertigkeiten hat sich der Mitarbeiter erworben, und werden sie am Arbeitsplatz benötigt?

Die **Arbeitsbedingungen** können den Leistungswillen erheblich steigern. Sie werden durch folgende Faktoren beeinflusst:

- Verfahren zur Leistungserstellung:
  - technische Bedingungen, z. B. Werkzeuge, Büromaschinen, Computer,
  - organisatorische Bedingungen, z. B. Arbeitsabläufe, Informationen, Prozesse;
- Arbeitszeiten: Schichtarbeit, flexible Arbeitszeiten, Gleitzeit, Ausmaß der Überstunden;
- Arbeitsplatzgestaltung: Belastungen abbauen, z. B. durch bessere ergonomische Bedingungen, das Erhöhen von Handlungsspielraum für den Einzelnen oder die Gruppe durch mehr Verantwortung am Arbeitsplatz (Job Enrichment) oder teilautonome Arbeitsgruppen –. Das wirkt sich positiv auf die Motivation aus;
- Gestaltung der Arbeitsumgebung: Möbel, Arbeitskleidung, Sauberkeit, Umweltschutz.

Trotz prinzipieller Leistungsfähigkeit ist die **Leistungsbereitschaft** unter Umständen nicht ausreichend. Möglichkeiten der Beeinflussung der Leistungsbereitschaft sind

- **Entgeltsysteme**: Das Arbeitsgeld ist meist weniger wichtig, als viele denken. Wichtiger ist es, alle oben genannten Bedingungen optimal zu erfüllen. Die Entlohnung wird als gerecht empfunden, wenn ein Zusammenhang zwischen Lohn und Leistung besteht und eine nachvollziehbare Differenzierung zwischen Aufgaben und Personen stattfindet.
- **Psychologische Faktoren**
  - **Motivation**: Ein entscheidender Faktor für die Leistungserbringung ist die Motivation des einzelnen Menschen. Was genau zur inneren Motivation eines Mitarbeiters beiträgt, kann dabei sehr unterschiedlich sein, z. B Motive wie Sinngebung, Selbstverwirklichung, Anerkennung, Kontakte,
  - **Einstellungen (Werthaltungen)**, z. B. die Einstellung zu anfallenden Überstunden oder die Beurteilung und Bewertung der Unternehmensziele vor dem Hintergrund der eigenen Wertvorstellungen,
  - **Erwartungen**, z. B. die Erwartungen des sozialen Umfeldes innerhalb und außerhalb des Unternehmens, die Erwartungen der Familie oder der Kollegen oder der Arbeitsgruppe und nicht zuletzt die Erwartungen an sich selbst,
  - **Persönlichkeitsfaktoren**, z. B. eine optimistische oder pessimistische Grundhaltung, Aufgeschlossenheit, Risikobereitschaft. Dazu gehören auch das Selbstbild des Menschen und seine Selbsteinschätzung, z. B. hinsichtlich seiner Leistungsfähigkeit.

Für das Management allgemein und das Personalmanagement im Besonderen ergeben sich hieraus verschiedene Herausforderungen.

Die Beschäftigten sollen sich den betrieblichen Erfordernissen anpassen – also auf einen Teil ihrer Individualität verzichten. Sie sollen pünktlich, zu einer festgelegten Zeit am Arbeitsplatz erscheinen, sich dem Takt der Maschine anpassen. Diese äußeren Rahmenbedingungen führen beispielsweise dazu, dass vorhandene Fähigkeiten und Kenntnisse gar nicht abgefordert werden, persönliche Ziele und Unternehmensziele nicht im Einklang sind. Wenn ein Mitarbeiter Überstunden machen muss, obwohl er lieber bei seiner Familie sein möchte, wird dies mit entsprechenden Zahlungen ausgeglichen, um diesen Zielkonflikt scheinbar aus der Welt zu schaffen. Je weniger die individuellen Interessen berücksichtigt werden, je mehr der Mensch eingezwängt wird, umso mehr versucht er, für sich persönliche Freiräume zu schaffen oder Widerstandsformen zu entwickeln, z. B.

• widerspenstiges Verhalten gegenüber Vorgesetzten,
• fehlende Aufmerksamkeit, Bummelei,
• häufiges Kranksein, ohne wirklich krank zu sein,
• Schikanieren von Kollegen,
• Interpretation betrieblicher Regeln nach eigenen Vorstellungen,
• Sachbeschädigung von Firmeneigentum.

Je mehr Regeln im Unternehmen geschaffen werden, desto größer ist gleichzeitig das Risiko, dass sie umgangen werden. Auf der anderen Seite – würden alle Dienst nach Vorschrift machen – würde so manches Unternehmen zum Stillstand kommen. Ein gewisses Maß an Selbstorganisation der Beschäftigten hat also durchaus Vorteile für das Unternehmen, z. B. wenn der »kleine Dienstweg« genutzt wird, um ein Problem schnell zu lösen. Im Gegensatz zur Maschine, die nur das kann, was ihre Konstruktion zulässt, ist der Mensch gerade wegen seiner Individualität ein sehr außergewöhnlicher und attraktiver Produktionsfaktor. Um diesen Produktionsfaktor bei »Laune« zu halten, ist das Unternehmen gut bedient, auf die Interessen und Bedürfnisse der Mitarbeiter einzugehen – ohne damit den Unternehmenszweck zu gefährden. Es müssen Instrumente und Strategien entwickelt werden, damit sich Mitarbeiter mit ihrem Unternehmen und ihrem Arbeitsplatz identifizieren. Es geht darum, eine emotionale Bindung herzustellen und Kreativität zu fördern. Wenn Unternehmen dies gelingt, entstehen daraus echte Wettbewerbsvorteile.

Zu solchen Strategien und Systemen gehören sicher Lohnanreize und intelligente Entgeltsysteme, die auch eine individuelle Leistungsbezahlung ermöglichen. Es wird wichtig sein, Persönlichkeiten zuzulassen und nicht Konformität erzeugen zu wollen. Dazu gehört es,

• den Mitarbeitern Handlung- und Gestaltungsspielräume zu ermöglichen,
• Mitarbeiter mit ihren guten Ideen zu wertschätzen,
• die Kreativität der Mitarbeiter zu fördern,
• den Mitarbeitern Verantwortung zu übertragen – Vertrauen zu haben,
• zu wissen, welche Ziele, Motive und Erwartungen Mitarbeiter haben.

Es ist eine Gratwanderung zwischen notwendiger Steuerung des Produktionsfaktors »Arbeit« und den individuellen Ansprüchen des arbeitenden Menschen. Das bedeutet auch weg von der Misstrauenskultur hin zur Vertrauenskultur.

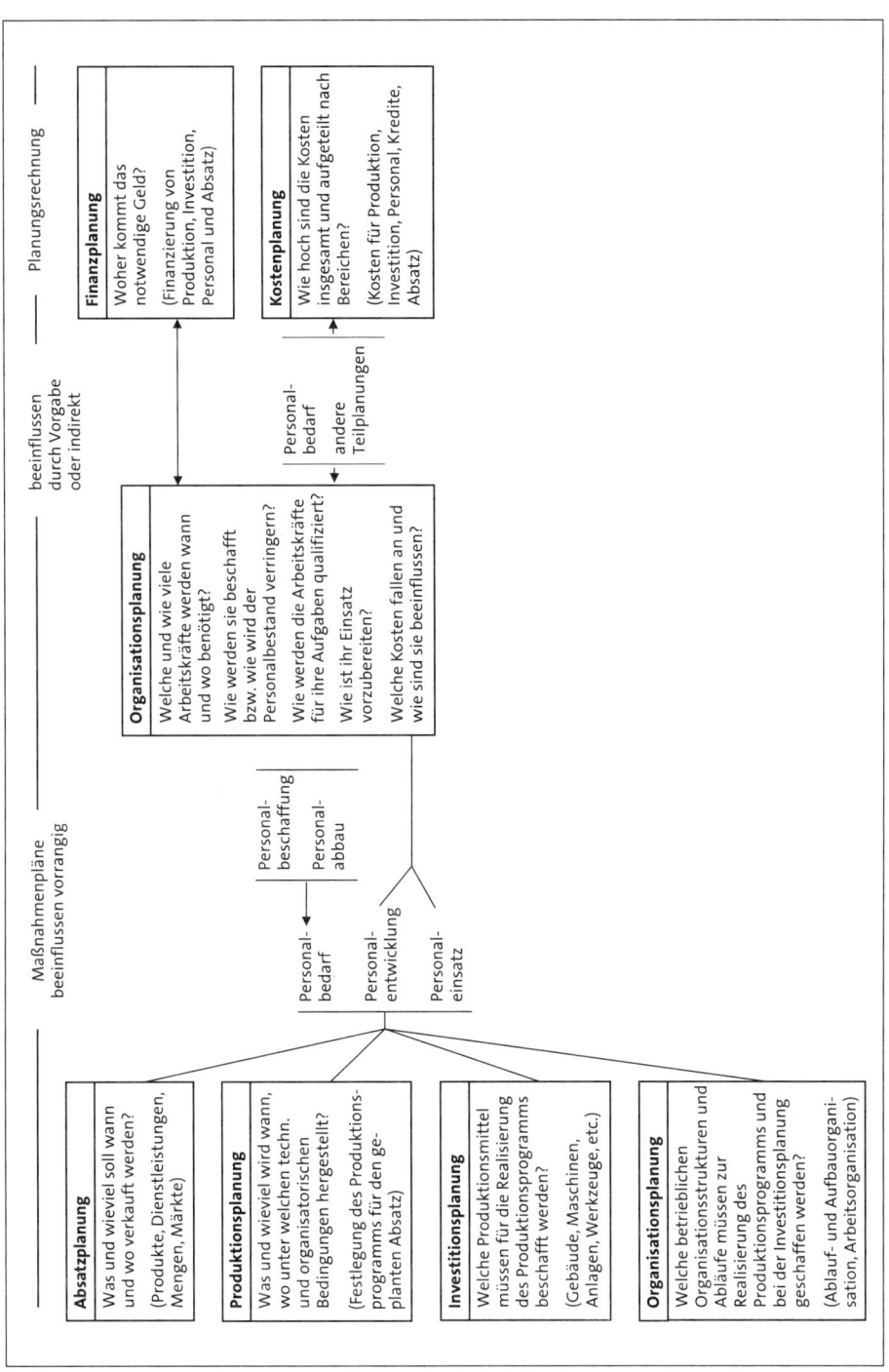

Abb. 196: Interdependenzen zwischen Personalplanung und Unternehmensplanung

3.3.2 Instrumente der Personalbedarfsbestimmung

Für künftige Aufgaben das nötige Personal mit der richtigen Qualifikation zum gewünschten Zeitpunkt zur Verfügung zu stellen, das ist die Aufgabe der Personalbedarfsbestimmung (siehe Abbildung 196). Der Personalbedarf ist abhängig von folgenden Faktoren:

- Branche bzw. Art der Produktion: Wie sind die Voraussagen für die jeweilige Konjunkturentwicklung? Welche Produkte werden in Zukunft entwickelt und produziert? Welche Dienstleistungen wird der Markt in Zukunft erwarten?
- Arbeitsmarktsituation und der Mitarbeitergruppe: Sind wenige Fachkräfte am Markt, müssen längere Beschaffungszeiten eingeplant werden?
- Veränderungen in den Fertigungsverfahren und der Rationalisierung: Welche neuen Technologien werden zum Einsatz kommen?
- Einflüssen der Tarifpolitik und Gesetzgebung, z. B. tarifvertraglich vorgegebenen Verkürzungen oder Verlängerungen der wöchentlichen Arbeitszeit,
- Erkenntnissen der Arbeitsmedizin, z. B. wenn für ältere Mitarbeiter andere Arbeitszeiten eingeplant werden müssen, weil sie nicht mehr in der Nachtschicht arbeiten dürfen,
- Gesellschaftlichen Einflüssen auf Leistungsnormen und Leistungsbereitschaft: Wird für die Menschen die Freizeit wichtiger (Work-Life-Balance), muss das Unternehmen davon ausgehen, dass die Mitarbeiter nicht bereit sind, viele Überstunden zu machen.
- Veränderungen in der Organisationsstruktur eines Unternehmens: Für die Zukunft ist eine flachere Hierarchie geplant.

Der Personalbedarf ergibt sich auch aus den verschiedenen Planungszeiträumen und den betrieblichen Situationen (siehe Kapitel 3.1.5). Die kurzfristige Planung betrachtet Zeiträume bis zu einem Jahr und schließt die operative Maßnahmenplanung ein. Dazu gehört Personalbedarf, der sich aus ungeplanten Kündigungen oder durch Veränderungen z. B. im Produktionsbereich ergibt. Natürlich muss im Unternehmen auch noch kurzfristiger geplant werden, wenn durch Krankheit, Mutterschutz oder Tod eines Mitarbeiters die Mitarbeiter ersetzt werden müssen. Die mittelfristige Planung beschäftigt sich mit den Zeiträumen bis zu drei Jahren und umfasst die taktische Programmplanung. Hierbei geht es z. B. darum, die Nachfolge für bestimmte Positionen zu planen. Die langfristige und strategische Planung beschäftigt sich mit den Zeiträumen bis zu fünf Jahren oder auch darüber hinaus, denn sie beinhaltet die strategische Zielplanung, wenn es z. B. darum geht, die Altersstruktur eines Unternehmens durch gezielte Personalbeschaffung zu verändern.

Qualitativ

Welchen Personalbedarf ein Unternehmen hat, ergibt sich auch aus der Betrachtung der Qualifikation vorhandener Mitarbeiter und der Zukunftsplanung des Unternehmens. Daraus ergibt sich die Frage:

Welche Qualifikation der Mitarbeiter benötigt das Unternehmen zukünftig?

- ☐ Habe ich Mitarbeiter mit den »richtigen« Qualifikationen im Unternehmen, um heute und auch in Zukunft die betrieblichen Aufgaben erfüllen zu können?
- ☐ Wie werden sich die Aufgaben der heutigen Arbeitsplätze verändern und wie wird sich das auf die Anforderungen an die Mitarbeiter auswirken?

☐ Welche Mitarbeiter hat das Unternehmen, die weiter zu qualifizieren sind und die durch Maßnahmen zur Weiterbildung für die Zukunft fitgemacht werden können?

☐ Wie viele Mitarbeiter haben keine ausreichende Qualifikation mehr, lassen sich aber auch nicht mehr qualifizieren – muss sich das Unternehmen von diesen Mitarbeitern trennen oder gibt es auch in Zukunft Einsatzmöglichkeiten für sie?

☐ Wenn nicht ausreichend qualifizierte Mitarbeiter vorhanden sind, wie viele Mitarbeiter müssen extern beschafft werden.

Quantitativ

Neben der Qualifikation der Mitarbeiter steht die Frage, ob zu viele Mitarbeiter beschäftigt oder in Zukunft sogar mehr Mitarbeiter für das Unternehmen benötigt werden. Daraus ergibt sich die Frage:

> Wie viele Mitarbeiter benötigt das Unternehmen zukünftig?

☐ Welche technischen Veränderungen in den Arbeitsabläufen wird es geben, die den Einsatz von Menschen überflüssig machen/für die weniger Menschen gebraucht werden?

☐ Welche unternehmerischen Ziele sollen in der Zukunft erreicht werden? Wie wird sich die wirtschaftliche Lage entwickeln? Trifft das Unternehmen auf einen expandierenden Markt oder muss mit Marktbereinigungen gerechnet werden?

☐ Welche organisatorischen Veränderungen werden erwartet? Will sich eine Organisation verschlanken und braucht vielleicht weniger Führungskräfte?

☐ Wie hoch ist die Fluktuation im Unternehmen?

Räumlich

Für den Personalbedarf und die damit verbundene Planung ist es auch wichtig zu wissen, in welcher Abteilung, in welchem Bereich und an welchem Arbeitsplatz, an welchem Ort, in welcher Region, in welcher Filiale ein Mitarbeiter gebraucht wird. Daraus ergibt sich die Frage:

> Wo wird das Personal gebraucht?

☐ Welche Expansionspläne hat das Unternehmen? Wird es in Zukunft außerhalb Deutschlands Standorte aufbauen?

☐ Werden Standorte geschlossen oder ausgebaut?

Denn je nach Standort kann der Arbeitsmarkt anders aussehen, ein anderes Lohnniveau vorherrschen oder andere Tarifverträge gelten.

Temporär

Ein weiterer Aspekt des Personalbedarfs ist die zeitliche Komponente, also die Frage:

> Wann, zu welchem Zeitpunkt und wie lange wird das Personal gebraucht?

☐ Welche Mitarbeiter werden das Unternehmen verlassen – aufgrund von Alter, bekannten Kündigungen, Wehrdienst etc.?

☐ Welche Mitarbeiter kommen zurück, z. B. aus der Elternzeit?

☐ Wird das Personal befristet oder unbefristet gebraucht? Handelt es sich um einen vorübergehenden Engpass oder eine dauerhafte Veränderung der betrieblichen Abläufe?

Quellen

Berthel, J./Becker, F. G.: Personal-Management: Grundzüge für Konzeptionen betrieblicher Personalarbeit, 8. Aufl., Stuttgart 2007.

Blank, A., Christ, H., Schneider, K.-H. (Hrsg.): Personalwirtschaft, 5. Aufl., Köln 2012.

Büdenbender, U./Strutz, H.: Gabler Kompaktlexikon Personal: Wichtige Begriffe zu Personalwirtschaft, Personalmanagement, Arbeits- und Sozialrecht, 3. Aufl., Wiesbaden 2010.

Kolb, M.: Personalmanagement. Grundlagen und Praxis des Human Resources Managements, 2. Aufl., Wiesbaden 2010.

3.4 Personalbedarfs- und Entwicklungsplanung durchführen

Personalbedarfs- und Entwicklungsplanung dienen der **Analyse, Prognose und Steuerung** der personellen Ressourcen (Human Resources, Human Capital) im Unternehmen. Dabei geht es um den heutigen und künftigen Bedarf aus quantitativer und qualitativer Sicht. Die Planung von Personalbedarf und -entwicklung bezieht sich auf:

- das Unternehmen insgesamt,
- einzelne Organisationseinheiten,
- Gruppen von Beschäftigten sowie
- einzelne Mitarbeiter.

Mithilfe von Personalbedarfs- und -entwicklungsplanung soll in personeller Hinsicht die **Leistungsfähigkeit des Unternehmens** unter Berücksichtigung der Interessen und Bedürfnisse der Mitarbeiter gewährleistet werden. Hierbei stellen die Veränderungen in

- Markt,
- Technik und
- Gesellschaft,

hohe Anforderungen an die Anpassungsprozesse von Unternehmen und Mitarbeitern bezüglich:

- Qualität,
- Flexibilität und
- Geschwindigkeit.

3.4.1 Methoden zur Berechnung des Personalbedarfs (Personalbedarfsberechnung)

Methoden der Personalbedarfsrechnung dienen dazu, den Personalbedarf für einen bestimmten Zeitraum bzw. Zeitpunkt in quantitativer und qualitativer Hinsicht zu ermitteln (siehe Kapitel 3.1.5). Die **unterschiedlichen Methoden der Personalbedarfsberechnung** sollen von einer Brutto-Betrachtung zu einer Netto-Verfügbarkeit führen. Hierzu ist der Personalbestand zu berücksichtigen.

Die in Theorie und Praxis am häufigsten anzutreffenden Verfahren und Methoden zur Personalbedarfsermittlung können wie folgt unterschieden werden (siehe Abbildung 197):

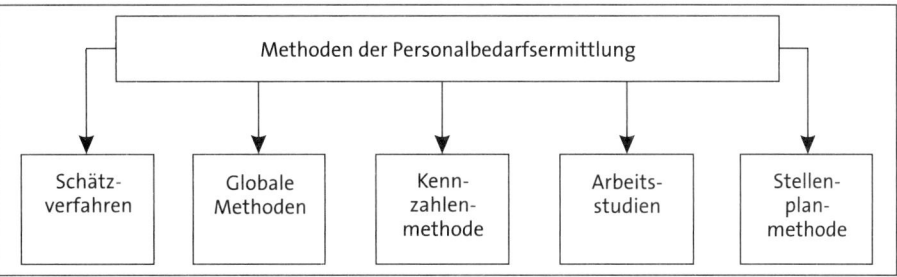

Abb. 197: Methoden der Personalbedarfsermittlung

Personalpolitisch stellt sich die Frage, inwieweit einem rechnerisch ermittelten theoretischen Reservebedarf durch vorsorgliche Personaleinstellung entsprochen wird, oder ob bewusst eine Unterdeckung in Kauf genommen werden soll. Hier kann unter Umständen eine temporäre **Überbedarfsdeckung** (Überlappung) notwendig sein, um z. B. Einarbeitung und/oder Know-how-Transfer zu ermöglichen. Andererseits kann durch gezielte **Bedarfsunterdeckung** (Vakanzen) ein bewusster Zwang zu Veränderung, z. B. durch Rationalisierung, Reorganisation oder auch Leistungsverzicht (»Weglassen«) bewirkt werden. In jedem Fall stellt sich die Frage, ob der ermittelte personelle Fehlbedarf durch:

- Eigenleistung und Eigenbedarfsdeckung, z. B. durch Einstellung, oder
- Fremdleistung, also Zukauf, Subcontracting und Outsourcing, z. B. durch Werkverträge oder Personaldienstleister (Leiharbeitnehmer)

gedeckt werden soll.

Aus wirtschaftlicher Sicht ist die Personalbedarfsermittlung sehr wichtig, weil die Qualität und die Quantität der zu besetzenden Personalstellen sowohl die **betriebliche Leistungsfähigkeit** als auch die **Personalkosten** beeinflussen. Deshalb ist der Personalbedarfsplan auch die Grundlage für andere Elemente bzw. Teilpläne der Personalplanung. Die Kenntnis des Personalbedarfs ist Voraussetzung für effiziente Einsatz-, Beschaffungs- oder Entwicklungsplanung. Planungsfehler haben hier schwerwiegende Folgen: Wird der Bedarf zu hoch eingeschätzt und die Personalbeschaffung in entsprechendem Umfang vorgenommen, kommt es zu kostenträchtigen Personalüberhängen, die abgebaut werden müssen. Wird der Bedarf allerdings zu niedrig angesetzt, führen Personalengpässe zu Schwierigkeiten bei der Leistungserbringung.

Globale oder vergangenheitsorientierte Methoden und Verfahren

Hier handelt es sich um Verfahren mit Annäherungswerten, die eher bei **langfristigen Personalbedarfsprognosen** eingesetzt werden sollten. Für kurzfristige operative Planung von Personalmaßnahmen sind die Aussagewerte in der Regel nicht präzise genug (»global«). Da diese statistischen Methoden eine entsprechend große Datenbasis erfordern, ist deren Anwendung vorwiegend für Mittel- und Großunternehmen geeignet.

- Trendexploration

Voraussetzung für eine **Interpolation** ist, dass Informationen aus der Vergangenheit sowie eine Plangröße vorliegen, damit zuverlässige Annahmen über die Beziehung des Personalbedarfs zur ausgewählten Bezugsgröße getroffen werden können. Eine **Trendextrapolation** kann angewendet werden, wenn davon auszugehen ist, dass sich eine Zeitreihe auch zukünftig fortsetzen wird, z. B. Fluktuationsquote oder Fehlzeitenquote. Personalplanung in einem Unternehmen wird aktiv versuchen, Fluktuations- und/oder Fehlzeitenquoten positiv zu beeinflussen. Das kann nur bedingt gelingen, da Fluktuation z. B. auch abhängig ist von Arbeitsmarktfaktoren. Auch die Fehlzeitenquote, hier insbesondere der Krankenstand, unterliegt externen Einflüssen, wie z. B. regionaler, saisonaler, branchen- und arbeitsmarktbezogener Art, die es zu beachten gilt. Solche externen Einflüsse gelten insbesondere für unterschiedliche Ausprägungen in der absoluten Höhe; gleichwohl ermöglicht gezielte Personalpolitik unterschiedliche Ergebnisse auf Unternehmens- und Betriebsebene auch bei vergleichbaren äußeren Rahmenbedingungen.

Beispiel: Fluktuation

Wenn in einer Schlüsselfunktion im Vertrieb beispielsweise von einer Fluktuationsquote in Höhe von ca. 10 % arbeitsmarktbedingt auszugehen ist, können gezielte Maßnahmen getroffen werden durch:

- Beschaffung/Rekrutierung (kurzfristig),
- interne Weiterbildung und Versetzung (mittelfristig) und
- Ausbildung von geeignetem Nachwuchs (langfristig).

Beispiel: Fehlzeiten

Wenn bei produktiven Mitarbeitern in der Fertigung z. B. ein Krankenstand in Höhe von ca. 5 % regional zu verzeichnen ist, sollte nicht unbedingt ein entsprechender Reservebedarf eingestellt werden, sondern geeignete Maßnahmen wären hier:

- Maßnahmen im Bereich »Gesundheitsmanagement«,
- Nutzung externer Lieferquellen, z. B. Fremdvergabe bzw. Subcontracting, und/oder
- Nutzung von Personaldienstleistern wie Leiharbeitskräfte, Arbeitnehmerüberlassung.

- Analogieschluss-Verfahren

Bei der **Trendanalogie** wird von der Annahme ausgegangen, dass in der Vergangenheit festgestellte Zusammenhänge zwischen verschiedenen Faktoren (Größen) auch bei zukünftigen Entwicklungen bestehen bleiben, z. B. die Anzahl der Verkäufer im Verhältnis zur Anzahl der Kunden bzw. der Höhe des Umsatzes. Bei steigenden oder sinkenden Kunden- und Umsatzzahlen ergibt sich daraus ein entsprechend höherer oder geringerer Verkäuferbedarf.

Bei der **Regressionsanalyse** wird die abhängige Größe »Personalbedarf« durch eine oder mehrere unabhängige Größen, z. B. Auftragseingänge, Umsatz, Branchenwachstum, erklärt. Mithilfe von **Korrelationsrechnungen** wird der Zusammenhang zwischen zwei Größen nachgewiesen; bei Regressionsanalysen werden nur Größen herangezogen, die eine hohe positive Korrelation aufweisen.

Beispiel: Standorte

Ebenfalls Auswirkungen auf den Personalbedarf hat beispielsweise die Anzahl der Vertriebsniederlassungen, die für die regionale Durchdringung des Marktes und die Nähe zum Kunden von Bedeutung sind. Für die Erweiterung bzw. Schaffung neuer Standorte gibt es in jedem Unternehmen personelle Mindestanforderungen an die Ausstattung. Gleiches gilt andererseits für die Reduzierung oder Zusammenlegung vorhandener Standorte: Hier können Auswirkungen personellen Mehr- oder Minderbedarfs abgelesen und entsprechend geplant werden.

Kennzahlenmethode

Die Kennzahlenmethode ist ein **vergangenheitsorientiertes Verfahren**, das sowohl der globalen als auch der detaillierten Bedarfsermittlung dient. Die Methode beruht auf der Voraussetzung, dass stabile Beziehungen zwischen Personalbedarf und Bezugsgrößen bestehen. Die Einflussfaktoren für den Personalbedarf können beispielsweise sein:

- die Arbeitsproduktivität (Produktionsmenge in Stückzahl je Zeiteinheit wie Stunde, Tag, Woche),
- Umsatz je Mitarbeiter pro Monat,
- Arbeitsaufwand in Zeiteinheit für eine bestimmte Menge (produktive Stunden),
- Führungs- und Kontrollspanne.

Beispiel: Kennzahlenmethode	
Ausgangsdaten für 2013	
Ø Produktionsmenge	500.000 Einheiten
Personalbestand in der Produktion	200 Mitarbeiter
gearbeitete Wochen	46
Ø Stundenzahl je Mitarbeiter	37 Stunden/Woche
Gesamtstundenzahl je Mitarbeiter	1.702 Stunden/Jahr
Gesamtstundenzahl aller Mitarbeiter in der Produktion	340.400 Stunden/Jahr
Produktionsmenge je Arbeitsstunde	1,47 Einheiten
Plandaten für 2014	
geplante Produktionsmenge	520.000 Einheiten
geplante Produktivitätssteigerung	5 %
geplante Produktivität	1,54 Einheiten
erforderliche Arbeitsstundenzahl	337.158 Stunden/Jahr
Arbeitszeitverkürzung auf	
35 Stunden/Woche bezogen auf 46 Wochen resultieren je Mitarbeiter	1.610 Stunden/Jahr
Bruttopersonalbedarf	
= 337.158 Std. : 1.610 Std. je Mitarbeiter und Jahr	210 Mitarbeiter

Abb. 198: Ermittlung des Bruttobedarfs durch Kennzahlenmethode

Schätzverfahren

Eine große Verbreitung in der betrieblichen Praxis, insbesondere in kleineren Organisationseinheiten, haben die Schätzverfahren zur Ermittlung des künftigen Personalbedarfs.

- Einfache Schätzverfahren

Bei der einfachen Schätzmethode wird der **voraussichtliche Personalbedarf** in quantitativer und qualitativer Hinsicht bei den Verantwortlichen (Führungskräften) abgefragt:

☐ Wie viele Mitarbeiter mit welcher Qualifikation werden künftig (z. B. im kommenden Geschäftsjahr) benötigt?

Die Antworten werden zusammengetragen, auf Plausibilität hin überprüft, gegebenenfalls berichtigt und dann zur Planungsgrundlage gemacht. Diese Methode ist gekennzeichnet durch hohe Subjektivität und Intuition. Aufgrund von Erfahrungswissen der Beteiligten ist die Methode durchaus praktikabel und verwertbar. Der administrative Planungsaufwand ist gering.

- Systematische Schätzverfahren

Beim systematischen Verfahren der Schätzung des Personalbedarfs (**Delphi-Methode**) werden die verantwortlichen Führungskräfte und gegebenenfalls weitere Experten schriftlich, mithilfe eines Fragebogens, zur Prognose aufgefordert, die auch entsprechend zu begründen ist. Führungskräfte wie übrige externe und interne Experten greifen individuell auf Kennzahlen zurück und liefern Begründungen für ihre Angaben. Diese werden ausgewertet, zusammengefasst und an die Befragten zurückgekoppelt. Aufgrund des Rückkopplungsprozesses kann eine erneute, auf breiterer Informationsbasis beruhende Schätzung des künftigen Personalbedarfs abgegeben werden. Die Planzahlen werden dadurch aufgrund der breiten Beteiligung:

- zuverlässiger,
- transparenter und
- akzeptierter.

- Szenario-Technik

Ähnlich wie die Delphi-Methode verfolgt auch die **Szenario-Technik** das Ziel, mittel- und langfristige Trends mit einem systematischen Ansatz zu prognostizieren. Dabei werden u. a. Auswirkungen globaler Mega-Trends wie:

- Bevölkerungsentwicklung,
- Technologiesprünge,
- Marktverschiebungen oder
- Bedürfniswandel

im Hinblick auf quantitativen und qualitativen Personalbedarf in der Zukunft untersucht.

Beispiele:

- Trends in der Entwicklung bzw. Verschiebung der Fertigungstiefe durch die Auswirkungen von Make-or-Buy-Studien
- Trends in der Entwicklung von Märkten, z. B. China, durch die Auswirkungen von Produktionsverlagerungen hin zu Absatzmärkten, nicht nur aufgrund von Produktionskosten sondern auch der Akzeptanz in diesen Märkten (»Zwang« zur Fertigung vor Ort)

Solche Verlagerungen von Produktion haben abschätzbare Auswirkungen auf den Personalbedarf.

Arbeitswissenschaftliche Methoden der Personalbemessung

Neben globalen Verfahren oder Schätzverfahren, die häufig weniger detailliert und präzise gefasst sind und auf größere Planungshorizonte abzielen, bedient sich die Personalbedarfsplanung auch exakterer Bemessungsmethoden. Bezugsgrößen sind hierbei im Wesentlichen **Arbeitseinheiten und Zeitbedarf pro Arbeitseinheit**.

Zu solchen systematischen Zeitermittlungen gehören insbesondere im administrativen (indirekten) Bereich auch **Selbstaufschreibungen**, z. B. durch Dokumentation des Zeitbedarfs für verschiedene Arbeitsvorgänge über einen gewissen Erfassungszeitraum auf geeigneten Formblättern. Hierdurch wird eine gewisse Objektivierung bei der Festlegung des erforderlichen Zeitbedarfs für Arbeitsvorgänge erreicht. Im Fertigungsbereich haben sich arbeitswissenschaftliche Methoden im Rahmen der Arbeitsvorbereitung bislang am stärksten verbreitet. Dazu gehören insbesondere das MTM-Analyseverfahren und die REFA-Methode.

- MTM-Analyseverfahren

Das Verfahren MTM (Methods-of-Time-Measurement) wird folgendermaßen definiert:

> »MTM ist ein Verfahren, mit welchem jede körperliche Arbeit in die Grundbewegungen zerlegt wird, die zu ihrer Ausführung nötig sind. Jede dieser Grundbewegungen weist es einem vorbestimmten Normalzeitwert zu, welcher durch die Natur der Grundbewegung und die Einflüsse, unter welcher sie ausgeführt wurde, bestimmt ist.« (Deutsche MTM-Vereinigung)

Die MTM-Methode ist also ein **Verfahren der vorbestimmten Zeiten**; es wird von einer Normal- oder Normleistung ausgegangen. MTM ist ein Instrument der Arbeitsablaufgestaltung; ermittelte Vorgabezeiten können zur Personalbedarfsermittlung als Bruttowert herangezogen werden.

Beispiel: Wartungs- und Reparaturaufgaben

Aufgrund definierter Arbeitsschritte und -abläufe mit zugehörigen ermittelten Zeiten einerseits sowie definierten Wartungsintervallen andererseits, lassen sich die Veränderungen auf den entsprechenden Personalbedarf planen.

- REFA-Methode

Die REFA-Methode kann ebenfalls angewandt werden, wenn Arbeitsvoraussetzungen und Datenmaterial vorliegen, bei denen mit den Begriffen »messen«, »wiegen«, »zählen« ein Personalbedarf ermittelt werden kann. Die prozessorientierte Arbeitsorganisation ist dabei ein Kernelement der REFA-Methodenlehre. Ziel der Methode ist die Ermittlung von Vorgabezeiten für Arbeitsgänge, um so den Produktionsprozess effizienter zu gestalten. Auch hierbei wird der **gesamte Arbeitsablauf in einzelne Arbeitsvorgänge zerlegt**, die Qualifikationen zur Erledigung der Arbeiten werden beschrieben und die notwendige Zeit zur Ausführung der Tätigkeiten wird (mit der Stoppuhr) gemessen, und zwar bezüglich jedes einzelnen Arbeitsvorgangs. Aus diesem so ermittelten Zeitbedarf für die reine Ausführung der Tätigkeiten wird unter Berücksichtigung von zusätzlichem Zeitbedarf für Vorbereitungs- und Verteilzeiten (wie Rüst-, Wege-, Erholzeiten) sowie einem durchschnittlichen Leistungsfaktor als Verhältnis von Normalleistungsgrad zu effektivem Leistungsgrad der tatsächliche Personalbedarf errechnet. Die REFA-Methodenlehre gilt als tarifpolitisch neutral.

Stellenplanmethode

Die Bezugsgröße für die Stellenplanmethode (s. Abbildung 199) ist die **Aufbauorganisation** bzw. die Organisationsstruktur des Unternehmens.

Beispiel:				
	Material	**Produktion**	**Verw./ Vertrieb**	**Σ**
Stellenbestand 1. Januar	14	154	42	210
Einführung neues Produkt P3	+1	+ 10	+ 1	+ 12
Neue Vertriebsniederlassung			+ 3	+ 3
Erweiterung Produktion P1	+ 1	+ 6		+ 7
Standortverlagerung P2	– 4	– 18	– 1	– 23
Neues Fertigungsverfahren		– 8		– 8
Ausweitung der Betriebszeit im Vertriebsbereich			+ 2	+ 2
Zentralisierung Beschaffung	– 2			– 2
Outsourcing Werbeabteilung			– 3	– 3
Business-Process-Reengineering im Verwaltungsbereich			–4	–4
Stellenbestand 31. Dezember	10	144	40	194

Abb. 199: Stellenplanmethode

Der künftige Personalbedarf wird dabei aus den Stellenplänen, die in die Zukunft fort geschrieben werden, abgeleitet (siehe Abbildung 200).

Beispiel:

Abteilung: Marketing Bereich: Vertrieb				Stand 11/2013	
Stellenbezeichnung	Stellen- Nr.	Ausbildung lt. Anf.-Profil	Stellen- bewertung Tarifgruppe (TG)		Stellen- inhaber/-in (Name)
			Soll	Ist	
Gruppenleiter/-in	31301	Dipl.-Kfm./-Kffr.	K6	K6	Böll, H.
Sachbearb./stv. GL	31401	Kommunikations- fachwirt/-in	K5	K4	Hopf, J. (ab 01.01.2014)
Sachbearb.	31501 31502 31503	Industriekfm./-kffr. Industriekfm./-kffr. Industriekfm./-kffr.	K4 K4 K4	K5 K4 K4	Rauh, W. Held, K. Milde, F.
Assistent/-in	31601	Sekretär/-in	k. w.	K4	Hopf, J. (bis 31.12.2013) (versetzen)
Stenokontorist/-in	31701	Bürogehilfe/-in	k. w.	K2	

Abb. 200: Stellen-, Stellenbewertungs- und Stellenbesetzungsplan

Aus dem Bruttobedarf des Stellenplans ergibt sich unter Berücksichtigung des Stellenbesetzungsplans ein Nettobedarf, d. h. ein **Fehlbedarf oder ein Überhang**. Diese Methode setzt eine regelmäßige aktuelle Pflege von Stellen- und Stellenbesetzungsplänen voraus, eignet sich unter dieser Bedingung dann aber gut für kurz- und mittelfristige Personalbedarfsplanung insbesondere im administrativen sowie im Dienstleistungsbereich.

3.4.2 Methoden zur Ermittlung und Planung des Personalbestandes

Aussagen zur künftigen **Entwicklung des Personalbestandes** beziehen sich auf den gegenwärtigen Personalbestand, dabei werden sowohl quantitative als auch qualitative Aspekte betrachtet. Hilfsmittel sind:

• Personalstatistik,
• Mitarbeiterstruktur-/Altersstruktur-Statistik,
• Fluktuationsstatistik,
• Abgangs-Zugangs-Rechnung (Tabellen) und
• Maßnahmen- und Aktivitäten-Pläne.

Nach festzulegenden Kriterien werden Tabellen geführt bezüglich Organisationseinheiten, Kostenstellen, Funktions- oder Berufsgruppen, der periodische Anfangsbestand wird festgehalten sowie die Zu- und Abgänge werden aufgrund verschiedener Merkmale dokumentiert.

Gründe für **Abgänge** sind beispielsweise

- Altersaustritte (Pensionierungen),
- Auslaufen befristeter Arbeitsverträge,
- Ausscheiden nach Ablauf des Erziehungsurlaubs,
- geplante Versetzungen,
- Unterbrechungen, z.B. Fortbildung/Studium, Sabbatical.

Diese individuell bedingten Abgänge werden ergänzt durch weitere Faktoren aufgrund betrieblicher Veranlassung oder statistischer Wahrscheinlichkeit, z. B.

- Arbeitnehmerkündigungen,
- Vorruhestandsregelungen,
- Entlassungen.

Zugänge sind planbar infolge von z. B.:

- Rückkehr nach Mutterschutz bzw. Erziehungsurlaub,
- Rückkehr nach Studium/Sabbatical,
- Übernahme von Auszubildenden nach Abschluss der Berufsausbildung,
- geplanten Einstellungen (aufgrund abgeschlossener Arbeitsverträge).

Darüber hinaus gibt es weitere Fluktuation, die nicht in jedem Falle vorhersehbar oder planbar ist, die aber durch systematische Dokumentation in Abgangs-/Zugangs-Tabellen für die Zukunft bei ausreichender Datenbasis statistisch auswertbar wird.

Planungszeiträume

Personalplanung bezieht sich auf kurzfristige, mittelfristige und langfristige Planungszeiträume. Eine **quantitative** Personalplanung erfolgt üblicherweise sehr detailliert für einen Planungshorizont von bis zu zwei Jahren. **Qualitative** Planungsansätze erfordern häufig einen Planungszeitraum von drei bis fünf Jahren, z.B. im Rahmen einer Ausbildungs- oder Nachfolgeplanung.

Vom Brutto-Personalbedarf zum Netto-Personalbedarf

Der **Planungsprozess** des **Personalbedarfs** erfolgt in vier Schritten:

1) Ermittlung des künftigen Brutto-Personalbedarfs
2) Ermittlung des Personalbestandes
3) Ermittlung von Zu- und Abgängen im Planungszeitraum
4) Ermittlung des Netto-Personalbedarfs

Zur Ermittlung des erforderlichen Personalbedarfs wird zunächst vom Bruttopersonalbedarf, d. i. der **geplante Personalbestand am Ende des Planungszeitraums,** ausgegangen. Dabei ist der Bedarf an Arbeitskräften zu ermitteln, der zur Erreichung des Unternehmensziels nach marktbezogenen, technischen, organisatorischen oder rechtlichen Gesichtspunkten notwendig ist. Ebenfalls sind die damit verbundenen Personalkosten zu berücksichtigen. Dieser Personalbedarf wird auch als Personal-Einsatzbedarf bezeichnet. Da grundsätzlich nicht immer alle Mitarbeiter einsatzfähig sind, z. B. aufgrund von Fehlzeiten bedingt durch Urlaub, Krankheit, Weiterbildung etc., kommt zum **Einsatzbedarf** ein entsprechender **Reservebedarf** hinzu, der gesondert ermittelt werden muss.

Der **Netto-Personalbedarf** ergibt sich aus der **Gegenüberstellung von Brutto-Personalbedarf und Personalbestand** zum jeweiligen Bedarfszeitpunkt bzw. Bedarfszeitraum. Es werden folgende Bedarfsarten unterschieden:

- **Ersatzbedarf,** z. B. durch Fluktuation, Erziehungsurlaub,
- **Neubedarf,** infolge von Erweiterung oder Stellenzuwachs,
- **Mehrbedarf,** z. B. aufgrund tariflicher Arbeitszeitverkürzung oder gesetzlicher Auflagen für Daten- und/oder Umweltschutz und Arbeitssicherheit,
- **Minderbedarf,** z. B. aufgrund betrieblicher Arbeitszeitverlängerung (kollektiv und/oder individuell vereinbart), geplanter Standortverlagerung, Standort(teil)schließung, fortgeschriebener Überhänge noch nicht abgearbeiteter Abbaupläne, z. B. aufgrund von individueller Unkündbarkeit,
- **Nachholbedarf** durch fortgeschriebene Vakanzen, z. B. wegen arbeitsmarktbedingter fehlender Besetzung von Stellen,
- **Reservebedarf** für vorhersehbare und plan- sowie berechenbare Ausfallzeiten aufgrund von Feiertagen, Urlaub, Krankheit.

Der Netto-Personalbedarf löst notwendige **Personalanpassungsmaßnahmen** aufgrund von Personal-Fehlbedarf oder Personalüberhang aus, welcher sich aus der Gegenüberstellung des Personalbestandes zum Bruttobedarf unter Berücksichtigung von Einsatz- plus Reservebedarf ergibt. Gründe für Abwesenheits- und Ausfallzeiten, die einen Reservebedarf bewirken können, sind im Wesentlichen folgende:

- Urlaub (bezahlt/unbezahlt),
- Arbeitsunfähigkeit (Krankheit, Unfall, Kur),
- Mutterschutz, Erziehungs-/Familienurlaub,
- Fortbildung/Bildungsurlaub,
- Freistellungen für Betriebs-/Personalräte,
- Sonstiges (z. B. aufgrund Schichtarbeitsmodellen, Pausenregelungen, Springertätigkeiten).

3.4.3 Profile als Instrument der Arbeitsplatzbewertung und Qualifikationsanalyse

Für den Erfolg der Leistungserbringung im Unternehmen sowie der Leistungsentfaltung der Mitarbeiter ist von besonderer Bedeutung, dass die **Anforderungen der Stelle bzw. des Arbeitsplatzes** bestmöglich mit Fähigkeiten sowie Eignung und Neigung des Mitarbeiters übereinstimmen. Geeignete »Messinstrumente« stellen hierzu Profile dar, um »Passgenauigkeit« zu überprüfen und bei festgestellten Abweichungen ggf. bedarfsgerechte Maßnahmen zur Anpassung und Entwicklung zu ergreifen.

Fähigkeitsprofile und Personalbeurteilung

Den Anforderungen des Arbeitsplatzes entsprechend sind die Fähigkeiten des Mitarbeiters festzustellen. Dazu ist es zunächst erforderlich, dass die Aufgaben, Tätigkeiten und

Verantwortlichkeiten sowie die benötigten Qualifikationsanforderungen des Arbeitsplatzes möglichst genau und detailliert beschrieben und objektivierbar dokumentiert werden. Dies ist auch Grundlage für eine **Stellen- oder Arbeitsplatzbewertung** und eine (tarifliche) **Eingruppierung**. Dabei spielen in der Praxis folgende unbestimmte Rechtsbegriffe eine erhebliche Rolle:

- vielseitige oder umfassende Kenntnisse,
- selbstständige oder eigenverantwortliche Wahrnehmung der Tätigkeiten,
- schwierige, verschiedenartige oder fachübergreifende Aufgaben,
- erweiterter oder weitgehender Handlungsspielraum.

Das **Fähigkeitsprofil** drückt die Fähigkeiten (Qualifikation) des Mitarbeiters nach Art, d. h. Anforderungskriterien und Anforderungsmerkmale der Kriterien, sowie nach Umfang, d. h. Ausprägungsgrad, aus.

Eignungsprofil und Potenzialbeurteilung

Der Profilvergleich zwischen den Beurteilungen des Mitarbeiters und dem Anforderungsprofil der Stelle gibt Hinweise auf die Eignung für zukünftige Aufgaben sowie den Entwicklungsbedarf des Mitarbeiters. Mithilfe der Potenzialanalyse soll festgestellt werden, welche Eignungen und Neigungen der Mitarbeiter in Zukunft aufweisen wird. Aufgrund solcher Potenzialeinschätzungen werden dann mögliche geeignete Fördermaßnahmen abgeleitet im Rahmen einer gezielten Personalentwicklung (siehe Kapitel 4.2.3).

Funktionsbeschreibung und Anforderungsprofil

Eine Funktionsbeschreibung (Job Description) ist eine Stellenbeschreibung, die zusätzlich zu den formalen und organisatorischen Angaben

- Zielsetzung der Funktion,
- Hauptaufgaben zur Zielerreichung,
- Informations- und Kooperationserfordernisse,
- Verantwortlichkeiten und Kompetenzen (erforderliche Befugnisse zur selbstständigen Zielerreichung),

ein Anforderungsprofil (siehe Abbildung 201) mit den Merkmalen der Leistungsbeurteilung und der Potenzialeinschätzung enthält.

Die Funktionsbeschreibung dient nicht nur der Personalbedarfsplanung in qualitativer Hinsicht, sondern auch der Personalauswahl und der funktionsgerechten Personalentwicklung.

Anforderungsmerkmale (Auszug)	Ausprägung					
	0	1	2	3	4	5
Führungsanforderungen						
Entscheidungsfähigkeit					x	
Delegation				x		
Information					x	
Motivation						x
Ergebnissicherung/Kontrolle					x	
Kommunikative und soziale Fähigkeiten						
Verbale Sicherheit					x	
Vortragstechnik/Anschaulichkeit				x		
Einfühlungsvermögen					x	
Kritikfähigkeit/Stabilität				x		
Verhandlungsgeschick						x
Kooperationsfähigkeit					x	
Durchsetzungsvermögen					x	

Abb. 201: Anforderungsprofil

Bei einer Funktionsbeschreibung kommt es im Gegensatz zu traditionellen Aufgabenkreis-, Tätigkeits- oder Stellenbeschreibungen gerade nicht auf einen hohen Präzisions- und Detaillierungsgrad der Aufgabenbeschreibung, sondern auf die **klare Ziel- und Ergebnisdefinition der Funktion** an. Eine Auflistung konkreter Tätigkeiten, womöglich quantifiziert und mit prozentualen Zeitanteilen versehen, birgt die Gefahr von kontraproduktiver Unbeweglichkeit und Denken in »Zuständigkeiten«.

3.4.4 Anpassung des Personalbedarfs (Maßnahmen zur Personalanpassungsplanung)

Ganz allgemein gehören zu den Maßnahmen zur **Anpassung** des Personalbedarfs

• die Personalbeschaffung,
• der Personaleinsatz,
• die Personalentwicklung und
• der Personalabbau.

Es geht dabei sowohl um qualitative als auch um quantitative Aspekte. In der Praxis wird zunehmend von **Personalanpassung** gesprochen, wenn auf einen aktuellen oder künftig zu erwartenden **Personalüberhang** mit geeigneten Maßnahmen reagiert werden soll. Der Ablauf einer Personalanpassungsplanung kann mit folgender **Checkliste** unterstützt und gesteuert werden (siehe Abbildung 202):

Ablauf einer Personalanpassungsplanung

☐ Art der Arbeitsplätze/Stellen (qualitativ) und Umfang/Anzahl (quantitativ) ermitteln
☐ Alternativen zu Entlassungen (= Ultima Ratio) überlegen
☐ Möglichkeiten, Voraussetzungen, Konsequenzen und Kosten bedenken
☐ Betroffene informieren und einbeziehen; Akzeptanz bei Betroffenen und Nicht-Betroffenen fördern
☐ Beteiligungsrechte des Betriebsrats beachten
☐ Maßnahmen zur Personalanpassung durchführen
☐ Erfolgskontrolle der Maßnahmen vornehmen

Abb. 202: Checkliste zur Personalanpassungsplanung

Maßnahmen der Personalanpassung bei Personalüberhang lassen sich unterscheiden nach dem wesentlichen Kriterium »mit oder ohne Entlassung (Kündigung)« von Personal. Dabei sind Anpassungsmaßnahmen ohne Personalabbau möglich durch **zeitliche Anpassung** in Form von:

- Abbau von Mehrarbeit und Überstunden,
- vorübergehender oder dauerhafter Arbeitszeitverkürzung (z. B. Teilzeitbeschäftigung, Kurzarbeit),
- Flexibilisierung der Arbeitszeit durch Gleitzeit, Urlaubsplanung und Arbeitszeitkonten.

Eine **quantitative** Anpassung **ohne Kündigung** besteht bei:

- Einstellungsstopp,
- Abbau von Leiharbeit,
- Rückführung von Fremdvergabe (z. B. Subcontracting/Outsourcing),
- Nichtverlängerung befristeter Arbeitsverhältnisse,
- Abschluss von Aufhebungsverträgen/Ausscheidungsvereinbarungen,
- Vorruhestandsregelungen, vorzeitiger Pensionierung.

Entlassungen aufgrund **Kündigungen** erfolgen bei:

- Entlassung einzelner Beschäftigter,
- Kündigung durch Arbeitnehmer,
- Schließung von Betriebsteilen,
- Massenentlassung.

3.4.5 Zielsetzung, Konzeption und Gegenstand von Personalentwicklungsplanung

Ziele und Konzeption

Unternehmen verfolgen strategische Ziele. Aufbau- und Ablauforganisation müssen daraufhin überprüft, abgestimmt und gegebenenfalls rechtzeitig verändert werden. Unternehmen und Organisationsformen unterliegen somit ständigen Veränderungs- und Entwicklungsprozessen. Ob die notwendigen Änderungen und Entwicklungen in der Praxis erfolgreich sind, hängt jedoch maßgeblich von der **Qualifikation, Kompetenz und Motivation der Mitarbeiter** ab. Den Marktanforderungen von morgen kann nur mit den Mitarbeitern von morgen erfolgreich begegnet werden. Personal zu entwickeln, ist daher das wesentliche Element jeglicher Organisations- und Unternehmensentwicklung. Qualifikation und Motivation der Mitarbeiter haben direkte Auswirkungen auf die Qualität von Produkten und Dienstleistungen und damit auch auf Ergebnisse und Erfolg von Unternehmen.

Personalentwicklung ist umfassend zu verstehen und nicht eng abzugrenzen, gar im Gegensatz zur Aus- und Weiterbildung. Vielmehr ist der Gesamtzusammenhang im Rahmen von Unternehmens- und Personalführung zu berücksichtigen. Ganzheitliche Personalentwicklung zielt bei Führungskräften und Mitarbeitern auf

• Orientierung (Ziele, Prozesse, Ergebnisse),
• Zugehörigkeit, Identifikation und Akzeptanz,
• Motivation und Engagement,
• Kompetenz, Professionalität, Selbstständigkeit und Entscheidungsfähigkeit,
• Leistungsmotivation und Engagement,
• Eigenverantwortung, unternehmensbezogenes Denken und Handeln,
• Lern- und Veränderungsbereitschaft, Innovationsfähigkeit,
• Markt- und Kundenorientierung,
• Qualitätsbewusstsein,
• Kooperation und Teamorientierung sowie
• Mobilität und Flexibilität, Beschäftigungsfähigkeit (Employability).

Diese Ziele, die die Personalentwicklung in Unternehmen auslösen können, sollten im Wesentlichen mit den Interessen der Beschäftigten übereinstimmen. Aus Sicht der Mitarbeiter ist wichtig:

• berufliche Qualifikation zu erwerben und zu erweitern,
• neue Techniken und Verfahren zu erlernen und zu beherrschen,
• Selbstständigkeit, Sicherheit und Verantwortung zu erlangen,
• Arbeitsfreude, Anerkennung und Motivation zu finden,
• Beschäftigungsfähigkeit, -sicherheit und (Karriere)Entwicklung zu ermöglichen.

Konzepte werden von **Zielvorstellungen** abgeleitet und entwickelt und beinhalten Maßnahmen, Wege und Mittel, wie Ziele erreicht werden sollen. Das Personalentwicklungskonzept enthält u. a. Prioritäten, Umsetzungsschritte sowie exemplarische Einzelschwerpunkte, die strategisch bedeutsam sind. Bei der Konzeptentwicklung sollten Führungskräfte und Mitarbeiter in den Prozess einbezogen werden.

Zielgruppen

Personalentwicklung und Weiterbildung zielen auf künftig zu bewältigende Aufgaben und deren Anforderungen sowie auf künftig benötigte Mitarbeiter und deren Qualifikationen. Dabei stehen erfahrungsgemäß bestimmte **Zielgruppen** im Vordergrund, z. B.:

• Führungskräfte/Managemententwicklung,
• Führungsnachwuchskräfte/Trainees,
• neue Mitarbeiter in der Einarbeitung/Mitarbeiter mit neuen/anderen Aufgaben,
• bestimmte Berufsgruppen/Funktionsgruppen/Personengruppen, z.B. Verkäufer, Ausbilder, Trainer, Re-Integration.

In der Praxis kommt es darauf an, dass die Wahl der Zielgruppen strategisch ausgerichtet und die richtigen Prioritäten gesetzt werden. Bei der Definition der Zielgruppen können durchaus von Zeit zu Zeit, z. B. jährlich, unterschiedliche Schwerpunkte gesetzt werden. Wie bei anderen unternehmerischen Aufgabenstellungen fällt die Entscheidung, welche Zielgruppen entwickelt werden sollen, auch vor dem Hintergrund von:

- Kosten und Nutzen (Input/Output),
- Zeitbedarf und Zeitdruck,
- Angebot und Nachfrage auf dem Arbeitsmarkt.

Für bestimmte Zielgruppen, meist Personengruppen gibt es teilweise Fördermittel, z. B. bei Ausbildungsprogrammen für Jugendliche, Reintegration von Langzeitarbeitslosen, Integration von schwerbehinderten Menschen. Die Arbeitsagenturen, Kammern und Verbände halten hierfür Informationsunterlagen bereit.

Verantwortliche und Beteiligte

Personalentwicklung wird durch das aktive Handeln aller Verantwortlichen und Beteiligten erreicht. Der Gedanke, dass der Mitarbeiter selbst zuallererst für seine Qualifikation und seine berufliche sowie persönliche Entwicklung verantwortlich ist, gewinnt an Bedeutung und kann mit dem Konzept »**Selbstmanagement**« gezielt gefördert werden. Im Rahmen eines »**Employee Self Service**« entwickeln gegenwärtig vor allem international operierende moderne Unternehmen Personalinformationssysteme, die durch die Mitarbeiter selbst gespeist und gepflegt werden. Hierdurch entsteht u. a. eine größere Transparenz verfügbarer Qualifikationen und Potenziale auf dem internen, globalen Arbeitsmarkt.

Bezug zwischen Personalbedarfs- und Personalentwicklungsplanung

Personalentwicklungsplanung baut auf der qualitativen Personalbedarfsplanung auf. Im Mittelpunkt des Interesses der Personalentwicklungsplanung steht die Frage, über welche Qualifikationen welche Mitarbeiter verfügen müssen.

An Instrumenten stehen dafür zur Verfügung:

- Bildungsbedarfsermittlung/Qualifikationsanalyse,
- Anforderungsprofile,
- Leistungsbeurteilung,
- Potenzialeinschätzung,
- Weiterbildungs- und Qualifizierungsprogramme,
- Förderprogramme,
- Nachfolge-, Karriere- und Laufbahnplanung.

Karriere- und Laufbahnplanung

Qualitative Personalentwicklungs- oder Laufbahnplanung ist aus der Sicht der Mitarbeiter Karriereplanung, aus der Perspektive des Unternehmens Personaleinsatz- oder Nachfolgeplanung.

Die Aufbauorganisation eines Unternehmens zeigt dem Mitarbeiter, welche **Möglichkeiten einer Laufbahn** für ihn infrage kommen. Entsprechend kann er seine Karriere planen. Grundsätzlich existieren zwei Möglichkeiten des beruflichen Werdegangs:

* **Fachlaufbahn**, z. B. Spezialist, Experte, Trainer, Berater, Senior-Berater,
* **Führungslaufbahn**, z. B. Gruppen-, Abteilungs-, Niederlassungs-, Bereichsleiter, stellvertretende Leitungsfunktionen, Projektleiter.

Wenn sich Mitarbeiter in ihrem Fachgebiet sicher und richtig eingesetzt fühlen, dort hohe Kompetenz entwickeln und **keine Führungsverantwortung** anstreben, bietet sich die **Fachlaufbahn** an.

Projektmanagement ist eine Führungsaufgabe, die durch ihre ausgeprägte informelle und kooperative Struktur besondere Anforderungen an die Projektleitung stellt (siehe Kapitel 1.4). Insbesondere kommt es darauf an, Projektmitarbeiter zu überzeugen und nicht zu disziplinieren. In den letzten Jahren haben die Unternehmen verstärkt Führungsebenen und -positionen abgebaut (Stichwort: flache Hierarchie). Insofern sind nun auch die Möglichkeiten für die klassische Führungslaufbahn nur noch im geringeren Umfang gegeben.

Dynamische Märkte und globaler Wettbewerb stellen zunehmend höhere Anforderungen an Mobilität und Flexibilität der Unternehmensführung sowie an die Qualifikation wie auch an die Flexibilität und geografische/räumliche Mobilität der Mitarbeiter (siehe ausführlich Kapitel 3.1). Dauerhaft wiederkehrender wirtschaftlicher Erfolg ist ebenso wenig zuverlässig vorhersehbar wie damit einhergehende Arbeitsplatzsicherheit und Beschäftigungsgarantien. Im Zuge von Selbstmanagementkonzepten planen Mitarbeiter ihre Karriere daher selbst. Sie kommen eigeninitiativ aus der passiven in die aktive Rolle, übernehmen Verantwortung für ihre eigene Persönlichkeitsentwicklung ebenso wie für ihre interne und externe Beschäftigungsfähigkeit (**Employability**). Dieser Gedanke wird z. B. auch über Begriffe wie »Ich-AG« und »Selbst-GmbH« transportiert.

Nachfolgeplanung

Bei der **Nachfolgeplanung** sollte in drei Schritten vorgegangen werden:

1) Es werden für Führungs- und Fachpositionen die **Critical Positions** (siehe Abbildung 203) festgelegt, für das Gesamtunternehmen sowie für die unterschiedlichen Organisationseinheiten. Critical Positions sind die **Schlüsselpositionen**, die für die Ergebnisse und den Erfolg der Organisationseinheit von strategischer Bedeutung sind (Zielerreichung).
2) Für jede dieser Positionen wird eine **Funktionsbeschreibung** (Job Description) erstellt bzw. aktualisiert.
3) Für jede dieser Positionen werden **Nachfolger** namentlich benannt.

Funktion:			
Bereich/Abteilung:		Kostenstelle:	
Name, Vorname:		Geburtsdatum:	
Funktionsinhaber seit:		Austritt zum:	
Vertretung durch:	Gegenwärtige Funktion:		Seit:
Nachfolge-Kandidat (Back-up)			
1. Name, Vorname: Geburtsdatum: Derzeitige Position: Förderungsmaßnahmen:		Wann: ☐ ab sofort ☐ innerhalb eines Jahres ☐ innerhalb von zwei Jahren ☐ nach ca. zwei (bis drei) Jahren	
2. Name, Vorname: Geburtsdatum: Derzeitige Position: Förderungsmaßnahmen:		Wann: ☐ ab sofort ☐ innerhalb eines Jahres ☐ innerhalb von zwei Jahren ☐ nach ca. zwei (bis drei) Jahren	

Abb. 203: Nachfolgeplanung – Back-up-Analyse für Critical Positions

Die Nachfolgekandidaten ergeben sich aus Leistungsbeurteilungen und Potenzialanalysen. Im Rahmen einer systematischen Personalentwicklung sollten Mitarbeiter und Nachwuchskräfte mit Potenzial gezielt entwickelt und zu Nachfolgern aufgebaut werden.

Kultureller Wandel und die Notwendigkeit zum Umdenken passen häufig nicht zu den traditionellen Karrierevorstellungen. Hier liegt eine der größten Herausforderungen für eine erfolgreiche Personalentwicklung.

Förderkartei und Talentpool zur Mitarbeiterbindung

Für die professionelle Personalentwicklung und Mitarbeiterbindung (Retention) empfiehlt es sich, ein professionelles **Talent Management** aufzubauen und mit Förderkarteien bzw. Personalentwicklungs-Karteien zu arbeiten. In einen **Talentpool** können Mitarbeiter aufgenommen werden, die für entwicklungsfähig und förderungswürdig gehalten werden und die aus strategischen Gründen möglichst an das Unternehmen gebunden werden sollen. Es fördert die Motivation dieser Mitarbeiter, wenn ein Förderkreis initiiert wird, mit dem beispielsweise ein bis zweimal jährlich eine gemeinsame Veranstaltung durchgeführt wird.

Neben der mitarbeiterbezogenen Förderkartei kann auch eine **maßnahmenbezogene Förderkartei** geführt werden. Hier werden die jeweiligen Personalentwicklungsmaßnahmen den Teilnehmern zugeordnet.

Quellen

Boden, M. (Hrsg.): Handbuch Personal, Landsberg am Lech 2005.

Franke, D./Boden, M. (Hrsg.): Personal Jahrbuch 2004, Neuwied 2003.

Jäger, W./Lukasczyk, A. (Hrsg.): Talent Management: Strategien, Umsetzung, Perspektiven, Köln 2009.

Mentzel, W.: Unternehmenssicherung durch Personalentwicklung: Mitarbeiter motivieren, fördern und weiterbilden, 4. Aufl., Freiburg im Breisgau 1989.

Mentzel, W.: Personalentwicklung: Wie Sie Ihre Mitarbeiter fördern und weiterbilden, 4. Aufl., München 2012.

Rationalisierungs-Kuratorium der Deutschen Wirtschaft (Hrsg.): RKW-Handbuch Personalplanung, 2. Aufl., Neuwied 1990.

3.5 Personalcontrolling gestalten und umsetzen

3.5.1 Bedeutung und Funktionsweise des Personalcontrollings

Personalcontrolling wurde bereits als »unternehmerische Steuerung im Personalbereich« charakterisiert. Ähnlich wie man auch die anderen Produktionsfaktoren, Betriebsmittel bzw. Maschinen und Werkstoffe bzw. eingekaufte Materialien, die es in einem Industriebetrieb zu verarbeiten gilt, steuern möchte, nimmt auch der Wunsch nach **effektiver, zielgerichteter Steuerung des Faktors Arbeit und des Personalmanagements** stark zu. Dies liegt sowohl an den hohen Kosten, die die Beschäftigten verursachen als auch an der Wertschöpfung, die sich im Bereich Personal realisieren lässt. Das Personalcontrolling soll die unterschiedlichen Informationsbedürfnisse von Geschäftsleitung und Management, von Anteilseignern und Kreditgebern, von Vorgesetzten sowie Mitarbeiterinnen und Mitarbeitern, des Betriebsrats sowie Behörden, und unter Umständen auch von Kunden und Lieferanten befriedigen.

Definition und Leitlinien

Personalcontrolling ist seit ca. 1990 ein wichtiger Teilbereich im Personalmanagement, der noch immer mit allerlei Missverständnissen behaftet ist. Häufig wird Personalcontrolling mit Kontrolle im Sinn von Überwachung gleichgesetzt, dies wird aber der Idee und dem Anliegen des Controllings im Personalbereich nicht gerecht. Controlling bedeutet »**Steuerung**« und ist damit wesentlich breiter angelegt. Die neueste Entwicklung in Richtung eines »Selbstcontrolling« macht darüber hinaus klar, dass es nicht (nur) um Fremdkontrolle geht, sondern dass Instrumente und Informationen verfügbar gemacht werden sollen, die es jedem Mitarbeiter im Personalbereich und jeder Führungskraft ermöglichen, das eigene Tätigkeitsfeld systematisch zu beobachten, kritisch zu überprüfen und Risiken frühzeitig zu erkennen. Selbstverständlich hat auch die Geschäftsleitung ein starkes Interesse an einem funktionierenden Personalcontrolling. Personalcontrolling wird zudem insofern häufig falsch verstanden, als dass damit die Idee von quantifizierbaren, besser noch von in Euro und Cent bewertbaren Größen verknüpft wird. Die Befürchtung einer unzulässigen Quantifizierung trifft bei näherem Hinsehen ebenfalls nicht zu. Controlling im Personalbereich ist eine **umfassende Beurteilung und Bewertung aller Aktivitäten und Erscheinungen im Personalsektor sowie des Mitarbeiterverhaltens** im weitesten Sinne. Quantitatives und qualitatives Controlling haben gleichermaßen ihre Bedeutung und ihre Berechtigung im Personalbereich.

Die Bedeutung eines systematischen Personalcontrollings wird besonders klar, wenn man die Kürzungen an den Personalbudgets in den rezessiven Jahren genauer betrachtet. Diese Streichungen waren nur deshalb möglich, weil die Notwendigkeit und der Erfolg, z. B. von Bildungsmaßnahmen und von Sozialleistungen, nicht nachgewiesen wurden. Aus dieser Perspektive und aus dem Blickwinkel einer auf Wirtschaftlichkeit und Erfolg ausgerichteten Personalarbeit ist Personalcontrolling keinesfalls ein Modebegriff, sondern ein unverzichtbares und äußerst nützliches Konzept im Personalmanagement.

Zwei **Leitlinien des Personalcontrollings** sollen gleich zu Beginn erwähnt werden; diese weisen sehr deutlich auf die Notwendigkeit, aber auch auf die Grenzen des Personalcontrollings hin:

- Nur das, was man messen kann, kann man auch managen.
- Nicht alles, was zählbar ist, zählt – nicht alles, was zählt, ist auch zählbar.

Personalcontrolling als Prozess

Man kann sich die **Funktionsweise bzw.** den **Prozess des (Personal)Controllings** ganz einfach am Beispiel eines Schiffes deutlich machen, das einen bestimmten Hafen (Ziel) anlaufen will. Dazu wird vorab eine Route (Plan) ausgearbeitet und während der Reise ständig mit technischen Hilfsmitteln (Methoden) geprüft, ob sich das Schiff noch auf Kurs befindet (Kontrolle). Bei Abweichungen vom Kurs wird man wissen wollen, wie das Schiff wieder auf die vorgesehene Route gebracht werden kann (reaktive Steuerung) und warum die Abweichung aufgetreten ist (Analyse), um den Fehler bei künftigen Planungen vermeiden zu können (proaktive Steuerung). Dieser Vorgang lässt sich leicht auf den Personalbereich eines Unternehmens übertragen, und die Analogie macht auch deutlich, dass Personalcontrolling für den »Steuermann im Personalbereich« eine wichtige Angelegenheit darstellt.

> **Personalcontrolling** bedeutet systematische Verzahnung von Planung, Kontrolle, Analyse und Steuerung aller Aktivitäten im Personalbereich, und zwar unter Verwendung geeigneter Informationssysteme und Methoden (siehe Abbildung 204).

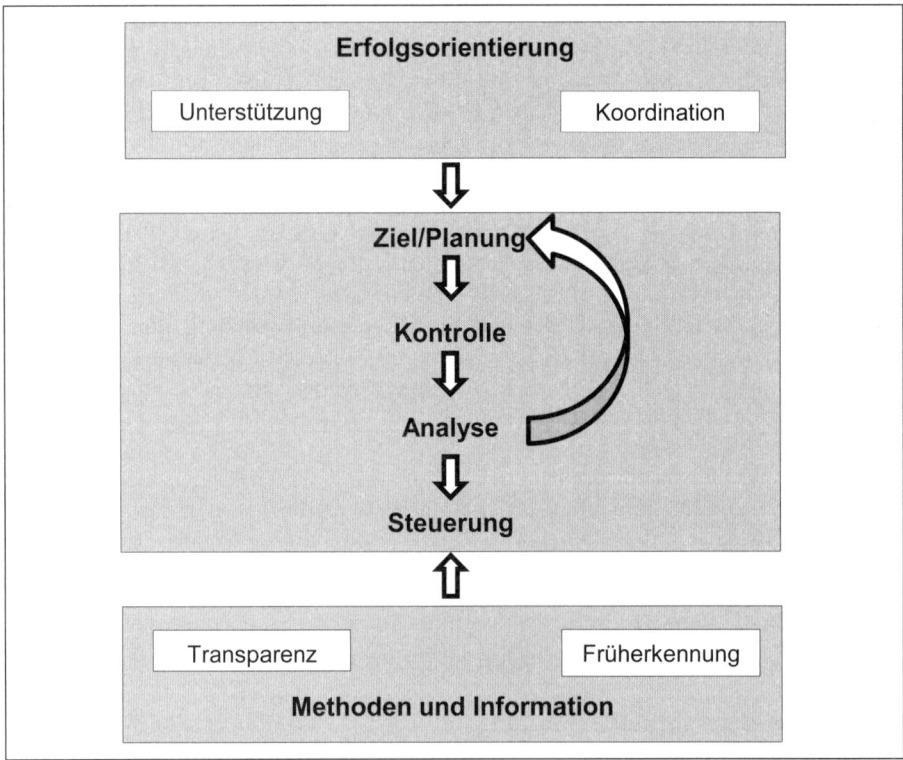

Abb. 204: Personalcontrolling als Prozess

Personalcontrolling dient der Steuerung des Unternehmens durch die Bereitstellung **zweckentsprechend aufbereiteter** Daten und Informationen über alle mit dem Personal zusammenhängenden Fragestellungen. Somit ist Personalcontrolling die Fortsetzung von Personalplanung im Sinne von »**zielsichernd eingreifen**«. Oder in der eben eingeführten Analogie: Personalplanung liefert den Zielhafen, Personalcontrolling liefert Karte und Kompass, um ihn zu erreichen.

Das Personalcontrolling besitzt **quantitative** (Arbeitsproduktivität, Fehlzeitenquote, Personalzusatzkostenanteil) und **qualitative** (Zufriedenheit der Mitarbeiter, Mitarbeiterpotenziale, Vertrauenskultur im Unternehmen) Seiten. Die quantitativen Aspekte lassen sich unmittelbar in Zahlen ermitteln, während die qualitativen Sachverhalte über Indikatoren indirekt abgebildet werden; beispielsweise kann die Mitarbeiterzufriedenheit durch die Fluktuation ausgedrückt oder durch Indizierung von Befragungsergebnissen zur Arbeitszufriedenheit messbar gemacht werden (Zufriedenheitsindex). Ähnlich verhält es sich mit den **kurzfristigen bzw. operativen** und den **längerfristigen bzw. strategischen Aspekten**; beide Seiten sind gleichermaßen wichtig. In der Regel sind operative Kenngrößen quantitativer Natur, während strategische Sachverhalte eher qualitativen Charakter besitzen. Als operatives Personalcontrolling befasst sich das Personalcontrolling mit Kosten und Erfolgen bzw. Nutzen von Maßnahmen (Effizienz), als strategisches Personalcontrolling fragt es nach Chancen, Risiken und nach Erfolgsfaktoren (Effektivität).

Methoden und Aufgabenfelder

Bevor es im Weiteren um konkrete Methoden und Anwendungsbereiche des Personalcontrollings geht, soll noch einmal deutlich auf die **Stellung des Personalcontrollings innerhalb des Personalmanagements** hingewiesen werden (siehe Abbildung 205). Das Personalcontrolling folgt auf die Strategiefestlegung im Personalbereich, die einzelnen Maßnahmen in den Kernprozessen, die erbrachte Leistung der Belegschaft (Performance) sowie die organisatorische Aufstellung der Personalabteilung und überprüft (nachgängig) den Erfolg aller Aktivitäten und Vorhaben sowie die durch die Mitarbeiter erbrachten Leistungen. Kennzahlen, Kosten-Nutzen-Untersuchungen, Soll-Ist-Vergleiche etc. des Personalcontrollings geben damit Hinweise darauf, wo es Verbesserungsmöglichkeiten und Optimierungspotenziale gibt.

Dementsprechend lassen sich auch die **Methoden des Personalcontrollings** in quantitativ orientierte Instrumente, in qualitative und in gemischte Verfahren einteilen. Quantitative Methoden im Personalcontrolling sind personalwirtschaftliche Kennzahlensysteme und alle Verfahren des Personalkostenmanagements, einschließlich Wirtschaftlichkeitsuntersuchungen. Abbildung 206 zeigt die wichtigsten Methoden des Personalcontrollings.

Personalcontrolling kann bei allen personalwirtschaftlichen Aufgabenfeldern ansetzen, und zwar als Controlling des Personalbestands und der Personalkosten, der Arbeitsproduktivität, der Personalbeschaffung, der Personalentwicklung, des Personaleinsatzes und der Fehlzeiten, der Personalfreisetzung, der Personalführung, der Zusammenarbeit, des materiellen Anreizsystems und als Controlling der gesamten Personalarbeit.

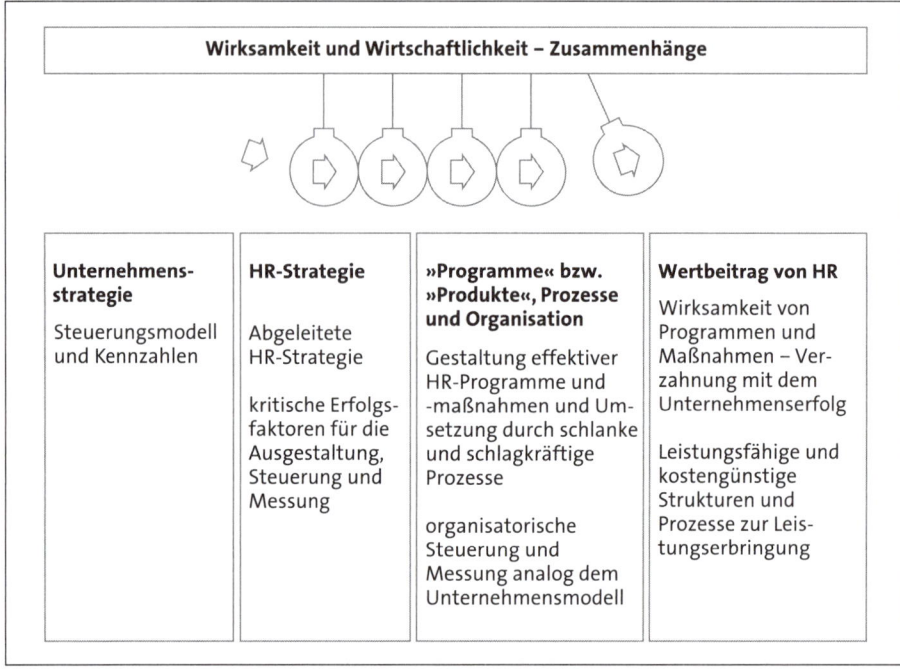

Abb. 205: Positionierung des Personalcontrollings innerhalb des Personalmanagements (Towers Perrin 2009)

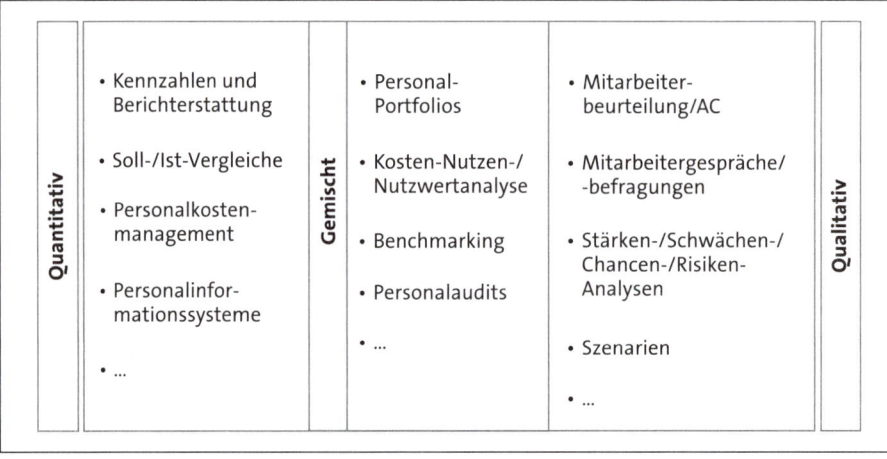

Abb. 206: Methoden des Personalcontrollings

Entsprechend dem oben dargestellten Regelkreis (siehe Abbildung 204) hat Personalcontrolling vier **Aufgabenfelder:**

- Zielcontrolling,
- Planungscontrolling,
- Aktivitätscontrolling,
- Erfolgscontrolling.

Das **Ziel- und** das **Planungscontrolling** ermöglichen Aussagen über die Zielerreichung und über die Qualität der (Personal-)Planung. Dazu ist es erforderlich, schon bei der Festlegung von Strategien für den Personalbereich und bei der Planung der Wege zu den Zielpunkten festzulegen, wie man die Zielerreichung messen und woran man die Qualität der Planung ablesen will. Ferner kann das Personalcontrolling bei der Festlegung der Ziele und bei der Planung von Maßnahmen auf Unverträglichkeiten zwischen verschiedenen Zielen (Zielkonkurrenz) und gegebenenfalls auf alternative Wege zur Zielerreichung hinweisen. Während der Maßnahmenumsetzung wird ständig geprüft, ob man sich (noch) auf dem richtigen Weg befindet. Am Ende des Prozesses gibt das Personalcontrolling Hinweise auf die Einhaltung der Kosten und den Erfolg der Maßnahmen – daraus lassen sich Rückschlüsse auf künftige Planungsprozesse und deren Verbesserung ziehen. Die laufenden Aktivitäten und Maßnahmen müssen permanent überwacht und gesteuert werden (**Aktivitäts- oder Maßnahmencontrolling**). Es wird entschieden, wer welche Daten und Informationen wann und in welchen Abständen erhält und ob die Meilensteine zu den geplanten Terminen erreicht wurden. Termine, zu denen der Fortschritt der Maßnahmen in Richtung Ziel überprüft wird, werden festgelegt, sog. Reviews, und es wird beschlossen, wie bei Abweichungen zu verfahren ist. Durch Soll-Ist-Vergleiche erhält das Personalcontrolling eine genaue Übersicht über den jeweiligen Stand, z. B. von Projekten, und kann der Personalleitung oder den Führungskräften Empfehlungen für ein eventuell erforderliches Eingreifen geben. Entweder es müssen weitere oder andere Maßnahmen ergriffen werden, oder es muss das Ziel überprüft werden. Am Ende geht es um das Lernen aus den Erfahrungen (und den Fehlern) sowie um den Beleg für den Erfolg aller Aktivitäten (**Ergebnis- bzw. Erfolgscontrolling**).

Personalcontrolling ist damit eine universelle Perspektive im Personalbereich und kein »kleinliches Beobachten« von Statistiken. Besondere Probleme des Personalcontrollings resultieren aus der **eingeschränkten Messbarkeit** vieler personalwirtschaftlicher Aspekte sowie aus der **problematischen Zurechenbarkeit** und den damit verbundenen **zeitlichen Wirkungsverzögerungen** (Time Lags). Beispielsweise dauert es seine Zeit, bis ein neues Vergütungssystem greift, oder ob die festgestellten Wirkungen eindeutig und allein der geänderten Entlohnungsform zuzurechnen sind. Daneben sind (immer noch) Vorurteile und Ängste und die damit einhergehende **geringe Akzeptanz**, die organisatorische Verankerung im Controlling und der Aufwand, der für das Personalcontrolling selbst entsteht, in der betrieblichen Praxis Hinderungsgründe für eine weitere Verbreitung des Personalcontrollings.

Anwendungsbereiche des Personalcontrollings

Die Überlegungen zum Mitarbeiter-, Prozess- und Servicecontrolling werden neuerdings zum »**unternehmerischen Personalcontrolling**« (siehe Wunderer/Jaritz 2006) zusammengeführt. Unternehmerisches Personalcontrolling (siehe Abbildung 207) verbindet

- **faktorbezogene Kenngrößen**, die sich auf den Produktionsfaktor »Arbeit« bzw. auf die Mitarbeiter in ihrer Gesamtheit und deren Verhalten beziehen, also z. B. die Personalbestände, die Fehlzeiten, die Arbeitsproduktivität, die Arbeitszufriedenheit usw.,
- **prozessbezogene Kenngrößen**, die die Prozesse bzw. Funktionen im Personalmanagement betreffen, also z. B. den Personalbeschaffungsprozess, den Personalentwicklungsprozess, den Abrechnungsprozess usw., sowie

- **servicebezogene Kenngrößen**, die die Kundenorientierung im Personalbereich beleuchten, also z. B. die Ansprechbarkeit, die Kompetenz, die Freundlichkeit usw.

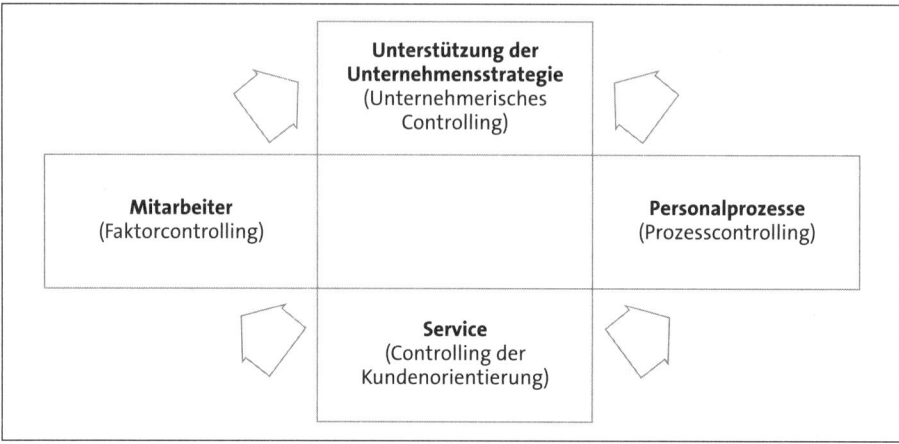

Abb. 207: Unternehmerisches Personalcontrolling

Die empfohlene weite Sichtweise des Personalcontrollings legt nahe, dass es sich um ein **Integrationskonzept** handelt, das ähnlich wie das Personalmarketing und die Mitarbeiterbindung eine bestimmte Perspektive für das gesamte Personalmanagement bereithält (erfolgsorientierte Steuerung).

Einige relevante Themen, die auch im Kern des Personalcontrollings angesiedelt sind, werden in den anderen Handlungsfeldern näher besprochen, z. B. das Servicecontrolling in Zusammenhang mit der Gestaltung des personalwirtschaftlichen Dienstleistungsangebots (siehe Kapitel 1.2).

3.5.2 Mitarbeitercontrolling – (Faktor-)Statistik und Kennzahlensysteme

Gegenstand der klassischen Personalstatistik, der personalwirtschaftlichen Kennzahlen bzw. des Personalberichtswesens sind zunächst alle unmittelbar in Zahlen fassbaren Vorgänge in Zusammenhang mit dem Verhalten der Mitarbeiter.

Quantitative Mitarbeiterkennzahlen

Bei der **quantitativen Mitarbeiterstatistik** geht es inhaltlich um die Themen »Köpfe«, »Kosten«, »Zeiten« und »Leistungen«. In diesem Zusammenhang wird in Fachkreisen auch von »Faktor-Statistik« gesprochen, weil es um den Produktionsfaktor »Arbeit« geht. Diese Aspekte lassen sich in eine einfache Struktur bringen, die es ermöglicht, viele personalwirtschaftliche Kennzahlen zu erzeugen und gegliedert darzustellen (siehe Abbildung 208).

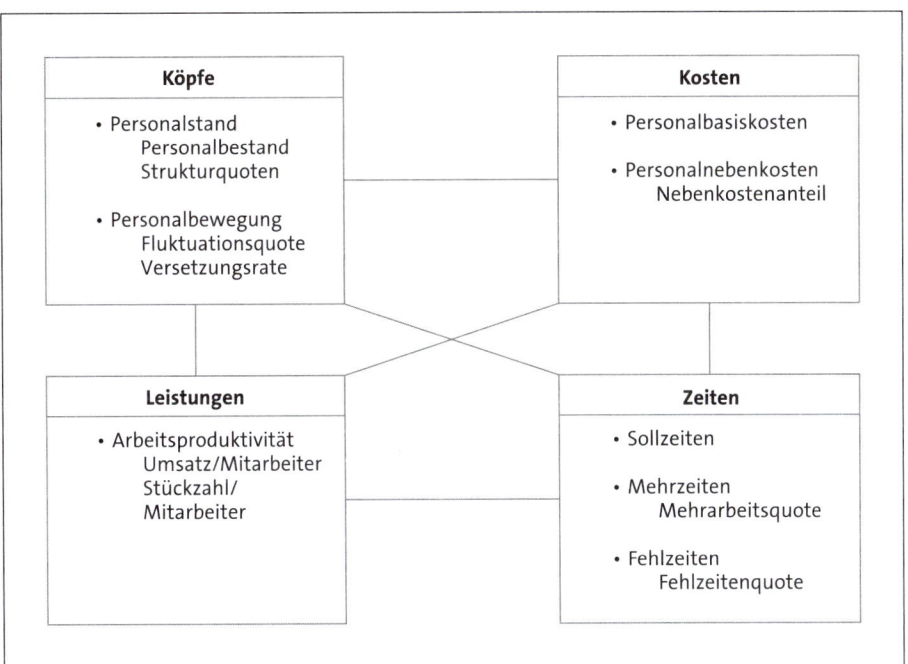

Abb. 208: Quantitative Mitarbeiter-/Faktorkennzahlen

Jede der Basisgrößen – Köpfe, Kosten, Zeiten, Leistungen – lässt sich mit jeder anderen verknüpfen, z. B. entsteht aus der Zusammenführung von Köpfen und Kosten die Kennzahl »Personalnebenkosten je Arbeiter« oder »Aufwand für Sozialleistungen je Angestelltem« und viele mehr. Alle Kennzahlen, die die Leistungen einbeziehen, drücken die Arbeitsproduktivität (Output : Input) aus, sei es als »gefertigte Stücke je Mitarbeiter«, als »Umsatz je Mitarbeiter im Außendienst« oder als »Erlös je Euro Personalkosten«. Besonders gängige und für die betriebliche Praxis **wichtige Kennzahlen** sind

- die Arbeitsproduktivität (Leistungen),
- die Personalbasis- und zusatzkosten (Kosten),
- der Personal(be)stand (Köpfe),
- die Fluktuation (Köpfe) und
- die Fehlzeiten (Zeiten).

Bei näherem Hinsehen tun sich bei diesen einfach erscheinenden Kenngrößen einige **Probleme** auf, deren man sich bewusst sein muss. So sind beispielsweise beim »Personalstand« der Stichtag (Monatserster, Monatsletzter, Durchschnittsbestand) und die Art der Erfassung bestimmter Mitarbeitergruppen wichtig (Azubis, Praktikanten, Mitarbeiterinnen im Mutterschutz, Mitarbeiter in Altersteilzeit u. a. m.). Auch die Berücksichtigung von Teilzeitkräften, welche für Aussagen zur Produktivität mit ihrem Anteil (bezogen auf eine Vollzeitkraft), für andere Zwecke nach Köpfen (z. B. Betriebsratswahlen) zu zählen sind, will gut überlegt sein. Es ist also wichtig, genau festzulegen, wie die einzelne Kennzahl ermittelt werden soll. Diese Festlegung erfolgt meist in Form eines sog. **Kennzahlenblatts** (siehe Abbildung 209).

Kennzahlen-bezeichnung	Fluktuationsrate
Formel	BDA-Formel: $$\frac{Freiwillig\ ausgeschiedene\ Beschäftigte}{Durchschnittlicher\ Personalbestand} \times 100\ (\%)$$
Basisdaten	• Anzahl der freiwillig Ausgeschiedenen • Durchschnittlicher Personalbestand
Gliederungs-möglichkeiten	• Mitarbeitergruppen (nach verschiedenen Kriterien) • Unternehmensbereiche • Fluktuationsursachen
Erhebungszeit-punkte/-räume	halbjährlich bzw. jährlich
Vergleichstypen	• Zeitvergleich • Soll-Ist-Vergleich • Betriebsvergleich
Anwendungsbereich/Kennzahlenzweck/Ziel	• Maß für Arbeitszufriedenheit und Betriebsklima • Steuerung und Kontrolle der Unternehmensaustritte • gezielte Senkung der Fluktuationsrate
Kommentar	Durch Abgangsinterviews lassen sich die Fluktuationsursachen erforschen, sie liefern auch Ansatzpunkte für geeignete Maßnahmen zur Beeinflussung der Fluktuation.

Abb. 209: Kennzahlenblatt (vgl. Schulte 2011, S. 208)

Der Bereich der Leistungsergebnisse weist Besonderheiten auf. Die Daten kommen nicht originär aus dem Personalsektor, sondern aus den Fachabteilungen, z. B. aus dem Produktionsbereich, und sie sind je nach Unternehmen sehr unterschiedlich zu bestimmen: Die Leistungen einer Bank sind andere als die eines Automobilunternehmens, die eines Softwarehauses anders als die einer Großbäckerei.

Qualitative Mitarbeiterkenngrößen

Zu den quantitativen Mitarbeiter- bzw. Faktorkennzahlen kommen die **qualitativen Mitarbeiterkenngrößen** hinzu. Diese beziehen sich ebenfalls auf die Belegschaft und bilden beispielsweise folgende Sachverhalte ab:

• Mitarbeiterzufriedenheit bzw. Arbeitszufriedenheit und Betriebsklima (allgemein oder Zufriedenheit mit spezifischen Aspekten, z. B. mit dem Vorgesetzten, der Arbeitszeitregelung, der Vergütungsgerechtigkeit; allgemeines Klima oder speziell bezüglich der Kollegen, der Vertretung durch den Betriebsrat)
• Mitarbeiterbeurteilungen (Einschätzung von Arbeitsmenge und -qualität, Zusammenarbeit)
• Mitarbeiterpotenzial (Einschätzung der Möglichkeiten, Mitarbeiter mit anspruchsvolleren Aufgaben zu betrauen, höherwertige Positionen zu übernehmen)

Die Personalstatistik bzw. die quantitativen und qualitativen personalwirtschaftlichen Mitarbeiterkennzahlen laufen Gefahr, umfangreich und unübersichtlich zu werden. Einfachheit und Übersichtlichkeit (Struktur), Eindeutigkeit (klare Definitionen), Vergleichbarkeit und Kontinuität (über die Zeit), schnelle und wirtschaftliche Erstellung sind wichtige Anforderungen an Kennzahlensysteme. Keinesfalls dürfen ungenutzte »Zahlenfriedhöfe« entstehen.

3.5.3 Controlling der personalwirtschaftlichen Prozesse

Kenngrößen zu den personalwirtschaftlichen Aktivitäten können entsprechend den Kernprozessen des Personalmanagements präzisiert werden. **Quantitative Kennzahlen** zeigt das folgende Schaubild (siehe Abbildung 210). **Qualitative Kennzahlen** beziehen sich beispielsweise auf:

- das Image des Unternehmens als Arbeitgeber,
- die Einschätzung der Entwicklungsmöglichkeiten im Unternehmen durch die Mitarbeiter,
- die Attraktivität der Sozialleistungen oder auf
- die Führungskultur (Vorgesetzteneinschätzung).

Personal-beschaffung	Personaleinsatz und Motivation	Personal-entwicklung	Personal-freisetzung
• Bewerber pro Ausbildungsplatz • Vorstellungsquote • Effizienz der Beschaffungswege • Beschaffungskosten je Eintritt • Grad der Personaldeckung • Frühfluktuation • …	• Leitungsspanne • Struktur der Arbeitsplätze • Unfallhäufigkeit • Kosten je Arbeitsunfall • Lohnformen- und Lohngruppenstruktur • Erfolgsbeteiligung je Mitarbeiter • Nutzung betrieblicher Sozialeinrichtungen • …	• Ausbildungsquote • Übernahmequote • Jährliche Weiterbildungszeit pro Mitarbeiter • Anteil der Personalentwicklungskosten an den Gesamtpersonalkosten • Weiterbildungskosten pro Tag und Teilnehmer • …	• Abfindungsaufwand je Mitarbeiter • Sozialplankosten pro Mitarbeiter • Geführte Kündigungsschutzprozesse • Verlorene Kündigungsschutzklagen • …

Abb. 210: Quantitative Prozesskennzahlen (vgl. Schulte 2011, S. 160)

In Zusammenhang mit der Qualität der Personalarbeit wurde bereits auf die Kennzahlen zur Überprüfung des **Services der Personalabteilung** hingewiesen (siehe Kapitel 1.2, Abbildungen 26, 28 und 29). Qualitätsmanagement im Personalbereich stellt, ebenso wie das Personalcontrolling, eine integrative Sichtweise dar, die alle Themenfelder des Personalmanagements (Personalpolitik, Personalbetreuung, Mitarbeiterführung, Personal- und Organisationsentwicklung sowie die Personalorganisation etc.) ständig erfolgsbezogen evaluiert und zielorientiert ausrichtet sowie steuert. Diese Aufgaben können nur mit ausgeprägtem Einsatz von IT-Systemen sinnvoll sowie zeitnah und wirtschaftlich wahrgenommen werden.

3.5.4 Zustandsanalysen, Kosten-/Nutzen-Analyse, Vorgangsanalysen

Das Personalcontrolling nutzt einerseits das Standard-Berichtswesen. Dabei handelt es sich um monatlich, quartalsweise oder jährlich veröffentlichte Zahlen aus dem Personalbereich über Anzahl sowie Zu- und Abgänge bei den Mitarbeitern, um Personalkosten, Fehlzeiten und Überstunden sowie die Arbeitsproduktivität (quantitative Mitarbeiterstatistik mit den Themen Köpfe, Kosten, Zeiten, Leistungen). Zeitpunkt- und zeitraumbezogene **Zustandsanalysen** können vielfältiger Art sein.

> **Beispiel**: Anhand der heutigen Alters- und Qualifikationsstruktur gilt es, zu erkennen, wie sich die Zahl der heute beschäftigen Mitarbeiter und deren Qualifikationen in zehn Jahren darstellen – unter der Voraussetzung, dass keine anderen als die bisher üblichen Maßnahmen ergriffen werden.

Es geht darum, den Zustand der Belegschaft und den in Zukunft festzustellen. Das Werkzeug dazu ist ein Personalvorausschau-System, das jeweils denjenigen Zustand der Belegschaft anzeigt, der mit hoher Sicherheit eintritt, wenn nichts Weiteres unternommen wird. Dies zeigt den Handlungsbedarf auf, der z. B. zur Erreichung einer Planung oder zur Vermeidung von Nachteilen ansteht. Damit ist das **Personalvorausschau-System** eines der wichtigsten Werkzeuge des Personalcontrolling und ideal für Zustandsanalysen geeignet. Im Beispiel der Alters- und Qualifikationsstruktur kann etwa deutlich werden, dass das Unternehmen auf einen erheblichen Mangel an Fach- und Führungskräften zusteuert.

Andererseits nutzt der Personalcontroller auch **Ad-hoc-Auswertungen**, z. B. wenn hierfür ein aktueller Anlass gegeben ist. Anlass für eine Ad-hoc-Auswertung kann etwa ein neues Gesetz oder eine Gesetzesänderung sein, wie z. B. die Verlängerung des Altersteilzeitgesetzes ohne Erstattung durch die Bundesagentur für Arbeit (**Kosten-/Nutzen-Analyse und Nutzwertanalyse**). In diesem Kontext ist es die Aufgabe des Personalcontrollings, (alternative) Handlungsmöglichkeiten zu bewerten. Dabei geht es dem Personalcontroller nicht nur um die Kosten, sondern vor allem auch um Nutzengrößen, z. B. die Vorteile des gleitenden Übergangs vom Arbeitsleben in den Ruhestand bei unterschiedlichen Ausscheidensmodellen wie der Altersteilzeit.

Von besonderem Interesse für die **Steuerung von größeren Projekten** und umfangreichen Veränderungsprozessen sind sog. **Vorgangsanalysen**. Sie zeigen dem Unternehmen, wie sich bestimmte Maßnahmen oder Umstände aktuell und vor allem in Zukunft auswirken. Da personelle Maßnahmen immer einen erheblichen Zeitbedarf bei der Umsetzung bis zur Wirksamkeit haben (z. B. Kündigungsfristen, Mitbestimmung, Ausschreibungsfristen, Meldefristen) ist es notwendig, sich über die Zeit zwischen dem Zustand heute und dem angestrebten Zustand Gedanken zu machen. Auch hier leistet das Personalvorausschau-System gute Dienste, indem es den Zustand der Belegschaft zu jedem beliebigen Zeitpunkt nach den gewünschten Kriterien darstellt. Aber auch schwer beeinflussbare externe Umstände können im Unternehmen erheblichen Handlungsbedarf auslösen. So muss das Personalcontrolling auch Vorgänge außerhalb des Unternehmens analysieren und mit den internen Daten abgleichen, z.B. die Anhebung der Regelaltersgrenze auf 67 Jahre. Manche Daten aus dem Unternehmen, die zurzeit nicht im besonderen Steuerungsinteresse der Geschäfts- und der Personalleitung stehen, werden nur einmal im Jahr berichtet.

Alles, woran die Geschäftsleitung und die Führungskräfte gerade arbeiten, muss monatlich berichtet werden – dabei handelt es sich überwiegend um Prozesskennzahlen. Dies sind nur wenige Daten, da man in der Regel nicht an mehr als drei bis fünf personalwirtschaftlichen Zielen gleichzeitig arbeitet. So ist das Personalcontrolling-System einem ständigen Wandel unterworfen. Immer, wenn ein personalwirtschaftliches Ziel erreicht ist, wird das Personalcontrolling-System auf andere Kennzahlen, Daten und Informationen eingestellt, um die neuen Ziele zu optimieren. Ein Basis-Satz an quantitativen und qualitativen Kenngrößen (überwiegend Faktorenkennzahlen) wird hingegen unverändert und immer berichtet.

Neuerdings bedient man sich bei der Präsentation von Kennzahlen zunehmend **grafischer Darstellungsformen**. PC-Programme erlauben auf einfache Art und Weise die Überführung von Tabellen (mit den Ausgangsdaten) in Kreis-, Balken- oder Säulen-, Kurven- oder Punktediagramme, die für die Adressaten von Personalberichten angenehmer und leichter lesbar sind. Als **Empfänger von Personalberichten** kommen Interne (z.B. Geschäftsleitung, Personalabteilung, Führungskräfte, Betriebsrat, Mitarbeiter) und Externe (z.B. Arbeitgeberverbände, Öffentlichkeit, Personalberater) infrage.

3.5.5 Konzepte des Personalcontrollings

HR-Cockpit

Eine hilfreiche Form der Zusammenfassung der Kenngrößen stellt das sogenannte **Human-Resources-Management-Cockpit** dar (siehe Abbildung 211). Dort werden, z.B. vom Vorstand zusammen mit der Personalabteilung, quantitative und qualitative Kenngrößen zusammengestellt, die zur erfolgswirtschaftlichen Steuerung des Personalmanagements wichtig erscheinen und dessen Beitrag zur Realisierung der Unternehmensstrategie (ansatzweise) deutlich machen. Das Cockpit-Konzept eignet sich als Vorstufe zur Steuerung des Personalbereichs mit der Balanced Scorecard (siehe Kapitel 3.2.1 und Kapitel 1.2, Abbildung 30). Die Ursache-Wirkung-Beziehungen der Balanced Scorecard fehlen allerdings in diesem Konzept, und man verzichtet auch auf die ausdrückliche Formulierung von Personalstrategien, obwohl darin der wirkliche Nutzen der Balanced Scorecard liegt.

Der Personalcontroller benötigt ein besonderes **psychologisches Gespür** für die von ihm gesteuerte Belegschaft. Er muss wissen, dass seine Messergebnisse selbst nur eine Art »Fieberkurve« darstellen. Die »Krankheit« verraten sie nicht. Die muss er selbst »diagnostizieren«, um der Geschäftsleitung Maßnahmen empfehlen zu können. Und er muss wissen, dass sich jedes Personalcontrolling abnutzt. Es muss ständig verändert und auf einen neuen Stand gebracht werden, damit nicht irgendwann die Belegschaft das Personalcontrolling austrickst. So gesehen ist Personalcontrolling die Hohe Schule des Controllings, da man es mit Menschen und nicht mit Sachen zu tun hat.

Kenngrößen	Soll/ Bandbreite	Ist (Vorjahr)	Ist (lauf. GJ)	Gesamt-bewer-tung
Personalkosten im Rahmen des Budgets	lt. Vorgabe	erfüllt	erfüllt	☺
Erfüllung Jahresziele	100 %	–	120 %	☺☺
Zufriedenheitsindex mit Personal-abteilung (laut Befragung)	80 %	75 %	80 %	☺
Anteil Führungskräfte	max. 20 %	25 %	23 %	☹
Führungstrainingstage/ Führungskraft	mind. 3	2	2	☹
Jährliches Mitarbeitergespräch	mind. 1	erfüllt	erfüllt	☹
Führungsindex (laut Befragung)	75 %	65 %	70 %	☹
Frauenquote	mind. 20 %	5 %	10 %	☹☹
Fluktuationsrate	max. 7 %	8 %	7 %	☺
Frühfluktuation	max. 15 %	20 %	18 %	☹
Fehlzeiten	max. 6 %	6 %	6 %	☺
Personalentwicklungstage/ Mitarbeiter	mind. 6	3	4	☹☹
Anteil Mitarbeiter, die mehr als zehn Jahre in derzeitiger Funktion sind	20 %	25 %	25 %	☹☹
Nachfolgen gemäß Plan	80 %	60 %	80 %	☺
Informationsindex (laut Befragung)	80 %	50 %	40 %	☹☹☹
Mitarbeiterzufriedenheitsindex (laut Befragung)	80 %	65 %	70 %	☹

Abb. 211: Human-Resources-Management-Cockpit (vgl. Kobi 1997)

Personalrisikomanagement

Neben bzw. in Zusammenhang mit der umfassenden Steuerung des gesamten Personalbereichs spielt neuerdings das sog. **Personalrisikomanagement** eine wichtige Rolle. Das Gesetz zur Kontrolle und Transparenz im Unternehmensbereich (KonTraG) schreibt größeren Kapitalgesellschaften vor, (auch) ein System für die Risiken im Personalsektor zu etablieren und hierüber im Jahresabschluss zu informieren. Die Risiken werden nach gängiger Auffassung in diesen Feldern gesehen:

- Anpassungs-, Austritts- und Engpassrisiken – Mitarbeiter in Schlüsselpositionen sind nicht bereit oder in der Lage, die künftig erforderlichen Qualifikationen zu erwerben, sie verlassen das Unternehmen (Fluktuation) und können nicht in der erforderlichen Zahl und Qualität bzw. nur zu erheblichen Kosten beschafft werden.
- Motivations- und Loyalitätsrisiken – Mitarbeiter fühlen sich nicht an das Unternehmen gebunden, sie kündigen innerlich und ihre Leistungsbereitschaft unterliegt erheblichen Einschränkungen.

Diese Risiken gilt es in Euro-Beträgen zu bewerten; dadurch entsteht ein Frühwarnsystem, das die Personalrisiken deutlich benennt.

Human Capital Management

In eine ähnliche Richtung zeigt das sog. **Human Capital Management**. Beim Human Capital Management geht es darum, den Wert der Belegschaft, den Wertschöpfungsbeitrag der Belegschaft und den Wertschöpfungsbeitrag des Personalbereichs in Euro zu quantifizieren. Konkret lassen sich diese einfachen **Fragen** formulieren:

☐ Was sind die Mitarbeiter (heute und morgen) wert?
☐ Was leisten die Mitarbeiter (heute bzw. morgen)?
☐ Wie lassen sich der Wert und der Wertschöpfungsbeitrag (Leistung) der Mitarbeiter durch den Personalbereich (heute und morgen) positiv beeinflussen? Was kostet das und was bringt das in Euro/Cent?
☐ Wie lässt sich der Wertschöpfungsbeitrag des Personalmanagements in Euro/Cent belegen?

Die Bewertung von Belegschaften in Euro und Cent ist fraglos ungewohnt, obwohl jeder Transfersummen von Fußballspielern oder Eintrittspreise bei Popkonzerten kennt; diese weisen durchaus in die gleiche Richtung. Die entsprechenden theoretischen Konzepte verfolgen in der Regel verschiedene **interne und externe Zwecke:**

- Bewertung für Rating und Risikomanagement, z. B. Basel II und III,
- Human Resources Due Diligence, z. B. beim Unternehmensverkauf,
- Personalbewertung im Qualitätsmanagement, z. B. Zertifizierung,
- Standortbestimmung, Benchmarking und Steuerung von Aktivitäten des Personalmanagements,
- personelle Vermögensaufstellung, z. B. CSR-Berichte (Corporate Social Responsibility/ Gesellschaftliche Verantwortung von Unternehmen, einschließlich sog. Nachhaltigkeitsberichte),
- Messung und Nachweis der Wertschöpfung des Personalmanagements.

Zunächst zum **Belegschaftswert** im engeren Sinne: Das Human Capital Management (**HCM**) polarisiert die Expertenlandschaft in Theorie und Praxis. Vom Unwort des Jahres 2004 über erhebliche ethische Bedenken bei der Bestimmung des Werts von Belegschaften bis zu den »Wegen aus der Unverbindlichkeit« (Scholz/Stein/Bechtel 2004) reichen die Einschätzungen von absolut notwendig bis zu äußerst gefährlich. Das prominenteste deutsche Konzept, die **Saarbrücker Formel** thematisiert (nur) Arbeitszeit, Vergütung, Wissen, Personalentwicklung und Motivation, wenn sie das Human Capital einer Belegschaft in Euro und Cent berechnet.

So unüblich und so kritisch solche Wertbestimmungen scheinen mögen, so sehr sind sie erforderlich. Es ist eine Irrlehre, dass nur das herkömmliche betriebliche Rechnungswesen Genauigkeit für sich in Anspruch nehmen kann. Die Zahlen des Rechnungswesens sind zwar Fakten, aber nur selten Wahrheiten. Grundsätze ordnungsgemäßer Buchführung, GOBs für Humankapital existieren bislang nicht, und sie sind letztlich nicht wissenschaftlich begründbar, aber dringend notwendig. Die zentrale Frage lautet, ob eine »isolierte« monetäre Bewertung des Humankapitals bzw. von dessen »Return« überhaupt möglich ist. Die Antwort ist einfach und »sportlich« zugleich: Die Praxis braucht entsprechende Konzepte. Wenn Personaler das nicht leisten, dann machen es Andere (Analysten, Controller etc.).

Wertschöpfungsbeitrag des Personalmanagements

Auch an den Möglichkeiten zur Bestimmung des **Wertschöpfungsbeitrags des Personalmanagements** wird aktuell intensiv gearbeitet – die DGFP verwendet hierfür den Begriff der wertorientierten Personalarbeit (WoP), und sie präsentiert mit diesem Konzept eine Systematik, die in jedem Unternehmen individuell ausgestaltet werden kann – damit geht zwangsläufig die Vergleichbarkeit (Benchmarking) mit anderen Unternehmen verloren (siehe auch die Weiterführung zur Human Capital Scorecard; DGFP 2007). Der Bewertungsgegenstand »Personalarbeit« erscheint im Vergleich zum HCM unkritischer und fraglos sehr nützlich. Seit jeher stehen die Personalabteilungen mit dem Rücken zur Wand, und sie tun sich schwer damit, ihren Beitrag zum Unternehmenserfolg zu belegen und ihre Existenz damit zu rechtfertigen.

Besondere Aufmerksamkeit hat der sog. **Human Potential Index (HPI)** erfahren; der HPI versucht auch, den Erfolgsnachweis für die Personalarbeit in Unternehmen zu erbringen (siehe Abbildung 212). Dieses Konzept wurde vom Bundesministerium für Arbeit und Soziales gefördert, erfuhr einerseits breite Zustimmung aus der Praxis, geriet andererseits aber aus verschiedenen Gründen in die Schusslinie der Kritik. Unter anderem wird dem HPI vorgeworfen, dass er mit der Orientierung an fest vorgegebenen Themen und Inhalten sowie an Qualitätsstandards ein gleichförmiges Personalmanagement unterstützt, was Innovationen verhindere, eine »Einheitsideologie« fördere und zu einer Disziplinierung führe.

Zunehmend belegen Studien den Zusammenhang zwischen exzellenten Erfolgen von Unternehmen am Markt und sehr guter Personalarbeit. Allerdings kranken die entsprechenden Untersuchungen oft an diesem Zirkelschluss: Führt exzellente Personalarbeit zu einem herausragenden Unternehmensergebnis? Oder führen herausragende Unternehmensergebnisse zu exzellenter Personalarbeit, weil diese dadurch erst möglich wird? Die meisten

Untersuchungen in der Praxis (sog. Erfolgsfaktorenforschung) gehen mit dieser zentralen Frage nach Ursache und Wirkung recht oberflächlich um. Fitz-enz (2003) bringt diesen Zusammenhang mit Rückgriff auf viele empirische Untersuchungen auf den Punkt, wenn er anmerkt, dass exzellenten Unternehmen ein Ausgleich zwischen Finanz- und Humankapital in Ausrichtung und Reporting gelingt. Das bedeutet, dass einerseits Vision, Strategien, strategische Ziele (Ausrichtung) und andererseits Steuerungs- und Controllingkennzahlen (Reporting) weder im Finanz-, noch im Personalbereich, noch untereinander »Schräglagen« im Sinne von Einseitigkeit aufweisen dürfen.

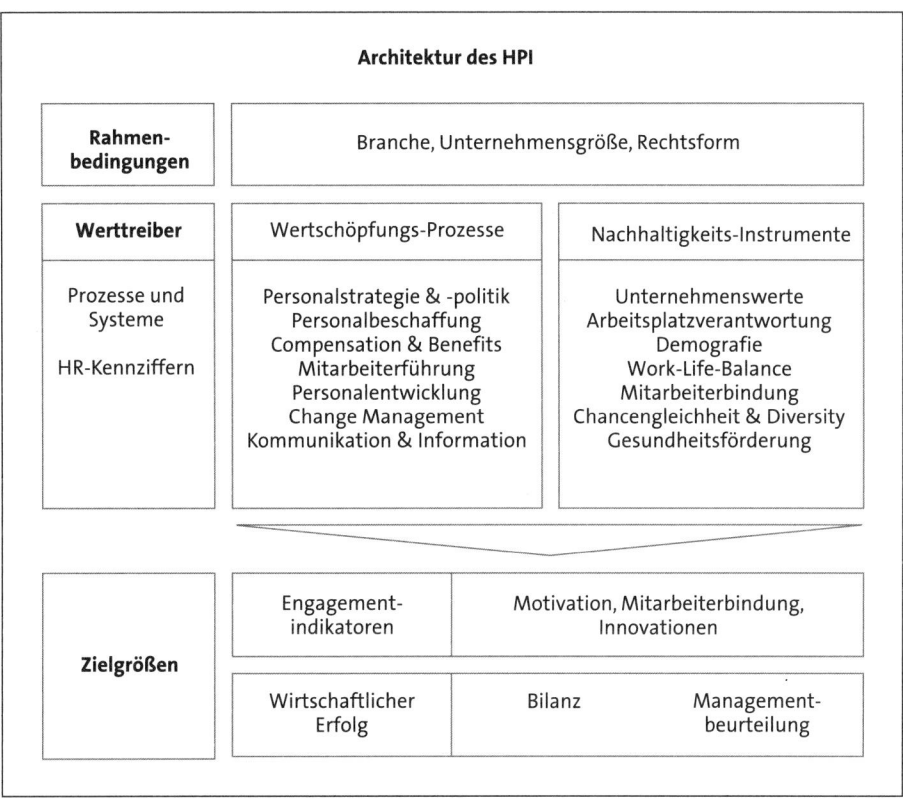

Abb. 212: Human Potential-Index (HPI) (Schubert/BMAS/YouGov Psychonomics AG 2008, S. 12)

In der Zusammenschau ergeben sich somit Ansatzpunkte für ein umfassendes kenngrößengesteuertes Personalmanagement (siehe Abbildung 213).

	Mitarbeiter (Faktorcontrolling) Soll – Ist	Personalabteilung/Führungskräfte (Service- und Prozess-, Führungscontrolling) Soll – Ist
Quantitative Daten	• Köpfe • Kosten • Zeiten • Leistungen	• Ausstattung PA • Kosten/Budget PA • Fehlerquote • Prozessdauer • Unterstellungsquote FK • Leistung des Bereichs (FK) (gemessen)
Quantifizierte Einschätzungen qualitativer Sachverhalte durch Selbsteinschätzung Fremdbeurteilung	• Leistung des Bereichs (beurteilt) • Potenzial der Mitarbeiter • Arbeitszufriedenheit der Mitarbeiter • ...	• Servicequalität PA • Programmqualität PA • Wertschöpfungsbeitrag PA (beurteilt) • Arbeitgeberattraktivität • Vorgesetzteneinschätzung • Einschätzung von Veränderungen nach einem Change-Prozess • (beurteilt) • (mit Fragebogen) • Aggregierte Metaplan-Nennungen aus Evaluations-Workshops • ...
Bewertet in Euro	• Humankapital • Return on Human Capital (ROH) • Schadenserwartungswert • ...	• Wertschöpfungsbeitrag der PA (in Euro) • Wert Outsourcing (in Euro) • ...
PA = Personalabteilung; FK = Führungskraft		

Abb. 213: Quantifizierungsansätze im Personalbereich

Letztlich geht es beim Personalcontrolling um den Nachweis des Wertschöpfungsbeitrags des Personalmanagements zum Unternehmenserfolg. In grafischer Form stellen sich die Zusammenhänge, um die es bei der erfolgsorientierten Steuerung des Personalbereichs geht, so dar (siehe Abbildung 214):

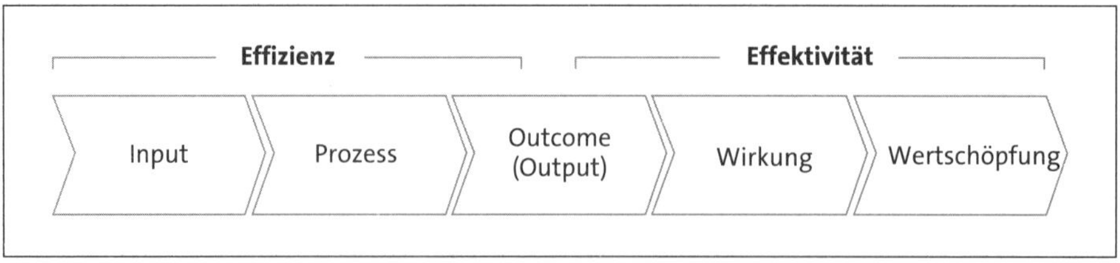

Abb. 214: Wertschöpfungsprozess im Personalmanagement nach Fitz-enz (2003)

Quellen

Bühner, R.: Mitarbeiter mit Kennzahlen führen, 4. Aufl., Landsberg 2000.

Deutsche Gesellschaft für Personalführung (Hrsg.): Personalcontrolling in der Praxis, Stuttgart 2001.

Deutsche Gesellschaft für Personalführung (Hrsg.): Human Capital messen und steuern. Annäherungen an ein herausforderndes Thema. Grundlagen, Durchführung, Bielefeld 2007.

Deutsche Gesellschaft für Personalführung (Hrsg.): Personalcontrolling für die Praxis. Konzepte – Kennzahlen – Unternehmensbeispiele, 2. Aufl., Bielefeld 2009.

Deutsche Gesellschaft für Personalführung (Hrsg.): Personalwirtschaftliche Kennziffern 2009 (CD), Düsseldorf 2009.

Domsch, M.: Systemgestützte Personalarbeit, Wiesbaden 1980.

Edinger, J./Junold, A./Renneberg, K: Praxishandbuch SAP-Personalwirtschaft, 2. Aufl., Bonn 2009.

Fitz-enz, J.: Renditefaktor Personal: So messen und erhöhen Sie den ROI Ihrer Mitarbeiter, Frankfurt/New York 2003.

Frey, H.: Personalkosten-Management, München 1997.

Goerke, S./Wickel-Kirsch, S.: Internes Marketing für Personalarbeit, Neuwied 2002.

Grünefeld, H.-G.: Personalberichterstattung mit Informationssystemen, Wiesbaden 1987.

Jessl, R.: Softwarekompendium für das Personalwesen 2010, 4. Aufl., o. O. 2009.

Kobi, J.: Praxistaugliche Instrumente des Personalcontrolling, in: Personal, (07) 1997, S. 370–373.

Kobi, M.: Personalrisikomanagement, 2. Aufl., Wiesbaden 2002.

Kolb, M./Bergmann, G.: Qualitätsmanagement im Personalbereich, Landsberg 1997.

Kolb, M.: Personalmanagement, 2. Aufl., Wiesbaden 2010.

Lisges, G./Schübbe, F.: Personalcontrolling, 2. Aufl., Freiburg 2007.

Mentzel, W.: Personalwirtschaftliches Rechnungswesen, 2. Aufl., Wiesbaden 1988.

Personalwirtschaft – Magazin für Human Resources, Sonderheft (06) 2010: HR-Software. Schneller, besser, strategischer, Köln 2010.

Scholz, C./Stein, V./Bechtel, R.: Human Capital Management, München 2004.

Schubert, A./BMAS/YouGov Psychonomics AG: Human-Potential-Index (HPI): Neues Rating-Instrument zur Messung und Steuerung des Human-Capital-Managements (Präsentation), Köln 2008, online: http://pw.wkfra.de/media/personalwirtschaft/Startseite/Vorstellung%20Human%20Potenzial%20Index.pdf (letzter Aufruf: 31.10.2013)

Schulte, C.: Personal-Controlling mit Kennzahlen, 3. Aufl., München 2011.

Schwarb, T./Moser, C.: Digitales HR-Management, Rheinfelden 2007.

Stein, V.: Der Human-Potential-Index. Eine Netzwerkanalyse, in: Personalmagazin, (05) 2009, S. 62–64.

Strohmeier, S.: Informationssysteme im Personalmanagement, Wiesbaden 2008.

Towers Perrin: HR-Controlling und -Benchmarking, Frankfurt 2009.

Ulrich, D./Brockbank, W.: The HR value proposition, Boston 2005.

Wucknitz, U.: Handbuch Personalbewertung, Stuttgart 2002.

Wucknitz, U.: Personal-Rating und Personal-Risikomanagement, Stuttgart 2005.

Wunderer, R./Jaritz, A.: Unternehmerisches Personalcontrolling, 4. Aufl., Köln 2007.

4 Personal- und Organisationsentwicklung steuern

4.1 Mitarbeiter beurteilen, deren Potenziale erkennen und fördern

Ausgangspunkt für die systematische Entwicklung und Förderung von Mitarbeitern ist eine qualifizierte Standortbestimmung. Die Beurteilung der Leistung und des Verhaltens von Mitarbeitern und Führungskräften ist somit ein wichtiges **Führungs- und Personalentwicklungsinstrument** (siehe Kapitel 1.6). Die Mitarbeiterbeurteilung sollte als Bestandteil einer zielgerichteten Förderung der Mitarbeiter verstanden werden. Nur so gewinnt sie auch die Akzeptanz von Mitarbeitern und Betriebsrat.

4.1.1 Mitarbeiterbeurteilung

Mitarbeiterbeurteilungen werden bereits seit den 70er-Jahren in Unternehmen durchgeführt. Waren die entsprechenden Beurteilungsgespräche anfangs noch sehr an Schulsystemen orientiert, so sind die heutigen **Beurteilungssysteme** differenzierter und mitarbeiterorientiert. Sie entsprechen einem zeitgemäßen Verständnis von Führung und Zusammenarbeit. Beurteilungsgespräche werden in regelmäßigen Abständen, in der Regel einmal jährlich durchgeführt. Bei besonderen Anlässen, z. B. einem Wechsel in eine andere Abteilung, oder auf Wunsch eines Mitarbeiters können Beurteilungsgespräche häufiger durchgeführt werden. Wird ein Beurteilungssystem neu eingeführt, sollten Vertreter des Betriebsrates und Führungskräfte mit einbezogen werden, um eine breite Akzeptanz sicherzustellen. Zunächst sollten die **Zielsetzungen und die Anforderungen** eines solchen Systems festgelegt werden. Zielt das Beurteilungssystem auf eine gegenseitige Standortbestimmung, um die Entwicklungsbedarfe der Mitarbeiter zu erheben, oder ist das Beurteilungssystem Teil eines Zielvereinbarungsprozesses, bei dem es um die Festlegung von Prämien oder Boni geht? Gibt es möglicherweise Führungsleitlinien im Unternehmen, an denen sich das Beurteilungssystem orientieren soll? Schließlich ist die **Zielgruppe** zu definieren, die später beurteilt werden soll. In der **Entwicklungsphase** ist es zweckmäßig, eine Projektgruppe zu gründen – möglichst mit Führungskräften verschiedener Abteilungen besetzt –, die einen Mitarbeiterbeurteilungsbogen erarbeitet. Die Einbindung des Betriebsrates sollte ebenfalls möglichst frühzeitig erfolgen. Vor der Implementierung des neuen Beurteilungssystems sollten Informationsveranstaltungen für Mitarbeiter und Führungskräfte durchgeführt und Informationsmaterialien erarbeitet werden. Bei der verbindlichen Einführung eines Beurteilungsgespräches hat der Betriebsrat ein Mitbestimmungsrecht gemäß § 94 BetrVG. Der Abschluss einer Betriebsvereinbarung ist somit erforderlich. Während der **Implementierungsphase** sollten Begleitseminare für Führungskräfte angeboten werden, in denen die Durchführung der Mitarbeiterbeurteilung trainiert wird.

Es empfiehlt sich, von Zeit zu Zeit Mitarbeiter und Führungskräfte nach ihren Erfahrungen mit dem neuen Mitarbeiterbeurteilungssystem zu befragen. Ein Mitarbeiterbeurteilungssystem lebt von der Akzeptanz auf beiden Seiten – Mitarbeitern und Führungskräften. Erforderlichenfalls muss das Beurteilungssystem an geänderte Bedürfnisse angepasst werden.

Personalgespräch und Mitarbeitergespräch

Ein jährliches Personalgespräch zwischen Führungskraft und Mitarbeiter dient einer **gegenseitigen Standortbestimmung** (siehe Abbildung 215). Der Mitarbeiter erhält ein Feedback zu seiner Leistung, seinem Verhalten sowie seinen persönlichen und sozialen Kompetenzen. **Beurteilungskriterien** können sein: Persönlichkeit, Teamverhalten, Arbeitsmethode, Eigenschaften (z. B. Kreativität, Ausdauer), Führungsverhalten (bei Führungskräften) (vgl. Neges/Neges 1999, S. 229 f.). Weitere Ziele sind der Einsatz der Mitarbeiter gemäß ihrer individuellen Potenziale und die Erarbeitung einer Entwicklungsperspektive für den Mitarbeiter. In einem solchen Personalgespräch sollte nicht nur der Mitarbeiter ein Feedback von der Führungskraft erhalten, sondern auch umgekehrt. Auch Führungskräfte benötigen ein Feedback von ihren Mitarbeitern hinsichtlich ihres Führungsverhaltens. Eine ungestörte, **vertrauensvolle und angenehme Gesprächsatmosphäre** sind grundlegende Voraussetzungen für ein konstruktiv verlaufendes Gespräch. Weiterhin sind folgende Faktoren wichtig:

- Das Gespräch sollte gut vorbereitet und strukturiert sein.
- Es sollte in einer freundlichen und entspannten Atmosphäre stattfinden, die von gegenseitigem Respekt getragen wird.
- Die Redeanteile von Mitarbeiter und Führungskraft sind gleichberechtigt. Führungskräfte sollten vor allem zuhören können (siehe Kapitel 1.6.5).
- Das Gespräch sollte sachlich sein, aber sowohl positive wie auch negative Aspekte ansprechen, dort wo erforderlich.
- Es sollte konstruktive Tipps für die persönliche Entwicklung beinhalten.
- Die Beurteilung sollte sich auf konkretes, veränderbares Verhalten beziehen und möglichst durch Beispiele untermauert werden.

Zur **Vorbereitung auf ein Mitarbeitergespräch** können folgende Fragen für Führungskräfte hilfreich sein:

☐ Hat der Mitarbeiter die mit ihm vereinbarten Ziele erreicht?
☐ Wie haben sich Leistungen und Leistungsbereitschaft des Mitarbeiters entwickelt?
☐ Hat der Mitarbeiter besondere Fähigkeiten erworben?
☐ Hat der Mitarbeiter den richtigen Arbeitsplatz?
☐ Soll der Mitarbeiter in besonderer Weise gefördert werden? Könnte er an einer anderen Stelle des Unternehmens seine Potenziale noch besser entwickeln?
☐ Wo und wie sind vorhandene Defizite bei Leistung und Führung zu beheben?
☐ Welche Personalentwicklungsmaßnahmen sind dem Mitarbeiter zu empfehlen?

(Neges/Neges 1999, S. 226)

Abb. 215: Verlauf eines Mitarbeitergesprächs

Beurteilungssysteme

Jede Beurteilung unterliegt bestimmten Kriterien und Bewertungsmaßstäben. Im Wesentlichen unterscheidet man zwischen einem offenen und einem geschlossenen Beurteilungssystem. In einem **offenen Beurteilungssystem** gibt es keine vorformulierten Kriterien und Bewertungsskalen. Die Einschätzungen erfolgen intuitiv durch die Führungskraft und verlangen ein hohes Maß an Urteils- sowie sprachlicher Ausdrucks- und Differenzierungsfähigkeit. Offene Beurteilungen im Sinne einer qualitativen Bewertung sind somit oftmals subjektiv. Ferner ist die Vergleichbarkeit verschiedener Beurteilungen schwierig und die Erstellung eines Beurteilungsbogens aufwendig. Daher werden heute meistens standardisierte Bögen, mit **geschlossenen oder halboffenen Beurteilungssystemen** eingesetzt. In solchen Beurteilungssystemen werden konkrete Kriterien bzw. Merkmale formuliert und mit einzelnen Skalierungsstufen versehen. Darüber hinaus finden sich häufig halboffene Fragen, die dem Mitarbeiter und der Führungskraft einen Interpretations- und Gestaltungsspielraum ermöglichen (z. B. bei der Frage: »Wo sehen Sie einen Entwicklungsbedarf?«). Die einzelnen Merkmale werden in **leistungsorientierte Merkmale** wie Qualität und Quantität der Leistung und **verhaltensorientierte Merkmale** wie Qualifikation, Motivation (Arbeitseinsatz, Übernahme von Verantwortung, Fleiß, Durchsetzungsvermögen) und soziales Verhalten (Zusammenarbeit, Kontakt zu Kunden, Kollegen, Führungskräften) unterschieden (vgl. Sommerhoff 1999, S. 41 ff.).

Die **Auswahl und Gewichtung** der Merkmale sollte auf das Unternehmen zugeschnitten sein und entsprechend individuell entwickelt werden. Bisweilen ist die Auswahl von Merkmalen (Handlungskompetenz) für bestimmte Zielgruppen, z. B. für Mitarbeiter im technischen Bereich oder aus dem kaufmännischen Bereich, sinnvoll (siehe Abbildung 216). Bei der Auswahl der Merkmale sind vier Prinzipien bedeutsam (vgl. Sommerhoff 1999, S. 44):

- Prinzip der **Vollständigkeit:** Alle wichtigen Arbeitsbereiche des Mitarbeiters sollten sich im Beurteilungsbogen wiederfinden.
- Prinzip der **Eindeutigkeit:** Die Merkmale sollten deutlich voneinander unterschieden und klar definiert sein.
- Prinzip der **Ganzheit:** In der Summe sollten die Merkmale ein Gesamtbild ergeben, das keine logischen Sprünge oder Ungereimtheiten aufweist.
- Prinzip der **Praktikabilität:** Die Merkmale sollten gut einschätzbar sein und für Mitarbeiter und Führungskräfte eine Hilfestellung zur Standortbestimmung bieten.

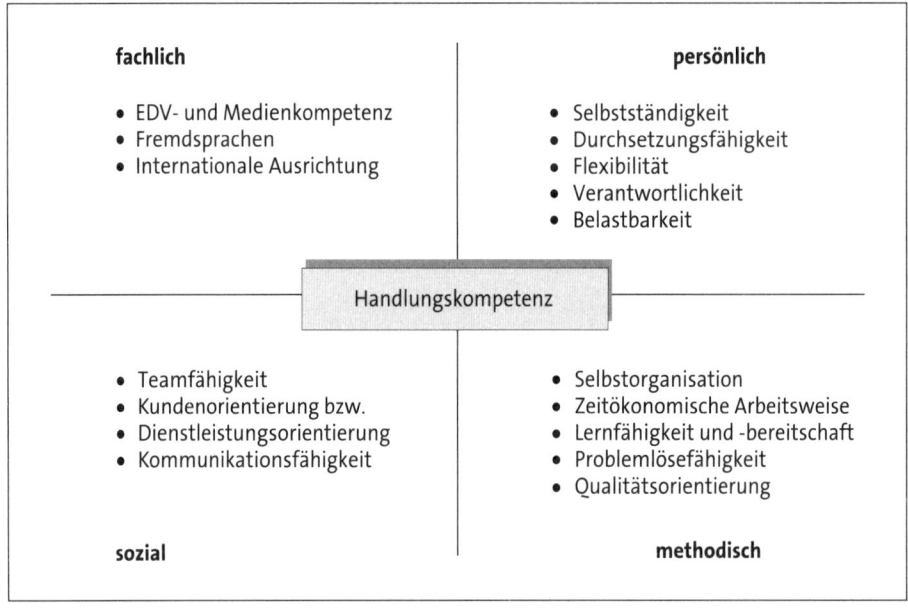

Abb. 216: Kompetenzmatrix

Die Merkmale werden in der Regel in verschiedene Kompetenzbereiche untergliedert: Fachkompetenz, Führungskompetenz, Persönlichkeitskompetenz, Sozialkompetenz, Methodenkompetenz. Für jedes Merkmal innerhalb der einzelnen Kompetenzbereiche werden verschiedene Skalierungen hinterlegt. Im Allgemeinen können drei **Skalierungsarten** unterschieden werden:

- Skalierung in Anlehnung an Schulnoten,
- Skalierung nach Punkten,
- verbale Skalierung.

Skalierungen nach Schulnoten und Punkten können bei Mitarbeitern negative Assoziationen an die eigene Schulzeit hervorrufen. Die verbale Skalierung ist in der Praxis meist angemessener. Erfahrungsgemäß können die Mitarbeiter verbale Einschätzungen einer

Leistung, z. B. hervorragend, zufrieden stellend, nicht mehr ausreichend, eher als konstruktives Feedback annehmen, insbesondere wenn die Einschätzung begründet und näher erläutert wird (siehe Abbildung 217).

Beispiel: Beurteilungsbogen

Einschätzung des Mitarbeiters durch die Führungskraft					
Fachliche Kompetenz					
		Trifft in außerordentlichem Maße zu	Trifft vollständig zu	Trifft fast immer zu	Trifft nicht zu
Fachwissen	Verfügt über spezielle Fachkenntnisse und setzt diese am Arbeitsplatz gezielt ein	☐	☐	☐	☐
	Besitzt arbeitsplatzübergreifende Fachkenntnisse und interessiert sich für übergeordnete Zusammenhänge	☐	☐	☐	☐
Bemerkungen					
Selbstständiges Arbeiten	Erledigt Arbeiten nach Erklärung, ohne dass weitere Hilfestellungen nötig sind	☐	☐	☐	☐
Bemerkungen					
Arbeitsqualität	Arbeitet sorgfältig und präzise	☐	☐	☐	☐
Bemerkungen					
Arbeitstempo	Erledigt übertragene Aufgaben schnell und zügig	☐	☐	☐	☐
Bemerkungen					
Systematisches Arbeiten	Geht Aufgaben und Probleme gezielt an	☐	☐	☐	☐
	Kann Aufgaben nach Prioritäten einordnen und abarbeiten	☐	☐	☐	☐
Bemerkungen					
Ggf. besondere Anforderungen des Fachbereichs:					
					→

Persönliche Kompetenz		Trifft in außerordentlichem Maße zu	Trifft vollständig zu	Trifft fast immer zu	Trifft nicht zu
Zuverlässigkeit	Hält Terminvereinbarungen ein	☐	☐	☐	☐
Bemerkungen					
Initiative	Macht sich eine Sache zu eigen und treibt sie voran	☐	☐	☐	☐
	Sucht alternative Wege und entwickelt neue Ideen	☐	☐	☐	☐
	Erkennt Probleme und kann verschiedene Lösungsmöglichkeiten in ihren Vor- und Nachteilen gegeneinander abwägen	☐	☐	☐	☐
Bemerkungen					
Flexibilität	Kann sich schnell in neuen Situationen orientieren	☐	☐	☐	☐
	Behält den Überblick auch bei komplexen Aufgaben	☐	☐	☐	☐
	Kann auch unter Zeitdruckzielgerichtet arbeiten und bleibt in Stresssituationen kontrolliert	☐	☐	☐	☐
	Ist bei personellen Engpässen verfügbar	☐	☐	☐	☐
Bemerkungen					→

Soziale Kompetenz		Trifft in außerordentlichem Maße zu	Trifft vollständig zu	Trifft fast immer zu	Trifft nicht zu
Verhalten gegenüber Kunden, Kollegen, Führungskräften	Ist kunden- und serviceorientiert (gegenüber internen und externen Partnern, z. B. anderen Abteilungen, Tochtergesellschaften, Lieferanten und Kunden)	☐	☐	☐	☐
Bemerkungen					
Überzeugungsfähigkeit	Kann andere für die eigene Sicht der Dinge gewinnen	☐	☐	☐	☐
Bemerkungen					
Kritik- und Konfliktfähigkeit	Kann mit Kritik an der eigenen Person und Arbeit umgehen	☐	☐	☐	☐
	Übt selbst Kritik und verhält sich dabei konstruktiv Setzt sich mit auftretenden Konflikten offen und sachlich auseinander	☐	☐	☐	☐
	Setzt sich mit auftretenden Konflikten offen und sachlich auseinander	☐	☐	☐	☐
Bemerkungen					
Teamfähigkeit	Bringt eigene Fähigkeiten in die gemeinsame Arbeit ein	☐	☐	☐	☐
	Steht hinter Entscheidungen	☐	☐	☐	☐
Bemerkungen					

Der Mitarbeiter ist mit der Einschätzung der Führungskraft einverstanden
☐ ja
☐ nein

Anmerkungen:

$\rightarrow$

Rückmeldung des Mitarbeiters an die Führungskraft		Trifft in außerordentlichem Maße zu	Trifft vollständig zu	Trifft fast immer zu	Trifft nicht zu
Mitarbeiterorientierte Führung	Informiert Mitarbeiter zügig über die abteilungs- und arbeitsrelevanten Themen	☐	☐	☐	☐
	Erkennt und achtet die Bedürfnisse und Ziele der Mitarbeiter und handelt entsprechend	☐	☐	☐	☐
	Gibt den Mitarbeitern regelmäßig Rückmeldungen zu Leistung und Verhalten	☐	☐	☐	☐
	Delegiert Aufgaben und Verantwortung	☐	☐	☐	☐
	Hält Zusagen ein	☐	☐	☐	☐
Bemerkungen					
Mitarbeiterförderung	Fördert die Mitarbeiter systematisch entsprechend ihrer Fähigkeiten und Kenntnisse	☐	☐	☐	☐
	Vereinbart herausfordernde Ziele mit den Mitarbeitern, plant geeignete Maßnahmen und überprüft deren Umsetzung	☐	☐	☐	☐
Bemerkungen					
Allgemeine Anmerkungen:					

Abb. 217: Beurteilungsbogen mit verschiedenen Merkmalen und verbaler Skalierung

Die klassischen Beurteilungssysteme sehen lediglich eine Beurteilungsrichtung vor: die Führungskraft beurteilt den Mitarbeiter. Im Sinne einer gegenseitigen Standortbestimmung ist es jedoch sinnvoll, dass auch die Führungskraft ein Feedback seitens der Mitarbeiter erhält. Um nun möglichst viele Perspektiven in die Beurteilung eines Mitarbeiters oder einer Führungskraft einfließen zu lassen, und damit ein »objektiveres« Urteil zu bekommen, wurde das sog. **360-Grad-Feedback** konzipiert (siehe Abbildung 218). Damit ist gemeint, dass in das Beurteilungssystem nicht nur die Urteile der zuständigen Führungskraft einfließen, sondern ebenso Beurteilungen von Kollegen des Mitarbeiters und von Kunden. Das Ganze wird ergänzt durch eine Selbsteinschätzung des Mitarbeiters. Dadurch soll ein »ganzheitliches« Feedback, in der Regel in anonymisierter Form, erreicht werden. Ziel des 360-Grad-Feedbacks ist eine mehrdimensionale Beurteilung der Leistungen und des Verhaltens von Führungskräften und von Mitarbeitern. Allerdings ist ein 360-Grad-Feedback aufwendig in der Durchführung und kann schnell an die Grenzen der Praktikabilität geraten, gerade dann, wenn ein Feedback von den Kunden eines Mitarbeiters eingeholt werden soll. Auch die geforderte Anonymität des Feedbacks lässt sich in kleineren Teams oder Abteilungen nicht immer gewährleisten. Gerade in heiklen Situationen, wenn ein kritisches Feedback angebracht wäre, zeigen sich Grenzen. Eine positive »**Feedbackkultur**« ist hierfür erforderlich. Eine Führungskraft, die ehrlich und glaubhaft kritisches Feedback einfordert, und auch mit negativ besetztem Feedback umgehen kann, wird dieses Instrument zur eigenen Weiterentwicklung nutzen können. Wenn ein Feedback dazu dient, gegenseitige Erwartungen zu formulieren, Missverständnisse auszuräumen und als positive Anregung gesehen wird, kann sich die Zusammenarbeit dauerhaft verbessern. Wenn ein 360-Grad-Feedback an Leistungsbeurteilungen oder sogar an finanzielle Anreize gekoppelt ist, verfehlt es seinen eigentlichen Zweck. Es wird dann eher als Kontrollsystem wahrgenommen und verliert die Akzeptanz der Mitarbeiter. 360-Grad-Feedbacks sind zudem in der Umsetzung recht aufwendig, da man einheitliche Beurteilungs- oder Feedbackkriterien finden muss.

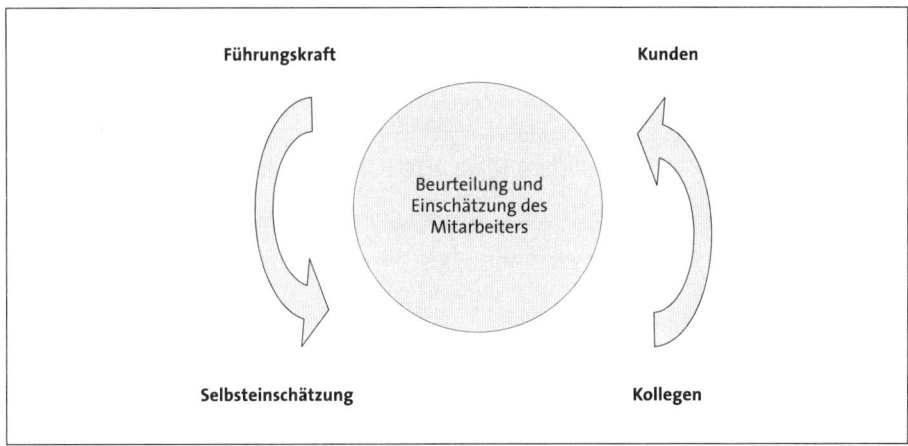

Abb. 218: 360-Grad-Feedback

Nicht immer ist die Personalbeurteilung an ein standardisiertes Verfahren oder Beurteilungssystem gebunden. Führungskräfte beurteilen bewusst, viel öfter jedoch unbewusst Mitarbeiter in der täglichen Zusammenarbeit. Von Führungskräften ist dabei eine hohe Urteilsfähigkeit gefordert, um jedem Mitarbeiter gerecht zu werden. Führungskräfte nehmen jedoch wie jeder Mensch Situationen anders wahr, beurteilen Menschen unterschiedlich und unterliegen Vorurteilen. Aus der psychologischen Forschung ist bekannt, dass sich Menschen relativ einfacher Schemata und Urteilsheuristiken, d. h. Wege, um zu schnellen Urteilen zu gelangen, bedienen, um sich in Alltagssituationen schnell zurechtzufinden. Das Urteil, ob ein zuvor unbekannter Mensch sympathisch oder unsympathisch beurteilt wird, fällen wir in wenigen Sekunden. In der Mitarbeiterbeurteilung ist es das Ziel, den subjektiven Wahrnehmungsfaktor nach Möglichkeit zu verringern oder gar auszuschließen. Einen Rest an **Subjektivität** wird man aber nie ausschließen können. Beurteilungsfehler treten immer auf, dort wo Menschen Urteile fällen. Die Kenntnis der Beurteilungsfehler kann aber dazu führen, Gespräche aufmerksamer zu führen und die eigenen Denkschemata kritisch zu hinterfragen. Mentzel (2005) unterscheidet persönlichkeitsbedingte Fehler, Wahrnehmungsverzerrungen, Beurteilungsverfälschungen und fehlerhafte Beurteilungsverfahren. Zu den **persönlichkeitsbedingten** Fehlern zählen solche Fehler, die in der Person des Beurteilers begründet liegen. Es handelt sich im Einzelnen um:

- **Stereotypenbildung bzw. Vorurteile:** Vorurteile stellen Verallgemeinerungen in der Urteilsbildung dar. Menschen ordnen individuelle Erscheinungen relativ groben Kategorien zu, um zu einem möglichst schnellen Urteil zu gelangen. Aus vergangenen Erfahrungen werden unkritisch Urteilsmuster übernommen. Teilweise werden Vorurteile aber auch von anderen Personen übernommen. Das kann sogar zu kulturellen Stereotypen führen. Aufgrund der Zugehörigkeit einer Person zu einer bestimmten sozialen Gruppe (z. B. Berufszugehörigkeit) können sich Vorurteile bilden, die das Bild der Person dominieren können. Auch Führungskräfte sind nicht frei von Vorurteilen, die sich bei der Mitarbeiterbeurteilung verzerrend auf die Urteile auswirken können, wenn Mitarbeiter einer bestimmten Kategorie zugeordnet werden.
- Bei **Sympathie und Antipathie** handelt es sich um Faktoren, die auf einer emotionalen Ebene wirksam sind und dadurch die Urteilsbildung, die sich auf beobachtbare Fakten stützen sollte, beeinflussen. Wichtig ist, sich in Beurteilungsgesprächen auf konkret beobachtetes Verhalten in konkreten Situationen zu stützen. Sympathie- und Antipathie-Effekte lassen sich aber eher schwer kontrollieren, da sie meist unbewusst wirken.
- **Soziale Ähnlichkeit:** Als ähnlich zur eigenen Person wahrgenommene Menschen werden in der Regel sympathischer eingeschätzt. Der Beurteiler überträgt seine Eigenschaften auf den Mitarbeiter und wird denjenigen besser beurteilen, der ihm am ähnlichsten ist.
- **Alte Beurteilung:** Das Vorwissen zu einer Person kann dann zu Urteilsverzerrungen führen, wenn sie das gegenwärtige Bild stark überlagert. Auch wenn Urteile anderer Personen fraglos und unkritisch übernommen werden, entstehen Fehler. Hier gilt es, kritisch nachzufragen und der eigenen Urteilsfähigkeit zu vertrauen.

Während die persönlichkeitsbedingten Fehler in den Denk- und Wahrnehmungsschemata der Person begründet liegen, definiert Mentzel (2005) **Wahrnehmungsverzerrungen** als Fehler, die bei der Aufnahme und Verarbeitung der Informationen durch den Beurteiler entstehen. Hierzu zählen:

- **Halo-Effekt:** Die Personenbeurteilung wird dabei durch einen Einzeleindruck dominiert. Von einer Eigenschaft ausgehend, wird ein »kohärentes« Gesamtbild konstruiert, ohne weitere Faktoren zu berücksichtigen. So zeigen Untersuchungen, dass besonders attraktive Menschen, oder Menschen mit einer guten Rhetorik als besonders kompetent eingeschätzt werden.
- Bei **selektiver Wahrnehmung** wird nur ein Teil der verfügbaren Informationen aufgenommen und diese dann generalisiert. Es besteht unter Umständen bereits ein Bild der Person, das sich der Beurteiler gemacht hat und er nimmt nur solche Faktoren wahr, die mit seinem Bild übereinstimmen. Sehr viel schwerer ist es, das vorgefertigte Bild kritisch zu hinterfragen. An dieser Stelle ist aber auch der Hinweis auf die grundsätzliche Selektivität unserer Wahrnehmung angezeigt. Aus der Fülle der vorhandenen Daten und Informationen werden bei der Wahrnehmung nur die berücksichtigt, die für uns wichtig sind, und diejenigen, die mit früheren Erfahrungen vereinbar sind. Wahrnehmungen werden immer durch unsere Aufmerksamkeit gelenkt.

- **Primacy-Effekt:** Bei der Beurteilung mehrerer Personen, z. B. in Bewerbungsgesprächen, bildet die erste Person einen »Anker«, der als Maßstab für alle übrigen zu beurteilenden Personen dient.
- Der **Recency-Effekt** ist quasi das Gegenstück zum Primacy-Effekt. Der Beurteiler bewertet kürzlich erbrachte Leistungen eines Mitarbeiters höher als länger zurückliegende.
- **Hierarchie-Effekt:** Der höhere Status eines Mitarbeiters, seine hierarchische Stellung, aber auch akademische Titel führen bei diesem Beurteilungsfehler zu einer besseren Beurteilung.

Während personenbedingte Urteilsfehler und Wahrnehmungsverzerrungen in der Regel unbewusst und ohne Absicht des Beurteilers auftreten, handelt es sich bei den **Beurteilungsverfälschungen** um bewusste Manipulationen des Beurteilers. Die Motivlage kann von einer persönlichen Bevorzugung einzelner Mitarbeiter bis zum Aufrechterhalten eines positiven Images oder reinem Karrieredenken reichen. Fehlerhafte **Beurteilungsverfahren** liegen nicht in der Person des Beurteilers, sondern in den Beurteilungsinstrumentarien begründet. So können ungeeignete Beurteilungskriterien zur Anwendung kommen oder die Gewichtung der einzelnen Kriterien unausgewogen in Relation zueinander stehen. Jede Führungskraft sollte sich bei der Mitarbeiterbeurteilung kritisch fragen, ob nicht auch sie von Beurteilungsfehlern betroffen ist. Ein vertrauensvoller und offener Umgang mit Mitarbeitern, der sich auf das konkret gezeigte Verhalten bezieht und die konkreten Leistungen eines Mitarbeiters berücksichtigt, ist der beste Schutz vor Beurteilungsfehlern.

Zusammenfassend kann gesagt werden, dass bei der Einführung eines Mitarbeiterbeurteilungssystems die folgenden **erfolgskritischen Faktoren und Risiken** beachtet werden sollten, damit die Mitarbeiterbeurteilung nachhaltig und erfolgreich praktiziert wird:

- frühzeitige Einbeziehung des Betriebsrates und der Führungskräfte,
- Bedenken und Probleme der Mitarbeiter aus der Vergangenheit aufarbeiten,
- einen praktikablen Gesprächsbogen entwickeln,
- ausführliche schriftliche Vorinformation aller Mitarbeiter über Verfahrensweisen und Gesprächsbogen,
- subjektive und einseitige Beurteilung der Mitarbeiter vermeiden,
- Qualifizierung der Führungskräfte für konstruktive Gesprächsführung,
- Auswertung der Gesprächsbögen und zeitnahe Umsetzung der Ergebnisse.

Methoden der Leistungsmessung

Bei der Mitarbeiterbeurteilung sind zwei Faktoren wichtig: die Leistung des Mitarbeiters und sein Potenzial. Die gezeigte **Leistung** führt zur Standortbestimmung zwischen Führungskraft und Mitarbeiter. Bei der **Potenzialeinschätzung** geht es um die Frage, welche Leistungen ein Mitarbeiter bei optimaler Entwicklung in der Zukunft erbringen könnte. Aussagen zum Potenzial eines Mitarbeiters sind somit ungleich schwieriger zu treffen (siehe Kapitel 4.1.2), sind aber für den Entwicklungsplan von hervorgehobener Bedeutung. Insbesondere beim Führungskräftenachwuchs sind Potenzialanalysen bedeutsam.

Leistung kann klassischerweise zunächst als geleistete Arbeit in einem bestimmten Zeitrahmen definiert werden. Ein Akkordarbeiter, der in einer Stunde zehn Einheiten eines Produktes herstellt, leistet mehr als ein anderer Arbeiter, der in einer Stunde nur acht Einheiten des Produktes herstellt. Die Produktivität des Ersten wäre somit größer. **Leistungsvergleiche** wie dieser können allerdings nur dann durchgeführt werden, wenn die Tätigkeitsinhalte und die Arbeitsbedingungen gleich sind. In der Regel wird man den Leistungsbegriff weiter fassen müssen. So könnte es durchaus sein, dass der erste Akkordarbeiter pro Stunde einen Ausschuss von vier Einheiten produziert. Leistung kann also an der produzierten Menge gemessen werden, aber beispielsweise auch an der Qualität der Arbeit. Dieses Grundprinzip lässt sich auf weitere Bereiche übertragen. Außendienstmitarbeiter im Vertrieb können an dem Umsatz, den sie einem Unternehmen einbringen, gemessen werden, oder der Anzahl von Verträgen, die sie in einem Jahr neu abschließen. Man könnte auch die Anzahl der Kundenbesuche und die Qualität der Kundenbindung messen, z. B. anhand der Frage wie viele Kunden innerhalb eines Jahres in dem Verkaufsgebiet neu gewonnen oder verloren wurden, wobei die Kundenbesuche noch keinen Aufschluss über den erzielten Umsatz erbringen. Im Außendienst werden in der Regel leistungsbezogene Vergütungen gezahlt, damit ein Anreiz entsteht, eine hohe Leistung zu erbringen, was sich letztlich positiv auf den Erfolg des Unternehmens auswirkt.

In all diesen Bereichen ist eine **Leistungsmessung anhand objektiver Kennziffern** möglich. Wie aber misst man die Leistung von Verkäufern im Supermarkt oder bei überwachenden Tätigkeiten? Wie kann man die Leistung eines Lehrers, oder eines Sachbearbeiters messen? Die Leistungsmessung ist hier meist schwierig, weil es oft kein konkretes, objektiv messbares Arbeitsergebnis gibt. Hier ist die subjektive Einschätzung der direkten Führungskraft gefragt. Zu den zentralen Aufgaben einer Führungskraft gehört daher die Kontrolle der Leistung der Mitarbeiter, d.h. das Prüfen der Arbeitsergebnisse und die Leistungskontrolle. Die Leistung hängt dabei nicht allein von persönlichen Faktoren ab, sondern ist ebenso Folge der Rahmenbedingungen, der Unternehmenskultur und der Unternehmensorganisation. Die Leistungserbringung ist ein komplexes Gebiet mit dem sich das sog. **Performance-Management** befasst. In der Praxis wird heute verstärkt mit Zielvereinbarungen gearbeitet (Management by Objectives). Dabei werden unter anderem Leistungsziele für das kommende Jahr vereinbart und die Erreichung der Ziele des vergangenen Jahres kontrolliert.

4.1.2 Potenzialanalyse

Während die Leistung sich auf gegenwärtiges oder in der Vergangenheit gezeigtes Verhalten bezieht und damit konkret zu beurteilen ist, ist die Messung des Potenzials schwieriger, geht es doch hier um ein **zukünftiges oder erwartetes Leistungsvermögen** des Mitarbeiters. Die Potenzialanalyse stellt damit eine Prognose über die Leistungsfähigkeit und Leistungsbereitschaft eines Mitarbeiters oder einer Führungskraft aus. Sie kommt insbesondere dann zum Einsatz, wenn Mitarbeiter gezielt auf weiterführende Aufgaben vorbereitet werden sollen. Die grundsätzliche Schwierigkeit besteht wie bei allen Prognosen darin, eine Aussage über die Zukunft treffen zu müssen. Letzten Endes kann dabei lediglich vom gegenwärtigen Qualifikationsstand und den gegenwärtigen Leistungen ausgegangen werden. Man kann aber einen Mitarbeiter oder eine neu einzustellende Nachwuchsführungskraft mit neuen Situationen konfrontieren, die sich von der Routine der alltäglichen Arbeit unterscheiden. Dann sollte sich idealerweise zeigen, ob der betreffende Mitarbeiter mit ungewohnten, unstrukturierten Situationen umzugehen weiß, ob er Kreativität und Einfallsreichtum zeigt und neue Fähigkeiten erkennen lässt. Ein dazu häufig eingesetztes Instrument ist das **Assessment-Center** (AC). Zum Potenzial eines Mitarbeiters bzw. einer Führungskraft gehören einerseits kognitive Fähigkeiten, wie Intelligenz, Wissen, Bildung und Erfahrung, andererseits aber auch motivationale Faktoren wie die Bereitschaft zu höherer Leistung und ständiger Weiterentwicklung. Ebenso werden soziale und kommunikative Fähigkeiten immer wichtiger. Mit verschiedenen Übungen können diese **Qualifikationen in einem AC analysiert** werden (siehe Kapitel 2.6.7, Testverfahren). Assessment Center können entweder zur Auswahl geeigneter Mitarbeiter bei der Personaleinstellung (hier insbesondere von Nachwuchsführungskräften) oder für geplante Entwicklungsmaßnahmen eingesetzt werden. Ein AC dauert meistens ein bis drei Tage, seltener eine ganze Woche. Die Übungen, die die Teilnehmer einzeln oder in einer Gruppe durchführen, werden von erfahrenen Führungskräften und teilweise auch von externen Beobachtern (geschulten Psychologen oder Mitarbeitern einer Personalberatungsgesellschaft) begleitet. Sie protokollieren das **Problemlösungsverhalten** der Teilnehmer und schätzen deren Leistungen ein. Im Anschluss an ein AC sollte immer ein Feedback an die Teilnehmer gegeben werden. Die Stärken und Schwächen können so herausgearbeitet und Tipps für die weitere persönliche Entwicklung gegeben werden. In jedem Fall ist es empfehlenswert, bei der Vorbereitung und Durchführung eines AC Mitarbeiter mit fundierten Kenntnissen der Potenzialanalyse bzw. der Arbeits- und Betriebspsychologie zu beteiligen. Die Übungen eines AC sollten auf das Anforderungsprofil der zu besetzenden Positionen abgestimmt sein (mögliche Bestandteile eines AC siehe Abbildung 162). Wenn auch Assessment Center in der Praxis weit verbreitet und anerkannt sind, so stehen sie doch bisweilen in der Kritik. Ein grundsätzlicher Kritikpunkt hängt mit der Validität eines AC zusammen. Das bedeutet, dass Zweifel bestehen, ob die Übungen tatsächlich das Potenzial einer Person richtig messen, bzw. das messen, was sie zu messen vorgeben. Weiterhin wird in Frage gestellt, ob die Teilnehmer sich in den Übungen tatsächlich so verhalten, wie sie sich im Alltag in ähnlichen Situationen verhalten würden, oder nicht eher so, wie man es von ihnen erwartet. Ein AC stellt immer auch eine »Laborsituation« dar, in der man beobachtet wird und wo es zu Effekten sozialer Erwünschtheit kommt. Mittlerweile gibt es darüber hinaus eine Reihe von Büchern, mit denen sich Teilnehmer gezielt auf ein AC vorbereiten können. Sofern immer dieselben Standardübungen zum Einsatz kommen und die Durchführung und Beobachtung nicht von psychologisch oder diagnostisch geschulten Mitarbeitern vorgenommen wird, kann das AC selten eine valide Potenzialeinschätzung liefern. Ein gut durchgeführtes AC kann jedoch einen wichtigen Beitrag zur Analyse von Mitarbeiterpotenzialen leisten und die Selbstreflexion anregen.

Qualifikationsstand

Die Förderung und Weiterentwicklung von Mitarbeitern basiert auf zwei Pfeilern, die zugleich die Chancen und Grenzen jeglicher Personalentwicklung aufzeigen, dem **Qualifikationsstand** und dem daraus resultierenden **Leistungsniveau** sowie der **Potenzialanalyse**. Mit dem Qualifikationsstand werden insbesondere die fachlichen Kenntnisse und Fähigkeiten erfasst. Darüber hinaus zählen auch die persönlichen, sozialen und methodischen Kompetenzen im weitesten Sinne zur Qualifikation. Die Potenzialanalyse beschreibt die voraussichtlichen Entwicklungsmöglichkeiten. Ohne einen soliden Qualifikationsstand sind die Entwicklungsmöglichkeiten eingeschränkt. Andererseits bietet ein guter Qualifikationsstand ohne Entwicklungsmöglichkeiten nur bedingte Chancen zur gezielten Weiterentwicklung.

Qualifizierungsgespräche

Die Ermittlung des Qualifizierungsbedarfs und der daraus abzuleitenden Entwicklungsmaßnahmen ist eine zentrale Aufgabe der Führungskräfte. In enger Abstimmung mit der Personalentwicklung obliegt es den Führungskräften, ihre Mitarbeiter mit Blick auf die vorhandenen Qualifikationen und Potenziale einzuschätzen und entsprechend zu fördern. Daher sind **regelmäßige Qualifizierungsgespräche** erforderlich, in denen die fachlichen, persönlichen, sozialen und methodischen Kompetenzen mit den gegenwärtigen Aufgaben und Herausforderungen abgeglichen werden. Je nach Einschätzung müssen dann **Fördermaßnahmen** ergriffen werden, damit der Mitarbeiter die Anforderungen erfüllen, größere Herausforderungen meistern und gegebenenfalls auch eine verantwortliche Führungsaufgabe übernehmen kann. Qualifizierungsgespräche sollten in jedem Fall schriftlich dokumentiert werden und Aufschluss über konkret vereinbarte Maßnahmen geben. Die Ablage in der Personalakte ist empfehlenswert. Formulare zur Dokumentation der Gespräche können beispielsweise die Stärken und Schwächen beschreiben bzw. in einen detaillierten Qualifikationsplan münden.

Qualifizierungspläne

Aus den Ergebnissen einer Potenzialanalyse und den daraus abgeleiteten Stärken und Schwächen, können Qualifizierungspläne erarbeitet werden. Sie dienen der Orientierung und beinhalten vereinbarte Maßnahmen zur Verbesserung des Qualifikationsstandes. Eine regelmäßige Überprüfung mit Blick auf die tatsächlich durchgeführten Maßnahmen ist sinnvoll, um gegebenenfalls nachsteuern zu können. Qualifizierungspläne sind ein wichtiges **Steuerungsinstrument** im Rahmen einer mitarbeiterorientierten Personalplanung und -entwicklung. Der folgende exemplarische Qualifizierungsplan verdeutlicht die einzelnen Planungskategorien (siehe Abbildung 219).

Qualifizierungsplan				
Name:		Abteilung:		
Position:				
Entwicklungsziel: (ggf. Position)				
	durchgeführt bis	durchgeführt von		
Maßnahmen				
Seminar				
Fachkonferenz				
Einzelcoaching				
Hospitation				
Sonderaufgaben				
Stellvertretung				
Projekte				
…				
Plan erstellt am:				
von:				

Abb. 219: Qualifizierungsplan

Quellen

Brake, J./Zimmer, D.: Praxis der Personalauswahl. So wählen Sie den idealen Bewerber aus, Würzburg 2002.

Franke, D./Boden, M. (Hrsg.): PersonalJahrbuch 2004, Neuwied 2003.

Hesse, J./Schrader, H. C.: Assessment Center. Das härteste Personalauswahlverfahren, Frankfurt/Main 1994.

Mentzel, W.: Personalentwicklung. Erfolgreich motivieren, fördern und weiterbilden, 2. Aufl., München 2005.

Neges, G./Neges, R.: Kompaktwissen Management. Alles, was Führungskräfte wissen müssen, Wien 1999.

Odiorne, G.: Strategic Management of Human Resources, San Francisco 1984.

Sommerhoff, B.: Mitarbeiterbeurteilung: Leistung messen – Mitarbeiter fördern – Personal entwickeln, 2. Aufl., Landsberg/Lech 1999.

4.2 Konzepte für die Kompetenzentwicklung der Mitarbeiter sowie Qualifikationsanalysen und Qualifizierungsprogramme entwerfen und umsetzen

4.2.1 Kompetenzentwicklung und Qualifikationsentwicklung

Kompetenz und Qualifikation

Kompetenz und Qualifikation sind auch in der Personalführung und der Ausbildung inzwischen zu Schlüsselbegriffen geworden. Unterschiedliche Kompetenz- oder Qualifikationsbegriffe lassen sich den drei allgemein anerkannten **Kategorien** zuordnen:

- Fachkompetenz: fachliche Qualifikation,
- Methodenkompetenz: methodische Qualifikation (überfachlich),
- Sozialkompetenz: soziale Qualifikation (außer- oder nichtfachlich).

Fachliche, methodische und soziale Qualifikation zusammen bilden die **berufliche Handlungskompetenz**, wobei für das berufliche Alltagshandeln die verschiedenen Kompetenzfelder unterschiedliche und wechselnde Bedeutung haben, je nach:

- konkreter Aufgabe/Tätigkeit,
- beteiligten Personen,
- situativen Erfordernissen und
- Rahmenbedingungen des Umfelds.

In der Fachdiskussion und einschlägigen Literatur zur beruflichen Qualifikation findet sich zunehmend auch die Unterscheidung in die folgenden vier Kernkompetenzbereiche:

- Fachkompetenz,
- Methodenkompetenz,
- Sozialkompetenz und
- personale Kompetenz.

Bei der Einführung des Begriffes »**personale Kompetenz**« (Persönlichkeitskompetenz; Selbstkompetenz) handelt es sich ebenso wie beim Begriff »**Führungskompetenz**« um eine Differenzierung und Zusammenführung der Grund- oder Kernkompetenzfelder Methodenkompetenz und insbesondere Sozialkompetenz. Qualifikationen aus den Bereichen Methodenkompetenz, Sozialkompetenz und Personaler Kompetenz werden auch als **Schlüsselqualifikationen** bezeichnet, dazu werden u. a. gerechnet:

- Anpassungsfähigkeit,
- Belastbarkeit,
- Feedbackfähigkeit,
- Flexibilität,
- Führungsfähigkeit,
- Innovationsfähigkeit,
- Kommunikationsfähigkeit,
- Komplexitätsbewältigung,
- Kreativität,
- Kritikfähigkeit,
- Leistungsbereitschaft,
- Lernfähigkeit,
- Problemlösefähigkeit,
- Selbstständigkeit,
- Teamfähigkeit,
- Veränderungsbereitschaft,

- Konfliktfähigkeit,
- Konzentrationsfähigkeit,
- Kooperationsfähigkeit

- Verantwortungsbewusstsein,
- Zuverlässigkeit.

Zusammenwirken von Kompetenz, Qualifikations- und Unternehmensentwicklung

Kenntnisse, Fähigkeiten und Fertigkeiten (Kennen und Können) sind notwendige, aber noch nicht ausreichende Qualifikationen. **Leistungsbereitschaft und Motivation** (Wollen) sind die ausschlaggebenden Faktoren für Anwendung und Umsetzung sowie den Erfolg beruflichen Handelns. Diese allgemeine Erkenntnis lässt sich in ein konkretes **Kompetenz-Modell** für ein Unternehmen bzw. einen Anwendungsbereich umsetzen durch:

- Definition der jeweils entscheidenden relevanten Kernkompetenzen,
- Beschreibung beispielhafter positiver wie negativer Verhaltensmerkmale,
- Auflisten der notwendigen Qualifikationen, Kenntnisse, Fähigkeiten und Einstellungen.

Während die Bedeutung der Fachkompetenz konstant bleibt, steigt die **Relevanz von Anwendungswissen neuer Technologien**, insbesondere der Informations- und Kommunikationstechniken (IT-Kompetenz). Durch höhere Komplexitätsgrade und Kooperationserfordernisse gewinnen auch Schlüsselqualifikationen stark an Bedeutung. Für die Unternehmensentwicklung ist es von erfolgsentscheidender Bedeutung, Kernkompetenzen zu definieren – nicht nur für das Produkt- bzw. Dienstleistungsspektrum, sondern auch für die Leistungsfähigkeit und -bereitschaft der Mitarbeiter. Die Qualifikation der Mitarbeiter systematisch zu entwickeln, ist ein wesentlicher Erfolgsfaktor für die Unternehmensentwicklung.

4.2.2 Lernen und Qualifizieren durch formale und informelle Lernprozesse

Lernen und Qualifizieren ist dann besonders erfolgreich, wenn die Lernfähigkeit und Lernbereitschaft der Beschäftigten einerseits durch eigenen Antrieb und gute persönliche Voraussetzungen (Interesse und Intelligenz) unterstützt werden. Andererseits führen Fordern und Fördern mithilfe geeigneter Qualifizierungsmaßnahmen und gezieltem Feedback zu Lernerfolgen. Dabei findet Lernen nicht nur in und während dafür eigens geschaffener und entsprechend deklarierter Veranstaltungen statt. Lernen geschieht zeitlebens auf verschiedene Art und Weise, vor allem durch:

- Aufnahme von Informationen (Aneignung von Kenntnissen und Wissen),
- gezieltes wie auch zufälliges Beobachten und daraufhin Nachahmen oder Vermeiden (Ausprobieren von Verhaltensweisen und Fehlervermeidung eigener und fremder Fehler),
- systematisches Einüben und Trainieren, also aktives Handeln (bewusste Aneignung von Fähigkeiten und Fertigkeiten).

Die Lernbereitschaft und Lernfähigkeit werden in der Personalentwicklung und -qualifizierung besonders bei Maßnahmen der Weiterbildung außer durch die Person des Teilnehmers wesentlich durch Folgendes beeinflusst:

- **Inhalte** der Weiterbildung,
- **Methoden** in der Weiterbildung sowie
- **Trainer** (Ausbilder, Lehrer, Referenten) in der Weiterbildung.

Inhalte der Weiterbildung

Trainingsmaßnahmen dienen der Qualifikationssicherung der Mitarbeiter und zielen darauf ab, die **berufliche Handlungsfähigkeit** in den verschiedenen Kompetenzfeldern (siehe Kapitel 4.2.1) anzupassen oder zu erweitern. Zu beachten ist entsprechend der Bedarfsanalyse (siehe Kapitel 4.2.3), dass Inhalte und Methoden gezielt zugeschnitten sind auf:

- **fachliche** Qualifikation (Kenntnisse, Wissen),
- **überfachliche** Qualifikation (Methoden, Prozesse) und
- **außerfachliche** Qualifikation (Persönlichkeit, Verhalten).

Der rasante technologische und organisatorische Wandel erfordert, rechtzeitig und systematisch für die Qualifizierung der Mitarbeiter zu sorgen. Mitarbeiter müssen das notwendige Fachwissen für die Anwendung neuer Techniken, Systeme und Verfahren haben und über die richtige persönliche Einstellung und das entsprechende Verhalten verfügen, um als Einzelkämpfer und im Team erfolgreich kommunizieren und zusammen arbeiten zu können. In einem Unternehmen werden alle Leistungen von Mitarbeitern erbracht. Die Effektivität und die Effizienz Einzelner und des Teams hängen von deren Qualifikation und Motivation ab. Deshalb sind Investitionen in Personal und Bildung genauso wichtig wie Sachinvestitionen und sollten auch genauso zielorientiert eingesetzt werden. Bestimmte Trainings sind für die Entwicklung spezifischer Kompetenzen besonders geeignet (siehe Abbildungen 220 und 221).

Kompetenztraining	Fach	Methoden	Markt	Kooperation	Führung
Technologie	x	x			
Produkt	x	x	(x)		
Qualität		x	x	x	x
Kundenorientierung		x	x	x	
Arbeitstechniken		x		x	x
Kommunikation			x	x	x
Konfliktmanagement			(x)	x	x
Führung		x		x	x
Train the Trainer		x	(x)	x	(x)
Fremdsprachen	x		(x)	x	
Projektmanagement		x		x	x
Arbeitsrecht	x				x
Moderation		x		x	x
EDV (E-Business)	x	x	(x)	(x)	
Arbeitssicherheit	x	x		x	x

Abb. 220: Kompetenztraining-Matrix

Methoden in der Weiterbildung

Für den Erfolg von **internen Bildungsmaßnahmen** sind Inhalte und Methoden mit ausschlaggebend. Auch bei externen Veranstaltungen ist es wichtig, dass Trainer nicht nur gute »Fach-Experten« sind. Professionelle Trainer zeichnen sich durch **Methodenkompetenz** aus. Die angewandten Methoden müssen der Zielsetzung entsprechen und sie fördern. Gerade in der **Erwachsenenbildung** kommt es darauf an, die pädagogischen Rahmenbedingungen der Teilnehmervoraussetzungen zu kennen, zu berücksichtigen und zu gestalten. Häufig ist die Teilnehmerzusammensetzung in Bezug auf Lerngewohnheit und Lernerfahrung (vordergründig festgemacht an Alter und Bildungsniveau) heterogen. Also ist es Aufgabe des Bildungsverantwortlichen und Trainers, ein **förderliches Lernumfeld** zu ermöglichen. Das bedeutet:

- den einzelnen Teilnehmer dort abholen, wo er sich befindet (Teilnehmer- oder Kundenorientierung),
- den Teilnehmern die Lernverantwortung zu übertragen (Lernorientierung),
- den Teilnehmern den Theorie-Praxis-Bezug aufzeigen (Nutzenorientierung),
- den Teilnehmern praktische Anwendungsübungen und Eigenaktivitäten bieten (Handlungsorientierung).

Die folgende Tabelle zeigt die meist verbreiteten Methoden in Weiterbildung und Training sowie die wesentliche Zuordnung zu den Inhalten und Kompetenzbereichen der Qualifikation (siehe Abbildung 221).

Kompetenzfeld	Inhalt	Methoden/Medien
Fachkompetenz	• Fachwissen (rechtlich, technisch, kaufmännisch etc.) • Fachkurse aller Disziplinen • Produktkenntnisse • Sprachkurse	• Vortrag (mit Visualisierung) • Texte, Arbeitsblätter • Fallstudien • Selbststudium • CBT, Sprachlabor • Intranet/Internet (WBT)
Methoden-kompetenz	• Arbeitsorganisation • Analyseverfahren • Problemlösetechniken • Projektmanagement • Informationstechnik	• Moderation/Metaplan • Teilnehmerpräsentationen • Team-/Gruppenarbeit • Fallstudien • praktische Anwendungsübungen
Sozialkompetenz	• Kommunikation • Führung • Zusammenarbeit • Konfliktmanagement • Sprache/Kultur • Veränderungsfähigkeit	• Team-/Gruppenarbeit • Moderation • Kommunikations-/Verhaltenstraining • Feedback-Übungen • Videoanalyse

Abb. 221: Inhalte-Methoden-Matrix

Trainer in der Weiterbildung

So wie im Prozess der Personalentwicklung die jeweilige Führungskraft eine Schlüsselrolle spielt, hat in der Weiterbildung der Trainer eine zentrale Stellung. **Qualifikation, Persönlichkeit und Verhalten des Trainers** können ähnliche Auswirkungen auf Lernerfolg oder -misserfolg haben, wie die bekannte Lehrer-Schüler-Konstellation in der Schule. Gutes Fachwissen allein reicht nicht aus, entscheidend sind:

• die teilnehmerorientierte Vermittlung,
• die praxisorientierte Aufbereitung und
• die Hilfe zur Selbsthilfe.

Teilnehmer müssen unterstützt werden beim Lernen, damit sie das Lernen erlernen und die ständige Lernbereitschaft für »lebenslanges Lernen« gefördert wird.

In der Weiterbildung sind unterschiedliche Bezeichnungen für das Lehrpersonal gebräuchlich (z. B. Ausbilder, Dozent, Erwachsenenbildner, Kursleiter, Lehrer, Berater, Moderator, Referent, Schulungsleiter, Seminarleiter oder Weiterbildner). Analog zum Training gewinnt die Berufs- oder Funktionsbezeichnung »Trainer« an Bedeutung. Teilweise drückt die Wortwahl auch ein gewisses Selbstverständnis aus. Insbesondere bei internen Trainings werden häufig auch betriebsinterne Trainer eingesetzt, z. B. als Co-Trainer zusammen mit Externen. Konflikt-, Kommunikations-, Persönlichkeits- und Führungsthemen sind meist besser bei »neutralen«, unabhängigen, **externen Trainern** aufgehoben (Vertraulichkeit). Fach- und Organisationsthemen eignen sich besonders für den Einsatz von **internen Spezialisten** und Führungskräften. Um Erfolg und Qualität der Weiterbildung zu sichern, sollten die richtigen externen Trainer ausgewählt, beurteilt und kontrolliert und ebenso unter den eigenen Mitarbeitern bereitwillige, geeignete, interne Trainer ausgewählt, gefördert (Train-the-Trainer-Maßnahmen) und ihre Trainingsarbeit kontrolliert werden (siehe Abbildung 222).

Checkliste: Trainer-Auswahl, -Beurteilung und -Förderung	
Der Trainer kann ...	
☐ Lernen als Prozess begreifen und gestalten ☐ Lerntheorie/Lernpsychologie anwenden ☐ Lernziele zielgruppengerecht formulieren ☐ Teilnehmervoraussetzungen erkennen ☐ Trainingsmaßnahmen planen und vorbereiten ☐ Trainings zielorientiert, aber situations- und teilnehmerbezogen flexibel durchführen ☐ Struktur, Ziele und Ablauf des Trainings kommunizieren	☐ Trainer-Rolle/-Person aktiv einbringen ☐ Feedback-Verhalten aktiv/passiv vorleben ☐ Kommunikation offen führen, aktiv zuhören ☐ Konflikte aktiv managen ☐ Lernmethoden und Medien teilnehmeraktivierend einsetzen ☐ Informationsvermittlung visualisieren ☐ Lernerfolg kontrollieren ☐ Transfer in die Praxis gezielt fördern ☐ Sach- und Beziehungsebene ausbalancieren

Abb. 222: Checkliste zur Auswahl, Beurteilung und Förderung eines Trainers

Formales und informelles Lernen und Lernerfolg

Formales Lernen setzt **gezielte Maßnahmen** und bewusst geplante und durchgeführte Aktivitäten voraus. Informelles Lernen ist jederzeit möglich; es setzt lediglich **Lernfähigkeit und Lernbereitschaft** voraus, also einen wachen Geist und eine aufgeschlossene Einstellung oder auch Neugier und Veränderungsbereitschaft genannt. Informelles Lernen findet auch zusätzlich neben formalem Lernen statt.

Inwieweit Lernen in betrieblichen Qualifizierungsmaßnahmen im beabsichtigten Sinne und Umfang erfolgreich ist, lässt sich durch systematische Auswertung feststellen und durch geeignete Transfersicherungsmaßnahmen fördern. Um den Erfolg von Personalentwicklungs- und Trainingsmaßnahmen zu kontrollieren, untersuchen Personal- oder Weiterbildungsverantwortliche beispielsweise Qualität, Relevanz und Transfer der durchgeführten Maßnahmen:

- **Qualität:** Hält die Maßnahme den Qualitätsanforderungen stand?,
- **Relevanz:** Inhalt auf den festgestellten Bedarf hin überprüfen,
- **Transfer:** tatsächliche Veränderungen in der Praxis als Nutzen feststellen.

Das wichtigste Erfolgskriterium ist der Nutzen der Maßnahmen für die Praxis. Deshalb sollten die Maßnahmen durch die Teilnehmer beurteilt werden, sowohl direkt danach, als auch drei bis sechs Monate später (siehe Abbildungen 223 und 224). Dann ist der erste Eindruck durch die Praxis bereits überprüft worden.

Seminar- und Trainingsbeurteilung

Thema:	Teilnehmer:	Termin:

1) Wie beurteile ich das Seminar/Training allgemein? Wie war mein Gesamteindruck?
☐ sehr gut
☐ gut
☐ es ging so
☐ schade um die Zeit

2) Wie bewerte ich den Referenten/Trainer?
☐ sehr gut
☐ gut
☐ befriedigend
☐ nicht zufriedenstellend   Warum? _____

3) War ich mit der Organisation/den Rahmenbedingungen zufrieden?
☐ ja
☐ es ging so
☐ nein   Warum? _____

4) Wurden alle angekündigten Inhalte/Themen behandelt?
☐ ja
☐ nein   Welche habe ich vermisst? _____

5) Wie bewerte ich die Inhalte, ihre Klarheit und Verständlichkeit?
☐ gut
☐ unterschiedlich
☐ nicht zufriedenstellend   Warum? _____

6) Wie beurteile ich die Dauer?
☐ genau richtig für die Themen/Inhalte
☐ zu kurz   Warum? _____
☐ zu lang   Warum? _____

7) Wie beurteile ich die Methoden, z. B. prakt. Übungen, Fallbeispiele, Gruppenarbeit, Diskussion usw.?
☐ gut   Warum? _____
☐ unterschiedlich
☐ nicht zufriedenstellend   Warum? _____

Weitere Angaben: _____

8) Waren die Arbeitsunterlagen …
☐ nützlich/hilfreich
☐ eher zu viel/überflüssig
☐ fehlend/ unbrauchbar   →

9)	**Kann ich die Ergebnisse des Seminars für meine/n Aufgaben/Arbeitsplatz nutzen?** □ ja, sehr gut □ bestimmt zum großen Teil □ weiß ich noch nicht □ nein, wohl kaum Warum? _____
10)	**Mein Interesse an diesem Thema ist?** □ groß Warum? _____ □ durchschnittlich □ eher gering Warum? _____
11)	**Fand ein vorbereitendes Gespräch vor dem Seminar mit der/dem Vorgesetzten statt?** □ ja □ nein
12)	**Ist ein Auswertungsgespräch nach dem Seminar mit der/dem Vorgesetzten geplant?** □ ja □ nein □ weiß ich noch nicht
13)	**Kann ich das Seminar weiterempfehlen?** □ ja Warum? _____ □ nein Warum? _____
14)	**Wie werde ich die Inhalte/Ergebnisse in die Praxis umsetzen?**
15)	**Meine Anmerkungen/Verbesserungsvorschläge**

Abb. 223: Muster: Seminar- und Trainingsbeurteilung

Seminar- und Trainingsbeurteilung – Nachlese (Follow-Up)

Thema:
Teilnehmer:
Termin:

Vor einigen Monaten haben Sie am oben genannten Seminar/Training teilgenommen. Um den Nutzen für Ihre Praxis zu ermitteln, stellen wir Ihnen jetzt erneut einige Fragen.

1) Wie beurteile ich das Seminar/Training allgemein? Wie war mein Gesamteindruck?

☐ sehr gut

☐ gut

☐ es ging so

☐ schade um die Zeit

2) Kamen Inhalte/Themen rückblickend zu kurz?

☐ nein, war in Ordnung

☐ ja   Welche? _____

3) Sind die Arbeitsunterlagen aus dem Seminar/Training für Ihre Praxis ...

☐ nützlich/hilfreich

☐ zu viel/überflüssig   Warum? _____

☐ fehlend, unbrauchbar   Warum? _____

4) Können Sie die Ergebnisse des Seminars/Trainings für Ihren Arbeitsplatz/ Ihre Aufgabe nutzen?

☐ ja, sehr gut

☐ ja, teilweise   Welche? _____

☐ weiß ich immer noch nicht

☐ nein   Warum? _____

5) Hat im Anschluss an das Seminar/Training ein Gespräch zur Auswertung mit Ihrem/Ihrer Vorgesetzten stattgefunden?

☐ ja

☐ nein, bisher noch nicht

6) Wie haben Sie die Inhalte/Ergebnisse in die Praxis umgesetzt?

☐ vollständig

☐ teilweise   Warum? _____

☐ gar nicht   Warum? _____

Anmerkungen: _____
_____
_____
_____
_____
_____

Abb. 224: Muster: Seminar- und Trainingsbeurteilung-Nachlese (Follow-Up)

Für den Transfer des Gelernten in die Praxis kommt es, neben der **Anwendungs- und Veränderungsbereitschaft** des Mitarbeiters, insbesondere auf die jeweilige Führungskraft an. Der Vorgesetzte nimmt bei Zielsetzung, Planung, Kontrolle und Unterstützung der Maßnahmen die Schlüsselfunktion ein. Er sollte den Prozess zusammen mit dem Mitarbeiter von Anfang bis Ende aktiv gestalten (siehe Abbildung 225).

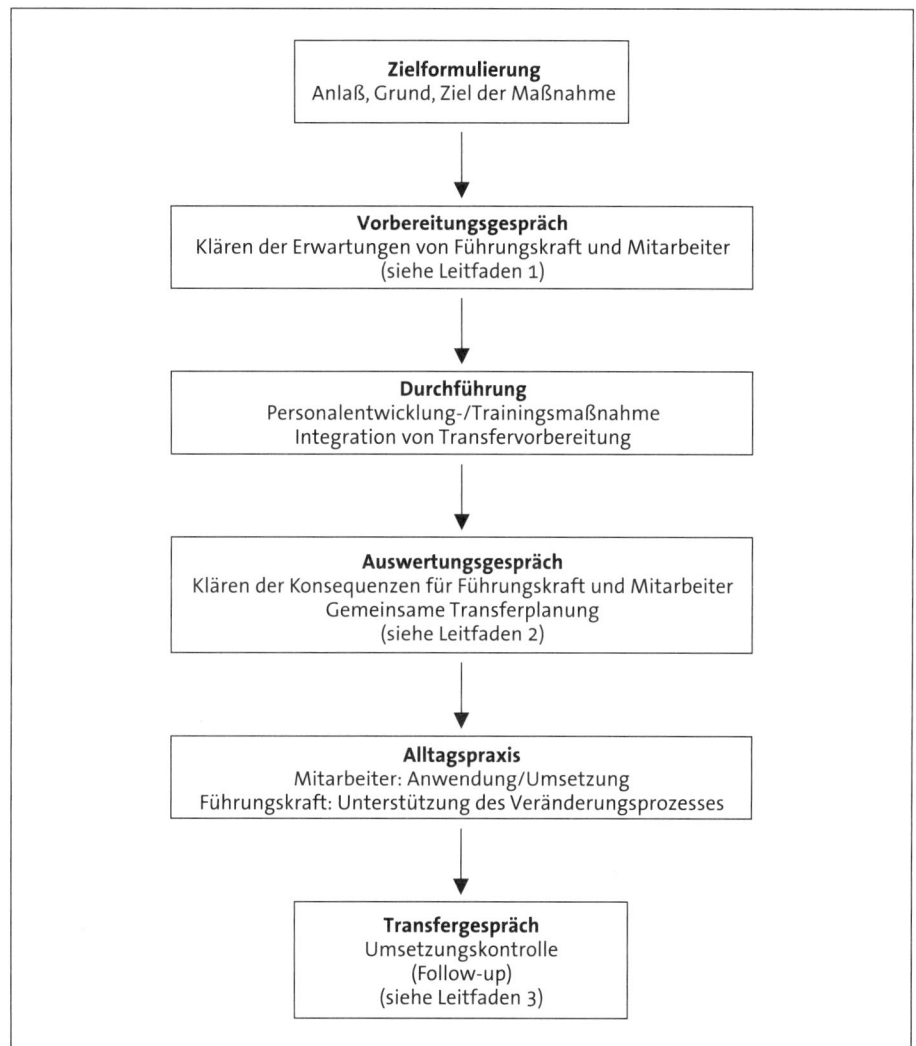

Abb. 225: Transfersicherung durch Mitarbeiter und Führungskraft

Für die Transfersicherung können die folgenden drei Musterformulare genutzt werden (siehe Abbildungen 226 bis 228).

Transfersicherung 1

Mitarbeiter: Führungskraft:

Maßnahme:

Zeitpunkt/Zeitraum der Maßnahme:

Datum des Vorbereitungsgesprächs:

Warum erfolgt die Maßnahme?
☐ Aktualisierung, Erweiterung der fachlichen Qualifikation
☐ Entwicklung der methodischen Fähigkeiten und Fertigkeiten
☐ Entwicklung des kommunikativen Verhaltens (Kunden, Zusammenarbeit, Mitarbeiterführung)
☐ Technische/organisatorische Veränderung
☐ Vorbereitung auf neue/andere Aufgaben
☐ _____

Welche Erwartung hat der/die Mitarbeiter/in selbst an die Maßnahme?

Welche Ziele sollen erreicht werden? (möglichst konkret beschreiben)
1) _____

2) _____

3) _____

Wie und wann soll die Auswertung erfolgen?

Abb. 226: Leitfaden 1 – Transfersicherung 1 (Vorbereitung)

Transfersicherung 2
Mitarbeiter: Führungskraft:
Maßnahme:
Zeitpunkt/Zeitraum der Maßnahme:
Datum des Vorbereitungsgesprächs:

☐ **Wie wird die Qualität der Maßnahme beurteilt?**

☐ **Wie wurden die Erwartungen erfüllt?**

☐ **In welchem Umfang wurden die Ziele erreicht?**

☐ **Welcher zusätzliche Nutzen ist entstanden?**

☐ **Wie wurde die Umsetzung der Ergebnisse in die Praxis vorbereitet?**

☐ **Welche Konsequenzen folgen aus der Teilnahme?**

Was folgt jetzt nach der Teilnahme?

Maßnahmen/Aktivitäten	**Termin**
1)	
2)	
3)	

Welche Hindernisse könnten beim Praxistransfer auftreten?

Wie kann die Führungskraft den Umsetzungserfolg unterstützen?

Wie und wann soll die Kontrolle der Umsetzung erfolgen?

Abb. 227: Leitfaden 2 – Transfersicherung 2 (Auswertung direkt nach der Maßnahme)

Transfersicherung 3	
Mitarbeiter:	Führungskraft:
Maßnahme:	
Zeitpunkt/Zeitraum der Maßnahme:	
Datum des Vorbereitungsgesprächs:	

☐ **Wie groß wird der Nutzen jetzt rückblickend eingeschätzt?**

☐ **In welchem Umfang konnte was umgesetzt werden?**

☐ **Was war förderlich für die Umsetzung?**

☐ **Was behinderte die Umsetzung?**

Wie wurden die Ziele/Ergebnisse erreicht? Was waren fördernde und/oder hindernde Bedingungen?

Ergebnisse	Erreichungsgrad	Anmerkungen
1)	☐ vollständig ☐ teilweise ☐ nicht erreicht	
2)	☐ vollständig ☐ teilweise ☐ nicht erreicht	
3)	☐ vollständig ☐ teilweise ☐ nicht erreicht	

Welche Folgeaktivitäten sind vorgesehen?

Abb. 228: Leitfaden 3 – Transfersicherung 3 (Follow-Up)

Lernen On the Job und Off the Job

Personalentwicklungs- und Qualifizierungsmaßnahmen lassen sich im Wesentlichen nach den Kriterien **On the Job** oder **Off the Job** unterscheiden. Hierbei ist maßgeblich, ob der Lernort bzw. »**Lernplatz**« der Arbeitsplatz selbst ist oder gerade nicht. Folgende Begriffe werden in diesem Zusammenhang verwendet:

- On the Job,
- Near the Job oder Near by the Job,
- Into the Job,
- Out of the Job und
- Off the Job.

- On-the-Job-Maßnahmen

Sehr wirkungsvolle und unkomplizierte On-the-Job-Personalentwicklungsinstrumente sind:

- **Job Rotation:** Arbeitsplatz- oder Aufgabenwechsel, mit quantitativem wie auch qualitativem Bezug,
- **Job Enrichment:** Aufgaben- und Verantwortungszuwachs, Arbeitsbereicherung, Arbeitsanreicherung in qualitativer Hinsicht und
- **Job Enlargement:** Aufgabenverbreiterung, Arbeitsfeldvergrößerung, Arbeitseinsatzausdehnung mit quantitativem Schwerpunkt.

> **Beispiele: Job Enrichment/Job Enlargement**
>
> - Leitung kleinerer, auch abteilungsübergreifender Projekte
> - Übernahme unternehmerischer Aufgaben (Übungsfirma, Junior-Board)
> - Stellvertretung des Gruppen- bzw. Abteilungsleiters
> - systematische Einarbeitung neuer Mitarbeiter
> - zusätzliche Betreuung und Unterweisung von Auszubildenden und Praktikanten
> - zusätzliche Übernahme von Trainingsaufgaben unter Beibehaltung des eigentlichen Aufgabengebiets

Aufgabenwechsel (Job Rotation) kann innerhalb einer Gruppe bzw. Abteilung oder abteilungsübergreifend durchgeführt werden. Die **Vorteile von Job Rotation** sind:

- Erweiterung der Qualifikation des einzelnen Mitarbeiters,
- gegenseitige Vertretung in Abteilung bzw. Gruppe wird erleichtert,
- eventuelle Fluktuation in Abteilung bzw. Gruppe reißt kein allzu großes Loch,
- die wechselseitige Kommunikation wird verbessert,
- das Verständnis für andere Aufgaben und Abläufe wird verbessert.

Der Erfolg dieser Maßnahmen hängt von einer guten Vorbereitung und der kritischen Begleitung und Auswertung ab. Das gilt in gleichem Maße ebenfalls für die folgenden arbeitsplatznahen Aktivitäten.

- Near-the-Job- und Into-the-Job-Maßnahmen

Als **Near-the-Job**-Maßnahme könnte beispielsweise die Übernahme von stellvertretenden Leitungs- und Führungsaufgaben im Rahmen von Job Enrichment angesehen werden. Wenn es sich dabei um die gezielte Vorbereitung auf eine Führungsfunktion im Rahmen der Karriereplanung handelt, kann man auch von Maßnahmen **Into the Job** sprechen. Ganz allgemein können beispielsweise. Ausbildung, Traineeprogramme und Meisterkurse als Into-the-Job-Maßnahmen gelten.

• Out-of-the-Job-Maßnahmen

Eine weitere Variante kann als **Out of the Job** bezeichnet werden. Dabei handelt es sich um Aktivitäten, die darauf abzielen, möglichst durch fließenden Übergang aus einer beruflichen Funktion auszuscheiden.

Beispiele: Out of the Job

• Vorbereitung auf den Ruhestand (für den Betroffenen)
• Einarbeitung/Aufbau eines Nachfolgers
• Übergabe/Aufteilung von Aufgaben bei Verzicht auf einen Nachfolger
• Wissensmanagement und Know-how-Transfer

Praxis- und **realitätsnahe Lernorte** sind, außer dem Arbeitsplatz selbst (On the Job), speziell konzipierte Lern-, Innovations- und Qualitätsgruppen, die insbesondere in größeren Unternehmen mit ausgeprägt arbeitsteiliger Struktur Near the Job eingerichtet werden, z. B. als Lernstatt, Lerninsel, Übungsfirma, Qualitätsteam oder Qualitätszirkel.

• Off-the-Job-Maßnahmen

Um Qualifizierungsmaßnahmen **Off the Job** handelt es sich immer dann, wenn nicht der eigene Arbeitsplatz – der derzeitige oder zukünftige – der eigentliche Lernplatz oder Lernort ist. Das gilt im Wesentlichen für alle gezielten betrieblichen Weiterbildungs- und Trainingsprogramme, die intern durchgeführt werden, ebenso wie für externe Seminare, Kurse oder auch berufsbegleitende Studienprogramme.

Coaching, Mentoring, Supervision

Lernen, Qualifizieren und Entwickeln lassen sich im betrieblichen Alltag praxisnah gestalten und durch professionelle Begleitung optimieren. Um eine **Methode** von On-, Near- oder Off-the-Job-Qualifizierung handelt es sich, wenn Lernen und Entwicklung nicht Zufallsprodukte sind, sondern die konkreten Maßnahmen systematisch vor- und nachbereitet sowie kritisch mit gezieltem Feedback begleitet werden. Als **Coach** oder **Mentor** eignen sich engagierte interne Führungskräfte im Rahmen eines **Patenschafts- oder Mentoring-Konzepts**. Entscheidend für eine erfolgreiche Entwicklung sind persönliche Akzeptanz und gegenseitiges Vertrauen; deshalb sollte das Prinzip »Freiwilligkeit« praktiziert werden. Der Einsatz interner Coaches, Mentoren und Paten sollte durch gezielte Qualifizierung und Einarbeitung unterstützt werden. **Supervision** hingegen soll Einzelne in Gruppen oder Gruppenprozesse insgesamt beobachten, analysieren und fördern. Diese Aufgaben sollten speziell ausgebildeten externen Fachkräften übertragen werden.

E-Learning

E-Learning bedeutet **Lernen mithilfe elektronischer Medien** (siehe Kapitel 1.5.4). Informationstechnologien und elektronische Medien beeinflussen und unterstützen die Möglichkeiten betrieblicher Weiterbildung. Der PC hat sich zum interaktiven Lernmedium entwickelt. Lernprogramme sind auf CD-ROM, als DVD, im Tele-Learning/-Coaching und im Internet bzw. Intranet abrufbar. CBT-Programme und Einzelbausteine werden von verschiedenen Anbietern zu fast allen Themenbereichen vermarktet. Die häufigsten Anwendungsfelder sind bislang: EDV, Sprache, Technik, betriebswirtschaftliche Grundlagen, Produktkenntnisse sowie Kommunikation und Verhalten. **Computer Aided Instruction** (CAI) bzw. **Computer Based Training** (CBT) qualifiziert flexibel und schnell, stellt bedarfsgerechtes Training zur rechten Zeit zur Verfügung, ermöglicht strukturiertes Lernen am Arbeitsplatz, ist offline und netzunabhängig möglich, fördert Lernen außerhalb der Arbeitszeit, individualisiert und verkürzt Zeitaufwand für Lernen und Training, nimmt auf individuelle Lerngewohnheiten und -geschwindigkeiten Rücksicht, stellt einheitliche Trainingsqualität sicher und erreicht Kostensenkung im Training. **Web Based Training** (WBT) erfolgt hingegen online, »netzbasiert«.

Wenn auch mittel- und langfristig das Kostenargument sehr schlagkräftig ist, so erfordert der Einsatz von E-Learning zunächst einen nicht unerheblichen Investitionsaufwand, sowohl für die Lern- und Arbeitsplätze, da an die technische Ausstattung Mindestvoraussetzungen gekoppelt sind, als auch für hohe Entwicklungskosten von Trainingseinheiten, -modulen und -programmen sowie für Systemwartung, -anpassung bzw. Lizenzgebühren. Im Zuge der schnellen Entwicklung der Computertechnologie sind Mindestanforderungen an die Ausstattung heute meist keine Hürde mehr. Zu den Kriterien für die erfolgreiche Einführung von E-Learning gehören:

- gezielt in die Konzeption einbeziehen,
- nicht einfach nur E-Learning machen, weil es modern ist,
- eine klare Zielsetzung erarbeiten (Was soll mithilfe von E-Learning erreicht werden?),
- früh mit ersten kleinen Schritten starten, um praktische Erfahrungen zu sammeln,
- von vornherein lange Anlaufphasen berücksichtigen; erfahrene Unternehmen berichten über hohen Entwicklungsaufwand und eine Anlaufphase von zwei bis drei Jahren,
- den »Knackpunkt: Systemintegration« beachten, Lerntools müssen zu der Systemumgebung im Unternehmen passen (Kompatibilität),
- sich nicht von theoretisch ermittelten Einsparpotenzialen blenden lassen, Kosten und Nutzen realistisch einschätzen,
- sich gleichwohl nicht abschrecken lassen: zur Zukunft gehört E-Learning. Engagierte Mitarbeiter erwarten hier Angebote.

Multimedia-Lernen (MML) und E-Learning reichen vom individuellen Selbststudium bis zum gesteuerten Lernprozess im Medienverbundsystem. Tele-Learning und Tele-Teaching ermöglichen, gestützt auf die Medien der Informationstechnologie (IT) wie Television/Business-TV/Video, Telefon, DV-Leitungen/Internet/Intranet/Web/E-Mail eine simultane Interaktion zwischen Lernenden und Veranstalter. Dadurch kann die Isolation des Lernprogrammteilnehmers überwunden werden. Individuelles Arbeiten wird ergänzt durch Gruppenprozesse, z. B. in Video-, Tele- oder Webkonferenzen und in Chat-Rooms, und durch gezielte Unterstützung von Experten und Tutoren als Telecoaching oder in Virtual Classroom Training Sessions. Wegen der sehr hohen Kosten für die Entwicklung von Programmen sowie für die Investition in Hard- und Software erfordert die Einführung große Teilnehmer- bzw. Anwenderzahlen. In der Frühphase von E-Learning konzentrierte man sich bisher vorwiegend auf die technische Seite der neuen Lernformen. Mittlerweile setzt sich nach einer Anfangseuphorie und erster Ernüchterung zunehmend die Erkenntnis durch, dass auch hier Inhalte und Methoden, also das Konzept und die Qualität des Contents für Erfolg entscheidend sind. Folgende Trends scheinen sich abzuzeichnen:

1) E-Learning verbindet sich mit Wissensmanagement-Systemen und
2) E-Learning braucht die Verbindung mit Präsenzlernen (Blended Learning).

Zur Einführung von E-Learning kann die folgende Checkliste mit bekannten »W-Fragen« nützen (siehe Abbildung 229):

Checkliste: Einführung von E-Learning

☐ Was genau soll mit E-Learning erreicht werden?
☐ Wer ist die Zielgruppe? Ist die Zielgruppe technologisch versiert, mit dem Umgang mit neuen Medien vertraut und aufgeschlossen?
☐ Welche Themen sind geeignet?
☐ Welche Inhalte sollen vermittelt werden?
☐ Wer ist für die Inhalte (Content) verantwortlich?
☐ Wie sind die Lern- und Arbeitsplätze ausgestattet?
☐ Wer liefert geeignetes Training oder soll/muss es selbst entwickelt werden?
☐ Wer hat das notwendige Know-how?
☐ Wann soll das Projekt E-Learning beginnen?
☐ Wann muss das Training verfügbar sein?
☐ Wie viele Anwender/Teilnehmer von E-Learning-Modulen sind zu erwarten (Amortisation der Investition)?
☐ Welches Budget steht zur Verfügung?
☐ Wie wird das E-Learning in andere Trainingseinheiten (konzeptionell) eingebunden?
☐ Wer kontrolliert den Erfolg? Und wie wird der Erfolg überprüft?

Abb. 229: Checkliste zur Einführung von E-Learning

Bildungs- und Qualifizierungsprogramme

Die umfassendste Definition für Qualifizierungsprogramme im Sinne der beruflichen Bildung liefert das Berufsbildungsgesetz (BBiG); dazu gehören die:

• Berufsausbildung,
• berufliche Fortbildung und
• berufliche Umschulung.

Bildungs- und Qualifizierungsprogramme lassen sich unterscheiden nach betrieblichen und nicht- oder außerbetrieblichen Maßnahmen. Qualifizierungsprogramme, insbesondere des betrieblichen Lernens, sind alle bewussten, geplanten und systematischen Qualifizierungsmaßnahmen.

4.2.3 Betriebliche Weiterbildungsmaßnahmen

Die Planung und Durchführung betrieblicher Weiterbildung geht vom Bedarf aus, stützt sich auf Qualifikationsanalysen (Anforderungen, Leistung, Potenzial) und berücksichtigt Ressourcen. Dabei spielen Budget und Kosten in der Praxis eine wesentliche Rolle, auch für die Entscheidung für interne oder externe Maßnahmen.

Ermittlung des fachlichen und persönlichen Qualifikations- und Weiterbildungsbedarfs

Ausgangspunkt für die **Bedarfsermittlung** sind die heute und künftig zu bewältigenden Aufgaben, die daraus abgeleiteten Anforderungen an die fachliche, methodische und soziale Kompetenz sowie die damit heute und künftig benötigten Qualifikationen der Mitarbeiter (siehe Abbildung 230). Die Gegenüberstellung von Anforderungsprofilen der Funktionen und Aufgaben zu Qualifikationsprofilen der Mitarbeiter ergibt den **Qualifikationsbedarf**, den Führungskräfte bei ihren Mitarbeitern feststellen können (siehe Abbildung 231).

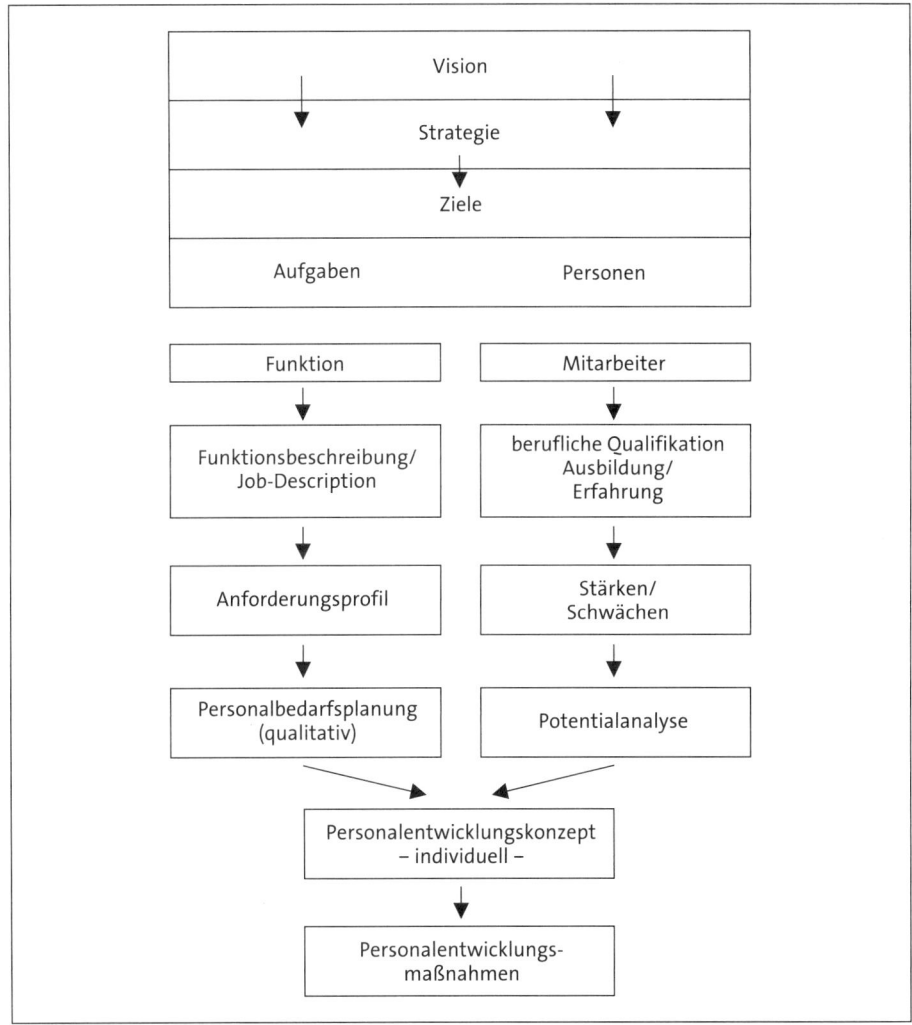

Abb. 230: Bedarfsermittlung

Checkliste: Qualifikationsbedarfsermittlung
1) Was muss der Arbeitsplatzinhaber jetzt können?
Alle für den Arbeitsplatz relevanten, fachlichen und überfachlichen Qualifikationsanforderungen: • Fachwissen/Kenntnisse, • Methoden/Abläufe/Prozesse/Verfahren, • Information/Kommunikation/Kooperation/Führung.
2) Was muss der Arbeitsplatzinhaber zukünftig können?
Zukünftige Arbeitsplatzanforderungen an den Mitarbeiter, wenn z. B.: • neue Maschinen eingesetzt werden, • andersartige Produkte hergestellt werden, • neue Fertigungsverfahren eingeführt werden, • neue Rechtsvorschriften erlassen werden, • die betriebliche (Aufbau-)Organisation geändert wird, • der Betriebsablauf umorganisiert wird.
3) Was kann der jetzige Arbeitsplatzinhaber?
Fähigkeiten und Fertigkeiten des Mitarbeiters: • Stärken, • Kompetenzen, • Erfahrungen, • Einstellung/Motivation, • Interessen.
4) Was kann der Arbeitsplatzinhaber nicht/noch nicht gut genug?
Qualifikationsdefizite: Schwächen (fachlich/methodisch/persönlich)
5) Lässt sich das Defizit durch Weiterbildung abbauen?
Weiterbildung ja oder nein? Entscheidung, ob das festgestellte Qualifikationsdefizit mit Maßnahmen abgebaut werden kann. Nicht hinter jedem Defizit steckt der Bedarf nach Weiterbildungsmaßnahmen, ggf. sind andere Maßnahmen einzuleiten: • Training kann helfen, • andere Personalentwicklungsinstrumente können eingesetzt werden, • richtiger Mitarbeiter am richtigen Platz?
6) Was muss der Mitarbeiter lernen, um 1) und 2) gerecht zu werden?
Art der Weiterbildung: • Welche Inhalte und welche Art (Training On the Job, Seminar oder Lehrgang, innerbetrieblich oder außerbetrieblich u. a.)? • Welcher Zeitaufwand (Tage, Stunden)? • Welche Kosten?
7) Wann muss die Weiterbildung spätestens begonnen werden?
Zeitpunkt der Weiterbildung: Es ist festzulegen, wann die Weiterbildung spätestens beginnen muss, damit die Leistungsfähigkeit des betreffenden Bereichs bzw. die Wettbewerbsfähigkeit des Betriebes nicht beeinträchtigt wird.

Abb. 231: Checkliste zur Qualifikationsbedarfsermittlung

Personalentwicklungsgespräch (Beratungs- und Fördergespräch)

Von zentraler Bedeutung für die Personalentwicklung ist das **Mitarbeitergespräch**, das in Form eines **Beratungs- und Fördergesprächs** (PE-Gesprächs) von den Führungskräften und ihren Mitarbeitern

- ziel- und entwicklungsorientiert,
- mindestens einmal im Jahr,
- als Vier-Augen-Gespräch,
- kooperativ und
- individuell

durchgeführt wird (siehe auch Kapitel 1.6 und 4.5.2).

Dieses Gespräch dient der **Rückkopplung** darüber, ob und wie zuvor vereinbarte Funktions-, Leistungs- und Verhaltensziele vom Mitarbeiter erreicht worden sind und schließt mit der Zielvereinbarung für die kommende Periode ab. Im besonderen Fokus des PE-Gesprächs stehen die

- Stärken und Schwächen sowie Potenziale des Mitarbeiters,
- Identifikation und Vereinbarung von geeigneten Förder- und Entwicklungsmaßnahmen.

Für dieses Gespräch sollten sich Führungskraft und auch der jeweilige Mitarbeiter gut vorbereiten (siehe Kapitel 1.6.3). Daneben sollte regelmäßig vor und nach gezielten individuellen Personalentwicklungs- und Trainingsmaßnahmen (On the Job und Off the Job) ein Gespräch mit dem Mitarbeiter über Zielsetzungen und Transferergebnisse geführt werden. Der ständige **Dialog in Alltagsaufgaben**, bei aktuellen Anlässen der Information, Kommunikation und Konfliktbewältigung sowie zur Leistungsbeurteilung gehört ebenso zu den Aufgaben einer Führungskraft. Folgende Themen können Inhalt eines Mitarbeitergesprächs sein:

- Aufgaben und Ziele des Mitarbeiters,
- erwartete Leistungen und Ergebnisse,
- Zusammenarbeit zwischen Mitarbeiter und Führungskraft,
- förderndes und hemmendes Verhalten der Führungskraft,
- Auffassungsunterschiede zwischen Mitarbeiter und Führungskraft,
- Handlungs- und Verantwortungsspielraum des Mitarbeiters,
- Zweckmäßigkeit der Organisation und Abläufe,
- Einsatz und Führung nachgeordneter Mitarbeiter,
- Zusammenarbeit mit anderen Kollegen,
- Verhalten gegenüber internen und externen Kunden,
- Entwicklungsperspektiven des Mitarbeiters,
- Vereinbarung von Zielen und konkreten Schritten zur Zielerreichung, z. B. Festlegung von Personalentwicklungs- und Förderungsmaßnahmen.

Qualifikationsanalysen: Leistung und Potenzial

• Leistungsbeurteilung

Die Leistungsbeurteilung ist Ausgangspunkt und Voraussetzung für die Planung und Durchführung von Personalentwicklungs- und Weiterbildungsmaßnahmen. Die Führungskraft hat hier, genauso wie bei der Potenzialeinschätzung (siehe Kapitel 3.4.3) und dem Beratungs- und Fördergespräch, die Schlüsselfunktion. Sie beurteilt die Leistungen des Mitarbeiters nach Quantität und Qualität. Voraussetzungen sind genaue **Beobachtungen des Leistungsverhaltens** und kontinuierliche **Rückkopplungsgespräche** zwischen Führungskraft und Mitarbeiter im Arbeitsalltag. Es sollen keine Eigenschaften von Mitarbeitern beurteilt werden, sondern beobachtbares Verhalten, das sich auf die Anforderungen des Arbeitsplatzes bzw. der Funktion bezieht. Die Leistungsbeurteilung erfolgt gemeinsam mit dem Mitarbeiter und soll in Förder- und Entwicklungsmaßnahmen münden. Ein Ergebnis dieser Beurteilung ist in der Praxis jedoch häufig die **Festlegung von Leistungszulagen** bzw. Prämien/Boni. Wenn die Entgelthöhe miteinbezogen wird, sollten die Gespräche zur Leistungsbeurteilung von denen zur Personalentwicklung (Beratung und Förderung) organisatorisch getrennt werden.

• Potenzialermittlung und -einschätzung

Wichtige Voraussetzung für Personalentwicklungsplanung ist es, zunächst die Potenziale der Mitarbeiter zu kennen. Während die Leistungsbeurteilung Aussagen zur Gegenwart und Vergangenheit macht, werden durch die Ermittlung und Einschätzung des Potenzials eines Mitarbeiters dessen Leistungsreserven und Leistungsvermögen in der Zukunft prognostiziert (siehe Kapitel 3.4.3). Hierbei geht es um die **Entwicklungsrichtung** (Wohin kann sich der Mitarbeiter entwickeln?) und um den **Entwicklungshorizont** (Wie weit kann er dabei kommen?). Die frühzeitige Potenzialerkennung und -entwicklung ist besonders wichtig bei sog. **High Potentials (HiPo)**. Das ist diejenige Zielgruppe, die durch steigende Arbeits- bzw. Führungsverantwortung Leistungsträger bleiben. Ohne Entwicklung empfinden sich die High Potentials subjektiv unterfordert und sind am anfälligsten für innere oder tatsächliche Kündigung.

Vermieden werden sollten die immer wieder auftretenden **Beurteilungsfehler**, d. h. Leistung mit Potenzial zu verwechseln und von erwiesener Fachkompetenz auf vermeintliche Führungskompetenz zu schließen. Der häufigste »Karriere-Fehler« ist es zudem, den fähigsten Sachbearbeiter (Fachmann) deswegen zum Vorgesetzten (Führungskraft) zu machen; denn um Mitarbeiter zu führen, kommt es vor allem auf **Sozialkompetenz** an. Für Potenzialeinschätzungen sind grundsätzlich die jeweiligen Führungskräfte verantwortlich und prinzipiell am besten geeignet.

Die Eignung eines Mitarbeiters aufgrund seiner Stärken und Schwächen festzustellen, ist auch ein Instrument der Personaleinsatzplanung. Für die Potenzialermittlung wird eine **Stärken-Schwächen-Analyse** vorgenommen und vermerkt, welche zukünftigen Aufgaben und Positionen erreichbar erscheinen. Auch das Beratungs- und Fördergespräch liefert wichtige Informationen zur Potenzialanalyse.

Weiterbildungsmaßnahmen: Planung, Organisation, Durchführung, Kosten, Abschlüsse

• Maßnahmen- und Aktivitätenplan

Globale Maßnahmen und Einzelaktivitäten lassen sich in Maßnahmen- und Aktivitätenplänen nach den klassischen W-Fragen strukturieren:

• Warum/wozu? – Zielsetzung der Maßnahme
• Was? – Aufgaben/Aktivitäten/Inhalte
• Wer/wo? – Verantwortliche/Beteiligte
• Wie? – Instrumente/Methoden
• Wann? – Zeitplan/Priorität/Start–Ende/Status
• Welches Ergebnis? – Nutzen für das Unternehmen
• Welche Kosten? Welche Risiken? – Aufwand

Nach Bedarf können erstellt werden

• ein integrierter Gesamtplan für das Unternehmen,
• gemeinsame Pläne für Organisationseinheiten, Funktionsbereiche oder Zielgruppen (siehe Abbildung 232),
• individuelle Einzelpläne für bestimmte Mitarbeiter, die gezielt entwickelt und gefördert werden sollen.

Zielgruppe / Maßnahmen	Führungskräfte	Führungsnachwuchs	Verkauf/Vertrieb	Innendienst	Verwaltung	Fertigung/Produktion	Einkauf/Logistik	Kundendienst
Funktionsbeschreibung	x		x	x	x	x	x	x
Anforderungsprofil	x	x	x	x	x	x	x	x
Leistungsbeurteilung	x	x	x	x	x	x	x	x
Potenzialanalyse	x	x						
Karriereplan		x						
Coaching	x	x	x					
Mitarbeitergespräche	x	x	x	x	x	x	x	x
Assessmentcenter		x	x					
Gruppenarbeit						x		
Qualitätszirkel						x		
Job Rotation	x	x						
Job Enrichment	x	x		x				
Job Enlargement	x	x		x				
Verhaltenstraining	x	x	x					x
Produktschulung			x					x

Abb. 232: Zielgruppen-Maßnahmen-Matrix

• Betriebliche Bildungsmaßnahmen

Häufige und weit verbreitete Personalentwicklungsmaßnahmen Off the Job sind betriebliche Bildungsmaßnahmen. Sie werden als interne und externe Veranstaltungen durchgeführt. **Off-the-Job-Maßnahmen** verursachen hohen Kostenaufwand durch Gebühren, Honorare, Spesen und Produktivitätsausfall. Meist fehlt eine gezielte Wirksamkeits- und Nutzenkontrolle hinsichtlich der Verwertbarkeit und Praxisanwendung des Gelernten. Deshalb sollten Bildungsmaßnahmen strategie- und zielorientiert, bedarfsorientiert, ergebnis- und anwendungsorientiert sowie transferorientiert konzipiert und durchgeführt werden. Eine der ersten Fragen ist also, ob es eine **interne oder externe Bildungsmaßnahme** sein soll. Es gibt eine Fülle von möglichen Entscheidungen, die nach inhaltlichen und methodischen Kriterien aufgrund der Zielsetzung getroffen werden sollten.

Für betriebliche Bildungsmaßnahmen werden unterschiedliche Bezeichnungen verwendet, z.B. Seminar, Kurs, Schulung, Lehrgang. In der betrieblichen Praxis setzt sich der Begriff »**Training**« mehr und mehr durch. Weiterbildung oder Training kennzeichnen zielgerichtete systematische Maßnahmen für organisierte Lernprozesse. Entsprechend sollte planvoll und strukturiert an die Aufgabenstellung Weiterbildung herangegangen werden. Die bekannten W-Fragen können bei einer systematischen Arbeitsweise helfen.

• Organisation und Durchführung von Weiterbildung

Die organisatorische Einbindung der Weiterbildung hängt im Wesentlichen von der **Unternehmensgröße** ab. Wichtig ist eine funktionale Kopplung an die Ausbildung und Personalentwicklung im Rahmen des Personalressorts, damit Synergien entstehen und genutzt werden können bei folgenden Ressourcen:

• Personal: Ausbilder, Trainer, Organisatoren und
• Sachmittel: Räume, Medien, Unterlagen, Trainingsequipment, Budgets.

Eine konzeptionelle Verzahnung gewährleistet, dass die einzelnen Instrumente und Maßnahmen aufeinander abgestimmt sind; die Kostenkontrolle fällt ebenfalls leichter. Es ist außerdem darauf zu achten, dass die **Ablauforganisation** (Planung, Vorbereitung, Durchführung und Auswertung) reibungslos, qualitativ hochwertig und für die Beteiligten transparent erfolgt. Klare Verantwortlichkeiten bei den handelnden Personen ist wichtige Voraussetzung. Eine professionelle, möglichst PC-gestützte **Seminarverwaltung** wird erleichtert durch

• standardisierte Prozesse und Abläufe,
• Checklisten,
• Maßnahmen- und Aktivitäten-Pläne mit Statusberichten,
• definierte Kostenarten und Kostenstellen.

So sollte beispielsweise der Einkauf externer Seminare bzw. Trainer ebenso in einer Hand liegen wie Einladungen, Buchungen, Reservierungen und Abrechnungen. Hilfreich können nach Bedarf auch Checklisten für wiederkehrende Aufgaben sein, z.B.:

- Seminarprogramm,
- Seminarvorbereitung,
- Seminarorganisation,
- Auswertung,
- Seminarraumgestaltung/-vorbereitung,
- Logistik, inkl. Unterbringung und Verpflegung,
- Abrechnung.

- Kosten der Weiterbildung

Bildungsmaßnahmen verursachen Kosten. Sofern mit Personalentwicklung und Training bestimmte Ziele verfolgt werden, muss auch investiert werden. Das **Verhältnis von Kosten und Nutzen** ist im Trainingsbereich nur bedingt mess- und überprüfbar. Auch deshalb wird bei starkem Kostendruck häufig hier zuerst gespart. Um das Bildungsbudget effektiv zu bewirtschaften und (oft erst mittel- und langfristig wirksame) Bildungsinvestitionen zu rechtfertigen, sollten die Trainingskosten möglichst differenziert erfasst werden. Folgende Kosten sind zu berücksichtigen:

- internes Trainingspersonal (haupt- und nebenberuflich),
- externe Trainer (Honorare, Reisekosten, Spesen usw.),
- Teilnehmerkosten (Ausfallzeiten, Reisekosten, Verpflegung, Unterbringung usw.),
- Trainingsräume (Ausstattung, laufende Kosten),
- mobiles Trainingsequipment, (Notebook, CBT, CD-ROM, DVD, Video),
- Wartungskosten, Lizenzen (web-based),
- Trainingsmaterial (Teilnehmerunterlagen usw.),
- Teilnehmer- und Prüfungsgebühren,
- Sachkosten interner Administration und Organisation (Räume, Arbeitsplätze, Technik, Verbrauchsmaterial, Energie usw.),
- Betriebsratsschulung,
- Bildungsurlaubsfreistellung.

Unter bestimmten Bedingungen werden Bildungsmaßnahmen mit **Zuschüssen oder Darlehen** aus öffentlichen Mitteln gefördert. Das gilt vorrangig für Arbeitslose oder von Arbeitslosigkeit bedrohte Personen, in Bezug auf Fortbildung und Umschulung oder für Aufstiegsfortbildung bestimmter Fachberufe. Es gibt auch Fördermittel der Europäischen Union sowie Modellversuche von Bundes- und Länderministerien (Bildung und/oder Wirtschaft). Diese meist befristeten finanziellen Förderprogramme sind oft politisch motiviert und damit veränderlichen gesetzlichen Grundlagen unterworfen.

- Abschlüsse in der Fort- und Weiterbildung

Im Wesentlichen lassen sich Weiterbildungsmaßnahmen dadurch unterscheiden, ob sie zu (anerkannten) Abschlüssen führen oder nicht. Eine Teilnahmebescheinigung des Veranstalters oder auch ein innerbetriebliches Zertifikat ist nicht vergleichbar mit einem staatlich anerkannten Bildungsabschluss oder einer Kammerprüfung. Bildungsmaßnahmen, die auf **anerkannte Abschlüsse** vorbereiten, müssen sich an Rahmenlehrplänen und Prüfungsordnungen orientieren.

Das BBiG unterscheidet innerhalb der Berufsbildung (§ 1 BBiG) die

- Berufsausbildung (§ 6 ff. BBiG),
- berufliche Fortbildung (§ 46 BBiG) und
- berufliche Umschulung (§ 47 BBiG).

Im allgemeinen Sprachgebrauch wird zwischen **Weiterbildung und Fortbildung** nicht unterschieden; die Begriffe werden meist gleichbedeutend verwendet. Innerhalb der Fortbildung gibt es die Anpassungsfortbildung und Aufstiegsfortbildung. Die **Anpassungsfortbildung** ist wesentlich gekennzeichnet durch:

- kurze Dauer der Veranstaltungen (Seminare, Kurse, Lehrgänge),
- gezielte, speziell eingegrenzte Themen,
- Qualifikationserwerb für die Bewältigung gegenwärtiger und künftiger Anforderungen in ausgeübter Aufgabe, Funktion oder Berufstätigkeit,
- (meist) fehlende Abschlussprüfung, kein allgemein anerkanntes Zertifikat,
- Veranlassung, Organisation, Kostenübernahme häufig durch Arbeitgeber.

Beispiele: Kaufmännische, technische oder EDV-Lehrgänge

Die **Aufstiegsfortbildung**:

- dient der beruflichen Karriereentwicklung,
- soll auf die Übernahme weitergehender, höherwertiger Aufgaben und Funktionen vorbereiten, gegebenenfalls in einem Fortbildungsberuf (Meister, Techniker, Fachwirt),
- ist zeitaufwändig (teilweise mehrjährige Dauer),
- wird als Vollzeitmaßnahme (berufsunterbrechend) und/oder Teilzeitmaßnahme (berufsbegleitend) von anerkannten Weiterbildungsträgern durchgeführt, z.B. von Kammern, Verbänden, Fachschulen,
- bereitet auf anerkannte Abschlussprüfungen vor.

Beispiele: Meister (Industrie, Handwerk), staatlich geprüfte/-r Techniker/-in, Fachkaufleute, Fachwirte, z.B. Industriefachwirt/-in, Personalfachkaufleute

Externe Bildungsdienstleistungen: Weiterbildungsberatung und -information

Über interne betriebliche Bildungsveranstaltungen sollten vorrangig die Führungskräfte ihre Mitarbeiter beraten und informieren, je nach Unternehmensgröße in Zusammenarbeit mit hauptverantwortlichen Spezialisten für Training, Entwicklung und Personalbetreuung. Da der **externe Weiterbildungsmarkt** sehr unübersichtlich und die unzähligen Angebote so vielschichtig und schwer vergleichbar sind, ist die Information, Beratung und Auswahl geeigneter Veranstaltungen nicht einfach. Wichtige Informationsquellen sind:

- Weiterbildungsberatungsstellen (öffentlich),
- Bundesinstitut für Berufsbildung (BiBB), Checkliste zur Qualität der beruflichen Weiterbildung,
- IHK-Datenbank WiS (Weiterbildungsinformationssystem/Weiterbildungsportal),

- Internet (Websites von Anbietern zu E-Learning),
- KURSNET (Weiterbildungsdatenbank), herausgegeben von der Bundesagentur für Arbeit in Nürnberg: Diese führende Datenbank für berufliche Aus- und Weiterbildung ist aus KURS DIREKT weiterentwickelt worden und enthält ca. 650.000 Bildungsangebote von ca. 20.000 Bildungsanbietern. Zu jedem Bildungsangebot gibt es eine einheitliche Darstellung, wodurch eine Vergleichbarkeit erleichtert wird, z. B. Angaben zum Veranstalter, Ziele, Lehrinhalte, Kursaufbau, Teilnehmervoraussetzungen, Abschluss, Dauer, Kosten.

Modelle lebensbegleitenden Lernens: Lifelong-Learning

Ein Beruf für das ganze Leben oder gar von der Lehre bis zur Rente in einem Betrieb zu arbeiten – das war in früheren Generationen nichts Ungewöhnliches. Es ist heute schon keine Selbstverständlichkeit mehr und wird in der Zukunft eher selten vorkommen. Eine **praktische und theoretische Berufsausbildung** (Lehre und/oder Studium) sind und bleiben eine gute und notwendige Voraussetzung für eine berufliche Perspektive für den Erwerb von Grund- und Fachwissen und vor allem für das Üben von Wissenserwerb, also das Trainieren der Lernfähigkeit. Lernen zu lernen gewinnt zunehmend an Bedeutung in einer (Arbeits-)Welt, die durch Veränderungen gekennzeichnet ist. **Lebensbegleitendes Lernen** geht über betriebliche Weiterbildung weit hinaus. Zunehmende Freizeit, u. a. bedingt durch Arbeitszeitverkürzung, kann und muss vermehrt genutzt werden. **Klassische Selbstlernmedien** wie Fachliteratur, speziell Bücher, werden ergänzt durch informationstechnische Lernmedien unter dem Sammelbegriff »E-Learning« (siehe auch Kapitel 1.5.4 und 4.2.2). Wissen wird dadurch verfügbarer und stärker unabhängig von Zeit, Ort, Veranstalter und Lehrpersonal. Flexible Arbeitszeitmodelle können zusätzlich unterstützen (siehe Kapitel 2.5.4), z. B. durch Regelungen für

- Teilzeitarbeit,
- Jahresarbeitszeit,
- Lebensarbeitszeit,
- »Auszeit« (Sabbatical),
- Telearbeit, Home Office und
- Freizeit (Time-and-Cost-Sharing).

Ein ideologischer Streit über berufliches und betriebliches Lernen als Anspruch (»Besitzstandsdenken«) innerhalb bezahlter Arbeitszeit ist wenig hilfreich und zielführend. Unternehmen unterliegen hierbei verstärktem **Kosten- und Wettbewerbsdruck** und neigen dazu, nur das unverzichtbar Notwendige aus kurzfristiger Interessenlage zu tun. Mitarbeiter, die eigenständig und selbstverantwortlich in ihre eigene Qualifikation und im eigenen Interesse in ihre Persönlichkeitsentwicklung investieren, treffen aktiv Vorsorge für ihre berufliche (Karriere)Entwicklung und Beschäftigungsfähigkeit (**Employability**; siehe auch Kapitel 3.4.5).

Rechtliche Rahmenbedingungen und Mitbestimmung

Die wichtigsten gesetzlichen Grundlagen für die Durchführung von Weiterbildungsmaßnahmen sind:

- Berufsbildungsgesetz (BBiG),
- Sozialgesetzbuch (SGB), vormals das Arbeitsförderungsgesetz (AFG),
- Aufstiegsfortbildungsförderungsgesetz (AFBG),
- Bildungsurlaubs- und Weiterbildungsgesetze der Länder,
- Betriebsverfassungsgesetz (BetrVG),
- in öffentlichen Betrieben und Verwaltungen die Personalvertretungsgesetze der Länder und des Bundes (LPersVG und BPersVG).

Für die betriebliche Alltagspraxis ist insbesondere das Betriebsverfassungsgesetz relevant. Ob überhaupt, und wenn, welche Trainingsmaßnahmen für die Mitarbeiter angeboten und durchgeführt werden sollen, ist eine unternehmerische Entscheidung, die nicht rechtlich, sondern fachlich-sachlich bedingt ist. Wenn aber Trainingsmaßnahmen durchgeführt werden sollen, müssen einige Spielregeln der **Zusammenarbeit mit dem Betriebsrat** beachtet werden (siehe Kapitel 2.1.7). Die spezifischen Beteiligungsrechte (Information, Beratung, Initiative, Vorschlagsrecht, Mitbestimmung) ergeben sich aus den »personellen Angelegenheiten«, insbesondere aus den §§ 92, 96 bis 98 BetrVG. So kann der Betriebsrat beispielsweise verlangen, dass der Berufsbildungsbedarf ermittelt und Fragen der Berufsbildung der Arbeitnehmer mit dem Betriebsrat beraten werden (§ 96 BetrVG). Bei der Durchführung von **Maßnahmen der betrieblichen Berufsbildung** hat der Betriebsrat mitzubestimmen; im Falle von Auffassungsunterschieden zwischen Arbeitgeber und Betriebsrat ersetzt der Spruch einer Einigungsstelle die fehlende Einigung (§ 98 BetrVG). **Rechtsstreitigkeiten** im Zusammenhang mit Bildungsmaßnahmen sind wenig hilfreich. Wichtiger ist es, durch eine geeignete Informationspolitik den Betriebsrat als Partner für die Planung und Durchführung von Personalentwicklung und Training zu gewinnen. Konstruktive Vorschläge von Seiten des Betriebsrates sollten genutzt werden, auch um die Akzeptanz bei den Mitarbeitern zu erhöhen. Ein Klima von Vertrauen und Kooperation ist für Lernerfolg und Veränderungen förderlicher als unproduktive Konflikte.

Quellen

Back, A./Bendel, O./Stoller-Schai, D.: E-Learning im Unternehmen, Zürich 2001.

Boden, M. (Hrsg.): Handbuch Personal, Landsberg am Lech 2005.

Faulstich, P.: Strategien der betrieblichen Weiterbildung, München 1998.

Franke, D./Boden, M. (Hrsg.): Personal Jahrbuch 2004, Neuwied 2003.

Mentzel, W.: Unternehmenssicherung durch Personalentwicklung: Mitarbeiter motivieren, fördern und weiterbilden, 4. Aufl., Freiburg im Breisgau 1989.

Mentzel, W.: Personalentwicklung: Wie Sie Ihre Mitarbeiter erfolgreich fördern und weiterbilden, 4. Aufl., München 2012.

Schad, N./Michl, W.: Outdoor-Training, Personal- und Organisationsentwicklung zwischen Flipchart und Bergseil, Schriftenreihe erleben & lernen, Band 6, Neuwied 2002.

Schwuchow K./Gutmann, J. (Hrsg.): Jahrbuch Personalentwicklung und Weiterbildung 2003, Neuwied 2002.

Schwuchow K./Gutmann, J. (Hrsg.): Jahrbuch Personalentwicklung 2007: Ausbildung, Weiterbildung, Management Development, München/Unterschleißheim 2007.

Wittwer, W./Kirchhoff, S. (Hrsg.): Informelles Lernen und Weiterbildung, Neue Wege zur Kompetenzentwicklung, Neuwied 2003.

Wuppertaler Kreis E. V./CERTQUA: Qualitätsmanagement und Zertifizierung in der Weiterbildung. Nach dem internationalen Standard ISO 9000:2000. Grundlagen der Weiterbildung, Neuwied 2002.

4.3 Zielgruppenspezifische Förderprogramme erarbeiten und umsetzen

4.3.1 Bedeutung, Konzeption und Zielgruppen für Förderprogramme

Die Arbeitswelt ändert sich ständig. Der technologische Wandel lässt neue Berufe entstehen, andere Berufe, darunter viele traditionelle Handwerksberufe, werden verschwinden oder sind es bereits. Auf der anderen Seite entstehen neue Unternehmen, die neue Produkte und Dienstleistungen anbieten. Viele bedeutende Unternehmen wie Google, Facebook oder Amazon sind erst in den letzten Jahren entstanden. Aber auch traditionsreiche Unternehmen sind vor neue Herausforderungen gestellt. Sie müssen technologische Neuerungen einführen, um wettbewerbsfähig zu bleiben, sich neue Märkte erschließen, ihre Kosten im Blick behalten und ihre Geschäftsfelder teilweise neu ausrichten. Kurzum, Unternehmen geraten unter einen Anpassungsdruck an sich ändernde Marktgegebenheiten. So verkürzen sich beispielsweise die technologischen Innovationszyklen (siehe Kapitel 3.1), was eine erhöhte Flexibilität und schnellere Reaktion von Unternehmen erfordert. Das bleibt nicht ohne Folge für die Organisation eines Unternehmens wie auch die Menschen, die in einem Unternehmen arbeiten. Die externen Marktprozesse bewirken interne, organisatorische Änderungen in Unternehmen. Hierarchien werden flacher, Abteilungen werden ausgegliedert (Outsourcing), Arbeiten werden in Projekten organisiert (siehe Kapitel 1.4), Routinearbeiten werden von wissensintensiver Arbeit abgelöst. Die Art der Tätigkeiten ändert sich, die Art wie zusammengearbeitet oder kommuniziert wird und die Art wie Arbeit und Freizeit unter Umständen neu definiert und in der Gesellschaft neu verteilt werden. Die Folge davon ist, dass eine stetige Anpassungsbereitschaft und ein stetiges Lernen für Unternehmer, Manager und Arbeitnehmer immer wichtiger werden. Die berufliche Erstausbildung wie auch die Hochschulausbildung reichen heute nicht mehr aus, um die erforderlichen fachlichen, methodischen, sozialen und persönlichen Schlüsselkompetenzen für ein ganzes Berufsleben zu garantieren. Auch der Verbleib in einem einzigen Unternehmen von der Ausbildung bis zur Verrentung ist im Gegensatz zu früher die Ausnahme. Unternehmen bieten ihren Mitarbeitern keine lebenslange Beschäftigungsgarantie mehr, Jobwechsel werden zur Regel. Für Unternehmen stellt sich damit die Herausforderung, ihre Mitarbeiter auf neue Anforderungen vorzubereiten und sie weiterzuentwickeln. Personalentwicklung wird in einer Zeit des Wandels immer wichtiger. Kompetenzen müssen angepasst, Qualifikationen stetig erneuert werden. Die **Weiterqualifizierung von Arbeitnehmern** jeglicher Alters- und Qualifikationsstufe liegt im Interesse des Arbeitnehmers selbst, des Arbeitgebers wie auch des Staates, der an einer ausgeglichenen Beschäftigungsstruktur mit geringer Arbeitslosigkeit und einer wettbewerbsfähigen Wirtschaft interessiert ist.

Angesichts der beschriebenen veränderten Herausforderungen an Mitarbeiter, ist es wichtig, diese anders als bislang weiterzuqualifizieren. Förderprogramme können die Organisation eines Unternehmens optimieren. Sie sollten in Einklang stehen mit den Unternehmenszielen, der Unternehmenskultur und der Unternehmensstrategie. Es stellt sich die grundlegende Frage, mit welchem Personal die anstehenden Aufgaben und Herausforderungen bewältigt werden können. Ausgehend von der Unternehmensstrategie ist zu fragen, welchen Beitrag die einzelnen Abteilungen zur Erreichung der Unternehmensziele leisten können und auf welche Weise die Mitarbeiter qualifiziert sein müssen. Daraus lässt sich der Qualifizierungsbedarf einer Abteilung, eines Funktionsbereichs und letztlich auch des einzelnen Mitarbeiters ableiten. Die Unternehmensstrategie und die Personalentwicklung sind somit aufeinander bezogen. Qualifizierung ist daher immer **strategieorientiert und strategieorientierend** zugleich. Thomas Sattelberger verwendet in diesem Zusammenhang den Begriff der strategieorientierten bzw. strategieumsetzenden Personalentwicklung (vgl. Sattelberger 2002). Die Entwicklung und Qualifizierung der Mitarbeiter ist demnach die konsequente Umsetzung der Unternehmensstrategie und zugleich ein Beitrag zu ihr. Die Personalentwicklung ist dabei bestrebt, die Unternehmensinteressen wie auch die Interessen der Mitarbeiter in Einklang zu bringen. Vor diesem Hintergrund können bedarfsorientierte Maßnahmen geplant und erfolgreich durchgeführt werden. Das folgende Schaubild verdeutlicht diesen Zusammenhang (siehe Abbildung 233).

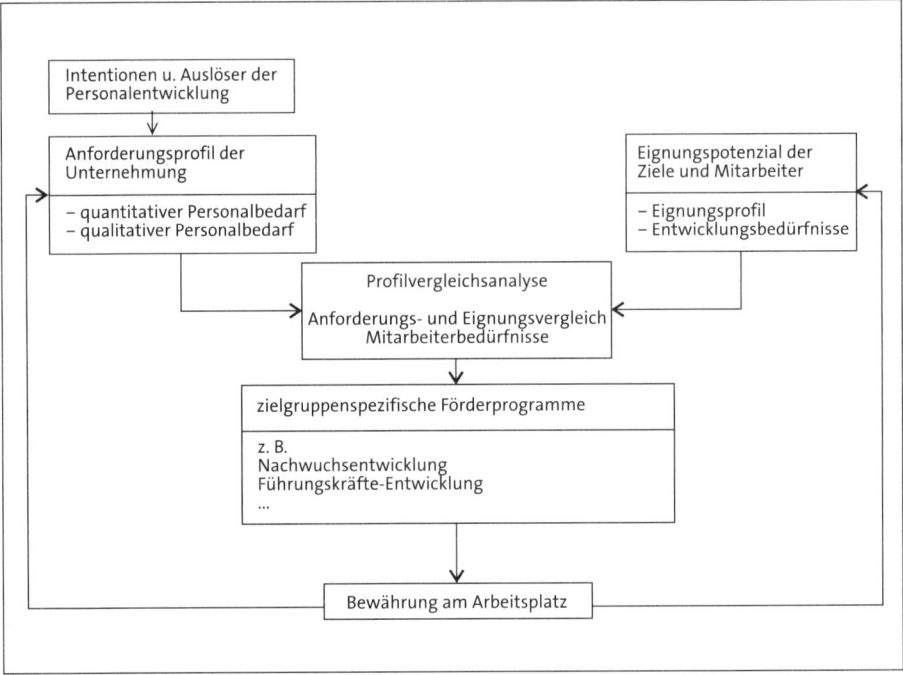

Abb. 233: Struktur der Personalentwicklung

Im Gegensatz zu Einzelseminaren und vereinzelten Trainingsmaßnahmen gewinnen die **umfangreicheren und systematisch aufgebauten Förderprogramme** an Bedeutung. Solche Förderprogramme können bestimmte Zielgruppen direkt ansprechen und passgenau auf ihre gegenwärtigen oder zukünftigen Aufgaben vorbereiten. Die Zielgruppen sind je nach Unternehmen verschieden. Im gewerblich-technischen Bereich werden beispielsweise Techniker/-innen, Ingenieure/-innen oder Meister anhand spezieller Programme entwickelt (z. B. bei der Einführung einer neuen Fertigungsmaschine). Im kaufmännischen Bereich werden wiederum andere Schwerpunkte gesetzt. Im Allgemeinen finden sich folgende Förderprogramme für die einzelnen Zielgruppen:

- Programme für Führungskräfte,
- Programme für Nachwuchsführungskräfte,
- Förderprogramme für Mitarbeiter (z. B. Verkäufer, Personalreferenten),
- Einarbeitungsprogramme für neue Mitarbeiter.

Der Vorteil solcher Förderprogramme besteht im **systematischen Aufbau von Wissen und Kenntnissen** und der **Evaluation des Lernerfolgs**. Die Programme sind in der Konzeption und Durchführung meist aufwendiger als punktuelle Veranstaltungen, bieten jedoch in der Regel einen Mehrwert und können besser auf die konkrete Situation des Unternehmens abgestimmt werden. Außerdem können unterschiedliche Mitarbeitergruppen in das Programm integriert werden, sodass ein Lernerfolg für das Unternehmen zu verzeichnen ist und ein Beitrag zur Organisationsentwicklung geleistet wird. Professionelle Förderprogramme sind gekennzeichnet durch

- eine Orientierung an der Unternehmensstrategie,
- die zielgerichtete Entwicklung für die Organisation und die Mitarbeiter,
- die Verschränkung mit der Organisationsentwicklung,
- die Begleitung durch Führungspersonen in Form von Mentoring oder durch ein externes Coaching,
- ein organisiertes, prozessorientiertes und überwiegend selbstgesteuertes Lernen,
- den Einsatz und die Verbindung unterschiedlicher Lernformen,
- die regelmäßige Transfersicherung.

Bei der Konzeption von systematischen Förderprogrammen sollten folgende Planungsschritte beachtet werden (siehe Abbildung 234):

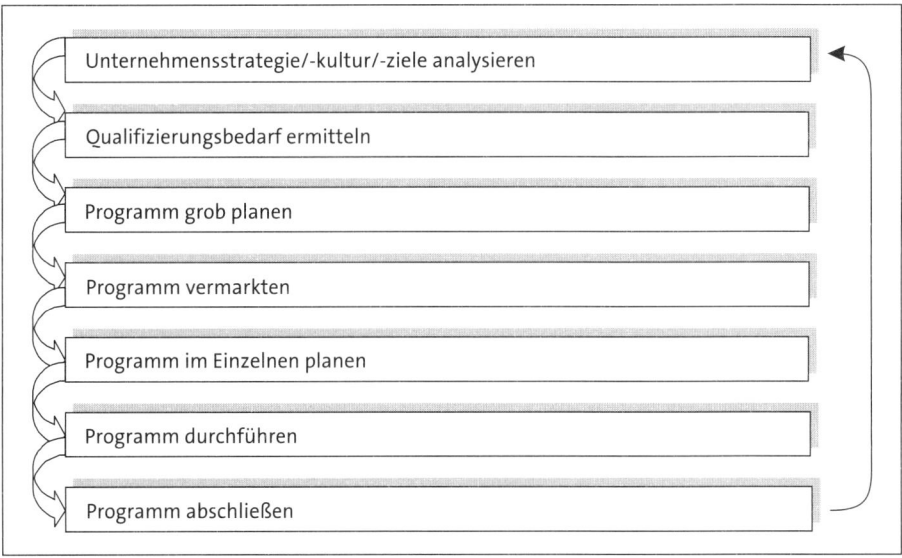

Abb. 234: Planung von Förderprogrammen

Ausgangspunkt bei der **Konzeption von Förderprogrammen** sind wie erwähnt die Ziele bzw. die Strategie des Unternehmens. Vor diesem Hintergrund kann der Qualifizierungsbedarf für bestimmte Zielgruppen definiert werden. Im nächsten Schritt erfolgt die **Grobplanung**. Hier werden die Inhalte, der zeitliche Rahmen, die voraussichtlichen Kosten und die Programmbeteiligten festgelegt. Auf der Basis dieser Grobplanung wird das Förderprogramm intern vermarktet, indem die Entscheidungsträger und Verantwortlichen eingebunden werden. Bei umfangreichen Qualifizierungsprogrammen sollten möglichst viele Schlüsselpersonen am Prozess beteiligt sein. Wichtig ist die Einbindung und Zustimmung der Geschäftleitung, der Führungspersonen aus den Fachabteilungen, der Personalverantwortlichen sowie der Mitarbeitervertreter. Schlüsselpersonen sollten die Gelegenheit haben, ihre Ideen und Vorschläge bei der Programmkonzeption einzubringen. Dies schafft eine höhere Akzeptanz und Transparenz im Unternehmen. Anschließend folgt die **Detailplanung**. Dabei werden für jedes Modul ein methodisch-didaktischer Leitfaden erstellt, externe Trainer ausgewählt und die erforderlichen Methoden zur Transfersicherung festgelegt. Ferner erfolgen die Erarbeitung eines Ankündigungs- bzw. Ausschreibungstextes sowie die Auswahl der Teilnehmer. Damit ist die Konzeptionsphase abgeschlossen. Nun folgt die **Durchführungsphase**. Wichtig bei der Durchführung von Förderprojekten ist die regelmäßige Überprüfung des Lernerfolgs:

☐ Welche Lernprozesse wirken sich im beruflichen Alltag aus?
☐ Wo gibt es Schwierigkeiten beim Lerntransfer?
☐ An welchen Stellen muss gegebenenfalls nachgesteuert werden?

Durch regelmäßige Feedbackprozesse kann die Kommunikation zwischen Führungspersonen, Projektverantwortlichen (Personalentwicklung), Trainer, Coach und Mitarbeiter optimiert werden. Nachdem die einzelnen Module erfolgreich durchgeführt wurden, sollte das Förderprogramm sorgfältig abgeschlossen werden. Wichtig ist die **Gesamtauswertung**:

☐ Was haben die Teilnehmer konkret gelernt?
☐ Was soll beim nächsten Mal verbessert werden?

Im Rahmen einer Abschlussveranstaltung sollten auch die Entscheidungsträger über den Verlauf und die Lernerfahrungen der Teilnehmer informiert werden. Im Rahmen der Abschlussveranstaltung können Zertifikate oder Teilnahmebestätigungen ausgehändigt werden und gegebenenfalls ein kleines Präsent als Erinnerung an das Programm. Dies schafft eine hohe Identifizierung mit dem Förderprogramm und zugleich eine Bindung an das Unternehmen.

Eine systematische Entwicklung und Förderung der Mitarbeiter ist wichtig für den Unternehmenserfolg. Lernende Unternehmen benötigen lernende Mitarbeiter und umgekehrt. Ein positives Arbeitsklima sowie Gestaltungs- und Entwicklungsmöglichkeiten sind wichtige Aspekte eines positiven Arbeitgeberimages.

4.3.2 Individuelle und gruppenbezogene Förderprogramme

Nachdem die Rahmenbedingungen und die Bedeutung von Förderprogrammen erläutert wurden, werden nun zwei Gruppen von Förderprogrammen unterschieden und exemplarisch dargestellt. In der Praxis finden sich individuell für einzelne Mitarbeiter zugeschnittene Programme, z. B. Nachwuchskräfte oder Mitarbeiter, die einen Überblick über die Arbeit des Unternehmens erhalten sollen. Folgende Vorteile sind mit solchen individuellen Förderprogrammen verbunden:

• bedarfsgerechte Konzeption für den Entwicklungsbedarf des Mitarbeiters,
• schnelle Reaktionsmöglichkeit bei veränderten Rahmenbedingungen,
• direktes Feedback zum Praxistransfer.

Es gibt jedoch auch Nachteile:

- hoher Aufwand für die individuelle Konzeption,
- nur bedingt auf weitere Personen anwendbar,
- intensive Einzelbetreuung und Koordination,
- kostenintensiv.

Das folgende Ablaufschema zeigt ein individuelles Förderprogramm für eine Nachwuchskraft in der Medienbranche (siehe Abbildung 235). Ziel des Programms ist ein systematischer Einblick in die Kernbereiche des Unternehmens.

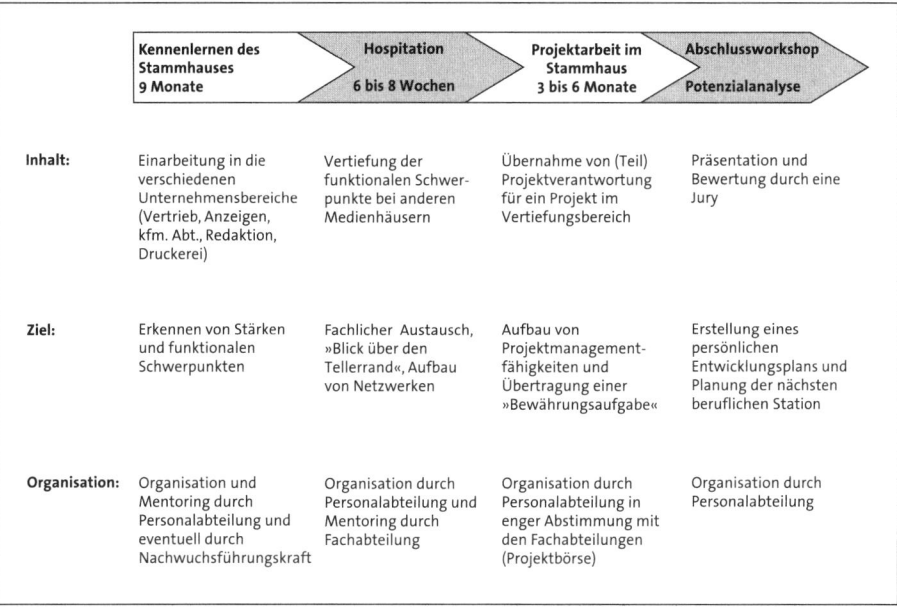

Abb. 235: Aufbau eines individuellen Entwicklungsplans

Darüber hinaus werden in der Praxis häufig gruppenbezogene bzw. zielgruppenspezifische Förderprogramme durchgeführt. Diese Programme fördern zusätzlich das Lernen innerhalb einer Gruppe und leisten einen Beitrag zur Optimierung der Teamarbeit. Sie sind in der Regel kostengünstiger durchzuführen.

Betriebliche Förderprogramme

Im folgenden Beispiel wird ein Mitarbeiterprogramm, das in der Praxis erfolgreich umgesetzt wurde, exemplarisch dargestellt.

Beispiel: Förderprogramm für Sacharbeiter/Facharbeiter

Zielgruppe des auf ein Jahr angelegten Förderprogramms sind Mitarbeiter auf Sachbearbeiterebene bzw. Facharbeiter aus unterschiedlichen Abteilungen des Unternehmens. Es soll die abteilungsübergreifende Zusammenarbeit fördern und zugleich die persönliche Kompetenz erweitern. Das Training von Schlüsselkompetenzen wird in den Vordergrund gerückt. Die einzelnen Kompetenzmodule umfassen Themen, die für die persönliche Entwicklung und die Zusammenarbeit von Bedeutung sind und jedem Mitarbeiter in der alltäglichen Arbeit hilfreich sein sollen. Insofern leistet das Programm einen Beitrag zur Organisationsentwicklung. Die Ziele des Förderprogramms lassen sich zusammenfassen in:

- Verbesserung der Kommunikation zwischen den Abteilungen,
- Förderung der persönlichen Entwicklung der Teilnehmer,
- Bildung eines abteilungsübergreifenden Netzwerkes,
- Herausbildung eines besseren Verständnisses für die strategischen Herausforderungen des Unternehmens.

Die folgende Übersicht (siehe Abbildung 236) zeigt die einzelnen Module des Programms.

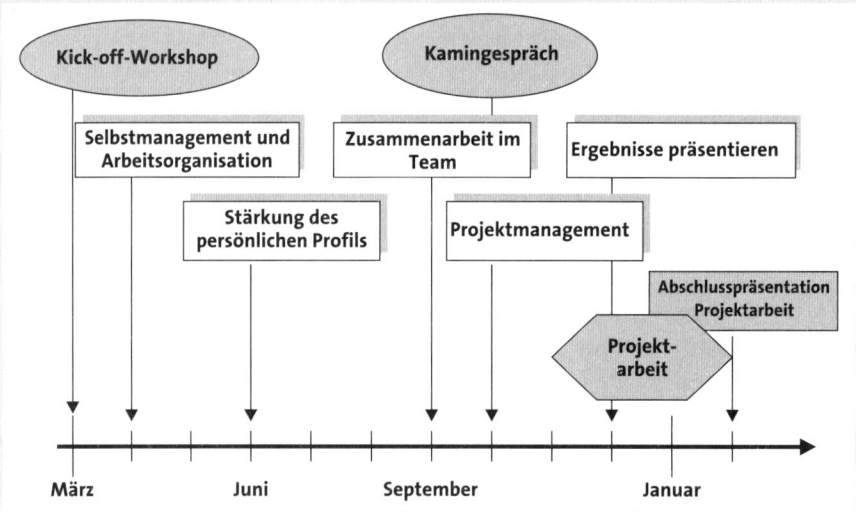

Abb. 236: Betriebliches Förderprogramm

In der Praxis wurde das Förderprogramm mit einem Kick-off-Workshop gestartet, bei dem sich die zehn Teilnehmer gegenseitig kennenlernen konnten. Der Programmablauf wurde vorgestellt und es wurden Spielregeln für die Zusammenarbeit vereinbart. Die einzelnen Module des Programms umfassten folgende Themenbereiche:

- Selbstmanagement und Arbeitsorganisation: In dem ersten Modul wurden Techniken des Zeitmanagements und der effizienten Arbeitsorganisation behandelt. Aber auch persönliche und berufliche Ziele zu erkennen, Prioritäten zu bilden und eine Reflexion der Arbeitspraxis anzuregen, waren Gegenstand dieses Moduls.

- Schärfung des persönlichen Profils: Ausgehend vom Wandel der Arbeitswelt wurde in diesem Modul nach den zukünftigen Schlüsselqualifikationen gefragt. Die Schärfung des eigenen Kompetenzprofils und der Ausbau eigener Stärken wurden daraus abgeleitet.
- Zusammenarbeit im Team: Hier wurde ein Outdoor-Teamtraining durchgeführt, das einen eigenen Erlebnischarakter aufwies und die Bedeutung und Wichtigkeit der Teamarbeit plastisch verdeutlichen konnte.
- Projektmanagement: Es wurden in diesem Modul Techniken des Projektmanagements behandelt. Erfahrungsberichte von Projektmanagern flossen in die Gestaltung des Moduls ein.
- Ergebnisse präsentieren: Dieses Modul diente der Übung von Präsentationstechniken. Die Teilnehmer sollten vorbereitet werden, vor einem größeren Publikum Ergebnisse einer Projektarbeit vorzustellen.

Schaut man sich den logischen Aufbau der einzelnen Module an, so ist erkennbar, dass die ersten Module der Entwicklung der Persönlichkeit dienten. Den Übergang zu den Themen, die zentral für die Organisationsentwicklung sind, vollzieht das Modul »Zusammenarbeit im Team«. Darüber hinaus hatte jeder Teilnehmer die Gelegenheit, die Abteilung in der er bzw. sie arbeitet, in einer kurzen Präsentation den anderen Teilnehmern vorzustellen. In einem Kamingespräch mit Vertretern der Geschäftsführung konnten die **strategischen Herausforderungen des Unternehmens** diskutiert werden. Den Teilnehmern, die als Mitarbeiter des Unternehmens im Tagesgeschäft verschiedene Sachgebiete bearbeiten, eröffnete sich somit ein neuer Blick auf das Unternehmen und sein Umfeld.

Einen zentralen Bestandteil des Förderprogramms bildete die Projektarbeit. Hier wurde von der Teilnehmergruppe ein kleineres dreimonatiges Projekt bearbeitet, das den Mitarbeitern des Unternehmens im Anschluss präsentiert wurde. Die »Sichtbarkeit« des Förderprogramms im Unternehmen wurde dadurch erhöht (Stichwort: Vermarktung). Die Module »Projektmanagement« und »Ergebnisse präsentieren« bereiteten die Teilnehmer zielgerichtet auf die Arbeit vor. Wichtig war in diesem Zusammenhang die Relevanz der Projektarbeit für das Unternehmen herauszustellen. Das bedeutet, ein Projekt zu bearbeiten, das eine strategische Relevanz für das Unternehmen hatte.

Zwei wichtige Punkte bei Förderprogrammen, wie auch bei Seminaren überhaupt, sind der **Transfer** der Seminarinhalte in den Arbeitsalltag sowie die Sicherung der **Nachhaltigkeit** der Trainings. Die Begleitung der Teilnehmer über die eigentlichen Trainings hinaus wurde in dem vorliegenden Programm nicht von den Trainern und auch nicht von der Personalentwicklung geleistet, sondern von **Mentoren**. Die Mentoren waren berufserfahrene Mitarbeiter aus unterschiedlichen Abteilungen. Jedem Teilnehmer wurde ein Mentor zugeordnet, der aber aus einer anderen Abteilung als der Teilnehmer stammte. Aufgabe der Mentoren war es, den Transfer der Seminarinhalte in den Arbeitsalltag zu begleiten, Ansprechpartner während des Programms zu sein und die Projektarbeit zu begleiten und zu unterstützen.

Bei der Konzeption eines Förderprogramms sollte das **Bildungscontrolling** bzw. die Programmevaluation nicht vergessen werden. Schließlich will man Aufschluss darüber gewinnen, was in einem Förderprogramm gut umgesetzt wurde und wo es gegebenenfalls Verbesserungsmöglichkeiten oder Nachsteuerungsbedarf gibt. Förderprogramme sollen einen dokumentierten Nutzen generieren. Bereichsleiter und Geschäftsführung möchten

Rechenschaft darüber, wie sich die Investitionen, die in ein Förderprogramm fließen (Honorare für Trainer, Arbeitszeit der Teilnehmer und Mentoren, allgemeine Seminarkosten etc.), in Lernerfolgen auswirken. Wie bei jeder Investition gibt es ein Interesse an einem sog. Return on Investment. Lernerfolge werden evaluiert. Das Bildungscontrolling berücksichtigt zusätzlich finanzielle Aspekte.

Das Bildungscontrolling sollte folgende Fragen beantworten:

☐ Wurden die Lernziele erreicht?
☐ Konnte ein Transfer in die alltägliche Arbeitspraxis erreicht werden?
☐ Ist der Trainingserfolg nachhaltig?
☐ Rechtfertigt der Lernerfolg die investierten Mittel?

Das Bildungscontrolling beginnt nicht erst nach Abschluss eines Förderprogramms oder Seminars, sondern bereits in der Planungsphase. Ausgehend von der Bedarfsanalyse und der Definition der Bildungsziele wird festgelegt, was erreicht werden soll. Dieses Soll wird schließlich mit dem erreichten Ist verglichen und gibt Aufschluss über den Erfolg der Maßnahme (siehe Abbildung 237).

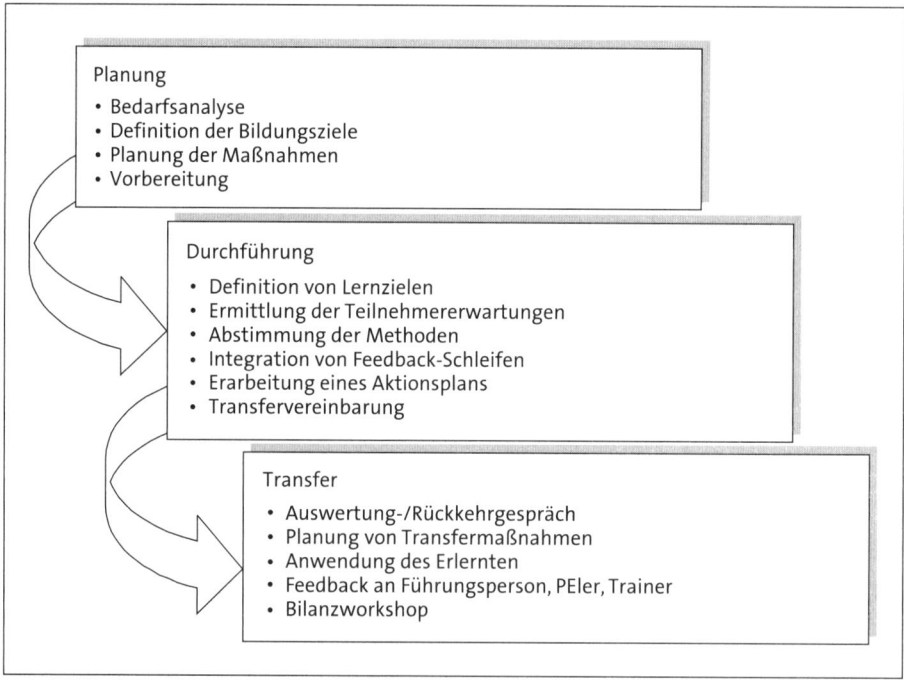

Abb. 237: Phasenmodell Bildungscontrolling

Staatliche Förderprogramme

Eine kontinuierliche Qualifizierung von Arbeitnehmern wird nicht nur durch betriebliche, sondern auch durch staatliche Maßnahmen und Förderprogramme unterstützt. Neben den klassischen staatlichen Aufgaben im Bereich der dualen Berufsausbildung, der

Hochschulen und der Arbeitsmarktpolitik sind in den letzten Jahren eine Reihe von Gesetzen verabschiedet und Förderprogramme auf nationaler wie europäischer Ebene ins Leben gerufen worden, die dem Umstand Rechnung tragen sollen, dass eine kontinuierliche Bildung und Qualifizierung auch über die Erstqualifizierung hinaus bedeutend ist. Mittlerweile gibt es eine Vielfalt gesetzlicher Regelungen und Förderprogramme, die sich an diverse Zielgruppen richten.

Beispiele: Staatliche Förderprogramme

Programme für Arbeitslose, für Berufstätige, die eine Hochschulausbildung anstreben, für Berufstätige, die eine Ausbildung zum Meister anstreben, Mobilitätsprogramme für Studierende wie für Berufstätige, Förderungen für betriebliche Weiterbildungen, Landesgesetze zum Bildungsurlaub

Allen Programmen und gesetzlichen Regelungen liegt die Einsicht zugrunde, dass Bildung und Qualifikation sowohl Arbeitslosigkeit verhindern wie auch die individuelle Entwicklung von Arbeitnehmern und die wirtschaftliche Entwicklung von Unternehmen fördern kann. Der Staat setzt sich ein hohes Ausbildungs- und Qualifikationsniveau zum Ziel und unterstützt bzw. initiiert entsprechende Maßnahmen, um einen hohen Beschäftigungsstand und einen attraktiven Wirtschaftsstandort zu erhalten. Die Vielfalt gesetzlicher Regelungen und Initiativen kann hier nicht vollständig abgebildet werden. Einige Beispiele sollen wichtige Regelungen aufzeigen.

• Sozialgesetzbuch Buch III

Eine wichtige gesetzliche Grundlage bildet das Recht der Arbeitsförderung, das als drittes Buch des Sozialgesetzbuches (SGB III) am 1. Januar 1998 in Kraft trat und das bis dahin gültige Arbeitsförderungsgesetz abgelöst hat. Es bildet gleichzeitig die Rechtsgrundlage der **Bundesagentur für Arbeit**. Ziel des Gesetzes ist die Unterstützung eines Ausgleichs von Angebot und Nachfrage am Ausbildungs- und Arbeitsmarkt und die Vermeidung bzw. Verkürzung von Arbeitslosigkeit. So heißt es gleich zu Beginn

§ 1 Abs. 1 SGB III

Die Arbeitsförderung soll dem Entstehen von Arbeitslosigkeit entgegenwirken, die Dauer der Arbeitslosigkeit verkürzen und den Ausgleich von Angebot und Nachfrage auf dem Ausbildungs- und Arbeitsmarkt unterstützen. Dabei ist insbesondere durch die Verbesserung der individuellen Beschäftigungsfähigkeit Langzeitarbeitslosigkeit zu vermeiden. Die Gleichstellung von Frauen und Männern ist als durchgängiges Prinzip der Arbeitsförderung zu verfolgen. Die Arbeitsförderung soll dazu beitragen, dass ein hoher Beschäftigungsstand erreicht und die Beschäftigungsstruktur ständig verbessert wird.

So soll die Transparenz auf dem Arbeitsmarkt erhöht, die berufliche und regionale Mobilität unterstützt werden, die »individuelle Beschäftigungsfähigkeit durch Erhalt und Ausbau von Fertigkeiten, Kenntnissen und Fähigkeiten« gefördert, unterwertiger Beschäftigung entgegengewirkt und die berufliche Situation von Frauen verbessert werden (SGB III, § 1 Abs. 2).

Die Aufgaben der Arbeitsagentur im Bereich der **aktiven Arbeitsförderung** erstrecken sich auf die Bereiche Berufsberatung (geregelt in den §§ 29–34), der Arbeitsvermittlung (§§ 35–39), der Aktivierung und beruflichen Eingliederung (§§ 44–47), der Berufswahl und Berufsausbildung (§§ 49–80), der beruflichen Weiterbildung (§§ 81–87), der Aufnahme einer Erwerbstätigkeit (§§ 88–94) sowie dem Verbleib in Beschäftigung (§§ 95–135). Berufliche Weiterbildungsmaßnahmen können so beispielsweise finanziell gefördert werden, wenn damit Arbeitslosigkeit verhindert werden kann und weitere Voraussetzungen erfüllt sind (§ 81). Auch Arbeitgeber können finanzielle Mittel in Form von **Eingliederungszuschüssen** beantragen (§§ 88 ff.). Diese werden als Zuschüsse zum Arbeitsentgelt (als Ausgleich der Minderleistung) gewährt, wenn der Arbeitgeber förderungsbedürftige Arbeitnehmer einstellt, also beispielsweise Langzeitarbeitslose, Schwerbehinderte oder sonstige Behinderte, oder wenn die Arbeitnehmer einer besonderen Einarbeitung zur Eingliederung bedürfen. Im SGB III sind darüber hinaus Regelungen zum Arbeitslosen- und Insolvenzgeld, zur Finanzierung der Arbeitsagentur sowie zu sonstigen Aufgaben der Arbeitsagentur (wie beispielsweise der Arbeitsmarktforschung) geregelt.

Bei all diesen Maßnahmen wird deutlich, dass die Förderung dazu dient, **individueller Arbeitslosigkeit** vorzubeugen und durch Anpassungsqualifizierungen eine rasche Wiederaufnahme einer Beschäftigung zu ermöglichen. Weiterbildungen, die im überwiegenden Interesse des Betriebes liegen, werden innerhalb des Sozialgesetzbuches nicht gefördert.

- Aufstiegsfortbildungsförderungsgesetz (AFBG)

Die Regelungen des SGB III und der übrigen Bücher des Sozialgesetzbuches (insbesondere SGB VI und SGB VII) zielen auf eine **Kompensierung von Benachteiligungen arbeitsloser Personen** gegenüber anderen Arbeitnehmern – seien sie nun Folgen einer Dequalifizierung infolge von Langzeitarbeitslosigkeit oder von Behinderungen. Insofern sind geförderte Qualifizierungsmaßnahmen immer als Anpassungsqualifizierung zu verstehen. Ziel ist die Verringerung der Arbeitslosigkeit und das Erreichen eines hohen Beschäftigungsstandes. Mit dem zum 1. Januar 1996 in Kraft getretenen Aufstiegsfortbildungsförderungsgesetz (AFBG), umgangssprachlich auch »Meister-BAföG« genannt, wird dagegen eine berufliche **Aufstiegsfortbildung** in grundsätzlich allen beruflichen Bereichen gefördert. Ziel ist die Erweiterung und der Ausbau der beruflichen Qualifizierung, um damit die Fortbildungsmotivation zu stärken. Anspruchsberechtigt sind Handwerker und andere Fachkräfte mit abgeschlossener Erstausbildung, die sich auf einen Fortbildungsabschluss, z. B. die Meisterprüfung, vorbereiten. Ähnlich wie beim BAföG werden Zuschüsse und Darlehen zum Unterhalt und zu den Lehrgangs- und Prüfungsgebühren gewährt (§ 1 AFBG). Die Teilnehmer an solchen Fortbildungsmaßnahmen haben einen Rechtsanspruch auf staatliche Förderung. Auch hier erfolgt die Förderung der beruflichen Weiterqualifizierung auf individueller Ebene.

- Förderprogramme

Es gibt über die dargestellten gesetzlichen Regelungen hinaus eine Vielzahl von **Förderprogrammen auf Bundes- oder Landesebene**, die Förderungsmöglichkeiten im Bereich der beruflichen Weiterbildung anbieten. Teilweise richten sich diese Programme an bestimmte Zielgruppen, die als förderungswürdig erkannt wurden, z. B. Behinderte, Jugendliche etc.

Beispiele:

- Förderung überbetrieblicher Berufsbildungsstätten (ÜBS): Überbetriebliche Berufsbildungsstätten ergänzen die betriebliche Ausbildung kleinerer und mittlerer Betriebe. Sie führen außerdem Maßnahmen zur Weiterqualifikation (auch von betrieblichen Ausbildern) durch.
- Programm »Früherkennung von Qualifikationserfordernissen. FreQueNz – das Netzwerk zur Früherkennung von Qualifikationsbedarf«.

Darüber hinaus gibt es verschiedene Förderprogramme auf Landesebene, mit denen entweder einzelne Arbeitnehmer, Betriebe, Weiterbildungseinrichtungen oder wissenschaftliche Einrichtungen gefördert werden. Exemplarisch sei hier das Landesprogramm »Lernziel Produktivität« des Saarlandes genannt, mit dem betriebliche Qualifizierungsangebote gefördert werden können. Zielgruppe des Förderprogramms sind Arbeitnehmer in Unternehmen, die in besonderer Weise dem industriellen Wandel unterliegen. Die Anpassungsfähigkeit der Beschäftigten wie der Unternehmen soll durch die Förderung erhöht werden. Eine Synopse zu Förderprogrammen der beruflichen Bildung ist auf den Internetseiten des Bundesinstituts für Berufsbildung abrufbar (www.bibb.de).

- Programme auf europäischer Ebene

Für die Hochschulbildung, aber auch für die berufliche Bildung werden Förderprogramme der Europäischen Union immer bedeutsamer. So ist es erklärter politischer Wille einen gemeinsamen »Bildungsraum« zu schaffen und die Zusammenarbeit der EU-Mitgliedsstaaten zu verbessern.

»Strategische Ziele sind insbesondere die

- Verwirklichung von lebenslangem Lernen und Mobilität,
- Verbesserung der Qualität und Effizienz der allgemeinen und beruflichen Bildung,
- Förderung der Gerechtigkeit, des sozialen Zusammenhalts und des aktiven Bürgersinns,
- Förderung von Innovation und Kreativität – einschließlich unternehmerischen Denkens – auf allen Ebenen der allgemeinen und beruflichen Bildung.«

(Berufsbildungsbericht 2012)

Insbesondere das EU-Programm für lebenslanges Lernen ist hier zu erwähnen, welches die transnationale Mobilität von Lehrenden und Lernenden verbessern soll. Das darin enthaltene Einzelprogramm »Leonardo da Vinci« soll beispielsweise durch finanzielle Förderung Auslandsaufenthalte in der Berufsbildung unterstützen.

- Bildungsurlaub

In einigen Bundesländern haben Arbeitnehmer ein **Recht auf Bildungsurlaub**. Hierzu gibt es gesetzliche Regelungen auf Länderebene. Im Saarland ist der Freistellungsanspruch beispielsweise im Saarländischen Weiterbildungs- und Bildungsfreistellungsgesetz verankert. Danach haben Arbeitnehmer einen jährlichen Anspruch auf Bildungsurlaub, wenn sie eine anerkannte Bildungsveranstaltung besuchen möchten. Der Arbeitgeber muss in diesem Fall den Arbeitnehmer für die Hälfte der Dauer der Veranstaltung freistellen, höchstens jedoch für drei Arbeitstage pro Kalenderjahr. In dieser Zeit wird das Arbeitsentgelt weitergezahlt. Der Arbeitnehmer muss seinerseits im gleichen Umfang arbeitsfreie Zeit verwenden. Der Bildungsurlaub darf allerdings nur zur Teilnahme an einer beruflichen oder politischen Weiterbildungsmaßnahme genutzt werden. Der Arbeitgeber kann einen Antrag auf Bildungsurlaub nur dann ablehnen, wenn dringende betriebliche Erfordernisse die Anwesenheit des Arbeitnehmers erfordern.

Quellen

Beck, R./Schwarz, G.: Personalentwicklung Führen – Fördern – Fordern, Alling 1997.

Briegel, K./Klein, C.: Personalentwicklung als Beitrag zur lernenden Organisation, in: Personalführung, (2) 1996, S. 132–137.

Bundesministerium für Bildung und Forschung (Hrsg.): Berufsbildungsbericht 2012, Bonn 2012.

Meier, H.: Personalentwicklung Konzept, Leitfaden und Checklisten für Klein- und Mittelbetriebe, Wiesbaden 1991.

Sattelberger, T. (Hrsg.): Human Resource Management im Umbruch. Positionierung, Potentiale, Perspektiven, Wiesbaden 1996.

Sattelberger, T. (Hrsg.): Innovative Personalentwicklung. Grundlagen, Konzepte, Erfahrungen, 3. Aufl., Wiesbaden 2002.

Sattelberger, T.: Wissenskapitalisten oder Söldner? Personalarbeit in Unternehmensnetzwerken des 21. Jahrhunderts, Wiesbaden 1999.

Schmidt, G.: Business Coaching. Mehr Erfolg als Mensch und Macher, Wiesbaden 1995.

4.4 Qualitätsmanagement in der Personal- und Organisationsentwicklung einsetzen

Die Bedeutung des Begriffes »Qualität« wird sehr unterschiedlich verstanden. Umgangssprachlich meinen wir mit »hoher Qualität« meistens die Produkte oder Dienstleistungen, die – ungeachtet des Preises – die besten Eigenschaften haben. Im Sinne des Qualitätsmanagements kann auch ein »Billigprodukt« eine hohe Qualität haben, denn nach einer der gängigsten Definitionen ist Qualität Folgendes:

> Qualität ist »die Relation zwischen realisierter Beschaffenheit und geforderter Beschaffenheit« einer Ware oder Dienstleistung. (Geiger/Kotte 2008, S. 68)

Ausschlaggebend für die geforderte Beschaffenheit sind die Erwartungen der Kunden. Darum sind auch verkürzte Definitionen des Qualitätsbegriffs legitim, z. B.

> »Qualität ist, was der Kunde will« oder »Qualität ist, wenn der Kunde zurückkommt und nicht das Produkt«. (Pfeifer/Schmitt 2008, S. 3)

Das Preis-Leistungsverhältnis ist dabei ein wichtiger Aspekt. Ziel eines jeden Unternehmens muss es also sein, eine ausreichend gute Ware oder Dienstleistung zu einem attraktiven Preis anzubieten. Bezogen auf die **Qualität in der Personalentwicklung** bedeutet dies, dass die Mitarbeiter ausreichend gut qualifiziert werden – mit relativ geringen Kosten. Dies ist natürlich je nach Unternehmen sehr unterschiedlich. Unternehmen mit einem hohen Anteil von hochqualifizierten Mitarbeitern haben in der Regel auch ein höheres Bildungsbudget als Unternehmen mit einem höheren Anteil geringer qualifizierter Mitarbeiter.

Unter **Qualitätsmanagement (QM)** versteht man die aufeinander abgestimmten Tätigkeiten zur Leitung und Lenkung einer Organisation bzgl. der Qualität. Das Qualitätsmanagementsystem (QM-System) ist die Gesamtheit der aufbau- und ablauforganisatorischen Gestaltung des QM zur Verknüpfung der qualitätsbezogenen Aktivitäten untereinander und zur einheitlichen, gezielten Planung, Umsetzung, Steuerung und Überwachung der Qualitätsziele des Unternehmens. (vgl. Kamiske/Bauer, 2008, S.219). Das QM befasst sich dabei nicht nur mit dem Endprodukt eines Unternehmens, sondern betrachtet die gesamten Arbeitsstrukturen und -prozesse. Wird das gesamte Unternehmen nach den Prinzipien des Qualitätsmanagement ausgerichtet spricht man auch von **Total-Quality-Management (TQM)** (vgl. Kamiske/Bauer, 2008, S.217). QM in der Personalentwicklung bezieht sich daher auf die Planung, Steuerung und Überwachung der Qualifizierung der Mitarbeiter. Früher wurde hierfür häufiger der Begriff des Bildungscontrollings verwendet. Personalentwicklung und QM stehen in einem wechselseitigen Zusammenhang:

1) Das QM erfordert eine ständige (Weiter-)Qualifizierung des Personals.
2) Die Prinzipien des QM werden auch in der Personalentwicklung angewendet.

4.4.1 Qualitätsstrategien

Die folgenden Aspekte des Qualitätsmanagements sind nicht klar abgegrenzt, sondern greifen ineinander.

Zielorientierung

Die Ziele von Unternehmen, Bereichen, Abteilungen und der Mitarbeiter sind transparent und die Zielerreichung wird regelmäßig überprüft. Insofern gibt es einen Zusammenhang von QM und Management by Objectives (siehe Kapitel 4.5.1).

Kontinuierliche Verbesserung und klare Verantwortung

Wenn Optimierungsmöglichkeiten von Prozessen erkannt werden, werden diese möglichst schnell realisiert. Dies ist verbunden mit einer klaren Delegation von Verantwortung, damit Mitarbeiter relativ schnell und selbstständig handeln können.

Qualitätszirkel (siehe Kapitel 4.6.1, Gruppen- und Teamarbeit, Inselkonzepte) sind ein beliebtes Instrument, um Verbesserungsmöglichkeiten zu erkennen und umzusetzen. Hierbei handelt es sich um eine Gruppe von Mitarbeitern, die sich in der Regel freiwillig damit befassen, Arbeitsprozesse in ihrem eigenen Arbeitsbereich bezüglich der Qualität zu prüfen und zu optimieren.

Durch **klare Verantwortungen** können Optimierungsprozesse beschleunigt werden. Außerdem gibt es bei Ziel- und Qualitätsabweichungen persönliche Verantwortungsträger. Dies steigert die Motivation der Mitarbeiter. Ziele und Prozesse werden **transparent** gemacht, damit die Mitarbeiter eine klare Orientierung haben. Standardisierte Prozesse werden im **QM-Handbuch** eines Unternehmens beschrieben.

Kunden-, Mitarbeiter- und Prozessorientierung

Die Zufriedenheit der Kunden steht im Vordergrund. Deshalb werden die Kunden regelmäßig befragt, und Kundenbeschwerden werden systematisch erfasst und ausgewertet. Man unterscheidet **externe** und **interne Kunden**.

Externe Kunden empfangen Produkte und/oder Dienstleistungen und bezahlen das Unternehmen. Interne Kunden sind unternehmensinterne Geschäftspartner, für die eine Arbeitsleistung erbracht wird, z. B. sind die Lohn- und Gehaltsempfänger interne Kunden der Abteilung »Lohn- und Gehaltsabrechnung«, weil sie monatlich eine Abrechnung erhalten.

Auch die gut qualifizierten und motivierten Mitarbeiter gelten als Schlüssel für gute Qualität. Deshalb haben Personalentwicklung und Mitarbeiterführung im Rahmen des QM einen hohen Stellenwert. Außerdem werden Prozesse identifiziert, beschrieben, optimiert und standardisiert, um Fehlerquellen zu minimieren und die Wirtschaftlichkeit zu erhöhen. Hierbei liegt ein besonderer Fokus darauf, organisatorische Schnittstellenprobleme zu minimieren.

4.4.2 Qualitätsnormen und Zertifizierung

Die bekanntesten QM-Systeme in Deutschland sind die DIN EN ISO-Norm 9000 Reihe und das EFQM-Modell. Darüber hinaus gibt es auch branchenspezifische QM-Systeme oder QM-Zertifizierungen, die sich teilweise an die ISO-Norm anlehnen, z. B.

- KTQ für Krankenhäuser,
- LQW für Weiterbildungseinrichtungen,
- die Reihe VDA 6 für Zulieferer in der Automobilindustrie,
- AZAV für Bildungsanbieter im Bereich der staatlichen Arbeitsförderung.

Der Einsatz von QM-Systemen ergibt sich aus unterschiedlichen Gründen:

- Manche Kunden (z. B. Automobilunternehmen) verlangen von ihren Zulieferern ein QM-Zertifikat.
- Nach § 80 SGB XI sind Pflegeeinrichtungen zum Einsatz eines QM-Systems verpflichtet.
- Ein QM-Zertifikat gilt als gutes Werbeinstrument.
- Ein QM-System kann die Abläufe in einem Unternehmen optimieren und damit die Effizienz steigern.

Die Überprüfung des QM-Systems erfolgt durch **Audits**. Im Rahmen von Audits werden Unternehmensteile oder das Gesamtunternehmen geprüft. Qualitätsaudits prüfen das QM-System. Mit **internen Prozessaudits** prüfen Mitarbeiter des Unternehmens, zumeist hauptamtliche oder in Nebenfunktion tätige QM-Beauftragte, die Einhaltung der QM-Ziele und -verfahren. Neutrale Instanzen bieten den Unternehmen an, QM-Systeme zu kontrollieren und zu prüfen (**externe Audits**), um einem Unternehmen mit einem Zertifikat zu bescheinigen, dass sein QM-System die Forderungen einer bestimmten Qualitätsnorm erfüllt.

Der Einsatz von QM-Systemen ist also nicht automatisch mit einer Zertifizierung verbunden, und manche Unternehmen verzichten aus Kostengründen auf ein Zertifikat. Der Einsatz von QM-Systemen wird teilweise auch kritisch gesehen, weil die Gefahr besteht, dass der Aufbau und die Weiterentwicklung des QM-Systems sehr aufwendig sind und den daraus resultierenden Nutzen übersteigen kann.

Mit dem nachfolgenden Schaubild (siehe Abbildung 238) wird ein möglicher Ablauf für die Einführung eines QM-Systems in Unternehmen dargestellt. Ein solcher Prozess erstreckt sich in der Regel über mehrere Jahre. Für die Einführung werden die direkt beteiligten Mitarbeiter entsprechend qualifiziert. Darüber hinaus ist eine intensive Information für alle Mitarbeiter erforderlich, damit die mit der Einführung verbundenen Veränderungen mitgetragen werden.

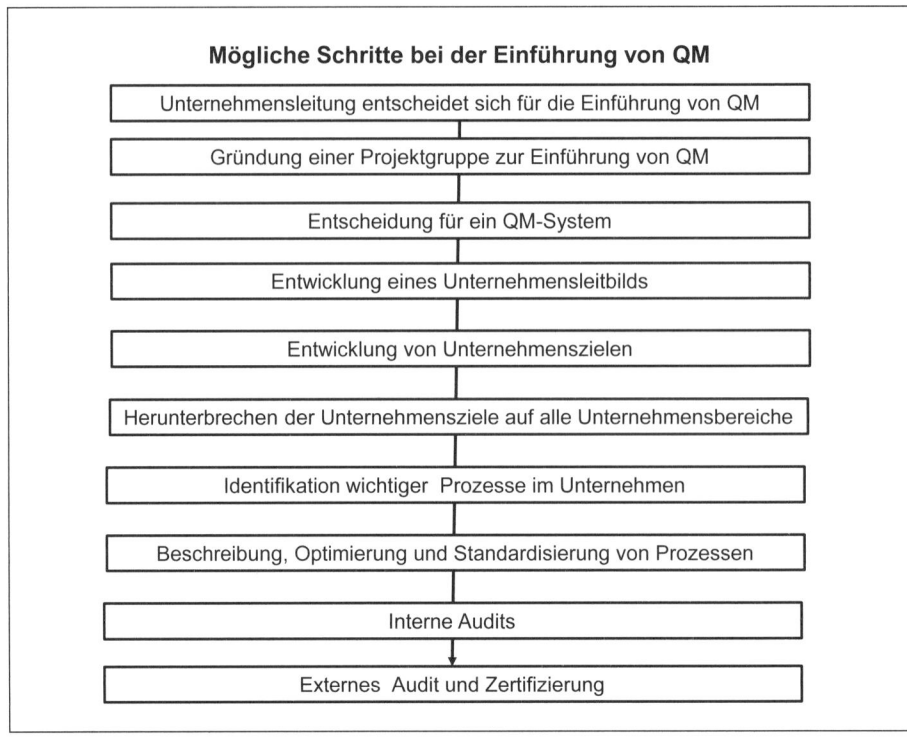

Abb. 238: Handlungsschritte bei der Einführung von QM

4.4.3 Kosten-Nutzen-Analyse

Wie andere Bereiche eines Unternehmens muss auch die Personalentwicklung nach Kosten-Nutzen-Kriterien betrachtet werden. Dies ist allerdings problematisch, weil der Nutzen von Personalentwicklungsmaßnahmen häufig schwer zu quantifizieren ist.

Beispiel: Kalkulation eines zweitägigen Führungsseminars für zehn Abteilungsleiter	
Hotelkosten 150,00 EUR/Tag und Teilnehmer	3.000,00 EUR
Reisekosten 100,00 EUR/Person	1.000,00 EUR
Trainerkosten 1.500,00 EUR/Tag	3.000,00 EUR
Arbeitsausfall 250,00 EUR/Tag und Teilnehmer	5.000,00 EUR
Summe	**12.000,00 EUR**

Abb. 239: Kostenkalkulation für ein Führungskräftetraining

Die Kalkulation von Arbeitsausfallzeiten ist ein schwieriges Vorhaben. Manche Unternehmen kalkulieren den Arbeitsausfall nicht mit ein, mit der Begründung, dass Führungskräfte trotz Seminarbesuch ihre Arbeit erledigen, z. B. durch zusätzliche unbezahlte Überstunden. Manchmal finden solche Seminare auch außerhalb der Arbeitszeit statt, z. B. am Wochenende, sodass keine Ausfallzeiten entstehen. Die Kosten der Personalentwicklung lassen sich – abgesehen von den Ausfallzeiten – relativ leicht kalkulieren. Den Nutzen zu ermitteln hingegen, ist meist schwieriger. Dazu müssen zunächst die Ziele einer Maßnahme betrachtet werden. **Ziele des Führungskräftetrainings** könnten sein:

- Verbesserung des Führungsverhaltens,
- Erhöhung der Mitarbeitermotivation,
- verbesserte Kundenorientierung,
- verbesserte abteilungsübergreifende Zusammenarbeit.

Die Erreichung dieser Ziele lässt sich in der Regel nicht direkt messen. Falls das Führungskräftetraining erfolgreich ist, kann es allerdings positive Auswirkungen haben auf

- die Qualität der Arbeitsergebnisse,
- den Umsatz,
- die Produktivität,
- den Krankenstand,
- die Fluktuationsrate etc.

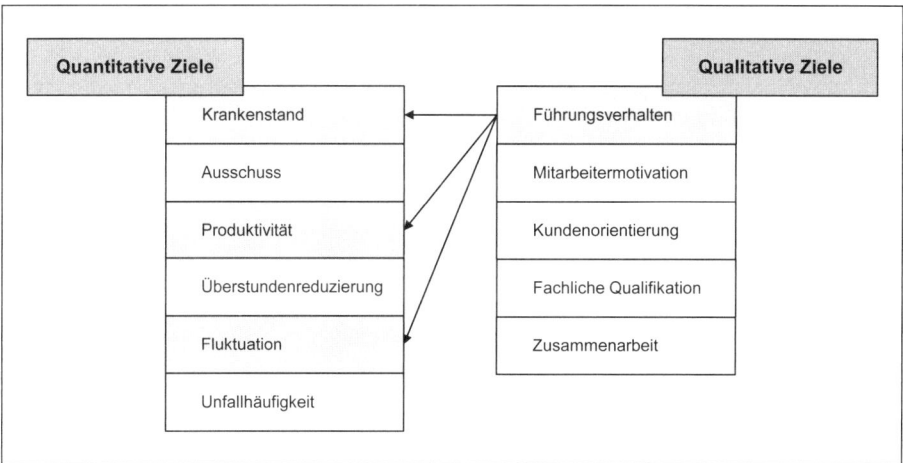

Abb. 240: Quantitative und qualitative Ziele der Personalentwicklung

Ein Problem ist allerdings, dass es keinen unmittelbaren Zusammenhang zwischen Führungskräftetraining und beispielsweise Krankenstand gibt, d. h. der Krankenstand wird von verschiedenen Faktoren beeinflusst, von denen das Führungsverhalten nur einer ist. Deshalb kann den Kosten in der Personalentwicklung häufig kein direkter Nutzen gegenübergestellt werden. Besonders problematisch ist dies bei strategischen Maßnahmen der Personalentwicklung, z. B. bei Führungskräfteentwicklungsprogrammen oder der betrieblichen Berufsausbildung, die sehr langfristig angelegt sind. Der daraus resultierende Nutzen tritt erst Jahre später ein und wird auch von anderen Faktoren beeinflusst, z. B. der Personalfluktuation. Trotz der Schwierigkeit der Nutzenbewertung ist es wichtig, den Erfolg von Personalentwicklungsmaßnahmen abzuschätzen. So kann man beispielsweise die Entwicklung folgender Kennzahlen verfolgen:

- Krankenstand/Mitarbeiter,
- Fluktuation/Mitarbeiter,
- Produktivität/Mitarbeiter,
- Anteil der übernommenen Auszubildenden,
- Anteil der Auszubildenden, die nach zehn Jahren noch im Unternehmen sind,
- Fluktuationsrate der Führungskräfte,
- Anteil der Führungskräfte aus den eigenen Reihen,
- Kosten für Personalbeschaffung,
- Mitarbeiterzufriedenheit.

Es gibt auch Beispiele mit gesicherter Kosten-Nutzen-Kalkulation, z. B. können in der Produktion die Ausschusskosten durch eine Qualifizierungsmaßnahme um 90 % reduziert werden (siehe Abbildung 241). In diesem Fall handelt es sich um eine für das Unternehmen sehr rentable Personalentwicklungsmaßnahme.

Ausschusskosten in der Produktion vor der Qualifizierung	60.000,00 EUR pro Jahr
Ausschusskosten in der Produktion nach der Qualifizierung	6.000,00 EUR pro Jahr
Jährliche Ersparnis durch die Qualifizierung (Nutzen)	54.000,00 EUR pro Jahr
Kosten der einmaligen Qualifizierung	10.000,00 EUR
Kosten/Nutzen	44.000,00 EUR

Abb. 241: Kosten-Nutzen-Ermittlung

4.4.4 Qualitätssichernde Maßnahmen in der Personalentwicklung

Bildungskreislauf

Möglichkeiten für qualitätssichernde Maßnahmen in der Personalentwicklung ergeben sich aus dem **Bildungskreislauf** (siehe Abbildung 242).

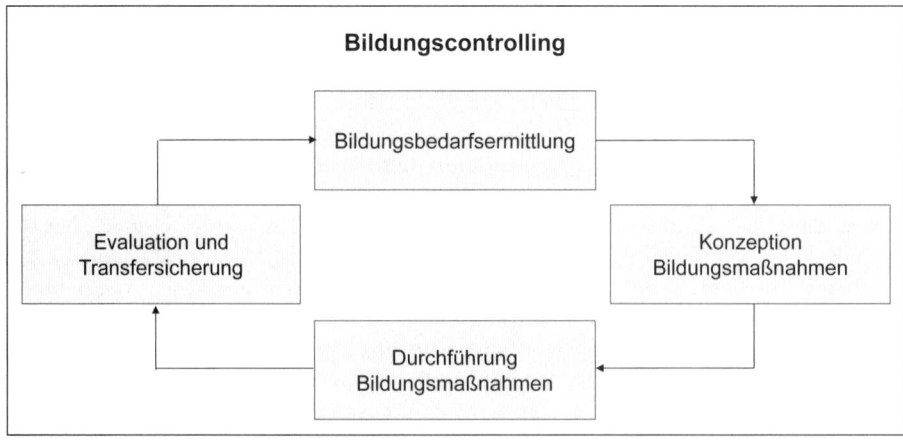

Abb. 242: Bildungscontrolling

• Bildungsbedarf analysieren und Bildungsziele klar definieren

Nur eine gezielte Analyse des Bildungsbedarfs sorgt dafür, dass der Bildungserfolg gemessen werden kann und die finanziellen Mittel zielgerichtet eingesetzt werden. Die daraus resultierenden Bildungsziele sind an den Unternehmenszielen zu orientieren und mit der Unternehmensleitung abzustimmen. Klare Ziele sind die Voraussetzung dafür, dass sich der Erfolg messen, bewerten und sichern lässt.

Beispiele: Bildungsziele

- Anzahl der Auszubildende/Jahr
- Anzahl der übernommenen Auszubildenden/Jahr
- Anteil der Führungskräfte aus den eigenen Reihen
- Anzahl der Mitarbeiter, die eine bestimmte Maschine bedienen können
- Anzahl der Mitarbeiter, die als interne Prozessbegleiter einsetzbar sind
- Mitarbeiterzufriedenheit mit den Vorgesetzten
- Produktivität der Mitarbeiter
- Bildungsbudget

• Bildungsmaßnahmen planen

In dieser Phase ist es wichtig, aus den Bildungszielen möglichst **konkrete Lernziele** zu formulieren, die eine gute Grundlage für die Planung der Bildung bieten. Die Lernziele sollten mit den Vorgesetzten abgestimmt werden. Lernziele für ein Seminar zur Durchführung von Mitarbeiterbeurteilungsgesprächen könnten folgende sein:

Beispiel: Lernziele für ein Führungskräftetraining zum Thema Mitarbeiterbeurteilung

Die Teilnehmer kennen

- das betriebsinterne Verfahren,
- die Anlässe und Funktionen
- und mögliche Fehler bei der Mitarbeiterbeurteilung.

Die Teilnehmer haben schwierige Situationen bei Beurteilungsgesprächen in Rollenspielen trainiert:

- Gespräche mit leistungsschwachen Mitarbeitern,
- Umgang mit Unterschieden bei Selbst- und Fremdbild und
- Gespräche mit Mitarbeitern, die sich unterschätzen.

Wenn die Lernziele klar sind, sollten **unterschiedliche Anbieter** aufgefordert werden, ein Angebot abzugeben. Für die Auswahl der Anbieter sind folgende Kriterien zu berücksichtigen:

- Trainerkompetenz,
- Branchenerfahrung,
- Referenzen,
- Größe des Trainingsanbieters,
- Preis,
- persönlicher Eindruck und Qualität des Angebots.

Bei der Planung von Bildungsmaßnahmen ist darauf zu achten, dass eine optimale Kombination von Training on the Job und Training off the Job (siehe Kapitel 4.2.2) stattfindet. Dadurch kann zum einen die Qualifizierung verbessert und zum anderen können die Kosten reduziert werden, damit eine optimale Kosten-Nutzen-Relation erreicht wird. Diesbezüglich gilt es auch, den **Einsatz interner Multiplikatoren** zu prüfen, d. h. es ist manchmal sinnvoll und kostengünstiger, einzelne Mitarbeiter beispielsweise zu einer EDV-Schulung zu entsenden, die dann ihrerseits Kollegen in der EDV-Nutzung schulen. Dies bietet die Chance, die Multiplikatoren in besonderer Weise als interne Trainer zu fördern.

- Bildungsmaßnahmen durchführen

Bei größeren Bildungsmaßnahmen ist es wichtig und sinnvoll, dass zunächst eine oder mehrere **Pilotschulungen** durchgeführt werden. Müssen beispielsweise 400 Mitarbeiter in einem neuen EDV-Programm geschult werden, können zunächst zwei Gruppen á zehn Personen bei zwei unterschiedlichen Anbietern geschult werden. Beide Schulungen werden evaluiert, der bessere Anbieter wird ausgewählt und die Schulung wird noch in einigen Punkten optimiert, bevor die restlichen 380 Mitarbeiter geschult werden. Unter Umständen kann sogar noch eine weitere Pilotgruppe eingesetzt werden, um die Schulung weiter zu optimieren. Grundsätzlich ist darauf zu achten, dass bei wiederkehrenden Schulungsmaßnahmen eine ständige Evaluation und Optimierung der Maßnahme erfolgt. Bei jeder Bildungsveranstaltung ist es wichtig, frühzeitig mit den Teilnehmern darüber zu sprechen, ob ihre Erwartungen erfüllt werden. So ist es etwa bei einem fünftägigen Seminar wichtig, die Teilnehmer spätestens zu Beginn des zweiten Tages zu fragen, ob sie irgendwelche Veränderungen wünschen. An dieser Stelle kann noch darauf reagiert und das Seminar in eine andere Richtung gelenkt werden bzw. die Teilnehmer können von dem bisherigen Aufbau und der Methodik überzeugt werden.

- Bildungsmaßnahmen evaluieren

Die Evaluation von Bildungsmaßnahmen findet in der Regel auf vielfältige Art und Weise statt. In der folgenden Tabelle (siehe Abbildung 243) sind verschiedene Möglichkeiten der Evaluation aufgelistet. Es wird dabei unterschieden zwischen der Evaluation im Lernfeld und der Evaluation im Funktionsfeld.

Lernfeld	Funktionsfeld
• Test • Übungen • Rollenspiele • Prüfungen • Seminarfeedback • Trainerfeedback • Seminarbeurteilungsbogen	• Rückkehrgespräche • Praxiscoaching • Mitarbeiterfeedback • Vorgesetztenfeedback • Transferfragebogen • Erfolg bei der Arbeit • Kennzahlen • Nachfolgeseminar (Follow up)

Abb. 243: Möglichkeiten der Evaluation von Bildungsmaßnahmen

Es ist sinnvoll, unterschiedliche Evaluationsinstrumente zu nutzen, damit ein umfassender Eindruck von der Qualität der Durchführung und dem Nutzen einer Bildungsmaßnahme entsteht. Das üblichste **Evaluationsinstrument** sind schriftliche Teilnehmerbefragungen durch Seminarbeurteilungsbögen (siehe Kapitel 4.2.2) am Ende eines Seminars. Der Vorteil dieses Instrumentes liegt darin, dass es meistens anonym ist und relativ schnell ausgefüllt werden kann. Der Seminarbeurteilungsbogen hat den Nachteil, dass er kein Nachfragen ermöglicht und dadurch Verbesserungsanregungen nicht diskutiert werden können. Deshalb ist es aus Sicht des Trainers und der Auftraggeber wichtig, mit den Teilnehmern ins Gespräch zu kommen, um Optimierungsmöglichkeiten zu diskutieren. Unter Umständen kann der Auftraggeber den Trainer bitten, den Raum zu verlassen, damit die Teilnehmer offener ihre Meinung äußern.

Manchmal gehen Training und Evaluation ein Stück weit Hand in Hand, z. B. beim Rollenspiel. Beim **Rollenspiel** werden Gesprächssituationen trainiert, aber man kann als Beobachter auch erkennen, wie weit die erlernten Themen erfolgreich umgesetzt werden. Ähnliches gilt für das Praxiscoaching, wo Teilnehmer nach der Teilnahme an einem Training, z. B. Verkaufstraining, von dem Trainer noch in der Praxis gecoacht werden. Im Rahmen des Coachings lässt sich zum einen der Trainingserfolg erhöhen, zum anderen kann der Trainer erkennen, wie erfolgreich das Training war und wie das Training unter Umständen optimiert werden kann.

• Transfersicherung und -evaluation

Bildungsmaßnahmen in Unternehmen zielen immer darauf ab, dass die Mitarbeiter jetzige oder zukünftige Aufgaben erfolgreich bewältigen. Insofern ist es von großer Bedeutung, dafür zu sorgen, dass die vermittelten Lerninhalte auch in der Praxis umgesetzt werden. Dazu dienen folgende Maßnahmen:

• **Gespräch mit dem Vorgesetzten** unmittelbar nach Besuch einer Bildungsmaßnahme (siehe auch Abbildung 227)
• **Praxiscoaching**
• **Fragebogen nach einiger Zeit**, z. B. drei Monate nach der Veranstaltung (siehe auch Abbildung 228)
• **Follow-up-Seminar,** z. B. gibt es drei Monate nach einem einwöchigen EDV-Seminar ein eintägiges Nachfolgeseminar, in dem Praxisprobleme besprochen werden und spezifisches Anwenderwissen vertieft wird.

- **Multiplikatorenaufgaben:** Durch Einsatz der Seminarteilnehmer als innerbetriebliche Multiplikatoren wird dafür gesorgt, dass das erlernte Wissen erhalten bleibt und angewendet wird.
- **Abstimmung von Seminarterminen mit praktischen Arbeitsaufgaben,** z.B. ist es wichtig, bei der Einführung von Mitarbeiterjahresgesprächen die Schulung für Führungskräfte unmittelbar (höchstens einen Monat) vor Beginn der Gespräche durchzuführen, damit der zeitliche Abstand zwischen Schulung und praktischer Anwendung nicht zu weit auseinanderliegt.

Weitere qualitätssichernde Maßnahmen

- Einarbeitungskonzept für neue Mitarbeiter

Grundsätzlich ist die strukturierte Einarbeitung neuer Mitarbeiter von großer Bedeutung für die Qualitätssicherung (siehe Kapitel 4.3.2). Dies betrifft auch die Mitarbeiter, die innerhalb des Unternehmens eine neue Aufgabe übernehmen. Mögliche Elemente eines Einarbeitungskonzeptes sind:

- klare Stellenbeschreibung und Anforderungsprofil der Stelle,
- Aufnahme des Mitarbeiterprofils und Analyse von Abweichungen zwischen Mitarbeiter- und Stellenprofil,
- fester Ansprechpartner für den neuen Mitarbeiter,
- regelmäßige Feedback-Gespräche,
- ausreichend Zeit für die Einarbeitung, sowohl bei dem neuen Mitarbeiter als auch bei den Ansprechpartnern,
- klare Zeitstruktur für die Einarbeitung,
- Einsatz eines Coachs, z.B. bei der erstmaligen Übernahme einer Position mit Personalverantwortung,
- Einsatz eines Mentors, d. h. eines höherrangigen Mitarbeiters aus einem anderen Bereich, der dem Mitarbeiter als unterstützender Ansprechpartner zur Verfügung steht.

- Jährliche Mitarbeiterbeurteilungs- und Fördergespräche

Jährliche Mitarbeiterbeurteilungs- und Fördergespräche sorgen dafür, dass besondere Stärken und Entwicklungswünsche der Mitarbeiter transparent werden und gegebenenfalls berücksichtigt werden können. Außerdem können Kompetenzdefizite erkannt werden, die dann durch Schulungsmaßnahmen bzw. durch gezielte Veränderung des Personaleinsatz reduziert werden können.

- Schulung und Beratung der Führungskräfte

Häufig sind die Vorgesetzten mitentscheidend für die Weiterentwicklung der Mitarbeiter. Deshalb ist es von besonderer Bedeutung, die Führungskräfte gut zu schulen und zu beraten. Es ist beispielsweise sinnvoll, jeder Führungskraft einen Ansprechpartner aus der Personalentwicklung zu geben, mit dem mindestens einmal im Jahr ein Gespräch zum Qualifizierungsbedarf im Aufgabenbereich der Führungskraft geführt wird.

- Mitarbeiterbefragung

Durch regelmäßige Mitarbeiterbefragungen können die Qualifizierungswünsche der Mitarbeiter abgefragt werden. Außerdem wird im Rahmen von Mitarbeiterbefragungen häufig die Zufriedenheit mit den Führungskräften abgefragt. Die Ergebnisse können dann für die Qualifizierung der Führungskräfte berücksichtigt werden.

- Kundenbefragungen und -beschwerdemanagement

In Bereichen, in denen die Mitarbeiter mit Kunden zu tun haben, kann durch Kundenbefragungen der Bedarf an und der Erfolg von Qualifizierung erkannt werden. Gleiches gilt für das Beschwerdemanagement.

Quellen

Geiger, W./Kotte, W.: Handbuch Qualität. Grundlagen und Elemente des Qualitätsmanagements: Systeme – Perspektiven, 5. Aufl., Wiesbaden 2008.

Kamiske, G./Bauer, J.-P.: Qualitätsmanagement von A bis Z. Erläuterungen moderner Begriffe des Qualitätsmanagements, 6. Aufl., München 2008.

Krewerth, A.: Funktionen und Verbreitung von qualitätssichernden Instrumenten in der betrieblichen Weiterbildung – Kernerträge empirischer Studien, in: Bundesinstitut für Berufsbildung, Wissenschaftliche Diskussionspapiere, Heft 78, Bonn 2006, S. 65–94.

Lang, K.: Bildungs-Controlling. Personalentwicklung effizient planen, steuern und kontrollieren, 2. Aufl., Wien 2006.

Meier, R.: Praxis Bildungscontrolling. Was Sie wirklich tun können, um Ihre Aus- und Weiterbildung qualitätsbewusst zu steuern. 55 Vorschläge, Offenbach 2008.

Meier, R.: Praxis Weiterbildung: Personalentwicklung, Bedarfsanalyse, Seminarplanung, Seminarbetreuung, Transfersicherung, Qualitätssicherung, Bildungsmarketing, Bildungscontrolling, Offenbach 2005.

Pfeifer, T.: Qualitätsmanagement. Strategien, Methoden, Techniken, 4. Aufl., München, Wien 2010.

4.5 Führungsmodelle und Führungsinstrumente anwenden, Führungskräfte beraten

4.5.1 Bedeutung der Führung und Ableitung von Führungsmodellen

Wozu benötigen Unternehmen Manager und Führungskräfte? In erster Linie bedürfen die Komplexität der Aufgaben und die arbeitsteilige Organisation einer zielgerichteten Koordinierung durch Manager und Führungskräfte. Weiterhin müssen Führungskräfte Entscheidungen treffen, die den langfristigen Erfolg eines Unternehmens sicherstellen. Dort, wo Menschen zusammenarbeiten, muss die Zusammenarbeit auf Ziele ausgerichtet und aufeinander ausgerichtet sein. Führung ist stets auch mit Verantwortung für Mitarbeiter, Budgets und Arbeitsergebnisse verbunden.

»Führung macht aus Vielem Eines: aus Mitarbeitern ein Team, aus Teilaufgaben eine Gesamtlösung, aus Einzelhandlungen eine Organisation.« (Innerhofer/Innerhofer/ Lang 2002, S. 7)

Sie wird damit zu einer eigenständigen Aufgabe. Einer effektiven und effizienten Führung von Mitarbeitern kommt daher eine immer größer werdende Bedeutung für Unternehmen zu. Modelle und Instrumente zeitgemäßer Führung müssen ständig kritisch überprüft und den sich wandelnden Anforderungen angepasst werden.

Die Wege zu einer Führungsposition in einer Organisation oder einem Unternehmen sind vielfältig. Mal ist es der interne Aufstieg, der mit dem Erreichen von guten Arbeitsergebnissen, einer Ausweitung des Aufgabenbereiches oder der Übernahme zusätzlicher Verantwortung verbunden ist. Ein anderes Mal werden Hochschulabsolventen als Nachwuchsführungskräfte eingestellt und durchlaufen interne Schulungen, z.B. in Form von Traineeprogrammen. Oder es werden auf dem Arbeitsmarkt gezielt externe Experten angesprochen, z.B. durch Personalberater bzw. Headhunter, die man für bestimmte verantwortungsvolle Aufgaben im Unternehmen gewinnen möchte. Die Übernahme einer Führungsposition ist mit zusätzlicher Verantwortung verbunden. Aufgabe der Personalentwicklung ist es, Nachwuchsführungskräfte zu entwickeln, Mitarbeiter auf Führungspositionen vorzubereiten und Führungskräfte zu beraten. Dies kann durch Schulungen, Managemententwicklungsprogramme, Mentorings, Coachings oder die Übertragung von Projektverantwortung erfolgen. »Führen« lässt sich lernen. Ein Großteil der Führungskräfte hat heute, insbesondere in großen Konzernen, eine spezifische Ausbildung durchlaufen. Allerdings gibt es auch viele Führungskräfte, die sich ihre Fähigkeiten selbstständig und durch Praxiserfahrungen und Selbstreflexion angeeignet haben. Die Führungsqualitäten solcher »Autodidakten« müssen denen, die spezifisch ausgebildet und auf eine Führungsposition vorbereitet wurden, in nichts nachstehen.

Was macht aber eine gute Führungskraft aus? Von Führungskräften wird erwartet, dass sie Ziele für ihren Verantwortungsbereich erreichen. Dieser kann sich auf ein Team, eine Abteilung oder das ganze Unternehmen erstrecken. Diese selbst gesetzten oder vorgegebenen Ziele können sie allerdings nicht alleine erreichen. Sie benötigen die Expertise und Zusammenarbeit ihrer Mitarbeiter. Insofern übernehmen sie Personalverantwortung und müssen mit Mitarbeitern kommunizieren können. Sie geben Arbeitsanweisungen, organisieren, treffen Entscheidungen, beraten, entwickeln ihre Mitarbeiter, verhandeln mit Kunden etc. Der Managementberater Fredmund Malik (2000) hat sich mit der Wirksamkeit von Führung eingehender befasst. Er unterscheidet mit Blick auf die Wirksamkeit von Führung folgende drei Bereiche (siehe Abbildung 244):

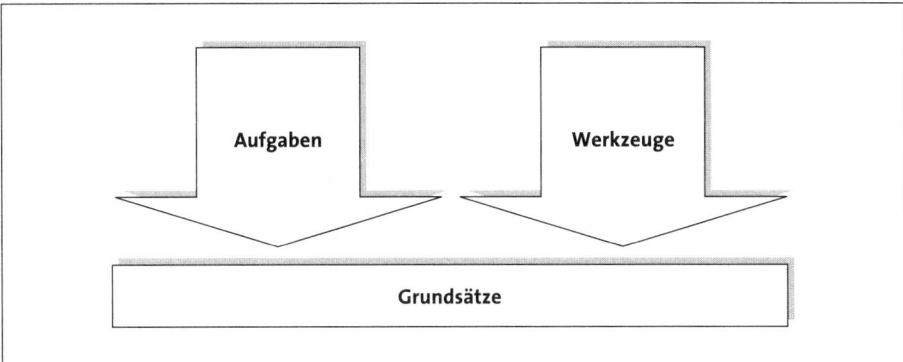

Abb. 244: Trias der Führung

Anhand dieser drei Aspekte beschreibt Malik, wann Führung wirksam ist, d. h. welche Grundsätze beachtet werden müssen, welche Werkzeuge und Instrumente zum Einsatz kommen und welche Aufgaben eine Führungskraft hat. Malik stellt folgende Grundsätze wirksamer Führung heraus (vgl. Malik 2000, S. 65-160):

- Orientierung an Resultaten,
- Beitrag für das Ganze leisten,
- Konzentration auf Weniges,
- Stärken nutzen,
- Vertrauen stiften und selbst Vertrauen wecken,
- positiv denken.

Malik beschreibt damit nicht die Aufgaben von Führungskräften aus der Beobachterperspektive, sondern er gibt konkrete Ratschläge an Führungskräfte, die sie in der Praxis anwenden können. In der Unternehmenspraxis wie auch in der Managementliteratur wurden unterschiedliche Modelle der Führung entwickelt. In der Regel unterscheidet man folgende Management- bzw. Führungsmodelle (vgl. Gabele/Liebel/Oechsler 1992, S. 168):

Management by Delegation (MbD)

Management by Delegation bedeutet Führung durch Aufgabendelegation. Hierbei wird einem Mitarbeiter ein fester Verantwortungsbereich übertragen. Im Unterschied zu einem Führungsmodell, das lediglich auf Anweisungen und Kontrollen beruht, werden einem Mitarbeiter klar umrissene Aufgaben und ein definierter Kompetenz- und Handlungsbereich zugewiesen. Dadurch ergibt sich aus Mitarbeitersicht ein größerer Gestaltungsspielraum bei der Durchführung seiner Aufgaben. In der Regel sind der Verantwortungsbereich sowie die einzelnen Aufgabenfelder im Stellenprofil definiert. Der Vorteil dieses Führungsmodells liegt in der Stärkung des Verantwortungsbewusstseins der Mitarbeiter. Zugleich wird die Führungskraft entlastet, da sie nur den Handlungsrahmen vorgibt, nicht jedoch die einzelnen Arbeitsschritte oder Maßnahmen. Dies setzt voraus, dass der Mitarbeiter über die entsprechenden Kompetenzen verfügt sowie Bereitschaft und Fähigkeit zur Verantwortungsübernahme zeigt.

Management by Exception (MbE)

Management-by-Exception bedeutet Führung nach dem Ausnahmeprinzip. Bei diesem Führungsmodell greift die übergeordnete Ebene nur dann regulierend ein, wenn Abweichungen von den festgelegten Zielen auftreten, oder wenn in Sondersituationen Entscheidungen zu treffen sind, die den Verantwortungsbereich der untergeordneten Ebene überschreitet.

Management by Objectives (MbO)

Management by Objectives bedeutet Führung durch Zielvereinbarungen. Aus den Zielen und der Strategie des Unternehmens werden **Zielvereinbarungen für Führungskräfte** und im weiteren Schritt für die jeweiligen Mitarbeiter abgeleitet. Übergeordnete Unternehmensziele werden somit auf »bearbeitbare« Teilziele heruntergebrochen. Ein solches Teilziel könnte lauten: Steigerung der Absatzzahl von Produkt X um 5 %; oder Entwicklung eines neuen Vertriebsweges innerhalb eines vorgegebenen Kosten- und Zeitrahmens. Wichtig in einem Zielvereinbarungsprozess ist es, Ziele zu benennen, diese ausführlicher zu beschreiben und in einem nächsten Schritt Gewicht und Bedeutung der einzelnen Ziele festzulegen. Die Bewertung der Ziele erfolgt in einem jährlichen Zielvereinbarungsgespräch. Die Erreichung der Ziele liegt dann im Verantwortungsbereich des Mitarbeiters. Die jeweilige Führungskraft überprüft und kontrolliert die Zielerfüllung. Die Zielformulierung sollte spezifisch, messbar, anspruchsvoll, realistisch und terminiert sein (SMART). Oftmals werden Zielvereinbarungen auch an die Vergütung eines Mitarbeiters oder einer Führungskraft gekoppelt. In Form einer Prämie oder eines Bonus kann die Zielerreichung oder gar das Übertreffen der Ziele belohnt werden. Dieses Führungsmodell setzt sich in der Praxis verstärkt durch, erlaubt es doch dem Mitarbeiter eine weitgehend autonome, auf Eigenverantwortung basierende Gestaltung seines Arbeitsgebietes. Aufgabe der Führungskraft ist die Zielvorgabe und Kontrolle der Zielerreichung. Insbesondere durch die Zunahme wissensintensiver Arbeit, z. B. im Forschungs- oder Beratungsbereich, und komplexer werdender Aufgabengebiete gewinnt die Führung durch Zielvereinbarungen an Bedeutung. Gut ausgebildete Mitarbeiter setzen weitgehende Autonomie bei der Arbeitsgestaltung zunehmend voraus. An seine Grenzen stößt das Modell allerdings bei einfachen Tätigkeiten, z. B. dort, wo operative Routineaufgaben oder Aushilfstätigkeiten anfallen. Hier lassen sich unter Umständen keine sinnvollen Teilziele im Sinne der Unternehmensstrategie formulieren. In der Unternehmenspraxis ist ein Trend zur **Führung mit Zielvereinbarungen** festzustellen. Insbesondere in Bereichen, die durch komplexe Tätigkeiten gekennzeichnet sind, oder dort wo die Zielerreichung gut messbar ist und die Eigenverantwortung der Mitarbeiter verstärkt gefordert ist (z. B. bei Außendienstmitarbeitern im Vertrieb), sind Zielvereinbarungen ein adäquates Führungsinstrument.

Schaut man sich diese drei Management- oder Führungsmodelle genauer an, wird deutlich, dass sie von der Organisationsstruktur und der Unternehmenskultur abhängen. Es gibt somit einen »Dreiklang« zwischen der Führung, der Organisation und der Kultur eines Unternehmens. Alle Management-by-Modelle sind idealtypisch und bilden nur einen Teil der Wirklichkeit ab. Die Praxis in den Unternehmen zeigt, dass ein situativer Führungsstil, der den jeweiligen Stand der Erfahrungen und Kenntnisse des Mitarbeiters berücksichtigt und einbezieht, den Zielen des Unternehmens einerseits sowie den Bedürfnissen des Mitarbeiters andererseits am ehesten gerecht wird. So werden beispielsweise einem erfahrenen Mitarbeiter andere, meist verantwortungsvollere Aufgaben übertragen als einem Berufseinsteiger.

Ziele, Aufgaben und Rollen einer Führungskraft

Führungskräfte nehmen täglich zahlreiche Aufgaben wahr, die von der Führungsarbeit bis hin zu klassischen Mitarbeiteraufgaben im operativen Tagesgeschäft reichen. Bei näherer Betrachtung können die vielfältigen Aufgaben einer Führungskraft jedoch auf folgende Grundfunktionen fokussiert werden (siehe Abbildung 245):

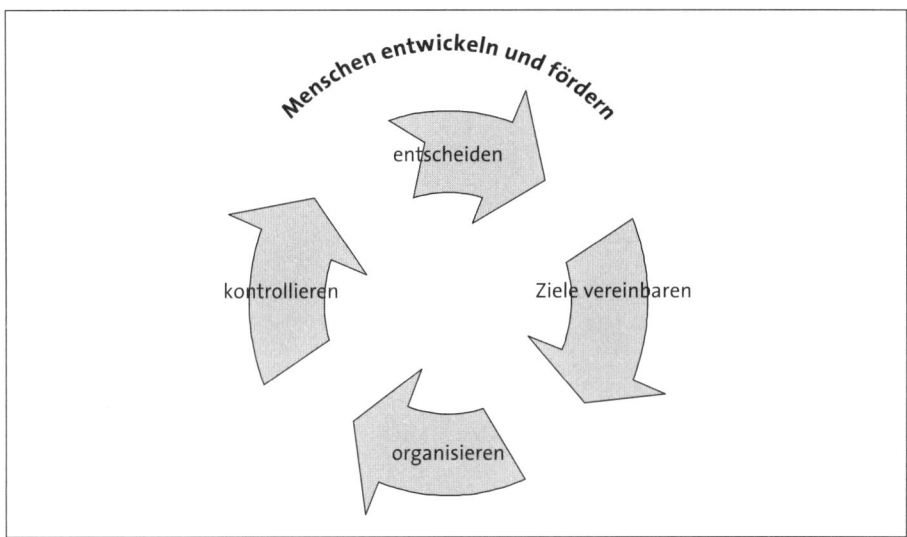

Abb. 245: Kernaufgaben einer Führungskraft (vgl. Malik 2000, S. 174-263)

Zu den zentralen Aufgaben gehört die **Vereinbarung von Zielen** (siehe auch Kapitel 4.5.2). Erst anhand konkret vereinbarter und terminierter Ziele kann die Umsetzung zielgerichtet erfolgen. Aufgaben können entsprechend definiert, zu Arbeitspaketen zusammengefasst und gegebenenfalls delegiert werden. Leistung und Verhalten der Mitarbeiter können dann vor dem Hintergrund vereinbarter Ziele und Verhaltensweisen überprüft, beurteilt bzw. kontrolliert werden. Die **Kontrolle** ist eine wichtige Aufgabe der Führungskraft, um erforderlichenfalls eingreifen und nachsteuern zu können. Eine Kontrolle kann auf unterschiedliche Weise stattfinden und muss nicht zwangsläufig zur Dauerbeobachtung der Mitarbeiter führen. Vielmehr soll die Führungskraft aufmerksam die Prozesse überwachen und über den Stand der Arbeit informiert sein. Schließlich ist die **Entscheidungsfindung** für Führungskräfte eine wichtige Aufgabe. Täglich sind Entscheidungen zu treffen, die operativen und strategischen Charakter haben. Insbesondere strategische Entscheidungen können nicht delegiert werden. Hier sind die Führungskräfte selbst in der Pflicht. Ziel einer effektiven Führung ist es, die Mitarbeiter zu eigenständigen Entscheidungen im operativen Bereich zu ermutigen. Dies ist ein Zeichen vertrauensvoller Zusammenarbeit, bei der die Mitarbeiter nicht entmündigt werden.

Die vorgestellten Aufgaben einer Führungskraft bilden eine Art **Managementkreislauf**. Darüber hinaus kommt der Förderung der Mitarbeiter eine zentrale Bedeutung zu. Führungskräfte sind somit die ersten Personalentwickler. Sie sind dafür verantwortlich, dass die Mitarbeiter an herausfordernden Aufgaben wachsen und ihre Potenziale entfalten können. Dafür müssen die erforderlichen Ressourcen zu Verfügung gestellt werden. Weder eine Über- noch eine Unterforderung der Mitarbeiter sind erstrebenswert. Beides würde mittel- bis langfristig zu Unzufriedenheit und Demotivation führen. Über die Kernaufgaben einer Führungskraft hinaus können folgende Detailaufgaben unterschieden werden, die vor allem einen strategischen Aspekt beinhalten (siehe Abbildung 246):

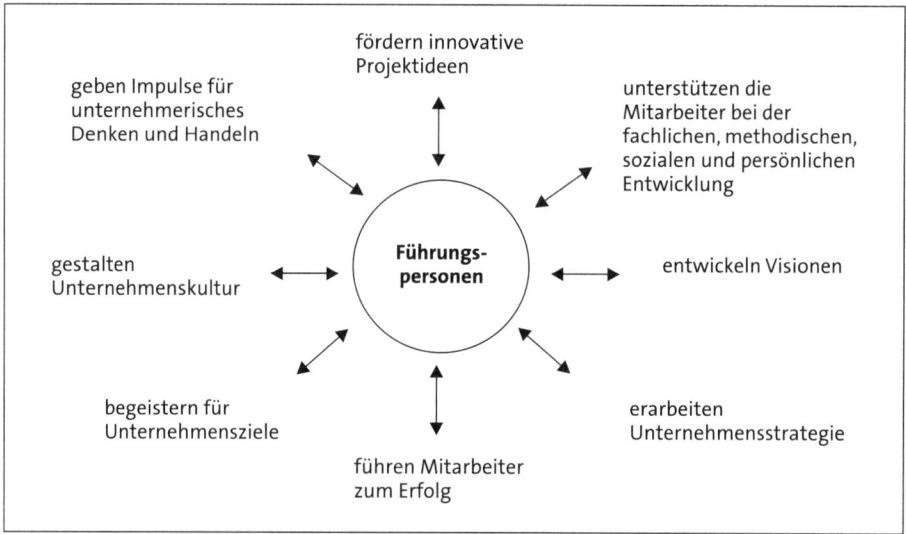

Abb. 246: Detailaufgaben einer Führungskraft

Die **Rollen einer Führungskraft** unterscheiden sich je nach Führungssituation und Führungsstil. Unterschiedliche Führungskräfte nehmen auch gemäß ihrer jeweiligen Persönlichkeitsstruktur verschiedene Rollen wahr. Im Einzelnen können folgende Rollen unterschieden werden:

- Manager,
- Organisator,
- Koordinator,
- Gestalter für Zusammenarbeit,
- Potenzial- bzw. Persönlichkeitsentwickler,
- Ideengeber,
- Motivator,
- Entscheider und Verantwortungsträger,
- Prozessbegleiter.

In empirischen Studien wurde wissenschaftlich untersucht, wie die Arbeit von Führungskräften und Managern im Alltag konkret aussieht. Einer der ersten Wissenschaftler, der sich mit den Tätigkeiten von Führungskräften und Managern befasst hat, ist der Kanadier Henry Mintzberg. Mintzberg macht deutlich, dass Management vielfach auf Erfahrungswissen basiert, weniger auf wissenschaftlichen Prinzipien. Er stellt Folgendes fest:

> »Management [ist] weder eine Wissenschaft noch ein Beruf im klassischen Sinne; es ist eine praktische, situationsgebundene Tätigkeit, die vorrangig von der Erfahrung lebt.« (Mintzberg 2010, S. 23)

Zwar müssen Manager und Führungskräfte über Wissen (auch wissenschaftliches Wissen) verfügen, jedoch ist das Wissen zumeist kontextgebunden.

> »Manager müssen viel wissen – besonders über ihre speziellen Umfeldbedingungen –, und sie müssen auf der Grundlage dieses Wissens Entscheidungen treffen. Aber besonders in großen Organisationen und überall dort, wo es um geistige Arbeit geht, gilt: Der Manager muss anderen helfen, das Beste aus sich herauszuholen, damit *sie* ihr Wissen mehren, bessere Entscheidungen treffen und effektiver handeln.« (Mintzberg 2010, S. 27)

Er hat darüber hinaus untersucht, wie der Arbeitsalltag von Managern aussieht und was ihre Arbeit ausmacht. So hat er beispielsweise festgestellt, dass die alltägliche Arbeit von Führungskräften und Managern stark fragmentiert ist. Sie widmen sich einzelnen Vorgängen lediglich wenige Minuten und gehen dann zum nächsten Vorgang, sei es nun eine Entscheidung, ein Telefonat oder ein Gespräch mit einem Kunden oder Mitarbeiter.

> »Die wichtigen Tätigkeiten werden offenbar nach dem Zufallsprinzip immer wieder von unbedeutenderen Dingen unterbrochen; der Manager muss also in der Lage sein, sich häufig und rasch gedanklich umzustellen.« (Mintzberg 2010, S. 38)

Er stellt darüber hinaus eine hohe Handlungsorientierung bei Managern fest.

> »Manager lieben die Aktion – Aktivitäten, die Bewegung und Veränderung erzeugen, konkreten Nutzen bringen, gegenwartsbezogen sind und Routinen überschreiten.« (Mintzberg 2010, S. 41)

Sie bevorzugen informelle Kommunikationen und sind auch Klatsch, Tratsch und Spekulationen gegenüber nicht abgeneigt.

> »Formelle Informationen sind verlässlich und definitiv – im optimalen Fall enthalten sie belastbare Zahlen und unmissverständliche Berichte. Informelle Informationen sind mitunter reicher, aber eben weniger verlässlich. Das Telefon bietet den Vorteil, über den Klang der Stimme Rückschlüsse ziehen zu können, zudem besteht die Möglichkeit der Sofortreaktion. In Besprechungen kommen Mimik, Gesten und andere Körpersignale zur Geltung. Deren Bedeutung dürfen wir niemals unterschätzen.« (Mintzberg 2010, S. 45 f.)

Führungsstile

Der Führungsstil in der **alltäglichen Unternehmenspraxis** ist sehr individuell und hängt von unterschiedlichen Faktoren und Rahmenbedingungen ab. In der Regel hat jede Führungskraft ihren eigenen Stil. Dieser Stil wird durch die Persönlichkeit, die Vorerfahrungen, die Unternehmenskultur und nicht zuletzt auch durch die Mitarbeiter geprägt. In der Wissenschaft und der Beratungsliteratur werden verschiedene Führungsstile aufgeführt. Die bekannteste Unterscheidung von Führungsstilen geht auf Kurt Lewin (1890–1947) zurück (vgl. Lewin/Lippitt/White 1939): der autoritäre, der demokratisch-partizipative und den Laisser-faire-Führungsstil.

• Autoritärer Führungsstil

Die Mitarbeiter werden nicht in Entscheidungsprozesse einbezogen, die Führungskraft versteht sich als Vorgesetzter und entscheidet selbstständig ohne die Entscheidung begründen zu müssen. Die Zusammenarbeit basiert in der Regel auf den Anweisungen des Vorgesetzten. Zum Teil ist dieser Führungsstil mit einer stark patriarchalischen Komponente versehen. Die Führungskraft fühlt sich dabei für die Mitarbeiter in einer »väterlichen« Weise verantwortlich. Damit geht oft eine schützende und bewahrende Haltung der Führungskraft einher. Ein autoritärer Führungsstil bedingt in der Regel eine strenge hierarchische Gliederung der Organisation. Die Führungskraft ist gleichsam »Befehlshaber«, die Mitarbeiter sind »Befehlsempfänger« und Ausführungsorgane. Autorität und Macht spielen eine große Rolle. Delegation findet in Form konkreter Anweisungen statt, wobei Ziel und Weg genau definiert werden. Es werden nur Ausführungsaufgaben, jedoch keine Planungs- und Entscheidungsaufgaben delegiert. Die Mitarbeiter erhalten lediglich die notwendigsten Informationen. Die Kontrolle durch die Führungskraft ist stark ausgeprägt.

• Demokratisch-partizipativer Führungsstil

Die Entscheidungen werden zusammen mit den Mitarbeitern getroffen. Im Vordergrund steht der Konsens. Die Führungskraft versucht, möglichst allen gerecht zu werden. Das Ziel wird definiert, der Weg bleibt aber der Entscheidung des Mitarbeiters vorbehalten. Auch Planungs- und Entscheidungsaufgaben werden delegiert. Es wird umfassend, z.B. in regelmäßigen Besprechungen, informiert. Die Mitarbeiter können ihre Ideen, Fragen und Verbesserungsvorschläge einbringen. Lob und Anerkennung haben einen hohen Stellenwert. Die Harmonie innerhalb der Abteilung bzw. eines Teams spielt eine große Rolle.

• Laisser-faire-Führungsstil

Es gibt kaum einheitliche Entscheidungen. Die Mitarbeiter entscheiden frei nach eigenem Ermessen, ohne klare Vorgaben und Abstimmungen. Führung wird als unnötig erachtet, weil man davon ausgeht, dass erwachsene Menschen zur Selbstführung fähig sind. Zielvorgaben sind vage und unpräzise. Willkürlicher Aktionismus prägt die Art der Arbeit. Anregungen, Fragen und Ideen der Mitarbeiter werden nicht kanalisiert. Die Arbeit ist unstrukturiert, die Reibungsverluste sind hoch.

Die kursorischen Ausführungen zeigen bereits, dass diese Unterscheidung der Führungsstile in autoritär, demokratisch-partizipativ und laisser-faire veraltet ist. Für die konkrete

Führungspraxis sind sie heute kaum noch adäquat. Eine modernere Fassung der Führungsstile unterscheidet transaktionale und transformationale Führung sowie den situativen Führungsstil.

- Transaktionale Führung

Dieser Führungsstil leitet sich aus der Vorstellung des Homo Oeconomicus ab. Menschen tun etwas, wenn sie dafür belohnt werden und unterlassen Handlungen, wenn sie sanktioniert bzw. bestraft werden. In diesem Sinne, sollten Führungskräfte ihren Mitarbeitern für geforderte Leistungen Belohnungen anbieten. Zwischen beiden Seiten wird ausgehandelt (Transaktion), was erwartet und was gefordert wird.

> »Transaktionale Führung basiert auf Verstärkung: Für das, was sie tun oder lassen, haben die Geführten mit positiven oder negativen Konsequenzen zu rechnen, die die Führungskraft vermittelt: Sie kontrolliert sowohl den Weg (kann erleichtern, blockieren), wie die Ziele und Belohnungen (kann sie vorenthalten oder vergeben).« (Neuberger 2002, S. 197)

- Transformationale Führung

Die transformationale Führung wird demgegenüber als überlegen angesehen. Führungskräfte sollen hier ihre Mitarbeiter inspirieren und intellektuell stimulieren, damit sie die Werte und Ziele des Unternehmens akzeptieren und sich zu eigen machen (vgl. Bass 1990, S. 21). Das Arbeitsverhältnis soll also nicht nur unter reinen Zweckgesichtspunkten, als Austausch von Leistung und Gegenleistung, gesehen werden, sondern das Unternehmen wie auch den Mitarbeiter weiterentwickeln. Dies erreicht die Führungskraft durch ihr Charisma und dadurch dass sie die individuellen Bedürfnisse ihrer Mitarbeiter achtet. Die transformationale Führung kann somit als Spezialfall eines charismatischen Führungsstils angesehen werden (vgl. Neuberger 2002, S. 199 f.). Bisweilen wird damit auch die Forderung verbunden, dass Führungskräfte zum Coach oder Mentor ihrer Mitarbeiter werden.

- Situative Führung

Die Führungskraft bezieht die Mitarbeiter immer dann in Entscheidungsprozesse ein, wenn dies möglich und sinnvoll ist. Strategische und personelle Entscheidungen trifft die Führungskraft möglichst eigenständig. Die Führungskraft entscheidet aus der Situation heraus, welcher Stil angemessen und zielführend ist. Sie erkennt, dass in bestimmten Führungssituationen klare Anweisungen und Vorgaben erforderlich sind. Der Führungsstil orientiert sich zudem an der jeweils individuellen Person. In anderen Situationen ist hingegen eine stärkere Abstimmung mit den Mitarbeitern erforderlich. Die situative Führung verlangt von der Führungskraft eine hohe soziale und kommunikative Kompetenz, gepaart mit einer hohen Sensibilität für die angemessene und situationsgerechte Verhaltensweise. Dies setzt eine gewisse Erfahrung in Führungssituationen voraus und ist ein lebenslanger Lernprozess. Immer wieder neu muss die Führungskraft entscheiden, was ein situativ angemessener Führungsstil ist, der zugleich der eigenen Führungspersönlichkeit gerecht wird. Wissenschaftliche Untersuchungen zu den Führungsstilen waren in der Vergangenheit oft mit Vorstellungen einer »geborenen« **Führungspersönlichkeit** mit bestimmten **Führungseigenschaften** verbunden. Das Charisma einer Führungskraft wurde damit zum bedeutenden Faktor eines Führungsstils erhoben. Der situative Führungsstil macht demgegenüber auf bestimmte Kontextfaktoren (Unternehmenskultur, Mitarbeiterstruktur, Entscheidungssituation, Organisationsstruktur etc.), welche den Führungsstil in der einen oder anderen Weise beeinflussen, aufmerksam.

● Systemtheoretische Ansätze

Alle charismatischen Führungsmodelle unterschätzen den **Einfluss der Unternehmenskultur und der Unternehmensorganisation**. Sie sind einseitig auf die Person der Führungskraft fixiert, die jedoch unter je spezifischen Bedingungen in einer Organisation ihre Aufgaben erfüllen muss. Führung findet immer im Wechselverhältnis zwischen Führungskraft, Mitarbeiter und Organisation statt. Sie ist nie eindimensional, oder nur in eine Richtung gehend. Diesem Umstand tragen insbesondere systemtheoretische Ansätze Rechnung.

> »Systemische Ansätze der Führung sind […] ein frontaler Angriff gegen das Heldenverständnis von Führung. Die dominante Macher-Perspektive und das hierarchische Einflussmonopol werden ersetzt durch eine Orientierung, die von anonymen, verstreuten, selbständigen Einflusszentren ausgeht.« (Neuberger 2002, S. 593).

Unternehmen werden dabei nicht als »technische« Systeme aufgefasst, bei denen man quasi »auf Knopfdruck« bestimmte Ergebnisse erzielt, sondern als soziale Systeme. Soziale Systeme sind autonom und gehorchen einer gewissen Eigendynamik, die sich nur begrenzt von außen steuern lässt. Der Fokus der Systemtheorie liegt damit stärker auf der Organisation und der Selbstorganisation sozialer Systeme (z. B. einer Abteilung oder eines Teams).

> »Für den Langzeiterfolg einer Unternehmung kommt es nicht auf einzelne ‚große Persönlichkeiten‘ an, sondern auf die Strukturen, die regulieren, wie Anschlusshandlungen erzeugt und verbunden werden. Jede Organisation verträgt den Ausfall scheinbar Unentbehrlicher, weil und wenn dafür gesorgt ist, dass diese ‚Überragenden‘ wichtiges Systemwissen nicht monopolisieren und Beziehungen nicht trivialisieren.« (Neuberger 2002, S. 631)

Auch hier liegt der Fokus der Führung stärker auf der Entwicklung der Mitarbeiter und dem Vorschlagen von Lösungsversuchen. Führungskräfte sind somit für den Erfolg einer Abteilung oder eines Teams nicht alleine verantwortlich, sondern können ihre Ziele nur durch Kommunikation mit ihren Mitarbeitern erreichen. Direkte Einflussnahme kann an der Eigendynamik einer Abteilung gegebenenfalls sogar scheitern. Die Systemtheorie favorisiert daher auch eher flache Hierarchien, Eigenverantwortung gegenüber einer allumfassenden Verantwortung der Führungsspitzen, dezentrale Entscheidungsprozesse gegenüber zentralen.

Zusammenhang zwischen Organisation und Führung

Jede Organisation hat ihre eigene Führungskultur. Diese zeigt sich in den gemeinsamen Wertvorstellungen und Normen, im täglichen Umgang zwischen Führungskräften und

Mitarbeitern, sowie der »Kommunikationskultur«. Die Organisationsstruktur ist Ergebnis der Arbeitsteilung im Unternehmen. Man kann folgende Organisationsmodelle unterscheiden (vgl. Bea/Haas 2001, S. 357 ff.):

• Funktionale Organisation

Die funktionale Organisation kann als »klassisches« Organisationsmodell bezeichnet werden. Das Unternehmen gliedert sich demnach in verschiedene Funktionsbereiche, z. B. Einkauf, Produktion, Vertrieb, Personal etc. Der Vorteil dieser Organisationsform liegt in klaren Verantwortungs- und Kompetenzbereichen. Allerdings treten hier verstärkt Schnittstellenprobleme bei der abteilungsübergreifenden Zusammenarbeit auf. Ebenso ist die Gefahr einer Überlastung der Geschäftsführung mit Themen des operativen Tagesgeschäftes groß.

> »Bei wachsender Unternehmensgröße behindert sie zunehmend die strategische Führung. In dynamischer Umwelt fehlen ihr die notwendige Anpassungsfähigkeit an qualitative Umweltveränderungen und die nötige Innovationskraft.« (Bea/Haas 2001, S. 384 f.)

• Divisionale Organisation

Hier erfolgt die Gliederung nach Sparten, z. B. Produktgruppen wie etwa Automobilhersteller mit den Sparten PKW und LKW. Die Sparten haben weitgehende autonome Entscheidungsbefugnisse und gliedern sich ihrerseits wieder in Abteilungen. Eine Sparte kann sich bei eigener Ergebnisverantwortung zu einem sog. Profitcenter entwickeln. Wenn sich aus Sparten rechtlich selbstständige Einheiten bilden, spricht man auch von einer Holding. Die Sparten werden zu Holding-Gesellschaften, während die eigentliche Holding selbst nicht am Markt auftritt.

• Matrixorganisation

Eine Matrixorganisation ist insbesondere in Unternehmen anzutreffen, in denen verstärkt projektbezogen gearbeitet wird. Eine »klassische« funktionale Gliederung würde der Projektarbeit eher hinderlich sein. Deshalb werden in einer Matrixorganisation zwei Gliederungsdimensionen verfolgt: einerseits eine funktionale nach Abteilungen, andererseits eine projektbezogene. Ein Mitarbeiter oder eine Arbeitsgruppe ist somit beispielsweise der Entwicklungsabteilung zugeordnet, gleichzeitig aber auch einem bestimmten Projekt. Durch die Mehrfachunterstellung (Abteilung und Projekt) können allerdings Konflikte bei der Kompetenzabgrenzung entstehen, z. B. in Zeiten hoher Arbeitsbelastung, wenn gefragt werden muss, ob die Projektarbeit oder die Anweisung des Linienvorgesetzten Priorität besitzt.

• Neue Organisationsmodelle

Die drei beschriebenen Organisationsmodelle können als »klassisch« bezeichnet werden. In Zeiten schneller werdender Innovationszyklen und einer steigenden Marktdynamik können solche Organisationsmodelle nicht immer die Flexibilität und Schnelligkeit aufbringen, die eine schnelle Reaktion auf Marktgegebenheiten erfordern würde. Aus diesem

Grund wurden in den vergangenen Jahren neue Organisationsmodelle erprobt, die diese Flexibilität garantieren sollen. So wurden beispielsweise **Modelle einer Prozessorganisation** etabliert, bei der sich die Organisation an der Wertschöpfungskette des Unternehmens orientiert.

> »Die Grundidee der Prozessorganisation besteht darin, dass Prozesse Gegenstand der Strukturierung von Unternehmen sind. Es werden somit organisatorische Einheiten mit Prozessverantwortung geschaffen. Die Aufbauorganisation wird dadurch an der Ablauforganisation ausgerichtet und nicht umgekehrt.« (Bea/Haas 2001, S. 403)

Zwei weitere Trends, die gegenwärtig diskutiert werden, sind die **virtuelle Organisation und die lernende Organisation**. Mit einer virtuellen Organisation ist die Vorstellung einer zunehmenden Auflösung von Organisationsgrenzen verbunden. Vielfältige Kooperationen und Projektarbeiten zwischen Abteilungen, ja sogar zwischen Unternehmen führen zu nicht mehr eindeutig abgrenzbaren Einheiten. Die lernende Organisation soll möglichst flexibel auf Anforderungen der Marktteilnehmer reagieren können. Sie soll ihre Strukturen jeweils den Erfordernissen anpassen und in einem stetigen Lernprozess ihr Arbeitsergebnis kontinuierlich verbessern. Der Begriff der lernenden Organisation ist in sich jedoch auch widersprüchlich. Der Vorteil von Organisation ist ja gerade die Routine und Automatisierung von Arbeiten. Dennoch ist die Anpassungsfähigkeit und Lernbereitschaft von Mitarbeitern wie von Unternehmen eine immer wichtiger werdende Eigenschaft, um dem Wandel der Arbeitswelt und der Märkte begegnen zu können.

Alle neueren Organisationsformen stellen erhöhte Anforderungen an die Mitarbeiter eines Unternehmens, die mit dem **Wechsel von Kompetenz- und Aufgabenbereichen** rechnen müssen. Auch für Führungskräfte wandeln sich die Karrierewege. Das klassische Karrieremodell ist stark an der funktionalen Organisation orientiert. In den neueren Modellen mit flacheren Hierarchien gestalten sich Karrierewege nicht mehr von »unten nach oben«, sondern verstärkt auch »seitwärts«. Wie bereits erwähnt, bilden Führung, Organisation und Unternehmenskultur eine Einheit. Einige, insbesondere größere Unternehmen haben Unternehmensleitlinien, sog. **Mission Statements** erarbeitet, die die Ziele, Grundsätze und Werte des Unternehmens darlegen sollen. In diesem Zusammenhang werden meist auch Leitlinien für die Führungskultur und Zusammenarbeit im Unternehmen ausgearbeitet.

Leitlinien für Führung und Zusammenarbeit

Führung und Zusammenarbeit sind zwei Seiten derselben Medaille. Wettbewerbsfähige Unternehmen haben erkannt, dass ihr Erfolg nicht zuletzt von der Qualität der Zusammenarbeit und der Führung abhängig ist. Daher werden häufig Leitlinien als eine Art **Orientierung und Richtschnur** formuliert, die Auskunft darüber geben, welches Verständnis von Führung und Zusammenarbeit im Unternehmen vorherrscht. Leitlinien für eine Führungskultur haben in der Regel folgende Grundstruktur (siehe Abbildung 247):

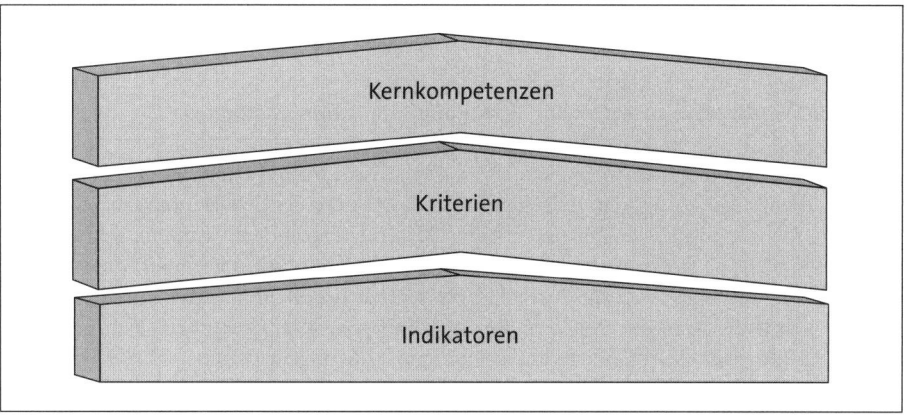

Abb. 247: Grundstruktur für Leitlinien

Zunächst werden übergeordnete **Kernkompetenzen** definiert, die einen orientierenden Charakter haben.

Beispiele: Kernkompetenzen

Unternehmertum, Kommunikation, Verantwortung, Vertrauen

Im nächsten Schritt gilt es, diese Kernkompetenzen in Form von Kriterien zu erläutern. Kriterien für die oben genannten Kernkompetenzen sind z. B. unternehmerisches Denken und Handeln, Weitergabe von Wissen, Strategieorientierung, Glaubwürdigkeit. Darüber hinaus werden die Kriterien auf operationalisierbare Aussagen in Form von Indikatoren heruntergebrochen. Indikatoren zeigen konkret an, welches Verhalten und welche Leistung erreicht werden sollen. Anhand der operationalisierten Aussagen wird deutlich, was genau von einer Führungskraft erwartet wird. Auf diese Weise wird zudem die Beurteilung von Führungskräften möglich. Die Kernkompetenzen, Kriterien und Indikatoren sind für jedes Unternehmen verschieden und müssen somit individuell auf das Unternehmen abgestimmt werden. Dazu sollten möglichst Projektgruppen gebildet werden, die sich aus Vertretern unterschiedlicher Ebenen zusammensetzen: Führungskräfte der zweiten und dritten Führungsebene (Bereichsleiter und Abteilungsleiter), Vertreter des Betriebsrates sowie Vertreter der Mitarbeiter. Auf diese Weise wird eine hohe Zustimmung und Akzeptanz erreicht. Nach der Formulierung der Führungsleitlinien sollten diese auch aktiv umgesetzt werden. Die Umsetzung nimmt meist mehrere Jahre in Anspruch und muss durch die Verantwortlichen in **Personal- bzw. Organisationsentwicklung** nachhaltig begleitet werden. Leitlinien dienen schließlich auch als Maßstab für die Entwicklung und Förderung von Mitarbeitern. Sie zeigen das Ziel auf und markieren wichtige Meilensteine auf dem Weg dorthin.

4.5.2 Führungsinstrumente

☐ Wie können Führungskräfte führen?
☐ Welche »Werkzeuge« haben sie zur Verfügung, um führen zu können?

Eines der wichtigsten Führungsinstrumente ist die **Kommunikation**. Aber sie bedarf einer inhaltlichen Richtung, den richtigen Adressaten und einer bestimmten Form. Zu den wichtigsten Kommunikationsformen gehören Mitarbeitergespräche wie auch Besprechungen, Workshops oder Klausurtagungen. Führungskräfte bestimmen aber auch Inhalte und Priorisierungen. Durch sog. **Agenda Setting** haben Führungskräfte Einfluss, welche Themen vorrangig bearbeitet werden. Aus den Zielen heraus bestimmen sie, an welchen Prioritäten gearbeitet wird. Ein weiteres wichtiges Führungsinstrument ist die Organisation einer Abteilung. Hier werden Arbeitsprozesse erarbeitet, Zuständigkeiten und Verantwortlichkeiten festgelegt und somit die Zusammenarbeit abgestimmt. Dazu gehören ebenfalls die Zuordnung von Ressourcen und die Verteilung von Budgets. Die wichtigsten Führungsinstrumente Mitarbeitergespräche, Zielvereinbarungen und Teambesprechungen werden nachfolgend eingehender beschrieben.

Mitarbeitergespräch

Das Mitarbeitergespräch kann in unterschiedlichen Formen geführt werden. Zu unterscheiden ist das

• **situative Gespräch** (Auftragserteilung, Delegation, Lob, Kritik u. a.) und
• das **turnusgemäße** Gespräch z. B. in Form eines Jahresgesprächs.

In beiden Fällen ist die mitarbeiterorientierte Kommunikation mit den Grundhaltungen des Einfühlungsvermögens und des aktiven Zuhörens (siehe Kapitel 1.6.5) von zentraler Bedeutung. In der Regel wird in den einzelnen Unternehmen ein eigenes Formular für das Mitarbeitergespräch verwendet. Ziel des Jahresgesprächs ist es, eine **Standortbestimmung vorzunehmen**. Neben der Einschätzung des Verhaltens und der Leistung des Mitarbeiters sollen auch Aussagen zur Zusammenarbeit im Team bzw. zur Zusammenarbeit zwischen Führungskraft und Mitarbeiter getroffen werden. Dabei werden häufig verschiedene Bewertungen bzw. Beobachtungsaspekte unterschieden: die fachliche, persönliche, methodische und kommunikative Kompetenz des Mitarbeiters. Der Mitarbeiter sollte im Jahresgespräch auch die Möglichkeit erhalten, der Führungskraft ein Feedback bzgl. der Führung zu geben. Ein wichtiger Bestandteil des Mitarbeitergesprächs ist die Ableitung und Vereinbarung von konkreten Qualifizierungsmaßnahmen, die dem Mitarbeiter bei der Zielerreichung helfen sollen. Häufig wird im Rahmen des Jahresgesprächs auch eine Zielvereinbarung für das kommende Jahr getroffen.

Zielvereinbarung

Zielvereinbarungen sind zunehmend von **Bedeutung für die Kursbestimmung**. Nur wer das Ziel kennt, kann den angemessenen Weg ermitteln. Die Zielvereinbarung ist unter dem Aspekt des Management by Objectives (MbO) bekannt geworden. Mitarbeiter und Führungskraft vereinbaren in der Regel einmal im Jahr konkrete Ziele für das Folgejahr. Die Jahresziele werden aus den strategischen Herausforderungen des Unternehmens abgeleitet und in Bezug zu den Aufgaben und der Verantwortung des Mitarbeiters gesetzt. Ziele sollen auf diese Weise nicht im luftleeren Raum stehen. Sie bilden keinen Selbstzweck, sondern sollen die Zusammenarbeit fokussieren. Ziele, die zu abstrakt sind und auf der strategischen Ebene enden, können kaum für die Praxis dienlich sein. Andererseits können einseitig formulierte operative Ziele nicht aus der Strategie abgeleitet werden. Die vereinbarten Ziele sollen **messbar, realistisch, terminierbar und herausfordernd** sein. Anhand der W-Fragen können die Ziele präzisiert werden (vgl. Lurse 2002, S. 14):

- ☐ Was soll konkret erreicht werden? Was ist genau das angestrebte Resultat?
- ☐ Wie viel bezogen auf die quantitative Größe soll erreicht werden? (z. B. Reduktion der Reklamationsquote um 1 %)
- ☐ Womit soll das Ziel erreicht werden? Welche Ressourcen Personal und Material müssen eingesetzt werden? Welcher Unterstützungsbedarf besteht aus anderen Abteilungen?
- ☐ Wann soll das Ziel erreicht werden? Hier ist die Angabe eines genauen Termins erforderlich.

Werden diese Fragen sorgfältig beantwortet, so kann die **Zielformulierung** bzw. Zielvereinbarung präzise erfolgen. Vor diesem Hintergrund kann schließlich die Zielerreichung überprüft und gegebenenfalls nachgesteuert werden. Die Zielvereinbarung soll ihrem Namen gerecht werden und tatsächlich eine beiderseitige Vereinbarung und keine Zielvorgabe sein. Die Führungskraft hat hierbei eine verantwortungsvolle Aufgabe wahrzunehmen. Wenn die Zielvereinbarung ernsthaft und kontinuierlich betrieben wird, kann sie zu einem zentralen Führungsinstrument werden, das für die Zusammenarbeit eine große Bedeutung hat (siehe Abbildung 248 und auch Abbildung 129).

Zielerfüllung und Gewichtung / Einschätzung durch Geschäftsführung	Ziele	Was genau?	Wie viel?	Wann?	Womit? (Zusammenarbeit)
Zielerfüllung in %					
Gewichtung in %					
Zielerfüllung in %					
Gewichtung in %					
Zielerfüllung in %					
Gewichtung in %					
Zielerfüllung in %					
Gewichtung in %					
Zielerfüllung in %					
Gewichtung in %					
Unterschrift Geschäftsführer Unterschrift Bereichsleiter					

Abb. 248: Zielvereinbarungsformular

Teambesprechung (Kommunikation/Information)

Die Kommunikation zwischen Führungskräften und ihren Mitarbeitern steht an zentraler Stelle. Besprechungen sind somit ein bedeutendes Führungsinstrument. Sie sind notwendig, um Themen im Team abzustimmen, Informationen weiterzuleiten und Klarheit zu schaffen. Die effiziente Durchführung von Besprechungen ist daher eine notwendige Forderung an alle Besprechungsleiter. Eine Besprechung gliedert sich üblicherweise in folgende Punkte (siehe Abbildung 249):

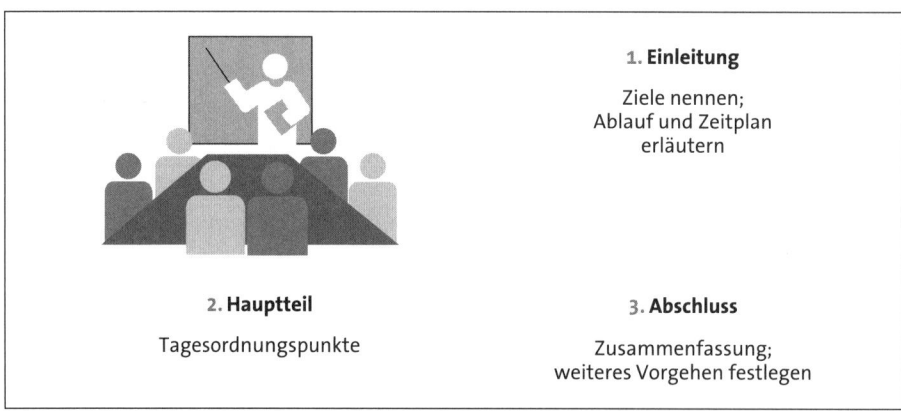

Abb. 249: Ablauf einer Besprechung

Die Aufgabe der Führungskraft besteht darin, die Besprechung zielgerichtet zu moderieren (siehe hierzu ausführlich Kapitel 1.6 und 1.7). Im Wesentlichen gehören zur Moderation folgende Teilaufgaben (siehe Abbildung 250):

Abb. 250: Aufgaben des Moderators

4.5.3 Entwicklung und Beratung der Führungskräfte

Eine wichtige Aufgabe der Personalentwicklung ist es, junge Nachwuchsführungskräfte bzw. Mitarbeiter, die Führungsverantwortung übernehmen, gezielt auf ihre Aufgaben vorzubereiten und zu entwickeln. Dies erfolgt über unternehmensinterne Entwicklungs- und Förderprogramme (siehe Kapitel 4.3) oder durch unternehmensübergreifende oder gar externe Förderprogramme und Seminare. Für Führungskräfte ebenso wichtig ist es, sich ständig weiterzuentwickeln, ihre jeweilige Praxis kritisch zu reflektieren und an neue Anforderungen anzupassen. Die Bedeutung von Seminaren und Schulungen, bei denen insbesondere Fachwissen vermittelt wird, nimmt im Laufe des Berufslebens tendenziell ab. Wichtiger wird die spezifische Beratung von Führungskräften, z. B. in Fragen der Unternehmensstrategie, der Reorganisation, aber auch die interne Beratung durch die Personalentwicklung beispielsweise bei Neueinstellungen, Personalabbau, Kündigungen etc.

Ein in den letzten Jahren zunehmend wichtiger gewordener Bereich, der verstärkt von Führungskräften in Anspruch genommen wird, ist das **Coaching**. Im Coaching geht es darum, mithilfe eines speziell ausgebildeten Coachs die Selbstreflexion einer Führungskraft oder eines Mitarbeiters anzuleiten und konkrete Fragestellungen mit einem Coach als »Sparringspartner« zu besprechen.

»Die Unterstützung der Führungsqualität ergibt sich daraus, dass Führungskräfte auf ihre individuelle berufliche Situation maßgeschneiderte Lösungen im Coaching erarbeiten, ausprobieren und weiterentwickeln können. Fach- und Führungskräfte haben einen ‚Sparringspartner‘, mit dem offene und ehrliche Kommunikation möglich ist. Sie bekommen regelmäßiges und professionelles Feedback von jemandem, der außerhalb der hierarchischen Verflechtungen der eigenen Organisation steht. Sie können typische Führungsthemen wie z. B. Mitarbeiterführung, Konfliktmanagement, Lebensbalance, Strategieentwicklung, Charisma, Wirkung und Wirksamkeit, sowie Werte-Sinn-Reflexion lösungsorientiert bearbeiten.« (Berninger-Schäfer, S. 15)

Im Coaching sollen also Fragen zur Berufsrolle, zu Aufgaben, zur Mitarbeiterführung aber auch zu persönlichen Einstellungen und zur eigenen Weiterentwicklung bearbeitet werden.

Beispiele:

- Persönliche Standortbestimmung, Entwicklung von Visionen und Formulierung von Zielen
- Entwicklung geeigneter Problemlösungs- und Umsetzungsstrategien
- Analyse und Weiterentwicklung des eigenen Verhaltens
- Rollenklärung und Positionsbestimmung in schwierigen Entscheidungssituationen.
- Bewältigung des Arbeitsalltags, zum Beispiel durch Training on the Job.

(Fischer-Epe 2008, S. 19)

Im Coaching gibt es unterschiedliche »Schulen« mit jeweils unterschiedlichen Vorgehensmethoden. Eine dieser Schulen ist der **systemisch-lösungsorientierte Ansatz**. Grundannahme ist, dass der Klient (Coachee) über alle persönlichen Ressourcen verfügt, um Problemlagen oder schwierige Situationen selbst zu meistern. Der Coach gibt somit keine inhaltlichen Ratschläge, sondern er unterstützt seinen Klienten dabei, selbst Wege und Methoden zu finden, seine Anliegen umzusetzen. Der Coach ist Prozessbegleiter und Experte für die Gesprächsführung. Er versucht jedoch beim Klienten einen Perspektivwechsel auf die Situation anzuregen und eine konkrete Lösung für sein Anliegen zu finden. Er gibt allerdings keine Lösungen vor. Coachings sind in der Regel zeitlich begrenzt. Die Beziehung zwischen Coach und Klient soll durch eine wertschätzende Haltung geprägt sein. Wichtig ist, dass ein Coaching keine Therapie darstellt. Therapien sind in Fällen mit einem konkreten Krankheitsbild angezeigt. Die Inanspruchnahme eines Coachings ist davon zu unterscheiden.

»Coach« ist keine geschützte Berufsbezeichnung. Deshalb gibt es auf dem Markt durchaus einige selbsternannte Coachs, die nicht den von den Coachingverbänden geforderten Qualitätskriterien und der geforderten Ausbildung entsprechen. Bei der Wahl eines Coachs sollte daher darauf geachtet werden, dass eine anerkannte Ausbildung und entsprechende berufliche Erfahrungen nachgewiesen werden können.

Quellen

Bass, B. M.: From Transactional to Transformational Leadership: Learning to Share the Vision, in: Organizational Dynamics, Volume 18 (3), 1990, S. 19-31.

Bea, F. X./Haas, J.: Strategisches Management, 3. Aufl., Stuttgart 2001.

Bennis, W.: Menschen führen ist wie Flöhe hüten, Frankfurt/Main 1985.

Berninger-Schäfer, E.: Orientierung im Coaching, Stuttgart 2011.

Fischer-Epe, M.: Coaching. Miteinander Ziele erreichen, 5. Aufl., Hamburg 2008.

Fuchs, H.: Die Kunst (k)eine perfekte Führungskraft zu sein, Niedernhausen 2000.

Gabele, E./Liebel, H./Oechsler, W.: Führungsgrundsätze und Mitarbeiterführung, Führungsprobleme erkennen und lösen, Wiesbaden 1992.

Innerhofer, Ch./Innerhofer, P./Lang, E.: Leadership Coaching, Führen durch Analyse, Zielvereinbarung und Feedback, 2. Aufl., Neuwied 2000.

Kellner, H.: Sind Sie eine gute Führungskraft? Was Mitarbeiter und Unternehmen wirklich erwarten, Frankfurt a. M./New York 1999.

Lewin, K./Lippitt, R./White, R.: Patterns of aggressive behavior in experimentally created »social climates«, in: The Journal of Social Psychology, (10) 1939, S. 271–299.

Lurse, K.: Manager und Mitarbeiter brauchen Ziele, Führen mit Zielvereinbarungen und variable Vergütung, 2. Aufl., Neuwied 2002.

Mahlmann, R.: Selbsttraining für Führungskräfte. Ein Leitfaden zur Analyse der eigenen Führungspersönlichkeit und eine Anleitung zum »persönlichen Change Management«, 2. Aufl., Weinheim/Basel 2000.

Malik, F.: Führen – Leisten – Leben, Wirksames Management für eine neue Zeit, Stuttgart/München 2000.

Mintzberg, H.: Managen, Offenbach 2010.

Neuberger, O.: Führen und Führen lassen, 6. Aufl., Stuttgart 2002.

Neges, G./Neges R.: Kompaktwissen Management. Alles, was Führungskräfte wissen müssen, Wien 1999.

Saaman, W.: Effizient führen, Mitarbeiter erfolgreich machen, Wiesbaden 1990.

Schuppert, D. (Hrsg.): Kompetenz zur Führung, Was Führungspersönlichkeiten auszeichnet, Wiesbaden 1993.

Sprenger, R. K.: 30 Minuten für mehr Motivation, Offenbach 1999.

Sprenger, R. K.: Mythos Motivation, 14. Aufl., Frankfurt/Main 1998.

Wildenmann, B.: Professionell Führen, Empowerment für Manager, die mit weniger Mitarbeitern mehr leisten müssen, 6. Aufl., Neuwied 2002.

Wöhe, G.: Einführung in die Allgemeine Betriebswirtschaftslehre, 21. Aufl., München 2002.

4.6 Betriebliche Arbeitsformen mitgestalten, Grundsätze moderner Arbeits- und Lernorganisation umsetzen

4.6.1 Moderne Arbeitsorganisation

Arbeitsorganisation ist die Schaffung des aufgabengerechten und optimalen Zusammenwirkens von Mitarbeitern, Arbeitsmitteln, Arbeitsgegenständen und Information. In den letzten Jahrzehnten haben sich zunehmend neue Konzepte der Arbeitsorganisation herausgebildet, zunächst in Großunternehmen, später auch in Klein- und Mittelunternehmen (KMU). Wettbewerbsdruck und beschleunigtes Innovationstempo erfordern mehr unternehmerisches Denken und Handeln, Kunden- und Marktorientierung, Schnelligkeit und Flexibilität.

Abb. 251: Warum neue Arbeitsformen? (vgl. Kriegl/Ehrlich 1998, S. 6)

Eine zeitgemäße Arbeitsorganisation ist dadurch gekennzeichnet, dass sie

- auf internationalen Konkurrenzkampf
- auf globalen Märkten
- mit zunehmender Produktvielfalt und
- kürzeren Produktlebenszyklen

reagieren muss.

Die Konsequenz ist in aller Regel branchenabhängig ein eher qualitatives als quantitatives Wachstum. Neben diesen Veränderungen auf der Kundenseite sind auch auf der Produktionsseite prozessbeschleunigende Ursachen zu finden:

- steigende Automatisierung,
- moderne Informationstechniken,
- stark veränderte und neuartige Fertigungsverfahren,
- minimierte Entwicklungszeiten für neue Produkte.

Auch von den Mitarbeitern werden Forderungen hinsichtlich moderner Arbeitsorganisation gestellt, die auf stärkere Partizipation und Selbstverwirklichung im Arbeitsprozess sowie einen größeren Handlungs- und Entscheidungsspielraum zielen. Den betrieblichen Notwendigkeiten entsprechend müssen sich Unternehmen Gedanken machen über neue Formen der Arbeitsorganisation, die sich stark von den Prinzipien des Taylorismus unterscheiden. Dabei werden funktionale, zentralistische Organisationen durch produktorientierte, dezentrale Organisationen abgelöst, verbunden mit einer zunehmenden Delegation von Entscheidungen, Centerkonzepten, Hierarchieverflachungen und Straffung der Berichtswege. Mit dieser Entwicklung geht die Notwendigkeit von Teamentwicklung einher, verbunden mit einer kontinuierlichen Qualifizierung der Mitarbeiter. Diese Qualifizierung bezieht sich dabei weniger auf traditionelle Fachkompetenzen als auf fachübergreifende Methoden- und Sozialkompetenzen wie

- Prozessdenken,
- Entscheidungsfähigkeit,
- Lernfähigkeit,
- Fähigkeit zur Kommunikation und Kooperation und
- umfassendes Verständnis für die Arbeitsaufgabe.

Gruppenarbeit und Inselkonzepte

Der Anteil der Beschäftigten in Gruppenarbeit hat im letzten Jahrzehnt stark zugenommen. Lag er 1993 erst bei 7 %, so stieg er Untersuchungen des Instituts für Arbeit und Technik (IAT) zufolge bis zur Jahrtausendwende auf 12 %. Viele Anzeichen deuten darauf hin, dass es sich bei dieser Entwicklung um einen kontinuierlichen Anstieg der Gruppenarbeit handelt, der sich auch in den nächsten Jahren fortsetzen wird.

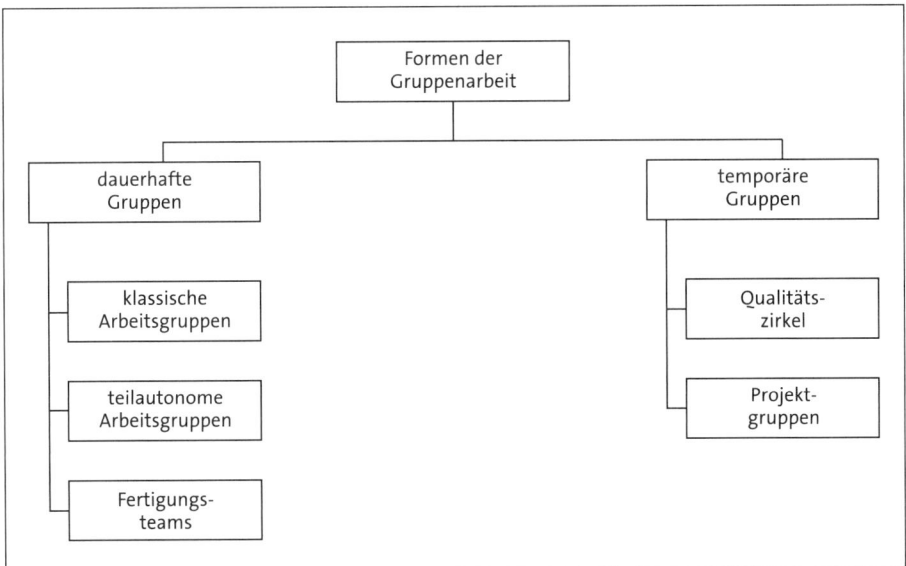

Abb. 252: Formen von Gruppenarbeit

Dabei darf nicht vergessen werden, dass die einzelnen Formen der Gruppenarbeit (siehe Abbildung 252) unterschiedliche Zuwachsraten aufweisen. Demnach nimmt die Arbeit in Projektgruppen und Qualitätszirkeln am deutlichsten zu, eine große Zurückhaltung üben Unternehmen noch in der Implementierung von teilautonomen Arbeitsgruppen und Fertigungsinseln. Typische Merkmale von **Qualitätszirkeln** sind u. a.

- Mitarbeiter aus den unteren Hierarchieebenen,
- in der Regel Zusammenarbeit auf freiwilliger Basis,
- die Themenstellung berührt vor allem den Arbeitsbereich der Gruppe,
- Analyse von Schwachstellen und Entwicklungsvorschläge,
- Beseitigung von Schnittstellenproblemen zu benachbarten Bereichen.

Qualitätszirkelarbeit wird mittlerweile in fast allen Funktionsbereichen eines Unternehmens geleistet. Bekannt sind die Beispiele in der Automobilindustrie, bei denen Qualitätszirkel Produktionsstörungen am Band effektiv und effizient beseitigen. Aus dem Personalbereich wird über Qualitätszirkelarbeit in der Aus- und Weiterbildung berichtet sowie im Zusammenhang mit Maßnahmen der innerbetrieblichen Zusammenarbeit und des Konfliktmanagements. Qualitätszirkel tragen auch zur permanenten Optimierung des Workflowmanagements und des Employee Self Service bei. Die Vorteile von Qualitätszirkelarbeit liegen insbesondere in der

- Steigerung der Informationsqualität,
- Verbesserung des Arbeitsklimas,
- verbesserten Leistungsfähigkeit,
- Steigerung der Motivation der Mitarbeiter,
- Persönlichkeitsbildung der Mitarbeiter.

Nachteilig erweist sich häufig die mangelnde Akzeptanz durch Unternehmensleitungen und Führungskräfte, die entweder die Delegationsreife und Delegationsfähigkeit der Mitarbeiter unterschätzen oder diese Arbeitsform wegen der Angst vor geänderten Entscheidungsstrukturen ablehnen. Probleme ergeben sich vereinzelt auch mit der Arbeitnehmervertretung, deren Ablehnung einerseits auf Rationalisierungsbefürchtungen oder auf Unklarheiten über Fragen einer möglichen Vergütungspflicht basiert. Auf die Arbeitsform von Projektgruppen soll an dieser Stelle nicht weiter eingegangen werden, weil sie an anderer Stelle (siehe Kapitel 1.4) bereits hinreichend beschrieben wurde.

Qualitätszirkel und Gruppenarbeit müssen unterschieden werden von den in die Arbeitsorganisation integrierten, dauerhaften

- klassischen Arbeitsgruppen,
- Fertigungsteams und
- teilautonomen Arbeitsgruppen.

Klassische Arbeitsgruppen sind Gruppen von Mitarbeitern, die eine gemeinsame Aufgabe nach wie vor arbeitsteilig durchführen. Den Mitarbeitern kommen daher überwiegend unmittelbar produzierende Tätigkeiten zu. Der Personaleinsatz, die Fertigungssteuerung und die Zeitplanung liegen nach wie vor bei dem Meister, dessen traditionelle Rolle die der Aufrechterhaltung eines reibungslosen Produktionsablaufs ist. Mit Fertigungsteams bleiben tayloristische Strukturen ebenfalls noch weitgehend erhalten. Das Band wird dabei jedoch in Arbeitsteams von etwa zehn Mitarbeitern eingeteilt, die von einem Teamleiter betreut werden, der vom Meister ernannt wird. Die strenge Arbeitsteilung wird dadurch unterbrochen, dass von den Teammitgliedern eines Fertigungsteams die Beherrschung mehrerer Arbeitsabläufe im Sinne von Stationen am Band erwartet wird, sodass u. a. der Personaleinsatz erleichtert wird. Darüber hinaus übernimmt das **Fertigungsteam** auch die Verantwortung für die Qualität seiner Arbeit. Dem Meister kommt im Vergleich zu den klassischen Arbeitsgruppen ein vergrößerter Kompetenzbereich zu. Er ist u. a. für Aus- und Weiterbildung sowie für die Optimierung der Arbeitsabläufe und Prozesse zuständig.

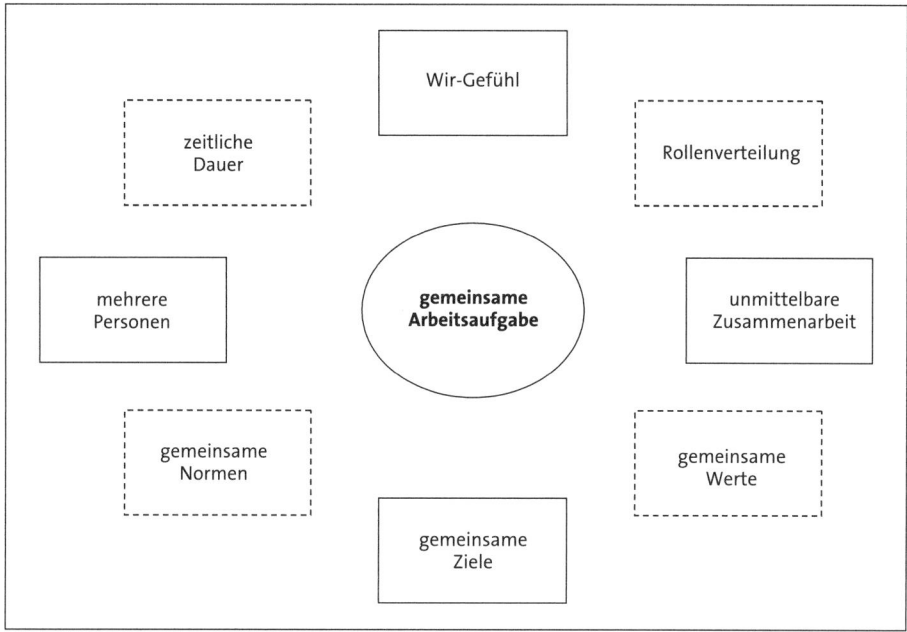

Abb. 253: Merkmale von Gruppen und Teams (vgl. Antoni 2000, S. 21)

Geht man davon aus, dass es allgemein als Gruppenarbeit gilt, wenn mehrere Mitarbeiter gemeinsam eine Arbeitsaufgabe bearbeiten (siehe auch Abbildung 253), dann kann man eigentlich weder die klassischen Arbeitsgruppen und nur sehr eingeschränkt die Fertigungsteams in diesem Sinne als Gruppen bezeichnen. Im Konzept der **teilautonomen Arbeitsgruppen** sind die Prinzipien der Arbeitserweiterung (Job Enlargement), der Arbeitsbereicherung (Job Enrichment) und des Arbeitsplatzwechsels (Job Rotation) verankert (siehe auch Kapitel 4.2.2). Unter **Job Enlargement** wird die Variante der Arbeitsfeldstrukturierung verstanden, bei der zusätzlich neue, qualitativ gleichwertige zu den bisher vom Mitarbeiter ausgeführten Aufgaben hinzukommen. Mit **Job Enrichment** bezeichnet man das Anheben des Anforderungsniveaus der Aufgaben, verbunden mit einer größeren Selbstständigkeit und Verantwortung. Die Mitarbeiter übernehmen nicht nur ausführende Aufgaben, sondern gleichzeitig teilweise Planungs- und Kontrollfunktionen. Unter **Job Rotation** wird der geplante, systematische Arbeitsplatzwechsel zwischen Arbeitsplätzen des gleichen oder ähnlichen Anforderungsniveaus verstanden. Den drei Ansätzen ist gemeinsam, dass sie Folgendes bewirken:

- eine höhere Arbeitszufriedenheit,
- eine Reduzierung von Monotonie,
- eine Reduzierung des Spezialisierungsgrades und
- insgesamt interessantere Aufgaben für die Mitarbeiter.

Weitere Konzeptmerkmale von teilautonomen Arbeitsgruppen sind die

- eigenverantwortliche Erstellung eines Produktes oder einer Dienstleistung,
- Mehrfachqualifikation der Mitarbeiter,
- selbst regulierte Planung, Steuerung und Kontrolle der übertragenen Aufgaben,
- die Übernahme von Qualitätskontrolle, Wartung der Maschinen und Einrichtungen,
- Funktionen, die teilweise die klassischen Qualitätskontrollen überflüssig machen, den Personaleinsatz auf die Gruppe und die Qualifizierung in die Hände der Gruppenmitglieder verlagern und somit auch Führungsstrukturen und -aufgaben verändern.

Teilautonome Arbeitsgruppen verlangen daher immer eine kooperative bzw. situative Führung und das Vorhandensein von Zielvereinbarungssystemen sowie einen Gruppensprecher, der

- die Gruppeninteressen vertritt,
- nach innen die Koordination der Gruppe gewährleistet,
- die Vereinbarung von Normen und Spielregeln moderiert,
- Meetings und Gruppenbesprechungen organisiert und
- Konfliktmanagement betreibt.

Konzepte der Telearbeit

Die Frage nach der Anzahl von bereits bestehenden oder geplanten Telearbeitsplätzen lässt sich nicht mit Sicherheit beantworten, obwohl eine Reihe von Untersuchungen dazu durchgeführt wurde. Sicher ist, dass der Anstieg von Telearbeitsplätzen in Deutschland und Italien deutlich höher ist als der europäische Durchschnitt, was vermutlich an diversen Programmen zur Förderung der Telearbeit und an der insgesamt besseren arbeitsrechtlichen Absicherung dieser Arbeitsform liegt. Das Fraunhofer Institut Arbeitswirtschaft und Organisation geht in einer Hochrechnung davon aus, dass in der Bundesrepublik derzeit ca. 875.000 Telearbeitsplätze bestehen. Hiervon sollen ca. 500.000 auf die mobile Telearbeit und ca. 350.000 auf die alternierende Telearbeit entfallen.

Telearbeit ist jede auf Informations- und Kommunikationstechnik gestützte Tätigkeit, die ausschließlich oder zeitweise an einem außerhalb der zentralen Betriebsstätte liegenden Arbeitsplatz verrichtet wird. Dieser Arbeitsplatz ist mit der zentralen Betriebsstätte durch elektronische Kommunikationsmittel verbunden (siehe Abbildung 254).

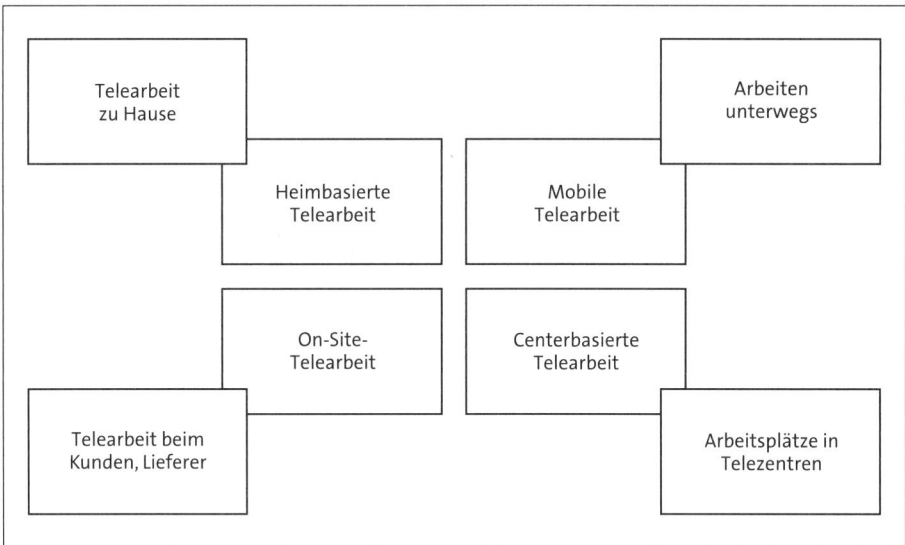

Abb. 254: Übersicht über die Formen von Telearbeit

Unter **heimbasierter Telearbeit** werden alle Formen der Arbeit am häuslichen Arbeitsplatz des Mitarbeiters verstanden. Hat dabei der Arbeitnehmer in der zentralen Betriebsstätte des Arbeitgebers überhaupt keinen Arbeitsplatz und erfolgt somit die Arbeitsleistung ausschließlich in der Wohnung des Arbeitnehmers, so spricht man von einer **Telearbeit ausschließlich zu Hause**. Diese Form ist selten anzutreffen, weil nicht nur der Austausch von Aufgaben und Ergebnissen auf rein technischem Wege erfolgt (Telefon, E-Mail, elektronischer Datenaustausch, Videokonferenz), sondern weil diese Form durch das Fehlen jeglicher persönlicher Kontakte und einer damit hohen Wahrscheinlichkeit sozialer Isolation nur in Einzelfällen (z. B. bei Elternzeit oder eingeschränkter Mobilität) realisiert wird. Bei der **alternierenden Telearbeit** pendelt der Mitarbeiter zwischen den beiden Arbeitsplätzen beim Arbeitgeber und bei sich zu Hause hin und her. Häufig teilt sich der Mitarbeiter seinen Arbeitsplatz in der Zentrale mit einem Kollegen (Desksharing). **Mobile Telearbeit** bezeichnet das ortsunabhängige Arbeiten mit mobiler Kommunikationstechnik. Ermöglicht wird dieses Arbeiten dadurch, dass sich der Mitarbeiter online in den Zentralrechner seines Unternehmens einwählt. Diese Form wird typischerweise bei Außendienst- und Servicemitarbeitern angetroffen. Durch die Miniaturisierung der Informationstechnik reichen ein Handy, Laptop oder Tablet-PC aus, um auch ohne Stromversorgung von überall zu telefonieren, scannen, faxen und Daten auszutauschen.

Telearbeit kann auch in **Telezentren** geleistet werden. Satellitenbüros liegen in der Nähe der Wohnungen von Mitarbeitern, während die Zentrale möglicherweise außerhalb von Ballungsgebieten angesiedelt ist. Nachbarschaftsbüros sind Satellitenbüros, werden aber von mehreren Unternehmen genutzt. Teleservicecenter sind rechtlich selbstständige Unternehmen, die für andere Telearbeitsplätze einschließlich Personal anbieten. **On-Site-Telearbeit** ist im Gegensatz zu Telecentern sehr häufig anzutreffen. So befinden sich die Arbeitsplätze von Unternehmensberatern, Projektleitern, Systemspezialisten häufig am Kundenstandort. Dennoch sind die Mitarbeiter über Telemedien stets in enger Verbindung mit dem eigenen Unternehmen.

Perspektiven für den Telearbeiter	Perspektiven für das Unternehmen
• Familienfreundliches Arbeiten • Selbstständige Arbeitsorganisation • Arbeit in eigener Verantwortung • Angenehmes Arbeitsumfeld • Freie Einteilung der Arbeitszeit • Einsparen von Fahrtkosten zum Betrieb • Vereinbarkeit von Familie und Beruf	• Einsparung von Raumkosten • Mehr Flexibilität in der Arbeitsgestaltung • Nutzung von Kreativitätspotenzial • Reduzierung von Fehlzeiten • Besseres Arbeitgeberimage • Nutzung von dezentralem Know-how • Beitrag zur Entwicklung von neuen Arbeitsformen und Arbeitszeitmodellen

Abb. 255: Vorteile durch Telearbeit

Der in der Tabelle (siehe Abbildung 255) enthaltene umfangreiche Katalog von Vorteilen darf nicht darüber hinwegtäuschen, dass bestimmte unabdingliche Anforderungen den Einsatz von Telearbeit nur sehr begrenzt zulassen. Für Telearbeit eignen sich ausschließlich Tätigkeiten,

• bei denen keine permanente Anwesenheit des Mitarbeiters im Betrieb notwendig ist,
• die teilweise aus dem Arbeitsprozess, auch der Teamstruktur, auslagerbar sind,
• bei denen nur selten ein Zugriff auf zentrale Ressourcen (Arbeitsmittel, Werkzeuge, Archive) notwendig ist,
• bei denen die wenigen Arbeitsmittel in einem Raum oder Fahrzeug untergebracht werden können,
• die eine geringe Vertraulichkeits- oder Datenschutzstufe haben.

Über diese allgemeinen Anforderungen hinaus müssen

• die Arbeitsleistungen leicht messbar sein,
• mit einem relativ hohen Autonomiegrad versehen sein,
• bei komplexen Tätigkeiten gut strukturiert sein (Meilensteine) und
• über nur ein geringes Abstimmungs- und Koordinierungspotenzial verfügen.

4.6.2 Lernförderliche Arbeitsgestaltung

In den letzten Jahrzehnten hat ein deutlich wahrnehmbarer Perspektivwechsel in der betrieblichen Bildungsarbeit stattgefunden, der mit Schlagwörtern belegt ist wie

• Erwerb beruflicher Handlungskompetenz,
• reflexive Handlungsfähigkeit,
• Selbststeuerung, Schlüsselqualifikationen, lebensbegleitendes Lernen,
• Organisationsentwicklung und lernende Organisation,
• Gruppen- und Teamarbeit und vernetztes Arbeiten,
• arbeitsprozessorientiertes Lernen,
• Neugestaltung von Geschäftsprozessen und Kundenorientierung.

Das Lernen in der Arbeit oder das arbeitsintegrierte Lernen hat eine Wertschätzung erfahren, die durch neue Unternehmens- und Organisationskonzepte und den damit verbundenen Qualifikationsanforderungen ermöglicht wurde. Damit ist Lernen im Prozess der Arbeit auch zu einem Wettbewerbsvorteil in einer sich von der Industriegesellschaft zur Wissensgesellschaft wandelnden Wirtschaft geworden. Zu beobachten ist eine zunehmende Abkehr vom Lernen in Lehrgängen und Kursen der betrieblichen Weiterbildung, die sich auch in einer Verlagerung der Begriffe »Qualifizierung« hin zur »Kompetenzentwicklung« ausdrückt. Es geht nicht mehr um eine eher an Funktionen orientierte Qualifizierung von Mitarbeitern, die Anpassung an veränderte Technologien oder Prozesse zum Ziel hat, sondern um umfassende Kompetenzen, vor allem auch im Bereich von Methoden- und Sozialkompetenzen, für deren Erwerb das Lernen in der Arbeits- und Lebenswelt unerlässlich ist. Qualitätssicherung, Prozessoptimierung, kontinuierliche Verbesserungsprozesse, Wissensgenerierung und neuere Managementkonzepte lassen sich fernab der betrieblichen Realität in »beschützenden« Veranstaltungen wie Seminaren und Lehrgängen nicht mehr vermitteln. Arbeitsintegriertes Lernen vereinigt ökonomische und pädagogische Vorteile, das Lernen und die Anwendung des Gelernten fallen zusammen, das Transferproblem kann auf ideale Weise gelöst werden und für einige »bildungs- und beratungsresistente« Mitarbeitergruppen kann die eine oder andere Lernbarriere gesenkt und die Beteiligung an Weiterbildung wieder interessant werden.

Arbeits- und Lernbedürfnisse der Beschäftigten

Arbeits- und Lernbedürfnisse sind heute kaum noch zu trennen. Die Schnittstellen zwischen beiden Bedürfnisarten werden zunehmend größer. Mit den Bedürfnismodellen von Abraham Maslow (1908–1970) und Frederick Herzberg (1923–2000) wird man Arbeits- und Lernbedürfnisse der Zukunft sicher nicht mehr umfassend analysieren und definieren können. Abhängig sind die unterschiedlichen Arbeits- und Lernbedürfnisse von vielen Faktoren, u. a. von

- der Organisationsform des Unternehmens, seiner Zugehörigkeit zu einem Wirtschaftszweig, der Größe und dem Wachstum des Unternehmens,
- seiner Unternehmensphilosophie und dem (praktizierten) Leitbild, der Unternehmenskultur und der Selbst- und Fremdwahrnehmung hinsichtlich der Wertschätzung der Produkte und Dienstleistungen,
- den Führungsgrundsätzen, der Wertschätzung der Mitarbeiter, der Notwendigkeit zur Weiterbildung in dem Unternehmen,
- dem Bildungsstand, der Motivation, dem Lebensalter, den Laufbahn- und Karriereerwartungen der Mitarbeiter,
- der Unterstützung durch Familie, Eltern, Partner bei der Wahrnehmung von Bildungschancen, der räumlichen und geistigen Mobilität der Arbeitnehmer,
- der Stelle, der Position und dem Rang in der betrieblichen Hierarchie, der Gelegenheitsstruktur zur Weiterbildung im Unternehmen.

Daraus ergeben sich eine Bedarfssituation des Unternehmens und eine Bedürfnissituation der Mitarbeiter. Aufgabe der Führungskräfte ist es, zu beiden Situationen Daten und Informationen zu sammeln, um festzustellen, ob und inwieweit die Interessen des Unternehmens und des Mitarbeiters in Einklang zu bringen sind. Fördergespräch und Bedarfsanalyse sind dazu geeignete Instrumente. Leitfragen in einem Fördergespräch können z. B. sein:

☐ Waren Ihnen in der Vergangenheit Ihre Arbeitsziele genügend bekannt?

☐ Was hat Sie möglicherweise in Ihrer Arbeit behindert?

☐ Was waren Ihre beruflichen Höhe- und Tiefpunkte im letzten Jahr?

☐ Bitte nennen Sie für ein besonders erfolgreiches Projekt des letzten Jahres, was Sie zum Erfolg beitragen konnten, was andere dazu beigetragen haben!

☐ Welche Umstände waren für den Erfolg in Ihrer Arbeit förderlich?

☐ Konnten Sie Ihre Fähigkeiten voll einsetzen?

☐ Welche Tätigkeiten und Aufgabengebiete wären für Sie geeigneter?

☐ Welche zukünftigen Arbeitsziele halten Sie für besonders wichtig?

☐ Was kann unser Haus für Ihre Weiterbildung tun?

☐ Welche Erwartungen und Vorstellungen haben Sie hinsichtlich Ihrer weiteren Entwicklung bei uns?

Methoden und Instrumente einer Analyse zur Ermittlung des Weiterbildungsbedarfs des Unternehmens sind u. a.:

- die Analyse betrieblicher Kennzahlen,
- ein Brainstorming,
- Expertenbefragungen,
- Organisationsanalysen,
- Mitarbeiterbefragungen,
- Workshops,
- Einzelgespräche mit Führungskräften,
- Potenzialanalysen,
- Personalbeurteilungen,
- Mängelanalysen.

Lernchancen am Arbeitsplatz

In den letzten Jahrzehnten sind Ausbildungsordnungen entstanden, die als Ziel der Ausbildung die berufliche Handlungskompetenz haben, d. h. das selbstständige Planen, Durchführen und Kontrollieren eigener Arbeitsabläufe oder -prozesse. Auch das neue IT-Weiterbildungssystem verlangt explizit die Orientierung an Arbeitsprozessen. Damit gewinnt auch das informelle Lernen vor dem Hintergrund veränderter Kompetenzanforderungen an Bedeutung. So lässt sich das notwendige Erfahrungswissen für komplexer werdende Arbeitsaufgaben nur direkt im Arbeitsprozess erwerben. Auch die Einhaltung von Zielvereinbarungen und die Durchsetzung von integrierten Qualitätssicherungsprozessen oder partizipativen Verbesserungsprozessen in der Mitarbeiterführung werden wesentlich über Erfahrungslernen ermöglicht. Lernzeit und Arbeitszeit sind nicht mehr getrennt, und der Arbeitsplatz wird in begrenztem Maße zu einem Lernort (siehe Abbildung 256).

Kriterien zur Unterscheidung	Merkmale	
	Formales Lernen	Informelles Lernen
Intention	Lernintention	Problemlösung
Lernunterstützung	organisiertes päd. Angebot	Nachfrage, nicht organisiert
Steuerung	fremdgesteuert, festgelegt	selbstbestimmt
Gegenstand	fokussiert	ganzheitlich
Bewusstheit	bewusstes Lernen	teilw. unbewusstes Lernen
Lernergebnis	Theoriewissen	Erfahrungswissen

Abb. 256: Dimensionen des Lernens

Das bedeutet jedoch nicht, dass formelles Lernen in der betrieblichen Weiterbildung in Zukunft überflüssig sein wird. Eine umfassende berufliche Handlungskompetenz wird nur in der Verknüpfung von formellem und informellem Lernen gelingen. Damit werden insbesondere Erwartungen von Arbeitgebern gedämpft, die selbstgesteuertes Lernen aus dem Blickwinkel von Kosteneinsparpotenzialen sehen wollen. Auch informelles Lernen wird immer Strukturen und Ressourcen benötigen, die das Lernen unterstützen, z. B. durch Möglichkeiten der individuellen Informationsbeschaffung durch die Mitarbeiter oder Bereitstellung von Lernprozessbegleitern (siehe Abbildung 257).

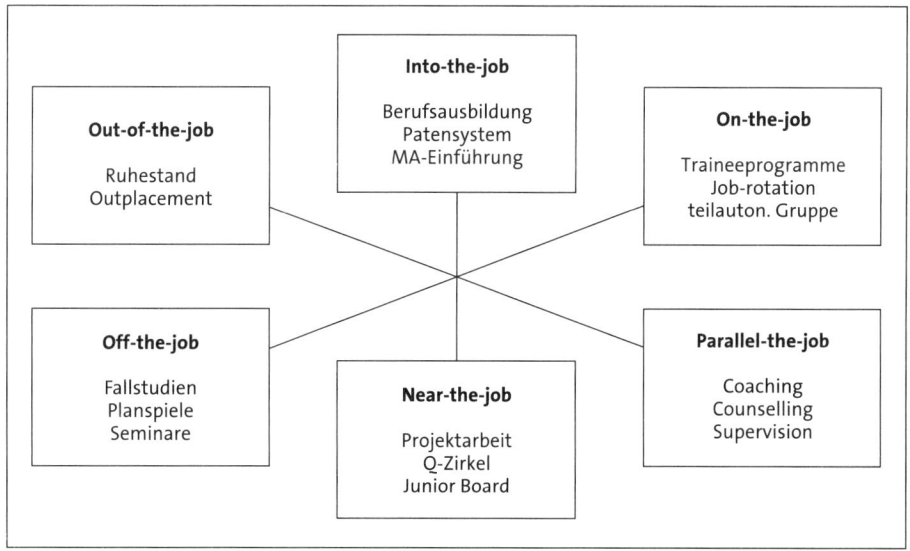

Abb. 257: Instrumentarium der Personalentwicklung

Arbeiten in komplexen und ganzheitlichen Arbeitsprozessen erfordert hohe Dispositions- und Freiheitsgrade auf Seiten der Mitarbeiter. Darin liegt eine große Chance zur Motivation von Mitarbeitern, zur Erkennung von Entwicklungspotenzialen und zur Erzielung von Employability und zum Aufbau eines Wissensmanagements. Die strenge Trennung von Training On the Job (Weiterbildung am Arbeitsplatz) und Training Off the Job (Weiterbildung außerhalb des Arbeitsplatzes) wird so nicht aufrechterhalten werden können.

Handlungsspielräume am Arbeitsplatz

Eine moderne Arbeitsorganisation in Verbindung mit einer lernförderlichen Arbeitsgestaltung schafft Handlungsspielräume für Unternehmen und Mitarbeiter. Nur so konnten neue Arbeitsformen wie Teamarbeit, Projektarbeit, kontinuierliche Verbesserungsprozesse und Arbeit in Netzwerken entstehen. Diese wiederum erforderten neue Lernformen wie Coaching, Lernen in Qualitätszirkeln, Lernstatt, Lerninseln, Auftragslernen oder Communities of Practice. Einen stärkeren Handlungsspielraum verschaffen sich die Mitarbeiter auch im Hinblick auf das Feedback zu der eigenen Arbeit. Dies erstreckt sich u. a. auf die

- Prüfung und Kontrolle von Arbeitsergebnissen durch den Stelleninhaber selbst – als Teil seiner Aufgaben,
- Prüfung und Kontrolle von Arbeitsergebnissen durch den Stelleninhaber in Kooperation mit anderen und
- stichprobenartige Überprüfung der Leistungen/Ergebnisse des Mitarbeiters im Gegensatz zu Vollprüfungen.

Auch das Kriterium »Selbstständigkeit in der Ausführung« spielt in einem Lernförderlichkeitsinventar eine große Rolle. Der vergrößerte Handlungsspielraum im Hinblick auf Selbstständigkeit erstreckt sich u. a. auf

- die selbstständige zeitliche Planung,
- die Bestimmung der Arbeitsgeschwindigkeit,
- die Gestaltung des Arbeitsablaufs,
- die selbstständige Festlegung der Arbeitsmenge,
- die selbstständige Auswahl von Arbeitsmitteln und Werkzeugen sowie
- die Möglichkeit, neue Arbeitsweisen auszuprobieren.

Der Nutzen von lernförderlicher Arbeit liegt gut verteilt auf beiden Seiten – beim Mitarbeiter und Unternehmer. Auf Seiten der Mitarbeiter bedeutet eine gezielte Qualifizierung ohne zusätzlichen Lernstress einen bedeutenden Beitrag zur Sicherung des eigenen Arbeitsplatzes. Dies geht einher mit neuen Perspektiven, die gleichzeitig geeignet sind, die Arbeits- und Lernmotivation dauerhaft zu steigern. Individuelle Lerntypen und unterschiedliche Entwicklungsinteressen der Mitarbeiter können berücksichtigt werden. Der Mitarbeiter wird stärker in seine Qualifizierungsplanung einbezogen, er spielt eine aktive Rolle in der Entwicklungsplanung, was wiederum das Selbstbewusstsein stärkt. Das Unternehmen hingegen kann Mitarbeiter gezielter fördern, weil es ihre Qualifikationen, Kompetenzen und Potenziale kennt. Dies führt als Folge zu einer flexibleren und bedarfsgerechteren Einsatzplanung. Auf neue Anforderungen des Marktes kann schneller reagiert werden. Damit wird die Wettbewerbsfähigkeit des Unternehmens gestärkt.

4.6.3 Moderne Lernorganisation

Lernprozesse

> Lernen bedeutet relativ dauerhafte Veränderungen von Verhaltensweisen aufgrund von Erfahrungen, die ein Individuum in Auseinandersetzungsprozessen mit der Umwelt macht.

Lernen geht also über den reinen Wissenserwerb, d. h. die Aneignung von Fertigkeiten und Kenntnissen hinaus. Es umfasst im Sinne dieser Definition auch die Methoden-, Sozial- und Persönlichkeitskompetenzen. Lernen bedeutet auch nicht nur intentionales Lernen, d. h. alle Lernvorgänge, die eine Lernabsicht und ein von außen vorgegebenes Lernziel beinhalten, sondern auch funktionales Lernen, d. h. Lernvorgänge, die ohne jede Lernabsicht – und teilweise auch ohne Wissen des Lerners – stattfinden. Dazu gehört insbesondere auch der Erwerb von **Schlüsselqualifikationen** wie die Fähigkeit

- zu kommunizieren,
- im Team zu arbeiten,
- Verantwortung zu übernehmen,
- sich selbst weiterzubilden,
- Eigeninitiative zu ergreifen,
- planvoll und systematisch vorzugehen,
- Selbstbewusstsein zu entwickeln,
- arbeitssicher zu handeln.

Diese Schlüsselqualifikationen nehmen in einer modernen Lernorganisation eine besondere, bedeutende Rolle ein. Vergleicht man einmal in quantitativer und qualitativer Hinsicht den Umfang an Wissen, der heute erforderlich ist, um berufliche Handlungskompetenz zu erwerben, mit der dafür zur Verfügung stehenden geringen Zeit, dann wird es unmöglich sein, in Zukunft mit den bisherigen Lernformen dieses oberste Lernziel zu erreichen.

Lernprozesse können aus sehr unterschiedlichen Blickwinkeln betrachtet werden. Für Ausbilder, Trainer, Coachs und Seminarleiter sollte eine andere Betrachtung als für Lernpsychologen im Vordergrund stehen. Für betriebliche Entwicklungs- und Qualifizierungsmaßnahmen ist es bedeutsamer, sich darüber im Klaren zu sein, dass es einen inhaltlichen Prozess, einen Gruppenprozess und einen individuellen Lernprozess gibt, zwischen denen es Schnittstellen gibt. Der **inhaltliche Prozess** wird im Wesentlichen durch die Lernziele und Lernbereiche beeinflusst. Im Mittelpunkt stehen die Lernmodule und die Frage, wie diese verständlich vermittelt werden können. Als Trainer oder Lernprozessbegleiter ist es wichtig, die Inhalte im Auge zu behalten, gleichzeitig aber so flexibel zu sein, dass man auf neue Interessen und Lernbedürfnisse der Lernenden reagieren kann, indem Inhalte gekürzt oder herausgenommen werden, um andere hinzuzunehmen oder zu vertiefen. Lernen findet häufig in einer **Gruppe** statt. Die Entwicklung der Gruppe, die Gruppenstimmung und Gruppendynamik spielt für den Erfolg von Lernprozessen eine wichtige Rolle. Die individuelle Zufriedenheit in einer Qualifizierungsmaßnahme wird wesentlich von der Gruppenatmosphäre beeinflusst. Für den Trainer bedeutet dies, eine offene Lernatmosphäre und Arbeitsfähigkeit in der Gruppe zu entwickeln, damit auch das Lernen funktioniert. Die Beseitigung von Störungen im Gruppenklima hat deshalb Vorrang vor der Fortsetzung des inhaltlichen Lernprozesses. Der **individuelle Lernprozess** beruht auf den unterschiedlichen Lerntypen, Lerngeschwindigkeiten und Lernerfahrungen. Daraus ergeben sich einige wichtige praktische Schlussfolgerungen. Es gibt typische Stufen in einem Lernprozess, deren Kenntnis die Strukturierung erleichtert (siehe Abbildung 258).

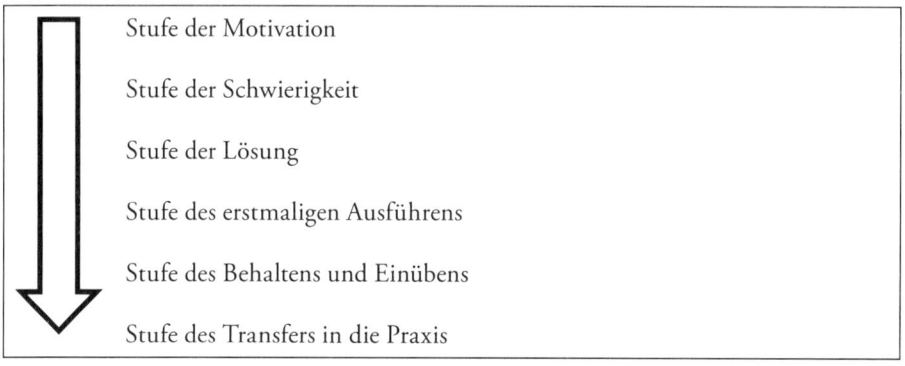

Stufe der Motivation

Stufe der Schwierigkeit

Stufe der Lösung

Stufe des erstmaligen Ausführens

Stufe des Behaltens und Einübens

Stufe des Transfers in die Praxis

Abb. 258: Stufen des Lernprozesses

Ein klar strukturierter Lernprozess ermöglicht auch eine permanente Kontrolle und Selbstkontrolle, wo sich Trainer und Lernender befinden. Das verschafft Sicherheit und Motivation zum Weiterlernen. Zur Strukturierung gehört auch die Beachtung von Lernprinzipien. Dazu gehören insbesondere das

- Prinzip der Fassbarkeit,
  - vom Bekannten zum Unbekannten,
  - vom Leichten zum Schweren,
  - vom Konkreten zum Abstrakten,
  - vom Allgemeinen zum Besonderen,
- Prinzip der Zielklarheit,
- Prinzip der Praxisnähe,
- Prinzip des selbstständigen Handelns,
- Prinzip der Erfolgssicherung.

Zentrales und dezentrales Lernen

(Zentrale) Lernorte lassen sich als zeitlich und lokal gegliederte Orte mit eigenständigen pädagogischen Funktionen im Lernprozess verstehen (vgl. Dehnbostel 1996). Dezentrales Lernen bedeutet die Verlagerung von Aufgaben und Kompetenzen aus Leitungs-, Planungs- und Verwaltungsebenen in unmittelbar wertschöpfende Bereiche. Dabei wird die Identifizierungsmöglichkeit mit der Arbeit verbessert und das Prinzip von Job Enlargement und insbesondere Job Enrichment in die Praxis umgesetzt. Die verschiedenen Lernformen wie Erfahrungslernen und intentionales Lernen werden integriert. Die Selbstorganisation des Lernprozesses nimmt zu, soziale Bindungen wachsen und berufliche Handlungskompetenz wird in wesentlichen Teilen in realen Arbeitsvollzügen erworben. Dezentrales Lernen findet überwiegend in Lerninseln oder in Mitarbeitergruppen statt. Die **Merkmale von Lerninseln** sind u. a.

- Zusammenarbeit mit Mitarbeitern unterschiedlicher Berufe,
- arbeitsintegriertes Lernen im Team,
- Eigenverantwortung und Selbstorganisation in berufsfachlichen, methodischen und sozialen Fragen,
- Gestaltungskompetenz für Produkte, Strukturen und Prozesse durch einen kontinuierlichen Verbesserungsprozess,
- Verknüpfung von planenden, produzierenden, prüfenden und ökonomischen Faktoren,
- Motivation durch Aufgabenvielfalt nach dem Rotationsprinzip.

Die Vision von Lerninseln in der Ausbildung und Mitarbeiterqualifizierung ist die endgültige Überwindung des Taylorismus, bedingt durch sich ständig ändernde Arbeitsanforderungen, die Schaffung von effektiveren Arbeitsorganisationen, wachsende Anforderungen an die ganzheitlichen Arbeitsprozesse. In gewisser Weise stellen Qualitätszirkel bereits eine Lerninsel dar, Projekte erfüllen alle Kriterien einer Lerninsel, Arbeit in (teil)autonomen Gruppen bedeutet häufig auch das Umsetzen von Merkmalen der Lerninseln in das Lernen am Arbeitsplatz.

Überbetriebliches und betriebliches Lernen

Überbetriebliches Lernen findet sowohl in der beruflichen Ausbildung in anerkannten Ausbildungsberufen wie auch in der betrieblichen Fort- und Weiterbildung statt. Der Organisationsgrad von überbetrieblichem Lernen in der Ausbildung ist sicherlich höher als der in der Weiterbildung. Dies liegt zum einen an der Anpassung und Öffnung des Berufsbildungsgesetzes (BBiG) und der Handwerksordnung (HwO), die entsprechende Lernortverlagerung, Kooperationen und Verbünde in der beruflichen Bildung zugelassen haben. Andererseits sind es aber wirtschaftliche und organisatorische Zwänge, die es insbesondere Handwerksbetrieben, aber auch Klein- und mittleren Unternehmen in Industrie- und Dienstleistungsbetrieben ermöglichen, qualifizierte Ausbildung zu betreiben.

Betriebliche Ausbildung soll durch überbetriebliche Ausbildung in Gemeinschaftseinrichtungen der Kammern, Innungen und Arbeitgeberverbände sinnvoll ergänzt werden. Die Berufsausbildung soll am technologischen, wirtschaftlichen, ökologischen und gesellschaftlichen Fortschritt ausgerichtet werden, die berufliche Grundbildung soll verbreitert werden und die Fachbildung intensiviert und vertieft werden. Die Sicherung und Erhöhung der Qualität der Berufsausbildung soll erfolgen durch

- den Einsatz handlungsorientierter Lehr- und Lernarrangements,
- den Einsatz qualifizierter Ausbilder und
- die Initiierung und Förderung der Lernortkooperation.

In der betrieblichen Weiterbildung stellen seit jeher die meisten externen Maßnahmen der beruflichen Entwicklung und Qualifizierung per Definition eine Form des überbetrieblichen Lernens dar. Externe Qualifizierung umfasst alle Maßnahmen, d. h. Kurse, Seminare, Workshops, Lehrgänge usw., auf deren Zielsetzung, Planung und Gestaltung der Betrieb bzw. die Teilnehmer keinen unmittelbaren Einfluss nehmen können. Die Verantwortung für das Programm und das Konzept bzw. die Durchführung liegt vielmehr bei einem betriebsfremden Bildungsträger. Diese Form der Weiterbildung weist eine Reihe von Vorteilen auf, z. B.

- der Blick über den eigenen Tellerrand,
- neue Anregungen und Ideen zur Überwindung der Betriebsblindheit,
- der Austausch mit Vertretern anderer Unternehmen,
- ein weitgehend freies Lernklima,
- geeignete Referenten mit großer Methoden- und Sozialkompetenz,
- Kostensenkungspotenziale bei kleinen Teilnehmerzahlen.

Während im Bereich der beruflichen Erstausbildung Kooperationen und Ausbildungen im Verbund längst eine dauerhafte Einrichtung geworden sind, tun sich Unternehmen im Personalentwicklungs- und Weiterbildungssektor schwer mit firmenübergreifenden Lösungen. Ein richtungweisendes Beispiel für ein firmenübergreifendes Austauschprogramm von Fach- und Führungskräften ist folgendes:

Beispiel: Zusammenarbeit von drei Unternehmen aus unterschiedlichen Wirtschaftsbereichen, der GASAG Berliner Gaswerke AG, der Deutschen Bahn (Geschäftsbereich Bahnbau) und der Herlitz Papier, Büro und Schreibwaren AG.

In zwei- bis sechswöchigen Projekten leihen sich die Firmen Fach- und Führungskräfte eines Partners aus. Die Zielsetzungen dieses Qualifizierungsangebotes sind praxisnah:

- Unternehmerisches und vernetztes Denken fördern,
- Mitarbeiterpotenzial in den drei Unternehmen nutzen und verstärken,
- Fach-, Führungs- und Sozialkompetenz der Mitarbeiter erweitern,
- andere Unternehmenskulturen und Führungsstile kennenlernen.

Im Rahmen der Austauschbörse hat jedes Unternehmen seine Angebote und seine Nachfrage mit einem Mitarbeitersteckbrief und einem Unternehmenssteckbrief dokumentiert. Der Austausch selbst wird als befristete Mitarbeiterentsendung beim abgebenden Unternehmen und als Praktikum oder Hospitation bei aufnehmenden Unternehmen behandelt. Entwicklungsziele und -möglichkeiten werden zwischen der Personalentwicklung und den Fachbereichen in Zielvereinbarungsgesprächen festgehalten. Nach dem Austausch erfolgt über Feedback-Gespräche zwischen allen Beteiligten eine Evaluation.

Auf dem Gebiet der Erhöhung von Employability und Unternehmensflexibilität gibt es erste Ansätze von firmenübergreifenden Lösungen.

Beispiele:

In dem Personalentwicklungsverbund »Mach 2« beteiligen sich 26 kleinere und mittlere Unternehmen, die in allen Belangen systematischer Weiterbildung und Personalentwicklung unterstützt werden. Dies umfasst die Erhebung des Personalentwicklungsbedarfs, die Unterstützung bei der Planung, Entwicklung und Umsetzung von Personalentwicklungskonzepten bis hin zu Fragen der Berufsentwicklung.

Ein Tochterunternehmen der Bayer AG, die Job@active GmbH, organisiert in einem Unternehmensverbund vorwiegend aus der Chemiebranche das sog. Matchen von Personalbedarf und -überhängen. Dies ermöglicht in Verbindung mit Weiterbildungsmaßnahmen die temporäre Vermittlung von Mitarbeitern aus einem Partnerunternehmen in ein anderes. Dem Job@active Partnerverbund sind Unternehmen wie die Bayer AG, Dynamit Nobel, Schwarz Pharma Deutschland GmbH, Wacker Chemie, DyStar angeschlossen.

Möglichkeiten des Wissensmanagements

Wissensmanagement heißt, das Kapital in den Köpfen der Mitarbeiter zu nutzen, d. h. den Menschen als Wissensquelle in ein Wissensmanagement-Konzept zu integrieren. Dazu sind in den vergangenen Jahren in den Unternehmen Lösungen umgesetzt worden, die den Informations- und Wissenstransfer steuern sollen.

Die Informationstechnologie macht Daten und Informationen fast unbegrenzt zugänglich. Kein Unternehmen kann es sich leisten, diese Ressourcen ungenutzt zu lassen. Das Wissensmanagement bemüht sich, diese Ressourcen im Unternehmen optimal zum Einsatz zu bringen und verspricht, das ordnende Konzept zu sein, um diese Ressourcen zielorientiert steuern und lenken zu können. Dabei werden gleichzeitig Grenzen sichtbar:

1) Die steigende Informationsflut nimmt immer mehr Arbeitszeit auf der Suche nach den benötigten Informationen weg.
2) Wissensmanagement wird häufig reduziert auf die damit verbundenen technologischen Aspekte. Die dafür benötigte Software wird immer komplexer und bedienungsunfreundlicher und reduziert häufig die ohnehin nur marginal vorhandene Bereitschaft der Mitarbeiter, ihr Wissen preiszugeben, mit anderen zu teilen oder das Wissen anderer anzunehmen.
3) Auf dem Wege zu einem erfolgreichen Wissensmanagement liegen etliche kleine und größere Stolpersteine, die teilweise nur schwer auszuräumen sind. Ob ein Mitarbeiter bereit ist, sein erworbenes Wissen für andere nutzbar zu machen, ist eine höchst individuelle Entscheidung. Hier bedarf es eines sensiblen internen Marketings und geeigneter Bedingungen für das Umfeld, die vor allem im Bereich der Mitarbeiterführung liegen.

Menschliches Wissen besteht zu einem großen Teil aus implizitem Wissen. Während explizites Wissen in Form von Büchern, Dokumenten, Archiven, Protokollen oder Handbüchern objektiv vorliegt, jedem zugänglich und in gleicher Weise verständlich ist, lässt sich implizites Wissen nicht dokumentieren (siehe Abbildung 259).

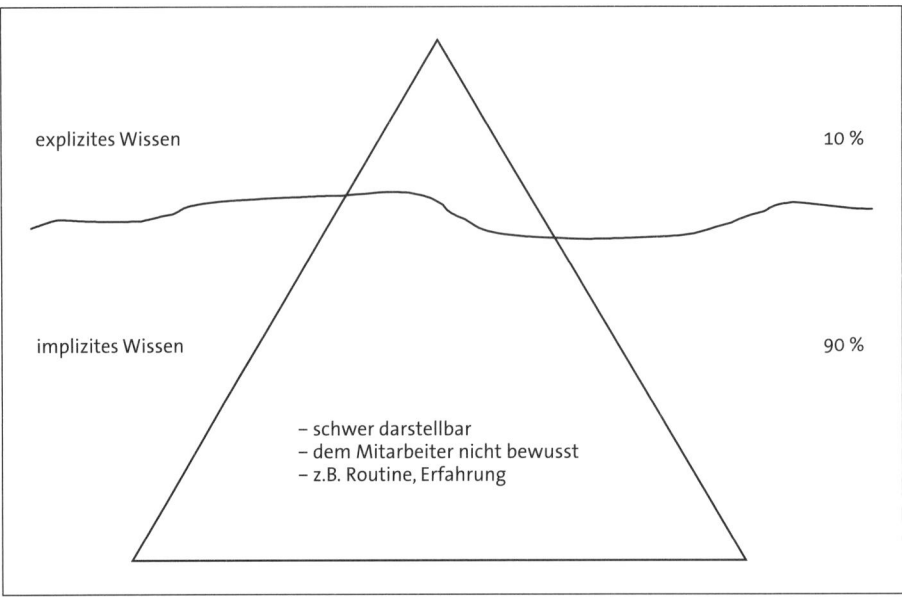

Abb. 259: Der Wissenseisberg

Es ist jedoch das implizite Wissen, das für das Unternehmen interessant ist, und zwar das, was in persönlichen Erfahrungen des Mitarbeiters, in seiner Arbeitsroutine besteht, das in den Arbeits- und Projektgruppen vorhandene, jedoch in keinem Berichtswesen enthaltene Wissen, das für ein Unternehmen von besonderem Wert ist. Somit bedeutet auch die ungewollte Fluktuation einer erfahrenen Fachkraft einen »Know-how-Abfluss«, auch wenn niemand genau weiß, was damit gemeint ist. Aufgabe des Wissensmanagements ist es also,

- latent vorhandenes Wissen bei den Mitarbeitern zu erkennen, um es nutzbar einzusetzen,
- diese Wissenspotenziale in eine Form zu bringen, die anderen den Zugriff erleichtert,
- für die Verteilung dieses Wissen im Unternehmen zu sorgen und dafür die nötigen Kanäle zu schaffen und
- diesen Prozess als eine Daueraufgabe zu begreifen (Was müssen wir morgen wissen, um übermorgen noch erfolgreich am Markt zu sein?).

Auf dem Weg zu einem funktionierenden Wissensmanagement sollten einige Bausteine beachtet werden (siehe Abbildung 260). Die Festlegung von **Wissenszielen** erfolgt auf operativer und strategischer Ebene. Dabei sorgen die strategischen Ziele für das »Kernwissen« und legen den zukünftigen Kompetenzbedarf fest. Beide Ziele müssen ständig abgeglichen werden, sie müssen ähnlich wie bei Zielvereinbarungen »smart« sein (siehe Kapitel 4.5.2) und gleichermaßen für Mitarbeiter, Teams und Organisationseinheiten festgelegt werden. Zur **Wissensidentifikation** gehört die Fähigkeit, bereits vorhandenes Wissen zu erkennen und im Unternehmen transparent zu machen. Diese Fähigkeit sollte jedem Mitarbeiter zur Verfügung gestellt werden, wobei die Frage nach dem Umfang des erforderlichen Wissens durch die Unternehmensleitung geregelt werden sollte. Dieser Vorgang ist ohne moderne Informationstechnologie nicht vorstellbar. Zum **Wissenserwerb** gehört die Beschaffung von Wissen auf externen Märkten. Das erfordert eine gezielte

Beschaffungsstrategie. Die Quellen (Märkte) sind außer Kunden und Lieferanten auch Kooperationen mit Hochschulen, Forschungseinrichtungen und Verbänden, wobei der Einkauf von Wissen immer gegenüber einer Selbstproduktion abgewogen werden sollte. **Wissensentwicklung** ist die interne Bereitstellung von neuem, speichernswertem Wissen. Dies kann über ein Ideenmanagement, über Kreativitätsworkshops, Projektevaluationen erfolgen. Gespeichertes Wissen muss anderen Mitarbeitern und Funktionsbereichen auch wieder zur Verfügung gestellt werden. Dies ist die Aufgabe von **Wissensverteilung**, ein schwieriges Unterfangen, denn die Bereitschaft, dieses Wissen anderen verfügbar zu machen, erfordert eine hohe Motivation bei Mitarbeitern und entsprechende Anreizsysteme auf Seiten des Unternehmens. Die **Speicherung von Wissen** ist nicht eine rein technische Funktion, die mit der entsprechenden Hard- und Software gelöst wird. Dazu gehört auch die Pflege des Wissensbestandes, die ständige Aktualisierung und Aussonderung von veraltetem Wissen. Zur **Wissensbewertung** gehört weniger die Messung und Bewertung von Wissen als vielmehr ein Wissenscontrolling, das bereits bei der Zielformulierung ansetzt und bei der Zielerreichung aufhört.

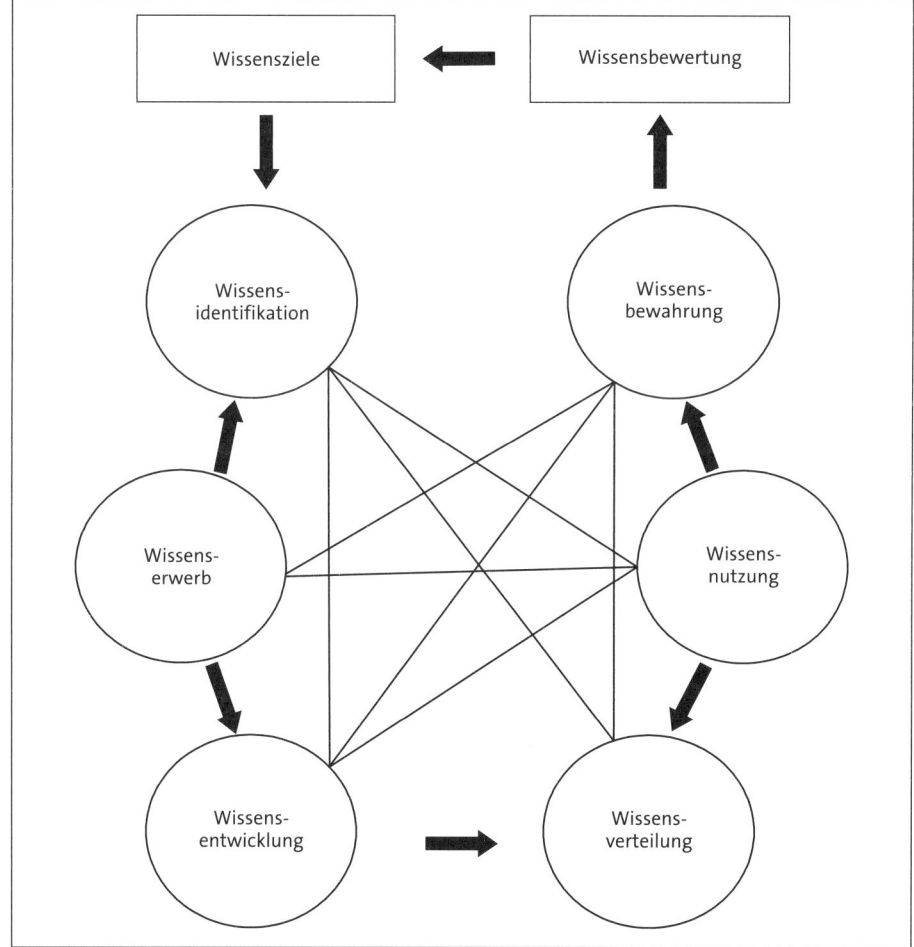

Abb. 260: Bausteine eines Wissensmanagements

Die Einführung eines Wissensmanagements kann scheitern, weil es auf dem Wege dorthin – vergleichbar mit der Einführung eines Management by Objectives – einige Hemmnisse gibt, die gut verteilt und teilweise unbewusst, vielleicht auch ungewollt von der Belegschaft oder der Unternehmensleitung errichtet. werden:

- zu großes Vertrauen in die IT-Technologie,
- zu wenig Vertrauen in die Mitarbeiter,
- Einzelkämpfertum im Unternehmen,
- zu starre hierarchische Strukturen,
- fehlende Unterstützung durch die Unternehmensleitung,
- eine wissensfeindliche Unternehmensstruktur,
- Einstellung wie »Kostet alles nur viel Zeit« oder »Mein Wissen ist mein Faustpfand«.

Möglichkeiten von Internet und Intranet

Mit dem immer schneller werdenden Wandel von der Dienstleistungs- zur Informationsgesellschaft steigen auch die Herausforderungen für das Unternehmen. Globalisierung erfordert schnellere Reaktionszeiten auf neue Marktgegebenheiten. Die Lebenszyklen von Produkten werden kürzer, flankiert von einem steigenden Kostendruck und erhöhten Qualitätsstandards. Dies hat zur Folge, dass der Erwerb von neuen Fertigkeiten und Kenntnissen und der innerbetriebliche Austausch von Informationen eine zunehmend größere Rolle spielen. Dabei verringert sich gleichzeitig die Halbwertzeit allen Wissens. Traditionelle Trainingskonzepte allein sind nicht mehr geeignet, den Qualifizierungsbedarf zu decken. Die Anforderungen an das Lernen sind gestiegen (siehe Abbildung 261).

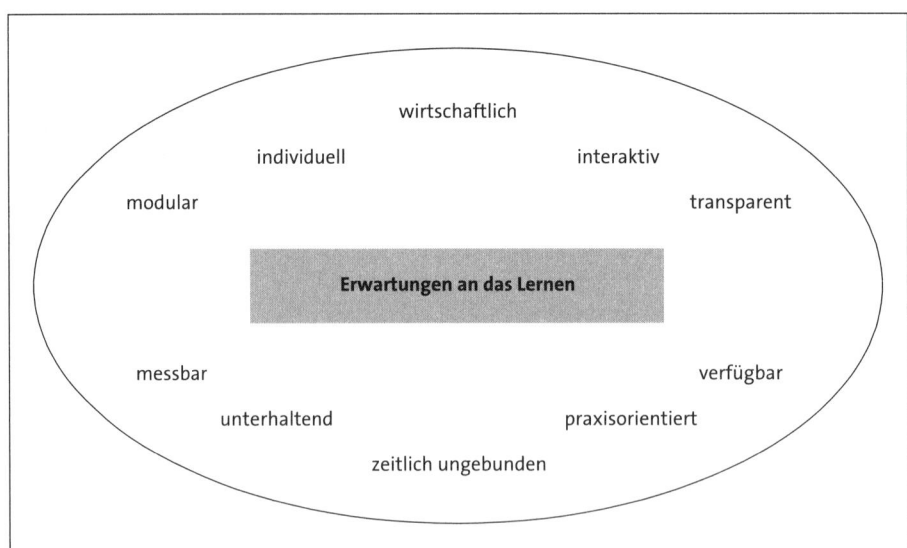

Abb. 261: Anforderungsdimensionen an das Lernen

E-Learning in einer solchen Situation zum Bestandteil einer modernen Lernorganisation zu machen und in die betriebliche Bildungslandschaft zu integrieren, bringt Vorteile für das Unternehmen und für den Lernenden, z. B.:

- Zeit, Ort, Inhalt und Geschwindigkeit des Lernens können an die individuellen Lernfähigkeiten der Mitarbeiter angepasst werden. »Learning on Demand« erhöht die Motivation,
- Trainingsinhalte können vor allem bei global agierenden Unternehmen in kurzer Zeit allen Mitarbeitern in allen Unternehmen in jeder Sprache zur Verfügung gestellt werden,
- Multimediale Darstellungen erhöhen das Verständnis für komplexe Sachverhalte und verringern Lerndemotivation und -blockaden,
- eine Kommunikation in Form von E-Mails, Chaträumen, Videokonferenzen und Diskussionsforen flankieren Lernprozesse,
- Ausgaben für Reisen und Administration entfallen. Opportunitätskosten sinken, weil Leerzeiten gezielt für Bildung genutzt werden.

Dem halten Kritiker entgegen, dass

- die Gefahr der sozialen Isolation besteht, weil auch die beste Kommunikation im Netz den sozialen Kontakt nicht ersetzen kann,
- die Qualität der Inhalte häufig auf Kosten der Technik auf der Strecke bleibt und eine zu langsame und kostentreibende Aktualisierung nicht mehr einem bedarfsgerechten, aktuellen Qualifizierungsangebot entspricht,
- den Mitarbeitern häufig noch das Know-how im Umgang mit den neuen Medien fehlt und deshalb die Lernangebote nicht optimal genutzt werden.

Weiterbildungskonzepte in der Informations- und Kommunikationsgesellschaft sind längst nicht mehr nur auf die reine Wissensvermittlung abgestellt, sondern steuern teilweise den gesamten Qualifizierungsprozess innerhalb der »Lernorganisation Betrieb«.

So können mit **Learning Management Systemen (LMS)**, die auf der Internettechnologie basieren, in der Aus- und Weiterbildung eines Unternehmens sämtliche Prozesse fortlaufend geplant, gesteuert und kontrolliert werden. Die Administration der Lernprozesse wird damit erheblich erleichtert. **Learning Content Management Systeme (LCMS)** dienen der lernzielorientierten Zusammenstellung wissensabhängiger, individueller Lernpfade. Einige LCMS' verfügen über Autorentools und unterstützen die Erstellung von Lerninhalten. Unter **Web-Based-Training** wird die Vermittlung und der Austausch von Wissen via Internet verstanden. **Business TV/Internet TV** richtet sich an eine bestimmte Zielgruppe von Mitarbeitern im Unternehmen und kann mit entsprechenden Endgeräten im Unternehmen empfangen werden. **Internet Protocol Television (IPTV)** ist eine Weiterentwicklung und nutzt das Internet für den Empfang des Informationsprogramms. **Collaboration Tools** ermöglichen es mehreren Mitarbeitern, synchron über das Internet zu kommunizieren und ein virtuelles Klassenzimmer einzurichten.

Wesentliche Erfolgsfaktoren für E-Learning sind u. a.

- Selbstdisziplin,
- ruhiges Lernumfeld,
- erkennbarer Nutzen für den Lerner,
- Freiraum für Lernzeiten,
- hoher Interaktionsgrad,
- Begleitung durch einen Trainer,

- praxisrelevante Inhalte,
- klare Lernziele,
- Austausch mit anderen Lernenden,
- Fortschrittskontrollen durch Tutoren oder Führungskräfte

Verglichen mit den eigentlichen Aktivitäten am Arbeitsplatz und den anderen Weiterbildungsmaßnahmen haben E-Learning-Angebote häufig noch eine zu geringe Priorität. Die Bedeutung der Technologie (Lernplattformen, WBT) wird häufig überschätzt, sie ist kein eigentlicher Erfolgsfaktor. E-Learning ist immer dann erfolgreich, wenn die Lernprozesse in Präsenzveranstaltungen gesteuert, kontrolliert und verstärkt werden. Ohne soziale Interaktionsmöglichkeiten wird E-Learning häufig nur von Mitarbeitern mit hoher Selbstdisziplin und starkem Selbstmanagement konsequent genutzt – ob Mitarbeiter mit schwacher Lernmotivation und geringem Antrieb erreicht werden, darf eher bezweifelt werden.

Quellen

Antoni, C. H.: Teamarbeit gestalten, Weinheim/Basel 2000.

Block, C. H.: Von der Gruppe zum Team, München 2000.

China, R.: E-Learning ernst nehmen, in: Personalwirtschaft, (2) 2003, S. 16–21.

Dehnbostel, P.: Perspektiven für das Lernen in der Arbeit, in: Arbeitsgemeinschaft Betriebliche Weiterbildungsforschung e.V. (Hrsg.): Kompetenzentwicklung 2000. Tätigsein – Lernen – Innovation, Münster 2001, S. 53–93.

Dehnbostel, P./Molzberger, G./Overwien, B.: Informelles Lernen in modernen Arbeitsprozessen – dargestellt am Beispiel von Klein- und Mittelbetrieben in der IT-Branche, Berlin 2003.

Geldermann, B.: Kapital in den Köpfen nutzen – Aufgabe von Dauer, in: Arbeit und Arbeitsrecht, (6) 2006, S. 320–325.

Kriegl, H.-J./Ehrlich, H.: Personal. Lehrbuch mit Beispielen und Kontrollfragen, Stuttgart 1998.

Nordhause-Janz, J./Pekruhl, U. : Arbeiten in neuen Strukturen? Partizipation, Kooperation, Autonomie und Gruppenarbeit in Deutschland, München 2000.

Pawlowsky, P.: Wissensmanagement für die Praxis, Neuwied 2002.

Peter, I./Prem, C.: Moderne Art der Mitarbeiterbildung, in: Arbeit und Arbeitsrecht, (1) 2002, S. 4–9.

Stalitza, U./Tscheulin, J.: Employability und Flexibilität gemeinsam erreichen, in: Personalwirtschaft, (2) 2002, S. 26–31.

Trojan, J./Linde, F./Döring-Katerkamp, U.: Wissensmanagement, in: Personalmanagement. Das Handbuch für die effiziente Personalarbeit, Freiburg i. Br. 2001, S. 524-550.

5   Anhang

5.1   FAQs – Die wichtigsten Fragen rund um die Abschlussprüfung

Warum sollte ich die Prüfung zum geprüften Personalfachkaufmann anstreben?

Das Personalwesen ist seit einiger Zeit einer Reihe von tief greifenden strukturellen Veränderungen ausgesetzt. Angestrebt wird ein Verständnis von Personalmanagement als Dienstleister für Mitarbeiter, Kunden, Anteilseigner und Gesellschaft. Dies impliziert für die Mitarbeiter des Personalwesens einen notwendigen und nachhaltigen Lern- und Anpassungsprozess und bedeutet den Abschied von dem einen oder anderen tradierten Rollenverständnis, Ressort- und Funktionsdenken, Einstellung zum Mitarbeiter oder personalwirtschaftlichem Handeln. Neue Qualifikationen stehen im Mittelpunkt, nicht zuletzt der Erwerb einer umfassenden beruflichen Handlungskompetenz einschließlich der damit einhergehenden Schlüsselqualifikationen, verbunden mit großen Veränderungen in der eigenen Organisation. Somit stellt der Erwerb der in der Prüfung unter Beweis zu stellenden Fertigkeiten und Kenntnisse nichts weiter als eine Anpassung der vorhandenen Qualifikationen an geänderte Rahmenbedingungen dar. Die Motivation kommt also aus eigener Erkenntnis und sollte primär sein, denn damit ist sie ein wichtiger Garant für das Bestehen der Prüfung. Wenn der Anstoß zur Teilnahme an der Prüfung vom Vorgesetzten oder dem Unternehmen erfolgt, sollte dies ein wichtiger Hinweis für Sie sein. Kein Unternehmen investiert in Sie, wenn es nicht beabsichtigt, Ihren Arbeitsplatz zu sichern und Sie längerfristig zu binden. Ideal, wenn beide Anreize zur gleichen Zeit beispielsweise als Ergebnis eines Fördergespräches erfolgen.

Wie ist es um die Akzeptanz dieses Berufsbildes bestellt?

Die Zahlen der Vergangenheit bestätigen es: Der geprüfte Personalfachkaufmann/die geprüfte Personalfachkauffrau ist ein gefragter Beruf und wird es auch in Zukunft bleiben. Vor dem Hintergrund der geschilderten Veränderungen wird das Berufsbild noch mehr Akzeptanz erfahren, auch wenn es eine Zeit lang dauern wird, die Veränderungen in der Wirtschaft bekannt zu machen. Der Personalverantwortliche der Zukunft wird als strategischer Partner und Mitglied des Unternehmensführungskreises unter Einbeziehung der Mitarbeiter mithelfen, ein visionsorientiertes Personalmanagementkonzept zu entwickeln, einzuführen und zu überprüfen. Dies wird helfen, das Unternehmensleitbild zu verwirklichen und die Personalmanagementfunktionen zu integrieren (vgl. auch Hilb, M.: Integriertes Personal-Management, 20. Aufl., Köln 2011).

Wann muss man Sie zur Prüfung zulassen?

Im Idealfall haben Sie eine erfolgreiche Abschlussprüfung in einem dreijährigen Ausbildungsberuf der Personaldienstleistungswirtschaft und danach eine mindestens einjährige Berufspraxis erworben. Oder Sie haben eine anerkannte kaufmännische oder verwaltende Abschlussprüfung bestanden und danach eine mindestens zweijährige Berufspraxis im Personalwesen erworben. Wenn Sie in einem anderen anerkannten Ausbildungsberuf die Prüfung bestanden haben, erhöht sich die notwendige Berufspraxis im Personalwesen auf mindestens drei Jahre. Ohne Ausbildungsabschluss müssen Sie mindestens fünf Jahre Berufspraxis im Personalwesen nachweisen. Neu ist ebenfalls, dass Sie bis zum Ablegen der letzten Prüfungsleistung auch noch den Nachweis berufs- und arbeitspädagogischer Kenntnisse nach der Ausbilder-Eignungsverordnung erbracht haben müssen.

Wenn Sie sich nicht sicher sind, ob Sie die Voraussetzung erfüllen oder ob andere Vorleistungen angerechnet werden, nutzen Sie das Gespräch mit dem Sachbearbeiter bei Ihrer zuständigen Industrie- und Handelskammer. Bitte bringen Sie zu diesem Gespräch gleich alle Unterlagen mit, von denen Sie annehmen, dass sie der IHK als Entscheidungshilfe dienen könnten.

Was wird von Ihnen in der Prüfung erwartet?

Die Prüfungsordnung schreibt fünf einzelne Prüfungsleistungen vor, davon vier schriftliche Prüfungen und ein situationsbezogenes Fachgespräch.

Die schriftliche Prüfung erstreckt sich auf die vier Handlungsbereiche:

- Personalarbeit organisieren und durchführen,
- Personalarbeit auf Grundlage rechtlicher Bestimmungen durchführen,
- Personalplanung, -marketing und -controlling gestalten und umsetzen,
- Personal- und Organisationsentwicklung steuern.

Dabei bearbeiten Sie in einem Zeitrahmen von jeweils ca. 100–120 Minuten komplexe Situationsaufgaben.

In dem situationsbezogenen Fachgespräch wird eine Beratungssituation unterstellt. Sie erhalten den Auftrag, in Form eines Ihnen vom Prüfungsausschuss 14 Tage vor der Prüfung ausgehändigten Themas einer fiktiven Geschäftsleitung (Prüfungsausschuss), Entscheidungsgrundlagen zu einem personalpolitischen Thema zu präsentieren. Dazu sollen Sie zwei Themen mit einer Grobskizze einreichen. Das gesamte Fachgespräch soll höchstens 30 Minuten dauern, davon entfallen etwa zehn Minuten auf Ihre Präsentation.

Entfällt demnach die bisherige mündliche Prüfung?

Die bisherige obligatorische mündliche Prüfung in drei Fächern entfällt. Eine mündliche Prüfung wird nur noch als Ergänzungsprüfung angeboten, wenn Sie in nicht mehr als einer schriftlichen Prüfungsleistung eine mangelhafte Note erhalten haben. Sie können somit im Einzelfall noch durch eine entsprechende mündliche Leistung eine mangelhafte schriftliche Leistung ausgleichen. Dies gilt aber nicht für eine ungenügende Leistung (Note 6) oder zwei und mehr mangelhafte Leistungen (Note 5). In diesem Falle ist die gesamte Prüfung zu wiederholen. Für das situationsbezogene Fachgespräch gilt diese Regelung nicht.

Wann habe ich die Prüfung bestanden?

Diese Frage ist am einfachsten zu beantworten: Sie haben bestanden, wenn Sie in allen fünf Prüfungsleistungen abschließend mindestens ausreichende Leistungen (Note 4) erbracht haben. Dazu haben Sie im schlimmsten Fall drei Anläufe, denn eine nicht bestandene Prüfung kann zweimal wiederholt werden.

Worin bestehen die erfolgskritischen Merkmale der Prüfungsordnung?

Das wichtigste Merkmal der Prüfungsordnung ist ihr starker Praxisbezug. In der neuen Prüfungsordnung ist der handlungsorientierte Ansatz integriert, den viele von Ihnen möglicherweise aus den neugeordneten Ausbildungsberufen kennen.

Die Aufgaben gehen von betrieblichen Situationen aus, wie sie in der beruflichen Praxis vorkommen können. Jede Aufgabe soll einen Bezug zu dieser Situationsbeschreibung haben. Von Ihnen wird eine Lösung von betrieblichen Problemen verlangt.

Der starke Praxisbezug soll insbesondere durch das situationsbezogene Fachgespräch realisiert werden. Dabei wird es für Sie vorteilhaft sein, wenn Sie sich auf real existierende Vorhaben, Entscheidungen oder Probleme in Ihrem Unternehmen stützen können. Nichts ist für einen Prüfungsausschuss überzeugender, als wenn er die Authentizität in Ihrer Präsentation und ihrem Gesprächsbeitrag erkennt.

Können Prüfungsleistungen aus anderen bisherigen Prüfungen angerechnet werden?

Dies wird in erster Linie davon abhängig gemacht, wo Sie diese Prüfung absolviert haben. Dabei muss es sich um eine zuständige Stelle, eine öffentliche oder staatlich anerkannte Bildungseinrichtung oder um einen staatlichen Prüfungsausschuss gehandelt haben. Darüber hinaus darf diese Prüfungsleistung nicht länger als fünf Jahre zurückliegen und muss den Prüfungsinhalten der Prüfungsordnung für geprüfte Personalfachkaufleute nach Art und Umfang entsprechen. Und damit wird es in der Anrechnungspraxis schwierig, denn eine Handlungsorientierung ist in vielen Prüfungsordnungen nicht zu erkennen. Dennoch: Stellen Sie bei Ihrer zuständigen IHK einen Anrechnungsantrag und warten Sie den Bescheid ab. Der Ermessensspielraum der letztlich zuständigen Prüfungsausschüsse bei den zuständigen Stellen ist sicherlich variabel.

Wann melde ich mich zweckmäßigerweise zur Abschlussprüfung an?

In der Praxis erleben wir immer wieder, dass ein Prüfling sich monatelang auf die Abschlussprüfung vorbereitet hat, um dann bei Antragstellung zu erfahren, dass er aus formalen Gründen nicht zugelassen werden kann. Häufig geht es dabei um den Nachweis der Berufspraxis, der nicht den Anforderungen der Prüfungsordnung entspricht. Stellen Sie deshalb den Antrag auf Zulassung so früh wie möglich, selbst wenn Sie die Berufspraxis bis dato noch nicht erfüllt haben. Die zuständige Stelle kann auf diese Art und Weise erkennen, ob Ihre berufliche Tätigkeit der Berufspraxis im Sinne der Prüfungsordnung entspricht und ob Sie alle erforderlichen Unterlagen wie Lebenslauf und Kopie Ihres Ausbildungsabschlusses korrekt eingereicht haben. Sie sparen sich durch diesen Schritt nicht nur erheblichen Ärger, sondern eventuell auch Kosten für einen Vorbereitungslehrgang, der Sie Ihrem Ziel nicht nähergebracht hat.

Wie soll ich mich auf die Prüfung vorbereiten?

Ein wichtiges Medium zur idealen Vorbereitung haben Sie gerade in der Hand. Dieses Lehrbuch ist bewusst als ein Lehrbuch zur Prüfungsvorbereitung konzipiert. Es lehnt sich konsequent an die Systematik des Rahmenplanes an, der eine wichtige Orientierungshilfe für Prüfungsteilnehmer, Dozenten in Weiterbildungseinrichtungen und Prüfungsausschüssen ist.

Die Wahl des richtigen Partners für Ihren Lernprozess ist ebenso wichtig. Rein rechtlich sind Sie nicht verpflichtet, irgendeinen Vorbereitungslehrgang vor Ihrer Prüfung zu besuchen. In der Realität dürfte es nur wenige Autodidakten geben, denen dies gelingt.

Bei der Wahl Ihres Weiterbildungsinstitutes sollten Sie darauf achten, dass die empfohlenen 580 Unterrichtsstunden nicht wesentlich unterschritten werden. Sie wollen nicht nur Ihre Prüfung bestehen, sondern auch einen Lerntransfer für Ihre berufliche Tätigkeit erfahren. Gute Weiterbildungsinstitute erkennen Sie an ihrer langjährigen Präsenz auf dem Markt, den bisherigen Prüfungserfolgen, der Ausstattung mit Dozenten, die über erwachsenenpädagogische Fach-, Methoden- und Sozialkompetenz verfügen und ihrer lernfördernden Ausstattung mit Räumen und Medien.

Orientieren Sie sich auch an bisherigen Prüfungen. Es gibt die Möglichkeit, bisherige Prüfungen käuflich zu erwerben. Sie sind ein wichtiger Indikator für den Schwierigkeitsgrad, die Schwerpunktbildung von Prüfungsthemen und die erwarteten Lösungen.

Beziehen Sie auch Ihre Vorgesetzten und Kollegen mit in Ihren Lernprozess ein, wenn diese nichts dagegen haben. Sie sind diejenigen, die Sie mit Informationen aus ihren Funktionsbereichen versorgen und Ihnen bei der Wahl Ihrer Themen zum situationsbezogenen Fachgespräch helfen können.

5.2 Verordnung über die Prüfung zum anerkannten Abschluss Geprüfter Personalfachkaufmann/Geprüfte Personalfachkauffrau

vom 11. Februar 2002 (Bundesgesetzblatt Jahrgang 2002 Teil I Nr. 13, S. 930.)
Zuletzt geändert durch Art. 7 V vom 23.7.2010 | 1010

Auf Grund des § 46 Abs. 2 des Berufsbildungsgesetzes vom 14. August 1969 (BGBl. I S. 1112), der zuletzt durch Artikel 212 Nr. 4 der Verordnung vom 29. Oktober 2001 (BGBl. I S. 2785) geändert worden ist, verordnet das Bundesministerium für Bildung und Forschung nach Anhörung des Ständigen Ausschusses des Bundesinstituts für Berufsbildung im Einvernehmen mit dem Bundesministerium für Wirtschaft und Technologie:

§ 1 Ziel der Prüfung und Bezeichnung des Abschlusses

(1) Zum Nachweis von Kenntnissen, Fertigkeiten und Erfahrungen, die durch die berufliche Fortbildung zum Geprüften Personalfachkaufmann/zur Geprüften Personalfachkauffrau erworben worden sind, kann die zuständige Stelle Prüfungen nach den §§ 2 bis 8 durchführen.

(2) Durch die Prüfung ist festzustellen, ob der Prüfungsteilnehmer/die Prüfungsteilnehmerin die notwendigen Kenntnisse, Fertigkeiten und Erfahrungen besitzt, um verantwortliche Funktionen in der Personalwirtschaft eines Unternehmens, in der Personalberatung sowie bei Projekten der Personal- und Organisationsentwicklung wahrzunehmen. Der Personalfachkaufmann/die Personalfachkauffrau soll qualifiziert beraten und Prozesse begleiten können. Insbesondere soll er/sie die operativen und administrativen Aufgaben der Personalarbeit beherrschen und die Entscheidungen in den Bereichen Personalpolitik, Personalplanung und Personalmarketing verantwortlich mitgestalten. Er/sie übernimmt verantwortliche Funktionen in der Aus- und Weiterbildung und zeichnet sich durch fachspezifische Kommunikations- und Managementkompetenzen aus.

(3) Die erfolgreich abgelegte Prüfung führt zum anerkannten Abschluss Geprüfter Personalfachkaufmann/Geprüfte Personalfachkauffrau.

§ 2 Zulassungsvoraussetzungen

(1) Zur Prüfung ist zuzulassen, wer

1. eine mit Erfolg abgelegte Abschlussprüfung in einem dreijährigen anerkannten Ausbildungsberuf der Personaldienstleistungswirtschaft und danach eine mindestens einjährige Berufspraxis oder
2. eine mit Erfolg abgelegte Abschlussprüfung in einem anerkannten kaufmännischen oder verwaltenden Ausbildungsberuf und danach eine mindestens zweijährige Berufspraxis oder
3. eine mit Erfolg abgelegte Abschlussprüfung in einem anderen anerkannten Ausbildungsberuf und danach eine mindestens dreijährige Berufspraxis oder
4. eine mindestens fünfjährige Berufspraxis nachweist.

(2) Bis zum Ablegen der letzten Prüfungsleistung ist der Nachweis der berufs- und arbeitspädagogischen Kenntnisse gemäß der nach dem Berufsbildungsgesetz erlassenen Ausbilder-Eignungsverordnung oder aufgrund einer anderen öffentlich-rechtlichen Regelung, wenn die nachgewiesenen Kenntnisse den Anforderungen der §§ 2 bis 4 der Ausbilder-Eignungsverordnung gleichwertig sind, zu erbringen.

(3) Die Berufspraxis gemäß Absatz 1 muss inhaltlich wesentliche Bezüge zu den in § 1 Abs. 2 genannten Funktionen haben.

(4) Abweichend von Absatz 1 kann zur Prüfung auch zugelassen werden, wer durch Vorlage von Zeugnissen oder auf andere Weise glaubhaft macht, dass er/sie Kenntnisse, Fertigkeiten und Erfahrungen erworben hat, die die Zulassung zur Prüfung rechtfertigen.

§ 3 Gliederung und Durchführung der Prüfung

(1) Die Prüfung gliedert sich in folgende Handlungsbereiche:

1. Personalarbeit organisieren und durchführen,
2. Personalarbeit auf Grundlage rechtlicher Bestimmungen durchführen,
3. Personalplanung, -marketing und -controlling gestalten und umsetzen,
4. Personal- und Organisationsentwicklung steuern.

(2) Die Prüfung ist schriftlich und in Form eines situationsbezogenen Fachgesprächs durchzuführen.

(3) In einer schriftlichen Prüfung werden je Handlungsbereich komplexe Situationsaufgaben unter Aufsicht bearbeitet. Die Dauer der schriftlichen Prüfung des Handlungsbereichs gemäß Absatz 1 Nr. 1 soll mindestens 100 Minuten und höchstens 120 Minuten betragen. Die Gesamtbearbeitungszeit der schriftlichen Prüfung der Handlungsbereiche gemäß Absatz 1 Nr. 2 bis 4 soll mindestens 420 Minuten betragen. Je Handlungsbereich gemäß Absatz 1 Nr. 2 bis 4 beträgt die Dauer der schriftlichen Prüfung höchstens 160 Minuten.

(4) Hat der Prüfungsteilnehmer/die Prüfungsteilnehmerin in nicht mehr als einer schriftlichen Prüfungsleistung gemäß Absatz 3 eine mangelhafte Prüfungsleistung erbracht, ist ihm/ihr in diesem Handlungsbereich eine mündliche Ergänzungsprüfung anzubieten. Bei einer oder mehrerer ungenügender schriftlicher Prüfungsleistungen besteht diese Möglichkeit nicht. Die Ergänzungsprüfung soll in der Regel nicht länger als 20 Minuten dauern. Die Bewertung der schriftlichen Prüfungsleistung und die der mündlichen Ergänzungsprüfung werden zu einer Note zusammengefasst. Dabei wird die Bewertung der schriftlichen Prüfungsleistung doppelt gewichtet.

(5) Das situationsbezogene Fachgespräch geht von einem betrieblichen Beratungsauftrag aus. Der betriebliche Beratungsauftrag wird als Vorlage für die Geschäftsleitung verstanden, in dem der Prüfungsteilnehmer/die Prüfungsteilnehmerin der Geschäftsleitung einen personalpolitischen Entscheidungsvorschlag vorlegt und präsentiert. Der Prüfungsausschuss stellt 14 Kalendertage vor der Prüfung das Thema, wobei die Themenvorschläge des Prüfungsteilnehmers/der Prüfungsteilnehmerin berücksichtigt

werden sollen. Dazu soll der Prüfungsteilnehmer/die Prüfungsteilnehmerin zwei Themenvorschläge mit einer Grobgliederung einreichen. Der Prüfungsausschuss soll den Umfang des Themas begrenzen. Insgesamt soll das situationsbezogene Fachgespräch höchstens 30 Minuten dauern. In etwa zehn Minuten stellt der Prüfungsteilnehmer/die Prüfungsteilnehmerin mit geeigneten Medien seine/ihre Lösungsvorschläge dem Prüfungsausschuss vor. Davon ausgehend führt der Prüfungsausschuss in der verbleibenden Zeit ein Prüfungsgespräch.

§ 4 Anforderungen und Inhalte der Prüfung

(1) Im Handlungsbereich »Personalarbeit organisieren und durchführen« soll der Prüfungsteilnehmer/die Prüfungsteilnehmerin nachweisen, dass er/sie die Personalarbeit eines Unternehmens unter den Aspekten Wirtschaftlichkeit, Qualität und Kundenorientierung organisatorisch gestalten und in diesem Rahmen mit seinen/ihren Partnern innerhalb und außerhalb der Organisation zielgerecht kommunizieren und kooperieren kann. In diesem Rahmen können folgende Qualifikationsschwerpunke geprüft werden:

1. Personalbereich in die Gesamtorganisation des Unternehmens einbinden,
2. Personalwirtschaftliches Dienstleistungsangebot gestalten,
3. Prozesse im Personalwesen gestalten,
4. Projekte planen und durchführen,
5. Informationstechnologie im Personalbereich nutzen,
6. Beraten und Fachgespräche führen,
7. Präsentations- und Moderationstechniken einsetzen,
8. Arbeitstechniken und Zeitmanagement anwenden.

(2) Im Handlungsbereich »Personalarbeit auf Grundlage rechtlicher Bestimmungen durchführen« soll der Prüfungsteilnehmer/die Prüfungsteilnehmerin nachweisen, dass er/sie die Mitarbeiter, Führungskräfte und Unternehmensleitung in allen Phasen der Personalbeschaffung, der Vertragsgestaltung und der Beendigung von Arbeitsverhältnissen kompetent und verantwortlich beraten und damit eine effiziente Personalbewirtschaftung gewährleisten kann. In diesem Rahmen können folgende Qualifikationsschwerpunkte geprüft werden:

1. Individuelles und kollektives Arbeitsrecht anwenden,
2. Rechtswege kennen und das Prozessrisiko einschätzen,
3. Einkommens- und Vergütungssysteme umsetzen,
4. Sozialversicherungsrecht anwenden,
5. Sozialleistungen des Betriebes gestalten,
6. Personalbeschaffung durchführen,
7. Administrative Aufgaben einschließlich der Entgeltabrechnung bearbeiten.

(3) Im Handlungsbereich »Personalplanung, -marketing und -controlling gestalten und umsetzen« soll der Prüfungsteilnehmer/die Prüfungsteilnehmerin nachweisen, dass er/sie zusammen mit Führungskräften, Unternehmensleitung und in Abstimmung mit den Mitarbeitervertretungen eine strategieorientierte Personalplanung betreiben und durch geeignete Marketingverfahren und Controllinginstrumente deren zielgerichtete Umsetzung sicherstellen kann. Er/sie muss die betriebs- und volkswirtschaftlichen Einflüsse auf die

Personalwirtschaft einschätzen können. In diesem Rahmen können folgende Qualifikationsschwerpunkte geprüft werden:

1. Konjunktur- und Beschäftigungspolitik bei der Personalplanung und beim Personalmarketing berücksichtigen,
2. Personalwirtschaftliche Ziele aus der strategischen Unternehmensplanung ableiten,
3. Beschäftigungsstrukturen und Personalbedarfe für Produktions- und Dienstleistungsprozesse analysieren und ermitteln,
4. Personalbedarfs- und Entwicklungsplanung durchführen,
5. Personalcontrolling gestalten und umsetzen.

(4) Im Handlungsbereich »Personal- und Organisationsentwicklung steuern« soll der Prüfungsteilnehmer/die Prüfungsteilnehmerin nachweisen, dass er/sie den Aufbau von fachlichen, sozialen und methodischen Kompetenzen im Unternehmen unterstützen, an entsprechenden Personalentwicklungsprojekten mitarbeiten, Zusammenarbeit und Führungsqualität fördern und betriebliche Veränderungsprozesse mitgestalten kann. In diesem Rahmen können folgende Qualifikationsschwerpunkte geprüft werden:

1. Mitarbeiter beurteilen, deren Potenziale erkennen und fördern,
2. Konzepte für die Kompetenzentwicklung der Mitarbeiter sowie Qualifikationsanalysen und Qualifizierungsprogramme entwerfen und umsetzen,
3. Zielgruppenspezifische Förderprogramme erarbeiten und umsetzen,
4. Qualitätsmanagement in der Personal- und Organisationsentwicklung einsetzen,
5. Führungsmodelle und Führungsinstrumente anwenden, Führungskräfte beraten,
6. Betriebliche Arbeitsformen mitgestalten, Grundsätze moderner Arbeits- und Lernorganisation umsetzen.

(5) Im situationsbezogenen Fachgespräch soll der Prüfungsteilnehmer/die Prüfungsteilnehmerin nachweisen, dass er/sie in der Lage ist, sein/ihr Berufswissen in betriebstypischen Situationen anzuwenden und sachgerechte Lösungen vorzuschlagen. Insbesondere soll er/sie nachweisen, dass er/sie angemessen mit Gesprächspartnern innerhalb und außerhalb des Unternehmens oder der Organisation sprachlich kommunizieren kann und dabei argumentations- und präsentationstechnische Instrumente sach- und personenorientiert einzusetzen versteht.

§ 5 Anrechnung anderer Prüfungsleistungen

Der Prüfungsteilnehmer/die Prüfungsteilnehmerin ist auf Antrag von der Ablegung einzelner Prüfungsbestandteile durch die zuständige Stelle zu befreien, wenn eine andere vergleichbare Prüfung vor einer öffentlichen oder staatlich anerkannten Bildungseinrichtung oder vor einem staatlichen Prüfungsausschuss erfolgreich abgelegt wurde und die Anmeldung zur Fortbildungsprüfung innerhalb von fünf Jahren nach der Bekanntgabe des Bestehens der anderen Prüfung erfolgt.

§ 6 Bestehen der Prüfung

(1) Die Prüfungsleistungen in den Handlungsbereichen und im situationsbezogenen Fachgespräch sind einzeln zu bewerten.

(2) Die Prüfung ist bestanden, wenn der Prüfungsteilnehmer/die Prüfungsteilnehmerin in allen Handlungsbereichen und im situationsbezogenen Fachgespräch mindestens ausreichende Leistungen erbracht hat.

(3) Über das Bestehen der Prüfung ist ein Zeugnis gemäß der Anlage 1 und der Anlage 2 auszustellen. Im Falle der Freistellung gemäß § 5 sind Ort und Datum der anderweitig abgelegten Prüfung sowie die Bezeichnung des Prüfungsgremiums anzugeben.

§ 7 Wiederholung der Prüfung

(1) Eine Prüfung, die nicht bestanden ist, kann zweimal wiederholt werden.

(2) Mit dem Antrag auf Wiederholung der Prüfung wird der Prüfungsteilnehmer/die Prüfungsteilnehmerin von einzelnen Prüfungsleistungen befreit, wenn er/sie mit seinen/ihren Leistungen darin in einer vorangegangenen Prüfung mindestens ausreichende Leistungen erzielt hat und er/sie sich innerhalb von zwei Jahren, gerechnet vom Tage der Beendigung der nicht bestandenen Prüfung an, zur Wiederholungsprüfung angemeldet hat. Der Prüfungsteilnehmer/die Prüfungsteilnehmerin kann beantragen, auch bestandene Prüfungsleistungen zu wiederholen. In diesem Fall gilt das Ergebnis der letzten Prüfung.

§ 8 Übergangsvorschriften

Die bis zum Ablauf des 31. August 2009 begonnenen Prüfungsverfahren können nach den bisherigen Vorschriften zu Ende geführt werden.

§ 9 Inkrafttreten

Diese Verordnung tritt am 1. Juni 2002 in Kraft.

Die Autorinnen und Autoren

Judith Eggers

Ausbildung als Informatikkauffrau und sozialwissenschaftliches Studium. Langjährige Tätigkeit als Leiterin im Personalmanagement verschiedener Unternehmen. Personalbeschaffung, qualifizierte Personalauswahl und strategische Personalentwicklung und -planung. Arbeitsplatzbewertungen und Entwicklung von Vergütungs- und Anreizsystemen.

Derzeit selbstständige Beraterin und Coach mit den Beratungsschwerpunkten Potenzialermittlung/Eignungsdiagnostik, Kompetenzanalysen und Ermittlung von Qualifizierungsbedarf, Outplacement. Coaching von Fach- und Führungskräften in beruflichen Veränderungsprozessen. Darüber hinaus Trainings mit den Schwerpunkten Führung und Kommunikation.

Nebenberuflich seit 1997 als Dozentin im Bereich der Erwachsenenbildung mit den Themen Personalmanagement – Personalführung – Personalauswahl – Personalcontrolling. Seit 1998 Mitglied im Prüfungsausschuss der IHK Hannover für den geprüften Personalfachkaufmann/-frau.

Kontakt: eggers@judith-eggers.de

(Kapitel 2.5 und 3.3)

Dr. Rupert Felder

ist Personalleiter der Heidelberger Druckmaschinen AG. Vor seiner Tätigkeit als Senior Vice President HR des Druckmaschinenherstellers war Felder viele Jahre im Daimler-Konzern beschäftigt. Neben Stationen in der operativen Personalarbeit war er auch am strategischen Projekt »ePeople« beteiligt, mit dem der Automobilkonzern seine Personalprozesse neu definierte und in einer webbasierten Standardsoftware abbildete. Rupert Felder hat in Tübingen Jura studiert und ist Lehrbeauftragter an der Hochschule Rhein-Main. Neben seiner beruflichen Tätigkeit ist er im Vorstand des Arbeitgeberverbandes Südwestmetall, Bezirksgruppe Rhein-Neckar und als Vizepräsident des Bundesverbandes der Arbeitsrechtler in Unternehmen (bvau.de) engagiert.

Kontakt: rupert.felder@web.de

(Kapitel 1.5)

Marco Ferme

Marco Ferme ist Partner und Standortleiter des Münchner Büros von BEITEN BURKHARDT sowie Mitglied der Praxisgruppe Arbeitsrecht. Er berät nationale und internationale Mandanten umfassend in allen Bereichen des Individual- und des Kollektivarbeitsrechts. Marco Ferme berät Unternehmen aus allen Branchen, insbesondere jedoch aus den Bereichen Metall- und Elektroindustrie, Chemie, Gesundheitswesen und Nahrungsmittel. Schwerpunkte seiner Tätigkeit bilden die Vertretung von Unternehmen bei Restrukturierungen und bei tarifrechtlichen Auseinandersetzungen, insbesondere die Gestaltung von tariflichen Vertragswerken. Überdies besitzt er besondere Expertise in der Führung von Verfahren in Grundsatzfragen vor dem Bundesarbeitsgericht.

Kontakt: Marco.Ferme@bblaw.com

(Kapitel 2.2)

Jochen Flarup

Diplompädagoge; nach dem Studium der Erziehungs- und Sozialwissenschaften an der FU Berlin mit den Schwerpunkten Erwachsenenbildung und Arbeits- und Organisationspsychologie Dozent und Trainer bei verschiedenen Weiterbildungsinstitutionen. Nach Führungsaufgaben in Funktionen des Personal- und Bildungsbereichs unterschiedlicher Unternehmen und Branchen in Berlin und Hamburg, als Personalberater und Managementtrainer in einer Unternehmensberatung (BDU) in Mainz tätig. Seit 1991 zunächst Leiter Personalentwicklung/Aus- und Weiterbildung, dann Personalleiter und Director Learning & Development bei Otis GmbH & Co. OHG, Berlin. Bisherige Arbeitsschwerpunkte: Personal- und Organisationsentwicklung, Berufsausbildung, Training und Coaching von Führungskräften, Restrukturierung und Veränderungsmanagement, operative Personalarbeit, Labour-Relations, Management Development.

Kontakt: Jochen.Flarup@otis.com

(Kapitel 3.4 und 4.2)

Dr. Dietmar Franke

Nach juristischem Studium, Referendarzeit und Promotion langjährige Tätigkeit in leitenden Funktionen des industriellen Personalmanagements. Seit 1999 selbstständiger Unternehmensberater, Dozent und Fachbuchautor auf den Gebieten des Arbeitsrechts und des Personalmanagements. Beratungsschwerpunkte (u. a.): Unternehmensbezogene Lösung arbeitsrechtlicher Probleme, Zusammenarbeit mit dem Betriebsrat, Arbeitszeitmodelle, Entgeltfindung und -gestaltung (Vergütungsmodelle).

Kontakt: dr.dietmar.franke@t-online.de

(Kapitel 2.1 und 2.3)

Dr. Frank Frieß

Studium der Soziologie, Sozialpsychologie und Philosophie; Tätigkeit im Personalmanagement sowie als Regional-Serviceleiter bei der Saarbrücker Zeitung Verlag und Druckerei GmbH; Verlagsleiter beim Pfälzischen Merkur, Zweibrücken. Derzeit Leiter des Hochschulreferates Fundraising an der TU München, freiberuflicher Trainer und Coach.

Kontakt: frank.friess@mytum.de

(Kapitel 4.1, 4.3 und 4.5)

Christoph Gruber

Studium der Betriebswirtschaftslehre in Saarbrücken. Mehrjährige Leitungstätigkeit im öffentlichen Dienst. Zusatzqualifikation in Personal- und Organisationsentwicklung. Seit 2001 selbstständiger Trainer und Berater. Arbeitsschwerpunkte:

- Personalentwicklungsseminare für Führungskräfte und Mitarbeiter der Personalabteilung
- Personalentwicklungskonzepte
- BWL-Seminare für Führungskräfte ohne betriebswirtschaftlichen Hintergrund
- betriebswirtschaftliches Coaching für Nicht-Betriebswirte
- Führungskräftecoaching

Kontakt: Christoph.Gruber@t-online.de

(Kapitel 4.4)

Dr. Brigitte Gütl

Studium der Wirtschaftspädagogik. Selbstständig als Organisationsberaterin, Personalentwicklerin, Trainerin und Coach für Profit und Non-Profit Organisationen. Arbeitsschwerpunkt ist die Führungskräfteentwicklung. Führungsfragen, Kommunikation und Konfliktbearbeitung, Teamentwicklung, Lern-und Entwicklungsfragen, soziale Kompetenz und Konzeptentwicklung bilden die inhaltlichen Arbeitsschwerpunkte. Das Entscheiden in und von Organisationen. Lehrbeauftragte am Institut für Organisation und Lernen – Universität Innsbruck. Leitung und Begleitung des Universitätslehrganges »Bildungsmanagement«. Partnerin von entscheiden.cc.

Kontakt: brigitte.guetl@bildungsmanagement.info
www.bildungsmanagement.info; www.entscheiden.cc

(Kapitel 1.6)

Dr. Martin Hartmann

Studium der Pädagogik, Soziologie und Politikwissenschaften in München und Frankfurt; nach Hochschultätigkeit und Promotion, mehrere Jahre Projektleiter in der Medienforschung und -beratung; als Journalist in London tätig; seit über 20 Jahren Berater bei *train* – Gesellschaft für Personalentwicklung in Bonn und Traunstein mit den Schwerpunkten: Präsentations-, Moderationstechniken, Interviewtechniken, Krisenkommunikation, Coaching für Präsentationen und Besprechungen, Pressearbeit und Publikationen.

Kontakt: Martin.Hartmann@train.de; www.train.de

(Kapitel 1.7)

Prof. Dr. Jürgen Horsch

Seit 2001 Professor für Finanzwirtschaft und Controlling an der HAWK Hochschule für angewandte Wissenschaft und Kunst Hildesheim/Holzminden/Göttingen, 2003-2009 und seit 2013 Studiendekan an der Fakultät Ressourcenmanagement, Forschungsschwerpunkte: Kosten-/Erlösrechnung, Gemeinkostenmanagement, Personalplanung.

Kontakt: horsch@hawk-hhg.de

(Kapitel 3.1)

Christina Kamppeter

Christina Kamppeter ist Mitglied der Praxisgruppe Arbeitsrecht von BEITEN BURKHARDT und berät Unternehmen in allen Belangen des individuellen und kollektiven Arbeitsrechts. Sie vertritt die Interessen ihrer Mandanten aus allen Branchen sowohl gerichtlich als auch außergerichtlich. Spezialisiert ist sie insbesondere auf die arbeitsrechtliche Beratung von Unternehmen im Rahmen von Restrukturierungen. Dabei berät sie in sämtlichen damit einhergehenden betriebsverfassungs- und tarifrechtlichen Fragestellungen (insbesondere auch Tarifwechselstrategien) und führt die notwendigen Verhandlungen mit Betriebsräten über Interessenausgleich und Sozialplan. Überdies besitzt sie besondere Expertise in der Führung von Verfahren in Grundsatzfragen vor dem Bundesarbeitsgericht.

Kontakt: Christina.Kamppeter@bblaw.com

(Kapitel 2.2)

Prof. Dr. Meinulf Kolb

Von 1987 bis 2012 Professor im Studiengang Personalmanagement an der Hochschule für Wirtschaft in Pforzheim; ab 1988 Dozent im Fachstudiengang zum Personalfachkaufmann/-frau bei der Württembergischen Verwaltungs- und Wirtschaftsakademie (VWA) in Stuttgart; ab 1993 Mitglied im Prüfungsausschuss Personalfachkaufmann/-frau bei der IHK Stuttgart und ab 2002 Mitglied in zwei Arbeitskreisen für die Aufgabenerstellung zum Geprüften Personalfachkaufmann/-frau beim DIHK; seit 2012 im Ruhestand. Themen- und Arbeitsschwerpunkte: Personalpolitik und Strategisches Personalmanagement, Personalbeschaffung, -einsatz und -freisetzung, Personalmarketing und Mitarbeiterbindung, Motivation und Anreizsysteme, Organisation des Personalbereichs und personalwirtschaftliches Dienstleistungsangebot, Personalinformationssysteme und E-HRM, Personalplanung, Personalcontrolling und Wertschöpfungsbeitrag des Personalmanagements, aktuelle Fragestellungen und Trends im Personalmanagement.

Kontakt: meinulf.kolb@hs-pforzheim.de

(Einführung sowie Kapitel 1.1, 1.2 und 3.5)

Dr. Bernd Krewer

Diplompsychologe mit Spezialisierung in den Feldern kulturvergleichende und interkulturelle Organisations- und Entwicklungspsychologie; zehn Jahre Lehr- und Forschungstätigkeit, Promotion; seit 1992 freier Berater und Geschäftsführer der KrewerConsult GmbH mit den Geschäftsfeldern Internationales Management, Personalentwicklung und Organisationsentwicklung. Internationale Berufserfahrung in frankophonen und anglophonen Ländern in Europa, Afrika, Amerika und Asien. Seit 2005 Bereichsleiter bei der InWent GmbH, Leiter Entwicklungszusammenarbeit in Bad Honnef.

Kontakt: bernd.krewer@inwent.org

(Kapitel 1.4)

Sven Lechtleitner

Ausbildung zum Industriekaufmann und Studium der Betriebswirtschaftslehre mit dem Schwerpunkt Personalmanagement. Mehrjährige Berufserfahrung im Personalwesen als Personalreferent sowie -disponent im Recruiting von Fach- und Führungskräften. Themenschwerpunkte/-interessen: Personalbeschaffung und -auswahl sowie Eignungsdiagnostik für Führungskräfte. Seit 2011 Produktmanager für Online Personalmedien in einem Fachverlag.

Kontakt: info@sven-lechtleitner.de; www.sven-lechtleitner.de

(Kapitel 2.6)

Cornelia Lindow

Personalfachkauffrau (IHK) und Sozialversicherungsfachangestellte; langjährige Tätigkeit als Leiterin des Personalmanagements eines mittleren Akutkrankenhauses der Paracelsus-Kliniken Deutschland GmbH & Co. KG aA sowie als Stellvertretung der Verwaltungsdirektion. In dieser Position Mitgestaltung der strategischen Ausrichtung des Krankenhauses, Planung der Personalkosten, Sicherstellung der Personalbeschaffung, des Personaleinsatzes und der Personalfreisetzung. Beratung der Führungskräfte in arbeits-, betriebsverfassungs- und tarifrechtlichen Fragestellungen und deren Umsetzung.

Kontakt: cornelia.lindow@pk-mx.de

(Kapitel 2.4 und 2.7)

Rainer Röpnack

Studium der Pädagogik mit dem Schwerpunkt Beratungspsychologie, Sozialpädagogik; Betriebswirt im Sozial- und Gesundheitswesen; mehrere Jahre Leitungserfahrung im sozialen Bereich; Seit 1991 Trainer und Berater bei *train,* seit 2006 in freiberuflicher Tätigkeit. Tätigkeitsschwerpunkte: Marketing- und Organisationsberatung für mittelständische Dienstleistungsunternehmen, Führungskräftecoaching, Besprechungscoaching, Supervision von Arbeitsgruppen, Präsentationen, Selbstorganisation am Arbeitsplatz, Selbstmanagement, Moderation von Workshops und Besprechungen.

Kontakt: rainer.roepnack@t-online.de; www.rainer-roepnack.de

(Kapitel 1.7)

Prof. Dr. Achim Weiand

Professor für Betriebswirtschaftslehre, insbesondere Personalentwicklung an der Hochschule Neu-Ulm. Davor Leiter der Personalentwicklung bei der ZF Getriebe GmbH (Saarbrücken), danach Leiter Management Development bei der Veba AG/E.ON AG (Düsseldorf) und anschließend Leiter Personalbetreuung und -entwicklung in der Viterra AG (Essen). Seit 2001 Professor für Internationales Management mit dem Schwerpunkt Personal und Organisation in internationalen Unternehmen an der Hochschule Hof.

Kontakt: achim.weiand@hs-neu-ulm.de

(Kapitel 1.4)

Burckhard Zicke

Nach dem Studium der Betriebswirtschaft mit Schwerpunkt Personalwesen, in Lehrgängen der Aufstiegsfortbildung tätig, zunächst als Dozent, bis 2005 als Fachbereichsleiter für berufliche Fortbildung und Firmenschulung bei einem großen Weiterbildungsträger. Seit 2002 Mitglied in der Expertenkommission und in Arbeitskreisen beim Deutschen Industrie- und Handelskammertag (DIHK). Erfahrungen in der Umsetzung handlungsorientierter und ganzheitlicher Bildungskonzepte in Zusammenarbeit mit der Universität Hamburg und dem Bundesinstitut für Berufsbildung. Seit 2005 als Unternehmensberater mit den Arbeitsschwerpunkten Personalorganisation und Organisationsentwicklung, Personalentwicklung, -förderung und -führung, Anwesenheits- und Fluktuationsmanagement.

Kontakt: burckhard.zicke@t-online.de

(Kapitel 1.3, 1.8, 3.2 und 4.6)

Dr. Frank Zils

Studium der Theologie, Erwachsenenbildung, Human Resource Management; Management-Trainee-Programm Deutsche Lufthansa AG (Führungskräfteentwicklung); Leiter Personalentwicklung CS&P Bildungsmanagement GmbH, Schwerpunkt Führungskräfteentwicklung und strategieorientierte Personalentwicklung; Leiter Personalentwicklung und stellvertretender Personalleiter der Saarbrücker Zeitung Verlag und Druckerei GmbH. Derzeit Human Resource Director Pharma Division of Johnson & Johnson (Janssen-Cilag GmbH).

Kontakt: fzils@its.jnj.com

(Kapitel 4.1, 4.3 und 4.5)

Alexander Zoll

Studium der Rechtswissenschaft und Betriebswirtschaft; Certified Performance Technologist (International Society for Performance Improvement); Ausbildung zum Hypnosystemischen Coach und Berater am Milton Erickson Institut in Bonn; mehrjährige Projektleitung in der Beratung bei einem Kommunikationsunternehmen; Einsätze als Berater und Trainer in Europa, Zentralamerika und Asien; Schwerpunkte bei *train*: Führung und Kommunikation, Präsentation und Moderation; Gesprächsführung und Coaching von Gruppen und Einzelpersonen, Train the trainer, Personal- und Organisationsentwicklung.

Kontakt: Alexander.Zoll@train.de; www.train.de

(Kapitel 1.7)

Abkürzungsverzeichnis

Abb.	Abbildung
Abs.	Absatz
AEntG	Arbeitnehmerentsendegesetz
AFBG	Aufstiegsfortbildungsförderungsgesetz
AG	Aktiengesellschaft
AGB	Gesetz über Allgemeine Geschäftsbedingungen
AktG	Aktiengesetz
ArbeitskampfR	Arbeitskampfrecht
ArbeitsvertragsR	Arbeitsvertragsrecht
ArbGG	Arbeitsgerichtsgesetz
ArbN	Arbeitnehmer
ArbPlSchG	Arbeitsplatzschutzgesetz
ArbZG	Arbeitszeitgesetz
AREV	Arbeitsentgeltverordnung
Art.	Artikel
ATZG	Altersteilzeitgesetz
BAG	Bundesarbeitsgericht
BBiG	Berufsbildungsgesetz
BDSG	Bundesdatenschutzgesetz
BerzGG	Bundeserziehungsgeldgesetz
BetriebsverfassungsR	Betriebsverfassungsrecht
BetrVG	Betriebsverfassungsgesetz
BGB	Bürgerliches Gesetzbuch
BpersVG	Bundespersonalvertretungsgesetz
BPO	Business Process Outsourcing
BR	Betriebsrat
BSG	Bundessozialgericht
bspw.	beispielsweise
BundesgrenzschutzG	Bundesgrenzschutzgesetz
BundesverfassungsschutzG	Bundesverfassungsschutzgesetz
BundeszentralregisterG	Bundeszentralregistergesetz
BUrlG	Bundesurlaubsgesetz
Büvo	Beitragsüberwachungsverordnung
BVerwG	Bundesverwaltungsgericht
BZV	Beitragszahlungsverordnung
bzw.	beziehungsweise
d. h.	das heißt
DEÜV	Datenerfassungs- und Datenübermittlungsverordnung
EFZG	Entgeltfortzahlungsgesetz
EG	Europäische Gemeinschaft
eHR	Electronic Human Resources (elektronische Personalarbeit)
ELENA	Elektronischer Entgeltnachweis
ERA	Entgelt-Rahmen-Abkommen
ESS	Employee Self Service
EstG	Einkommensteuergesetz
EuGH	Europäischer Gerichtshof
f.	folgende

ff.	fortfolgende
gem.	gemäß
GewO	Gewerbeordnung
GG	Grundgesetz
ggf.	gegebenenfalls
GmbH	Gesellschaft mit beschränkter Haftung
GVG	Gerichtsverfassungsgesetz
HGB	Handelsgesetzbuch
HPI	Human Potential Index
i. H. v.	in Höhe von
IKS	Internes Kontrollsystem
inkl.	inklusive
JAE-Grenze	Jahresarbeitsentgeltgrenze
JArbSchG	Jugendarbeitsschutzgesetz
JAV	Jugend- und Auszubildendenvertretung
KG a. A.	Kommanditgesellschaft auf Aktien
KonTraG	Gesetz zur Kontrolle und Transparenz von Aktiengesellschaften
KüSchG	Kündigungsschutzgesetz
LAG	Landesarbeitsgericht
LPersVG	Landespersonalvertretungsgesetz
LSG	Landessozialgericht
MbD	Management-by-Delegation
MbE	Management-by-Exception
MbO	Management-by-Objectives
MelderechtsrahmenG	Melderechtsrahmengesetz
MiArbG	Mindestarbeitsbedingungengesetz
MSS	Manager Self Service
NachwG	Nachweisgesetz
OHP	Overheadprojektor
PEST	political, economic, social, technological
PflegeZG	Pflegezeitgesetz
QM	Qualitätsmanagement
s. o.	siehe oben
s.	siehe
S.	Satz; Seite
SachBezV	Sachbezugsverordnung
SchwbG	Schwerbehindertengesetz
SG	Sozialgericht
SGB	Sozialgesetzbuch
sog.	so genannte(s); so genannter
StVG	Straßenverkehrsgesetz
SWOT	Strenghts, Weaknesses, Opportunities, Threats
TarifvertragsR	Tarifvertragsrecht
TQM	Total Quality Management
TVG	Tarifvertragsgesetz
TzBfG	Teilzeitbefristungsgesetz
u. a.	unter anderem
u. U.	unter Umständen

v.	vom, von
VermBetG	Vermögensbeteiligungsgesetz
vgl.	vergleiche
vs.	versus
z. B.	zum Beispiel
ZPO	Zivilprozessordnung

Stichwortverzeichnis